"十二五""十三五"国家重点图书出版规划项目

China South-to-North Water Diversion Project

中国南水北调工程

● 治污环保卷

《中国南水北调工程》编纂委员会　编著

中国水利水电出版社
www.waterpub.com.cn
·北京·

内 容 提 要

本书为《中国南水北调工程》丛书的第七卷，由国务院南水北调办负责直接从事或参与南水北调工程生态与环境保护相关规划编制及实施管理、调水水质监测和安全保障的管理人员、技术人员撰写。本书涉及南水北调系统治污环保工作的主要内容，分总体篇、东线篇、中线篇三部分，共十三章，包括南水北调工程对生态环境问题的论证和规划、南水北调工程建设中的环境保护、南水北调工程运行期的环境保护和水质安全保障、受水区的生态建设与生态修复、东线工程区域环境概况、东线工程环境影响评价、东线一期工程治污规划和方案、东线工程治污实施工作和成效、中线工程区域环境概况、中线一期工程战略环境影响评价、中线一期工程建设项目环境影响评价、南水北调中线水源区的综合性保护、汉江中下游影响处理等内容。

本书内容丰富，可供环境管理、环境保护、环境影响评价等部门人员借鉴参考，也可以为高等院校环境工程、水利工程等相关学科的老师和学生提供参考。

图书在版编目（CIP）数据

中国南水北调工程. 治污环保卷 / 《中国南水北调工程》编纂委员会编著. -- 北京：中国水利水电出版社，2018.9
ISBN 978-7-5170-6958-4

Ⅰ. ①中… Ⅱ. ①中… Ⅲ. ①南水北调－水利工程－水污染防治②南水北调－水利工程－生态环境－环境保护 Ⅳ. ①TV68②X52

中国版本图书馆CIP数据核字 (2018) 第232422号

审图号：GS（2018）6754号

书　　　名	中国南水北调工程 治污环保卷 ZHONGGUO NANSHUIBEIDIAO GONGCHENG ZHIWU HUANBAO JUAN
作　　　者	《中国南水北调工程》编纂委员会　编著
出 版 发 行	中国水利水电出版社 (北京市海淀区玉渊潭南路1号D座　100038) 网址: www.waterpub.com.cn E-mail: sales@waterpub.com.cn 电话: (010) 68367658 (营销中心)
经　　　售	北京科水图书销售中心 (零售) 电话: (010) 88383994、63202643、68545874 全国各地新华书店和相关出版物销售网点
排　　　版	中国水利水电出版社装帧出版部
印　　　刷	北京中科印刷有限公司
规　　　格	210mm×285mm　16开本　34.75印张　863千字　12插页
版　　　次	2018年9月第1版　2018年9月第1次印刷
印　　　数	0001—3000 册
定　　　价	280.00 元

2010 年 11 月 24 日，国务院南水北调办主任鄂竟平检查江都截污导流工程

2012 年 6 月 20 日，国务院南水北调办主任鄂竟平察看丹江口水库水质

2014 年 11 月 8 日，国务院南水北调办主任鄂竟平检查中线京石段工程水质监测工作

2016 年 3 月 24 日，国务院南水北调办主任鄂竟平在新郑水质演练现场接受记者采访

2017 年 5 月 26 日，国务院南水北调办主任鄂竟平观摩中线建管局突发水污染事件联合应急演练

2011 年 3 月 20 日，国务院南水北调办副主任于幼军在南阳市淅川县污水处理厂调研

2010 年 9 月 21 日，国务院南水北调办副主任李津成考察山东聊城截污导流工程

2006 年 5 月 6 日，国务院南水北调办副主任李铁军调研南水北调中线一期水源工程丹江口库区水土保持工作

已建成的山东省鱼台县唐马河截污导流工程

湖北省十堰市泗河污水处理厂尾水净化人工快渗工程

改造后的泗河河道宽阔平坦

治理后的泗河马家河段河水清澈见底

河南省西峡县东官庄小流域治理工程

河南省淅川县马蹬镇库区生态带建设

陕西省安康市汉阴县小堰沟流域治理项目现场

江苏省淮安市洪泽县洪泽站道路绿化

2006 年 7 月 10 日，南水北调东线第一期工程环境影响报告书技术评估会议在北京召开

2006 年 7 月 10 日，南水北调东线洪泽湖南四湖下级湖抬高蓄水位影响处理工程环评报告技术评估会在北京召开

2017 年 12 月 26 日，丹江口库区及上游水污染防治和水土保持部际联席会议暨对口协作工作协调小组办公室会议在北京召开

2018 年 2 月 28 日，京鄂南水北调对口协作工作促进会议在北京召开

◆ 《中国南水北调工程》编纂委员会

顾　问：张基尧　孟学农　李铁军　李津成　宁　远　于幼军

主　任：鄂竟平

副主任：田　野　张　野　蒋旭光

委　员：石　波　张岩松　刘明松　凌　江　张　悦　关　强　沈凤生

　　　　李新军　朱卫东　程殿龙　张忠义　耿六成　石春先　熊中才

　　　　李鹏程　苏克敬　王宝恩　王松春　卢胜芳　陈曦川　曹为民

　　　　由国文　赵存厚　孙国升　张文波　李洪卫　吕振霖　刘建良

　　　　刘正才　冯仲凯　朱　昱　吕国范　陈树林　于合群　赵登峰

　　　　王新才　瞿　潇　蔡建平　汤鑫华　胡昌支

主　编：蒋旭光

副主编：沈凤生　李新军　朱卫东　程殿龙　张忠义　耿六成　汤鑫华

◆ 《中国南水北调工程》编纂委员会办公室

主　任：胡昌支　杜丙照

副主任：王　丽　何韵华　孙永平

成　员：吴　娟　冯红春　任书杰　闫莉莉　沈晓飞　李金玲　吉鑫丽　王海琴

◆ 《治污环保卷》编纂工作人员

主　　编：石春先　张忠义　苏克敬

副 主 编：范治晖　赵世新　郭　鹏

撰 稿 人：（按姓氏笔画排序）

马乐宽　马兆龙　王　成　王　珍　王　超　王庆明　王树磊

水　艳　尹　炜　尹　靖　石春先　卢　路　边　玮　朱永楠

朱明星　任　静　刘　建　刘　洋　刘华春　刘国华　苏克敬

杜鹏程　李　婧　李　斐　李海红　李道峰　杨　伟　杨　冰

杨　智　杨文杰　但　萍　辛小康　张　爽　张元教　张忠义

陈　乾　陈　蕾　陈立强　范治晖　周建仁　郑豪盈　赵　勇

赵　越　赵世新　胡　炜　钟一丹　夏　成　顾令宇　徐子恺

徐瑞华　郭　鹏　曹　晶　梁建奎　梁春光　傅慧源　舒为先

鲁　璐

审稿专家：张力威　徐子恺　刘国华

照片提供：（按姓氏笔画排序）

于福春　王　珍　王洪燕　李　军　李新强　杨　冰　杨　智

吴　迪　余培松　宋　滢　陈　忱　周家山　郑豪盈　秦灏洋

唐　涛　黄　勇　龚富华　梁建奎　鲁　璐

水是生命之源、生产之要、生态之基。中国水资源时空分布不均，南多北少，与社会生产力布局不相匹配，已成为中国经济社会可持续发展的突出瓶颈。1952 年 10 月，毛泽东同志提出"南方水多，北方水少，如有可能，借点水来也是可以的"伟大设想。自此以后，在党中央、国务院领导的关怀下，广大科技工作者经过长达半个世纪的反复比选和科学论证，形成了南水北调工程总体规划，并经国务院正式批复同意。

南水北调工程通过东线、中线、西线三条调水线路，与长江、黄河、淮河和海河四大江河，构成水资源"四横三纵、南北调配、东西互济"的总体布局。南水北调工程总体规划调水总规模为 448 亿 m^3，其中东线 148 亿 m^3、中线 130 亿 m^3、西线 170 亿 m^3。工程将根据实际情况分期实施，供水面积 145 万 km^2，受益人口 4.38 亿人。

南水北调工程是当今世界上最宏伟的跨流域调水工程，是解决中国北方地区水资源短缺，优化水资源配置，改善生态环境的重大战略举措，是保障中国经济社会和生态协调可持续发展的特大型基础设施。它的实施，对缓解中国北方水资源短缺局面，推动经济结构战略性调整，改善生态环境，提高人民生产生活水平，促进地区经济社会协调和可持续发展，不断增强综合国力，具有极为重要的作用。

2002 年 12 月 27 日，南水北调工程开工建设，中华民族的跨世纪梦想终于付诸实施。来自全国各地 1000 多家参建单位铺展在长近 3000km 的工地现场，艰苦奋战，用智慧和汗水攻克一个又一个世界级难关。有关部门和沿线七省市干部群众全力保障工程推进，四十余万移民征迁群众舍家为国，为调水梦的实现，作出了卓越的贡献。

经过十几年的奋战，东、中线一期工程分别于 2013 年 11 月、2014 年 12 月如期实现通水目标，造福于沿线人民，社会反响良好。为此，中共中央总书记、国家主席、中央军委主席习近平作出重要指示，强调南水北调工程是实现我国水资源优化配置、促进经济社会可持续发展、保障和改善民生的重大战略性基础设施。经过几十万建设大军的艰苦奋斗，南水北调工程实现了中线一期工程正式通水，标志着东、中线一期工程建设目标全面实现。这是我国改革开放和社会主义现代化建设的一件大事，成果来之不易。习近平对工程建设取得的成就表示祝贺，向全体建设者和为工程建设作出贡献的广大干部群众表示慰问。习近平指出，南水北调工程功在当代，利在千秋。希望继续坚持先节水后调水、先治污后通水、先环保后用水的原则，加强运行管理，深化水质保护，强抓节约用水，保障移民发展，做好后续工程筹划，使之不断造福民族、造福人民。

中共中央政治局常委、国务院总理李克强作出重要批示，指出南水北调是造福当代、泽被后人的民生民心工程。中线工程正式通水，是有关部门和沿线省市全力推进、二十余万建设大军艰苦奋战、四十余万移民舍家为国的成果。李克强向广大工程建设者、广大移民和沿线干部群众表示感谢，希望继续精心组织、科学管理，确保工程安全平稳运行，移民安稳致富。充分发挥工程综合效益，惠及亿万群众，为经济社会发展提供有力支撑。

中共中央政治局常委、国务院副总理、国务院南水北调工程建设委员会主任张高丽就贯彻落实习近平重要指示和李克强批示作出部署，要求有关部门和地方按照中央部署，扎实做好工程建设、管理、环保、节水、移民等各项工作，确保工程运行安全高效、水质稳定达标。

南水北调工程从提出设想到如期通水，凝聚了几代中央领导集体的心血，集中了几代科学家和工程技术人员的智慧，得益于中央各部门、沿线各级党委、政府和广大人民群众的理解和支持。

南水北调东、中线一期工程建成通水，取得了良好的社会效益、经济效益和生态效益，在规划设计、建设管理、征地移民、环保治污、文物保护等方面积累了很多成功经验，在工程管理体制、关键技术研究等方面取得了重要突破。这些成果不仅在国内被采用，对国外工程建设同样具有重要的借鉴作用。

为全面、系统、准确地反映南水北调工程建设全貌，国务院南水北调工程建设委员会办公室自2012年启动《中国南水北调工程》丛书的编纂工作。丛书以南水北调工程建设、技术、管理资料为依据，由相关司分工负责，组织项目法人、科研院校、参建单位的专家、学者、技术人员对资料进行收集、整理、加工和提炼，并补充完善相关的理论依据和实践成果，分门别类进行编纂，形成南水北调工程总结性全书，为中国工程建设乃至国际跨流域调水留下宝贵的参考资料和可借鉴的成果。

国务院南水北调工程建设委员会办公室高度重视《中国南水北调工程》丛书的编纂工作。自2012年正式启动以来，组成了以机关各司、相关部委司局、系统内各单位为成员单位的编纂委员会，确定了全书的编纂方案、实施方案，成立了专家组和分卷编纂机构，明确了相关工作要求。各卷参编单位攻坚克难，在完成日常业务工作的同时，克服重重困难，对丛书编纂工作给予支持。各卷编写人员和有关专家兢兢业业、无私奉献、埋头著述，保证了丛书的编纂质量和出版进度，并力求全面展现南水北调工程的成果和特点。编委会办公室和各卷编纂工作人员上下沟通，多方协调，充分发挥了桥梁和纽带作用。经中国水利水电出版社申请，丛书被列为国家"十二五""十三五"重点图书。

在全体编纂人员及审稿专家的共同努力下，经过多年的不懈努力，《中国南水北调工程》丛书终于得以面世。《中国南水北调工程》丛书是全面总结南水北调工程建设经验和成果的重要文献，其编纂是南水北调事业的一件大事，不仅对南水北调工程技术人员有阅读参考价值，而且有助于社会各界对南水北调工程的了解和研究。

希望《中国南水北调工程》丛书的编纂出版，为南水北调工程建设者和关心南水北调工程的读者提供全面、准确、权威的信息媒介，相信会对南水北调的建设、运行、生产、管理、科研等工作有所帮助。

南水北调工程总体规划推荐东线、中线、西线三条调水线路，通过这三条调水线路与江河联系，逐步构成"四横三纵"为主体的中国大水网，工程供水和影响范围涉及北京、天津、河北、山西、江苏、山东、河南、湖北、陕西、内蒙古、甘肃、宁夏、青海、四川等14个省（自治区、直辖市），其中工程供水受益区的11个省（自治区、直辖市）关注调水的水质安全问题，工程影响区关注水资源减少带来的生态影响问题，这些都是南水北调工程论证、规划、建设和运行各阶段，必须认真研究和妥善解决的重大问题。因此，生态与环境保护是南水北调工程的极其重要的组成部分。

做好南水北调工程生态与环境保护工作，关系到受水区数亿人口用水安全和生活水平的提高，关系到缓解黄淮海地区因水资源短缺造成的水质恶化和地下水超采海水入侵等生态环境问题，关系到妥善解决水资源调出区的生态影响问题，是国家生态文明建设的重要组成部分，具有极其重要的现实意义和长远发展意义。

国务院在批复《南水北调工程总体规划》时，明确了坚持"先节水后调水、先治污后通水、先环保后用水"的原则。为此，南水北调工程在具体设计、建设实施和运行管理中，始终把生态与环境保护工作放在突出地位，通过制定和实施一系列的治理规划和政策措施，解决了东线沿线严重的水污染问题、改善了中线水源区水环境质量、构建了受水区与水源区的对口协作和互利共赢机制，努力使工程沿线的水质保护、节约用水与区域经济社会发展相协调。

本卷分为总体篇、东线篇、中线篇三部分。西线部分未启动实施，其前期论证内容在总体篇中反映。

总体篇主要介绍：南水北调工程规划阶段对生态与环境影响的评价和对策研究，建设阶段施工对生态与环境影响问题的处理，运行阶段的调水水质监测和水质安全保障、受水区节水和地下水压采、开展沿线生态建设等情况。

东线篇主要介绍：已经建成的东线一期工程，在可行性研究阶段的环境影响评价，在建设期间开展的东线治污规划实施和成效。

中线篇主要介绍：已经建成的中线一期工程，在可行性研究阶段的环境影响评价，在工程建设期间和运行期间对中线水源区的综合性保护措施及效果、对调水影响区汉江中下游有关影响问题的处理和政策措施。

本卷由国务院南水北调办环境保护司牵头、组织国家发展改革委地区经济司、水利部水资源司和水土保持司、环境保护部水环境管理司和环境规划院、长江水资源保护科学研究所、淮河水资源保护科学研究所、南水北调中线干线工程建设管理局水质保护中心的有关同志共同完成。编纂人员均为直接从事或参与南水北调工程生态与环境保护相关规划编制及实施管理、调水水质监测和安全保障的管理人员、技术人员，他们掌握南水北调工程有关规划、环境影响评价、规划实施考核和评估等情况，参考资料均为国家批准的有关规划、评估报告、政府部门文件以及向社会公开的有关资料。

目录

总 体 篇

第一章　南水北调工程对生态环境问题的论证和规划

第一节　南水北调工程概况

长江是我国最大的河流，水资源丰富且较稳定，多年平均径流量约 9600 亿 m³，特枯年为 7600 亿 m³。长江的入海水量约占天然径流量的 94％ 以上。从长江流域调出不影响其整体生态的部分水量，可缓解北方严重缺水问题。长江自西向东流经大半个中国，上游靠近西北干旱地区，中下游与最缺水的黄淮海平原及胶东地区相邻，兴建跨流域调水工程在经济技术条件方面具有显著优势。

从社会、经济、环境、技术等方面，在反复分析比较了 50 多种规划方案的基础上，逐步形成了分别从长江下游、中游和上游调水的东线、中线和西线三条调水线路。三条线路与长江、黄河、淮河和海河四大江河的联系，逐步构成以"四横三纵"为主体的中国大水网。这样的总体布局，有利于实现我国水资源南北调配、东西互济的合理配置格局，对协调北方地区东部、中部和西部可持续发展对水资源的需求，具有重大的战略意义。

南水北调工程东线、中线和西线三条线路的总体布局，可基本覆盖黄淮海流域、胶东地区和西北内陆河部分地区，基本可以安全、经济地解决北方缺水地区的需水与供水矛盾。西线工程布设在我国最高一级台阶的青藏高原上，居高临下，具有供水覆盖面广的优势，主要向黄河上中游和西北内陆河部分地区供水，相机向黄河下游补水。中线工程近期从长江的支流汉江引水，远景从长江三峡库区补水，从第三台阶的西侧通过，可自流向黄淮海平原的大部分地区供水。东线工程位于第三台阶的东部，直接从长江干流下游取水，水量丰富，但因输水线路所处的地势较低，在黄河以南需逐级抽水北送，黄河以北可以自流，宜向黄淮海平原东部和胶东地区供水。

东线、中线和西线三条线路，可利用黄河由西向东贯穿我国北方的天然优势，采取工程措施后可以与黄河相连接，并通过优化运行调度，实现南水北调工程和黄河之间的水量合理调配。东线工程可利用现有的东平湖退水闸或穿黄工程的南岸输水渠退水闸向黄河补充长江水，又可通过位山引黄渠道、胶东地区输水工程由黄河补充山东的部分用水量。中线工程一方面在穿黄工程南岸设置了退水闸，遇汉江、淮河丰水年，在黄河枯水时可向黄河补水。西线工程建成后，除向黄河上中游和西北内陆河部分地区补水外，也可通过黄河向东线和中线的输水渠道补水。随着黄河上游西北各省（自治区）的经济社会发展，用水量的增加，必将减少进入黄河干流和下游的水量。故在西线未实施前，由于东线和中线的实施，可补充下游沿黄两岸的供水不足，也有利于保证上游西北地区的用水，支持西部大开发。

随着"四横三纵"骨干水网的逐步形成和畅通，各流域和水系之间通过建设控制建筑物进行水力连接，运用现代化的测报、预报以及通信和监控手段，实现大范围的水资源优化调度，可较大幅度地提高各地区的供水保证程度和充分发挥南水北调工程的效益。规划东线、中线和西线到2050年调水总规模为448亿 m³，可基本缓解受水区水资源严重短缺的状况，并逐步遏制因严重缺水而引发的生态环境日益恶化的局面。

南水北调工程建设采取分期逐步实施的方式。已建设完成东线和中线一期工程，东线一期工程设计抽江流量为500m³/s，多年平均年抽江水量为89.4亿 m³，比现状江苏省江水北送工程增抽水量39.3亿 m³。加高丹江口大坝后中线一期工程设计引水流量为350～420m³/s，多年平均年调水规模为95亿 m³。

南水北调东线工程从江苏省扬州附近的长江干流引水，利用京杭大运河以及与其平行的河道输水。黄河以南需逐级建设泵站提水北送，连通洪泽湖、骆马湖、南四湖、东平湖作为调蓄水库。在山东省位山附近黄河河底建设倒虹吸隧洞穿过黄河。过黄河后一路自流至山东德州，另一路向东流经胶东、烟台、威海地区。

中线一期工程从丹江口水库引水，渠首在丹江口水库陶岔闸，沿伏牛山南麓山前岗垅、平原相间地带向东北方向延伸，在方城县城南过江淮分水岭垭口进入淮河流域，在鲁山县跨过南沙河和焦枝铁路经新郑市北部到郑州，在郑州以西约30km处穿过黄河，然后沿京广铁路西侧向北，在安阳西北过漳河，进入河北省，在石家庄西北穿过石津干渠至徐水县分两路，一路向北跨拒马河后进入北京团城湖，另一路向东供水天津。

南水北调西线方案自长江上游的大渡河、雅砻江、通天河引水。分别通过达曲—贾曲、阿达—贾曲、侧坊—雅砻江—贾曲三条线路引水到黄河出流。

第二节　南水北调工程规划阶段的环境背景

黄淮海流域是南水北调工程的主要受水区和输水线路区，其水资源严重短缺问题也是南水北调工程立项的主要依据，因此，南水北调工程规划阶段研究的环境背景问题是指：黄淮海流域水环境现状及未来形势，节水能否解决水资源短缺问题，全球气候变化对黄淮海流域降雨量的影响对缓解黄淮海水资源短缺是否有利等问题。

一、黄淮海流域地下水超采、污染及湿地退化等生态环境问题严重

（一）地下水超采与污染

地下水分别占海河、淮河和黄河流域水资源总量的48%、38%和35%。由于地表水缺乏，

地下水超采引起的地下水位下降是一个非常严重的问题。据统计，1958—1998 年，海河流域地下水累计超采达 900 亿 m³，相应地，平原地区的深、浅层地下水位分别下降了 90m 和 50m。

地下水超采引发了地面沉降、海水入侵等一系列生态环境问题。1985 年以来，我国地面沉降造成的经济损失在 140 亿元左右，影响城市包括天津、太原、石家庄和上海，其中天津地区累计地面沉降量大于 1.5m 的面积已达到 133km²。许多沿海城市海水入侵危害也日益增加，1992 年河北、山东和辽宁三省共出现海水入侵 72 处，面积达 143km²。

同时，地下水污染也是黄淮海流域的一个严重问题。浅层地下水受氮、农药等面源污染物污染尤为严重，其他因素还有（污染）河水与地下水之间的相互作用、用未处理污水进行农业灌溉，以及来自城镇、工业、乡镇企业和畜牧养殖的点源污染。由于浅层地下水污染，迫使人们不断开采深层（或更深的含水层）地下水。由于越来越多的人靠它生存，其本身储量又越来越小，所以一个时期以后深层地下水开采将难以为继，各种兴利用水逐渐无法得到满足。这是黄淮海流域的普遍现象，突出了日益严重的水质污染与日趋减少的地下水量之间的关系。

由于大量开采咸水区的浅层淡水和深层淡水，使得咸淡水边界向淡水区移动。其主要表现为：浅层淡水面积缩小、矿化度升高、水质咸化；咸水体底界面下移，深层淡水矿化度升高、水质咸化。黄淮海流域目前深层淡水受到咸水入侵主要是沧州、衡水地区，咸淡水局部连通。受沧州深层地下水位下降漏斗影响，东部咸水西侵，与 1984 年比较，咸水区面积向西扩展了 686km²，深层淡水矿化度升高了 0.768g/L。在滨海平原的近海地带，海水入侵更趋严重，其表现是地下水矿化度增高、氯化物和硫酸根离子增加，危及水源地，影响城市供水和灌溉。

（二）湿地减少退化，入海水量锐减，河口生态环境恶化

以海河流域为例，该流域历史上有三大洼淀群，即大陆泽-宁晋泊洼淀群、白洋淀-文安洼洼淀群、黄庄洼-七里海洼淀群。20 世纪 50 年代全流域有万亩以上的洼淀 190 多个，洼淀面积超过 10000km²。现今，除白洋淀和部分洼淀修建成水库外，大部分的洼淀都已消失或退化。即使加上 30 多座大型水库和 100 多座中型水库，湿地面积也仅有 2000 多 km²。

人类活动的影响加剧了湖泊洼淀的演变过程。以白洋淀为例，据资料，1964—1998 年，白洋淀因围垦造田减少了 90%。50 年代以后，白洋淀上游兴建了总库容达 36 亿 m³ 的水库，大大减少了入淀水量。1966—1995 年，已出现 5 次干淀。1990—2000 年又多次面临干淀的威胁，依靠定期补水才得以维持。自 60 年代开始，大量污水排入淀区，造成严重污染。湿地的生物多样性也受到不同程度的破坏，珍贵稀有水禽已很难见到，一些原是资源种类的水禽，现在变成了稀有种。

与 50 年代相比，流域年平均入海水量减少了 72%。年平均入海水量只有 68.5 亿 m³，占水资源总量的 18%，其中 40% 集中在滦河及冀东沿海地区。海河南系入海水量则衰减了 90%，入海水量只有 10 亿 m³，只相当于海河南系总水资源量的 6%。海河流域 20 世纪各年代入海水量见表 1-2-1。

陆源污染给河口近海地区造成污染，使生态环境恶化。渤海湾受纳天津、北京两大城市的污水，无机氮、无机磷、化学耗氧量等指标严重超标。据资料，1998 年排入河口近海地区的废污水量约为 6 亿 t，约占流域废污水总量的 10%。海河干流、永定新河、独流减河等主要入海

河口污染严重。在近海5～10km的范围内，污染指标超过《海水水质标准》（GB 3097—1997）Ⅲ类数倍至数十倍。由于入海径流减少和严重的污染，河口地区具有经济价值的鱼类基本上绝迹，渤海湾著名的大黄鱼等优良鱼种基本消失。1983—1993 年，渤海鱼类群落多样性指数从3.61（85 种）降到 2.52（74 种），经济鱼类向短周期、低质化和低龄化演化。天津市 1989 年海水产品产量为 3.79 万 t，1994 年锐减到 2 万 t，而且水产品品种退化，经济鱼类已形不成渔汛。渤海湾的底栖生物明显减少，浮游生物也变成以耐污性较强的为主。近 10 年来，渤海赤潮频频发生，造成了严重的经济损失。

表 1-2-1		海河流域20世纪各年代入海水量			单位：亿 m³	
分　区	50 年代	60 年代	70 年代	80 年代	90 年代
滦河及冀东沿海	76.3	42.7	44.6	12.4	29.5
海河水系	163.8	101.8	59.1	11.1	26.3
徒骇马颊河系	1.7	16.5	11.8	3.3	12.0
合计	241.8	161.0	115.5	26.8	67.8

二、黄淮海流域缺水形势严峻，节水并不能解决根本问题

（一）缺水形势

中国可持续发展水资源战略研究结果表明：我国北方地区各流域片遇丰水年基本不缺水；遇平水年（P=50%）淮河流域片基本不缺水，海河流域片严重缺水，黄河流域片轻度缺水；遇枯水年则海河、淮河、黄河流域片均缺水。海河、淮河、黄河流域片现状缺水 50 亿～140 亿 m³（平水年和枯水年），2010 年达 100 亿～225 亿 m³，2030 年及以后达 160 亿～305 亿 m³。黄淮海流域缺水量预测见表 1-2-2。

总结论是：黄淮海流域 2030 年枯水年缺水量 300.6 亿 m³。

表 1-2-2		黄淮海流域缺水量预测表	
分　区	水平年	缺水量/亿 m³	
		平水年（P=50%）	枯水年（P=75%）
海河流域片	现状	47.8	78.4
	2010	71.2	107.8
	2030	96.7	133.4
	2050	97.7	134.6
淮河流域片 （南水北调受水区）	现状		40.0
	2010		70.0
	2030		80.0
	2050		80.0

分　区	水平年	缺水量/亿 m³	
		平水年（$P=50\%$）	枯水年（$P=75\%$）
黄河流域片	现状		20.8
	2010	25.8	47.8
	2030	61.3	87.2
	2050	62.0	89.6
合　计	现状	47.8	139.2
	2010	97.0	225.6
	2030	158.0	300.6
	2050	159.7	304.2

注　资料引自中国工程院重大咨询项目"中国可持续发展水资源战略"研究报告，2001。

（二）节水潜力

黄淮海流域特别是南水北调中、东线受水区是我国节水水平相对先进的地区，但用水效率仍然偏低，局部地区存在用水浪费现象，节水尚有一定潜力。在大力实施各项节水措施的条件下，2010 年南水北调中、东线受水区可节水约 41 亿 m³，其中农业、工业及城镇生活节水量分别为 20 亿 m³、15 亿 m³ 和 6 亿 m³。在此基础上，到 2030 年可再节水约 38 亿 m³，其中农业、工业及城镇生活节水量分别为 23 亿 m³、10 亿 m³ 和 5 亿 m³。

2030 年累计节水量受水区为 79 亿 m³，黄淮海流域为 188 亿 m³。与此同时，可获得相应的节水经济效益 250 亿～350 亿元，以及其他社会及环境效益。

实施节水规划后，到 2010 年受水区工业和城镇生活需水量在节水后仍比现状增加 54 亿 m³，至 2030 年将继续增加 115 亿 m³。若考虑现状地下水超采量和未处理污水利用量，以及农业灌溉存在着严重的资源性缺水状况，在没有新的水源工程或仅有少量新水源工程条件下，2010 年和 2030 年，受水区的缺水量将分别达到 120 亿 m³ 和 180 亿 m³ 左右。

另外，为实现规划节水量，需要较大的资金投入及相应的政策保障。其中缺水越严重地区，单方水投资越高，且远期单方水投资高于近期，所得到的节水量也越少。受水区 2001—2010 年需投资 426 亿元，2011—2030 年为 550 亿元，累计投资约 976 亿元，其中农业、工业及生活节水累计投资分别为 604 亿元、325 亿元和 47 亿元。黄淮海流域 2001—2010 年需投资 1037 亿元，2011—2030 年 908 亿元，累计投资约 1945 亿元，其中农业、工业及生活节水累计投资分别为 1142 亿元、746 亿元和 57 亿元。

可见，通过节水虽然可以部分缓解用水的紧张状况，但难以解决黄淮海流域严重的缺水局面，为从根本上解决黄淮海流域严重缺水问题，只能依靠实施跨流域调水——南水北调工程。

三、水污染问题是南水北调工程实施和发挥效益的主要制约因素

黄淮海平原地区是工程路线区与受水区，也是我国水污染最严重的地区，该区域的水污染问题是南水北调工程的主要制约因素。

（一）南水北调东线输水干线 50% 的监测断面水质劣于 V 类

2000 年输水干线规划区 47 个控制断面中，新通扬运河、北澄子河、大运河淮阴段等 36 个控制断面氨氮浓度超标；不牢河、洸府河等 25 个断面高锰酸盐指数超标；不牢河、洸府河等 23 个等断面高锰酸盐指数和氨氮同时超标；韩庄运河、梁济运河、南运河天津段、南运河河北段、卫运河山东段等 25 个断面石油类超标；大运河邳州段等 24 个单元五日生化需氧量超标；大运河淮阴段等 17 个单元挥发酚超标；洸府河等 14 个单元溶解氧超标；不牢河等 9 个断面亚硝酸盐超标。综上，骆马湖以南，以氨氮超标为主；骆马湖以北至东平湖，水质恶化多项超标，为Ⅳ类、V 类和劣 V 类；过黄河，进入海河流域，全部为劣 V 类。

山东天津用水规划区 3 个控制断面现状水质都超过地表水环境质量Ⅲ类标准，其中小清河柴庄闸污染严重，多项水质指标超过 V 类标准；天津市区供水段水质为Ⅳ类；江苏泰州槐泗河断面石油类超标。河南安徽规划区，卫运河河南段有溶解氧、高锰酸盐指数、石油类、氨氮四项指标劣于 V 类标准值；入洪泽湖支流高锰酸盐指数劣于 V 类；淮河干流沫河口氨氮劣于 V 类。

（二）南水北调中线工程与受水区之间的引水河道约有半数水质劣于 V 类

南水北调中线工程从丹江口水库取水，经总干渠和与总干渠交叉的河道送往受水区。目前丹江口水库水质较好，总干渠为新开挖衬砌渠道，均可保证水质。但由于连接总干渠和受水区城市之间的交叉河道水质较差，约有半数为劣 V 类，大大影响用水水质。

长江流域汉江水系与总干渠交叉的河流，水质能达到地表水Ⅱ～Ⅲ类标准；黄河干流及沁河水质为地表水Ⅳ～V 类；淮河流域及海河流域大部分河流污染严重，劣于地表水 V 类标准。

通过对各主要河流水质状况的分析表明：交叉河流水质从南向北呈下降趋势，其污染程度由重到轻按流域排次为海河、淮河、黄河和长江，主要污染物为高锰酸盐指数、氨氮和酚类。大沙河、峪河、安阳河、沁河和双洎河的石油类污染同样不可忽视。

干渠以西的大、中、小型水库，大都位于河流上游的工业不发达地区，受污染程度较轻，除个别水库个别指标外，各监测项目基本上都符合地表水Ⅱ～Ⅲ类标准。总干渠以东河段及平原洼淀的水质污染较严重，主要由于工业废水排放量较大而水量较少造成。

（三）主要受水区几乎有河皆枯、有水皆污，污水灌溉进一步引起土壤、农作物和地下水的污染

海河流域是南水北调工程的主要受水区，1991—1998 年该流域平均地表水开发利用率达 78%。随着用水量的大幅增加，造成河道干涸断流，河道功能退化。据初步统计，在流域一、二、三级支流的近 10000km 河长中，已有约 4000km 河道长年干涸。干涸河道主要有永定河三家店以下、大清河南系各水库以下、子牙河山前各水库以下、黑龙港水系及南运河、漳卫新河等。

一些有水河流，河水主要由城市废污水和灌溉退水组成，基本无天然径流，在中下游城市形成污水河，主要有北京排污河、天津的大沽排污河和北塘排污河、沧州的沧浪渠、保定的府河、石家庄的洨河、卫河新乡段、南运河德州段等。这些河流（段）污染物浓度远高于国家地

表水环境标准Ⅴ类，对沿岸居民的生产生活用水安全造成极大影响。研究表明，排污河经过20～30年运用，其污染已影响到河流两侧1～3km范围内浅层地下含水层，当地的灌溉和饮用水井受到污染，附近人群的发病率升高。

由于缺少入海水量，山区进入平原的径流、引黄水量和降雨中带来的盐分不能排出，引起区域性的积盐。据资料显示，河北平原1985年、1986年两年的积盐量达25万t，鲁北地区14万t。长期下去，必将加重土壤的积盐和地下水的矿化。

受水区的农业灌溉水源大部分为雨污混合水，部分地区取自城市污水。如北京市市区年排放废污水6.3亿t，经北运河、北京排污河、永定新河入海，其中38%的水量用于农业灌溉。其结果不仅对浅层地下水水质造成污染，还导致农田土壤重金属和盐分积累，对土壤和作物产生影响。天津市武清县污灌区玉米中铅含量已经高于国家卫生标准，铬、砷、汞、镉的含量虽然符合国家食品卫生标准，但是其含量也高于其他地区。保定市的调查资料显示，居住在污灌区的儿童头发中重金属含量较高，污灌区人群的白血病发病率明显增高。位于河北省滹河两岸的栾城县，由于颇高浓度废污水的影响，致使当地居民的发病率、致癌人数比其他地区高出3‰～5‰。

河道干涸还引发河道内土地沙化、土壤盐分累积。山前平原与河道两岸附近的浅层地下水位持续下降地区、河流冲积沙地和砂质褐土、砂质潮土、砂质草甸土等耕地沙化尤为严重。近30年来，河北沙化土壤从冀西发展到冀南衡水—邢台一带并向京津地区扩展。滦河沿岸、永定河下游、大清河及子牙河水系、滏阳河及漳河两岸等洪泛区因土壤脱水，土壤沙化均呈发展趋势。

四、全球气候变化不改变我国北方地区的现状降水量

选用全球较为公认的5个气候模式进行气候演变模拟，重点是预测华北和西北部地区2030年的降雨分布。五组模型分别为德国的ECHAM4、英国Hadly研究中心的HADCM²、美国地球流体动力实验室的GFDL-R15、加拿大的CGCM²和澳大利亚的CSIRO。分析各种模式的预测结果，得出一致的结论：我国北方地区2030年的总体趋势是降雨量不会增加（表1-2-3）。

表1-2-3　　　　我国北方地区2030年降水趋势预测

内　容	ECHAM4 模型	HADCM² 模型	GFDL-R15 模型	CGCM² 模型	CSIRO 模型
模型分辨率	2.8125°×2.8125°	3.75°×2.75°	7.5°×4.5°	3.75°×3.75°	5.625°×3.214°
全球格点数	128×64	96×73	48×40	96×48	64×56
大气模式	19层	19层	9层	10层	9层
海洋模型	17层	20层	12层	29层	21层
温室气体强迫试验长度与温室气体强迫加气溶胶试验长度/年	1860—1989年（历史资料）1990—2099年（1%/年）	1860—1989年（历史资料）1990—2099年（1%/年，0.5%/年）	1958—2057年 IS92a	1850—2057年（1%/年）	1880—1990年（历史资料）1990—2099年 IS92a

	内　　容	ECHAM4 模型	HADCM² 模型	GFDL‒R15 模型	CGCM² 模型	CSIRO 模型
西北地区	只考虑温室气体强迫试验的模拟计算结果分析	降水增加，中心位置在天山山脉	天山南麓将是降水减少的中心，在 2.5mm 以上	降水增加，但不很明显	新疆塔里木盆地降水将减少，北疆略有增加	整体上有增加的趋势
	考虑温室气体加气溶胶辐射强迫试验的模拟计算结果分析	降水增加，最大位置在塔里木盆地南缘	整个西北地区 2030 年降水将减少，特别是天山北麓减少在 8mm 以上	西部地区普遍将出现降水增加的趋势，但北疆略有减少的趋势	天山北麓降水将增加，塔里木盆地将干旱少雨，但趋势不十分明显	西北地区降水增加，主要是沿天山山脉
华北及内蒙古地区	只考虑温室气体强迫试验的模拟计算结果分析	降水增加，并由东北向西南逐渐减少	内蒙古大部分地区降水将增加，部分地区在 4mm 以上，但华北大部分地区将干旱少雨，特别是山东、河南与河北交界的地方	华北平原降水减少，其他地区变化不明显，或略有增加	内蒙古大部分地区将干旱少雨，华北大部也将减少，陕南和甘南地区略有增加	增加趋势较为明显
	考虑温室气体加气溶胶辐射强迫试验的模拟计算结果分析	华北及内蒙古中、东部地区降水将减少，但幅度不明显	华北平原将干旱少雨，内蒙古大部分地区降水将增加，特别是中蒙边界处	内蒙古和华北地区降水将增加，比较明显的地区位于内蒙古中部地区	内蒙古中西部和河套地区将干旱少雨，华北及东北降水略有增加，但趋势不明显	内蒙古及华北地区降水也略有增加

第三节　南水北调工程总体规划的
战略环境影响评价

在总体规划阶段全面分析了南水北调工程对调水区、输水线路区及受水区产生影响的环境因素，识别有利的环境因素及不利的环境因素，评价南水北调工程实施的必要性，并从系统学角度出发，说明哪些环境问题已经在前人的研究基础上得以解决，哪些问题需要在工程设计中加以解决，哪些问题尚待深入研究及进一步关注。确定在环境规划中重点规划的环境问题，最终说明工程是否存在不可解决的环境制约因素。

鉴于南水北调工程是跨流域调水工程，通过输水总干渠联系长江、黄河、淮河、海河四大流域，不仅使四大流域的流量、流态（流速、水位、停留时间）、流质（泥沙、盐度、营养物、污染物）发生变化，还会因此对各大流域整体生态系统产生深远影响，但对这些影响的评价尚需要从条件演化、数据观测、规律总结等方面深入研究和积累信息，才能给予明确结论。在工程立项的规划阶段，就影响工程立项的生态环境问题予以评价，确定应在生态规划中回答的问题。而工程对生态系统功能与结构变化的长远影响问题，则在本规划中提出科学观测与验证需求。

基于南水北调工程生态环境影响的分区特征，分调水区、线路区和受水区，分别评价并给出结论。

一、南水北调工程对调水区生态环境的影响及对策

（一）对水文情势的影响及对策

1. 西线调水区：局部河段流量减少、水位有所下降，总体影响不大

三条河调水按 170 亿 m^3 的远期方案分析，其中通天河调水 80 亿 m^3、雅砻江调水 65 亿 m^3、大渡河调水 25 亿 m^3，占所在河流河川径流量的 5%～14%，从河流总体看，调水量所占比例不大；占引水枢纽处河川径流量的 47.6%～71.4%，从引水枢纽看，调水量占比例较大，约为 2/3。

为减少调水对生态环境影响，工程规划中将不小于或接近引水枢纽多年系列的最小月平均流量作为最小下泄量，考虑坝下临近河段工农业用水，确定各引水枢纽最小下泄流量见表 1-3-1。从表 1-3-1 中可以看出，调水后，年内枢纽各月最小下泄流量多数大于长系列最小月平均流量。因此，西线调水后，仍能维持河川径流量在自然生态可承受的变化范围内，枢纽下游河道水量的减少不会导致下游生态环境恶化。

表 1-3-1 　　　　　　　　　　引水枢纽最小下泄流量　　　　　　　　　单位：m^3/s

引 水 枢 纽	同加	侧坊	仁青里	阿达	阿安仁达	大渡河三支流枢纽合计
多年系列最小月平均流量	38.7	44.5	31.6	36.6	14.8	17.0
引水枢纽最小下泄流量	70.0	70.0	35.0	40.0	10.0	12.0

调水后，水量减少较多的仅为引水枢纽以下临近河段，但三条河调水地区河流纵横，水系发育，两岸支流汇入较多，年径流量沿程增加较快。各河流调水后引水枢纽以下径流量及水位影响见表 1-3-2～表 1-3-6。可见，在距引水枢纽坝址 4～10km 时，便增加支流汇入的水量 2.08 亿～4.51 亿 m^3，使该处断面的径流量达到 22.09 亿～47.56 亿 m^3；在距引水坝址 14～50km 时，水量增加 13.59 亿～16.13 亿 m^3，使该处断面径流量达到 36.2 亿～56.64 亿 m^3。大渡河由于是从支流调水，调水前支流径流量就较小，调水后坝下汇入水量也不大。

表 1-3-2 　　　　　　　通天河调水后引水枢纽以下径流量及水位影响

项 目	侧坊调水 80 亿 m^3 方案		
	侧 坊	歇武系曲口	巴塘曲
距坝址距离/km	0.0	10.0	14.0
调水后径流量/亿 m^3	43.05	47.56	56.64

项　目	侧坊调水 80 亿 m³ 方案		
	侧　坊	歇武系曲口	巴塘曲
沿程增加水量/亿 m³		4.51	9.08
调水后水位下降/m		0.24	

表 1-3-3　　　　雅砻江调水后引水枢纽以下径流量及水位影响

项　目	阿达调水 50 亿 m³ 方案			
	阿　达	玉　曲	达　曲	甘　孜
距坝址距离/km	0.0	4.0	26.0	50.0
调水后径流量/亿 m³	20.01	22.09	28.39	36.2
沿程增加水量/亿 m³		2.08	6.30	7.81
调水后水位下降/m				0.40

表 1-3-4　　　大渡河支流阿柯河调水后引水枢纽以下径流量及水位影响

项　目	大渡河调水 25 亿 m³ 方案克柯调水 2 亿 m³			
	克柯坝下	沃央沟口	若果郎沟口	克尔柯克沟口
距坝址距离/km	0.0	9.5	21.5	26.0
调水后径流量/亿 m³	2.12	2.74	3.80	4.21
沿程增加水量/亿 m³		0.62	1.06	0.41
调水后水位下降/m		0.70	0.40	0.30

表 1-3-5　　　大渡河支流杜柯河调水后引水枢纽以下径流量及水位影响

项　目	大渡河调水 25 亿 m³ 方案上杜柯调水 11.5 亿 m³			
	上杜河	乌吉沟口	热吉沟口	绰斯甲
距坝址距离/km	0.0	14.0	28.0	145.0
调水后径流量/亿 m³	4.62	5.68	6.72	45.0
沿程增加水量/亿 m³		1.06	1.04	38.28
调水后水位下降/m		0.65	0.50	0.20

表 1-3-6　　　大渡河支流麻尔曲调水后引水枢纽以下径流量及水位影响

项　目	大渡河调水 25 亿 m³ 方案亚尔堂调水 11.5 亿 m³			
	亚尔堂	恩达弄沟口	子木沟口	美昂沟口	足木足
距坝址距离/km	0.0	4.0	11.5	29.0	290.0
调水后径流量/亿 m³	4.33	4.70	5.28	6.08	62.10
沿程增加水量/亿 m³		0.37	0.58	0.8	56.02
调水后水位下降/m		0.60	0.50	0.32	0.10

应指出的是，影响生态环境的因素主要是水位变化。三条河引水坝址下游地形、地貌的特点，决定了地下水位在干流两岸以埋深大、坡降陡、侧渗微弱为基本特征。调水后，受河道径流量减少的影响，河道水位会有所下降，但主要集中在坝址附近的局部河段，且降幅不大。仅在雅砻江的引水坝址至甘孜发生 0.24m 水位下降，通天河的引水坝址至歇武系曲口发生 0.4m 水位下降，大渡河的引水坝址至绰斯加、足木足等坝址下游距离河段约 50km 以内发生 0.70m 以下的水位降低。

2. 中线调水区：汉江中下游枯水期流量增加，丰、平水期流量减少，可采用引江济汉工程予以缓解

中线工程一期调水 95 亿 m³，二期调水 130 亿～140 亿 m³，为充分评价调水后对汉江流域水文情势的影响，本规划主要采用调水 145 亿 m³ 方案对中线调水区生态环境影响进行评价，若调水 145 亿 m³ 方案不会产生问题，则中线一期和二期工程更不会产生问题。另外，规划除了对调水 145 亿 m³ 方案的生态环境影响进行了详细分析外，还对调水 97 亿 m³ 方案及实施引江济汉工程后的生态环境影响进行了全面评价。

以现状丹江口水库下泄水量多年平均为 388.2 亿 m³ 计算，调水 145 亿 m³，相当于调走中下游总水量的 37%，由于下泄流量的减少，使得沿程流量水位都发生了变化。

据南京水利科学研究院河港研究所研究，在保证率为 90% 的连续 30 天最枯平均流量（30Q10），保证率为 50% 的连续 90 天最枯平均流量（90Q50），保证率为 75% 的年平均流量（Q75）及多年平均流量（QA）情况下，黄家港、襄阳、宜城、皇庄、沙洋、潜江、仙桃、汉川、武汉等点调水前后流量变化见表 1-3-7、水位变化见表 1-3-8。

表 1-3-7　　　　　　　　调水 145 亿 m³ 前后流量变化　　　　　　单位：m³/s

点位	30Q10			90Q50			Q75			QA		
	调水前	调水后	变化	调水前	调水后	变化	调水前	调水后	变化	调水前	调水后	变化
黄家港	449	430	−19	505	490	−15	806	559	−247	1180	763	−417
襄阳	477	486	11	548	531	−17	874	606	−268	1280	827	−453
宜城	457	462	6	605	561	44	999	767	−232	1490	1062	−428
皇庄	452	455	3	615	566	−49	1020	794	−226	1520	1100	−420
沙洋	354	397	43	555	509	−46	934	702	−232	1430	1010	−420
潜江	333	397	64	550	509	−41	878	674	−204	1270	925	−345
仙桃	294	333	39	537	497	−40	853	636	−217	1240	888	−352
汉川	227	307	80	530	490	−40	845	623	−222	1220	870	−350
武汉	195	290	95	515	474	−41	829	607	−222	1200	853	−347

注　"−"表示调水后流量减小。

由表 1-3-7 和表 1-3-8 可知：在保证率 90% 连续 30 天最枯平均流量下，调水前沿程各站的流量均小于 500m³/s。下游段沿程由于各灌区取水分流，使流量逐渐减少，汉川以下的流量仅为 195m³/s，调水后，沿程各站流量也小于 500m³/s，由于各支流水库的补偿作用，使沿

程流量有所增加，如汉川站流量由调水前的 227m³/s 增加到 307m³/s，增加了 80m³/s。沿程流量变化影响到沿程水位的变化，流量沿程增加（黄家港除外），使沿程水位也有所上升，但水位同时还受河床地形的影响，不同河段水位值的升幅有所不同。表现为皇庄以上河段水位值变化较少（−0.04～0.02m），皇庄以下河道水位逐渐升高，最大值为 0.39m。

表 1 − 3 − 8 　　　　　　　　　调水 145 亿 m³ 前后水位变化 　　　　　　　　单位：m

点位	30Q10			90Q50			Q75			QA		
	调水前	调水后	变化	调水前	调水后	变化	调水前	调水后	变化	调水前	调水后	变化
黄家港	85.84	85.80	−0.04	85.93	85.91	−0.02	86.38	86.01	−0.37	86.79	86.32	−0.47
襄阳	58.67	58.69	0.02	58.76	58.74	−0.02	59.28	58.83	−0.45	59.84	59.22	−0.62
宜城	49.72	49.73	0.01	49.81	49.78	−0.04	50.59	50.13	−0.46	51.18	50.68	−0.50
皇庄	40.11	40.11	0	40.29	40.23	−0.06	41.05	40.70	−0.35	41.66	41.17	−0.49
沙洋	21.15	21.26	0.11	31.90	31.76	−0.14	32.79	32.28	−0.51	33.65	32.92	−0.73
潜江	26.75	27.05	0.30	27.67	27.52	−0.15	28.56	28.07	−0.49	29.24	28.67	−0.57
仙桃	20.83	21.22	0.39	22.13	21.99	−0.14	22.94	22.44	−0.50	23.59	22.99	−0.60
汉川	16.24	16.63	0.39	17.44	17.31	−0.13	18.35	18.15	−0.20	18.54	18.44	−0.10
武汉	10.34	10.34	0	11.90	11.90	0	16.56	16.56	0	16.84	16.84	0

注 "−"表示调水后水位下降。

在保证率 50％的连续 90 天最枯平均流量下，调水后的流量较调水前均有所减少，但减少幅度不大，流量差值在 50m³/s 以内，这种情况下调水前的流量变化范围为 505～615m³/s。调水后的流量变化范围为 474～566m³/s，相应地沿程水位调水后均有所下降，但下降幅度也很小，最大值为 0.15m。

在保证率 75％的年平均流量下，沿程各站的流量由调水前的 806～1020m³/s 减小到调水后的 559～794m³/s，减小幅度为 204～268m³/s。这种保证率下的水位，调水后较调水前有较大降低，最大下降值为 0.51m。

在多年平均流量下，沿程流量由调水前的 1180～1520m³/s 下降到调水后的 763～1102m³/s，流量变化范围为 312～429m³/s。由于流量的减小，沿程水位也有较大幅度的降低。最大值为 0.85m。

水位抬高后，总库容由 174.5 亿 m³ 增加为 290.5 亿 m³，水库面积由 745km² 增大到 1050km²，回水长度由 177km 增加为 193.6km，水库调节性能将由完全年调节水库变为不完全多年调节水库。

中线调水后，汉江全段冲刷总量较之初期引水减少 2/3，河床粗化要向河口地带发展，对汉江口边滩的淤积作用将进一步减弱。而且丹江口大坝加高后，汉江洪峰将进一步削减，与长江洪峰遭遇的概率将降低，从而使河势更趋稳定，崩滩崩岸强度减小，将对武汉市防洪有利。

3. 东线调水区：对长江口地区水文情势会有一定影响，但可以采取避让措施予以应对

南水北调东、中、西三线工程实施后，将使长江入海流量进一步减少，对此问题专项研究

表明：东线远期工程可能对长江口盐水入侵有一定影响，中、西线的影响较小。东线方案直接从河口区引水，其设计流量一期为 $500\mathrm{m^3/s}$，二期为 $600\mathrm{m^3/s}$，远期为 $800\mathrm{m^3/s}$，但三峡工程 1—4 月会使大通站流量增加 $1000\sim2000\mathrm{m^3/s}$，能减轻河口区盐水入侵的影响。如再限定确保长江口工农业和生活用水的大通站控制流量和根据实际情况调整三峡工程的调度方案，则南水北调产生的负面影响将可避免，有关方面提出的北支封堵方案，可以作为可供选择的方案，进一步比选。

长江入海通量的变化，还表现在输入沙量变化上。根据大通站多年输沙量资料，长江口泥沙主要来源于上游，下游河道补给的泥沙量有限。近年来在来水量总趋势变化不大的前提下，来沙量呈明显下降趋势。20 世纪 90 年代和 60 年代相比，大通站来沙量减少了 1/3。南水北调工程实施后，部分悬移质泥沙将随水抽走，造成河口泥沙量进一步减少。据测算，当调水不超过 450 亿 $\mathrm{m^3/a}$ 时，入海泥沙量的减少将不超过 10%。

由于泥沙补给量的减少，且泥沙粒级有所粗化，絮凝作用引起的细颗粒泥沙沉积效应将会削弱，长江口拦门沙区段洪淤枯冲的相对平衡关系发生变化，洪淤的强度和范围减小，拦门沙航槽的浮泥厚度趋于减小，枯冲有所增强，结合拦门沙滩顶位置内移，冲淤平衡格局重新调整。

长江口潮滩在近几十年来仍保持淤涨趋势，但是自 20 世纪 80 年代后期以来，侵蚀有增强迹象。调水 450 亿 $\mathrm{m^3}$，入海泥沙量的减少将导致长江口总体淤涨速率降低 10%~20%（即每年淤涨约 $0.5\sim1.0\mathrm{km^2}$），局部地区、部分时段侵蚀将加重。

由上述变化带来的长江口自然新湿地增长缓慢或减少、上海围海潜力的减少、水产资源生物育幼场所的缩小及水产资源的下降等问题，需要密切关注及进一步研究。而据南京水利科学研究所、华东师范大学等单位关于南水北调对河口海岸影响的预评估研究，由于东线工程调水量占长江径流量的比例很小，调水对引水口以下长江水位、河道淤积和河口拦门沙的位置等影响甚微，对长江口盐水上侵可采取避让措施解决。

（二）对库区及下游河段水质的影响及对策

1. 西线调水区水库处于低污染区，水质问题较小

按照新的调水方案，坝址所在地区基本无工业，耕作业不发达，以牧业为主。对水的污染主要是以有机物为主的面源污染，且不严重。水库建成蓄水后，特别是蓄水初期，库区或库周的 N、P 等成分进入库区水体中，有可能产生水体富营养化现象，但由于该区污染源很少，污染强度又弱，加上原有水体较为清洁，随着库区上、下层水体的相互交换，营养物积累的影响程度将会逐渐减弱直至消失。由于水库的沉积作用，下泄水的水质比调水前将有所改善。

2. 丹江口库区水质变化不大，部分支流需加大治污力度

按调水 145 亿 $\mathrm{m^3}$ 方案，预测丹江口水库陶岔、坝上等主要断面 2020 年的高锰酸盐指数浓度较现状有所增加，但均达 I 类、II 类水的标准，可以满足南水北调中线工程引水的要求；支流神定河、浪河和老灌河等局部水域水流减缓，交换性能较差，如不采取有效防治措施，随着排入这些水域工业废水和生活污水的不断增加，水质可能下降。

非点源污染负荷随入库径流的加大而增加，因而库区水质一般表现为丰水期较差。预测在丰水年丰水期暴雨后时间内，陶岔附近水域的水质将达 II 类水的上限。

3. 汉江中下游部分河段水质因水文情势变化有下降可能，治污和引江济汉工程可予以解决

在枯 30Q10 流量条件下，2000 年武汉江段水质由地面水Ⅳ类变为Ⅲ类，其余江段的水质类别不变，均维持Ⅱ～Ⅲ类水标准；至 2020 年潜江以下，调水 145 亿 m³ 后各江段污染物浓度有所降低。

在枯 90Q50 流量条件下，2000 年两种不同调水量的干流水质均可满足地面水Ⅱ类水质要求，2020 年除武汉、宜城、孝感、蔡甸江段水质为Ⅲ类外，其余均为Ⅱ类，水质类别均未发生变化。

在多年平均流量条件下，由于干流各江段多年平均流量均比较丰沛，2000 年与 2020 年干流水质均可满足地面水Ⅱ类要求，各江段水质无类别变化。

4. 汉江中下游水华的发生不会因调水加重

对未来南水北调中线工程实施后汉江中下游典型年水华事件发生和年际间水华事件发生进行模拟结果表明，在 1997 年 5 月至 1998 年 4 月时段气象、水文条件下：①南水北调中线工程首先是在满足汉江中下游的需水量（河道内用水与河道外用水），即下泄流量不小于 490m³/s 的情况下实施的调水水量，而且由于汉江中下游流量变化相对平稳，由此引起水质浓度变化幅度要平衡一些，因此，在全年时段内，在实现南水北调中线工程后，调水不会引起水质类别的根本变化；②通过对调水前后 1956—1998 年期间的水华发生的年际情况进行逐日模拟，得出在调水 95 亿 m³ 后，调水过程并没有导致水华发生的水文条件年度增加，由此可见调水不会引起水华发生年度频率的增大；③调水 97 亿 m³ 和引江济汉工程后，汉江中下游沙洋以下河段水质将得到一定程度的改善，年内水质浓度变化幅度将更为平缓。

值得指出的是：引江济汉工程和兴隆水利枢纽工程将引起高石碑上游影响区内流速减少，尤其是枯水时减速较大，可能会增加这一水域水华发生的机会，要引起重视。

（三）对生态系统结构的影响及对策

1. 西线调水区

（1）对库区浮游植物及鱼类的影响。建坝后，库区水流变缓、水体透明度提高、有机物和营养物增加等条件，都有利于浮游植物的生长繁殖。建坝前在干流中不能生存的某些种类能够在库区的环境中繁衍。因此，库区浮游植物的种类和数量都会有所增加。由于库水交换，营养盐含量不高，所以不会产生浮游植物过量繁殖的问题，而浮游植物的增加，为鱼类提供了较多的饵料，对发展水产有利。

坝址下游因调水造成浮游生物、底栖生物、水生生物的种群结构及生物量会发生改变，种群缩小、生物生产力降低。栖息环境恶化使鱼类区系组成、种群结构等皆有可能受到影响，甚至可能危及某些高原特有鱼种的生存。对鱼类资源的影响程度随调水量的增加而加重。

建坝后，库水抬升淹没周边土地，有机物和浮游生物的增多，会有利于底栖生物的生长繁殖。

（2）对坝址区鼠害隐患的影响。调水坝址下游附近多有浅切河谷，建坝后可能造成这些河谷地带草地生境旱化，草地趋向逆向演替，产草量下降。结果将加剧鼠类种间和种内的竞争，即为争夺有限的资源不断扩大采食场地，从而使鼠害面积增大。

分布在下游区的鼠类种类较多，数量亦较大，对草地的危害较严重。根据资料，生活在本

区的草地鼠类有高原鼠兔、喜马拉雅旱獭、田鼠和沙鼠。但按照高原鼠兔等鼠类的生活习性，水库周围土壤疏松的山麓平原、河谷阶地、山前洪冲积扇，低山丘陵阳坡等气候温和、牧草长势良好的地段，鼠类种群数量突发性变化的可能性不大。

2. 中线调水区

（1）丹江口库区陆生生物变化。蓄水位提高后，水库浮游动植物的种类组成，季度变化以及现存量不会发生明显改变，但总量将会显著增加。水库底栖动物的种类组成、密度和生物量不会发生大的变化，但其区域分布将有所改变，总的生物量将会明显增加。后期工程由于水面的扩大，库区喜水喜湿生境的动物种群数量将会继续有所增加。

对库区陆生植物的影响主要是水库淹没、施工和移民。水库淹没的植被类型有21个、树种287种，受淹没涉及的群落和植物均属于亚热带分布比较广泛的群落和物种。受淹的经济林可在淹没线以上大量栽培。为补偿淹没损失、发展经济，应在安置区大力发展经济林。

（2）对汉江流域及长江口生物种群结构的有利与不利影响。蓄水位抬高，对汉江上游四大家鱼及其他产漂流性卵鱼类产卵场有一定影响，另考虑到上游安康枢纽对坝下江段鱼类产卵场所产生的影响，安康枢纽以下、郧县以上的汉江干流鱼类产卵场将受到较大影响。丹江口水库鱼类中，产漂流性卵鱼类占了很大的比例，在渔业上也占有极为重要的地位。产卵场破坏以后，这些鱼类由于不能正常繁殖而得不到足够的补充群体，其种群数量将减少，必须采取人工放流等措施保护渔业资源，并维持丹江口水库渔业产量的增长。

水库产黏性卵鱼类的繁殖不会受明显影响，只要在鱼类繁殖季节，保持库水位相对稳定，产黏性卵鱼类的繁殖规模将会扩大，丹江口水库鱼类资源亦将不断增殖。大坝加高后，水库面积扩大，有利于水库渔业发展，但为保护水质，应合理布置并控制网箱养鱼规模及投饵量。

调水工程对汉江洄游鱼类没有影响。襄樊以上江段鱼类将以底栖动物为主要食物的鱼类为主，摄食浮游生物的鱼类将减少，摄食丝状藻尖的鱼类仍可维持现状。下游地区鱼类区系不会因工程的兴建而发生较大改变。预测汉江鱼类中经济鱼类的种类不会产生明显变化，但产漂流性卵的鱼类资源量会有所下降，产黏性卵的鱼类比例将有较大增长。此外，低温水下泄对家鱼产卵将带来不利影响。

调水后，径流量的下降将减少陆源性营养物质的入海数量，导致长江口区初级生产力和浮游植物现存量的下降。但长江河口区由于长江来沙量的减少，会有利于光照条件的改善，加之由于外海高盐水的西伸，浮游植物的数量可能会有所增加，并且外海高盐水的西伸有使浮游植物数量的密区向河口推移的趋势。

持续抽江多年后，调水可能会对浮游生物群落产生一定影响。河口区内特别是河口江段浮游生物种类组成可能逐年变性，淡水种种类和数量均会发生变化。河口江段及邻近近海浮游动物分布可能会有向西部逐步靠拢的趋势；海水入侵加强，对长江口大浅滩区内诸如毛蟹等产卵场位置可能带来一定影响，毛蟹的蚤状幼体营浮游生活、毛蟹产卵场位置的变异会使蚤状幼体分布可能略偏西，而江口内段水流湍急，这时对蚤状幼体是十分不利的因素；沿岸低盐水势力减弱，其与外海高盐水形成的交汇区位置向近岸靠拢，强度也可能减弱，随之形成的渔场相应偏西拢岸，工程调水后中心渔场位置可能有5～6n mile的变动，常年调水则其影响将会进一步增大。工程抽江量较大月份恰是洄游性鱼类上溯或降海时间，抽引江水影响径流流速，改变含沙量，使咸淡水范围缩小，限制洄游性鱼类活动范围，增大定置网误捕概率，影响回游鱼类生殖机制调节、转化、缓冲和诱导等要求，产生不适应而可能导致洄游鱼类上溯与降海时间提早或推迟，甚至可能发生回避或不上溯洄游现象。

受淮河水利委员会委托，中国科学院水库渔业研究所、中国水产科学研究院东海水产研究所从 1988 年开始，对南水北调东线工程对长江口及其邻近海域的水生生物的影响进行调查研究，经两年多的野外考察和室内鉴定，初步评价东线调水对长江口及其附近海域的水生生物不会有明显影响，对输水沿线湖泊的水生生物是有利的。

（四）对局地气候和地质灾害的影响及对策

1. 对局地气候影响不大

西线调水区冷季封冻的冰面对太阳辐射的强烈反射，可使库周气温略有降低。西线调水区是全国多风区之一，且风速大，建坝后，广阔的水面有利于风速加强，预计库区风速将有所增高。

丹江口库区年平均气温略有增高，丹江口库边冬雾日数将有所减少。

2. 西线调水区水库诱发滑坡、崩塌可能性增加，但地震风险不大

调水工程区属于泥石流中度危险区，泥石流在调水区分布广泛。由于移民建房，乡镇迁建，国土资源的开发利用等，如规划、布局不当，将增加库区的环境压力。如陡坡开垦、乱砍滥伐，可能加剧水土流失，引起滑坡。工程蓄水后，改变了天然状态下的库岸稳定条件，可能导致滑坡、崩塌等现象。

另外，在寒区修建水库，除上述非寒带区影响库岸稳定的因素外，当库区蓄水后，必然会因为热容量的增大而改变当地的小气候环境，两岸原来冻结的残坡积层融化，出现热融滑塌和冻融泥石流，壅入库内，特别是当地下土层被库水冲淘暴露于地表后，其溯源滑塌的危害性更大，也增加了库内淤积，是一个不可忽视的环境地质问题。

调水工程区位于巴颜喀拉地块内，是区域稳定性相对较好的地段。调水枢纽和引水线路大部分地段均位于稳定区或基本稳定区。

调水区从地质构造和地震活动性来看，都缺乏孕育和发生强震的可能构造环境。但玉树-甘孜断裂带对调水工程的影响不容忽视。

3. 中线丹江口库区泥沙淤积，但不至于影响水库寿命

丹江口水库泥沙主要来源于汉江，初期规模运行 20 余年，绝大部分泥沙淤积在水库下段，随着时间的后延，水库上段泥沙淤积比例将略有上升，淤积末端将日渐上延。丹江口水库死库容大，且坝体设有深孔，泥沙淤积不致影响水库寿命。

4. 丹江口大坝加高有利于汉江中下游防洪，河势朝稳定方向发展

丹江口水库后期工程完工后，因大坝加高，水库调节能力增强，对汉江中下游防洪效益巨大，主要表现在可减少各蓄洪民垸、杜家台分洪工程运用的概率和减小洲滩淹没范围。后期工程可使汉江中下游的防洪标准由目前的 20 年一遇提高到约 100 年一遇。遇 100 年一遇洪水时，沙洋以下民垸不必启用，杜家台分洪工程分洪概率由 5 年一遇到 10 年一遇降至 15 年一遇，可减少洲滩淹没面积 3.10 万亩。防洪标准的提高，将为汉江中下游创造一个更为安全的生产和生活环境。

调水将使汉江中下游的总水量减少，而大坝加高，水库淤积加大，使下泄沙量减少，且年

内水沙分配趋均匀。

丹江口至襄樊河段，目前河床冲刷已基本平衡，调水后冲刷量很小，加之河岸较为稳定，河势不会有较大变化。襄樊至皇庄段的冲刷量亦很小，调水后，河床不会有较大的变化，皇庄至孝感段为集中冲刷河段。孝感以下河段为蜿蜒性河道，冲刷量相对不大，河床演变的强度比上段小，同时由于洪峰削减，凹岸冲刷区相对较稳定，河势朝稳定方向发展。

（五）对社会经济影响及对策

1. 西线库区淹没及移民影响相对较小，且较易采取措施补偿

西线水库淹没占地主要影响的是草场。各调水方案淹占草场 2.6～331.8km²，林地 0.1～22km²，耕地 0～2.2km²。因区内草地以天然草地占优势，水库建成蓄水后，草场资源的损失可能加剧草畜之间的矛盾，给当地库区农牧业生产带来一定影响。但当地草地生产力低，在工程设计中，通过指定淹没占地补偿和生产开发规划，利用补偿投资，对安置区草场改良和区域产业布局调整，发展畜牧加工业以及特色牧业，可在相当程度上补偿淹没造成的损失。

由于西线调水区为少数民族聚居区，又多系牧民，信仰宗教、禁忌较多，给迁移工作带来一定困难。但西线库区移民数量较少，据统计，各方案涉及迁移人口 117～3690 人，绝大部分是游牧民，生活设施简单，房屋所占比例很小。另外，由于西线调水区是藏民聚居区域，淹没寺院涉及民族宗教方面的问题，应广泛征求意见，妥善处理。

2. 中、东线调水淹没及移民影响较大

南水北调工程规划阶段，中线一期工程征地范围内涉及居住人口 32.3 万人，永久占地 25.1 万亩，且主要集中在丹江口水库周边地区，因此，移民问题将是中线调水区关注的重点。东线工程影响迁移人口约为 2.5 万人，永久占地 15.9 万亩，但主要集中在沿线调蓄水库周边，调水区移民问题较小。由于征地拆迁及移民量较大、涉及问题复杂，是南水北调工程重要生态环境影响问题。

3. 对调水区文化和自然景观的影响不大

西线调水区所处的特殊地理位置，赋予了丰富的自然景观旅游资源，以及悠久的文物资源和奇异的民族风情。水库蓄水后，虽然将淹没一些文物古迹，改变局地景观，但对调水区山峦、冰川、草原、气候、生物等特色自然景观，并无明显的不利影响。新的调水方案中，将淹没乡村级寺院和古塔 2～8 座。对于被淹没的少数文物古迹，可采取迁移、重建等措施，使其得以恢复和保护。但由于淹没寺院等设施涉及宗教问题，要慎重对待，妥善处理。另外，水库建成后，可为开发新的旅游资源提供有利的条件，并成为更优美的旅游胜地。

丹江口库区自然景观优美，名胜古迹较多。水库加高淹没后，武当山及其主要建筑物群不会受淹；香岩寺的上寺亦不会受到影响，但院外有大批碑刻和部分文物应采取措施，以免遭受损失；其他文物古迹不会受到影响。从近期发现的墓葬来看，库周可能还埋藏有属于楚文化的文物，应进行清理和迁移。丹江口水库已成为一个重要景点，景色十分壮观，大坝加高蓄水后将更富有特色，为开发旅游资源创造了条件。

4. 有利于汉江中下游地区血吸虫病的控制

汉江中下游地区是我国血吸虫病的重疫区之一。经多年防治，山丘型钉螺分布面积已大为减小，病情也基本得到控制；但下游地区血吸虫病的发病仍维持较高水平。调水工程实施后，

汉江中下游防洪能力的增强可改变钉螺滋生环境，减少钉螺面积，可起到生态灭螺的效果，同时还减少了由洪水泛滥所导致的钉螺大面积扩散。因此，工程对缩小疫区，限制血吸虫病的流行是有利的。

二、南水北调工程输水线路区生态环境影响

（一）输水线路区施工期生态环境影响

南水北调工程施工期间将对线路区产生大气、水体、噪声的污染，应严格控制加以预防和治理。另外还产生占地、人员健康等影响。

（1）施工期将产生大量炸药浓烟、飘尘、煤烟、机械排气等有害气体，污染沿线城市、乡村大气。

（2）大量施工中的机械、车辆，在运行维修中可能溢漏油料，以及生产废水和生活污水的大量排放、固体废弃物的排放等，如不加以控制，则可能对引水河流造成污染。主体工程施工中化学灌浆对水质也有不利影响。一些有害的化学物质，可随地下水渗入地下，也可能污染水质。

（3）由于乡村噪声背景值低，施工中，达到110dB（A）的施工机械不多，对沿线乡村影响较小。但对离施工点较近的城镇及村庄有一定干扰，在深挖、高填方渠段，车辆等移动声源影响相对较大。

（4）西线调水区工业十分落后，工程所需的大量建筑材料均需要从外区调入，将会对沿途所经过地区的生活、生态环境产生一定影响，应在施工时注意解决。

（5）东线工程输水线路以现有湖、渠利用为主，中、西线则以渠、管、涵洞结合为主，占用耕地较少。其中永久占地仅占沿线各县（市）耕地总面积0.06%左右。临时占地对土地生产力只产生短期的影响，并且可恢复原有使用功能，对区域土地利用结构影响不大。

（6）穿黄工程在施工时将占压部分河滩和耕地，会对施工期农作物种植面积产生影响，但不会影响动植物种群结构；施工期间排放的废水废渣，也不会对黄河水质产生明显不利影响。但为了控制河势，保护穿黄工程的安全，需修建或扩建河道控制工程。

（7）东、中线施工区涉及疟疾、痢疾、传染性肝炎、碘缺乏病及地氟病等多个地方病多发区，因此，对外来施工人群的健康要引起重视，在疫区需做好防疫工作，并通过改善饮用水卫生状况，健全卫生服务设施等途径提高医疗卫生水平。

上述问题，都有待在施工组织设计中予以解决。因此，早日启动施工期环境影响评价工作，会对舒缓施工期生态环境影响有重要作用。

（二）输水线路区运行期生态环境影响

南水北调工程运行后对输水线路区的影响范围主要包括输水干线两侧的狭长地带、蓄水体及其周围地区。

长距离输水和长时期蓄水引起以下水文-环境效应：①输水环境效应；②渗水环境效应；③阻水环境效应；④蓄水环境效应。另外还将对社会经济环境造成一定影响。

1. 输水环境效应

（1）有利于改善北方地区天然水质。调水地区的天然水质是比较好的，水的矿化度由南向

北增加，长江为 200mg/L 左右，海河流域为 500mg/L 左右，江水北调可改善北方地区天然水质。但东线输水干渠沿线工业废水、废渣和城市污水的排放容易引起沿线河流、湖泊和输水干渠水质的恶化。为了防止污水北送，沿线工矿企业应采取有效技术措施控制废污排放，工程设计也应考虑实际情况解决好水源保护问题。

（2）有利于改善沿程局地气候、丰富生境类型。南水北调工程中、西线沿程多为水资源短缺地区，地表流动水体的增加将不仅有利于沿程局地气候环境的改善，还提供了新的生境类型和水源地，有利于增加和维护沿程地区物种多样性和生态稳定性。东线调水也将增加沿程水库、河渠的连通性和流动性，有利于水环境自净能力的提高和物种多样性的维护。

（3）可能对一些野生物种的迁移造成不利影响。由于输水渠道多为钢筋、混凝土筑成，加上一些辅助的水利工程，如分水闸、水泵站等，将占据较大地域空间，对沿程尤其是自然保护区的自然生境和某些动物迁移形成干扰和障碍。因此，在工程设计中应大力提倡"设计结合自然"的生态设计理念，将对自然生态环境的干扰减少到最小。

（4）冰期对干渠输水水质的影响。冬季冰对水的理化性质、水温等产生影响。冬季渠水因冰盖阻隔可使风沙及一些污染物停留表面，而开江期污染物会随冰融解而污染水质；冰期输水使水体复氧能力降低，对总干渠水质可能产生影响。总干渠为人工渠道，一些动力要素可以人工控制，应对冰情及冰的危害进一步监测和研究，以采取相应控制措施。

2. 渗水环境效应

（1）西线将有利于促进湿地发育和植物生长。西线路线区地势西北高东南低，地下水多是沿此方向流动，而引水线路多是东北—西南向或南北向，与地下水流向呈正交或大角度相交。由于下渗和渗漏会造成地下水壅高，抬高地下水位，从而可能出现沼泽化现象，促进湿地植物生长。

（2）中线有利于补充地下水。中线输水干渠穿过山前平原或洪积冲积扇地区，地势较高，坡度较大，地下径流通畅，地下水埋藏较深，渠水侧渗转化为地下水可以较快带走，引起土壤次生盐渍化的可能性较小，同时还将对干渠东侧地下水起到有益的补给。

（3）东线易造成局部地段土壤次生盐渍化。东线输水干渠穿过黄淮海冲积平原东缘，地势低洼，地下径流缓慢，地下水埋藏较浅，土壤易受盐渍化威胁，渠水侧渗将抬高两侧地下水位，造成土壤次生盐渍化。据研究，单侧影响距离一般可达 1~2km，长期输水可波及 2~3km，粗略估算，从南四湖至天津 700 多 km 沿线两侧，在不考虑地下水水文条件和采取应对措施情况下，受影响农田超过 200 万亩，当然，实际受影响农田将远小于 200 万亩。

3. 阻水环境效应

（1）中线明渠方案将使泄洪受一定影响。中线输水若采取全线明渠方案，因要开挖新渠，将同 168 条河流交叉，对泄洪有一定影响，可采取相应工程措施予以解决。

（2）东线对地下水运移产生影响。东线渠道输水后向渠底和两侧的渗漏，形成一条地下水坝，阻滞东西向地下水的流动，在干渠西侧将产生一个地下回水区和滞留区，由此引起地下水位的抬高所波及的范围将超过渗水单侧影响距离。

4. 蓄水环境效应

（1）改变沿线蓄水区水生环境。调水后，东、中线沿程许多天然湖泊需改作输水通道和蓄水库，改变了这些湖泊水域的水文环境，并相应地对水生生物带来一定影响。

（2）对沿线新建蓄水区周围的地下水位有影响。黄河以北基本没有天然调蓄场所，需利用坑塘、洼淀和某些排水河道蓄水，这些蓄水体皆为平原蓄水，蓄水后水位将高出原来水位，这就必然引起和输水干渠相同的渗水和阻水环境效应，抬高蓄水区周围及蓄水闸上游两岸地下水位，引起这些蓄水区周边地区土壤盐渍化。

5. 社会环境效应

（1）对沿线渔业发展有利。调水工程实施后，调蓄水体如白洋淀的渔业资源将会大量增殖，鱼产量可能大幅度提高。工程对总干渠附近及调水区水体基本没有不利影响。

（2）对沿线地区社会经济发展有推动作用。调水后，沿线受水区生活用水与工农业用水短缺的形势将得到改善，有利于改善农业灌溉条件和调整种植结构，也有利于加速城镇化体系建设，提高城市化水平。同时，通过调水后治污及高耗水工业控制等措施的实施，有利于改变区域工业结构不合理的局面。总之，调水后，将有利于促进沿线受水区的社会经济发展。

（3）对沿线自然景观和文物古迹有一定影响。工程一般不会破坏附近风景名胜，如果能够在线路设计上与所通过的风景名胜的周围环境相协调，将会为名胜风景区增添新的景观。在施工过程中应注意避免对风景区的破坏。

工程建成后，将对多数文物景观区的自然环境产生有利影响，对部分景观、遗址将产生一定的负面影响。

（4）穿黄工程需注意对黄河河道防护工程的不利影响。穿黄工程是东、中线调水规模最大、技术最复杂的关键工程，但由于工程采用立交方式，对黄河河势不会产生影响，但有可能在局部地段对原来地下水走向产生影响，从而影响到已有河道防护工程的安全。

（5）对东线防洪渠道的使用需进行合理调度。东线调水线路中有部分是原有的泄洪渠道，因此在洪水期易引起调水冲突，需暂时停止调水或规划使用其他的河道泄洪。

所有上述问题，都需要在输水条件出现后进一步验证预测结论和工程防范措施的有效性，立专项研究和观测是必要措施。

三、南水北调工程对受水区生态环境影响

（一）有利影响

受水区是南水北调工程的主要受益者，对其有利影响主要如下。

（1）调水后，将有利于改善黄淮海平原和黄河上游即西北地区水资源短缺状况，以及缓解黄河上、下游争水的矛盾。

（2）受水区的河川径流量将有所增加，有利于改善水环境质量。特别是北京、天津、河北、山东，这些省（直辖市）常年以来需通过过量开采地下水等措施解决缺水问题，调水后由于受水区地面水供应增加，可以减少开采地下水，并将有部分水量用于地下水回灌及生态用水，有利于地下水位回升和地下水漏斗的控制。

（3）通过调水，可减少拦蓄受水区当地地表径流，使河流保持一定的入海流量，有利于减轻黄河、海河等河道的泥沙淤积，部分恢复河流生态功能。

（4）调水后能够在相当程度上缓解受水区灌溉用水与城市、工业用水争水局面，提高灌溉保障率，促进农业经济发展。

（5）调水工程将促进受水区水土流失治理，有效遏制土地沙漠化进展。

（6）西线调水能增加黄河水电装机容量。到2050年，年增加发电量915亿 kW·h，发电效益309亿元。

（7）有利于改善土壤理化指标。调水后，由于灌溉用水保障率的提高，增加入渗，排咸补淡，有利于改造浅层咸水。若措施得当，对受水区改造盐碱土壤、咸水淡化等都将起积极作用。

（8）有利于华北地区减轻氟病危害。南水北调工程东线受水区分布着大面积的氟病区，仅山东省南四湖流域的济宁地区，氟中毒患者为34人/km²；河北省境内也达到7人/km²。其主要原因是浅层地下水为微咸水，深层地下水含氟量较高，从长远来看，饮用北调水可以取得降氟改水的可靠效果。

（二）不利影响

南水北调工程对受水区的可能不利影响主要体现在以下方面。

1. 污染扩散问题

调水沿线河湖水质普遍超标，且由南向北，水污染趋于严重，若调水将沿程污水输送至受水区，将无疑为雪上加霜。而且，就受水区而言，随着工农业用水量的增加，污染物总量相应增加，在环境容量不变的前提下，污染也可能加剧，部分地区还会产生新的污染敏感区。

以东线工程为例，根据水质现状和历年的变化情况，黄河以南综合评价为Ⅴ类和劣Ⅴ类的断面占评价断面的87.8%。高锰酸盐指数符合地面水Ⅱ类和Ⅲ类水质标准的断面占评价断面的54.5%，Ⅴ类和劣Ⅴ类的断面占42.4%；氨氮符合地面水Ⅲ类水质标准的断面占15.2%，符合Ⅳ类的断面占6%，Ⅴ类和劣Ⅴ类的断面占78.8%；五日生化需氧量符合地面水Ⅲ类水质标准的断面占评价断面的27.3%，Ⅴ类和劣Ⅴ类的断面占57.6%。黄河以北为季节性河流，水质为劣Ⅴ类。

黄河以南段以有机污染为主，骆马湖至上级湖区间，主要污染物仍以氨氮为主，其次是化学需氧量和五日生化需氧量；上级湖及以北地区主要污染物化学需氧量、五日生化需氧量、氨氮和挥发酚，其次是石油类。骆马湖以南段水质较好，除个别指标外，基本符合地面水Ⅲ类水质标准，只有个别断面挥发酚在非汛期超标，主要超标因子为氨氮和五日生化需氧量。骆马湖以北，水质逐渐变差，尤其是南四湖上级湖和梁济运河水污染较重，大多数监测断面的水质为劣Ⅴ类，超标因子大多达3~4项，个别断面达5项之多。下级湖以南17个控制单元，除邳苍分洪道（林子东断面、林子西断面）非汛期水质较差和少数断面氨氮超标外，基本符合地面水Ⅲ类水质标准；上级湖及以北地区15个控制单元，除复新河、东鱼河和大汶河汛期超标因子较少外，其余断面超标因子都在3项以上，除大汶河汛期综合评价为Ⅳ类外，其余断面均为Ⅴ类和劣Ⅴ类水体。因此，为了保证调水水质，应严格控制骆马湖以北特别是南四湖上级湖及以北地区的污染。

2. 土壤次生盐渍化问题

土壤的次生盐渍化问题被公认为是南水北调环境后效最重要的问题。次生盐渍化的产生是由于水利和农业措施不当，使灌区地下水位升高，下层土壤中的可溶性盐分随土壤毛管水到达土壤表层，经不断蒸发和积聚，最终使土壤产生次生盐渍化。根据大量的试验研究，黄淮海平原土壤防止盐渍化的地下水临界埋深为2m左右，尤其是东部平原地区，即南水北调东线受水区，地形坡降缓、咸水埋藏浅，更易产生土壤次生盐渍化。调水工程将可能通过降低城市生活及工业用水对当地水的依赖而增加受水区农灌水量，在局部地区引起新的土壤次生盐渍化问题。这方面问题尚需进一步观测研究。

防止次生盐渍化的途径，应从两方面采取措施：①提高现有管理水平，改善灌溉制度和灌水方式，控制灌水量和灌溉时间，防止农田地下水位大幅度升高；②在广大灌区积极推广行之有效的治理经验，如修建排水系统、排灌工程配套、渠灌和井灌相结合，并要发展林业和培肥地力，以减轻次生盐渍化的危害。需要指出的是，目前黄淮海平原已形成比较完善的排水系统，主要灌区次生盐渍化能够预防和控制。

四、主要结论

（1）西线调水区的不利影响多在局部地段，对区域总体影响不大；中线调水后，汉江中下游丰、平水期流量减少，水华发生不会加重，采用引江济汉工程后可进一步缓解和改善，对丹江口水库蓄水移民及汉江中下游部分河段水质保护应予以关注；东线一期、二期调水工程不会对长江口盐水入侵产生不利影响，而远期工程虽可能对长江口盐水入侵有不利影响，但可采取相应工程或管理措施解决。

（2）输水线路区施工期应注意预防和控制工程建设产生的大气、水体、噪声污染以及占地、人群健康的影响，尽早启动施工期环境影响评价工作。运营期则主要关注由渗水、阻水、蓄水引起的局部地段地下水位抬升、洪水期泄洪等环境效应，应立专项进行科学研究和观测，验证工程措施的有效性。

（3）南水北调工程对受水区的影响利远大于弊，但为保障北调水综合效益的充分发挥，对工程实施后可能出现的土壤次生盐渍化问题、水污染控制问题的有关科研结论和规划予以跟踪调查和验证。

（4）为保证南水北调工程的实施和综合效益的充分发挥，长江、黄河、淮河、海河流域的水污染防治工作需抓紧落实。

（5）通过南水北调工程对东、中、西三线调水区、输水线路区及受水区生态环境影响的综合分析与评价，说明通过合理规划和采取必要对策，工程产生的生态环境问题可以避免或缓解，不存在工程立项的制约性生态环境问题。

第四节　南水北调工程总体规划的环境保护措施

一、总体设计

（一）总体目标

南水北调工程既是一项跨流域调水解决黄淮海流域缺水状况、实现我国水资源合理配置的战略举措，也是一项大的生态环境工程。工程的实施不仅要改善受水区的生态环境，也要关注对工程调水区、输水线路区及受水区等区域层面的生态环境影响，还要关注因调水、输水和用水对各流域及流域间所产生的生态环境问题，同时更需要从战略高度全面分析、综合整治以把握和避免工程的不利后果，确保工程综合效益的充分发挥。因此，需要主要解决以下三个层面的问题。

（1）战略层。主要解决两方面问题：①南水北调工程的实施是否对调水区、输水线路区、受水区，以及所涉及的各流域及流域间生态环境有制约工程立项的环境因素；②确认在工程前期生态环境规划中应予解决的生态环境问题，提出工程措施与管理措施，为工程可行性报告、环境影响报告书乃至工程初步设计中的生态环境保护重点与措施奠定基础。

（2）流域层。南水北调工程涉及长江、黄河、海河、淮河四大流域。四大流域在南水北调工程中承担调水、受水和施工区的任务不同，工程对四大流域的影响也不同。因此，规划在流域层面的主要任务是明确为保障南水北调工程的生态安全，四大流域原有的水污染防治和生态保护规划任务与工程发挥综合效益的关系；协调工程生态环境保护规划与四大流域水资源规划、生态环境保护规划，尤其是水污染防治规划的目标及工程、管理措施间的关系。

（3）区域层。分别针对工程实施对调水区、输水线路区、受水区产生或可能产生的生态环境问题，明确规划需达到的目标，提出相应的工程和管理措施，尤其要重点关注那些关键性或敏感性的生态功能区。

（二）治理体系

为实现上述目标，有关措施按图1-4-1所示的治理体系结构框架及下述方面内容展开。

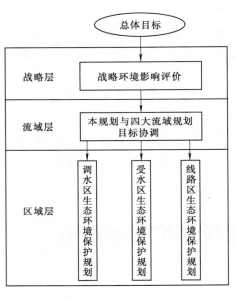

图1-4-1　治理体系结构框架

1. 战略层

主要是做好南水北调工程的战略环境影响评价，详见本篇第一章。

2. 流域层

主要是南水北调工程的环境保护措施与长江、黄河、淮河、海河四大流域水污染防治与生态规划目标协调。

南水北调工程涉及长江、黄河、海河、淮河四大流域，由于工程对四大流域的影响不同，四大流域在南水北调工程中承担调水、受水和施工区的任务也不同，需要协调工程生态规划与四大流域水污染防治规划的目标。长江流域应实施全面的生态环境保护及水污染防治；黄河流域应重点解决黄河干流、汾河、渭河等河流的污染问题，为2030年通水做好准备；淮河、海河两流域应抓紧进行输水线路、调蓄水库及连通输水线路与用水城市间各条河流的治污工作。这些将作为南水北调工程的前提与发挥效益的保障。

3. 区域层

主要是解决调水区水文情势变化引发的生态环境问题。水文情势的变化，对西线只是局部区域，对于中线则应关心整个汉江流域，对东线则是东、中、西三线调水后长江入海流量不断减少的影响。

西线调水区，涉及通天河、雅砻江、大渡河三条河的上游部分区域。

中线调水区包括丹江口库区及其上游的湖北十堰市，陕南商洛地区、安康地区、汉中地区和河南省南阳市等 5 个地市，汉江中下游的襄樊、孝感、荆门、武汉等地市，总面积约 16 万 km²。

东线调水区位于长江下游干流南京—上海段，包括南京、镇江、扬州、南通、上海等市。

（三）受水区生态规划的目标重在建立生态用水新秩序

南水北调受水区涉及黄河流域部分地区、淮河流域、海河流域，包括河北、河南、江苏、安徽、山东、北京、天津 7 个省（直辖市），涉及主要河流 143 条，20 个湖泊和水库。其中黄河流域河流 46 条，湖泊 1 个；海河流域河流 32 条，湖库 16 个；淮河流域河流 65 条，湖泊 3 个。为体现流域水资源开发与保护特征，并与已有规划相衔接，规划将东、中线受水区划分为淮河流域用水规划区、海河流域用水规划区（西线受水区暂不规划），在两流域水污染防治工作基础上，建立生态用水新秩序，包括河道生态水量保持、地下水开采控制、湿地恢复、入海水量保持及水土流失防治等，作为生态系统功能恢复与维护的基础。

（四）输水线路区以保障生态安全为规划任务

输水线路施工期产生植被与土壤的开挖、运移与破坏，人工调控的输水系统本身的安全运行，以及输水系统与原有防洪、排涝系统作用的互相影响，都成为保障生态安全的规划内容。需要从工程设计和维护的不同阶段提出建立输水安全系统的要求。

二、流域治污与南水北调工程

南水北调东、中、西三线工程地跨长江、黄河、淮河、海河四大流域，工程的水质安全、输水安全、用水安全均取决于四大流域的水环境质量，因此，四大流域的治污工作是保障水质、实现南水北调工程综合效益的关键。分析四大流域与南水北调工程相关的水质问题，并提出具体的规划范围、规划目标、治污措施，改善流域水环境质量，为南水北调工程的实施创造条件。

（一）保证南水北调工程水质需要考虑的问题

1. 长江干流水源地持续稳定达Ⅱ类水质标准

长江上、中、下游作为南水北调工程东、中、西三线的水源，水质必须满足国家地表水环境质量标准Ⅱ类要求，这是实施南水北调工程的前提条件。

2. 黄河干流水质达Ⅲ类标准

黄河干流作为西线工程输水干线，水质必须达到Ⅲ类标准，目前，黄河干流虽然整体水质尚可，但是氨氮污染以及宁夏石嘴山、内蒙古乌海等沿河城市的重金属污染不容忽视。

3. 东线工程形成清水廊道

东线输水主体工程，起始于扬州江都三江营，止于天津北大港水库，输水主干渠大部分位于淮河、海河流域，而且位于淮河、海河流域下游污染最严重的地区。因此，东线输水干线区能否形成清水廊道，确保东线调水水质稳定达到Ⅲ类标准，是淮河、海河水污染防治工作的重点。

4. 有效保护及恢复北京市饮用水源

在南水北调工程实施之前，解决北京市水资源供需矛盾，削除水污染对水资源利用造成的不利影响，保护密云水库水质，恢复官厅水库使用功能，实现节水型城市建设，确保北京市用水安全，并且为调水后实现北调水与当地水的联合调度创造条件。北京市饮用水源的保护是海河治污的重点。

5. 保障东线受水区天津、济南用水安全

天津市位于海河流域最末端，境内水体水质恶劣，是全海河流域污染问题的集中体现。如何进行有效的污染治理工作，保证东线送到北大港、中线送到团泊洼的输水水质，在天津市内同样维持Ⅲ类，是海河流域治污需要解决的问题。

6. 有效治理河南污水，避免滨州沿海遭受污染损失

南水北调东线工程全部实施后，卫运河的水将全部通过漳卫新河入海。河南省能否大幅度削减污染物排放量，改善出境水质，是山东滨州沿海地区能否免受污染威胁的关键。

7. 保证淮河干流及入洪泽湖支流水质

洪泽湖做为东线输水的重要调蓄水库，在二期工程中还具有备用水源地功能，其水质必须达到Ⅲ类，这就要求淮河干流水质满足Ⅲ类，各入湖支流水质不能低于Ⅳ类。安徽省的治污工作是淮河流域治污的重点。

8. 削减石家庄等城市群排污量

河北石家庄、邯郸、邢台、保定4市污水排入滹沱河及大清河水系，最终汇入渤海。根据东线治污规划，东线工程全部实施后，在北排河实施截污导流，以保证南运河水质，为避免北排河污水对渤海的污染，必须加强石家庄、邯郸、邢台的污染控制。保定市污水进入白洋淀，严重影响作为南水北调中线调蓄水体白洋淀的水质，因此保定市污水必须得到控制。

9. 控制东、中线农业面源污染

作为各城市饮用水源地的湖泊水库，如东线的洪泽湖、骆马湖、南四湖、东平湖、北大港水库等，中线的鸭口河水库、白龟山水库、昭平台水库、岳城水库等均存在面源污染问题，且在汛期更加突出。南水北调工程一旦全年调水，面源污染问题将成为威胁调水水质的重要因素。

（二）解决影响南水北调工程的水质问题需采取的措施

影响南水北调工程的九大水质问题，涉及长江、黄河、淮河、海河四大流域的干流、支流、湖泊、水库，需要全面进行四大流域水污染防治工作，重点加以落实。

1. 划分九个治污区

九大水质问题中，八项为区域性问题，需划分规划区、落实水质保护目标及工程措施。具体分区如下：

（1）针对长江干流调水水源地水质问题，划分汉江保护区及长江干流治污区。

（2）针对黄河干流水质问题，划分黄河干流治污区。

（3）针对东线工程能否形成清水廊道问题，划分东线清水廊道区。

（4）针对北京市饮用水源地保护，划分北京市饮用水源地保护区。

（5）针对东线受水区天津、济南用水安全，划分东线天津、山东受水区。

（6）针对河南污水治理问题，通过海河流域水污染防治"十五"计划，划分东线河南水质改善区。

（7）针对淮河干流及入洪泽湖支流水质问题，划分淮河干流及入洪泽湖支流治污区。

（8）针对河北石家庄等城市群排污量削减问题，划分河北城市群治污区。

2. 实施六项规划

解决四大流域九大水质问题，通过实施六项规划来完成，分别为：①长江流域水污染防治和生态保护规划；②黄河流域水污染防治和生态保护规划；③海河流域水污染防治规划；④淮河流域水污染防治规划；⑤南水北调东线工程治污规划；⑥首都水资源可持续利用规划。

通过长江流域水污染防治和生态保护规划的实施，解决长江干流水源地水质问题；通过黄河流域水污染防治和生态保护规划的实施，解决黄河干流水质问题；通过海河流域水污染防治规划的实施，解决河南污水治理和污水城市群排污量削减问题；通过淮河流域水污染防治规划的实施，解决淮河干流及入洪泽湖支流水质问题；通过南水北调东线工程治污规划的实施，解决东线清水廊道、东线天津、济南用水安全问题；通过首都水资源可持续利用规划的实施，实现北京市饮用水源地的有效保护和合理利用。

3. 通过实施六项规划，确保南水北调工程输水、用水安全

完成城市污水处理厂等七类项目；削减化学需氧量排放量 106.2 万 t/a，氨氮排放量 11.3 万 t/a；237 个控制断面水质达到规划要求。

（三）东线工程治污规划解决黄淮海流域下游水质问题

1. 清水廊道区

规划范围包括江苏省扬州、淮安、徐州、宿迁 4 个市的江都、高邮、宝应、邗江、金湖、盱眙、泗洪、洪泽、楚州区、淮阴区、泗阳、宿豫、邳州、铜山、沛县、睢宁、丰县 17 个县级行政区，山东省枣庄、济宁、泰安、德州、聊城、菏泽、莱芜、临沂、淄博 9 个市的苍山、沂源、沂水、蒙阴、沂南、罗庄（临沂）、平邑、郯城、费县、台儿庄、山亭区（枣庄）、滕州、峄城、薛城、鱼台、嘉祥、梁山、微山、邹城、兖州、曲阜、金乡、汶上、泗水、东平、肥城、新泰、宁阳、临清、莘县、冠县、阳谷、东阿、夏津、武城、曹县、成武、单县、定陶、鄄城、郓城、东明、巨野 43 个县级行政区，河北省包括沧州、衡水 2 个市的大名、馆陶、沧县、青县、泊头、吴桥、南皮、东光、桃城区（衡水）、景县、武强、枣强、武邑、故城、阜城、冀州、清河、临西、饶阳、安平、宁晋、新河、南宫、献县 24 个县级行政区，天津市市区以及静海、西青、大港 3 个县，共 16 个地市的 87 个县级行政区。

2000 年水质现状：东线清水廊道区 47 个控制单元对应的 47 个控制断面中，1 个断面水质达到Ⅱ类，1 个断面水质达到Ⅲ类，5 个断面水质达到Ⅳ类，5 个断面水质为Ⅴ类，34 个断面水质劣于Ⅴ类，1 个断面无监测数据。

2013 年水质目标：东线清水廊道区 47 个控制断面中，44 个控制断面要求达Ⅲ类，卫运河山东段、卫运河河北段、北排河等 3 个季节性河流断面化学需氧量控制在 70mg/L（其他指标按照农灌标准执行），保障回用水水质要求，污水不进入输水干线。

2000 年排污现状：东线清水廊道区 2000 年废水排放量为 12.5 亿 t，废水入河量为 8.9 亿 t，化学需氧量排放量为 49.6 万 t，化学需氧量入河量为 33.6 万 t，氨氮排放量为 4.7 万 t，氨氮入河量为 3.1 万 t。

2013 年污染物总量控制指标：2013 年化学需氧量排放量控制在 17.8 万 t，化学需氧量入河量控制在 10 万 t，氨氮排放量控制在 2.2 万 t，氨氮入河量控制在 0.6 万 t。

工程措施主要包括建设城市污水处理厂、配套城市污水回用设施、关停并转工业企业、实施清洁生产工程、达标再提高工程、企业污水回用工程、截污导流工程、流域整治工程。

2. 东线天津、山东受水区

规划范围包括天津市区海河以南部分、山东济南市、江苏泰州市。

2000 年水质现状为 3 个控制单元对应的 3 个控制断面中，1 个达到Ⅳ类，1 个为Ⅴ类，1 个劣于Ⅴ类。

2013 年水质目标是 3 个控制断面全部达到Ⅲ类。

污染物排放现状是：东线受水区 2000 年废水排放量为 7.5 亿 t，废水入河量为 6.0 亿 t，化学需氧量排放量为 18.4 万 t，化学需氧量入河量为 14.9 万 t，氨氮排放量为 4.4 万 t，氨氮入河量为 3.5 万 t。

2013 年污染物总量控制指标：东线受水区化学需氧量排放量控制在 15 万 t，入河量控制在 10 万 t（入输水干线量控制在 3000t）；氨氮排放量控制在 2.9 万 t，入河量控制在 2.1 万 t（入输水干线量控制在 100t）。

工程措施主要包括建设城市污水处理厂、截污导流项目、流域综合整治等。

（四）解决调水水源地保护问题

1. 汉江治污区

规划范围包括陕西安康、汉中，河南南阳，湖北十堰、荆门、孝感、武汉、襄樊共 8 个市（地区）。

水质现状：汉江治污区共 27 个控制单元，对应的 27 个控制断面中，12 个断面水质达到Ⅱ类，4 个断面水质达到Ⅲ类，5 个断面水质达到Ⅳ类，3 个断面水质达到Ⅴ类，3 个断面水质劣于Ⅴ类。位于丹江口水库上游的河南省南阳市的唐河、白河、湍河及湖北省襄樊市的滚河、唐白河、蛮河水质较差，均不能达到国家地表水环境质量标准Ⅳ类。

水质目标：17 个断面水质达到Ⅱ类，1 个断面水质达到Ⅲ类，6 个断面水质达到Ⅳ类，3 个断面水质达到Ⅴ类。

污染物排放现状：①汉江区 2000 年废水排放量为 9 亿 t，其中工业废水排放量为 5 亿 t，生活污水排放量为 4 亿 t；2000 年废水入河量为 8.2 亿 t，其中工业废水入河量为 4.5 亿 t，生活污水入河量为 3.7 亿 t。②2000 年化学需氧量排放量为 28.4 万 t，其中工业化学需氧量排放量为 16.5 万 t，生活化学需氧量排放量为 11.9 万 t；2000 年化学需氧量入河量为 20 万 t，其中工业化学需氧量入河量为 14.8 万 t，生活化学需氧量入河量为 5.2 万 t。③2000 年氨氮排放量为 2.9 万 t，其中工业氨氮排放量为 1.7 万 t，生活氨氮排放量为 1.2 万 t；2000 年氨氮入河量为 2 万 t，其中工业氨氮入河量为 1.5 万 t，生活氨氮入河量为 0.5 万 t。

污染物总量控制目标：①2010 年化学需氧量排放量控制在 23.4 万 t，其中工业化学需氧量排放量控制在 13.2 万 t，生活化学需氧量排放量控制在 9.2 万 t；2010 年化学需氧量入河量控制在 16 万 t，其中工业化学需氧量入河量控制在 11.8 万 t，生活化学需氧量入河量控制在 4.2 万 t。②2010 年氨氮排放量控制在 2.2 万 t，其中工业氨氮排放量控制在 1.3 万 t，生活氨氮排放量控制在 1.0 万 t；2010 年氨氮入河量控制在 2 万 t，其中工业氨氮入河量控制在 1.5 万 t，生活氨氮入河量控制在 0.5 万 t。

2. 长江干流区

规划范围包括湖北省宜昌市、鄂州市、恩施土家族自治区、黄冈市、黄石市、荆州市、随州市、武汉市、咸宁市、孝感市，安徽省安庆市、滁州市、黄山市、池州地区、马鞍山市、宣城市、芜湖市、铜陵市，湖南省岳阳市，江西省九江市，江苏省常州市、南京市、南通市、扬州市、镇江市、泰州市 26 个市（地区）和上海市。

水质现状：长江干流区 102 个控制单元对应的 102 个控制断面中，23 个断面水质达到 Ⅱ 类，33 个断面水质达到 Ⅲ 类，34 个断面水质达到 Ⅳ 类，8 个断面水质为 Ⅴ 类，4 个断面水质劣于 Ⅴ 类。劣于 Ⅴ 类的断面均在湖北省。

水质目标：28 个断面水质应达到 Ⅱ 类，53 个断面水质应达到 Ⅲ 类，19 个断面水质应达到 Ⅳ 类，2 个断面水质应达到 Ⅴ 类。

污染物排放现状：①长江干流区 2000 年废水排放量为 72 亿 t，其中工业废水排放量为 37.5 亿 t，生活污水排放量为 34.5 亿 t；2000 年废水入河量为 69.6 亿 t，其中工业废水入河量为 36.5 亿 t，生活污水入河量为 33.1 亿 t。②2000 年化学需氧量排放量为 165.5 万 t，其中工业化学需氧量排放量为 76.9 万 t，生活化学需氧量排放量为 88.6 万 t；2000 年化学需氧量入河量为 152.9 万 t，其中工业化学需氧量入河量为 70.2 万 t，生活化学需氧量入河量为 82.7 万 t。③2000 年氨氮排放量为 17 万 t，其中工业氨氮排放量为 7.7 万 t，生活氨氮排放量为 9.3 万 t；2000 年氨氮入河量为 15 万 t，其中工业氨氮入河量为 7 万 t，生活氨氮入河量为 8 万 t。

2010 年污染物总量控制目标：①2010 年化学需氧量排放量控制在 130 万 t，其中工业化学需氧量排放量控制在 71 万 t，生活化学需氧量排放量控制在 59 万 t；2010 年化学需氧量入河量控制在 123 万 t，其中工业化学需氧量入河量控制在 56 万 t，生活化学需氧量入河量控制在 67 万 t。②2010 年氨氮排放量控制在 13.6 万 t，其中工业氨氮排放量控制在 5.8 万 t，生活氨氮排放量控制在 7.8 万 t；2000 年氨氮入河量控制在 12 万 t，其中工业氨氮入河量控制在 5.6 万 t，生活氨氮入河量控制在 6.4 万 t。

工程措施包括建设城市污水处理厂、工业点源治理、区域综合整治、城市垃圾填埋场等。

（五）解决黄河干流水质保护问题

规划范围包括青海省海东地区、海南藏族自治州，甘肃省甘南藏族自治州、临夏地区、兰州市、白银市，宁夏回族自治区吴忠市、银川市、石嘴山市，内蒙古自治区乌海市、巴彦淖尔盟，河南省三门峡市，山东省济南市、东营市共 14 个市（地区、盟）。

水质现状：黄河干流区 18 个控制单元对应的 18 个控制断面中，4 个断面水质达到 Ⅱ 类，4 个断面水质达到 Ⅲ 类，1 个断面水质达到 Ⅳ 类，7 个断面水质为 Ⅴ 类，2 个断面水质劣于 Ⅴ 类。黄河干流水质为 Ⅴ 类或者劣于 Ⅴ 类的断面主要分布于甘肃、宁夏和内蒙古三省（自治区）。

水质目标：3 个断面水质应达到 Ⅱ 类，10 个断面水质应达到 Ⅲ 类，5 个断面水质应达到 Ⅳ 类。

2000 年排污量：①黄河干流区 2000 年废水排放量为 8.1 亿 t，其中工业排放量为 3.6 亿 t，生活排放量为 4.5 亿 t；废水入河量为 7.1 亿 t，其中工业入河量为 3.3 亿 t，生活入河量为 3.8 亿 t。②2000 年化学需氧量排放量为 22 万 t，其中工业排放量为 11.9 万 t，生活化学需氧量排放量为 10.1 万 t；化学需氧量入河量为 19.5 万 t，其中工业入河量为 10.3 万 t，生活入河量为 9.2 万 t。③2000 年氨氮排放量为 3.2 万 t，其中工业氨氮排放量为 1.5 万 t，生活氨氮排放量为 1.6 万 t；

2000年氨氮入河量为2.8万t，其中工业氨氮入河量为1.4万t，生活氨氮入河量为1.4万t。

2010年污染物总量控制指标：①2010年化学需氧量排放量控制在16.6万t，其中工业排放量控制在6.9万t，生活排放量控制在9.7万t；2010年化学需氧量入河量控制在14.9万t，其中工业入河量控制在5.9万t，生活入河量控制在9.0万t。②2010年氨氮排放量控制在2.5万t，其中工业排放量控制在1.3万t，生活排放量控制在1.2万t；2000年氨氮入河量控制在2.2万t，其中工业入河量控制在1.2万t，生活入河量控制在1万t。

工程措施包括建设城市污水处理厂、开展工业点源治理。

（六）解决北京周边、淮河、海河流域等水质问题

1. 北京市饮用水源地保护区

规划范围包括官厅水库上游影响区，包括山西大同、朔州、河北张家口3市，主要涉及河流有御河、桑干河、壶流河、清水河、洋河。

2000年水质状况：北京市饮用水源地保护区9个控制单元对应的9个水质断面中，3个达到Ⅳ类，6个劣于Ⅴ类。根据2000年水质监测结果可以看出：①官厅水库主要污染因子为氨氮，水库上游各控制断面氨氮与化学需氧量污染均较为突出；②影响官厅水库使用功能的重点河流为洋河、清水河，均在张家口市。

2010年水质目标：册田水库出口、官厅水库出口断面水质达到Ⅱ类，洋河左卫桥等4个断面达到Ⅳ类，御河利仁皂等3个断面达到Ⅴ类。

2000年污染物排放状况：北京市饮用水源地保护区2000年化学需氧量排放量为10万t，入河量为7.3万t；氨氮排放量为2万t，入河量为1.7万t。

2010年污染物总量控制指标：2010年化学需氧量排放量控制在4.9万t，化学需氧量入河量控制在3.8万t；氨氮排放量控制在1.4万t，氨氮入河量控制在1.2万t。

工程措施主要包括建设城市污水处理厂、清洁生产项目、企业排放标准提高、处理工艺改造项目、造纸企业技改项目、综合治理项目、水质水量自动监测站、关停污染严重企业。

2. 东线河南水质改善区

规划范围包括河南焦作、新乡、鹤壁、安阳4市，以及博爱、修武、卫辉、辉县、获嘉、淇县、滑县、浚县、林县、汤阴10县。

2000年水质状况：5个控制单元对应的5个断面水质均劣于Ⅴ类，缺乏地表径流及大量小造纸企业的存在是造成河南省断面水质恶劣的主要原因。

2010年水质目标：5个断面化学需氧量浓度控制在70mg/L，其他指标不低于农灌标准。

2000年排污状况：2000年入卫运河各控制单元化学需氧量排放量为23.3万t，入河量为13.6万t；氨氮排放量为2.7万t，入河量为1.6万t。

2010年污染物总量控制指标：化学需氧量排放量控制在18.9万t，化学需氧量入河量控制在11.1万t，削减量为4.4万t；氨氮排放量控制在2.2万t，氨氮入河量控制在1.3万t，削减量为0.5万t。

工程措施包括城市污水处理厂建设、清洁生产项目、工业点源项目、关停年制浆能力在2万t以下的草浆造纸生产线。

3. 河北城市群治污区

规划范围包括石家庄、邢台、邯郸、保定4个市所属涿州、易县、涞源、满城、安国、蠡

县、定州、磁县、邯郸县、曲周、永平、平乡、隆光、新河、栾城、赵县、正定、藁城、无极、深泽等县（市）。

2000年水质状况：河北城市群治污区24个控制单元对应的24个控制断面中，3个断面水质为Ⅱ类，2个断面水质为Ⅲ类，1个断面水质为Ⅳ类，3个断面水质为Ⅴ类，15个断面水质劣于Ⅴ类。

2010年水质目标：岳城水库、黄壁庄水库等8个饮用水水源地断面水质达到Ⅲ类，1个断面水质达到Ⅳ类，4个断面水质达到Ⅴ类，11个断面化学需氧量浓度控制在70mg/L，其他指标不低于农灌标准。

2000年污染物排放状况：河北城市群治污区2000年废水排放量为10.7亿t，废水入河量为7.8亿t；化学需氧量排放量为31.6万t，化学需氧量入河量为19.3万t；氨氮排放量为4.3万t，氨氮入河量为3.1万t。

2010年污染物总量控制指标：河北城市群治污区化学需氧量排放量控制在18.6万t/a，入河量控制在13.6万t/a；氨氮排放量控制在2.9万t/a，入河量控制在2.2万t/a。

主要措施包括建设城市污水处理厂、工业点源治理项目。

4. 安徽淮河干流及入洪泽湖支流治污区

规划范围包括安徽淮南、蚌埠、淮北、宿州4市的五河、濉溪、泗县、灵璧、凤台、怀远、固镇、明光8个县级行政区。

2000年水质状况：2个断面水质均劣于Ⅴ类，淮河干流沫河口断面为氨氮超标，入洪泽湖支流五河断面为高锰酸盐指数超标。

2010年水质目标：2个断面水质均达到Ⅲ类。

2000年污染物排放现状：废水排放量为3.3亿t，废水入河量为2.8亿t；化学需氧量排放量为5.9万t，化学需氧量入河量为5万t；氨氮排放量为0.6万t，氨氮入河量为0.5万t。

2010年污染物总量控制指标：2010年化学需氧量排放量控制在3.3万t，化学需氧量入河量控制在2.7万t；氨氮排放量控制在0.5万t，氨氮入河量控制在0.3万t。

主要措施包括建设城市污水处理厂12座、工业点源治理。

三、南水北调工程调水区生态环境保护规划

中线调水区主要针对调水后丹江口水库下泄水量减少对汉江中下游用水的影响、丹江口水库建设带来的移民问题、水库施工和运营对生物及文化景观的影响等，分别制订汉江上游及中下游生态环境保护规划，分区域提出保护对策，以确保丹江口库区水质长期、稳定满足Ⅱ类水质标准和满足汉江中下游用水需求。

东线调水区主要关注工程实施后对长江口地区盐水入侵的影响、水污染控制、工业及生活用水等问题，将长江河口区划分太湖特殊生态功能区、河口生态保护区、长江干流污染控制区、上海饮用水水源保护区四个区域，分区分类提出生态环境保护对策，以缓解甚至消除南水北调工程对长江河口地区生态环境的不利影响，保障南京以下长江干流水质基本达到Ⅱ类水质标准。

制订长江口盐水入侵防治专项规划，对长江口盐水入侵问题的历史、原因、特点、时空分布进行归纳总结，评估盐水入侵对长江口水源地的影响，分析南水北调工程对长江口盐水入侵

的影响，评估南水北调工程对长江口水源地的影响，制订相应的水源地保护措施与方案。

（一）中线调水区生态环境保护规划

规划范围包括丹江口库区及其上游的湖北省十堰市，陕西省商洛地区、安康地区、汉中地区和河南省南阳市等 5 个地市，以及汉江中下游的襄樊、孝感、荆门、武汉等，总面积约 16 万 km²。

规划目标为改善汉江流域生态环境，减少丹江口库区上游的水土流失，提高汉江中下游的航运、灌溉条件，促进江汉平原经济发展。到 2010 年，汉江干流水质基本达到Ⅱ类，支流水质不低于Ⅳ类，保证汉江流域 2200 万人的饮用水源安全，保证南水北调中线调水水质（表 1-4-1）。

表 1-4-1　　　　　　　　　　丹江口库区及其上游水质保护目标

控制断面名称	所属行政区	所属水系	断面位置	现状水质	功能要求
三官殿	十堰	汉江	十堰市	Ⅱ	Ⅱ
盆窑	南阳	白河	南阳市	Ⅳ	Ⅳ
松涛山庄坝下	十堰	丹江	十堰市	Ⅱ	Ⅱ
沙沟	十堰	堵河	十堰市	Ⅲ	Ⅲ
张营	南阳	老灌河	南阳市	Ⅲ	Ⅲ
榔口乡大桥	十堰	马南河	十堰市	Ⅱ	Ⅱ
梅湾	南阳	唐河	南阳市	Ⅴ	Ⅳ
老虎洞	十堰	天河	十堰市	Ⅲ	Ⅲ
急滩	南阳	湍河	南阳市	Ⅴ	Ⅳ
蒙家渡	汉中	汉江	汉中市	Ⅲ	Ⅲ
安康出境	安康	汉江	安康市	Ⅲ	Ⅲ
月亮湾	商洛	丹江	商县	Ⅲ	Ⅲ
余家湖	襄樊	汉江	襄樊市	Ⅲ	Ⅲ
皇庄	荆门	汉江	荆门市	劣Ⅴ	Ⅳ
潜江泽口	潜江	汉江	潜江市	Ⅱ	Ⅱ
岳口大桥	天门	汉江	天门市	Ⅱ	Ⅱ
鄢湾村	孝感	汉江	仙桃市	Ⅱ	Ⅱ
白家湾	襄樊	汉江	襄樊市	Ⅱ	Ⅱ
钱营	襄樊	汉江	襄樊市	Ⅱ	Ⅱ
聂家滩	襄樊	北河	襄樊市	Ⅲ	Ⅲ
深河	天门	东荆河	天门市	Ⅱ	Ⅱ

控制断面名称	所属行政区	所属水系	断面位置	现状水质	功能要求
璩湾	襄樊	滚河	襄樊市	Ⅳ	Ⅳ
汉北二桥	天门	汉北河	天门市	Ⅱ	Ⅲ
孔湾大桥	襄樊	蛮河	襄樊市	劣Ⅴ	Ⅳ
入汉江口	襄樊	南河	襄樊市	Ⅲ	Ⅲ
南渠出口	襄樊	南渠	襄樊市	劣Ⅴ	Ⅴ
张湾	襄樊	唐白河	襄樊市	劣Ⅴ	Ⅳ
清河口	襄樊	小清河	襄樊市	劣Ⅴ	Ⅳ

1. 汉江上游规划措施

针对南水北调中线对汉江上游带来的各种生态环境影响,将丹江口水库库区及上游区域全部划分为保护区,全面开展水污染防治和水土保持为主要内容的水源保护工作,保障丹江口库区水体水质安全。

(1)库区上游保护措施。加强库区水污染治理,对神定河(十堰市)、犟河(堵河水系)、马家河(茅塔河水系)、老灌河、丹江等河段进行治理。

加紧库区上游生态保护与恢复,加强治理库区上游水土流失,减少入库泥沙和面源污染物,改善生态环境。加强对汉江上游资源开发的监管,重点建设太白山自然保护区、洋县朱鹮自然保护区、化龙山自然保护区、洛南大鲵自然保护区、镇巴县巴山竹林自然保护区等,开发旅游资源,保护生物多样性。计划2000—2010年,将位于丹江中上游暴雨区的留坝、洋县、佛坪、宁陕、紫阳和岚皋6县、位于丹江上中游水源涵养区的丹凤、商南等2县建成以保护生态环境为目标的生态示范县。以这些生态示范县作为改善整个区域生态环境的支撑面,实施退耕还林计划。

(2)库周生态恢复措施。施工期要尽量避免工程施工产生的废水、废气、废渣、噪声等对施工区环境造成的影响,加强保护施工区人群健康。

运营期加强入库干、支流的水土保持,增加林草覆盖率,严格控制投饵网箱养鱼避免水体污染。调整新的四大家鱼产卵基地,维持库区水生生物生态。保持库区水位相对平衡,采取移栽等措施加强保护库周近30种珍稀植物。改变传统的以粮食为主的农业模式,大力发展经济生态型农业。汉江上游生态保护重点项目有退耕还林还草工程、封山育林工程、植树造林工程、农村新能源推广工程、生态示范区建设、生态农业建设项目和自然保护区建设等项目。

2. 汉江中下游生态保护措施

针对南水北调对汉江中下游带来的各种环境影响,以建立江汉平原生态农业示范区、汉江水污染防治区和为保护汉江中下游实施的汉江中下游水资源利用条件改善方案等保障措施,保障汉江中下游用水需求。

(1)建立江汉平原农业生态示范区,控制农业面源污染。根据调查与研究,在汉江中下游氮、磷污染负荷中,来自面源的污染负荷占有相当大的比例,这些氮、磷主要是通过泥沙和地表径流进入汉江中下游河流中。

从泥沙流失量来看，输沙量最大的是汉江沿岸直接入江区域，占 36.03％；其次为唐白河和南河流域，分别占 27.34％和 18.17％；竹皮河所占比例最小，仅为 0.90％。

从不同流域的氮、磷来源来看，直接入汉江的区域约占 1/3；其次为唐白河，约 30％；南河和汉北河分别占 12％和 10％左右，而南河主要以固态氮和固态磷输入为主。

不同土地利用类型氮、磷污染负荷也不尽相同。水田是汉江中下游农业面源中氮、磷的最大贡献者，主要原因是单位负荷大和水田所占面积大；其次为旱地，主要分布在南河、北河、汉北河和东荆河等流域；而林地、草地和荒草地对面源负荷的贡献较小。

针对汉江中下游流域氮、磷负荷分配和水土流失情况，建设三大生态农业示范区，实施三大流域水土保持治理工程，减少入汉江中下游的面源污染负荷。即汉江沿岸生态农业示范区、唐白河流域生态农业示范区，汉北河生态农业示范区，汉江沿岸流域水土保持治理工程，唐白河流域水土保持治理工程，南河流域水土保持治理工程。

（2）建立汉江中下游水污染防治区，控制工业与城市污染。

1）汉江中下游污水治理。汉江中下游河段水质超标现象比较严重，1999—2000 年汉江中下游三个水期（丰、平、枯）的 23 个断面的监测结果来看，只有 9 个断面达到Ⅱ类水质标准，而且大部分位于汉江中游江段。污染较严重的断面为位于襄樊市区和临近的下游宜城，有 60％的断面不能达标（Ⅱ类或Ⅲ类标准），其超标因子为氨氮和总磷。在钟祥以下（含罗汉闸）的汉江下游江段，有 44％的断面超标，其超标因子主要为总磷，其次为氨氮。

造成汉江中下游河段水质超标现象比较严重的原因之一是汉江流域每年 5.38 亿 t 的废水（工业 2.6 亿 t，生活 2.78 亿 t）和 14.74 万 t 的化学需氧量（工业化学需氧量 6.39 万 t，生活化学需氧量 8.35 万 t）的排放量，预计到 2010 年，汉江流域的废水和化学需氧量排放量将分别达到 7.81 亿 t 和 15.91 万 t，如果不采取措施控制污染物的排放量，汉江中下游水体水质将继续恶化。

为遏制由于工业废水对汉江中下游造成的污染，采取的措施有：①调整现有工业企业产业结构；②禁止新建重污染企业；③新建企业和改、扩企业全部实现达标排放和污染物总量控制；④推广清洁生产技术。

生活污染源的控制是以建设城市污水截污工程和城镇污水处理厂，减少由生活污染源造成的对汉江中下游的污染。

2）汉江中下游垃圾处理。汉江干流中下游附近城市全面实行生活垃圾集中处理，到 2010 年，建成城市垃圾处理项目 16 个，垃圾处理率达到 90％。

3）汉江中下游城市河道清淤。对汉江干流中下游襄樊等 8 个主要城市进行城市河道清淤，减少底泥的水质污染，改善汉江的航运条件。

4）汉江中下游城镇全面禁磷。汉江中下游城镇全面推广无磷洗衣粉的使用，大力限制沿江化工厂磷、氮的排放，减少磷、氮入江量 50％，有效控制汉江水华的发生。

5）支流污染治理。竹皮河（荆门市）、唐白河（襄阳县）、小清河（襄樊市）、蛮河（宜城市）等共 7 条主要支流在 2000 年的水质劣于Ⅳ类，同时也是水土流失量比较大的几个流域。到 2010 年，要重点治理这 7 个流域的水质污染，对小流域实施总量控制，建设各个城镇污水处理厂，调整产业结构布局，逐步减低工业污染排放量，控制小流域水土流失，使各个支流入江水质达到规划要求。

（3）建设引江济汉工程，维持汉江生态系统需求。引江济汉工程是从长江中游干流向汉江下游引水，补充兴隆至汉口段和东荆河灌区的流量，以满足其灌溉、航运和生态用水要求。

引江济汉渠线采用对地方防洪排涝干扰小、对江汉油田干扰小、引水口河段河势稳定的高线线路方案。渠首位于枝江市七星台镇大埠街，干渠向东穿过下百里洲、沮漳河、荆江大堤、港南渠、港北渠、港中渠，在荆州城北穿过汉宜高速公路，在纪南城东边沿长湖西缘北上穿荆沙铁路，再向东北穿过拾桥河到长湖北缘后港镇，沿长湖湖汊北缘、彭冢湖北缘向东穿过西荆河、东干渠，在潜江市高石碑镇南穿过汉江干堤入汉江。渠道在拾桥河相交处由拾桥河分水入长湖，在东荆河灌区需水时，由长湖东缘的刘玲闸出湖入田关河，由田关河和田关泵站入东荆河，全长82.68km。

引江济汉工程设计引水流量初拟为500m³/s，主要建筑物包括引江济汉渠道及其上的大埠街进水闸、汉江高石碑出水闸、与沮漳河及拾桥河平交的节制闸、船闸，此外还有其他河渠及路渠交叉建筑物等。

（4）兴建兴隆水利枢纽，保障农业灌溉系统不受河水影响。兴隆水利枢纽位于湖北省天门市、潜江市境内，上距兴隆闸约1km，是汉江干流规划中的最下一个梯级，为季节性低水位拦河闸坝。主要目的为壅高水位、增加航深，以及改善回水区的航道条件，提高罗汉寺闸、兴隆闸及规划的王家营灌溉闸和两岸其他水闸、泵站的引水能力。

根据兴隆水利枢纽所处河段的地形、地质条件及南水北调中线要求，拟定的坝址位于湖北省天门市（左岸）和潜江市（右岸），正常蓄水位36.5m，水库回水至华家湾，库段长为71km，过船吨位500t。

兴隆水利枢纽工程总工期4年，其中施工准备期1年，一期工程施工期2年，其余工程1年完成。

（5）改（扩）建部分闸站及整治局部航道，改善汉江航运条件。对灌溉面积较大的谢湾闸和泽口闸，为改善其灌溉保证程度，规划在闸前兴建泵站。谢湾闸和泽口闸设计最大引水流量分别为32m³/s、150m³/s，谢湾泵站装机容量约3.2MW，泽口泵站装机容量约15MW。

对其他引水闸站，通过对干流沿岸102座典型水厂及灌溉闸站调查分析，需对总引水流量约146m³/s的14座水闸和总装机容量约10.5MW的20座泵站进行改建。

局部航道整治工程包括延长丁坝5120m、新增丁坝1100m以适应整治流量减少和整治线宽度束窄的变化，并对部分河段滩群进一步整治和疏浚。

（二）东线调水区生态环境保护规划

1. 保护范围

长江下游干流南京—上海段和太湖流域地区，包括南京、镇江、苏州、无锡、常州、扬州、南通、上海等市。

2. 保护目标

长江干流水质达到Ⅱ类，保证调水要求；长江干流控制岸边污染带，保障岸边取水水质；长江沿岸的岸边污染得到改善，各个支流水质达到江苏省水域功能区划要求（表1-4-2）。

表 1-4-2 长江河口区水质保护目标

控制断面名称	所属行政区	所属水系	现状水质	功能要求
浦口	南京	长江干流	II	II
焦山尾	镇江	长江干流	IV	III
高资港	镇江	长江干流	II	II
西石桥	常州	长江干流	II	II
姚港	南通	长江干流	IV	III
七桥瓮	南京	长江干流	III	III
二礮港	镇江	古运河	IV	III
化肥厂东	扬州	老通扬运河	IV	IV
汉河口东	扬州	大运河、古运河	IV	IV
杭铺大桥	泰州	老通扬运河	III	III
嘶马闸东	扬州	白塔河、红旗河	II	II
滁河闸	南京	滁河	V	IV
大道河	镇江	大道河、便民河	IV	III
马甸闸	泰州	古马干河	III	III
许家桥	泰州	横港	IV	IV
夏堡南大桥	南通	焦港河	III	III
宝塔桥、东南湖	南京	金川河、玄武湖	V	IV
季市大桥	泰州	靖泰界河	III	III
九圩港桥	南通	九圩港	IV	III
九曲河闸	镇江	句容河	IV	III
卫东桥	无锡	利港	IV	IV
万福闸	扬州	廖家河	III	III
浏河闸	苏州	浏河	III	III
变电所	泰州	南官河	III	III
小洋口	南通	拼茶河	IV	III
三汊河口	南京	秦淮河	V	IV
长庄大桥	南通	如海运河	IV	III
河失桥	泰州	如泰运河	III	III
十圩桥	泰州	十圩桥	V	IV
石臼湖心、固城湖心	南京	石臼湖、固城湖	III	III
大洋港桥、通吕二号桥	南通	通吕运河	IV	III

控制断面名称	所属行政区	所属水系	现状水质	功能要求
浒浦闸	苏州	望虞河浒浦河白茆闸	Ⅲ	Ⅲ
黄田港大桥	无锡	锡澄运河	Ⅳ	Ⅳ
泗源沟闸	扬州	仪征河	Ⅳ	Ⅳ
二干河闸	苏州	张家港	Ⅲ	Ⅲ
陆桥	无锡	张家港运河	Ⅳ	Ⅳ
燕子矶江段	南京		Ⅱ	Ⅱ
梅山江段	南京		Ⅱ	Ⅱ
吕城	镇江	京杭运河	Ⅲ	Ⅲ
辛丰镇	镇江	京杭运河	Ⅲ	Ⅲ
通启大桥	南通	通启运河	Ⅱ	Ⅱ
三岔河	镇江	扬中河渠	Ⅳ	Ⅲ
唐市南桥	苏州	张家港	Ⅲ	Ⅲ
燕子矶江段	南京		Ⅱ	Ⅱ
梅山江段	南京		Ⅱ	Ⅱ
九乡河口	南京		Ⅱ	Ⅱ
三江河口	南京		Ⅱ	Ⅱ
石城桥	南京		Ⅴ	Ⅳ
文德桥	南京		Ⅱ	Ⅳ
北濠桥	南通		Ⅳ	Ⅲ
小李港	南通		Ⅱ	Ⅱ
吕城	镇江	京杭运河	Ⅲ	Ⅲ
辛丰镇	镇江	京杭运河	Ⅲ	Ⅲ
九段	上海	长江干流	Ⅳ	Ⅱ
松浦大桥	上海	黄浦江	Ⅳ	Ⅱ
临江	上海	黄浦江	Ⅳ	Ⅲ
吴淞口	上海	黄浦江	Ⅴ	Ⅳ
浙江路	上海	苏州河	Ⅴ	Ⅴ

3. 分区保护任务与措施

针对南水北调中线工程对长江河口地区带来的各种生态环境影响，长江河口区划分太湖特殊生态功能区、河口生态良好区、长江干流污染控制区、上海饮用水水源保护区四个区域，分区分类落实生态环境保护对策，促进长江河口地区生态环境不断改善，使南京以下长江干流水质基本达到Ⅱ类。

（1）太湖特殊生态功能区。

1）生态保护方案。

a. 自望虞河调水引江济太工程。按年引水 10 亿 m³ 论证，加大望虞河引水量，自望虞河调水入太湖，然后经五里湖、梅梁湖入长江；在常州、无锡进行二级处理后排入长江，不再排入太湖。这是对梅梁湖、五里湖水质改善起关键作用的工程。

b. 湖滨带建设工程。在"九五"湖滨防护带工程的基础上，全面建设环湖湖滨带工程。环湖道路靠湖体一侧（长约 300 多 km，宽 50m 至数百米）所有区域的生态防护带建设，按农田林网、防护林体系和环湖林带进行建设，每网 220～300 亩；西部沿岸各入湖河道两岸设置 40～50m 宽林带；入湖河道各支流沿岸设置 10～20m 宽林带；结合太湖大堤的建设，因地制宜采用草本和灌木植物；沿岸丘陵根据地貌类型发展林果茶等，逐步形成乔灌草三层结构。以本土动植物或已经证实有有益生态效果的动植物为主。

c. 前置库和湿地建设工程。该工程拟包括 13 条主要入湖河流入湖口的湿地建设、湖荡（如东氿、西氿、盛家荡和金鱼荡等）水生植被恢复建设等。其中，已有的湿地要加以修复和维护；沿河两侧湿地可按照微地貌类型改造成太湖前置库，利用水生植物净化污染物；部分低洼地和废弃沟塘可改造成前置库，利用氧化沟（塘）降解和水生植物吸收原理，净化入湖河流和径流中污染物。前置库的建设应与湖滨带生态建设相结合。

d. 水生植被恢复和重建工程。工程选择贡湖、梅梁湖和竺山湖的湖湾，修建防护桩，按沿岸带地貌，修复挺水、漂浮、沉水和浮叶植物群落。严禁任何形式的网围、网箱养殖和吸螺作业，控制生态水位，促使局部水域水体中悬浮物加速沉淀，提高透明度，控制藻类水华的发生，以利水生植物生长。"十五"期间，将太湖西北部、西部沿岸浅水区和贡湖湾和竺山湖湾作为重点区域，开展水生植被恢复工程，由点到面通过人为干预，创建水生高等植物的适生条件，诱发和稳固藻型水体向草型水体的转化，一方面抑制蓝藻水华的发生和发展，另一方面结合水草资源的利用，从湖体中取出营养物。

e. 河道与梅梁湖、五里湖生态清淤工程。结合水利和航运要求，对太湖 13 条主要污染入湖河流和其他 5 条河流进行生态清淤，经初步估算，清淤量约 1.5 亿 m³；梅梁湖、五里湖淤泥量约为 9900 万 m³，生态清淤量约为 1044 万 m³。以太湖每年换水 1 次的周期计算，实际可增加湖水容量 2000 万 m³。

2）水质改善工程。

a. 城镇污水处理工程。先湖西、后湖东，分步治理，太湖西北沿岸以及太湖上游的宜溧河水系、苕溪水系和大运河沿岸为重点污水处理厂建设区域。计划安排建设 67 座污水处理厂及管网配套工程，处理能力为 220 万 t/d，其中江苏省 66 座，处理能力 217 万 t/d；上海市 1 座，处理能力 3 万 t/d。这些建设工程包括在建、扩建和新建项目。所有新建和扩建的污水处理厂应采用具有除磷脱氮工艺的二级或二级强化（A_2/O 法）处理工艺。

b. 城镇垃圾处置工程。建设城镇垃圾处置和危险废物处置中心，包括垃圾无害化处置及卫生填埋场工程、垃圾焚烧场、危险废物处置，分别分布在苏州、无锡处置。

c. 工业点源污染控制工程。进一步对 30 家磷污染排放大户和 57 家氮污染排放大户实施总磷和总氮总量削减控制措施。

（2）河口生态良好区。河口生态良好区包括宁镇扬-宜溧山丘陵区和太湖平原、江北平原生态农业区。

1）宁镇扬-宜溧山丘陵区。以保护山区和农区的水土流失为重点，位于扬州、镇江（丹阳）以西及宜兴溧阳以南地区，由低山丘陵、黄土丘陵和秦淮河固城湖石臼湖流域平原组成。

低山丘陵区有计划进行封山育林，防风固沙，保持植被；在5°以上坡耕地造林抚育幼林；加强对山区建设项目、采矿、采石、挖砂等环境管理，低产田退耕还林，防治水土流失，保护山地资源，实施林业生态工程。

加强小流域为单元的水土流失防治，在黄土丘陵区基本完成梯田化的基础上加强林网建设，平整畦内土地，防治丘陵区农田水土流失。

沿江河漫地低阶地的潮土旱作区要加强农田林网建设和条田建设提高农作物覆盖率，改进耕作技术。

保护区内生物多样性，加强区域内已建和新建自然保护区、珍稀野生物种保护基地和风景名胜区的生态保护。

2）平原农业区。该区包括太湖平原和江北平原。

以实施农业生态工程、加强农业和农村基础建设，改善农业生产条件和生态环境为重点，加强农业和农村基础设施建设，稳步提高农业综合生产能力。平原区农田森林覆盖率达到10％，镇区绿化率达到20％。

采用节水灌溉，减少农田径流，防止农田水土流失。到2010年，40％～50％的重点中心城镇要建设污水处理设施，健全垃圾收集系统，固体废弃物处理率达到90％以上，畜禽粪便处理率和资源化率达到80％。

江北平原做好近海农业污染防治的综合治理，使入海水质达到Ⅲ类，大力开展生态县、镇、村建设，继续加强农业综合实验示范基地和科技示范园建设。

（3）长江干流污染控制区。长江干流是江苏省目前唯一的保持Ⅱ类水的战略水源地，是江苏省和南水北调的东线水源地。在综合开发、统筹兼顾、预留发展、有偿使用的原则下，做好干流区的统一规划，重点突出水污染防治、饮用水源保护和沿江生态带建设。

沿江饮用水源地必须设置一级保护区、二级保护区和准保护区。一级保护区以取水口为中心，半径不超过100m，禁止各类污染物排入，严禁停靠船只，严禁养殖捕捞，严禁建设有污染源的项目和排污口，并建设水源地防护林带。

加强污染物岸边排放总量控制，严格实行入江30条主要支流的总量控制计划，加强对沿岸城市工业污染防治，以入江排污口整治为主要方法核定各个点源的污染物排污总量的控制管理。

沿江建设一批城市污水处理厂，到2010年，城市污水处理率达到80％，大幅削减生活污水的污染负荷，整顿集中式入江排污水道，改变大型排污单位的排放方式。

沿江各个市县对造纸、制革、印染、电镀、化工、农药、酿造、有色金属、冶炼等行业进行针对性的产业结构调整，淘汰落后的生产能力，大幅削减结构性工业污染。

（4）上海饮用水水源保护区。

1）合理调控南水北调工程调水量：①采取各种措施保证长江口下泄水量，防止盐水入侵的发生；②当大通流量小于警戒流量8000～10000m³/s时，应严格控制或停止东线调水（警戒流量尚待组织有关方面最终确定）；③南水北调东线的洪泽湖、骆马湖、南四湖、东平湖在9

月、10月引江水储蓄，以备南水北调所需的苏、皖、鲁、津的用水量，枯水期则减少江水抽引量，采取避让措施；④在大通以下沿线各取水口建立自动监测系统，监测沿江各地区抽江与引江的水量及下泄流量。高度重视并研究安徽大通水文站以下长江径流量的变化，并有针对性地进行有效的管理与控制。

2）保护现有水源地，开发规划新水源，节约用水，充分利用各种水源：①保护好已有的陈行水库、宝钢水库等水源地的水质，并充分利用这些水源；②抓住太湖治理的契机，大力治理黄浦江，使黄浦江水质改善，恢复利用原有的水源地，以避免对长江引水过量，产生盐水倒灌；③扩大现有沿江引江工程取水泵站规模及水库有效库容，提高上海市长江引水远景规划水源地（青草沙水库、太仓水库）引水规模，并对水源地进行保护；④开辟长江以外的新水源地，作为备用水源；⑤加强长江各支流口门处的水闸管理，减少内河盐水入侵，改善内河水质；⑥建议采取各种节水的工程措施和政策，建成节水型用水系统，降低各方面的用水指标，使有限的水资源更好地为国民经济服务。

3）北支整治等可供选择的水源保护措施。

a. 北支整治工程。由于该地区最主要的盐水倒灌来源来自长江口北支，尤其是南支上游地区，是受北支盐水影响最重的地区。鉴于北支是一个由于泥沙淤积将自然消亡的河口，因此，建议采取对北支进行封堵整治的措施，可以减少盐水倒灌，避免盐水入侵的发生，并且不会对环境产生负面影响，可以作为可供选择的方案进一步论证。

b. 利用三峡水库调蓄能力，在长江枯水年或特枯水年，将三峡水库蓄水期提前1个月，即从9月开始，延至10月、11月、12月，以维持天然下泄水量。

c. 加强科技手段，开展相应的水文测量、科学研究，分析长江口盐水入侵规律、南水北调对长江口盐水入侵的深入影响等，为南水北调工程的顺利进行做进一步论证。

4）用水保障措施。

a. 市区工业和生活用水保障。目前上海市工业和生活用水的主要水源是黄浦江，由于其下游受到城市排污和盐水入侵的影响，水质已不符合工业和生活用水的需要。因此需要抓住治理太湖的有利时机，对黄浦江上游进行有效的污染防治和水源地保护，建立松江水源地。

b. 南支河段沿岸工厂的工业用水保障。南支河段沿岸已经建了宝山钢铁总厂和石洞口电厂、水泥厂等许多重要工厂，这些大型工厂都是用水大户，原水直接取自长江。北支倒灌盐水过境时，长江水质不能满足工业用水的要求。宝钢总厂现采用第二水源即建造岸边水库的方法，在长江水氯离子含量高于钢厂用水标准时取用水库水。其他用水量大的工厂参照宝钢的方法，统筹安排，建造适当库容的岸边水库，可以解决长江水受盐水入侵影响时的用水问题。

南支河段南岸主要盐水入侵来源是北支倒灌盐水过境，如果没有这个因素，南支河段大部分地区不存在盐水入侵问题。通过北支整治，可以彻底解决南支河段盐水入侵的影响。

在特枯年，南支河段连续几十天为盐水所控制。在这种情况下，太湖流域通过南支河段沿岸引水，会引起内河水系严重的盐水入侵问题。在这种年份，南支河段沿岸水闸应该停止调水。

c. 沿江的农业用水问题。灌溉水体中含盐度大小是影响水稻成秧率的重要因素。在盐水入侵时，严格管理水闸，对育秧水质进行必要的监测，可以大幅度减轻盐水入侵对农业生产造成的不利影响。

现在沿江各市县通长江口的河道都有水闸控制，客观上已经创造了控制盐水入侵的条件。只要加强沿江水闸管理，控制盐水入侵对农业生产的影响是可以做到的。

濒临南支河段的宝山和太仓等县，如果掌握北支倒灌盐水团过境的规律，在平水和丰水年的枯水季节，可以做到开闸引水，免除盐水入侵的影响。为了保证枯季引到低氯水体，宝山和太仓两县，每县应至少有一个水文站，每天1~2次监测长江水的氯度，根据江水氯度大小，决定是否开闸引江。

现太仓县浏河闸已建潮汐发电站，经常开闸引水发电。为避免盐水污染内河水道，枯季应该定时测量浏河闸下含氯度，如果闸下含氯度太高，潮汐发电站应立即停止运行。采取这些措施，可以避免盐水入侵的影响。崇明县有完整的监测氯度的体系，闸门管理也比较严格，坚持这种做法，不会出现盐水入侵影响农业生产问题。

望虞河位于南北支交汇口上游，在长江特枯年，望虞河也受长江北支倒灌的影响，含氯度短时间也会高达600mg/L左右，但毕竟是短时间的和间歇性的，大部分时间含氯度比较低。在特枯年，如果太湖流域需要引水，应该通过上游望虞河这样的骨干河道来实施。

另外，三峡工程和南水北调工程对长江口地区的生态环境综合影响及防治，如富营养化问题的产生、泥沙淤积规律的改变、生态群落的变化、土壤盐渍化等，还有待进一步的深入科学论证。

四、南水北调工程输水线路区生态环境保护规划

南水北调工程输水线路区的环境影响，是主体工程直接对生态环境施加影响的部分。因此，工程活动本身的影响，如开挖、弃土、破坏植被、永久占地等问题，解决的最好途径是设计。工程设计体现生态保护目标越突出，问题越小，效果也远大于工程完成后的各项补充措施。工程安全影响生态安全，巨大的人工输水工程，其工程风险就是生态风险，因此解决的途径也在于设计。工程的长远生态影响，其动力来源在于人工输水渠连接起四大流域，流量、流质、流态的变化，直接反映在输水线路中，需要设立观测系统，也应在工程设计中做出安排。本规划结合工程设计应注意的上述三方面生态环境问题提出要求。

南水北调工程在全面采取预防监督措施的同时，需对弃土区、渠道堤岸区、施工道路区、泵站及移民安置区采取必要的防治措施，避免水土流失的产生。

利用北调水及受水区蓄水水库及地下水源，实施水资源的联合调度及丰枯互补，利用在线水库的蓄水在总干渠输水中断时应急供水，确保受水区连续安全供水。

调水干渠将原来各自独立的城市集中水源连接在一起，原有湖库的充蓄调控规律发生变化，水文条件发生变化，污染物及营养物受纳量发生变化，必须进行河渠湖库一体化保护系统建设，确保输水安全。

（一）解决输水线路区环境影响的关键在于工程设计

1. 工程设计原则

通过合理设计，减少工程对周边环境的负面影响，工程设计应遵循以下原则。

（1）总体布置应合理节约用地，根据施工地点的地质状况，尽量利用荒地、滩地、坡地，多采用窄深断面，不占或少占良田，减少对水利设施、经济园林、森林资源的破坏。尽量减少

穿越人口、耕地集中的村寨的概率，注意避让地质塌陷区、水源地、名胜古迹等敏感区。对渠道两岸的公路桥应合理布局，优化选址，以利渠线两岸附近居民来往。

（2）渠道与渠道建筑物应统一规划土石方，按照挖填结合、左右岸挖填弃量各自平衡的原则，施工弃土尽可能堆置于坑洼不平处，少占耕地。临时弃土场占压耕地后，需推平地面，平整土地并覆盖种植土以使农田恢复耕种；多利用山沟、荒地、河滩，尽量避开居住点，根据条件予以造林绿化或改造成耕地。

（3）掌握土壤和地下水的盐分动态，防止土壤次生盐碱化的发展，对于堤外渗水要认真考虑防渗、截渗、排渗等工程措施。

（4）干线区将穿越不同的地质形态区域，中线总干渠跨越秦岭褶皱系和中朝准地台两大一级构造单元，地势西高东低，西部以变质岩、碳酸盐岩、碎屑岩等为主，东部则广泛分布第四系黏性土及砂土。这些区域的土壤、植被均有所不同，其中有珍稀动植物的地区、地震多发区等应在环境影响评价报告中提出相应的避让、解决措施。

（5）外购部分建筑用木材，以减少对当地森林植被的破坏。

（6）统计移民数量，做好拆迁安置区的环境规划，使拆迁居民生活长治久安，以减免对环境的潜在影响。

（7）对无法避让的居民区、文物古迹等地区作出环境影响评价，制定相应的规划和保护、转移等措施。

2. 工程设计中的移民安置问题

（1）中、东线输水总干渠移民安置。中、东线输水干渠虽然占地面积较大，但由于工程建设占地及挖压拆迁分布距离长，占用沿线各乡镇耕地的比例较小。且输水干渠沿线土地资源较好，人均耕地超过全国水平，调水后耕地质量将有所提高。因此总干渠移民问题可以通过就地就近调整安置解决。

（2）南四湖、东平湖移民安置。按照东线工程规划报告要求，将南四湖、东平湖划分为调水区、缓冲区、开发区，对调水区进行封闭保护，在缓冲区种植芦苇等水生植物，建立生物隔离带；在开发区，可进行渔业等生产活动。南四湖下级湖作为调水区保护，上级湖作为开发区；东平湖老湖区作为水源保护区，新湖区作为开发区。

根据南四湖上级湖及东平湖新湖区的环境容量及鱼类产量，确定可容纳的渔民人数，允许适当数量的渔民继续从事生产生活活动。根据山东省耕地资源分布状况，结合南水北调工程给耕地带来的改善作用，以不降低渔民现有生活水平为前提，安排剩余渔民就近从事农业生产活动。

3. 工程设计中应注意的水土流失防治问题

工程建设期间，人为侵蚀将造成弃土场、施工区、生活区的水土流失。破坏现有的地表植被，表层土松散，裸露地面土层。此外，干线河流湖泊内的清淤工程将可能带来排泥场占地及清淤淤泥对周边生态环境的影响。清淤淤泥占压部分农田后，植被遭到破坏，农田腐殖质也受到一定的影响，须配合以有效的覆土、除碱等改良措施后，尽快恢复耕种。

根据水土保持方案编制规范，南水北调工程在全面采取预防监督措施的同时，对重点或主要水土流失区，采取工程措施与林草措施相结合，实施综合治理。

对弃土区及排泥场等堆垫边坡主要采取种植草皮（或灌木）护坡措施；弃土区、排泥场表面主要进行土地整治绿化（部分有条件的可进行复耕），种植乔木或灌木等树木；渠道岸堤采取必要的工程衬砌和沿岸绿化整治；施工道路主要沿两侧开挖排水沟，疏导地表径流；泵站区域水土流失主要结合环境绿化美化，采取林草优化配置进行治理；移民安置区建房过程中产生的弃渣选择洼地填埋，区内种植林木，以提高植被覆盖率，美化环境。

对现有植被落实综合管护措施，建立专门机构做好封山育林育草工作，疏林补植，划出全封、半封、轮封区，保护自然资源不遭人为破坏。

另外，还要严格履行各类基本建设项目的水土保护方案审批制度，水土保护部门要督促检查水土保持方案的实施，对已造成水土流失的单位，要收取补偿费和防治费。

4. 工程设计中施工期应注意的污染控制与生态安全维护问题

（1）水污染物排放控制。施工产生的各种有害废水应经处理对环境无危害后再行进排放，生活污水排入化粪池初级处理后排放，砂石料冲洗废水采用沉淀池一级处理，废水中悬浮物达标后排放，机械维修厂含油废水经油水分离机除油达标排放。

（2）气污染物排放控制。经过市区干道的交通运输要防止扬尘污染影响，及时清扫道路，两侧栽种树木，干燥天气定时道路洒水，使用无铅汽油等。

（3）噪声控制。对噪声大的施工设备和车间装多孔吸声材料，尽可能防止噪声向外辐射，大型车辆安装消声器。交通沿途有学校、医院等的敏感区，建议设置吸噪或防噪措施。

（4）固体废物排放控制。施工弃土、弃石尽量回用，生活垃圾按指定位置集中堆放进行无害化处理或送城市垃圾场集中处理，做好施工弃地植被恢复。

（5）人群健康保证。施工区人员较集中，要做好保证饮食卫生，加强卫生保健，做好防疫检疫工作，杀鼠灭蚊，减少媒介传染病发生。

（6）生物保护。保护调水沿线植被生态及动物种群生活，防止移民搬迁以及施工过程中对动植物的破坏，禁止捕猎珍稀动物，对工程建成后动植物种群变化可能引起的危害采取有效生态措施进行控制。

（二）南水北调中线工程输水安全保障

南水北调中线工程不论在近期还是远期，其调水量均为北方受水区的补充水源，并且因丹江口水库入库水量年际、年内分配不均，在首先满足汉江中下游防洪和供水要求后，中线工程北调水量年际、年内不尽一致，而受水区当地地表水水库入库径流同样存在年际、年内不均衡。只有通过北调水与当地各种水源联合运用，实现丰枯互补，才能满足受水区的需求，提高供水保证率，实现水资源优化配置，使各种水源得到充分、合理利用。为确保调水工程输水安全，需要充分发挥在线水库的调蓄作用，实现输水干渠的即时响应。

1. 输水干线应发挥在线水库的调蓄功能

（1）调蓄水库分布。受水区向城市供水的大、中型水库及洼淀共有19座，其中河南8座，分别为鸭河口水库、昭平台水库、澎河水库、白龟山水库、尖岗水库、常庄水库、小南海水库、彰武水库；河北8座，分别为岳城水库、东武仕水库、岗南水库、黄壁庄水库、西大洋水库、千顷洼水库、白洋淀水库、瀑河水库；北京2座，分别为官厅水库、密云水库；天津1座，为于桥水库。这19座水库总调蓄库容为67.5亿 m³，占远期中线输水量的50%，其中黄河以南13.3亿 m³，黄河以北54.2亿 m³。充分利用这些水库的调蓄库容，可最大限度地实现北调水与当地水资源的丰枯互补。

（2）调蓄水库分类。调蓄水库可分为三类，即补偿调节水库、充蓄调节水库和在线调节水库。

1）补偿调节水库是位于总干渠以西的水库，位置较高，不能充蓄北调水但可以调蓄当地径流，对供水片起补偿调节作用，如鸭河口水库、昭平台水库、小南海与彰武水库、岳城水库、东武仕水库、岗南水库、黄壁庄水库、西大洋水库、密云水库和官厅水库。

2）充蓄调节水库是位于总干渠以东的调蓄工程，位置较低，不仅可以调蓄当地径流，还可以充蓄北调水，如白龟山水库、白洋淀水库、千顷洼水库和于桥水库。

3）在线调节水库与总干渠连通，北调水可充蓄入库，库水又能进入总干渠，需设进库或出库泵站，如瀑河水库。

（3）调蓄方案。

1）水库、洼淀的调度方案。汛期（7—9 月）预留防洪库容，剩余库容参与中线调水的调蓄；非汛期全部库容调节当地水和北调水。

设计充库参数，即根据当地水资源丰富情况，以不降低当地水资源利用程度为原则，水库在充蓄上游来水时，为水库留下一定的备用容积，既可充蓄北调水，也可充蓄当地径流（下时段来水）。

为保证重点用水部门的供水，设定不同用户停供线。由上而下分别为其他供水限制线、工业供水限制线。当水库水位降到第一条停供线时，水库停止向其他项供水，如水位继续下降到第二条停供线，再停止向工业供水，只向生活供水。

2）水资源联合运用方案。①当地水库上游来水，先充蓄水库，蓄到限定库容后的余水首先供水（限定库容由充库系数确定）；同时，为避免地下水开采使用年际间变化过大（造成机井浪费和维修困难），再适量开采地下水。②若用户需水不满足，则由中线调水供水。③用户需水仍不能得到满足，由当地水库蓄水供水。④用户仍缺水，再增加地下水开采，地下水允许短时超采，但控制多年平均使用量不超过多年平均允许开采量。⑤利用在线水库实现在线调蓄。

在线水库的主要作用是事故备用，在总干渠输水中断时应急供水，使受水区的供水更有保障，对重要城市来说这种保障尤为必要。

以瀑河水库为例，它作为中线在线水库，位于保定的徐水县，总干渠从瀑河水库的上游库区通过，可直接输水入瀑河水库。瀑河水库可自流向天津供水，向北京供水则需提水入总干渠。瀑河流域面积不大，多年平均来水 0.45 亿 m³，扩建后的瀑河水库调节库容 2.1 亿 m³，来水与其库容相比，所占比例较小，大部分库容可以用于北调水的调蓄。瀑河水库距离北京和天津市相对较近，作为北京、天津两市的事故备用水库。从瀑河水库历年调蓄运用情况分析，该水库经常处于满蓄状况，非常有利于作为事故备用水库，如果中线工程发生意外中断供水，瀑河水库的库蓄可保证北京市供水 1 个月。

2. 设置节制闸实现输水干渠分段控制，减少输水风险

（1）节制闸的设置。为实现输水干渠的系统控制及对渠道水位、流量的控制，在中线输水干线中共设 40 余座节制闸，将总干渠分为 40 余段，两座节制闸形成类似于一个小水库。通过调整节制闸的开度，维持渠段特定位置的水位不变，保持渠段内贮存一定的蓄水容量，以应付

分水口取水流量的突然变化。同时，水位稳定有利于渠道衬砌保护，不会导致水位的剧烈波动可能引起衬砌内外水压力不平衡，地下水顶翻衬砌板，甚至引起渠堤失稳滑坡。通过节制闸的调节作用，还可以确保突发性污染、溃堤等灾害事故发生时仅产生局部影响，不涉及干渠整体的安全，确保渠道的安全运营。

（2）输水快速响应的实现。中线工程总干渠 1200 余 km（未含天津干渠），在自然状态下，引汉水从丹江口水库流到北京需要 10 多天时间，调度极不灵活。而采用节制闸后将总干渠分为 40 余段，相当于 40 余座水库串联，使输水响应更快。

渠道运行控制是根据各用水户的需求，通过改变一系列节制闸的状态，适时适量将水送到用户的过程。控制动作与渠道水力学响应密切相关，在保证水位变率不超过允许值前提下，力求将用户需要的水量通过逐渠段水体传递，迅速送到用户的取水口。例如，若北京的需水流量从 $30m^3/s$ 增加到 $50m^3/s$，全线节制闸同时开启，加大闸门开度，仅需 10h 左右即可满足北京市 $50m^3/s$ 的需水要求。

（3）富营养化防治。在调水量小或不调水的时期，调水线路水流过缓，可能发生富营养化现象，影响北调水水质。因此在调水量小或无调水时，需密切监测调水线路水质，防止富营养化的发生。在调水路线区，有必要推广无磷产品的使用。结合保护区的划定，对干渠两侧的面源污染采取有效的治理措施。一旦发生了富营养化现象，应改变水库的调蓄方式，开闸放水，提高流速。

（三）南水北调东线工程输水安全防护

东线工程中，黄河以北输水干线河道现状水质污染严重，不实行清污分流难以保证调水水质。因此必须通过截污导流工程，实现对输水干渠污水的零排入，保障东线输水工程水质安全，通过合理的工程措施及管理措施，避免截污导流和防洪排涝的矛盾，确保工程的运行安全。

1. 主要截污导流工程

截污导流工程通过建立污水管网、污水提升泵站，将污水截流后输入排污河道。由于南水北调东线工程使得工程影响区内的河南、河北、山东相关地区加大污染治理力度，大幅度削减污染物排放量，排放的工业、城市生活污水将满足农灌用水标准，因此，也可使废水改道，建设中水调蓄水库及回用设施回用作农灌用水等。截污导流工程的建成将使黄河以北清污分流，确保所有污染物不再进入输水河道，彻底解决南水北调东线工程黄河以北输水河道的水污染问题。对于改变原污水排放路径的少数截污导流工程，存在污染物转移问题，对接纳区可能产生不利影响，必须对这些工程的影响程度与范围进行专门研究，提出相应的措施，将可能的影响减小到最低限度。

（1）临清市会通河排涝涵闸工程。在会通河西首修建闸涵和泵站，将临清市城区中南部汛期的涝水改排入卫运河。

（2）清河县截污导流工程。建设县城污水管网，提升泵站、穿越清临渠的倒虹吸和穿越铁路的涵管，改建桥梁 10 座，新建和修理节制闸 3 座，扩挖南李干渠，新建污水处理厂排污口等工程。

（3）沧州市截污导流工程。将原有排污渠道改为暗沟，改造排水管道和泵站等。

（4）沧县截污导流工程。改建、清淤目前县内的三条排污渠。

（5）泊头市截污导流工程。重新铺设市内污水管道，在南运河东、西各设一泵站，在市区北部建污水处理厂，处理后用于农灌。

（6）青县截污导流工程。在主要街道修建排污管道，进入城建规划的排水管网系统，尾水排入黑龙港河。

2. 东线截污导流工程与防洪排涝系统的协调

南水北调东线工程线路区中有部分河道原属行洪河道，因位于线路区中，需改为输水河道。需对这部分河道进行截污导流，使河道所在地区的污废水改道或通过截污闸拦截污水，保证输水水质。在非汛期时，河道内没有行洪需求，输水可以顺利进行；但在淮河、海河的汛期，由于行洪与输水相互矛盾，必须首先保证行洪，开闸放水，在确保行洪安全的情况下，才能继续截污导流。

南水北调东线工程途径淮河及沂沭泗下游平原。该地区地表水相对较丰，但年际和年内丰枯变化悬殊。枯水年用水紧张，但丰水年和平水年供水基本可以保证，淮河还有大量弃水。南四湖和东平湖周边，在平水年与枯水年水资源十分短缺，但丰水年或丰水季节仍有洪涝危害。目前的规划调水渠道正是该地区的排涝渠道，因此存在着调水与排涝之间的矛盾。

在上述地区，应进一步规划，解决洪涝灾害与输水渠道截污导流之间的矛盾。可修建节制闸等设施，并制定科学合理的调度措施，或选择其他河道作为新的泄洪渠道，保证排涝与调水两方面工程的顺利进行。

（四）划分保护区，建设生态监测系统

长江、黄河、淮河和海河四大流域的水质从南至北逐渐下降。为保护调水线路的水质，需要对其划分保护区。由于调水线路区原有的水源保护区的独立性被主干渠打破，充蓄与调控规律发生变化，汇流与输水要求也发生变化，所以线路上的河、渠、湖、库成为统一的人工调控系统，相互影响，相互依托。水流停留时间的变化，会带来河湖界限的变化、污染物与营养物受纳量的变化，有可能引发污染和富营养化，因此必须坚持预防为主、保护优先，为输水线路划定新的一体化保护区，并建立生态监测站，对可能产生的生态破坏问题进行即时监控。

1. 水质保护区

依据《饮用水水源保护区污染防治管理规定》的有关要求，将输水线路区划定不同级别的水源保护区，要求如下。

（1）一级保护区。总干渠及其两侧各50m的范围以及与总干渠相通的调蓄湖、库划为一级水源保护区，以保证城市和输水线路水质。该区必须遵守下列规定：禁止新建、扩建与供水设施和保护水源无关的建设项目；禁止向水域排放污水，已设置的排污口必须拆除；不得设置与供水需要无关的码头，禁止停靠船舶；禁止堆置和存放工业废渣、城市垃圾、粪便和其他废弃物；禁止设置油库；禁止从事种植、放养禽畜，严格控制网箱养殖活动；禁止可能污染水源的旅游活动和其他活动。

（2）二级保护区。划定一级保护区以外2km的范围为二级保护区，可保证输水线路水质，同时可作为饮用水源。要求为：不准新建、扩建向水体排放污染的建设项目；改建项目必须削

减污染物排放量；原有排污口必须削减污水排放量，保证保护区内水质满足规定的水质标准；禁止设立装卸垃圾、粪便、油类和有毒物品的码头。

2. 土壤保护区

为对输水干线水质进行严格保护，需对输水和受水区的土壤和地下水采取一定的保护措施。

（1）采取防渗排水综合工程措施，强化用水管理，防止土壤盐碱化。在地下水位较高的局部低洼地段，要完善排水系统，在有条件的地方实行井渠结合，控制地下水位。在干支渠水位较高、渗漏较严重的地段，应实施衬砌防渗，两侧截流排水，营造林带，实行生物排水等措施，防止沿渠线两侧地下水位抬高。

（2）建立南水北调工程调水区地下水和土壤环境监测系统，负责全区地下水和土壤环境监测、科研工作。为了监控工程影响区的地下水和土壤环境，应布置区域性及专门性的监测网点，进行全面、长期、系统的监测，跟踪地下水和土壤环境的演变过程，发现问题，及时采取对策。

（3）加强工程对地下水和土壤环境影响的科学研究，如长距离、多水源、多目标管理调度方案对土壤环境影响的研究和总干渠土质渠段合理防渗技术的研究等。

（4）调水与综合治理旱涝碱相结合，改善农田生态环境。黄河以北的华北平原和京津受水区，地下水和土壤环境问题复杂，调水必须与当地综合治理旱涝碱相结合，建立起良性循环的农田生态环境系统。

3. 建立生态监测评估系统

对南水北调工程的实施，将会对输水干渠周边地区的地下水、土壤结构、湿地、生物物种结构等生态因素产生影响，因此，需要建立生态监测评估系统，对这些影响进行跟踪，及时捕捉不利影响的发生，以便采取相应措施加以解决。

（1）地下水水位、水质监测评估系统。监测调水后输水干渠两侧地下水水位、水质的变化情况，评估调水对地下水的补充作用是否达到预期目标。

（2）土壤监测评估系统。对调水后土壤组成进行监测分析，比较调水前后土壤结构的异同，评估调水是否带来了土壤次生盐碱化等问题。

（3）湿地监测评估系统。对输水干渠沿线各调蓄湖库湿地系统进行监测分析，对湿地在调水前后面积、水深、生物种类及数量变化进行评估。

（4）生物监测评估系统。对输水干渠周边地区水生、陆生动植物种类及数量进行监测评估。

（五）小结

南水北调工程输水线路区的生态环境影响，主要关注两方面内容：①输水工程本身的输水安全与有效利用，包括输水水质、防洪泄洪、合理利用等；②工程实施对周围地区生态环境的影响，包括对线路区土壤、地下水及一些敏感生境的影响。规划主要提出以下方面的措施。

1. 利用在线水库调蓄、设置节制闸以实现中线输水安全

中线工程北调水量年际、年内不尽一致，而受水区当地地表水水库入库径流同样存在年际、年内不均衡。只有通过北调水与当地各种水源联合运用，实现丰枯互补，满足受水区的需

求，提高供水保证率，实现水资源优化配置，使各种水源得到充分、合理利用，以及实现输水干渠的即时响应，在总干渠输水中断时应急供水，使受水区的供水更有保障，对重要城市来说这种保障尤为必要。

为实现输水干渠的系统控制及对渠道水位、流量的控制，在中线输水干线中共设 40 余座节制闸，将总干渠分为 40 余段，在两座节制闸之间类似形成一个小水库。通过调整节制闸的开度，维持渠段特定位置的水位不变，保持渠段内贮存一定的蓄水容量，以应付分水口取水流量的突然变化。同时，通过节制闸的调节作用，还可以确保突发性污染、溃堤等灾害事故发生时仅产生局部影响，不涉及干渠整体的安全，确保渠道的安全运营。

2. 通过截污导流工程，实现对输水干渠污水的零排入，保障东线输水工程水质安全

截污导流通过建立污水管网、污水提升泵站，将污水截流后输入排污河道。截污导流工程的建成将使黄河以北清污分流，确保所有污染物不再进入输水河道，彻底解决南水北调东线工程黄河以北输水河道的水污染问题。对于改变原污水排放路径的少数截污导流工程，存在污染物转移问题，对受水区可能产生不利影响，必须对这些工程的影响程度与范围进行专门研究，提出相应的措施，将可能的影响减小到最低。

南水北调东线工程途经淮河及沂沭泗下游平原。该地区地表水相对较丰，且年际和年内丰枯变化悬殊，丰水年或丰水季节有洪涝危害。目前的规划调水渠道正是该地区的排涝渠道，存在着调水与排涝之间的矛盾。可通过修建节制闸等设施，并制定科学合理的调度措施，或选择其他河道作为新的泄洪渠道，保证排涝与调水两方面工程的顺利进行。

3. 划定新的一体化保护区，并建立生态监测站，对可能产生的生态破坏问题进行即时监控

依据《饮用水水源保护区污染防治管理规定》的有关要求，将输水线路区划定不同级别的水源保护区，分区对线路区水质、土壤及地下水进行重点维护，并分别建立地下水水位、水质、土壤、湿地及生物种群结构的生态监测站，对可能产生的生态破坏问题进行即时监控。

五、南水北调工程受水区生态环境保护规划

南水北调工程主要为我国北方地区提供城市补充水源，为实现南水北调工程最大环境效益，必须改变用水结构，实现北调水和当地水资源的联合调度、优化配置，建立用水新秩序。确保南水北调工程实施后，我国北方城市用水安全得到保障的同时，地下水得到有效回补，湿地系统得到逐步恢复，我国北方地区生态环境得到有效改善。

鉴于西线调水直接入黄河，规划暂不规定西线受水区生态环境保护措施，而重点关注东、中线受水区。由于东、中线受水区治污工作将主要通过淮河、海河等流域水污染防治规划解决，受水区的环境保护规划重点针对用水结构及生态环境保护目标及措施等。

（一）规划范围与目标

1. 东、中线受水区范围

南水北调东、中线受水区包括黄河、淮河、海河三个流域的 7 个省（直辖市）的 40 个地市。主要分布在黄淮海流域的河谷平原地区。其中，东线工程由于输水河道所处位置地势较低，受高程限制，其供水范围主要是淮河及沂沭泗下游平原、南四湖和东平湖周边地区、胶东地区和海河东部平原，受水区南起长江，北至天津，西界大致为子牙河、滏阳河、梁山、徐

州、津浦铁路，东临渤海、黄海，涉及天津市、河北省、山东省、江苏省和安徽省五省（直辖市），其中，江苏省既是南水北调工程受水区，也属于工程调水区范围。中线工程水源丹江口水库位于黄淮海平原西南端，输水线路布置在平原的西部边缘且南高北低，从而使工程居高临下，供水可控制平原大部分地区，可由南向北自流输水，由西向东自流供水，受水区主要为黄淮海平原中、西部地区以及长江流域的唐白河平原，分属北京、天津、河北、河南及湖北五省（直辖市）。东线受水区与中线受水区范围有一定重合，即天津市和黑龙港运东地区既可由东线工程供水又可由中线工程供水。

东、中线受水区所包含的 40 个地市为：河北省的石家庄、邯郸、邢台、衡水、廊坊、保定、沧州；河南省的南阳、平顶山、周口、漯河、许昌、郑州、焦作、新乡、濮阳、鹤壁、安阳；山东省的青岛、淄博、济南、枣庄、东营、烟台、潍坊、济宁、泰安、威海、德州、聊城、滨州；安徽省的蚌埠、淮北、宿州；江苏省的徐州、连云港、宿迁、淮安、扬州、泰州。

2. 规划目标

受水区转变水资源利用方式、加大节水和治污力度、建立完善的保障机制是南水北调工程综合效益发挥的重要保障，同时也是贯彻"节水是前提，治污是关键，生态是目标，机制是保障"工程实施总纲的关键所在。

根据南水北调中、东线工程规划，2010 年，共向北方调水约 145 亿 m^3，如果不能合理使用北调水，将带来生态环境的诸多问题，同时影响南水北调工程综合效益的发挥。而通过加大受水区工业、生活等各项节水措施，以及进一步落实各项治污措施，提高水资源的重复利用率，实现受水区水资源的合理配置，可使南水北调工程受水区每年减少用水 24 亿 t，占总增加用水量的 39%，每年可减少废水排放量 20 亿 t。从而将保证北调水最大限度地用于北方生态环境的改善，同时避免"大调水、大污染，大调水、大浪费"现象的发生。

因此，受水区必须建立用水新秩序，在实施全流域、全社会节水的同时，改变用水方式，提高水资源的循环使用率，减少污废水的排放，确保南水北调工程实施后，地下水得到有效回补，湿地系统得到逐步恢复，我国北方地区生态环境得到有效改善。

（二）建立用水新秩序

建立受水区用水新秩序以解决由水资源短缺引起的生态问题为目标，需要从产业结构调整、水资源联合调度及地下水开采分区等方面入手，在确保北调水合理使用的前提下，兼顾受水区生态保护。另外，需通过农业结构的调整，减少面源污染，消除对湖库水质的潜在威胁。

1. 实现三项生态保护目标

（1）增加南水北调工程受水区水资源总量，改善北方地区因水资源短缺造成的生态环境破坏现状。结合南水北调东线工程输水调蓄，考虑渔业、芦苇生长、水生生物、旅游等方面的要求，维持湿地的最低水位要求，恢复白洋淀、团泊洼、大浪淀、千顷洼的生态环境。

（2）建立洪泽湖、骆马湖、南四湖、东平湖等湖泊的水陆一体化生态防护系统，建立南水北调各调蓄湖库的农业面源污染防治体系，控制农业面源入湖量，防治湖泊富营养化的发生。

（3）重点控制主要城市市区地下水开采，维持地下水采补平衡，并使地下水逐渐得到补充。

2. 受水区生态环境保护措施

（1）实现北调水与当地水资源的联合调度与优化配置。通过对 1954—1998 年 45 年系列受水区与调水区水量数据分析，调水区与黄河以南受水区处于枯、丰不同水年，从而能正常和较好发挥调水效益的发生频率在67%以上；调水区与黄河以北受水区处于枯、丰不同水年，从而能正常和较好发挥调水效益的发生频率在80%以上。也就是说充分发挥北调水的综合效益是可能的。如何充分发挥这种效益，需要通过北调水与当地水资源联合调度与优化配置实现。

1）水资源联合调度。①汛期充分利用水库的兴利库容，作为当地供水的首要水源；设计合理的充库系数，使水库即可充蓄北调水，也可充蓄当地径流；按照生活、工业、其他行业的排列顺序，在水资源短缺时，优先保障前者。②协调调水工程与行洪排涝关系。为防治东线沿线污染影响调水，确保输水干渠水质，东线主体工程及治污工程共修建截治闸近30座，汛期截治闸如何运作，调水水质如何保证，在工程设计中重点考虑。③供水时按照水库余水、北调水、水库蓄水、地下水的顺序依次使用，确保水资源的合理使用。

2）水资源优化配置。①充分利用北调水水质优良的特点，优先用于城市生活、工业等，城市污水处理厂尾水及置换出来的当地水源用于农业灌溉、城市景观、生态用水等。②丰水年加大地下水回补力度，增加水体生态流量，逐步改善我国北方地区因缺水带来的生态环境问题。

（2）工农业节水及城市再生水回用方案。当调水区与受水区同为枯水年时，北调水量不能补足受水区需水缺口，为尽量减少受水区对地下水及地表水的超采，避免对当地水环境的进一步破坏，需要强化产业结构调整、工农业节水及城市再生水回用措施。

1）产业结构调整。①工业结构调整：重点发展高科技产业，逐步将现有的电力、化工、冶金、石油等水耗大、排污多的企业以及农副产品初加工企业逐步转移到具有相对资源优势的地区。天津、青岛、沧州等滨海城市积极推广海水利用技术，充分利用海水资源，因地制宜发展电力、化工等耗水产业。②农业结构调整：调整土地利用结构，结合水土保持建设基本农田，发展生态农业，逐步形成绿色食品集中生产区，缺水地区大幅度压缩水田面积，适当减少耗水较多的小麦种植面积，适度发展耗水较少的棉花、油料、牧草等作物面积。

2）节水措施。①工业节水措施：严格控制发展高耗水、高污染、高耗能的产业，加快传统工业（如电力、钢铁及印染、造纸、电镀、制革等）改造速度，提高工业冷却水循环率，改造旧设备及推广节水型生产工艺并实行清洁生产。②农业节水措施：在科学调整农业种植结构、加强灌溉用水管理的同时，建设节水灌溉工程，包括喷灌、滴灌、低压管灌、渠道衬砌等。

3）城镇生活用水管理措施。①加快自来水企业供水设施的维修改造，降低输水管网漏失率，推广住宅和公共节水器具，使节水器具普及率达到一定比例。②采取确定用水定额超计划用水累计加价，建立用水责任制，限制种植高耗水草坪等多种措施改变目前城市公共用水浪费现象。③严格高耗水行业的管理规范，遏制其盲目发展。

4）城市再生水回用措施。按照优水优用、高水低用、一水多用和重复使用的原则，城市污水处理厂出水回用率达到20%以上，主要回用于城市下游河湖环境、市政杂用等方面。

3. 建立地下水开采分区控制制度

南水北调实施后，减少了淮河、海河的地下水开采量，使恢复地下水资源具备了条件。对现状严重超采的地区划为禁开采区，确定各城市地下水开采量，逐步实现缺水地区的地下水采补平衡。

应当把地下水作为战略性储备资源，严格控制开采。地下水开采分区控制制度是指地方政府依据流域和区域水资源规划、地下水开发利用规划，划定地下水禁采区、限采区和控采区，实行相应的控制措施。

地下水禁采区，包括深层地下水和浅层严重超采区。控制措施是封闭禁采区内所有的地下水井，实行地下水禁采。当遇特殊干旱年时，必须经省级人民政府批准才可开采禁采区的地下水。南水北调工程实施后，开采深层承压水的行为必须立即制止。

地下水限采区，包括浅层地下水一般超采区、已引发地质灾害地区和受污染地区。控制措施批准地下水开采量必须低于可开采量，逐步恢复限采区内地下水储量，地下水水位控制在合理埋深，逐步实现采补平衡，改善和保护生态环境。各省（直辖市）及其地市水行政主管部门会同有关部门制订限采区地下水开采方案，报同级人民政府批准，并报流域机构备案。被授权的水行政主管部门根据分区地下水开采方案，组织编制限采区年度地下水开采计划和供水应急预案。根据地下水超采程度，确定地下水开采量压缩目标，提出年度开采计划和井点布局、开采层位的调整意见。

地下水控采区，包括轻微超采区。控采区地下水允许开采量不得高于可开采量，实现采补平衡。控采区的地下水开采方案，由省级及其地市水行政主管部门会同有关部门制定，报同级人民政府批准。各级水行政主管部门根据控采区地下水开采方案，组织编制控采区年度地下水开采计划。

地下水开采分区控制制度要由省（直辖市）人大或政府制定地方性法规规章加以规范，地市、县（市）水行政主管部门负责组织实施，省（直辖市）水行政主管部门负责监督检查。

4. 建立水陆一体化的生态防护系统，控制面源污染

南水北调工程实施后，原有的水源保护区由于其独立性被主干渠打破，充蓄与调控规律发生变化，汇流与输水要求也发生变化，所有河、渠、湖、库都成了人工调控系统，相互影响，相互依托。由于水流停留时间的变化，会带来河湖界限的变化、污染物与营养物受纳量的变化，容易引发湖库富营养化，威胁调水水质安全。为控制面源污染，应采取以下措施：①在湖库周围 50～100m 建设绿色生态屏障，于各入湖河口建设湿地处理系统；②河湖周边地区建立有机食品基地、绿色食品基地，以有机肥代替化肥的使用，实现以污染防治促进农业结构的调整；③湖库周围地区全面实施禁磷措施。

（三）小结

受水区生态环境保护规划旨在增加南水北调工程受水区水资源总量，改善北方地区因水资源短缺造成的生态环境破坏现状；通过建立水陆一体化的生态防护系统，控制南水北调各调蓄湖库的农业面源污染防治体系；重点控制主要城市市区地下水开采，维持地下水采补平衡，并使地下水逐渐得到补充。为此，主要采取以下措施。

（1）通过建立用水新秩序，实施全流域节水的同时，改变用水方式，提高水资源的循环使用率，减少污废水的排放，确保南水北调工程实施后，地下水得到有效回补，湿地系统逐步得到恢复，受水区生态环境得到改善。

（2）流域各地区在发展和建设中必须量水而行，强化水管理，调整经济结构，实现流域水

资源平衡。

（3）通过实施水库、洼淀的调度方案和水资源联合运用方案，实现北调水与当地水资源联合运用，在满足当地用水需要的前提下，最大限度地保护地表水及地下水，充分发挥北调水的综合效益。

（4）通过强化工农业节水及城市再生水回用措施，尽量减少受水区对地下水及地表水的超采，避免对当地水环境的进一步破坏。

（5）建立地下水开采分区控制制度，即地方政府依据流域和区域水资源规划、地下水开发利用规划，划定地下水禁采区、限采区和控采区，实行相应的控制措施。

（6）采取以下措施建立水陆一体化生态防护系统，控制面源污染：①在湖库周围 50～100m 建设绿色生态屏障，于各入湖河口建设湿地保护系统；②河湖周边地区建立绿色食品基地，以有机肥代替化肥，实现以污染防治促进农业结构的调整；③湖库周围地区全面实施禁磷措施。

第二章 南水北调工程建设中的环境保护

南水北调工程建设中，先期实施的东线一期和中线一期工程，建筑物数量大、种类多，根据原环境保护部批准的工程环境影响评价报告要求，工程各项目法人认真落实环境保护措施，各单项工程做了详细的环境保护和水土保持设计，涵盖了水环境保护、空气质量保护、噪声防治、移民安置区环境保护、生态保护，以及水土流失防治等多个方面，并在工程建设期间严格按设计要求实施。

南水北调工程建设中的环境保护主要遵循下列原则：

（1）贯彻环境保护法规、政策及有关文件的规定，针对工程引起的不利影响，采取减缓措施，防治环境污染和生态破坏。

（2）突出生态敏感区、社会关注区、水质保护要求高的水域等重点区域和重点因子。

（3）根据各设计单元的工程特性、工程区环境特点有针对性地提出环境保护措施。环境保护设计应与主体工程设计、水土保持设计、移民安置规划中具有环境保护功能的措施相协调，避免重复。

（4）通过多种方案比较，优选环境保护措施，提出技术可行、经济合理实用、可操作性强的设计方案。

第一节 防止建设中的水及土壤污染

南水北调工程建设中，既要防止施工中产生废水污染周边环境，也要根据工程特点和所在区域的环境情况，防止周边污染影响南水北调工程。

一、建设项目施工的水环境保护设计

（一）施工废水来源

施工产生的废水主要有砂石料加工系统冲洗废水、机械设备保养冲洗水、碱性废水以及施工人员生活污水等。

（1）砂石料加工系统冲洗废水。砂石料冲洗时产生大量冲洗废水，成分主要是泥沙，悬浮物浓度高达 70000mg/L。

（2）机械设备保养冲洗水。机械设备定期冲洗保养时，会产生一定数量的油性污水，平均每台机械设备冲洗水以 $0.6m^3$ 计算，约为 $82.2m^3/d$。

（3）碱性废水。工程混凝土浇筑时，将产生养护碱性废水。养护 $1m^3$ 混凝土产生 $0.35m^3$ 碱性废水，其 pH 值可达 9～12。此外，拌和站冲洗也将产生碱性废水。

（4）施工人员生活污水。施工人员生活用水定额为 100L/（人·d），按排放系数 80% 计算，则生活污水排放量 $288m^3/d$。生活污水中所含污染物主要为化学需氧量、五日生化需氧量等，其浓度分别可达 600mg/L、500mg/L。

（二）施工废水处理设计

工程建设造成的水环境污染问题，主要集中在砂石料冲洗水处理、修理系统含油废水处理、碱性废水处理和施工人员生活污水处理等环节。

1. 砂石料冲洗水处理要求

（1）不同料源的砂石料冲洗水水量及浓度可根据物料平衡原理确定：根据工程量和原料的含泥量确定冲洗水水量与废水浓度。通常废水量可按每冲洗 $1m^3$ 砂石料产生废水 1.5～$2.0m^3$ 计算，并结合实际情况增减，冲洗废水中悬浮物浓度按 70000mg/L 计算，对天然砂砾料或品质较差的人工骨料可适当增加，对品质较好的人工骨料可适当降低标准。工程设计中给定砂石料冲洗用水量时，废水量可按用水量的 87%～92% 计算。

（2）砂石料冲洗废水处理设计应考虑回用或部分回用，提出处理工艺、规模、场地布置、处理时间、排放去向及实施效果。经过处理排入附近水域时，排放标准应按《污水综合排放标准》（GB 8978—1996）有关规定执行。

（3）沉淀池可采用平流式、竖流式、辐流式、斜流式，其中竖流式、斜流式占地面积较小，但造价较高，应根据施工场地条件选取池型。

（4）应明确泥浆处理流程。场地较小时，推荐采用机械脱水装置；场地较大时，对于没有条件或受条件限制的，可采用污泥干化场，干化场不得占压农田，地基面应进行处理，并提出恢复土地利用的措施。

（5）砂石料冲洗废水一次沉淀不能满足回用要求时，可设置二级沉淀，或一级沉淀接过滤装置，过滤装置推荐采用多介质过滤器。

（6）对于需要添加絮凝剂的处理流程，应明确絮凝剂类型、使用量、投放时间及效果。

2. 修理系统含油废水处理要求

（1）机械停放场应设计排水沟收集冲洗水于集水井内。冲洗每台机械设备平均产生含油废水可按 $0.6m^3$/次，石油类污染物为 10～30mg/L 计算。

（2）机械、车辆维护、冲洗产生的含油废水采用隔油池处理的，一般不少于 2 格，根据废水量可适当调整隔油池规格。

3. 碱性废水处理要求

（1）应根据拌和系统冲洗产生的碱性废水的废水量，确定排水沉淀设施的位置、规格及运行要求，提出维护、定时清运等管理措施。

（2）拌和废水先沉淀后中和，加酸量应根据水量、进水 pH 逐次投加，使 pH 调整至中性。

4. 施工人员生活污水处理要求

（1）施工区生活污水处理应针对施工区布局进行分区设计。施工生活区污水量按用水量的 80% 计算，每人每天生活用水量按 100～120L 估算。

（2）对于施工人员多、居住集中并执行一级排放标准的施工营地，生活污水应增加二级处理措施。应明确处理系统的场地布置，主要构筑物类型、规格、工程量，污水处理效果及排放方式、去向。

（3）对执行二级排放标准的施工区，生活污水收集后采用化粪池进行硝化处理。化粪池进水可选用废污合流。

（三）施工废水处理措施

施工生产废水和施工人员生活污水处理后排入河道时，执行《污水综合排放标准》（GB 8978—1996）一级标准。

1. 砂石料加工系统冲洗水处理

砂石料冲洗废水大多含粒径不大于 0.15mm 的无机颗粒，根据废水悬浮物成分单一、不含有机质、较易沉淀的特点，采用混凝沉淀法进行处理：砂石料冲洗废水从筛分楼出来，自流入平流式初沉池。池底砂泥由砂泵送入螺旋式砂水分离器进行机械脱水后堆放，再外运另用或运到就近渣场。初沉池流出的废水自流入絮凝沉淀池反应沉淀后排放。进水浓度按 70000mg/L 设计，出水浓度按 70mg/L 控制。

2. 机械设备保养冲洗水处理

在车辆冲洗场布置排水沟，周边布置集水沟，收集排水沟内的机械清洗废水，再进入集水池，集水池容积不小于一次冲洗废水量，在集水池末端设钢板隔油，集水沟出口处设薄壁堰溢流出水，使含油废水经除油、沉淀后排入附近的下水管道。定时清除钢板壁聚集的废油并清理沟底淤泥。

3. 碱性废水

碱性废水采用中和沉淀法处理。在混凝土工程浇筑量较大的施工段及拌和站周围设水沟收集废水，终端设废水中和沉淀池，废水进入沉淀池后，使其自然沉淀，并加入硫酸中和。悬浮物沉淀后，上面的清水可以回用于拌和楼的冲洗，也可用于施工道路洒水防尘。

4. 施工人员生活污水

生活污水主要污染物是化学需氧量、五日生化需氧量等。从工程所处的环境和经济考虑，生活污水采用地埋式生活污水处理设备进行处理。

二、建设项目施工中地下水及土壤环境保护

涉及地下水及土壤环境的建设项目，主要是输水工程。

（一）水环境保护设计要求

（1）输水工程运行期水质保护包括干线两侧建设防护林、设置隔离网和生态隔离墙、路渠

交叉建筑物公路桥排水设施及交通安全防护设施建设、地下水内排入渠段水质保护、总干渠水质管理措施。

（2）两侧防护林建设、隔离网设置，公路桥等路渠交叉建筑物排水设施及交通安全防护列入主体工程设计，应满足环保要求。在居民较密集的城区及城郊渠段采用生态隔离带和隔离墙形式布置隔离设施时，还应满足景观设计要求。

（3）对地下水位高于渠道渠底，且渠道水位低于地下水位的渠段，渠道水质保护应明确渠段的长度、位置、地下水入渠水量，调查区域地下水水质情况，评价其对总干渠水质的影响。如对总干渠水质影响较大，应要求工程设计方案采取外排方式，并明确受纳水体水质保护目标；如对总干渠水质无明显影响，可采取内排方式。

（4）输水工程水质安全管理设计应明确易发生水污染风险的位置，进行源项分析、风险识别、后果计算。结合输水调度管理，以及沿线分布的节制闸、分水口门、退水闸的控制，提出有针对性的防范水污染事故的应急预案。

（二）水环境保护措施

（1）输水工程对地下水产生阻隔影响应复核受影响渠段长度、地点、范围和程度，分不同的地貌渠段（山地、丘陵、滨河、山前平原）、不同的施工类型渠段（挖方、填方、半填半挖方），提出减缓地下水阻隔影响的对策及措施。对完全阻隔段应增加含水层通道或在渠道左侧采取地下水导流等消减措施，可考虑在渠底板下设置暗沟，以沟通渠道两侧地下水的水力联系。

（2）复核施工降低地下水位渠段长度、地点，影响施工渠段两侧水井取水的范围和程度，分村组统计水井和机井数量、位置，对比当地地下水埋深情况，有针对性地提出补救措施。

（3）土壤环境保护应复核总干渠建设及运行引起的土壤盐碱化、沙化影响程度和范围，提出工程措施、生物措施和管理措施。

（4）调查征地范围内在原料储存、生产及运输过程中可能污染土壤的工厂，对厂址处土壤进行取样分析，界定污染土性质，提出污染土处理措施。

第二节　防止建设中的空气污染

工程施工期间，可能对空气产生影响的污染源主要有：土石方开挖爆破产生的粉尘，水泥、粉煤灰运输装卸过程中泄露的粉尘，混凝土拌和系统、砂石料加工系统产生的粉尘，运输车辆产生的扬尘，施工燃油机械设备排放的废气等。

一、建设项目施工中大气环保设计要求

（1）大气环境保护包括对施工道路扬尘、运输车辆尾气、砂石料和混凝土加工产生的粉尘、爆破开挖产生的粉尘的防治措施。保护目标以环境影响报告书已确定的保护目标为基础，可根据敏感点具体情况进一步明确控制目标及执法检查位置。

（2）施工道路无雨日应采用洒水车喷水降尘。水泥、粉煤灰等细颗粒物采用封闭设备运输

措施，储存、装卸时采取遮盖、防护等措施。燃柴油的大型运输车辆应安装尾气净化器。

（3）砂石加工厂产生的粉尘，应采用湿式除尘、尘源密闭和通风除尘等综合防尘措施，混凝土加工采用封闭式拌和楼生产，保证作业地点的空气质量符合国家卫生标准，粉尘浓度符合国家排放标准。

（4）爆破开挖施工中，凿裂和钻孔宜采用湿法作业。在开挖、爆破集中区，非雨日爆破前后洒水缩小粉尘影响时间与范围。

（5）地下工程应增设通风设施，加强通风，降低废气浓度，在各工作面喷水或装除尘器等，降低作业点的粉尘浓度。

二、建设项目施工的空气污染控制措施

施工区主要为居住区、商业交通居民混合区、一般工业区等，环境空气质量按《环境空气质量标准》（GB 3095—1996）中二类标准控制。

1. 土石方开挖爆破产生的粉尘防治

工程开挖段的地质条件主要是黏土与砂，因此，减少粉尘的方法最好为湿法。

2. 水泥、粉煤灰运输装卸过程中的防护措施

采用散装水泥罐装运输，运输装卸的全部过程应密闭进行，并定期对储罐密封性能检查维修。

水泥、粉煤灰的储存和转运系统应保持良好的密封状态，并定期检修保养。

3. 拌和楼系统除尘措施

根据拌和楼实际情况，参照国家《工业"三废"排放试行标准》（GBJ 4—73），确定按第二类生产性粉尘标准执行，粉尘排放浓度控制在 $150mg/m^3$ 以下。

拌和楼一般都配备有除尘设备，在生产过程中同时运转使用。加强除尘设备的效果监测，如效果不符合要求时，可配两级除尘设备，第一级为旋风式除尘，第二级为布袋式除尘，或配置其他高效除尘器。

除尘设备在使用过程中，要按操作规程进行维护、保养、检修，使其始终处于良好的工作状态，并达到控制标准。

4. 砂石料生产系统粉尘的防治

原料适度喷水或洒水；破碎机口上方安装喷雾除尘设备或旋风式除尘器；破碎车间要有完好的厂房顶，减少尘粒漂浮；筛分系统安装除尘设备。

5. 对外交通及场内交通扬尘的治理

对施工专用道路进行管理、养护，使路面平坦无损；道路两侧植树；配备专用洒水车及其他工具。

6. 燃油机械设备排放废气的处理措施

根据国家《汽油车怠速污染物排放标准》（GB 14761.5—93），CO 允许限值为 $300×10^{-6} mg/L$；《柴油车自由加速烟度排放标准》（GB 14761.6—93）烟度允许限值为 6.0FSN；《汽车柴油机全负荷烟度排放标准》（GB 14761.7—93）烟度允许限值为 4.5FSN。

应加强对燃油机械设备的维护保养，使发动机在正常、良好状态下工作，以减轻废气排放；选用技术上可靠的汽车尾气净化器，使尾气排放达标；及时更新耗油多、效率低、尾气排

放严重超标的设备及汽车。

第三节　防止建设中的声污染

一、建设项目施工中的噪声与振动防治设计要求

施工期间，砂石料加工、混凝土拌和、石方开挖爆破以及其他各种机械设备与运输车辆的使用都会产生噪声污染。其中较大声级噪声来自砂石料加工系统、石方开挖爆破、混凝土拌和楼和交通运输车辆。

（1）噪声与振动防治包括固定噪声源污染控制、流动噪声源控制、爆破噪声控制和施工振动噪声控制。保护目标以环境影响报告书已确定的保护目标为基础，可根据敏感点具体情况进一步明确控制目标及执法检查位置。

（2）固定噪声源污染控制应符合下列要求。

1）固定噪声源污染控制对象主要包括砂石料加工、混凝土拌和系统噪声以及挖掘机等移动缓慢、移动区域相对固定的大型施工机械。

2）强噪声源与敏感点（区）的距离，应满足环境噪声控制标准要求，当进行声源位置调整时应满足施工总体布置要求。

3）施工机械应采用低噪声设备和工艺。施工机械设备应及时维护和保养，保持机械润滑与机体良好状况。

4）高噪声作业间应按源强、敏感目标要求，采用多孔吸声材料建立隔声屏、隔声罩或隔声间，确定规格、位置及效果。

5）砂石筛分系统应按防噪减噪要求，提出采用的橡胶筛网、塑料钢板、阻尼等低噪材料及其效果。

6）合理安排施工时间，对高噪声设备，应根据敏感区和施工要求，提出合理的施工安排计划与要求。

7）敏感点（区）范围较小的，可设置临时隔声降噪设施。当敏感点（区）距强声源较近时，可采用声屏障。声屏障的高度、长度应根据噪声衰减量、屏障与声源及接受点三者之间的相对位置、地面因素等确定。必要时对受噪声影响的居民采取补偿措施。

（3）流动噪声源控制应符合下列要求。

1）施工运输车辆噪声应符合 GB 16170 和 GB 1495 的规定。

2）施工交通噪声影响学校、医院等敏感对象时，可采取调整公路线位，避让声环境敏感对象的措施；当线位不能调整时，应采取防噪、减噪或搬迁措施。

3）对运输车辆应及时进行保养与养护，保持道路平整和车辆的正常行驶，减少噪声污染。敏感路段应提出设置标识、禁止鸣笛、限制夜间（22：00 至次日 6：00）运输量或行车速度等管理措施。

（4）爆破技术应根据岩石特性、爆破工程量和环境保护要求，优先选用低噪爆破技术。针对敏感目标位置、距离，确定合理爆破时间和管制规定，对可能受影响的居民区应提前通告。

当以上措施不能满足要求时，应采取受主避让的方式，将影响范围内的敏感对象搬迁。确定迁移范围，由移民专业处置。

（5）施工振动噪声控制应符合下列要求：

1）打桩施工应防止引起振动的主频与建筑物的自振频率共振的产生。对陈旧型建筑和古建筑宜采取临时托换加固措施，提高建筑物的抗震性能。

2）在振动影响较大的区域可考虑在围墙内侧挖减振沟（宽为 0.4m，深为 2.0m），并以中粗砂回填，以减小地表振动。

3）可采用桩尖灌浆提高单桩的承载力，减少桩数，或使用钢管桩替代预制桩。在桩端放置缓冲垫衬，隔桩跳打、重锤轻击。

4）在距民宅较近的地方，多台桩机施工时实行交错沉桩，避免两台或两台以上桩机在距民宅最近的地方同时沉管施工。

5）在靠近民宅处，采取退打的方式，即用一台桩机先施工距民宅最近的桩，利用先施工桩的减振作用进行降噪，然后逐步向后。

6）当以上措施不能满足要求时，采取受主避让的方式，将影响范围内的敏感对象搬迁。确定迁移范围，由移民专业处置。

二、建设项目施工中的噪声控制措施

工程办公生活区噪声按《城市区域环境噪声标准》（GB 3096—93）2 类标准控制，运输干线两侧按 4 类标准控制。农村地区环境空气质量按《环境空气质量标准》（GB 3095—1996）中一级标准控制。施工区场界噪声按《建筑施工场界噪声限值》（GB 12523—90）控制。

控制噪声污染的有效途径有三：降低声源噪声、限制声传播和阻断声接收。

1. 噪声源控制

改进施工技术以降低噪声，选用低噪声设备和工艺。

加强设备的维护和管理，运行时可减少噪声。

降低汽车和其他热机的进气和排气，防止气动工具、通风系统阀门漏气产生的噪声。

破碎机、制砂机、筛分机、拌和楼、制冷压缩机等尽可能利用砖、混凝土、硬实的木板、钢板等密实材料建立隔声罩、隔声间等，并可同时由玻璃棉、泡沫塑料、木丝板等多孔性吸声材料装饰在隔声间的内表面，或做成一定形状的物体悬挂在室内，以便吸收室内的反射声，从而降低噪声。

为减轻工程施工打桩振动影响，在距民宅较近的地方，多台桩机施工时实行交错沉桩，避免两台或两台以上桩机在距民宅最近的地方同时沉管施工。在振动影响较大的区域可考虑在围墙内侧挖减振沟（宽为 0.4m，深为 2.0m），并以中粗砂回填，以减小地表振动。在靠近民宅处，采取退打的方式，即用一台桩机先施工距民宅最近的桩，再逐步向后，此时先施工的桩具有一定的减振作用。振动大的设备可在机器基础与其他结构之间铺设具有一定弹性的软材料，如毛毡、橡胶板或安置弹簧等，都可减少振动的传递，从而起到隔振作用。

砂石料加工系统应采用橡胶筛网、塑料钢板、涂阻尼材料来进行砂石筛分，以降低噪声。

在午休时间（12：30—14：30）和夜间（22：00 至次日 6：00），严禁爆破等源强大的施工活动。

施工单位必须选用符合国家有关标准的施工机具，尽量选用低噪声设备和工艺，并加强设备的维护和保养。对声级大于 90dB 的固定噪声源，采用多孔性吸声材料建立隔声屏障、隔声罩，以控制噪声的传播途径。

2. 传声途径控制

在砂石料加工系统中的破碎车间筛分机、拌和楼、保温料仓脱水车间等，应用隔声材料建隔声操作室和隔声值班、休息室，并在房间内表面装饰多孔性吸声材料。

3. 施工人员个人防护措施

混凝土搅拌机操作人员、推土机驾驶人员等实行轮班制。

在招标合同中明确施工人员有关噪声防护的劳动保护条款，承包商需给受噪声影响大的施工作业人员配发防噪声耳塞、耳罩或防噪声头盔等噪声防护用具。

4. 敏感点防护措施

对噪声防控敏感点必要时可做线位调整、设置声屏障、搬迁、加装隔声窗、种植降噪林等措施。

第四节　防止建设中的水土流失

南水北调中线一期工程建筑物数量多、占地面积和土石方量大，有关项目法人组织设计单位在工程初步设计认真落实水土保持相关法律法规和设计规范要求，遵循下列原则。

（1）结合主体工程，因地制宜，因害设防。水土保持措施布置应与主体工程、环境保护、移民占地等设计互相衔接，避免重复设计、重复计费。在布设措施时，坚持点、线、面相结合，工程措施与生物措施相结合，永久措施与临时措施相结合，同主体工程原有防护措施形成结构合理、统一协调的防治体系。

（2）生态优先，促进可持续发展。水土保持应坚持生态优先的原则，在保证水土保持措施安全标准的前提下，除采用必要的工程措施以外，尽可能多地采用生物措施，并与周边或区域生态环境相协调。在有效防治水土流失，保护和合理利用水土资源的同时，实现项目区生态效益、社会效益和经济效益同步协调发展。

（3）突出重点，注重效益，经济合理。根据工程所属地区自然环境情况、工程建设特点、施工工艺以及水土流失等因子，对工程产生的水土流失进行分区防治，重点做好主体工程、弃渣场、取料场的防治工作。防治措施既要全面治理，又要突出重点，同时，还应坚持投资少、效益好的原则。

（4）注重针对性、协调性，实现同周边生态景观相协调。南水北调中线一期工程总干渠是跨流域、跨气候带的输水工程，总干渠各设计单元水土保持设计时，应根据不同类型工程以及不同区域的具体特点，分区、分类、分建筑物进行设计，确保同周边生态景观相协调。

一、弃渣场和取料场的水土保持

复核设计单元内及相邻设计单元之间的土石方平衡，尽量减少弃土弃渣占地，渣场尽可能选择凹地、河道治导线以外的河滩地、采砂坑或渠道沿线附近低产田。另外工程的废弃土石也可作为沿线河道堤防建设、河道整治、公路建设和城镇建设等的建筑土料来源，使水土流失防治和弃土弃渣场资源化相结合，减少弃土弃渣占地。

河滩地设置的弃土弃渣场在临河侧修建拦渣墙，平地设置的弃土弃渣场一般不采取工程拦挡措施；弃土弃渣坡面一般采取分级、削坡和植物防护措施，可能受到洪水冲刷的坡面采用砌石护坡；有排水要求的弃土弃渣场顶面、坡面和坡脚设置排水沟，将上游产生的汇水和弃土弃渣场产流集中排到下游沟道；弃土弃渣场停止使用后，应及时采取土地平整、覆土等土地整治措施，恢复为耕地。在施工过程中河渠交叉建筑物、左岸排水建筑物等施工区设置的临时土石方堆放或倒运场地，可能遭受雨洪水冲刷的，设置临时防护和排水措施。

根据设计文件，结合地形、地质、远近、交通条件等，会商施工和移民等有关专业人员，确定设计单元弃渣场和取料场的布置与选址，并需征得地方政府的同意。对于集中弃渣场优先选择周围废弃坑塘、低洼地等未利用地进行集中堆放；沿程弃渣场优先考虑在渠道右侧就近堆放，如在左侧堆放不得影响左岸排水。

对大型弃渣场的堆放形式、高度、容量等进行分析，涉及整体稳定性的弃渣场，应根据地质勘探资料，进行弃渣场自身的稳定性分析，同时应会商施工专业提出弃渣堆放的工艺要求，避免对村镇、学校、企业等敏感点造成危害。

对于有复垦要求的沿程弃渣场，需考虑适当放缓边坡，以便于生产资料以及收获农作物的运输。

对于取土场区，平原区地形平缓，可在土料场四周设置挡水土埂，防止雨水入侵土料场对土料场边坡造成冲刷；土料场施工前清除的表层腐殖土集中堆放，并采取必要的临时防护、排水措施，取土完成后，及时平整土地，把腐殖土均匀铺在表面，恢复为农田。

对于砂石料场，砂石料场开采弃料要均匀弃回开采区，平整后用原表土覆盖复耕；石料开采弃料集中堆放，四周采用干砌石坎挡护。

二、拦渣工程的水土保持

（1）对于沟道式集中弃渣场或对防洪以及稳定性有影响的弃渣场需采用挡渣措施，一般采取挡渣墙，特殊情况需采用拦渣坝（堤）时应进行论证。

（2）挡渣墙型式应根据基础条件、挡渣高度通过技术经济比较确定，一般以重力式为主，高度不宜超过 3m。挡渣墙应进行相应的稳定、结构等计算，并确定其基础处理措施。当周围有来水时应设计相应的排水措施。

（3）拦渣坝应按首建初级坝、多级成坝的原则进行设计，坝高超过 5m 时应参照有关规定进行稳定计算、结构计算、基础设计及反滤排水设计，并按照有关规范，进行洪水计算，设计排洪建筑物。

（4）拦渣堤的布置应结合河流防洪规划，当河流无防洪规划时，应根据河流现状形态、河岸稳定性、河势变化、行洪能力等确定，并征得当地水行政主管部门的同意。拦渣堤的高度、断面尺寸和防护型式，应根据河道洪水位并通过稳定性分析、冲刷计算等确定。

三、护坡工程的水土保持

（1）护坡工程主要针对取料场边坡、弃渣场边坡、施工道路边坡，以及不属于主体工程设计范围的其他边坡。

（2）边坡防护应首先满足边坡稳定和安全，对于有复垦要求的沿程弃渣应考虑放缓边坡。边坡防护优先考虑植物防护，其次为植物措施与工程措施相结合，当上述两类措施无法采用时，应考虑采用工程措施。工程措施一般可采用框格植草护坡、干砌石护坡和浆砌石护坡，高陡边坡可采用挡墙、喷锚支护等，设计标准及技术要求参见有关规定。

（3）对于可能存在滑坡、崩塌的弃渣、取料地段，需进行影响分析，并提出尽可能避让的替代方案。对不得已必须弃渣、取料的地段应会商地质专业和施工专业，进行必要的地质勘测和稳定性分析。

（4）护坡工程设计应根据弃渣场、取料场的实际情况，结合地质勘测资料，确定护坡工程型式，并根据护坡建筑物等级确定稳定性安全系数，进行护坡稳定性分析，具体设计可参照建筑物边坡工程设计技术规范。

四、防洪排水及泥石流防护工程的水土保持

防洪排水及泥石流防护工程主要针对弃渣场、取料场、临时道路等的防洪排水措施。

防洪排水措施应根据有关规范并结合工程实际，按相关规范确定防洪标准，设计洪水洪峰流量及洪量可采用所在地区的小汇水面积洪峰流量经验公式进行推求。

对于有可能引发泥石流的土石山区沟道式弃渣场，应进行泥石流危险性评价，必要时进行相应防护工程设计，具体设计可参考有关技术规定执行。

五、土地整治工程水土保持

（1）土地整治的利用方向应因地制宜，优先选择恢复耕地，其次为发展经济林果、植树种草。

（2）土地整治工程设计主要针对弃渣场、取料场、临时道路、临时施工场地等占压与破坏的土地。对于临时占地类型为耕地并需要恢复为耕地的，应纳入移民征地初步设计中，会商移民专业加以解决。

（3）弃渣场、取料场、临时道路、临时施工场地的土地整治设计，应根据土地整治的不同利用方向，明确覆土工艺、土地平整、排蓄水措施设计、土壤改良措施，并与绿化工程相衔接。

六、水土保持植物措施设计要求

（1）植物措施设计主要针对弃渣场边坡、取料场边坡、施工道路两侧、临时施工场地等区域的水土流失防治，设计应与总干渠两侧防护林带的植物种选择以及配置方式相协调，并选用乔、灌、草相结合的立体防护模式。

（2）对穿越城区段、管理区以及其他具有重要景观功能的地段，可适当提高植物措施的设计标准。

（3）应结合各设计单元的区域气候特点，划分立地类型，然后根据适地适树的原则，在借鉴当地多年实践经验的基础上选用易适应项目区环境且能维持生态学稳定性的乡土植物，一般情况下，苗木采用达到2级以上标准3～4年生壮苗；草本要求种子的纯净度达90％以上，发

芽率达 70%以上。

（4）根据立地条件类型，结合输水工程环境规划，选适宜植物按其生物、生态特性、景观特征及防护作用进行合理配置与组合。

（5）水土保持植物措施在具体施工前应进行工程整地，清理杂物、覆土及土壤翻垦等，从而达到改善立地条件、保持水土和提高造林、种草的成活率。造林季节选在春季或秋季以提高成活率，草籽撒播或喷播一般在雨季或墒情较好时。乔木、灌木一般采用穴植方法，在栽植时应注意其栽植的技术要点，即"三填、两踩、一提苗"，栽植深度一般以超过原根系 $5\sim10$ cm 为准。草本一般采用撒播方法，撒播方法即将草籽均匀撒在整好的地上，然后用耙或糖等方法覆土埋压，覆土厚度一般为 $0.5\sim1.0$ cm。

七、防风固沙工程

（1）防风固沙工程主要针对输水工程穿越滨河沙（滩）区、固定半固定沙地等地段需采取防风固沙林带与沙障相结合的防风固沙措施。

（2）在上述地段的项目外围应根据具体情况设置沙障，单风向地区采用条带式设置，多风向地区采用网格式沙障，沙障选型可采用秸秆半隐藏式沙障，沙障间采用以草灌为主的植被恢复方式。

（3）防风固沙设计应与项目区内的植被措施相互衔接，具体可通过配置防风固沙林带来衔接过渡，应重点考虑林带走向、林带间距、林带结构、林带宽度等设计要素在穿越地段的具体要求。

八、临时防护措施

（1）临时防护措施设计的主要工作内容是确定临时道路、临时渣场、临时建筑物及施工场地的临时防护措施。对滨河沙（滩）区、穿越固定半固定沙地等区域在施工期的风蚀防治也应做出设计，并与主体工程施工组织设计相衔接。

（2）临时防护措施一般有临时截排水措施、临时拦挡措施、临时覆盖措施等。临时截排水措施主要有简易排水沟、挡水土埂等；临时拦挡措施主要有编织袋或草袋挡墙、石料方便的地段可采取干砌石挡墙；临时覆盖措施主要有土工布覆盖、草袋覆盖等措施。

第五节　建设中的固体废弃物处理

一、施工中固体废物处置

施工中固体废物处置包括生活垃圾处理和临时建筑物拆除弃渣处理，其中生活垃圾包括挖方渠段渠道征地范围内现有垃圾及施工人员生活垃圾。

在施工期，要对固体废物处置进行设计，首先调查垃圾数量、统计施工区内临时建筑物拆除可能产生的弃渣量，施工人员生活垃圾总量可按每人每天产生生活垃圾 $0.8\sim1.2$ kg 估算。利用施工区附近现有垃圾处理场处理生活垃圾时，应调查处理场容量、日处理能力及运行年限，分析其一并处理生活垃圾的可行性。

对于单独建立生活垃圾处置设施，提出生活垃圾填埋场选址、建设、运行方式，制定环境保护、管理及封场的实施方案及规定要求。对于填埋方式，垃圾渗滤液宜建设独立污水处理设施。根据垃圾量及渗滤液数量、渗漏速率，提出处理设施的位置、规模及管理办法。对于焚烧处理应提出生活垃圾焚烧场选址、建设方案、运行方式、环境保护及管理办法。对于堆肥处理应对生活垃圾进行有效分选，提出处理厂选址、建设、运行方案，制定环境保护及管理办法。

二、生活垃圾处置

工程施工期按施工区人数设置垃圾桶，安排专人负责生活垃圾的清扫和转运至弃渣场填埋。

施工结束后，及时拆除工棚，对其周围的生活垃圾、简易厕所、污水坑必须进行清理和填平，并用苯酚和生石灰进行消毒。施工区垃圾桶需经常喷洒灭害灵等药水，防止苍蝇等滋生，以减少生活垃圾对环境和施工人员的健康产生不利影响。

三、建筑垃圾和生产废料处置

工程结束后，拆除施工区的临建设施，对混凝土拌和系统、施工机械停放场、块石备料场、综合仓库等施工用地，及时进行场地清理，清除建筑垃圾及各种杂物，对其周围的生活垃圾、简易厕所、污水坑必须清理平整，并用苯酚、生石灰进行消毒，做好施工迹地恢复工作。各施工承包商应安排专人负责生产废料的收集，废铁、废钢筋、废木碎块等应堆放在指定的位置，严禁乱堆乱放；废棉纱统一回收，集中处理。

四、交通运输垃圾处理

在建筑材料运输过程中，应对运输货物采取遮盖方式，避免砂石、土料等沿途洒落。定期对交通干道路面进行清理。

第六节　建设中的人群健康保护

南水北调中线一期工程中水源工程、输水工程、汉江中下游补偿工程，施工期间大量施工人员进驻工地，人口密度加大，疾病传播机会可能增加。开工前准备阶段，施工区卫生设施不健全，在施工人员生活条件差、生活质量不能完全保证的情况下，感染疾病的可能性增大。根据工程实际情况制定可行的医疗卫生防治措施，保障施工人员健康。

一、施工中的人群健康保护设计要求

（1）人群健康保护包括施工区卫生清理、饮用水管理、食品卫生管理与监督、环境卫生管理、疫情监测和疾病控制。

（2）施工区卫生清理范围主要为施工营地，宜结合场地平整进行，选用苯酚药物用机动喷雾器对施工营地原有的厕所、畜圈、垃圾堆等进行消毒，同时清理固体废物等。

（3）施工区饮用水管理应包括下列内容：①选择合适、安全的水源；②建立水源卫生防护带；③饮用水水质监控。

（4）施工区食品卫生管理与监督应定期对公共餐饮场所进行卫生清理和卫生检查。垃圾要妥善处理，并及时灭蝇、灭蚊和灭鼠。进行食品卫生监测，包括食品生产经营者和食品卫生的基本情况、食品的卫生质量、公共餐饮具消毒质量等措施。

（5）环境卫生管理应明确日常卫生清扫，设置垃圾桶、垃圾站、公共厕所等公共卫生设施。

（6）施工区疫情监测抽检对象为施工人员和施工附属人员，根据工程施工进度制订实施计划和管理措施，并对抽检效果进行分析。

（7）传染病、地方病防治应根据施工区范围、施工人员数量、施工时间、环境卫生条件，采取预防措施和处理措施。

预防措施主要包括：分别提出建设公共卫生设施，消灭疾病传播媒介和传染病的动物宿主，加强饮用水的卫生管理，保证饮用水符合卫生标准，杜绝疫源传播，加强粪便、垃圾、污物管理，开展疫情监测等措施。

处理措施主要包括：提出疫源地处理、切断传播途径、对密切接触者等易感人群预防接种等措施。

（8）对工程施工中可能发生的严重疫情应制订疫情应急预案。

二、施工中的公共卫生

在办公生活区和施工作业人群活动相对集中的地区设置公共厕所，每厕建一半封闭式化粪池与厕坑相通，定期清运，可委托当地环卫部门承担。在城集镇迁建工程准备期，结合场地平整工作，对施工营地进行一次性清理和消毒，包括原有的厕所、粪坑、畜圈、垃圾堆放点和近十年来新埋的坟地等。施工结束后拆除的临时办公、生活营地、临时厕所、垃圾堆放场地。选用苯酚用机动喷雾器消毒，同时清理固体废物。

蚊、蝇、鼠容易导致疾病传染。在施工人员临时居住范围内应开展灭鼠、灭蚊和灭蝇活动，特别要加强灭鼠工作。灭鼠药物可选用溴敌隆、大隆等（注意做好收捡残饵），同时还可应用挖洞、灌水、鼠笼、鼠夹捕鼠灭鼠，对死鼠进行深埋处理。灭鼠每季度进行一次，控制出血热传播；灭蚊和灭蝇药物可选用灭害灵，每年两次，减少传播媒介。

根据施工区人员分布及生活营地布置情况，施工区办公生活营地修建厕所等公共卫生设施，配有自来水、照明系统，地面坚硬平整。粪便污水处理按生活污水处理方式进行，活动厕所粪便要求及时清运。

三、施工中的卫生防疫

施工区各施工单位和工程管理部门应明确卫生防疫责任人，负责管理范围内的卫生防疫工作并通过广播、墙报、印发宣传手册等多种形式，对施工人员进行饮食卫生宣传教育，提高施工人员自我预防疾病的健康意识。

施工人员进场前必须进行卫生检疫，根据施工人员来源地的疾病构成和流行状况，拟定检查项目进行抽检，抽检比例为20%。若发现新入境传染病，必须对患者隔离治疗，切断传播途径，同时建立施工人员健康档案。

每年定期对施工人员健康情况进行一次抽检，抽检比例为10%。检查内容包括：一般健康体格检查常规、疟疾、乙肝和传染性肝炎等专项检查，对特殊人群可做相应的特殊检查。若发现病种出现流行趋势，应扩大检查人数，并采取相应治疗措施。对于在施工区危害较大且易流行的疾病，可采用预防性服药、免疫接种等方法进行防治，以提高施工人员对该种疾病的抵抗力，预防疾病蔓延。做好施工区环境卫生，切断各种传染病的传播途径，防止传染病的流行和暴发，保护施工人员和施工区附近居民健康。

1. 施工人员进场前的卫生检疫

施工人员进场前，对其中20%的人员进行检疫。根据施工人员来源地的疾病构成和流行状况，拟定检疫项目，发现新入境传染病后，必须对患者隔离治疗，切断传播途径，给合格者发放"作业人员健康许可证"。

2. 施工人员预防免疫计划

施工人员进入工地前，对其中20%的人员进行健康检查。根据施工人员来源地的疾病构成和流行状况，拟定检查项目，发现新入境传染病后，必须对患者隔离治疗，切断传播途径，同时建立施工人员健康档案，给体检合格者发放"作业人员健康许可证"。开工后，每年对10%的施工人员进行一次体检。检查内容包括：一般健康检查、血常规、乙肝等专项检查，对特殊人群可作相应的特殊检查。若发现病种出现流行趋势，应扩大检查人数，并采取防治措施。

在营地设立医疗点，配备1~2名医务人员及常用设备和药物，开展简单治疗和工伤事故紧急处理，同时负责施工期卫生防疫工作。

按《全国计划免疫工作条例》有关规定，对施工人群采取疟疾预防性服药、乙肝疫苗接种的预防免疫措施。若发现新病种，应及时针对病情进行预防和治疗。

3. 施工区卫生清理

在工程准备期，结合场地平整工作，对施工生活区进行一次性清理和消毒，包括原有的厕所、粪坑、畜圈、垃圾堆放点和近十年来新埋的坟地等。选用苯酚用机动喷雾器消毒，同时清理固体废物。

在施工人员临时居住范围内开展灭鼠、灭蚊和灭蝇活动，特别要加强灭鼠工作。灭鼠药物可选用溴敌隆、大隆等（注意做好收捡残饵），同时还可应用挖洞、灌水、鼠笼、鼠夹捕鼠灭鼠，对死鼠进行深埋处理。在总工期34个月内，灭鼠每季度进行一次，控制出血热传播；灭蚊和灭蝇药物可选用灭害灵，每年两次，减少传播媒介。主要是采取灭鼠措施，使安置区淹没线以上鼠密度在水库蓄水后不超过现状水平或国家规定的标准，从而控制水库蓄水后鼠类传染病的流行。

灭鼠的重点区域为室内、室外人群经常活动和鼠类较多的房前屋后及农田。考虑到水库蓄水后鼠类向高地迁移的影响，其范围为水库淹没线以上。室内灭鼠的面积按移民建房面积确定，适当考虑淹没线上老居民住宅；由于库区地理环境复杂，鼠类在不同地理环境下的迁移距离无法确定，室外灭鼠面积按人均1.5亩耕园地面积确定，采用0.5%溴敌隆作灭鼠药品，采取间断投药，灭鼠投药分两次投完，在第一天和第三天各投一次，用药总量为每亩200g。灭鼠期间应加强卫生宣传教育工作，防止鼠药误伤人畜事件发生，并配备足够的医务人员和药品，及时处理鼠药中毒事件。

在营地以及主体工程施工区两岸设置临时厕所。砖砌简易隔墙，屋檐高度不低于2m，顶部铺盖油毡或防雨布，地面坚硬平整，便于卫生清扫，派专人负责消毒、打扫，委托当地环卫部门定期清理。

4. 生活饮用水保护

施工区生活饮用水取用江水，饮用水需经消毒处理达到《生活饮用水卫生标准》（GB 5749—85）后方能饮用。在施工区设立临时开水供应点，保证施工人员饮用水卫生安全。

第七节　建设中的生态保护

南水北调中线一期工程的生态保护，主要是避免或减少施工时对工程区域的动植物影响。对于确实无法避免的生态损失问题，采取措施予以保护，纳入工程初步设计并付诸实施。

一、施工中的生态保护设计要求

（1）工程占地范围内如有珍稀濒危植物、重要经济价值陆生植物和名木古树，需采取就地保护措施时，应明确保护对象、数量、保护范围，设计避绕、围栏保护、挂牌保护等措施。对需要迁地的珍稀濒危植物，应提出移植方案，包括前期准备，采取异地繁殖、移植施工和养护管理等。

（2）输水工程滨河渠段如穿越具有重要功能的湿地生境，应维持或恢复其湿地生态，确保水资源平衡，提出修复和保护生态系统和生物多样性综合措施。

（3）施工场地及附近区域如有需保护的野生动物及栖息地，应采取设置护栏、警示牌、宣传牌和严禁捕捉、伤害陆生野生动物等管理措施。在水域附近施工，应提出减免水生生物影响的措施，加强施工管理，严禁在附近河段捕捞或炸鱼。

二、施工中的水生生物保护

南水北调工程大部分属于线性工程，对当地水生生物影响微小，但丹江口水库大坝加高建设和提高蓄水涉及区域大，而且影响到汉江中下游，是水生生物保护的重点。

丹江口水库典型产漂流性卵的主要经济鱼类有：鲢、鳙、草鱼、青鱼、鳊、鳡、鳤、银鲴、铜鱼、吻鮈、圆筒吻鮈，这11种鱼不仅在丹江口水库渔获物占有较高比例，而且在水库生态系统中占有重要地位，其中鲢、鳙、鳡、鳤还是经典或非经典生物操纵的关键物种，作为重要关注的对象。鲢、鳙、草鱼、青鱼、鳊、银鲴人工繁殖技术比较成熟，作为近期关注的对象；鳡、鳤、鳜、铜鱼、吻鮈、圆筒吻鮈需要尽快开展人工驯养、繁殖技术研究，作为长远考虑的目标。另外，输水沿线和受水区重要的当地种，如北方铜鱼、洛氏鳄、北方花鳅等，也需加以关注，通过资源监测，查明影响后，再采取相应的保护措施，也把这类鱼作为长远保护对象。

（一）鱼类救护和增殖放流

（1）人工增殖放流对象：鲢、鳙、草鱼、青鱼、鳊、细鳞斜颌鲴、黄尾密鲴、鳜、银鲴、鲂、中华倒刺鲃、花鱼骨、团头鲂等；中长期放流对象：铜鱼、鳡鱼、鲸、圆吻鲴、鳤、赤眼鳟、白甲鱼、多鳞产颌鱼、瓣结鱼、吻鮈、圆筒吻鮈等。救护放流的对象为所有产漂流性卵的鱼类，以典型产漂流性卵的鱼类为主。

（2）放流标准。放流的苗种必须是由野生亲本人工繁殖的子一代，可以利用救护站从汉江捞起的鱼卵孵化后，培育部分繁殖用亲鱼，但60%以上应引进长江野生亲本。放流的苗种必须无伤残和病害，体格健壮。

（3）放流苗种数量和规格。人工增殖放养规格以全长4～15cm为宜；放流规格可以多样化，主要经济鱼类（如四大家鱼、鲂、鳤、赤眼鳟、鲴类、铜鱼、吻鮈、鲸等）培育成大规格（4～15cm）鱼种后放流，其他种类孵化至能够平游后即可放流。

（4）大规格鱼种培育采用市场化运作方式，其费用已计入鱼种放流费用中，在此不考虑大规格鱼种生产设施规模。不投饵网箱养殖设施受大坝加高后的影响有限，原有设施可继续使用，可以不予补偿或少量补偿；其他被淹的渔业设施在移民补偿经费中已经考虑，这部分经费可以用来改扩建大规格鱼种培育池塘或扩大不投饵网箱培育鱼种设施，建议不发展库湾和投饵式网箱培育大规格鱼种的相应设施。

（二）鱼类增殖站设计

1. 库区鱼类资源状况

丹江口水库库形复杂，水面积大，库湾多，库岸线长，天然饵料资源丰富，水流条件富于变化，水质、水温条件好，使水体生态环境呈多样化，适于多种生物的生存和繁衍，水生生物资源较丰富。

（1）种类与组成。丹江口水库现有鱼类68种，分别隶属于12科13属。

（2）经济鱼类。丹江口水库建坝前，汉江上游河流鱼类以流水性鱼类为主，主要有白甲、青波、结鱼等。主要经济鱼类有鲤、鲫、青、草等，而鲢、鳙较少。主要经济鱼类产卵场分布较广，以产漂流性鱼卵为主。建坝后，流水性鱼类，逐渐减少，适合于静水或缓流中生活的鱼类，逐渐形成优势种群，鲤、鲫、鲢等鱼类不断地增殖。原产卵场因淹没而消失，但在库区上游形成十余处新的产卵场，规模也成倍地扩大，主要产卵场有马蹬、香花、肖川、草店、杨溪等。

（3）产漂流性卵鱼类。丹江口水库汉江上游产漂流性卵的鱼类共有27种。丹江口水库汉江上游—安康大坝，规模比较集中的产卵场有安康、蜀河口、白河、前房、郧县等处，以前房和白河产卵场规模较大。

丹江口水库产黏性卵鱼类计有18种，其中经济鱼类10种。丹江口水库产黏性鱼类的产卵场广泛分布于库区各个库湾和消落区，尤其是那些有水流注入使产卵区域水体呈微流状态的库湾或消落区，是良好的产卵场所。

（4）产黏性卵鱼类。丹江口水库建成已近40年，水库环境以及鱼类饵料生物资源消长已经趋于相对稳定，库区鱼类经历了多个世代繁衍和各个种群间的互相演替，通过对水库生态环境的适应，形成了相对稳定的种群，成为水库渔业的主要对象。

2. 工程建设影响

（1）对产漂流性卵鱼类繁殖的影响。丹江口后期工程正常蓄水位达170m时，水库回水区将抵达孤山下 3km 处，鱼类产卵季节属于洪水期间，水库防洪限制水位为 160～463.5m，其回水区也在郧县以上。由于水位抬高、流速减缓，前房和郧县两处鱼类产卵场的产卵条件将全部或部分改变，郧县产卵场将完全消失，前房产卵场将上移并缩小，白河产卵场规模将明显扩大。

由于安康枢纽对汉江径流的调节，在鱼类产卵季节，坝下江段洪峰将会削减，下泄江水水温较天然河道偏低，安康和蜀河口两个产卵场的产卵条件将恶化，影响鱼类正常繁殖，特别是安康产卵场，其上界距离安康大坝仅 1km，所受影响将非常明显。据 1993 年调查，安康和蜀河口仍为小型产卵场，其区间和支流来水能够提供一定的产卵繁殖条件，尤其是蜀河口产卵场，其以上江段有旬河、坝河等支流汇入，将大大缓解安康大坝对其产卵场的影响，因此，安康和蜀河口产卵场将继续存在，蜀河口产卵场的规模还有可能扩大。

水库水位提高，汉江回水距离延长，漂流性卵能够漂流孵化的流程变短，鱼卵在没有孵化前就沉入水底，孵化、成活率会极低。丹江口水库汉江漂流性卵下沉区在郧县以下 25.9～30.5km 的罗家河和鸟池段。当大坝加高调水后，即使水位控制在防洪限制水位，郧县以下也将很难达到 0.15m/s 以上的流速，如果繁殖季节水位较高，鱼卵可能在郧县以上的韩家洲就开始下沉。

对产漂流性卵鱼类不同类型影响程度分析，对典型产漂流性卵的鱼类繁殖影响最为严重，特别是四大家鱼。四大家鱼对涨水条件要求比较高，水位涨幅至少在 40cm 以上，此时流速往往超过 1.0m/s，甚至 3m/s 左右，各产卵场所需流程均远远不够。而对鲌类、细鳞斜颌鲴等产黏性漂流性卵的鱼类，影响会比较小，这些鱼类对产卵条件要求比较低，还会有符合条件的其他产卵场，有的甚至只要有微小的流水刺激就会产卵繁殖，鱼卵黏附水下基质上孵化。对鳜等产油球漂浮性卵的鱼类也不会有太大的影响。

（2）对产黏性卵鱼类繁殖的影响。丹江口大坝加高工程建成蓄水后，原来形成的产黏性卵鱼类的产卵场，将全部淹没于水下，鱼卵附着基质——陆生植物和水生植物不可能生长，原有的产卵场必然消失。但是，后期工程淹没了大片土地，使水库的库岸线延长达到 7000km，将形成范围更为广泛的产黏性卵鱼类产卵场，水库中产黏性鱼类将到新的产卵场繁殖。

在鱼类繁殖季节，水库水位波动对产黏性卵鱼类的繁殖极为不利，往往大批鱼卵黏附在库边的植物或砾石上孵化时（黏性卵孵化时间比四大家鱼的卵要长些），由于水位下落，导致鱼卵裸露出水而干枯死亡，此外，繁殖季节水位下落还会制约产卵亲鱼的繁殖行为。这种现象在丹江口水库初期工程里已经发生，预计后期工程后，水库调蓄能力增强，水位较以前相比趋于稳定，这种现象会得到一定程度的缓解。

综上所述，丹江口大坝加高工程对产黏性卵鱼类的繁殖不会产生明显影响，这些鱼类将继续保持较大种群，成为渔业的主要捕捞对象。只要在鱼类繁殖季节（4 月中旬至 6 月中旬），水库运行调度仍需注意兼顾生态保护，保持水位相对稳定，产黏性卵鱼类的繁殖规模将会扩大。

3. 工程任务与规模

（1）工程任务。鱼类增殖放流站的主要任务：野生亲本的捕捞、运输、驯养、人工繁殖和苗种培育；对放流苗种进行标志（或标记），建立遗传档案，实施放流；对需放流种类还未突破全人工繁育技术的，开展繁育技术攻关；监测鱼类增殖放流效果和相关江段鱼类资源现状；展示丹江口库区鱼类，宣传环保科普知识。

（2）工程规模。

1）增殖放流对象、规格与规模。丹江口库区郧县鱼类增殖放流站放流对象为草鱼、青鱼、鲢、鳙、鳊、细鳞斜颌鲴等，每年放流任务9220万尾和10000万尾的"水花"。放流任务9220万尾中的325万尾苗种由郧县鱼类增殖放流站生产，并从江中捞取鱼卵在鱼类增殖放流站进行人工孵化10000万尾的"水花"。其余的8895万尾从附近的苗种场购买，其中鲢5240万尾，鳙3330万尾，在放流种类中占主要地位。

2）亲鱼数量。推算郧县鱼类增殖放流站所需亲鱼数量1570尾，重2014kg。

根据增殖放流的数量、鱼类的平均产卵量、催产率、受精率、孵化率和幼鱼成活率，推算出达到放流规模所需要的各种成熟雌性亲鱼数量。自然产卵、受精雌雄亲鱼的性比为1∶1.5，如采用人工授精方法，雌雄亲鱼的性比可为1.5∶1，自然水域鱼类分布的性比一般为1∶1。方案设计采用1∶1的性比，另外增加30%的后备亲鱼。郧县鱼类增殖放流站所需亲鱼数量2618.2kg。

3）增殖站建设规模。郧县鱼类增殖站的建筑物主要包括综合楼和展示厅、蓄水沉淀池、催产孵化和开口苗培育车间、亲鱼培育池、鱼苗培育车间、室外苗种培育池、防疫隔离池和配套设施，增殖站占地约200亩。

4. 增殖站规划与布局

（1）站址。郧县鱼类增殖放流站在原安阳鱼种场地基础上进行改建。郧县安阳鱼种场占地面积5700m²，高程为171～186m。位于郧县安阳镇龙门库湾境内，处于丹江口水库中上游，距郧县县城50km，距209国道15km，有公路与国道相连，鱼种场紧邻郧丹公路，交通便利，有专用供电线路。水源来自上游巨家河水库，水质良好，水源充足，基地有完善的排水系统。

（2）技术工作流程。增殖放流站技术工作流程主要为：亲鱼收集购置、亲鱼驯养培育、人工催产和授精、人工孵化、苗种培育、放流、放流效果监测、调整生产规模和方式。

（3）增殖放流站功能结构及组成。增殖站内主要建筑物由蓄水池、亲鱼培育池、苗种培育池、鱼苗培育车间、催产孵化及开口鱼苗培育车间、防疫隔离池组成。其他附属设施主要由综合楼、取水泵站、给排水管渠、污水处理系统、道路及其他配套设施组成。

（4）增殖放流站总体规划布局。郧县鱼类增殖站的建筑物主要包括综合楼和展示厅、蓄水沉淀池、催产孵化和开口苗培育车间、亲鱼培育池、鱼苗培育车间、室外苗种培育池、防疫隔离池和配套设施。催产孵化车间440m²，鱼苗培育车间880m²，亲鱼培育池12000m²，室外鱼苗鱼种培育池57500m²。

5. 建（构）筑物工艺设计

（1）主要构筑物。增殖站的建筑物主要包括综合楼和展示厅、蓄水沉淀池、催产孵化和开口苗培育车间、亲鱼培育池、鱼苗培育车间、室外苗种培育池、防疫隔离池和配套设施。催产孵化车间440m²，鱼苗培育车间880m²，亲鱼培育池12000m²，室外鱼苗鱼种培育池57500m²，增殖站占地约200亩。

（2）综合楼。综合楼3层：一楼为布设门厅、楼梯、卫生间、食堂、仓库，二楼为展示室和实验室，三楼为办公室、客房及卫生间。

（3）附属设施。

1）输变电工程。直接从厂用变压器接引电源线，选用配电屏1个，架设站内380V输电线路一回，另自备一台柴油发电机。

2）生活用自来水工程。站内生活用自来水系统与养殖用水系统相独立。可铺设干、支供水管道，与业主营地自来水系统相连接，满足生活用水的需要。

3）站区公路。铺修站内干线道路（宽6m）、支线道路（宽4m），路面为0.2m厚混凝土路面。道路两旁、房前屋后种植花木及草坪。

4）交通工具。配备双排客货两用汽车1辆，用于收集亲鱼、鱼种放流及饲料等的运输。

（4）仪器设备。主要仪器设备包括：1200型旋转式滤布自动过滤器（1台），1200型湿式生物球过滤器（1个），1200型雨淋曝气式生物球过滤器（1台），QMD150C1/6紫外线水处理系统（英国）1台，养鱼系统水循环电器控制系统（1台），增氧机电器控制系统采用风机变频控制系统（1台），进水、回水、排污、送气、管道系统（1套），培养缸、孵化槽、孵化桶。

6. 运行与管理

（1）运行机制。考虑鱼类增殖站实际情况，将增殖放流工作划分为两个部分，分别为技术攻关与生产操作。技术攻关项目可以采用项目招标方式，发包给有相当能力的单位执行。生产操作则由放流站内固定员工完成。

增殖站设主任1名，生产副主任1名，具体管理增殖站养殖生产工作，下设亲鱼培育组和人工繁殖组，各设组长1名。

亲鱼培育组负责亲鱼收集、蓄养培育以及大规格苗种和成鱼养殖生产，人工繁殖组负责催产、孵化和早期苗种培育生产。各设组长1名，组长应具有水产养殖专业本科以上学历。

全站人员设置以精简、实用、高效为原则，所有职员应一专多能，形成分工合作，各有侧重的人员构成结构。常备人员12人，包括主任1名，副主任1名，养殖技术人员2名，养殖工人4名，后勤人员4名。生产繁忙季节可通过为相关大、中专院校水产专业学生提供实习场所，或聘请临时工作人员补充人力。

（2）研究内容。为保证鱼类增殖站增殖放流任务顺利完成，并达到放流苗种在自然环境中较好地生存、繁衍的目的，需针对本鱼类增殖站增殖放流对象进行相应技术的科技攻关研究。科研项目主要包括增殖放流鱼类的野生亲鱼的采集与驯养技术、人工繁育技术、苗种培育技术、放流技术、病害防治技术等方面内容。

（3）放流效果监测评价及定期报告制度。拟设定14个监测点：郧县、肖川、马蹬、陶岔、南阳、平顶山、郑湾、金河小屯北、邢台、西黑山、惠南庄、团城湖、武清和白洋淀。另外，鱼类产卵场调查为区域性的，重点区域为郧县—安康汉江江段，特别是原有的安康、蜀河、白河、前房和郧县产卵场，考虑到丹江上游也可能有鱼类产卵场存在，在以往的调查中一直没有调查该支流，随着郧县—安康产卵场条件恶化，此处可能会越来越重要，也作为鱼类产卵场调查的重点江段。

丹江口水库监测从蓄水的前一年开始，20年内监测10年，即第1年、第2年、第3年、第4年、第6年、第8年、第10年、第13年、第16年、第20年进行监测。输水沿线从调水前一年开始，监测年限相同。水体理化指标、浮游植物、浮游动物、底栖动物、水生维管束植物1月、4月、7月、10月各监测1次；鱼类资源4—7月、10—12月进行，每月15天左右；鱼类产卵场5—9月进行，年监测天数120天以上。

三、施工中的植物资源保护

南水北调工程大部分为线性工程，对当地植物资源的影响微小，但中线丹江口水库大坝加高和蓄水造成较大区域的影响，是南水北调工程建设中植物保护工作的重点。

（一）丹江口水库大坝加高工程施工期古树名木与珍稀植物状况

1. 施工期河南设计范围内古树名木状况

2010 年 7 月，淅川县林业局对上集镇、金河镇、老城镇、大石桥乡、滔河乡、盛湾镇、仓房镇、香花镇、九重镇和马蹬镇 10 个移民乡镇的古树名木进行普查登记。据统计，设计范围内古树名木共计 58 株，其中海拔 170m 以下的古树名木 46 株，170～172m 的古树名木 12 株。其中，一级古树 2 株，二级古树 4 株，三级古树 52 株。上述古树名木绝大多数生长在村、宅旁，少量生长在山坡下部与水边、路边，绝大多数古树名木生长环境和土壤等条件较好。移民安置区未发现古树名木。具体详见表 2-7-1。

表 2-7-1　　　　　丹江口库区移民迁移线以下古树名木统计表（河南）

名　称	株　数				
	1000 年	500～800 年	300～499 年	100～299 年	合计
柿树				8	8
皂荚		1	1	26	28
柏树				3	3
柳树				1	1
黑柳树	1		1		2
黄连树			1	3	4
冬青树			1	1	2
古白蜡树				1	1
女贞				4	4
紫荆花树				1	1
香园				1	1
楸树				3	3
合计	1	1	4	52	58

2. 施工前湖北省设计范围内古树名木状况

根据十堰市 2010 年 7 月开展的古树名木普查资料，设计范围内古树名木共计 63 株，其中位于海拔 170m 以下的古树名木 56 株，位于海拔 170～172m 的古树名木有 7 株。海拔 170m 以下的古树名木中有 2 株位于海拔 151m 处，生长在小环境内的低地，丹江口大坝初期工程蓄水时没有被淹没，丹江口大坝加高工程蓄水后这两株古树将会被淹没。湖北省设计范围内古树名木分布在四个县（市、区），其中郧西 4 株、郧县 21 株、武当山特区 19 株、丹江口市 19 株，涉及树种 15 种。十堰市范围内淹没影响涉及一级古树 9 株、二级古树 9 株、三级古树 45 株。

上述古树名木绝大多数生长在村、宅旁，少量生长在山坡下部与水边路边，绝大多数古树名木生长环境和土壤等条件较好。移民安置区未发现古树名木。具体详见表2-7-2。

表2-7-2　　　　丹江口库区移民迁移线以下古树名木统计表（湖北）

名　称	株　数				
	1000年	500～800年	300～499年	100～299年	合计
柿树				16	16
皂荚		2	1	12	15
黄连树		3		4	7
侧柏			1	3	4
枫杨				4	4
桂花			2	1	3
女贞			2		2
红杏柳				2	2
刺柏			1	1	2
重阳木	1				1
银杏	1				1
红青柳				1	1
木瓜			1		1
青檀		1			1
楸树				1	1
飞蛾槭			1		1
圆柏		1			1
合计	2	7	9	45	63

3. 施工前丹江口库区珍稀植物状况

丹江口水库170m水位将直接淹没国家或地方重点保护植物4种，其中国家级保护植物1种，为Ⅱ级保护植物野大豆，中国特有种3种，为岩杉树、狭叶佩兰和刺萼参。

（1）野大豆。野大豆是大豆的近缘种，属一年生草本，是我国重要的珍稀濒危野生种质资源，列入《国家重点保护野生植物名录（第一批）》，属于国家Ⅱ级保护植物。野大豆在我国分布较广，从我国东北乌苏里江沿岸和沿海岛屿至西北（除新疆、宁夏外）、西南（除西藏外）直到华南、华东都有零星生长，主要分布在长江流域和东北地区。丹江口库区范围的野大豆在丹江口羊山、郧县古柿树和郧西泥河口地区有分布，分布高程在167～400m之间。分布于丹江口大坝加高工程正常蓄水位170m以下将直接淹没的野大豆在以上三个片区均有分布：丹江口羊山淹没线以下分布有野大豆9m²，高程在165m左右；郧县古柿树淹没线以下分布有野大豆5.5m²，分布高程在169m；郧西河泥口淹没线以下分布有野大豆7m²，分布高程在170m。

（2）岩杉树。岩杉树是我国特有的植物，为多年生小灌木，分布数量较少，主要分布于川东、陕西、鄂西神农架等汉江中上游河谷岩石上，只有少量野生分布，人工无法栽培，是野生纤维种质资源，有药用价值。据调查和资料记载，岩杉树在丹江口库区的郧西泥河口有分布，分布高程在163～300m，将受到工程蓄水直接淹没的影响或洪水年份高水位运行的影响。在郧西泥河口海拔163m处分布有4株岩杉树，170m处分布有2株，172m处分布有2株，在海拔300m处亦有一定分布，长势均一般。

（3）狭叶佩兰。狭叶佩兰是我国特有的植物，为多年生草本，生于草丛及灌木林缘和溪旁，主要分布在湖北、贵州、广西台江、广西阳朔等地，分布量较少。丹江口库区，狭叶佩兰主要分布在郧西归仙河口和丹江口羊山，分布高程为165～176m。受工程影响较大的狭叶佩兰主要为丹江口羊山片区，165m高程处分布有3m²，170m高程处分布有3m²，172m高程处分布有2m²，长势均一般。

（4）刺薷参。刺薷参为我国特有植物，多年生草本，植株短小。历史调查记录只在汉江左岸郧县五峰乡边发现，近年调查群居扩大到汉江右岸。但其分布区域极为狭窄，不仅为我国特有种，而且只分布该狭窄地区。目前，刺薷参已经被列入《国家重点保护野生植物名录（第二批）》讨论稿中的Ⅱ级保护植物。刺薷参主要分布在丹江口库区的郧县和郧西，分布高程为170～522m。郧县五峰乡小黑滩沟分布有1.5m²，郧西县观音镇天河口分布有1m²刺薷参，生长态势均一般。

（二）工程建设影响

1. 对古树名木环境影响

丹江口大坝加高工程蓄水后，将对设计范围内古树名木带来明显影响。据统计，丹江口大坝加高工程蓄水后将直接淹没102株古树名木，另外将有19株古树名木将受到水库蓄水和运行的影响。

河南省受丹江口大坝加高工程影响的古树名木共计58株，均分布在淅川县。其中，有46株古树名木将被丹江口大坝加高工程蓄水直接淹没，有12株古树名木在水库高水位运行时或洪水年份受到影响。

湖北省受丹江口大坝加高工程影响的古树名木共计63株，均分布在十堰市。其中，有56株古树名木将被丹江口大坝加高工程蓄水直接淹没，有7株古树名木在水库高水位运行时或洪水年份受到影响。涉及范围内古树名木大部分长势良好，多生长在村庄、平地和坡地的下坡位。

库区的古树名木多为中国普生性的种类，虽然有102株古树名木被淹没，但不会造成该种的灭绝，其他的古树名木虽受水库蓄水和运行的影响，但通过加强对受影响古树名木的保护管理和对移民的宣传教育，可降低其不利影响。

2. 对珍稀植物环境影响

水库的淹没，将使野大豆、岩杉树、狭叶佩兰和刺薷参4种珍稀植物数量进一步减少，但不会对其种群构成明显威胁。

（三）古树名木保护

1. 总体保护设计

按照国家、地方对古树名木保护的总体要求，根据古树名木的生长位置、生态习性、生长态势、周围交通条件、保护级别等确定古树名木的保护模式，具体分为迁地保护与就地保护两种模式。对于淹没线以下移植不易成活的古树名木，为了保持库区清洁，采取砍伐清理措施。

河南省对 45 株古树名木采取迁地保护措施，将其迁移到水库淹没线以上；对受水库高水位运行时或洪水年份影响的古树名木采取就地保护措施，包括 171m 水位线以上的 10 株古树名木和 2 株位于 170m 水位线的喜水性植物黑柳树。

湖北省对 56 株古树名木采取迁地保护措施，将其迁移到水库淹没线以上；对受水库高水位运行时或洪水年份影响的古树名木采取就地保护措施。

2. 就地保护设计

就地保护是指在工程影响范围内，对古树名木采取就地修筑围堰、围栏、挂牌登记等措施加以保护，防止人、畜损毁。对于受水库高水位运行和洪水年份影响的古树名木，需根据实际情况建立圆形或半圆形围堰，防止水库蓄水和水库调度过程中对古树名木的侵蚀和扰动。

（1）调查古树名木的生长情况。

（2）对每株树木登记造册，建立档案，挂牌保护。

（3）加强营养管理和病虫害防治，并根据需要对树木及时覆土、追肥，使树木处于良好的生长状态。

（4）位于 171m 水位线附近的古树名木易受水库水位波动影响，必要情况下在古树周边开挖排水沟，水淹时需及时排除多余水分。

（5）在直径 2～5m 设立半圆形围堰，高度 1～2m。

（6）在直径 2～5m 或更大范围内设立圆形或方形栅栏。

3. 迁地保护设计

为了便于移植后古树的保护和管理，节约后期养护和管理成本，并发挥古树的观赏价值，将古树移植到移植园，实行统一管理。

在水库管理范围内的空地均为零散的小块地段，没有适宜移植大批古树的集中空地。为了便于古树名木的集中管理和养护，并发挥其观赏价值，因此，设计将古树名木移植到一起，实行集中管理和保护。淅川县林业局组织专业人员进行查勘，并请部分专家进行鉴定，在金河镇吴店村、毛堂乡白树村拟建立 3 个名贵大树移植园，面积共计 80 亩，3 个移植园土壤丰富、地质优良、交通便利，极适合名贵大树的生长存活。移植园后有一定延伸隔离区，选址范围内无职工和农户居住。湖北省移植地选址地位于湖北牛头山国家森林公园林木良种繁育中心。

（四）珍稀植物保护设计

物种保护的措施一般采用就地保存、迁地保存和离体保存等方法，视植物个体的不同而采取的保护方式有所不同。对受到淹没影响的岩杉树，采取迁地保护措施；对库区受到淹没影响的野大豆和狭叶佩兰两种草本型珍稀植物，在淹没线以上选择一块自然分布地段进行就地保护；由于刺蓼参仅分布在丹江口库区，因此对海拔 172m 以下的刺蓼参实施迁地保护，对海拔 172m 以上的刺蓼参实施就地保护。

1. 野大豆保护设计

鉴于物种对生境的需求，淹没线以下的野大豆距离现在的正常蓄水位 8～13m，丹江口大坝加高工程校核洪水位 173.6m，因此，综合考虑，设计将 172m 以下的野大豆迁移到 185m 以上的区域，并建立野大豆集中保护点，对迁移后的野大豆进行集中保护管理。对保护点实行严格管理，培育和恢复野大豆生存环境，设置警示牌和围栏，并配备相应的管护物质和人员。加强移植后野大豆的观测和抚育，确保其成活率，同时开展人工培植研究，进行异地繁育，扩大其种群数量。

为了弥补野大豆的淹没损失，确保野大豆的种群数量不受影响，同时，对淹没线以上野大豆的原生地采取就地保护措施。在丹江口羊山海拔 320m 处、郧县古柿树海拔 380m 处和郧西泥河口海拔 400m 处的三处野大豆原生地建立野大豆保护点，设置警示牌和围栏，并配备相应的管护物质和人员。

2. 岩杉树保护设计

岩杉树为多年生小型灌木，在丹江口库区淹没线以下和淹没线以上均有分布。建议对172m 以下的 8 株岩杉树采取迁地保护措施，对淹没线以上的岩杉树实施就地保护。

鉴于岩杉树为多年生小型灌木，为了便于其集中统一管理，因此，设计选择湖北省牛头山国家森林公园林木良种繁育中心作为移植地，对受到淹没和水位波动影响的 8 株岩杉树进行迁地保护。

对郧西泥河口地区淹没线以上的岩杉树进行就地保护，设立警示牌和围栏，并加强宣传教育，提高当地居民对岩杉树的保护意识。

3. 狭叶佩兰保护设计

鉴于物种对生境的需求，淹没线以下的狭叶佩兰距离现在的正常蓄水位 8~15m，丹江口大坝加高工程校核洪水位 173.6m，因此，综合考虑，设计将 172m 以下的丹江口羊山分布的8m² 狭叶佩兰迁移到 185m 以上的区域，并建立集中保护点，对迁移后的狭叶佩兰进行集中保护管理，恢复狭叶佩兰生存环境，设置警示牌和围栏，并配备相应的管护物资和人员。

对郧西归仙河口正常蓄水位以上分布的狭叶佩兰实施原地保护，设置警示牌和围栏，并加强宣传教育，提高当地居民对狭叶佩兰的保护意识。

4. 刺萼参保护设计

由于刺萼参较少，对生境和后期管护要求较高，为了便于刺萼参的集中保护和后期抚育，设计将海拔 180m 以下的刺萼参移植到牛头山自然保护区林木良种繁育中心进行集中管理养护，同时开展人工培植研究，进行异地繁育，扩大其种群数量。

对郧西县分布在 180m 以上的刺萼参进行原生地就地保护，设置警示牌和围栏，并加强宣传教育，提高当地居民对刺萼参的保护意识。

（五）管理与养护

1. 管理与养护责任主体

古树名木和珍稀植物实施迁地保护和就地保护措施后，为了确保其成活率及后期有效的保护，需要对其进行后期的管理和养护，南水北调中线水源有限责任公司负责其后期的管理和养护工作，并根据实际情况逐步推行后期管护的托管。

2. 管理与养护目标

根据有关古树名木和珍稀植物保护的法规，确保古树名木和珍稀植物的保护符合相关法规的要求；确保各项保护措施的实施，保证移植古树名木和珍稀植物的成活率。

3. 管理与养护要求

（1）连续管护。古树和珍稀植物移栽后，需要对其进行连续的管护，保证古树名木移植的成活率。对移栽的古树名木要连续管护 2 年，对移栽的珍稀植物要连续管护 3 年。

（2）技术要求。古树名木及珍稀植物主管部门和保护单位应及时、定时地对管理工作人员进行技术培训，定期组织培训学习，进行技术交流，开展技术合作，为古树名木和珍稀植物的保护提供技术保障，并不断提高工作人员保护古树名木和珍稀植物的意识。

（3）检查工作。古树名木和珍稀植物管护单位及个人应经常检查古树名木和珍稀植物的生长、衰老及病虫害状况，便于随时采取复壮及保护措施或请专门人员进行现场诊断。

4. 养护与复壮

古树的树龄一般为老龄期，移植后，往往生长势较弱，抗逆性差，极易遭受不良因素的影响而衰弱甚至死亡。珍稀植物移植后，由于生境的改变，容易导致由于不适应新环境而发生的衰弱甚至死亡。因此，古树名木和珍稀植物的养护管理工作要细致周到，为其创造良好的生长环境，以达到复壮的目的。

具体养护与复壮措施包括保持水分、保护生态环境、保持土壤的通透性、及时排水、树体保湿、输液促活、加强肥水管理、病虫害防治、补洞及治伤、调整树形、防治自然灾害、防寒抗冻、剥芽、检查固定、古树的更新复壮、古树枯树处理等。

第三章 南水北调工程运行期的 环境保护和水质安全保障

南水北调工程建设伊始,中央就提出"先节水后调水、先治污后通水、先环保后用水"的"三先三后"原则,把生态环境保护放在重要和优先地位。按照中央要求,东线一期工程通水前,通过十年强力治污,将沿线原来90％以上断面不达标甚至河湖发黑发臭治理成水质全部达标,比英国泰晤士河、欧洲莱茵河、北美五大湖等发达国家河湖污染治理过程缩短了 10～20 年,创造了新的纪录;中线一期工程通水前,通过八年努力,中线水源区的达标率由不到50％提高到80％以上,水质持续向好。在全国水污染形势日益严峻的背景下,南水北调工程的治污环保取得这样的成效难能可贵,说明国务院提出的"节水、治污、环保"先行的原则是完全正确的。

面对涉及众多省(直辖市)的特大型跨流域调水工程,如何确保水质安全成为工程正常运行的前提。水污染是伴随城市化工业化出现的,这也决定了水污染防治是常态化的工作。南水北调工程通水后环境保护工作仍需要持续进行,而且随着通水调水常态化,输水水质安全保障成为了南水北调工程的重要任务。除了认真落实《中华人民共和国水法》《中华人民共和国水污染防治法》外,因特大型调水的特殊性,还需要制定专门的管理制度甚至法规,使南水北调工程环境保护和水质安全保障有法可依。

第一节 环境保护和水质安全法规制度

随着南水北调东线一期工程建成通水、中线一期工程的即将建成通水,国务院南水北调工程建设委员会决定制定《南水北调工程供用水管理条例》。国务院法制办组织有关部门开展立法调研并组织起草、多方征求意见,经国务院常务会审议,2014 年 12 月正式颁布了《南水北调工程供用水管理条例》(附录二)。

《南水北调工程供用水管理条例》(以下简称《条例》)中涉及节水、治污、环保、生态及水质安全保障的条款多达 28 条,占总数的一半。显而易见,虽然南水北调工程进入运行期,但"节水、治污、环保"不仅不能削弱,反而还要加强。这是《条例》制定的背景所决定的:

从基本层面上看南水北调工程运行需要制度保障；从宏观上看《条例》要顺应经济社会发展趋势和广大人民群众意愿、中共十八大及中共十八届三中全会的重大部署。

面对资源约束趋紧、环境污染严重、生态系统退化的严峻形势，中共十八大和中共十八届三中全会把生态文明建设放在突出地位，纳入"五位一体"总体布局，首次提出从源头、过程、后果全过程构建生态文明制度体系，并明确相应的改革方向和任务。《条例》的编写、征求意见、修改和出台过程，正是顺应形势，贯彻中共十八大关于建设生态文明的总布局，落实中共十八届三中全会关于构建生态文明制度体系的一次具体实践。

构建生态文明制度体系是一项复杂的系统工程，《条例》的上位法《中华人民共和国水法》《中华人民共和国水污染防治法》《中华人民共和国环境保护法》等均是构建生态文明制度体系的核心法律。理想状态是，按照中共十八大及中共十八届三中全会精神对这些法律进行修改后，再制定《条例》。但是，在东线已经通水、中线即将通水的情况下，《条例》亟须尽快出台，不能等待相关上位法的修改完善。这就决定了《条例》的制定既要体现中共十八大和中共十八届三中全会精神，又要符合现有上位法，因而《条例》制定在一开始就存在很多现实矛盾和问题。解决这些矛盾和问题，只能按实事求是的原则，立足当前、着眼长远。

立足当前，就是南水北调工程东线治污和中线水源保护工作实际和被实践证明行之有效的经验。东线治污和中线水源保护的工作实际和最突出的经验，就是针对污染治理和水质保护涉及部门多、情况复杂的实际，形成地方负责、部门联动、国家支持、目标考核的机制。因此，《条例》明确"南水北调工程水质保障实行县级以上地方人民政府目标责任制和考核评价制度""国家对南水北调工程水源地、调水沿线区域的产业结构调整、生态环境保护予以支持""对南水北调工程水源地实行水环境生态保护补偿"。

着眼长远，就是贯彻中共十八大和中共十八届三中全会提出的生态文明建设要求，按照山水田林湖为一个生命共同体进行制度设计，对水源实行最严格的源头严防、过程严管、后果严惩制度，实现相关部门各负其责、统筹管理。

（1）《条例》从指导思想体现生态文明建设要求。《条例》明确，不仅要充分发挥南水北调工程的经济效益和社会效益，还要发挥生态效益；继续遵循"先节水后调水、先治污后调水、先环保后用水"的原则，将水质保障纳入国民经济和社会发展规划；国家对南水北调工程水源地、调水沿线的产业结构调整和生态环境保护予以支持，确保南水北调工程供用水安全。

（2）《条例》从源头严防体现生文明建设要求。《条例》明确，要统筹水源地、受水区和调水下游区域用水，确保水生态安全；水源地、调水沿线政府加强工业、城镇、农业和农村、船舶等水污染防治，现有污染排放单位应配套治理措施；水源地县级以上城市的污水垃圾必须集中处理达标排放、对畜禽粪便及养殖废水进行无害化处理、逐步拆除网箱养殖、禁止水上餐饮等经营活动；依法划定饮用水水源保护区，根据保护水源的敏感度科学合理设定不同的水域陆域进行空间管制。

（3）《条例》从过程严管体现生态文明建设要求。《条例》要求有关部门和单位加强对水量和水质监测，定期向社会公布信息，建立信息共享机制，以便于及时对调水的水量水质进行监测预警；《条例》要求水源区及沿线建设生态防护林及人工湿地等，以提高自然净化能力；《条例》要求实行重点水污染物排放总量控制制度，禁止建设增加污染物排放总量以及水污染排放不稳定达标的建设项目。

（4）《条例》从后果严惩体现生态文明建设要求。《条例》明确，实行县级以上地方政府目标责任制和考核评价制度，以根据考核结果对地方政府及其主要负责人进行奖惩；《条例》明确，对于不按规定出现污染、排放总量超标的，停止审批相关建设项目，构成犯罪的依法追究法律责任。

《条例》是中共十八届三中全会后国务院颁布的第一个与生态文明建设相关的行政法规，成了构建生态文明制度体系第一颗试金石，既要经受南水北调工程的检验，也要经历生态文明制度体系完善过程的检验。

第二节　南水北调工程饮用水水源保护区划分和监管

根据《中华人民共和国水污染防治法》《南水北调工程供用水管理条例》规定，南水北调工程水源地及沿线根据需要划分饮用水水源保护区，明确保护范围，依法实施监管。中线一期工程的水源工程和输水干线工程，划分保护区条件较成熟，先后开展了保护区划分工作，由相关省级政府颁布实施。东线一期工程水源地为长江、输水线路与沿线河流、湖泊交叉，划分保护区的难度较大，仍处于研究阶段。

一、中线丹江口水库饮用水水源保护区划分和监管

为保证南水北调中线通水水质安全，2002年国务院批复的《南水北调工程总体规划》中的《南水北调工程生态环境保护规划》，2012年国务院批复的《丹江口库区及上游水污染防治和水土保持"十二五"规划》，均要求划定南水北调中线丹江口水库饮用水水源保护区。为落实上述任务，国务院南水北调办会同环境保护部、水利部，协调河南省、湖北省政府有关部门开展了保护区的划定工作。

丹江口水库水域跨河南、湖北两省，属于跨省的饮用水水源保护区划分。依照《中华人民共和国水污染防治法》，跨省的饮用水水源保护区划分，由有关省级人民政府商流域管理机构划定。依据环境保护部《饮用水水源保护区划分技术规范》，大型湖库型的饮用水水源保护区，是通过对水动力分析得到一级、二级保护区的技术范围。河南省、湖北省只能考虑本省境内水域，无法统筹整个丹江口水库以及调水带来的水动力变化。为此，国务院南水北调办协调中线水源项目法人，委托长江科学院承担了丹江口水库饮用水水源保护区划分研究任务。河南、湖北两省依据研究成果开展保护区划定的行政协调，形成正式划分方案，商长江水利委员会同意后，由两省政府正式颁布实施。

（一）丹江口水库饮用水水源保护区划分的技术方案研究

南水北调中线水源地具有其独特的自然环境和社会经济特点。

（1）水源地覆盖范围超大，跨越湖北、河南和陕西3个省，丹江口水库面积达1050km^2，污染源面广量大，治理难度大，水环境问题复杂。

（2）中线调水规模超大，不同于一般意义上的饮用水取水。在水量调度上，不仅要考虑中

线调水需求，而且要考虑上游汇水区域、中下游和库区用水需要，水库引水分流情况以及库区流态变化复杂。

（3）库区周边城镇众多，具有一定的经济发展需求，高水质要求与区域经济社会发展需求的矛盾突出。

（4）周边省份和地区在水质管理、水量调水管理、水生态管理、废污水排放管理、水源保护管理、水源保护区可持续发展等方面存在条块分割及交叉、重复管理等问题，水环境管理问题较复杂。

（5）国内外已有的饮用水水源保护区划分中，对此类跨省的特大水库型饮用水水源地保护区划分尚属首次，无现成经验可供借鉴。

鉴于上述问题，需要集自然因素、社会因素和技术因素等于一体综合开展划分方案研究，形成科学合理的保护区划分技术方案，为正式划定南水北调中线丹江口水库饮用水水源保护区提供技术依据。

1. 保护区划分基本原则

（1）依法依规，因地制宜。根据《中华人民共和国水法》《中华人民共和国环境保护法》《中华人民共和国水污染防治法实施细则》等相关法律法规，以及《饮用水水源保护区划分技术规范》等规范性文件的要求确保划分方案合法合规。在具体划分方法上，应充分结合水源地自身的特点，因地制宜开展划分工作。

（2）综合系统，优先保护。从流域系统层面，综合考虑上游汇水区域、库区及中下游需求，体现社会发展的超前意识。划分主要以南水北调中线工程建设为大局，优先解决南水北调陶岔饮用水水源地安全问题。

（3）统筹兼顾，协调发展。饮用水水源地保护区划分应与水污染防治规划、区域社会经济发展规划、水资源开发利用规划、水功能区划、生态功能区划等相协调，充分考虑库区移民状况和移民成本、生态补偿成本、对地方支柱产业影响等，降低污染防治成本，保障人体健康及生态环境的结构和功能，在确保饮用水水源水质不受污染的前提下，划定的水源保护区范围应尽可能小，兼顾地方经济发展。

（4）防范风险，安全可靠。库区及上游支流受采矿业、危险品加工业、跨库桥梁和环库公路运输危险品等行业发展的影响，突发性水质污染事件、尾矿库溃坝泄露事件、公路运输危险品泄露事件、船舶运输泄露事件等时有发生，对库区水质安全造成严重威胁。新增淹没区范围内危险废弃物、矿山企业遗址、有毒物质堆存场、垃圾填埋场可能带有病原体坟墓、动物尸体填埋场及鼠群分布等可能会对水库水质和卫生防疫带来潜在威胁。由于突发性水污染事故具有突发性、不可预见性、局部性、难以控制性等特点，因此，水源保护区划分需充分考虑突发性水质污染风险，一旦出现污染水源的突发情况，有采取紧急补救措施的时间和缓冲地带。此外，保护区划分范围具有一定的防御连续干旱年和特殊干旱等风险的能力，提高调水水质保证率，降低环境类风险。

（5）简单实用，操作简便。水源保护区划分充分考虑水源地的行政区划、地形地貌、土地利用格局、污染源分布特征等因素，区划界限应尽量与行政区界一致，便于管理。区划成果是水资源水环境保护管理的依据和规划的基础，应符合水资源、水环境实际，切实可行。

2. 保护区划分的方法

（1）国内外湖库型饮用水水源地保护区划分方法比较。欧美等发达国家对饮用水水源地开展划分的工作较早。如德国饮用水水源保护区的建设始于 18 世纪末期，水源主要为地下水，有部分水库水和湖水，将取水口所在流域区全区划定为水源保护区，保护区内部分级划出 3 个分区，分区又可以细分为子区。一般将水库水面及库岸带纵深 100～200m 范围设为一级区，流入地表河道左右岸 100m 范围设为二级区，流域区剩余部分设为三级区。美国主要运用地形边界划分法、阶梯式后退/缓冲地带法、迁移时间计算等三种方法划分饮用水水源保护区。如纽约州将取水口上游全部集水区域划为水源保护区，如集水区跨越数个州，则至少应划至取水口所在州的州界。法国将保护区定义为在非排放点区域，要么禁止排放污染物质，要么对污染物排放区域进行严格控制。约旦将整个穆吉布水库作为饮用水源保护区，对陆域划分三级保护区。澳大利亚将雪山调水工程 16 座水库水源区全部划为国家公园。加拿大苏必利尔湖则将污染物容易达到且取水口在污染物达到之前没有足够时间关闭的区域划分为饮用水水源保护区。

我国饮用水水源保护区划分起步较晚，1984 年颁布实施了《中华人民共和国水污染防治法》，1989 年出台了《饮用水水源保护区污染防治管理规定》，2007 年年初颁布了《饮用水水源保护区划分技术规范》，首次对水源保护区的一级、二级和准保护区划分做了规定，并对饮用水水源保护区划分提供了经验类比方法和模型计算方法，对具备计算条件的水源地采用模型计算方法划定，对不具备计算条件的采用类比经验方法进行划定。近年来，又相继发展了 GIS 辅助方法、应急响应法等多种划分方法。贺涛等人还针对水库型饮用水水源保护区划分方法进行了分析比较，并提出了数值模型法、类比经验法和 GIS 辅助方法的适用性建议。类比经验方法在我国饮用水水源保护区划分中应用较为普遍，操作简单，划分容易，但也因缺乏相应的理论依据，人为因素较大，所划保护区往往需要实践验证才能满足水源地水质保护的要求；数学模拟法具有较强的科学性，但实地操作较难，且涉及的参数较难得到。GIS 技术辅助法能够综合利用多种数据源建立分析模型，相对比较直观，具有全局性优势，但其解译精度有待提高，且缺乏对水体自净能力的考虑，划分范围往往过大，对区域社会经济发展具有较大的制约作用。应急响应法主要是防范突发污染事故，关注取水口关闭历时与事故污染物传播距离之间的响应关系，确保在取水口关闭前能够有效阻止污染物流入，为事故应急留有足够的缓冲地带和应急时间。但该法对于污染形势严峻、水污染事故频发地区，可能会减小保护区划分范围，对地方水污染治理的约束性不够。因此，保护区划分方法各有优劣，需要根据水源地特点，因地制宜，灵活选择一种或者多种划分方法，并对各划分结果进行一致性分析和比对，形成科学合理的划分成果。

（2）南水北调中线水源地饮用水水源保护区划分方法。南水北调中线饮用水水源地保护区划分影响因素众多，包括自然因素、环境因素、社会因素等。其中，自然因素又包括地形地貌、土地利用格局、水文、气象、地质特征、水动力特性、水源地规模、流域产汇流特点等；环境因素包括调水水质要求、水源区水质现状、污染类型、污染特征、污染源分布和规模、面源污染负荷、水体富营养化状况、水功能区划、水污染防治规划等；社会因素包括地方经济发展状况和产业发展规划、移民搬迁、行政区划、复杂的水库综合运行调度和引水分流情况等。因此，划分方法选择时，既要能够统筹多个要素，也要能够突出重点要素；既要能够表征彼此间的互耦性，也要能够体现各自的独立性。从而将划分成果与基本划分原则相关联，提高饮用水水源保护区划分的准确性和可操作性。

南水北调中线丹江口水库饮用水水源保护区划分，在《饮用水水源保护区划分技术规范》基础上，充分融合数学模拟法、类比经验方法、GIS 辅助方法、应急响应法等多种划分方法，因地制宜开展划分工作。考虑到丹江口水库范围超大，将水库全部纳入一级保护区显然不切实际，也难以实施，这就决定了一级保护区水域范围划分至关重要，直接关系着二级保护区、准保护区的水域和陆域范围的最终界定。因此，为了便于表述，这里统一用一级保护区水域范围划分方法命名划分方案，具体划分方法如下。

1）方法一：类比经验法。一级保护区划分方法：对于一级保护区水域范围划分，主要结合南水北调中线陶岔渠首附近的水下地形特点，引水分区调度情况，引水渠水动力特性，特征污染物迁移、扩散和降解的特性等，经验性确定。由于水库运行水位波动性较大，陶岔引水渠兼有河流和水库水流特性，若按照河流型饮用水水源保护区划分方法，一级保护区水域范围为取水口上游不低于 1.0km 半径范围，但考虑到中线调水规模超大，引水量占用了整个河流，区别于一般河流旁侧小水量饮用水取水模式。因此，这种方法确定的一级保护区水域范围抗风险性可能有限。有鉴于此，可进一步结合引水渠水动力特性和不同水文条件下引水渠附近特征污染物浓度年龄分布情况，比对分析引水渠及附近水域对特征污染物响应关系，选择敏感性相对较低的位置作为一级保护区水域范围界限。对于一级保护区陆域范围划分，可依据《饮用水水源保护区划分技术规范》，分别按河流型饮用水水源保护区和水库型饮用水水源保护区划分方法执行。

二级保护区划分方法：对于二级保护区水域范围划分，可根据已确定的一级保护区水域界线位置，利用水流水质数学模型，分别反向推求丹江口水库汉库和丹库上游特征污染物在各水平年和各水期从Ⅲ类水标准衰减至一级保护区Ⅱ类水标准所需的最小径向距离，并结合 170m 正常蓄水位库岸形态特点，确定二级保护区水域范围。对于二级保护区陆域范围划分，可辅以 GIS 技术，采用大型水库饮用水水源保护区二级保护区陆域范围的地形条件分析法。当附近污染源影响严重时，应将其划入二级保护区范围，以利于污染源的有效控制。

准保护区划分方法：由于丹江口水库及上游汇水区域存在诸多环境污染问题，且地方经济发展需求高，有必要在二级保护区以外的汇水区域增设准保护区。对于准保护区水域范围划分，将二级保护区水域范围以外丹江口水库 170m 正常水位线以内的全部水域划为准保护区水域范围。对于准保护区陆域范围划分，主要采用地形条件分析法，将二级保护区以外丹江口水库周边第一道山脊线以内的陆域范围划为准保护区陆域范围。

2）方法二：不利排污情景法。对于一级保护区水域范围划分，主要考虑不同水文气象条件下，入库干支流水质年际波动性、年内各水期水质变化特性、库区各监测断面水质现状、库区内污染源及排污强度、丹江口大坝加高后以及中线调水后的水动力特点、各取排水口状况等，进行丹江口水库汉库和丹库不利排污情景的工况组合，模拟各工况的水质分布和污染物浓度年龄分布，通过污染带的包络分析，综合确定地表水Ⅱ类和Ⅲ类影响范围。以陶岔取水口为中心，地表水特征污染物Ⅱ类水标准限值为边界，划分一级保护区水域范围。该法能够在实施水源保护的同时，兼顾地方经济的发展，利于缓解两者之间的突出矛盾。对于一级保护区陆域范围、二级保护区范围以及准保护区范围，可参照类比经验法，这里不再赘述。

3）方法三：应急响应法。对于一级保护区水域范围划分，主要考虑在突发性水污染事故情景下，留有足够的应急时间关闭陶岔渠首闸门，避免污染水体直接进入中线干渠。通过选择合适的闸门应急关闭时间，并结合不同水文条件和不同排污情景下陶岔渠首附近特征污染物浓度年龄分布状况，推求在应急关闭时间内特征污染物Ⅱ类水标准限制到达陶岔闸所需最大距离，以此确定一级保护区水域边界。在选择闸门应急关闭时间时，首先根据闸门机械关闭速率，初步拟定陶岔闸应急关闭的多套策略，通过一维水动力模型与南水北调中线总干渠各节制闸、分水闸、退水闸、渡槽、倒虹吸等构筑物的水动力耦合模拟，解析各关闭策略下中线总干渠的水力联动响应和闸门联动响应，选择最优满足渠道日水位变幅、小时水位变幅、干渠不漫顶以及下游供水损失少的关闭策略，以此确定应急关闭时间。对于其他保护区的划分也类似参照类比经验法。

3. 保护区划分技术方案成果

按照上述不同的划分方法，经过水动力学模拟计算分析，分别得到相应的技术方案。

（1）类比经验法划分的技术方案。一级保护区水域界线为148m枯水位陶岔闸引水渠末断面，范围为距陶岔取水口约3.8km的径向范围与170m岸线所围成的水域。由于一级保护区水域范围同时具备河流和水库的水流特性，因此将距陶岔闸1.2km渠道陆域纵深与170m岸线的50m水平距离范围内的陆域、渠道上游170m开阔水域两侧岸边线以上200m范围划为一级保护区的陆域范围。在汉江来流10%丰水年的丰水期条件下，入库高锰酸盐指数浓度从Ⅲ类水水质标准衰减到上述一级保护区Ⅱ类水质标准所需径向距离达到最大，约为7.0km，以此作为二级保护区水域南端界线；在丹江来流90%枯水年的枯水期，入库高锰酸盐指数浓度从Ⅲ类水水质标准衰减到一级保护区Ⅱ类水质标准所需径向距离达到最大，约为14.0km，以此作为二级保护区水域北端界线。将南、北两端界线与一级保护区水域界线所围成的水域范围划为二级保护区水域范围。一级保护区陆域界线和二级保护区水域岸边线以上水平距离3km为基准，选择超过3km范围的汇水区域作为二级保护区陆域范围，但不超过流域分水岭。将二级保护区水域范围以外丹江口水库170m正常水位线以内的全部水域划为准保护区水域范围。二级保护区以外丹江口水库周边第一道山脊线以内的陆域范围作为划为准保护区陆域范围，所选用的集水面积阈值为5km²。类比经验法划分保护区的基本情况见表3-2-1。

表3-2-1　　　　　　　　　类比经验法划分保护区的基本情况

保护区范围	统计指标		保护区级别		
			一级保护区	二级保护区	准保护区
水域范围	面积	大小/km²	11.3	236.6	802.1
		比例/%	1.1	22.5	76.4
	岸线长度/km		24.9	171.5	
	水域界线长度/km		3.4	丹江口水库北端2.5	
				丹江口水库南端9.5	
	距陶岔闸距离/km		3.8	丹江口水库北端21.7	
				丹江口水库南端11.5	
陆域范围	面积/km²		3.5	147.7	6772.0

（2）不利排污情景法划分方案。在现状不利排污情景下，汉库和丹库上游入库氨氮的Ⅱ类水浓度包络线距陶岔取水口最近，其前锋与陶岔闸最小径向距离分别为10.8km和9.4km。为维持陶岔闸上游附近面积最小的Ⅱ类水区域范围，将两条Ⅱ类水水质标准浓度包络线前锋点与170m正常水位线附近岸边凸嘴形成的弧形切线划为一级保护区水域边界线，一级保护区水域

边界线至陶岔闸之间的水域范围划为一级保护区水域范围。一级保护区陆域范围、二级保护区水域和陆域范围以及准保护区水域和陆域范围划分类似于类比经验法，仅范围大小有所区别。不利排污情景法划分结果基本情况统计见表3-2-2。

表3-2-2　　　　　　不利排污情景法划分结果基本情况统计表

保护区范围	统计指标		保护区级别				
			一级保护区	二级保护区			准保护区
				湖北	河南	合计	
水域范围	面积	大小/km²	49.4	93.1（占28.0%）	244.7（占72.0%）	337.8	622.8
		比例/%	4.7	32.2			63.1
	岸线长度/km		63.8	392.0			1229.0
	水域界线长度/km		6.7	北端1.1，南端4.7			
	距陶岔闸距离/km		北端9.4 南端10.8	北端23.5，南端33.8			
陆域范围	面积/km²		9.3	212.0（占53.0%）	191.8（占47.0%）	403.7	6510.0

（3）应急响应划分方案。通过计算分析选择陶岔闸应急关闭及管理响应总时间约为80h。在各种不同水文和污染物条件下，90%枯水期氨氮指标的80h浓度年龄差等值线前锋距陶岔闸最远，约为7.7km。为此，依据80h浓度年龄差等值线及170m正常水位线岸线凸嘴形状划定一级保护区水域边界线，一级保护区水域边界线至陶岔闸之间的水域范围划为一级保护区水域范围。一级保护区陆域范围、二级保护区水域和陆域范围以及准保护区水域和陆域范围划分类似于类比经验法，仅范围大小有所区别。应急响应法划分结果基本情况统计见表3-2-3。

表3-2-3　　　　　　应急响应法划分结果基本情况统计表

保护区范围	统计指标		保护区级别				
			一级保护区	二级保护区			准保护区
				河南	湖北	合计	
水域范围	面积	大小/km²	39.8	250.9（占96.0%）	11.3（占4.0%）	262.18	748.0
		比例/%	3.8	25.0			71.2
	岸线长度/km		58.2	204.3			1423.0
	水域界线长度/km		5.7	北端2.5，南端1.2			
	距陶岔闸距离/km		8.8	北端21.70，南端17.5			
陆域范围	面积/km²		9.1	178.2（占76.0%）	55.5（占24.0%）	233.7	6680.0

（4）几个技术方案的比较。各划分方案中，类比经验方案保护区范围对社会经济影响最小，但对来流水质要求相对宽松，一旦发生突发性水污染事故，难以保障陶岔闸下游取水水质安全，隐患较大，对陶岔取水口的水质安全缓冲余度不足，不利于保障陶岔渠首取水水质长期稳定达标。不利排污情景和应急响应两个方案保护区范围基本相当。各方案依据相应技术规范，体现了保护区划分的主要影响要素，建立了严格的数值推演，因此不仅能够保障中线调水水质长期稳定达标，而且能够客观体现地方水污染排污状况，对地方的社会经济影响有限。体现了近期水质保护与地方经济发展的协调性。此外，各方案划分的保护区水域范围覆盖了整个丹江口水库，能够与《全国重要江河湖泊水功能区划（2011—2030）》等规划相衔接。在全面落实《丹江口库区及上游水污染防治和水土保持规划》的基础上，实现丹江口水库周边一级水功能区划目标，上述划分方案将有较好的实施基础。

（二）颁布的丹江口水库饮用水水源保护区划分方案

根据长江科学院完成的《丹江口水库饮用水水源保护区划分技术报告》，河南、湖北两省经过协调省内相关部门和市县政府，提出了划分方案，经商长江水利委员会同意，并正式颁布了划分方案。

2015年1月26日，湖北省人民政府办公厅下发《南水北调中线工程丹江口水库饮用水水源保护区（湖北辖区）划分方案》（鄂政办发〔2015〕8号）。通知指出，南水北调中线水源地丹江口水库（湖北辖区）二级保护区水域范围为丹江口市第二水厂取水口上游2500m（直线距离）到丹江口水库与河南省交界处170m正常蓄水位以下水域。准保护区水域范围为丹江口水库170m正常蓄水位以下的二级保护区以外水域（湖北辖区）；陆域范围为库区周边第一重山脊线以内的区域和主要入库河流上溯3000m的汇水区域。

2015年4月10日，河南省人民政府办公厅下发《关于印发丹江口水库（河南辖区）饮用水水源保护区划的通知》（豫政办〔2015〕43号）。通知指出，丹江口水库（河南辖区）一级保护区水域范围为陶岔取水口至上游中线距离10km（杨河—柴沟一线）之间正常水位线（170m）以下的区域；陆域范围为一级保护区水域范围外至陶岔取水口引渠两侧道路—移民迁赔线（172m）以下的区域。二级保护区水域范围为一级保护区外至上游中线距离10km（李沟—水产局半岛前端一线）正常水位线（170m）以下的区域；陆域范围为一级保护区边界—正常水位线（170m）以上东至分水岭，西至省界，南至省界—分水岭，北至前营—唐家岗的区域。准保护区水域范围为二级保护区外正常水位线（170m）以下的全部水域及丹江、老灌河分别上溯至丹江桥、灌河一桥的水域；陆域范围为准保护区水域范围外东至335省道—淅河北50m—332省道—分水岭—335省道—分水岭、西至省界、北至209国道—011县道—003县道—008县道—011县道—丹江大道的汇水区域。

（三）南水北调中线丹江口水库饮用水水源保护区划分方案的实施

河南、湖北两省颁布划分方案后，成为环保、调水及地方政府的工作依据。有关县市开展了饮用水水源保护区规范化建设，设置标牌、建设隔离设施，进行执法监管等。

国务院南水北调办稽察大队开展稽查，对于发现问题督促地方整改。

在制定《丹江口库区及上游水污染防治和水土保持"十三五"规划》中，依据颁布的南水北调中线丹江口水库饮用水水源保护区划分方案，规划安排了饮用水水源地规范化建设任务。

二、输水工程两侧饮用水水源保护区划分和监管

根据《南水北调工程生态环境保护规划》相关要求，南水北调中线工程开工后，国务院南水北调办在有关部门支持下，组织研究了中线输水工程的保护区划分，提出了划分方法。

中线干线工程总长1432km，全线采取与沿线地表水系立体交叉的输水方式，输水过程中尽管不存在地表水入渠问题，但由于明渠段经过的部分区域地下水位较高，特别是当地下水位高于渠内运行水位时，地下水可通过逆止阀排入总干渠（称为内排段）。为了防范被污染的地下水进入渠道，中线建管局制定的《南水北调中线一期工程总干渠初步设计明渠土建工程设计技术规定（试行）》（NSBD－ZGJ－1－21）明确，当地下水水质达到或优于Ⅲ类时才能设计为内排方式（地下水可以进入渠道），否则设计为外排方式（将地下水抽排到渠道以外）。因此，工程设计的边界条件只要不发生变化（如地下水水质与设计阶段比不发生恶化），理论上就不会出现地下水污染渠道水体的问题。

为防范地下水恶化对水质造成不利影响，确保输水水质安全，2006年国务院南水北调办会同环境保护部、水利部、国土资源部研究制定了《南水北调中线一期工程总干渠两侧水源保护区划分方法》，并联合印发了《关于划定南水北调中线一期工程总干渠两侧水源保护区工作的通知》（国调办环移〔2006〕134号），要求北京、天津、河北、河南省（直辖市）人民政府组织开展保护区划定工作。

（一）中线干线两侧水源保护区的划分要求

从行政管理层面，中线干线两侧水源保护区划定工作要坚持预防为主、安全第一、因地制宜和科学合理的原则，结合沿线经济社会发展和总干渠水质保护及工程安全需要，根据总干渠工程和两侧地形地貌、水文地质等情况，针对总干渠两侧水源保护区划定工作的特殊性，按统一划定方法划定总干渠两侧水源保护区，并将水源保护区划定和管理纳入全国和四省（直辖市）饮用水源保护区划定和管理工作之中。

从划分技术层面，四省（直辖市）有关部门根据《中华人民共和国水污染防治法》《中华人民共和国水法》《中华人民共和国水土保持法》和《中华人民共和国水污染防治法实施细则》以及国家饮用水水源保护有关规范性文件的规定和要求，根据国家环保总局、水利部、国土资源部和国务院南水北调办提出的《南水北调中线一期工程总干渠两侧水源保护区划分方法》，在中线一期工程总干渠两侧划定一级、二级水源保护区，报省（直辖市）人民政府批准。

从执法监管方面，严格控制总干渠两侧水源保护区内的建设项目及其他开发活动。主要如下。

（1）在中线总干渠两侧一级水源保护区内，不得建设任何与中线总干渠水工程无关的项目，农业种植不得使用不符合国家有关农药安全使用和环保有关规定、标准的高毒和高残留农药。

（2）在中线总干渠两侧二级水源保护区内，不得从事以下活动：新建、扩建污染较重的废水排污口，设置医疗废水排污口；新建、扩建污染重的化工建设项目，新建、扩建电镀、皮革加工、造纸、印染、生物发酵、选矿、冶炼、炼焦、炼油和规模化禽畜养殖以及其他污染严重的建设项目；设置生活垃圾、医疗垃圾、工业危险废物等危险废物集中转运、堆放、填埋和焚

烧设施，设置危险品转运和贮存设施，新建加油站及油库；使用不符合国家有关农药安全使用和环保有关规定、标准的高毒和高残留农药；将不符合《生活饮用水卫生标准》（GB 5749—2006）和有关规定的水人工直接回灌补给地下水；建立墓地和掩埋动物尸体；利用渗坑、渗井、裂隙、溶洞以及漫流等方式排放工业废水、医疗废水和其他有毒有害废水；将剧毒、持久性和放射性废物以及含有重金属废物等危险废物直接倾倒或埋入地下，已排放、倾倒和填埋的，按国家环保有关法律、法规的规定，在限期内进行治理。

（3）要求不得安排大气污染物最大落地浓度位于总干渠范围内的建设项目；穿越总干渠的桥梁，必须设有遗洒和泄漏收集设施，并采取交通事故带来的水质安全风险防范措施。

（二）中线干线两侧水源保护区划分方法

1. 隧道、暗涵和输水管道等非明渠段

一级水源保护区范围按由工程外边线向两侧外延50m，二级水源保护区范围按由一级水源保护区边线向两侧外延150m。各地方政府可结合本地具体情况，对划分标准提出具体要求。

2. 输水明渠段

（1）设计地下水位低于渠底的渠段，其一级水源保护区范围按由工程管理范围边线（防护栏网）向两侧外延50m，二级水源保护区范围按由一级水源保护区边线向两侧外延1000m。

（2）设计地下水位高于渠底、采用外排或内排方式排地下水的渠段两侧一级水源保护区范围，分别按由工程管理范围边线（防护栏网）向两侧外延100m和200m。

（3）设计地下水位高于渠底、采用外排或内排方式排地下水的渠段两侧二级水源保护区范围，根据测算公式实际测算。确定的范围按实际测算结果，外排段左、右侧二级水源保护区范围分别由工程管理范围边线（防护栏网）向左、右侧外延不小于2000m和1500m；内排段左、右侧二级水源保护区范围分别由渠道沿线工程管理范围边线（防护栏网）向左、右侧外延不小于3000m和2500m（表3-2-4）。

表3-2-4　　　　　　　设计地下水位高于渠底的渠段二级水源保护区划分

工程段类型	划分方法	说明
外排段	左岸二级保护区可根据区域水文地质条件和地下水质点5年流程线按所给公式计算，计算结果以500m为一档，不足500m的上靠一档，但最小范围不小于2000m。 右岸二级保护区范围比左岸二级保护区范围减少500m。 为了解决隧道、暗涵、输水管道与明渠衔接问题，与明渠衔接的2000m隧道、暗涵、输水管道段，其水源保护区范围按与其衔接的明渠段水源保护区范围确定	参考国内饮用水源保护区的划定方案，一级水源保护区范围按50m；针对地下水污染可能对干渠水质造成影响，二级保护区范围参照常用的流程线标准进行测算，采用5年流程线划分
内排段	左岸二级保护区可根据区域水文地质条件和地下水质点10年流程线按所给公式计算，计算结果以500m为一档，不足500m的上靠一档，但最小范围不小于3000m。 右岸二级保护区范围比左岸二级保护区范围减少500m。 为了解决隧道、暗涵、输水管道与明渠衔接问题，与明渠衔接的3000m隧道、暗涵、输水管道段，其水源保护区范围按与其衔接的明渠段水源保护区范围确定	参考国内饮用水源保护区的划定方案，一级水源保护区范围按50m；鉴于这些地段地下水一旦污染对干渠输水造成直接污染，适当增大二级保护区范围底限值，二级保护区范围参照常用的流程线标准进行测算，采用10年流程线划分

二级保护区的划分目的是为防止微生物、病原体以外的其他污染物（持久性污染物除外）进入地下水系统，污染总干渠输水。常用的做法是以地下水实际平均流速计算水质点5～10年流程线为二级保护区边界，根据地下水渗流理论测算。

（三）中线干线两侧水源保护区划定和管理

北京、天津、河北、河南省（直辖市）按照国务院南水北调办、环境保护部、水利部、国土资源部印发的《关于划定南水北调中线一期工程总干渠两侧水源保护区工作的通知》（国调办环移〔2006〕134号）要求，委托技术单位按照《南水北调中线一期工程总干渠两侧水源保护区划分方法》开展了方案研究和编制，形成了划分方案，天津市于2008年、河南省于2010年、北京市和河北省于2014年颁布实施。保护区划分方案涉及一级保护区总面积281km²，单侧平均宽度98m，最小宽度为50m，最大宽度200m；二级保护区总面积3547km²，单侧平均宽度1239m，最小宽度150m，最大宽度3000m。

天津市于2008年5月率先以《转发市环保局、市南水北调办、市水利局、市国土房管局、市规划局关于南水北调中线天津干线（天津段）两侧水源保护区划定方案的通知》（津政办发〔2008〕52号）划定了水源保护区范围，并提出水源保护相关要求。工程沿线各区人民政府和市国土、规划、环保和水务局等有关部门，正在按照水源保护区划定方案认真做好水源保护相关工作，包括控制在一级、二级水源保护区内禁止建设的有关项目，市规划和国土部门严格控制规划用地审批，环保部门负责监督水源保护区环境保护工作。经现场查勘，在水源保护区范围内没有发现新增与输水工程无关的建设项目，也没有发现保护区内存在污染源等现象，保证了输水箱涵的安全，为天津干线工程通水创造了良好条件。

河南省建立了由省南水北调办牵头、有关部门参加的水源保护区划定工作联席会议制度，省政府还召开电视电话会议，安排部署保护区划定工作。2010年7月，河南省人民政府办公厅正式颁布实施了《南水北调中线一期工程总干渠（河南段）两侧水源保护区划定方案》（豫政办〔2010〕76号）。总干渠河南段全长731km，占中线总干渠的一半以上，按照明渠段和非明渠段因地制宜地划定一级、二级水源保护区，保护区总面积为3054.43km²，并明确各类禁止行为和建设项目。为进一步做好日常管理工作，河南省召开宣传贯彻会议，并出台了配套的《南水北调中线一期工程总干渠（河南段）两侧水源保护区内建设项目专项审核工作管理办法》，明确省、市两级负责制，严格把关。凡在总干渠两侧水源保护区范围内新建、改扩建项目，技术服务单位亲临现场，查阅资料，了解相关情况，并提出建设项目环境影响评估意见。2013年度共受理项目400多个，其中审批项目206个，拒绝项目200余个。

北京市南水北调办在《北京市南水北调工程保护办法》发布实施以来，共发现和制止违章716次，发放违章通知127份，其中2013年发现并劝阻违章情况115起，发放限期改正通知书23份，执法人员巡查超过13万km。各种违法违章行为得到了有效遏制。

河北省南水北调办会同省环保厅、水利厅、国土资源厅制订了保护区划定技术大纲，并完成了总干渠（河北段）和天津干线（河北段）水源保护区划定方案。为避免因局部工程可能发生的线路变化带来保护区划定后再调整的问题，河北省已按照方案在项目立项、选址、土地预审、环评审批等各个环节对保护区内的建设项目进行严格控制。通过加强管理，一些项目被叫停或调整到其他区域，在建的重大项目采取了必要的补救措施。

（四）完善水源保护区划分

中线干线两侧水源保护区划分完成实施监管后，对限制沿线排污总量、保护中线干线水质起到了积极作用。随着《中华人民共和国水污染防治法》修订和《饮用水水源保护区划分技术规范》的出台，环境保护要求不断提高。

为此，国务院南水北调办商环境保护部，于2016年2月印发了《关于组织开展南水北调中线一期工程总干渠两侧饮用水水源保护区划定和完善工作的函》（国调办环保函〔2016〕6号），请沿线四省（直辖市）人民政府按照最新修订的《中华人民共和国水污染防治法》和《饮用水水源保护区划分技术规范》，结合南水北调中线干线工程的实际，进一步划分"饮用水水源保护区"。

2016年12月16日，北京市南水北调办、发展改革委等5单位联合印发《关于调整南水北调中线干线一期工程（北京段）水源保护区名称的通知》，保持原水源保护区的划分标准和管理要求，将名称规范为饮用水水源保护区，重新发布方案。天津市保护区域内不存在污染源，市政府表示将明确保护区边界，设立保护区标志，严格控制建设项目及其他活动，杜绝新污染源产生。经河北省政府同意，省南水北调办、环保厅于2017年8月17日联合印发《南水北调中线一期工程总干渠河北段饮用水水源保护区划定和完善方案》，其中一级保护区 11.74km²、二级保护区 109.66km²。方案明确，完全封闭式输水渠道一级保护区取工程边线（隔离网）向两侧外延 50m，二级保护区取一级保护区边线向两侧外延 50～150m；非完全封闭式输水渠道，一级保护区取工程边线（隔离网）向两侧外延 50～200m，二级保护区取一级保护区边线向外延 50～2000m。经河南省人民政府同意，省南水北调中线工程建设领导小组办公室、环境保护厅、水利厅、国土资源厅 2018年6月28日联合印发了《关于印发南水北调中线一期工程总干渠（河南段）两侧饮用水水源保护区划的通知》，明确了南水北调中线总干渠河南段饮用水水源保护区范围和管理要求，其中一级保护区面积 106.08km²、二级保护区面积 864.16km²。通知明确，明渠段一级保护区范围自总干渠管理范围边线（防护栏网）外延 50～200m；建筑物段（渡槽、倒虹吸、暗涵、隧洞）一级保护区范围自总干渠管理范围边线（防护栏网）外延 50m；不设二级保护区。纵跨北京、天津、河北、河南四省（直辖市）1432km 的南水北调中线工程总干渠两侧饮用水水源保护区划定与完善方案全部出台，为保障南水北调中线工程水质安全，有效规避总干渠水体水质污染风险，以及总干渠沿线生态建设打下了坚实基础。

第三节　水质监测和应急能力建设

按照"先节水后调水、先治污后通水、先环保后用水"的要求，在通过东线治污、中线水污染防治实现调水水质目标基础上，东线一期工程于 2013年11月实现通水、中线一期工程于 2014年12月实现通水。在调水运行过程中，水源区及输水工程仍可能由于跨渠桥梁突发性环境事故造成水质不达标，输水渠道部分区段的地下水可内排进入渠道，也存在水质污染风险。因此，开展水质监测，发现水质变化并采取应急处理，是保障调水水质安全的重要措施，需要制订风险防控预案并加强监测监控。在加强重点风险段水质监测的基础上，定期开展地下水监测，一旦出现水质恶化趋势，立即启动预案：①追根溯源，重点排查风险段一级保护区内造成不利影响的排污企业，对偷排或不达标排放行为进行严处，必要时由地方政府依法对其采取关停并转；②工程管理单位做好将内排调整为外排（改造泵站投资约 15 万元/座）、增建地下水截渗井并抽排到渠道以外（新增截渗井和泵站投资约 400 万元/座）等有关应急工作。

针对风险段，由工程运行单位负责制订风险防控预案，在加强水质监测的同时，还需定期开展风险段的地下水监测，如发现水质恶化趋势，立即启动预案，除及时报告政府部门采取必要的执法措施外，还要辅以必要的工程措施，确保水质安全。

一、中线输水工程

（一）建设目标

为及时、准确掌握输水干线的水质变化情况，确保沿线供水安全，在工程输水干线上建立水质监测系统，开展水质监测和预报预警工作以保护输水干渠水质十分必要。输水干线的水质监测系统总体目标是：以采集输水沿线水质信息为基础，以通信、计算机网络系统为平台，以水质监测应用系统为核心，建设三位一体、先进实用高效的水质信息采集及水质监测应用系统，系统布局合理，先进实用，扩展性强，功能齐全，高效可靠，能为各级管理部门科学调度、管理和保护水资源提供科学依据和技术支持。

1. 建设现代化水质信息采集系统

根据输水干渠水资源调度管理要求，建设水质监测站网，建设能够按照国家地表水环境质量标准的要求对干渠水质进行全面分析的设备齐全、功能完善、自动化程度高的固定实验室和能够进行现场检测、具备快速反应能力以应对突发水污染事件的移动实验室，以及能够实时连续监测干渠水质、预警水污染的自动监测站，建立以固定监测为主，自动监测和移动监测为辅的固定监测与自动监测以及机动巡测相结合的三位一体的水质信息采集系统，运用先进的水质监测技术和高效科学管理手段，全程监测输水干渠水质，为水资源统一调度、管理与保护提供全面、及时、准确的水质信息，满足供水水质安全的需要。

2. 建设先进实用高效的水质监测应用系统

依托南水北调中线干线的网络通信、水质数据采集系统、数据存储管理平台等基础设施和应用支撑平台，在统一的规范和标准下，建设南水北调中线干线水质数据库，运用数学模型、地理信息系统等技术手段，建设先进实用高效的水质管理系统，适时掌握输水干渠水质状况，建立水质模型，通过水质预测预报系统，对发生水质恶化或水污染事件及时响应，为主管部门采取应急措施提供技术支持，保障输水水质安全。

（二）水质监测站网设计

为确保调水水质安全，必须对输水干渠水质进行监控，及时发布水质信息，预警预报水污染，进行水质保护，因此需要在输水沿线布置水质监测站网，建设水质信息采集、传输和应用系统。该监测站网设计上应满足全程监测输水干渠水质、重点渠段实时监测、突发水污染事件应急监测、全面评价干渠水质的需要。

水质监测体系建设范围为南水北调中线干线工程自丹江口陶岔渠首至北京团城湖和由河北

省徐水县西黑山至天津外环河的整个输水干渠,监测站网包括固定、自动和移动监测站网。

1. 固定监测站网

固定监测站网是水质监测的基本站网,南水北调中线干线工程固定监测站网包括 4 个固定实验室(渠首、河南、河北、天津分局)和固定监测站点。

固定实验室具备按照国家标准和站网设计要求进行全面、准确检测的测试能力,根据各自承担的监测任务,河南、河北分局两个固定实验室建成设施先进、设备齐全、功能完善的重点实验室,天津、渠首分局各建立一个普通实验室,按照《地表水环境质量标准》(GB 3838—2002)、《水环境监测规范》(SL 219—2013)的要求进行采样和测定,定期收集水质基本资料,完成常规水质项目的监测,同时可承担部分有机物的监测工作。固定实验室用于输水干渠监测站点的定时定点人工监测,监测信息应全面、系统、准确、可靠,能够获得全面、系列、准确的水质监测资料,为南水北调中线干线工程水资源管理、保护提供全面、准确、翔实的水质信息服务。

固定监测站点分为重点监测站点和一般监测站点两种。重点监测站点设置在渠首、渠尾、省界、地区界以及水质易发生变化的渠段,对掌握输水干渠水质、监控污染、保证供水水质安全有重要作用;一般监测站点设置在输水干渠水质有可能发生变化的渠段,作为重点监测站点的补充,以全面了解水质变化情况。中线总干渠共布设固定监测站点 30 个。

2. 自动监测站网

为实现对输水干渠重点渠段水质开展连续、在线监测和实时监控,预警预报水污染,输水干渠沿线重点渠段设置水质自动监测站和控制处理系统。水质自动监测站包括水样采集、水样处理、分析仪器、逻辑控制、数据处理与传输五个单元。同时利用南水北调中线干线通信网络辅以 GPRS、CDMA 无线网络,实现自动监测站水质信息的自动传输。

自动监测站网共设水质自动监测站点 13 个,分别设置在总干渠陶岔、姜沟、刘湾、府城南、漳河北、南大郭、田庄、西黑山、中易水、坟庄河、天津外环河、惠南庄和团城湖。其主要监控渠首调水水源、省界、重要城市分水口门、北京干渠渠首、渠尾水质以及天津干渠渠首、渠尾水质,以保证供水安全。

3. 移动监测站网

为实现对南水北调中线干线工程各种水污染事件开展跟踪性监测,对各种紧急状况开展应急监测与调查,以积极应对各种突发状况和水污染事故,对河南、河北分局配备移动实验室(包括移动实验车、车载仪器设备和移动实验室数据处理传输系统),实现对现场水质参数进行快速、及时的监测与上报,弥补固定监测站网时效性的不足。

考虑输水工程在各省(直辖市)境内渠段长度、突发水污染事件概率与监测任务量,动态监测站网共需配置 2 个移动实验室。其中河南、河北分局由于境内渠线较长,经过城市多,水文地质条件复杂,各类型建筑物多,各分配 1 个移动实验室,分别负责河南陶岔至漳河南段、河北境内输水干渠的快速动态监测;北京、天津段主要为涵管输水,不再配置移动实验室,其境内输水干渠的快速动态监测由河北分局移动实验室承担。

(三) 水质监测运行管理

1. 运行管理模式

依据南水北调中线工程管理体制和水质监测运行管理的实际需要,南水北调中线工程水质监测系统拟采取三级管理的运行管理方式，按照统一管理和分级负责相结合的模式进行管理，管理机构与主要职能如下。

一级管理机构为南水北调中线干线运行管理单位水质管理部门，全面负责全线的水质保护和水质监测业务的全部管理工作。具体包括负责输水干线监测站网管理；水质监测计划的编制、下达及计划执行情况的监督；输水干线水质监测信息的分析评价；输水干线水质信息发布；应急事件的紧急会商与应急方案制订；全线重要数据存储和管理；输水水质安全的管理；综合信息服务等。

二级管理机构为渠首、河南、河北、天津、北京分局水质监管部门，具体负责干渠水质监测系统的日常管理工作。具体包括干渠监测信息的采集、处理与评价；水质监测质量保证体系的运行管理；水质监测设施管理及有关监测中应急事件的处理等。

三级管理机构为现场管理处，在管理处设水质管理岗位，具体承担自动监测站日常运行管理、水质巡视、水质异常情况和突发水污染事故报告、协助应急调查监测处理处置等任务。

2. 工作内容

水质监测采用常规监测和自动监测相结合的方式；当出现突发性水污染事件时，采用移动实验室对水质进行动态跟踪监测，以积极应对各种突发水污染事故。

（1）常规监测：根据运行管理单位《南水北调中线一期工程水质监测方案》，每月对 30 个固定监测断面采样 1 次，监测指标为《地表水环境质量标准》（GB 3838—2002）基本项目 24 项。根据每次监测结果，参照《关于印发〈地表水环境质量评价办法（试行）〉的通知》（环办〔2011〕22 号），编写水质监测报告。

（2）自动监测：根据运行管理单位《南水北调中线一期工程水质监测方案》，沿线 13 个水质自动监测站每天监测 4 次（2 时、8 时、14 时、20 时，必要时可根据需要调整监测频次），自动监测站每季度进行一次实验室数据比对工作。自动监测数据实时上传，实现实时监控预警。

（3）应急监测：当出现突发性水污染事件，按照南水北调中线干线工程水污染事件应急预案的程序和要求，采用便携式应急监测设备及移动实验室等，开展辖区内水污染调查与应急监测工作以及水污染形势分析，并按要求及时上报数据。

（4）生态监测：为及时掌握总干渠浮游植物状况及演变趋势，保障供水安全，根据中线干线工程运行管理单位《南水北调中线干线工程藻类监测方案》，开展藻类等生态监测。藻类监测采用日常监测、应急监测相结合的方式：日常监测包括叶绿素 a 监控监测、藻类相关指标常规监测；在水体叶绿素 a 值大于 $30 \mu g/L$ 或现场发生大面积藻类聚集漂浮时，开展藻类应急监测工作；必要时可开展总干渠生态系统调查监测。

（四）水质监测情况

1. 水质监测站网运行

南水北调中线干线工程运行管理机构已建成渠首、河南、河北、天津 4 个固定实验室，已建成的 4 个水质监测实验室监测设备国内领先，人员专业。从监测设备具备的监测数据能力来看，河南和河北分局的水质监测实验室具备监测《地表水环境质量标准》（GB 3838—2002）中全部 109 项指标的全分析监测能力，配备有应急监测车辆和设备，渠首和天津分局的水质监测实验室具备监测《地表水环境质量标准》（GB 3838—2002）中集中式生活饮用水地表水源地特定项目 80 项的分析监测能力。

河南、河北、天津实验室已取得国家级计量认证资质，暂时负责河南段、河北段、京津段的水质监测工作；渠首实验室建设工作已完成，人员已基本到位，正着手开展比对监测和计量认证准备工作。

南水北调中线干线工程运行管理机构已完成 13 个水质自动监测站的建设及试运行工作，13 个自动站进入正式运行管理阶段，水质自动监测站数据基本趋于稳定，基本实现实时监控及预警功能。

2. 输水水质状况

根据国务院南水北调办批复的《南水北调中线一期工程水质监测方案》和《南水北调中线干线工程藻类监测方案》有关要求，积极做好全线水质监测工作。

南水北调中线干线工程自 2014 年 12 月正式通水以来，总干渠水体各监测指标稳定，水质稳定达到或优于地表水 II 类标准，满足供水水质要求。

中线总干渠藻类指标总体可控，水体清澈。每年 6—9 月藻密度生长繁殖较快，藻密度值约 500 万～1000 万个/L，其余月份藻密度值基本低于 500 万个/L。并且总干渠藻类呈现明显的季节演替规律，春季以硅藻为主，夏季及秋季则是以硅藻、蓝藻及绿藻为主，冬季又转变为以硅藻及隐藻为主。

（五）应急能力建设

1. 体系建设

为健全南水北调中线工程水污染事件应急机制，有效应对突发水污染事件，全面提高处置各种突发水污染事件的能力，中线建管局制定了《南水北调中线干线工程水污染事件应急预案》，同时二级、三级运行管理结合本辖区风险源的特点，编制完成了各自辖区的水污染应急预案，并要求各管理处依据环保部印发的《企业事业单位突发环境事件应急预案备案管理办法（试行）》，已基本在所在县（区）级环保部门的预案备案工作。

中线建管局成立了南水北调中线干线工程突发事件应急管理领导小组，统一领导各项应急管理工作，组长由局长担任，副组长由局领导班子成员担任，成员为局副总工程师、各部门负责人及二级运行管理单位负责人。应急管理小组下设应急办公室负责日常工作。

应急管理领导小组下设水污染应急指挥部等 6 个专业应急指挥部。水污染应急指挥部下设水质监测组、运行调度组、现场处置组、后勤保障组、新闻宣传组、综合信息组、专家组等 7 个专业组。

2. 队伍建设

（1）应急处置队伍建设。应急处置队伍由各二级运行管理单位与专业应急抢险队伍签订应急抢险救援合同，按照合同要求一旦发生水污染应急事件，专业应急抢险队伍协助并配合现地管理处开展水污染应急事件的应急抢险救援工作。

（2）应急监测队伍建设。为保障突发水污染事件应急监测工作的需要，全线应急监测任务主要由运行管理单位水质监测中心承担，必要时由流域机构水环境监测中心或环保部门监测机构共同承担。

3. 物资设备及技术储备

根据国家应急处置相关规定，运行管理单位组织编制了《南水北调中线干线工程水污染应急处置近期物资储备专项设计报告》，全线共规划建设南阳、宝丰、新郑、焦作、卫辉、安阳、邢台、石家庄、顺平及易县 10 个水污染应急物资储备库，作为储备水污染应急物资的重点仓库，以便全线进行调配。为便于开展水污染事件应急处置工作，总干渠沿线安装完成了多座多功能水污染应急操作平台及水污染应急机械拦捞装置等。

通过调查分析中线干线工程沿线危险化学品生产和运输情况，识别了突发性水污染事故的主要污染物种类，结合工程沿线潜在风险源情况，编制完成了《南水北调中线干线工程水污染应急处置技术手册》，有针对性地制定不同污染物的应急处置技术。同时构建适合中线工程的水污染事故应急处置技术体系，具体分为未明污染物控制技术、渠道原位处置技术、引流异地处置技术。

4. 应急演练

为增强风险意识，增强应急处置和协调联动的意识，检验应急能力建设成果，提高水污染应急处置能力，中线干线工程运行管理机构多次组织开展突发水污染事件应急演练，2016 年 3 月、2017 年 5 月分别组织开展了南水北调中线河南段、河北段交通公路桥水污染事件等应急演练。

中线干线工程运行管理机构已将水污染应急演练工作纳入年度工作计划，定期组织开展应急演练。通过应急演练，充分检验了水污染应急预案的可行性、可操作性及实用性，为应对突发水污染事件积累了实战经验，有效提高了突发水污染事件应急处置能力。

二、中线水源区

（一）"十二五"期间水质监测和应急能力建设

1. 中线水源区监测系统

"十二五"期间，在依托各级环境监测站监测设施的基础上，以提供 49 个控制子单元水质断面考核所需的监测数据为目标，改造和升级了水环境监测设施，配备了常规和应急水质分析测试设备，完善信息传输系统，建设信息系统数据库。河南南阳、湖北十堰、陕西商洛 3 个地级环境监测站承担区域水质风险预警、防范任务，重点加强和提升了水环境监测、风险防范和应急管理能力。

2. 省界断面监测系统

"十二五"期间，以现有省界断面为基础，建设了照川、南宽坪、滔河水库、梅家铺、鄂坪、上津等水质自动监测站，提高了流域水资源保护工作机构省界实时在线监测能力；根据工作需要，在流域机构现有监测能力的基础上，补充配备了有毒有机物、水生生物及应急监测等方面的仪器设备，提高了流域水资源保护机构跨省界断面的水环境监测能力。

3. 渠首监测应急系统

"十二五"期间，在输水总干渠陶岔渠首建设了南水北调中线输水监测应急系统，全面掌握南水北调中线取水口水质实时数据，按照调水水质符合地表水环境质量标准Ⅱ类水体水质标准的要求，实现《地表水环境质量标准》（GB 3838—2002）对饮用水水源地要求的 109 项水质指标检测全分析能力，并补充水污染事故紧急跟踪监测所需要的仪器设备。

4. 中线水源地监督决策系统

中线水源区三省人民政府负责对本辖区规划任务落实和水质目标实现、突发污染事故应急等工作的监督和决策。流域水资源保护工作机构负责监测省界断面的水环境质量状况，并将监测结果报国务院环境保护主管部门和水行政主管部门。环境保护和水利等部门进一步加强应对水污染事故的协调和配合，建立水污染事故应急处理和决策机制。

（二）"十三五"期间监测预警和应急能力建设

通过实施《丹江口库区及上游水污染防治和水土保持"十三五"规划》，优化部门和地方现有监测资源，科学合理布设监测网络，陶岔渠首、湖北十堰、陕西商洛、安康、汉中建立突发环境事件预警和应急指挥中心，与南水北调中线工程运行管理机构建立常规和应急信息共享机制，推进管理联动，构建"天地一体化"生态环境集成监控系统平台，实现水源区生态环境监控的空间化、动态化、远程化。流域水资源保护工作机构负责监测省界断面的水环境质量状况，并将监测结果报国务院环境保护主管部门和水行政主管部门。建立水源区突发环境事件应急管理机制，开展区域突发环境事件风险评估和应急资源调查，编制应急处置预案，储备必要的应急物资，配备必要的应急装备，提高应急指挥和科学决策水平，及时响应和处置水污染突发事件，保障工程调度运行需要，确保供水安全。

三、东线工程

（一）水质监测设施建设情况

1. 江苏段水质监测设施

江苏段工程水质监测设施建设包括 1 个移动实验室、2 座水质自动监测站（宝应和龙河口站），改建江苏境内的泰州、扬州、淮安、宿迁、徐州等 5 个水环境监测分中心。分中心改造完成后，将在调水干线及支流布设 138 个常规监测站点，其中，徐州市 31 个、宿迁市 39 个、淮安市 36 个、扬州市 23 个、泰州市 9 个，监测项目包括水温、pH、溶解氧、高锰酸盐指数、化学需氧量、五日生化需氧量、氨氮、总磷、总氮、铜、锌、氟化物、硒、砷、汞、镉、六价铬、铅、氰化物、挥发酚、石油类、阴离子表面活性剂、硫化物和粪大肠菌群等 24 项，湖库增加叶绿素 a 与透明度，饮用水水源保护区和饮用水水源区增加硫酸盐、氯化物、硝酸盐、铁和锰 5 项。监测频次：输水干道及主要支流控制口门每年监测 12 次，每月 1 次；其他站点每年监测 6 次，每两月 1 次。此外，对于《地表水环境质量标准》（GB 3838—2002）中集中式生活饮用水地表水源地特定项目（苯、甲苯、乙苯、二甲苯、异丙苯、氯苯、三氯甲烷、四氯化碳、甲基对硫磷、马拉硫磷、钡、钒、钛、铊等 80 项），采用调查监测方式，每年开展 1 次监测，监测范围主要为调水干线及调水沿线水源地主要监测站点。

2. 南四湖水资源监测工程

南四湖水资源监测工程分为江苏境内工程和山东境内工程。

江苏境内工程建设内容包括：新建郑集、鹿口、三座楼等 3 个专用水文站，岱海闸等 7 个水位站；新增利国等 4 个巡测站；提水泵站水量计量监测点 6 个；新建沛县巡测基地；布设沿河入湖口等水质监测站 16 个，其中包括蔺家坝水质自动站。水质监测站（不含蔺家坝水质自动监测站）监测项目包括水温、pH、溶解氧、高锰酸盐指数、化学需氧量、五日生化需氧量、氨氮、总磷、总氮、铜、锌、氟化物、硒、砷、汞、镉、六价铬、铅、氰化物、挥发酚、石油类、阴离子表面活性剂、硫化物、粪大肠菌群等 24 项，必要时作为水源地增加监测硫酸盐、氯化物、硝酸盐、铁、锰。监测频次：正常情况下，每月采样 1 次，送回水资源监测中心实验室进行分析化验。调水期间根据需要加大监测密度。

山东境内工程建设内容包括：新建专用水文站 8 个，巡测站 14 个，提水泵站水量计量监测点 43 个；新建微山巡测基地；南四湖水资源监测中心；布设水质监测站 29 个（河口控制站 21 个，湖区水质站 8 个）和 1 处水质自动监测站。其中，南四湖水资源监测中心建设面积 2533.3m²，包括水质监测办公、实验室面积 1000m²。建成运行后，南四湖水资源监测中心将配备水质监测分析仪器及移动实验室（包括监测车和现场快速监测仪器），中心监测项目包括水温、pH、溶解氧、高锰酸盐指数、化学需氧量、五日生化需氧量、氨氮、总磷、总氮、铜、锌、氟化物、砷、汞、镉、六价铬、铅、氰化物、挥发酚等 19 项，湖库增测叶绿素 a。监测频次：正常情况下，每月采样 1 次，送回水资源监测中心实验室进行分析化验，调水期间根据需要加大监测密度。

3. 山东段水质监测设施

山东段水质监测设施包括建设 1 个移动实验室，6 座水质自动监测站（长沟、八里湾、济平干渠渠首闸、穿黄出口闸、聊城德州交界、济平干渠和引黄济青交界监测站），改造 7 个水环境监测中心（枣庄、济宁、泰安、聊城、德州、淄博及山东省环境监测中心）。水环境监测中心改造完成后，将在输水干线交水处、周边支流汇入处、分水口门等位置共布设常规监测站点 112 个。监测项目包括水温、pH、溶解氧、高锰酸盐指数、化学需氧量、五日生化需氧量、氨氮、总磷、总氮、铜、锌、氟化物、硒、砷、汞、镉、六价铬、铅、氰化物、挥发酚、石油类、阴离子表面活性剂、硫化物和粪大肠菌群等 24 项，湖库增加叶绿素 a 与透明度；饮用水水源保护区和饮用水水源区增加硫酸盐、氯化物、硝酸盐、铁和锰 5 项；有毒有机物项目作为调查监测。监测频次：每年监测 12 次，每月 1 次。

（二）通水运行期水质监测工作开展情况

按照《关于开展南水北调东线一期工程调水水质监测工作的通知》（环办〔2013〕88 号）要求，东线总公司于每个调水年度开始前组织印发年度通水水质监测工作方案，明确调水期间的监测断面和监测频次，江苏水源公司、山东干线公司在调水期间委托有资质的第三方监测单位或依托水质自动监测站进行监测并进行数据分析，东线总公司进行汇总分析、评价并上报国务院南水北调办。

数据显示，工程自 2013 年 12 月正式通水以来，输水水体中各监测项目基本达到或优于地表水Ⅲ类标准，满足供水水质要求。

（三）应急能力建设

1. 体系建设

东线总公司结合工程实际，在印发《南水北调东线一期工程突发事件综合应急预案》的基础上，编制完成《南水北调东线工程水污染事件应急预案》。山东干线公司印发了《山东省南水北调调水水质突发性污染事件应急预案》，各级管理单位也根据所辖工程实际，编制水污染突发事件应急处置方案，逐步建立自上而下的水污染应急预案体系。

结合运行安全管理标准化建设，东线总公司建立了南水北调东线工程突发事件应急管理领导小组，统一领导各项应急管理工作，组长由总经理担任，副组长由领导班子成员及江苏水源公司、山东干线公司主要负责人担任，小组成员由公司副总工程师、各部门负责人及苏鲁两省项目法人单位相关负责人组成。应急管理小组下设应急办公室负责应急管理领导小组日常工作。此外，组织健全完善了东线总公司、江苏水源公司和山东干线公司、分公司（管理局）、现地管理处等四级应急管理体系，明晰了各级管理机构职责，进一步提升应急处置组织能力。

2. 队伍建设

为加强应急队伍建设，东线总公司建立了工程安全、水污染应急处置方面的专家库，山东干线公司成立了济宁应急抢险中心，配备专业人员，负责工程应急抢险管理各项工作。各管理处充分利用管理处人员和维修养护单位人员，作为应急管理队伍和救援队伍常备队，承担本管理处所辖工程范围内突发事件先期处置和救援工作。此外，为保障突发水污染事件应急监测工作的需要，现地管理单位还与地方政府等相关部门建立了应急联动机制，必要时由地方政府及环保部门共同承担处置水质应急监测等工作。

3. 抢险物资储备

根据应急处置工作要求，运行管理单位组织开展了工程抢险物资和设备采购工作，对于大宗物资和大型机械设备，各管理处结合工程实际，与驻地有关单位签订了保障协议，以便于开展水污染事件等应急处置工作；江苏、山东的移动实验室（监测车）已建成使用，主要监测项目是为化学需氧量、氨氮、总磷、总氮、综合毒性、藻类等，可根据水污染突发事件情况随时开赴现场进行水质应急监测。

此外，山东干线公司还组织开展南水北调东线山东段水污染风险隐患排查工作，并形成台账，通过调查分析工程沿线水质污染风险隐患，识别突发性水污染事故的主要污染物种类，并结合工程沿线潜在风险源情况，制订适合所辖工程特点的水污染事故应急处置方案。

第四章　受水区的生态建设与生态修复

第一节　生态带建设

一、中线干线两侧生态带建设

为提高南水北调中线工程输水水质安全保障，进一步加强工程沿线地区生态建设和环境保护，根据国务院领导同志提出的建设南水北调"绿色走廊""各类资金要向南水北调倾斜"的要求和"在南水北调中线干线工程两侧开展并加强生态带建设十分必要，请南水北调办会同有关方面加大推进力度"的批示精神，2011年6月，国务院南水北调办会同国家发展改革委、财政部、国土资源部、环境保护部、住房城乡建设部、农业部、国家林业局，中线工程沿线北京、天津、河北、河南省（直辖市）有关部门及南水北调中线干线工程建设管理局在调研基础上召开座谈会，就开展生态带建设进行研究讨论，制定了《南水北调中线一期工程干线生态带建设规划》（国调办环保〔2014〕108号，以下简称《规划》）编制工作方案及编制大纲。环境保护部和国务院南水北调办，联合印发了《关于开展南水北调中线干线工程两侧生态带建设规划编制工作的函》（环办函〔2011〕437号），同时委托农业部规划设计研究院、国家林业局调查规划设计院、中国城市建设研究院承担《规划》编制的技术工作。

2011年9月，形成《规划（初稿）》后，国务院南水北调办召开了技术咨询会，听取国务院有关部门和相关领域专家意见，对《规划》进行了修改，形成了《规划（征求意见稿）》。

2011年12月至2012年2月，分别征求了有关部委、沿线省市人民政府的意见。2012年3月，国务院南水北调工程建设委员会第六次全体会议研究决定："南水北调办要将中线干线工程两侧生态带建设规划报国家发展改革委审批，以指导有关地方组织实施，中央在现有各类投资渠道中予以适当补助。"根据会议精神，国务院南水北调办组织农业、林业、园林绿化和环保等有关技术单位认真研究了有关部委和地方政府的反馈意见，对涉及的重大政策问题作了进一步协调，对生态带建设必要性和可行性进行了科学论证，在此基础上进一步修改完善，形成了《规划（送审稿）》。

《规划》范围包括南水北调中线干线工程管理区、一级水源保护区、二级水源保护区等三部分，总面积 4737km²，涉及北京、天津、河北、河南 4 省（直辖市）。规划期限为 2014—2020 年。针对中线沿线规划范围内的自然条件、经济社会、生态环境现状和中线工程建设方案，为提高中线干线工程输水水质安全保障，实现国务院提出的"清水走廊""绿色走廊"的总体要求，提出了编制的指导思想、基本原则、总体布局、规划目标、主要任务、重点工程、项目投资及规划实施保障措施等。

《规划》自 2014 年批准后，沿线北京、天津、河北、河南 4 省（直辖市）按照规划要求陆续启动实施。

（一）规划制订情况

1. 中线干线生态带建设的基础条件和必要性

（1）中线工程开工沿线生态环境有所改善。2006 年，国务院南水北调办、原国家环保总局、水利部、国土资源部联合印发了《关于划定南水北调中线一期工程总干渠两侧水源保护区工作的通知》（国调办环移〔2006〕134 号），组织北京、天津、河北、河南 4 省（直辖市）开展了水源保护区划定和管理工作。2008 年 5 月天津市人民政府批准了天津段两侧水源保护区划定方案，2010 年 7 月河南省人民政府颁布实施河南段两侧水源保护区划定方案，2011 年北京市政府颁布施行《北京市南水北调工程保护办法》。为做好水源保护区管理，沿线地方严格控制在水源保护区新上建设项目，特别是对于污染类型项目采取了禁止或限制措施。河南省先后审核了 174 个涉及水源保护区的建设项目；北京市政府开展工程保护联合执法，共阻止了 1400 多起危害工程和水质安全的行为；河北省按照水源保护区划定方案，在项目立项、选址、土地预审、环评审批等各个环节对涉及水源保护区内的新建项目进行严格控制。这些工作对于控制水源保护区增加污染源，控制水源保护区污染，保障中线干线输水水质起到了重要作用。

沿线地方认真贯彻科学发展观和生态文明建设方针，按照中央建设资源节约型、环境友好型社会的要求，通过加快产业结构调整和推进城市化进程，不断加强环境治理和生态建设，主要污染物排放得到一定控制，城乡生态环境质量有所改善。

1）开展城市环境治理。沿线 4 省（直辖市）加大污水垃圾处理设施建设的投资力度，"十一五"期间，污水排放量和垃圾产生量虽然增加了 50%，但污水处理率由 54% 提高到 71%，垃圾无害化处理率由 30% 提高到 60%。污水处理设施的建设和运行，为削减污染物排放总量、改善城市环境状况发挥了积极作用。

2）开展农村环境治理。农业部门实施农村清洁工程建设和能源生态工程建设等，在沿线推广畜禽粪便、生活污水、生活垃圾、秸秆等生产、生活废弃物资源化利用，使项目村农业生产生活污染物排放大幅减少，同时积极推广测土配方施肥技术，实施补贴制度，不断提高测土配方施肥比例，减少了农业粮食生产污染；环境保护部会同财政部实施农村环境综合整治"以奖促治"政策，以建制村为基本治理单元，优先治理南水北调水源地及沿线区域环境问题突出的村庄。这些政策措施对沿线部分农村环境状况改善起到了积极促进作用。

3）开展生态建设。通过"三北"防护林建设、长江防护林建设、京津风沙源治理、太行山和平原绿化等措施，沿线森林生态系统保护工作取得了积极进展，中线干线西侧山区的生态环境状况有所改善，东侧平原的农田防护林网形成一定规模。尤其是 2003 年中线干线工程开工建设以来，中线京石段应急供水工程明渠段的工程管理范围内造林绿化工作已初见成效。

4）开展城镇园林绿地建设。随着中线干线工程建设，沿线各级地方政府在城市总体规划、土地利用总体规划和绿地系统规划中，都将在干线两侧建设园林绿地作为重点任务，纳入规划。如《邯郸市城市绿地系统规划（2009—2020 年）》提出在南水北调中线工程两侧各控制 100m 宽的绿化带；《郑州市城市总体规划（2010—2020 年）》划定了南水北调中线工程两侧各 200m 宽的绿地；焦作市已经在城区段启动了中线工程两侧各 100m 宽的园林绿化带建设。

（2）保障中线输水安全需要解决的主要问题。

1）中线干线开工后，通水时水质安全保障还不能全面落实。虽然沿线 4 省（直辖市）划定了中线工程两侧水源保护区，开展环境执法，有效控制水源保护区的新建项目，遏制在水源保护区发生新的污染。但是，按照《中华人民共和国水污染防治法》需全面限制水源保护区内可能产生污染的各类活动，特别是一级水源保护区内的现有与水工程无关的项目要全部清理，落实难度很大。沿线 4 省（直辖市）在编制水源保护区划定方案时的调查表明，水源保护区涉及有 3459 个村庄（居委会）389 万人、4563 个企业（其中污染企业 2887 个），排污口或污染隐患 399 处。

2）中线工程建设期间，沿线地区污染物排放量大，部分渠段地下水已受到不同程度污染，并将威胁输水水质安全。随着沿线经济社会快速发展和城市化进程的加速，污染物排放量不断增大，虽然近几年通过加大环境治理力度，建设了一大批环境基础设施，开展了部分农村环境综合整治，但新增的污染物处理能力仍滞后于污染物增加速度。中线工程穿越城市中心区和工业园区，涉及的水源保护区 1377km²，工业及城市废水每年 3.52 亿 t，有约 1 亿 t 未得到收集处理。水源保护区内村庄每年排放生活污水 2840 万 t、垃圾 30 万 t，其中内排段（内排段为防止地下水扬压力对工程的破坏，以暗管集水，地下水通过集水管汇入集水箱，集水箱设有逆止阀，当地下水位高于干渠水位或渠底一定高度时，逆止阀打开，地下水排入干渠内，反之关闭，这种排水方式称为逆止阀自流内排；以集水井集水并利用抽排系统将地下水排入干渠内，这种排水方式称为抽水内排。采用自流内排和抽水内排的渠段称为内排段）的 820 个村庄 96 万农村人口，每年排放生活污水 700 万 t、垃圾 7 万 t，大部分未得到收集和处理。沿线地方农业污染防治薄弱，每年仅在水源保护区施用的农药和化肥就分别达 2000t 和 37.2 万 t，其中内排段 566t 和 10.5 万 t。此外，水源保护区内规模化养殖场（区）和养殖专业户约 900 个，每年排放养殖污染物 32 万 t，其中内排段约 8 万 t。

3）中线工程建设期间，生态环境功能退化不容忽视。沿线现有林木资源质量不高，绝大部分为人工林，树种比较单一，林地利用率和生产力低，沿线区域生物多样性减少，森林生态系统调节气候、涵养水源、防风固沙、森林碳汇等生态功能弱化。城市规模扩张较快，园林绿化建设相对滞后，制约了城市绿地生态功能的发挥。

4）中线沿线地下水超采引发环境地质问题日益显现。华北平原人均水资源量为 335m³/a，不足全国平均水平的 1/6，因地表水资源严重不足，地下水已成为维持经济社会发展的重要保障。目前，北京、石家庄、邢台、邯郸、保定、衡水、廊坊等城市的地下水开采量已占总供水量的 70% 以上。过去 30 年间，华北地区山前平原的大部分农村地区，地下水位下降幅度超过了 15m，地下水资源面临无以为继的危险。长期观测资料分析，地下水流场已发生变化，形成了石家庄、沧州等十余个大小不等的浅层和深层漏斗。地下水超采诱发的地面沉降、咸水及海水入侵等环境地质问题已经显现。

（3）中线干线生态带建设的必要性。南水北调中线一期工程沿线人口密度高、经济社会发展快、污染排放量大，森林和湿地等生态系统功能下降，输水水质安全保障工作任务十分艰巨，落实《中华人民共和国水污染防治法》关于水源保护区法律规定的有关要求十分困难。全国人大代表、政协委员以及沿线地方政府积极呼吁要加大输水水质安全保障工作力度，确保水质安全。

1）干线输水水质的保护，需要一个生态屏障。中线干线两侧水源保护区内大量居民、企业排污口设置未经水行政主管部门同意，排出的废水有30%未经收集处理，垃圾50%未得到无害化处理，部分渠段地下水水质变差，输水干线水质安全存在较大风险，需要在两侧形成一个生态屏障，降低输水水质污染风险。

2）生态带建设是形成生态屏障的重要举措。有关省（直辖市）人民政府划定了中线干线两侧水源保护区，从近两年的实施情况看，在控制水源保护区新上建设项目方面成效比较明显，但按《中华人民共和国水污染防治法》水源保护区内要清除与水工程无关项目和污染源，任务艰巨。通过多渠道筹集资金，在水源保护区一定范围内先期开展生态带建设，引导地方政府加快清除水源保护区内污染源，使干线工程两侧生态屏障尽快形成，提高输水水质安全保障。

2. 规划的主要内容

（1）规划范围、指导思想和原则。规划范围为南水北调中线一期干线工程管理区、工程沿线一级水源保护区和二级水源保护区，总面积4737km²，涉及北京、天津、河北、河南4省（直辖市）70个县（市、区）3459个行政村（居委会）。规划面积统计见表4-1-1。

表4-1-1   规 划 面 积 统 计 表

规划面积	规划分区	备　注
规划总面积 4737km²	工程管理区 194km²	农村段 143km²
		城区段 51km²
	一级水源保护区 343km²	农村段 246km²
		城区段 97km²
	二级水源保护区 4200km²	农村段 2920km²
		城区段 1280km²

指导思想：以保护南水北调中线输水水质安全为中心，以一期工程建设为依托，以工程两侧水源保护区为载体，遵循自然规律和经济规律，坚持水质安全保障与经济社会协调发展相结合、治理与防护相结合、工程措施与管理措施相结合、政府引导与市场化运作相结合，加大推进农村区域现有林地生态林和耕地生态农业、城市区域城镇园林绿地、环境综合治理、工程管理区绿化五个生态带主体工程建设，有效防范输水水质污染风险，建设中线输水沿线"绿色走廊"，充分发挥工程生态环境效益、经济效益和社会效益。

规划原则如下。

1）政府主导，多方参与。发挥中央和地方政府在工程沿线环境保护和生态建设中的主导作用，切实落实各级地方政府的责任，强化政府调控，统筹有关部门工作，形成合力。建立中央、地方、企业和个人多方投入的生态带建设机制，鼓励、引导沿线单位和群众参加生态带建设。

2）分区控制，分类指导。按照工程管理区、一级水源保护区、二级水源保护区保护水质的重要程度，进行分区控制，设定分区规划目标；根据农村段、城区段土地利用特点，分类指导生态带建设内容；针对干线工程外排段、内排段、地下水污染风险段防范输水水质污染的难易程度，合理安排建设项目内容和规模。

3）突出重点，整体推进。以保护中线输水水质安全为目标，以一级水源保护区生态建设为重点，以农村区域现有林地生态林建设和耕地生态农业建设、城市区域城镇园林绿地建设、环境综合治理、工程管理区绿化作为生态带建设主体内容，以落实水源保护区法律要求为保障条件，统筹沿线地方环境治理、城市建设、农业和林业规划，推动中线干线生态带建设，打造"绿色走廊"。

4）因势利导，因地制宜。根据沿线各地的区域地理、地质、气候和资源等条件，以及历史文化、经济社会等背景情况进行总体规划，在明确总体布局、节点设计和树种选择等基础上，因地制宜地进行设计，最大限度地发挥生态带的生态效益、经济效益和社会效益。

5）远近结合，标本兼治。在开展生态带建设的同时，推进沿线农业产业结构调整，增加农民收入，改善城乡环境卫生，进而推动沿线地区建设资源节约型、环境友好型社会，促进沿线地方生态文明建设，形成持久保障中线输水水质安全的局面。

（2）总体布局与规划目标。

1）总体布局如下。

在一级水源保护区，农村区域一定范围内进行现有林地生态林建设、耕地生态农业建设，城市区域进行城镇园林绿地建设，并进行环境综合治理，着力构建具有水质安全保障功能的生态系统，形成中线干线工程带状生态屏障。

在二级水源保护区，以整合国家和地方已有的生态环境、林业、土地整治、城市建设和农业相关规划成果为支撑，引导建设农村林网、城镇园林绿地及污水垃圾收集处理设施，鼓励调整产业结构，发展绿色有机农业、环境友好型产业，形成中线干线工程片状生态屏障。

在中线干线工程建设的工程管理区，建设总干渠两侧各8m宽乔灌木绿化，节点工程建筑物周边按园林绿化标准建设，并在地下水污染风险段采取隔污措施，发挥干线工程的生态、防污和景观效益。中线一期工程干线生态带建设农村段和城区段效果图分别见图4-1-1和图4-1-2。

2）规划水平年为2010年，规划期限为2014—2020年。规划目标如下。

工程管理区。完成中线干线工程管理范围内明渠两侧各8m宽的高标准绿化带及节点工程园林绿化建设，绿化成活率在90%以上，持续发挥生态效益和保障输水水质安全的作用。

一级水源保护区。按照《中华人民共和国水污染防治法》，通过实施地方经济社会发展规划、水污染防治规划以及相关规划，清除污染源；在农村区域现有660hm²林地进行生态林建设，整合已形成的林网、片林、点状绿化，林木成活率85%以上；开展生态农业建设4591.9hm²；在城市区域，整合现有绿地及各地城市总体规划、土地利用总体规划、绿地系统规划，形成9591hm²园林绿地。

图 4-1-1 中线一期工程干线生态带建设农村段效果图

图 4-1-2 中线一期工程干线生态带建设城区段效果图

二级水源保护区。整合地方已有的生态环境、水利、林业、城市建设和农业相关规划，引导城镇园林绿地建设，鼓励地方政府加大城镇污水、垃圾集中处理设施建设力度，加强入河排污口设置审批，督促开展村庄环境综合整治，推动耕地生态农业建设，开展种植业污染综合防治。

（3）建设任务及主要工程措施。生态带建设包括五大任务：①农村段现有林地生态林建设；②农村段耕地生态农业建设；③城区段园林绿地建设；④环境综合治理；⑤工程管理区绿化。

1）农村段现有林地生态林建设。针对规划范围内林业建设现状及特点，在一级水源保护区开展生态林建设，发挥生态功能和效益，构建输水沿线绿色走廊。

a. 现有林地生态林建设宽度。根据《南水北调中线干线工程生态带建设规划护渠林带建设科学性论证报告》，按照输水水质安全保障为目标综合确定。外排段，根据生态林防风效果，吸收有害气体、粉尘、风沙，阻滞、截留、降解农业面源污染，拦截过境泥沙等的程度与效果，确定生态林宽度为20m。内排段，为利用枯枝落叶层、地下根系和土壤，过滤下渗到土壤的浅层地下径流，进而改善深层地下水质，将生态林建设宽度增加到40m。地下水风险段，经地下水污染排查，对于明渠段水质恶劣地下水以内排方式进入总干渠、渗流量较大，需要采取进一步工程措施予以防范的地段，生态林建设宽度增加到60m。

b. 生态林树种选择。除保留已有的林地园地现有树种外，在岗地坡地等现有林地上，按照适地适树的原则，选择耐旱节水、常绿或落叶少、抗病虫害的树种。针对不同渠段的工程特点，选择防护树种。在工程挖方段，以观赏树等低矮树种为主，辅之以花灌木，发挥其防护和景观作用；在工程填方段，优先选择生长较快的阔叶树种等高大乔木，改善干渠生态景观；在半填半挖段，搭配选用绿化树种和一般防护树种。

为充分发挥生态林的生态效益、社会效益和经济效益，在全挖方或人为活动少的地段，选配生长快、树干通直、防护效果好的乡土树种。在全挖方段，人为活动稀少、土壤瘠薄或种植条件较差的地段，以及高压线下等不宜种植乔木的地段，为提高造林成活率和植被覆盖率，可选择沙棘等灌木树种。

一般防护树种可选择油松、侧柏、日本黑松、毛白杨、沙兰杨、竹柳等；绿化树种可选择雪松、银杏、黄连木、臭椿、香椿、泡桐、刺槐、楸树等；观赏树种可选择紫荆、紫薇、玉兰、樱花、大（小）叶女贞等；花灌木树种可选择丁香、榛子、花椒、木槿、紫叶李、沙棘等。

树种配置方面，主要采用块状混交、带状混交等方式。种植点配置方面，树种采用三角形配置，风景林采用不规则自然配置。

2）农村段耕地生态农业建设。在一级水源保护区干线两侧20～60m范围内4591.9hm²土地上通过种植结构调整，形成总干渠水质保护屏障。以抗旱节水、保护和修复生态系统为重点，鼓励发展不施用化肥和农药的品种，在形成立体生物屏障、实现减少农业面源污染的同时，提高品质和食品安全性，增加种植业的附加值和农民收入。同时，加强耕地保护，确保耕地不减少、质量不降低。

在一级水源保护区其他范围和二级水源保护区内，在不减少耕地面积和粮食种植面积的前提下，发展生态型种植业和养殖业。引导发展生态型的粮食作物，开展测土施肥工作，推广使用包衣化肥、缓释化肥、缓释农药，推广使用生物肥和生物药剂等。大力推广"沼—畜—厕—温室四位一体""猪—沼—果（草）"等种养结合（平衡）的生态循环农业模式，通过实现废弃物资源化循环利用，降低化肥施用量，减少农业面源，确保总干渠水质安全。同时，落实最严格耕地保护制度，严禁在耕地上种植林木或擅自退耕。

3）城区段园林绿地建设。根据沿线城市已有的总体规划、土地利用总体规划和绿地系统规划，针对工程穿越城区段范围，城区段一级水源保护区主要以防护绿地建设为主，建设工程两侧各50～200m宽的城市景观生态廊道，并根据局部地段需求，适当布置公园绿地；城区段二级水源保护区主要整合当地城市总体规划、土地利用总体规划和城市绿地系统规划开展园林绿地建设。

a. 城区段防护绿地建设。城区段一级水源保护区内以建设防护绿地为主；二级水源保护区内适当布置一定面积的防护绿地。针对规划区内城区段的土地利用规划和规划布局特点，在公路、铁路、河道两侧以及工业园区内、工业园区与居住区之间构建防护绿地体系。防护绿地的植物选择以速生、乡土、抗性强的树种为主，避免使用多絮、多毛，易随风造成污染的树种。

b. 城区段公园绿地建设。城区段一级水源保护区内根据地段需求，布置一定面积公园绿地；二级水源保护区内根据城市总体规划、土地利用总体规划和绿地系统规划要求，布置园林绿地。公园绿地建设采用新技术、新材料和新能源，结合当地城市环境风貌、历史文化及古树名木等，在水源保护区内的适宜地段建设公园绿地，并与其他各类绿地有机结合，共同构建城镇园林绿地体系，打造体现当地城市特色的景观风貌。

c. 城区段附属绿地建设。在城区段二级水源保护区内布置附属绿地。结合水质保护与城市风貌建设，建设居住、道路、公共设施、工业、仓储、对外交通、市政设施及特殊用地的附属绿地，各类用地的绿地率须达到国家相应的规范标准。

d. 城区段生产绿地建设。在城区段二级水源保护区内布置适量的生产绿地。结合园林苗木生产，在城市边缘建设生产绿地。同时，为满足中线工程输水水质需要，在二级水源保护区内排段禁止建设生产绿地，外排段可适量建设生产绿地。

e. 城区段其他绿地建设。结合自然景观、人文资源现状及城市绿地布局，发挥风景名胜区、郊野公园、森林公园、自然保护区、风景林地、城市绿化隔离带等其他绿地在美化环境、保护生物多样性等方面的积极作用，合理定位，适度开发，为城市居民提供郊野游憩场地。

4）环境综合治理。

a. 农村段环境综合治理。以解决中线工程农村段水质安全保障为目标，在整合国家和地方现有农业政策的基础上，针对规划区农业及农村经济发展特征，通过治理农业生活污染和面源污染，提高农村段输水水质安全保障；通过发展生态农业、绿色农业等优化农业产业结构，从源头上防治农业污染；通过建设生态清洁小流域，保护水源，净化水质，改善生态，保障饮水安全，同时促进农民增收、农业增产和农田生态系统健康，逐步形成农村段水质安全保障的长效机制。

农村生活污染防治，以村为基本单元，实行村庄环境综合整治，主要包括农村生活污水和生活垃圾的收集、处理与利用。

水产养殖污染防治，一级水源保护区内排段禁止人工投饵、投药、投料养殖。一级水源保护区的外排段和二级水源保护区合理确定水产养殖密度，科学投入饲料，采取配套清淤、换茬养殖、水草种植等综合措施，有效控制水产养殖污染。推广菱白养殖、莲田养殖、藕鱼套作、生态混养等技术，合理确定放养密度，适当降低产量，以减轻池塘生物负载力，减少水生经济动物自身对其生存环境的影响和破坏。适度套养滤食性鱼类（如花白鲢、草鱼、异育银鲫等），以清除残饵，净化水质。同时，每年采取池塘淤泥清除、移植水草、换茬养殖等措施，推进水产健康养殖。

种植业污染防治，针对规划区过量及不合理施用农药化肥，造成农田生态系统呈现退化趋势的现状，采取"源头控制—有机替代—高效利用"思路，一级水源保护区内排段禁止以农药化肥高投入模式的设施蔬菜、设施花卉等经济作物种植，在水源保护区全面推广测土配方施肥、农业节水、秸秆还田、农药化肥污染综合防治等清洁生产技术，控制种植业污染，保障输水水质安全。主要措施包括：①化肥污染控源减排。鼓励支持发展无公害、有机粮食、蔬菜、瓜果生产，重点推广测土配方施肥技术，根据当地农业部门（土壤肥料工作站）提供的不同地类、不同作物肥料配方，严格按照《测土配方施肥技术规范》和当地施肥技术方案进行施肥，提高肥料利用效率，减少养分流失。倡导使用缓释肥料，大幅度提高肥料利用率，减少肥料施用量，减少流失风险。改良土壤生态系统，推广化肥机施、深施技术，转变落后施肥方式，提高化肥利用率。通过减少化肥施用，减少种植污染。②推广节约灌溉技术。综合运用农艺、生物和工程等技术措施，以优化水资源配置为核心，推进太阳能光伏水泵抽水、农业节水灌溉及设备的应用，推广喷灌、微灌、滴灌、机械化深耕深松保墒以及灌溉施肥一体化等先进的节水灌溉技术。大力推进大中型灌溉区节水改造，积极开展农业末级渠系节水改造试点，提高渠系利用系数。推广农艺节水、工程节水、生物节水等新技术。通过提高农业用水效率，减少农业污染向地下水渗入。③推广秸秆综合利用技术。针对水源保护区内耕作频繁、化肥过量施用、有机碳源供应相对不足所引起的农田氮磷流失加剧等问题，推广免耕、少耕技术，实施秸秆覆盖还田、秸秆粉碎还田、秸秆还田腐熟等技术措施，减少土壤扰动，补充土壤有机碳源，提高土壤自身对氮磷养分的储存能力，减少水土流失，达到保肥、保水的目的。推广秸秆反应堆还田、秸秆栽培食用菌等技术手段，提高秸秆利用率与附加值。④农药污染综合防治。病虫草害优先采用非化学农药防治方法，包括农艺措施、物理防治、生物防治等，尽量选用高效、低毒、缓释等环境友好的农药品种。

养殖业污染防治，实行限制养殖，以土地的畜禽承载能力为上限，对养殖总量实行严格控制，主要污染防治措施包括：①农户分散养殖。按照"沼气项目"建设内容和技术规范，因地制宜开展"一池三改"户用沼气建设，包括建设沼气池，配套开展改厨、改厕、改圈。②养殖专业户。建设有防雨功能的粪污收集贮存等必备设施，防止畜禽粪便流失造成环境污染。畜禽粪污在储存池中经过厌氧、好氧、兼氧等微生物处理过程后，将其还田增加土壤中有机质含量。③规模化养殖场（区）。畜禽粪便处理按"减量化、无害化、资源化"原则，与当地的种植业生产有机结合，实现畜禽养殖业与种植业协调发展。实施规模化养殖场（区）污水收集输送管网、污水沼气发酵处理设施、沼液贮存设施等养殖污水处理利用工程，堆肥车间及其配套设备的固体粪便堆肥工程。

生态清洁小流域建设，以小流域为单元，山、水、林、田、路、村统筹规划、综合治理，合理配置工程、生物、农业技术措施，治山、治水、治污相结合，构筑"三道防线"，在远山、中山及人烟稀少地区，实行全面封禁，减少人为活动和干扰，充分依靠大自然的自我修复能力，实现生态恢复；在人口相对密集的浅山、山麓、坡脚等地区，加强坡耕地改造，营造水土保持林和水源涵养林，因地制宜修建缓洪拦沙工程，发展生态农业、观光农业等，减少面源污染；以河道两侧和湖库周边为重点，建设林草生物缓冲带，发挥植物的过滤净化功能，减缓面源污染进入水体，维系河道及湖库周边生态系统。

b. 城区段环境综合治理。在城市建成区，依法对水源保护区内的污染源和排污口进行清除或迁出，完善污水垃圾收集设施，全部污水垃圾安排到水源保护区之外进行处理，鼓励企业进行清洁生产改造。对于已经纳入城市总体规划，土地现状为农用地的区域，清理排污口和污染源，同时按城市总体规划、土地利用总体规划和绿地系统规划要求进行搬迁。

城区段产业结构调整，鼓励未纳入清理或搬迁范围的企业转型发展资源节约型、环境友好型产业，实现污染物零排放。

5）工程管理区绿化。在工程管理区内明渠两侧实施每侧 8m 宽的乔灌木绿化、在节点建筑物的周边管理范围内实施园林绿化，共 1725hm² 的绿化带，已纳入主体工程建设内容。

（4）效益分析。

1）环境效益。规划实施后，一级水源保护区内城市段的污染源和排污口全部迁出，建成城镇园林绿地；农村段工程两侧一定范围内污染源和排污口全部迁出，发展绿色有机农业，实现污染物零排放。

规划实施后，在二级水源保护区内实施化肥农药减施替代、农业节水灌溉和城市污水综合整治等工程，大幅度减少水源保护区内的污染物排放和农用化学品投入。其中，农村生活污水减少 2840t/a，农村生活垃圾减少 30 万 t/a，农药施用减少 1300t/a，化肥施用减少 15.4 万 t/a，城市污水排放减少 9600 万 t/a，其余 2.5 亿 t/a 全部收集后导出水源保护区排放。

上述措施有效保护中线干线工程输水水质安全，同时沿线环境质量显著改善。

2）生态效益。规划实施后，可增加蓄水 1460 万 m³、固定二氧化碳 10.2 万 t/a、释放氧气 8.8 万 t/a，吸附粉尘及尘埃 43.8t/a，吸收二氧化硫等有害气体 4203t/a，增加鸟类栖息量 8.4 万只，同时大幅削减地表水污染物含量，并对保持水土、防风固沙、改善区域小气候、丰富生物多样性、保持生态平衡，降低自然灾害发生频次发挥重要作用。显著优化城市绿地生态系统格局，有效缓解城市化进程中的负面生态效应，大大改善人居环境质量。通过水源保护区内的污染防治，发展绿色有机农业，有效减少有毒有害物质，为各类生物的休养生息提供了良好环境，农村地区与城市地区连为一条绿色景观廊道和生物迁徙廊道，提高规划区的生物多样性水平。

3）社会效益。规划的实施，将有效地治理沿线城市及农村各类污染，落实总干渠两侧水源保护区管理目标和保障输水安全目标，确保南水北调中线工程持续稳定地发挥效益，促进工程沿线 15 座大中城市、70 个县城的用水水质安全保障。

规划的实施将工程沿线建成贯通城乡的绿色生态走廊，大幅度提高工程沿线森林覆盖和园林绿化率，形成沿线城乡美好的生态景观，调节小气候，改善人居环境质量，提高广大人民群众的生态环境保护意识。

规划的实施将对沿线城乡脏乱差现象进行有效治理，有效地净化沿线城乡生产生活环境，减少各种疫病的传播，提高工程沿线城乡人群健康水平。

规划的实施促进工程沿线地区率先向资源节约型、环境友好型社会转变，有利于促进沿线建设生产清洁、生活文明、生态良好的社会主义新农村。

规划的实施将在大面积的生态林和绿地建设过程中，为社会提供大量就业岗位，为沿线农民就地务工增收创造条件，为社会提供木材、经济林果产品，促进苗木培育、绿化养护等相关产业、专业技术和管理人才的发展。

4）经济效益。新增生态林内，优先选择土壤条件较好、人为活动较少地段种植经济林，按新增生态林面积 50％估算，每年经济效益约 1.3 亿元；其余种植生态公益林，预计每年木材储备效益约 0.7 亿元。

（二）规划实施情况

1. 规划的实施管理

（1）规划实施的组织。沿线北京、天津、河北、河南 4 省（直辖市）地方政府为《规划》实施的责任主体，要将《规划》纳入地方国民经济与社会发展规划及年度计划，逐级落实规划的主要目标和任务，动员社会力量，多渠道筹集资金，制订年度实施方案，认真组织实施。市（区）、县（市、区）政府要建立规划项目组织领导和实施机制，动员社会各方面力量，多渠道筹集资金。鼓励政府引导，专业公司和大户与村、组集体组织签订土地流转承包合同，实行规模化、专业化建设和集约化经营管理。

国务院有关部门根据各自职能分工，加强对《规划》的指导，协调重大问题，对《规划》实施给予积极支持。环境保护部指导沿线地方政府加大污染治理力度，严格水源保护区执法监督；农业部指导农业面源污染防控和种植结构调整等工作；水利部指导在规划区内开展水土保持、水资源配置和保护相关工作，加强入河排污口监督管理，加强调水水质监测；住房城乡建设部指导规划区内园林绿地建设、城市污水收集管网和垃圾转运处理设施建设；国家林业局指导沿线地方开展林业及生态建设。

国务院南水北调办加强对《规划》实施的监督检查，指导工程管理区范围内的绿化带建设，组织开展《规划》实施情况的评估和考核，及时向国务院报告实施情况。

（2）规划实施的制度建设。认真执行《中华人民共和国水污染防治法》关于饮用水水源保护的规定和国务院南水北调办、国家环保总局、水利部、国土资源部《关于划定南水北调中线一期工程总干渠两侧水源保护区工作的通知》的要求，北京、天津、河北、河南 4 省（直辖市）要从保护中线干线工程输水水质的长远目标出发，颁布水源保护区划定方案，制定水源保护区管理制度和生态带建设规划管理办法。完善公众参与和民主监督机制，引导社会力量参与规划的实施和监督。

（3）规划实施的资金筹集。各级政府要加大对中线干线工程沿线水质保护和生态环境建设的投入力度。国务院有关部门要结合规划任务将本部门负责的水污染治理、城市基础设施建设、产业升级改造、农村环境治理、天然林保护、防护林建设、森林生态效益补偿等资金对规划区重点支持。地方政府要结合地方经济社会发展规划、城市发展规划、林业建设规划积极筹集生态带建设所需的资金，探索符合市场规律和经济规律的生态建设模式，调动企业、集体和个人参与生态带建设的积极性。通过多渠道筹集资金，形成生态带建设的长效机制。

（4）规划实施的科技支持。依靠科技进步解决好中线干线水质保护和生态带建设的关键技术问题。通过水体污染控制和国家科技重大专项、国家科技支撑计划、公益性行业科研专项等，加强规划区环境保护和生态建设急需的科研攻关和示范。

（5）规划实施的其他措施。除规划的主要工程措施外，尚不能完全防止污染地下水通过内排方式进入总干渠。经对地下水污染风险排查，有 39.4km 长的明渠段，存在地下水水质恶劣、内排方式进入总干渠、渗流量较大，需采取进一步的工程措施予以防范。主要有以下三种形式：①地下水导流工程，直接将污染的地下水导出风险段；②增补防渗墙，大幅减少污染地下水进入总干渠的流量；③增设渗透反应格栅，过滤拦截和处理污染物。三种工程措施需根据风险段的不同的地形地貌及水文地质条件、周边建筑物及人口分布等情况，经过经济技术比选确定。在规划实施阶段暨干线工程建设过程，一旦发现污染问题和隐患，进行勘查和设计后确定具体方案。

2. 规划的监督管理

（1）项目建设和运行管理。有关部门和地方政府把规划项目实施与当地经济发展紧密结合起来，加强行业、部门间的协调与配合，统筹本规划与规划区内退耕还林、天然林保护、农村环境治理"以奖促治"、沼气池建设、城镇园林建设、污染治理等政策和相关规划的关系，优先实施水源保护区内的项目。各级地方政府要加强建设项目的前期论证和管理工作，按照因地制宜、适地适树的原则确定项目建设方案，并严格按照国家有关规定，实行项目法人责任制、合同管理制、工程建设招投标和监理制。建立完善的投入机制，管理好项目建设资金，提高项目的投资效益。

（2）生态环境的执法监督。强化生态建设和环境执法监督，采取切实有力措施，着力宣传南水北调中线干线工程输水水质保护和沿线生态建设的重大意义，着力普及生态环境保护法律法规，严厉打击造成严重污染和破坏生态环境、影响恶劣的违法行为。严格控制水源保护区内新建项目，严禁影响水质安全的建设项目，逐步清理保护区内的现有污染源。沿线各级政府要支持有关部门依法行使职权。对在水源保护区内不执行环境影响评价、水土保持、"三同时"制度，入河排污口未经设置审批，擅自拆除或闲置污染防治设施，擅自排污或扩大排污等违法行为，依照有关法律、法规严肃处理。对玩忽职守、徇私舞弊、造成环境污染事故的单位和个人，依法严肃查处，情节严重构成犯罪的，司法机关要追究其法律责任。环境执法部门要加强执法队伍的建设，切实担负起法律赋予的职责，有效行使法律赋予的权力，认真查处水源保护区的环境违法案件。

（3）环境及生态动态监测。认真组织建设"南水北调中线干线工程自动化调度与运行管理决策支持系统"，对中线干线工程全线的输水水质进行动态监测，防范突发性水污染事故，分析输水水质的年际变化和长期变化。加强对沿线大气、地表水、地下水以及生物多样性、植被等生态系统变化因素时空特征的全方位监测，为南水北调中线干线工程输水安全，生态带建设效果的监督管理提供及时、科学的决策和管理依据。

（4）土地利用与监督管理。通过合理利用土地促进干线生态带建设。为满足南水北调中线一期工程干线生态带建设需要，需要调整土地利用规划的，依法定程序报批。各地要加强工程沿线土地利用监管，切实保护耕地，节约集约用地，及时发现和纠正土地利用中的问题，促进南水北调中线一期工程干线生态带顺利建设。

3. 规划实施进展

（1）中线干线工程管理范围内防护林和绿化工程进展。中线干线除地下管涵、倒虹吸、渡槽等工程外，需要绿化的明渠段长约1124.7km、面积38149亩，均在工程隔离网内。截至2016年年底，完成投资约24300万元。防护林主要完成了京石段、一期工程防护林段和绿化试点段，累计完成防护林长度455km（其中京石段227km，一期工程197km，绿化试点约31km），约完成防护林任务的40%，主要闸站节点绿化建设任务基本完成。

（2）管理范围外防护林建设进展。北京市按照《规划》要求，将中线干线北京段生态带建设与平原造林工程、生态文化旅游产业规划结合，分时分序实施生态带建设工程，已完成干线造林约 30km，大宁水库造林工程约 780 亩，并对大宁水库、团城湖区域等重点节点进行了绿化提升。

天津市 20km 的天津 1 段暗涵顶部已全部完成复耕；4km 的天津 2 段根据城市绿化建设规划，公路、园林部门已完成输水箱涵上方公路及绿化恢复工作，绿化栽种面积已经达到园林规划要求及生态带建设要求。

2018 年 1 月，河北省南水北调办下发《关于印发河北省南水北调中线干线生态带建设规划的通知》（冀调水设〔2018〕4 号），规划总投资 14.06 亿元，规划范围涵盖南水北调中线干线渠道两侧的一级水源保护区和二级水源保护区，涉及邯郸、邢台、石家庄、保定 4 个设区市和定州市，共 28 个县（市、区），规划实施完成后，将打造成一条长 465.9km、宽 20～50m、面积 221.4km² 的"绿色走廊"，有效提升中线干线河北段输水水质安全保障能力。

河南省沿线各市从 2015 年开始，就结合城市规划、景观规划、林业规划等，以土地流转、政府补贴、吸引园林企业投资经营生态林带建设，建设生态带 320 余 km，造林 9.1 万亩，完成生态带建设任务总量的 60% 以上，其中，南阳（含邓州市）完成境内干渠总长度 183km 廊道绿化和渠首景观绿化示范任务；郑州市完成 60 多 km 南水北调干渠两侧绿化，建成总干渠城区段长 4.8km 的中原西路示范段，形成栽植密度高，节点景观优美的生态文化公园；许昌市完成 54km、面积 1.365 万亩的干渠廊道绿化任务；新乡市在凤泉区完成了绿化示范段 1.3km；鹤壁市在南水北调总干渠两侧营造示范林 1100 亩；焦作市完成示范林 468 亩；安阳市完成重点节点 1.46km 的绿化示范任务。2016 年，河南省政府专题统一部署，按照两侧各 100m 宽（内侧 40m 为常绿树、外侧 60m 为经济林）林带建设要求推动生态带建设，形成总面积 21 万亩的防护林带。

（3）存在的困难和问题。

1）管理范围内绿化区大都处于原施工临时道路占压部位，内含碎石、砂砾料等，经施工机械碾压已板结，增加了绿化施工难度，种植后林草生长和达效较慢；同时实施中因概算不足（每平方米不到 2 元），京石段 227km 实际投资 3300 万元，但每平方米仍不到 10 元。

2）因投入标准和立地条件差距大，隔离网内外生态建设效果反差较大。从河南省已完成的生态带建设情况看，郑州段按照城市园林景观，每平方米投资 330 元；南阳段每平方米投资 160 元；安阳段在河南省相对较低，也达到每平方米 100 元。隔离网外大多在原为耕地的土地上种植，树木成活率高，达效较快，效果明显好于隔离网内。

（4）后续工作。根据生态带建设情况和存在问题，国务院南水北调办会同国家发展改革委、国家林业局于 2016 年 5 月联合开展生态带建设工作检查，总结河南省在生态带建设工作中采取政府、市场两手抓，即政府主导和推动、利用市场机制的先进经验，组织召开中线一期工程生态带建设经验交流与观摩会，促进地方开展生态建设。

二、东线沿线生态建设

南水北调东线一期工程是沿线水环境整治的一次重要契机，不仅改善了河道、湖泊的水质，而且提高了沿线生态建设水平，运河两岸城市的人居环境也得到极大改善，建成"清水廊道"的同时，也打造了一条"绿色走廊"。

江苏省将截污导流工程作为保障清水廊道的最后一道防线，精心规划建设了一批截污导流项目。工程建成后，沿线主要城市经达标排放后的企业和污水处理厂尾水，在当地充分回用及资源化后，采取工程措施导流排放，不再进入东线输水干线，实现输水干线的"清污分流"。部分城市还将截污导流工程建设与老城区改造相结合，既改善了区域水环境，又提升了沿线城市生态品位。

山东省结合本省实际，从调水沿线每一条汇水河流入手，实施"治""用""保"并举策略。所谓"保"，即生态保护，建设人工湿地和生态河道，构建沿河湖大生态带，努力提升流域环境承载力。通过生态保护，增加流域的环境容量，这样就有效化解了流域治污压力，使发展中地区在工业化、城镇化快速推进阶段解决流域污染问题成为可能。

（一）山东段湿地规划建设情况

单纯通过工业污染源达标排放和城市污水处理厂有效运转实现水质改善的潜力已经不大，进一步改善水质必须从削减面源负荷、提高自然净化能力方面寻求突破。从发达国家的经验来看，开展人工湿地水质净化工程，恢复河流、湖泊流域的天然湿地，是削减面源污染、改善水质的一种行之有效的手段。

在生态建设方面，针对流域面源污染严重、水生态系统受损等问题，创新生态修复与功能强化技术，在不影响地方经济发展和社会稳定的前提下，科学实施湖滨带规模化退耕还湿、河口人工湿地构建、湖区生态保育等工程，修复湖泊生态系统，构建调水干线生态屏障，提高水体自净能力。在重要排污口下游、支流入干流处、河流入湖口及其他适宜地点，因地制宜建设表面流和潜流人工湿地，达标废水经湿地进一步净化后再进入干线，大力实施湖滨带、河滩地生态修复。

为确保调水水质目标的如期实现，按照《山东省南水北调工程沿线区域水污染防治条例》要求，必须创新规模化退耕还湿推进机制、湿地资源开发利用技术，构建湖滨带湿地生态修复模式，削减面源污染，提升水体自净能力，充分发挥"治""用""保"治污体系综合效能，解决湖滨带经济发展、社会进步和水质保障的矛盾。鼓励地方政府在试点经验的基础上，按照"正面宣传、经济补偿、科技支撑、市场推进、典型示范、先易后难"的试点工作方针，积极开展流域内生态修复工作。

在新薛河入湖口建成 5000 余亩试点工程的基础上，相继开展了 24 个试点工程建设，开展退耕还湿。规划的 16 个综合治理项目（人工湿地水质净化工程，投资 4.9 亿元）全部建成投入运行（表 4-1-2），实际完成投资 6.3 亿元，完成投资 128.6%。

表 4-1-2 南水北调山东段沿线区域湿地工程

序号	设区市	控制单元	项目名称	运行情况
1	枣庄市	城漷河	界河入湖口湿地工程	削减化学需氧量 31.5t/a、氨氮 5.36t/a
2	枣庄市	城漷河	城漷河入湖口湿地工程	削减化学需氧量 1188t/a、氨氮 48.9t/a
3	枣庄市	韩庄运河	小季河湿地工程	削减化学需氧量约 95t/a、氨氮约 0.5t/a
4	济宁市	薛城小沙河	薛城小沙河入湖口湿地工程	削减化学需氧量 319t/a、氨氮 16t/a
5	济宁市	薛城小沙河	薛城大沙河入湖口湿地工程	削减化学需氧量 134t/a、氨氮 6.7t/a
6	济宁市	薛城小沙河	新薛河入湖口湿地工程	削减化学需氧量 180t/a、氨氮 21.6t/a

序号	设区市	控制单元	项目名称	运行情况
7	济宁市	洸府河	洸府河入湖口湿地工程	削减化学需氧量 450t/a、氨氮 54t/a
8	济宁市	泗河	泗河入湖口湿地工程	削减化学需氧量 10.46t/a、氨氮 3.4t/a
9	济宁市	西支河	西支河入湖口湿地工程	削减化学需氧量 438t/a、氨氮 29.2t/a
10	济宁市	老运河	老运河入湖口湿地工程	削减化学需氧量 200.8t/a、氨氮 4.8t/a
11	济宁市	泉河	泉河河道走廊湿地工程	削减化学需氧量 219t/a、氨氮 29t/a
12	济宁市	老万福河	老万福河入湖口湿地工程	削减化学需氧量 365t/a、氨氮 42.6t/a
13	泰安市	大汶河	稻屯洼湿地工程	削减化学需氧量 720t/a、氨氮 72t/a
14	泰安市	东平湖	大汶河入湖口湿地工程	削减化学需氧量 224t/a、氨氮 63t/a
15	泰安市	东平湖	旧县乡出湖口湿地工程	削减化学需氧量 95t/a、氨氮 27t/a
16	聊城市	小运河	金堤河流域综合治理项目	削减化学需氧量 76t/a、氨氮 21t/a

为进一步推进规模化退耕还湿，山东省出台了《关于在南水北调工程黄河以南段及省辖淮河流域和小清河流域开展生态补偿试点工作的意见》（鲁政办发〔2007〕46 号），组织相关企业签订了湿地产品的购销保护价合同，并在微山县建设了湿地产品转运站。农民将湿地产品就近送到转运站，转运站对湿地产品作进一步加工压缩打包后，集中运往相关企业。在湿地作物生长的初期（第一、第二年）予以适当的补助，尽量与周围的耕地收入持平，在达到丰产期后，由农民自收自支。

老运河人工湿地水质净化工程是《南水北调工程东线一期工程山东段控制单元治污方案》确定的规划治污项目。该工程在山东段湿地工程中较为典型，占地约 3800 亩，总投资 6700 万元，采用复合潜流湿地＋水平潜流＋表面流＋稳定塘处理工艺。

该项目分南北两个区建设，北区工程占地 2200 亩，通过中水截蓄导用管道引进济宁市污水处理厂处理达标的中水，规模 5.5 万 t/d；南区工程占地 1600 亩，处理北湖新区污水处理厂处理达标的中水，处理规模 2 万 t/d。根据污水在人工湿地中的流动方式可以把人工湿地划分为表面流人工湿地和潜流人工湿地。表面流湿地区域约 1000 亩，现已在原有野生水生植物基础上，新栽植荷花（微山红莲、白莲、太空莲、建莲、睡莲等）、芦苇、香蒲、水生鸢尾等 30 余种水生植物，共 100 余万株。潜流湿地南北长 550m，东西长 300m，面积 268 亩，共分为 16 个单元。该项目于 2010 年 11 月开工建设，2011 年 6 月完成土建工程，已投入运行。

（二）人工湿地效益

人工湿地水质净化工程是山东省"治""用""保"并举流域污染综合治理思路的重要组成部分，主要是利用湿地系统中的物理、化学和生物的三重协同作用对经过拦蓄处理的河水进一步净化。通过退耕还湿和大面积湖滨生态系统的修复，可以实现削减面源污染、提高环境容量、改善生态环境、提高农民收入、促进旅游经济的目标，具有综合的经济效益、环境效益和社会效益。

1. 经济效益

从直接经济效益来看，示范工程实施后，由于调蓄湖泊及输水干线水质改善，将大大降低下游供水区水厂的前期处理费用。对于退耕还湿区农户来讲，示范工程实施后，在湖滨带、矿区塌陷区和河口区，每年定期对种植的湿地植物进行收割或采挖，既能保证湿地植物更好地生长，又能去除植物吸收的水体中营养物质，还能将这些湿地植物在市场上交易，增加渔民与农民收入。

在规模化实施退耕还湿前的 2005 年，农民从种植台田中获得的纯收入为每亩 300 元左右，且由于水位波动原因，收成无法稳定保证，收入年际变化较大。在退耕还湿实施后，芦竹种植户的每亩收入可达 518 元，加上政府补偿款 400 元，比种植小麦、大豆等农作物时收入要高；而且由于芦竹种植管理简单，农民还节省了大量的时间从事副业生产。另外，在试点区中，在台田间和地势低洼的水塘内栽植的菱角、芡实、莲藕等也具有良好的经济价值，农民由此也增加了部分收入，所以农民退耕还湿的积极性很高。农民收入的增加和积极性的提高，土地利用结构及农业产业结构的合理调整，保证了南四湖湿地修复与建设工程的顺利实施。

即使考虑到近几年农产品价格上涨因素，按当年实际价格测算，农民种植小麦、大豆的收入与种植芦竹的收入相比，依然不占优势。退耕还湿前后农民收入情况见表 4-1-3。

表 4-1-3   退耕还湿前后农民收入情况

时 间	毛收入/(元/亩)	支出/(元/亩)	纯收入/(元/亩)
退耕还湿前	1040	560	480
实施后第一年	413		413
实施后第二年	627		627
实施后第三年	751		751

2. 生态环境效益

通过南水北调工程东线南四湖退化湿地生态修复及水质改善工程的实施，显著削减了入湖污染负荷。将受损河流、湖滨带和湖区已大面积开垦为台田和鱼塘的湖滩修复为湿地和水生态系统，削减由农田化肥农药施用、渔业养殖等造成的面源污染，能够增加南四湖生态系统多样性和自净能力，为南水北调东线工程水质的保障创造良好的条件。

（1）污染减排效果。在河口人工湿地水质净化技术研究中，对湿地植物系统的化学需氧量、氨氮、总氮和总磷等污染指标的综合去除效果进行了研究和评价，结果如图 4-1-3 所示。结果表明，不同植物对化学需氧量均有很好的去除效果，去除率达到 80%～90%，处理出水都能达到地表水环境质量Ⅲ类水水质标准；不同植物对氨氮均有较好的去除效果，去除率达到 92% 以上，处理出水都能达到地表Ⅲ类水水质标准。

（2）生态修复效果。

1）植物群落的生态修复效果。试点区域进行生态修复前为耕地，植物结构单一，生物多样性低，生态系统服务功能价值较低。项目实施后，湿地生态系统与野生动植物资源得到有效的保护与恢复，湿地生态系统功能不断提升。退耕还湿后湿地植物的恢复对湿地生态系统服务功能的恢复具有关键作用，经过调查，试点区域内植物种类已达 54 种，分属于 29 科，比生态修复前增加了 72%。

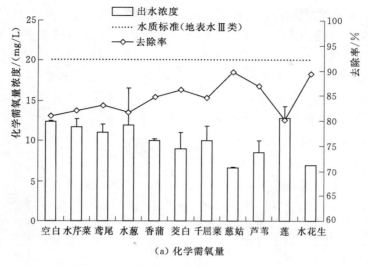

（a）化学需氧量

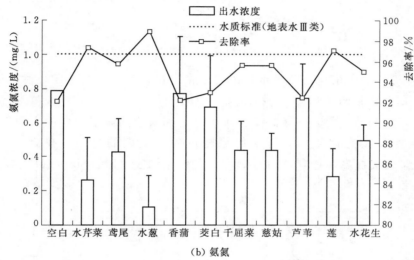

（b）氨氮

图 4-1-3　不同植物种类的污染物去除效果

　　2）试点区建设后对物种丰富度的影响。试点区可分为台田、过渡带和浅水区三种类型，各区之间由于水深及人为干扰程度的差异导致植被类型和种类有一定的差别。在台田区，人工种植芦竹和芦苇进行生态恢复。生态修复后第二年，该区的植物种类达到了 19 种，分属于 13科，其中菊科植物种类最多，芦竹为主要的优势物种。过渡带受人为因素干扰较小，植物种类较多，在调查中共发现植物 36 种，分属于 21 个科，其中菊科植物种类最多，主要的优势物种为禾本科植物。浅水区植物种类较少。在调查中共发现植物 11 种，分属于 9 个科，其中禾本科和眼子菜科植物种类最多，主要的优势物种为菹草。

　　经过生态修复后，试点区内物种丰富度指数（即单位面积物种数）有了明显提高。修复前、修复一年和修复两年物种丰富度对比如图 4-1-4 所示。在未经过生态修复的地区，由于整体受人为干扰影响很大，台田区、过渡带和浅水区的物种丰富度指数均很低，尤其是台田区，由于主要种植小麦，对其他物种生境的破坏极为严重，物种丰富度指数最低，仅为 2.70。开展湿地生态修复工作以后，台田区、过渡带和浅水区的物种丰富度指数均得到了很大程度的提高。其中，物种最丰富的样地出现在过渡带，其物种丰富度达 11.60，而在台田区和浅水区，其物种丰富度指数也分别提高到了 7.70 和 8.00。台田区、过渡带的物种丰富度指数在修复两年得到了更大程度的提高，浅水区也有了小幅提高，其中，物种最丰富的样地出现在过渡带，物种丰富度达 15.33，在台田区和浅水区，物种丰富度指数也分别提高到了 11.00 和 8.67。

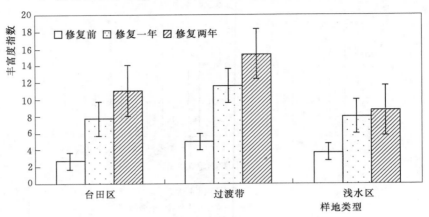

图 4-1-4 新薛河人工湿地物种丰富度指数

3）试点区建设后对 Simpson 指数的影响。Simpson 指数是能较好反映群落优势度的指标。修复前、修复一年和修复两年物种 Simpson 指数如图 4-1-5 所示。在未修复的台田区，小麦为绝对的优势种，Simpson 指数极低，仅为 0.0120。而对应的修复一年的台田区 Simpson 指数为 0.7446，说明经过生态修复后，群落优势度得到了很大的提高。在修复两年的过渡带，Simpson 指数有了较大提高，达到 0.7480。在修复两年的浅水区，Simpson 指数几乎没有变化，群落优势度较为稳定。

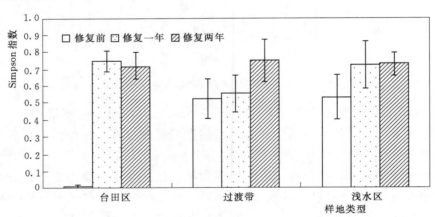

图 4-1-5 新薛河人工湿地物种 Simpson 指数

4）试点区建设后对 Shannon-Wiener 多样性指数的影响。Shannon-Wiener 多样性指数是能较好地反映出个体密度、生境差异、群落类型、演替阶段的指数。修复前、修复一年和修复两年地区 Shannon-Wiener 指数如图 4-1-6 所示。该物种多样性指数的变化趋势与 Simpson 指数类似。由于开展湿地生态修复前台田的物种极为单一，所以其 Shannon-Wiener 指数很低，仅为 0.0599；而经过湿地修复一年后，其 Shannon-Wiener 指数大幅度提高，达到

1.6190。对于过渡带和浅水区而言，由于其受人为因素干扰相对较小，修复前和修复一年的物种 Shannon - Wiener 指数较接近。值得注意的是，在修复一年的三种类型的样地中，Shannon - Wiener 指数的平均值全部大于 1，分别达到 1.6190、1.2289 和 1.5372，这说明经过生态修复后，生物多样性达到了较高的水平。在经过两年修复后，台田区和浅水区与修复一年相比，没有明显变化，生态系统较为稳定。而修复两年的过渡带 Shannon - Wiener 多样性指数有了很大提高，生物多样性达到了更高的水平。

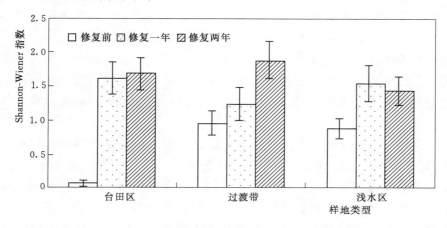

图 4 - 1 - 6　新薛河人工湿地物种 Shannon - Wiener 指数

试点区域进行生态修复前为耕地，植物结构单一，生物多样性低，生态系统服务功能价值较低。项目实施后，湿地生态系统与野生动植物资源得到有效保护与恢复，湿地生态系统功能不断提升。由于人工湿地内已形成了由挺水植物、浮水植物和沉水植物构成的层次丰富的生态群落，使得湿地生态环境改善，水生动物的数量和种类大为增加。良好的湿地生境，使示范区湿地成为众多鸟类的栖息和繁殖地。试点区内鸟类的数量和种类明显增多，经常可以见到成群水鸟聚集、觅食的景象。如今人工湿地的鸟类与 20 世纪末相比，增加近百种，有 200 多种鸟儿在这里栖息，每年以湿地作为中转迁徙地的候鸟达 100 多万只。

（3）生态服务功能价值评估。南四湖地区农田在退耕还湿前单位面积的生态服务价值为 25545.51 元/（hm² · a），退耕后单位面积的生态服务价值可达到 71136.68 元/（hm² · a），约为原来的 2.78 倍。退耕还湿后湿地的主要生态服务功能价值来自水质净化功能价值（占 69.5%），水质净化功能主要指在示范区内，由退耕还湿而削减的化肥和农药量分别达到 1050kg/（hm² · a）［相当于削减氮、磷 157.5kg/（hm² · a）、20.84kg/（hm² · a）］和 7.8kg/（hm² · a）。因此在南四湖开展退耕还湿，对于面源污染削减具有重要的意义。

3. 社会效益

（1）促进湿地旅游业的发展，提升居民生活质量。大面积围垦圈圩区和塌陷地修复为湿地和水生生态系统，将给湖泊缓冲带、湖滨带和湖区景观带来巨大的改善，增加南四湖的生态服务功能，提高当地居民的生活质量和旅游价值。同时，对改善当地投资环境，对促进招商引资起到不可忽视的作用。由于看到了示范区潜在的经济价值和生态价值，2009 年，微山县崔庄煤矿投资 1 亿元启动了微山湖湿地公园建设项目，与南四湖投资公司、昭阳街道办事处、高楼乡政府合资成立山东微山湖湿地投资有限公司。鉴于湿地公园建设的需求，山东微山湖湿地投资有限公司以 3000～4000 元/亩的价格从农民手中一次性买断了新薛河湿地示范工程中橡胶坝下游的约 7000 亩湿地，该部分湿地将在微山县环保局的监督下由湿地公园投资方进行管理。

（2）推动了湿地植物综合利用产业链的形成。以科学而有组织的大面积湿地修复综合整治与系统的湿地经济效益深度开发代替传统而单一的退耕还湖，能够充分保障南水北调东线工程实施后十余万湖区居民的收入，保证社会稳定。为进一步确保农户的增收及退耕还湿工作推进的持续性，加强了湿地植物资源化利用技术的研究，并开展了中试试验进行推广示范。主要对示范区内广泛种植的芦竹、芦苇开展了相应高效利用技术的示范与推广。

湿地植物制备固体燃料集成技术，2010 年冬季已与微山县企业进行了合作，免费为其提供技术，利用其原有的生产线，将芦苇、黄土和煤作为原料生产生物质煤，优惠卖给客户，并将炉渣回收利用生产盐碱化土壤改良剂。下步拟与企业合作建立每天 100kg 生物质煤的生产线作为示范工程。

湿地植物"沼气-蚯蚓-养殖"综合利用模式示范工程，位于微山县西万二村，该项研究与"农村分散生活源污染物生态处理技术与示范"课题相结合进行，综合利用模式已经建立。

在示范工程退耕还湿的基础上，积极开展湿地植物资源化利用技术的研究及试验推广，为退耕还湿后湿地植物的综合利用产业链提供技术支撑，也为退耕还湿的长期有效推进提供了保障，湿地资源的高深利用可间接促进当地区域的经济发展，确保区域社会的稳定。

以流域生态修复与水质改善研究成果为技术支撑，在南水北调工程东线南四湖流域开展了大规模推广应用，共建成河口人工湿地水质净化工程 15 项，面积 7 万余亩，净化入湖河水量 50 余万 m³/d；实施规模化退耕还湿面积 18.1 万亩，年削减化学需氧量和氨氮量 3100t 和 390t；湖滨带湿地生物多样性显著提升；同时，推动了湿地植物综合利用产业链的形成，初步形成了湿地植物的种植、管理、收获、加工、转运、销售、利用的产业链，同时开展湿地生态旅游，发挥湿地生态旅游价值，促进区域经济发展，提高当地居民的生活质量，大幅度提高了当地居民的经济收入，获得了良好的环境、生态、经济和社会效益。

第二节　受水区地下水压采与生态修复

南水北调东、中线一期工程受水区是我国水资源严重短缺的地区，为了维持经济社会发展，大部分地区不得不长期依靠过量开采地下水来满足用水要求，地下水位大面积持续下降，部分含水层已疏干或枯竭，地下水源遭到不同程度的破坏，同时产生了地面沉降、地裂缝、水质恶化、海（咸）水入侵等一系列生态与环境地质问题，已成为制约区域经济社会可持续发展的"瓶颈"。

南水北调工程是缓解我国北方水资源严重短缺问题的特大型基础设施项目，通过跨流域的水资源合理配置，解决我国水资源分布与社会生产力布局不相适应的矛盾，保障经济、社会、资源、环境的协调发展，促进地区经济繁荣和生态环境保护。2000 年 9 月 27 日，在南水北调工程规划座谈会上，朱镕基总理提出了"三先三后"的总体指导原则，即"先节水后调水、先治污后通水、先环保后用水"，并要求在加紧组织实施南水北调工程的同时，一定要采取强有力的措施，大力开展节约用水，绝不能出现大调水、大浪费的现象。2002年，国务院批复原则同意《南水北调工程总体规划》（国函〔2002〕117号），再次提出"三先三后"原则，要求进一步落实有关节水、治污和生态环境保护的政策和措施，实现节水、治污和生态环境保护的各项目标。

为保护地下水资源，增加水资源战略储备能力，保障国家生态安全、供水安全和粮食安全，实现2011年中央一号文件提出的到2020年地下水超采基本得到遏制的目标，国务院批复了《南水北调东中线一期工程受水区地下水压采总体方案》，受水区系统编制了地下水压采保护规划和实施方案，全面开展了地下水压采推进工作。

一、地下水压采工作

（一）工作规划

在《南水北调东中线一期工程受水区地下水压采总体方案》（2013年）（以下简称《总体方案》）批复后，受水区的6个省（直辖市）结合各自地下水的开采现状，出台了压采方案，制定地下水压采目标，逐步推进地下水压采工作。同时还颁布实施了相应的法律法规，确保压采目标的顺利实施。

1. 北京市

自2009年起，北京市针对南水北调受水区地下水超采以及地下水资源管理问题开展"南水北调受水区地下水压采与管理"专项研究，积极推进地下水压采，分别完成了2008—2014年各年度受水区地下水开发利用现状调查、压采目标核定、压采计划编制、压采方案实施等多项工作。于2013年和2014年分别完成《北京市南水北调受水区地下水开发利用现状调查及压采实施方案（2014—2020年）》和《北京市南水北调受水区地下水开发利用现状调查及2015年度压采计划编制》，明确了地下水压采目标与任务，并将目标与任务分解至全市各区。2015年起，进一步完善与规范年度地下水超采区综合治理与管理工作，每年开展上年度地下水压采成果分析总结与年度地下水管理计划编制，并对地下水压采与管理制度完善提出建议。

北京市分步骤有序安排地下水压采工作。综合考虑水源替换的平稳过渡，按照先城区、后郊区的总体思路，制定地下水压采目标，逐步推进地下水压采工作。在南水北调通水初期，在保障现状水厂供水的基础上，分年度压减城区自备井和为城区供水的郊区水源地开采量，逐步实现城区地下水采补平衡。规划至2020年，完成城区公共供水管网置换自备井工作，封填自备井实现压采地下水开采量2.8亿m³，削减超采量近54%，城区总体实现地下水采补平衡；至2025年，全市压减地下水开采量4.7亿m³，削减超采量92%，重点推进郊区地下水压采，郊区削减超采量88%，地下水超采问题得到缓解。

2. 天津市

2014年8月，天津市批复了《天津市地下水压采方案》，将压采目标和任务分解到各区；2015年11月，天津市制定了《天津市地下水水源转换实施方案》；2016年6月，天津市政府与有任务的9个区政府签订了压采工作责任书，明确各区2020年水源转换任务总量和2016年水源转换任务。

根据天津市的地下水压采方案，2015年压缩深层地下水开采量0.22亿m³，深层地下水目标开采量控制在 2.02 亿 m³；2020 年再压缩深层地下水 1.13 亿 m³，深层地下水目标开采量控制在 0.89 亿 m³，提前五年实现国务院批复的《总体方案》天津市压采目标。

3. 河北省

河北省制定了《南水北调中线一期工程河北省受水区地下水压采实施方案》。实施方案确定受水区各设区市、省直管县（市）2015 年地下水压采目标为 17.95 亿 m³（其中城区为 15.88 亿 m³），2020 年地下水压采目标为 31.93 亿 m³，到 2020 年，城区地下水超采量全部实现压减，非城区地下水超采问题得到有效缓解。实施方案中将 2015 年和 2020 年的压采目标分配到了受水区各设区市、省直管县（市）。

2014 年国家在河北省开展地下水超采综合治理试点后，河北省又制定了《河北省地下水超采综合治理规划》。根据治理规划，到 2017 年，全省地下水开采量控制在 117 亿～120 亿 m³；到 2020 年，地下水开采量控制在 105 亿～109 亿 m³；到 2030 年，地下水开采量控制在 99 亿 m³ 左右，全面实现采补平衡。

4. 河南省

结合河南省受水区地下水超采状况，河南省水利厅、发展改革委、住建厅、南水北调办联合发布了《河南省南水北调受水区地下水压采实施方案（城区 2015—2020 年）》（豫水政资〔2014〕74 号）。规划至 2020 年，通过替代水源工程和管网配套工程建设，全省受水城区地下水压采总量为 2.70 亿 m³，其中浅层水压采 1.75 亿 m³，中深层水压采 0.95 亿 m³；城区浅层地下水实现采补平衡，城区深层承压水原则上停止开采，城市地下水环境状况得到显著改善。

压采方案以 2012 水平年地下水开采量作为基准年开采量，将压采目标分解至 11 个省辖市、2 个省直管县，按照整体压采计划制订了各年度的压采方案。为保证实施方案的可操作性和便于监督，受水区各市、县基本都根据省分解各地的地下水压采控制目标，制订了各地的地下水压采实施方案和年度压采计划。

5. 山东省

2015 年，山东省政府编制完成了《山东省地下水超采区综合整治实施方案》，并得到批复。方案提出的目标总体上高于国务院批复的《总体方案》要求。方案规划 2016—2020 年，全省共压减浅层地下水 1.824 亿 m³，浅层地下水超采量全部压减，深层承压水压采量及封填井数分解到 2020 年和 2025 年两个阶段。各设区市、县（市、区）根据方案制定的压采计划、压采目标和本地压采任务，均分解细化到各个年度。

6. 江苏省

江苏省 2013 年启动了省级地下水压采方案编制工作，2015 年省政府正式批复了《江苏省地下水压采方案（2014—2020 年）》。同时，江苏省组织开展了市、县两级地下水压采方案编制工作，受水区所有 27 个市、县政府已于 2015 年年底前全部批复本行政区域的地下水压采方案，明确了各市、县年度压采任务。现场核查的各设区市、各县（区）都编制了压采方案，如市级的《徐州市地下水压采方案》《连云港市地下水压采方案》，县级的《沛县地下水压采方案》《徐州市铜山区地下水压采方案》《灌南县地下水压采方案》《灌云县地下水压采方案》等。

（二）工作实施

1. 管理制度建设

北京市不断强化"量水发展"理念，先后出台了《北京市实施〈中华人民共和国水法〉办法》《北京市水土保持条例》《北京市自建设施供水管理办法》《北京市地下水保护和污染防控行动方案》（京政发〔2013〕30号）等有关法规和政策文件。通过管理制度建设，实行最严格水资源管理制度，落实"把地下水管起来"的要求，进一步规范地下水管理工作。强化区域用水总量控制，严格实行水影响评价审查制度，严控新增取水许可，限制新增机井审批。实施外调水、地表水、地下水、再生水统一调度，合理压减集中式地下水水源地取水量。推进南水北调主体工程、配套工程以及其他地下水压采替代水源工程建设，实施自备井置换，实施地下水回补，涵养地下水水源。2015年度北京市完成了地下水超采区综合治理与管理成果报告，总结分析了北京市地下水资源管理与超采治理工作，对地下水管理控制指标进行分解，并完善地下水管理制度建议。

天津市在防治地面沉降、减少地下水超采、规范地下水等方面，颁布实施了一系列政策措施，强化地下水管理。《天津市控制地面沉降管理办法》要求根据地面沉降和地下水分布、开采状况定期进行地下水分区评价，确定本市地下水开采总量和水位控制指标；《天津市计划用水管理办法》对取用地下水的计划用水指标相关要求作出规定。《关于进一步加强地下水管理工作的通知》《天津市建设项目取用水论证管理暂行规定》《关于加强农业项目取用地下水管理的通知》《天津市超计划用水累进加价收费征收管理规定》《地下水压采井回填管理办法》等，为地下水取水许可审批与日常监督、地下水压采、计量统计、动态监测、水资源费征收与使用、地下水水质保护等方面提供了保障。

《河北省地下水管理条例》确立了地下水水量水位双控制制度，严格执行规划水资源论证制度，规范凿井施工单位管理，强化政府对饮用水水源地的管理职责。《河北省水功能区管理规定》《河北省水权确权登记办法》等多项创新政策，为实现地下水资源依法保护、合理开发利用提供了制度保障。

河南省人民政府办公厅发布《关于印发河南省实行最严格水资源管理制度考核办法的通知》（豫政办〔2013〕104号），将用水总量控制目标分解至各省辖市。2014年11月，河南省水利厅《关于印发地表水、地下水、其它水源用水总量控制指标的通知》（豫水政资〔2014〕54号），对各省辖市地下水用水总量控制目标进行细化。河南省水利厅《关于印发〈河南省地下水管理暂行办法〉的通知》对区域地下水开发利用进行规范，要求区域内地下水开采总量不得超过上一级水行政主管部门下达的地下水开采总量控制指标。各级政府要制订方案，限期关闭城市供水管网覆盖范围内的自备水井。南水北调工程受水区县级以上政府要统筹配置南水北调工程供水和当地水资源，严格控制地下水开发利用，改善水生态环境。部分省辖市制定了压采激励性政策，取得了很好的效果。

《山东省实施〈中华人民共和国水法〉办法》《山东省取水许可管理办法》等法规中均就地下水管理和保护做出明确规定和要求。2015年4月1日，山东省第十二届人民代表大会常务委员会第十三次会议通过了《山东省南水北调条例》，明确提出要严格控制开采地下水和实行地下水压采。2015年，批准公布了全省地下水禁采和限采范围，批复了《山东省地下水超采区综合整治实施方案》，在全省范围内组织开展地下水超采区综合整治工作。山东省水利厅印发了《关于进一步加强城区地下水管理工作的通知》（鲁水资函字〔2015〕36号），要求对城市公共供水管网覆盖范围内自备水井依法按程序关停，同时加大执法检查力度，依法查处私自打井等违法取用水行为。

江苏省先后发布了多项地下水管理保护法规和规范性文件，出台了《江苏省地下水利用规程》地方标准，规范地下水管理行为。同时，根据地下水管理新形势，制定了《江苏省地源热泵系统取水许可和水资源费征收管理办法》《关于规范封井工作的通知》《关于做好高速铁路沿线地下水禁采工作的通知》等政策文件。上述法规、标准和文件在地下水管理保护工作中发挥了重要的法律保障作用。

2. 禁采区的划定

北京市按照水利部《关于开展全国地下水超采区评价工作的通知》要求，开展了2001—2010年地下水超采区评价工作，并于2013年6月底完成了地下水超采区评价成果审查工作，同时上报水利部审查验收。考虑到南水北调水进京和地下水动态变化，北京2015年5月对地下水超采区进行了重新划定。

2007年，天津市人民政府划定了市地下水禁采区、限采区，发布了《关于划定地下水禁采区和限采区范围进一步加强地下水资源管理的通知》（津政发〔2007〕24号）。2014年5月，天津市人民政府办公厅印发了《关于重新划定地下水禁采区和限采区范围严格地下水资源管理的通知》（津政办发〔2014〕5号），再次明确划定了禁采区、限采区的范围，明确划定：市内六区、环城四区外环线以内地区、武清区城区、滨海新区建成区、沿海防潮堤两侧各1km范围以及围海造陆的全部陆域为禁采区。宝坻区新开口、口东、八门城一线以南，禁采区以外的市其他地区为限采区。

2014年，河北省组织开展了地下水超采区评价工作，划定了平原区地下水超采区、禁采区和限采区范围。印发了《河北省人民政府关于公布平原区地下水超采区、禁采区和限采区范围通知》，并向社会公布。

2015年，河南省人民政府印发《关于公布全省地下水禁采区和限采区范围的通知》（豫政〔2015〕1号），划定深层承压水禁采区279km²，限采区面积929km²，涉及郑州、开封、商丘、永城等四市。对地下水取水许可管理方面进行更加严格的规定。

2015年，山东省人民政府公布了全省地下水禁采和限采区划，范围如下：全省浅层地下水超采区范围包括浅层地下水一般超采区和严重超采区，共8处，涉及10个市，面积10433.2km²。浅层地下水限采区面积9373.8km²，禁采区面积1059.4km²。深层承压水超采区总面积43408km²，涉及8个市，均划定为禁采区。

江苏省分别于1995年、2000年、2005年、2013年4次组织划定全省地下水超采区和禁采区、限采区。全省新一轮地下水超采区划分方案已于2013年7月经省人民政府批复实施。2013年超采区划分成果与2005年相比，超采区数量减少3个、面积减少832km²。同时，江苏省在全国率先划定地下水水位控制红线，明确了全省各管理分区、各地下水主采层的禁采水位。

3. 地下水资源费标准调整

北京市通过推进水价改革，全面提高了水资源费收费标准。2014年，北京市发布了《关于北京市居民用水实行阶梯水价的通知》和《关于调整北京市非居民用水价格的通知》，将居民用水自来水供水水资源费调整为1.57元/m³，自备井供水水资源费调整为2.61元/m³。2016年，印发了《关于调整北京市非居民用水价格的通知》，进一步调整非居民用水水资源费，除特殊行业外，城六区非居民用水自来水供水水资源费调整为2.3元/m³，自备井供水水资源费调整为4.3元/m³；其他区域非居民用水自来水供水水资源调整为1.8元/m³，自备井供水水资源费调整为 3.8 元/m³。2015 年全年征收水资源费 18.78 亿元，收缴超计划加价水费 981 万元。

天津市多次调整地下水资源费征收标准，根据全市地下水超采区分布和自来水管网覆盖状况，实行了不同区域的差别定价，并逐步提高地下水资源费征收标准。中心城区、环城四区、滨海新区、武清区、静海区的地下水资源费征收标准为 5.8 元/m³，宝坻区、蓟县和宁河区的地下水资源费征收标准为 4.0 元/m³，以地下水为水源的自来水厂地下水资源费征收标准为 1.6 元/m³。市水务局、发展改革委、财政局多次组织开展水资源费征收使用专项检查，保证全市地下水资源费征收标准执行到位，合理使用。通过水资源费的征收，已累计筹集南水北调工程基金约 8 亿元。

河北省出台了《关于加强水资源费征缴工作意见的通知》等规范性文件。2013 年出台的《关于调整水资源费征收标准的通知》（冀价经费〔2013〕33 号），调整了水资源费最低征收标准，平均征收标准由之前的地下水 0.9 元/m³、地表水 0.31 元/m³，分别提高到 1.5 元/m³、0.4 元/m³。重点把自备井水、地热水、矿泉水由 1.5 元/m³ 提高到 2.0 元/m³。2016 年 7 月，作为全国水资源费改税唯一试点，河北省将公共管网覆盖内的自备井地下水水资源税定为 3～6 元/m³（不同类型超采区不一样），超出计划 40% 以上部分按 3 倍征收。

河南省发展改革、财政、水利部门联合发布《关于调整我省水资源费征收标准的通知》（豫发改价管〔2015〕1347 号），地下水水资源费平均标准提高到 1.5 元，超采区自备井加收 30%。

山东省物价局、财政厅、水利厅联合印发了《关于加快推进水资源费标准调整工作的通知》（鲁价格发〔2014〕156 号）。地表水平均征收标准均不低于 0.4 元/m³，地下水平均征收标准均不低于 1.5 元/m³。全省 17 个设区市全部完成了水资源费征收标准调整工作。2016 年上半年，全省地下水超采区中属于南水北调受水区范围的行政区共征收水资源费 2.29 亿元，其中地下水水资源费 1.91 亿元，占 83.4%。

江苏省政府 2015 年出台了《关于调整水资源费有关问题的通知》（苏价工〔2015〕43 号）的水资源费征收标准，合理调整了水资源费征收标准，建立了差别化水资源费征收体系。地下水未超采区水资源费标准为 2 元/m³，一般超采区为 3 元/m³，严重超采区为 4 元/m³，地热水、矿泉水为 10 元/m³；对区域供水管网到达地区的地下水水资源费标准适当上浮，特种行业用水大幅提高水资源费征收标准，以体现资源的稀缺程度；对获得省级以上节水型企业、单位等载体称号的，计划内用水按规定标准的 80% 征收水资源费，鼓励用水户采取措施节约用水。

4. 地下水计量监控体系建设

北京市积极贯彻落实《北京市人民政府关于实行最严格水资源管理制度的意见》（京政发〔2012〕25 号）精神，加强水资源开发利用控制红线管理，严格实行用水总量控制，加强地下水监控计量体系建设。全市生活、工业用水井已全部实现用水计量、月统月报。自 2006 年起，北京市已安装 1000 套远程用水量监控设施，取水许可水量的 81% 实现在线监测。对市管自备井大户用水信息进行自动采集、动态监测，自 2009 年投入运行，积累了大量原始用水数据，为分析预测用水趋势、制定相关政策标准提供了翔实的数据支持。自 2014 年起，北京市开始推进农业灌溉机井智能计量设施建设。

天津对全市城镇生产生活年取水量 20 万 m³ 以上用户，基本实现水量在线监测，开展了农业地下水开采计量示范，实现了地源热泵项目用水量实时在线监测，启动了水资源监控能力建设项目，将实现对地下水使用进行水量水质水位"三位一体"的监控管理。

河北省基本建立了符合省情的地下水取水管理和地下水位动态管理相结合的监控体系。根据监测结果，定期编印地下水通报。国家地下水监测工程（水利部分）项目在该省新建 954 处地下水监测站。同时，河北省建立了地下水动态预警系统，根据该省地下水严重超采的实际情况，按照最严格水资源管理制度"三条红线"控制指标和地下水综合治理任务和目标，结合该省地下水分布和水文地质条件，分析和确定了一整套面向不同降水情景、不同水平年的地下水"水位-水量双控管理"指标阈值，提出了地下水位红、黄、蓝线，构建了覆盖河北县级行政区域的地下水位"三大预警类别、六大预警等级、十二种预警类型"和"双指标"预警方法，编制了《河北省地下水位预警与控制方案》。

河南省根据国家水资源监控能力建设与河南省水资源管理系统建设实施方案，结合国家地下水监测工程建设和用水计量监测，逐步建立起覆盖南水北调受水区，包括国家、流域、地方多级集成的地下水综合管理平台，以实现对地下水水位、水质、开发利用情况、超采状况等的动态监控。同时，对地下水年取水量 2 万 m^3 的 1100 个取用水户安装了计量设施，基本实现水量在线监控。

山东省德州市非农业取水计量率达 100％，其中 65％用水户安装了远程监控，监控水量占非农业取用水许可量的 90％。聊城市对全市 99 户重点地下水取水户的 293 处取水口安装了水量在线监控系统。潍坊寿光市安装远程监控终端 138 处，全市较大取用水企业基本全部实现在线监控，监控水量占全市取水许可水量的 72.6％，其他非农业取用水户一级装表率达 95％以上。淄博市对超采区和禁限采区内年取地下水量超过 1.5 万 m^3 的用水户安装了远程计量设施，目前共安装 473 套，监测水量占取水量的 83％。

江苏省非农业取用地下水计量设施安装率近 100％，其中年取用地下水 5 万 m^3 以上的已全部接入全省水资源管理信息系统，实行远程监控。农业取用地下水基本未安装计量设施。

二、地下水压采指标评价研究

（一）评价指标的构建

1. 地下水压采评价指标的特征分析

收集国家、省（直辖市）出台的地下水相关的规范和标准以及南水北调受水区地下水压采评价的相关工作方案，对地下水压采评价相关的指标进行了整理汇总，并将地下水压采评价指标划分为水量、水位、面积和措施四种指标类型，见表 4-2-1。

对各个类型的指标进行了特征分析。地下水压采评价相关指标的特征见表 4-2-2。水量指标体现地下水开采与超采情况，措施指标体现地下水开采井的保护情况。这两个指标都是对压采措施进行评价。数据可通过受水区各省（直辖市）统计上报数据，易于获得，易于评价，且评价准确性较高；水位指标体现地下水位变化情况，面积指标体现超采区面积变化。这两种指标都是对压采行为产生的效果进行评价。数据比较易于获得，易于评价，但由于评价资料有多种来源渠道，评价准确性有待进一步验证。

2. 评价指标选择

南水北调东中线受水区主要是我国浅层、深层地下水超采区分布的主要区域，南水北调东、中线工程的相继通水，对受水区地下水压采工作发挥了巨大的促进作用。本项目的主要评价目

表 4 - 2 - 1　　　　　　　　　　　　　地下水压采评价指标汇总

指标类型	指标名称	指标来源
水量	浅层地下水开采量	[4]，[8]，[9]
	深层地下水开采量	[4]，[9]
	城区地下水开采量	[3]，[4]，[6]，[7]，[9]
	非城区地下水开采量	[4]，[9]
	农业地下水开采量	[3]，[4]，[6]，[7]
	工业地下水开采量	[3]，[4]，[6]，[7]
	城镇生活地下水开采量	[3]，[4]，[6]，[7]
	农村生活地下水开采量	[3]，[4]，[6]，[7]
	地下水可开采量	[1]，[2]，[3]，[5]，[8]，[9]
	地下水补给量	[1]，[3]
	地下水存储量	[1]，[3]，[9]
	地下水超采量	[4]，[9]
	地下水超采系数	[2]
水位	地下水埋深	[2]，[3]，[6]，[7]，[8]
	地下水埋深变幅	[2]，[3]，[7]
	地下水位下降速率	[2]，[3]
面积	浅层地下水超采区面积	[2]，[8]，[9]
	深层地下水超采区面积	[2]，[8]，[9]
	地下水漏斗面积	[2]，[8]
措施	地下水开采井数量	[5]，[8]
	封存埋井数量	[4]
	压采井数量占比	[4]

注　[1]《地下水资源勘察规范》(SL 454—2010)。

　　[2]《地下水超采区评价导则》(SL 286—2003)。

　　[3]《水文地质术语》(GB/T 14157—1993)。

　　[4]《南水北调（东、中线）受水区地下水压采总体方案》。

　　[5]《地下水资源分类分级标准》(GB 15218—94)。

　　[6]《地下水动态监测规程》(DZ/T 0133—1994)。

　　[7]《地下水监测规范》(SL 183—2005)。

　　[8]《河北省地下水超采综合治理规划》。

　　[9]《河南省南水北调受水区地下水压采实施方案（城区 2015—2020 年）》。

表 4-2-2 地下水压采评价相关指标的特征

指标类型	评价对象	指标性质	数据来源	获取难易	评价准确性
水量	地下水开采与超采	措施评价	受水区各省（直辖市）	易	准确性高
水位	地下水位变化	效果评价	公报、年鉴等	一般	有待验证
面积	超采区面积变化	效果评价	公报、年鉴等	一般	有待验证
措施	地下水开采井	措施评价	受水区各省（直辖市）	易	准确性高

标就是对受水区压采保护工作和实施效果进行评价，并通过评价促进南水北调水资源的高效利用。为此，地下水压采评价指标应选择易于获取，且准确性较高的指标，同时兼顾措施评价指标和效果评价指标。

（1）评价指标的选择原则。按照考核与复核相结合、效果与措施相结合、近期与远期相结合的原则，选取具有代表性、数据易获取、准确性较高，且兼顾措施评价和效果指标，既反映受水区地下水压采特点，又能对受水区地下水压采目标进行考核的评价指标。初步选取的受水区地下水压采评价指标见表4-2-3。

表 4-2-3 受水区地下水压采评价指标

类 别	指 标	释 义
水量指标	农业地下水压采量	评价区年度农业地下水压采水量
	工业与生活地下水压采量	评价区年度工业与生活地下水压采水量
水位指标	地下水位变化	评价区年度地下水位变幅
管理指标	开采井封填数量	评价区年度开采井封填数量
	南水北调分配水量使用比例	评价区年度使用南水北调水量占规划分配水量的比例

（2）评价指标选择的计算方法。

1）农业地下水压采量。评价区年度农业地下水压采量为基准年农业地下水开采量与考核年农业地下水开采量的差值。

$$WA_{压采} = WA_{基准年} - WA_{考核年} \quad (4-2-1)$$

式中：$WA_{压采}$为评价区年度农业地下水压采量，万 m^3；$WA_{基准年}$为评价区基准年农业地下水开采量，万 m^3，为评价区 2010—2014 年 5 年平均农业地下水开采量；$WA_{考核年}$为评价区考核年度农业地下水开采量，万 m^3。

以年度实际监测统计数据为依据，考虑年度降水因素折算成多年平均降水年份农业地下水开采量。本着简单可行、能够复核的原则，推荐折算方法为：选取评价区近10年降水量和农业地下水开采量信息；建立降水量与农业地下水开采量之间相关关系；确定评价年份多年平均降雨情境下的农业地下水开采量。

2）工业与生活地下水压采量。评价区年度工业与生活地下水压采量为基准年工业与生活地下水开采量与考核年工业与生活地下水开采量的差值。

$$WID_{压采} = WID_{基准年} - WID_{考核年} \quad (4-2-2)$$

式中：$WID_{压采}$ 为评价区年度工业与生活地下水压采量，万 m³；$WID_{基准年}$ 为评价区基准年的工业与生活地下水开采量，万 m³，选择南水北调通水重要节点 2014 年作为基准年；$WID_{考核年}$ 为评价区考核年的工业与生活地下水开采量，万 m³，以考核年度实际监测和统计的工业与生活地下水开采量为依据。

3）地下水位变化。评价区地下水位变化为考核年地下水位与基准年地下水位的差值。

$$\Delta H = H_{考核年} - H_{基准年} \tag{4-2-3}$$

式中：ΔH 为评价区考核年地下水位变化，m；$H_{基准年}$ 为评价区基准年地下水位，m，选择评价区 2014 年 12 月 31 日地下水位作为基准年地下水位；$H_{考核年}$ 为评价区考核年地下水位，m，为评价区考核年 12 月 31 日地下水位。

4）压采井数量。评价区年度永久填埋、封存备用的井的数量。

5）南水北调分配水量使用比例。南水北调分配水量使用比例为受水区年度实际取用的南水北调水量占该地区规划分配水量指标的比值。

$$R = Y_i / S \tag{4-2-4}$$

式中：R 为评价区南水北调规划配水与实际使用的比例，%；Y_i 为评价区考核年度实际取用的南水北调水量，亿 m³；S 为评价区南水北调东中线一期规划分配的可用水量，亿 m³。

（二）地下水压采评价指标评价的方法

1. 评价指标的赋值和权重

基于建立的地下水压采效果评价指标，根据南水北调各受水区上报的目标值，依照评价指标计算方法可得到考核值。依据表 4-2-4 对各受水区地下水压采量实施效果总体情况进行评分考核。

表 4-2-4 受水区地下水压采效果考核与评估

序号	考 核 指 标	目标值	评价值
1	农业地下水压采量	地方填报	核算
2	工业与生活地下水压采量	地方填报	核算
3	地下水位变化	多年平均变化值	核算
4	压采井数量	地方填报	核算
5	南水北调规划配水实际使用比例	地方填报	核算

鉴于工业与生活地下水压采最直观展现地下水压采的实际效果，因此，对水量指标共分配 50% 的影响权重。水位指标能宏观体现地下水压采效果，作为定性指标，对这个水位指标不分配影响权重。开采井封填数量、南水北调分配水量使用比例各分配 25% 的影响权重。地下水压采评价指标赋值和权重分配见表 4-2-5。

2. 评价结果及分级

南水北调各受水区地下水保护效果评价的综合得分为各评价指标的得分与其指标影响权重乘积的加和值。计算公式如下：

表 4-2-5   地下水压采评价指标赋值和权重分配

类别	考核指标	赋值标准	赋值范围	影响权重
水量指标	工业与生活地下水压采量	考核值与目标值的比值为1，计100分； 比值0.9～1，计90分；	0～100	50％
水位指标	地下水位变化	比值0.8～0.9，计80分； 比值0.7～0.8，计70分； 比值0.6～0.7，计60分； 比值小于0.6，计50分	0	0
管理指标	开采井封填数量		0～100	25％
	南水北调分配水量使用比例	比值100％，计100分； 80％～90％，计90分； 70％～80％，计80分； 60％～70％，计60分； 小于60％，计50分	0～100	25％

$$D = \sum_{i=1}^{5} a_i B_i \qquad\qquad (4-2-5)$$

式中：D 为综合得分值；a_i 为考核指标得分；B_i 为考核指标 a_i 的影响权重百分数；i 为 1，2，3，4，5。

三、受水区压采工作实施效果评价

为了确保南水北调东、中线地下水压采工作的顺利开展，受水区内针对地下水变化采取了一系列有效措施。经过调研分析，受水区地下水压采工作取得了初步成果，部分压采区的地下水开采量有了明显的减少，地下水水位下降趋势得到了一定程度的缓解、地下水漏斗面积也发生了相应的变化。

（一）地下水资源量及开发利用变化

1. 地下水资源量

地下水资源量，特别是浅层地下水资源受降雨影响较大。但总体来看，2009—2015年期间，南水北调东、中线受水区地下水水资源总量受年度降雨量、开采量的变化而发生波动，但2014年、2015年，6个受水省（直辖市）的地下水资源量都呈现了增加的趋势（图4-2-1）。

2. 受水区地下水开发利用

2015年和2014年相比，除河南省外，其他受水区地下水开采量占当地地下水资源总量的比例都有不同程度的下降，特别是北京市（图4-2-2）。

（二）地下水开采量变化

根据受水区各省（直辖市）2009—2014年的水资源公报数据，对北京市、天津市、河北省、

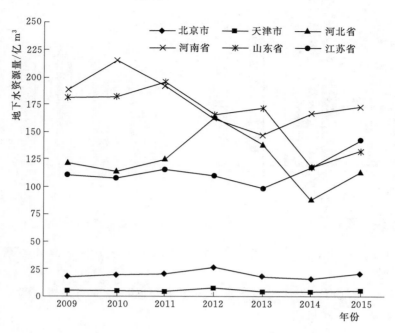

图 4-2-1　2009—2015 年受水区地下水资源量

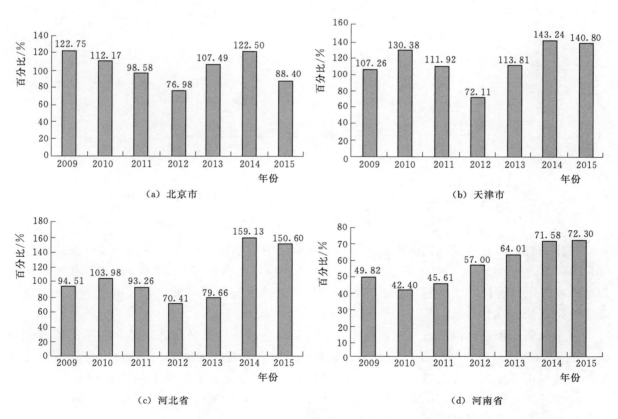

（a）北京市

（b）天津市

（c）河北省

（d）河南省

图 4-2-2（一）　2009—2015 年受水区地下水开采量占地下水资源量百分比

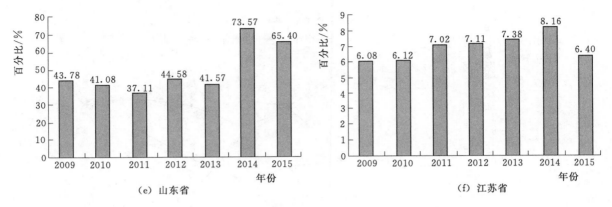

（e）山东省　　　　　　　　　　　　　　　　　　（f）江苏省

图 4-2-2（二）　2009—2015 年受水区地下水开采量占地下水资源量百分比

河南省、山东省的地下水开采情况进行分析，各受水区地下水开采量总体呈减缓趋势，超采的形势得到了有效控制。

2009—2014 年，北京市、天津市地下水开采量呈现逐年减少的趋势（图 4-2-3）。北京市 2014 年地下水开采量相对 2011 年减少了 6.2%。

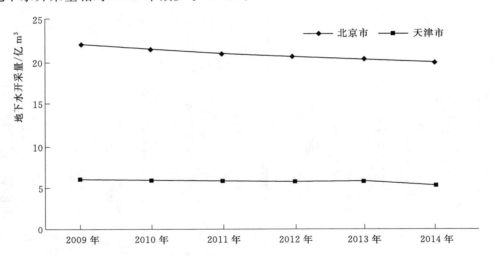

图 4-2-3　2009—2014 年北京市、天津市地下水开采量变化图

整体来看，河北省受水地级市的地下水开采量呈下降趋势（图 4-2-4）。其中，2011 年较 2014 年，邯郸市城市地下水开采量减少了 56.8%，保定市减少了 29.4%，沧州、衡水地区城市地下水开采量保持相对平稳态势。邢台由于近年来降水量的显著减少，城市地下水开采量出现了一定回长。

南水北调工程通水前后，河南省除南阳、安阳两市以外，其他市开采量均有不同程度的减少（图 4-2-5）。2009 年开始，除南阳、安阳由于年降雨的显著减少，导致了地下水开采量增加外，其他市都呈现下降趋势。2011 年较 2014 年，周口地下水开采量下降了 3.816 亿 m³。

南水北调工程通水后，山东省各市地下水开采量变化较平稳（图 4-2-6）。2014 年较 2011 年潍坊市地下水开采量减少了 0.98 亿 m³。

从南水北调工程各受水地市地下水开采量变化分析可以看出，南水北调工程的通水对于缓

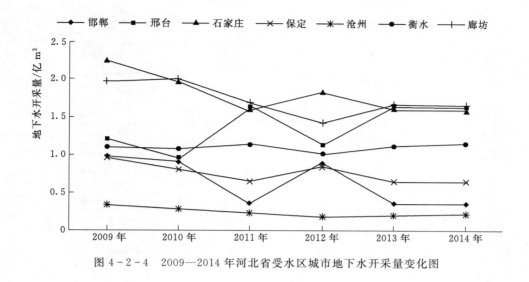

图 4 - 2 - 4　2009—2014 年河北省受水区城市地下水开采量变化图

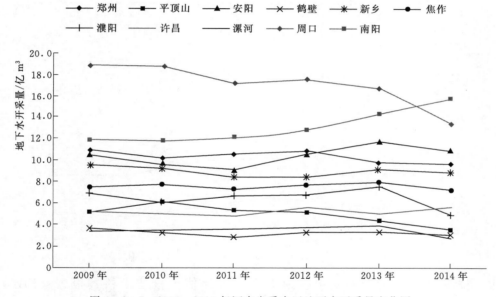

图 4 - 2 - 5　2009—2014 年河南省受水区地下水开采量变化图

解各受水区地下水超采态势发挥了一定的作用，特别是北京市、天津市、河北省，地下水超采得到初步遏制。

（三）地下水水位变化

选取具有地下水水位长期观测数据的受水区进行分析。2010—2015 年，北京市的海淀、顺义、通州区地下水埋深相对稳定，通州区 2013 年开始呈现缓慢上升趋势（图 4 - 2 - 7）。

2010—2015 年，天津大部分区县地下水位趋于稳定，除蓟县和津南区以外，天津市各受水区县地下水位下降的趋势得到了控制和缓解，特别是南水北调工程通水的 2013 年以后（图 4 - 2 - 8）。其中，武清区地下水位上升最为明显，2011 年以来，武清区地下水位年均上升 1.2m。

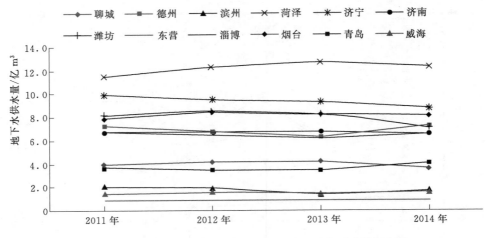

图 4-2-6　2011—2014 年山东省受水区地下水开采量变化图

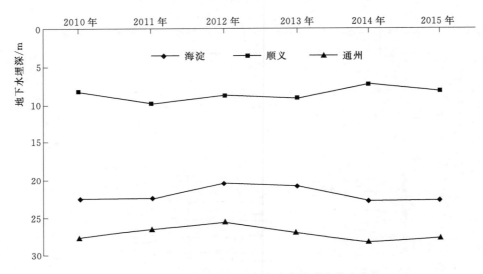

图 4-2-7　2010—2015 年北京市地下水位变化

　　《南水北调东中线一期工程受水区地下水压采评估考核技术核查报告（2016）》显示：2012—2014 年天津深层承压水区地下水总体呈下降态势；局部连续上升，如第Ⅱ含水层组的西青区和津南区。宁河区、静海区、滨海新区汉沽各含水层组以下降态势为主。南水北调东线工程通水前后，江苏省大部分受水区地下水位较稳定（图 4-2-9）。2013 年东线工程通水后，有的受水区表现出回涨的趋势，特别是扬州市、徐州市和淮安市，地下水位分别上升了 7m、4.5m 和 3.8m。

　　《南水北调东中线一期工程受水区地下水压采评估考核技术核查报告（2016）》显示：江苏省通过地下水压采，受水区地下水位普遍有所回升，地面沉降速率明显减缓。监测资料显示，江苏省南水北调受水区地下水位上升区和稳定区面积占受水区总面积的 97.4% 以上。其中，徐州市地下水位逐渐有所回升，地下水位平均埋深已从 2014 年的 17.09m 回升到 2015 年的 16.64m；铜山区地下水位埋深平均上升 0.69m；连云港市地下水水位基本稳定，局部地区水位略有下降。

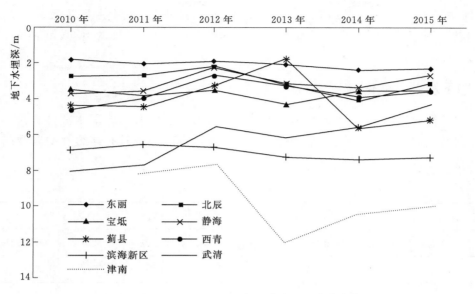

图 4-2-8　2010—2014 年天津市地下水位变化

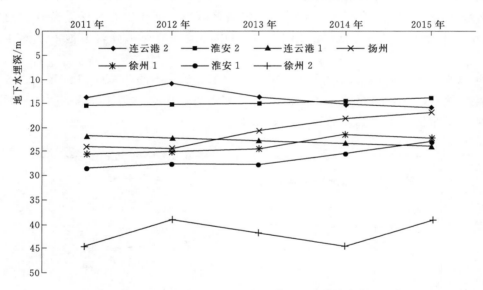

图 4-2-9　2011—2015 年江苏省地下水位变化

　　《河北省南水北调工程"三先三后"原则落实情况的报告》显示：河北省 2016 年 3 月与 2015 年同期相比，衡水市深层地下水回升 0.87m，邢台市深层地下水年降幅由 5.79m 减少至 0.21m，邢台市浅层地下水年降幅由 1.41m 减少至 0.17m。

　　《南水北调东中线一期工程受水区地下水压采评估考核技术核查报告（2016）》显示：河南省 2016 年 6 月底地下水位与 2015 年同期对比，许昌、郑州城区平均水位回升较多，压采后地下水位回升效果明显；鹤壁城区水位下降幅度减小；安阳市区中心地下水位从 2003 年的 23.55m，回升到 2015 年的 12.24m。山东省受水区局部地区地下水水位有所回升，地下水水位持续下降的态势得到了一定程度的遏制。2016 年 7 月 1 日，山东省平原区地下水平均埋深较上年同期上升了 0.19m，但部分地区地下水水位仍存在持续下降趋势。2010 年年末至 2016 年年初，淄博、潍坊、聊城等市地下水位平均埋深呈下降趋势，德州地下水位呈上升趋势，如德州市浅层地下水超采区平均埋深由 2010 年的 8.66m 回升到 2015 年年底的 8.26m。

（四）地下水漏斗变化

根据《省级行政区水资源公报汇编》对 2009—2014 年受水区地下水漏斗面积、漏斗中心水位埋深数据的披露，在每个受水省（直辖市）中着重选取一个具有连续性的典型漏斗（表 4-2-6）进行变化分析。

表 4-2-6　　　　　　　　　　　　受水区范围内典型漏斗

省（直辖市）	北京	天津	河北	江苏	山东	河南
漏斗名称	黄港-长店-米各庄	第Ⅱ含水组漏斗	石家庄漏斗	苏锡常漏斗	单县漏斗	安阳-鹤壁-濮阳漏斗
漏斗性质	深层	深层	浅层	深层	浅层	浅层

南水北调通水之后，北京市、河北省、山东省、江苏省地下水漏斗面积和漏斗中心埋深均呈现出相对稳定的状态，天津市地下水漏斗面积显著减小，漏斗中心埋深维持在现有状态。河南省 2011 年以来降水量显著降低导致地下水漏斗中心埋深有所下降，但地下水漏斗面积基本持平。

2011 年以来，天津市地下水漏斗面积减少了 1345km²，占漏斗总面积 27%，江苏省地下水漏斗面积减少了 26.9%，其余北京市、河北省、河南省、山东省地下水漏斗均保持原本状态。2009—2014 年受水区地下水漏斗面积变化如图 4-2-10 所示。

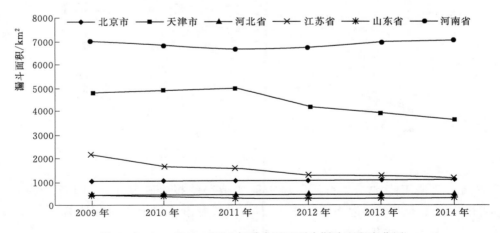

图 4-2-10　2009—2014 年受水区地下水漏斗面积变化图

2011 年以来，受水区范围内北京市、天津市、山东省、河北省地下水漏斗中心埋深下降趋势得到遏制，处于基本持平状态；江苏省漏斗中心埋深呈现出明显变浅的情况（图 4-2-11）。河南省由于 2011 年以后降水量连续降低，受水区范围内漏斗埋深有所下降。

从南水北调工程通水前后，各受水区地下水漏斗面积、地下水漏斗中心埋深变化分析可以看出，南水北调通水对于控制地下水漏斗面积扩大、埋深的增加发挥了一定的作用。

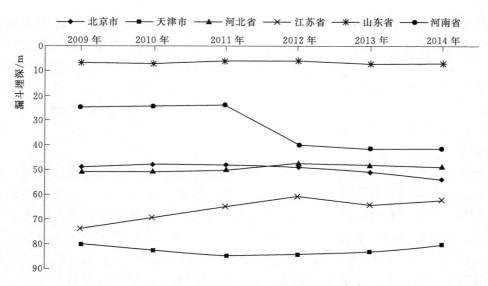

图 4-2-11 2009—2014 年受水区地下水漏斗中心埋深变化图

四、小结

（一）受水区地下水压采工作初见成效

地下水超采治理是一项十分艰巨的任务，必然要经历由下降幅度减缓到逐步采补平衡再到有所回升的过程，是一项持久性工作。由于地下水变化的特殊性，压采效果评价更是一项探索性工作。通过调研、分析和研究表明："三先三后"实施以来，各受水区通过实施积极有效的治理措施，地下水开采量总体呈减缓趋势，地下水资源量持续减少的态势得到一定的遏制，地下水位趋于稳定，持续下降的趋势得到了控制和缓解，受水区范围内的漏斗埋深有所下降，地下水漏斗面积基本持平。受水区地下水压采初见成效。

（二）受水区

各受水区压采工作虽已初显成效，但受到干旱气候、区域供水水源保障格局变化等因素的影响，各受水区压采仍面临着压采的目标考核体系不完善、受水区配套工程建设进度缓慢、水价不合理等问题，以及管理工作在资金、制度、技术方面的障碍，未来需要在压采考核制度建立、加快配套工程建设、水价改革以及完善地下水监控管理等方面总结经验，进一步推进受水区的压采管理工作。

第三节　受水区节约用水

一、受水区开展的节水工作

（一）节水型社会建设

受水区所涉及的北京、天津两个直辖市和河北、河南、山东、江苏等 4 省的地级行政区中，包括国家级节水型社会建设试点 13 个。2006 年国家又专门组织编制《南水北调东中线规划区节水型社会建设试点总体方案》，通过试点样本经验的归纳、总结、提高和再创新，建立了"点—面，面—点"的中间转换平台，实现了对规划区所有城市开展节水型社会建设的示范，加速了南水北调东中线规划区节水型社会建设进程。各试点于 2010 年前先后完成试点期建设，取得了显著的节水效果。"十二五"期间，受水区继续强化区内节水型社会建设，全面开展各项节水工作。

1. 北京市

进一步建立节水制度与标准体系，大大促进了北京市节水型社会建设的规范化建设，使节水工作更加有章可循、有法可依。"十二五"期间修订《北京市节约用水办法》并贯彻实施，发布了《关于进一步加强雨洪水利用的意见》《关于调结构转方式、发展高效节水农业的意见》等，形成了相对完备的节水制度体系；在全国率先建立了水影响评价制度，为充分发挥水资源在经济发展中的约束和引导作用提供了制度保障；发布实施 6 项公共生活取水定额地方标准和 4 项高耗水行业取水定额标准；构建并实施了城市节水评价指标体系，在全国属首例。

全面推进节水载体建设，建成节水型单位（企业）1863 个、节水型居民社区（村庄）853 个，建成一批"清水零消耗"示范公园，促进公众积极参与节水型社会建设。实施雨水利用专项和农业节水专项，各行业节水基础设施建设成效显著，全市综合节水能力得到明显提高。通过产学研相结合等模式，针对生活、工业、公共服务、都市农业等用水开展相关研究与示范工程建设。开办"北京节水执法"微信平台，强化了社会的惜水、节水、护水意识，促进了公众自觉节水习惯的形成。

2. 天津市

天津市出台了实行最严格水资源管理制度考核办法和考核实施细则，完成了全市各区（县）的指标分解。深化水资源配置，全面实行规划水资源论证制度，严格建设项目水资源论证制度，突出用水效率控制，非常规水资源纳入水资源统一配置，出台再生水利用管理办法和海水资源综合利用循环发展专项规划。

强化用水监控管理，确定了 550 个重点用水监控单位，定期监督节水水平，完成了第一批国家重点监控用水单位的上报工作。注重节水型载体建设，仅 2015 年全市就新增加节水型企业（单位）160 家，节水型居民小区 120 处，新建成冶金、一商两个节水型系统（行业），节水型公共机构 32 家，节水型企业和居民小区覆盖率分别提高至 44.9% 和 18.2%，为天津进一步巩固节水型城市建设成果，深入落实最严格水资源管理制度发挥重要作用。

3. 河北省

河北省实施最严格的水资源管理制度，全面落实"三条红线"；各行业节水工程建设进一步完善；累计形成农业压采能力 15.2 亿 m³，地下水超采得到有效遏制；重点河道、湿地、湖泊、洼淀等水体质量恶化趋势得到有效遏制。全省万元 GDP 用水量下降 30% 左右，工业万元增加值用水量下降 30%，农田灌溉水利用系数提高到 0.67，城镇供水管网漏损率下降到 13%以下，水功能区水质达标率达到 67.0%。

4. 山东省

山东省逐步形成需水管理机制，基本建成覆盖全省的水文水资源监测网络。万元 GDP 取水量降低到 60m³ 以下，万元工业增加值取水量降低到 16m³ 以下，农业节水灌溉率提高到 45％以上，灌溉水利用系数提高到 0.60 以上，工业用水重复利用率提高到 85％以上，城市管网漏失率控制在 15％以内，城市污水处理回用率达到 30％以上，重点水功能区水质达标率提高到 60％以上，地下水基本实现采补平衡，海水入侵得到有效控制。

5. 河南省

河南省共有郑州市、济源市、安阳市、洛阳市、平顶山等 5 个国家级节水型社会建设试点和周口市、开封市等 2 个省级试点（其中安阳市、洛阳市、平顶山为新一批国家级建设试点），已形成全国试点和省级试点相互促进、共同发展的格局。除了试点建设，还在全省积极开展节水型社区、灌区、企业（单位）的创建活动，进一步增强节水型社会建设的示范带动作用。根据《河南省节约用水管理条例》等有关标准规定，制定了河南省《节水型社区、灌区和节水型企业（单位）考核指导意见》，在全省各行业开展了"节水型企业（单位）"创建工作，成效显著。"十二五"期间全省用水总量控制在 255.34 亿 m³ 以内，全省万元 GDP 用水量降低到 72m³ 以下（2010 年可比价，下同），比 2010 年下降 27％，全省万元工业增加值用水量降低到 34.3m³，比 2010 年下降 26％。

6. 江苏省

江苏省初步构建了以水资源总量控制与定额管理为核心的水资源管理体系、与水资源承载能力相适应的经济结构体系、水资源优化配置和高效利用的工程技术体系以及自觉节水的社会行为规范体系。在全省经济高位增长的情况下，用水总量稳定在 500 亿 m³ 左右；水资源利用效率显著提升，从 2006 年到 2015 年，全省万元 GDP 用水量从 150m³ 下降至 65.7m³，万元工业增加值用水量从 56m³ 下降至 16.5m³。全省重点水功能区水质达标率由 30.3％提高到 65.2％，集中式饮用水水源地水质达标率达到 98％。

（二）节水管理实施情况

1. 调整用水结构

水资源是产业发展的基本支撑条件，而有限的水资源承载能力又制约产业发展；产业结构演进改变水在各个生产部门之间的分配和流动规律，进而影响用水量、用水结构及用水效率。2004 年以来，受水区各地市不断调整用水结构，压缩高耗水行业用水需求（图 4-3-1）。以北京市为例，农业属于高耗水低产出的行业，北京市大幅压缩农业的发展，农业用水比例由 2004 年的 40％下降到 2015 年的 20％左右；高耗水工业与北京市发展定位不符被大幅压缩，由 2004 年的 22％下降到 12％左右；而刚性需求的生活用水随着人口规模的扩大不断增加。

2. 积极探索建立水权制度

水权制度是市场经济条件下优化配置水资源的重要途径，是现代水资源管理制度的重要组成，已经成为实行水资源消耗总量和强度双控行动的战略举措。受水区河北、河南、山东等省积极开展水权制度建设探索，通过水权制度建设促进区域节水。

2014 年 12 月，河北省政府办公厅印发《河北省水权确权登记办法》，该办法规定，按照政府主导、公平公开、可以持续、留有余量、生活优先的原则，科学合理地将县域内可持续使用的水量分配给取用水单位和个人，对水资源使用权进行确权登记。超采区 49 个试点县在《河

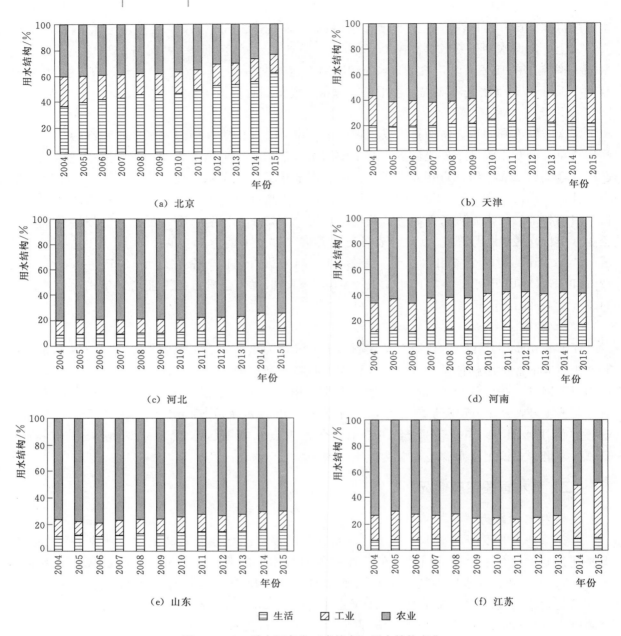

图 4-3-1 受水区各省（直辖市）用水结构变化

北省水权确权登记办法》的引领下，开展了水权确权登记工作，建立起"按地配水、分水到户、水随地走"的水权分配制度。目前累计有 475 万农户拿到了农业水权证。

2014 年河南省政府印发了《河南省南水北调中线一期工程水量分配方案》，将国务院分配到河南的 37.69 亿 m³ 用水指标全部分解到 11 个省辖市和 2 个省直管县（市），为区域间水量交易奠定了基础。2015 年 3 月，河南省水利厅会同省发展改革委、省财政厅、省南水北调办联合印发了《河南省南水北调水量交易管理办法（试行）》。2015 年 7 月，河南省水利厅印发了《关于南水北调水量交易价格的指导意见》。

山东省水利厅印发了《关于加快推进水权水市场制度建设的意见》，提出三项制度建设重点任务，即积极构建初始水权确认制度、探索建立水权交易流转制度、规范完善水资源配置的监管制度。山东省济宁市基本完成了境内泗河及尼山水库水资源初始水权的分配以及行业初始水权分配，并开展农业用水户间以及行业间的水权交易试点。

3. 发挥水价约束-激励机制

2014年北京市发展和改革委员会发布《关于北京市居民用水实行阶梯水价的通知》，自5月1日起，北京市正式实施居民用水阶梯水价，按年度用水量计算，将居民家庭全年用水量划分为三档，水价分档递增。

为促进水资源节约和合理利用，缓解水资源供需矛盾，党中央、国务院将河北作为全国唯一水资源费改税试点省份。为积极稳妥推进河北省水资源税改革试点工作，河北省研究制定了《河北省水资源税改革试点实施办法》和《河北省水资源费改税试点工作方案》。城镇生活用水和企业用水监测计量系统完善，推行相对顺利。

4. 鼓励非常规水利用

解决水资源短缺问题的两大途径：①抑制用水需求；②拓展供给水源。受水区水资源禀赋条件差，天然降水不足，超采地下水以破坏生态环境为代价，不可持续。在外调水供给有限的情况下，只有依靠开发非常规水源，缓解区域的水资源短缺压力。2015年北京再生水利用规模达到8.6亿 m³，基本接近外调水的规模8.8亿 m³，超过地表水供水量，成为主要供水水源之一。天津市大力发展海水淡化技术，2014年海水淡化量达到0.36亿 m³，平均以每年500万 m³的规模增长。

二、受水区用水效率分析与评价

按照综合指标反映结构节水加上行业指标反映效率节水的思路，选取具有代表性、可操作、能比较的评价指标，既能体现不同地区节水特点，也能够全面反映受水区节水水平，还可以进行广泛的节水比较。基于上述指标遴选原则，选出综合性指标、农业用水指标、工业用水指标和城镇公共用水指标四种类型（表4-3-1）。

表4-3-1　　　　　　　　　　　南水北调受水区节水评价指标

类　别	评价指标	指　标　解　释
综合性指标	万元GDP用水量	地区每产生一万元国内生产总值的取水量
农业用水指标	灌溉水有效利用系数	作物生长实际需要水量占灌溉水量的比例
工业用水指标	万元工业增加值用水量	地区评价年工业每产生一万元增加值的取水量
城镇公共用水指标	城镇管网漏损系数	每千米每天自来水厂产水总量与收费水量之差

1. 万元GDP用水量

2015年，受水区其他省份用水效率都高于全国平均水平（图4-3-2），其中天津万元GDP用水量最低，仅为16 m³。近三年的统计结果显示，受水区用水效率逐步提高，受水区万元GDP用水量呈显著下降趋势。2003年以来，全国万元GDP用水量平均下降了79%，而同期受水区北京市和天津市下降了82%和81%，超过全国平均速度。2014—2015年各受水区万元GDP用水量如图4-3-3所示。

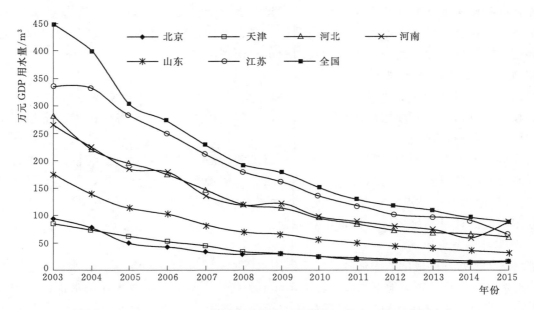

图 4 - 3 - 2　2003—2015 年受水区各省（直辖市）万元 GDP 用水量变化

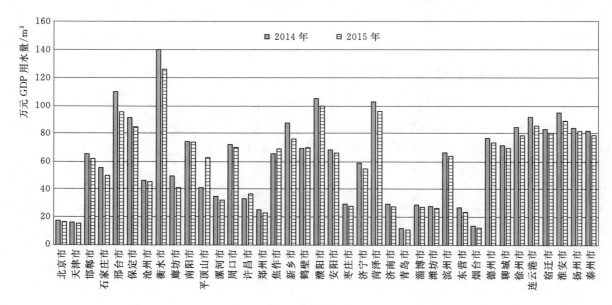

图 4 - 3 - 3　2014—2015 年各受水区万元 GDP 用水量

2．工业用水量

2015 年天津市、北京市、河北省、河南省和山东省万元工业增加值用水量分别为 10.5m³、7.7m³、17.8m³、32.6m³ 和 11.4m³，均高于全国平均水平（图 4 - 3 - 4）。

产业布局调整和技术进步对提升区域用水效率起到重要作用，如京津冀地区高耗水行业逐渐减少，而交通运输、设备制造业及通信设备、计算机及其他电子设备制造业等先进制造业所占比例增加显著。2015 年受水区各地市的工业用水效率继续提高，天津市、北京市、山东省的烟台、东营、滨州等市工业用水效率领先其他城市。

如图 4-3-4 所示，2003 年以来，全国万元工业增加值用水量平均降低了 73%，而同期北京市、天津市、河北省、山东省和河南省分别下降了 86%、83%、81%、80% 和 80%，受水区工业用水效率快速提高。2014 年和 2015 年各受水区万元工业增加值用水量见图 4-3-5。

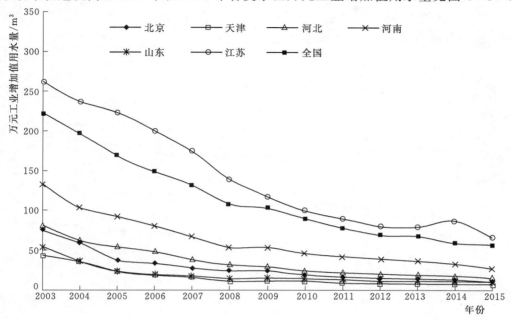

图 4-3-4　2003—2015 年受水区万元工业增加值用水量变化

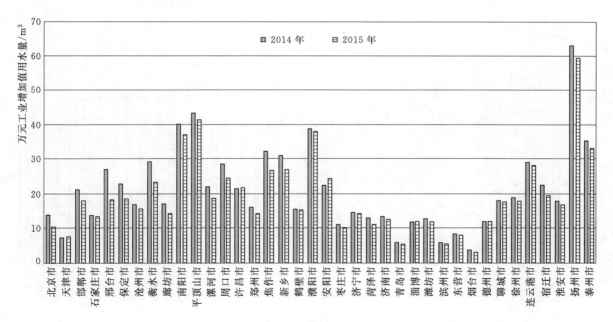

图 4-3-5　2014 年和 2015 年各受水区万元工业增加值用水量

3. 灌溉用水效率

2015 年全国平均灌溉水有效利用系数为 0.536，除江苏省农田灌溉水有效利用系数稍低于全国平均水平，受水区其他省份农业用水效率均明显高于全国平均值。

2006—2015年各省（直辖市）灌溉水有效利用系数变化如图4-3-6所示，2015年与2006年相比，受水区灌溉水有效利用系数均有显著提高，其中山东省和河南省分别提高了14%和13%，提高幅度最大。

从受水区各地市的农田灌溉水有效利用系数来看（图4-3-7），2015年农业用水效率也在逐步提升，这与各地市加大农业高效灌溉措施力度有关。

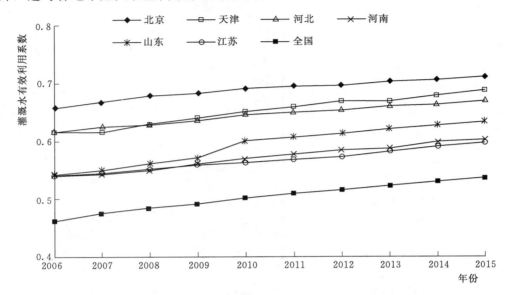

图4-3-6　2006—2015年各省（直辖市）灌溉水有效利用系数变化

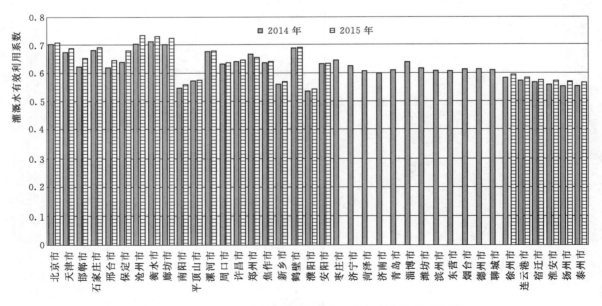

图4-3-7　2014年和2015年各受水区灌溉水有效利用系数

4. 城镇管网漏损率

城镇管网漏损率反映城镇供水效率，受统计数据收集限制，统计了2014年和2015年南水北调各受水区的管网漏损率（图4-3-8）。

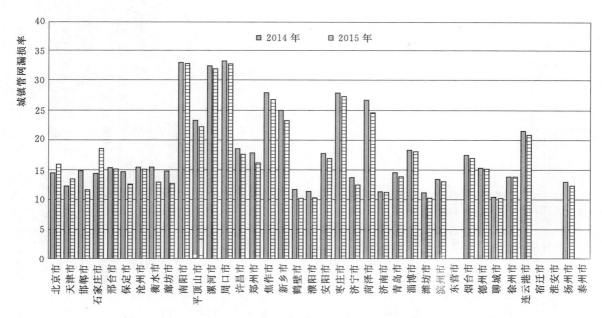

图 4-3-8   2014 年和 2015 年各受水区管网漏损率

三、受水区用水效率对比

（一）受水区用水效率区域横向对比

2015 年南水北调受水区各地市节水水平比较如图 4-3-9 所示。可以看出，无论是万元 GDP 用水量、万元工业增加值用水量、农田灌溉水有效利用系数，还是用城镇管网漏损率等指标评价用水效率，受水区各地市均具有较高的节水水平。

受水区 80％的地市万元 GDP 用水量均低于全国平均值，其中有 11 个地市万元 GDP 用水量低于全国平均的 1/2。天津市为全国平均的 13.3％，北京市为全国平均的 18.2％。

评价范围内北京市、天津市、河北省、山东省和河南省的 31 个地市灌溉水有效利用系数均高于全国平均水平，其中北京市、衡水市、廊坊市等灌溉水有效利用系数均高于 0.7，接近国际最先进地区农业节水水平。

受水区 16 个地市万元工业增加值用水量仅为全国平均值的 30％，其中北京市、天津市和山东省万元工业增加值用水量不到 $11m^3$，分别为 $10.4m^3$、$7.6m^3$ 和 $10.8m^3$，仅为全国平均水平的 18.2％、13.3％ 和 18.8％。

2015 年全国城市供水管网漏损率为 15.35％，南水北调受水区各市加大自来水供水管网改造力度，城市供水管网平均漏损率均有所下降。

（二）受水区所在省份用水效率国内对比

2015 年全国省级行政区用水效率比较如图 4-3-10 所示，可以看出，无论是用万元 GDP 用水量、万元工业增加值用水量、还是农田灌溉水有效利用系数等指标评价用水效率，受水区所在省份均领先于国内其他区域。

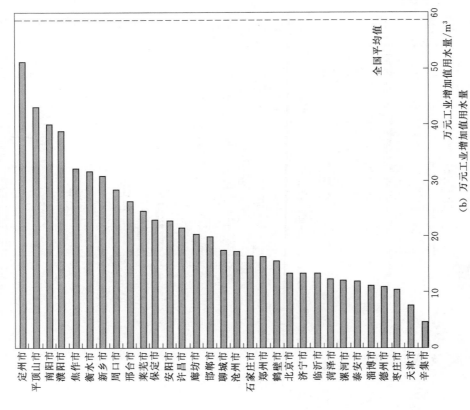

(a) 万元 GDP 用水量

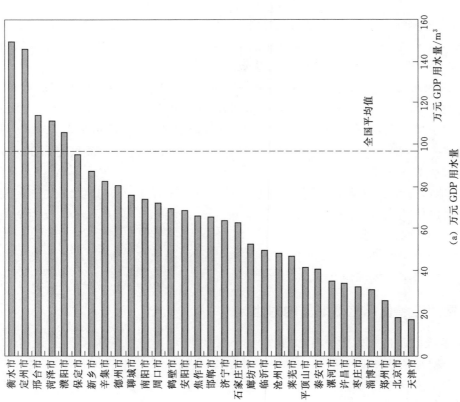

(b) 万元工业增加值用水量

图 4 - 3 - 9 （一）　2015 年南水北调受水区各地市节水水平比较

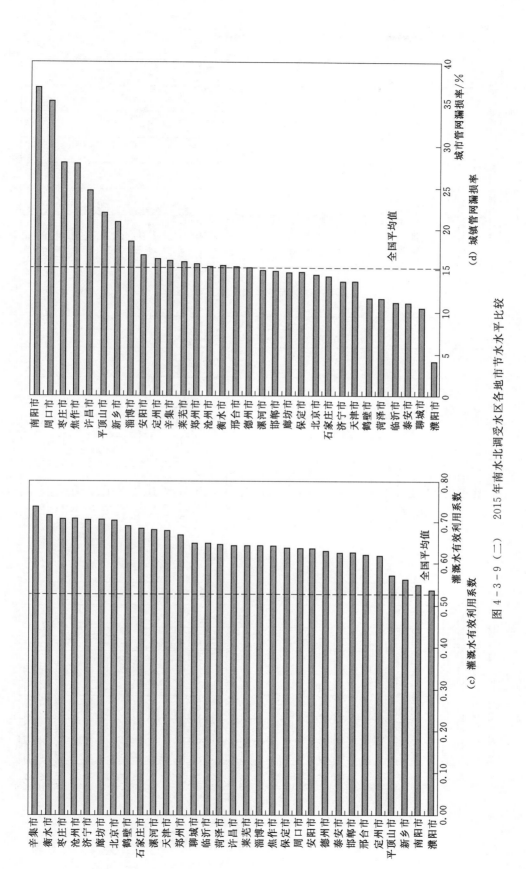

(c) 灌溉水有效利用系数

(d) 城镇管网漏损率

图 4-3-9 (二)　2015 年南水北调受水区各地市节水水平比较

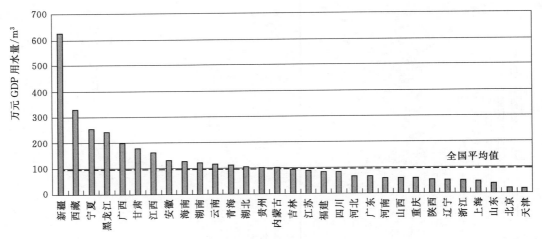

（a）万元 GDP 用水量

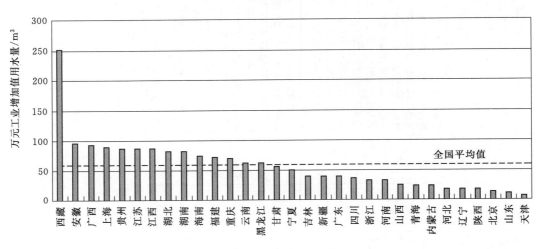

（b）万元工业增加值用水量

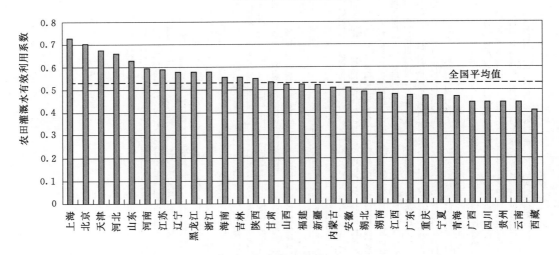

（c）农田灌溉水有效利用系数

图 4-3-10　2015 年全国省级行政区用水效率比较

（未包括台湾省及香港、澳门特别行政区）

全国万元 GDP 用水量最低的 3 个省（直辖市）均在受水区，天津市为全国平均的 18%，北京市为全国平均的 19.1%，山东省为全国平均的 37.1%。

全国万元工业增加值用水量最低的 3 个省（直辖市）均在受水区，北京市、天津市和山东省万元工业增加值用水量不到 14m³，天津市仅 7.6m³，仅为全国平均水平的 13%。

全国农田灌溉水有效利用系数最高的 7 个省（直辖市）中，6 个处于受水区，均远远高于全国平均水平。

（三）受水区用水效率国际对比

1. 综合用水效率比较

以万美元 GDP 用水量指标来反映综合用水效率，如图 4-3-11 所示。2015 年天津和北京万美元 GDP 用水量分别为 100m³ 和 106m³，与德国、法国比较接近，达到世界先进水平；山东省万美元 GDP 用水量 206m³，与澳大利亚接近；河南省、河北省万美元 GDP 用水量略高于美国，在追踪的国家中处于中等水平；江苏省和安徽省水资源相对丰富，万美元 GDP 用水量较多，在追踪的国家中处于中等偏下水平。

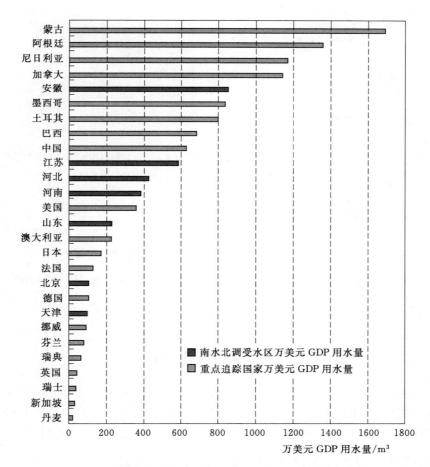

图 4-3-11　南水北调受水区与重点追踪国家万美元 GDP 用水量比较

2. 工业用水效率

南水北调受水区与重点追踪国家万美元工业增加值用水量比较如图 4-3-12 所示。其中 2015 年天津市、山东省和北京市万美元工业增加值用水量分别为 47m³、67m³ 和 65m³，与新加坡、日本、瑞士等国家水平接近，处于世界最先进水平；河北省万美元工业增加值用水量为 96m³，与澳大利亚、挪威等国家水平接近；江苏省万美元工业增加值用水量为 414m³，与法国水平接近，约是美国用水量的 1/3。

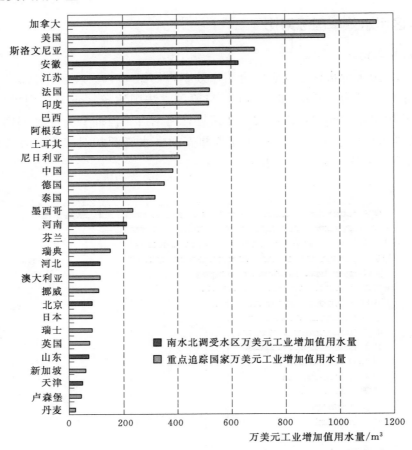

图 4-3-12 南水北调受水区与重点追踪国家万美元工业增加值用水量比较

四、小结

（一）受水区贯彻"节水优先"原则取得显著效果

受水区自《南水北调工程总体规划》得到批复以来，认真贯彻"先节水，后调水"原则，通过调整结构、提高管理水平，提升公众节水意识等方面开展大量工作，取得了显著成效，在南水北调通水后依然以"节水优先"为原则继续推动开展节水工作，完成甚至超额完成各项目标。

（二）受水区用水效率在区域内和全国都处于领先水平

通过用水效率对比发现，受水区万元 GDP 用水量，万元工业增加值用水量、农田灌溉水有效利用系数和城镇管网漏损率等指标大部分优于全国平均水平，在条件相似的本区其他城市，受水区的用水效率也普遍较高，说明受水区贯彻"节水优先"原则，取得明显的效果。

（三）受水区节水潜力空间减小，但与国际先进水平相比还有提升空间

随着受水区已经开展十多年的节水工作，不合理的用水需求逐渐被遏制，用水效率不断攀升，但在近些年用水效率逐渐企稳，用水总量下降幅度也明显减缓，说明节水工作已经进入深水区，传统的节水工作发挥的作用变小，受水区应尽快创新体制、机制，调整产业结构，采用新技术突破传统节水的瓶颈，开展深度节水。但与国际最先进水平相比，用水效率还存在一定差距，尤其是农业用水占比例较大的区域，水资源产值偏低，但受限于国家的粮食政策，很难大幅调整产业结构，增大了节水的难度，需要国家层面的协调。

东 线 篇

第五章　东线工程区域环境概况

第一节　自　然　环　境

一、流域水系

南水北调东线工程是一项跨长江、淮河、黄河、海河四大流域的大型调水工程。从南到北依次为长江、淮河、黄河、海河水系，京杭大运河纵贯南北，联系四大水系。

（一）长江

长江是南水北调东线调水的主要水源。长江水量丰沛，据 1950—2000 年资料统计，长江径流稳定，年际变化较小。大通站多年平均流量为 28700m³/s，最大月平均流量为 84200m³/s，最小月平均流量为 7220m³/s，日平均流量小于 8000m³/s 的天数占 2.5%，小于 9000m³/s 的天数占 6.0%，小于 10000m³/s 的天数占 10.2%，最小日平均流量为 4620m³/s。

南水北调东线工程通过长江干流的三江营和高港两个引水口门调引长江水。

三江营位于扬州东南，是淮河入江水道的出口，自三江营引水，经夹江、芒稻河至江都西闸进入新通扬运河，河道长 22.42km，江都站抽水 400m³/s 入里运河北送，宜陵向北由三阳河、潼河向大汕子泵站送水 100m³/s，其上下游江段岸坡稳定，水质良好，入江水道下段深十余米，宽数百米，引水能力大。

高港位于三江营下游 15km 处，是泰州引江河入口。在长江低潮位时，东线工程利用泰州引江河作为向三阳河加力补水的输水线路。

（二）淮河

淮河流域以废黄河为界，分淮河和沂沭泗两个水系，流域面积分别约为 19 万 km² 和 8 万 km²，京杭大运河、分淮入沂水道和徐洪河贯通其间，沟通两大水系。

（1）淮河干流发源于河南省桐柏山，流经河南、安徽、江苏三省，主流在三江营入长江，全长 1000km，总落差 200m。

淮河干流洪河口以上为上游，洪河口至洪泽湖出口中渡为中游，中渡以上流域面积 15.8 万 km²。洪泽湖是一座总库容达 164.5 亿 m³ 的巨型平原水库，承泄淮河上中游的来水。淮河洪水经洪泽湖调节后，分别由入江水道、入海水道、苏北灌溉总渠及分淮入沂水道入江、入海。淮河水系 1956—1997 年系列多年平均天然径流量 451 亿 m³，最大年径流量 942 亿 m³（1956 年），最小年径流量 119 亿 m³（1978 年）。

（2）沂沭泗水系主要由沂河、沭河及泗河组成。沂河南流经临沂至江苏境内入骆马湖；沭河一股南流入新沂河，一股东流经新沭河入黄海；泗河水系属泗运河水系，汇集南四湖湖东、湖西地区来水，经韩庄运河、中运河入骆马湖滞蓄后，经新沂河入海。沂沭泗水系 1956—1997 年系列多年平均天然径流量 145 亿 m³，最大年径流量 308 亿 m³（1963 年），最小年径流量 17 亿 m³（1988 年），径流的年际变化较大。沂沭泗水系年径流在汛期集中程度高达 83%，冬春季仅占 10%。

淮河流域水资源分布不均，淮河水系相对较丰，沂沭泗水系相对较少。流域内径流年际变化较大，径流年内分配不均，主要集中在汛期，6—9 月径流量占全年的 70%。

（三）山东半岛诸河

山东半岛地区河流多为源短流急山溪性的独流入海小河等。山东半岛各水系均直流入海，总面积 6 万 km²，主要河流有 20 余条，其中较大的有小清河、潍河、弥河、大沽河、南胶莱河、北胶莱河、东五龙河及母猪河。小清河源于泰沂山区北麓，两岸有 40 余条支流汇入，流域面积 1 万 km²，河长 237km，是山东半岛北部一条主要的排水、灌溉、航运等综合利用河流。潍河发源于沂山、五莲山北麓，自南向北流入渤海莱州湾。大沽河位于胶东半岛西部，自北向南于胶州市码头村注入黄海胶州湾。多年平均天然年径流量 103 亿 m³，最大年径流量 326 亿 m³，最小年径流量 41 亿 m³。

（四）黄河

黄河发源于青藏高原巴颜喀拉山北麓约古宗列盆地，蜿蜒东流，穿越黄土高原及黄淮海大平原，注入渤海。干流全长 5464km，水面落差 4480m。流域总面积 79.5 万 km²（含内流区面积 4.2 万 km²）。黄河水少沙多，多年平均河川径流量约 580 亿 m³，占全国总量的 2%，水资源相对贫乏。

（五）海河

海河流域南部有徒骇河、马颊河、漳卫河、子牙河水系，徒骇河与马颊河位于海河流域的最南部，为单独入海的平原河道。南水北调东线一期工程鲁北输水渠道穿徒骇河、马颊河等水系。徒骇马颊河水系多年平均天然径流量 15 亿 m³，最大年径流量 65 亿 m³，最小年径流量 1 亿 m³。漳卫南运河流域多年平均水资源量为 53.66 亿 m³，人均水资源占有量 345m³，仅为全国人均占有量的 13.4%。漳卫南运河流域年平均降雨量 604mm，其中漳河流域 584mm，卫河流域 652mm，中下游地区 567mm；年最大降雨量 997mm（1963 年），年最小降雨量 339mm（1965 年），年内降雨量主要集中在 6—9 月，占全年降雨量的 74%。

　　　　　　　　第五章　东线工程区域环境概况

（六）京杭大运河

京杭大运河从扬州到北京全长 1280km。京杭运河现在是一条综合利用河道，有的河段承担排洪排涝任务，有的还兼有灌溉输水和向北调水的作用。自南向北各段简况如下：

（1）江都至淮安杨庄称里运河，里运河与苏北灌溉总渠平交。

（2）杨庄到苏鲁省界称中运河。中华人民共和国成立以后扩大的徐州到中运河的不牢河也成为京杭运河的一支。里运河、大王庙以南的中运河和不牢河，达二级航道标准，并已承担向北调水任务。

（3）苏鲁省界到南四湖下级湖称韩庄运河，为三级航道标准，现设有台儿庄、万年闸、韩庄三个梯级。韩庄运河和皂河以北段中运河又是南四湖的排洪通道。

（4）大王庙至济宁航道分东、西两线。东线航道由大王庙向北经韩庄运河及老运河入下级湖；西线航道不牢河在蔺家坝入下级湖，沿湖西大堤东侧航道至二级坝，与东线航道会合，经船闸进入上级湖至济宁。

（5）济宁至黄河边，1958 年开挖了梁济运河成为京杭运河的一段，老运河多处已平毁。梁济运河是本区域排洪、排涝、引黄输水的骨干河道，同时用作东平湖滞洪后退水入南四湖。

（6）黄河北岸至临清的小运河。小运河已不是一条完整的河道。1958 年以后新开的位临运河现用作位山引黄三干渠，没有通航条件。

（7）卫运河。临清到德州的卫运河 20 世纪 60 年代还能通航，以后随着上游用水的增加而断航。

二、地形地貌

工程影响区主要在淮河、黄河和海河冲积而成的平原，以黄河为脊，分别向南北倾斜。工程调水起点附近地面高程为 2～4m；胶东输水干线与引黄济青干渠连接段地面高程 10～30m；穿黄河滩地地面高程约 40m，调水末端德州市地面高程 22～25m。

（一）黄河以南

黄河以南的淮北平原，受到历史上黄河泛滥改道和夺淮的影响，以自兰考至滨海的废黄河为分界线，形成淮河与沂沭泗两个水系。

淮河水系在淮河流域中下游地区，区内地势平坦，湖泊众多，河网密布，调水线路经过的里运河以西为洪泽湖和邵伯湖等大型湖泊。里运河以东、苏北灌溉总渠以南、新通扬运河以北，称为里下河地区，是一碟形平原，中心地面高程不到 2.0m，四周地面高程 4.0～5.0m。

沂沭泗水系在废黄河以北至黄河之间，在山麓冲积平原与黄河冲积平原之间的低洼地区形成了带状湖群，其中最大的是南四湖，南四湖以东及南部为中、低山丘陵。徐州附近地面高程 30m 左右，向东南逐渐降低，坡降为 1/6000～1/10000，沿运河两侧为洼地，最大的为骆马湖。南四湖以西为黄淮冲积平原，西高东低，大部分地势平坦，坡降很小。南四湖以北则为东平湖。

（二）山东半岛

山东半岛地势自西向东呈马鞍形，西部地形南高北低，小清河及胶河、潍河、弥河等诸多河流发源于泰沂山脉北麓，向北流入渤海。山东半岛南、东、北三面为低山，青岛崂山顶峰海拔1133m，中部为胶县-莱阳断陷盆地，大泽山、艾山之北分布有东西狭长的山麓平原；山区面积占全区面积的23％，丘陵占31％，平原占36％，洼地占10％。鲁中南低山丘陵与胶东低山丘陵之间为胶莱平原，主要由潍河、白浪河、胶莱河等河流冲积而成，大部分高程在50m以下。

（三）黄河以北

黄河以北地势南高北低，地面坡度在1/10000左右。历史上受黄河多次改道的影响，坡、洼相间分布，较大的碟形洼地有恩县洼。小运河、卫运河流向自南向北，徒骇河、马颊河流向自西南向东北。工程鲁北输水干线属黄河海河冲积平原，又称华北平原，包括河北平原和鲁北平原，主要受黄河改道及海河水系的迁徙影响而形成，地形西南高东北低，河流也多由西南流向东北。黄河改道遗留下来的古河道成为岗地，岗地之间常有洼地出现，岗洼之间为坡平地。总体上地形平缓，高低起伏不大，地面高程为19～41m，地面比降为1/5000～1/20000，地势南高北低。位山穿黄涵洞出口一带地面高程最高，为41m左右；武城县恩县洼滞洪区一带最低，约为19m。历史上受黄河多次泛滥改道的影响，微地貌景观相对较为复杂，岗、坡、洼相间分布，高地分布区在位山穿黄涵洞出口一带、临清市小运河以西和裕民渠以北、临清市和夏津县的交界处、夏津县和武城县的交界地带。洼地主要分布于聊城市东昌府区、临清市和德州市的武城县。

三、水文气象

工程区范围跨北亚热带和暖温带，大致以淮河为界，淮河以南属北亚热带湿润气候区；淮河以北属南暖温带亚湿润气候区。区内四季分明，年平均气温10～15℃，1月平均气温−4～0℃，7月平均气温24～28℃，由南向北递减。无霜期为180～240天，年日照时数为2200～2800h，由南向北递增。

区内多年平均降雨量黄河以南约1000mm，向北逐步递减，黄河一带为600mm，至德州最低为570mm。淮河流域多年平均降雨量为873mm，山东半岛为700mm，鲁北片为580mm。降水量的年际变化很大，变差系数一般为0.25～0.4，总趋势自南向北增加，丰水年与枯水年相差一倍以上，丰枯悬殊，连续丰水年与连续枯水年交替出现。受季风气候影响，夏季降水集中，且多以暴雨形式出现，汛期降雨量占全年的60％～80％。

工程沿线多年平均蒸发量为1000～1400mm，年际变化较小。淮河流域为900～1100mm，5—8月四个月蒸发量占年总量的50％以上，一年中夏季蒸发量最大，占年总量的40％左右，春季占30％左右，秋季为20％，冬季约占10％；北部沿黄一带为1100～1200mm；黄河以北为1300～1400mm，5—6月蒸发量最大，占全年的33％，12月至次年1月蒸发量最小，仅占全年的5％左右。区域内多年最大冻土深度0.2～0.6m，向北逐步递增，多年平均风速2.3～3.2m/s，冬季多为偏北风，夏季多为偏南风。

（一）主要湖泊水文特征

1. 洪泽湖

洪泽湖是我国五大淡水湖之一，洪泽湖集水面积约为15.8万km²，是供水区内蓄水量最大的湖泊。湖底高程约 10m，设计防洪水位 16.0m，现状正常蓄水位 13.0m，水面面积 2000 多 km²。主要出口有三河闸、高良涧闸和二河闸。洪泽湖水出三河闸由入江水道经高邮湖、邵伯湖入长江；出高良涧闸经苏北灌溉总渠入黄海；出二河闸经二河入废黄河，相机分水经淮沭河、新沂河入黄海。

洪泽湖多年平均出湖径流量 300.47 亿 m³，最大为 688.53 亿 m³（1991 年），最小为 44.05 亿 m³（1978 年）。洪泽湖担负着拦蓄洪水、调节径流的作用，现状汛期限制水位 12.5m、汛后蓄水位 13.0m，相应调节库容 23.10 亿 m³。

2. 骆马湖

骆马湖汇集中运河及沂河来水，集水面积 5.2 万 km²。1959 年建成，为常年蓄水水库，湖底高程 20.0m，设计防洪水位 25.0m，正常蓄水位 23.0m（相应库容 9 亿 m³），水面面积 375km²。分别由嶂山、皂河和六塘河节制闸下泄入新沂河、中运河、六塘河。

骆马湖多年平均出湖径流量 49.93 亿 m³。1963 年最大为 206.3 亿 m³。1990 年以后沂河及南四湖水系处于枯水时期，加之流域上游用水的增加，骆马湖入湖、出湖径流量有所减少。

3. 南四湖

南四湖是南阳、独山、昭阳及微山四个相连湖泊的总称。1960 年在中部湖面较窄处建成二级坝枢纽，将南四湖分成上级湖与下级湖，现状蓄水位分别为 34.0m 和 32.3m，相应蓄水面积上级湖 583km²、下级湖 582km²。南四湖集水面积 3.17 万 km²，湖区面积 1200 多 km²，南北长约 120km、东西宽 5～25km，以二级坝处最窄，形成湖腰，湖底高程 29.8～31.3m。南四湖既是蓄水湖泊，又起行洪和滞洪双重作用，泄水口门有韩庄闸、老运河闸、伊家河闸及蔺家坝闸，分别泄入韩庄运河、老运河、伊家河及不牢河，最后汇入中运河。

南四湖多年平均出湖径流量 19.2 亿 m³，最大为 92.8 亿 m³（1965 年），最小为 0。1990 年后南四湖流域处于枯水时期，南四湖入湖、出湖径流量明显减少。

4. 东平湖

东平湖位于山东省东平县境内，大汶河下游入黄河处，是黄河下游南岸的滞洪区，通过 5 座进湖闸接纳黄河分洪洪水，经 3 座出湖闸排泄滞蓄洪水。二级湖堤将整个湖区分为新湖区和老湖区。东平湖总面积 632km²，其中老湖区面积 209km²，新湖区面积 423km²。最高滞洪水位 44.8m，死水位 38.8m，老湖区接纳大汶河来水常年有水，并有水产之利。新湖区平常耕种，黄河遇非常洪水时承担分洪滞洪任务。

多年平均汛期 7—9 月入湖水量占年水量的 81%，非汛期入湖水量占年水量的 19%。水量年际变化很大，20 世纪 60 年代起入湖年水量呈递减趋势。

（二）主要输水河道

（1）高水河：高水河自江都抽水站至邵伯轮船码头，全长 15.2km。江都站原设计向北抽水流量 250m³/s，站上最高水位仅 6.93m，1977 年江都四站建成后，抽水能力增大到 460m³/s，本工程确定高水河按输水 400m³/s 设计，江都站上设计最高水位 8.5m。

（2）金宝航道：金宝航道全长 30.75km，地处湖西浅洼平原区。河道可分为两段：宝应湖退水闸以东，断面较大，河底高程一般为 0～1.6m，底宽 40～50m，边坡 1∶3；退水闸以西河底高程 3.0m，河底宽 20m，边坡 1∶3。现状河道退水闸以西段输水能力不足 40m³/s，退水闸以东输水能力基本可达 150m³/s。

（3）徐洪河：徐洪河南起洪泽湖顾勒河口，北端在邳州市刘集镇与房亭河相交，全长120km，是防洪、排涝、供水、航运等综合利用河道。徐洪河流量按 100～120m³/s 由邳州站抽水入房亭河，向东流入中运河、骆马湖，入徐洪河口设计水位为 11.9m。

（4）京杭运河：京杭运河江苏段（自扬州六圩至徐州蔺家坝）由里运河、中运河和不牢河三段组成，长 404km，是一条集航运、输水、排涝、行洪等综合利用的河道。京杭运河经整治后，已基本达到二级航道标准，输水能力为 400～200m³/s。

（5）韩庄运河：韩庄运河自南四湖出口韩庄起，至陶沟河口与中运河相接，全长42.81km，该河是南四湖流域洪涝水的主要出路，并兼排韩庄以下运南运北区间的来水，是防洪、排涝、调水、航运综合利用的河道。设计输水流量 125m³/s，河道已基本满足输水要求。

（6）梁济运河：梁济运河北起黄河南岸国那里，入南四湖的上级湖，干流全长 87.8km，是南四湖湖西地区一条具有防洪除涝、引水灌溉、航运等多功能的综合利用河道，也是京杭大运河的重要组成部分。河道设计流量 100m³/s，设计水位为梁济运河口 32.8m，长沟站下31.8m，长沟站上 35.3m，邓楼站下 33.8m。

（7）柳长河：柳长河是东平湖新湖区排水入梁济运河的河道，位于东平湖新湖区的西部，南与邓楼站出水渠相接，北与八里湾站进水渠连通，全长 21.28km，是东平湖新湖区排水、灌溉的一条重要河道。河道输水位为 37.3～35.8m，河道设计流量 100m³/s。

（8）小清河：小清河是一条防洪除涝为主的河道，发源于济南市西郊的睦里庄闸，东流入渤海莱州湾，全长 236km。胶东输水干线设计流量为 50m³/s。

（9）小运河：小运河是徒骇河的主要支流，其主要任务是排涝和灌溉，小运河段总长96.8km，工程输水规模为 50m³/s，现状河道断面不能满足输水要求。

四、生态环境

（一）输水沿线生态环境现状评价

1. 黄河以南

黄河以南区域总面积 4.7 万 km²，输水沿线主要斑块特征见表 5-1-1。

表 5-1-1　　　　　　　　　　黄河以南输水沿线主要斑块特征

土地利用类型	面积/km²	面积百分比/%	斑块数/个	斑块平均面积/（km²/个）
农田	31951.27	67.77	7782	4.11
水体	3519.41	7.47	2108	1.67
灌草地	3287.03	6.97	2551	1.29
草地	1411.97	2.99	3487	0.40
林地	3134.09	6.65	4832	0.65
居住地	3817.42	8.10	7138	0.53
未利用土地	23.08	0.05	1007	0.02
合计	47144.27	100	28905	

处于黄淮海冲积平原，土地肥沃，适于农作物耕作，而且随着人口和社会经济的发展，土地资源不断开发利用，农田面积明显增加。

林地面积 3134.09km²，主要分布于洪泽湖的南侧、南四湖南侧和东平湖东北部，在华北地区为落叶阔叶-针叶松混交林；中部低山丘陵区一般为落叶阔叶-常绿阔叶混交林；南部地区主要为常绿阔叶林-落叶阔叶-针叶混交林；山区腹部有部分天然森林，平原地区除苹果、梨、桃等果树林外，主要为刺槐、泡桐、白杨等树种。

草地和灌草地面积 4699.0km²，评价区草地主要分布于低山丘陵的阳坡、输水河道周边及湖泊的河滩地。

城镇和农村居民用地，共 3817.42km²，占评价区总面积的 8.1%。城镇用地较少，农村居民用地占绝大多数，说明评价区以农业生产为主。

区域自然系统本底的自然植被净生产能力为 714.4～973.3g/(m²·a)，处于疏林和灌丛 [700g/(m²·a)] 和温带阔叶林 [1200g/(m²·a)] 的平均净生产力之间，区域内生态环境本底的恢复稳定性比较强。

由于人类活动的长期影响，已大大改变了输水河道沿线原有动植物的生长和活动环境，天然植被多数被人工植被取代，人类活动频繁，农耕历史久远，大部分地区为典型的农业生态类型。

2. 黄河以北

黄河以北区域总面积 745.70km²，输水沿线主要斑块特征见表 5-1-2。

表 5-1-2　　　　　　　　　　黄河以北输水沿线主要斑块特征

土地利用类型	面积/km²	面积百分比/%	斑块数/个	斑块平均面积/(km²/个)
耕地	598.80	80.30	44	13.61
林地	2.67	0.36	109	0.02
居民点	110.60	14.83	378	0.29
交通及建筑物	6.87	0.92	679	0.01
水域	21.57	2.89	328	0.07
未利用地	5.19	0.70	323	0.02
合计	745.70	100	1861	

区域内土地利用类型较为单一，耕地和居民点为该区域的主要土地利用类型，分布有少许人工林和经济林，仅占该地区土地利用面积的 0.36%。耕种历史悠久，大面积自然土壤和原生自然植被不复存在，残存的自然植被多系草本植物。

区域本底的自然植被净第一生产力为 1.95～2.71g/(m²·d)，自然生态系统属于较低的生产力水平。由于人类长期垦殖活动，区内农田为主要斑块类型，分布有少量人工林和草地，天然植被类型基本被人工引进植被所替代。

鲁北输水段植被类型人工化和物种单一化明显，而且该地区处于华北平原区，区域内以农田为主，同时该区域生境类型比较简单，因此，系统的生物组分异质性较低，自然系统的阻抗稳定性不高。

3. 山东半岛

山东半岛区域总面积 9882km²，输水沿线主要斑块特征见表 5-1-3。

表 5-1-3　　　　　　　　山东半岛输水沿线主要斑块特征

土地利用类型	面积/km²	面积百分比/%	斑块数/个	斑块平均面积/(km²/个)
农田	7188.69	72.73	1401	5.13
水体	246.97	2.50	442	0.56
灌草地	688.85	6.97	535	1.29
草地	295.99	3.00	731	0.40
林地	657.04	6.65	1013	0.65
居住地	800.04	8.10	1287	0.62
未利用土地	4.84	0.05	211	0.02
合计	9882.42	100	5620	

（1）区域完整性本底情况分析。根据工程区域内的降水量和生物积温空间分布，计算出评价区本底的自然植被净第一生产力主要为 2.17～2.33g/(m²·d)，因此该地域自然生态系统属于较低生产力水平。

（2）区域完整性的背景情况分析。由于久远的垦殖，评价区大部分地区为农田，天然次生植被主要是草地和林地。各种植被类型生产力平均背景值约为 2.20g/(m²·d)，处于该地本底值 2.17～2.33g/(m²·d) 范围内的较低水平。

耕地面积最大，占总面积的 72.73%。农作物虽然生产能力较高，但生物量低于草地，而比耕地生物量高的林地和灌丛比例仅为 9.97%，说明自然系统受到人类的长期干扰，恢复稳定性较弱，如果不经过人工辅助措施，恢复到本底的高亚稳定状况是很困难的。

由于人类的长期干扰，区域内植被人工化和物种单一化明显，只要能够垦殖的地方，基本都被开垦，只有在低山、丘陵上有小面积的林地和草地分布，因此植被的异质性大大降低，从而导致区域自然系统的阻抗稳定性受到损害，阻抗稳定性较差。

（二）蓄水湖泊生态环境

1. 洪泽湖

洪泽湖湿地生态系统地域宽广、水陆交错、气候适中、生物种类多样，也是诸多候鸟、旅鸟适宜栖息的地区。洪泽湖区湿地上的生物资源，包括浮游植物、浮游动物、高等植物、底栖动物、鱼类、鸟类等，种类多、数量大，是我国重要的湿地资源基地之一。

（1）浮游生物。洪泽湖的浮游植物共有 8 门 141 属 165 种，浮游动物 35 科 63 属 91 种。

浮游植物中绿藻门、蓝藻门和硅藻门占 69%，其种数占 84%。生物量以春季最高，为 15.16mg/L；夏季次之，为 7.69mg/L；秋季第三，为 2.50mg/L；冬季最低，为 1.75mg/L。

据调查，浮游动物中原生动物 15 科 18 属 21 种；轮虫 9 科 24 属 37 种；枝角类 6 科 10 属 19 种；桡足类 5 科 11 属 14 种。浮游动物生物量全湖平均值为 1.24mg/L，其中原生动物平均为 0.06mg/L，占浮游动物生物量平均数的 5%；轮虫为 0.19mg/L，占 16.0%；枝角类为

0.40mg/L，占 32.3%；桡足类为 0.58mg/L，占 46.7%。

（2）水生高等植物。洪泽湖的水生高等植物有 81 种，隶属于 36 科 61 属。其中单子叶植物最多，双子叶植物次之，蕨类植物最少。按生态类型分，有沉水植物 13 种，浮叶植物 7 种，漂浮植物 10 种，挺水植物和湿生植物 51 种。洪泽湖水生高等植物的优势种有芦苇、蒲草、菰、莲、李氏禾、水蓼、喜旱莲子、苦菜、菱、马来眼子菜、聚草、组草、苦草等。

挺水植物带主要分布在高程 12～13m 的湿地上。这类植物的根着生于底泥中，而植物体的上部挺出水面，是水生和陆生之间的过渡类型。

浮叶植物带主要分布在 11.5～12m 高程的湿地上。这类植物的根着生于底泥中，叶漂浮于水面，主要种类有菱、金银莲花和荇菜等。该带内通常也混生有大量漂浮植物和沉水植物。

沉水植物带主要分布在 11.0～11.5m 高程的低位湿地上，是洪泽湖较大的植物带。该带植物的茎叶均沉没于水中，多数根着生于底泥中，也有悬浮于水中的。

（3）底栖动物。洪泽湖底栖动物的种类较多，计有 8 纲 39 科 57 属 76 种。其中环节动物 3 纲 6 科 7 属 7 种，软体动物 2 纲 11 科 25 属 43 种，节肢动物 3 纲 22 科 25 属 26 种。

环节动物由多毛纲、寡毛纲和蛭纲组成，从种类数量或者密度看，以寡毛纲占优势。软体动物有腹足纲和瓣鳃纲两大类，是底栖动物的主要类群。节肢动物在湖泊中是一个大类群，组成复杂，它包括甲壳纲、蛛形纲和昆虫纲等，其中甲壳纲占绝对优势。

（4）鱼类资源。洪泽湖的鱼类由 68 种组成，分别隶属于 9 目 16 科 50 属。当前主要以人工养殖为特征，保持了一定的水产量，主要经济鱼类有鲤、鲫、鳊、鲂、草、鲢、鳙、青、乌鳢和鳜等。由于过渡捕捞、水位剧变、泄洪、干枯等人为和自然因素，导致洪泽湖鱼类资源大量减少。

（5）鸟类资源。洪泽湖地区鸟类共有 15 目 44 科 194 种，占江苏省鸟类的 3.3%，其中 43 种为留鸟、100 种为候鸟、51 种为旅鸟，分别占总数的 22.2%、51.5% 和 26.3%。属国家一级保护鸟类有大鸨、白鹳、黑鹳和丹顶鹤等 4 种；二级保护鸟类有白额雁、大天鹅、小天鹅、疣鼻天鹅、鸳鸯、灰鹤、猛禽等 26 种，合计有 30 种国家重点保护鸟类。

洪泽湖地区 194 种鸟类中有 105 种列入中日候鸟保护协定，占洪泽湖区鸟类总数的 54.1%；有 24 种鸟类受中澳候鸟保护协定，占鸟类总数的 12.4%。鸟类主要栖息在洪泽湖西部、北部湿地，近湖区岗地林区和林柴场。

2. 骆马湖

骆马湖的水域基本上分为敞水区和浅水区，湖的中部和东南部为敞水区，这部分湖区水深、风浪大，水生植物较稀少；湖西部和西北部沿岸带水较浅，分布着大面积的芦苇草滩和大小不一的滩墩，生长着各类水生植物。

（1）浮游生物。湖内有浮游植物 59 属，主要包括硅藻、甲藻和金藻。

骆马湖浮游动物主要为温带普生性种类，大约有 67 种，主要包括轮虫、枝角类和桡足类。

常见轮虫种类有长肢多肢轮虫、广布多肢轮虫、螺形龟甲轮虫、矩形龟甲轮虫、曲腿龟甲轮虫和萼花臂尾轮虫等。枝角类既有北方种，又有南方种，其余为广温性世界种，常见种有僧帽蚤、透明蚤、长额象鼻蚤、长肢秀体蚤和短尾秀体蚤。桡足类常见种有英勇剑水蚤、广布中剑水蚤和近邻剑水蚤等。

优势种主要有长肢多肢轮虫、广布多肢轮虫、僧帽蚤、长额象鼻蚤、近邻剑水蚤 5 种。

（2）水生高等植物。据调查，骆马湖有高等水生植物 18 种，隶属 11 科 15 属，主要有芦苇、马来眼子、狸藻、菱、藕、芡实等，绝大部分水面生物量能达到 $6kg/m^2$。

（3）鱼类资源。骆马湖鱼类共有 9 科 16 属 56 种，以鲤科鱼类为主，有 31 种。在淡水鱼类分布中属华东区，其中鲢鱼、鳙鱼、长春鳊、翘嘴红鲌、三角鲂、银飘鱼等是我国特产的江河平原鱼类。骆马湖鱼类 56 种鱼几乎全是江苏省淡水常见鱼类，主要经济鱼类有鲤、鲫、银鱼、鲌、鲢、赤眼鳟等 17 种。

3. 南四湖

南四湖是我国北方重要的湖泊湿地和水禽栖息地，系微山湖、昭阳湖、独山湖和南阳湖的总称，是山东省省级自然保护区，于 1982 年由微山县人民政府批准成立，以保护湿地生态系统和珍稀、濒危鸟类为主要对象。南四湖属中富营养型，水质理化性质较好，是维护湖泊高初级生产力和生物多样性的重要基础条件，由于生境类型多样，陆生与水生生物多样性十分丰富。

（1）浮游生物。该湖有浮游植物 8 门 46 科 116 属，以绿藻门、隐藻门、硅藻门、蓝藻门种类为主，平均数量 $218×10^4$ 个/L，生物量 1.7mg/L，其中绿藻门最多，为 16 科 51 属；硅藻门次之，为 10 科 22 属。浮游动物 249 种，其中原生动物 34 种，轮虫 141 种，枝角类 44 种，桡足类 28 种，介形类 2 种，平均数量 5770 个/L，生物量 0.6mg/L。

（2）水生高等植物。湖区水生维管植物种类多，分布广，生物量大，计有 78 种，分属 28 科 45 属，全湖水生维管植物分布面积占湖泊总面积的 99%，按分布面积大小，主要有以下 10 个群丛：蓼草、金鱼藻、黑藻、篦齿眼子菜、荇菜群丛；蓼草、马来眼子菜、光叶眼子菜群丛；黑藻、微齿眼子菜群丛；芦苇、篦齿眼子菜群丛；光叶眼子菜、黑藻群丛；芦苇群丛；菰群丛；莲群丛；菱群丛和芡实群丛。

南四湖自然保护区维管植物中，有 9 种属于国家一级、二级、三级重点保护植物。其中，莼菜为国家一级重点保护野生植物，水蕨、粗梗水蕨、中华结缕草、野大豆、莲等 5 种为国家二级重点保护野生植物，膜荚黄耆为国家三级重点保护野生植物；银杏、水杉等 2 种分别为国家一级、二级重点保护植物。

（3）底栖动物。底栖动物有 53 种，其中软体动物 36 种，节肢动物 9 种，环节动物 8 种，平均数量 932 个/L，生物量 92.6g/L。其优势种主要包括中华圆田螺、中国圆田螺、中华米虾、日本沼虾和秀丽白虾等。

（4）鱼类资源。南四湖自然保护区独特的湿地生态系统，丰富的水资源，繁盛的浮游生物资源，孕育了种类丰富的鱼类资源。湖中有鱼类 16 科 53 属 78 种，其中鲤科鱼类最多，占总数的 61.5%，其次是鲌科，占总数的 7.0%，鳅科占 6.0%，其他各类占 25.5%。

保护区大多数鱼类具有重要的经济价值，南四湖主要鱼类为鲫鱼，其次为黄颡鱼、乌鳢、鲶鱼和鲤等。

（5）鸟类资源。南四湖水域辽阔，气候适宜，水生生物十分丰富，为各种鸟类的隐蔽、栖息、觅食和繁殖提供了良好的自然环境。根据调查，南四湖共有鸟类 196 种，隶属 17 目 44 科 103 属。其中留鸟 32 种，夏候鸟 47 种，冬候鸟 19 种，旅鸟 98 种。

鸟类的分布与自然景观内的各种生态条件相适应，同时，受人类社会活动的影响。根据调查结果分析，其分布规律按地理生态可分为以下三个区。

1）南四湖区。以南四湖为中心的滨湖涝洼区，水陆生植物繁茂，覆盖率高，水源及食料丰富，栖息区域广，环境幽静，是多种鸟类的汇集区，以水禽鸟类繁多而独具特色。鸭类主要有绿翅鸭、绿头鸭、针尾鸭、赤麻鸭、白眉鸭、罗纹鸭、花脸鸭、斑嘴鸭、红嘴潜鸭、凤头潜鸭和斑头秋沙鸭等23种；雁类中有豆雁、鸿雁、斑头雁等7种。秧鸡科7种，有普通秧鸡、黑水鸡、白骨顶、董鸡、斑胸田鸡等；鹭类有草鹭、苍鹭、白鹭、池鹭等。

2）滨湖平原耕作区。本区主要是农耕景观，农田、林网、林带初具规模，河流、堤坝较多，为多种鸟类提供了活动隐蔽场所。主要有隼科、鸠鸽科、戴胜科、啄木鸟科、百灵冬、雀科等15科、26种鸟类。以雀形目种类最多，有9科，主要有云雀、水鹨、燕雀、大山雀、灰喜鹊等。栖息于阔叶树防护林、混交林及田间农作物中，此区常见的有雀科的鸟类，占统计种类的38.45%。

3）滨湖低山丘陵区。此区林木种类多，分布集中，地貌及植被较复杂，水库、塘坝较多，亦有多种鸟类繁衍生息。主要有猛禽类石鸡、雉鸡、鹰、鹞等，以及吃害虫及浆果种子的鸣禽、攀禽，如灰喜鹊、大山雀、锡嘴雀、灰腹灰雀等40余种。据调查，其鸟类组成主要有鹰科、鸠鸽科、夜鹰科等23科，共73种。以鸭科、雀科鸟类数最多，常见种类有雁鸭类、鹬类、鸦类、柳莺类、鹟鹛类、黄雀类等。

南四湖湿地有国家一级保护鸟类大鸨和白鹳2种，国家二级保护鸟类有大天鹅、鸳鸯、长耳鸮、灰鹤和小杓鹬等22种，山东省重点保护鸟类35种。其中有109种鸟类列入《中国与日本保护候鸟及其栖息环境协定》，有25种列入《中国与澳大利亚保护候鸟及其栖息环境协定》。

（6）兽类。保护区兽类共有5目9科16种，其中，食肉目5种，黄鼬为优势种群；啮齿目6种，仓鼠为优势种；兔形目仅草兔1种，数量较大；食虫目2种，刺猬为优势种群，翼手目2种，如家蝠，分布于住宅附近。保护区兽类中，黄鼬、艾虎、獾、豹猫、赤狐为省重点保护动物。

4. 东平湖

东平湖富含有机质，整个湖泊呈现为中营养至富营养型状态。水生生物比较丰富。东平湖分新老两个湖区，老湖区接纳大汶河来水常年有水，并有水产之利；新湖区平常耕种，黄河遇非常洪水时承担分洪滞洪任务。

（1）浮游生物。湖内有浮游藻类7门35科67属，其中绿藻门12科29属、硅藻门10科15属、蓝藻门4科12属、裸藻门5属、黄藻门2属、甲藻门2属、隐藻门1属。浮游藻类中甲藻占40.5%，硅藻占35.3%，金藻、黄藻分别占3.3%和0.5%。

湖内有浮游动物69种，其中原生动物31种，轮虫16种，枝角类11种，桡足类11种。以原生动物中的砂壳虫、筒壳虫、似铃壳虫、焰毛虫；轮虫中的螺形龟甲虫、针簇多肢轮虫、角突臂尾轮虫、三肢轮虫；枝角类中的秀体、象鼻、裸腹、尖额；桡足类中的汤匙华哲水蚤、广布中剑水蚤、台湾温剑水蚤、跨立水剑蚤和近邻剑水蚤等为优势种。

（2）水生高等植物。湖内有水生植物18科30属42种，常见种类有芦苇、蒲草、菱、莲、芡、马来眼子菜、苦草、轮叶黑藻等。全湖平均生物量2141个/m²，其中轮叶黑藻占39.7%，苦草占15.7%，马来眼子菜占14.5%，菱、芡分别占10.2%和5.4%。主要经济水生植物有菱、芡、藕、蒲。

（3）底栖动物。湖内有软体动物8科19属28种，其中常见的有双旋环棱螺、中华圆田螺、环棱螺、长角涵螺、纹沼螺、褶纹冠蚌、背角无齿蚌、蚶形无齿蚌、刻纹蚬等。

（4）鱼类资源。湖内有鱼类9目15科44属56种，其中鲤科35种。鱼类有4个生态类群：

①海淡水洄游鱼类，如鳗鲡、鲈鱼、长颌鲚等，其中长颌鲚在渔业生产中占有一定地位，鳗鲡、鲈鱼等数量极少；②河湖洄游性鱼类，如青、草、鲢等；③河道性鱼类，如马口鱼等，个别种群数量较大，有一定渔业价值；④湖泊定居性鱼类，如鲤、鲫、鳜、乌鳢、黄颡以及太湖短吻银鱼等，种类多，群体数量大，在渔业生产中占最重要地位。

（5）鸟类资源。东平湖是鸟类迁飞的重要通道。据资料，有鸟类362种，包括留鸟40多种、夏候鸟80多种、冬候鸟50多种、旅鸟200多种。其中包括国家重点保护的一级、二级鸟类白骨顶、红骨顶、大天鹅、小天鹅等。

（三）项目区的水土流失及其防治现状

1. 水土流失现状

根据《土壤侵蚀分类分级标准》（SL 190—96），东线工程位于我国北方土石山区水力侵蚀为主的类型区，土壤容许流失量为200t/(km²·a)。

长江—南四湖段为微度流失区，土壤侵蚀模数在200t/(km²·a)以下；南四湖—黄河和东平湖—引黄济青段为黄泛平原沙土轻微度流失区，水土流失以水力侵蚀为主，局部存在风蚀，土壤侵蚀模数为200～500t/(km²·a)；黄河以北段主要地处黄泛微度和轻度流失区，水土流失类型为水蚀和风蚀，土壤平均侵蚀模数为500～1000t/(km²·a)。

根据遥感资料，东线一期工程项目涉及的40多个县（区），其中有15个县（区）范围内有轻度以上的水土流失（表5-1-4），其余各县（区）均为微度侵蚀区。轻度以上水土流失总面积5437.6km²，其中轻度流失3513.0km²，中度流失1717.3km²，强度流失207.3km²。

表5-1-4　　　　南水北调东线一期工程影响范围内水土流失情况表

省份	市	县（区）	总面积/km²	流失占总面积/%	水土流失面积/km²			
					小计	轻度	中度	强度
江苏	徐州	铜山	2074.0	33.6	697.0	379.9	228.2	88.9
		市辖区	963.0	4.1	39.4	20.0	15.6	3.8
	宿迁	泗洪	2759.0	32.7	901.6	500.5	363.9	37.2
		新沂	1580.0	21.8	344.2	276.7	59.0	8.5
山东	枣庄	市辖区	3064.0	30.0	918.9	690.6	228.3	
	潍坊	寿光	2200.0	7.6	167.2	167.2		
	济南	章丘	1612.8	62.5	1008.1	718.0	270.6	19.5
		历城	1020.0	70.0	714.2	492.0	219.0	3.2
	滨州	邹平	1214.8	21.6	262.2	160.5	80.7	21.0
		博兴	985.0	10.2	100.3	100.3		
	聊城	聊城	1254.3	7.0	87.3		84.5	2.8
		东阿	760.7	6.0	46.0		41.8	4.2
		阳谷	1032.3	5.9	61.0	7.3	49.2	4.5
		茌平	1116.2	5.1	56.4		56.4	
		临清	959.4	3.5	33.8		20.1	13.7
合计			22595.5		5437.6	3513.0	1717.3	207.3

2. 项目建设区与水土流失区关系

东线工程位于黄河、海河和淮河冲积而成的平原，整个供水区以黄河为脊背，分别向南、北倾斜，根据划分水土流失重点防治区要求，长江—骆马湖段为江苏省一般防治区，骆马湖—苏鲁省界为江苏省重点预防保护区；洪泽湖抬高蓄水位影响处理工程为安徽省水土流失重点监督区；山东项目区鲁北段、郊东为山东省划定的重点治理区，鲁南为山东省一般防治区。

第二节 社 会 环 境

一、区域经济

东线一期工程供水范围是全国人口最为密集地区之一，供水范围内有济南、徐州和青岛 3 座特大城市和扬州、淮安、连云港、济宁、烟台、德州等 25 座大中城市。

供水范围及邻近地区矿产资源丰富，主要有石油、天然气、煤炭、铁、铝土、石膏等。供水范围也是我国重要的粮棉油料产区。种植业在淮河以南及淮河下游地区以水稻、小麦为主；淮河以北地区以小麦、玉米、薯类、大豆、棉花等旱作物为主；山东半岛以小麦、玉米等旱作物为主。淮河和海河流域中低产田比例大，光热条件好，是我国粮食增产潜力最大的地区之一。

供水范围内交通发达，京沪铁路纵贯南北，陇海、石德、兖新、兖石铁路横穿东西；公路网遍及城乡，近年来高速公路发展迅速；有以京杭大运河及淮河干流为骨干的内河航线；黄骅、青岛、烟台、威海、龙口、日照、连云港等港口已成为我国重要的对外海运港口；济南、青岛、徐州市等是我国重要航空港。

（一）长江—骆马湖段

长江—骆马湖段区间供水范围人口稠密，交通方便，涉及有淮安、宿迁、连云港、徐州的濉宁县以及扬州市江都、高邮、宝应沿运地区，总土地面积 2.33 万 km²，其中耕地 2040.5 万亩；总人口 1646 万人，其中农业人口 1269 万人、非农业人口 377 万人。全境地势平坦，水域开阔，境内有全国五大淡水湖之一的洪泽湖，还有白马湖、高邮湖、宝应湖等。盛产稻麦、棉花、油料、林木、畜禽、水产等农副产品。地下蕴藏有石油、天然气、岩盐、芒硝等非金属矿产资源，可开采的岩盐储量达 1300 亿 t。

改革开放以来，随着京杭运河经济带的形成以及连云港作为欧亚大陆桥东桥头堡的建立和完善，该区工业发展较快，并带动国内生产总值的增长与产业结构的调整，城乡人民生活水平显著提高。2001 年全区国内生产总值达 963 亿元，实现农业总产值 551 亿元，农民人均纯收入3100 元。

区内交通发达，京杭大运河和高速公路贯穿南北，公路网遍布城乡。良好的交通设施为该地区的经济和社会发展创造了条件。

（二）骆马湖—南四湖段

徐州市位于江苏省的西北部，地处江苏、山东、河南、安徽四省交界，总面积

11258km²。2001 年年末，全市户籍总人口 901.86 万人，其中非农业人口 240.71 万人，人口密度为 801 人/km²。2002 年全市国内生产总值为 794.88 亿元，占全省的 7.5％。城市居民人均收入达到 8037 元，农民人均纯收入 3568 元。市内教育事业快速发展，全面推进素质教育。

徐州市形成了机械、电子、化工、建材四大主导行业和食品、冶金、纺织、轻工等十一大支柱行业为骨干的门类齐全的工业体系和多种经营的农业生产体系，已成为全国工程机械主要出口基地，华东重要的能源基地，江苏省建材、冶金基地和重要的商品粮生产基地。

韩庄运河段工程经过的枣庄市台儿庄、峄城和济宁市微山三县（区），区划总面积 2756.3km²，耕地 121.07 万亩，人口 132.2 万人，其中非农业人口 30.56 万人。随着改革开放和地区社会经济的发展，韩庄运河沿岸三县（区）充分利用京杭运河，带动区内工农业总产值迅速增长，城乡人民生活水平显著提高。2001 年区内工农业生产总值 129.15 亿元，其中工业总产值（规模以上）65.74 亿元、农业总产值 63.41 亿元；粮食总产量 36.14 万 t，粮食单产 5523kg/hm²；城镇在职职工人均纯收入 8360 元，农民人均纯收入 2833 元。

（三）南四湖

南四湖自然保护区涉及微山县除马坡乡以外的全部乡镇。微山县辖 7 个镇、7 个乡、565 个行政村，总人口 68.28 万人，其中非农业人口 8.26 万人。2001 年全县国内生产总值 41.85 亿元，其中第一产业总产值为 11.35 亿元，第二产业总产值为 15.63 亿元，第三产业总产值为 14.87 亿元，分别占国内生产总值的 27.1％、37.3％、35.6％。人均国内生产总值 6129 元。2001 年实现财政总收入 2.95 亿元，人均地方财政收入 285.66 元。

全县水、电、通信设施较为齐全，国道 104、省道济（南）—微（山）公路、郯（城）—微（山）公路，济（宁）—微（山）公路、木（石）—曲（房）公路穿越该县；京沪铁路、陇海铁路、京福高速公路沿周边通过，京杭大运河贯穿该县南北。境内的铁路、公路、湖河航运线，已经形成了一个完整的四通八达的交通网络。

（四）南四湖—东平湖

梁济运河、柳长河位于山东省的西南部，在行政区划上隶属于济宁、泰安、菏泽 3 个市的 9 个县（市、区）。2001 年统计总人口 601.5 万人，其中农业人口 477.85 万人、非农业人口 123.65 万人；耕地总面积 692.22 万亩，人均占有耕地 1.45 亩；流域内气候温和，土地肥沃，农作物主要有小麦、玉米、棉花、油料、杂粮等，随着改革开放的不断深入，流域内经济得到快速发展，区域国内生产总值 229.81 亿元，城镇人均收入 6191.38 元，农村人均收入 2501.84 元。

区域内矿产资源特别是煤炭资源较丰富，交通发达，京沪铁路贯穿南北，新（乡）兖（州）铁路横贯东西，国、省、县、乡公路交错成网。流域内工业门类齐全，经济快速发展，是山东省的能源基地。济宁历史上是京杭大运河的运输枢纽，历史悠久，经济发达，是区域文化、经济、交通的中心。南四湖—东平湖段工程的兴建，对区域社会经济的可持续发展具有重要意义。

（五）鲁北输水段

鲁北输水河道流经山东省聊城市的东阿县、阳谷县、东昌府区、茌平县、临清市和德州市的夏津县、武城县、德城区等 8 个县（市、区）。该区土地面积 7286km²，耕地面积 4540km²，人口 476.26 万人，其中城镇人口 108.73 万人、农村人口 367.53 万人。该区人口稠密，土地易碱、易涝、易旱，自然资源比较匮乏。1999 年工业总产值 247.51 亿元，粮食总产量 290.46 万 t，人均年收入 3088.09 元，是山东省经济欠发达地区。

（六）山东半岛

山东半岛输水干线自调蓄湖泊——东平湖渠首引水闸至小清河分洪道引黄济青子槽上节制闸，沿途经泰安、济南、滨州、淄博 4 市的 10 个县（市、区）。输水渠沿线具有优越的地理位置、良好的开放条件、丰富的生物和矿产资源、悠久的文化历史、秀丽的自然风光和丰富多彩的旅游资源。这些都为输水渠沿线的经济发展创造了十分有利的条件。

二、人群健康

据统计，南水北调输水沿线工程影响区域内常见传染病主要有病毒性肝炎、肺结核、细菌性痢疾、流行性出血热、麻疹、流脑、伤寒、百日咳等；常见地方病主要是个别地区的高碘性甲状腺肿和地方性氟中毒；在江苏省主要输水河道（里运河、新通扬运河、三阳河、金宝航道）和湖泊（高邮湖、宝应湖、邵伯湖等）及相关区域有血吸虫病流行。

工程区域内血吸虫病流行区涉及 11 个流行县（市、区）、85 个流行乡（镇）、604 个流行村。其中 8 个流行县已达血吸虫病传播阻断标准，1 个县达传播控制标准，2 个县尚未控制血吸虫病传播。有 440 个流行村达到血吸虫病传播阻断，132 个达到传播控制，有 32 个流行村尚未控制血吸虫病流行。

水源区有 24 个流行乡镇，216 个流行村。其中已达传播阻断流行乡人口 90.7 万人，流行村人口 75.6 万人；累计钉螺面积 7176.36 万 m²，历史累计病人 113278 个；2002 年有钉螺面积 945.74 万 m²，有阳性钉螺面积 147.38 万 m²，有血吸虫病人 364 个。

受水区 61 个流行乡镇，388 个流行村，流行乡人口 228 万人，流行村人口 116 万人；累计钉螺面积 16232.25 万 m²，历史累计病人 238843 个；2002 年有钉螺面积 253.66 万 m²，有血吸虫病人 36 个。

第三节　环　境　要　素

一、污染负荷

南水北调东线沿线排污状况、时空分布和类型特征，与调水水质密切相关。

（一）输水干线污染负荷

东线工程开始运行后黄河以北与山东半岛将实施清污分流，调水期间污染物不得进入输水河道，污染源集中在淮河流域控制区，包括山东、江苏两省共 41 个控制单元（图 5-3-1）。2004 年输水干线（淮河流域）控制区入输水干线的入河排污量为 9.53 亿 t，主要污染物化学需氧量入河量为 24.62 万 t，氨氮入河量为 2.06 万 t。

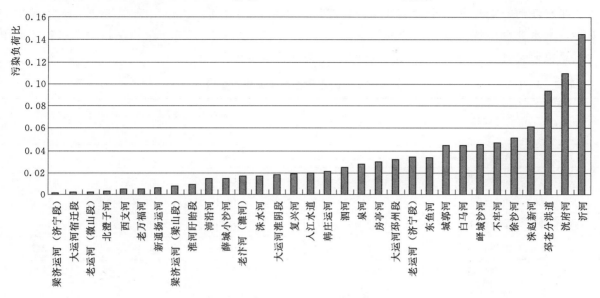

图 5-3-1　淮河流域控制区控制单元污染负荷比

江苏淮河流域控制区入河排污量为 2.52 亿 t，占总量的 26.4%；化学需氧量入河量为 8.12 万 t，占总量的 33.0%；氨氮入河量为 0.31 万 t，占总量的 15.0%。

山东淮河流域控制区入河排污量为 7.01 亿 t，占总量的 73.6%，化学需氧量入河量为 16.5 万 t，占总量的 67.0%，氨氮入河量为 2.06 万 t，占总量的 85.0%。

2004 年淮河流域控制区沂河控制单元污染贡献居于首位，其次是洸府河、邳苍分洪道、洙赵新河、徐沙河、不牢河、峄城沙河、白马河、城郭河、东鱼河等控制单元，沂河、洸府河、邳苍分洪道、洙赵新河、徐沙河、不牢河、峄城沙河、白马河、城郭河、东鱼河 10 个控制单元贡献淮河流域控制区污染物排放总负荷的 67.6%；沂河、邳苍分洪道、洸府河、徐沙河、不牢河、洙赵新河 6 个控制单元贡献化学需氧量排放负荷的 53.8%，其中沂河控制单元贡献 16.7%；洸府河、沂河、邳苍分洪道、峄城沙河、白马河、洙赵新河、城郭河 7 个控制单元贡献氨氮排放负荷的 63.6%。山东省控制单元排放占淮河流域控制区化学需氧量负荷的 67%，占氨氮负荷的 85%。

2004 年淮河流域控制区主要排污控制单元为沂河、洸府河、邳苍分洪道、洙赵新河、徐沙河、不牢河、峄城沙河、白马河、城郭河、东鱼河、老运河（济宁段）、大运河邳州段、房亭河、泉河、泗河等 15 个控制单元，以上控制单元化学需氧量负荷占淮河流域控制区化学需氧量总负荷的 84.1%，氨氮负荷占总负荷的 78.9%。

黄河以北只有小运河-七一河-六五河控制单元排污进入输水干线，对各排污口排放量进行等标污染负荷分析，主要污染源是城镇污水处理厂和造纸厂排污。

（二）城镇和工业污染排放量

据环保部门统计，2002 年南水北调东线控制单元排污量见表 5-3-1。

城镇污染源中小清河控制单元对氨氮的贡献最显著，为 14.6 m³/s，仅次于洸府河控制单元，氨氮等标污染负荷为 6.4m³/s，不到小清河控制单元的 50％，以下依次为大汶河、不牢河、洙赵新河、老运河济宁段、大运河宿迁段、沂河、白马河、大运河淮阴段、房亭河等控制单元。南水北调东线工程控制单元城镇污染源排放氨氮总负荷为 56.1m³/s，其中山东省控制单元氨氮负荷合计 43.7m³/s，江苏省控制单元氨氮负荷合计 12.4m³/s。

表 5-3-1　　　　　　　　2002 年南水北调东线控制单元排污量统计表

序号	控制区	控制单元名称	污水排放量/(万 t/a)	化学需氧量排放量/(t/a)	氨氮排放量/(t/a)
1	淮河江苏段	新通扬运河	2568	12538	1208
2	淮河江苏段	北澄子河	1272	3642	380
3	淮河江苏段	入江水道	1601	6759	219
4	淮河江苏段	淮河盱眙段	676	2575	97
5	淮河江苏段	老汴河（濉河）	1805	3918	346
6	淮河江苏段	大运河淮阴段	7765	15562	849
7	淮河江苏段	大运河宿迁段	4499	10058	1071
8	淮河江苏段	大运河邳州段	3267	9362	766
9	淮河江苏段	不牢河	14125	33638	2117
10	淮河江苏段	房亭河	2909	11578	799
11	淮河江苏段	沛沿河	2239	4537	377
12	淮河江苏段	徐沙河	1040	8940	404
13	淮河江苏段	复兴河	2101	6000	212
14	淮河江苏段	新通扬运河（泰州段）	1216	7727	380
	江苏段合计		47083	136834	9225
15	淮河山东段	韩庄运河	1698	3775	216
16	淮河山东段	西支河	1323	3053	276
17	淮河山东段	洸府河	9563	26928	3755
18	淮河山东段	老运河济宁段	4487	13440	1370
19	淮河山东段	洙水河	1359	3513	250
20	淮河山东段	赵王河	580	887	33
21	淮河山东段	梁济运河（济宁）	848	958	23
22	淮河山东段	梁济运河（梁山段）	2241	4977	387
23	淮河山东段	邳苍分洪道	4462	12312	734
24	淮河山东段	峄城沙河	3438	7255	730
25	淮河山东段	城郭河	5699	14844	752
26	淮河山东段	薛城小沙河	4557	8478	601
27	淮河山东段	老运河微山段	2122	4079	315

序号	控制区	控制单元名称	污水排放量 /(万 t/a)	化学需氧量排放量 /(t/a)	氨氮排放量 /(t/a)
28	淮河山东段	白马河	2434	5507	944
29	淮河山东段	泗河	4676	13416	685
30	淮河山东段	东鱼河	4300	19952	992
31	淮河山东段	老万福河	1477	3518	329
32	淮河山东段	洙赵新河	5011	21343	2247
33	淮河山东段	泉河	1195	3652	261
34	淮河山东段	沂河	8568	22561	1711
35	黄河山东段	东平湖	1033	9920	766
36	黄河山东段	大汶河	13664	45956	3490
37	海河山东段	位临运河山东段	1269	3935	290
38	海河山东段	小运河-七一河-六五河	2090	8243	395
39	海河山东段	卫运河山东段	4041	14747	737
40	海河山东段	南运河山东段	2189	6847	976
41	黄河山东段	小清河	21880	73500	7500
山东段合计			116204	357596	30765
输水干线控制单元合计			163287	494430	39990

注 新通扬运河（泰州段）、位临运河山东段、卫运河山东段以及南运河山东段排污已不进入调水干线。

2002年南水北调东线工程沿线控制单元城镇污染源化学需氧量等标污染负荷，化学需氧量排放负荷最大的仍然是小清河控制单元，为 21.4m³/s，不牢河控制单元化学需氧量等标污染负荷为 8.5m³/s，不到小清河控制单元的 40%，以下依次为大汶河、洸府河、沂河、大运河淮阴段、城郭河、洙赵新河、老运河济宁段、邳苍分洪道、房亭河等控制单元。南水北调东线工程控制单元城镇污染源排放化学需氧量总负荷为 102.0m³/s，其中山东省控制单元化学需氧量负荷合计 73.3m³/s，江苏省控制单元化学需氧量负荷合计 28.7m³/s。

城镇水污染排放主要由生活污水和工业废水两部分构成。

南水北调东线一期工程的 41 个控制单元，2002年工业污水排放总量 8.03 亿 t，其中洸府河控制单元的工业污水排放量最高，为 8258 万 t，占 10.3%；其次是不牢河控制单元，排放量为 7936 万 t，占 9.9%。该年化学需氧量工业排放总量为 17.25 万 t，洸府河单元最高，为 2.13 万 t，占 12.4%；不牢河单元与大汶河单元次之，分别为 1.77 万 t 和 1.51t，分别占 10.3%、8.7%。氨氮工业排放总量 1.25 万 t，洸府河单元仍居最高，为 3289t，占 26.4%，且大大高于其他控制单元（排在第二位的是洙赵新河控制单元，1042t，占 8.4%）。综合考虑工业污水排放量、工业化学需氧量、工业氨氮排放量，洸府河的三个指标都是所有控制单元中最高的。

41 个控制单元 2002年生活污水排放总量 82977 万 t，其中小清河控制单元排放量最高，为 17226 万 t，占 20.8%，远高于其他控制单元（排放量第二的为大汶河 7952 万 t，占 9.6%）。

该年化学需氧量生活排放总量为 248407t，大汶河单元最高，为 30901t，占 12.4％，远高于排在第二位的洙赵新河（17205t，占 6.9％）和第三位的不牢河（15932t，占 6.4％）。氨氮生活排放总量 20018t，大汶河单元最高，为 2816t，占 14.1％；不牢河次之，为 1818t，占 9.1％。综合考虑生活污水排放量、化学需氧量、氨氮排放量，大汶河单元的化学需氧量、氨氮排放量均为最高，生活污水排放量第二。

就污水排放量而言，41 个控制单元的工业与生活的排放总量比较接近，工业排放（49％）略小于生活排放（51％），但就化学需氧量排放量以及氨氮排放量而言，工业排放总量均较显著地小于生活排放总量，化学需氧量工业排放占 41％，生活排放占 59％，氨氮工业排放量占 38％，生活排放占 62％。

小清河单元生活污水排放量最大，工业污水排放量第四，但缺少化学需氧量、氨氮的排放量数据。在工业污染排放方面比较突出的洸府河单元，其生活污染排放相对于工业污染而言比较少，生活污水排放量是工业的 15.8％，化学需氧量生活排放是工业排放的 26.2％，氨氮生活排放是工业排放的 14.2％。在生活污染排放方面比较突出的大汶河单元，工业污水排放量是生活排放量的 71.8％，两者比较接近，化学需氧量工业排放量是生活排放的 48.7％，氨氮工业排放量是生活排放的 23.9％。

南水北调东线一期工程淮河流域水污染问题与产业结构密切相关，工业企业废水排放是城镇污染源的重要来源，与生活污水排放特点不同，不同行业之间废水排放存在着明显的差异。该地区的工业主要是以农副产品为原料的加工业，如造纸、纺织印染、酿造等，基本上是高耗水、高污染行业，废水处理难度大、成本高。对 2002 年南水北调东线各控制单元 397 家主要工业企业排污情况的调查分析结果表明：397 家主要的工业企业废水排放量 5.01 亿 t/a，化学需氧量排放量 20.88 万 t/a，氨氮排放量 1.76 万 t/a，分别占 2002 年城镇点污染源排放量的 43.11％、58.39％和 57.21％。其中造纸、纺织印染、酿造三个行业 175 家企业化学需氧量、氨氮排放量分别占 397 家企业排放总量的 79.1％和 50.8％。

各行业污染物排放情况为：77 家造纸以及纸制品业企业排放的污水量占工业企业排污总量的 35％，化学需氧量排放量占总量的 58％，氨氮排放量占总量的 43％；54 个纺织印染企业排放的污水量占工业企业排放总量的 7.4％，化学需氧量排放量占总量的 10.7％，氨氮排放量占总量的 3.9％；44 个酿造企业废水排放量占工业企业排污总量的 5.7％，化学需氧量排放量占总量的 10.4％，氨氮排放量占总量的 3.9％；化学原料及化学品制造行业的 60 家企业合计排放的污水量占工业企业排污总量的 17.5％，化学需氧量排放量占总量的 6.7％，氨氮排放量占总量的 26.3％；其他行业的 162 家企业污水排放量占工业企业排污总量的 34％，化学需氧量排放量占总量的 13.7％，氨氮排放量占总量的 23.8％。

（三）面源污染

面源污染对东线工程水质污染主要集中在汛期。根据《淮河水资源综合规划》中淮河水资源保护科学研究所和清华大学面污染源专题研究成果，2002 年 41 个控制单元面源化学需氧量入河总量为 13.49 万 t，氨氮入河总量为 3168t。其中，山东省境内面源化学需氧量为 11.15 万 t，氨氮为 2483t；江苏省境内面源化学需氧量为 2.33 万 t，氨氮为 685t。

2002 年各治污控制单元点源、面源入河量统计见表 5-3-2。

表 5-3-2　　　　　　　　　2002 年各治污控制单元点源、面源入河量统计表

序号	控制区	控制单元名称	城镇污染点源			面　源	
			入河量 /（万 t/a）	化学需氧量入河量 /（t/a）	氨氮入河量 /（t/a）	化学需氧量入河量 /（t/a）	氨氮入河量 /（t/a）
1	淮河江苏段	新通扬运河（江都段）	411	2006	193	187	16
2	淮河江苏段	北澄子河	684	1960	205	326	9
3	淮河江苏段	入江水道	1441	6083	66	1893	161
4	淮河江苏段	淮河盱眙段	365	1392	53	4087	297
5	淮河江苏段	老汴河（濉河）	775	1684	149	873	9
6	淮河江苏段	大运河淮阴段	6212	12450	679	294	4
7	淮河江苏段	大运河宿迁段	3599	8047	857	1683	22
8	淮河江苏段	大运河邳州段	2614	7490	612	912	13
9	淮河江苏段	不牢河	11299	26910	1694	3537	46
10	淮河江苏段	房亭河	2325	9262	636	3220	42
11	淮河江苏段	沛沿河	1823	3693	307	3044	32
12	淮河江苏段	徐沙河	763	6558	296	982	13
13	淮河江苏段	复兴河	1055	3016	107	2327	22
14	淮河江苏段	新通扬运河（泰州段）	—	—	—	—	—
	江苏段合计		33366	90551	5854	23365	686
15	淮河山东段	韩庄运河	1030	2287	131	5116	89
16	淮河山东段	西支河	541	1252	116	1172	12
17	淮河山东段	洸府河	7650	21543	3006	2681	49
18	淮河山东段	老运河济宁段	3589	10752	1096	385	7
19	淮河山东段	洙水河	929	2402	171	1368	15
20	淮河山东段	赵王河	464	710	26	969	11
21	淮河山东段	梁济运河济宁段	303	343	8	420	7
22	淮河山东段	梁济运河梁山段	2018	4480	348	3308	36
23	淮河山东段	邳苍分洪道	3569	9850	587	9741	191
24	淮河山东段	峄城沙河	2750	5804	584	3510	71
25	淮河山东段	城郭河	4560	11874	602	6049	117
26	淮河山东段	薛城小沙河	3647	6782	480	5312	106
27	淮河山东段	老运河微山段	1911	3679	285	429	8
28	淮河山东段	白马河	1947	4405	755	3040	60
29	淮河山东段	泗河	2526	7245	370	5004	97

续表

序号	控制区	控制单元名称	城镇污染点源			面 源	
			入河量 /(万 t/a)	化学需氧量 入河量 /(t/a)	氨氮入河量 /(t/a)	化学需氧量 入河量 /(t/a)	氨氮入河量 /(t/a)
30	淮河山东段	东鱼河	1032	4788	238	11459	126
31	淮河山东段	老万福河	1285	3061	287	3259	37
32	淮河山东段	洙赵新河	2757	11753	1237	5325	56
33	淮河山东段	泉河	836	2557	183	2209	32
34	淮河山东段	沂河	6625	13536	837	2273	30
35	黄河山东段	东平湖	516	4961	383	5804	452
36	黄河山东段	大汶河	6833	22978	1745	18846	611
37	海河山东段	位临运河山东段	—	—	—	—	—
38	海河山东段	小运河-七一河-六五河	1673	6595	316	8934	202
39	海河山东段	卫运河山东段	—	—	—	—	—
40	海河山东段	南运河山东段	—	—	—	—	—
41	黄河山东段	小清河	20130	67620	6900	4904	63
山东段合计			79121	231257	20691	111517	2485
输水干线控制单元合计			112487	321808	26545	134882	3171

注 1. "—"表示入河污水已不进入输水干线。
　　2. 邳苍分洪道控制单元面污染入河量包括武河流域，薛城小沙河控制单元面污染入河量包括新薛河流域。

　　面源污染对南水北调东线一期工程影响范围主要集中在南四湖流域和东平湖流域，由于东平湖上游的控制单元将实施稻屯洼氧化塘工程，可以将汛初第一场洪水引入稻屯洼氧化塘工程进行有效处理。因此，大汶河流域面源污染在调水期间将不会对东平湖水质产生较大影响。

　　南四湖流域入湖河流众多，直接入湖河流有53条，多年平均径流深湖西地区只有68mm，湖东地区约200mm，且80%的径流集中在汛期。南四湖流域大部分分布在山东省境内，江苏省境内有丰县和沛县。该流域以农业为主，缺水严重，中华人民共和国成立以来修建了大量的水利工程，径流的控制程度很高。

　　南四湖流域属水资源缺乏地区，考虑到南四湖堤防和河道水闸对水流的控制作用，可以认为面污染源的影响集中在主汛期，大部分时间对南四湖水质的影响很小。2002年南四湖流域面源化学需氧量入河量为6.64万t/a，氨氮入河量为989t/a，分别占化学需氧量入河总量（城镇点源和面源总和）17.88万t和氨氮入河总量1.14t（城镇点源和面源总和）的37.14%和8.7%。

　　面源污染主要通过降雨径流进入河湖，对面源污染的监测和分析表明，面源污染负荷量与降雨量在时间分配上大体是同步的。南水北调东线工程治污控制单元面源污染负荷的年内分布按该地区的月平均降雨量进行分配，汛期（6—9月）面源化学需氧量入河量为9.57万t，氨氮入河量为2248t，非汛期面源化学需氧量入河量为3.92万t，氨氮入河量为920t（表5-3-3）。

表 5-3-3　　　　　南水北调东线工程治污控制单元面源污染负荷时间分布

月份	平均降雨量/mm	比例数	化学需氧量入河量/t	氨氮入河量/t
1	10.6	0.0147	1982.73	46.57
2	12.7	0.0175	2360.39	55.45
3	24.4	0.0338	4558.93	107.09
4	40.6	0.0561	7566.74	177.74
5	50.9	0.0703	9482.03	222.73
6	92.3	0.1276	17210.63	404.28
7	205.3	0.2839	38292.30	899.49
8	148.6	0.2054	27704.26	650.77
9	67.1	0.0928	12516.82	294.02
10	38.1	0.0526	7094.66	166.65
11	22.2	0.0307	4140.80	97.27
12	10.6	0.0146	1969.24	46.26
全年	723.3	1.0000	134879.54	3168.33
汛期（6—9月）	513.3	0.7096	95710.52	2248.25
非汛期	210	0.2904	39169.02	920.08

（四）内源与线源污染

1. 输水干线港口码头污染

南水北调东线输水干线江苏段的扬州、淮安、宿迁、徐州4个地市共有242个港口码头；包括山东段韩庄运河、南四湖湖区、梁济运河等共399个码头。

码头的污染主要来源于船舶石油类污染，港口的职工生活污染及堆场污染。其中石油类污染纳入船舶污染考虑，根据现场调查表明，港口码头生活污染不直接排入输水干线，所以主要污染源以堆场污染为主，港口的堆场包括煤、石子、黄砂、粮食、化肥等，以煤为主。

2. 输水干线航运船舶污染分析

南水北调东线一期工程输水干线从扬州至济宁现有航道总长601km。按照航运线路分里运河、中运河、韩庄运河、南四湖区、梁济运河共8段进行航运船舶污染评价。

据江苏省苏北航道管理部门统计，输水干线江苏段10个主要船闸的年通货量186704.78万t，其中下航122345.98万t，上航64358.80万t。船闸年均过船量30.2万艘次，船舶总吨位约10000万t，平均每船4名船员，舱底水年产生量18万t。

船舶石油污染主要来源：①挂桨机船的跑、冒、滴、漏，产生原因主要是挂桨机船推进系统自身的结构缺陷。根据实船测试，由此推算每年苏北运河由于挂桨机船漏油产生石油污染物约达520t，成为影响水质的石油类指标因素之一。②机舱舱底少量的含油污水的非法排放。

输水干线河段航运含油废水排放量为83.8万t/a，石油类排放量为288.34t/a。生活污水排放量为288.34万t/a，主要污染物化学需氧量排放量为576.68t/a。

输水干线航运河段污染物排放情况见表 5-3-4。

表 5-3-4　　　　　　　　　　输水干线航运河段污染物排放情况

河段名称	含油废水排放量 /（万 t/a）	石油类排放量 /（t/a）	生活污水排放量 /（万 t/a）	化学需氧量排放量 /（t/a）
里运河	44.52	405.01	153.19	306.38
洪泽湖湖区	9.64	163.76	33.18	66.36
中运河	18.00	87.73	61.94	123.88
骆马湖湖区	2.09	19.01	7.19	14.38
韩庄运河	6.43	31.33	22.12	44.24
南四湖湖区	2.30	11.19	7.90	15.80
梁济运河	0.82	4.00	2.82	5.64
合计	83.80	722.03	288.34	576.68

3. 输水干线调蓄湖泊水产养殖污染

水产养殖主要影响区域包括洪泽湖区（包括白马湖）、骆马湖、南四湖、东平湖，养殖方式包括围栏和网箱，湖泊养殖以河蟹、草鱼、鲢鱼为主，主要利用湖内水草、小鱼小虾等天然饵料，除网箱养殖外较少投喂人工饲料。

污染源主要包括 3 个部分：渔民的生活污染、生产机动船舶的石油类污染和养殖过程中投料的污染。经测算，南水北调东线输水干线调蓄湖泊水产养殖与渔业污染物石油类排放量为 246.43t/a，生活污水排放量为 414.06 万 t/a，主要污染物化学需氧量排放量为 611.44t/a。

输水干线调蓄湖泊水产养殖与渔业污染物排放情况见表 5-3-5。

表 5-3-5　　　　　　　　输水干线调蓄湖泊水产养殖与渔业污染物排放情况

河段名称	石油类排放量 /（t/a）	生活污水排放量 /（万 t/a）	化学需氧量排放量 /（t/a）
洪泽湖湖区	118.49	108.35	216.70
骆马湖湖区	6.00	38.33	76.65
南四湖湖区	100.37	167.65	335.31
东平湖湖区	21.57	99.73	199.48
合计	246.43	414.06	611.44

4. 南水北调东线输水干线桥梁污染

根据江苏省交通部门 2002 年的数据，南水北调东线输水干线江苏段共有 56 座大型桥梁，分布在扬州、淮安、宿迁、徐州段，桥型包括普通公路桥、高速公路桥、人行桥、机耕桥、铁路桥等。

根据山东省济宁市的统计数据，梁济运河共有大中型桥梁 22 座，位山到临清小运河段共有桥梁 40 座，包括公路桥 18 座和交通桥 22 座，小清河干流共有公路桥 14 座，临清到大屯水库 10 座。

桥梁的污染包括桥梁上的污染物质通过雨水冲刷排入河中,由于污染物的量很少,所以不构成常规污染源。除此,对于桥梁上危险品的运输,则成为环境事故污染的重大风险来源。

(五)垃圾填埋场污染

1. 城市生活垃圾对水环境的影响

生活垃圾渗滤液是指从垃圾掩埋场经过雨水浸泡流出的污水。垃圾在经过卫生填埋后,由于受雨水和地表水的浸泡,垃圾中的有机物质在地下不断发酵和降解,产生大量的有机悬浮物。而垃圾中的无机物也在雨水和地表水的作用下产生水化和溶解,致使渗滤液中也含有大量的金属离子。渗滤液不仅本身成分非常复杂,而且随时间和随地域的变化,渗滤液的成分也有明显的变化。从总体上来讲,生活垃圾渗滤液的成分具有以下明显特征。

(1)既含有大量的有机物,又含有无机物和重金属离子,具有明显的综合污染的特征。

(2)有机物和无机物的种类分布范围特别广,渗滤液的有机物除了含有大量的各种分子量碳水化合物以外,还含有大量的含氮、含磷和含硫的有机化合物。这些有机物在渗滤液中部分以悬浮状态存在,另一部分则以水合状态存在。同时渗滤液中还含有大量的无机金属盐。

(3)在一般情况下,各种成分浓度特别高。不论是无机金属盐,还是有机物,在渗滤液中的浓度都远远高于一般的工业废水。各垃圾处理厂生活垃圾种类不同,所处地区降水强度不一,但垃圾渗滤液化学需氧量、五日生化需氧量和氨氮指标均远超过一般工业生活污水浓度,最高每升中可达数千至上万毫克。

2. 南水北调东线一期工程沿线城市生活垃圾处理现状

南水北调东线工程沿线所经地市的垃圾处理场主要以简易填埋为主,大都未达到无害化要求,江苏段(扬州、淮安、宿迁、徐州、泰州)正在大规模改建垃圾填埋场,据江苏省建设部门 2004 年不完全统计,五市现有垃圾填埋场 17 座,在建 4 座,拟新建 2 座,封场 1 座,每天垃圾产量 3580t,垃圾填埋场处理均未达到无害化要求;山东段共有垃圾填埋场 11 座,每天垃圾产量 5150t,垃圾填埋场处理均未完全达到无害化处理。

3. 城市生活垃圾对输水水质影响预测

根据以上分析,按照化学需氧量浓度 8000mg/L,氨氮浓度 1000mg/L,淮河流域多年平均降水量 873mm,山东半岛多年平均降水量 700mm,鲁北地区多年平均降水 580mm 计算,径流系数取 0.28(淮河流域)。对城市垃圾填埋厂面积为 80 亩、100 亩、150 亩和 200 亩情况进行估算,估算结果见表 5-3-6。

表 5-3-6　　　　　　　城市垃圾填埋厂渗滤液污染负荷估算表　　　　　　　单位:t/a

垃圾填埋厂面积/亩	淮河流域		山东半岛		鲁北地区	
	化学需氧量	氨氮	化学需氧量	氨氮	化学需氧量	氨氮
80	230.9	28.9	185.2	23.1	153.4	19.2
100	288.7	36.1	231.5	28.9	191.8	24.0
150	433.0	54.1	347.2	43.4	287.7	36.0
200	577.3	72.2	462.9	57.9	383.6	47.9

从表 5-3-6 可以看出，城市垃圾填埋渗滤液如不加处理排放对汇入河流水体影响较大，特别是氨氮排放负荷相对较大，对水环境的影响更大。

垃圾渗滤液进入南水北调东线输水干线对水质产生不利影响。如现有垃圾处理填埋厂设在输水干线河道内（河滩）或堤岸范围内，将直接影响到北调水质，或距离干线较近，则有可能通过降水汇流入干线从而对北调水质产生影响。因现状很多垃圾处理厂大多没有配备相应的垃圾渗滤液处理工艺，因此必须对可能影响干线的城市生活垃圾填埋厂采取搬迁等措施。

（六）底质污染分析

底质溶解释放是水体污染物的一个来源，南水北调东线工程通水后，现有河道中流量突增，对河道底质形成冲刷，可能会为调水水质带来影响。此处利用淮河流域水资源保护局底质监测和冲刷试验结果进行底质评价，分析底质可能对调水水质的影响。

综合底泥冲刷试验以及水环境评价中底泥监测结果可知，底泥对于水体质量变化的总体影响较小。重金属类污染物中，汞和砷可能成为影响水体质量的污染物。有机类污染指标中，总磷、总氮、化学需氧量、高锰酸盐指数的最大溶出浓度均较高，有可能成为影响水体质量的污染来源。

（七）污染源评价小结

（1）2002 年各类型直接进入输水干线的污染物中，66.87% 的化学需氧量入河排放量来自城镇污染源，面源贡献占 32.84%，线源、内源占 0.29%；氨氮入河输水干线的 89.92% 主要来自城镇污染源，9.43% 来自面源，线源、内源占 0.65%。因此，水污染防治的重点应是来自于城镇的污染物排放。输水干线城镇污染源、面源、线源和内源入河排污量统计见表 5-3-7。

表 5-3-7　　输水干线城镇污染源、面源、线源和内源入河排污量统计表

污染源类型	化学需氧量		氨氮	
	入河量/(t/a)	负荷比/%	入河量/(t/a)	负荷比/%
城镇污染源	321807.00	66.87	26544.00	89.92
面源	158020.00	32.84	2784.00	9.43
内源、线源	1405.00	0.29	190.40	0.65
合计	481232.00	100.00	29518.40	100.00

（2）就污水排放量而言，2002 年 41 个控制单元的工业与生活的排放总量比较接近，工业排放（49%）略小于生活排放（51%），但就化学需氧量排放量以及氨氮排放量而言，工业排放总量均较显著地小于生活排放总量，化学需氧量工业排放占 41%，生活排放占 59%，氨氮工业排放占 38%，生活排放占 62%。

（3）淮河流域控制区工业主要是以造纸、纺织印染、酿造等高耗水、高污染行业为主，废水处理难度大，成本高。

（4）2004 年淮河流域控制区主要排污控制单元为沂河、洸府河、邳苍分洪道、洙赵新河、徐沙河、不牢河、峄城沙河、白马河、城郭河、东鱼河、老运河（济宁段）、大运河邳州段、房亭河、泉河、泗河等 15 个控制单元，以上控制单元化学需氧量负荷占淮河流域控制区化学需氧量总负荷的 84.1%，氨氮负荷占总负荷的 78.9%。

（5）来源于农业化肥、农药使用、畜禽养殖、水土流失、农村生活污水排放的面源是进入输水干线污染物的一个重要来源，面源污染对南水北调东线一期工程的影响主要集中在南四湖流域和东平湖流域。

（6）调水沿线港口码头、航运、桥梁、水产养殖等会给水质带来风险，现状排放量在进入干线污染物总量中所占比例很小。

（7）综合底泥冲刷试验以及水环境评价中底泥监测结果，底泥对于水体质量变化的影响较小。重金属类污染物中，汞和砷可能成为影响水质的污染物。有机类污染指标中，总磷、总氮、化学需氧量、高锰酸盐指数的最大溶出浓度均较高，有可能成为影响水质的污染来源。

二、水环境状况

（一）地表水

根据淮河流域水环境监测中心及江苏、山东两省监测单位2003—2004年的监测成果，共127个断面，包括常规监测断面和补充监测断面，常规监测频率为每年监测12次和每年监测6次两种，补充监测频率为1次。监测断面骆马湖以南37个，骆马湖至南四湖34个，南四湖至东平湖10个，山东半岛23个，黄河以北23个，南水北调东线一期工程地表水监测断面分布见图5-3-2。

水质监测项目为：水温、pH、溶解氧、高锰酸盐指数、化学需氧量、氨氮、五日生化需氧量、总磷、氰化物、挥发酚、氟化物、六价铬、硒、铜、锌、镉、砷、铅、总汞、阴离子洗涤剂和石油类共21项。

1. 骆马湖以南水质状况

（1）水源地。根据江苏省扬州市环保部门的监测资料显示，三江营口和嘶马港断面2002年4次监测水质全部为Ⅱ类，水质较好，多数指标能够达到Ⅰ类标准。

根据江苏省水环境监测中心2000—2003年对三江营及高港枢纽两个南水北调调水源头布置的水质断面三江营、高港枢纽（闸下）的水质监测结果，分别对两个断面的非汛期、汛期、全年均值进行评价。江水北调调水水源取水口水质评价结果详见表5-3-8。

表5-3-8 江水北调调水水源取水口水质评价结果

年份	断面	取水口水质		
		非汛期	汛期	全年
2000	三江营	Ⅱ	Ⅲ	Ⅲ
	高港枢纽（闸下）	Ⅱ	Ⅲ	Ⅲ
2001	三江营	Ⅱ	Ⅱ	Ⅱ
	高港枢纽（闸下）	Ⅱ	Ⅱ	Ⅱ
2002	三江营	Ⅱ	Ⅱ	Ⅱ
	高港枢纽（闸下）	Ⅱ	Ⅱ	Ⅱ
2003	三江营	Ⅱ	Ⅲ	Ⅱ
	高港枢纽（闸下）	Ⅲ	Ⅱ	Ⅱ

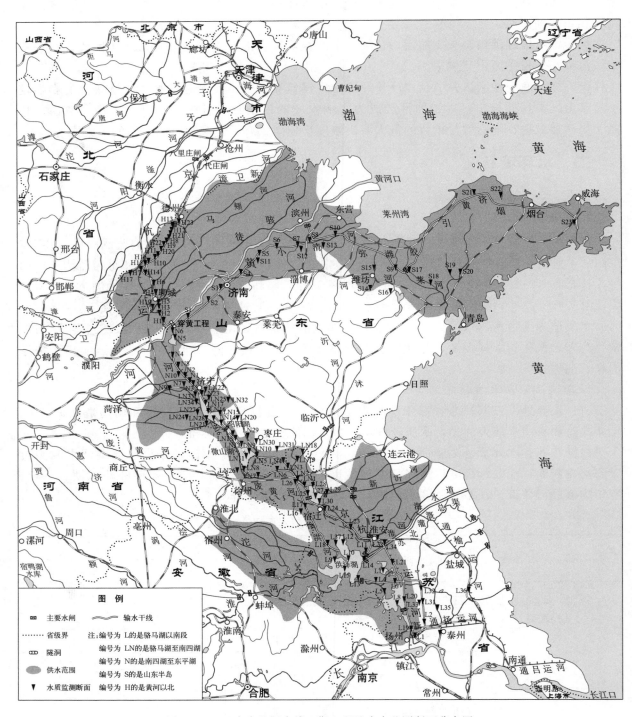

图 5 - 3 - 2　南水北调东线一期工程地表水监测断面分布图

非汛期，三江营取水口在 2000—2003 年水质较好且维持稳定，水质为Ⅱ类。高港枢纽取水口 2000—2002 年水质为Ⅱ类；2003 年，高港枢纽因氨氮单项指标浓度略高，单项水质类别为Ⅲ类，其他指标为Ⅰ～Ⅱ类，水质综合评价结果为Ⅲ类。

总体而言，三江营及高港枢纽两取水口水质在年内不同时期及不同年际间水质基本保持稳定态势，水质不受长江来水量的大小、调水、不调水及不同调水规模的影响，绝大部分时段水质均为Ⅱ类，水质优于或符合南水北调水质要求。但从 2004 年水质监测结果看，长江扬州市区段的石油类指标有超标情况，三江营夹江口段面石油类也出现超标情况，高港取水口断面石油类未出现超标。

（2）输水干线水质。骆马湖以南输水干线共设 30 个监测断面，评价结果显示，芒稻河（入长江口）三江营断面水质良好，2004 年 12 次常规监测中有 11 次达到Ⅲ类水标准，达标率为 91.7%；2005 年对三江营断面进行了补充监测，水质类别为劣Ⅴ类，超标项目为石油类，除氨氮为Ⅲ类外，其余指标均达到Ⅱ类。

输水干线三阳河大汕子断面水质为Ⅳ类，超标项目为石油类，其余项目均达标；泰州引江河高岗水质为劣Ⅴ类，超标项目为石油类，其余项目均达到Ⅲ类；入江水道金湖断面水质为劣Ⅴ类，超标项目为石油类，其余项目均达到Ⅱ类；入江水道万福闸上 6 次监测全部达到Ⅲ类水。

金宝航道涂沟断面水质为劣Ⅴ类，超标项目为石油类，其余项目均达标；白马湖湖区水质为Ⅲ类；高邮湖 12 次监测中有 5 次达标，达标率为 41.7%；洪泽湖临淮头水质为Ⅴ类，超标项目为化学需氧量和石油类；湖心水质为劣Ⅴ类，超标项目为石油类；龙集北水质为Ⅴ类，超标项目为石油类；成子湖湖心水质为劣Ⅴ类；洪泽湖蒋坝断面 12 次监测中，有 7 次达标，达标率为 58.3%；洪泽湖高良涧闸 6 次监测水质全部达标；洪泽湖老子山断面 6 次监测中，有 4 次达标，达标率为 66.7%。

徐洪河睢宁断面水质为劣Ⅴ类；徐洪河沙集闸上 6 次监测中，有 2 次达标，达标率为 33.3%；徐洪河金镇断面 6 次监测中，有 5 次达标，达标率为 83.3%。

江都断面水质良好，12 次监测全部达标；高邮断面水质较好，12 次监测中有 11 次达标，达标率为 91.7%；里运河宝应断面 12 次监测中有 10 次达标，达标率为 83.3%，其余两次为Ⅳ类水，2005 年补充监测水质为劣Ⅴ类，超标项目为石油类，其余项目均达标；里运河淮阴断面 12 次常规监测中，有 3 次达标，达标率为 25.0%。

中运河泗阳断面水质较好，全年 12 次监测中，有 11 次达标，达标率为 91.7%，1 次为Ⅳ类水；宿迁断面 12 次监测中，有 5 次达标，达标率为 41.7%，Ⅳ类水占 25.0%，Ⅴ类水占 8.3%，劣Ⅴ类水占 25.0%；皂河闸断面 6 次监测全部达标；房亭河土山断面水质为Ⅳ类。

骆马湖南部水质为Ⅳ类水，北部为Ⅳ类水，超标项目均为石油类，嶂山闸上断面 12 次监测中，有 9 次达标，达标率为 75.0%，3 次超标，Ⅳ类水占 16.7%，劣Ⅴ类水占 8.3%；杨河滩闸 6 次监测全部达标。

（3）主要支流水质。骆马湖以南段主要支流设有 7 个监测断面，评价结果为：斜丰港入三阳河口水质为劣Ⅴ类，超标项目为石油类，其余项目均达标；东平河入三阳河口水质为劣Ⅴ类，超标项目为氨氮和石油类；南澄子入三阳河口水质为劣Ⅴ类；灌溉总渠运东闸上全年 6 次监测中，有 5 次达标，达标率为 83.3%，超标水质为Ⅳ类；卤汀河水质为Ⅲ类；通榆河东台断面 6 次监测中，有 1 次达标，达标率为 16.7%，主要超标项目为氨氮；安东河闸上水质为 V 类。

2. 骆马湖至南四湖水质状况

（1）输水干线水质。骆马湖至南四湖段输水干线设 17 个断面，评价结果显示，中运河窑湾断面 6 次监测中，有 2 次达标，达标率为 33.3%，其余 4 次监测均为 Ⅳ 类水；邳州断面 12 次监测中，有 3 次达标，达标率为 25.0%，Ⅳ 类水占 41.7%，V 类水占 8.3%，劣 V 类水占 25.0%；山头桥断面 12 次监测中，有 5 次达标，达标率为 41.7%，Ⅳ 类水占 50.0%，V 类水占 8.3%。

韩庄运河台儿庄断面水质为 V 类，超标项目为石油类，其余项目均达到 Ⅲ 类水标准；韩庄运河韩庄闸断面 12 次常规监测中，有 7 次达标，达标率为 58.3%，Ⅳ 类水占 33.4%，V 类水占 8.3%。不牢河刘山闸上 6 次监测中，有 1 次达标，达标率为 16.7%，Ⅳ 类水占 33.3%，V 类水占 33.3%，劣 V 类水占 16.7%；解台闸上 12 次监测全部超标，其中 Ⅳ 类水占 50.0%，V 类水占 33.3%，劣 V 类水占 16.7%；蔺家坝闸 12 次监测中，有 9 次达标，达标率为 75.0%，其余 3 次为 Ⅳ 类水，补充监测水质为劣 V 类，超标项目为石油类。

下级湖微山岛断面 12 次监测中，有 7 次达标，达标率为 58.3%，Ⅳ 类水占 25.0%，V 类水占 16.7%；大捐断面 12 次监测中，有 7 次达标，达标率为 58.3%，Ⅳ 类水占 16.7%，V 类水占 16.7%，劣 V 类水占 8.3%；高楼断面 12 次监测中，有 8 次达标，达标率为 66.7%，Ⅳ 类水占 25.0%，劣 V 类水占 8.3%；二级坝闸下 12 次监测中，有 6 次达标，达标率为 50.0%，Ⅳ 类水占 41.7%，V 类水占 8.3%。上级湖二级坝闸上 12 次监测中，有 4 次达标，达标率为 33.3%，其余为 Ⅳ 类水；沙堤断面污染严重，全年 12 次监测全部超标，其中 Ⅳ 类水占 25.0%，劣 V 类水占 75.0%；独山村断面 12 次监测中，有 6 次达标，达标率为 50.0%，Ⅳ 类水占 41.7%，劣 V 类水占 8.3%；南阳断面 6 次监测中，有 1 次达标，达标率为 16.7%，Ⅳ 类水占 33.3%，V 类水占 16.7%，劣 V 类水占 33.3%；王庙断面污染较重，6 次监测全部超标，V 类水占 16.7%，劣 V 类水占 83.3%。

（2）主要支流水质。骆马湖至南四湖段主要支流共设 17 个监测断面，评价结果为：邳苍分洪道东偏泓和西偏泓水质均为劣 V 类；城郭河滕县监测全部超标，Ⅳ 类水占 20.0%，V 类水占 60.0%，劣 V 类水占 20.0%；东鱼河鱼城全部超标，其中 Ⅳ 类水占 50.0%，V 类水占 25.0%，劣 V 类水占 25.0%；洸府河黄庄断面水质全部超标，均为劣 V 类水；济宁老运河入上级湖口水质为劣 V 类；老万福河上级湖口水质为 V 类；泗河书院 Ⅳ 类水占 25.0%，V 类水占 25.0%，劣 V 类水占 50.0%；桃园河范山闸上水质为劣 V 类；万福河孙庄全部超标，Ⅳ 类水占 20.0%，劣 V 类水占 80.0%；西支河鱼台全部超标，V 类水占 20.0%，劣 V 类水占 80.0%；新薛河入下级湖口水质为劣 V 类；薛城大沙河薛城达标率为 40.0%，Ⅳ 类水占 60.0%；峄城沙河峄城断面污染较重，全部为劣 V 类水，主要超标项目为氨氮、化学需氧量和五日生化需氧量；白马河马楼断面达标率为 20.0%，其余均为劣 V 类；洙水河公路桥下水质为劣 V 类；洙赵新河梁山闸上水质全部超标，Ⅳ 类水占 25.0%，劣 V 类水占 75.0%。

3. 南四湖—东平湖水质状况

（1）输水干线水质。南四湖—东平湖段输水干线设 6 个监测断面，评价结果显示，梁济运河后营断面 12 次监测中，有 3 次达标 Ⅲ 类水标准，达标率为 25.0%，9 次超标，其中 Ⅳ 类水占

16.7％，劣Ⅴ类水占58.3％；郭楼断面污染严重，全年6次监测全部超标，均为劣Ⅴ类水，主要超标为氨氮、高锰酸盐指数和五日生化需氧量，氨氮全部为劣Ⅴ类；济宁断面水质为劣Ⅴ类；柳长河水质为Ⅳ类，东平湖断面6次监测中，有3次达标，达标率为50.0％，Ⅳ类水占33.3％，Ⅴ类水占16.7％；出口处水质为Ⅲ类。

（2）主要支流水质。支流上共设4个断面，评价结果显示，4条支流污染较重，赵王河杨庄闸上、泉河牛村闸上、郓城新河入梁济运河口和排渗沟入梁济运河口水质全部为劣Ⅴ类，主要超标项目为化学需氧量、高锰酸盐指数、五日生化需氧量和氨氮。

4. 山东半岛水质状况

（1）输水干线水质。山东半岛输水干线设11个监测断面，评价结果显示，小清河水质污染严重，小清河的吴家铺、黄台桥、鸭旺口、岔河、博昌桥和羊角沟6个断面各监测5次，所有测次全部超标，30次监测中，2次监测为Ⅴ类水，其余全部为劣Ⅴ类水，主要超标项目为氨氮、化学需氧量、高锰酸盐指数、五日生化需氧量和总磷，多项因子为劣Ⅴ类。济平干渠东阿断面为Ⅳ类水；孝里铺断面超标，为劣Ⅴ类水，超标项目为石油类；引黄济青干渠东部断面为Ⅴ类水，西部断面为Ⅳ类水；米山水库水质为Ⅴ类。

（2）主要支流水质。山东半岛主要支流设12个监测断面，评价结果为：黄水河王屋水库、淄河石马和沁水河牟平3个断面水质为Ⅳ类；绣江河入输水干线口、潍坊、汶河牟山水库、猪洞河尹府水库和城东河招远5个断面水质为Ⅴ类；孝妇河入输水干线口、白浪河水库、北胶莱河王家庄子和南胶莱河闸子4个断面水质为劣Ⅴ类。

5. 黄河以北水质状况

黄河以北共设22个监测断面，评价结果显示，黄河以北输水沿线及主要支流污染严重，监测的22个断面水质全部为劣Ⅴ类。主要超标项目为化学需氧量、高锰酸盐指数、五日生化需氧量和氨氮，另外挥发酚超标也较严重。

（二）东线调水干线水质的历史变化特征

选择取水口、大运河、不牢河、韩庄运河、南四湖和梁济运河监测断面，对这些断面的主要污染物（氨氮、高锰酸盐指数）进行分析评价。

1. 大运河江都段

江都段位于大运河南端，比邻长江取水口，1998—2003年江都断面高锰酸盐指数基本保持稳定，波动范围较小，为1.71～5.5mg/L，多数情况下能够满足Ⅱ类水标准，全部能够满足Ⅲ类水标准。

氨氮在0.13～1.75mg/L之间波动，2003年前总体呈现好转态势，2002年全年监测值均满足Ⅱ类标准，2003年氨氮浓度转高，2003年7月氨氮指标为Ⅴ类。

2. 大运河淮阴段

淮阴断面1999—2004年的水质监测数据评价结果显示，该断面高锰酸盐指数浓度在2.32～14.56mg/L之间波动，于1999年12月达到最大值14.56mg/L；1999—2000年水质高锰酸盐指数相对较高，之后总体呈下降趋势，2003年后基本能满足地表水Ⅲ类标准，显示该断面有机物污染有所减轻；高锰酸盐指数局部峰值多出现在非汛期，说明汛期水质好于非汛期，这可能与不同时期水量差别有关。

淮阴断面氨氮浓度在 0.04～18.0mg/L 之间波动，2000 年 3 月达到最大值；1999—2000 年波动比较剧烈，2000 年 9 月至 2001 年 6 月氨氮浓度在 1mg/L 以下，满足Ⅲ类水体标准，是氨氮达标记录保持最长时间段。

淮阴断面水质回顾评价结果显示，该断面的水质变化明显受到汛期非汛期的影响，汛期水质要好于非汛期，这与水质现状评价结果是一致的。

3. 大运河宿迁段

宿迁断面位于中运河宿迁市附近，该断面 1999—2004 年水质评价结果显示，高锰酸盐指数浓度在 1999 年初经历了一个高峰后一直在 10mg/L 以下波动，且总体上趋于减少；2003 年 2 月至 2004 年 6 月高锰酸盐指数浓度一直在 6.00mg/L 以下波动，能够满足地表水Ⅲ类水体的标准。

宿迁断面氨氮浓度的变化幅度较高锰酸盐指数大，总体上在 6.41mg/L 以下波动，没有明显的升降趋势；氨氮在 1999 年 11 月监测到最大值 6.41mg/L，然后经历了 2000 年 5 月至 2001 年 1 月间浓度比较低的时期后开始剧烈波动，多数情况下不能满足地表水Ⅲ类水体的要求，有时甚至超过Ⅴ类水体标准。

4. 不牢河蔺家坝闸

从 1996—2004 年的监测数据看，蔺家坝闸水质高锰酸盐指数浓度基本在 18mg/L 以下波动，除 1997 年 12 月监测为最大值 30.76mg/L 外，其余时间均未超过 18mg/L，且波动不大。氨氮浓度一直在 5mg/L 左右波动，波动幅度较高锰酸盐指数剧烈，在 2002 年 5 月达到历史最大值 6.82mg/L。极大值多出现在非汛期，表明该断面非汛期的污染要比汛期污染严重。

5. 不牢河解台闸

该断面上游有不牢河控制单元排污进入，根据对该断面 1998—2004 年水质监测数据评价结果显示，该断面高锰酸盐指数浓度波动范围为 3.04～16.8mg/L，波动比较剧烈。汛期和非汛期高锰酸盐指数浓度的变化有着比较明显的规律，非汛期浓度高于汛期。总体上高锰酸盐指数浓度呈现出逐渐减小的趋势，但多数时间段均不能满足地表水Ⅲ类水体标准要求。

解台闸断面氨氮浓度变化也存在着明显的季节影响，汛期氨氮浓度明显低于非汛期，局部极大值均出现在非汛期。总体上该断面氨氮浓度在 10.9mg/L 以下波动，该波动相当剧烈，大多数时间氨氮浓度均不能满足Ⅲ类水体标准，并且经常为劣Ⅴ类，但总体出现变小的趋势。

6. 中运河山头桥

山头桥断面 1994—2004 年的水质监测数据评价结果显示，该断面高锰酸盐指数浓度在 3.07～36.30mg/L 之间，于 1995 年 5 月达到最大值；水质最差的时间段是 1994—1995 年，之后高锰酸盐指数浓度保持着比较稳定的水平，基本上在 6.0mg/L 左右波动，大多数能满足地表水Ⅲ类标准；高锰酸盐指数局部峰值多出现在非汛期。氨氮在 2000 年 3 月浓度达到最大值 16.0mg/L，大多数时间段在 8.0mg/L 以下波动，2003 年 7 月后氨氮浓度基本在 1mg/L 以下，能够满足地表水Ⅲ类水体的标准。

7. 南四湖微山岛

微山岛位于南四湖下级湖中，1994—2003 年高锰酸盐指数为 3.36～7.8mg/L，峰值出现在 2002 年 11 月，局部最大值多出现在汛期，高锰酸盐指数总体比较稳定，增减趋势不明显，多数情况能够满足Ⅲ类水标准。

评价时段内氨氮浓度变化比较明显，1999年以前多数监测值能够达到Ⅲ类标准，部分监测值为劣Ⅴ类，1999年以后劣Ⅴ类监测记录频繁出现，2003年3月氨氮监测浓度最高达到17.3mg/L，从2003年9月以后，氨氮浓度下降比较明显，基本上能够满足Ⅲ类水标准，汛期氨氮指标好于非汛期。

8.梁济运河郭楼闸

郭楼闸处于梁济运河北段，1994—2003年高锰酸盐指数波动剧烈，1999年峰值达到341.2mg/L，最小值为4.5mg/L，局部极大值多出现在非汛期11月，汛期高锰酸盐指数明显好于非汛期，2001年后高锰酸盐指数浓度较2001年前有所降低，多数时间仍不能达到Ⅲ类标准，部分监测值为劣Ⅴ类。

氨氮变化规律同高锰酸盐指数非常相似，评价时段内波动较大，且局部极大值均出现在非汛期11月，氨氮浓度峰值21.0mg/L出现在2002年11月。

（三）地下水

1.水文地质特征

（1）长江—洪泽湖段。长江—洪泽湖段湖积冲积平原区，地下水可以分为五个含水层组，即潜水含水层和四组承压含水层。潜水的补给来源主要是大气降水以及河湖水侧向补给，蒸发是潜水消耗的主要途径，枯水期向河湖排泄，此外人工开采也是地下水的一种排泄方式。承压水在天然状态下，主要补给源为侧向补给，人工为主要排泄方式。

在三阳河潼河输水河道工程区，浅层潜水含水层渗透系数一般为$10^{-4} \sim 10^{-5}$cm/s。根据历史水文资料分析，1991年（丰水年）年末（平水期）地下水埋深小于1m，年内最大地下水变幅$1.0 \sim 2.0$m，1978年（特枯水年）5月（枯水期）地下水埋深$1 \sim 2$m，该地区地下水动态属降水入渗-蒸发排泄型，降水入渗为地下水的主要补给来源，次为地表水的入渗补给及含水层间的相互越流补给。孔隙潜水与承压水径流方向大致相同，地下水流自西向东，地下水水力坡降为$1:5000 \sim 1:8000$，蒸发、植物蒸腾、层间排泄为区内地下水主要排泄方式，部分向地表排泄。

金宝航道工程区，勘察期间对场地部分钻孔的混合地下水位及金宝河水位进行了观测，观测结果为混合地下水位$6.62 \sim 6.88$m，金宝河水位为$6.72 \sim 7.50$m，地下水埋深小于1m，年内最大地下水位变幅$1 \sim 2$m。

（2）洪泽湖—骆马湖段。洪泽湖—骆马湖段主要地貌类型为黄泛冲积平原，1855年前黄河侵泗夺淮期间带来了大量的泥沙，把泗水淤塞，长期泛滥成灾，形成了黄泛冲积平原。

黄泛冲积平原段岩性主要由冲积、洪积粉细砂组成，局部含中粗砂，厚$10 \sim 20$m，顶板埋深西部浅，在40m左右，向东渐深达60m左右，地下水位埋深$1 \sim 4$m，地下水补排为垂直补排型。

黄淮冲积湖泊淤积区由于受新构造运动的影响，破坏了含水层的连续性，水文地质条件复杂，地下水位埋深因地而异，富水性随岩性和地形而异。以降水补给为主，排泄以潜水蒸发为主，其次向河道排泄。

徐洪河影响处理工程区，地下水属第四系孔隙潜水，地下水埋深较浅。1991年（丰水年）年末（平水期）埋深为$2.0 \sim 4.0$m，年内最大地下水位变幅$1 \sim 2$m，废黄河两侧$2 \sim 4$m；1978年（枯水年）5月（枯水期）埋深为$3 \sim 4$m，废黄河南侧局部大于6m，北侧至土山站为4~

6m。废黄河是地下水分水岭，地下水分别向东南、东北方向流动。

（3）骆马湖—南四湖段。骆马湖—南四湖段地貌类型单一，韩庄运河两岸地形平坦开阔，沿河流地形西高东低，从韩庄至台儿庄比降约为1/5000。两岸支流多与运河直交，每入汛期便形成河网地带。

韩庄运河水自西向东流，流动缓慢，呈现以淤积为主的动力地质作用。运河沿岸的地下水，主要为第四系松散层中的孔隙潜水，赋存于上部的亚黏土层和强风化的基岩孔隙中。由于该区土层姜石含量甚多且富集成层，故水量较为丰富，但土层的透水性差，地下水运动滞缓。地下水埋藏浅，水位埋深0.3～3.0m，补给来源基本为大气降水，但受季节控制，主要向运河排泄，亦受运河水位的影响。韩庄运河大部分河段穿行于黏性土层中，具有微弱的渗漏性，属于弱透水性地层，但部分地段砂层于河床中裸露，具有较强的渗漏性。

（4）南四湖—东平湖段。南四湖下级滨湖区地下水属第四系孔隙水。在湖西地区地势西南、西北高，东部低，呈簸箕形半封闭地形，地面水和地下水主要排入南四湖，地下水水力坡度很小。沿湖地面高程34～36m，常年枯水期地下水埋深在1m以上。近年来，随着地下水的开采，地下水埋深增加。

南四湖—东平湖段处于黄泛平原区。根据2001—2003年济宁市地下水位观测资料，在河渠2.0km范围内，济宁市区地下水平均埋深从2001—2003年有逐渐增大的趋势，2003年地下水埋深大于2.44m，最大埋深24.46m。在梁山地区，平均地下水埋深在2.85～8.94m之间。

（5）黄河以北。黄河以北小运河南侧、大屯水库东西两侧，地下水埋深1.0～3.0m；输水路线经过的临清至夏津一线，地下水埋深较大，为6～20m；输水路线经过的其他段地下水埋深一般3.0～6.0m。

（6）山东半岛。山东半岛工程区内第四系孔隙潜水分布于沿线第四系松散堆积层中，主要含水层为砂壤土、壤土、裂隙黏土、粉细砂和砾质粗砂等，主要受大气降水补给；临黄河段受黄河水的侧渗补给，埋深受地形岩性影响而深浅不一，埋深一般2.5～5.0m，局部地段埋深7.0～10.0m，地下水位年变幅5.0m以下。

2．地下水水质评价

为了解调水沿线的地下水水质现状，淮河流域水环境监测中心于2004年12月至2005年1月对沿线67处地下水水质进行了取样监测，取样及监测方法按国家规范执行。南水北调东线第一期工程地下水监测点分布见图5-3-3。

（1）长江—骆马湖段。从监测的16个地下水监测点评价结果来看，地下水水质类别均为Ⅳ～Ⅴ类，Ⅳ类水占50.0%，Ⅴ类水占50.0%，水质较差。水质主要超标项目为氨氮和大肠菌群，除了长江三江营和徐洪河金锁镇指标达到Ⅲ类标准外，其他各监测点氨氮均超标。其他超标项目还有亚硝酸盐、总硬度、氟化物和锰等，挥发酚、氰化物、汞、六价铬、铅和镉等指标都达到Ⅰ类标准。

（2）骆马湖—东平湖段。根据骆马湖—东平湖段的地下水监测资料，骆马湖—东平湖段地下水污染较重，24个监测点全部超标，均为Ⅳ类和Ⅴ类，Ⅳ类水占45.8%，Ⅴ类水占54.2%。水质超标主要项目为氨氮、总硬度和溶解性总固体，氨氮超标率为75.0%，总硬度超标率为45.8%，溶解性总固体超标率41.7%。其他超标项目还有氟化物、锰、硝酸盐、亚硝酸盐和硫酸盐等。

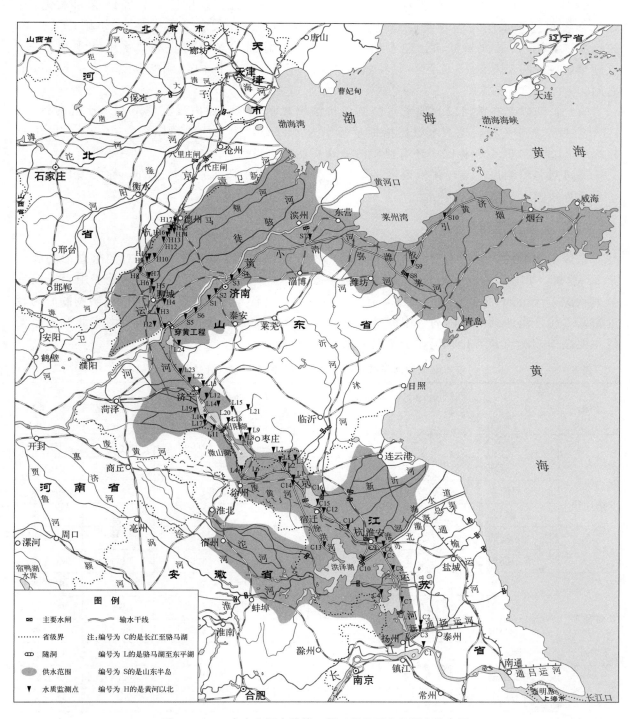

图 5-3-3　南水北调东线第一期工程地下水监测点分布图

（3）山东半岛。根据山东半岛输水沿线地下水监测资料来看，山东半岛输水沿线地下水污染严重，10个监测点全部超标，主要超标项目为氨氮、总硬度、大肠菌群和氟化物：氨氮全线超标，水质均为Ⅳ类；总硬度超标率为70.0%；大肠菌群50.0%超标；氟化物超标率40.0%。其他超标项目还有硝酸盐、溶解性总固体和硫酸盐等。水中常规组分中，总硬度在100～600mg/L之间，氯化物在60～180mg/L范围内，硫酸盐在70～260mg/L之间。

（4）黄河以北。黄河以北地下水监测评价结果显示，该区域内浅层地下水水质普遍较差，17个监测点全部超标，地下水氨氮指标超标率为70.6%，挥发性酚超标率41.2%，氯化物超标率29.4%，其余超标因子还有亚硝酸盐和高锰酸盐指数。

通过对各监测点位综合评价说明，除7个点位地下水水质级别为极差外，绝大多数监测点位水质为较差水平。

（四）湖泊富营养化评价

东线工程沿线主要的大型湖泊有洪泽湖、骆马湖、南四湖和东平湖，经对四个湖泊的叶绿素a、总磷（TP）、总氮（TN）和高锰酸盐指数采样监测和评价，4个湖泊均处于中营养或富营养状况，评价的19个监测断面中，有2个断面处于富营养化状态，洪泽湖的成子湖湖心为轻度富营养化，南四湖的微山岛为中度富营养化，其余断面全部为中营养状态。南水北调输水干线主要湖泊监测点营养化状况评价情况见表5-3-9。

表5-3-9　　　　　南水北调输水干线主要湖泊监测点营养化状况评价情况

湖泊	断面	叶绿素a /(mg/m³)	总磷 /(mg/L)	总氮 /(mg/L)	高锰酸盐指数 /(mg/L)	综合指数	营养类型
洪泽湖	蒋坝	3.24	0.144	1.35	4.56	49.17	中营养
	二河闸	1.35	0.052	0.78	3.91	39.30	中营养
	周原乡	3.96	0.017	0.25	5.41	36.62	中营养
	湖心	4.00	0.0125	1.74	3.68	40.44	中营养
	龙集北	2.00	0.045	2.70	4.20	45.20	中营养
	成子湖湖心	6.00	0.032	2.92	6.96	51.12	富营养
骆马湖	滨湖桥	7.24	0.027	0.19	4.71	38.73	中营养
	皂河闸	10.50	0.026	0.27	5.02	41.55	中营养
	湖心南	4.00	0.0125	2.80	3.12	41.22	中营养
	湖心北	6.00	0.0125	2.54	3.52	43.02	中营养
南四湖	微山岛	0.50	0.0125	0.72	4.48	62.41	富营养
	独山湖北区	3.33	0.005	1.11	9.71	40.50	中营养
	独山湖南区	2.33	0.005	1.67	9.29	40.49	中营养
	二级坝下	2.48	0.005	0.38	6.34	32.93	中营养
	二级坝上	0.50	0.0125	1.27	4.40	32.98	中营养

湖泊	断面	叶绿素 a /（mg/m³）	总磷 /（mg/L）	总氮 /（mg/L）	高锰酸盐指数 /（mg/L）	综合指数	营养类型
东平湖	湖心区	24.20	0.005	0.62	7.66	43.92	中营养
	湖心南	8.00	0.0125	9.52	4.16	49.94	中营养
	湖心北	6.00	0.0125	6.10	3.84	46.79	中营养
	东平湖出口	1.00	0.0125	5.84	3.60	39.90	中营养

第四节　环　境　问　题

一、水资源短缺日益严重

南水北调东线供水范围处于黄淮海流域内，是水资源严重短缺的地区。日益严重的水资源短缺已经严重影响到区域内国民经济发展和居民生活用水。而对水资源的过度开发，使得本地区的水资源承载能力已严重不足。突出表现在对水资源开发程度高，国民经济用水严重挤占生态环境用水，在国民经济用水内部，则表现为城市用水挤占农业用水。

从用水构成看，黄淮海流域地表水供水比例逐步下降，而地下水供水比例则稳步上升。20世纪 80 年代这一地区地表水供水占全部供水量比例为 67%，而 2000 年下降到 57%，地下水则由 33% 上升到 43%。事实说明，区域内地表水已基本没有开发潜力，一些主要河流经常发生了不同程度的断流。

黄淮海流域人均用水量小，农业灌溉用水比例较大，该地区的人均生活用水量和人均工业用水量远低于全国平均水平。从人均用水量指标看，黄淮海流域呈现下降趋势。1980 年黄淮海流域人均用水量为 382m³，较全国低 68m³；而 2000 年则下降到 307m³，较全国低 131m³。

黄河以北和山东半岛供水区城镇生活用水普遍不足，每遇干旱年份时、定量供水和排队等水的现象十分严重。如 2000 年出现的严重干旱，城乡供水全面告急，烟台、威海、济南、淄博、潍坊等城市约 400 万人饮水极度困难，被迫采取严格的限供措施，并大幅度提高水价。

区域内水资源短缺已严重制约着工业发展。遇干旱年份，工矿企业供水没有保障，被迫实行限产、停产，对社会发展造成了巨大的经济损失，缺水也使一些大型火电厂未能兴建或扩建。缺水同时也制约着区域内的农业发展，供水区土地平坦，气候温和，光热资源丰富，十分有利于小麦、玉米、棉花和各种杂粮的生长，但由于缺水，产量低而不稳。

二、水污染严重

随着社会经济的高速发展，城市人口急剧膨胀，大量工业废水和生活污水直接或间接地排入河道，农业生产施用化肥和农药，使得区域内水污染相当严重。水体污染不仅直接威胁着饮用水安全、粮食安全，降低景观质量，还破坏了水体的使用功能，从而加剧水资源的紧缺程度。调水沿线水污染从南到北，呈现不断加重的形势。流域内靠近城市的河流大多数已成为纳污河流，基本丧失了使用功能，污染最严重的是邻近城市的平原中下游河道。水体污染已由局部发展到全流域，由城市扩散到农村、由地表延伸到地下。在局部地区，水污染事故频繁发生，水污染责任纠纷时有发生，已威胁到了生态环境和社会稳定。

根据淮河流域水资源保护局监测成果显示，骆马湖以南，主要是氨氮超标；骆马湖至东平湖水质多项超标，水质类别基本为Ⅳ类、Ⅴ类和劣Ⅴ类；黄河以北输水沿线水质基本为劣Ⅴ类。在淮河和海河流域，由于水资源短缺，非汛期大量城市生活及工业污废水都蓄积在河道内用于灌溉，在汛期开始时或丰水年，一般在第一场洪水到来时，所积蓄的污废水大量集中下泄，形成高浓度的污水团进入下游河道和湖泊，污水团进入水体后难以迅速扩散和稀释，容易造成严重的水污染事故，对下游湖泊的水产养殖及供水造成严重影响。这种现象在淮河干流、骆马湖、南四湖、东平湖及海河流域漳卫南运河均有不同程度的存在。

淮河流域经过十多年的污染治理，河流水质有所改善，但治污效果并不牢固。2004 年 7 月，淮河部分支流一场突如其来的暴雨，使沿途截污闸门被迫打开，总量超过 5 亿 t 的污水团集中下泄，黑色污染水团全长 133km，污水所到之处，鱼虾大量死亡，使淮河干流生态及洪泽湖生态环境遭到严重的破坏，也对洪泽湖的养殖业造成了巨大的经济损失。另外南四湖的水污染也十分严重，据资料统计，自 1992 年以来，南四湖共发生各类大的污染事故 30 多起，直接经济损失 6000 多万元。

三、地下水严重超采

由于供水范围内地表水短缺，导致过量开采地下水。地下水资源特别是深层地下水资源开采后难以回补，长期超采引发地面沉降、海水入侵等一系列环境地质问题。

（一）黄河以南

江苏省超采区主要分布在徐州地区。鲁西南的南四湖、东平湖地区的山前冲积平原超采区主要在济宁—汶上、滕西（北）、滕西（南）等处；山丘区超采区主要分布在枣庄规划区的水源地，有东王庄和十里泉等处。在丰县西部、沛县东北部及铜山县西北部地区，面积 1497.30km²，主要分布下更新统及上第三系孔隙水，这一区内沛县沛城镇、大屯镇、新沂市新安镇等地开采强度较大，水位明显下降。在姥城电厂—彭城电厂，大彭镇—徐州市区九里山南侧以及徐州市区—铜山新区等地区水位降落漏斗中心部位水位埋深达 30～50m，已出现了单井出水量减少，岩溶地面塌陷等环境地质问题。

（二）山东半岛

该地区大规模开发利用地下水始于 20 世纪 70 年代，随着工农业的迅速发展和人民生活水平的不断提高，地下水开发利用程度逐年提高。位于泰沂山以北的淄博至潍坊一带的山前平原区，开采模数一般为 20 万～30 万 m³/(km²·a)，局部集中开采区更大，造成 4300km² 的地下超采区；济南、淄博等地岩溶地下水排泄区，一般作为当地供水的重点水源地，开采模数都大于 50 万 m³/(km²·a)。

根据超采区的水文地质条件，山东半岛片地下水超采可分为山前冲积平原超采区、山丘区超采区和岩溶山区超采区三种类型。山前冲积平原超采区包括淄博—潍坊、唐王—枣园、莱州、龙口、大沽夹河等处；山丘区超采区主要分布在淄博规划区的水源地，有大武、四宝山等处。在山东半岛部分沿海地区大量开采深层地下水，造成咸淡水界面下移，咸水入侵深层淡水，严重破坏了极为珍贵的深层淡水资源。

（三）黄河以北

鲁北片供水区主要为徒骇马颊河平原，山前冲积平原超采区主要分布在莘县—夏津一带；黄泛平原超采区主要分布于聊城西部的莘县、冠县、临清至德州西南部的夏津、武城一带，面积 2623km²，年均超采量 2865 万 m³。过度的超采地下水，使不少地区的浅层地下水接近疏干，随着深层地下水开采范围的不断扩展，地面沉降范围也在逐步扩大。

四、生态环境遭到破坏

由于工程区域内水资源严重短缺，生态环境用水被国民经济用水所挤占，造成区域内河道断流、湖淀萎缩、入海水量大幅度减少。水资源开发利用的程度不断提高，工程影响范围内部分河道断流，湖淀干涸，使得许多渔苇之地已变成荒滩或耕地，大量湿地消失，生物多样性遭到破坏。据统计，20 世纪 50 年代后期海河水系年均入海水量为 108.7 亿 m³，60 年代为 77.5 亿 m³，70 年代为 32.4 亿 m³，80 年代减少到 1.9 亿 m³，入海水量的逐年减少，对河口和海洋生态造成了不利影响。

受干旱及水污染加剧的影响，调水沿线的各调蓄湖泊的生态环境受到很大威胁，生态脆弱性加大。20 世纪 80 年代以来洪泽湖、南四湖水位经常出现低于死水位以下的情况。在水质污染的影响下，洪泽湖和骆马湖多次发生水污染事故，造成湖泊生态系统受损。南四湖区受水污染加剧、水资源过度利用的影响，80 年代以来发生过几次干湖现象，严重威胁到南四湖内各种水生生物的生存。2002 年南四湖流域遭遇百年大旱，部分地区的旱情达到了 200 年一遇，上级湖干涸，下级湖蓄水量仅有 2000 多万 m³，湖内生态系统受到严重损害。

第六章　东线工程环境影响评价

第一节　东线一期工程战略环境影响研究

相对于其他跨流域调水工程，南水北调东线一期工程具有自身鲜明的特性，战略环境影响研究需要对以下宏观与战略性问题进行重点分析：水资源配置影响，水环境影响，生态环境影响，社会环境影响。

一、水资源配置影响

从水资源的角度看，南水北调工程具有明显的正效益，南水北调工程对解决受水区国民经济发展的水资源短缺是无疑的，同时工程对区域水资源配置条件有一定的改善作用，对城市工业用水与农业用水之间的水资源的配置、经济用水与生态用水、不同流域之间水资源的合理配置均有不同程度的影响：①为构建我国"四纵三横"的水资源配置格局奠定基础；②有利于解决城市、工业挤占农业用水的影响；③有利于缓和国民经济用水挤占生态环境用水的矛盾；④在"三先三后"原则基础上，调水将显著促进区域节水和污水资源化进程；⑤调水有助于解决与缓和省际间水资源利用矛盾。

二、水环境影响

从工程对水环境的影响方面看，由于输水渠道主要利用现有河道和天然湖泊输水，输水渠道沿线人口稠密、经济发达，水污染十分严重，且输水线路长，跨越长江、淮河、沂沭泗、黄河、海河各水系，影响水质的不确定因素多，调水水质能否保持Ⅲ类以上成为南水北调东线工程调水效益能否发挥的先决条件。与东线工程配合的《南水北调东线工程治污规划》在一定程度上与主体工程密不可分。第一期工程治污项目实施后，调水水质基本符合地表水Ⅲ类水标准。截污导流工程中回用工程由于未改变原污水排放路径，污水经处理后用于农灌，在本地消化，对环境影响不大。导流工程由于改变原污水排放路径，对部分接纳河流将会产生一定影响，但对改变其季节性河流的特征将起到一定积极作用。由于东线治污规划资金需要量较大，且目前仅有截污导流工程资金纳入主体工程，其余部分治污资金原则上由地方政府承担，因此，必须高度重视经济落后地区的治污资金的落实情况，避免以上水污染风险的发生。同时，在输水期结束后各截污导流工程要进行合理的运行调度，特别要注意较小洪量洪水时的运行调度，以最大可能地减少污水集中下泄对湖泊水环境造成的冲击。

三、生态环境影响

南水北调东线一期工程是在江苏省江水北调工程的基础上扩大与延伸。江水北调工程已经取得显著的社会效益、经济效益、环境效益，相应的不良生态环境影响较小。东线一期工程引起的生态影响的研究对象相对集中在山东省境内受水区。

由于工程不改变现有河道与湖泊的防洪调度运用原则，湖泊调蓄运用水位首先满足各湖泊防洪要求；河道扩挖应满足防洪规划要求，在有防洪调度矛盾的地区不得随意增加洪水泄量，本期工程尽管改变了调水沿线河流在调水期的水流方向，但不会影响区域防洪、排涝。

工程对生态环境的影响方面看，主要表现在以下几个方面。

1. 对长江口的影响

南水北调东线工程调水将会对长江口枯水期盐水入侵带来一定负面影响，特别是枯水年的枯水期。但由于南水北调东线一期工程是在现有江苏省江水北调的基础上增调 $100m^3/s$，增加的调水量仅为长江大通站年径流量的 0.43%，新增调水量仅占长江最枯月流量的 1.3%，占长江径流量的比例很小，对长江入海水量影响甚微。三峡工程运行后，1—4月会使大通站流量增加 $1000\sim2000m^3/s$，从而改善南水北调东线一期工程的调水条件，进一步减轻调水对长江口的影响。

但在以后建设东线二期、三期工程条件下，尤其是三期工程抽江规模达 $800m^3/s$ 时，调水量占长江枯水流量和大通以下引水能力的比例相对较大，在长江枯水年或平水年的枯季，可能对长江口盐水入侵产生一定的影响。为防止在枯水期加重长江口地区的盐水入侵，应在长江大通站流量小于 $10000m^3/s$ 时，采取"避让"措施，减少抽江流量或暂停调引江水措施。《南水北调东线一期工程环境影响评价报告》建议，必要时南水北调与长江三峡工程进行联合调度，当长江为枯水年或特枯水年时，将三峡水库蓄水期提前1个月，即从9月开始，延至10月、11月、12月，以维持枯水期天然下泄水量。

2. 调水对血吸虫病流行区北移的影响

根据实验研究结果，在北纬 33°23′ 以北地区，钉螺不能生存；北纬 33°15′～33°23′，钉螺生存与繁殖能力下降，种群呈逐渐消亡趋势，难以形成新的钉螺分布区；在北纬 33°15′ 以南地区，属于钉螺孳生地区。根据所掌握的监测与调查结果，在近40余年的江水北调工程输水过程并未发现造成钉螺分布区北移，在调水区沿线也尚未发现新的血吸虫病患者。

在原里下河血吸虫病流行区，通过江都西闸、新通扬运河自引江水灌溉可造成长江水系钉螺向该地区的扩散，南水北调东线部分涵闸（洞）也可成为里下河地区和输水河道之间钉螺扩散的双向通道，同时，钉螺还可通过运输及人畜携带的方式传播，对输水干线及灌区造成二次扩散。因此，加强里下河地区、输水干线及北纬 33°15′ 以北部分地区钉螺扩散情况的监测，并结合东线工程建设，对一些重点河道、涵闸采用硬化护砌、修建沉螺池、拦网等防螺工程措施。

由于江苏省北纬 33°15′附近自 20 世纪 70 年代以来，1 月的平均气温呈明显的上升趋势，单从温度的方面考虑，北纬 33°15′以北的部分地区，已经具备了钉螺孳生的适宜温度条件。研究显示钉螺生长的适温区正在北移，至 2030 年钉螺适温区可北移至 38°48′一线，但全球气候变暖的研究尚存在许多不确定性，而且钉螺在北纬 33°15′以北地区除温度因素外，还存在着土壤有机质含量、腐殖质含量和全氮量较低，pH 值偏高等不利钉螺生长繁殖的因素，因此，迄今为止北纬 33°15′以北地区仍未有在自然界发现钉螺的报告。应对调水是否能引起血吸虫病流行区北移问题进一步深入研究。

3. 调水对调蓄湖泊生态的影响

南水北调东线工程实施后，湿地水源可靠性得到显著提高，湿地面积扩大，水生生物的生境面积扩大，改善湖泊水质，生境质量得到明显改善，从根本上解除湖泊蓄水量锐减对湖泊生态系统的致命威胁。调水工程运行后，在非汛期湖泊水位将更加稳定，有利于水生动植物繁衍。同时，由于水面、水深加大，将有效减少对湖泊内栖息鸟类的人为干扰。

4. 输水渠道及囤蓄水库周边土壤次生盐渍化影响

黄淮海平原的土壤积盐过程，除滨海地区土壤和地下水中盐分主要来自海水外，内陆平原土壤现代积盐过程，主要是在地下水影响下或地下水和地表水双重影响下发生的。东线一期工程调水后，对改善沿线水分状况、淋洗土壤盐分、增加农作物产量等都将起到积极的作用。由于黄淮海平原已经形成了比较完善的排水系统，并积累了丰富的防治土壤盐碱化的经验。而且，本期工程的供水目标主要为城市生活和工业用水，在山东省境内则全部为城市生活和工业用水，因此，不会因农业用水量大增而导致大规模的土壤次生盐渍化现象。仅在高水位输水河道两侧，可能会影响一定范围内土地的次生盐碱化。在采取必要的防护措施后，这方面影响可以减至最低。

四、社会环境影响

从社会环境方面看，首先本工程的主要供水目标为城市及工业用水，且受水区为资源型缺水地区，位于经济发达地区，调水工程的供水效益显著可靠，调水工程的运行将具备显著的经济、社会及生态效益。

五、主要结论

南水北调东线一期工程的实施，对于局部区域也会产生一定的不利环境影响，如调水对长江口咸水入侵的影响，输水渠道沿线部分河段可能产生土壤次生盐渍化等，但其影响有限，且位于局部地区，可采取避让等措施有效地减免，因此，南水北调东线一期工程的实施没有环境制约因素。

六、宏观战略对策及建议

为了进一步发挥南水北调东线一期工程通过水资源优化配置，实现水资源可持续利用，达到支撑社会可持续发展的效益，以及促进南水北调东线治污规划的充分落实和实施，采取的宏观战略对策有：①严格执行"先节水后调水、先治污后通水、先环保后用水"的"三先三后"原则，加大法律法规建设，推进水质保护依法有序实施；②加强组织领导，建立各部门分工合作、齐抓共管的工作机制；③全面建立各种保障制度，切实落实东线污染控制规划方案；④加强南水北调东线的科研工作，增强技术保障能力。

第二节　江水北调工程环境影响

一、江水北调工程概况

（一）工程概况

黄河夺淮以后，江苏淮北地区河道淤塞，水系紊乱，洪涝旱潮灾害频繁，农业产量低而不稳，群众生活极为贫困。中华人民共和国成立初期进行规模宏大的"导沂整沭"和治淮工程，初步控制了沂沭泗的一般洪水。1956年，淮北地区遭受严重涝灾，江苏省做出根治徐淮地区洪涝灾害的决定，提出"洼地必须结合除涝治碱，改旱作为水稻"和"冬春灌溉，旱作水浇"的方针。为保障充足的水源，规划实施"江水北调工程"，路线有两条：一条以京杭运河为总干渠，把水送到洪泽湖、骆马湖和微山湖，送水路线长达400多km；一条由淮河入江水道抽水入洪泽湖，由二河入中运河北送，或由徐洪河送水到徐州。此外，当淮水不足时，淮沭新河亦可送江水到淮阴（今淮安）、连云港市以及石梁河、小塔山水库。

从1960年起，江苏着手建设江水北调工程，从长江边做起，逐步向北延伸和扩大规模，标准由低到高，不断完善。江水北调龙头站——江都站从1960年年初开始建设，到1977年四个站全面建成。从江都站开始，经过近40年持续不断的建设，沿着400多km的京杭运河输水干线，逐步建成了江都、淮安、淮阴、泗阳、刘老涧、皂河、刘山、解台、沿湖等9个梯级，将长江水送入微山湖。之后，又对几个梯级泵站进行了增容改造。江苏省境内抽江补水入洪泽湖有江都站—淮安站—淮阴站、江都站—石港站—蒋坝站两条翻水线；经洪泽湖调蓄后，由中运河、徐洪河两条线继续北调，然后经骆马湖的调蓄后送水入微山湖。另外还有淮沭新河调水线，通过淮阴枢纽向连云港送水。

江苏省江水北调工程串联洪泽湖、骆马湖、南四湖下级湖，沟通长江、淮河、沂沭泗三大水系，既可以引江水补充淮河、沂沭泗地区，也可以在淮河和沂沭泗水系间互相调度，形成了一个基本完整的网络。江水北调工程对促进苏北地区工农业生产和社会发展发挥了显著作用，初步实现了有计划的南北调度，为东线一期工程的输水、蓄水和供水创造了极为有利的条件。

（二）调水规模和工程范围

1965—2003年，江都站共抽水北送近980亿 m^3，1965—1975年，年抽江水量均在20亿 m^3 以下，自1977年江都四站建成后，大大提高抽引能力，1978—2001年，年平均抽江水33亿 m^3，平均年抽引水量46亿 m^3，最多年份抽江水70亿 m^3。

20世纪60年代，江水北调起步。江都一、二、三站相继建成，抽引江水250 m^3/s 沿里运河北上。70年代，建成江都四站、淮安一、二站，并通过临时站把江水送到骆马湖以南地区；淮沭新河全线贯通，洪泽湖水一直北送到连云港。80年代，江水北调继续延伸，从长江至微山湖的调水线全线开通，向连云港市供水格局基本形成，目前江水北调主线、东线、西线已全线贯通，形成了苏北的"南水北调"供水格局。

江水北调工程累计投资 48 亿多元，已初步形成了江水北调工程体系，沿京杭运河输水干线九级枢纽 16 座泵站，总装机容量 14.9 万 kW。设计抽江能力 400m³/s，入微山湖能力 32m³/s。1999 年 10 月建成泰州引江河一期工程，增加了引用长江水源的能力，提高了江水北调工程供水保证率。

江苏现有的江水北调供水区，供水范围内总耕地面积 2883 万亩，灌区面积 2073 万亩（水田面积 930.8 万亩），有效灌溉面积 1500 万亩。城市和工业供水包括淮安、宿迁、徐州、连云港 4 座地市级以上城市及其所辖的 20 个县（市、区）和扬州市所辖的 3 个县级市。江水北调工程供水城市见表 6-2-1。

表 6-2-1 江水北调工程供水城市一览表

省辖市	县（市、区）
扬州市	高邮市、宝应市、江都市
淮安市	洪泽县、金湖县、涟水县、盱眙县、楚州区、淮阴区、清河区、清浦区
宿迁市	泗阳县、泗洪县、沭阳县、宿豫县、宿城区
连云港市	赣榆县、东海县、灌云县、灌南县、新浦区、海州区、连云区
徐州市	贾汪区、邳州市、铜山县、丰县、沛县、睢宁县、新沂市、云龙区、鼓楼区、泉山区、九里区

（三）工程调水方案

1. 江都站翻水方案

（1）在江都站抽足的情况下，除保证淮安站抽水 170～200m³/s 外，经斜河大引江闸送灌溉总渠 50～70m³/s，其余水源由扬州市调度；如遇特大干旱，需采用西线向洪泽湖补水时，沿运河、沿总渠用水要相应减少。因长江潮位低或其他原因抽水不足，沿运、沿总渠用水也要相应减少。

（2）为了保证江水北送，沿运河、沿总渠已建的自流灌区砍尾提水站，在灌溉水源不足的情况下，要开机抽取里下河水灌溉。

（3）为保证京杭运河运东闸至淮阴闸段的通航和淮阴电厂、华能杨庄电厂、市自来水厂等重要单位的用水，当运东闸上水位降到 8.8m、淮阴闸上水位降到 10.8m 时，采取应急措施，兼顾农灌和航运。

2. 洪泽湖调水方案

（1）洪泽湖水位在 12.5m 以上时，水源由江苏省防汛抗旱指挥部统一调度。

（2）当洪泽湖水位在 12.5m 以下时，按江苏省规定，除经蔷北地涵和沭新退水闸（含桑墟水电站），向连云港市送水 50m³/s，废黄河送水 15～20m³/s 外，其余部分由江苏省防汛抗旱指挥部统一调度给淮阴市（今淮安市）、宿迁市等使用。

（3）当洪泽湖水位降至 11.3m 时，由于二河闸出量不足，向连云港市及废黄河送水的流量将相应减少。但为了确保连云港港口和城市用水，根据大旱的 1992 年实况，在任何情况下，通过蔷北地涵和沭新退水闸向连云港送水不得少于 30～40m³/s。当湖水位低于 11.0m 时杨庄闸（包括杨庄水电站）停止向废黄河送水。

灌云县用水仍按过去惯例，由连云港市从盐东控制送"回归水"解决，江苏省防汛抗旱指挥部视水情调度宿迁市新沂河南偏泓闸等及时调给部分水源，一般情况下，力争灌溉期间伊山水位稳定在1.6m。如遇到雨涝时，根据天气变化预先降低水位。

3. 骆马湖调水方案

（1）骆马湖水源由江苏省防汛抗旱指挥部统一调度。

（2）皂河闸以下以及宿豫来龙灌区原则上由泗阳站抽引淮水、江水解决，但在电力、油料供应不及时以及用水高峰时，视骆马湖水情适当从骆马湖放水解决。用水紧张时，由江苏省防汛抗旱指挥部确定总用水量，宿豫和泗阳两级行政区的用水由宿迁市负责分配安排，并确定井儿头、刘老涧两站的抽水流量。

（3）京杭运河不牢河段、中运河的水位，关系到电厂发电和全省煤炭等重要物资的运输，对江苏省国民经济有着重大影响，因此徐州、宿迁两市需要加强沿湖、沿运的用水管理。

（4）当中运河与骆马湖"河湖分家"以后，在中运河水位低于骆马湖水位时，以及骆马湖水位降到21m以下时，为满足交通要求，开启杨河滩闸和六运涵洞，关闭六塘河闸，放骆马湖底水，由皂河站抽水补给中运河航运。如遇中运河运河镇水位高于20.5m，且高于骆马湖水位，皂河站可酌情减少抽底水流量。如宿豫区用水高峰已过，也可根据交通部门提出的要求，酌情利用泗阳、刘老涧、井儿头等抽水站翻引江水、淮水，补给航运用水，同时皂河闸以上沿中运河和京杭运河不牢河段的各抽水站都要控制抽水。

（5）当中运河运河镇水位降至21m以前，采取紧急措施突击抢运积存煤炭。对一些主要物资也要组织突击抢运，做好两手准备。当运河镇水位降至20.5m，航运和农灌用水发生严重矛盾时，农业和航运用水要兼顾，局部要服从全局。在旱情严重难以维持正常航运的时候，应减载或改用小船队运输。

二、水文情势变化分析

（一）输水河道、湖泊水文情势

输水河道水位站水位变化不大，中运河骆马湖以上河段水位20世纪70年代前后略有差异。湖泊的水位变化与湖泊的蓄水位控制有关。湖泊代表站年平均水位过程线除洪泽湖、骆马湖外，其他湖泊变化不大。

除2003年发生的特大洪水外，过闸年最大水量发生的年份基本在工程建设前。洪泽湖、骆马湖主要排洪出口三河闸、嶂山闸近20年泄洪水量除1991年和2003年发生特大洪水外，其他年份明显小于五六十年代泄洪水量。

（二）浅层地下水水位变化分析

根据江苏省水文水资源勘测局2004年水资源调查评价报告，从多年平均埋深看，浅层地下水水位埋深由南向北、由东向西逐步递升。一般埋深1～2m，在新沂等地由于受到近代黄泛故道和沂沭河的影响，砂层含水层较厚，地下水埋深较大，达到4～5m，部分地区超过5m。由于江苏省对浅层地下水利用率较低，因此浅层地下水水位基本平稳，年际变化不大。

三、工程对水环境影响分析

（一）引水口水质变化分析

根据江苏省水环境监测中心 2000—2003 年对三江营和高港两个江水北调源头的水质监测资料，对其非汛期、汛期和全年均值进行评价。总体而言，三江营及高港枢纽两取水口水质在年内不同时期及不同年际间水质基本保持稳定态势，水质不受长江来水量、调水、不调水及不同调水规模的影响，绝大部分时段水质均为Ⅱ类，水质优于或符合南水北调水质要求。

（二）输水河段水质年际变化分析

为了解输水河段的水质年际变化，运用了江苏省水环境监测中心 1989—2003 年水质监测资料，选取里运河江都站—淮安站段、中运河泗阳站—皂河站段、不牢河刘山站—解台站段、不牢河解台站—沿湖站段及洪泽湖—徐洪河沙集站段 5 个代表性输水河段，按非汛期、汛期及全年的年均值三种情况分别评价输水河段的水质年际变化。以下分析当水质劣于Ⅲ类时为超标。

1. 里运河江都站—淮安站段

江都站—淮安站段输水河道水质基本保持稳定，主要水质影响指标浓度变化不大，年内及年际间水质亦相对稳定。

除淮水下泄的情况外，非汛期、汛期及全年均值的水质结果均为Ⅱ～Ⅲ类，优于或符合南水北调水质要求，水质主要影响指标氨氮、高锰酸盐指数浓度变化不大，水质年内及年际变化不大，基本保持稳定态势；淮水下泄期间，本河段水质一般下降一至二个类别，为Ⅲ～Ⅳ类，超地表水Ⅲ类水标准的指标主要为氨氮、高锰酸盐指数等。

2. 中运河泗阳站—皂河站段

中运河泗阳站—皂河站段输水河段水质较好，水质一般为Ⅱ～Ⅲ类，大致保持稳定态势。

非汛期、汛期及年均值评价结果水质均较好，为Ⅱ～Ⅲ类。氨氮浓度在 0.11～0.54mg/L 之间，绝大部分时段氨氮单项指标水质类别符合地表水环境质量标准Ⅱ类水标准；高锰酸盐指数浓度在 2.7～5.4mg/L 之间，绝大部分时段浓度在 4.0mg/L 以下，高锰酸盐指数单项指标水质类别符合地表水环境质量标准Ⅱ类水标准。

3. 不牢河刘山站—解台站段

该河段污染严重，水质一般为Ⅴ～劣Ⅴ类，超Ⅲ类水指标为氨氮、高锰酸盐指数、溶解氧、挥发酚等。河道中水质主要影响指标氨氮、高锰酸盐指数的浓度呈下降趋势，污染减轻，但距南水北调输水水质要求尚有一段距离。

非汛期污染严重，氨氮、高锰酸盐指数严重超标，绝大部分时段河段水质均为劣Ⅴ类；汛期水质较非汛期稍有好转，氨氮、高锰酸盐指数浓度降低，水质一般为Ⅳ～Ⅴ类；从历年水质年均值分析，水质为Ⅴ～劣Ⅴ类，超Ⅲ类水标准的污染指标为氨氮、高锰酸盐指数、溶解氧、挥发酚等，氨氮和高锰酸盐指数较为显著。

4. 不牢河解台站—沿湖站段

该河段污染严重，水质一般为Ⅴ～劣Ⅴ类，水质主要污染指标为氨氮、高锰酸盐指数、溶解氧、挥发酚等。与刘山站—解台站段相似，从历年情况分析，河道中水质主要影响指标氨氮、高锰酸盐指数的浓度呈下降趋势，污染减轻，但仍不符合南水北调水质要求。

非汛期污染严重，氨氮、高锰酸盐指数超标显著，某些测次出现超Ⅲ类水标准4～5倍的现象，水质长期处于劣Ⅴ类。汛期污染较非汛期减轻，氨氮、高锰酸盐指数浓度降低，水质好转一至二个类别，水质一般为Ⅳ～Ⅴ类。从历年水质年均值分析，水质为Ⅴ～劣Ⅴ类，超Ⅲ类水标准的污染指标为氨氮、高锰酸盐指数、溶解氧、挥发酚等，氨氮和高锰酸盐指数影响较为显著。

5. 洪泽湖—徐洪河沙集站段

输水河道洪泽湖—徐洪河沙集站段水质一般为Ⅲ类，偶尔由于来水影响，水质为Ⅳ类或Ⅱ类，水质主要影响指标为氨氮、高锰酸盐指数等。

非汛期水质主要为Ⅲ类，某些时段由于来水影响，河道中氨氮、高锰酸盐指数的浓度增加，水质下降为Ⅳ类；汛期水质一般为Ⅲ类，水质主要影响因子氨氮、高锰酸盐指数含量下降，前者浓度一般为0.14～0.77mg/L，后者为3.1～5.4mg/L；从历年水质年均值分析，绝大部分年份的水质为Ⅲ类，且水质大致保持稳定。河道中氨氮浓度为0.16～0.77mg/L，高锰酸盐指数为3.1～6.7mg/L。

（三）调水对输水水质影响分析

结合南水北调东线江苏段工程情况及江苏省水环境监测中心水质监测资料，选取江水北调工程输水干线京杭运河里运河江都站—淮安站段、中运河淮安站—淮阴二站段、不牢河解台站—沿湖站段三个代表性河段。以氨氮为例，分析在1990年前后、90年代末期至21世纪初两个不同时期、不同调水量下，调水对输水河道的水质影响。

1. 里运河江都站—淮安站段

以1991年为例，全年共有7个月调水，最大月调水量为6.48亿m³，最小月调水量为0.534亿m³，全年总调水量16.387亿m³，月均调水量为1.366亿m³。

江都站—淮安站段输水河道在不同调水情况下，氨氮浓度为0.16～0.50mg/L，主要位于0.32mg/L左右小幅波动，全年不同时期氨氮单项指标水质类别均为Ⅱ类，在不调水、调水量较小及大量调水的情况下，对该河段水质影响不大，水质类别为Ⅱ～Ⅲ类，保持稳定态势。

以2001年为例，全年共有9个月调水，最大月调水量为11.768亿m³，最小月调水量为0.130亿m³，全年总调水量65.293亿m³，月均调水量为5.441亿m³。

江都站—淮安站段输水河道在不同调水情况下，氨氮浓度为0.13～0.65mg/L，全年均值为0.35mg/L。全年不同时期氨氮单项指标水质类别为Ⅱ～Ⅲ类，主要为Ⅱ类。在调水量相差悬殊的情况下，该河段氨氮浓度波动较小，综合水质变化不大，基本稳定于Ⅱ～Ⅲ类，主要为Ⅱ类。

从1991年和2001年不同规模的调水过程可以发现，在正常情况下，由于里运河江都—淮安段自身水质较好，沿途少有污水汇入，在不同调水情况下，该河段污染物浓度变化不大，仅有小幅波动，水质基本稳定于Ⅱ～Ⅲ类，调水对该河段水质影响甚微。

2. 中运河淮安站—淮阴二站段

以1991年为例，全年共有10个月调水，最大月调水量为3.064亿m³，最小月调水量为

0.005 亿 m³，全年总调水量 10.849 亿 m³，月均调水量为 0.904 亿 m³。

淮安站—淮阴二站段氨氮浓度最低为 0.13mg/L，最高为 2.27mg/L，氨氮单项指标水质类别分别为Ⅲ类和劣Ⅴ类。在调水量较少时，河道中氨氮浓度变化不大，调水对水质影响甚小；在调水量较大且持续一段时间后，氨氮浓度下降显著，水质改善明显。

以 2003 年为例，全年共有 11 个月调水，最大月调水量为 2.398 亿 m³，最小月调水量为 0.025 亿 m³，全年总调水量 4.306 亿 m³，月均调水量为 0.359 亿 m³。

淮安站—淮阴二站段氨氮浓度最低为 0.15mg/L，最高为 10.5mg/L，氨氮单项指标水质类别分别为Ⅱ类和劣Ⅴ类。在调水量较少时，河道中氨氮浓度变化不大，对水质影响甚小；在调水量较大且持续一段时间后，氨氮浓度下降显著，水质改善明显，但由于污水的汇入及调水量的减少，水质又呈下降趋势。

综合 1991 年及 2003 年调水及水质情况，调水对淮安站—淮阴二站段水质的影响趋势是相同的：在调水量较少时，河道中氨氮浓度变化不大，对水质影响甚小；在调水量较大且持续一段时间后，氨氮浓度下降显著，水质改善明显；在水质得到改善的情况下，随着调水量减少直至不调水，水质又呈下降趋势。

3. 不牢河解台站—沿湖站段

以 1989 年为例，全年 12 个月该河段均有不同程度调水，最大月调水量为 1.149 亿 m³，最小月调水量为 0.417 亿 m³，全年总调水量 9.351 亿 m³，月均调水量为 0.779 亿 m³。

解台站—沿湖站段在逐月调水的过程中，尤其是 4—8 月，水体水质随着一定规模的调水量，水质明显改善，氨氮浓度下降近 18 倍；在水质得到改善的情况下，随着调水量减少，水质又呈下降趋势。

以 2002 年为例，全年 12 个月该河段均有不同程度的调水，最大月调水量为 1.310 亿 m³，最小月调水量为 0.124 亿 m³，全年总调水量 9.031 亿 m³，月均调水量为 0.753 亿 m³。

解台站—沿湖站段在逐月调水且调水量呈逐渐增加的情况下，水质呈好转趋势；在一定调水规模下，例如 3—5 月调水量小幅增长，对水质影响甚小，氨氮基本保持稳定；在调水量增加到一定规模后，例如在 5 月的基础上，6 月调水量增加了 1.5 倍，水质有明显改善；7 月以后，虽然调水量较 5 月仍有不同程度增加，但水质改善效果不明显，氨氮浓度仅作小幅波动，水质主要为Ⅲ类，大致保持稳定态势。

综合 1989 年及 2002 年调水及水质情况，在一定规模的调水量下，调水对解台站—沿湖站段水质的影响显著，水体水质改善明显；当调水量达到一定规模或水质改善到一定程度时，增加调水量对水质影响甚小，水质类别基本保持稳定，污染物浓度仅在小范围内波动；在水质得到改善的情况下，随着调水量减少或者不调水，水质又呈下降趋势，输水河道的治污问题仍需常抓不懈。

（四）水质—水量关系分析

（1）在河段污染物输入量很少、源头水质良好情况下，不同调水量对河段水质影响很小，污染物浓度变化不大，仅有小幅波动，调水对该河段水质影响甚微。

（2）在河段有一定污染物输入量情况下，在调水量较少时，河道中污染物浓度变化不大，调水无法改善水质；在调水量较大且持续一段时间后，污染物浓度下降显著，水质改善明显；

当调水量达到一定规模或水质改善到一定程度时，增加调水量对水质影响甚小，水质类别基本保持稳定，污染物浓度仅在小范围内波动；在水质得到改善的情况下，随着调水量减少直至不调水，水质又呈下降趋势。

（五）工程对土壤和生态的影响

（1）工程对土壤盐渍化影响。江水北调工程的建设带动了灌区的建设，使得淮北原来的盐碱化土地用上了矿化度较低的江水进行灌溉，由于灌区灌排系统的不断完善，大大降低了土壤的含盐量，改良了盐碱化土地。

（2）对生态环境的影响。江水北调工程不仅促进经济的发展，还显著改善了沿线地区的生态环境。由于水资源有了一定保障，工程沿线地区的绿化和湿地保护工作成绩显著。徐州、连云港、宿迁、淮安的森林覆盖率较高，工程受益区现有老子山、泉山等多个国家森林公园，建成区绿地覆盖率均超过30%，徐州市被评为全国十佳造林绿化城市，宿迁所辖4个县均为全国平原绿化先进县。工程沿线洪泽湖、骆马湖等湿地是珍稀濒危鸟类的栖息越冬地，有效地保护了生物的多样性。

2002年，沂沭泗地区久旱未雨，微山湖近于枯竭，上级湖从7月开始干涸，下级湖8月基本干涸，是中华人民共和国成立以来最严重的一次。为此，国家防汛抗旱总指挥部决定，利用江苏省江水北调工程向南四湖进行紧急生态补水，从2002年12月8日至2003年1月26日，总计补水1.1亿m³，有效地保护了该地区的生态环境。

（六）工程经济、社会效益分析

水是经济发展最重要的战略资源，江水北调工程的实施保障了缺水地区水资源的有效供给，促进了经济大发展。1998年，徐州、连云港、淮安、宿迁4市的国内生产总值分别达555.1亿元、264.7亿元、219.8亿元、165.5亿元，为1978年的9.1倍、7.9倍、6.1倍、7.4倍；在水资源条件得到保证的情况下，4个市的经济增长非常明显。

江水北调工程改变了原来的缺水面貌，为卫生事业的发展提供了前提条件，并大大促进了苏北地区的经济发展。经济的较快发展进一步带动了当地文化、教育、卫生事业的发展。目前淮北地区年供应城镇居民生活用水6亿多m³，农村人畜用水11亿多m³，而1980年分别仅为1亿m³和6亿m³。多年来累计解决了1130万人和469万头牲畜的饮水困难，高氟地区解决了70万人的用水，显著改善了受水区卫生条件。

由于江水北调工程的兴建为当地提供了便利的水运条件，促进了沿线地区乡镇企业的发展，使该地区就业机会增加。江水北调工程的实施，一定程度上保证了苏北的粮食生产安全，增加了灌溉面积，大幅度提高了粮食产量，优化了农业结构，加快了苏北地区的经济发展，农业总产值逐年稳步上升。在这些良好的经济发展前提下，农民的人均收入有了大幅度的提高。江水北调工程还保障了居民生活用水的水质安全，减小了突发性水污染事故发生的频率，减轻了污染事故的危害，维护了社会安定。

（七）江水北调过程中的环境问题和对策措施

江水北调工程产生的社会和经济效益巨大。在干旱年份，除补给农业用水外，还可补给航运、电厂、城市和港口用水，有效缓解了徐州、连云港等城市的用水矛盾。但在总体产生丰硕效益的同时，调水在局部地区、短时间内也显现了一些环境问题。

（1）南四湖应急生态补水过程中，补水初期水质为劣于 V 类。随着补水继续进行，水质逐渐好转。

（2）2003 年 3 月，山东省临沂市、枣庄市部分企业先后大量跨境排放污水，造成京杭大运河徐州段水质污染严重。

无论是向南四湖调水中的环境问题，还是大运河徐州、淮安段的污染问题，都是由于污染源的排放所致。要保证江水北调的水质，就必须严格控制运河及其支流的污染源。另外，通过调水，增大江水北调调水流量，以清释污，对改善运河及相关水体水质，缓解突发水质污染也是缓解江水北调过程中突发环境事故的有效措施，但通过增大流量以清释污的代价很大，只有控制区域性的污染源才是治本的措施。还应在水质敏感地区建立起完善的自动监测系统、水质预警系统和突发事故应急监测系统，实现江水北调过程中的防治结合、调测结合、量质结合。

第三节　地表水环境影响研究

一、地表水环境背景概述

水质监测资料表明，长江取水口水质较好，历年稳定，除石油类超标外，其余指标均能达到 III 类水标准，大多数指标能够达到 II 类水，能够满足调水的水质要求。输水干线骆马湖以南段水质基本良好，超标污染物主要为石油类；骆马湖以北至东平湖水质污染逐步加重，多项因子超标，为 IV 类、 V 类和劣 V 类，以有机物、氨氮和石油类污染为主；黄河以北输水沿线水质全部为劣 V 类，以有机污染为主，主要超标项目有化学需氧量、氨氮、高锰酸盐指数、总磷和五日生化需氧量，挥发酚超标也较为严重；山东半岛输水干线总体水质为 III～V 类，小清河水质污染严重，全部为劣 V 类。各监测断面水质受降水影响非常明显，多数断面汛期水质普遍好于非汛期。

南水北调调水沿线洪泽湖、骆马湖、南四湖和东平湖目前均处于中营养或富营养状况，除洪泽湖成子湖湖心轻度富营养化，南四湖的微山岛中度富营养化，其余断面均处于中营养状态。

从调水沿线底泥监测结果来看，输水沿线骆马湖以南段河道、湖泊底泥基本能达到土壤环境质量标准二级标准；南四湖主要支流和山东半岛小清河底泥污染较重，多项重金属指标超标；不牢河和梁济运河部分河段底泥超标；黄河以北底泥均达标，底泥中重金属含量较低。

二、污染源现状概述

2002 年各类直接进入输水干线的污染物中，66.87％的化学需氧量入河排放量来自城镇污染源，面源贡献占 32.84％，线源、内源占 0.29％；氨氮入河输水干线的 89.92％主要来自城镇污染源，9.43％来自面源，线源、内源占 0.65％。因此，水污染防治的重点应是来自于城镇的污染物排放。

就污水排放量而言，2002年41个控制单元的工业与生活的排放总量比较接近，工业排放（49%）略小于生活排放（51%）。但就化学需氧量排放量以及氨氮排放量而言，工业排放总量均较显著地小于生活排放总量，化学需氧量工业排放占41%，生活排放占59%。氨氮工业排放占38%，生活排放占62%。

淮河流域控制区工业主要是以造纸、纺织印染、酿造等高耗水、高污染行业为主，废水处理难度大、成本高。

2004年淮河流域控制区主要排污控制单元为沂河、洸府河、邳苍分洪道、洙赵新河、徐沙河、不牢河、峄城沙河、白马河、城郭河、东鱼河、老运河（济宁段）、大运河邳州段、房亭河、泉河、泗河等15个控制单元，以上控制单元化学需氧量负荷占淮河流域控制区化学需氧量总负荷的84.1%，氨氮负荷占总负荷的78.9%。

来源于农业化肥、农药使用、畜禽养殖、水土流失、农村生活污水排放的面源是进入输水干线污染物的一个重要来源，面源污染对南水北调东线一期工程的影响主要集中在南四湖流域和东平湖流域。

调水沿线港口码头、航运、桥梁、水产养殖等会给水质带来风险，现状排放量在进入干线污染物总量中所占比例很小。

综合底泥冲刷试验以及水环境评价中底泥监测结果，底泥对于水体质量变化的影响较小。重金属类污染物中，汞和砷可能成为影响水质的污染物。有机类污染指标中，总磷、总氮、化学需氧量的最大溶出浓度均较高，有可能成为影响水质的污染来源。

三、对受水区水文情势的影响

（一）调水对受水区水资源的影响

南水北调东线一期工程目标是补充山东、江苏、安徽输水沿线城市的城市用水和重要电厂、煤矿用水；济宁—扬州段京杭运河航运用水；江苏省现有江水北调工程供水区和安徽省洪泽湖用水区的农村用水。

与现状相比，工程实施后，多年平均增加抽江水量38.01亿 m³，入洪泽湖增加36.73亿 m³，出洪泽湖增加37.41亿 m³，进出洪泽湖水量相抵，净减少江水0.68亿 m³；入骆马湖增加29.91亿 m³，出骆马湖增加31.48亿 m³，进出骆马湖水量相抵，净减少江水1.57亿 m³；南四湖净增加江水13.11亿 m³，根据工程规划东平湖仅用作输水通道，不进行调蓄，东平湖水资源量基本没有改变。洪泽湖、骆马湖和南四湖当地地表水规划水平年入湖水量分别是242.92亿 m³、32.51亿 m³、27.19亿 m³，规划调水对洪泽湖、骆马湖、东平湖当地水资源量影响不大，对南四湖水资源量增加较多。根据规划，南水北调工程水量调配中，东平湖、双王城水库仅用作北调水量的调节，当地入湖径流不参与本工程的调节和分配，因此对东平湖、双王城水库当地入湖、库径流的使用不受影响。

（二）对受水区可供水量的影响

南水北调东线一期工程实施后，1956—1997年长系列调节计算，多年平均净增供水量36.01亿 m³，较现状工程条件下增加可供水量21.7%。其中对鲁北地区受水区影响最大，增加了 2 倍多；山东半岛次之，增加了近 3 成；其他各区增加了 16.8％～26.2％。

（三）对缓解受水区水资源紧缺状况的影响分析

南水北调一期工程实施运行后，2010 年受水区总增供水量 36.01 亿 m³，缺水率由 24.0％降低到 7.5％。各受水区中，江苏受水区增供水量最大，增加 19.25 亿 m³；山东半岛次之，增加 7.46 亿 m³。鲁北地区水资源供需紧张状况缓解程度最高，缺水率由 68.7％下降到 3.8％；安徽受水区次之，缺水率由 22.4％下降到 2.1％。

（四）对缓解受水区城市水资源紧缺状况的影响

南水北调一期工程实施运行后，江苏受水区城市 2010 年增加供水量 7.15 亿 m³，缺水率由 41.9％降低到 0；山东受水区城市 2010 年增加供水量 14.67 亿 m³，缺水率由 42.4％降低到 18.8％。

江苏城市中徐州供水紧张状况缓解最大，缺水率由 55.4％降到 0；山东城市中菏泽供水紧张缓解程度最大，缺水率由 86.5％降到 1.3％。

四、对输水河道水文情势的影响

现状江苏省江水北调工程可将长江水送入南四湖下级湖，东线一期工程长江至南四湖段除韩庄运河段外，基本利用现有江水北调输水河道通过局部扩挖疏浚输水，除房亭河邳州站—中运河段外，规划输水方向与现状江水北调水流方向一致。南四湖至东平湖分别利用南四湖、扩挖梁济运河和柳长河输水，输水方向与现状水流方向相反。鲁北段通过扩挖小运河和七一河、六五河输水，输水方向与现状水流方向一致，胶东线通过新挖、扩挖济平干渠、小清河输水，水流方向与输水方向一致。

总体来讲，对徐洪河、中运河山东段、南四湖以北输水河道水文情势的影响较为显著，其他输水河段基本为现有江水北调输水通道，影响相对较小。分段说明如下。

1. 长江—洪泽湖段

里运河江都站—南运西闸—北运西闸—淮安闸设计输水水位 8.5m—7.6m—6.43m—6.0m，设计输水流量 400m³/s—350m³/s—250m³/s。江都站—南运西闸—北运西闸设计水面线较现状抬高 0.23m—0.31m—0m；江都站—南运西闸设计流量增加 0m³/s—70m³/s；南运西闸—北运西闸增加 20m³/s—100m³/s；北运西闸—淮安闸水位流量无变化。

三阳河宜陵—三垛—杜巷现状向北输水位 1.84m—1.52m（三垛），设计输水水位 1.84m—1.38m—0.79m，较现状抬高 0m——0.14m—0.79m；现状输水流量三垛 40m³/s，设计输水流量三垛 100m³/s，流量增加 60m³/s。三垛—杜巷为新开挖河段，设计流量 100m³/s。

潼河杜巷—宝应站设计输水水位 0.79m—0.17m，设计输水流量 100m³/s，为新开挖河道。

运西河设计输水水位 6.43m—6.15m，设计输水流量 100m³/s，现状运西河不输水，承担区域排涝任务。

苏北灌溉总渠淮安站—淮阴一站设计输水水位 9.13m—9.0m，设计输水流量 220m³/s，现状设计输水水位 9.08m—9.0m，输水流量 120m³/s。与现状相比，南水北调输水水面线抬高 0.05m—0m，输水流量增加 100m³/s。

里运河淮安站—淮阴二站设计输水水位 9.13m—9.0m，设计输水流量 80m³/s，现状设计输水水位 9.13m—9.0m，输水流量 80m³/s。与现状相比，输水水位、输水流量均无变化。

金宝航道南运西闸—金湖站设计输水水位 6.5m—5.7m，流量 150m³/s。现状不承担输水任务。

入江水道金湖站—洪泽站设计输水水位 7.62m—7.5m，输水流量 150m³/s。现状不承担输水任务。

从上述情况看，与现状水位相比，各河段水位抬高一般在 0.31m 以下，流量扩大在 100m³/s 以下。

2. 洪泽湖—骆马湖段

二河闸—淮阴闸设计输水水位 11.8m—11.5m，输水流量 230m³/s。现状设计输水水位 11.8m—11.5m，输水流量 230m³/s。与现状相比，输水水位、输水流量均无变化。

骆马湖以南中运河淮阴闸—泗阳站设计输水水位由现状的 11.05m—10.5m 抬高至 11.5m—10.5m，水位抬高 0.45m—0m；输水流量由现状 160m³/s 加大至 230m³/s，流量增大 70m³/s。泗阳站—刘老涧站设计输水水位由现状的 16.17m—16.0m 抬高至 16.5m—16.0m，水位抬高 0.33m—0m，输水流量由现状的 150m³/s 加大至 230m³/s，流量增加 80m³/s。刘老涧站—皂河站输水位由现状的 18.72m—18.5m 抬高至 19.28m—18.5m，水位抬高 0.56m—0m；输水流量由现状的 150m³/s—100m³/s 增大至 230m³/s—175m³/s，输水流量增加 80m³/s—75m³/s。

徐洪河现状无泗洪站，内插得泗洪站址处现状设计输水水位 12.13m，顾勒河口—泗洪站通过疏浚扩挖，南水北调输水水面线降低 0.6m—0.53m，输水流量增加 70m³/s；泗洪站—睢宁站南水北调输水水面线抬高 2.37m—2.5m，输水流量增加 70m³/s—60m³/s；睢宁站—邳州站南水北调输水水面线抬高 0.74m—0m，输水流量增加 80m³/s—70m³/s。

房亭河邳州站—中运河设计输水水位 23.1m—23.0m，输水流量 100m³/s，现状输水方向相反，中运河—刘集站设计输水水位 23.0m—22.95m，输水流量 30m³/s。

由上述可见，泗洪站—睢宁站南水北调输水水面线抬高最显著，抬高达 2.37m—2.5m，其余河段抬高一般不超过 0.74m。流量一般增加 60m³/s—80m³/s。

3. 骆马湖—南四湖段

骆马湖以北中运河皂河站—大王庙设计输水水位 22.1m—21.41m，输水流量 250m³/s，现状设计输水水位 22.1m—22.0m，输水流量 50m³/s，与现状相比，设计水面线降低 0m—0.59m，输水流量增加 200m³/s。

不牢河与现状输水相比，不牢河大王庙—刘山站设计水面线降低 0.59m—0.71m，输水流量增加 75m³/s；刘山站—解台站设计水面线抬高 0.89m—0m，输水流量增加 75m³/s；解台站—蔺家坝船闸设计水面线抬高 0.29m—0m，输水流量增加 75m³/s。

顺堤河蔺家坝船闸—蔺家坝泵站设计水面线 31.5m—31.2m，输水流量 125m³/s—75m³/s。现状设计输水水面线 31.5m—31.45m，输水流量 30m³/s。与现状相比，蔺家坝船闸—蔺家坝泵站设计水面线降低 0m—0.25m，输水流量增加 95m³/s—45m³/s。

山东省韩庄运河现状是京杭大运河的一部分，具有航运、防洪功能，没有向北输水任务。南水北调工程一期可研设计输水流量 125m³/s，设计水面线骆马湖水资源控制工程—台儿庄站 21.16m—20.86m，台儿庄站—万年闸站 25.0m—24.8m，万年闸站—韩庄站 29.5m—29.4m，韩庄站—老运河口 33.0m—32.8m。现状相应输水期台儿庄闸闸下、闸上多年平均水位分别为 22.59m、26.17m，多年平均流量 31.08m³/s，设计输水位分别比现状降低 1.73m、1.17m，输水方向与现状水流方向相反。

4. 南四湖—东平湖段

梁济运河设计输水流量 100m³/s，河口—长沟站设计输水水面线 32.8m—31.8m，长沟站—邓楼站设计输水水面线 35.3m—33.8m。梁济运河后营水文站距运河口 8.5km，设计输水位 32.1m。现状梁济运河不向北输水，后营水文站现状相应输水期多年平均水位 34.00m，多年平均流量 4.13m³/s，流向由北向南入南四湖上级湖。显然输水期流量有显著增大，且流向与现状相反。

柳长河邓楼站—八里湾站设计水面线 37.3m—35.8m，设计输水流量 100m³/s。现状不向北输水，非汛期基本断流。

5. 鲁北段

小运河设计输水流量 50m³/s，设计输水水位穿黄枢纽出口—邱屯闸 35.61m—31.39m。现状小运河不连通，工程实施后，输水期流量增加显著。

七一河设计输水流量 25.5m³/s—22m³/s，设计输水水位邱屯闸—胡里长屯闸 31.24m—25.03m。六五河设计输水流量 22m³/s—13.5m³/s，设计输水水位胡里长屯闸—大屯水库 25.03m—21.00m。现状七一·六五河流量非汛期流量很小，工程实施后，输水期流量增加明显。

6. 胶东输水渠

济平干渠东平湖渠首引水闸—睦里庄跌水设计输水水位 39.1m—27.14m，输水流量 50m³/s。输水渠总长 89.7km，利用现有济平干渠扩挖河段 42.1km（陈山口—平阴、长清交界处），新辟渠道 47.0km。现状济平干渠无水，输水增加渠道流量 50m³/s。

济南—引黄济青输水线路全长 149.99km，其中小清河睦里庄跌水以下利用小清河干流输水段长 4.578km，沿小清河左岸新辟无压箱涵暗渠穿济南市区段 23.277km，沿小清河左堤外新辟输水渠段 87.526km，进入小清河分洪道后，开挖疏通分洪道子槽 34.609km，与引黄济青工程衔接。设计输水流量 50m³/s。设计输水水位睦里庄跌水—小清河京福高速公路节制闸上 26.10m—25.89m；输水暗渠进口（出小清河涵闸下）—腊山河口上、下游输水暗渠衔接处—输水暗渠出口—入分洪道涵闸闸上—分洪道涵闸闸下—引黄济青上节制闸闸上 25.74m—24.59m—21.56m—10.61m—8.35m—5.23m。睦里庄跌水—小清河京福高速公路节制闸上（出小清河涵闸）段利用小清河输水，该段河流输水期现状流量较小。分洪道子槽平时基本无水，一期工程实施后，输水期增加流量 50m³/s。

五、蓄水工程水文情势变化的影响

蓄水工程包括洪泽湖、骆马湖、南四湖下级湖、东平湖 4 座调蓄湖泊和大屯、东湖 2 座新建水库和双王城扩建水库。

为了提高湖泊调蓄能力，在不影响汛期防洪除涝要求的前提下，规划洪泽湖非汛期蓄水位由 13.0m 抬高至 13.5m；将南四湖下级湖非汛期蓄水位由 32.3m 抬高至 32.8m。汛期限制水位及防洪调度运用办法不变。

为了避免蓄水湖泊在枯水年过度北调水量，保护各调蓄湖泊水资源，确保枯水年当地用水户利益和生态用水要求，制定了各调蓄湖泊北调控制水位。

（一）洪泽湖

1. 现状

洪泽湖是淮河中游的调蓄水库，担负着拦蓄洪水、调节径流的作用，现状非汛期蓄水位13.0m，调节库容23.10亿 m³，蓄水面积近1700km²。一般年份尚有弃水，干旱年份需引江水补充，中华人民共和国成立以来曾有5年接近干湖。

2. 影响预测

洪泽湖非汛期（10月至次年5月）蓄水位拟从13.0m抬高到13.5m，调节库容由现状23.10亿 m³增加到31.35亿 m³，增加8.25亿 m³。汛期（6—9月）调度运用办法不变。

抬高蓄水位后，淮河干流回水影响范围止于临淮关，怀洪新河回水影响范围至西坝口。

根据自江水北调工程运行以来1965—1997年共33年系列计算，本项目运行后洪泽湖非汛期（10月至次年5月）各月多年平均水位均有抬高，水位抬高幅度0.07～0.28m。264个月中，有184个月水位抬高，平均抬高0.43m；80个月水位降低，平均降低0.32m。

（二）骆马湖

1. 现状

骆马湖承纳中运河、沂河及邳苍地区来水。骆马湖1959年建成为常年蓄水水库，近20年来由于南四湖及沂河上游水库拦蓄，主要调蓄邳苍地区来水。现状非汛期蓄水位23.0m，调节库容5.90亿 m³，蓄水面积375km²。

2. 影响预测

骆马湖汛期及非汛期调度运行原则不变。但作为调蓄水库，调水工程运行同样改变了湖泊的水文情势。

根据调节计算，骆马湖非汛期（10月至次年5月）10月、11月平均水位下降了0.17m、0.03m，其余各月上升了0.04～0.51m。计算期内有127个月水位抬高，平均抬高0.55m；113个月水位降低，平均降低0.44m。

（三）南四湖

1. 现状

南四湖是南阳、昭阳、独山、微山四湖的总称，由二级坝将其分为上、下两级湖，为调节洪水、蓄水灌溉、航运、水产养殖等多功能的综合利用湖泊水库。现状蓄水位下级湖32.3m、上级湖34.0m；相应蓄水面积下级湖582km²，上级湖583km²。平常年份由于区域用水不断增加，入湖来水量减少，不能按计划满蓄，偏丰年份才有弃水下泄。

2. 影响预测

一期工程规划上级湖仅作为输水通道，不参与调蓄。南四湖下级湖非汛期蓄水位拟从32.3m抬高到32.8m，增加调节库容3.06亿 m³。汛期（6—9月）调度原则不变。

下级湖非汛期蓄水位抬高以后，在东线一期工程其他条件不变的前提下，多年平均可增加供水0.44亿 m³，其中城市工业0.18亿 m³，农业0.26亿 m³。

下级湖周边有入湖河流 23 条，其中 10 条位于湖西，13 条位于湖东。下级湖抬高蓄水位后，各河流回水长度增加 0.5～10km。

根据调节计算，下级湖非汛期（10 月至次年 5 月）各月多年平均水位均有抬高，水位抬高幅度 0.39～0.86m。264 个月中，有 234 个月水位抬高，平均抬高 0.83m；30 个月水位降低，平均降低 0.68m。

（四）东平湖

1. 现状

东平湖是黄河下游南岸滞洪区，通过 5 座进湖闸接纳黄河分洪洪水，经 3 座出湖闸排泄滞蓄洪水，同时接纳大汶河来水。东平湖由湖中二级湖堤分为老湖区和新湖区，东线工程用老湖区蓄水。新湖区在黄河不分洪的情况下常年无水；老湖区接纳大汶河（大清河）来水。东平湖汛限水位 40.8m，死水位 38.8m，最高滞洪水位 44.80m。从统计资料看，东平湖老湖区近几年非汛期蓄水位较高，如 1996 年 11 月平均水位达 40.98m。

2. 影响预测

根据规划，东平湖不作调蓄水库，各时段规划入湖水量与出湖水量相等，因此对东平湖水资源量基本不影响。

南水北调工程运行后，东平湖汛期调度运用办法不变。输水期（10 月至次年 5 月）蓄水位以不影响黄河防洪运用为前提。大汶河从戴村坝以下称为大清河。分析东平湖不同蓄水位下大清河河道的水面线，大汶河来水为 20 年一遇或 50 年一遇时，回水影响范围较小，但工程实施后，受东平湖蓄水量增加的影响，非汛期即使大汶河来水很小，大清河近湖段河道都将处于较高水位状态。东平湖蓄水位 40.3m 时，其影响末端至武家漫；而当东平湖蓄水位 39.3m 时，影响范围很小。

根据 1960—1997 年共 38 年系列调节计算成果，东平湖非汛期（10 月至次年 5 月）各月多年平均水位均有抬高，水位抬高幅度 0.76～1.47m。304 个月中，有 206 个月水位抬高，平均抬高 1.41m；10 个月水位降低，平均降低 0.74m。

（五）大屯水库

1. 工程设计

新建大屯水库为平原围坝水库，设计防洪标准 20 年一遇。大屯水库设计蓄水位 29.05m（1985 国家高程），相应库容 5256 万 m³，设计死水位 21.50m，相应死库容 757 万 m³。水库年入库水量 13334 万 m³，设计入库流量 12.65m³/s；年供水量 12185 万 m³。

2. 水文情势变化分析

大屯水库为新建水库，现状库区以农田为主。建成后，大屯水库设计每年向德城区供水 10919 万 m³，向武成县供水 1266 万 m³。

大屯水库充库分两阶段：自 10 月开始至 11 月止，次年自 4 月开始至 5 月止，共 122 天。全年向德城区、武成县供水。水库第一次充水时，水位由 21.50m 逐渐抬高到 28.95m，相应库容 5201 万 m³，水面面积 6.057km²；充水结束，由于持续供水，水位由 28.95m 逐渐降低至 21.60m，相应库容 823 万 m³，水面面积 5.874km²。水库第二次充水时，水位由 21.60m 逐渐抬高到充水期末 29.05m（最高，5月底），相应库容 5256 万 m^3，水面面积 6.060km^2；之后由于持续供水，水位由 29.05m 逐渐降低至 21.50m（最低，9月底），相应库容 757 万 m^3，水面面积 5.871km^2。可见，水库充放水，水位、库容变化显著，水面面积变化不大。

（六）东湖水库

1. 工程设计

新建东湖水库为平原围坝水库，无防洪任务，排涝、除涝标准采用 5 年一遇。东湖水库设计蓄水位 30.00m（1985 国家高程），相应库容 5549 万 m^3，设计死水位 19.00m，相应死库容 478 万 m^3。水库年入库水量 9247.39 万 m^3，设计入库流量 2.6～11.6m^3/s；年供水量 8546 万 m^3。

2. 水文情势变化分析

东湖水库为新建水库，现状库区以农田为主。工程建成后，向滨州、淄博市年供水 2796 万 m^3，向济南市区年供水量 4050 万 m^3，向章丘市年供水量 1700 万 m^3。

东湖水库充库时间为自 10 月上旬开始至次年 5 月末止，共 202 天，充库流量为 2.6～11.6m^3/s。向滨州、淄博市供水时间为 15 天，最大供水流量为 22m^3/s；向济南市区、章丘市供水时间为 365 天，供水流量分别为 1.29m^3/s，0.54m^3/s。根据东湖水库年调节计算，水库 6 月底至 11 月底，水位维持在 19.00～23.38m 范围内；12 月底至次年 5 月底，水位维持在 28.90～30.00m 范围内。5 月底水位最高，为 30.00m，相应库容 5549.39 万 m^3，水面面积 4.567km^2；9 月底水位最低，为 19.00m，相应库容 678.47 万 m^3，水面面积 4.290km^2。可见，水库充放水，水位、库容变化显著，水面面积变化不大。

（七）双王城水库

1. 工程设计

双王城水库为中型平原水库，设计最高蓄水位 12.50m（1985 国家高程），相应最大库容 6150 万 m^3，设计死水位 3.90m，死库容 830 万 m^3。年入库水量为 7486 万 m^3，出库水量 6357 万 m^3。本水库无防洪任务，排水除涝标准为五年一遇。

2. 水文情势变化分析

双王城水库为扩建水库，扩建区现状为滨海平原区。

双王城水库充库时间自 10 月至次年 5 月（引黄济青输水期间不充库），共 151 天，其中 10 月 31 天、11 月 10 天、1 月 11 天、2 月 28 天、3 月 10 天（共 90 天）充库流量为 8.61m^3/s；4 月 30 天、5 月 31 天（共 61 天）充库流量为 1.5m^3/s。向青岛市供水时间为 13 天，供水流量为 28m^3/s；向潍北水库供水时间为 15 天，供水流量为 8.8m^3/s；向寿光市供水时间为 365 天，供水流量为 0.64m^3/s。根据双王城水库水量调节计算，9 月底至次年 5 月底，水位由 3.90m 逐渐抬高到 12.50m（11 月底至次年 2 月底除外，水位由 8.14m 降低到 7.76m），5 月底至 9 月底，水位由 12.50m 逐渐降低到 3.90m。5 月底水位最高，为 12.50m，相应库容 6150 万 m^3，水面面积 6.299km^2；9 月底水位最低，为 3.90m，相应库容 829 万 m^3，水面面积 6.076km^2。可见，水库充放水，水位、库容变化显著，水面面积变化不大。

六、对防洪除涝排水的影响

工程运行对防洪排涝排水可能的影响主要有：①输水河道及调蓄湖泊大部分有防洪排洪任务，输水可能对其防洪排涝产生影响；②输水河道、水库建成运用可能对有关河流、蓄滞洪区防洪滞洪造成影响；③局部河段输水位高于地面和除涝水位，可能对局部地区排涝产生影响；④部分河道开挖打破了原来的排水体系。

（一）对输水河道及调蓄湖泊防洪排涝的影响

根据流域和区域防洪规划，长江至南四湖段的入江水道、二河、中运河、韩庄运河有防洪任务，不牢河、徐洪河有防洪排涝任务，三阳河有排涝任务，里运河的主要功能是航运和输水，没有防洪任务；南四湖到东平湖段的梁济运河有防洪和排涝任务，柳长河是排涝河道；鲁北小运河有防洪要求，七一河、六五河是排涝河道；胶东线小清河是排水河道。各调蓄湖泊有防洪任务。

从总体上看，输水位一般都低于防洪水位，仅中运河刘老涧—皂河段输水位高于防洪水位。根据防洪规划，中运河刘老涧—皂河段是分洪河道，现状泄洪能力较大，达 1000m³/s 以上，设计分洪流量仅 500m³/s。河道输水位仍低于河道泄洪能力相应的水位，输水不对该河段防洪构成威胁。长江至东平湖段有 13 级 34 座泵站枢纽，与调蓄湖泊形成向北的输水线路，其中大部分河道泄洪排涝水流方向与输水方向相反。这些枢纽增加了防汛调度的难度，如调度不及时，有可能增加洪涝灾害风险。

淮河流域地处半湿润季风气候区，海河流域和山东半岛地处暖温带亚湿润季风气候区。受季风气候影响，降水多集中在夏季，汛期降水量占全年降水量的 60%～80%。根据汛情预报，汛期流域或某一区域一旦发生洪涝水情，工程即按照防汛调度原则运行。目前各流域已建立起较为完善的雨情和水情预报，本工程将建立较为完善的调度运行管理系统，包括数据监测、收集、传输和处理系统。因此，只要做好雨情、水情预报，严格按照工程防汛调度管理规定进行调度，工程建设运行对流域或区域的防洪排涝影响的风险很小。

淮河流域非汛期降水量较少。以洪泽湖以南片区域为例，该区频率为 33.3% 的年最大 3 日降水量 130.0mm，这个量级的降水量发生在非汛期的概率约为 6%；频率为 20% 年最大 3 日降水量 160.7mm，非汛期发生同样大降水量级的概率约为 2%。可见，淮河流域非汛期发生强降雨是有可能的，但发生的概率较小，非汛期输水对流域防洪排涝影响的风险较小。

（二）对蓄滞洪区防洪的影响

1. 东平湖蓄滞洪区

柳长河输水工程位于东平湖新湖区内，全长 21.28km。由于输水渠道沿线公路路面高程和右岸堤防堤顶高程高于现状地面 1～3m，因此在分洪开始阶段将阻挡水流进入柳长河以东湖区，水流将沿公路向南流动。如果公路破口不及时或宽度不足时，在分洪的初始阶段，柳长河以西的湖水位将快速上涨，当新湖水位达 39.80m 时，减少新湖防洪库容达 3.85 亿 m³，占相应新湖库容的 55%，壅高水位 1.02m，但由于黄河河床的淤积抬高，目前石洼闸闸前大河 10000m³/s 的分洪临界流量相应的水位达 47.64m。经计算，湖水位在 40.80m 以下对分洪闸过流能力无任何影响。为减少输水河道对分洪的影响，输水工程设计在新湖分洪运用前，提前做好输水渠道沿线公路和右岸堤防地势较低的地段破口工作，以保证分洪水流进入柳长河以东地区顺畅。同时，输水渠道沿线公路和右岸堤防满足通过司圪闸南排退水的要求。由于分洪时的破口，在退水时亦能作为退水口门，且选择的位置较低，能满足泄洪的要求。

南水北调东线一期工程利用东平湖蓄水的水位为39.3m。由于东平湖汛限水位40.8m，蓄水位大大低于汛限水位，并且仅比湖区天然状态的多年平均水位高0.28m（天然状态东平湖非汛期平均水位为39.02m）。东线一期工程在低于东平湖目前汛限水位40.8m以下运用，汛期服从黄河防洪调度，非汛期首先调蓄大汶河来水，然后视东平湖水位情况决定调水入湖过程，不会对防汛造成影响，可以认为对东平湖防洪基本没有影响。

2.恩县洼滞洪区

大屯水库建在恩县洼滞洪区，恩县洼滞洪区面积为325km²，水库占地总面积为7.40km²，仅占滞洪区面积的2.3%，故水库的修建对恩县洼滞洪区的防洪调度影响不大。

（三）对局部地区排涝、排水的影响

从总体上看，输水位一般都低于除涝水位，更低于防洪水位。但里运河、金宝航道局部河段、泗阳—刘老涧、皂河闸局部河段输水位高于地面高程，局部河段输水位高于除涝水位；小清河睦里庄跌水—京福高速节制闸段输水位高于除涝水位。淮河流域非汛期发生强降水的概率不大。若输水时发生暴雨，受输水位顶托的低洼地区及用作输水河道的主要排涝通道存在因排水出路受阻造成涝灾的可能。为了减轻或避免对排涝的不利影响，一方面通过雨情、水情预报和工程调度手段，当可能出现涝灾迹象时及时采取相应的调度方案，控制输水流量、水位，减轻其对输水沿线排涝的影响；另一方面在主体工程规划中针对上述问题，对受影响较大的地区采取了相应的对策，以减免其不利影响。另外，鲁北输水工程输水干渠占用原排涝（灌）河道，将打破原有区域排灌体系；胶东线济平干渠输水工程实施后，将影响原有的排涝体系；济南—引黄济青段工程济南市区小清河左岸由于输水暗渠的建设，大部分排水（污）管涵无法从暗渠下排入小清河；济南—引黄济青段工程沿线开挖输水河道，将影响现有105处田间灌排渠沟，工程在章丘、高青境内，共有7.3km长排水沟（渠）被输水河道占压。

第四节　输水干线水质风险分析

南水北调东线工程输水干线不仅接纳的污染源种类多、来源广、涉及范围大、排放量大，且受纳区域相对集中。复杂的污染源及其多种治污方式直接影响到水质达标情况。现状水质比较恶劣的断面多处于污染源排放相对集中的河段。虽然在正常工况下，输水干线水质基本满足调水要求；但是如果正常工况所需要的各种条件不能得到满足，例如污染负荷输入量增大或者治污工程运行故障，调水水质能否得到保证就面临着巨大的挑战。为此，本节将分别从污染控制和运行调度两个关键环节出发，识别分析干线输水水质风险，对典型风险进行深入评价。这将有助于进一步了解调水工程水质的影响因素，为保证调水水质安全提供参考依据。

一、污染控制不力带来的水质风险

输水干线正常运行所需要的最基本的条件是《南水北调东线工程治污规划》中提出的入河量控制指标能够基本保证调水干线高锰酸盐指数和氨氮达到Ⅲ类水标准。

(一)可能导致治污规划实施不力的因素

从图6-4-1可以看出,治污工程如期完工并正常运行是水质保证中的关键环节。因此,需要对流域内两种最主要的污染控制工程,即截污导流工程和污水处理厂工程,进行深入分析。

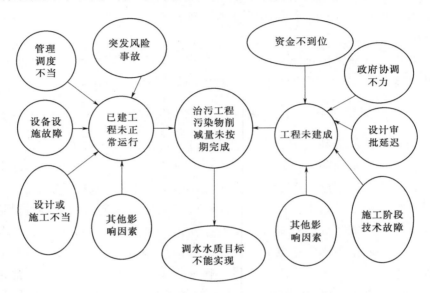

图6-4-1 东线治污规划不能落实的影响因素分析

污水处理工程是流域内削减污染物的主要途径,如果污水处理工程不能得到有效落实,会大大影响入河量控制指标的实现,进而影响调水干线水质。另外,截污导流工程也可以大幅度降低南水北调东线工程中进入调水干线的污染物总量,如果截污导流工程由于种种原因不能如期运转,污染物就可能在调水期间进入调水干线,造成干线水质受到污染。影响污水处理厂工程和截污导流工程不能发挥正常作用的因素很多,对可能发生的风险因素予以分析,见图6-4-2。

(二)《南水北调东线工程治污规划》落实过程中的风险因素识别

落实《南水北调东线工程治污规划》,核心就是要实现入河污染物控制指标,实现这一目标需要完成规划中的各项治污工程。2007年,江苏和山东两省根据《南水北调东线工程治污规划》编制了治污规划实施方案,在可行性研究阶段据此进行了水质风险分析。

首先,削减任务是治污规划实施方案制定中设置治污工程规模的主要控制量,它是由2007年预测排放量和入河污染物控制量之间的差值决定的。2007年各控制单元要完成非常大的削减任务才能实现入河量指标。依照常规,削减任务越重治污工程就越多,实现任务的困难也就越大,考虑到工程实施过程中的各项不确定因素难以一一表述,本部分将削减任务的大小作为衡

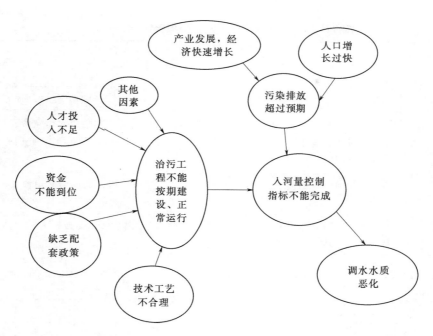

图6-4-2 影响污水处理厂工程和截污导流工程发挥作用的风险因素分析

量治污规划实施方案落实难易度的一个重要指标。其次，治污规划实施方案落实后能够完成设计削减任务，但是如果2007年的真实排放量比预测量大的话，仍然无法全面实现入河控制指标。因此，2007年预测排放量的误差对于入河控制指标的达成也有着重要的影响。因此本部分将从削减任务、预测排放量等方面来分析各控制单元落实治污规划实施方案的风险。

从削减任务来看，各控制单元由于预测排放量和入河控制指标的差距存在着较大的差异。不考虑鲁北段和山东半岛部分的设计立交的控制单元，大汶河控制单元的削减任务最重，该控制单元化学需氧量需要每年削减56673t，是排放量的87%，氨氮需要削减4853t，是排放量的93%。2007年各控制单元化学需氧量和氨氮削减任务分别见表6-4-1和表6-4-2。

表6-4-1 2007年各控制单元化学需氧量削减任务

化学需氧量削减任务 /(t/a)	控 制 单 元
<1000	复兴河、徐沙河、赵王河、梁济运河（济宁）、东平湖
1000~5000	入江水道、淮河盱眙段、沛沿河、位临运河山东段、北橙子河、韩庄运河、老汴河、洙水河、大运河邳州段、老万福河、西支河、泉河
5000~10000	小运河-七一河-六五河、梁济运河（梁山）、南运河山东段、房亭河、新通扬运河、老运河微山段、位运河山东段、白马河、薛城小沙河
10000~20000	峄城沙河、邳苍分洪道、大运河宿迁段、城郭河、沂河、泗河、大运河淮阴段、新通扬运河（泰州段）、老运河济宁段
20000~30000	东鱼河、洙赵新河、不牢河
30000~40000	洸府河
>40000	大汶河、小清河

表 6 - 4 - 2   2007 年各控制单元氨氮削减任务

氨氮削减任务 /（t/a）	控 制 单 元
<100	复兴河、徐沙河、赵王河、梁济运河济宁段、东平湖、入江水道、淮河盱眙段
100～500	大运河邳州段、卫运河山东段、沛沿河、韩庄运河、位临运河山东段、邳苍分洪道、洙水河、泉河、老汴河（濉河）、北澄子河、小运河-七一河-六五河、西支河、房亭河、老万福河、城郭河
500～1000	梁济运河（梁山段）、泗河、薛城小沙河、峄城沙河、老运河微山段、沂河、大运河淮阴段
1000～2000	新通扬运河、东鱼河、新通扬运河（泰州段）、南运河山东段、大运河宿迁段、白马河、不牢河、老运河济宁段
2000～3000	洙赵新河
3000～4000	—
>4000	洸府河、小清河、大汶河

表 6 - 4 - 1 和表 6 - 4 - 2 显示，大汶河、小清河、洸府河、东鱼河、洙赵新河、不牢河等控制单元的削减任务非常重，与之相配套的治污工程量远超其他控制单元，从这一角度来讲，实现这些控制单元的削减目标显然要比其他控制单元困难，即实现上述控制单元的入河污染物控制指标存在更大风险的可能性。

从预测排放量来看，2007 年各控制单元的排放量预测基本上分生活和工业两部分进行，生活排放量按照城镇人口进行估算，工业排放量大多按照"增产不增排放"的原则而直接使用 2002 年统计结果。这样计算的排放量存在着一定的风险：①由于支流流域面积广阔，情况复杂，工业污染源调查中可能存在着各种原因遗漏的污染排放情况；②干线经过的黄淮海平原是我国经济发展非常迅速的地区，对于这样一个区域作"增产不增排放"的假设存在着很大的不确定性；③我国处于一个快速城市化时期，城市人口可能会在短期内发生很大的变化；④可能存在其他类型的污染源进入河流但并未进行统计等。与以上原因类似的各种经济社会等因素都可能造成预测排放量这一排放基数的估计偏差，如果预测值偏大就造成大量资源的浪费，如果偏小则会给干线水质保证带来威胁。根据对历年来入河量和各排放量基数的对比校核，洸府河、城郭河、邳苍分洪道、沂河、梁济运河济宁段等控制单元的排污量波动较大且有明显上涨趋势。

（三）"实施方案不能落实"造成的水质危害

把造成"实施方案不能落实"的各种原因予以综合考虑，分别假设 2007 年入河量等同于 2002 年入河量、治污规划实施方案入河量控制指标只完成 30%、治污规划实施方案入河量控制指标只完成 60% 这 3 种可能的情形，分别考察"实施方案不能落实"造成的水质影响。

假设"实施方案不能落实"的原因是截污导流工程没有落实。南水北调东线一期工程涉及的截污导流工程共计 28 项，鉴于截污导流工程数量众多、运作方式各异，故对其最不利风险情景进行考察，即所有截污导流工程均未发挥作用，其他措施达到治污规划治污规划实施方案要求，在此条件下模拟"实施方案不能落实"造成的水质影响。

假设"实施方案不能落实"的原因是污水处理厂工程没有落实。鉴于污水处理厂数目众多，不可能对其不同的落实水平排列组合进行一一考察，故可以选择最不利情景进行水质风险分析，即所有污水处理工程均未按时发挥作用，其他措施发挥正常工程效果的情况模拟"实施方案不能落实"造成的水质影响。

按以下 5 种情况分别对调水水质进行预测，以分析"实施方案不能落实"造成的水质危害：①入河量指标完全没有完成，排污量等同于 2002 年现状；②入河量指标只完成治污规划实施方案要求的 30％；③入河量指标只完成治污规划实施方案要求的 60％；④所有截污导流工程均没有完成；⑤所有污水处理厂工程均没有完成。

1. 入河量指标完全没有完成，排污量等同于 2002 年现状

2002 年排污水平下，大量污染物进入干线，反映在水质模拟结果上高锰酸盐指数和氨氮浓度均发生严重超标。高锰酸盐指数在进入上级湖前基本能够满足调水要求Ⅲ类标准，淮阴附近运河有超标风险，上级湖后半段高锰酸盐指数为Ⅳ类，梁济运河—东平湖段高锰酸盐指数基本为Ⅴ类，东平湖以后河段高锰酸盐指数为劣Ⅴ类；鲁北输水干线由于小运河-七一河-六五河控制单元排污进入高锰酸盐指数恶化进一步加剧；山东半岛输水干线小清河控制单元化学需氧量进入也使得高锰酸盐指数浓度升高。氨氮变化趋势同高锰酸盐指数基本一致，南四湖前基本满足Ⅲ类标准，房亭河、韩庄运河超过Ⅲ类标准，下级湖—上级湖为Ⅳ类，上级湖后段有Ⅴ类氨氮模拟值出现，梁济运河—东平湖段为劣Ⅴ类；鲁北输水干线氨氮模拟值到六五河城关桥断面降解到Ⅲ类标准以下；水质模拟结果表明调水水量对于调水水质影响明显，调水水量大，污染物浓度就相对较低。

2. 入河量指标只完成治污规划实施方案要求的 30％时的水质

以治污规划实施方案入河量控制指标完成 30％时对应的污染物量为输入，取 50％保证率水量进行水质模拟，得到结果如下。

治污规划实施方案入河量控制指标完成 30％，调水干线入河污染物总量较 2002 年排污水平有所下降，水质模拟结果显示调水干线水质与 2002 年排污水平预测结果相比高锰酸盐指数和氨氮浓度均有下降，治污规划实施方案对于降低干线水质污染确实有效。

但实施方案入河量控制指标仅完成 30％时，高锰酸盐指数在进入下级湖以前基本能够保证Ⅲ类水质，大运河淮阴附近有超标现象，上级湖高锰酸盐指数达到Ⅳ类，梁济运河—东平湖高锰酸盐指数恶化为劣Ⅴ类，鲁北输水干线以及山东半岛输水干线中高锰酸盐指数为劣Ⅴ类；氨氮变化情况基本与高锰酸盐指数相同，进入下级湖前氨氮基本能够达到Ⅲ类标准，大运河淮阴附近、韩庄运河等河段有超标风险，南四湖下级湖氨氮基本保持Ⅲ类，上级湖独山村以后氨氮迅速恶化，下级湖后段氨氮基本为Ⅴ类，梁济运河—东平湖段氨氮为劣Ⅴ类，穿黄以后氨氮在六五河城关桥附近降到Ⅲ类水平，山东半岛输水干线氨氮超标延续到吴家铺断面以后。

3. 入河量指标只完成治污规划实施方案要求的 60％时的水质

以治污规划实施方案入河量控制指标完成 60％时对应的污染物量为输入，取 50％保证率水量进行水质模拟，得到结果如下。

治污规划实施方案入河量控制指标完成 60％，各控制单元污染物排放得到较大幅度削减，反映在水质模拟结果上高锰酸盐指数和氨氮浓度均比同等水量条件下入河量控制指标完成 30％

时有大幅度下降，高锰酸盐指数在进入南四湖前基本能够满足调水要求的Ⅲ类标准，上级湖后半段略有超标，梁济运河—东平湖段高锰酸盐指数基本为Ⅳ类，部分断面略微超过Ⅳ类标准，东平湖以后河段高锰酸盐指数为Ⅴ类，模拟结果没有出现高锰酸盐指数劣Ⅴ类记录；氨氮变化趋势同高锰酸盐指数基本一致，南四湖前基本满足Ⅲ类标准，上级湖后段为Ⅳ类，梁济运河—东平湖段为劣Ⅴ类，但超标浓度比入河量控制指标完成30％时模拟结果有明显降低，鲁北输水干线氨氮到六五河城关桥断面已经降解到Ⅲ类标准以下，山东半岛输水干线到吴家铺断面氨氮浓度达标。

4. 所有截污导流工程均没有完成时的水质

所有截污导流工程均未发挥作用，其污染物控制量为零，其他工程均完成治污规划实施方案中给出的污染控制任务，以此为污染负荷输入条件进行水质模拟。

在污染物入河量缺少截污导流工程削减情况下，高锰酸盐指数和氨氮模拟结果明显高于同等调水水量条件下《南水北调东线工程治污规划》实施方案入河量控制指标方案模拟结果。高锰酸盐指数在东平湖前基本能够满足调水要求的Ⅲ类标准，但梁济运河—东平湖段高锰酸盐指数浓度接近Ⅲ类标准上限，如果水量条件较小则有可能超标；大汶河等控制单元截污导流工程削减化学需氧量比例很大，没有截污导流后化学需氧量大量进入导致东平湖后高锰酸盐指数突增超过Ⅲ类标准；鲁北输水干线和山东半岛输水干线停止小运河-七一河-六五河控制单元和小清河控制单元的截污导流工程后河段高锰酸盐指数浓度继续升高，鲁北输水干线由于线路较短降解时间较少不能保证抵达大屯水库时水质达到Ⅲ类标准，而山东半岛输水线路由于路线较长降解时间相对充裕，高锰酸盐指数模拟值能够在抵达米山水库和棘洪滩水库时降解到满足Ⅲ类标准；氨氮变化趋势同高锰酸盐指数基本一致，进入南四湖前基本满足Ⅲ类标准，但韩庄运河、不牢河等河段存在超标风险，梁济运河—东平湖段氨氮为Ⅳ类，调水出东平湖后氨氮水质恶化为劣Ⅴ类，鲁北输水干线氨氮到六五河城关桥断面已经降解到Ⅲ类标准以下，山东半岛输水干线进入小清河后能够降解到Ⅲ类，吴家铺断面氨氮浓度达标。

5. 所有污水处理厂工程均没有完成时的水质

所有截污导流工程均未发挥作用，其污染物控制量为零，其他工程均完成治污规划实施方案中给出的污染控制任务，以此为污染负荷输入条件，在保证率50％水量条件下进行水质模拟。

在模拟过程中，高锰酸盐指数进入下级湖前基本满足Ⅲ类标准，上级湖后段开始超标，梁济运河段基本为Ⅳ类，东平湖以后为Ⅴ类，超标影响范围很广，但在抵达调水线路终点时均能降解到Ⅲ类标准以下；氨氮在南四湖前基本满足Ⅲ类，上级湖后段开始超过Ⅲ类，梁济运河—东平湖段氨氮为劣Ⅴ类，鲁北输水干线在六五河城关桥前氨氮已经降解到Ⅲ类标准，山东半岛输水干线到吴家铺断面氨氮降解到Ⅲ类标准。

（四）落实治污规划实施方案对规避水质风险的意义

通过不同的量化方式对"实施方案不能落实"所带来的水质危害予以考察，结果表明，控制单元污染物入河控制水平直接影响到南水北调东线输水干线调水水质，应该采取各种方式保证治污规划实施方案入河量控制指标的完成，减小调水水质风险。

截污导流工程风险预测结果表明截污导流工程对污染物入河量的削减是实现南水北调东线

工程调水水质的重要保障手段，工程落实的程度会影响到调水水质保证，但截污导流工程也存在很多风险，应对其进行深入分析设计，最大限度地保证调水水质。

分析结果表明污水处理工程对保证调水干线水质意义重大，所模拟的高锰酸盐指数和氨氮两项指标在没有污水处理工程削减时均会发生超标，且超标现象严重，应该努力加强污水处理工程的落实，增大调水水质安全系数。

二、运行调度中的水质风险

由于调水基本上是按照汛期不调水、非汛期调水的方式进行，不调水时允许排污这种运行方式会不可避免地带来一些水质风险。例如，输水干线途经若干调蓄湖泊，这些湖泊在汛期接纳的污染物对调水初期水质的影响，就是运行方式本身造成的潜在典型风险。再比如，由于需要调水使得部分湖泊水面抬升，过去与输水干线没有水量交换的鱼塘有可能跟湖体连成相通的水域，从而带来潜在污染，构成水质风险。还有，调水期如果遇到暴雨，因防洪要求不得不开放截污导流工程的水闸，导致闸前蓄积的污水下泄，也是运行中可能遇到的水质问题。

由于在调水干线经过的几个湖泊中，南四湖区控制单元众多，点源排放的污染物入河量很大，同时南四湖流域面积大，汛期接纳的面源污染物也多，加之湖上航运和渔民生活排放的污水，使得南四湖区域成为南水北调东线工程调水干线中水质最为敏感的区域。为此，以南四湖为重点，讨论调水方式本身可能带来的水质风险。

1. 南四湖概况

南四湖流域位于东经 $116°34′\sim117°21′$、北纬 $34°27′\sim35°20′$ 之间，介于黄河南堤与废黄河之间，流域面积 $31860km^2$（上级湖 $27500km^2$，占 86.8%；下级湖 $4180km^2$，占 13.2%）。包括豫、皖、鲁、苏 4 省 32 个县市。南四湖湖西为黄泛平原，面积约 $2210km^2$，地势西高东低；湖东主要为丘陵和山前冲积平原，面积约 $970km^2$，地势东高西低。

南四湖位于南四湖流域下游，地处江苏与山东两省交界地区，由南阳、独山、昭阳、微山 4 湖相连而得名，是南四湖流域的控制性出口湖泊。它汇集流域 53 条河流来水，湖面面积 $1280km^2$（上级湖 $609km^2$，下级湖 $671km^2$），南北长 $126km$，东西宽 $5\sim25km$，周边长 $311km$。

南四湖为浅水型平原湖泊，湖盆浅平，北高南低。南北狭长，形如长带，由西北向东南延伸。湖腰最窄处（昭阳湖中部）的二级坝枢纽将南四湖一分为二，坝北（坝上）为上级湖，坝南（坝下）为下级湖。上级湖包括南阳湖、独山湖及部分昭阳湖，下级湖包括微山湖及部分昭阳湖。南四湖已具有蓄水、防洪、排涝、引水灌溉、城市供水、水产养殖、航运及旅游等多种功能。

南四湖的南部为南四湖流域出口，洪水通过韩庄运河、伊家河、老运河和不牢河下泄。

南四湖入湖河流众多，在大小 53 条入湖河流中，有 30 条注入上级湖，其中 15 条位于湖西，15 条位于湖东；23 条注入下级湖，其中 10 条位于湖西，13 条位于湖东。较大的入湖河流有 22 条，流域面积在 $1000km^2$ 以上的河流有 9 条，全部注入上级湖。其中湖东 3 条，分别为白马河、泗河、洸府河，湖西有 6 条，分别是东鱼河、洙赵新河、梁济运河、复新河、大沙河、新万福河。流域面积在 $100\sim1000km^2$ 的河流有 15 条，流域面积在 $100km^2$ 以下的有 29 条。中华人民共和国成立以来，主要河流大部分经过了不同程度的治理，其中入湖口门建有控制性工程的有 12 条，为了排涝和灌溉，湖西还人工开挖了顺堤河，通过涵洞与南四湖沟通，已形成了较完善的防洪、除涝、灌溉体系。

南四湖流域属暖温带半温润季风气候区，具有大陆气候特点，四季分明，春季气候干燥、多风；夏季受西太平洋副热带暖温气流影响，雨量集中，气候炎热；秋季燥热少雨；冬季受蒙古高压影响，西伯利亚冷气流南侵，天气寒冷干燥。空气湿度、温度、风力、降水、蒸发等随季节变化大。

流域多年平均年降雨量为 712mm，70％以上集中在汛期。多年平均水面蒸发量为 1001mm。多年平均气温 13.5℃。7 月平均气温最高，一般为 25～26℃，1 月平均气温最低，一般为 1～2℃。无霜期一般在 4—11 月，200～215 天，多年平均日照时数 2530h。

据 1953—1997 年水位资料统计，上级湖多年平均水位 34.53m，最高水位 37.17m（1957年 7 月 25 日），最低水位 32.13m（1988 年 7 月 12 日）。下级湖多年平均水位 32.61m，最高水位 36.84m（1957 年 8 月 3 日），最低水位 30.89m（1982 年 7 月 11 日）。上级湖出现低于死水位次数共 9 次，下级湖出现低于死水位次数共 33 次，且 1970 年以来上级湖、下级湖出现水位低于死水位的次数远远多于 1970 年以前。

南四湖湖东为山洪河道，源短流急；湖西为平原坡水河道，水流缓慢，如遇长历时暴雨，入湖洪量大，持续时间长。洪水需从上级湖泄入下级湖，然后再泄出。

南四湖同时接纳沛沿河、老运河济宁段、城郭河、复兴河、东鱼河、西支河、老万福河、白马河、泗河、洙赵新河、洸府河、洙水河、老运河微山段、赵王河、峄城沙河、薛城小沙河总共 16 个控制单元的来水，来水水量、水质情况各异。2004 年各控制单元排放进入南四湖区的化学需氧量总量为 8.51 万 t，氨氮 1.17 万 t，分别占到调水干线全线入河总量的 34.8％和 57.2％。以面源形式排放进入南四湖的化学需氧量每年 1.45 万 t，氨氮 966t，另外，南四湖区聚集的渔民生活以及湖上的船舶航运等会在南四湖区造成每年 351t 的化学需氧量排放。

根据各控制单元治污方案，南四湖段总共规划了 30 多项污水处理厂建设项目，100 多项工业点源治理及工业调整项目，14 项截污导流工程项目。《南水北调东线工程治污规划》规定，到 2007 年，南四湖区各控制单元化学需氧量排放总量不超过 2.24 万 t，氨氮不能超过 2868t，实现该目标要求南四湖区各控制单元化学需氧量和氨氮相对于 2004 年排放量分别削减 74％和 75％，这需要各控制单元治污措施的顺利建设与实施，任何环节上的疏漏都会为南四湖区域的水质带来不利影响。

在南水北调东线工程南四湖段的 16 个控制单元中，全部截污导流工程的 50％集中分布在老运河济宁段、城郭河、复兴河、东鱼河、西支河、老万福河、泗河、洸府河、洙水河、老运河微山段、峄城沙河、薛城小沙河等单元中。这些截污导流工程，通过调水期拦蓄生活、工业污水或者污水处理厂处理后的尾水，实施农灌进行资源化利用，支持保证着南四湖调水期的水质。根据截污导流工程可行性研究报告，南四湖区截污导流工程接纳的污染物情况见表 6-4-3。

2. 南四湖风险工况的基本假设

南四湖风险工况与正常工况的不同点主要在于以下 5 点。

（1）汛期，即非调水期，南四湖接纳的面源污染负荷根据枯水年的情况来计算。

（2）非汛期，即调水期，假设遇到极端天气状况，例如暴雨来临，超过截污导流工程 3 年一遇的工程设计标准，使得所有截污工程开闸放水。

表6-4-3			南四湖区截污导流工程接纳的污染物情况统计表			
工程名称	所属控制单元	污水拦蓄量/万 m³	污水化学需氧量浓度/(mg/L)	污水氨氮浓度/(mg/L)	化学需氧量/(t/a)	氨氮量/(t/a)
峄城大沙河截污导流工程	峄城沙河	1262.4	43.2	3.1	545.9	39.2
薛城小沙河截污回用工程	薛城小沙河	403.6	50.1	24.3	202.2	98.4
新薛河截污回用工程	薛城小沙河	908.0	135.1	13.2	1227.1	120.6
薛城大沙河截污导流工程	薛城小沙河	796.0	71.9	0.9	572.5	7.6
城郭河截污回用工程	城郭河	1290.2	58.7	17.3	756.8	223.8
北沙河截污回用工程	城郭河	487.6	90.1	6.4	439.3	31.3
曲阜市截污导流工程	泗河	902.0	66.9	8.0	604.1	72.2
鱼台县截污及污水资源化工程	西支河	803.0	86.6	9.8	696.0	79.0
济宁市截污导流工程	老运河济宁段	2634.5	60.0	8.0	1580.8	211.2
微山县截污回用工程	老运河微山段	831.0	60.9	8.7	506.9	73.0
金乡县中水截蓄资源化工程	老万福河	806.0	91.6	6.4	738.4	52.2
嘉祥县中水截蓄工程	洙水河	801.2	62.4	7.2	500.7	58.4
东鱼河北支截污回用工程	东鱼河	2253.0	155.4	3.8	3501.0	87.0

（3）考察南四湖湖内养鱼，因调水需要，兴利水位超过了南四湖周围池塘水位，导致池塘中养鱼产生的污染物向湖泊内扩散。上级湖的圈圩高程一般在35.3m左右，下级湖的圈圩高程一般为32.3～33.8m。南四湖的正常蓄水位上级湖为34.5m，下级湖为32.5m，在正常蓄水时，上级湖水位未超过圈圩高程，而下级湖略超过，如果按照极端情况考虑，假设上下级湖圈圩将均被淹没。根据2002年现状数据和《南四湖下级湖抬高蓄水位影响处理工程可行性研究报告》，南四湖中养鱼池塘、河道养殖面积共10228hm²，其中下级湖鱼塘圈圩10.3万亩，上级湖鱼塘圈圩5.042万亩，总产量62388t。根据文献资料，每千克鱼每天向水体排氨0.57～2.00g、生化需氧量3～5g，取中间值折算氨氮1.5g、生化需氧量4g，南四湖因养鱼塘被淹没造成每天每平方米排放氨氮0.025g、生化需氧量0.067g。

（4）湖内微山岛乡、南阳镇居民的生活污水未经治理而全部直排湖体。根据文献资料，污染物排放系数化学需氧量取65g/（人·d），氨氮取4.3g/（人·d）。根据微山政府网的数据，微山岛乡共有居民14370人，南阳镇共有居民30800人，所以微山岛乡每天向南四湖排放化学需氧量0.934t、氨氮0.062t，南阳镇每天向南四湖排放化学需氧量2.002t、氨氮0.132t，全年排放。

（5）仅考虑最不利的水量条件，即95%保证率下的调水水量。

3. 风险工况条件下南四湖的水质预测

对于不同时间污染物浓度空间分布，同样选择第5天、35天、65天、95天、125天、155天、185天、215天、245天、275天、305天、335天作为代表时段。

从空间分布看，高锰酸盐指数为主要超标污染物，氨氮相对较好。出水口调水期最高浓度高锰酸盐指数15.90mg/L、氨氮2.78mg/L，平均浓度高锰酸盐指数6.26mg/L、氨氮0.38mg/L。调水期平均空间达标率74.6%，最低达标率47.8%。

在汛期（非调水期），虽然基本满足Ⅲ类水要求，但是由于接纳了更多的面源污染物，所以湖泊浓度比正常工况下要高。在调水期（非汛期），由于遇到突发的恶劣天气状况，截污导流工程同时开闸排放，使得部分空间点包括出水口的高锰酸盐指数、氨氮浓度升高至劣Ⅴ类水平，各入湖口附近最高形成 4.5～6.0km 半径污染区。高锰酸盐指数指标部分时间空间达标率不足 50%，而以Ⅳ类水为主，需要经过 15～30 天的时间，才能基本恢复至Ⅲ类水水平。

南阳镇附近由于生活污水的排入，最高浓度达劣Ⅴ类，空间污染半径 1.5km 左右。相比之下，微山岛由于人口较少，所以附近污染不是很严重。

由于养鱼受水位调整影响而形成的污染，其最高浓度出现在上级湖，个别时段会达到劣Ⅴ类；下级湖污染程度相对较轻，最高浓度约为Ⅳ类。

4. 风险工况条件下南四湖出水水质对下游的影响

在风险工况条件下，南四湖出水已经难以保证基本达到Ⅲ类要求，因此南四湖水质必然会影响到下游调水干线调水水质，为此利用 CSTR 模型继续分析风险工况条件下南四湖出水水质对下游的影响。下游河段的排污条件取治污规划实施方案入河量控制指标，水量条件取 95% 保证率水量，计算结果见图 6-4-3。

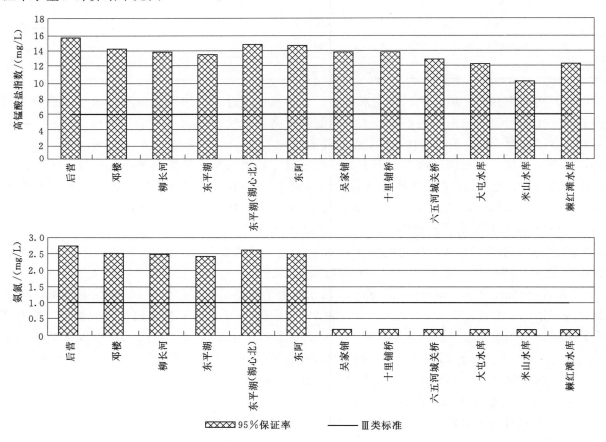

图 6-4-3 风险工况条件下南四湖下游水质预测结果图

预测结果表明，当南四湖出水口浓度为高锰酸盐指数 15.90mg/L、氨氮 2.78mg/L（即南四湖风险工况条件下的最高出水浓度）时，下游调水干线中高锰酸盐指数大幅超标且降解缓慢，由于沿途支流挟带污染物进入，该超标状态很难得到改善，沿途水质始终在10~16mg/L之间波动；氨氮在东平湖前也大幅超标，处于劣V类，然后逐渐降解，到输水线路终点时可降解到Ⅲ类标准值以下。

三、其他水质风险

除了前文讨论的南四湖在运行调度中遇到的风险之外，调水过程中还会存在其他的安全供水水质风险。例如调水源头水质波动，调水途经湖泊的富营养化问题，调水终点蓄水水库的水质安全问题，一些不可控的突发事件，等等。

1. 调水源头水质波动

"江水北调"工程运行过程中的数据表明，南水北调东线的水源水可以保证稳定达到Ⅲ类水要求。但是，随着长江流域社会经济的发展，不能排除长江水质波动的可能性。为此，必须严格保证调水水源的水质达标，才能实现整个输水干线的水质安全。

2. 淮河水污染对洪泽湖的影响

洪泽湖是调水干线的主要调蓄湖泊，根据现状评估的结果，洪泽湖水质能达到Ⅲ类水的要求。但由于受淮河上游来水水质的影响，洪泽湖水质可能出现超过Ⅲ类水要求的情况，从而影响到调水水质。因此加强对淮河流域的污染控制和水质监测预报是非常必要的。一旦洪泽湖水质恶化，需调水改变运行方式。

3. 调水途经湖泊的富营养化

根据水质现状评价结果选取高锰酸盐指数和氨氮作为控制指标讨论了调水水质风险问题。但是由于调水沿线经过了若干湖泊，而这些湖泊往往入湖河流多，社会活动繁重，生态系统复杂，同时受到来自陆上点源、面源和湖上养鱼旅游等内源的干扰，存在着总氮、总磷超标导致富营养化的可能性，尤其是在南四湖和东平湖。要严格限制水产养殖业的过度发展，加强管理和监测预报，防范由于营养状态改变带来的水质风险。

4. 调水终点蓄水水库的水质安全

东湖水库、双王城水库和大屯水库是调水工程中重要的终端调蓄水库，其水质安全直接关系到受水区的用水情况。

根据水库供水目标及供水规模，可行性研究确定的东湖水库面积8.36km²，水库总库容8286万m³，死库容1131万m³，最高蓄水位29.90m，设计坝顶高程31.90m；双王城水库面积7.79km²，水库总库容6150万m³，死库容830万m³，最高蓄水位12.50m，设计坝顶高程14.75m、15.10m；大屯水库总库容5256万m³，死库容757万m³，最高蓄水位29.05m，设计坝顶高程31.40m。

各水库应该针对自己的主要污染源，建立适合自身特点的风险应对机制，加强风险管理意识，保证调来的水在蓄存过程中水质等级不发生恶化，减少水质风险的发生。

5. 不可控的突发事故

针对一些不可控的突发事故，例如桥梁运输车辆事故、城市垃圾进入输水河道、水文条件突变造成的底泥再悬浮和重金属溶出等，应当及早制订应急预案，以规避风险。

根据统计，目前不牢河、大运河淮阴段、大运河宿迁段、大运河邳州段、洸府河、老汴河、梁济运河济宁、新通扬运河（泰州段）、沂河等控制单元均分布有多家化工、纺织印染、医药、造纸等高污染企业，其他控制单元也有上述行业分布。这些企业或者生产有毒有害性质产品或者生产过程中会产生有毒有害副产物，一旦发生事故使得大量有毒有害物质进入水体，就会对水环境造成巨大的破坏。即使在正常运行时，上述类型的企业产生的废水也会含有难以经过普通水处理工艺去除的污染物，给治污工程目标的实现带来很多的困难。应该针对这些企业制定相应的水质安全风险应对策略，以保证在风险发生时进行控制。

第五节　生态环境影响研究

一、生态环境影响预测分析

（一）施工期输水沿线生态环境影响预测

1. 施工期黄河以南输水沿线生态环境影响预测

（1）工程影响性质分析。东线一期工程从长江下游扬州附近抽引长江水，利用京杭大运河及与其平行的河道为输水主干线和分干线逐级提水北送，并连通作为调蓄水库的洪泽湖、骆马湖、南四湖、东平湖。输水主干线长1150km，其中黄河以南660km，黄河以北490km。输水渠道的90%可利用现有河道和湖泊。东线调水最大的优势是有大运河作为输水干渠，部分只要加宽和加深就可以利用。因此，东线一期河道工程涉及新挖、扩挖、疏浚三方面，施工期河道工程带来的生态环境影响主要从这三个方面进行分析。

施工期对生态环境的影响主要为工程占地和弃土弃渣的堆放对陆域生态环境的影响和河道扩挖、疏浚对水域生态环境的影响。

（2）对沿线生态完整性影响。

1）对植被生产力的影响。河道工程的施工过程中，工程占地、弃土堆放、土地开挖使得输水河道周围的植被遭到破坏，地表裸露，自然系统生产能力遭受一定的损失。沿线林地覆盖率低，受干扰的土地利用类型主要是耕地，部分林地、灌丛、果园等。各植被类型受干扰面积统计详见表6-5-1。

表6-5-1　　　　　　　各植被类型受干扰面积统计表

土地利用类型	面积/hm²	生产力损失量/万t	土地利用类型	面积/hm²	生产力损失量/万t
耕地	1045.05	114.95	灌丛	111.23	85.6
林地	195.12	132.6	草地	89.58	6.0

根据对沿线生态环境现状调查和评价结果，可看出由于工程施工而导致地表植被破坏，以植被生物量为表征的自然系统生产力必然遭受一定的损失。根据计算，沿线河道工程造成各植被类型生产力损失量林地6.2%、灌草丛3.4%、草地6.3%、耕地3.2%，因此工程所造成的生产力损失量在系统所承受的范围内。

2）对自然系统稳定性的影响。计算表明，工程施工扰动地表植被造成生物量损失只占

0.1%左右，就整个调水工程而言，90%是利用的现有河道，工程对沿线生态环境现状的干扰程度相对较小，生态系统的恢复稳定性可以得到维护。

遥感表明，东线输水沿线周边地区的土地利用类型主要为耕地，占施工占地总面积的69%。沿线周边地区由于受人类活动长期干扰，天然植被大部分已被人工植被所代替，工程施工造成的自然植被受损面积很小，采取适当维护措施，系统阻抗稳定性可以保持施工前的状态。

（3）对敏感生态问题的影响。

1）对水生动植物的影响。河道扩挖和疏浚对水生生态环境产生影响，工程施工直接受影响的是水体中的水生动植物，机械运行搅动、河道底泥挖填都会破坏水生动植物正常活动环境。

在施工期由于水中悬浮颗粒的摩擦、冲击造成浮游生物的机械损伤和透明度降低而影响水生植物正常的光合作用，生长会受到一定影响。施工活动也会改变水温等条件，影响浮游动物产卵和繁殖期。因此，在施工期浮游生物的生物量会相对减少。

施工活动会造成河道水体中悬浮物增量和透明度降低，附近水域的底栖生物由于悬浮物增多而影响其呼吸，较大颗粒的悬浮物沉淀后将部分底栖动物覆盖导致死亡。

施工期水生维管束植物受到的影响与底栖生物类似，主要是挖槽清除和弃土覆盖，导致水生维管植物受损，生物量减少。

施工期由于改变了河道水体水文状况和饵料状况等，直接和间接影响部分鱼类的产卵场和取食活动，导致鱼类资源受到一定程度的破坏。施工活动是阶段性和区域性的，施工停止后上述影响自行消除。

2）弃土堆放的影响。工程施工弃土堆放在河道两边一般不会影响物种的流动，对项目所在区的自然景观造成暂时影响。

2．施工期黄河以北输水沿线生态环境影响预测

（1）生态影响类型和范围判定。根据工程施工类型和影响途径，其生态影响类型可分为直接影响和间接影响两个方面。鲁北段施工工程主要为现有河道扩挖，施工期黄河以北输水沿线生态影响的类型和范围如表6-5-2所示。

表6-5-2　　　　　　　施工期黄河以北输水沿线生态影响的类型和范围表

工程类型	影响原因	影响范围	生物表现	恢复程度
河道新挖	占用农田、林地、草地等	已断流河段	原有陆生植被消失	不可恢复
河道扩挖	挖掘、填埋	小运河段和七一·六五河段	河道两岸部分陆生植被消失，河内水生动植物受损	部分恢复
施工场地	压占农田、林地、草地	工程施工所在地域	原有植被消失，野生动物受惊吓而远离施工区	可以恢复

工程的间接影响为工程的建设会使部分野生动物受到惊吓，回避人类的干扰，寻找其他的生境栖息，影响该区域物种的流动，从而导致该地区食物链关系受到影响。

（2）对自然系统生产力的影响。由于工程施工占地会破坏地表植被，导致自然组分生物量损失，自然系统生产能力受影响。施工期黄河以北输水沿线永久占地和临时占地以及各土地类型面积如表6-5-3和表6-5-4所示。

表 6-5-3　　　　　施工期黄河以北输水沿线永久占地和临时占地面积统计表

河　段	项目	工程占地/亩			
		农田	林地	草地	居住地
小运河段	永久占地	14458.23	65.38	1120	166.5
	临时占地	914.94	6.20	102.76	0
七一·六五河段	永久占地	3905.87	17.66	301.64	17.7
	临时占地	1790.03	8.09	135.56	0
	合计	21069.07	97.33	1659.96	184.2

表 6-5-4　　　　　　施工期黄河以北输水沿线各土地类型面积统计表

类　型	施工面积/m²	百分比/%	类　型	施工面积/m²	百分比/%
耕地	586.53	77.39	公路	5.54	0.73
园地	12.27	1.62	堤防	0.42	0.06
有林地	2.67	0.35	河渠	13.37	1.76
城市居民地	6.78	0.90	坑塘	8.20	1.08
乡村居民地	103.82	13.70	灌草地	12.15	1.60
铁路	0.76	0.10	未利用地	5.19	0.68
高速公路	0.15	0.02	共计	757.85	

施工期黄河以北输水沿线自然系统受损生物量统计见表 6-5-5。

表 6-5-5　　　　　施工期黄河以北输水沿线自然系统受损生物量统计表

类型	单位面积生物量/(kg/m²)	减少面积/km²	生物量减少量/万 t
农田	1.6	14.04	2.246
林地	36	0.65	2.340
草地	1.1	1.17	0.129
合计		15.86	4.715

　　鲁北段河道工程施工将部分林地、农田变成建设用地,其中占用的土地利用类型基本上为农田,导致评价区自然系统生物量减少 4.715 万 t,系统的生产力受影响。由于该评价区现状自然生境较单一,都为平原地区基本无山林岗地,除了居民点外,农田大面积分布,因此,该工程施工对评价区自然系统的现状稳定性影响较小。

　　(3)敏感生态问题。

　　1)对植被的影响。根据前面分析,鲁北段河道工程施工占用耕地 21069.07 亩,林地 97.33 亩,草地 1757.29 亩。被破坏的地表植被类型主要为农作物,其次为人工栽种的树木包括杨、榆、槐、柳、桐等,毁坏的草本植物为芳草、小蓟、蛤蟆秧、麦蒿等。由于受破坏的林地和草地面积很小，且无国家重点保护植物物种，因此，该工程施工地表对植被的影响很小。

2）对野生动物的影响。施工占地主要为耕地，受人类干扰已十分频繁，其中的野生动物较少，主要有獾、狸、狐、兔、黄鼠狼等，还有鹰、乌鸦、喜鹊、麻雀、啄木鸟、猫头鹰、燕子、鹌鹑、布谷鸟等野生禽类。施工对这些动物的影响主要是：①施工噪声会对动物造成干扰；②由于部分林地被砍伐，导致部分鸟类失去栖息地；③河道开挖经过地区将切断某些动物的移动通道，进而影响物种的流动。上述野生动物的迁移能力较强，栖息地范围较小，因此，工程施工对野生动物的影响不大。

3）对水生生物的影响。该输水段水生生物主要为鱼类包括鲈鱼、鲫鱼、鲤鱼、泥鳅、草鱼、鳝鱼等，水生植物主要为藕、荸荠等，无国家重点保护物种。河道的疏浚工程会对河道内水生生物造成干扰，但是由于该地区受人类活动干扰十分频繁，河内水生动物本能回避人类干扰；资料显示，扩挖河道内水生植物物种很少，且无国家重点保护物种，工程施工对扩挖河道内的水生生物影响不大。

4）水土流失。由于工程建设中产生的地表挖损、堆垫，现状植被将遭到破坏，并形成裸露地表，使部分地区的水土保持功能降低或丧失。同时，工程建设的再塑作用改变了地貌地形，易形成局部地区水土流失。

鲁北输水工程共开挖土方 4042.45 万 m³，将产生弃土约 2415.89 万 m³，可能造成一定面积的水土流失。此外，施工中将产生一定数量的弃渣，需在施工期采取水土流失防治措施。

3. 施工期胶东半岛输水沿线生态环境影响预测

（1）生态影响类型和范围判定。胶东输水干线西段工程的直接影响主要为干渠开挖、河流疏浚、渠道扩挖以及伴行公路的挖掘、修筑和填埋等。施工期胶东半岛输水沿线生态影响类型和范围见表 6-5-6。

表 6-5-6　　　　　　　施工期胶东半岛输水沿线生态影响类型和范围表

工程类型	影响原因	影响范围	生物表现	恢复程度
新挖干渠	占用农田、林地、池塘等	贵平山口—睦里庄（47.17km），孟家庄节制闸—小清河分洪道分洪闸（84.65km）	原有植被消失，野生动物受到惊吓而远离施工区	不可恢复
扩挖和疏浚河道	挖掘	东平湖—贵平山口（41.9km），睦里庄—睦里庄跌水（0.733km），小清河分洪道分洪闸—引黄济青上节制闸（34.57km）	附近原有植物部分受损	部分恢复
伴行公路	占压农田、林地	公路所占区域	原有植被消失，野生动物受到惊吓而远离施工区	部分可以恢复
施工场地和生活营地	占压农田、林地	干渠施工工地所在地域	原有植被暂时消失，野生动物受到惊吓而远离施工区	可以恢复

工程的间接生态影响比较复杂，施工时野生动物受到惊吓，并转移到其他地方生存，由于食物链的关系，这些动物的迁移可能会间接影响到其他区域动物的正常生存。

（2）对自然系统生产力的影响。施工期胶东半岛输水沿线永久征地和临时占地面积统计情况详见表6-5-7。

表6-5-7　　　施工期胶东半岛输水沿线永久征地和临时占地面积统计情况

项　　目	工程占地/亩				
	农田	林地	草地	居住地	总计
永久占地	27488	1000	1200	180	29868
临时占地	3200	200	600	0	4000
合计	30688	1200	1800	180	33868

从表6-5-7可以看出，在输水干渠施工阶段，占用了部分农田、林地、草地及水体，此期间评价区各土地类型面积见表6-5-8。

表6-5-8　　　施工期胶东半岛输水沿线各土地类型面积统计表

类　　型	施工期间面积/km²	类　　型	施工期间面积/km²
农田	7170.37	水体	247.97
林地	656.37	裸地	4.84
草地	984.76	合计	9884.14
居住及建设用地（包括干渠占地）	819.83		

由于各类自然植被面积的减少，使得其生物量下降，详见表6-5-9。

表6-5-9　　　项目施工期区域自然系统生物量变化情况

类　　型	单位面积生物量/(kg/m²)	减少面积/km²	生物量减少量/万t
农田	1.6	18.32	2.931
林地	36	0.67	2.412
草地	1.1	0.8	0.088
合计		19.79	5.431

由于工程施工将部分林地、农田、草地变成建设用地，导致评价区自然系统生物量共减少5.431万t。因此工程实施后，区域土地利用格局的改变对于干渠沿线的生态完整性将产生一定的负面影响。

（3）敏感生态问题影响预测。

1）对植物的影响。干渠施工共占用耕地30688亩，占用林地1200亩，占用草地1800亩。被毁坏的树木主要包括杉木、响叶杨、刺槐、垂柳、枫杨、马尾松、栓皮栎、大叶杨、梧桐、桃、苹果、梨、山楂等；毁坏的草本植物较多，包括红茎马唐、芭茅、马齿苋、白茅根、白羊草、黄背草、白头翁、远志、鸦葱、麻头花等。由于破坏的面积较小，草地和林地只占一小部分，而且其中无国家重点保护植物种类，被破坏的植物在周边地区分布广泛，因此对植物的影响不大。但植被的损失可能引发施工区的水土流失，在丘陵区更加明显，因此主体工程结束后，必须及时恢复工程施工临时用地的植被。

2）对动物的影响。施工区大部分位于农垦区，其中野生动物种类较少，主要包括獾、刺猬、田鼠等小型兽类和麻雀、乌鸦、喜鹊、云雀等鸟类。施工对这些动物的影响主要表现在三方面：①施工噪声会对动物造成干扰；②由于部分林地被砍伐，导致部分鸟类失去栖息地；③河道开挖经过地区将切断某些动物的移动通道，进而影响物种的流动。上述野生动物的迁移能力较强，栖息地范围较小，没有国家重点保护野生动物，施工对野生动物的影响不大。

3）对水土流失的影响。由于施工期间，毁坏了部分林地、草地、果园、耕地，改变了这些地区的土地利用格局，使一些地区表土裸露，因此必然会加剧当地的水土流失。

（二）施工期蓄水湖泊生态环境影响预测

1. 生态影响途径

工程对蓄水湖泊的生态影响涉及施工期与营运期两个时段，其中施工期的生态影响主要是由于施工机械和施工过程引起；营运期的生态影响主要是由于湖内弃土和水位变化引起。

东线一期蓄水工程，南四湖和东平湖有疏浚工程施工，南四湖上级湖需沿航道疏浚梁济运河口—南阳（南）长 34km 的输水河槽，东平湖湖内有引渠清淤工程，清淤长度约为 10km，上述施工产生了生态影响。

运行期东平湖、南四湖疏浚弃土造成堤埝对鱼类移动有长期影响，东平湖、南四湖和洪泽湖水位均有抬升而带来对生境的影响。

2. 影响类型和范围判定

南水北调东线蓄水工程施工的直接影响主要限定在湖内的疏浚段，东线一期工程沿航道疏浚梁济运河口—南阳（南）长 34km 的输水深槽，东平湖内有一段 10km 的饮水疏浚工程。工程开挖、吹填、填埋破坏底栖生物生境，掩埋底栖生物栖息地，施工期局部湖域悬浮物增加，对湖泊水生生物产生影响。

3. 南四湖

（1）对湖泊生态完整性的影响。航道疏浚对底栖生物最主要的影响是挖掘和填埋。一般挖掘区的非生物因子没有明显变化，大型底栖生物丧失，但是生物恢复很快，6 个月后底栖生物主要结构参数已与挖掘前或临近未挖掘区域几乎一样。

对湖泊生产力的影响主要由对浮游植物、底栖动物和水生植物的影响反映出来。

1）对浮游植物的影响。假定施工区域内悬浮物增量大于 50mg/L，则施工区域内浮游植物无法进行光合作用致使生产力受损。

南四湖水体中浮游植物生产力为 $0.6mg/(m^2 \cdot d)$，生物量为 $5.47g/m^2$，施工面积为 231.2 万 m^2，枯水期平均蓄水面积为 $674.70km^2$，施工面积顶多占蓄水面积的 0.34%，因此浮游植物生产影响甚微，可忽略不计。浮游植物生物量损失 12.6t，占浮游植物总量的 0.34%，对浮游植物的影响在施工期结束以后可以全部恢复。

2）对底栖动物的影响。底栖动物的生物量平均为 $92.7g/m^2$，施工范围为 408.1 万 m^2，对底栖生物影响的生物总量为 378.3t，施工结束 6 个月以后生物量可以恢复到背景水平，受影响的生物量占南四湖底栖生物总量的 0.6% 左右，而且是阶段性和可以恢复的。

3）对水生植物的影响。根据对南四湖航道两侧水生植物的调查成果，现状航道内没有挺水植物和浮叶植物，两侧为挺水植物生长区，因此施工对水生维管束植物的影响见表 6-5-10。

表 6-5-10 施工对水生维管束植物的影响表

施工类型	影响区域/万 m²	生物表现	生物量损失/t
原航道挖掘	231.2	沉水植物受损，施工结束后可部分恢复	5197.4
航道扩挖（宽 18m，长 34km）	61.2	挺水植物受损，无法恢复	1774.8
填埋	176.9	挺水植物受损，可以恢复	5130.1

水生维管束植物生物量损失总量为 12102.3t，是南四湖水生植物生物总量的 0.69%，其中不可恢复的占 0.1% 左右，施工对水生维管束植物生物总量影响有限。

4）对湖泊生产力的影响。受到影响的生物量中，浮游植物为 12.6t，底栖动物为 378.3t，水生维管束植物为 12102.3t，总量为 12493.2t，是蓄水面积最小时生物总量的 0.6% 左右，其中只有约 0.1% 是不可恢复的。

（2）对湖泊自然系统稳定性的影响分析。

1）对恢复稳定性的影响分析。不可恢复的生物量损失只占湖泊生物总量的 0.1% 左右，对生物量的组成影响不大，因此湖泊自然系统的恢复稳定性可以得到维护。

2）对阻抗稳定性的影响分析。南四湖段的施工对挖掘和填埋段底栖生物有较大影响，施工结束后生物主要构成可以恢复，但物种组成会发生改变。施工区域面积在湖区是条带状的局部，只占湖区面积的 0.3% 左右，因此局部区域物种变化对全湖自然系统的影响不大。

4. 东平湖

（1）对湖泊生产力的影响。

1）对浮游植物的影响。东平湖工程施工面积为 5.04 万 m²，东平湖浮游植物的生物量为 2.2796g/m²，老湖区水面面积为 209km²，施工面积也就占蓄水面积的 0.024%。东平湖浮游植物的损失量 0.115t，只占全湖浮游植物生物总量的 0.024%，对湖中浮游植物的影响很小。施工结束，湖中浮游植物遭受的损失可以完全恢复。

2）对底栖动物的影响。东平湖底栖动物的生物量平均为 179.84g/m²，施工范围为 9.46 万 m²，对底栖生物影响的生物总量为 17.01t，施工结束几个月以后生物量可以恢复到背景水平，受影响的生物量占南四湖底栖生物总量 0.048%，其中不可恢复的部分指弃土压占部分，其他部分可以恢复但物种组成会发生改变。

3）对水生植物的影响。全湖水生维管植物平均生物量 2141.17g/m²，施工范围 5.04 万 m²，水生维管植物只分布在湖周围水深小于 2m 的地区，水生植物的损失量为 108.21t，占全湖水生植物总量的 0.048%，对东平湖水生植物的影响微小。

浮游植物损失量为 0.115t，底栖动物为 17.01t，水生植物为 108.21t，各类水生动植物损失量所占的百分比很小，施工对湖泊生产力的影响甚微。

（2）对湖泊自然系统稳定性影响。

1）对系统恢复稳定性影响。不可恢复的生物量损失只占湖泊生物总量的 0.004%，对湖泊生物量的影响不大，因此湖泊自然系统的恢复稳定性可以得到维护。

2）对系统阻抗稳定性影响。东平湖的施工对挖掘和填埋段底栖生物有较大影响，施工结束后生物主要构成可以恢复，但物种组成会发生改变，但由于施工区域面积在湖区是条带状的局部，只占湖区面积的0.024%，局部区域物种变化对全湖自然系统的影响不大。

5. 对敏感生态问题的影响

工程施工可能会干扰局部水域一些鱼种的繁殖，例如鲫鱼在4—5月为卵成熟系数高值区，而且喜在静水、多水草环境中繁殖，卵具黏性，附在水草上发育。施工机械和人员活动也会对鸟类栖息产生影响，白骨顶、小天鹅、大天鹅等候鸟多在冬季和初春栖息在湖泊周边，施工活动也会掠扰鸟类活动。施工面积小影响范围十分有限，影响轻微。

（三）运营期输水沿线生态环境影响预测

1. 运营期黄河以南输水沿线生态环境影响预测

东线一期工程建成调水后，河道的输水水位较稳定，部分河道扩挖和疏浚后，水域面积扩大，水位升高，补充了大量的生态用水，拓宽鱼类的活动空间，有利于鱼类资源发展。河道周边排水不畅地区可能会引发沼泽化和次生盐碱化问题。从长远看，对沿线生态环境的影响利大于弊。

（1）对沿线自然系统生态完整性的影响。调水后，河道水量稳定，弥补了河道平、枯水季节生态用水缺乏，同时也补充了周边植被生态需水，有益于植被生长。施工中受损地表植被主要为农作物，调水后受损地表都可以恢复绿地，沿线水环境得以改善，生态环境质量提高，所以自然生态系统的生产力不仅能得以维护且还会有所增加。

调水后，沿线生态环境得以改善，动植物生境条件提高，河道水域面积扩大，水环境改善，有利于水生动植物的生长和活动，因此系统各组分的生物量都将增加，系统的恢复和阻抗稳定性程度增强。

综上分析，一期调水后，输水河道沿线系统随着生态环境的不断改善，系统能恢复施工干扰造成损害，且系统生产能力提高，恢复和阻抗稳定性增强，自然系统的生态完整性得以维护和改善。

（2）对敏感生态问题的影响。南水北调东线新挖河道是线型工程，在不同的生态背景下可能带来各种不同的生态环境影响。线型工程因其延伸距离长、影响范围广，所造成的生态环境问题是长期的、潜在的。通过全面分析提出对策，把生态破坏减少到最小。

1）工程毁林占地对植被的破坏。工程穿越山林、湿地或其他自然组分占优势的区域时，所占土地将永久性地改变土地使用功能，地表覆盖性质变化，原有的植被永久清除。由于破坏原有的土壤和植被，区域内地表裸露增加，稳定性下降，对风力、水力等侵蚀作用的敏感性增强，容易发生局部风蚀沙化和水土流失。

输水工程主要利用天然湖泊和河道，这部分没有生态环境影响问题。新挖线路较短，又是局部开挖，其影响是轻微的。

2）对区域内生态环境的功能和过程造成线性切割。新挖的输水工程阻断或改变了固有水系，个别地段会排水不畅，易积水成涝，改变土壤成分和通气状况，影响作物生长，严重时使地下水位上升，存在次生盐渍化的潜在威胁。阻断还会减少生态用水受水区的来水量，可能造成局部面积干旱。

3）对自然保护区的生态影响。东线一期工程沿线没有湿地类型的自然保护区，但邓楼站—八里湾站是在南四湖北部兴建，南四湖补水也包括这一区域，对南四湖自然保护区补水有轻微影响。但由于东线调水已大量补充了南四湖湿地水的来源，这一影响不可消除。

2. 运营期黄河以北输水沿线生态环境影响预测

（1）影响类型和范围判定。由于南水北调东线鲁北段输水线路共 173.5km，其中 78% 利用现有河道进行扩挖，22% 为新挖河道。赵王河—临清小运河段为新挖河道，长度为 38.378km。因此，针对新扩挖河道工程，南水北调东线鲁北段工程运营期的生态影响可分为扩挖河道调水后的生态影响和新挖河道工程运行后对评价区生态环境的影响。

扩挖河道输水后，其带来的生态环境影响源于水文情势的改变，导致与水因子相关的其他环境因子的变化以及该地区生物由于生存生境的改变带来的影响。

新挖河道工程运行后，原有的陆生生境改变为水生生境，生成新的廊道，造成区域生境的线性切割，对局部区域的生态过程造成影响，表现为对地下水和地表水的流动及陆生生物的移动产生阻隔。该工程相对扩挖工程而言，对区域生态环境的改变较大。新挖河道运营期的生态影响类型和范围见表 6-5-11。

表 6-5-11　　　　　　　　新挖河道运营期的生态影响类型和范围表

影响原因	影响区域	影响类型	生物表现
线性切割	干渠两侧 2km 范围内	对地表水、地下水产生切割阻断，从而影响干渠两侧的水文情势	部分地段出现干旱化趋势，植物生长受影响
阻隔	干渠两侧 2km 范围内	对陆生生物的迁移通道形成阻断	动物生境变小，被迫迁移
干渠内水下渗，抬高地下水	干渠两侧	干渠未衬砌，因此干渠内水分下渗，抬高地下水，可能导致干渠两侧发生次生盐渍化	植物正常生长受影响

（2）对自然系统生态完整性的影响。鲁北段输水后，河道水域面积扩大，输水水位稳定，补充了该地区的生态用水，缓解当地生态用水紧缺问题，对输水河道周边地区的自然植被和农田作物生长和发育有利，弥补了在施工期的生物量损失，对生态完整性维护是有益的。

（3）对敏感生态问题的影响。运行期，敏感生态问题的影响主要来源于河道水文情势的改变和新挖河道的生态阻隔作用。由于鲁北段输水大部分河道工程无衬砌，因此调水后可能抬高地下水位，引起土壤次生盐碱化问题。

1）对生态用水的阻断。由于河道新挖，在局部地区形成新的廊道，对该区域生态用水形成阻断。由于鲁北输水段地势较为平坦，对地表水阻断不十分明显，主要表现在对地下水阻断。

小运河段有长 34km 的河道有衬砌，桩号为 24+000～58+000，该河段为苏里井—新西河段，因为设计水位高出现状地面，需要衬砌；七一·六五河段有长 8km 的河道有衬砌，桩号为 130+540～138+100，该河段为夏津县城段，为减少拆迁量进行衬砌。因此，这些河道工程建设可能对所在区域地下水形成阻断。

干渠对地下水阻隔作用根据挖方深度有三种情况：①渠底高于潜水含水层，干渠对地下水不产生阻断；②渠底高度深入到浅水含水层内，且高于隔水层时，对地下水产生部分阻断；

③渠底深入到隔水层时，对地下水为完全阻断。

鲁北段地下水位埋深在七级镇—李海务镇小于1m，李海务镇—周公河为1～3m，夏津县镇段为10～20m（前两段桩号为24+000～58+000，后一段为130+540～138+100）。

鲁北段输水线路桩号为130+540～138+100段的挖方深度为4.5～7.5m，所以根据地下水位埋深和挖方深度可知，小运河段的河道衬砌工程会对地下水位形成阻断，七一·六五河段的河道衬砌工程不会阻断该地区的地下水位。

因此，调水后，干渠一侧地下水位抬升，从而可能产生次生盐碱化。干渠另一侧地下水位会下降，从而导致一定范围内出现干旱化趋势，可能会出现居民农业用水和生活用水紧张。

2）干渠对陆生生物迁移的影响。新挖渠道对一些动物的移动形成阻隔，限制了其活动范围，其繁殖或觅食会受到不同程度的影响。陆生动物多为小型动物，栖息空间比较狭小，且无国家重点保护物种，这种影响是轻微的。

3. 运营期胶东输水线路生态环境影响预测

（1）影响类型和范围判定。运行期，直接影响主要表现为由于输水干渠造成区域生境的线性切割，对部分区域的生态过程造成影响，主要是对地表水和地下水的流动以及陆生生物的移动产生阻隔。运行期的生态影响类型和范围见表6-5-12。

表6-5-12　　　　　　　运行期的生态影响类型和范围表

影响原因	影响区域	影响类型	生物表现
线性切割	干渠两侧2km范围内	对地表水、地下水产生切割阻断，从而影响干渠两侧的水文情势	部分地段出现干旱化趋势，植物生长受影响
阻隔	干渠两侧2km范围内	对陆生生物的迁移通道造成阻断	动物生境变小，被迫迁移
干渠内水下渗，抬高地下水	小清河分洪道两侧	这段干渠未衬砌，因此干渠内水分下渗，抬高地下水，可能导致干渠两侧发生次生盐渍化	植物正常生长受影响

间接生态影响比较复杂，由于线型工程的阻隔作用，会对部分野生动物的生境产生影响，由于食物链的关系，进而影响到其他动物，但没有国家和地方重点保护物种，而且动物还有其他生境可以迁移，所以影响是轻微的，难以定量化。

（2）对敏感生态问题的影响分析。

1）对生态用水的阻断。干渠对地表漫流产生阻隔，主要发生在具有一定坡度的区域。本项工程中，东平湖—济南段具备这样的条件。该段干渠南岸为低山丘陵，北岸为平原，具有南高北低的特点，降雨时，雨水由低山丘陵顺坡而下，大部分汇入河道形成径流，也有一部分会形成连续的地表漫流流向洪积扇。这部分水作为生态用水，可能是一些自然植被耗水的主要来源，因此对这些植被具有重要意义。

从东平湖—济南段干渠为了防止在暴雨时形成的地表漫流进入干渠影响水质，在干渠的两岸，均修筑了堤坝，堤坝使地表漫流被阻断在干渠的南岸。阻断比较明显的地段主要发生在丘陵坡地和山前冲积平原上。干渠采取了衬砌防渗措施，水无法从侧壁渗出，增加了干渠阻隔的负面影响。上述地段尽管靠近黄河，但地势较高无法得到黄河水的补给，这些干渠北岸会出现一定程度的干旱化趋势。

这些区域主要植被类型是灌丛草地，没有敏感生态保护目标，生态用水的减少只会减少北岸局部区域内植被的生物量。而且该段干渠基本上是沿 220 国道北侧平行布设，部分地表漫流被 220 国道首先阻断，减少了干渠的阻断影响，因此总体而言干渠对地表漫流阻断的生态影响较小。

当输水干渠挖方深度较深时，对地下水产生阻断影响。干渠和地下水的阻断关系有如下三种情况：①无阻断。当渠底高度高于潜水含水层时，干渠对地下水的不会产生阻断作用，地下水的流动不受干渠影响。②部分阻断。当渠底高度深入到潜水含水层内，但高于隔水层时，干渠对地下水的阻断为部分阻断，地下水的流速受到一定影响，但尚可通过，地下水径流基本上维持原有的流动规律。③全部阻断。当渠底高度深入到隔水含水层时，干渠对地下水的阻断为全部阻断，此时潜水层的地下水无法通过，因此会导致干渠一侧地下水位抬升，从而可能产生次生盐碱化。干渠另一侧地下水位会下降，从而导致一定范围内出现干旱化趋势，出现居民农业用水和生活用水紧张。

根据输水渠沿线地质勘探资料可知，沿线地下水埋深一般 2.50～5.00m，水位年变幅为 2.0～4.0m，而干渠渠底大部分在地面以下 3m 左右，因此丰水期地下水位大部分高于输水渠底，所以会对地下水产生阻断影响，阻断的程度主要取决于含水层的厚度以及含水层与渠道总剖面的相关关系。

2）干渠对陆生生物迁移的影响。干渠沿线有獾、刺猬、野兔、黄鼬、田鼠、蟾蜍、蛙、壁虎、蛇、蜥蜴、鳖等几十种陆生动物，干渠的修建必然对其中一些动物的移动形成阻隔，限制了其活动范围，尤其在东平湖—济南段阻隔影响较大。因为这里多为低山丘陵，人口比较稀疏，野生动物数量较多，干渠建成后，一部分动物被阻隔在干渠和黄河之间几公里左右的狭长地带内，生活空间被压缩，其繁殖或觅食会受到不同程度的影响。这些陆生动物多为小型动物，栖息空间比较狭小，无国家重点保护物种。

（四）运营期蓄水湖泊生态环境影响预测

东线一期工程有 4 个蓄水湖泊，其中，骆马湖蓄水水位不变且无疏浚工程，洪泽湖蓄水水位抬高 0.5m，南四湖和东平湖蓄水水位分别抬升 0.5m，南四湖上级湖需沿航道疏浚粱济运河口—南阳（南）长 34km 的输水河槽，东平湖湖内有清淤工程，清淤长度约为 10km。因此，运营期的生态影响可分为局部影响和整体影响两种类型，局部影响主要在湖内疏浚和清淤工程所在的区域，其影响原因是由于湖内弃土引起的；整体的影响包括湖泊水生生态环境和周边陆生生态环境的影响，其影响原因是由于水位抬升打乱了原有的湖泊和陆地的水平衡关系，从而影响陆生生态系统，尤其是湖滨洼地。直接影响类型和范围见表 6-5-13。

1. 对湖泊自然系统生态完整性影响

（1）对湖泊生产力的影响。蓄水湖泊一经调水后，湖泊水位普遍上升，湖泊面积扩大，换水频繁，可有效改善水生态环境；输水水量稳定，补充当地的生态用水，避免了因枯水季节而导致部分湖底裸露和水生动植物大量死亡。因此，各湖泊的生物量呈增长趋势，生产能力也将提高。从湖泊自然系统生态完整性维护的角度看，生物总量的增加弥补了施工的损失量，有益于保护湖泊湿地。

表 6-5-13		直接影响类型和范围表	
影响区域名称	影响原因	影响类型	生物表现
疏浚清淤所在区域	弃土引起阻隔	水生动物移动	水生动物正常活动受阻隔影响；枯水季节形成不连续两道堤埝
湖区及周边	水位抬升打破原有的水陆物质交换平衡关系	周边可能发生沼泽化和次生盐碱化	农业活动受到影响，沼泽化面积有所扩大

（2）对湖泊自然系统稳定性的影响。

1）对恢复稳定性的影响。系统恢复稳定性与系统生物量关系密切，湖泊的生物量会发生相应的增加，南四湖生物量增加 17.4 万 t，是汛末湖泊期生物总量的 9.6%，弥补施工损失的 1.2 万 t，实际增加量 16.2 万 t，湖泊的恢复稳定性将提高。

2）对阻抗稳定性的影响。湖泊蓄水面积的扩大，有益于湖泊水生生物种群的扩大，有益于恢复破碎化和岛屿化的生境，所以，湖泊的景观异质性程度提高，湖泊自然系统的阻抗稳定性就得到了增强。

2. 调蓄湖泊对水生生物的影响预测

调水沿线湖泊的生态条件差异较大，水生生物的种类组成差别比较显著，调水对各个湖泊水生生物的影响也各不相同。洪泽湖是以畅水水面为主的湖泊，南四湖、东平湖则是水生维束植物密布的"草湖"，骆马湖的地理位置介于洪泽湖与南四湖之间，而湖泊的生态环境也表现为过渡类型。

（1）调水对洪泽湖水生生物的影响。

1）浮游植物。浮游植物数量的多少与该湖的环境条件密切相关，调水后，该湖蓄水量虽然增加，由于无疏浚工程，其透明度和营养盐等总体上变化不大，因而藻类的种群和数量不会受到明显影响。

2）浮游动物。调水后，湖水的透明度、水温、溶解氧的变化不大，水位上升后，一些湖区的藻类、悬浮有机物质增加，为浮游动物提供了较丰富的饵料，对其的生长繁殖有利。但是，浮游动物中的甲壳类对环境变化反映较为敏感，从总的看，调水后影响浮游动物的主要环境因子变化不大，故浮游动物的优势种类组成及其数量不会发生较大的改变。

3）水生维管束植物。水生维管束植物是一些水生动物的饵料或栖息、繁殖的场所，其生长发育受环境条件的制约和人类活动的影响。水位抬升 0.5m，在种群分布上亦发生变化。首先是 12.5m 以下的湿生和挺水植物受到影响，部分芦苇被淹死或受损，生物量将减少 5 万～14 万 t；在 11.5m 以下高程的一些沉水植物，特别是 11m 以下高程的约 150km² 的沉水植物，因光的强度随水深而减弱，光照不足而影响萌发，生物量将下降 520 万～25 万 t，所以，一期工程实施后，全湖水生植被的总面积缩小，总生物量相应降低。

4）底栖动物。底栖动物的优势种群为河蚬和环棱螺等。调水后，水位提高，一些湖区的水生维管束植物数量减少，因而以此为食或为栖息地的螺类开始有所下降，但经过一段时间后，局部淹没的低位滩地会生长出新的水生维管束植物，这又为螺类的生长繁殖提供新的场所，产量会逐渐回升；蚬类一般分布在畅水区，调水后，畅水区面积扩大，为其活动和繁殖提供更大的空间。总之工程运行后，总体是有利于底栖动物的繁衍。

5）鱼类。鱼产量除受人为的影响外，还与环境条件、饵料基础等有密切关系。调水后，湖水位提高 0.5m，并且相对稳定，改变了过去因水位陡降，甚至因湖水干涸所造成的鱼产量降低现象。湖面扩大，增加了银鱼和梅鲚等畅水性鱼类的活动面积，其产量亦会增加。但水位提高，水生维管束植物的分布面积和生物量减少，草鱼、团头鲂等草食性鱼类和以水生维管束植物为栖息场所或产卵基质的鲤、鲫等鱼类产量将有所下降；另外，调水后，湖水交换周期缩短，交换次数增加，而且调水季节正直仔幼鱼孵化不久，游泳能力很弱，这样鱼苗随水流的流失量增加，而作为补充水源的长江，目前鱼苗资源枯竭，故不可能为洪泽湖提供丰富的鱼类后备资源，但是在调水后，由于该湖的环境因子及水生生物变化不大，而且，一种生境的弱化，另一种生境会有所加强，适应新生境的鱼类种群会增殖，故渔产潜力不会发生大的变动。

（2）调水对骆马湖水生生物的影响。骆马湖是唯一蓄水水位不变且无工程施工的蓄水湖泊，调水后，该湖的蓄水水位相对现状来说较稳定，补充骆马湖地区的生态用水，因此，调水将为骆马湖的水生生物资源的开发利用创造良好条件。

骆马湖的渔业对象以鲤、鲫鱼为主，占捕捞总量的 40%，产量占第三位的是银鱼。与其他湖泊相比，银鱼单产较高。这与骆马湖有广阔的敞水水面有关，还与该湖敞水性鱼类种群较单纯有关。骆马湖湖鲚很少见，从饵料上不存在与银鱼竞争的问题，银鱼的饵料生物较为富足，种群得以发展。

骆马湖的水生植物在沿岸带大量生长，数量多。而草食性鱼类虽有草鱼、团头鲂、长春鳊、三角鲂等 4 种，但数量仅占总产的 3%。骆马湖作为调水调蓄的第二级湖泊，调水后水质、水量都得到明显的改善，草上产卵的鱼类产卵条件仍旧得以保证。丰富的水生植物又为草食性鱼类提供了丰盛的饵料，其种群数量将得以发展。水位提高后，敞水区扩大，银鱼产量还将进一步提高，其他鱼类产量也将有所增加。调水将为进一步开发利用骆马湖的水生物资源提供良好的条件。

（3）调水对南四湖水生生物的影响。

1）调水后渔产潜力可望提高。南四湖由于入湖径流年际变化较大，丰枯悬殊，特别是近些年，工农业的发展，超量引用湖水，常出现在死水位以下运行的情况。死水位难以保证已成为影响南四湖渔业发展的重要因素，根据 1982—1983 年调查测定，南四湖渔产潜力为 21kg/亩。目前单产水平只有理论产量的 1/2，其主要原因与水量不足有直接关系。一年干湖，要影响以后 2～3 年的产量。如 1967 年干湖，出现了 1968—1969 年的产量低谷。1978 年干湖，1979 年的产量比上年降低了 30%。调水后，干湖和在死水位以下运行的情况可以避免，湖泊鱼产量至少可以趋于稳定。水量的增加使水体空间扩大，湖泊渔产潜力可望进一步提高。根据山东省淡水水产研究所的计算，调水后渔产潜力可达到 25kg/亩。水位稳定将更有利于发展围网等集约化养殖方式。

2）鱼类种群结构将有所变化。南四湖水位提高并趋于稳定后，敞水区域有所扩大。适应敞水区生活的银鱼、鲌鱼数量将有所增加。由于全湖沉水植物面积大、数量多，适宜于鲫鱼生活的环境条件不会有大的改观。以鲫鱼为优势种的鱼类种群结构也不会发生根本性的转变。黄蟆、中华米虾等资源有可能下降。鳊、鲌等鱼类产量将有所上升。

3）水生植物的种类、数量、分布的变化。南四湖的水生维管束植物可分为两大类：①有直接经济价值的挺水植物和浮叶植物，如芦苇、菰、莲藕等；②有间接经济价值的沉水植物，种类和数量都较多。这一类植物中，有的可直接被草食性鱼类摄食，有的是鱼类产卵的附着物。它们枯死、腐烂后的碎屑是杂食性鱼类的食物，同时又是水体肥力的补充物质。不论从直接上还是间接上，水生维管束植物与湖泊的生态环境和湖泊渔业有着极为重要的关系。水生植物的生长、发育除受气候等条件的影响外，与湖泊水文状况有着直接关联，水生植物的消长对水位的变化极为敏感，在自然条件下，水生植物的种类分布与数量经常处在变动之中，而变动的速度之快，变化之大，有时令人瞠目。据考察，都山湾1985年有10万亩以上成片的芦苇、菰的分布，而在1986年骤变成10万亩以上的纯莲藕区，可见其变化之快，同时也表明生物种间竞争之激烈。南四湖挺水植物在上级湖主要分布在33.0m高程以上，下级湖在31.0～32.0m高程。4月开始，由于农业、工业用水增加，湖水位降低，有利于水生植物萌发，据观测，芦苇、菰等挺水植物萌发时，水深超过0.5m，即不能顺利发芽生长，因此，调水初期，分布于湿生带的芦苇等挺水植物面积相应减小。浮叶植物面积也将缩减。随着湿生带向湖岸线推移，芦苇、菰也将在新的湿生地带繁殖。由于湖滩被全面开发利用，湿生带面积缩小，故芦苇等挺水植物面积不可能恢复到现有水平，而莲藕分布区域会向浅水带推移，面积变化不会太大。

根据对二级坝红旗三闸区域沉水植物分布情况的观察，闸区水深超过3m，开闸时又有较大的流速，除闸的中泓两孔沉水植物密度稍低外，其余区域密度较大，并有成片的莲藕生长，可见水生植物的适应性强。预计南四湖的沉水植物不会发生显著的变化。鲤、鲫鱼的生长繁殖将不会受到影响。

4）底栖生物及虾类资源的变化。南四湖底栖动物比较丰富，平均每亩生物量25kg。田螺资源丰盛，年出口田螺肉多达300t以上。调水后水位升高，大型的、经济价值高的贝类产量将有所增加。敞水区扩大后，占虾类总产量（1000～1200t）1/4的中华米虾（草虾）产量有所减少，而经济价值高，适应敞水区域的秀丽白虾和日本沼虾的产量将可能有所上升。

综上所述，南水北调后，沿线湖泊的水情将发生一些变化，但并未超过水生生物的适应范围。水生生物的种群结构不会产生根本性的改变，湖泊的渔产潜力不会降低，水产品产量将趋向稳定，并可能缓慢上升。水量的增加将给湖泊渔业的发展，提供有利的条件。

（4）调水对东平湖水生生物的影响。调水后，东平湖的平均蓄水水位抬升1m左右，蓄水水位抬升，水面扩大且湖内蓄水水量也较稳定，水环境改善，总体上对发展渔业生产十分有利，避免了湖泊干枯或死水位以下运行造成的渔业损失；浮游动植物和底栖动物的种类和数量将略有上升，优势种群将发生局部调整，但不会显著变化；水位抬升，部分水生维管束植物可能因为生境的改变，部分淹死，因此，水生维管束植物的面积、密度及总生物量将会有所下降。但从长远看，水位上升，会淹没部分裸露的湖滩地，有利于新的水生植物萌发和生长及湖泊自然生态系统的恢复稳定性的提高。

3. 对敏感生态问题的影响

（1）湖内弃土影响。

1）南四湖。输水工程设计：疏浚底高程为29.3m，边坡1∶5，特殊干旱情况下输水为设计控制条件，试算得输水道底宽为68m，即在现状航道底宽50m的基础上再扩宽18m；开挖长度自梁济运河口—南阳（南）长34km。

弃土堆放：弃土全部堆放在湖内航道两侧，弃土高程34.3m，长500m，宽122m，间距500m，共29个弃土堆放点。

施工方案：湖内疏浚土方299.94万m³，大部分为水下挖方，该段工程挖土深度3.5～

4.5m，平均挖深4m，采用120m³/h绞吸式挖泥船开挖。

根据南四湖上级湖疏浚河段施工设计概述可知，湖内弃土可以形成不连续（间隔500m）的、位于航道两侧（也是南四湖自然保护区核心区）的两道堤埝，按原设计方案，弃土高程34.3m，这两条弃土带在南四湖自然保护区的核心区内形成了不连续的两条堤坝，对以鱼类为主的水生动物的移动形成了局部阻断，妨碍水生动物觅食、活动和繁殖，不利于食物链网的健康和安全。设计单位同意将底高程降到蓄水位下0.5m处可以减缓这个影响，是可以考虑接受的方案。

现场调查可见，南四湖湖区内修筑了众多的围堰，已破坏了湖泊的整体美，但在自然保护区内还没有高出水面的堤埝，核心区水面广阔，一览无余，是珍贵的景观资源，但如果在上级湖中弃土形成两道不连续堤埝，将破坏这种整体美学价值，从景观维护的角度看，弃土底高程与蓄水位相当是不可行的，必须降低。

2）东平湖。东平湖内有一段长10km的济平干渠引水清淤工程，从深湖区至青龙山山脚长6.8km段，清淤底宽为60m，边坡1：6，其余的3.2m，清淤底宽为30m，边坡1：6。因此，该工程量相对来说较小，但其弃土堆放也会影响物种的流动。阻断以鱼类为主的动物的正常活动通道，影响其觅食、活动和繁殖，不利于食物链网的健康和安全。同时，从景观美学角度看，弃土堆放也会影响东平湖自然景观。

（2）湖泊水域面积扩大，对保护区湿地和鸟类资源保护的影响。从鸟类保护的角度看，工程运行对鸟类保护总体上是有益的，理由如下。

1）水位抬升，蓄水面积扩大，缓解了湖区内生境破碎化岛屿化进程。对大型猛禽，如隼形目和鸮形目而言，工程运营对生境多样性的改变较少，可能会有部分湖内的杨、柳树被淹死亡，导致它们失去部分栖息地，但它们的主要栖息地分布在滨湖地区，这些栖息地不会因蓄水而缩小面积，因此对它们的影响是轻微的。而蓄水面积扩大，使各种候鸟以及涉禽、水禽的栖息范围扩大，生境破碎化得到遏制，对鸟类保护是十分有益的。

2）水位抬升，蓄水面积扩大，增加了鸟类的食物来源。据前面分析蓄水湖泊水位抬升，水域面积扩大，湖泊水生生物总量增加，水生生物是部分鸟类的食物之一，水生生物总量增加，又使鱼的生产潜力增加，鱼产量的增加使以鱼类为食的各种涉禽、水禽食物来源得到增加，对这些鸟类的保护十分有益。

3）蓄水面积增加，减轻了人类活动的干扰。四个蓄水湖泊成为东线调水的蓄水体后，蓄水面积得到扩大，枯期水量也得到大幅度提高。蓄水减少了湖泊内的农耕活动，限制了人工鱼塘的盲目发展，加之管理力度的增加，鸟类受到的人类干扰会减轻，这对鸟类资源保护十分有利。

4）渔业资源的保护。渔业资源的保护与栖息水面积的大小、饵料生物资源总量以及人们的捕捞强度关系密切，南四湖成为东线蓄水体后，水面积增加了，生物总量的大幅度提高，只要控制好人类的捕捞强度，鱼类资源就可以得到有效保护。

二、人工蓄水区生态环境影响分析

（一）大屯水库

1. 基本情况

大屯水库位于山东省德州市武城县恩县洼东侧，南靠滞洪区郑郝撤退路，东与六五河毗邻，北接德武公路，西与贾庄、丁王庄、王庄相望，水库占地总面积 11.59km²。

大屯水库位于鲁北输水线路末端，近期主要调蓄向德州市德城区和武城县城区的城市居民生活和工业用水，并相机向河北、天津供水，远期增加调蓄南水北调东线向河北、天津的供水。

大屯水库库址地势低洼，土地利用率较低，淹没损失小，无搬迁任务；水库库址距离输水干线最近，便于引水、供水，交通等条件优越，库址较为理想。

选定大屯水库为南水北调东线调蓄水库，库址位于德州市武城县恩县洼东部，北靠德（城）武（城）公路，东临六五河，南接滞洪区撤退道路，西侧为丁王庄、王庄和贾庄等村庄的耕地。

大屯水库设计最高蓄水位 27.46m，相应最大库容 6966 万 m³，设计死水位 21.0m，死库容 585.6 万 m³，水库调节库容 6380.4 万 m³。向德州市德城区年供水量 10919 万 m³，向武城县年供水量 1266 万 m³。

大屯水库为大型水库，工程占地总面积 17389 亩，其中水库占地 17059 亩，引水渠占地 60 亩，六五河改道占地 162 亩，管理区占地 108 亩。

2. 水库对滞洪区运用的影响

（1）恩县洼滞洪区概况。大屯水库库区所在的恩县洼滞洪区是海河流域漳卫河上的最后一个安全保障，关系到津浦铁路及下游河北、山东等地的行洪安全，属国家防汛抗旱总指挥部直接调度。恩县洼位于山东省德州市武城县，在卫运河下游右岸四女寺村附近，当滞洪水位为 26.0m（大沽标高，相当于黄海标高 27.44m）时，淹没面积 325km²。

滞洪区范围包括：东以陈公堤为界，北靠卫运河右岸大堤，西以自然地形等高线为界，南界赵庄沟，以西为六六河、以东为平武公路，西部漫溢至 24.82m 的自然地形高程。

恩县洼是黄河故道左岸河滩高地与卫运河相交形成的封闭蝶形洼地，三面环堤，四周高中间低，历史上称高鸡泊。马庄至代官屯的微高地将大洼分为东西两洼，洼底高程均为 20.0m。卫运河在其西、北部绕过，滞洪区内背河地面高程沿河由 25.5m 降至 22.5m，距洼中心 8～12km，地面坡度为 1/2500～1/4500。东部边界陈公堤外侧地面高程由南部的 25.5m 降至北部的 23.0m，沿堤内外地面高差 2～3m。

滞洪区内辖鲁权屯、滕庄、武城镇、郝王庄、甲马营 5 个乡镇，157 个自然村，2000 年人口 13.65 万人，耕地 35 万亩，是武城县的主要粮棉产区。武城县的玻璃钢、橡塑、棉纺织、造纸、建材、农副产品加工等几大支柱产业主要分布在滞洪区内，据统计，计有各类工业、企业 3439 家，其中县属企业 13 家，乡镇中型企业 6 家，其他企业 3420 家。年工业产值达到 37.4 亿元，固定资产达到 18.2 亿元。滞洪区内经济总值达到 50 亿元。

（2）大屯水库对恩县洼滞洪区的影响分析。

1）对滞洪区滞洪量的影响。大屯水库建成后，库区及围坝占地总面积为 10.49km²，占设计滞洪面积 301km² 的 3.49%；原地面高程平均为 20.8m，滞洪水位按最高水位 24.82m 计算，减少滞洪量 4221 万 m³，占总滞洪量 7 亿 m³ 的 6.03%。

水库不蓄洪，滞洪区最大蓄洪量为 7 亿 m³ 时，由于大屯水库挤占了滞洪区蓄洪库容，抬高了滞洪区的滞洪水位，从水位—面积—蓄水量图上可查出滞洪区内相应水位成为 24.96m，比原设计水位抬高 14.5cm；相应淹没面积为 305.93km²，比滞洪区设计水位时淹没面积 301km² 多 4.93km²，占总淹没面积的 1.64%，初步估算增加淹没损失 1068.9 万元。

中华人民共和国成立后恩县洼滞洪区历次滞洪的时间均发生在 8 月。从水库调节计算表中可以看出水库 6 月末水位为 24.80m，相应蓄水量为 4315.6 万 m³；7 月末水位为 23.50m，相应蓄水量为 3006.2 万 m³；8 月末水位为 22.20m，相应蓄水量为 1766.3 万 m³。由此可知如果恩县洼遇到滞洪情况，8 月水库可以通过放水洞自流或者用水泵抽水蓄部分洪水，这样就会进一步减小对滞洪区滞洪运用的影响；如果水库蓄洪量达到 4221 万 m³，则水库对恩县洼滞洪的影响达到零。

2）对滞洪区进洪闸、退水闸的影响分析。大屯水库位于滞洪区东侧，紧邻陈公堤，距滞洪区进洪闸（西郑庄分洪闸）15km，距退水闸（牛角峪退水闸）9km，距离均较远，因此，不会影响滞洪区进洪和退洪运用。

由以上分析可见，大屯水库建成后对滞洪区、滞洪量、滞洪水位和淹没范围均影响较小。

3）恩县洼滞洪区运用对大屯水库的影响分析。大屯水库建成后，如果恩县洼滞洪运用，将使水库围坝处于洪水包围之中，洪水直接影响围坝安全，须采取有力的防护措施。设计中可以采取围坝外坡护砌的措施，来克服这一不利影响。

大屯水库库区距进洪闸、退水闸距离较远，不会直接受到洪水冲击，因此不必采取防冲措施。

如果水库附属建筑物主要控制设备的放置高程低于滞洪水位，恩县洼滞洪时，这些设备将会受到洪水的浸泡，影响水库安全运行。所以需要提高水库附属建筑物主要控制设备的放置高程，确保水库安全运行。

恩县洼滞洪运用，还会造成水库围坝排渗沟被淤积，在洪水退去后，要及时清淤，保障围坝排渗沟的正常运用，避免造成排渗沟外围土地盐碱化、沼泽化。

由以上分析可见，恩县洼滞洪区的运用对大屯水库的影响较小，而且可以采取有效的措施克服这些不利影响。

3. 水库对土地利用/覆盖结构与生态系统服务价值的影响分析

随着全球变化研究的深入和发展，各个国家越来越感到了人类活动对环境的巨大影响，为了自身生存和发展而对土地进行的大肆开发利用已经引起了陆地表面覆盖的巨大变化，使其成为全球变化的主要原因和重要组成部分。土地利用与土地覆盖变化直接或间接地影响着资源与环境的变化，并进一步影响到区域生态环境质量和社会经济的发展，威胁区域生态安全。

大屯水库作为南水北调东线工程中的重要调蓄平原水库，其建设必将改变原有土地利用/覆盖结构与格局，并进一步影响到区域生态环境质量和社会经济发展以及区域生态安全。因此，揭示大屯水库建设前后的水库及其周边地区土地利用/覆盖变化特征，探讨土地利用变化其对生态环境的可能影响等，对于平原水库以及南水北调东线工程生态环境评价尤为重要。

（1）大屯水库建设对土地利用/覆盖结构的影响分析。本项研究以 Landsat - TM 影像数据（2001 年）为基础数据，采用遥感与地理信息系统手段，对大屯水库及其周边地区土地利用现状进行研究。大屯水库库区及其周边地区分布最多的是耕地，占研究区总面积的 70.2%；其次是居民点，占总面积的 12.8%；然后是盐碱地、低洼地以及打谷场等裸露地为主未利用地占总面积的 10.7%；研究区域内交通及建筑物和水域分布面积较小，分别占总面积的 4.1%和 2.1%。

水库建设后的大屯水库库区及其周边地区土地利用/覆盖特征及其与水库建设之前土地利用/覆盖现状对比分析可以看出（表 6-5-14），大屯水库的建设，导致研究区水域面积增长了 271.2%，其斑块数减少了 4.6%，斑块平均面积则增大了 289.1%；同时，耕地、居民点、交通及建筑物以及未利用地等其他土地利用类型的分布面积和斑块数均有不同程度的减少。

表 6 - 5 - 14　　　　　　大屯水库建设前后土地利用景观结构及其特征对比表

土地利用类型		面积 /km²	占总面积的 百分比/%	斑块数 /个	斑块平均面积 /(km²/个)
水库建设 之前	耕地	156.7	70.2	659	0.238
	居民点	28.7	12.8	1376	0.021
	交通及建筑物	9.1	4.1	1178	0.008
	水域	4.7	2.1	585	0.008
	未利用地	24.0	10.7	2155	0.011
水库建设 之后	耕地	146.5	65.6	644	0.227
	居民点	28.5	12.8	1360	0.021
	交通及建筑物	8.8	4.0	1059	0.008
	水域	17.4	7.8	558	0.031
	未利用地	22.0	9.9	2024	0.011
变化率① /%	耕地	−6.6	−6.6	−2.3	−4.5
	居民点	−0.5	−0.5	−1.2	0.7
	交通及建筑物	−2.7	−2.7	−10.1	8.2
	水域	270.2	271.2	−4.6	289.1
	未利用地	−8.2	−8.2	−6.1	−2.2

① 变化率＝$[(A_{2000}-A_{1990})/A_{1990}]×100\%$。式中：$A$ 为土地利用景观结构数据，对不同的结构数据 A 分别代表总面积、斑块数和斑块平均面积；下标为年份。

采用遥感与地理信息系统手段，分析大屯水库建设之前和之后的土地利用/覆盖结构发现，大屯水库工程占地总面积 15.65km²，其中，76.6% 的来自于耕地；由未利用地转化为水库占总面积的 14.7%，由居民点、交通及建筑物以及水域转化而来的比例分别为 1.0%、5.4% 和 2.3%。可见，水库建设将对区域人类居民点以及交通及建筑物影响不大，将对维持当地生态系统平衡产生不利影响的盐碱地、低洼地等未利用地以及耕地等土地利用类型大幅度减少，增大了有非常重要生态意义的水域面积，使区域生态环境趋于改善。另外，多数土地利用类型斑块数不同程度减少、斑块面积逐渐增大，说明各土地利用景观稳定性在不断增加，对于维持当地生态系统平衡将产生有利影响。

（2）大屯水库建设对生态系统服务价值的影响分析。土地利用结构变化是影响区域生态系统功能的重要因素。为了评估大屯水库建设导致的土地利用变化而引起的生态环境质量变化，现以生态系统服务价值作为评价的量化指标，采用 Costanza 等人对全球生态系统服务价值的测算结果，计算研究区域的生态价值变化。

不同类型的生态系统在维持区域生态安全中发挥着不同的生态系统服务功能。美国生态学家 Costanza 等人将全球生态系统划分为海洋、森林、草原、湿地、水面、荒漠、农田、城市等

16 大类 26 小类；将生态系统服务功能划分为气候调节、水分调控、控制水土流失、物质循环、污染净化、娱乐、文化价值等 17 种功能，并以此为基础对全球生态系统的服务价值进行了估算。

根据已出版的研究报道和原始数据，首先对单位面积上每一类生态系统的某种生态服务功能进行估价，进而估计该生态系统单位面积上所有生态功能的总服务价值，最后计算某一生态系统的总生态系统服务价值。由于 Costanza 等人的估算是在全球尺度上进行的，将之应用于大屯水库库区及其周边地区这一特定小区域，不免出现估计的偏差，为减少这一偏差，特以 Costanza 等人计算的不同类型生态系统服务价值的均值估计。

基于大屯水库建设前后的两期研究区土地利用/覆盖特征，按照上述估价方法计算，大屯水库建设前后水库库区及其周边地区生态价值变化见表 6-5-15。当以全球生态系统服务价值的平均值计算时，在水库建设之前，大屯水库库区及其周边地区生态系统服务总价值为 543.6 万美元，水库建设之后为 1613.3 万美元，即生态系统服务价值比水库建设之前提高了 1069.6 万美元，增高幅度达到 96.8%。这表明：水域面积的大幅度增加，提高区域生态系统服务价值，改善区域生态环境状态。

表 6-5-15　　　　　　　　大屯水库建设前后水库库区及其周边地区生态价值变化表

生态系统类型	单位价值 /[万美元 /(km² · a)]	水库建设 之前面积 /km²	水库建设 之后面积 /km²	水库建设之前 生态价值 /万美元	水库建设之后 生态价值 /万美元	生态价值增减 /万美元
耕地	0.92	156.7	146.3	144.2	134.6	−9.6
居民点	0.00	28.7	28.5	0.0	0.0	0.0
交通及建设物	0.00	9.1	8.8	0.0	0.0	0.0
水域	84.98	4.7	17.4	399.4	1478.7	1079.2
未利用地	0.00	24.0	22.0	0.0	0.0	0.0
总计		223.2	223.0	543.6	1613.3	1069.6

注　以全球生态系统服务价值的平均值计算。

4. 水库对陆地生态系统生产力与生态完整性的影响分析

（1）对自然体系本底的生产能力与稳定状况的影响。

1）自然体系的生产能力。依据模型对大屯水库库区及其周边地区自然植被净第一性生产力进行计算，其结果列于表 6-5-16。

表 6-5-16　　　　　　　研究区自然植被本底的净第一性生产力测算结果表

降水量/mm	净第一性生产力/[t/(hm² · a)]	降水量/mm	净第一性生产力/[t/(hm² · a)]
550	6.70	600	7.39
550	6.91	600	7.59
550	7.11	650	7.20
550	7.30	650	7.43
600	6.96	650	7.65
600	7.18	650	7.86

从表 6-5-16 中可以看出，大屯水库库区及其周边地区自然体系本底的自然植被净生产能力主要在 6.70～7.86t/(hm² · a) [1.84～2.15g/(m² · d)] 之间。根据 Odum 将地球上生态系统总生产力的高低划分为最低 [小于 0.5g/(m² · d)]、较低 [0.5～3.0g/(m² · d)]、较高 [3～10g/(m² · d)]、最高 [10～20g/(m² · d)] 四个等级，该地域自然体系属于较低生产力的生态系统。

2) 自然体系的稳定状况。自然体系的稳定和不稳定是对立统一的。由于各种生态因素的变化，自然体系处于一种波动平衡状况。当这种波动平衡被打乱时，自然体系具有不稳定性。自然体系的稳定性包括两种特征，即阻抗和恢复，这是从系统对干扰反应的意义上定义的。阻抗是系统在环境变化或潜在干扰时反抗或阻止变化的能力，它是偏离值的倒数，大的偏离意味着阻抗低。而恢复（或回弹）是系统被改变后返回原来状态的能力。因此，对自然体系稳定状况的度量要从恢复稳定性和阻抗稳定性两个角度来度量。

通过前面计算结果可知，拟建水库库区及其周边地区的生产能力属于较高等级，处于 1.84～2.15g/(m² · d) [670.3～786.4g/(m² · a)] 之间。这个量接近北方针叶林 [2.19g/(m² · d)] 的平均净生产力。因此，评价区内自然体系的恢复稳定性处于中等强度。

对自然体系阻抗稳定性的度量，是通过对植被的异质性来度量的。所谓异质性，是指一个区域里（景观或生态系统）对一个种或者更高级的生物组织的存在起决定作用的资源（或某种性质）在空间或时间上的变异程度（或强度）。由于异质性的组分具有不同的生态位，给动物物种和植物物种的栖息、移动以及抵御内外干扰提供了复杂和微妙的相应利用关系。因此，植被的异质性决定了自然体系的阻抗稳定性。由于大屯水库地处黄淮海平原区，当地生境类型单一，生长着以农田为主的单一植被类型，这使得评价区植被的本底异质化程度不高。因此，研究区自然体系的本底抗性稳定性是一般的。

3) 水库建设对自然体系的影响。大屯水库工程占地总面积 15.65km²，主要来自于耕地以及盐碱地和低洼地等未利用地。因此，大屯水库建设对水库库区及其周边地区自然体系本底生产能力和稳定状况的影响不大。

综上所述，大屯水库库区及其周边地区自然体系本底的稳定状况属中等水平，大屯水库建设对自然体系本底生产能力和稳定状况的影响不大，可以承受人类轻度的干扰，如果遇到人类强度的破坏，则整个生态系统会很快向生产力更低一级的疏林灌丛 [600g/(m² · a)] 生态系统方向发展。但是大屯水库的建设将减缓人类破坏而向生产力更低一级的疏林灌丛 [600g/(m² · a)] 生态系统方向发展的趋势。

（2）水库建设对生态完整性维护现状的影响。

1) 评价区生产力背景值调查和评价。大屯水库库区及其周边地区主要植被类型为农田植被，据相关研究，农田植被类型平均背景值约为 644.0g/(m² · a)，低于该地的本底值 670.3～786.4g/(m² · a)，这说明拟建水库库区及其周边地区的植被在一定程度上已遭到人类的干扰和破坏。但根据 Odum 的等级划分给出的几个量纲：当拟建水库库区及其周边地区较低等级自然系统的第一性生产力受到干扰发生退化时，其承载力阈值为 182.5g/(m² · a)，这时，植被类型已由灌丛草原类型退化为荒漠类型。目前，从拟建水库库区及其周边地区的生产力的背景值可以看出，部分植被正在由森林向灌丛草地退化，但由于距 182.5g/(m² · a) 较远，故仍然维持在本底所具有的较低生产力水平。所以拟建水库库区及其周边地区的自然系统还有较大的生态承载力。但背景值 644.0g/（m²·a）的生产力水平是一个农田生态系统的平均数。生产力降低幅度最大的是受到生产力较低的盐碱地和低洼地等其他用地类型，如果这些类型在本区扩大，则区域荒漠化进程会加快，直至变为荒漠系统。

2）水库建设对景观功能和稳定状况的影响。景观与生态系统相似，稳定与不稳定的关系是辩证统一的。因为不稳定性不断为稳定性创造条件，稳定总是暂时的。稳定性的类型是由具有较高的生物量和较长生命周期的物种（如树木和大型哺乳动物）起决定作用的高亚稳定性类型组成。这种类型表现的是抗性稳定性，即对来自外部的随机干扰作用（包括环境不确定性干扰和人类的不确定性干扰）和组织内部的相互作用（如生物反馈作用），具有恢复和阻抗能力。

根据上述原理，我们对拟建水库库区及其周边地区景观的稳定性机制进行如下分析。

拟建水库库区及其周边地区内，植被净第一性生产力平均水平约为 644.0g/（m²·a）和本底相比，虽然降低了 26.3～142.4g/（m²·a），但仍然处在较高这一等级上，说明区域自然系统生物恢复能力比较强。但大屯水库库区及其周边地区的主要植被类型为农田植被，而且已有的农田连通度也较差，因此生物恢复能力较差。

由于长久的人类干扰，大屯水库库区及其周边地区植被人工化、单一化状况严重，生物组分异质化程度比本底降低很多，因此，大屯水库库区及其周边地区自然系统的阻抗稳定性相对较差。

大屯水库工程将占用的土地面积为 15.65km²，这将减少耕地面积约 12.0km²，减少未利用地面积约为 2.3km²，增加了 12.7km² 的水域面积。据 Smith 的研究，陆地湖泊和河流等水域的平均净第一性生产力为 500g/（m²·a），低于平均背景值 644.0g/（m²·a）。可见，拟建水库库区及其周边地区水域面积的增长，将降低区域生产能力，但是距区域承载力阈值 182.5g/（m²·a）较远，故仍然维持在本底所具有的较低生产力水平。因此，水库建设对拟建水库库区及其周边地区景观的生物恢复力的影响不大。另外，水库建设将农田和未利用地景观改变为水域景观，进一步降低了区域生物组分异质化程度，使得区域自然系统的阻抗稳定性相对较差。

通过上述分析，从总体上看，大屯水库库区及其周边地区目前生态完整性的维护状况较差，今后大屯水库的建设将对区域生态完整性维护状况的影响不大。由于长期的和目前正在加剧的人类干扰，目前评价区生态环境正朝着更加衰退的方向发展，因此，对于大规模改变该区域的土地利用结构和种植方向一定要慎重。利用土地过程中，一定要爱护自然植被，限制利用范围、利用方式和利用强度，按照自然规律办事，只有这样才能在"生态可持续"的基础上实现社会、经济的可持续发展。

3）水库建设对景观质量的影响。通过优势度计算模型，对评价区内五种景观组分的优势度进行计算，详见表 6-5-17。耕地是环境资源斑块中对生态环境质量调控能力最强的高亚稳定性元素类型，其优势度最高，达到 57.4%，分布面积也最大，占 70.2%，而且连通程度较高（Rd 为 11.1%，Rf 为 78.2%），因此，耕地是评价区的模地。除了耕地以外，优势度较高的还有对生态环境有负面影响的居民点、未利用地以及交通及建筑物，其优势度分别为 17.3%、17.0% 和 10.1%，这几种类型的分布总面积达到 27.7%，对生态环境造成很大的影响。另外，对生态环境正面影响较大的水域的优势度较低，仅为 4.9%。因此，可以说拟建水库库区及其周边地区生态环境质量较差。

表 6－5－17　　　　　　　　　大屯水库库区及其周边地区各类斑块优势度值表　　　　　　　　　　　%

斑块类型		Rd	Rf	Lp	Do
水库建设之前	耕地	11.1	78.2	70.2	57.4
	居民点	23.1	20.4	12.8	17.3
	交通及建设物	19.8	12.5	4.1	10.1
	水域	9.8	5.7	2.1	4.9
	未利用地	36.2	10.2	10.7	17.0
水库建设之后	耕地	11.4	75.1	65.6	54.4
	居民点	24.1	18.8	12.8	17.1
	交通及建设物	18.8	11.9	4.0	9.6
	水域	9.9	12	7.8	9.4
	未利用地	35.9	8.8	9.9	16.1

　　大屯水库建设之后，耕地的优势度下降到 54.4％，居民点、交通及建筑物和未利用地等拼块的优势度也不同程度地降低，而对生态环境正面影响较大的水域的优势度增高至 9.4％，增高幅度达到 90.0％。这表明：大屯水库的建设将会改善和提高拟建水库库区及其周边地区的生态环境质量。

　　5. 水库建设对区域蒸散作用的影响分析

　　自然界的水分在大气、地表、土壤、承压层及植物之间流通，形成诸如降水、径流和蒸散等水文过程。人类活动影响正在引起水文过程各个环节的变化。在人类活动导致的生态环境问题中，土地利用/覆盖变化过程对区域水文过程起着决定性的作用。土地覆盖是支撑地球生物圈和地圈的许多物质流、能量流的源和汇，所以，由人类土地利用活动造成的土地覆盖改变必然影响生态系统的结构和功能，对区域水文过程产生重大影响。大屯水库的建设将改变区域土地利用结构和格局，对区域蒸散、径流等水文过程具有巨大的影响，其中对区域蒸散作用的影响尤为重要。

　　依据已有相关研究结果和整理的气象资料，对大屯水库建设前后的水库库区及其周边地区各个植被类型的蒸散量进行计算，其结果列于表 6－5－18。

表 6－5－18　　　　　　　　大屯水库库区及其周边地区各类斑块蒸散量表

生态系统类型	单位面积蒸散量/mm	水库建设之前面积/km²	水库建设之后面积/km²	水库建设之前总蒸散量/万 m³	水库建设之后总蒸散量/万 m³	总蒸散量增减/万 m³
耕地	603.4	156.7	146.3	9457.1	8829.7	－627.4
居民点	85.3	28.7	28.5	244.6	243.5	－1.1
交通及建设物	85.3	9.1	8.8	77.4	75.3	－2.1
水域	1185.0	4.7	17.4	556.3	2064.7	1508.4
未利用地	332.2	24.0	22.0	796.5	731.4	－65.1
总计		223.1	223.1	11131.8	11944.6	812.8

从表 6-5-18 可以看出，在水库建设之前，拟建大屯水库库区及其周边地区的蒸散总量为 11131.8 万 m³，其中耕地蒸散量占主导地位，所占比例达到 84.9％；水库建设之后研究区的蒸散总量为 11944.6 万 m³，即蒸散量比水库建设之前提高了 812.8 万 m³，增高幅度达到 7.3％，其中由于水域面积剧增而导致大幅度增加水面蒸发，在研究区内，水域总蒸散量提高了 1508.4 万 m³。这表明：大屯水库的建设导致区域内水域面积的大幅度增加，提高区域蒸散量，将改善局地气候条件，优化气候资源，改善生态环境，促进经济发展。因此，从区域水文过程的角度来看，大屯水库的建设有利于改善区域生态环境。

（二）东湖水库

1. 基本情况

东湖水库位于济南市东北约 30km 处，小清河与白云湖之间，为新建平原水库。东湖水库枢纽工程由围坝、进水闸、穿小清河倒虹、入库泵站、出库泵站、泄水闸、排渗沟等部分组成。水库工程总占地面积约 9.9km²，围坝长 11.445km，水库总库容 8447 万 m³，死库容 600 万 m³，设计蓄水水位 28.02m，死水位 19.0m，设计坝顶高程 30.00m，防浪墙顶高程 31.00m，平均坝高 10.5m，库内地面高程一般为 19.0m 左右。

东湖水库的兴建，主要是为了调蓄干线引江水量，提高干线的输水可靠程度。工程建成后，在保证率 95％的情况下，考虑输水损失后，可向济南市东部地区年供水 4050 万 m³，并错开干渠输水时间，每年 6 月向下游滨州、淄博年供水 3542 万 m³。

2. 水库对土地利用/覆盖结构与生态系统服务价值的影响分析

东湖水库与大屯水库具有诸多相似之处，均为南水北调东线工程中的新建重要调蓄平原水库，其建设必将改变原有土地利用/覆盖结构与格局，并进一步影响到区域生态环境质量和社会经济发展以及区域生态安全。因此，揭示东湖水库建设前后的水库及其周边地区土地利用/覆盖变化特征，探讨土地利用变化其对生态环境的可能影响等，对于东湖水库建设以及南水北调东线工程生态环境评价尤为重要。

（1）东湖水库建设对土地利用/覆盖结构的影响分析。本项研究以 Landsat-TM 影像数据（2001 年）为基础数据，采用遥感与地理信息系统手段，对东湖水库及其周边地区土地利用现状进行研究。从遥感影像解译结果看，目前，东湖水库库区及其周边地区分布最多的是耕地，占研究区总面积的 60.2％；其次是以盐碱地、低洼地以及打谷场等裸露地为主未利用地，占总面积的 21.5％；然后是居民点与建设用地和水域，分别占总面积的 7.8％和 7.2％；研究区域内鱼藕塘分布面积较小，占整个区域面积的 3.3％。

水库建设后的东湖水库库区及其周边地区土地利用/覆盖特征及其与水库建设之前土地利用/覆盖现状对比分析可以看出（表 6-5-19），东湖水库的建设，导致研究区水域面积增长了 130.3％，其斑块数减少了 5.6％，斑块平均面积则增大了 144.0％；同时，耕地、居民点与交通用地以及未利用地等其他土地利用类型的分布面积和斑块数均有不同程度的减少。

采用遥感与地理信息系统手段，分析东湖水库建设之前和之后的土地利用/覆盖结构发现，东湖水库工程及其相关工程的占地总面积约 10.7km²，其中 66.7％来自于耕地；由未利用地转化为水库占总面积的 29.4％，由水域和居民点与建筑用地转化而来的比例分别为 2.6％和 1.3％。由此可见，水库建设将对区域人类居民点以及交通及建筑物影响不大，对维持当地生态系统平衡产生不利影响的盐碱地、低洼地等未利用地以及耕地等土地利用类型的大幅度减少，增大了具有重要生态意义的水域面积，使区域生态环境趋于改善。另外，多数土地利用类型斑块数不同程度减少、斑块面积逐渐增大，说明各土地利用景观稳定性在不断增加，对于维持当地生态系统平衡将产生有利影响。

表 6 - 5 - 19　　　　　　东湖水库建设前后土地利用景观结构及其特征对比表

土地利用类型		面积 /km²	占总面积的 百分比/%	斑块数 /个	斑块平均面积 /(km²/个)
水库建设之前	耕地	67.8	60.2	265	0.256
	鱼藕塘	3.8	3.3	14	0.268
	居民点与建筑用地	8.8	7.8	645	0.014
	水域	8.1	7.2	320	0.025
	未利用地	24.3	21.5	1396	0.017
水库建设之后	耕地	60.2	53.4	247	0.244
	鱼藕塘	3.8	3.3	14	0.268
	居民点与建筑用地	9.2	8.1	609	0.015
	水域	18.6	16.5	302	0.061
	未利用地	21.0	18.6	1297	0.016
变化率[①]/%	耕地	−11.2	−11.2	−6.8	−4.8
	鱼藕塘	0.0	0.0	0.0	0.0
	居民点与建筑用地	4.6	4.6	−5.6	10.8
	水域	130.3	130.3	−5.6	144.0
	未利用地	−13.5	−13.5	−7.1	−6.9

①　变化率＝［$(A_{2000} - A_{1990}) / A_{1990}$］×100％。式中：$A$ 为土地利用景观结构数据，对不同的结构数据 A 分别代表面积、斑块个数和斑块平均面积；下标为年份。

（2）东湖水库建设对生态系统服务价值的影响分析。为了评估东湖水库建设导致的土地利用变化而引起的生态环境质量变化，选取生态系统服务价值作为评价的量化指标，采用 Costanza 等人对全球生态系统服务价值的测算结果，计算东湖水库库区及其周边地区的生态价值变化。

基于东湖水库建设前后的两期研究区土地利用/覆盖特征，按照 Costanza 等人的估价方法计算，东湖水库建设前后水库库区及其周边地区生态价值变化见表 6 - 5 - 20。当以全球生态系统服务价值的平均值计算时，在水库建设之前，东湖水库库区及其周边地区生态系统服务总价值为 1073.6 万美元，水库建设之后为 1958.9 万美元，即生态系统服务价值比水库建设之前提高了 885.3 万美元，增高幅度达到 82.5％。这表明水域面积的大幅度增加，提高区域生态系统服务价值，改善区域生态环境状态。

3. 水库对陆地生态系统生产力与生态完整性的影响分析

（1）对自然体系本底的生产能力与稳定状况的影响。

表 6 - 5 - 20 东湖水库建设前后水库库区及其周边地区生态价值变化表

生态系统类型	单位价值/[万美元/(km²·a)]	水库建设之前面积/km²	水库建设之后面积/km²	水库建设之前生态价值/万美元	水库建设之后生态价值/万美元	生态价值增减/万美元
耕地	0.92	67.8	60.2	62.4	55.4	−7.0
鱼藕塘	84.98	3.8	3.8	322.9	322.9	0.0
居民点与建筑用地	0.00	8.8	9.2	0.0	0.0	0.0
水域	84.98	8.1	18.6	688.3	1580.6	892.3
未利用地	0.00	24.3	21.0	0.0	0.0	0.0
总计	—	112.8	112.8	1073.6	1958.9	885.3

注 以全球生态系统服务价值的平均值计算。

1) 自然体系的生产能力。利用模型对东湖水库库区及其周边地区自然植被净第一性生产力进行计算,获得了研究区自然植被净生产能力。东湖水库库区及其周边地区自然体系本底的自然植被净生产能力与大屯水库基本相同,主要为 $6.70 \sim 7.86 t/(hm^2 \cdot a)$ $[1.84 \sim 2.15 g/(m^2 \cdot d)]$。根据 Odum (1959) 将地球上生态系统总生产力的高低划分为最低 $[$小于 $0.5 g/(m^2 \cdot d)]$、较低 $[0.5 \sim 3.0 g/(m^2 \cdot d)]$、较高 $[3 \sim 10 g/(m^2 \cdot d)]$、最高 $[10 \sim 20 g/(m^2 \cdot d)]$ 四个等级,该地域自然体系属于较低生产力的生态系统。

2) 自然体系的稳定状况。通过前面计算结果可知,拟建水库库区及其周边地区的生产能力属于较高的等级,为 $1.84 \sim 2.15 g/(m^2 \cdot d)$ $[670.3 \sim 786.4 g/(m^2 \cdot a)]$。这个量接近北方针叶林 $[2.19 g/(m^2 \cdot d)]$ 的平均净生产力。因此,评价区内自然体系的恢复稳定性处于中等强度。

由于东湖水库库区地处黄河冲积平原,地势较为平缓,生长着以农田为主的单一植被类型,这使得评价区植被的本底异质化程度不高。因此,研究区自然体系的本底抗性稳定性是一般的。

3) 水库建设对自然体系的影响。东湖水库工程占地总面积约为 $10.7 km^2$,主要来自于耕地以及盐碱地和低洼地等未利用地。因此,东湖水库建设对水库库区及其周边地区自然体系本底生产能力和稳定状况的影响不大。

综上所述,东湖水库库区及其周边地区自然体系本底的稳定状况属中等水平,东湖水库建设对自然体系本底生产能力和稳定状况的影响不大,可以承受人类轻度的干扰,如果遇到人类强度的破坏,则整个生态系统会很快向生产力更低一级的疏林灌丛 $[600 g/(m^2 \cdot a)]$ 生态系统方向发展。但是,东湖水库的建设将减缓人类破坏而向生产力更低一级的疏林灌丛 $[600 g/(m^2 \cdot a)]$ 生态系统方向发展的趋势。

(2) 水库建设对生态完整性维护现状的影响。

1) 评价区生产力背景值调查和评价。东湖水库库区及其周边地区主要植被类型为农田植被,据相关研究,东湖水库库区及其周边地区的主要植被类型平均背景值约为 $644.0 g/(m^2 \cdot a)$,低于该地的本底值 $670.3 \sim 786.4 g/(m^2 \cdot a)$,这说明拟建水库库区及其周边地区的植被在一定程度上已遭到人类的干扰和破坏。但根据 Odum 的等级划分给出的几个量纲:当拟建水库库区及其周边地区较低等级自然系统的第一性生产力受到干扰发生退化时，其承载力阈值为182.5g/(m²·a)，这时，植被类型已由灌丛草原类型退化为荒漠类型。目前，从拟建水库库区及其周边地区的生产力的背景值可以看出，部分植被正在由森林向灌丛草地退化，但由于距182.5g/(m²·a)较远，故仍然维持在本底所具有的较低生产力水平。所以拟建水库库区及其周边地区的自然系统还有较大的生态承载力。但背景值644.0g/(m²·a)的生产力水平是一个农田生态系统的平均数。生产力降低幅度最大的是受到生产力较低的盐碱地和低洼地等其他用地类型，如果这些类型在本区扩大，则区域荒漠化进程会加快，直至变为荒漠系统。

2）水库建设对景观功能和稳定状况的影响。拟建水库库区及其周边地区内，植被净第一性生产力平均水平约为644.0g/(m²·a)和本底相比虽然降低了26.3～142.4g/(m²·a)，但仍然处在较高这一等级上，说明区域自然系统生物恢复能力比较强。但东湖水库库区及其周边地区的主要植被类型为农田植被，而且已有的农田连通度也较差，因此生物恢复能力较差。

由于长久的人类干扰，东湖水库库区及其周边地区植被人工化、单一化状况严重，生物组分异质化程度比本底降低很多，因此，东湖水库库区及其周边地区自然系统的阻抗稳定性相对较差。

东湖水库工程将占用的土地面积为10.7km²，这将减少耕地面积约7.6km²，减少未利用地面积约为3.3km²，增加了10.2km²的水域面积。据Smith研究，陆地湖泊和河流等水域的平均净第一性生产力为500g/(m²·a)，低于平均背景值644.0g/(m²·a)。可见，拟建水库库区及其周边地区水域面积的增长，将降低区域生产能力，但是距区域承载力阈值182.5g/(m²·a)较远，故仍然维持在本底所具有的较低生产力水平。因此，水库建设对拟建水库库区及其周边地区景观的生物恢复力的影响不大。另外，水库建设将农田和未利用地景观改变为水域景观，进一步降低了区域生物组分异质化程度，使得区域自然系统的阻抗稳定性相对较差。

通过上述分析，从总体上看，东湖水库库区及其周边地区生态完整性的维护状况较差，东湖水库的建设将对区域生态完整性维护状况的影响不大。由于长期的和目前正在加剧的人类干扰，目前评价区生态环境正朝着更加衰退的方向发展，因此，对于大规模改变该区域的土地利用结构和种植方向一定要慎重。利用土地过程中，一定要爱护自然植被，限制利用范围、利用方式和利用强度，按照自然规律办事，只有这样才能在"生态可持续"的基础上实现社会、经济的可持续发展。

3）水库建设对景观质量的影响。根据优势度的计算方法，在上述五种景观组分中，耕地（农田）是环境资源斑块中对生态环境质量调控能力最强的高亚稳定性元素类型，其优势度最高，达到49.9%，分布面积也最大，占60.2%，而且连通程度较高（Rd为10.0%，Rf为69.2%），因此，耕地是拟建东湖水库库区及其周边地区的模地（表6-5-21）。除了耕地以外，优势度较高的还有对生态环境有负面影响的未利用地以及居民点与建筑用地，其优势度分别为37.4%和15.8%，这两种类型的分布总面积达到29.3%，对生态环境造成很大的影响。另外，对生态环境正面影响较大的水域的优势度为15.3%，以水体为主的鱼藕塘的优势度为3.7%。总的来说，拟建东湖水库库区及其周边地区目前生态环境质量较差。

东湖水库建设之后，耕地的优势度下降到47.5%，未利用地和居民点与建筑用地等斑块的优势度也不同程度的降低，而对生态环境正面影响较大的水域的优势度增高至25.7%，增高幅度达到 68.0%。这表明：东湖水库的建设将会改善和提高拟建水库库区及其周边地区的生态环境质量。

表 6 - 5 - 21 　　　　　　　东湖水库库区及其周边地区各类斑块优势度值表　　　　　　　%

斑块类型		Rd	Rf	Lp	Do
水库建设之前	耕地	10.0	69.2	60.2	49.9
	鱼藕塘	0.5	7.7	3.3	3.7
	居民点与建筑用地	24.4	23.1	7.8	15.8
	水域	12.1	34.6	7.2	15.3
	未利用地	52.9	53.8	21.5	37.4
水库建设之后	耕地	10.0	73.1	53.4	47.5
	鱼藕塘	0.6	7.7	3.3	3.7
	居民点与建筑用地	24.7	15.4	8.1	14.1
	水域	12.2	57.7	16.5	25.7
	未利用地	52.5	46.2	18.6	34.0

4. 水库建设对区域蒸散作用的影响分析

依据已有相关研究结果和整理的气象资料，利用 Penman - Monteith 方程对东湖水库建设前后的水库库区及其周边地区各个植被类型的蒸散量进行计算，其结果列于表 6 - 5 - 22。从表 6 - 5 - 22 可以看出，在水库建设之前，拟建东湖水库库区及其周边地区的蒸散总量为 6744.4 万 m^3，其中耕地蒸散量占主导地位，所占比例达到 57.1%；水库建设之后研究区内的蒸散总量为 7727.8 万 m^3，即蒸散量比水库建设之前提高了 983.6 万 m^3，增高幅度达到 14.6%。其中由于水域面积剧增而导致大幅度增加水面蒸发，在研究区内水域总蒸散量提高了 1552.2 万 m^3。这表明东湖水库的建设导致区域内水域面积的大幅度增加，提高区域蒸散量，将改善局地气候条件，优化气候资源，改善生态环境，促进经济发展。因此，从区域水文过程的角度来看，东湖水库的建设有利于改善区域生态环境。

表 6 - 5 - 22 　　　　　　　　东湖水库库区及其周边地区各类斑块蒸散量表

生态系统类型	单位面积蒸散量 /mm	水库建设之前面积 /km²	水库建设之后面积 /km²	水库建设之前总蒸散量 /万 m³	水库建设之后总蒸散量 /万 m³	总蒸散量增减 /万 m³
耕地	568.2	67.8	60.2	3852.4	3420.6	−431.8
鱼藕塘	1478.3	3.8	3.8	561.7	561.7	0.0
居民点与建筑用地	106.4	8.8	9.2	93.7	97.9	4.3
水域	1478.3	8.1	18.6	1197.4	2749.6	1552.2
未利用地	427.6	24.3	21.0	1039.2	898.0	−141.1
总计		112.8	112.8	6744.4	7727.8	983.6

（三）双王城水库

1. 基本情况

双王城水库为大型水库，工程占地总面积 26560 亩，其中水库占地 26405 亩（老库区占地 11500 万亩），输水渠占地 65 亩，泵站占地 90 亩。水库设计最高蓄水位 11.20m，相应最大库容 12102 万 m^3，设计死水位 4.50m，死库容 1300 万 m^3，水库调节库容 10802 万 m^3。向胶东地区年净供水水量 7226 万 m^3，出库毛水量 9106 万 m^3，向寿光市城区年供水量 1000 万 m^3，水库周边地区高效农业年灌溉水量 1000 万 m^3，设计灌溉面积 2 万亩。入库设计流量 12m^3/s，设计充库天数 126 天；向胶东地区供水设计出库流量 32m^3/s，设计出库天数 34 天。潍坊市寿光城区用水为全年均匀供水，利用压力管道输水至城区水厂，设计流量 0.32m^3/s；水库周边地区的高效农业用水，可利用水库东西坝上布设的灌溉洞引水，单洞设计流量 2.0m^3/s。

胶东输水干线总体水量调度方案，青岛、烟台、威海、潍坊四地市需调引江水总量 37650 万 m^3，而在现有输水规模情况下，直接可调引的水量 28424 万 m^3，尚有 9226 万 m^3 水量需建设调蓄水库进行调蓄。双王城水库工程主要任务是为胶东地区调蓄引江水量，利用非引江时间向胶东供水区供水，能为青岛、烟台、威海三市提供可靠的调蓄水量。

2. 水库对土地利用/覆盖结构与生态系统服务价值的影响分析

双王城水库与大屯水库和东湖水库具有诸多相似之处，均为南水北调东线工程中的重要调蓄平原水库，其建设必将改变原有土地利用/覆盖结构与格局，并进一步影响到区域生态环境质量和社会经济发展以及区域生态安全。因此，揭示双王城水库建设前后的水库及其周边地区土地利用/覆盖变化特征，探讨土地利用变化及其对生态环境的可能影响等，对于双王城水库建设以及南水北调东线工程生态环境评价尤为重要。

（1）双王城水库建设对土地利用/覆盖结构的影响分析。本项研究以 Landsat-TM 影像数据（2002 年）为基础数据，采用遥感与地理信息系统手段，对双王城水库及其周边地区土地利用现状进行研究。从遥感影像解译结果（表 6-5-23）看，双王城水库库区及其周边地区分布最多的是耕地，占研究区总面积的 40.3%；其次是荒草地和居民点及建筑用地，分别占总面积的 28.7% 和 20.5%；然后是盐碱地、低洼地以及打谷场等裸露地为主未利用地占总面积的 4.8%；研究区域内水域和鱼藕塘分布面积较小，分别占整个区域面积的 2.3% 和 3.3%。

表 6-5-23　　　　双王城水库建设前后土地利用景观结构及其特征对比表

土地利用类型		面积/km^2	占总面积的百分比/%	斑块数/个	斑块平均面积/(km^2/个)
水库建设之前	耕地	74.9	40.3	1644	0.025
	鱼藕塘	6.1	3.3	39	0.085
	居民点及建筑用地	38.1	20.5	2711	0.008
	水域	4.3	2.3	148	0.016
	荒草地	53.3	28.7	3572	0.008
	未利用地	9.0	4.9	637	0.008

土地利用类型		面积/km²	占总面积的百分比/%	斑块数/个	斑块平均面积/(km²/个)
水库建设之后	耕地	68.4	36.8	1509	0.024
	鱼藕塘	6.0	3.2	36	0.090
	居民点及建筑用地	36.0	19.4	2377	0.008
	水域	22.7	12.2	110	0.111
	荒草地	44.4	23.9	3304	0.007
	未利用地	8.3	4.5	563	0.008
变化率①/%	耕地	-8.7		-8.2	-0.6
	鱼藕塘	-1.6		-7.7	6.2
	居民点及建筑用地	-5.5		-12.3	8.0
	水域	427.9		-25.7	606.4
	荒草地	-16.7		-7.5	-10.1
	未利用地	-7.8		-11.6	4.2

① 变化率＝〔（A_{2000}－A_{1990}）/A_{1990}〕×100%。式中：A为土地利用景观结构数据，对不同的结构数据A分别代表斑块面积、斑块个数和斑块平均面积；下标为年份。

水库建设后的双王城水库库区及其周边地区土地利用/覆盖特征及其与水库建设之前土地利用/覆盖现状对比分析可以看出（表6-5-23），双王城水库的建设，导致研究区水域面积增长了425.0%，其斑块数减少了25.7%，斑块平均面积则增大了606.4%；同时，耕地、居民点与建筑用地、荒草地、鱼藕塘以及未利用地等其他土地利用类型的分布面积和斑块数均有不同程度的减少。

采用遥感与地理信息系统手段，分析双王城水库建设之前和之后的土地利用/覆盖结构发现，双王城水库工程占地总面积17.7km²，原水库面积为7.7km²，水库工程新增占地10.0km²。目前，原双王城水库的水体面积仅为2.3km²，其余部分为以芦草为主荒草地和盐碱地。在新增水库占地中，48.5%的土地来自于耕地；由荒草地转化为水库占总面积的29.7%，由居民点与建筑用地和未利用地转化而来的比例分别为19.5%和1.5%。可见，水库建设将对于维持当地生态系统平衡产生不利影响的耕地以及居民点与建筑用地等土地利用类型大幅度减少，增大了非常重要生态意义的水域面积，使区域生态环境趋于改善。另外，多数土地利用类型斑块数不同程度减少、斑块面积逐渐增大，说明各土地利用景观稳定性在不断增加，对于维持当地生态系统平衡将产生有利影响。

（2）双王城水库建设对生态系统服务价值的影响分析。为了评估双王城水库建设导致的土地利用变化而引起的生态环境质量变化，选取生态系统服务价值作为评价的量化指标，采用Costanza等人对全球生态系统服务价值的测算结果，计算研究区域的生态价值变化。

基于双王城水库建设前后的两期研究区土地利用/覆盖特征，按照上述Costanza等人的估价方法计算，双王城水库建设前后水库库区及其周边地区生态价值变化见表6-5-24。当以全球生态系统服务价值的平均值计算时，在水库建设之前，双王城水库库区及其周边地区生态系统服务总价值为1083.3万美元，水库建设之后为2611.0万美元，即生态系统服务价值比水库建设之前提高了1527.7万美元，增高幅度达到141.0%。这表明水域面积的大幅度增加，提高了区域生态系统服务价值，改善了区域生态环境状态。

表6-5-24 双王城水库建设前后水库库区及其周边地区生态价值变化

生态系统类型	单位价值/[万美元/(km²·a)]	水库建设之前面积/km²	水库建设之后面积/km²	水库建设之前生态价值/万美元	水库建设之后生态价值/万美元	生态价值增减/万美元
耕地	0.92	74.9	68.4	68.9	62.9	−6.0
鱼藕塘	84.98	6.1	6.0	522.4	512.1	−10.2
居民点及建筑用地	0.00	38.1	36.0	0.0	0.0	0.0
水域	84.98	4.3	22.7	368.2	1933.0	1564.8
荒草地	2.32	53.3	44.4	123.8	102.9	−20.9
未利用地	0.00	9.0	8.3	0.0	0.0	0.0
总计		185.8	185.8	1083.3	2611.0	1527.7

注 以全球生态系统服务价值的平均值计算。

3. 水库对陆地生态系统生产力与生态完整性的影响分析

（1）对自然体系本底的生产能力与稳定状况的影响。

1）自然体系的生产能力。采用了周广胜、张新时根据水热平衡联系方程及生物生理生态特征而建立的自然植被净第一性生产力模型，计算出了双王城水库库区及其周边地区自然植被净第一性生产力。双王城水库的气象条件与大屯水库和东湖水库基本相同，水库库区及其周边地区自然体系本底的自然植被净生产能力主要为6.70～7.86t/(hm²·a) [1.84～2.15g/(m²·d)]。根据Odum将地球上生态系统总生产力的高低划分为最低 [小于0.5g/(m²·d)]、较低 [0.5～3.0g/(m²·d)]、较高 [3～10g/(m²·d)]、最高 [10～20g/(m²·d)] 的四个等级，该地域自然体系属于较低生产力的生态系统。

2）自然体系的稳定状况。拟建水库库区及其周边地区的生产能力属于较高的等级，处于1.84～2.15g/(m²·d) [670.3～786.4g/(m²·a)] 之间。这个量接近北方针叶林 [2.19g/(m²·d)] 的平均净生产力。因此，评价区内自然体系的恢复稳定性处于中等强度。

由于双王城水库地处黄淮海平原区，当地生境类型比较单一，生长着农田荒草地等单一植被类型，这使得评价区植被的本底异质化程度不高。因此，研究区自然体系的本底抗性稳定性是一般的。

3）水库建设对自然体系的影响。双王城水库扩建工程新增占地面积为10.0km²，主要来自于耕地、荒草地以及居民点与建筑用地。因此，双王城水库建设对水库库区及其周边地区自然体系本底生产能力和稳定状况的影响不大。

综上所述，双王城水库库区及其周边地区自然体系本底的稳定状况属中等水平，双王城水库建设对自然体系本底生产能力和稳定状况的影响不大，可以承受人类轻度的干扰，如果遇到人类强度的破坏，则整个生态系统会很快向生产力更低一级的疏林灌丛 [600g/(m²·a)] 生态系统方向发展。但是，双王城水库的建设将减缓人类破坏而向生产力更低一级的疏林灌丛

$[600g/(m^2 \cdot a)]$ 生态系统方向发展的趋势。

(2) 水库建设对生态完整性维护现状的影响。生态完整性的维护状况可以用本底的自然体系的生产能力和稳定状况作类比，以现状同类值（背景值）来度量，用以判定功能与结构的匹配性。

1）评价区生产力背景值调查和评价。双王城水库库区及其周边地区主要植被类型为农田植被和荒草地，据相关研究，区域平均背景值约为 $644.0g/(m^2 \cdot a)$，低于该地的本底值 $670.3\sim786.4g/(m^2 \cdot a)$，这说明拟建水库库区及其周边地区的植被在一定程度上已遭到人类的干扰和破坏。但根据 Odum 的等级划分给出的几个量纲：当拟建水库库区及其周边地区较低等级自然系统的第一性生产力受到干扰发生退化时，其承载力阈值为 $182.5g/(m^2 \cdot a)$，这时，植被类型已由灌丛草原类型退化为荒漠类型。从拟建水库库区及其周边地区的生产力的背景值可以看出，部分植被正在由森林向灌丛草地退化，但由于距 $182.5g/(m^2 \cdot a)$ 较远，故仍然维持在本底所具有的较低生产力水平。所以拟建水库库区及其周边地区的自然系统还有较大的生态承载力。但背景值 $644.0g/(m^2 \cdot a)$ 的生产力水平是一个农田生态系统的平均数。生产力降低幅度最大的是生产力较低的盐碱地和低洼地等其他用地类型，如果这些类型在本区扩大，则区域荒漠化进程会加快，直至变为荒漠系统。

2）水库建设对景观功能和稳定状况的影响。根据景观生态学原理，对拟建水库库区及其周边地区景观的稳定性机制进行如下分析。

拟建水库库区及其周边地区内，植被净第一性生产力平均水平约为 $644.0g/(m^2 \cdot a)$，和本底相比虽然降低了 $26.3\sim142.4g/(m^2 \cdot a)$，但仍然处在较高这一等级上，说明区域自然系统生物恢复能力比较强。但双王城水库库区及其周边地区的主要植被类型为农田植被，而且已有的农田连通度也较差，因此生物恢复能力较差。

由于长久的人类干扰，双王城水库库区及其周边地区植被人工化、单一化状况严重，生物组分异质化程度比本底降低很多，因此，双王城水库库区及其周边地区自然系统的阻抗稳定性相对较差。

双王城水库工程将占用的土地面积为 $17.7km^2$，这将减少耕地面积约 $6.5km^2$、减少荒草地面积约为 $8.9km^2$、减少居民点与建筑用地 $2.1km^2$、减少未利用地面积约为 $0.7km^2$，增加了 $18.4km^2$ 的水域面积。据研究，陆地湖泊和河流等水域的平均净第一性生产力为 $500g/(m^2 \cdot a)$，低于平均背景值 $644.0g/(m^2 \cdot a)$。可见，拟建水库库区及其周边地区水域面积的增长，将降低区域生产能力，但是距区域承载力阈值 $182.5g/(m^2 \cdot a)$ 较远，故仍然维持在本底所具有的较低生产力水平。因此，水库建设对拟建水库库区及其周边地区景观的生物恢复力的影响不大。另外，水库建设将农田和未利用地景观改变为水域景观，进一步降低了区域生物组分异质化程度，使得区域自然系统的阻抗稳定性相对较差。

通过上述分析，从总体上看，双王城水库库区及其周边地区目前生态完整性的维护状况较差，今后双王城水库的建设将对区域生态完整性维护状况的影响不大。由于长期的和正在加剧的人类干扰，目前评价区生态环境正朝着更加衰退的方向发展，因此，对于大规模改变该区域的土地利用结构和种植方向一定要慎重。利用土地过程中，一定要爱护自然植被，限制利用范围、利用方式和利用强度，按照自然规律办事，只有这样才能在"生态可持续"的基础上实现社会、经济的可持续发展。

3）水库建设对景观质量的影响。耕地和荒草地是环境资源斑块中对生态环境质量调控能力较强的两种高亚稳定性元素类型，通过计算表明，两者优势度分别达到 36.4％和 34.9％，耕地和荒草地总的分布面积占 69.0％。因此，耕地和荒草地是评价区的模地。除了耕地以外，优势度较高的还有对生态环境有负面影响的居民点与建筑用地以及未利用地的优势度分别为 27.5％和 14.0％，这两种类型的分布总面积达到 25.3％，对生态环境造成很大的影响。另外，对生态环境正面影响较大的水域的优势度较低，仅为 7.6％。因此，可以说拟建水库库区及其周边地区生态环境质量较差。

双王城水库建设之后，模地斑块——耕地和荒草地的优势度分别下降到 32.8％和 31.2％，居民点与建筑用地和未利用地等斑块的优势度也不同程度地降低，而对生态环境正面影响较大的水域的优势度增高至 11.5％，增高幅度达到 51.3％。这表明：双王城水库的建设将会改善和提高拟建水库库区及其周边地区的生态环境质量。

4. 水库建设对区域蒸散作用的影响

依据已有相关研究结果和整理的气象资料，利用 Penman - Monteith 方程，双王城水库建设前后的水库库区及其周边地区各个植被类型的蒸散量进行计算。在水库建设之前，拟建双王城水库库区及其周边地区的蒸散总量为 91659.3 万 m^3，其中耕地和荒草地的蒸散量所占比例分别达到 49.3％和 31.0％；水库建设之后研究区的蒸散总量为 107661.9 万 m^3，即蒸散量比水库建设之前提高了 16002.6 万 m^3，增高幅度达到 17.5％，其中由于水域面积剧增而导致大幅度增加水面蒸发，在研究区内水域蒸散量提高了 25118.0 万 m^3。这表明双王城水库的建设导致区域内水域面积的大幅度增加，提高区域蒸散量，将改善局地气候条件，优化气候资源，改善生态环境，促进经济发展。因此，从区域水文过程的角度来看，双王城水库的建设有利于改善区域生态环境。

第六节　南水北调东线工程血吸虫病影响及对策研究

南水北调东线工程是一项跨江、淮、黄、海四大流域，向津、冀、鲁、苏、皖等省（直辖市）供水的大型调水工程，对于解决北方缺水、调控生态环境、发展经济有着重要的战略意义。由于东线工程主要输水河道所经地区原多为血吸虫病流行区，而水源区现状仍有血吸虫病流行。由于国内外多有水利工程造成血吸虫病传播蔓延的报告，因此血吸虫病问题一直是南水北调东线工程的重大环境影响问题。早在 20 世纪 70 年代末至 90 年代，国内学者研究认为北纬 33°15′以北地区气温不适宜钉螺（日本血吸虫唯一中间宿主）生长。然而在南水北调工程开工之际有学者认为随着全球气候变暖，钉螺有随水流向北迁移扩散的可能，从而使南水北调工程血吸虫病问题再度受到关注。

国务院领导对此高度重视，在国务院南水北调办组织领导下，江苏省血吸虫病防治研究所等单位从 2004 年以来，采用钉螺生态学、血吸虫病流行病学、水文学、水力学、气象学等多学科理论和技术专题开展了集成创新研究，取得了扎实的监测分析数据和丰硕的研究成果。

一、东线沿线血吸虫病流行概况调查

采用回顾性调查方法，掌握了解东线工程沿线血吸虫病流行历史和钉螺分布情况。资料表明，南水北调东线工程沿线历史上血吸虫病疫区分布在北纬 33°15′ 以南地区，南起三江营（即南水北调东线取水口），北至江苏宝应，即我国血吸虫病流行区的北界（北纬 33°15′）。东线工程江苏段主要水源河道（夹江、芒稻河）、输水河道（里运河、新通扬运河、三阳河、金宝航道）、湖泊（高邮湖、宝应湖、邵伯湖等）及相关流域历史上均为血吸虫病流行区，涉及 11 个流行县（市、区）85 个流行乡（镇）的 604 个流行村。其中调水工程涉及的宝应县、高邮市、邗江区、广陵区、江都区均为历史血吸虫病重流行区。宝应县累计血吸虫病人 23936 人，累计钉螺面积 439.10 万 m²，1953 年查病阳性率达 28.27%，1985 年达到血吸虫病传播阻断标准。原高邮县 1950 年新民乡曾发生震惊全国的急性血吸虫病暴发疫情，全乡 5257 人，发生急性感染 4019 人（76.45%），死亡 1335 人；当年全县发生急性血吸虫病 6070 例，居民粪检血吸虫卵阳性率高达 75.57%，1995 年达到血吸虫病传播阻断标准。原江都县累计血吸虫病人 176253 人，累计钉螺面积 6086.67 万 m²。1953 年全市查病阳性率为 21.4%，1964 年为 25.22%，2000 年达到血吸虫病传播控制标准。宝应以南水源（引水）河道和输水河道钉螺分布情况如下。

（1）水源河道：自长江至第一级泵站有夹江、芒稻河、泰州引江河、新通扬运河、三阳河、潼河。

1）夹江和芒稻河位于扬州市邗江区和江都市，长 22.4km，其中夹江段长 11.4km，芒稻河长约 11km。夹江和芒稻河既是淮河入长江的主要通道，又是南水北调东线工程的引水河道。河道以天然河道为主，河面较宽，绝大多数河段的宽度均超过 100m，堤坡及江滩杂草丛生，适宜钉螺孳生，目前钉螺面积较大，钉螺密度较高，是东线工程钉螺之源。

2）泰州引江河（24km）：1995 年开挖，2002 年 10 月全部完成。南接长江，北由九里沟与新通扬运河相连，其中高港枢纽距河口 1.9km，两岸全部护砌，未发现钉螺。

3）新通扬运河江都至宜陵段（11.3km）：于 1976 年、1978 年、1979 年、1980 年、1998 年、2004 年、2006 年分别查出钉螺，面积多小于 0.15 万 m²。

4）三阳河（66.5km）：于 1977 年、1998 年查出钉螺面积 5.3 万 m²、1.3 万 m²。

5）潼河（15.5km）：平地开挖新河道，无钉螺。

（2）输水河道：宝应以南第一级泵站开始有高水河、里运河、金宝航道。

1）高水河（全长 15.2km）：是江都站向北送水入里运河的渠首河道。高水河于 1963 年开工，1965 年 7 月竣工，历史上未发现钉螺。

2）里运河：1965 年在里运河宝应段西堤（子婴闸对岸起至七里闸渡口止）查出钉螺面积 4800m²，1977 年东堤丰收洞以北 20m 处查到一处有螺面积 150m²，1984 年西堤宝应地龙渡口堤埂查到钉螺面积 4935m²，其后里运河宝应段未再查出钉螺。因此宝应地龙运河西堤渡口段也是里运河沿线钉螺分布最北的位置（北纬 33°02′40.32″，东经 119°24′12.03″）。里运河高邮段长 43km，首次于 1955 年在高邮车逻闸至二十里铺查到钉螺面积 1.4 万 m²。1955—1982 年累计查出有螺长度为 44960m，累计有螺面积为 304494m²。1977—1982 年对有螺石驳岸进行水泥灌浆勾缝处理，一度查不到钉螺。1993 年、1994 年、1998—2012 年在石驳岸破损处持续查到少量残存钉螺。里运河江都段石驳岸累计钉螺面积 37275m^2，1980 年采用水泥嵌缝灭螺后未再查到钉螺。

3) 金宝航道（长 30.75km）：1981 年首次发现钉螺，以后数年中钉螺面积变化不大，1996 年及以后未再发现钉螺。

二、江水北调工程未造成钉螺北移扩散原因研究

江水北调工程是南水北调东线工程良好的类比研究工程项目，对江水北调工程的研究有助于南水北调东线工程对钉螺北移和血吸虫病传播影响的研究。通过对输水河道布局和周边水系相互关系及水位情况分析，以及开展江水北调工程钉螺分布资料的回顾性调查，结果表明实施江水北调工程前京杭运河里运河高邮段即有钉螺孳生，江水北调工程运行 40 多年钉螺分布无北移扩散倾向，迄今为止亦未有北纬 33°15′ 以北地区自然界发现钉螺的报告。原因为江水北调工况条件下钉螺扩散能力受到水流、水位、水源调度、水工建筑（河道、清污机/拦污栅、泵站、调蓄湖泊）等诸多因素制约，钉螺缺乏随调水北移扩散的条件。

三、东线调水血吸虫病北移可能性和预警研究

东线工程沿线血吸虫病和钉螺分布风险监测表明未来东线工程血吸虫病传播风险主要在江苏宝应以南原血吸虫病流行区，特别是水源区及水源河道。研究确定了东线工程血吸虫病监测范围；通过秩和比综合评估法提出了水源河段、输水河段和各监测点风险评估量化表，确定了南水北调东线工程钉螺监测点线结合的布局，为建立东线工程血吸虫病监测体系奠定了基础。

同时，以钉螺北移扩散孳生位置分为 4 个监测预警等级，据此制订了东线工程钉螺散和血吸虫病应急预案。

2006—2012 年按照东线工程血吸虫病监测预警体系开展监测，水源河道调查钉螺面积 3630.56 万 m^2，抽样设框调查 828932 框（0.1m^2/框），钉螺密度和有螺面积均呈下降趋势，2006—2008 年均查获感染性钉螺，2009 年后则再未查获感染性钉螺。输水河道调查钉螺面积 1177.82 万 m^2，钉螺面积和活螺密度呈徘徊下降趋势。2010—2012 年东线工程监测点常规设框法调查钉螺面积 45.49 万 m^2，设框调查 17570 框；其中江都水利枢纽出水池 3 号滩地有钉螺面积 2530m^2，钉螺密度逐年下降；2011 年泰州引江河口（长江水域）查获钉螺 36000m^2；钉螺密度逐年下降。2010—2012 年监测点水体钉螺扩散监测，共打捞获漂浮物 4843kg，未发现吸附钉螺；共投放稻草帘 1840 块，诱获钉螺 220 只，其他螺 24834 只。诱获钉螺地点为三阳河宜陵闸下（新通扬运河水域）。

2006—2012 年开展居民血吸虫病检测 203014 人次，血清学阳性 101 人次；检查家畜 10168 头次，均为阴性。卡方检验表明水源区人群血吸虫病血清学总阳性率显著高于受水区（$R^2 = 35.986$，$P < 0.01$），说明水源区血吸虫病潜在传播风险显著大于受水区。

东线工程毗邻水域渔民生产活动监测调查表明东线工程输水河道沿线存在渔业生产造成钉螺扩散风险，进而产生继发性或二次水流扩散的风险。

四、东线工程防控钉螺扩散工程措施和相关技术研究

通过类比研究的方法，确定东线工程实施的金宝航道、高水河、里运河高邮段河岸硬化、

灌浆勾缝等综合整治措施防止钉螺扩散血防工程的有效性，以及金湖站、洪泽站引河硬化、设置清污机/拦污栅等综合防控钉螺扩散工程措施的有效性。这些工程的实施将为进一步控制和消除东线工程钉螺扩散和血吸虫病传播潜在风险提供进一步的保障。2013年春季里运河高邮段原有螺石驳岸未查到钉螺。

根据"中层取水"原理，研究设计了中层取水防钉螺拦网，现场应用表明在流速为0.88～1.0m/s时仍具有100％的拦螺效果，适用于南水北调东线工程应急防螺和有螺地区电灌站防止钉螺扩散。

根据南水北调东线工程水源区环境和水质保护要求，以及钉螺生态学原理，研究建立了水源区保芦沙埋灭螺法。现场应用表明水源区江滩沙埋后不仅即可消除钉螺，而且还可防止汛后扩散钉螺滋生，同时不影响芦苇等植物生长，获得了保芦沙埋灭螺效果。

根据东线工程沿线调蓄湖泊潜在钉螺扩散方式，采用中层取水防螺网原理设置湖区拦螺网，现场试验表明湖区拦螺网对模拟漂浮物的拦截率均为100％，而普通养殖围网对标记芦苇秆的拦截率亦为100％；对稻壳的拦截率为89.5％。表明湖区拦螺网可有效防止钉螺登陆扩散，而钉螺却不能长时间吸附漂浮物在水体中生长繁殖，从而可达到防止湖区钉螺扩散的目的。现场实施要点是拦螺网必须连片以完全覆盖湖岸线，方可有效防止钉螺登陆（湖滩）扩散。现场试验和调查还表明湖区普通养殖围网也具有较好的防螺效果，在沿湖有养殖围网的历史有螺区未发现扩散钉螺，而近年在无养殖围网的湖滩则出现了扩散钉螺。因此，结合湖区围网养殖开展湖区防螺具有良好的实际意义。

第七章　东线一期工程治污规划和方案

第一节　南水北调东线工程治污规划

南水北调工程是实现我国水资源优化配置的最大也是最重要的工程。2000 年 9 月 27 日，国务院召开南水北调工程座谈会，时任国务院总理朱镕基听取国务院有关部门领导和各方面专家对南水北调工程的意见时指出，南水北调工程是解决我国北方水资源严重短缺问题的特大型基础设施项目。国务院将按要求周密部署、精心组织，加快工作进度。他强调，南水北调工程的规划和实施要建立在节水、治污和生态环境保护的基础上，必须正确认识和处理实施南水北调工程同节水、治理水污染和保护生态环境的关系，务必做到"先节水后调水、先治污后通水、先环保后用水"（简称"'三先三后'原则"）。

据此，有关方面和部门对《南水北调工程总体规划》从四个方面进一步做了调整和加强，即把节约用水、生态建设与环境保护放在更加突出的位置，突出节水，加强污染治理和水环境保护；在全面编制调水沿线城市水资源规划，合理配置调水区、受水区水资源基础上，确定调水规模；按照统筹兼顾、全面规划、优化比选、分期实施原则，开展工程建设；建立适应社会主义市场经济体制改革要求的建设管理体制和水价形成机制。为了保证提出的东线治污方案的合理性，按照"三先三后"原则，在总体规划中，由环境保护部环境规划院具体负责，开展了东线治污规划工作。南水北调东线工程治污规划以实现输水水质达Ⅲ类标准为目标，规划了清水廊道工程、用水保障工程及水质改善工程三大工程。其中，清水廊道工程以输水主干渠沿线污水零排入为目标，投资 161.3 亿元，建设城市污水处理厂 102 座，辅以必要的截污导流工程及流域综合整治工程，确保主干渠输水水质达到地表水Ⅲ类水标准。

一、编制目的

为落实朱镕基、温家宝同志关于南水北调东线工程治污规划的有关指示，体现"先节水后调水，先治污后通水，先环保后用水"的"三先三后"原则，保证东线调水水质，国家计委会同水利部、国家环保总局、建设部等部门及江苏、山东、河北、天津、安徽、河南等省（直辖市）共同编制了南水北调东线工程治污规划，并将其纳入工程总体规划。

南水北调东线工程利用现有京杭运河及其平行的河道输水，输水干线连接长江、淮河、黄河、海河四大流域下游区域，这四大流域污染物将对输水水质造成严重的影响。为确保输水干线水质达到地表水环境质量Ⅲ类标准，需要加快该区域的水污染防治治理进程。制定并实施东线治污规划不仅是东线工程发挥效益的保障，而且是对该区域实施可持续发展战略的重要推动。

二、编制原则

（一）确保输水水质原则

确保输水水质达到国家地表水环境质量标准Ⅲ类，使长江水安全输送至天津，实现清水优先保护；建立水质目标、排污总量、治污项目、工程投资四位一体的指标体系，制订水质保证方案。

（二）治污促进节水的原则

淮河、海河流域结构性污染严重，水资源浪费也严重，必须在建设治污系统的同时，全面落实节水措施，减少工农业用水量，提高水的重复利用率和污水资源化率，降低人均综合用水系数，实现节水型社会的要求，做到全社会珍惜北调水量，保护好北调水质。

（三）突出调水工程要求的原则

规划以淮河、海河流域水污染防治规划为基础，突出南水北调东线工程对水质的需求，围绕主体工程设计方案及分期进度编制东线工程治污规划，并纳入主体工程规划。

（四）地方行政首长负责制的原则

规划确定的水质目标与治理措施，逐级分解到省、市、县，落实地方行政首长负责制。地方各级政府运用行政、法律、经济手段，确保输水干线水质目标的实现。

三、规划范围

南水北调东线工程利用江苏省江水北调工程，扩大规模向北延伸而成，充分利用了京杭运河及淮河、海河流域现有河道和建筑物，并密切结合防洪、排涝和航运等综合利用的要求。

黄河以南沿线分布的洪泽湖、骆马湖、南四湖、东平湖 4 个调蓄湖泊，湖泊与湖泊之间水位差都在 10m 左右，形成 4 大段输水工程，湖与湖之间均设 3 级提水泵站，南四湖上、下级湖之间设 1 级泵站，从长江至东平湖共设 13 个抽水梯级，地面高差 40m，泵站总扬程 65m。

根据调水范围，南水北调工程东线治污规划区域包含 25 个市的 105 个县级行政区。其中江苏省包括扬州、泰州、淮安、徐州、宿迁 5 个市的江都、高邮、宝应、邗江、金湖、盱眙、泗洪、洪泽、楚州区、淮阴区、泗阳、宿豫、邳州、铜山、沛县、睢宁、丰县 17 个县级行政区，山东包括枣庄、济宁、泰安、德州、聊城、济南、菏泽、莱芜、临沂、淄博 10 个市的苍山、沂源、沂水、蒙阴、沂南、罗庄（临沂）、平邑、郯城、费县、台儿庄、山亭区（枣庄）、滕州、峄城、薛城、鱼台、嘉祥、梁山、微山、邹城、兖州、曲阜、金乡、汶上、泗水、东平、肥城、新泰、宁阳、临清、莘县、冠县、阳谷、东阿、夏津、武城、曹县、成武、单县、定陶、鄄城、郓城、东明、巨野43个县级行政区，河北包括沧州、衡水2个市的大名、馆陶、沧县、青县、泊头、吴桥、南皮、东光、桃城区（衡水）、景县、武强、枣强、武邑、故城、阜城、冀州、清河、临西、饶阳、安平、宁晋、新河、南宫、献县24个县级行政区，天津包括市区以及静海、西青、大港3个县级行政区，安徽包括淮南、蚌埠、淮北、宿州4个市的五河、濉溪、泗县、灵璧、凤台、怀远、固镇、明光8个县级行政区，河南包括焦作、新乡、鹤壁、安阳4个市的博爱、修武、卫辉、辉县、获嘉、淇县、滑县、浚县、林县、汤阴10个县级行政区。

规划按南水北调工程输水线路、用水区域和相关水域的保护要求，划分为输水干线规划区、山东天津用水规划区（含江苏泰州）、河南安徽规划区。

输水干线规划区为输水主干渠所在区域，由淮河流域江苏控制区、淮河流域山东控制区、黄河流域山东控制区、海河流域山东控制区、海河流域河北控制区、海河流域天津控制区共6个控制区组成，包括新通扬运河、北澄子河、入江水道、淮河盱眙段、老汴河（濉河）、大运河淮阴段等47个控制单元。

山东天津用水规划区为南水北调东线工程末端接用水区和西水东调起始区接用水区，由淮河流域江苏控制区、黄河流域山东控制区、海河流域天津控制区共3个控制区组成，包括槐泗河、小清河、天津市区用水段等3个控制单元。

河南安徽规划区为保护漳卫新河和洪泽湖水质的污染控制区，由淮河流域安徽控制区、海河流域河南控制区2个控制区组成，包括淮河干流、入洪泽湖支流、卫河河南段等3个控制单元。

规划区域由3个规划区、8个控制区、53个控制单元组成，以控制单元作为规划污染治理方案、进行水质输入响应分析的基础单元。

四、重点区域及主要内容

（一）重点控制区域

1. 水质敏感区

水质敏感区主要分布于南水北调东线工程输水干线规划区内的28个控制单元。

（1）洸府河、老运河（济宁段）、赵王河、梁济运河（李集）、梁济运河（邓楼）、城漷河、老运河（微山段）、卫运河河北段8个单元（有6项以上的水质指标超标）。

（2）洙水河、邳苍分洪道、泗河、泉河4个单元（5项水质指标超标）。

（3）不牢河、白马河、东鱼河、洙赵新河、大汶河、卫运河山东段、南运河山东段、南运河河北段8个单元（4项水质指标超标）。

（4）大运河邳州段、沛沿河、韩庄运河、峄城沙河、小运河—七一河—六五河、清凉江河北段（杨圈闸）、清凉江河北段（杨二庄）、马厂减河8个单元（3项水质指标超标）。

（5）另外，河南安徽规划区内卫运河河南段4项水质指标超标，也属于水质敏感区。

2. 污染控制重点区

输水干线规划区内，洸府河、不牢河、大汶河、房亭河、东鱼河、洙赵新河、大运河淮阴段、城漷河、卫运河山东段、泗河、东平湖等 11 个控制单元化学需氧量排放量为 29 万 t，占输水干线规划区排污总量的 62%，为输水干线规划区污染控制重点区。

规划区内江苏、安徽、山东、河南、河北、天津各省（直辖市）中，山东、河南两省废水和污染物排放量最大。山东省废水排放量占全线的 31.9%，化学需氧量排放量占全线的 36.5%，氨氮排放量占全线的 30.0%。河南省废水、化学需氧量、氨氮排放量分别占全线的 22.7%、24.0%、29.4%。因此，输水干线规划区，山东省是污染控制的重点；河南安徽规划区，河南省是污染控制的重点。

（二）规划主要任务

1. 满足调水工程方案分期水质需求

南水北调东线一期工程，以 2007 年为规划水平年；二期工程以 2010 年为规划水平年。规划划分 2007 年、2010 年两个时间段，规定 2007 年前应完成的项目，以山东、江苏治污项目为主，同时实施河北省工业治理项目；2008—2010 年以黄河以北河南、河北、天津治污项目为主，同时实施安徽省治污项目。

一期工程的重点是南四湖，要求南四湖区域加大治污力度，确保环湖各区域污染物削减到满足输水水质要求，一步到位。避免南四湖水质富营养化在 5 年内继续发展，使输水干线承受水质风险。

2. 全线重点控制工业和城市污染源，局部区域注意面污染源影响

东线输水线路，以清污分流形成清水廊道为建设目标，经强化二级处理工艺处理过的水，一般不允许进入主干渠。除山东南四湖、东平湖区域因地势原因不能形成清水廊道外，其他区域的点、面污染源产生的污染物排入主干渠的数量均较少。因此，集中在南四湖、东平湖区域，沿 100 余 km 的主干渠两侧 50~100m，建立面源植物防护带；在入湖各河口设置强化生态处理工程，依靠节制闸合理调度截留污染物；结合这一区域的农业现代化，建设无化肥农业区和有机食品基地，形成控制农业面源的防治系统。

3. 输水与防洪、排涝兼顾

东线输水线路，跨越长江、黄河、淮河、海河四大流域下游，要实现输水与防洪、排涝兼顾，保证原已形成的防洪、排涝系统不受影响。治污规划规定的新建截污导流设施均在建设项目立项审批阶段，由主体工程设计部门进行防洪排涝可行性审查后，作为配套项目纳入主体工程。

4. 治、截结合，实现污水资源化

以治为主，配套截污导流工程，将处理厂出水分别导向回用处理设施、农业灌溉设施和择段排放设施，依靠各类污水资源化设施和流域综合整治工程，提高污水的资源化水平，使东线治污工程项目形成"治理、截污、导流、回用、整治"一体化的治污工程体系。

5. 实施清水廊道、用水保障、水质改善三大工程

清水廊道工程在输水干线规划区内实施：以污水零排入输水干线为目标，确保主干渠输水水质达Ⅲ类标准。规划到 2008 年建设城市污水处理厂 76 座，处理能力 343.5 万 t/d；2013 年前新建 28 座污水处理厂，使处理能力扩大到 452.5 万 t/d。工程沿线关闭 26 条造纸厂制浆生产线，其中黄河以南 25 条，黄河以北 1 条。工业污染源推行清洁生产、集中控制。

用水保障工程在山东天津用水规划区内实施：2008 年前以山东、江苏用水区水质为目标，济南、泰州建设 2 座城市污水处理厂，1 项截污导流工程；2009—2013 年以天津用水区水质为目标，建设 3 座城市污水处理厂，2 项截污导流工程，辅以洪泥河、海河干流底泥清淤、排水系统改造工程。

水质改善工程在河南安徽规划区内实施：以改善卫运河、漳卫新河、淮河干流及洪泽湖水质为主要目标，到 2013 年，建设 26 个城市污水处理厂，总规模 166.5 万 t/d。

6. 重视污水回用与资源化项目

治污规划以节水为前提，在治污项目中，进一步落实污水回用项目，从源头到末端，同时加强节水措施。在输水干线规划区内投资 1.3 亿元，建设 42 个工业污水回用项目；投资 12.7 亿元，建设城市污水处理回用项目 49 个，回用规模 127 万 t/d（均在 2008 年前完成）。

五、治污方案

（一）规划目标

1. 水质目标

2008 年，江苏、山东 41 个控制断面中，输水干线规划区 33 个控制断面水质可以达Ⅲ类，5 个控制断面水质可以达Ⅳ类，卫运河山东段断面化学需氧量浓度控制在 70mg/L（其他指标按照农灌标准执行），保障回用水水质要求，污水不进入输水干线。山东天津用水规划区山东济南小清河柴庄闸断面水质可达Ⅲ类，江苏泰州槐泗河槐泗河口断面水质可达Ⅳ类，确保南水北调东线一期工程的水质安全。

2013 年，南水北调东线输水干线规划区 44 个控制断面可以达Ⅲ类，卫运河山东段、卫运河河北段、北排河等 3 个季节性河流断面化学需氧量浓度控制在 70mg/L（其他指标按照农灌标准执行），保障回用水水质要求，污水不进入输水干线。

山东天津用水规划区、江苏用水区槐泗河、小清河、天津市区用水段 3 个控制断面可以达Ⅲ类。

河南安徽规划区淮河干流沫河口及入洪泽湖支流五河断面达Ⅲ类，卫河河南段龙王庙断面 2013 年控制在 70mg/L（其他指标按照农灌标准执行），保障回用水要求，污水不进入输水干线。

2013 年，除卫河河南段、卫运河山东段、卫运河河北段、北排河等 4 个季节性河流控制断面外，其他 49 个控制断面实现规划水质目标。

2. 污染物总量控制目标

根据治污项目和在建项目削减污染物的能力（未计河南安徽规划区工业污染源自筹资金削减的排污总量），以实现 2008 年江苏、山东调水水质达Ⅲ类和 2013 年全线调水水质达Ⅲ类为目标，分别制定 2008 年和 2013 年规划区污染物排放总量控制指标。

（1）2008 年江苏、山东污染物总量控制指标。

1）化学需氧量排放总量控制在 19.7 万 t，削减率为 61.5%。其中，输水干线规划区、山东天津用水规划区（山东、江苏部分）化学需氧量排放总量控制在 16.4 万 t、3.3 万 t，削减率分别为 64.3%、37.7%。

江苏、山东两省化学需氧量排放量分别为 6.7 万 t、13 万 t，削减量分别为 8.9 万 t、22.6 万 t。

2）化学需氧量入输水干线量控制在 6.3 万 t，减少率为 82.5％。在排污总量削减 61.5％的基础上，依托截污导流工程，减少直接、间接进入输水干线的化学需氧量量，其减少率达82.5％。其中，输水干线规划区、山东天津用水规划区（山东、江苏部分）入河量控制在 5.9 万 t、0.4 万 t，减少率分别为 80.8％、92.6％。

江苏、山东两省化学需氧量入河量分别控制在 2.0 万 t、4.3 万 t，减少量分别为 9.9 万 t、19.6 万 t。

3）氨氮排放总量控制在 2.0 万 t，削减率为 60.3％。其中，输水干线规划区、山东天津用水规划区（山东、江苏部分）氨氮排放总量控制在 18153t、1426t，削减率分别为58.4％、82.5％。

江苏、山东两省氨氮排放量分别为 2344t、17235t，削减量分别为 5300t、24489t。

4）氨氮入输水干线量控制在 0.5 万 t，减少率为 84.2％。其中，输水干线规划区、山东天津用水规划区氨氮入输水干线量控制在 5176t、79t，减少率分别为 81.6％、98.5％。

江苏、山东两省氨氮入河量分别控制在 959t、4296t，减少量分别为 4658t、23296t。

（2）2013 年安徽、河南、河北、天津污染物总量控制指标。

1）化学需氧量排放总量控制在 35.0 万 t，削减率为 23.9％。其中，输水干线规划区、山东天津用水区（天津部分）、河南安徽规划区化学需氧量排放总量控制在 1.5 万 t、11.6 万 t、21.9 万 t，削减率分别为 60.0％、25％、10.7％。

河北、天津、河南、安徽化学需氧量排放总量控制在 1.1 万 t、12.1 万 t、18.6 万 t、3.3万 t，削减量分别为 2.1 万 t、1.6 万 t、4.7 万 t、2.6 万 t。

2）化学需氧量入输水干线量控制在 2.7 万 t，减少率为 91.3％。其中，输水干线规划区、山东天津用水区（天津部分）实现对输水干线化学需氧量的零排入，减少率为 100％；河南安徽规划区化学需氧量入河量控制在 2.7 万 t，减少率为 85.5％。

河北、天津、河南实现对输水干线化学需氧量的零排入，减少率为 100％；安徽化学需氧量入河量为 2.7 万 t，减少率为 46％。

3）氨氮排放总量控制在 5.1 万 t，削减率为 42.7％。其中，输水干线规划区、山东天津用水区（天津部分）、河南安徽规划区氨氮排放总量控制在 3556t、27407t、19876t，削减率分别为 6％、28.2％、58％。

河北、天津、河南、安徽氨氮排放总量控制 5607t、1425t、29538t、15011t、4865t，削减量分别为 215t、10801t、25807t、1690t。

4）氨氮入输水干线量控制在 0.3 万 t，减少率为 94.9％。其中，输水干线规划区、山东天津用水规划区（天津部分）实现对输水干线氨氮的零排入，减少率为 100％；河南安徽规划区氨氮入河量控制在 3214t，减少率为 89％。

河北、天津、河南实现对输水干线氨氮的零排入，减少率为 100％；安徽氨氮入河量为3214t，减少率为 42.4％。

（3）2013 年全线污染物总量控制指标。维持江苏、山东 2008 年排污水平，2009—2013 年削减安徽河南、河北、天津各省（直辖市）污染物总量，到 2013 年，全线污染物总量控制指标如下。

1）化学需氧量排放总量控制指标 54.8 万 t，削减率为 43.7％。其中，输水干线规划区、山东天津用水规划区、河南安徽规划区化学需氧量排放总量控制在 17.8 万 t、15.0 万 t、21.9 万 t，削减率分别为 62.1％、18.5％、25.0％，以输水干线规划区为削减重点。

江苏、安徽、山东、河南、河北、天津 6 省（直辖市）化学需氧量排放总量指标分别为 6.7 万 t、3.3 万 t、13.0 万 t、18.6 万 t、1.1 万 t、12.1 万 t，削减量分别为 8.9 万 t、2.8 万 t、22.6 万 t、4.7 万 t、2.1 万 t、1.6 万 t。

2）化学需氧量入输水干线量控制在 9.0 万 t，减少率为 86.6％。在排污总量削减 64.9％的基础上，依托截污导流工程，减少直接、间接进入输水干线的化学需氧量，其减少率达 86.6％。其中，输水干线规划区、山东天津用水规划区、河南安徽规划区化学需氧量入河量控制在 6.0 万 t、0.3 万 t、2.7 万 t，减少率分别为 79.2％、98％、85.5％。

江苏、安徽、山东 3 省化学需氧量入河量分别控制在 2.0 万 t、2.7 万 t、4.3 万 t，减少量分别为 9.9 万 t、2.3 万 t、19.6 万 t。河南、河北、天津 3 省（直辖市）因输水渠与位临运河立交以及截污导流工程的实施，化学需氧量不进入输水干线。

3）氨氮排放总量控制在 7.1 万 t，削减率 49.2％。其中，输水干线规划区、山东天津用水规划区、河南安徽规划区氨氮排放总量控制在 2.2 万 t、2.9 万 t、2.0 万 t，削减率分别为 53.2％、34.1％、57.4％。

江苏、安徽、山东、河南、河北、天津 6 省（直辖市）氨氮排放总量分别控制在 2344t、4865t、17235t、15011t、1425t、29538t，削减量分别为 5300t、1690t、24489t、25807t、215t、10801t。

4）氨氮入输水干线量控制在 0.8 万 t，减少率为 91.1％。其中，输水干线规划区、山东天津用水规划区、河南安徽规划区氨氮入输水干线量分别控制在 5176t、79t、3214t，减少率分别为 81.2％、99.8％、89％。

江苏、安徽、山东 3 省氨氮入河量分别控制在 959t、3214t、4296t，减少量分别为 4658t、2367t、23269t。由于输水干线与位临运河立交以及截污导流工程的实施，河南、河北、天津 3 省（直辖市）进入输水干线的氨氮量为零。

（二）工程项目及投资

1. 治污工程项目和投资汇总

南水北调东线治污工程 2013 年前总投资为 238.4 亿元，输水干线规划区、山东天津用水规划区、河南安徽规划区分别需投资 166.4 亿元、35.6 亿元、36.4 亿元。山东、江苏、河南、安徽、河北、天津 6 省（直辖市）规划投资分别为 86.9 亿元、49 亿元、19.8 亿元、16.6 亿元、35.3 亿元、30.8 亿元（不包括河南、安徽两省的工业污染治理项目投资）。

2001—2008 年应完成投资 148.2 亿元，输水干线规划区、山东天津用水规划区分别需投资 133.0 亿元和 15.2 亿元；山东、江苏、河北分别需投资 86.9 亿元、49.0 亿元、12.3 亿元。

2009—2013 年应完成投资 90.2 亿元，输水干线规划区、山东天津用水规划区、河南安徽规划区分别需投资 33.4 亿元、20.4 亿元、36.4 亿元；河北、河南、安徽、天津分别需投资 23.0 亿元、19.8 亿元、16.6 亿元、30.8 亿元。

按照治污工程项目性质不同，规划将南水北调东线治污工程项目划分为城市污水处理厂建设工程、截污导流工程、工业结构调整工程、工业综合治理工程、流域综合整治工程 5 类项目，其中河南安徽规划区只列入城市污水处理工程项目，如表 7-1-1 所示。

表 7-1-1　　　　　　　南水北调东线治污规划分区分类投资　　　　　　单位：亿元

类型	输水干线规划区	山东天津用水规划区	河南安徽规划区	合计
城市污水处理厂建设工程	112.0	11.9	36.4	160.3
截污导流工程	20.0	12.3		32.3
工业结构调整工程	5.5			5.5
工业综合治理工程	19.0			19.0
流域综合整治工程	9.9	11.4		21.3
合计	166.4	35.6	36.4	238.4
其中：2008 年	133.0	15.2		148.2
2013 年	33.4	20.4	36.4	90.2

表 7-1-1 所示东线 5 类治污项目：城市污水处理厂建设工程（135 项）总投资 160.3 亿元；截污导流工程（33 项）总投资 32.3 亿元；工业结构调整工程（38 项）总投资 5.5 亿元；工业综合治理工程（150 项）总投资 19.0 亿元；流域综合整治工程（13 项）投资 21.3 亿元。

主要投资集中于城市污水处理厂项目。2001—2008 年间投资 96.7 亿元，新建、扩建城市污水处理厂 78 座，具有 378.5 万 t/d 的处理能力。2009—2013 年间投资 63.6 亿元，新建城市污水处理厂 57 座，新增城市污水处理能力 290.5 万 t/d。合计 2001—2013 年期间投资 160.3 亿元，共建城市污水处理厂 135 座，实现处理能力 669.0 万 t/d。

以上测算考虑了管网配套能力和处理厂纳容水平，为实际可实现的处理能力。城市污水处理厂投资按 2200 元/t 估算，其中管网费用按照 700～1000 元/t 估算，为主干管道费用。对基础设施较差的城市，需补充管网建设费用时应另做专项建设规划备审。

2. 工程及投资分类

（1）清水廊道工程。位于输水干线规划区内的清水廊道工程总投资 166.4 亿元，其中 2001—2008 年投资 133 亿元，2009—2013 年投资 33.4 亿元。2008 年输水干线清水廊道工程具有削减化学需氧量排放量 25.4 万 t/a 的能力，2013 年输水干线清水廊道工程具有削减化学需氧量排放量 30.4 万 t/a 的能力。

1）城市污水处理项目。该项目共投资 112.0 亿元，其中 2001—2008 年投资 88.1 亿元，2009—2013 年投资 23.9 亿元；新增城市污水处理能力 452.5 万 t/d，其中 2001—2008 年新增 343.5 万 t/d，2009—2013 年新增 109.0 万 t/d；配套城市污水回用设施处理规模 117 万 t/d，均在 2008 年前完成。2008 年城市污水处理工程削减化学需氧量排放量约 17 万 t/a，2013 年削减化学需氧量排放量约 24.7 万 t/a。

2）工业结构调整项目。该项目投资 5.5 亿元，关、停、并、转工业企业 38 家，包括关闭 26 家 2 万 t 以下制浆能力的制浆生产线，共关闭制浆生产能力 40.3 万 t，削减化学需氧量排放量 3.4 万 t/a。工业结构调整项目在 2008 年前完成。

3）工业综合治理项目。该项目投资 19.0 亿元，150 家企业实施清洁生产工程、达标再提高工程、企业污水回用工程，削减化学需氧量排放量 2.3 万 t/a。其中工业污水回用项目 42 个，投资 1.3 亿元，可削减化学需氧量 0.5 万 t。工业综合整治项目在 2008 年前完成。

4）截污导流项目投资 20.0 亿元，实施 30 项截污导流工程，截污水量为 4.0 亿 t，每年减少化学需氧量 6.1 万 t 进入输水干线。其中 2008 年前投资 14.5 亿元，完成 21 项；2009—2013 年投资 5.5 亿元，完成其余 9 项。

5）流域整治项目。该项目投资 9.9 亿元，实施 11 项流域整治工程，改善输水水质条件。其中 2008 年前投资 5.8 亿元，2009—2013 年投资 4.1 亿元。

输水干线清水廊道工程中，各省投资及项目如下。

江苏省投资 45.8 亿元，要求在 2008 年前完成。其中，污水处理工程 35.9 亿元，截污导流工程 6.4 亿元，工业污染治理 1.8 亿元，综合整治 1.7 亿元。

山东省投资 74.9 亿元，要求在 2008 年前完成。其中，污水处理工程 52.2 亿元，截污导流工程 8.2 亿元，工业污染治理 10.4 亿元，综合整治 4.1 亿元。

河北省投资 35.3 亿元（2008 年 12.3 亿元，2009—2013 年 23.0 亿元）。其中，污水处理工程 19.4 亿元，截污导流工程 1.5 亿元，工业污染治理 12.3 亿元，综合整治 2.1 亿元。

天津市投资 10.4 亿元，要求在 2013 年前完成。其中，污水处理工程 4.5 亿元，截污导流工程 3.9 亿元，综合整治 2 亿元。

（2）用水保障工程。位于山东天津用水规划区内的用水保障工程共需投资 35.6 亿元。山东济南、江苏泰州的 15.2 亿元投资在 2008 年前完成，天津市的 20.4 亿元投资在 2013 年前完成。

1）城市污水处理项目。该项目投资 11.9 亿元（其中 2001—2008 年投资 8.6 亿元，2009—2013 年投资 3.3 亿元），建设城市污水处理厂 5 座，新增城市污水集中处理能力 50 万 t/d，具有削减化学需氧量排放总量 2.5 万 t/a 的能力（其中 2008 年可削减化学需氧量排放量 1.8 万 t）。

2）截污导流项目。该项目投资 12.3 亿元（其中 2001—2008 年投资 6.6 亿元，2009—2013 年投资 5.7 亿元），建设济南小清河和天津洪泥河、子牙河 3 个截污导流工程，每年共有 2.9 亿 t 污水改排。

3）流域综合整治项目。该项目投资 11.4 亿元，建设天津市区用水段输水河道的底泥清淤工程和配套雨污分流管网系统建设工程。

用水保障工程总投资 35.6 亿元，各省（直辖市）投资和项目如下。

山东投资 12.0 亿元，其中截污导流工程投资 6.6 亿元，污水处理工程 5.4 亿元。

天津投资 20.4 亿元，其中截污导流工程投资 5.7 亿元，污水处理工程投资 3.3 亿元，流域综合整治工程投资 11.4 亿元。

江苏泰州投资 3.2 亿元。

（3）水质改善工程。位于河南安徽规划区内的水质改善工程共需投资 36.4 亿元，建设城市污水处理厂 26 座，新增城市污水集中处理规模 166.5 万 t/d，2013 年治污工程具有削减化学需氧量排放总量 12.7 万 t/a 的能力，水质改善工程需要在 2013 年前完成。

河南、安徽分省投资和项目如下。

河南投资 19.8 亿元，全部为污水处理工程投资，其中工业污染治理项目 20 个，投资 15.8 亿元。

安徽投资 16.6 亿元，全部为污水处理工程投资，其中工业污染治理项目 10 个，投资 4.9 亿元。

（三）资金筹措方案

（1）清水廊道工程中，截污导流项目共需投资 20.0 亿元（不包括工程拆迁、护岸等间接费用），全部纳入南水北调工程东线主体工程投资。

（2）用水保障工程中，12.3 亿元的截污导流工程投资由主体工程承担 4.9 亿元（约占 40％），其余由地方政府和银行贷款解决。

（3）工业污染治理，贯彻"谁污染，谁治理"的原则，资金由企业自筹；对于清水廊道工程中的工业治理项目，因提高排放标准增加的投资，国家给予适当补助。

（4）城市污水处理厂及流域综合整治项目，按基本建设项目管理程序审批，国家视情况给予补助。

（5）中央有关部委与地方省（直辖市）政府进一步制订筹资、建设、运营、管理全过程实施市场化运行机制的方案。

（四）规划目标可达性分析

1. 2008 年规划目标可达性分析

2008 年，要求山东、江苏两省水质断面达到规划目标。工程项目建设后，山东省 26 个控制断面中，可保证西支河鱼台、城河滕州等 13 个断面实现对输水干渠的污水零排入，另外 13 个控制断面入湖排污总量控制在 3 万 t，小于南四湖和东平湖 4.7 万 t 的水环境容量。

2. 2013 年规划目标可达性分析

2013 年，在巩固江苏、山东 2008 年污染物总量排放的基础上，河北、天津的 8 个控制断面均能实现对输水干渠的污水零排入，确保北调水过黄河后不受污染。

六、保障措施

2002 年 12 月，国务院批准了《南水北调东线工程治污规划》。由于在控制单元治污方案的编制过程中，截污导流工程先后出现了多种数据，如东线治污规划、各市上报、控制单元治污方案、国家环保总局专家审查意见等数据不统一。2004 年 9 月，为便于工作，指导山东省截污导流工程规划设计，根据山东省政府南水北调工程治污工作协调领导小组第一次会议要求，山东省南水北调工程局依据国家环保总局控制单元治污方案专家审查意见，组织山东省水利勘测设计院编制了《南水北调工程东线山东截污导流工程总体规划》。该项总体规划根据《南水北调东线工程治污规划》的精神，具体明确了截污导流工程的建设原则、设计依据、工程建设规模、建设地点、建设方式等，为工程可研报告的编制打下了基础。

（一）监督管理

（1）国家在输水干线源头、省界设立水质自动监测站，各省（直辖市）在主要支流入河（湖）口设立水质、水量同步监测站，各重点污染源企业在排放口设置在线监测设备。

（2）各级地方政府按照规划要求，落实输水水质目标管理责任制，从落实治理项目的投资开始，明确地方政府在资金筹措方面的职责及相应的比例，并负责项目建设进度，保证输水水质达标。

（3）制定《南水北调东线输水干线航运管理条例》；输水干线石油类污染主要由流动污染源造成，需特别加强监管力度。

（4）国务院各有关部门要按照国务院赋予的职能，对治污项目建设加强指导、监督和管理。

（二）政策建议

（1）鉴于南水北调东线工程治污规划区内各城镇污水处理率高于国家同期要求，为促进地方政府落实建设资金，加快启动污水处理厂建设，在南水北调工程东线主体工程建设投资中设立城市污水处理厂建设贷款贴息专项资金，约需 4 亿元。

（2）贯彻执行污水处理收费政策，全面开征污水处理费，逐步提高处理费征收标准，使污水处理设施实现保本微利运营。要尽快研究采取发行污水处理设施建设债券筹集建设资金的政策措施。

（3）将关、停、并、转企业的下岗职工纳入地方社会保险系统，统一安置。

（4）设立南水北调工程东线工业污染防治专项资金，用于推行清洁生产、新技术推广。

（5）对南水北调工程东线治污工程中的城市污水处理厂建设征地，减免除直接支付农民的其他间接管理费。

第二节　南水北调控制单元治污实施方案

一、任务来源

2003 年 10 月 2 日，国务院批转了国务院南水北调办等部门《南水北调东线工程治污规划实施意见》。10 月 15 日，国务院南水北调办与江苏、山东两省人民政府分别签订了《江苏省南水北调东线工程治污工作目标责任书》《山东省南水北调东线工程治污工作目标责任书》。根据《南水北调东线工程治污规划实施意见》和责任书要求，按照国家统一部署，江苏、山东两省在《南水北调东线工程治污规划》的基础上，分别编制了东线江苏段 14 个、山东段 27 个控制单元的治污方案。

二、编制原则和思路

治污方案以确保输水干线水质达到Ⅲ类标准为目标，按照小流域污染综合治理思路，通过目标、总量、项目、资金"四位一体"的工作措施，实施污染治理、污水资源化、生态保护与建设并举策略，全面推进流域内经济结构调整、城市环境基础设施建设、清洁生产、点源污染治理、污水资源化、生态保护与建设等各项工作。

三、目标和指标体系

以确保南水北调东线工程山东段输水干线水质达到地表水环境质量Ⅲ类标准为目标，针对具体区域的具体问题，考虑各种影响因素间的输入响应关系，建立水体质量、排污总量、治理项目、工程投资"四位一体"的指标体系。治污方案确定的水质及目标为：到2007年，黄河以南段水质达到国家《地表水环境质量标准》（GB 3838—2002）Ⅲ类标准，输水干线全线达到国家《地表水环境质量标准》Ⅲ类标准；江苏省进入黄河以南段输水干渠化学需氧量控制在2.0万t以内，氨氮控制在0.10万t以内；山东省进入黄河以南段输水干渠化学需氧量控制在4.3万t以内，氨氮控制在0.43万t以内。

四、主要内容

《南水北调工程江苏段控制单元治污方案》共确定治污项目102个，总投资60.7亿元，其中污水处理项目26个，投资38.0亿元；工业治理项目65个，投资5.6亿元；截污导流项目5个，投资13.6亿元；综合治理项目6个，投资3.5亿元。

《南水北调工程山东段控制单元治污方案》共确定治污项目324个，总投资93.6亿元，其中污水处理项目129个，投资57.8亿元；工业治理项目149个，投资12.6亿元；截污导流项目21个，投资14.7亿元；综合治理项目16个，投资4.9亿元；垃圾处理项目8个，投资3.4亿元；船舶污染防治打捆项目1个，投资0.2亿元。

第三节 截污导流工程

一、江苏段截污导流工程

（一）工程概况

江苏段截污导流工程主要由江都市、淮安市、宿迁市和徐州市截污导流工程组成（泰州市截污导流工程已经由地方提前实施完成）。工程主要是根据污染物排放总量控制目标，将处理过的尾水拦截，部分通过生态净化回用，其余利用管道、渠道导入长江或入海，保证南水北调东线输水干线三阳河段、大运河及里运河淮安城区段、中运河宿迁城区段、大运河徐州段调水水质。

江都市截污导流工程主要是新建尾水提升泵站和尾水输送管道，将进入三阳河、新通扬运河的江都市清源污水处理厂尾水输送至长江，有效改善南水北调输水干线三阳河段水质及水环境。工程主要建设内容为铺设尾水输送干管，管线共穿越大小河道21条、等级公路6条；新建提升泵站一座。工程设计尾水排放规模为4万t/d，工程总投资8125万元，工期12个月。江都市截污导流工程已经完成全部专项验收和竣工验收工作。2010年1月，江都市人民政府批复组建了江都市截污导流工程运行管理处，落实了运行资金。2010年2月，工程正式投入运行。

淮安市截污导流工程主要是将清浦、清河、开发区现状直接排入大运河、里运河的污水截流，送至污水处理厂集中处理后，尾水通过清安河排入淮河入海水道南泓。淮河入海水道将建尾水导流入海湿地处理工程，对尾水进一步生态处理后东排入海，有效改善南水北调输水干线大运河及里运河淮安城区段水质及水环境。工程主要建设内容为铺设沿大运河、里运河截污干管长20.12km，配套建设污水提升泵站2座，移址重建清安河穿运洞，清除里运河污染底泥

24.3km，里运河城区段护岸防护赔建 9.19km，实施清安河河道疏浚 22.04km。工程设计尾水排放规模为 9.7 万 t/d，工程总投资 33240 万元，工期 27 个月。工程已经建成投入运行，合同项目完成验收、水土保持专项验收、档案专项验收已经完成。

宿迁市截污导流工程主要包括运西截污工程和尾水输送工程两部分。运西截污工程主要是封堵现有老城区 12 家工业企业向中运河的排污口，并沿运河铺设截污干管，将处理过的工业尾水收集至提升泵站；尾水输送工程主要是将尾水提升后通过管道输送至新沂河东排入海，有效改善南水北调输水干线中运河宿迁城区段水质及水环境。工程主要建设内容为铺设运西工业废水收集干管 6.3km，铺设尾水输送干管 23.2km；新建 0.25m³/s、0.85m³/s 提升泵站各一座。工程设计尾水排放规模 7 万 t/d，概算投资 11164 万元，工期 18 个月。工程于 2010 年年底建成，已完成档案、水保、移民专项验收，2012 年 12 月工程完成竣工验收，正式投入运行。

徐州市截污导流工程主要是利用现有的河渠和新开部分渠道等，建立运河沿线区域尾水"蓄存、导流、回用"体系，将京杭运河不牢河段、中运河邳州段、房亭河等对南水北调东线工程有影响的区域尾水通过工程性措施，进行收集、处理、回用、导流，剩余尾水从大马庄涵洞处入新沂河北偏泓入海，使南水北调输水干线徐州段水质达到地表水环境质量Ⅲ类标准，同时保证导流工程沿线尾水受水区域的水环境安全。工程主要建设内容为新开尾水渠道（涵管）25.7km，利用现状河渠 144.58km（其中疏浚 95.83km）；建设干渠建筑物 42 座（其中控制涵闸 24 座、输水涵洞 14 座、混凝土渠 3 处、提升泵站 1 座）；新（改）建跨河桥梁 94 座（其中公路桥 13 座、生产桥 81 座），按照恢复原功能原则实施小型配套建筑物 116 座。工程设计尾水入新沂河流量为 41.96m³/s，概算投资 72493 万元，工期 30 个月。工程已经建成并投入运行，合同项目完成验收，水土保持、档案专项验收已经完成，下步工作要抓紧准备移民、环保专项验收和竣工验收工作。

（二）工程批复情况

江都、淮安、宿迁市截污导流工程可行性研究由国家发展改革委审批，初步设计概算由国家发展改革委核定。2007 年 9 月 19 日，国家发展改革委、水利部、国务院南水北调办《关于调整南水北调东线一期截污导流工程审批方式的通知》（发改农经〔2007〕2288 号）决定，委托江苏、山东省发展改革委审批南水北调东线一期截污导流工程可行性研究报告和初步设计。根据文件精神，江都、淮安、宿迁市截污导流工程初步设计和徐州市截污导流工程可行性研究、初步设计由江苏省发展改革委审批。

1. 淮安市、宿迁市、江都市截污导流工程

2006 年 12 月 29 日，国家发展改革委《关于南水北调东线一期工程淮安市、宿迁市、江都市截污导流工程可行性研究报告的批复》（发改农经〔2006〕2960 号）批复三市截污导流工程可研。2007 年 9 月 24 日，国家发展改革委《关于核定南水北调东线一期工程淮安市、宿迁市、江都市截污导流工程初步设计概算的通知》（发改投资〔2007〕2488 号）核定：淮安市截污导流工程总投资 34268 万元，其中移民和环境部分总投资 15071 万元，工程部分总投资 19197 万元；宿迁市截污导流工程总投资 11164 万元，其中移民和环境部分总投资 1816 万元，工程部分总投资 9348 万元；江都市截污导流工程总投资 8125 万元，其中移民和环境部分总投资 1475 万元，工程部分总投资 6650 万元。2007 年 9 月 27 日，江苏省发展改革委《关于南水北调东线第

一期工程江都、淮安、宿迁市截污导流工程初步设计的批复》（苏发改农经〔2007〕1072号）批复三市截污导流工程初步设计，确定江都、淮安、宿迁三市截污导流工程施工总工期分别为12个月、18个月、18个月。2009年9月16日，江苏省发展改革委《关于南水北调东线第一期工程淮安市截污导流工程调整初步设计报告的批复》，同意淮安市截污导流工程初步设计调整，调整后工程静态总投资33240万元，工期27个月。

2. 徐州市截污导流工程

2008年5月9日，江苏省发展改革委《关于南水北调东线徐州市截污导流工程可行性研究报告的批复》（苏发改农经发〔2008〕495号）批复工程可行性研究报告。2008年12月25日，江苏省发展改革委《关于南水北调东线徐州市截污导流工程初步设计报告的批复》（苏发改农经发〔2008〕1871号）核定：徐州市截污导流工程总投资72492万元，其中移民和环境部分总投资27390万元，工程部分总投资44752万元，其他费用350万元，工程施工总工期30个月。2010年12月6日，江苏省发展改革委《关于南水北调东线第一期工程徐州市截污导流工程17标段变更设计的批复》（苏发改农经发〔2010〕1622号）同意设计变更，增加工程投资1348万元。

（三）工程设计相关内容

1. 江都市截污导流工程

工程主要任务是将江都市污水处理厂尾水通过提升泵站和压力管道输送至长江，以保证南水北调东线输水干线水质。

工程批复设计规模为日输送尾水4万t，设计流量0.46m³/s。工程建设内容为提升泵站一座，穿路顶管7座，穿河倒虹吸22座，干管铺设23.9km。工程批准建设工期为12个月，工程概算批复总投资为8125万元，工程投资主要来源为中央和省级资金。

工程实际建设提升泵站一座，设计流量0.46m³/s，扬程27m，顶管6座，倒虹吸22座，穿江堤出水口门1座。共铺设总干管累计长22.78km。由于工程实施时对管道线路进行了优化调整，与初设批复工程量比较，工程实际完成的顶管减少一座、输水管道减少了1.12km。

2. 淮安市截污导流工程

（1）工程任务和规模。为解决淮安市城区段大运河、里运河的水污染对东线南水北调调水水质的影响，保证南水北调调水水质，本工程的任务是沿大运河、里运河两岸铺设截污干管，收集原排入输水干线的废污水至污水处理厂，尽量清除里运河污染底泥、拆除里运河两岸房屋；实施清安河整治，将污水处理厂尾水经清安河排入淮河入海水道南泓入海，以改善输水河道的水质及水环境。

淮安市截污导流工程由截污干管铺设、里运河清淤、清安河疏浚组成，工程规模及主要建设内容包括：沿大运河、里运河共铺设截污干管20.12km，其中原初设批复干管2.35km，新增干管17.77km，核减已提前实施的干管21.6km；沿线建设污水提升泵站2座，设计流量为0.579m³/s，其中原初设1座，新增泵站1座。里运河清淤工程以尽量清除里运河淤泥为控制标准，清淤河段长24.3km。清安河疏浚工程按尾水输送结合区域3年一遇排涝标准疏浚河段长22.04km（其中原初设批复下游17.94km，上游4.1km为新增项目），移址重建穿运涵洞，设计流量为29m³/s。

（2）工程设计。里运河河道清淤工程长24.3km，城区段板桩防护6.77km。里运河迎水面房屋拆迁 10.7 万 m²，拆迁安置 1279 户。清安河河道疏浚 22.44km，城区段河道护岸 8.38km，改拆建跨河桥梁 8 座，沿线排水涵闸 39 座，移址重建穿运洞。沿大运河、里运河铺设截污干管 20.12km，配套建设污水提升泵站 2 座。

3. 宿迁市截污导流工程

（1）工程任务及规模。根据治污规划及可行性研究报告审查、评估意见，宿迁市截污导流工程任务是将运西地区原排入中运河的工业企业处理后的废水和城南污水处理厂尾水截流输送至新沂河，改善中运河城区段水质及水环境。

工程规模：按 2 万 t/d 规模铺设运西工业废水截流干管长 7.1km，建设 0.25m³/s 提升泵站 1 座；按 7 万 t/d 规模铺设尾水输送干管长 23.3km，建设 0.85m³/s 提升泵站 1 座。

（2）工程设计。工程由运西工业尾水收集系统及尾水输送系统两部分组成。截污干管沿运河堤顶路西侧及运河路东侧布设，收集运西达标排放的工业尾水，通过泵站提升后送至城南污水处理厂北侧的总提升泵站。运西工业尾水和城南污水处理厂尾水汇集后经总提升泵站提升输送，压力管通过项王桥跨过中运河，沿金沙江路布设，过二干渠后沿山东河东滩面入新沂河东排入海。本工程的主要建设内容有：运西尾水收集系统铺设截污干管 7.0km，压力管道 2.8km，新建提升泵站 1 座；尾水输送系统铺设输水管道 23.3km，新建总提升泵站 1 座，顶管 8 处。

4. 徐州市截污导流工程

本工程任务在实施产业结构调整、工业综合治理、城市污水处理及再生利用设施建设等综合整治工程的同时，利用现有的河渠和新开渠道等，建立运河沿线区域尾水"蓄存、回用、导流"的专用体系，将南水北调东线徐州段不牢河、房亭河（大庙以上地区）、大运河邳州段等三个控制单元废污水收集，经荆马河、三八河、桃园河、贾汪大吴、贾汪区、邳州市 6 家污水处理厂处理检验合格后的尾水，一部分直接导入该系统，一部分工业回用二次排放检验合格后尾水也导入该系统，用于沿线灌区农田灌溉（灌区共 20.37 万亩），余水进入新沂河，使徐州段区域尾水系统与南水北调东线输水干线分流，保护南水北调东线徐州段输水干线水质达到地表水Ⅲ类水质标准，并保护导流工程沿线尾水受水区域的水环境安全。本工程的主要任务是尾水导流，其工程分界点为污水处理厂出口检测控制口门以下的尾水导流工程，出口以上截污、治污工程项目不属本工程内容。

沿线 3 个控制单元（不牢河、房亭河、大运河邳州段）、6 家污水处理厂处理污水规模合计 49.23 万 m³/d，其中尾水工业回用 8.14 万 m³/d，尾水导流规模 41.09 万 m³/d。由于目前城市排水系统现状为雨污合流制，2010 年前汇水区导流系统工程的设计尾水导流规模按尾水量的 1∶1 设计，单独排污企业废水量 9.41 万 m³/d 的污水不考虑截流倍数，即设计标准为 80.91 万 m³/d，合 9.37m³/s。

二、山东段中水截蓄导用工程

中水截蓄导用工程（在山东又称为"截污导流工程"）是国务院批准的《南水北调东线工程治污规划》提出的"治、截、导、用、整"治污思路，以及山东省人民政府批复的《南水北调东线工程山东段控制单元治污方案》中提出的"治、用、保"流域污染综合治理策略的重要组成部分。

中水截蓄导用工程是指将处理厂和工业点源处理后达标排放的中水（再生水）进行截、导、蓄、用，在调水期间使其不进入或少进入调水干线，以保证干线工程输水水质。

（一）建设背景

南水北调东线工程充分利用现有河道和湖泊输水，工程沿线地势低洼，河流众多，仅南四湖流域 3.17 万 km² 流域面积内的汇水就承接 53 条河流来水，特殊的自然地理条件决定了山东省的治污任务非常艰巨。山东省委、省政府按照国务院确定的"三先三后"原则，针对治污的任务和难点，采取了一系列行之有效的措施，取得了较为明显的成效。但水质保障工作仍然面临三大必须克服的难题。

（1）经过最严格治污后的达标中水仍然无法满足调水水质要求，不能直接排入调水干线。

（2）污染治理重中之重的南四湖、东平湖流域，所有达标中水无法改排其他流域也无法避开调水干线。

（3）若再进行全面深度污染治理，将会大大增加区域内发展的环境成本，现阶段在经济、技术条件上也难以实施。

（二）建设依据

1. 南水北调东线工程治污规划

2002 年 12 月，国务院批准了《南水北调东线工程治污规划》。《南水北调东线工程治污规划》要求以治为主，配套截污导流工程，将污水处理厂出水分别导向回用处理设施、农业灌溉设施和择段排放设施，依靠各类污水资源化设施和流域综合整治工程，提高污水的资源化水平，使东线治污工程项目形成"治、截、导、用、整"一体化的治污体系。截污导流工程作为《南水北调东线工程治污规划》中的一项水质保障措施，确定山东省截污导流工程共 18 项，工程总投资 14.75 亿元。但由于《南水北调东线工程治污规划》中截污导流工程存在项目漏项、部分项目工程投资不足、与水污染治理项目交叉、设计边界条件不明确等问题，难以满足调水水质的需要。

2. 南水北调东线控制单元治污方案

按照国家统一部署，山东省在《南水北调东线工程治污规划》的基础上，编制了《南水北调东线工程山东段控制单元治污方案》。《南水北调东线工程山东段控制单元治污方案》的编制过程中，针对《南水北调东线工程治污规划》存在的问题，按照投资"静态控制，动态管理"的要求，对项目进行了调整优化。2006 年 3 月，山东省政府在国家发展改革委组织论证的基础上，以鲁政字〔2006〕90 号文件批复了《南水北调东线工程山东段控制单元治污方案》，确定全省截污导流项目 21 个（表 7-3-1），总投资 14.75 亿元。

表 7-3-1　　　　　　　　　山东省截污导流工程与控制单元对应关系表

序号	截污导流工程	控制单元
1	宁阳县洸河截污导流工程	洸府河控制单元
2	菏泽市东鱼河截污导流工程	东鱼河控制单元
3	临沂市郯苍分洪道截污导流工程	郯苍分洪道控制单元

序号	截污导流工程		控制单元
4	滕州市北沙河截污导流工程		城漷河控制单元
5	滕州市城漷河截污导流工程		
6	金乡县截污导流工程		老万福河控制单元
7	枣庄市峄城大沙河截污导流工程		峄城沙河控制单元
8	枣庄市薛城小沙河控制单元截污导流工程	薛城大沙河截污导流工程	薛城小沙河控制单元
9		薛城小沙河截污导流工程	
10		新薛河截污导流工程	
11	曲阜市截污导流工程		泗河控制单元
12	嘉祥县截污导流工程		洙水河控制单元
13	夏津县截污导流工程		小运河—七一河—六五河控制单元
14	鱼台县截污导流工程		西支河控制单元
15	枣庄市小季河截污导流工程		韩庄运河控制单元
16	聊城市金堤河截污导流工程		小运河控制单元
17	临清市汇通河截污导流工程		卫运河控制单元
18	武城县截污导流工程		小运河—七一河—六五河控制单元
19	梁山县截污导流工程		梁济运河梁山段控制单元
20	微山县截污导流工程		老运河微山段控制单元
21	济宁市截污导流工程		老运河济宁段控制单元

3. 国家三部委文件

2007 年 9 月，国家发展改革委、水利部、国务院南水北调办联合下发了《关于调整南水北调东线一期截污导流工程审批方式的通知》（发改农经〔2007〕2288 号），确定委托省发展改革委审批截污导流工程可行性研究报告和初步设计，对山东省截污导流工程建设管理体制提出了明确要求：

要求省发展改革委会同有关部门，切实承担起东线治污的责任，严格审核项目方案和措施，落实各项审批条件，做好截污导流工程前期工作、工程建设和运行管理等工作，保证东线水质按期达标。

要求省发展改革委会同有关部门审批南水北调东线一期工程截污导流工程可行性研究报告和初步设计。要求审批工作按照现行建设程序和法律法规的有关规定执行，同时做好环境影响评价、用地预审和移民安置等工作。要求按照东线治污方案核定建设项目、建设内容、建设规模，并本着厉行节约的原则，严格控制工程标准及投资规模，尽量减少征占地、拆迁房屋和移民数量。

对山东省截污导流工程给予 4.33 亿元定额补助，其余投资由地方自筹、南水北调工程基金和银行贷款解决，其中纳入主体工程偿还的银行贷款不得超过 4.87 亿元。工程投资如有增加，由省内自行解决。

要求有关部门商主体工程项目法人和截污导流工程所在市（县）组建项目法人，由项目法人负责工程的建设和运行管理，工程运行费用由地方承担。

要求项目法人严格按照《中华人民共和国招标投标法》及其相关规定，招标选择勘察设计、施工、监理和设备材料供应等单位，严格执行建设监理制和合同管理制。

要求将可行性研究报告及初步设计报告的批复文件报国家发展改革委、水利部和国务院南水北调办备核。要求省发展改革委商有关方面确定年度项目投资计划后，行文申报。

（三）建设思路

按照"治、用、保"流域污染综合治理策略，山东省南水北调建管局对原确定的截污导流工程建设方案进行了重新研究谋划。

（1）调整截污导流工程的建设目的，以解决达标中水既不能直接排放又无处可导的问题。将《南水北调东线工程治污规划》中截污导流工程的建设目的，由拦截和导流中水，调整为控制单元治污方案中的"截、蓄、导"中水，再到工程设计审查过程中调整为中水"截、蓄、导、用"。通过增加"蓄、用"功能来消化中水或者错开调水时间，以保障水质。

（2）调整"截""导"的功能。将原截污导流工程中"截"是为了"导"，转变为"截"是为了"蓄"和"用"；"导"也是为了"蓄"和"用"。

（3）通过突出增加"用"的功能，以解决进一步削减污染物的问题，减少"截"和"蓄"的规模。通过"用"来消化中水，既实现中水资源的最大化利用，又进一步减少污染物进入调水干线，同时节约工程投资。

（4）从工程设计阶段就提前考虑工程的运行管理，充分发挥工程建设的综合效益，以确保工程正常运行。鉴于山东省截污导流工程主要在河道和低洼地建设，为了充分发挥工程的"截、蓄、导、用"功能，科学安排扩挖、清淤河道，建设拦河闸、橡胶坝、提水灌溉泵站等设施，同时有条件的地方鼓励其增加投入，开展生态湿地建设，为提高工程范围内的防洪、除涝、灌溉、城市景观、交通等水平创造了条件，能充分地调动地方积极性，确保工程建成后正常运转，真正起到保障调水水质的作用。

对此，原国务院南水北调办主任张基尧两次作出重要批示，给予了充分肯定和高度赞许。认为"山东治污问题走的路子具有科学性和示范性，已初显成效。望进一步加强指导和跟踪，在切实保证东线治污达标的同时，为其他区域水污染治理提供有益借鉴"。

（四）前期工作

按照山东省政府要求和国务院南水北调办、水利部安排，自2003年以来，山东省南水北调建管局积极与山东省环保厅配合，组织山东省水利勘测设计院和有关县（市、区）认真开展了截污导流工程前期工作，先后完成了南水北调东线一期工程截污导流工程总体规划、实施方案、可行性研究报告、初步设计报告等编制工作。截至2008年年底，截污导流工程可行性研究报告和初步设计报告已全部获得山东省发展改革委批复。

1. 2008年以前前期工作

根据国务院南水北调办、水利部的要求，结合山东省政府"两湖一河"（南四湖、东平湖、小清河）碧水行动计划，本着工程项目已纳入国家治污规划，工程建设规模和投资变化不大、工程方案明确、便于实施的原则，首先在黄河以南开展了泰安宁阳、菏泽东鱼河、济宁微山、枣庄薛城小沙河控制单元（含 3 个项目）截污导流工程的前期工作。2005 年 12 月，泰安宁阳、菏泽东鱼河、枣庄薛城小沙河控制单元截污导流可研报告通过水利部审查，并上报国家发展改革委，其水土保持方案得到水利部批复，环境影响报告通过水利部预审和环保部门的评估。

2004 年 11 月，根据南水北调干线工程前期工作总体进度，在国家未批复山东省控制单元治污方案的前提下，组织山东省水利勘测设计院编制了《南水北调东线第一期工程山东段截污导流工程可行性研究报告》，经反复争取，纳入了东线一期工程总体可行性研究，以期通过由国家批复总体可行性研究的方式批准截污导流工程的项目和投资，简化单项工程可行性研究审查的复杂审批程序。

在南水北调东线工程总体可行性研究批复之前，山东省南水北调工程建设管理局不等不靠，按照国家要求，全力推进截污导流工程前期工作。截至 2006 年 7 月底，各项目的单项可研工作已全部结束，编制完成了《南水北调东线第一期工程山东省截污导流工程可行性研究报告》，总投资为 16.99 亿元。8 月中旬通过水利部水规总院的技术论证，并于 9 月中旬经过了中国国际工程咨询有限公司组织的专家评估。其中作为先期开工项目的泰安宁阳、菏泽东鱼河、枣庄薛城小沙河控制单元截污导流工程（含 3 个单项）可行性研究报告由水利部报国家发展改革委待批。

另外，水利部委托淮河水资源保护科学研究所编制完成了《南水北调东线第一期工程环境影响报告书》及其专题报告《南水北调东线第一期工程山东省段截污导流工程环境影响报告书》，经水利部预审和环保部门评估，得到国家环境保护总局的批复。

2007 年 9 月，国家发展改革委、水利部、国务院南水北调办下发了《关于调整南水北调东线一期截污导流工程审批方式的通知》（发改办农经〔2007〕2288 号），确定国家定额补助4.33 亿元，纳入主体工程偿还的银行贷款不超过 4.87 亿元，其余投资由地方自筹和南水北调工程基金解决。按照这一要求，加上已纳入主体工程的截污导流工程基金 3.1 亿元，山东截污导流工程投资总额为 12.3 亿元，比上报中国国际工程咨询有限公司可研报告的总额 16.99 亿元减少了 4.69 亿元，比治污规划的 14.75 亿元减少了 2.45 亿元。

根据新的投资项目库，组织山东省水利设计院对已经国家中国国际工程咨询有限公司审查的截污导流工程可研报告进行优化调整，并召开专家咨询会逐一咨询。山东省水利勘测设计院按照历次专家审查咨询意见，进一步优化各单项截污导流工程方案。

在此基础上，按照征地移民迁占不同的补偿标准提出了 3 个工程投资项目库：①按照南水北调工程征地移民迁占补偿标准计算，总投资 13.25 亿元。②现有河道河槽扩挖及复堤用地不征用，只补偿青苗和地面附着物；鉴于河道内的树木多为防洪清障对象，树木补偿原则上是补助性质，主要考虑移栽或砍伐补助；工程在河道上新建橡胶坝、拦河闸及管理房等工程，按照国家政策予以征地和补偿。据此计算，总投资 10.93 亿元。③同第二方案，但河滩耕地按一半补偿。据此计算，总投资 12.1 亿元。经研究确定采用第三种补偿标准计算征地移民迁占投资，由地方包干使用，完成工程用地补偿。

山东省南水北调建管局协调项目所在市县对工程方案进行优化完善，督促设计院尽快完成可研和初设报告的编制上报，多次与山东省发展改革委、山东省工程咨询院等部门沟通，协调工程现场查勘、评估审查事宜。从 2008 年 3 月开始，陆续召开了 6 次专家审查会，分别对计划上半年开工的 11 项和下半年开工的 9 项截污导流工程进行可研评估和初设审查。每次评估审查会后，立刻督促设计单位按照评估审查意见对报告进行修改完善，尽快上报。

2. 2008 年前期工作

2008 年，山东省政府要求全省截污导流工程上半年开工项目过半，年内所有项目全部开工。前期工作是制约工作目标实现的最大因素。为确保 2008 年截污导流工程全部开工建设，可行性研究和初步设计审查批复和协调工作异常繁杂。山东省南水北调建管局对此高度重视，把截污导流工程作为 2008 年工作的重中之重，多次召开专题会议对前期工作进行部署。要求每一个项目都要列出详细计划时间表，倒排工期，明确时限，明确责任。相关部门按照减少环节、提高效率、保证质量的原则，加强协调、密切配合、各项工作压茬开展，全力以赴推进前期工作，确保实现上半年工作目标。

从 2008 年 3 月开始，按照工作部署，山东省南水北调建管局多次与山东省发展改革委、山东省工程咨询院等部门沟通，协调工程查勘、审查、批复事宜。山东省发展改革委及时委托山东省工程咨询院组织召开专家审查会，对截污导流工程进行可行性研究评估和初设专家审查。

3 月 26 日至 4 月 3 日，山东省工程咨询院对上半年开工的菏泽东鱼河等 11 项截污导流工程可行性研究进行了评估，4 月 25 日，山东省发展改革委批复了该 11 项可研报告。在可研报告编制报审的同时，及时安排设计部门压茬编制初步设计报告及时报审。5 月 9—12 日，山东省发展改革委组织召开该 11 项截污导流工程的初步设计审查会，5 月 16 日，山东省发展改革委批复了 11 项初步设计。

山东省南水北调建管局经过大量细致的工作，多方面沟通协调，山东省发展改革委在最短的时间内对 11 项截污导流工程进行了批复，有力保证了"截污导流工程上半年开工项目过半"目标的实现。

初步设计批复后，山东省南水北调建管局积极协调设计部门加班加点，进行施工图设计，保证了工程建设的正常进行。

下半年开展了剩余 9 个截污导流项目的前期工作，9 个项目的可行性研究和初步设计相继获得批复。

经过大量紧张细致的工作，多方面沟通协调，在短短的半年多时间内，山东省南水北调建管局拿到了山东省发展改革委关于工程可行性研究和初步设计的 37 个批文，有力保证了截污导流工程开工目标的实现。南水北调工程山东段截污导流工程批复情况见表 7-3-2。

表 7-3-2 　　　　　　　南水北调工程山东段截污导流工程批复情况表

序号	项目名称		可行性研究报告		初步设计	
			批复时间	批复文号	批复时间	批复文号
1	临沂市邳苍分洪道截污导流工程		2008 年 4 月 25 日	鲁发改农经〔2008〕347 号	2008 年 5 月 16 日	鲁发改重点〔2008〕418 号
2	枣庄市薛城小沙河控制单元截污导流工程	薛城小沙河截污导流工程	2008 年 4 月 25 日	鲁发改农经〔2008〕346 号	2008 年 5 月 16 日	鲁发改重点〔2008〕423 号
3		新薛河截污导流工程				
4		薛城大沙河截污导流工程				

序号	项目名称	可行性研究报告		初步设计	
		批复时间	批复文号	批复时间	批复文号
5	枣庄市小季河截污导流工程	2008 年 8 月 18 日	鲁发改农经〔2008〕833 号	2008 年 8 月 18 日	鲁发改重点〔2008〕1219 号
6	枣庄市峄城大沙河截污导流工程	2008 年 4 月 25 日	鲁发改农经〔2008〕349 号	2008 年 5 月 16 日	鲁发改重点〔2008〕422 号
7	滕州市城漷河截污导流工程	2008 年 4 月 25 日	鲁发改农经〔2008〕345 号	2008 年 5 月 16 日	鲁发改重点〔2008〕420 号
8	滕州市北沙河截污导流工程	2008 年 4 月 25 日	鲁发改农经〔2008〕352 号	2008 年 5 月 16 日	鲁发改重点〔2008〕419 号
9	曲阜市截污导流工程	2008 年 4 月 25 日	鲁发改农经〔2008〕351 号	2008 年 5 月 16 日	鲁发改重点〔2008〕424 号
10	金乡县截污导流工程	2008 年 4 月 25 日	鲁发改农经〔2008〕348 号	2008 年 5 月 16 日	鲁发改重点〔2008〕421 号
11	嘉祥县截污导流工程	2008 年 4 月 25 日	鲁发改农经〔2008〕350 号	2008 年 5 月 16 日	鲁发改重点〔2008〕425 号
12	鱼台县截污导流工程	2008 年 8 月 18 日	鲁发改农经〔2008〕831 号	2008 年 8 月 18 日	鲁发改重点〔2008〕1218 号
13	济宁市截污导流工程	2008 年 12 月 12 日	鲁发改农经〔2008〕1506 号	2008 年 12 月 25 日	鲁发改重点〔2008〕1575 号
14	微山县截污导流工程	2008 年 12 月 12 日	鲁发改农经〔2008〕1504 号	2008 年 12 月 25 日	鲁发改重点〔2008〕1574 号
15	梁山县截污导流工程	2008 年 12 月 12 日	鲁发改农经〔2008〕1505 号	2008 年 12 月 25 日	鲁发改重点〔2008〕1573 号
16	菏泽市东鱼河截污导流工程	2008 年 4 月 25 日	鲁发改农经〔2008〕344 号	2008 年 5 月 16 日	鲁发改重点〔2008〕417 号
17	宁阳县洸河截污导流工程	2007 年 11 月 30 日	鲁发改农经〔2007〕1394 号	2007 年 12 月 12 日	鲁发改重点〔2007〕1463 号
18	聊城市金堤河截污导流工程	2008 年 8 月 18 日	鲁发改农经〔2008〕837 号	2008 年 8 月 18 日	鲁发改重点〔2008〕1220 号
19	临清市汇通河截污导流工程	2008 年 8 月 18 日	鲁发改农经〔2008〕836 号	2008 年 8 月 18 日	鲁发改重点〔2008〕1221 号
20	武城县截污导流工程	2008 年 8 月 18 日	鲁发改农经〔2008〕834 号	2008 年 8 月 18 日	鲁发改重点〔2008〕1222 号
21	夏津县截污导流工程	2008 年 8 月 18 日	鲁发改农经〔2008〕835 号	2008 年 8 月 18 日	鲁发改重点〔2008〕1217 号

3. 主要建设内容

工程内容为最终工程竣工时，实际工程建设内容。

（1）曲阜市截污导流工程。

1）工程位置。工程位于山东省曲阜市境内的沂河（泗河支流）。

2）工程主要任务和作用。在曲阜市水污染防治工程全部完成的前提下，利用沂河上已建和新建拦蓄工程，在南水北调工程输水期间，拦蓄曲阜市污水处理厂及工业企业达标排放的中水，通过中水灌溉回用，减少化学需氧量、氨氮入河量，以保护南水北调工程干线输水水质。

3）2008 年 4 月，山东省发展改革委印发了《关于南水北调东线第一期工程曲阜市截污导流工程可行性研究报告的批复》（鲁发改农经〔2008〕351 号）。2008 年 5 月，山东省发展改革委印发了《关于南水北调东线第一期工程曲阜市截污导流工程初步设计的批复》（鲁发改重点〔2008〕424 号）。工程总工期为 1.5 年，核定工程概算总投资为 2714.21 万元。工程投资全部来自省级以上投资。

4）工程主要内容：新建郭家庄、杨庄 2 座橡胶坝；在橡胶坝上游各新建灌溉提水泵站 1座。该工程规模为中型，工程等别为Ⅲ等，橡胶坝级别为 3 级，灌溉提水泵站级别为 4 级。

（2）金乡县截污导流工程。

1）工程位置。工程位于金乡县境内的大沙河、金济河、金鱼河。

2）工程主要任务和作用。在金乡县水污染防治工程全部完成的前提下，利用新建拦蓄工程，在南水北调工程输水期间拦蓄金乡县污水处理厂及工业企业达标排放的中水，通过中水灌溉回用，减少化学需氧量、氨氮入河量，以保护南水北调工程干线输水水质。

3）2008 年 4 月，山东省发展改革委印发了《关于南水北调东线第一期工程金乡县截污导流工程可行性研究报告的批复》（鲁发改农经〔2008〕348 号）。2008 年 5 月，山东省发展改革委印发了《关于南水北调东线第一期工程金乡县截污导流工程初步设计的批复》（鲁发改重点〔2008〕421 号），核定概算总投资为 2738.35 万元，建设总工期为 1.5 年。

4）工程主要建设内容：新建郭楼橡胶坝、王杰拦河闸及连庄、五级沟、马集涵闸；改建周桥、高庄、石岗灌溉泵站；在大沙河上新建孔桥交通桥。该工程等别为Ⅲ等，主要建筑物级别确定为 3 级。

（3）嘉祥县截污导流工程。

1）工程位置。工程位于嘉祥县前进河、洪山河。

2）工程主要任务和作用。根据《南水北调东线一期工程山东段控制单元治污方案》，该工程的建设任务是：在南水北调工程输水期间，拦蓄嘉祥县污水处理厂及工业企业达标排放的中水，通过发挥工程的"截、蓄、导、用"功能，保障南水北调工程输水干线水质。

3）2008 年 4 月，山东省发展改革委印发了《关于南水北调东线第一期工程嘉祥县截污导流工程可行性研究报告的批复》（鲁发改农经〔2008〕350 号）。2008 年 5 月，山东省发展改革委印发了《关于南水北调东线第一期工程嘉祥县截污导流工程初步设计的批复》（鲁发改重点〔2008〕425 号）。批复工程概算总投资 2629.53 万元。投资来源包括中央投资、银行贷款、南水北调工程基金三部分。工程计划总工期为 12 个月。

4）工程主要建设内容：疏通治理前进河、洪山河 21.1km，洪山河局部扩挖 0.645km，新建前进河拦河闸，改建曾店涵闸、洪山涵闸。该工程等别为Ⅳ等，工程规模为小（1）型，河道工程和主要建筑物级别为 4 级，次要建筑物级别为 5 级。

（4）鱼台县截污导流工程。

1）工程位置。工程位于鱼台县的唐马、谷亭两镇境内。

2）工程主要任务和作用。鱼台县截污导流工程是南水北调工程东线一期工程的重要组成部分，其任务是在南水北调工程输水期间，将鱼台县污水处理厂达标排放的中水，通过输水管道输送至唐马拦河闸上游进行拦蓄，并根据农田的需水要求，利用已有的灌溉工程提水灌溉，减少化学需氧量、氨氮入河量，以保护南水北调工程干线输水水质。

3）2008年8月，山东省发展改革委《关于南水北调东线第一期工程鱼台县截污导流工程可行性研究报告的批复》（鲁发改农经〔2008〕831号）对工程可行性研究报告进行批复。2008年11月，山东省发展改革委《关于南水北调东线第一期工程鱼台县截污导流工程初步设计的批复》（鲁发改重点〔2008〕1218号）批复了初步设计报告，核定工程总投资为4214万元，计划建设工期为1年。

4）工程主要建设内容：新建唐马拦河闸工程、中水管道工程、维修加固西支河郭楼涵闸、惠河林庄涵闸。该工程等别为Ⅱ等，其主要建筑物级别为2～3级。

（5）微山县截污导流工程。

1）工程位置。工程位于微山县老运河及其支流。

2）工程主要任务和作用。根据《南水北调东线工程治污规划》和控制单元治污方案，该工程主要任务是通过新建拦蓄工程，在南水北调工程输水期间，拦蓄微山县污水处理厂达标排放的中水，通过发挥工程的"截、蓄、导、用"功能，保障南水北调工程输水干线水质。

3）2008年12月，山东省发展改革委以《关于南水北调东线一期工程微山县截污导流工程可行性研究报告的批复》（鲁发改农经〔2008〕1504号）批复工程可行性研究报告。2008年12月，山东省发展改革委以《关于南水北调东线第一期工程微山县截污导流工程初步设计的批复》（鲁发改重点〔2008〕1574号）批复工程概算总投资为6505万元。投资来源包括中央投资、银行贷款、南水北调工程基金三部分。工程总工期为22个月。

4）工程主要建设内容。

河道工程：老运河渡口桥至杨闸桥段河槽扩挖工程及杨闸桥至纸厂桥综合整治工程。

建筑物工程：①新建渡口橡胶坝，采用充水式橡胶坝，坝长22m；②新建三河口枢纽工程，包括三河口节制闸和三河口倒虹，其中节制闸共3孔，每孔7m，中孔闸室下部设倒虹，共2孔；③拆除重建三孔桥节制闸，共3孔，每孔7m；④维修夏镇航道闸，更换闸门及启闭设备；⑤新建南门口桥，拆除重建纸厂桥，维修加固杨闸桥、渡口桥。

导流河道工程：利用老薛王河下游段作导流河，从三河口至滨湖路清除26道隔坝，滨湖路至湖东堤疏浚0.4km。

导流建筑物工程：新建穿湖东堤涵闸及朱桥公路、滨湖公路涵洞。

中水回用工程：维修加固提水站4座，增设20套移动灌溉设备。

（6）济宁市截污导流工程。

1）工程位置。工程位于济宁市任城区接庄镇、石桥镇，山东济宁南阳湖农场，北湖新区许庄办事处。

2）工程主要任务和作用。根据控制单元治污方案，该工程主要任务是通过新建拦蓄工程，在南水北调工程输水期间，拦蓄城市污水处理厂达标排放的中水，通过发挥工程的截、蓄、导、用功能，保障南水北调工程输水干线水质。

3）2008年12月，山东省发展改革委以《关于南水北调东线一期工程济宁市截污导流工程可行性研究报告的批复》（鲁发改农经〔2008〕1506号）批复工程可行性研究报告。2008年12月，山东省发展改革委以《关于南水北调东线第一期工程济宁市截污导流工程初步设计的批复》（鲁发改重点〔2008〕1575号）批复工程概算总投资为18603万元。投资来源包括中央投资、银行贷款、南水北调工程基金三部分。工程总工期为2.5年。

4）工程主要建设内容：蓄水区扩挖工程；新建出蓄水区提排泵站、新建污水处理厂中水加压泵站；新建蓼沟河、小新河、幸福河支沟3座节制闸；铺设中水输水管道5.92km；开挖明渠2213m；新建入（出）蓄水区涵洞、穿铁路涵洞各1座；新建5座生产桥、2座交通桥，1座生产桥涵、4座机耕桥。新建拦蓄工程库容共866.3万m³，工程规模为中型，工程等别为Ⅲ等，主要建筑物级别为3级，次要建筑物级别为4级。其中，出蓄水区提排泵站、入（出）蓄水区涵洞、蓼沟河节制闸、输水管线、加压泵站建筑物级别为3级；穿铁路涵洞、小新河节制闸建筑物级别为4级；幸福河支沟节制闸建筑物级别为5级。

（7）梁山县截污导流工程。

1）工程位置。工程位于济宁市梁山县境内梁济运河、龟山河。

2）工程主要任务和作用。根据《南水北调东线工程治污规划》和控制单元治污方案，该工程的任务是利用已建和新建拦蓄工程，在南水北调工程输水期间拦蓄梁山县污水处理厂达标排放的中水及天然河道径流，通过发挥工程的"截、蓄、导、用"功能，保障南水北调工程输水干线水质。

3）2008年12月，山东省发展改革委以《关于南水北调东线一期工程梁山县截污导流工程可行性研究报告的批复》（鲁发改农经〔2008〕1505号）批复工程可行性研究报告。2008年12月，山东省发展改革委以《关于南水北调东线一期工程梁山县截污导流工程初步设计的批复》（鲁发改重点〔2008〕1573号）批复工程概算5336万元。投资来源包括国家投资、银行贷款、南水北调工程基金三部分。工程总工期为24个月。

4）工程主要建设工程内容：梁济运河邓楼闸至宋金河入口河道扩挖28.472km；新建龟山河灌溉提水泵站；维修加固龟山河闸；拆除重建任庄、郑那里、东张博生产桥。

龟山河提水泵站工程等别为Ⅳ等，建筑物级别为3级；3座重建桥梁级别按公路二级，并满足河道除涝要求设计确定；其他建筑物均按4级考虑。

（8）枣庄市峄城大沙河截污导流工程。

1）工程位置。工程位于峄城大沙河，涉及枣庄市市中、峄城和台儿庄区。

2）工程主要任务和作用。根据控制单元治污方案，该工程任务是利用峄城大沙河、峄城大沙河分洪道已建和新建拦蓄工程，在南水北调工程调水期间拦截城镇污水处理厂和工业企业达标排放的中水及河道天然径流，通过"截、蓄、导、用"，保障南水北调工程输水干线水质。

3）2008年4月，山东省发展改革委以《关于南水北调东线第一期工程枣庄市峄城大沙河截污导流工程可行性研究报告的批复》（鲁发改农经〔2008〕349号）批复工程可行性研究报告。2008年5月，山东省发展改革委以《关于南水北调东线第一期工程枣庄市峄城大沙河截污导流工程初步设计的批复》（鲁发改重点〔2008〕422号）批复工程概算总投资4465.88万元。投资来源包括中央投资、银行贷款、南水北调工程基金三部分。工程总工期为18个月。

4）工程主要建设内容：新建裴桥、大泛口2座节制闸，新建良庄橡胶坝1座；维修贾庄节制闸、改造红旗节制闸；敷设台儿庄淀粉厂中水管道。该工程等别为Ⅲ等，主要建筑物级别为3级，次要建筑物级别为4级。

（9）枣庄市薛城小沙河截污导流工程。

1）工程位置。工程位于薛城小沙河、薛城大沙河和新薛河，涉及枣庄市薛城区、山亭区和滕州市。

2）工程主要任务和作用。根据《南水北调东线工程治污规划》和控制单元治污方案，该工程任务是利用薛城小沙河、薛城大沙河和新薛河已建和新建拦蓄工程，在南水北调工程调水期1月拦截城镇污水处理厂和工业企业达标排放的中水及河道天然径流，结合湖口人工湿地工程，通过截、蓄、导，保障南水北调工程输水干线水质。

3）2008年4月，山东省发展改革委以《关于南水北调东线第一期工程枣庄市薛城小沙河控制单元截污导流工程可行性研究报告的批复》（鲁发改农经〔2008〕346号）批复工程可行性研究报告。2008年5月，山东省发展改革委以《关于南水北调东线第一期工程枣庄市薛城小沙河控制单元截污导流工程初步设计的批复》（鲁发改重点〔2008〕423号）批复工程概算总投资5675.63万元。投资来源包括中央投资、银行贷款、南水北调工程基金三部分。工程总工期为24个月。

4）工程主要建设内容：在薛城小沙河新建朱桥橡胶坝，扩挖橡胶坝回水河段和薛城小沙河故道回水河段，敷设高新区污水处理厂至龙潭水库中水管道工程；在薛城大沙河新建挪庄橡胶坝，敷设华众纸厂中水管道；在新薛河新建渊子涯橡胶坝，扩挖橡胶坝回水河段。橡胶坝工程等别为Ⅲ等，主要建筑物级别为3级。

（10）滕州市城漷河截污导流工程。

1）工程位置。工程位于滕州市城漷河流域。

2）工程主要任务和作用。根据《南水北调东线工程治污规划》和控制单元治污方案，通过利用已有和新建拦蓄工程，在南水北调工程调水期间拦截滕州市污水处理厂和工业企业达标排放的中水及河道天然径流，通过发挥工程截、蓄、导、用功能，保障南水北调工程输水干线水质。

3）2008年4月，山东省发展改革委以《关于南水北调东线第一期工程滕州市城漷河截污导流工程可行性研究报告的批复》（鲁发改农经〔2008〕345号）批复工程可行性研究报告。2008年5月，山东省发展改革委以《关于南水北调东线第一期工程滕州市城漷河截污导流工程初步设计的批复》（鲁发改重点〔2008〕420号）批复工程概算总投资11325.81万元。投资来源包括中央投资、银行贷款、南水北调工程基金三部分。工程总工期为2年。

4）工程主要建设内容：新建6座橡胶坝，其中城河干流新建东滕城、杨岗橡胶坝2座，漷河干流新建吕坡、于仓、曹庄橡胶坝3座，城漷河交汇口下游新建北满庄橡胶坝1座；维修城河干流洪村、荆河、城南橡胶坝3座，漷河干流南池橡胶坝1座；在东滕城、杨岗、北满庄、吕坡、于仓、曹庄6座橡胶坝上游新建灌溉提水泵站各1座；在曹庄橡胶坝上游漷河左岸和杨岗橡胶坝上游城河左岸设人工湿地引水口门各1处；河道扩容开挖工程10.7km。

该工程等别为Ⅲ等，河道工程级别为3级，橡胶坝工程级别为3级，灌溉提水泵站级别为4级，其他次要及临时建筑物级别为4级。

（11）滕州市北沙河截污导流工程。

1）工程位置。工程位于北沙河流域。

2）工程主要任务和作用。根据《南水北调东线工程治污规划》和控制单元治污方案，通过利用已有和新建拦蓄工程，在南水北调工程调水期间拦截工业企业达标排放的中水及河道天然径流，通过发挥工程的截、蓄、导、用功能，保障南水北调工程输水干线水质。

3）2008 年 4 月，山东省发展改革委以《关于南水北调东线第一期工程滕州市北沙河截污导流工程可行性研究报告的批复》（鲁发改农经〔2008〕352 号）批复工程可行性研究报告。2008 年 5 月，山东省发展改革委以《关于南水北调东线第一期工程滕州市北沙河截污导流工程初步设计的批复》（鲁发改重点〔2008〕419 号）批复工程概算总投资 5425.49 万元。投资来源包括中央投资、银行贷款、南水北调工程基金三部分。工程总工期为 2 年。

4）工程主要建设内容：在北沙河干流新建邢庄、刘楼、赵坡、西王晁 4 座橡胶坝，在 4 座橡胶坝上游各新建灌溉泵站 1 座，河道扩容开挖 8.3km。

该工程等别为Ⅲ等，河道工程、橡胶坝工程级别为 3 级，灌溉提水泵站级别为 4 级，其他次要及临时建筑物级别为 4 级。

（12）枣庄市小季河截污导流工程

1）工程位置。工程位于枣庄市台儿庄区境内。

2）工程主要任务和作用。在台儿庄区水污染防治工程全部完成的前提下，利用已建和新建拦蓄工程，在南水北调工程输水期间拦蓄台儿庄污水处理厂及工业企业达标排放的中水，通过中水灌溉回用，减少化学需氧量、氨氮入河量，以保护南水北调工程干线输水水质。

3）2008 年 8 月，山东省发展改革委以《关于南水北调东线第一期工程枣庄市小季河截污导流工程可行性研究报告的批复》（鲁发改农经〔2008〕833 号）批复工程可行性研究报告。2008 年 11 月，山东省发展改革委以《关于南水北调东线第一期工程枣庄市小季河截污导流工程初步设计的批复》（鲁发改重点〔2008〕1219 号）批复工程初步设计报告。工程概算总投资为 4092.83 万元，建设总工期为 16 个月。工程投资全部来自省级以上投资。

4）工程主要建设内容：小季河、北环城河、台兰干渠河道疏浚、清淤、扩宽，新建小季河季庄西拦河闸，维修赵村拦河闸，在东环城河、小季河、台兰引渠新建 4 座中水回用灌溉泵站，拆除重建 6 座生产桥。

该工程等别为Ⅳ等，河道工程和主要建筑物级别为 4 级，次要建筑物级别为 5 级。

（13）临沂市邳苍分洪道截污导流工程。

1）工程位置。工程位于临沂市沂河、武河、邳苍分洪道及其支流上。

2）工程主要任务和作用。根据《南水北调东线工程治污规划》和控制单元治污方案，该工程主要任务是通过利用已有、新建及维修拦蓄工程，在南水北调工程调水期间拦截城镇污水处理厂和工业企业达标排放的中水及河道天然径流，通过截、蓄、导、用，保障南水北调工程输水干线水质。

3）2008 年 4 月，山东省发展改革委以《关于南水北调东线第一期工程临沂市邳苍分洪道截污导流工程可行性研究报告的批复》（鲁发改农经〔2008〕347 号）批复工程可行性研究报告。2008 年 5 月，山东省发展改革委以《关于南水北调东线第一期工程临沂市邳苍分洪道截污导流工程初步设计的批复》（鲁发改重点〔2008〕418 号）批复工程概算 12368.5 万元。投资来源包括中央投资、银行贷款、南水北调工程基金三部分。工程总工期为18个月。

4）工程主要建设内容。

苍山片：新建和维修拦河闸坝10座，其中新建吴坦、芦柞、刘桥、王庄4座橡胶坝，维修提升闸6座；东泇河清淤6.16km，扩挖吴坦河、吴粮导流沟，长度分别为8.4km、14.15km；铺设苍山县污水处理厂至吴坦河中水管道长8.12km，整修输水渠2.365km；新建和维修中水灌溉回用渠首工程13座，改建生产桥15座。

临沂片：新建和维修拦河闸坝9座，其中新建丁庄和蒋史汪2座橡胶坝，新建廖家屯提升闸1座，维修提升闸6座；对南涑河、陷泥河进行清淤，长度分别为14.14km、15.90km；新建武沂导流沟，长0.58km；新建和维修中水灌溉回用渠首工程8座，新建交通桥1座。

该工程等别为Ⅲ等，主要建筑物级别为3级，次要建筑物级别为4级。

（14）菏泽市东鱼河截污导流工程。

1）工程位置。工程位于菏泽市开发区、定陶、成武和曹县境内的东鱼河、东鱼河北支及团结河。

2）工程主要任务和作用。在菏泽市水污染防治工程全部完成的前提下，利用新建的雷泽湖水库和东鱼河、东鱼河北支、团结河上已建和新建的拦蓄工程，在南水北调工程输水期间，拦蓄菏泽市、定陶县、成武县、曹县等城市污水处理厂及沿线工业企业达标排放的中水，通过中水灌溉回用，减少化学需氧量、氨氮入河量，以保护南水北调工程干线输水水质。

3）2008年4月，山东省发展改革委以《关于南水北调东线第一期工程菏泽市东鱼河截污导流工程可行性研究报告的批复》（鲁发改农经〔2008〕344号）批复工程可行性研究报告。2008年5月，山东省发展改革委以《关于南水北调东线第一期工程菏泽市东鱼河截污导流工程初步设计的批复》（鲁发改重点〔2008〕417号）批复工程初步设计报告。核定工程概算总投资15454.26万元。投资来源包括中央投资、银行贷款、南水北调工程基金三部分。工程总工期为2年。

4）工程主要建设内容：新建张衙门、侯楼、王双楼、后王楼、鹿楼5座拦河闸，新建雷楼、侯楼、邵家庄、周店、宋李庄、前朱庄、欧楼、鹿楼、李楼、贵子韩10座灌溉提水站，新建雷泽湖水库及配套工程并扩挖东鱼河北支。

该工程规模为中型，工程等别为Ⅲ等，其主要建筑物级别为3～4级，次要建筑物级别为4～5级。

（15）宁阳县洸河截污导流工程。

1）工程位置。工程位于南泗湖主要入湖河流洸府河上游，宁阳县境内。

2）工程主要任务和作用。在宁阳县水污染防治工程全部完成的前提下，利用洸河和宁阳沟上新建的拦蓄工程，在南水北调工程输水期间，拦蓄宁阳县污水处理厂及沿线工业企业达标排放的中水，通过中水灌溉回用，减少化学需氧量、氨氮入河量，以保护南水北调工程干线输水水质。

3）2007年11月，山东省发展改革委以《关于南水北调东线第一期工程宁阳县洸河截污导流工程可行性研究报告的批复》（鲁发改农经〔2007〕1394号）批复工程可行性研究报告。2007年12月，山东省发展改革委以《关于南水北调东线第一期工程宁阳县洸河截污导流工程初步设计概算的批复》（鲁发改重点〔2007〕1463号）批复工程初步设计报告。核定工程概算总投资 5956.04 万元。工程总工期为 2 年。

4）工程主要建设内容：在洸河上新建后许桥、泗店橡胶坝及泗店泵站；在宁阳沟上新建纸坊、古城橡胶坝及古城泵站；扩挖 4 座橡胶坝回水段河槽 15.17km；改建生产桥 6 座。

该工程等别为Ⅲ～Ⅳ等，其主要建筑物级别为 3～4 级。

（16）夏津县截污导流工程。

1）工程位置。工程位于夏津县城北六五河流域。

2）工程主要任务和作用。根据《南水北调东线工程治污规划》和控制单元治污方案，该工程任务为：利用城北改碱沟、青年河上新建拦蓄工程，在南水北调工程输水期间，拦蓄夏津县污水处理厂及工业企业达标排放的中水，通过发挥工程的截、蓄、导、用功能，保障南水北调工程输水干线水质。

3）2008 年 8 月，山东省发展改革委以《关于南水北调东线第一期工程夏津县截污导流工程可行性研究报告的批复》（鲁发改农经〔2008〕835 号）批复工程可行性研究报告。2008 年 11 月，山东省发展改革委以《关于南水北调东线第一期工程夏津县截污导流工程初步设计的批复》（鲁发改重点〔2008〕1217 号）批复工程概算 2505.86 万元。投资来源包括国家投资、银行贷款、南水北调工程基金三部分。批复总工期为 1 年。

4）工程主要建设内容：三支沟河道清淤疏浚和涵管工程；拆除、重建范楼闸、李楼闸、北马庄闸，孔庄、郑庄 2 座泵站，16 座生产桥；维修加固齐庄闸。

该工程等别为Ⅳ等，其主要建筑物级别为 4 级，临时建筑物级别为 5 级。

（17）武城县截污导流工程。

1）工程位置。工程位于德州市武城县、平原县境内。

2）工程主要任务和作用。根据《南水北调东线工程治污规划》和控制单元治污方案，该工程任务为：通过新建拦蓄和导流工程，在南水北调工程输水期间拦截武城县污水处理厂和平原县工业企业达标排放的中水及河道天然径流，通过发挥工程"截、蓄、导、用"功能，保障南水北调工程输水干线水质。

3）2008 年 8 月，山东省发展改革委以《关于南水北调东线第一期工程武城县截污导流工程可行性研究报告的批复》（鲁发改农经〔2008〕834 号）批复工程可行性研究报告。2008 年 11 月，山东省发展改革委以《关于南水北调东线第一期工程武城县截污导流工程初步设计的批复》（鲁发改重点〔2008〕1222 号）批复工程概算 2905.96 万元。投资来源包括国家投资、银行贷款、南水北调工程基金三部分。工程总工期为 12 个月。

4）工程主要建设内容：武城县六六河、平原县马减竖河河道清淤疏浚 16.5km，重建利民河东支郑郝节制闸、新建六六河东大屯拦河闸，新建北支沟、棘围沟、青龙河、改碱沟、甜水铺支流节制闸，新建小董王庄沟、姜庄沟涵闸、新建后程倒虹吸 1 座，维修加固六六河 9 座涵闸，新改建 3 座生产桥。

该工程等别为Ⅳ等，主要建筑物级别为 4 级。

（18）临清市汇通河截污导流工程。

1）工程位置。工程位于临清市城区。

2）工程主要任务和作用。根据《南水北调东线工程治污规划》和控制单元治污方案，该工程任务是将临清市污水处理厂处理后的 6 万 t/d 中水改排，通过河渠连接工程输送中水，利用胡家湾水库、友谊渠和尚潘渠等拦蓄用于农业灌溉，保障南水北调工程输水干线水质。

3）2008年8月，山东省发展改革委以《关于南水北调工程东线第一期工程临清市汇通河截污导流工程可行性研究报告的批复》（鲁发改农经〔2008〕836号）批复工程可行性研究报告。2008年11月，山东省发展改革委以《关于南水北调东线第一期工程临清市汇通河截污导流工程初步设计的批复》（鲁发改重点〔2008〕1221号）批复工程概算为3155.99万元。投资来源包括国家投资、银行贷款、南水北调工程基金三部分。工程总工期为12个月。

4）工程主要建设内容：新建红旗渠入卫穿堤涵闸1座；北大洼水库至大众路口铺设管线长度417m（单排φ2000管），顶管管线长度85.15m（双排φ1500管）；大众路口至石河铺设管线长度2159.25m（双排φ2000管）；红旗渠4.03km河道清淤疏浚及红旗渠纸厂东公路涵洞、红旗渠纸厂1号公路涵洞、红旗渠纸厂2号公路涵洞、红旗渠纸厂3号公路涵洞4座过路涵改建。

该工程等别为Ⅳ等，主要建筑物级别为4级，次要建筑物为5级。穿卫运河大堤涵闸按所在堤防工程的级别确定为2级。

（19）聊城市金堤河截污导流工程。

1）工程位置。工程位于聊城市阳谷县、东阿县、东昌府区境内。

2）工程主要任务和作用。由于南水北调工程利用小运河输水，为避免排入金堤河、小运河的上游来水影响南水北调工程输水干线小运河水质，根据《南水北调东线工程治污规划》和控制单元治污方案，该项目是利用已有的和新建的工程，将上游来水拦截、导流排入徒骇河，保障南水北调工程输水干线水质。

3）2008年8月，山东省发展改革委以《关于南水北调东线第一期工程聊城市金堤河截污导流工程可行性研究报告的批复》（鲁发改农经〔2008〕837号）批复工程可行性研究报告。2008年11月，山东省发展改革委以《关于南水北调东线第一期工程聊城市金堤河截污导流工程初步设计的批复》（鲁发改重点〔2008〕1220号）批复工程概算总投资4839.6万元。投资来源包括中央投资、银行贷款、南水北调工程基金三部分。工程总工期为12个月。

4）工程主要建设内容：新开小运河至郎营沟渠道，疏通治理3.7km；扩挖郎营沟，疏通治理22.3km；扩挖郎营沟至四新河渠道，扩挖2.3km。新建马湾节制闸、马湾排水涵闸工程，改建油坊穿涵工程，新建、重建桥梁、涵闸、渡槽等小型建筑物。

该工程等别为Ⅲ等，马湾节制闸、油坊涵洞主要建筑物级别为3级，次要建筑物级别为4级。

第四节　深化治污方案

为保证东线一期工程2013年通水前输水干线水质稳定达到地表水环境质量Ⅲ类标准，按照国务院2010年9月的重要批示精神，在国务院有关部门的组织下，江苏、山东两省开始了新一轮的治污工作。在对东线治污工作评估和问题分析的基础上，两省针对当前不能稳定达标和不达标的控制单元，分别制定了《江苏省控制单元达标治理补充方案》和《山东省南水北调东线一期工程山东段水质达标补充实施方案》，在报各省政府后实施。

江苏省还规划了一批深化治污项目，主要包括尾水资源化利用及导流工程、污水处理厂管网配套和考核断面水质自动监测站网建设等三大类。山东省针对水质不达标断面采取了多项深化治污措施：①进一步淘汰落后产能，在先前率先取消重点污染行业排放特权的基础上，根据新的进一步加严的《山东省南水北调沿线水污染物综合排放标准》，开展了新一轮限期治理，实施工业污染治理"再提高工程"；②对沿线城镇污水处理厂实施进一步的升级改造，沿线污水处理厂将全部升级到 1 级 A 标准；③进一步实施环南四湖、东平湖人工湿地项目建设，加强水系生态建设，强化入湖水质治理；④采取进一步从严审批和区域限批等强有力的行政措施，保证治理目标的实现。

同时，结合国家重点流域水污染防治"十二五"规划，江苏、山东两省还继续深化东线治污工作，保证东线输水干线水质持续稳定达到地表水环境质量Ⅲ类标准。

第八章　东线工程治污实施工作和成效

第一节　东线治污规划实施的管理体制

一、目标责任体系

（一）工程管理行政隶属

东线一期工程涉及长江、淮河、黄河、海河四个流域和江苏、安徽、山东三省，大量利用了已有的河道、湖泊及江苏省调水工程等水利工程，上述水利工程的管理分别由水利部所属的流域机构及各省（直辖市）水利（务）厅（局）负责。

1. 原有河道工程的管理

东线工程利用了黄河以南的里运河、中运河、韩庄运河、不牢河及梁济运河，以及与京杭运河平行的三阳河、淮河入江水道、徐洪河、房亭河等河道，黄河以北的小运河、清凉江、清江渠、江江河、惠江渠、玉泉庄渠、南运河、马厂减河等河道。河道现状的管理情况为黄河以南除中运河（宿迁以上）、韩庄运河由水利部淮委沂沭泗水利管理局管理外，其余河道由各省水利厅管理；黄河以北除南运河部分河段及穿卫工程为水利部海委漳卫南运河管理局管理外，其余河道由各省（直辖市）水利厅（局）管理。

2. 原有湖泊水库的管理

东线工程利用了黄河以南的洪泽湖、骆马湖、南四湖、东平湖，黄河以北的恩县洼（规划大屯水库）、千顷洼、大浪淀水库、北大港水库。其现状管理情况是：骆马湖、南四湖由淮河水利委员会沂沭泗水利管理局管理，东平湖由黄河水利委员会山东河务局管理，其余湖泊及水库由各省（直辖市）水利厅（局）管理。

3. 原有调水工程的管理

江苏省江水北调工程由省、市、县分级管理。主要泵站（江都、淮安、淮阴、石港、蒋坝、泗阳、皂河）由江苏省水利厅管理；徐州市境内泵站（刘山、解台、沙集、刘集、单集、大庙、沿湖）由徐州市水利局管理；刘老涧泵站由宿迁市管理。

（二）工程管理体制

东线工程实行政府宏观调控、准市场机制运作，用户参与管理的体制，既要积极推进逐步建立水的"准市场"配置机制，又要贯彻水资源统一管理的原则。为此国务院成立南水北调工程建设委员会，下设办公室，负责国务院南水北调工程建设委员会全体会议以及办公会议的准备工作，督促、检查会议决定事项的落实；就南水北调工程建设中的重大问题与有关省（自治区、直辖市）人民政府和中央有关部门进行协调；协调落实南水北调工程建设的有关重大措施。

南水北调东线一期工程主要涉及江苏、山东两省，可以组建江苏、山东两个供水有限责任公司即江苏水源有限责任公司和山东干线有限责任公司，分别作为项目法人负责各省境内的工程建设、运营和管理。水利部流域机构参与流域间、省际控制性工程的建设和管理。两公司以供水合同建立原水买卖关系，国家在其水量调度、水价制定等方面实行调控和监督。

（三）环境管理体制

国务院环境保护行政主管部门，对全国环境保护工作实施统一监督管理。县级以上地方人民政府环境保护行政主管部门，对本辖区的环境保护工作实施统一监督管理。国家海洋行政主管部门、港务监督、渔政渔港监督、军队环境保护部门和各级公安、交通、铁道、民航管理部门，依照有关法律的规定对环境污染防治实施监督管理。县级以上人民政府的土地、矿产、林业、农业、水行政主管部门，依照有关法律的规定对资源的保护实施监督管理。地方各级人民政府，应当对本辖区的环境质量负责，采取措施改善环境质量。各级人民政府的环境保护部门是对水污染防治实施统一监督管理的机关。

各级交通部门和航政机关是对船舶污染实施监督管理的机关。

各级人民政府的水利管理部门、卫生行政部门、地质矿产部门、市政管理部门、重要江河的水源保护机构，结合各自的职责，协同环境保护部门对水污染防治实施监督管理。

二、部门指导监管制度

（一）环境管理任务

南水北调东线一期工程环境管理的目的是保障工程建设期和运行期调水输水干线和调节湖泊水质符合功能区划和供水目标的要求，改善工程影响区域的生态环境，减轻或避免工程对环境产生的不利影响，尽可能提高工程的经济、社会和环境效益，促进社会全面、协调发展。

1. 筹建期任务

筹建期任务主要有：①确保环境影响报告书中提出的各项环保措施纳入工程最终设计文件；②确保招投标文件及合同文件中纳入环境保护条款；③筹建环境管理机构，并对环境管理人员进行培训；④根据不同单项工程的特点，制定相应的工程环境保护规章制度与管理办法，组织编制工程建设影响区和移民（拆迁居民）安置区环境保护实施规划。

2. 施工期任务

施工期任务主要有：①制订工程建设和移民（拆迁居民）安置年度环境保护工作实施计

划，整编相关资料，建立环境管理信息系统，编制年度环境质量报告，并呈报上级主管部门；②加强工程环境监测管理，审定监测计划，委托具有相应监测资质的专业部门实施环境监测计划；③加强工程建设和移民（拆迁居民）的环境监理，委托具有相应监理资质的单位对工程建设区、移民（拆迁居民）安置区进行环境监理；④组织实施工程环境保护规划，并监督、检查环境保护措施的执行情况和环保经费的使用情况，保证各项工程施工和移民（拆迁居民）搬迁活动能按环保"三同时"的原则执行；⑤协调处理工程和移民（拆迁居民）引起的环境污染事故和环境纠纷；⑥加强环境保护的宣传教育和技术培训，提高人们的环境保护意识和参与意识，提高工程环境管理人员的技术水平；⑦配合开展工程环境保护竣工验收和移民（拆迁居民）安置环境保护竣工验收工作，负责项目环境监理延续期的环境保护工作。

3. 运行期

通过对各项环境因子的监测，随时掌握其变化情况及影响范围，及时发现潜在的环境问题，提出治理对策措施并予以实施。同时，监督环保措施的执行，保证水源、输水河道水质安全，收集工程影响范围各环境因子变化情况，确保环境总体目标的实现。同时，为了解决潜在的环境问题，积极组织开展环保科研工作。

（二）环境管理职责

南水北调东线工程环境管理机构是实施东线工程环境管理工作的主体，负责全面管理工程施工和运营期间的环境问题。工程建设的环境管理按建设项目的环境管理体系进行，由项目业主负责工程建设期的环境管理，环境行政主管部门和水行政主管部门负责监督。

1. 环境管理机构

（1）施工期。南水北调东线工程施工期间日常环境管理由建设单位负责。环境管理体系分为一期工程环境管理办公室、项目法人环境管理办公室、单项工程业主管理办公室三个管理层次。

一期工程环境管理办公室职责具体可由国务院南水北调工程建设委员会办公室的环境与移民司环境处负责；项目法人环境管理办公室则分别设置在江苏省南水北调办和山东省南水北调建管局；各单项工程的环境管理办公室则设置在单项工程的工程管理机构内。

（2）运行期。南水北调东线工程运行期日常环境管理由工程运营单位负责，即由江苏水源公司和山东干线公司负责日常环境管理。

2. 主要职责

（1）贯彻执行国家有关环境保护的政策法规，落实经过审批的环境影响评价文件及审查意见所要求的环境保护措施。

（2）对工程建设和运行过程中出现的环境污染和生态破坏事件，及时向当地环境管理部门汇报，并积极进行处理。

（3）根据工程沿线施工和运行特点，以及当地环境保护要求，制订详细的施工期和运行期污染防治措施计划和应急计划。

（4）参与协调处理工程施工和运行期间涉及有关部门及当地群众的生态环境保护问题。

（5）对工程施工、运行进行全过程跟踪检查环保措施落实运行情况，并及时反馈给有关部门。

（6）负责开展施工期、运行期环境监测工作，统计整理有关环境监测资料并上报有关部门。

（7）组织工程环境监测和质量评价工作，掌握生态环境变化趋势，并提出相应的改善和治理措施。

（8）组织开展工程环境保护的科研、宣传教育、培训等工作，对施工人员进行环境保护培训，明确施工应采取的环境保护措施及注意事项。

（三）环境监督

1. 环境监督机构

南水北调东线工程施工期、运行期的环境监督由国家、省、市、区（县）的各级环境保护行政主管部门对工程建设进行全面的环境监督管理。国家、省、市、区（县）的各级水利、农业、交通等有关行业主管部门负责本行业的环境监督管理，并各自在职责范围内积极配合环保部门从事环境管理监督工作。淮河水利委员会和海河水利委员会主要负责跨省界工程的环境监管，并负责省级环保和水利部门工作的协调和衔接。施工期具体的环境监督机构还有建设单位经招标确定的施工环境监理单位。

由于工程环境管理因素复杂，涉及多个流域、地区和部门，建议参照国务院南水北调办的经验，成立由各级分管行政领导和相关部门分管领导组成的南水北调工程各级环境管理委员会，分别负责工程流域间、地区间或部门间环境管理工作的领导和协调工作，委员会下设办公室，挂靠在淮河流域水资源保护局，负责日常领导和协调工作的开展。

2. 环境监督机构的主要职责

（1）环境保护行政主管部门的主要职责如下。

1）贯彻执行国家环境保护方针、政策、法律、法规。

2）组织制定南水北调东线工程环境保护的规章制度和标准，并督促核查执行情况。

3）审核工程环境保护中长期规划和年度计划，并督促落实。

4）审核并监督生态恢复和污染治理方案的实施，以及督促检查恢复治理资金和物资的使用情况。

5）组织开展工程环境影响评价工作中有关环保措施的落实情况，监督检查保护生态环境和防治污染设施与主体工程同时设计、同时施工、同时投入使用的执行情况。

6）组织开展工程环保执法检查、监督工作。

7）监督管理并协调工程项目区环境保护和生态保护及生态建设工作。

8）组织工程环境监测和质量评价工作，掌握生态环境变化趋势，并提出相应的改善和治理措施。

9）参与协调处理工程施工和运营期间涉及有关部门及当地群众的生态环境保护问题。

10）组织开展工程环境保护的科研、宣传教育、培训等工作。

（2）各行业行政主管部门职责。国家、省、市、区（县）发展改革委：将南水北调东线水污染防治工作纳入国民经济和社会发展计划，指导并监督环境综合整治项目及资金投入，协调督促重大工程项目的前期工作，协调落实国家补助资金。指导各市产业结构调整、企业技术改造、清洁生产计划的实施。督促地方按照原国家经贸委《淘汰落后生产能力、工艺和产品的目录》，淘汰落后的生产能力、工艺和产品。

国家、省、市、区（县）财政行政主管部门：指导并监督有关资金的落实，按照收支两条线原则，加强排污收费、污水处理费、水资源费等资金的管理，加大对公益性水污染治理项目的投入。

省、市、区（县）建设行政主管部门：对城市污水、垃圾处理工程建设加强指导、监督和管理，特别是对工程的前期准备、招投标和工程质量，要加强监督检查。组织实施区域集中供水工程，加强对淮河流域城市节水工作的指导。指导和促进城市环保设施企业化、专业化、社会化工作，会同省有关部门督促各地做好城镇生活污水、垃圾处理费征收和使用工作。配合交通厅指导、监督船舶垃圾、粪便的接收、处理工作。

省、市、区（县）交通行政主管部门：认真实施有关"内河水域防治船舶污染防治"的有关规定，指导并监督航道整治、水上运输船舶污染防治工作的实施。

省、市、区（县）水行政主管部门：指导并监督水利工程和流域水资源的合理分配、水土保持等计划的制订和实施。采取措施，加强水利工程防污调控，增加生态环境用水量。对主要水库和主要闸坝实施环境、资源和安全评估工作，加强取水许可监督管理，开展调水线水功能区监测。

省、市、区（县）农林行政主管部门：指导并监督实施包括畜禽养殖在内的农业面源污染控制和生态农业建设、无公害和绿色食品基地建设等农村环保项目。进一步摸清农业面源污染底数，开展面源污染防治研究和政策指导，提出面源污染防治计划并组织实施。制订流域农药和化肥管理计划，逐步实行农药化肥使用记录和许可使用制度，加强对化肥农药施用方法和耕作方式的指导。强化畜禽养殖污染防治管理措施。

省、市、区（县）卫生行政主管部门：指导农村地区血吸虫病防治、改水、卫生检疫、防疫、免疫工作。

省、市、区（县）旅游行政主管部门：指导并监督旅游餐饮设施、住宿设施和旅游景区景点等污染治理计划的实施。

省、市、区（县）海洋与渔业局：指导并监督实施渔业面源污染控制及无公害水产品基地建设，加强对洪泽湖、骆马湖等主要湖区水产养殖污染控制，配合省有关部门指导入海河流水污染防治工作，探索建立水污染渔业损失赔偿机制。

第二节　沿线地方的工作

一、江苏省的工作

（一）加强组织领导，严格落实治污责任

江苏省作为南水北调东线工程源头地区，按照国务院提出的"三先三后"原则，始终把做好南水北调东线治污作为贯彻落实科学发展观、加强环境保护和生态建设的重要举措。①变被动治污为主动治污。南水北调工程建设初期，沿线地区治污积极性不高，认为治污调水在某种

程度上制约了地方经济发展。随着治污工作的深入推进，大家逐步认识到，治污工程建设、水环境综合整治等给当地经济、社会、生态建设带来显著效益，治污既是服从国家南水北调大局的政治任务，更是地方发展的内在需要，治污工作成为地方政府和人民群众的自觉行动。②切实加强组织领导。江苏省委、省政府多次召开专题会议研究部署，省领导多次带队对沿线水质及治污情况进行现场督查，并将有关情况通报相关市、县党委和政府。③强化地方政府和部门职责。江苏省政府与沿线各市政府签订了治污目标责任书，分解任务，落实责任，明确各项工作的具体时间要求。江苏省政府印发了《江苏省淮河流域水污染防治规划执行情况考核暂行办法》，把南水北调治污工作作为重点考核内容。省有关部门各司其责、协调配合，形成了发展改革、南水北调、环保、水利、住建、交通、农委、经信等部门合力治污的工作机制，为实现治污目标奠定了工作基础。④创新治污机制。借鉴太湖治污经验，实施南水北调重要断面及沿线重要支流水质考核"断面长制"，由所在地党政负责同志担任"断面长"；建立治污项目包干制，省辖市领导包干县级行政区域，县级领导包干具体项目，项目实施单位落实具体责任人。⑤充分发挥各地治污积极性。沿线各地结合地方实际积极探索新的治污工作机制。徐州市为进一步强化断面达标工作，实行了水质达标区域补偿制度和重点断面达标风险抵押金制度。扬州、泰州、盐城等地建立了区域联防联控工作机制，加强信息共享，开展联合执法，均取得了较好的效果。

（二）加快建设进度，大力提升治污能力

（1）全力推进城镇污水处理设施建设。截至 2012 年年底，纳入南水北调治污规划的 26 座污水处理厂已全部建成投运，新增日处理能力 140 万 t，所有市（县）均建成污水处理厂，全面完成规划确定的建设任务。为提高小城镇污水处理能力，2010 年江苏省编制了《江苏省建制镇污水处理设施全覆盖（2011—2015）规划》，突出南水北调沿线小城镇污水处理设施建设。至 2012 年年底，南水北调沿线 269 个建制镇中，已有 196 个建制镇建成了污水处理设施，设施覆盖率达到 73％。江苏省南水北调沿线共建成投运城镇污水处理厂 157 座，污水处理能力 233.65 万 m^3/d（其中县以上城市 44 座，处理能力 208 万 m^3/d；建制镇污水处理设施 113 座，处理能力为 25.65 万 m^3/d），累计完成投资约 46 亿元。2012 年度南水北调沿线城镇污水处理厂累计处理污水 6.1 亿 m^3，削减化学需氧量 12.6 万 t，氨氮 1.34 万 t。

（2）加快沿线城镇污水收集管网建设。为提高污水处理厂管网配套能力，省政府于 2011 年批准了《南水北调东线江苏省城镇污水管网建设实施方案》，拟新建 614km 污水收集管网，已完成近 650km，投资约 11 亿元，超额完成建设任务。至 2012 年年底，南水北调沿线城镇新建污水收集主干管道约 6700km，完成投资约 134 亿元，沿线城镇污水处理厂负荷率提高到 78.5％，县以上城市污水处理率 83.2％。

（3）切实提高设施运行管理水平。认真贯彻落实《江苏省污水集中处理设施环境保护监督管理办法》，建立健全运行台账制度，加大现场督查力度，定期开展城镇污水处理厂运行管理考核，按季度对全省城镇污水处理设施建设运行情况进行通报，不断强化污水处理设施运行管理，建立污水处理水质、水量与经费拨付相挂钩的机制。

（4）加大资金支持力度。积极争取中央财政资金向南水北调地区倾斜，江苏省财政积极配套，对沿线城镇污水处理设施配套管网建设按照投资额的 50％予以补助。

（三）强化执法监管，加强水质监测监控

（1）始终将南水北调沿线作为环保执法监管的重点区域。各级环保部门累计检查污染源 20 多万厂次，立案查处违法排污企业 4500 多家，限期治理 1200 多家，挂牌督办了 108 个突出环境问题，并对部分环境违法现象严重地区实施了区域限批，对沿线地区 100 多家重点污染源安装了在线监控装置。

（2）淘汰一批污染严重企业。提高化工行业环保准入门槛，加大化工生产企业专项整治力度，"十一五"以来已累计关停南水北调沿线地区 800 多家小化工厂。

（3）开展联合执法检查。江苏省环境保护厅、省发展改革委、财政厅和南水北调办等有关部门组成联合督查组，对南水北调东线重点断面水质达标情况进行了 150 多次的现场督查，督促地方政府解决影响水质稳定达标的困难和问题，确保断面水质稳定达标。

（4）关闭排污口门。认真贯彻落实国家有关部门关于南水北调输水干线排污口清理关闭工作要求，督促地方政府按期完成清理关闭任务。

（5）加强水质监测。从 2011 年 7 月开始，江苏省环保厅每月组织对 14 个重点控制断面开展省级监督监测，并及时将监测结果通报沿线各地政府。省级投入 2000 多万元，建设 14 个水质自动监测站，目前所有自动站已建成并投入使用。

（四）坚持多措并举，开展环境综合整治

（1）加快产业结构调整。实施严于国家要求的落后产能淘汰计划，列入省级计划的企业全部完成落后产能生产线主体设备的拆除。

（2）制订实施南水北调东线源头生态功能保护规划。完成江都垃圾填埋场迁建工程，搬迁关停了一批污染企业，建成生态防护林 1 万多亩，严格保护三江营调水源头区水质。

（3）建设截污导流工程。按照"尾水有槽、清水有路"的思路，在已建截污导流工程基础上，进一步完善"清水廊道"建设，新增新沂、丰沛、睢宁、宿迁等 4 项尾水资源化利用及导流工程。

（4）大力推进环境综合整治。环保部门每年安排 3000 万元，组织开展农村环境综合整治，并对集中式饮用水源地开展环境专项整治行动。交通部门投资 2800 万元，在京杭运河沿线建设 21 座船舶垃圾收集站、43 座油废水回收站。农林部门在沿线地区积极发展生态农业，已建成无公害农产品、绿色食品和有机食品基地 1500 多万亩，化肥使用量比 2000 年减少了 15% 以上。

（5）深化不稳定达标断面治理。在完成治污实施方案的基础上，针对徐州复新河沙庄桥等 3 个断面不能稳定达标问题，组织编制了 3 个断面水质达标方案。规划实施 158 个工程项目，总投资 23 亿元，其中 2012 年年底前实施 87 个项目，其余项目于 2015 年年底前完成。

（五）加强航运管理，切实解决船舶污染

苏北运河水运发达，江苏省在加快运河水运基础设施建设的同时，加大了内河船舶污染治理。

（1）制定加强船舶污染防治法律法规。在全国率先出台了《江苏省内河水域船舶污染防治

条例》。江苏省政府下发了《关于进一步加强南水北调东线江苏段输水干线船舶污染防治工作的通告》，对苏北运河航行、停泊、作业的船舶垃圾、油废水、生活污水的送交处理和危险化学品运输船舶的安全管理提出了具体的要求。

（2）积极开展污染防治示范工程建设。全面禁止挂桨机船进入京杭运河，年节省燃油 1.7万 t，油污排放量下降 95％。全面完成挂桨机船拆改任务，共拆改钢质挂桨机船 2.3 万艘、总计 88.1 万 t。完成京杭运河苏北段船舶垃圾收集站、油废水回收站建设，开展苏北运河船舶污染防治示范工程项目建设。

（3）加强船舶垃圾、废油水送交的监督检查。对故意向通航水域排放、倾倒船舶污染物的船舶，依法对其从重处罚。加强危险化学品船舶监管，实施内河危险化学品运输船舶动态报告联动监管规定和危险化学品运输船舶动态报港制。

（4）加强应急处置能力建设。督促危险化学品港口、码头企业配备与吞吐能力相适应的围油栏、吸油毡等防污应急设备，进一步完善船舶污染重大事件应急预案和应急设备配备方案，推广应用应急处置和信息管理系统，提高对高危和重污染货物运输的甄别和监管能力。

二、山东省的工作

（一）着力构筑南水北调治污工作大格局

山东省委、省政府一直高度重视南水北调治污工作，把"确保一泓清水北上"作为重要的政治任务来抓，层层签订目标责任书，将治污责任落实到各市、县和重点污染企业，作为约束性指标，纳入县域经济社会发展考核体系。山东省政府批复实施了《南水北调东线工程山东段控制单元治污方案》和《南水北调东线一期工程山东段水质达标补充实施方案》，并将"治、用、保"上升为省政府的流域治污策略。山东省人大颁布实施了全国首个针对南水北调治污的地方性法规《山东省南水北调工程沿线区域水污染防治条例》。为深入推进南水北调治污工作，山东省委、省政府主要领导同志多次调度、亲自部署，分管副省长每年组织召开南水北调治污现场会，分析形势，研究问题，部署任务。山东省人大、省政协每年组织对南水北调治污进行视察，省政府有关部门齐抓共管，沿线各级党委政府积极作为，扎实构筑了"党委政府主导、人大政协监督、部门齐抓共管、全社会共同努力"的治污工作大格局，为有力推动南水北调治污提供了坚实的政治和组织保障。

（二）科学构建"治、用、保"流域治污体系

在污染治理方面，制定实施地方环境标准，历时 8 年，分四个阶段，逐步取消了高污染行业的排污特权，倒逼高污染行业调整结构优化布局。所有废水排放单位在排污口建设生物指示池，外排废水达到常见鱼类稳定生长的水平再排向环境。运用市场机制推动调水沿线建成污水处理厂 90 座，总处理能力达 430 万 t/d。大力实施"退渔还湖"，共清理取缔和改造投饵围网、网箱约 31 万亩，省级财政安排 1 亿元生态补偿资金，引导建立渔业污染防治长效机制。在循环利用方面，山东省发改、住建、水利、环保等部门联合印发了《山东省关于加强污水处理回用工作的意见》，将污水处理再生水纳入区域水资源统一配置。山东省水利厅、南水北调建管局指导调水沿线各市建成再生水截蓄导用工程 21 个，年可消化中水 2.1 亿 m³，有效改善农灌面

积 200 多万亩。2011 年，干旱的山东迎来了耗水量不增反降的历史性拐点，用水总量减少 2 亿 m³，地下水位回升 0.24m。在生态保护方面，在重要排污口下游、支流入干流处、河流入湖口及其他适宜地点因地制宜建设表面流和潜流人工湿地，达标废水经湿地进一步净化后再进入干线，大力实施湖滨带、河滩地生态修复，调水沿线已建成人工湿地面积 14.6 万亩，修复自然湿地面积 16.3 万亩。实践证明，只要科学构建"治、用、保"治污体系，一个流域一个流域地抓、一条河流一条河流地治，发展中地区在工业化、城镇化快速推进阶段也能够基本解决流域污染问题。

（三）扎实构建环境安全防控屏障

围绕预防、预警和应急三大环节，建立和完善环境风险评估、隐患排查、事故预警和应急处置四项工作机制。重点行业企业一律实施环境风险评估，制订环境应急预案，所有风险源单位定期开展隐患排查，建立风险源动态管理档案；在风险源单位车间排放口、总排口，污水处理厂进水口，风险源单位下游河流断面和省市县出界断面等环境敏感点设置预警监测点，建立环境安全预警监测体系；所有重点行业、企业厂内建设应急事故池，排污口建设拦截闸，厂外排水河道建设拦截坝和橡胶坝，保证事故状态下，超标废水控制在企业和行政辖区内部。创新实行了"超标即应急"零容忍工作机制和"快速溯源法"工作程序，一旦发现超标，24h 内锁定污染源，从事故源头实施有效控制。为锻炼队伍，省里每年组织环境监管技术大比武，有效提升了环境突发事件应对能力。

"治、用、保"流域治污模式在南四湖流域取得经验后，又在全省辐射推广。2010 年，山东省 59 条重点污染河流全部恢复常见鱼类稳定生长，全省水环境质量总体上恢复到 1985 年以前的水平。进入"十二五"以来，山东水环境质量继续保持了持续改善的良好态势，2012 年山东省重点河流化学需氧量和氨氮浓度分别比 2010 年进一步下降了 16.2% 和 41.0%。南水北调治污既给山东调水沿线带来了压力和挑战，同时也创造了难得的历史机遇。实践证明国家实施南水北调东线工程有力促进了流域治污工作。科学实施积极的环保措施，不仅不会影响经济发展，反而是推动转方式调结构的重要手段。

第三节　成　　效

一、治污任务目标完成情况

1. 水质目标完成情况

按照《南水北调东线工程治污规划》和《南水北调东线工程治污规划实施意见》，江苏省南水北调沿线共设置 14 个考核断面，要求一期工程输水干线水质必须稳定达到《地表水环境质量标准》（GB 3838—2002）Ⅲ类水标准，考核指标为高锰酸盐指数、氨氮两项。2004 年以来，南水北调江苏段考核断面水质逐年改善，达标率逐年提高，2004—2006 年达标率呈明显上升趋势，2006—2009 年达标率稳定在 90% 左右，2010 年以来 14 个断面年均值达标率稳定在 100%。从 2012 年 11 月至 2013 年 4 月，断面水质监测结果看，14 个断面水质均稳定达标。

2. 入河排污量完成情况

按照《江苏省南水北调东线工程治污工作目标责任书》要求，江苏省进入输水干线化学需氧量控制在 2 万 t 以内，氨氮控制在 0.1 万 t 以内。《南水北调东线工程江苏段控制单元治污实施方案》对 14 个控制单元提出了具体的入河排污量控制要求，确定化学需氧量目标入河量为 20018t/a，氨氮目标入河量 959t/a。经测算，2012 年 14 个控制单元化学需氧量实际入河量合计 10835.1t，较 2000 年削减了 110915.64t；氨氮实际入河量合计 387.12t/a，较 2000 年削减 5305.69t/a。两项指标均完成了控制目标和削减任务。

按照《山东省南水北调工程治污工作目标责任书》要求，东线工程通水前，山东省进入黄河以南段输水干渠化学需氧量要控制在 4.3 万 t 以内，氨氮量要控制在 0.43 万 t 以内。经核算，2012 年山东省黄河以南段 22 个控制单元入输水干渠的化学需氧量和氨氮总量，比 2000 年分别削减了 19.2 万 t 和 1.8 万 t，实际进入输水干渠的化学需氧量和氨氮总量为 1.2 万 t 和 0.085 万 t，达到责任书确定的总量控制要求。

3. 工程项目完成情况

按照《南水北调东线工程治污规划》，江苏省治污工程项目共 43 项。为细化工作任务，江苏省组织编制了《南水北调东线工程江苏段控制单元治污实施方案》，治污工程项目增加到 102 项，合计投资 60.7 亿元。具体包括工业结构调整项目 16 项，工业综合治理项目 49 项，城镇污水处理及再生利用项目 26 项，流域综合整治项目 6 项，截污导流项目 5 项。根据《南水北调东线工程江苏段控制单元治污实施方案》，江苏省共设立 14 个控制单元 102 个治污项目，截至 2012 年年底已全部完成，项目完成率 100％。16 个工业结构调整项目全部完成，其中 3 家企业关闭，1 家拆除落后生产线，2 家企业实施搬迁，10 家造纸企业淘汰石灰法制浆改为废纸造纸，合计化学需氧量年削减量 4770t，氨氮年削减量 106t。49 个工业综合治理项目全部完成，其中 17 家企业关闭，2 家停止污染工段生产，30 家企业实施废水深度处理或循环利用工程，合计化学需氧量年削减量 1.23 万 t，氨氮年削减量 457.1t。26 座城镇污水处理厂全部建成投运，按《南水北调东线工程治污规划》要求建设规模为 137.5 万 t/d，实际建成 139 万 t/d；按《南水北调东线工程江苏段控制单元治污实施方案》要求，建设规模为 152 万 t/d，实际建成 140 万 t/d，年削减化学需氧量 7.63 万 t，氨氮 0.85 万 t。6 项流域综合整治项目已完成，其中 2 个生态氧化塘项目原定投资 6090 万元，实际建成为污水处理厂，投资增加 4910 万元，另 4 个项目按要求实施。5 项截污导流工程全部建成，每年中水回用量约 9363 万 t，导走量约 19739 万 t，化学需氧量削减量 33534t，氨氮削减 2420t。

按照《南水北调东线工程治污规划》，山东省治污工程项目共 260 项，合计投资 136 亿元。山东省政府 2006 年批复实施的《南水北调东线一期工程山东段控制单元治污方案》共确定治污项目 324 个，投资 93.6 亿元。其中，污水处理及再生水利用工程 129 个，投资 57.8 亿元；工业污染治理项目 149 个，投资 12.6 亿元；中水截蓄导用工程 21 个，批复投资 12.09 亿元（计划投资 14.7 亿元）；综合治理项目 16 个，投资 4.9 亿元；垃圾处理项目 8 个，投资 3.4 亿元；船舶污染防治打捆项目 1 个，投资 0.2 亿元。截至 2012 年年底，《南水北调东线一期工程山东段控制单元治污单元》确定的 324 个治污项目已全部建成投运发挥效益，实际完成投资 103.8 亿元，投资完成率为 110.9％。其中，129 个污水处理及再生水利用工程完成投资 62.6 亿元，投资完成率为 108.3％，149 个工业污染治理项目完成投资 18.2 亿元，投资完成率为

144.4%；21个中水截蓄导用工程完成投资12.09亿元，投资完成率为100%；16个综合治理项目（人工湿地水质净化工程）完成投资6.3亿元，投资完成率为128.6%；8个垃圾处理项目完成投资4.4亿元，投资完成率为129.4%；1个船舶污染防治打捆项目完成投资0.2亿元，投资完成率为100%。

二、东线治污成效显著

经过不懈努力和实践，东线治污工作形成了一套符合南水北调东线水污染防治和生态环境保护实际的治污理念、管理体制和运行机制，积累了宝贵的经验，为打造东线沿线清水廊道奠定了基础。

1. 体制机制不断完善

沿线江苏、山东两省将治污目标任务完成情况纳入各级党委、政府领导班子和干部考核目标。两省分别建立了"政府领导、部门负责、环保监管、企业治理、舆论监督、公众参与"和"党委领导、人大监督、政府负责、环保监管、部门配合、公众参与、舆论监督"的"大治污、大环保"工作格局。同时，为适应城市污水处理市场化改革需要，两省都加快了污水处理费调整和污水处理厂改制工作。目前，调水沿线所有县（市、区）污水处理费征收标准均已提高到1.0～1.2元/t，有效解决了污水处理厂运行费用和配套管网建设资金问题，并多采取了BOT、TOT、合资合作等方式建设和运营城市污水处理厂，逐步实现污水处理的投资多元化、运营企业化和管理市场化。

2. 治污理念不断创新和深化

东线治污正逐步由工程治理向工程措施与生态建设相结合的综合治理转变。江苏省根据环保优先理念，将环境保护生态建设和生态建设紧密结合，提出了"严格准入、节水减排、截污导流、应急保障"治污理念，所谓"严格准入"就是准确把握国家的产业政策，积极设置环保"门槛"，严格环境准入制度，将高能耗、高污染、低效益的项目坚决拒之于门外，从源头上减少污染因素。"节水减排"是树立"节水就是减排减污"的观念，引导企业加大技改投入，引进先进工艺技术，实施清洁生产，减少资源消耗和污染物排放，最大限度地实现污染物的资源化、无害化，达到"节能、降耗、减污、增效"的目的。通过建立工业园区，将相关的工业企业集中在园区内，将废污水资源化后，在园区内进行循环利用，并在建设具有生态、绿化、美化功能的绿色通道、绿色走廊和防护隔离带，形成环境优美、人与自然和谐发展的绿色园区。"截污导流"是在加强污水处理厂建设和提高污水处理标准的基础上，将处理达标后的尾水，通过截污导流工程排放入海。截污导流工程一方面提高了城市化发展的环境容量；另一方面增加了沿途农业灌溉水量，提高了资源利用水平。同时截污导流也推动了沿线河流清淤和环境整治，有效地改善了水环境。"应急保障"则是在加强监督检查、环境执法管理的基础上，建立健全突发环境事件预警应急机制，提高了应对突发环境事件的能力，进一步保障公众生命健康和生态环境安全。山东省结合治污工程的特点和当地实际用循环经济理念在实践中探索出了一条切实可行的"治、用、保"流域综合治理的思路。"治"，通过采取工业结构调整、清洁生产、末端治理、环境基础设施建设、面源污染治理、清淤疏浚、环境管理在内的全过程污染防治，以使污染物稳定达标排放；"用"，是以循环经济理念为指导，在污染治理的基础上，因地制宜，利用流域内季节性河道和闲置洼地，建设中水截、蓄、导、用设施，合理规划中水回用工程，力求将工业企业治理和城镇污水处理厂处理后的达标中水不进入或少进入输水干线；"保"，是在保障流域或区域防洪安全的前提下，综合采用河流入湖口人工湿地水质净化、河道走廊湿地修复、湖滨及湖区湿地修复等生态修复和保护措施，对流域内生态恢复过程进行强化，确保调水干线水质达到地表水环境质量Ⅲ类水标准。"治、用、保"并举的一体化治污思路，充分体现了减少污染物排放、实现水资源循环利用、促进经济增长方式转变的循环经济理念，推动流域污染治理取得了实质性进展。

3. 治污政策、法规和标准体系逐步健全

江苏、山东两省在治污规划实施过程中，针对南水北调沿线结构性污染较为突出的问题，不断完善地方法规和标准体系，发布了一系列加强水污染防治和生态建设的决定、办法、条例以及规范性文件，从淘汰落后产能、提升准入门槛、提高排放标准、大力推进清洁生产、规范湖区养殖、加强航运管理等多个方面深化污染防治，为全面深化治污工作提供了有力的法规和政策保障。两省已颁布实施了严于国家标准的造纸工业、纺织染整工业、畜禽养殖业、垃圾填埋渗滤液等污染物排放标准。2006年山东省在全国率先颁布实施了分时段、分区域严于国家标准的地方性南水北调沿线水污染物综合排放标准，取消了行业污染排放"特权"，并将沿线汇水区划分为核心、重点、一般保护区进行保护。同年，山东省人大常委会审议通过了《山东省南水北调工程沿线区域水污染防治条例》，以地方立法的形式对水污染防治工作进行了规范，在治污措施、环境监督管理、面源污染治理、生态修复与保护、生态补偿等方面作了一系列有针对性的规定。

4. 重点监测断面水质持续改善

在区域经济快速发展的情况下，经过国务院有关部门和沿线省（直辖市）共同努力，东线沿线主要污染物排放总量大幅削减，主要污染物化学需氧量、氨氮浓度均较规划实施前削减了80％以上，污染物排放总量基本达到或接近目标控制总量。沿线水质和生态环境得到持续改善，部分污染较重的流域水质提高显著。治污的关键点南四湖、东平湖水生态环境质量改善明显，对环境敏感的小银鱼等又重现于河湖中，湖边野生植物、珍稀鸟类日渐增多，南四湖又重现了昔日生机和活力。

三、东线治污积累的有益经验

南水北调东线地处淮河流域下游，工业化和城镇化进程中产生的结构性、复合型污染特征在该区域集中体现。国务院有关部门和沿线省（直辖市）将南水北调东线治污工作与国家重点流域水污染防治和节能减排工作统筹结合，遵照"先节水后调水，先治污后通水，先环保后用水"原则，探索出了一套符合东线实际的治污理念、管理体制和运行机制，积累了丰富的流域污染治理经验，发挥了对全国重点流域治污辐射带动作用。

1. 以规划作指导，科学建立治污体系

针对东线工程调水特点，早在总体规划阶段，国家有关部门就按照国务院要求的"三先三后"原则，组织编制了《南水北调东线工程治污规划》，并纳入《南水北调工程总体规划》，一并实施，根据东线治污工作目标，规划科学测算了污染物排放控制总量，并以控制单元为基础对污染负荷进行优化分配，建立了污染源与环境目标间的输入响应关系，设置了工业结构调整、工业综合治理、城镇污水处理及再生利用设施建设、流域综合整治和截污导流等五大类项目，建立符合东线工程实际的"治理、截污、导流、回用、整治"系统治污体系。

2. 以控制单元为基础，落实五位一体治污要求

在总结淮河等重点流域治污经验的基础上，东线治污工作首次将控制单元实施理念运用在流域水污染防治规划实施过程中，有效解决了规划制订到规划实施过程中各项工作的衔接。通过将治污任务和责任分解落实到控制单元，实现以局部保整体，以支流保干流，以清水廊道保障南水北调调水安全，将节水、治污、生态环境保护与调水工程有机结合起来，建立起"水质、总量、项目、投资和责任"五位一体的治污机制，并在国务院批转的《南水北调东线工程治污规划实施意见》中得到明确体现。以控制单元为实施基础的治污思路在东线治污实践中得到了充分检验。

3. 以目标责任制为抓手，加强监督考核

规划实施之初，国务院南水北调办就分别与江苏、山东两省人民政府签订了东线治污工作目标责任书，分解目标，落实责任。这一举措，开创了国内重点流域污染治理中以污染责任单位为主体的先例。为落实东线治污目标责任，在国务院南水北调办的协调下，建立了由国务院南水北调办、国家发展改革委、监察部、环境保护部、水利部和住房城乡建设部等六部委组成的南水北调东线治污监督检查机制，共同对规划治污项目建设及运行效果、控制单元各断面水质情况及入河排污量等进行考核，考核结果上报国务院。

4. 以水质保障为核心，形成"倒逼"机制

按照通水前东线输水干线稳定达到地表水环境质量Ⅲ类标准，江苏、山东两省在治污规划实施过程中，不断完善地方法规和标准体系，颁布实施了有针对性的严于国家标准重点行业污染物排放标准。山东省率先颁布实施了《山东省南水北调工程沿线区域水污染防治条例》，出台了严于国家标准的地方性南水北调沿线水污染物综合排放标准，对沿线汇水区进行分级保护，实施分阶段逐步加严地方污染物排放标准，有效地实现了企业排放标准与地表水环境质量的对接。这些逐步完善的法规政策为全面深化治污工作提供了有力的法规和政策保障，对持续深化东线治污工作形成"倒逼"机制。①以"倒逼"促发展方式转型。通过产业结构调整，清洁生产，寻求经济增长速度、质量、结构和效益的统一，逐步实现经济增长方式的改变和经济效益、环保效益、社会效益的"多赢"。②以"倒逼"促治污工程建设运行。两省把新建项目主要污染物排放总量审核与所在地区减排计划完成情况挂钩，实施"等量置换""减量置换""区域限批"，促进了规划治污项目建设和项目运行体制机制改革。③以"倒逼"促治污体系完善。山东省探索建立了"治、用、保"的治污体系，江苏省建设完善了"污染治理、循环利用、清污分流"的治污格局，取得治污环保、生态建设、农业灌溉、城市景观等多重效益。④以"倒逼"促严格环保执法。江苏、山东两省与东线沿线各地市层层签订责任书，落实政府治污责任。同时，加大环保执法力度，逐步形成治污的高压态势。结合开展"整治违法排污，保障群众健康"等专项行动，严肃查处环境违法案件，对环境违法问题严重的地区实施区域限批。

5. 以清水廊道为目标，探索行之有效的治污体系

江苏省将截污导流工程作为保障清水廊道的最后一道防线，精心规划建设了一批截污导流项目。工程建成后，沿线主要城市经达标排放后的企业和污水处理厂尾水，在当地充分回用及资源化后，采取工程措施导流排放，不再进入东线输水干线，实现输水干线的"清污分流"。部分城市还将截污导流工程建设与老城区改造相结合，既改善了区域水环境，又提升了沿线城

市生态品位。

山东省结合本省实际，从调水沿线每一条汇水河流入手，实施"治、用、保"并举策略。截污导流工程由规划强调以"截、导"为主，发展形成"截、蓄、导、用"四大功能，丰富和发展工程内涵和外延。各地因地制宜，充分利用低洼地、煤炭塌陷区等闲置荒地及季节性河道，对经达标排放的企业和污水处理厂出来的中水进行拦蓄，用于农田灌溉、工业用水和生态景观，不进入或少进入调水干线，促进了沿线农业、工业生产的发展，提高了河道防洪防涝能力，改善了河流两岸的交通条件和城市景观生态环境，使其功能得到提升，起到了一举多得、事半功倍的效果。同时，山东省在环南四湖、东平湖加强水系生态建设，形成生态保护屏障。

中　线　篇

第九章　中线工程区域环境概况

南水北调中线主体工程包括水源工程、输水工程和汉江中下游治理工程。

工程供水目标是京、津、冀、豫四省（直辖市）130多个城镇的生活和工业用水，兼顾农业与生态用水。调水线路从汉江丹江口水库引水，沿唐白河平原北部及黄淮海平原西部边缘往北自流输水，跨越长江、黄河、淮河、海河四大流域。

跨流域调水的生态环境问题主要包括：①水源区丹江口库区及上游的生态环境对调水水质的影响；②输水过程中的水质保障；③调水后对丹江口水库以下汉江中下游生态环境影响和处理。本章针对南水北调中线涉及的三部分区域，介绍在工程实施之前，相关区域的生态环境情况。

第一节　水源区的环境概况

一、自然环境

（一）地形地貌

丹江口水库控制流域面积9.52万 km^2，是南水北调中线工程的水源区，位于秦岭巴山之间，属于我国第一级阶梯和第二级阶梯过渡带，地质构造复杂，褶皱强烈。水源区北部以秦岭山脉为界，西南以米仓山脉为界，南部以大巴山脉为界，东部以伏牛山脉和丹江流域与白河流域分水岭为界。地形的主要特点是高差大、坡度陡、切割深，总的地势是西高东低，汉江沿线形成峡谷和盆地相间的地貌。山地之中有丘陵，山丘之间有溪谷，山丘溪谷交相错落土地可划分为河谷、平地、山间盆地、岗地、丘陵、低山、中山和高山等地貌类型，以中山为主。

（二）气候特征

水源区位于我国南北气候过渡带秦岭山脉南坡、巴山山脉北坡之间，属于北亚热带季风区的温暖半湿润气候，冬暖夏凉，四季分明，雨热同季，降水分布不均，立体气候明显，旱涝灾害严重。多年平均气温 13.71℃，多年平均年降水量 873.3mm，降雨年内分配不均，5—10 月降水量占年降水量的 80%，且多以暴雨形式出现。多年平均年蒸发量为 854mm，不小于 10℃积温 4174℃，年均日照时数为 1717h，无霜期平均 231 天。

（三）土壤植被

土壤类型有黄棕壤、棕壤、黄褐土、石灰土、水稻土、潮土、紫色土等，以黄棕壤和石灰土为主，土层厚度约为 20～40cm，坡耕地土层厚度一般不足 30cm。植被区划属北亚热带常绿阔叶混交林地带，实际分布以夏绿阔叶、针叶林及针阔叶混交林为主，植物种类繁多，生物多样性丰富。区内植被分布不均，中山区森林覆盖率较高，部分地方存在原始森林，低山丘陵区森林覆盖率较低，全区森林覆盖率为 22.91%。

（四）河流水系

水源区主要河流为汉江和丹江，汉江干流河宽平均 200～300m，平均比降为 6‰，山高坡陡，谷窄水急。流域面积在 1000km² 以上的河流 21 条，100km² 以上的河流约 220 条。汉江较大的支流左岸主要有沮水、褒河、湑水河、酉水河、子午河、月河、旬河、金钱河等，右岸主要有玉带河、漾家河、牧马河、任河、岚河、黄洋河、坝河、堵河等；丹江较大的支流主要有老灌河、淇河、滔河等。

（五）径流泥沙

据 1956—1997 年资料统计，丹江口水库多年平均入库水量 387.8 亿 m³，其中汉江占87.4%，丹江占 12.6%。径流年内分配不均，5—10 月径流量占年径流量的 70%～80%。建库前坝址多年平均年输沙量为 1.0 亿 t/a，丹江口水库蓄水后，泥沙大多淤积在库区内。库区在 1960—1994 年曾进行多次断面与地形测量，丹江口水库共淤积泥沙 14.1 亿 m³，淤积主要发生在 1968—1986 年，大部分淤积在死库容，约为 11.6 亿 m³，占淤积总量的 82%。据《南水北调中线工程丹江口水库回水复核报告》，丹江口水库多年平均入库沙量为 8310 万 t/a，其中汉江为 6951 万 t/a，丹江为 1359 万 t/a。

丹江口水库上游陆续兴建了一批水利水电工程，较大的水库有安康水库、石泉水库、石门水库等，进入丹江口水库的泥沙较建库前有较大幅度减少。1990—1999 年，在平均来水量与历史相比相对偏少的情况下，汉江干流进入丹江口水库的平均年输沙量仅为 920 万 t。丹江口库区及上游主要河流各测站径流和泥沙特征见表 9-1-1（资料统计年限主要为 1950—1980 年）。

表 9-1-1　　　　　　丹江口库区及上游主要河流各测站径流和泥沙特征

河流	站名	控制面积 /km²	年径流量 /亿 m³	径流深度 /mm	径流模数 /[L/(s·km²)]	平均含沙量 /(kg/m³)	年输沙模数 /(t/km²)	年输沙量 /万 t
汉江	武侯镇	3384	13.51	405.5	12.7	2.12	845	286
汉江	洋县	14524	65.34	444.9	14.3	0.97	434	631
汉江	石泉	23800	108	440.9	14.4	1.28	580	1380
汉江	安康	35700	263	444.9	23.4	1.02	751	2680

河流	站名	控制面积 /km²	年径流量 /亿 m³	径流深度 /mm	径流模数 /[L/(s·km²)]	平均含沙量 /(kg/m³)	年输沙模数 /(t/km²)	年输沙量 /万 t
汉江	白河	55081	273.27	496.1	15.7	2.19	1087	5990
洱水	茶店子	1690	5.116	302.9	9.6			
褒河	河东店	3861	13.47	348.8	11.1	0.85	298	115
湑水河	升仙村	2248	10.98	492.3	15.5	0.33	162	36.4
酉水河	酉水街	913	4.342	475.7	15.1			
子午河	两河口	2818	12.14	434.2	13.7			
月河	长枪铺	2810	9.449	336	10.7	2.14	719	202
旬河	向家坪	6448	21.84	338.7	10.7	2.36	799	515
金钱河	南宽坪	4003	11.74	303.7	9.3	3.50	1027	411
玉带河	铁锁关	435	2.73	628	19.9	1.52	956	41.6
漾家河	元墩	447	3.733	834.1	26.5	0.69	579	25.9
冷水河	三华石	609	6.36	1053.9	33.1	0.92	966	58.8
南沙河	五郎关	243	1.688	694.8	22			
牧马河	白龙塘	2332	16.19	746.6	22	0.82	570	133
任河	瓦房店	6704	30.13	449.5	14.3			
岚河	佐龙沟	1522	14.31	903.2	29.8	0.55	521	79.3
黄洋河	县河口	711	3.886	503.6	17.3			
坝河	桃花园	1636	6.245	463.2	12.1			
丹江	荆紫关	7560	14.58	192.9	6.1	4.73	912	689.6
老灌河	西峡站	3418	6.6	193.1	6.1	0.48	92	31.4

（六）矿产资源

矿产资源总的特点是资源种类多，品位低，分布零散，开发利用程度低。已探明的矿产资源主要有 45 种左右，包括金、煤、磷、硫、铁、铅、锌、钛、钒、钼、铜、银、锑、重晶石、白云石、大理石、石灰石、石英石等，总储量为 110.33 亿 t，已开发 8.77 亿 t，共 1109 处，占总储量的 7.95%。

二、社会环境

（一）社会经济

水源区涉及河南、湖北、陕西、重庆、四川、甘肃 6 省（直辖市）49 个县（市、区）600个乡（镇、街道）1198 万人，其中，农业人口 983 万人，农业劳动力 471.5 万人，农业人口密度 112 人/km²。人口主要分布在丹江口库周、汉江丹江干流及较大支流的沿岸、盆地和坝地，秦岭南麓和大巴山北麓大部分属中山区，人口分布较少。

据 2000 年统计，水源区国内生产总值约 392 亿元，工业总产值约 168 亿元，农业总产值约

161亿元。农业总产值中，种植业占54.37％，林业占8.29％，牧业占23.91％，副业占2％，其他占11.43％。财政总收入为22.03亿元，农业人均耕地0.13hm²，农业人均基本农田0.04hm²，粮食总产量37.59亿t，农业人均产粮382.34kg。人均国内生产总值3272元，人均财政收入183.87元，农业人均纯收入1194元，而同期全国人均国内生产总值为7078元，财政收入为1057元，农业人均纯收入为2253元。因此，与全国平均水平相比存在较大的差距。水源区属秦巴山连片贫困地区，贫困人口为超过300万人，占农业人口的30％。

（二）土地利用

根据遥感监测，2000年水源区农田面积145.29km²，占15.37％；森林43132km²，占45.64％；灌木25952km²，占27.46％；草地8885km²，占9.40％；裸地314km²，占0.33％；水域1093km²，占1.16％；建设用地609km²，占0.64％。

土地坡度分级面积为：小于5°占土地总面积的10.48％，大于25°占土地总面积的55.00％。其中小于5°耕地占耕地面积的35.05％，大于25°坡耕地占耕地面积的26.62％。

（三）人群健康

水源区医疗卫生防疫系统组建于20世纪50年代末，已初具规模，在疾病控制中发挥了巨大作用。但因经费不足和技术水平低等原因，县、乡、村三级医疗卫生保健网的作用没有得到充分发挥。

库区主要疾病有疟疾、乙脑、流行性出血热、传染性肝炎、痢疾、伤寒及副伤寒、霍乱以及地方性氟中毒、碘缺乏性疾病等。由于社会经济发展相对落后，生活水平较低，饮水条件较差，山区服务质量不高等原因，消化道疾病发病率较高，占总发病率的70％～80％。

（四）交通与公共设施

对外交通以公路为主，公路运输已形成国、省道为主骨架，以重要城镇为节点辐射到各乡镇的公路网格局。以丹江口市为中心的水上客货航运网，往西可到达陕西的白河县，往北通向河南的淅川县，还可通过大坝与汉江中下游相连。

丹江口水库初期工程建成后，形成了以丹江口水电站为中心，由110kV、35kV、10kV组成的辐射状供电网络。农用、民用低压线路通向各地，为库区及周边地区工农业生产及人民生活提供电力保障。

三、环境要素

（一）水环境

1. 丹江口水库水质

2000年监测，丹江口水库符合地表水环境质量标准Ⅱ类标准，能满足各类功能用水的要求。库区水质没有出现明显的分层现象，干支流入库污染物量主要受降雨径流大小影响，丰水期水质较平水期和枯水期略差。主要污染物为有机物，污染源有生活污水、工业污水、农业污水、地表径流污染和地下水污染。

水库处于中营养状态，但氮、磷浓度已达中营养化标准的上限。尤其是局部库湾，加高大坝后，库内水流变缓，水体交换性能变差，加上被淹及土地中营养物质的溶出，可能增加水体中氮、磷的含量，促进氮、磷等营养元素的富集，进而造成局部库湾水体的富营养化。

2. 河流水质

42个河流水质监测断面中，有20个水质达到功能区要求，22个未达到水功能区要求，见表9-1-2。

（二）空气环境

水源区大部分地区位于农村，环境空气背景值较优。主要空气污染源分布在地级市城区。城区二氧化氮年均值为0.029mg/m³，二氧化硫年均值为0.025mg/m³，达到环境空气质量标准二级标准，总悬浮颗粒物年均值为0.33mg/m³，超过二级标准，超标倍数为0.65。总悬浮颗粒物是影响水源区城市环境空气质量的主要污染物。

（三）声环境

水源区沿岸的农村地区，无大型噪声污染源分布，噪声背景值较低。但在城区存在交通噪声、建筑施工噪声等噪声污染。城区大部分环境噪声为51～65dB（A），平均等效声级为55dB（A）。交通噪声是影响城区声环境质量的主要因素，其平均影响强度为71dB（A）。工业噪声污染源主要以冶金、机械加工企业为主。

（四）生态环境

1. 陆生动物

南水北调中线水源区有兽类约120种，其区系具有南北混杂和过渡的特点，以东洋界种类占优势，并有华南区的特色。蝙蝠科、仓鼠科的物种数较多，鼠科、松鼠科和鼠兔科的物种数量次之。一些北方生活的兽类如刺猬、狼、狐、獾、林麝、岩松鼠等亦有分布。华南区的动物包括灵长类的猕猴，啮齿类的中华竹鼠、豪猪、赤腹松鼠、黄鼬，灵猫科的华南大灵猫等。水源区的兽类动物中被列入《国家野生保护动物名录》有20种左右，主要以猴科、猫科等动物为主，包括珍稀动物大熊猫、金丝猴等。

水源区已知鸟类共130种，其中古北界种45种，占34.62％；东洋界种63种，占48.46％；广布种22种，占16.92％，这种区系组成具有明显的南北过渡特点。在库区及周边繁殖的鸟类有101种，占总种数的77.69％。水源区的冬季水鸟包括8目15科33属48种，其中非雀形目鸟类共42种，为冬季水鸟的主要成分。冬季水鸟中迁徙种类占大多数，为32种，而留鸟所占比例较小，仅16种。水源区珍稀鸟类列入《国家野生保护动物名录》的有朱鹮等。

两栖类共7种，其中大鲵、中华大蟾蜍、黑斑蛙属于古北界种类，中国小鲵、巫山北鲵属于东洋界的种类；爬行类共9种，其中龟、鳖、赤链蛇、蝮蛇等属于古北界种，其余为东洋界种类。爬行类动物以蛇类为主，其中王锦蛇、黑眉锦蛇、滑鼠蛇、乌梢蛇等数量较多。

2. 陆生植物

水源区植物种类多样，区系成分复杂。种类组成以华中植物区系为主，华东和华北区系成分次之，也有少量西北、东北区系成分，尤其与华中及大巴山脉、秦岭山脉区系成分更为密切。

表9-1-2

2000年实测各断面水质评价表

省份	河流	所在地	断面名称	水质现状	超标因子	功能区类别	是否达到要求
湖北	神定河子单元	十堰市（市区）、郧县	神定河入黄地	劣V	氨氮、生化需氧量	III	否
	泗河河子单元	十堰市（市区）、郧县	徐家棚	劣V	氨氮	IV	否
	官山河子单元	丹江口市	官山河入库口	IV	生化需氧量	II	否
	润河子单元	丹江口市	润河入库口	V	氨氮	III	否
	浪河子单元	丹江口市	浪河入库口	IV	生化需氧量	II	否
	滔河子单元	郧县	滔河入库口	II		III	是
	郧县汉江段子单元（含丹江）	郧县	陈家坡	II		III	是
	丹江口水库子单元（含丹江）	丹江口市	丹江口库心	IV	总氮	III	否
	汉江郧西羊尾子单元	郧西县	羊尾	I		III	是
	金钱河子单元	郧西县	夹河镇	I		III	是
	天河子单元	郧西县	观音镇	III	氨氮	II	否
	汉江青曲子单元	郧西县	青曲	I		II	是
	堵河下游（含翠河）	柏林镇、十堰市西部、黄龙镇	辽瓦	II		II	是
	堵河下游（含翠河）		东湾桥	II		III	是
	汇湾河	竹溪县新洲乡	新洲	II		II	是
	官渡河	竹山县官渡镇	田家坝	II		III	是
	堵河中游（含黄龙滩水库）	竹山县、房县	霍河水库	II		II	是
	堵河中游（含黄龙滩水库）		黄龙滩水库	II		II	是
河南	杨河子单元	西峡县	杨河	II		II	是
	许营河子单元	西峡县	许营	III		III	是
	响尾河子单元	西峡县	东台子	II		II	是
	丁河子单元	西峡县	封湾	IV	高锰酸盐指数、生化需氧量	II	否
	栾川、卢氏子单元	栾川县、卢氏县	三道河	V	铅、汞、挥发酚、高锰酸盐指数、生化需氧量	III	否
	淇河西峡子单元	西峡县	上河	V	高锰酸盐指数、氨氮	II	否
	淇河淅川子单元	淅川县	高湾	V	氨氮、总氮	IV	否

续表

省份	河流	所在地	断面名称	水质现状	超标因子	功能区类别	是否达到要求
河南	丹江淅川子单元	淅川县	史家湾	IV	高锰酸盐指数、生化需氧量、氨氮	III	否
	老灌河淅川子单元	淅川县	张营	劣V	高锰酸盐指数、生化需氧量、氨氮、溶解氧	II	否
	老灌河西峡子单元	西峡县	西峡水文站	劣V	高锰酸盐指数、生化需氧量、氨氮、总氮、溶解氧	II	否
	老灌河子单元	淅川县	挡子岭	劣V	高锰酸盐指数、生化需氧量、氨氮、总氮	II	否
	库区北枝子单元	淅川县	陶岔	III	总氮、总磷	II	否
陕西	安康水库前控制单元	石泉县、汉阴县、紫阳县、岚皋县	紫阳洞河口	III		III	是
	汉滨控制单元	汉滨区	安康2	III	氨氮	II	否
	汉江出省界前控制单元	旬阳县、平利县、镇坪县、白河县	白河（出省界）	IV	氨氮	II	否
	南江河出省界前控制单元	镇坪县	出省界	II		III	是
	梁西渡勉（县）控制单元	宁强县、略阳县、勉县、留坝县、太白县	梁西渡	II		III	是
	南柳渡南（郑）、汉（台）控制单元	南郑县、汉台区	南柳渡	IV	氨氮	II	否
	石泉水库控制单元	城固县、洋县、西乡县、佛坪县、镇巴县、宁陕县	石泉1	III		II	否
	构峪桥源头区控制单元	商州区	构峪桥	II	高锰酸盐指数	III	是
	张村商州控制单元	商州区	张村	V	氨氮	III	否
	丹凤下丹凤控制单元	丹凤县	丹凤下5km	III		II	否
	丹江出省界前控制单元	商南县	出省界	II		III	是
	金钱河旬河出省界前控制单元	山阳县、镇安县、柞水县	出省界	II		III	是

据不完全统计，共有高等植物 138 科 782 属 1500 余种，其中木本植物 1200 余种（包括变种、栽培种和亚种）。

丹江口库区共有珍稀特有植物 42 种，分别隶属于 26 科，其中列入国家重点保护的珍稀濒危植物有 20 种，包括一级保护植物 4 种，二级保护植物 16 种。

3. 浮游植物

根据 2004—2011 年的采样调查，丹江口库区共采集到浮游植物 11 门 358 科 628 属 2443 种（含变种），其中蓝藻占 15.40%，绿藻占 28.86%，硅藻占 42.27%。所采集样品中，蓝藻门 63 科 127 属 424 种（含变种），绿藻门 115 科 241 属 648 种（含变种），硅藻门 75 科 127 属 1009 种（含变种），裸藻门 32 科 49 属 183 种（含变种），甲藻门 16 科 21 属 44 种，红藻门 12 科 15 属 31 种，黄藻门 15 科 18 属 48 种，金藻门 16 科 16 属 38 种，轮藻门 7 科 7 属 7 种，褐藻门 4 科 4 属 6 种和隐藻门 3 科 3 属 5 种。从浮游植物种类组成上看，硅藻的种类最多，其次是绿藻。

浮游植物密度变化范围较大，为 $0.142 \times 10^6 \sim 6.876 \times 10^6$ ind./L，平均为 1.799×10^6 ind./L。其中硅藻门占 36.17%，蓝藻门占 26.09%，甲藻门占 20.95%，绿藻门占 8.57%，隐藻门占 8.15%，裸藻门占 0.07%。浮游植物生物量变化范围为 0.091~22.125mg/L，平均为 3.380mg/L。

4. 浮游动物

汉江中上游及丹江口水库现有浮游动物 83 属 158 种。其中原生动物 54 种，占 34.18%；轮虫 56 种，占 35.44%；枝角类 18 种，占 14.06%；甲壳动物 32 属 48 种，占 30.38%。浮游动物年平均密度为 6614ind./L，密度季节变化为秋季＞夏季＞春季＞冬季。丹江口水库不同水域浮游动物密度以汉江库区最高，丹江库区最低。浮游动物年平均生物量为 1.39mg/L，季节变化为春季＞夏季＞冬季＞秋季，以丹江库区最高，汉江库区最低。

5. 底栖动物

丹江口库区共发现底栖动物 61 种，隶属 5 门 6 纲 12 科，其中环节动物 24 种，占总数的 39.3%；节肢动物 28 种，占总数的 45.9%；软体动物 7 种，占总数的 11.5%；线形动物 1 种；扁形动物 1 种。以环节动物们的寡毛类和节肢动物们的摇蚊科为密度优势种，而生物量优势种则为软体动物。

底栖动物密度变动范围为 12~33792ind./m²；生物量变动范围为 0.98~415.2g/m²，平均为 162.6g/m²。现存量大小顺序为秋季＞夏季＞春季＞冬季。空间分布上，底栖动物密度以汉江库区最高，丹江库区次之；生物量则由于丹江库区和取水口经常有软体动物出现而导致该区域内生物量相对较高。季节变化上，密度分布为夏季＞春季＞秋季＞冬季；生物量也呈现出类似的分布，但秋季和冬季差别较小。

6. 水生高等植物

文献和野外调查数据显示，水源区汉江中上游的主要水生植物共有 62 种，隶属 26 科 40 属，其中优势种主要是竹叶眼子菜、轮叶黑藻、穿叶眼子菜、芦苇、南荻和喜旱莲子草等。

丹江口库区（周）水生高等植物资源较为贫乏，主要种类有菹草、轮叶黑藻等水生植物。库区大小支流形成的库湾，如三门库湾、柳坡库湾、安阳口库湾、草店库湾等处的水生高等植物分布较多。汉江干流的水生植物群落在上游主要为斑块状分布，而在中游多为小范围的带状分布。在水库消落区，生长有禾本科等 11 科 30 种陆生植物，其资源量显著大于水生高等植物。

7. 鱼类

据调查，水库现有鱼类 68 种，分别隶属于 12 科 50 属，其中鲤科 44 种，占总数的 64.70%；鳅科和鲿科各 3 种，分别占总数的 4.41%；鮨科 2 种，占总数的 2.94%；平鳍鳅科、合鳃鱼科、鮠科、塘鳢科、鰕虎鱼科、鳢科、刺鳅科等各 1 种，分别占总数的 1.47%，原汉江上游和丹江常见的流水生活的种类，如白甲鱼、瓣结鱼、中华倒刺鲃、唇鱼骨、吻鮈、圆筒吻鮈、铜鱼、嘉陵颌须鮈、马口鱼、宽鳍鱲、南方长须鳅鲶、紫薄鳅、中华花鳅、犁头鳅、中华纹胸鮡等因不能适应水库相对静止的水环境，大多迁移到汉江、丹江上游及其支流，虽在库区较为少见，但水库回水区以上的江段以及溪流中仍有一定的种群数量。

第二节　汉江中下游环境概况

一、自然环境

（一）地形地貌

汉江中下游各江段地貌特征明显不同：丹江口—襄樊段长 162km，两岸发育有一至三级阶地，分别高出河水位 3～6m、7～10m、10～30m；两岸谷坡不对称，右岸主要为红色碎屑岩组成的丘陵区，左岸为南襄盆地南缘，主要由第四系松散堆积物组成。襄樊—钟祥旧口段长 170km，两岸发育的一至三级阶地分别高出水位 5～10m、20～30m、30～70m；两岸稍远处为红色碎屑岩组成的丘陵山地。钟祥旧口—武汉段长 320km，地处江汉平原，地势较低，两岸高程 25～45m，第四系堆积物较厚，右岸局部有基岩残丘。

（二）气候特征

汉江中下游属亚热带季风区，气候温暖，雨量充沛，春天受东南、西南季风的影响，气温高、雨水多；冬季气温较低，雨水少，季节差异大，江汉平原一般 4 月入汛，主汛期一般为 4 个月，降水主要集中在 4—7 月，中北部岗丘区为 5—8 月，西北部为 6—9 月。多年平均降水量江汉平原区为 1200mm 左右，鄂北区则为 700～800mm。主汛期降水约占年降水量的 60% 以上。汉江中下游多年平均气温 15～17℃，全年气温以 1 月最低，为 2℃ 左右，最高气温出现在 7 月，在 26～28℃ 之间。极端最高气温 42℃，极端最低气温 -15℃。日照时数为 1200～2200h，无霜期：鄂北为 230～240 天，江汉平原 240～280 天。大风一年四季均有发生，出现最多的是汉江中游河谷和应山、大悟一带，全年 8 级以上大风日数在 15 天以上，下游江汉平原全年大风日数为 10 天左右。陆地蒸发量为 500～800mm，呈现出山区小，平原大的规律。多年平均水面蒸发量为 900～1000mm，呈现西南向东北递增的变化趋势。

（三）径流泥沙

汉江干流在丹江口以下为中下游，河长 652km，集水面积 6.4 万 km²。汉江中下游沿程有北河、南河、小清河、唐白河、蛮河、竹皮河、汉北河等支流汇入，具体情况见表 9-2-1。

丹江口—碾盘山为汉江中游江段，区间集水面积 45120km²，河道平均比降 0.19‰。汉江接纳南河和唐白河后，水量、沙量有大幅度增加，河道时冲时淤，宽窄不等，低水河槽宽 300～400m，洪水期达 2～3km。碾盘山以下为下游江段，区间集水面积 18660km²，河段平均比降 0.09‰。在潜江市泽口龙头拐，由汉江分流——东荆河（东荆河是汉江下游一条天然分流河道，汉江沙洋站流量大于 800m³/s 时开始分流），汛期可分泄汉江部分洪水，最大过水能力为 5600m³/s。干流自新城以下河曲发育，而且两岸堤距和河床断面呈现上宽下窄的特点，所以河床安全泄量愈近河口愈小，如遇洪水，极易溃口成灾。

表 9-2-1　　　　　　　　　　汉江中下游主要支流基本情况

支流名	位置	河源	河口	集水面积/km²	河长/km	平均坡降/‰
唐白河	左	河南老君山	襄阳张湾	25800	310	—
汉北河	左	京山官桥	武汉新沟	8691	242	1.1
南河	右	神农架	谷城	6497	303	12.7
北河	右	房县南进沟	谷城宋家洲	1212	103	33.3
蛮河	右	保康聚龙山	宜城小河口	3244	188	9.4

汉江属雨源型河流，径流主要来自于降水，径流年内分配很不均匀，汛期（5—10 月）径流量占全年径流量的 78.9%，11 月至次年 4 月只占 21.1%，全年径流以 1 月、2 月来水最少。汉江中下游黄家港站多年平均流量 1180m³/s，襄阳站多年平均流量 1280m³/s，皇庄站多年平均流量 1520m³/s，沙洋站多年平均流量 1430m³/s，仙桃站多年平均流量 1240m³/s。

汉江中游地区是全省水土流失最严重的地区之一，河流含沙量高，输沙模数大。丹江口水库建库前，汉江皇庄站平均含沙量 2.62kg/m³，汉江多年平均输沙量达 1.27 亿 t。自丹江口水库建成（1973 年）蓄水后，汉江中下游含沙量迅速减少，皇庄站 20 世纪 60 年代输沙模数比 50 年代降低了 26.5%，70 年代比 60 年代降低了 72.5%，丹江口水库发挥了较大的拦沙作用。由于清水下泄、中下游的泥沙大多数来自河床冲刷补给和支流的汇入，襄樊以下江段由于受到支流影响及冲刷作用，含沙量较襄樊以上江段略高。

（四）土壤及侵蚀

汉江中下游土壤自北向南分为北亚热带的黄棕壤地带和中亚热带的红壤地带，此外还有潮土、水稻土、石灰土以及紫色土等非地带性土壤。襄阳、老河口等县（市）的漫岗平原、河谷阶地及平缓丘陵一般分布黄褐土，常与黄棕壤土复区交叉分布，土层厚度坚实，质地黏重，易受干旱，也伴有少量石英土和紫色土分布。江汉平原以冲积土和湖泥土为主，钟祥—潜江一带河流阶地、河漫滩及滨湖区广阔的低平地带及大部分地市分布潮土和水稻土。

汉江中下游区水土流失类型属水力侵蚀，该区域降水比较充沛，属暴雨集中地区，加上土地耕作强度大，极易发生水土流失。中游山区流域如唐白河、南河、北河，土壤侵蚀模数平均为 2500～3000t/(km²·a)。20 世纪 90 年代以来，在汉江中下游采取了一系列的水土保持措施，区内生态环境逐渐转向良性循环。

二、社会环境

（一）社会经济

汉江中下游包括湖北省丹江口大坝以下的 22 个县（市、区），经济发达，人口密集。据 2000 年资料统计，汉江中下游流域总人口 1621.16 万人，其中城镇人口 611.1 万人，国内生产总值 1243.72 亿元，工农业总产值 1372.47 亿元。各项指标占全省总量的 25%～34%，见表 9-2-2。

表 9-2-2　　　　　　　　　汉江中下游流域基本情况（2000 年）

县（市、区）名称	面积/km²	人口/万人	城镇人口/万人	国内生产总值/亿元	工业总产值/亿元	农业总产值/亿元
十堰市	5160	63.6	21	48.43	26.58	2.44
神农架林区	3253	7.82	2.80	2.85	1.03	0.57
襄樊市	19724.41	565.67	242.67	415.29	267.04	158.15
荆门市	12404	296.92	125.50	248.22	175.31	100.13
应城	1103	65.05	12.5	60.8	83.04	12.89
汉川	1632.0	105.74	17.0	73.40	72.45	14.20
仙桃	2538	147.41	49.86	113.08	98.55	39.01
潜江	2004	99.14	37.20	83.95	108.64	30.58
天门	2622	161.34	42.57	87.49	72.50	33.15
武汉市（三个区）	1704.8	108.47	60.0	110.21	50.61	25.60
合计	52145.21	1621.16	611.1	1243.72	955.75	416.72
湖北省	185983	5960	2393.1	4276.3	3064.4	1125.6
占湖北省的比例/%	28.04	27.20	25.54	29.08	31.19	37.02

江汉平原是湖北省的主要粮仓、全国的粮棉生产基地，粮食作物以水稻、小麦为主，杂粮次之；经济作物有棉花、油料作物、蔬菜、麻类、烤烟、桐油、茶、漆、水果等。据 2000 年资料统计，汉江中下游流域粮食总产量 733.49 万 t，棉花 16.37 万 t，油料 113.15 万 t，见表 9-2-3。区域内农民人均年收入 2633 元，城镇居民人均收入 5570 元，均高于湖北省人均收入。

区内工业以机械、电力、建材业等为主体，石油、化工、纺织工业具有相当规模，冶金、煤炭、烟草、电子、医药等也相当发达。

表 9-2-3　　　　　　汉江中下游区主要农业产品生产量（2000 年）　　　　　单位：万 t

区域	粮食	棉花	油料	蔬菜	水果
神农架林区	2.29	—	0.04	1.0	0.06
房县	16.17	—	0.46	16	0.53
襄樊市	307.05	4.12	39.93	409.15	37.36

区域	粮食	棉花	油料	蔬菜	水果
荆门市	203.78	3.08	35.87	203.45	31.62
仙桃市	59.80	1.20	11.97	60.63	7.56
天门市	51.56	3.17	8.49	74.00	4.03
潜江市	39.97	2.33	9.20	75.50	2.89
汉川市	26.14	1.72	4.15	—	—
蔡甸区	15.00	0.28	2.24	24.61	0.2
汉南区	5.97	0.29	0.41	14.83	1.20
东西湖区	5.76	0.18	0.39	44.68	3.0
合　计	733.49	16.37	113.15	923.85	88.45
湖北省总量	2218.49	30.43	269.98	2117.21	215.68
占湖北省总量/%	33.06	53.80	41.91	43.64	41.01

（二）土地利用

汉江中下游流域土地资源的利用现状是在实地调查与卫星影像解译的基础上得出的。根据2000年5月2、3、4波段的 TM Landsat7 卫星遥感影像，汉江中下游流域土地利用类型包括耕地、林地、草地、水域、城乡居民点和工矿用地、未利用土地。2000年汉江中下游流域土地利用面积共 51987.60km²，其中耕地 24193.26km²，是主要的土地利用类型；区域内林地总面积为 21389.51km²，大部分林地集中分布在区域内的房县、神农架、保康、南漳、谷城县等地；草地总面积为 809.87km²；水域总面积为 3283.82km²；城乡居民点及工矿用地总面积为 2224.54km²；未利用土地总面积为 86.60km²，未利用土地的主要类型是沼泽地。

（三）人群健康

汉江中下游地区医疗及卫生机构与库区相同，各类医院、卫生防疫站等，加上各级基层卫生保健网。汉江中下游区医疗卫生条件较好，每千人拥有卫生技术人员 2.83 人，其中医生 1.88 人，病床 1.70 张。

汉江中下游地区主要疾病有流行性出血热、乙脑、疟疾、传染性肝炎、痢疾、伤寒、碘缺乏病、地氟病等，血吸虫病也是该地区的主要流行病。据 2002 年资料统计，汉江中下游有血吸虫病人 2.81 万人，有螺面积 1.81 万 hm²（27.2 万亩）。

（四）交通

汉江中下游流域交通运输发达，水、陆、空构成立体交通体系。襄樊市自古即是北通古都洛阳，西入陕西、四川，东达浙江，南下湖广的必经之地。现铁路交通是全国的铁路枢纽之一，有襄渝、焦柳、汉丹三条线在市区交汇。公路已建成以襄樊为中心的公路运输网，汉孟、襄沙、樊宛、襄南等公路纵横交错。

武汉市素称"九省通衢"，是京广线和长江水陆两运交通的会合处，水陆空交通十分便利，是我国中部地区的交通要道。

汉江航道已成为湖北省内主要水运干线。丹江口大坝以下航段现有港口 45 座，泊位 616 个，年货物吞吐能力 1980 万 t。

三、环境要素

（一）水环境

汉江中下游干流从上至下有老河口、谷城格垒嘴、襄樊五水厂、宜城水厂、钟祥皇庄、潜江泽口、天门岳口、汉川万福闸、汉川徐家口、汉川新沟、武汉宗关共计 12 个常规水质常规监测断面；汉江中下游支流有神龙架宋洛（南河）、保康开封峪（南河）、襄阳董坡（南北河）、南漳化肥厂（蛮河）、宜城孔湾（蛮河）、荆门白庙（竹皮河）、潜江田关水厂（东荆河）、汉川新沟（南北河）等水质监测断面。监测指标有 pH、溶解氧、高锰酸盐指数、氨氮、五日生化需氧量、氰化物、砷、挥发酚、六价铬、汞、镉、铅、铜、锌、硒、总磷、氟化物等 17 项指标，监测频次为单月一次，全年监测 6 次。

1. 汉江中下游干流

过去十年汉江干流水质总体情况基本良好，符合地表水 I 类、II 类水质标准的断面占总监测断面的 81％，由于个别监测因子的年均值超过 III 类水质标准值，有 12％的断面只能达到 IV 类，甚至 V 类水质标准。超标因子是高锰酸盐指数、氨氮、溶解氧和生化需氧量。

2006—2010 年水质监测资料显示，有些断面水质有恶化趋势。以 II 类水质标准衡量，汉江下游超标项目比上游、中游多，超标率高。在监测的 19 个因子中（不包括总磷），最差因子是高锰酸盐指数、氨氮、溶解氧和生化需氧量。其中高锰酸盐指数出现的频次最高，达 79％，其次是氨氮为 13％，溶解氧为 7％，生化需氧量为 1％。汉江干流水质污染主要表现为耗氧有机污染和含氮物质的污染，主要污染物是高锰酸盐指数、氨氮和生化需氧量，有些断面（如皇庄、水文测流断面）溶解氧达不到 II 类水质要求。

2. 汉江中下游支流

汉江丹江水库以下主要支流有北河、南河、小清河、唐白河、蛮河、竹皮河和汉北河。北河谷城聂家滩河口断面水质良好，除枯水期五日生化需氧量符合 IV 类水质标准外，其他都符合 I～III 类水质标准。汉北河汉川新沟断面水质较好，水质类别符合 III 类水质标准。南河、小清河、唐白河、蛮河、竹皮河水质污染严重，为劣 V 类水质。主要污染指标是总磷、高锰酸盐指数、五日生化需氧量、氨氮。

（二）空气环境

兴隆水利枢纽工程施工区地处江汉平原乡村地段，工程区附近地势开阔，大气扩散条件好，环境空气质量良好。对兴隆村、兴隆小学、施工营地 3 处监测点的监测结果表明，以上 3 个区域大气环境符合环境空气质量标准二级标准。引江济汉工程从长江上荆江河段龙洲垸引水到汉江高石碑河段，地处湖北省江汉平原腹地，根据安家岔空气监测点的监测结果，区域内 TSP、NO_2、SO_2、CO 等指标均符合环境空气质量标准二级标准要求，引江济汉工程区空气质量总体良好。

（三）声环境

兴隆坝址位于人口居住分散的乡村地段，无大的噪声源，两镇噪声源主要为少量的交通运输车辆，工程区噪声背景值较低，声环境状况良好。兴隆村、兴隆小学、施工营地等3个区域声环境现状均符合城市区域环境噪声标准1类标准。引江济汉工程区的花园一组、安家岔、输水干渠与拾桥河相交处以及后港镇等12个点监测结果显示：除安家岔临近公路处的昼间等效声级值为70.2～71.8dB，超过城市区域环境噪声标准4类外，其他监测点的昼间等效声级值均满足区域环境噪声功能1类区划要求。

（四）生态环境

1. 陆生植物

汉江中下游流域属于中国亚热带常绿阔叶林区域，东部（湿润）亚热带常绿阔叶林亚区域。流域绝大部分是海拔100m以下的平原，西北部有少量海拔100～250m的岗地，均已被开发为栽培植被区，为典型的农田植被。汉江中下游区林地多集中在西北部的少量低山丘陵地带，优势种由青冈栎等常绿阔叶树种和马尾松、柏等针叶树种组成，均为次生或人工林。经济林木主要有油桐、乌柏、茶、油茶、桑等。从总体看评价区森林覆盖率较低，除荆门市、襄樊市、谷城县、老河口市高于20%外，其他都在15%以下（湖北省平均为26.75%），以谷城县（67.5%）最高。汉江中下游植物物种比较丰富，陆生裸子植物有8科22属54种，被子植物有155科722属1568种；高等植物共计163科724属1620种，分别占湖北省高等植物总科数的81.5%、总属数的53.4%、总种数的28.6%。汉江中下游区现有国家重点保护植物品种12种，其中国家一级保护植物2种，二级保护植物10种。

2. 陆生动物

汉江中下游区现有陆生高等野生动物222种，其中鸟类137种，两栖类21种，爬行类17种，兽类47种（不计常见的小型野生脊椎动物）。该区大部分为平原湖区，湿地众多，食物丰富（如粮食、昆虫、鼠类、鱼类等），较适合鸟类、两栖类和爬行类生存。江汉湖群不仅有大量留鸟，也是重要的候鸟越冬栖息地，在137种鸟类中，常见种类较多，湿地鸟类占相当比例（43种，占31.4%），生物多样性较好。由于人为干扰较大，兽类的生存受到限制，常见种类多为农田小型兽类（如黄鼬、刺猬、獾、兔等），大部分品种的兽类栖息于该区北部、西北部的低山丘陵地区，而且多为罕见，因此兽类的生物多样性较低。初步统计汉江中下游区现有国家重点保护陆生动物36种，其中兽类10种、鸟类25种、两栖类1种。

3. 浮游植物

汉江中下游浮游植物有7门84属195种，其中硅藻门84种，绿藻门59种，蓝藻门33种，裸藻门12种，甲藻门、隐藻门各3种，金藻门1种。以硅藻门、绿藻门和蓝藻门为主，干流各站浮游植物种类组成差异不大。其浮游植物数量、生物量总的趋势是下游高于中游。绿藻、蓝藻种类的比例大，占总种数47.18%，密度占32.55%，生物量占29.43%；支流唐白河绿藻、蓝藻种数，包括污染的指示藻类色球藻，占总种数46.87%，密度占35.24%，生物量占32.67%。近期调查结果显示，汉江中下游浮游植物数量在逐年增加，表明汉江的水质状况在逐渐劣变，主要表现在水体的有机污染在加重，有机污染的指示藻类比例在增加。在不同季节藻类的组成比例也会发生变化，近年来，特别是高温季节，绿藻、蓝藻的比例增加，部分江段蓝藻和绿藻已成为优势种。

4. 浮游动物

汉江中下游能采集到的原生动物有 7 科 8 属，主要的属类有沙壳虫、表壳虫、草履虫、三线虫、似铃壳虫、钟形虫等。采集到的轮虫 8 科 15 属 19 种，主要的属类有龟甲轮虫、臂尾轮虫、晶囊轮虫、无柄轮虫等；采集到的浮游枝角类 5 科 7 属；桡足类 3 科 7 属。主要的属类有大剑水蚤、许水蚤、秀体蚤、猛水蚤、象鼻蚤、裸腹蚤等。同 1994 年的调查结果相比，有较大的不同，表现在生物量分布的差别。1994 年，汉江中下游中丹江口坝下浮游甲壳动物数量和生物量最多。丹江口坝下浮游甲壳动物数量最多，而以汉江中下游的全江段来评价，钟祥至仙桃江段的浮游动物生物数量和生物量最高，主要体现在轮虫和原生动物数量的剧增。

5. 底栖动物

汉江中下游区共采集到底栖动物 33 种，其中水生昆虫 18 种、寡毛类 6 种、软体动物 6 种。2003 年 8 月 26—30 日的调查中，定量样品中底栖动物共有 24 种，其中软体动物 20 种，寡毛类 3 种，水生昆虫 1 种，蛭类 1 种。调查显示，襄樊至丹江口下河段底质为砾石块、分布有较多的扁泥甲、长角泥甲、沼蝇、石蛭和其他水生昆虫，其采样点江家洲的底栖生物量最丰富，达到 558.88g/m²。汉江下游的钱营、皇庄、泽口、岳口、仙桃、蔡甸、宗关采样点的生物量分别为 67.2mg/m²、64.0mg/m²、118.48mg/m²、80.0mg/m²、2.4mg/m²、16.0mg/m²、3.6mg/m²。钟祥至仙桃江段的耐污种类水丝蚓、苏氏尾鳃蚓等寡毛类和蚌类数量较多，为优势种类。淡水壳菜在襄樊至宗关都有分布，但是在泽口到仙桃的江段中分布密度最大，每平方米最多可达数十万个，生物量也极大。

6. 水生维管束植物

汉江中下游河段水生维管束植物共计 19 科 36 种，其中挺水植物 15 种、浮叶植物 2 种、沉水植物 13 种、漂浮植物 6 种。

7. 鱼类资源

监测资料表明，汉江中下游现有鱼类 75 种，分别隶属 14 科 56 属，其中鲤科 48 种。在 75 种鱼类中，绝大多数是广布性种类，如鲤、鲫、三角鲂、长春鳊、蒙古鲌、翘嘴鲌、青鱼、草鱼、鲢、鳙、鳜等。主要的经济鱼类有草鱼、铜鱼、长春鳊、鲤、蒙古鲌、银飘鱼、细鳞鲴、鳡、长吻鮠、鲢、青鱼、翘嘴鲌、吻鮈、圆筒吻鮈、黄颡鱼属、拟尖头红鲌、赤眼鳟、银鲴、鮈属、鳙、鳜、逆鱼、鲫、鳊、三角鲂、花、鲸、鲶、鲌等 30 余种。

第三节　中线受水区环境概况

一、自然环境

（一）地形地貌

中线输水工程干线穿行于华北平原西部边缘，渠线以西为高耸的山地，由南向北有伏牛山、箕山、嵩山、太行山和唐山，最高峰顶高程 1000～2000m；东侧为广阔的平原，由汉江唐、白河及淮、黄、海河平原组成，高程多在 150～100m 以下。天津干渠，处于华北平原的北部，地势平坦、西高东低、高程由 60m 降至 4～5m。渠线经过的地貌单元有丘陵、岗地和平原。

丘陵：主要分布于伏牛山、太行山脉的东麓，平原上则呈孤丘状，丘顶高程 100～400m，相对高差 50～100m。

岗地：为古老的山前冲洪积扇群与坡洪积倾斜平原被冲沟切割而成的岗垄地貌，呈条带状分布，岗顶平缓，黄河以南高程 130～200m，黄河以北 75～150m，冲沟深度一般 5～50m，坡度 5°～25°。天津干渠段无岗地。

平原：为洪、冲积平原（包括河流阶地和漫滩），部分段为湖沼积成因，地面高程多在 100m 以下。

总干渠沿线及受水区总的地势西高东低，黄河以南地势由西北向东南倾斜，黄河以北地势由西南向东北倾斜。平原中有许多沼泽洼地分布，较大的洼地有宁晋泊、大陆泽、白洋淀、文安洼等。

（二）气候

总干渠沿线及受水区地处东亚季风气候区，受季风进退影响，四季分明。春季受蒙古冷高压控制，气温回升快，风速大，蒸发量大，天气干燥少雨，其中长江流域后期间有低温阴雨；夏季受西太平洋副热带高压控制，气温高而降雨多；秋季秋高气爽，昼暖夜凉，温差较大，北段降水较少，南段时有连绵阴雨；冬季受强大的西伯利亚大陆性气团控制，天气寒冷干燥雨雪稀少。

总干渠从南向北，分属湿润、半湿润、半干旱地区，沿线降水自南向北递减。多年平均降水量长江流域境内为 838mm；淮河流域境内从 827.7mm（鲁山站）减至 645.5mm（荥阳站）；黄河流域境内 604.3mm（孟县站）；海河流域南北无明显变化，南面焦作站 568.4mm，北面涿州站 551.6mm。

降水量在年内分配不均。全年降水量主要集中在 6—9 月，4 个月的多年平均降水量占多年平均年降水量的 60％以上。11 月至次年 3 月 5 个月的多年平均降水量只占多年平均年降水量的 19％。

总干渠沿线水面蒸发的地区分布规律与降水相反，呈南低北高趋势。唐白河地区为 1000～1100mm，淮河流域由南向北从 1000mm 增至 1250mm，海河区大部分地区为 1100～1300mm。

总干渠沿线气温变化趋势为从由南向北递减。据沿线总干渠附近气象站 30 年实测气象资料统计，多年平均气温南部南阳站 14.8℃，极端最高气温 41.4℃，极端最低气温－17.6℃；北部北京站多年平均气温 11.3℃，年极端最高气温一般为 35～40℃，年极端最低气温一般在－14～－20℃之间。

总干渠沿线年平均风速的地区分布和时程变化规律性不明显。多数地区的年平均风速在 2m/s 左右，年最大风速以安阳站 22.0m/s 为最大。

（三）水文泥沙

总干渠沿线穿过的 688 条河流中，河渠交叉建筑物以上集水面积大于 $20km^2$ 的河流 189 条，河渠交叉建筑物以上集水面积小于 $20km^2$ 的河流 499 条，其中交叉断面以上集水面积大于 $1000km^2$ 的河流共 22 条，$100\sim1000km^2$ 的河流 56 条，$20\sim100km^2$ 的河流 127 条，$20km^2$ 以下的河流 483 条。单条河交叉断面以上集水面积以黄河 71.6 万 km^2 为最大，以青龙沟（河南鲁山县张庄东）$0.21km^2$ 为最小，两者相差 341 万倍。

交叉河流水文特性与所在流域基本一致。河川径流主要由降雨形成，呈明显的季节性，各流域之间地表径流量差异很大，据 1956—1979 年实测径流加上还原水量，受水区年均天然径流量为 140.6 亿 m^3，相应径流深为 102.9mm。径流深与降水量的分布规律一致，由南向北依次变少，年际变幅大，年内分配极不均匀。近年来，由于地区用水量的增加以及降雨量的减少，加之大量库塘的建设拦蓄来水，使河川径流量不断减少。

总干渠沿线穿越的众多大小河流，其上游地区植被较差，发生大暴雨时，洪水暴发，冲蚀剧烈，侵蚀模数为 $200\sim2500t/(km^2 \cdot a)$。但同时各河流上又建了不少大、中、小型水库，对上游洪水泥沙起到一定的控制作用。这些水库的拦蓄作用减轻了下游地区的洪水泛滥和泥沙淤积，为下游地区工农业经济的发展发挥了很大作用。

（四）地下水

总干渠沿线地下水赋存于松散土层的孔隙和基岩的裂隙、岩溶空隙中，其类型以潜水为主，局部地段有承压水。黄河以南富水程度较差，黄河以北富水程度较强。

黄河以南的南阳盆地开采模数为 5 万 $m^3/(km^2 \cdot a)$，淮河流域最低为 1 万～3 万 $m^3/(km^2 \cdot a)$，黄河流域开采模数为 13.77 万 $m^3/(km^2 \cdot a)$。海河流域总干渠沿线城市较集中，地下水开采强度较高，多为 20 万～30 万 $m^3/(km^2 \cdot a)$，个别地段开采强度高达 179 万 $m^3/(km^2 \cdot a)$（保定市）和 160 万 $m^3/(km^2 \cdot a)$（石家庄市），围绕城市地下水埋深 $20\sim30m$，形成了"佛珠"状的下降漏斗，石家庄市区浅层地下水漏斗中心埋深已达 36m（1991 年）。石家庄—邢台的山前冲积平原前沿地带，第一含水层接近疏干，致使表层土体失水干缩，土体遭受侵蚀，局部受湿陷落、膨胀，加上地面沉降等原因，地面形成大量的地裂缝。

天津干渠末端 40 多 km 位于咸水分布区，地下水位底层埋深 $60\sim120m$，水质为硫酸盐重碳酸盐氯化物钠镁型水，底质矿化度高。天津市工业多用深层水，开采深度多为 $370\sim500m$，农业受水区以开采浅层淡水为主，机井深度一般在 150m 以内，开采模数 13 万～19 万 $m^3/(km^2 \cdot a)$，在局部咸水区开采 600m 深度以内的承压水，开采强度为 5 万～8 万 $m^3/(km^2 \cdot a)$。

地下水埋深变化见图 9-3-1、图 9-3-2 和图 9-3-3。

（五）土壤

受水区主要土壤有黄棕壤、褐土、潮土、砂姜黑土和盐碱土五个类型，零星分布有沼泽土和水稻土。

黄棕壤是北亚热带的地带性土壤。土壤质地黏重，结构不良，地表易龟裂，耕作性能差。主要分布在华北冲积平原和豫中京广铁路以东、沙颖河以北的平原部分。土壤中有机物质积累

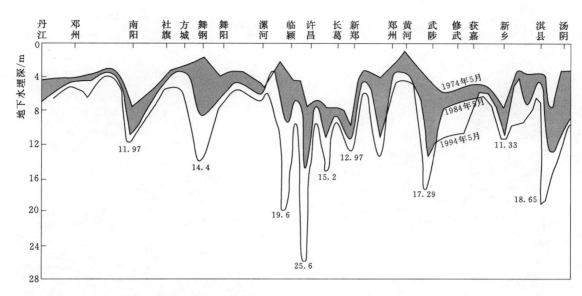

图 9-3-1　河南省南水北调沿线浅层地下水埋深变化图

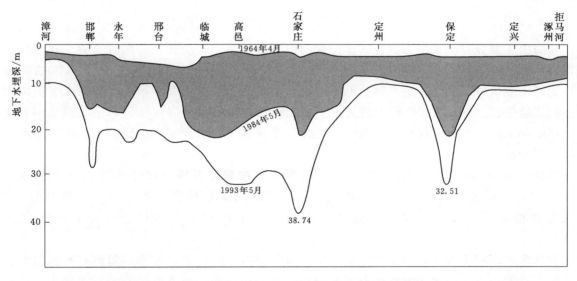

图 9-3-2　河北省京广铁路沿线浅层地下水埋深变化图

不多，土壤质地变化大，养分含量存在明显差异，因而土壤的农业生产性状也有显著的差异。在发展灌溉时应防止土壤次生盐渍化的发生。

褐土是受水区主要的地带性土壤，分布在太行山前洪冲积平原、豫西沙河以北的浅山丘陵、阶地及豫中平原西部的缓岗台地上。土壤有一定的淋浴作用和黏化作用。褐土耕作历史悠久，有深厚的熟化层，质地疏松多孔，耕作性能好，保水保肥性好，适种各种旱作物，可一年二熟，高产稳产。突出问题是干旱缺水。发展灌溉后，增产潜力大。

砂姜黑土分布于沙颍河以南漯河一带和南阳盆地唐白河平原。砂姜黑土剖面上部具有黑色黏土层和下部存在砂姜黄土层，质地黏重，土壤蓄、保水性能差，是一种易旱、易涝、僵硬、缺肥的中低产土壤。

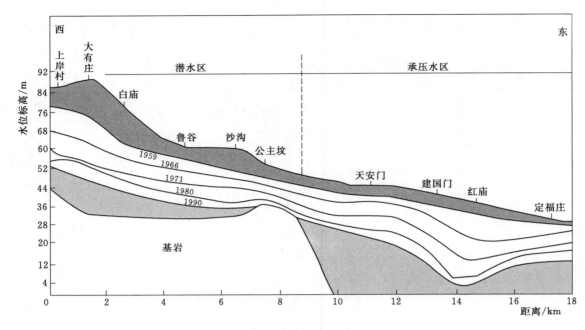

图 9-3-3　北京近郊多年同期地下水位对比图

　　盐碱土主要分布于大清、滹沱、滏阳河的中下游，漳卫、徒骇、马颊河流域。有河北省的保定、邢台、邯郸、衡水、沧州及石家庄地区的部分县，河南省的安阳、新乡地区的少部分县。盐碱土多呈插花分布。受水区盐碱土，主要是潮盐土及盐化潮土，其盐分组成主要以氯化物、硫酸盐-氯化物、氯化物-硫酸盐为主。主要特征为土壤盐分表聚性强，土壤积盐和脱盐具有明显的季节性，土壤盐碱化的反复性，盐性复杂且多呈斑状分布。盐碱土是受水区黄河以北主要低产土壤。

　　沼泽土在受水区内主要分布在平源洼淀周边、冲积扇下部交接洼地等地下水位高、且有季节性地表积水的地带。沼泽土剖面上部为泥炭或腐殖质层；下部一般为具有灰土色、青灰色的潜育层。受水区的华北平原部分，历史上曾有不少沼泽土，大部分已被开垦利用。

　　受水区内水稻土很少，主要分布在受水区南部缓岗丘陵的中下部和山间河谷水源较好、长期种植水稻的地方。受水区北部也有零星分布，主要在一些排水条件较差的低洼地带。因淹水时间较长，有机质分解慢，土壤中有机质含量相对较高，是受水区肥力较高的一种土壤。

二、社会环境

（一）行政区划

　　总干渠工程受水区范围为北京市、天津市，河北省的邯郸、邢台、石家庄、保定、衡水、廊坊 6 个省辖市及 14 个县级市和 65 个县；河南省的南阳、平顶山、漯河、周口、许昌、郑州、焦作、新乡、鹤壁、安阳、濮阳 11 个省辖市及 7 个县级市和 25 个县。受水区主要供水城镇详见表 9-3-1。

表 9-3-1　　　　　　　　　　南水北调中线一期工程受水区主要供水城镇表

省（直辖市）	省辖市	县级市	县　城
河南	南阳市	邓州市	新野、唐河、社旗、方城
	平顶山市		叶县、宝丰、郏县
	漯河市		郾城、临颍
	周口市		商水
	许昌市	禹州市、长葛市	襄城、许昌
	郑州市	新郑市、荥阳市	中牟
	焦作市		修武、武陟、温县
	新乡市	辉县市、卫辉市	新乡、获嘉
	鹤壁市		淇县、浚县
	濮阳市		濮阳
	安阳市		安阳、汤阴、滑县、内黄
河北	邯郸市		磁县、临漳、成安、魏县、广平、肥乡、曲周、大名、馆陶、邱县、永年、鸡泽
	邢台市	沙河市、南宫市	内丘、临城、柏乡、宁晋、隆尧、任县、南和、平乡、广宗、威县、新河、清河、巨鹿、临西
	石家庄市	藁城市、辛集市、新乐市、晋州市、鹿泉市	正定、高邑、赵县、元氏、无极、深泽、赞皇、栾城
	保定市	定州市、涿州市、安国市、高碑店市	定兴、徐水、容城、雄县、安新、蠡县、望都、博野、唐县、涞水、顺平、易县、高阳、满城、清苑
	衡水市	深州市、冀州市	安平、饶阳、武强、阜城、武邑、景县、枣强、故城
	沧州市		任丘、献县、肃宁、河间
	廊坊市	霸州市	固安、永清、文安、大城
北京			
天津	中心城市		武清区及四县城

总干渠渠道经过地区依次为河南省的南阳市、平顶山市、许昌市、郑州市等 8 个省辖市、34 个县（市、区）；河北省的邯郸市、邢台市、石家庄市、廊坊市 5 个省辖市、36 个县（市、区）；北京市的 3 个区；天津市的 3 个区。渠道经过沿线城镇详见表 9-3-2。

（二）社会经济

2000 年，输水工程沿线及受水区耕地 17831 万亩，总人口约 10371 万，其中农业人口约 7193 万，GDP 为 9763 亿元，工业总产值 13598 亿元，粮食总产量 4245 万 t。

表 9 - 3 - 2　　　　　　　　　　**总干渠工程渠道沿线城镇表**

涉及省 （直辖市）	省辖市	涉及县（市、区）
河南	南阳市	淅川县、邓州市、镇平县、卧龙区、高新区、宛城区、方城县、内乡县
	平顶山市	宝丰县、郏县
	许昌市	禹州市、长葛市
	郑州市	荥阳市、上街区、巩义市、沁阳市、新郑市、中牟县、管城区、 开发区、郑州市城区的二七区、中原区
	焦作市	温县、博爱县、修武县、焦作市区
	新乡市	辉县市、新乡市北站区、卫辉市
	鹤壁市	淇县、鹤壁市淇滨区
	安阳市	汤阴县、安阳县、安阳市郊区
河北	邯郸市	磁县、邯郸县、邯郸市马头工业园区、邯郸市复兴区、永年县
	邢台市	沙河市、邢台市桥西区、邢台县、内丘县、临城县
	石家庄市	高邑县、赞皇县、元氏县、鹿泉区、石家庄市桥西区、 新华区、石家庄市郊区、正定县、新乐市
	保定市	定州市、曲阳县、唐县、顺平县、满城区、徐水区、易县、涞水县、 涿州市、徐水区、容城县、高碑店市、雄县
	廊坊市	固安县、霸州市、永清县、安次区
北京		房山区、丰台区、海淀区
天津		武清区、北辰区、西青区

（三）土地利用

　　输水工程沿线地区各城市土地利用总面积为 21141.14 万亩，其中耕地面积 9590.28 万亩，占总面积的 45.5％。河北省石家庄市、邯郸市、邢台市、保定市及北京市林地面积相对较多，而保定市未利用地面积居受水区各市之首。

（四）人群健康

　　受水区与工程密切相关的疾病主要有疟疾、乙脑、出血热、钩端螺旋体病、肝炎、痢疾、伤寒及副伤寒等。由于水源匮乏，长期饮用深层地下高氟水，导致地方性氟中毒流行，该区也是碘缺乏病的病区之一。

（五）交通设施

　　总干渠沿线及受水区交通发达，京广焦枝及京九铁路干线纵贯南北，京津、石德、陇海、平顶山一周口等支线横贯其间,公路四通八达,内外交通方便。其中北京作为全国主要交通枢纽之一,交通设施更为完备。

　　天津干线绝大部分地处平原地区,铁路、公路交通便利。天津干线分别穿越京广铁路、京九铁路、津浦铁路、津霸铁路、京深高速公路、津保高速公路、107国道、112国道、廊大公路、津同公路。津保高速公路与工程线路平行,为工程对外的主要交通道路。

三、环境要素

(一) 地表水环境

　　总干渠沿线跨越江、淮、黄、海四大流域,全长约1431.75km(含天津干渠),穿越大小河流659条,交叉断面以上集水面积大于1000km² 的河流共22条,100～1000km² 的河流56条,20～100km² 的河流127条。总干渠主要交叉河流情况见表9-3-3。

表9-3-3　　　　　　　　　　　　　总干渠主要交叉河流情况一览表

水系	河名	交叉点以上流域面积/km²	上游水库	水库控制流域面积/km²
唐白河	刁河	428.3		
	湍河	2326.3		
	白河	3594.6	鸭河口	3030
淮河	澧河	364.7	孤石滩	286
	北汝河	3680		
	双洎河	1080		
	沙河	1918	昭平台	1430
黄河	沁河	12870		
海河	淇河	2126		
	峪河	572.7	宝泉	538.4
	滏阳河	343	东武仕	340
	洺河	2211		
	南沙河	1640	朱庄	1220
	泜河	558	临城	384
	滹沱河	23794	黄壁庄	23400
	磁河	982	横山岭	440
	沙河(北)	4915	王快、口头	3770、140
	唐河	4578	西大洋	4420
	漕河	588	龙门	470

水系	河名	交叉点以上流域面积 /km²	上游水库	水库控制流域面积 /km²
海河	瀑河（总干渠）	216		
	中易水	631	安各庄	476
	南拒马河	4992		
	北拒马河（北支）	4840		
	大石河	690		
	永定河	45120		
	刺猬河	104.38	崇青	102.1
	牤牛河	58.08	天开	48.5
	小清河	53.46	大宁	53.46
	大清河	10164		
	大清河北支（白沟）	10154		
	瀑河（天津渠）	285	瀑河	263

总干渠沿线交叉河流中大多没有水文、水质测站。根据地表水水质补充监测结果，交叉河流水质从南到北基本上呈下降趋势。主要污染物为高锰酸盐指数、氨氮和五日生化需氧量。各主要交叉河流中，交叉断面处现状水质达到地表水环境质量Ⅰ类水标准的河流为淇河；达Ⅱ类水标准的河流有白河、沙河等；达Ⅲ类水标准的河流有淄河、贾鲁河、北汝河、安阳河；达Ⅳ类水标准的河流有颖河、黄河交叉断面处；现状水质劣于Ⅴ类的河流有大沙河、思德河、沁河、双洎河、新蟒河、老蟒河，以及天津干渠跨越的大清河和子牙河。其他如季节性河流、城市基流、北京段的永定河已经干枯断流等，水质劣于Ⅴ类标准或无法对其进行监测评价。总体而言，汉江水系与总干渠交叉的河流基本能达到地面水Ⅱ～Ⅲ类标准；淮河流域及海河流域大部分河流污染严重，超出地表水Ⅴ类标准，而且汛期污染较为严重，这主要是由于平原河流多为季节性河流，平时无水，径流多集中于汛期。因此，平时积累的污染物在汛期随降雨径流进入河流，对河流水体造成较严重的污染。

（二）地下水环境

地下水水质监测结果显示，总干渠沿线和受水区范围内的地下水总硬度、溶解性固体物和总大肠菌群超标比较普遍。其中，河南省郑州市水质级别较差，南阳市、许昌市和平顶山市水质级别良好。温县和鹤壁市区域地下水总体水质较好，基本可达到水质Ⅱ类标准，新乡市和安阳市区域地下水总体水质中Ⅱ类占40%～50%，Ⅲ类、Ⅳ类占50%～60%。河北平原浅层地下水水质状况从山前平原到中部平原到滨海，水质由好变差。可以达到地下水质量标准Ⅰ类水标准的地下水主要分布在太行山及燕山山区平原交界地带，呈点状分布；Ⅱ类水主要分布在太行山及燕山山前冲洪积平原区；Ⅲ类水主要分布于山前冲洪积平原Ⅱ类、Ⅳ类水之间呈条带状分布；Ⅳ类水主要分布于中部冲积平原的大部分地区及冀东滨海平原北部；Ⅴ类水主要分布于滨海平原。

（三）空气环境

总干渠沿线主要城市空气污染综合指数为 0.84～3.19，主要超标项目为可吸入颗粒物和 TSP。可吸入颗粒物和 TSP 超标主要是受北方地区气候因素影响或工业企业数量较多所致，如安阳市北站区工业企业密集，北京市燃煤和机动车排气造成的混合型大气污染较严重，由外来沙尘、本市地面扬尘、燃煤烟尘、机动车排尘、工业粉尘、二次污染物等因素所致的颗粒物污染问题突出。总干渠沿线城市工业较发达，用煤量多，特别在秋冬季节对市区空气质量影响较大，造成采暖期二氧化硫浓度普遍偏高。

（四）声环境

总干渠沿线城市噪声现状为：①河南省各城市平均等效声级为 54.0～57.6dB（A），区域环境噪声污染水平由轻到重依次为南阳市、新乡市、平顶山市、郑州市、安阳市、焦作市、许昌市、鹤壁市，其中南阳市、平顶山市、新乡市声环境质量较好；②河北省各城市平均等效声级为 50～60dB（A），区域环境噪声污染水平由轻到重依次为沧州、邯郸、石家庄、衡水、保定、邢台、廊坊，其中沧州、石家庄、邯郸声环境质量较好。

（五）生态环境

1. 陆生植物

总干渠沿线从南到北，因气候和土壤等因子的地带性变化，导致植被分布亦呈相应的纬度地带性规律变化。在我国森林植被分区上，从豫西的伏牛山至豫东南淮河主干流一线以南为北亚热带常绿阔叶、落叶阔叶混交林地带，以北为暖温带落叶阔叶林地等。河南省干渠沿线以西主要是伏牛山和太行山山地。森林植被在伏牛山东南和南坡山麓下部为马尾松及杉木林，中部为落叶栎林，丘陵地区多为次生栎林及荆条、酸枣等灌丛。盆地主要是以旱作为主的栽培植被。太行山山地原生森林植被已遭破坏，现多为天然的次生林，主要是落叶栎林；如栓皮栎林、槲栎林等；其次有山杨林和分布于沟谷中以槭科、榆科及鹅耳枥属组成的杂木林；再次是温带针叶林，仅呈小面积的分布。干渠以东地区为豫东平原，地层深厚，土壤肥沃，绝大部分被开垦为农田，自然植被多为人工栽培植被所代替。河北省干渠沿线西部为冀西山地落叶阔叶林及灌草丛区，属恒山、太行山脉。该区山地海拔 1000m 以下阳坡以栓皮栎为主，槲树在阴坡占优势。其余有臭椿、黄连木、苦木、油松、核桃等。灌木有荆条、胡枝子、野皂英、岩鼠李等。草本植物有白羊草、黄背草、蒿类等。海拔 1000m 以上除栎树外，有鹅耳枥、裂叶榆、黑榆、山桃等。输水干渠沿线以东为华北平原的一部分，为河北平原栽培植被人工林区（包括北京市和天津市在内）。本区发育的地带性植被类型为落叶阔叶林，但本区开垦历史甚长，自然植被已被破坏，目前仅分布在村落附近、河岸、渠旁、路边和墓地。栽培的树木常见的有槐、刺槐、臭椿、香椿、榆、小叶杨、梧桐、油松等，灌木有酸枣、荆条、欧李等，草本植物有黄背草、白羊草、徐长卿等。经济植物中茶树、宽皮橘、山楂、油桐、乌桕、桑树主要分布于黄河以南，苹果、梨树、核桃、柿树多分布于黄河以北，桃树、杏树、李树、板栗、石榴在总干渠沿线均有分布，枣树在黄河两岸的平原沙区较为集中。

2. 陆生动物

总干渠沿线人类开发较早，历史悠久，土地利用类型以农田为主，因此基本没有大型野生动物存在，只有鼠类、野兔等小型哺乳动物，以及一些常见的昆虫、鸟类。

3. 水生生物

总干渠沿线南部河流水生生物较为丰富。初步统计，白河水系浮游植物有 50 种，浮游动物有 31 种，鱼类共有 64 种，其种类组成中，鲤科鱼类最多，共计 48 种，占总数的 75%。北方中小河流因水量小，多为季节性河流，水生生物一般较少。总干渠沿线各大型水库及平原洼淀中水生生物较丰富，如白洋淀的浮游植物常见种类有 63 种，各门藻中以绿藻最多，硅藻、蓝藻次之。浮游动物有原生动物、轮虫、枝角类、桡足类等。底栖动物中赤豆螺、田螺、湖螺、摇蚊幼虫、沼虾和草虾为白洋淀的优势种，并在淀中广泛分布。水生高等植物也十分丰富，主要是以芦苇为主的经济植物占绝对优势。白洋淀内鱼类种类较多，组成复杂。主要有鲤、鲫、虹鳟、鲇等。总干渠沿线由于天然湖泊较少，渔业主要以人工养殖业为主。

第十章　中线一期工程战略环境影响评价

根据《中华人民共和国环境影响评价法》，为预防因规划和建设项目实施后对环境造成不良影响，需要对规划或建设项目实施后可能造成的环境影响进行分析、预测和评估，提出预防或减轻不良环境影响的对策和措施，进行跟踪监测的方法与制度。

中线工程是通过跨流域水资源优化配置，规模巨大，影响范围涉及京、津、冀、豫、鄂、陕等省（直辖市），以及长江、淮河、黄河、海河四大流域。工程实施将带来巨大的经济、社会、环境效益，同时也会对生态环境造成深远影响，关系到增强我国综合国力和实施可持续发展战略的部署。南水北调总体规划阶段，在《南水北调工程生态环境保护规划》中已进行南水北调工程战略环境影响的评价，主要就工程实施的必要性、规划中重点关注的环境问题、工程是否存在不可解决的环境制约因素进行分析。在《南水北调中线一期工程项目建议书》阶段又进行了工程方案比选。在南水北调中线一期工程可行性研究阶段，按工程可行性研究阶段的要求，对推荐或已选定的工程方案从战略层次进一步评价工程建设对增强综合国力，经济、社会可持续发展全局性、宏观性的影响，以及工程应重点关注的生态环境影响。

第一节　评价原则与内容

一、评价原则

1. 系统性原则

采用系统分析方法，科学、客观、公正地考虑工程实施后对经济系统、社会系统以及各种环境因素及其构成的生态系统可能造成的影响。研究系统之间不同层次的相互作用、相互关联的综合性影响。

2. 整体性原则

把工程和相关政策、规划联系起来，把工程组成项目和水源区、汉江中下游区、受水区，以及相关区域作为统一整体进行评价。

3. 可持续发展原则

以可持续发展理论为基础，明确工程区域可持续发展战略目标，对工程实施后经济、社会可持续发展和生态环境改善，以及可能造成的不良影响进行全面评价。

4．协调性原则

评价中应考虑工程与国家、区域发展战略、相关规划的协调，受水区与调水区的协调，经济、社会与生态环境的协调。

二、评价内容

南水北调中线一期工程战略环境影响评价主要是依据南水北调工程中线工程规划和推荐方案的全局性战略层次，评价对工程建设、增强综合国力和可持续发展的影响，从区域性战略层次评价工程建设对宏观经济、社会发展和重点生态环境影响。南水北调中线一期工程战略环境影响评价系统见图10-1-1。

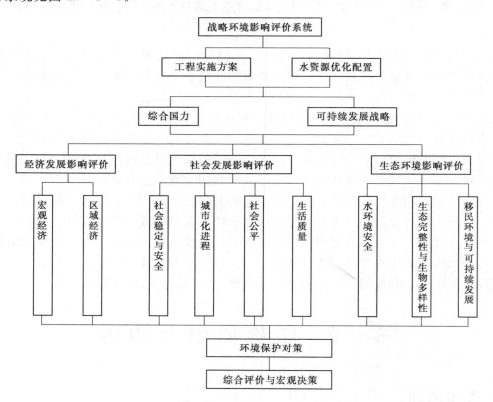

图10-1-1　南水北调中线一期工程战略环境影响评价系统图

第二节　水资源优化配置

水资源优化配置目的是在特定的区域内，对有限的、不同形式的水资源，通过工程与非工程措施在各用水户之间进行科学分配，以实现水资源的公平和可持续利用。中线工程空间距离远，覆盖面积广，调水规模大，是我国长江、黄河、海河、淮河流域水资源的一次战略性结构调整，将极大地解决受水区资源性缺水问题，是实现水资源合理配置的有效途径。

一、受水区缺水状况

华北地区地理位置优越，是我国政治、经济、文化的中心，同时也是我国人均水资源量最少、水资源利用率最高的地区。受水区从南到北跨越湿润、半湿润的亚热带和半湿润、半干旱的暖温带两个气候带。该地区多年平均降水总量959亿 m³。多年平均地下水资源量182.13亿 m³，地表水资源量112亿 m³，扣去两者的重复水量42.83亿 m³，水资源总量为251.30亿 m³，加上入境水量153.53亿 m³，水资源总量为404.83亿 m³，现状人均水资源量为376m³，属于资源性缺水地区。

中线工程一期（2010水平年）与后期（2030水平年）主要向城市供水。规划的受水区城市为北京、天津、石家庄、郑州等130余座大小城市。1999年，受水区城市范围总人口3468万人，其中黄河以北城市人口2736万人，占总人口的79%；工业总产值8109亿元，其中黄河以北占88%。

在充分考虑节水、治污、挖潜、严格控制地下水开采等措施的基础上，经预测，2010水平年总需水量为148.8亿 m³，受水区城市可供水（$P=95\%$）70.81亿 m³，预测中线工程受水区城市2010年 $P=95\%$ 保证率情况下，城市净缺水77.98亿 m³，其中河南29.73亿 m³，河北28.67亿 m³，北京7.12亿 m³，天津12.46亿 m³，详见表10-2-1。2030水平年净缺水128亿 m³。考虑总干渠输水损失，一期与后期分别需要陶岔渠首调出水量为95亿 m³ 和130亿 m³。

表10-2-1　　　　　　　2010水平年城市水资源供需平衡表（$P=95\%$）　　　　　　单位：亿 m³

省（直辖市）	需水量	可供水	净缺水量
河南	41.23	11.49	29.73
河北	35.18	6.51	28.67
北京	49.25	42.13	7.12
天津	23.14	10.68	12.46
合计	148.80	70.81	77.98

二、水源区可调水量状况

据1956—1998年资料统计，汉江流域多年平均天然径流量为566亿 m³，水资源总量为582亿 m³，丹江口以上水资源总量为388亿 m³，现状耗水量39亿 m³，出境水量为527亿 m³。扣除相应水平年丹江口水库上游地区的规划耗水量和丹江口水库的蒸发渗漏损失，推算得丹江口水库2010年和2030年水平年的年均水量分别为362亿 m³ 和356.4亿 m³。根据水源条件、工程方案、汉江中下游供水量等计算能够调出的水量，大坝加高调水方案在总干渠渠首设计流量350m³/s的条件下，多年平均可调水量95亿 m³，保证率 $P=95\%$ 的年可调水量61.7亿 m³；渠首设计流量630m³/s的条件下，年均可调水量121亿 m³，年最大可调水量140亿 m³。

调水后丹江口水库下泄量的总体变化为总下泄量减少，枯水流量加大，中水流量历时减少，干流流量趋于均匀；引江济汉工程显著加大兴隆枢纽以下河段中枯水的流量，中水历时延长。

三、调水量配置

（一）供水特点

中线工程输水总干渠长达 1432km（包括天津干渠），像一条纽带把北调水源和受水区当地的各种水源融为一体，调水可以实现大范围长距离的水资源优化配置。具有如下特点。

（1）丹江口水库水质优良，利用地势可自流供水。

（2）水源区和受水区降水变化具有较好的互补性，中线工程引汉水可与当地水联合运用、丰枯互补。

（3）受水区及周边地区已建有众多蓄水工程，有条件实现引汉水与当地水资源的统一配置。

（4）受水区城市生活、工业为常年均衡用水，而中线工程可以通过丹江口水库调度实现常年供水，因此调出的水量大部分能被直接利用，需要调蓄的库容相对较小。

（二）调蓄工程

一期工程仅选用受水区现状已向城市供水的大中型水库参加调蓄计算，并将调蓄水库分成三类：补偿调节水库、充蓄调节水库和在线调节水库。据统计，受水区具有向城市供水功能的大、中型水库和洼淀有 19 座，其中河南 8 座、河北 7 座、北京 2 座、天津 1 座，另有 1 座水库为河南、河北两省共用。总调蓄库容 67.7 亿 m^3，其中黄河以南 13.3 亿 m^3、黄河以北 54.4 亿 m^3。

充蓄调节水库 5 座，总调蓄库容 11.1 亿 m^3；补偿调节水库 13 座，总调蓄库容 56.6 亿 m^3；在线调节水库 1 座（瀑河），调蓄库容 2.32 亿 m^3。

（三）北调水量配置

为充分利用丹江口水库调蓄，将丹江口水库、汉江中下游及受水区作为一个整体进行供水调度及调节计算。供水调度原则：在满足汉江中下游防洪和用水的需求条件下，按北方受水区需调水量进行调度；北方需调水量应综合考虑受水区当地的地表水、地下水与北调水联合运用及丰枯互补的作用，以充分利用当地水，不超采地下水为原则；供水优先顺序为生活类、工业类、其他类。

根据南水北调总体规划，天津市由中线和东线工程共同供水，中线工程第一期分配给天津的毛水量（陶岔）为 10 亿 m^3。调蓄计算中未考虑与东线工程供水进行联合调度。

根据供水调度原则，经长系列调节计算，一期工程多年平均调出水量 95 亿 m^3，75% 保证率调出水量约 91 亿 m^3，特枯年份 95% 保证率调出水量约 62 亿 m^3。经 42 年逐旬调节计算，在与当地各种水源联合供水、相互补充的前提下，各受水城市生活供水保证率达 95% 以上，工业供水保证率达 90% 以上，其他类供水保证率达 80% 以上，可以满足受水区的要求。一期工程调水方案多年平均供水情况见表 10-2-2。

表 10－2－2		一期工程调水方案多年平均供水情况表						单位：亿 m³	
省（直辖市）		总净需水量	各水源净供水量					北调水量	
			北调水量	当地水			小计	陶岔	分水口门
				地表水	地下水	其他			
河南	刁河	3.67	3.60				3.60	6.00	5.99
	南阳	7.01	2.23	2.72	0.45	0.95	6.35	2.35	2.32
	漯河	1.31	1.21		0.02	0.05	1.28	1.35	1.32
	周口	1.44	1.27		0.04	0.09	1.40	1.44	1.40
	平顶山	3.91	2.30	1.30	0.03	0.19	3.81	2.51	2.43
	许昌	2.75	1.65	0.56	0.03	0.13	2.37	1.76	1.68
	郑州	7.83	6.17	0.43	0.07	0.91	7.58	6.94	6.55
	焦作	2.80	2.53		0.08	0.17	2.78	2.89	2.69
	新乡	4.92	4.09		0.18	0.61	4.88	4.72	4.35
	鹤壁	2.69	2.28		0.01	0.38	2.67	2.71	2.48
	濮阳	1.59	1.12		0.14	0.30	1.56	1.31	1.19
	安阳	4.98	3.18	1.36	0.10	0.26	4.90	3.72	3.38
	小计	44.90	31.63	6.37	1.15	4.04	43.18	37.69	35.78
河北	邯郸	4.36	3.19	0.20	0.52	0.41	4.33	3.52	3.18
	邢台	3.89	3.41		0.32	0.01	3.74	4.05	3.62
	石家庄	9.54	7.32	0.50	1.15	0.37	9.34	8.86	7.78
	衡水	3.12	2.81	0.02	0.00	0.23	3.06	3.53	3.09
	保定	12.84	10.59	0.35	1.12	0.68	12.74	13.01	11.26
	廊坊	1.43	1.28		0.00	0.13	1.41	1.72	1.47
	小计	35.18	28.60	1.07	3.11	1.84	34.61	34.70	30.39
北京		31.22	9.76	7.32	6.72	7.40	31.20	12.38	10.52
天津		23.14	8.00	9.12	1.21	2.96	21.29	10.15	8.63
合计		134.44	77.98	23.88	12.19	16.24	130.29	94.93	85.32
黄河南		27.92	18.42	5.01	0.64	2.32	26.39	22.35	21.69
黄河北		106.52	59.56	18.87	11.55	13.92	103.90	72.57	63.63

第三节　综合国力与可持续发展战略影响

一、综合国力和国家竞争力影响

(一) 增强综合国力

实施南水北调中线工程是解决受水区资源性缺水问题的战略措施。通过调水工程，可以保持南北方水资源的可持续利用，增强水资源的承载能力，有利于保持北方良好的生态环境，保持生态系统的完整性，有利于缓解人口及经济发展带来的水资源短缺压力。南水北调工程完工后，将与长江、淮河、黄河、海河流域相连相通，统一互用，构成我国水资源"四横三纵、南北调配、东西互济"的新格局，通过不同区域的水资源互济，有利于东、中、西区域经济协调发展。对水量调出的流域，由于水源工程的调蓄和水量减少，可减轻调水源头下游的防洪负担，确保南方地区安全度汛；调入区水资源增加可能导致地下水位上升，有利于北方地区抗旱，使经济发展被动受自然条件的制约转化为积极地利用自然为人类服务。通过南水北调工程，将从根本上扭转中国水资源分布严重不均的现状，通过大范围合理配置水资源，将南方地区的水资源优势转化为经济优势，以水资源的优化配置支持北方缺水地区经济社会的可持续发展，从而支持全国经济社会的可持续发展。

随着我国改革开放的日益深化，经济全球化各国竞争不断加剧，必须不断加强综合国力，全面提高国家竞争力，必须全面调动各种经济资源，充分发挥经济资源的优势和潜力。我国北方水资源短缺和时空分布不均，阻碍了经济要素的合理流动和资源潜力发挥，已成为制约资源配置效率提高的关键基础性约束条件。

京津华北地区地理位置优越，地势平坦，光热资源充足，土地资源丰富。该区总面积仅占全国总面积的3%，而耕地却占全国总面积的18%；国内生产总值、工农业总产值均占全国总量的10%以上，成为我国政治、经济、文化的中心，同时，也成为我国人均水资源量最少、水资源利用率最高的地区。20世纪80年代以来，华北平原地区仅仅出现局部地区和短期的供水困难。80年代后，随着经济的发展，该区及其上游地区用水量也迅速增长。城乡供水出现全面紧张的态势，水荒频频发生，经济社会发展受到水资源短缺的严重制约。南水北调中线工程实施后将极大改善水资源时空分布状况，对促进要素合理流动和提高资源配置效率，发挥北方地区资源优势和增长力，促进这一地区在更广范围、更深层次上、更多领域与全国其他地区和世界的经济合作与交流，具有重要战略意义。

经济是综合国力的基础，工程建设对国民经济具有巨大的投资推动效益和供水效益，以及抗旱减灾的间接经济效益。

南水北调中线工程投资对经济的拉动作用，取决于工程投资规模与工程投资乘数两个因素，其中投资乘数取决于平均边际消费倾向及综合税率等因素。根据国务院发展中心所采用的水利工程投资乘数1.68进行估算，中线一期投资期间对GDP增长的贡献总额度约1856.95亿元。根据规划，南水北调中线一期工程于2003年开工，分8年投资。我国2002年国内生产总值为 102398 亿元，按 2003—2010 年我国 GDP 年均增长率保持在 8％左右计算，中线工程一期投资期间对我国 GDP 增长率贡献平均每年约 0.163 个百分点。

工程实施后，将有利于产业结构调整，促进经济增长。直接以供水效益估算调水后一定时期内供水对国民经济增长速率的贡献。2000 年我国 GDP 为 89404 亿元，按我国三步走战略，2020 年 GDP 达到 357616 亿元，则 2000—2020 年间经济年均增长率为 7.16％，算得 2010 年GDP 为 178699.8 亿元，2010—2020 年间因供水效益对全国 GDP 增长的年均贡献率为 0.187 个百分点。

增强综合国力必须减少经济波动诱因，提高抗经济风险能力。以往中国或世界经济在沿着总体趋势增长的过程中，会出现周期性的扩张或收缩，即经济周期现象。自然灾害是引起经济波动的原因之一。自然灾害发生后，总资源和资本存量都将减少，导致消费和资本积累相应减少，由此总资源和资本存量进一步减少，如此不断循环，直到新的均衡。中线工程实现调水后，由于可在一定程度上缓解华北地区的农业旱情，减轻汉江中下游的洪涝损失，可减轻自然灾害造成的风险，并具有减缓经济波动的作用，以降低经济波动带来的经济风险。

（二）有利于发挥京津冀及华北地区在国家宏观经济布局的作用，提高地区和国家竞争力

面对经济全球化形势，中国与世界经济的关系日益紧密。我国宏观经济布局总体框架，在东、中、西三大经济带的带状布局，沿海与长江结合的 T 形布局，沿海、长江和陇海—兰新（沿黄河）结合的"Ⅱ"形及其加京广线构成的"开"字形布局等多种布局的基础上，为适应我国全面建设小康社会和实现现代化建设战略目标的需要，20 世纪 90 年代末期以来，经济合理布局的目标转为建立经济核心区和经济发展轴为主体的网络型布局。在这种布局中，京津华北地区在六大经济发展轴线、三大国家级经济核心区、三类重要产业区中都占有重要战略地位。南水北调工程为若干重大基础设施项目布局的重要跨流域的水利工程。经济核心区、经济发展轴和重大基础设施建设的协调发展直接关系到我国经济建设战略目标的实现和国家竞争力的提高。

改革开放以来，在宏观经济布局中，珠江三角洲、长江三角洲迅速崛起，成为我国经济竞争力最强的地区。进入新世纪，京津环渤海地区有可能成为新的具有强竞争力的地区之一。根据相关评价，我国三大经济核心区竞争力的排序，以上海为中心的长江三角洲地区综合竞争力最强，其次为以广州为中心的珠江三角洲地区，再次为以京、津为中心的环渤海地区。京津环渤海地区竞争力之所以相对较弱的一个重要原因就是水资源严重短缺。南水北调中线工程在很大程度上可以解决这一地区缺水问题，为其巨大经济潜力的发挥和竞争力的大幅度提高创造条件。

中国加入世贸组织后，中国经济与世界经济的联系日益紧密。中国与世界各国互利互惠程度的提高，有利于中国国际影响力的扩大。京津华北地区在我国宏观经济发展中占重要地位，该地区经济发展必然增强我国综合国力和在全球发展中的竞争力。

二、可持续发展影响

（一）京津华北地区发展的优势与环境压力

京津华北地区是我国政治、经济、文化发达地区。中线工程受水区总人口约 1.09 亿人，

地区国内生产总值超过 1 亿元，耕地 11957 亩。该地区土地面积占全国总面积的比例仅 3％，可耕地却占全国总耕地面积的 18％，是我国重要的农业基地。但该地区却是我国人均水资源量最少、水资源利用率最高的地区，人均、亩均占有水量仅为全国平均水平的 16％ 和 14％。

国际自然资源会议建议：以人均水资源量和水资源利用率两项指标划分水资源丰富程度，人均水资源量 500～1000m³ 为紧缺，少于 500m³ 为贫乏；水资源利用率 25％～50％ 为紧缺，超过 50％ 为贫乏。海河流域人均水资源量为 343m³，水资源利用率为 81％，按照这两项指标评价，均属于贫乏地区；黄河及淮河流域人均水资源量分别为 705m³ 和 500m³，水资源利用率均大于 50％，也属于水资源紧缺或贫乏地区。

长期以来，华北地区的经济发展是靠过度利用水资源、牺牲环境为代价。缺水给京津华北地区水资源可持续利用与生态环境带来严重影响，主要表现在以下几个方面。

（1）地表水衰减，入境水量减少。京津华北平原地区各河流上游及周边地区经济与社会的发展需要大量增加用水量，导致入境水量减少。北京市的主要地表水源密云水库年均入库水量由 20 世纪 50 年代的 19 亿 m³ 减至 90 年代的 3.1 亿 m³，且污染严重；密云水库由 20 世纪 50 年代入库水量 17 亿 m³ 减至 2000 年后 4 亿～8 亿 m³，1999 年仅为 2.6 亿 m³。天津市南部地区 1970—1998 年间有 12 年无水入境。河北省入境水量由 20 世纪 50 年代的 99.8 亿 m³ 减少至 90 年代的 29.9 亿 m³，自产地表水量也由 20 世纪 50 年代的 235 亿 m³ 减少到 90 年代的 130 亿 m³。华北地区入境水量减少的趋势还会因周边地区用水量增长而继续发展。

（2）水环境恶化，水质污染加剧。京津华北地区工业化和城市化进程加快，用水量急剧增加，使河流入海、入湖水量急剧减少，恶化了水环境。区域内众多河流，多已成为季节性河流，除汛期外，基本处于断流干涸状态，入海水量大幅度减少。20 世纪 90 年代与 50 年代相比，海河流域平均入海水量减少了 72％。素有"华北明珠"之称的白洋淀，自 20 世纪 50 年代以来，已发生干淀 15 次，1983—1988 年连续 6 年干涸。由于河流干涸或水体减少，致使河道稀释能力降低，加剧了水体污染。受经济成本制约，农业灌溉又被迫大量使用污水，不仅污染了农作物，危害了人体健康，而且污染地下水源。部分地区生活用水质量很低，长期开采饮用超过标准的地下水，人民健康受到严重威胁。

（3）地下水严重超采，地面沉降，并造成地质环境危害。地下水是京津华北地区生活和工农业生产的重要水源。因缺水被迫大量超采地下水，造成地下水源得不到有效回补，地下水位持续下降，形成大面积地下水位下降漏斗区。北京市 1961—1995 年间累计超采地下水 40 亿 m³，超采区面积达 2660km³，占平原区面积的 41％。天津市中心区年超采地下水 2000 万 m³，近郊区超采 2.5 亿 m³。河北省平原区 1980—1998 年累计超采地下水 760 亿 m³，年均达 40 亿 m³，其中深层水 20 亿 m³。京广铁路沿线、太行山山前地带已形成了以城市和工矿区为中心的区域性地下水降落漏斗，部分地区接近疏干。地下水连年超采，水位持续下降，造成北京、天津、沧州、衡水等城市地面沉降。天津市地面年均沉降 92mm，市区累计沉降最大值约 2.8m，有的地区已低于海平面；河北沧州地下水位下降幅度高达 70m。地面下沉，水位持续下降，使得花费大量人力、物力、财力建设起来的机井需要不断地更新、报废、损失严重。

（4）对城市生活与工农业产生严重影响。持续的水资源供应短缺，给受水区的经济发展造成严重影响。石家庄、保定、邯郸、邢台、沧州五市因缺水，自"十五"计划以来，基本未兴建大型建设项目，许多城市不得不实行定时、定量、低压供水。北京是我国的首都，人均水资源量在世界 120 多个国家的首都及大城市中居百位之后。河道或干涸、或成为排水河道，城区河湖污染严重，与首都的国际地位极不相称。为保证城市供水，不得不大量挤占农业用水。北京官厅、密云水库 1980 年还向农业供水 9.2 亿 m^3，后降至不到 2 亿 m^3；河北省 60 年代兴建的七处大型灌区，总灌溉面积约 800 万亩，到 20 世纪 90 年代初已减少到 425 万亩；邯郸、邢台、保定在建或待建的引水工程，全部挤占的是农业用水，势必激化城市与农村争水的矛盾。有 400 多年历史的百泉灌区，由于地下水位下降，泉源枯竭，1986 年已全部报废。由于水源被挤占，华北地区的农业生产优势得不到发挥，据河北省 1981—1992 年资料统计，平均每年因干旱成灾面积 2500 万亩，1998 年受旱面积达 4438 万亩。进入 21 世纪以来，随着国民经济的快速发展，华北地区人口增加迅速，城市进程加快，水资源短缺与工农业需水量增加的矛盾日益加剧。

（5）水资源供需矛盾已引起社会环境问题。水资源供需矛盾激化了地区之间、部门之间的争水矛盾。边界河道上下游、左右岸之间争水事端时有发生。如河北省水事纠纷从 20 世纪 60 年代初不足 30 件，猛增至 1997 年 1682 件。漳河两岸冀豫两省几乎年年发生用水矛盾。水资源供需矛盾有可能成为威胁社会稳定与安全的不利因素，并引起严重的社会问题。

缺水是自然和经济社会发展的综合反映。由于华北地区人口密集和经济的高速发展，使这一地区的区域性缺水成为经济社会发展最突出的全局性制约因素。如果不采取有效措施增加水源，地下水枯竭与地下水的超采将无法控制，水资源衰退与生态环境的恶化可能造成无法弥补的灾难。

（二）南水北调工程是我国实施可持续发展的重大举措，有利于促进经济、社会与环境的协调发展

1992 年联合国环境与发展大会后，我国政府率先组织制定了《中国 21 世纪议程——中国 21 世纪人口、环境与发展白皮书》，作为指导我国国民经济和社会发展的纲领性文件，开始了我国可持续发展的进程。为保证我国国民经济和社会发展第三步战略目标的实现，根据新的形势和可持续发展的新要求，国务院制定了《中国 21 世纪初可持续发展行动纲要》。纲要明确要求进行"水资源优化配置，建立合理利用、有效保护与区域水资源总量分配制度，合理配备生活、生产和生态用水"，在重大水资源工程中，提出"实施南水北调工程，改善水资源的宏观布局"。因此，南水北调中线工程建设是我国实施可持续发展的一项重大战略部署。

华北地区的经济建设与发展在我国具有举足轻重的地位。中线工程的实施将促进这一地区环境改善和经济社会的可持续发展。

华北地区缺水由来已久，目前这一地区的地表水已充分开发利用，地下水严重超采，海河流域近年的用水量已超过多年平均水资源量。从上述生态和环境问题和水资源的严重短缺，各地采取了加强水资源管理、狠抓节水、污水回用、限制高耗水工业发展等一系列措施，收到了一定的成效。但由于该地区属于资源性缺水，一些地方已经出现供水难以为继的艰难局面。随着经济社会进一步发展、城市化进程加快、人民生活质量提高，缺水形势将会越来越严峻，如何以水资源的可持续利用保障经济社会的可持续发展是当前我国迫切需要解决的重大问题。

实施南水北调中线工程，增加华北地区的水资源供应量，可改变南方水多、北方严重缺水的局面，将南方地区的水资源优势转化为经济优势，以水资源的优化配置支撑京津华北地区国民经济与社会的可持续发展。

建设南水北调中线工程，将会给华北地区城市提供优质水源，有效改善用水条件，提高生活质量，为工业发展增加新的活力。同时，可不再挤占农业用水，甚至可将原来挤占的农业用水还给农业，以改善农业生产条件。

中线工程实施还将极大改善生态环境。调水向城市供水可基本保障城市居民饮用水和其他生活用水，一部分用水置换和中水回用后，可用于城市绿化用水和景观建设，改善居民生活环境。中线工程调水的原则是"先节水后调水，先治污后通水，先环保后用水"。按这一原则调水后不会增加城市污染，并对水污染治理、水环境改善带来机遇。调水后可减少地下水超采，减缓地面沉降引起的地质环境问题。受水区居民用上清洁水源，可防治饮用高氟地下水带来的疾病，改善生活卫生条件，提高健康水平。

因此，南水北调中线工程对促进工程区域人口、资源环境、经济、社会协调发展具有重要意义，是华北地区可持续发展的支撑工程。

第四节　经济社会和环境宏观影响

一、经济发展影响

（一）宏观经济影响

1. 促进经济增长

（1）投资拉动经济增长。中线工程建设投入巨大，静态总投资约 1400 亿元。

根据投资乘数原理，参照国家宏观经济研究院有关成果，我国 1991—2000 年的投资乘数（加入税收因素）的平均值为 1.68。由此计算南水北调中线一期工程对 GDP 增长的贡献总额度约为 2352 亿元。

以经济发展速度 8％作为 2003—2010 年我国 GDP 年均增长速度，计算中线工程一期投资对我国 GDP 增长率的贡献。根据规划，南水北调中线一期工程于 2003 年开工，分 8 年投资。我国 2002 年国内生产总值为 102398 亿元。由此计算可得，中线工程一期投资期间对我国 GDP增长率贡献平均每年约 0.163 个百分点。

（2）调水促进经济增长。中线工程实现调水后，北方四省（直辖市）工业发展受水资源制约的问题可基本解决，经济将因此出现新的增长，对支持全国发展具有重要意义。

水资源消耗量与经济增长之间存在一定的统计关系，据此可以对供水带来的经济效益做粗略的量化分析。采用国内供水工程规划设计中惯用的分摊系数法计算工业供水效益，根据各省（直辖市）城市水资源报告的成果，万元产值取水量北京市为 $16m^3/万元$，天津市为 $11m^3/万元$，河北省为 $27m^3/万元$，河南省为 $47m^3/万元$。中线工程一期供水效益计算成果见表 10 - 4 - 1。

表 10-4-1　　　　　　　　　　中线工程一期供水效益计算成果表

项　　目	北京市	天津市	河北省	河南省	合计
分水口门供水量/亿 m³	10.52	8.63	30.39	29.78	79.32
万元产值取水量/(m³/万元)	16	11	27	47	
供水效益分摊系数/%	1.90	1.66	1.78	1.60	
年供水效益/亿元	99.78	104.12	160.10	83.93	447.93

注　表中数据不包括现状河南省刁河灌区用水。

中线一期工程的工业及城市生活供水效益为 447.93 亿元,其中北京市 99.78 亿元,天津市 104.12 亿元,河北省 160.10 亿元,河南省 83.93 亿元。

受水区因水资源紧张问题缓解,产业结构将发生相应调整,对受水区外其他地区经济发展及产业结构变化也有一定影响。从总量方面而言,一个地区的经济增长往往会带动相邻地区的经济增长,影响大小取决于区域之间的作用方式与密切程度。一般而言,只有当一区域经济增长十分显著,并与相邻地区经济有较强互补性时,该区域经济增长才会对相邻地区产生明显拉动(乘数效应与扩散效应超过极化效应)。可以认为,受水区因受水发生的经济增长对区外经济的拉动,相比受水区外经济内生性产生的增长,是十分微小的。因此,在对调水对全国经济增长率影响进行定量分析时,忽略这一影响,仅考虑供水所直接产生的效益对GDP 的拉动。

2000 年我国 GDP 为 89404 亿元,按我国三步走战略,2020 年 GDP 比 2000 年翻两番,达到 357616 亿元,2000—2020 年经济年均增长率为 7.16%,由此算得 2010 年 GDP 为 178699.8 亿元,这样 2010—2020 年由于调水对全国 GDP 产生的年均拉动为 0.187%。

在 2010—2020 年最初的 10 年间,因调水带动 GDP 的年均增长为 0.187%。由于 GDP 基数不断增大,调水对 GDP 增长率的贡献呈逐年下降趋势。

2. 优化资源配置

中线工程对经济发展的深远影响,在于通过水资源的合理调配,促进生产要素的重新整合,促进宏观经济成效的提高。

(1) 改变水资源分布不均衡状态,将水资源由于自然原因形成的空间分布不均衡转变为经济配置的相对均衡,减少水资源浪费,提高水资源利用效率。中线工程水源区与受水区水资源自然分布存在明显的不均衡(表 10-4-2),水要素产出水平也有较大差异。

表 10-4-2　　　　　　　　　　　工程影响区水资源状况

项　　目	北京市	天津市	河北省	河南省	湖北省
水资源总量/亿 m³	40.8	14.6	236.9	407.7	981.2
面积/万 hm²	41.3	43.1	655.6	693.3	347.7
人口/万人	1086	884	6159	9469	5439
人均水量/(m³/人)	375.7	165.2	384.6	471.47	1804.0
单位面积水量/(m³/hm²)	9885.0	3384.0	3613.5	5880.0	28221.0

注　引自《南水北调工程宏观影响系列研究报告》(国务院发展研究中心,2003 年 10 月)。

从水资源分布来看，作为水源区之一的湖北省平均年水资源总量为981.2亿 m³，比受水四省（直辖市）总和还高出281.2亿 m³；从水作为生产要素的产出效率来看，1999年京、津、冀、豫、鄂五省（直辖市）单方水产出依次为52.59元、57.36元、20.50元、20.20元、10.58元（2000年不变价）。主要受水区京、津、冀三省（直辖市）水要素的产出率远远高于水源区的湖北、河南两省。中线工程将南方多余的水调往北方受水区，将提高水要素的产出率，节约稀缺的水资源。

（2）实现水资源与矿产资源的优化配置，节约宏观经济运行成本。在我国，合理布局生产力的要求受到重要经济资源空间组合（配置）状况的极大制约。对我国工业发展意义重大的煤、铁等大宗矿产资源，相对集中在北方地区，与水资源南多北少的分布状况极不匹配。北方地区由于干旱少雨，水资源严重不足，优势矿产资源不能就近开发利用。我国物流长期以来形成"北煤南运""北矿（铁矿）南运"的格局。南水北调工程实施后，不但可将南方水资源优势转化为经济优势，而且可缓解大量物质南运对铁路运输造成的压力；同时，输水成本比运矿成本低，中线工程建成后将极大节约宏观经济运行成本。

（3）实现水资源与光热、土地资源的有效配置，提高农业产出水平。中线工程受水四省（直辖市）地处北亚热带及暖温带季风气候区，雨季短暂集中，大部分季节气候干旱，日照充足，昼夜温差高于南方地区，农作物品质较好。但是，水资源贫乏制约了农业产量的提高，丰富的光热资源利用率低，土地生产力未能充分发挥。调水后，工业用水将减少对农业用水的挤占，同时工业增加的用水处理达标排放后部分可直接用于农业。北方受水地区的光热资源优势将得到更大的发挥。

3. 促进宏观经济协调发展

（1）区域均衡发展。区域经济发展不平衡是我国现有经济格局的一大特征。东、中、西三大经济带经济水平存在较大悬殊，南北之间也有明显差异。总体格局是经济发展水平东部高于中部，中部高于西部，长三角、珠三角东南沿海经济带（圈）高于北方环渤海经济带（圈）。缩小区域差异，促进区域经济快速与协调发展是我国战略目标之一。

京、津、冀、豫、鄂五省（直辖市），在我国国民经济中具有重要地位，是全国政治、经济、文化核心区域。工程区跨汉江、黄河、淮河以及海河四大流域，其中京、津、冀、豫四受水省（直辖市）占据华北平原大部区域。北京是我国首都，京、津是华北地区乃至全国的经济中心，经济技术在全国处领先水平，是我国对外开放的前沿地带；河北省是华北地区经济、人口大省；河南省、湖北省是中部地区人口多、产值高的两个省份。五省（直辖市）面积占全国5.9%，2002年，人口占全国人口的19.3%，国民生产总值占全国的21.8%，工业产值占全国19.7%。同全国总体水平相比，五省（直辖市）经济发展处于中等偏上水平。中线工程调水后对加快本区社会经济发展将具有重要意义。

南水北调中线工程北方四省（直辖市）土地、矿产资源较丰富，但由于水资源短缺，很多具有开发价值和前景的资源处于闲置状态，不能发挥其应有的经济价值。进而，由于土地等资源开发未充分，华北丰富的劳动要素也不能得到有效利用，资源优势不能转化为经济竞争优势。南水北调中线一期工程实施后，可基本缓解华北主要城市用水紧张状态。调水后，包括水资源、矿产资源、劳动力、技术、资本等在内的生产要素将发生重新组合，闲置的生产设备也可以充分利用，要素产出率将得到较大提高，有利于产业结构的升级及经济新增长点的形成，有利于提高产业的竞争力。

中线工程建设将加快中部地区河南、湖北两省经济发展。中线工程建设开工期间，直接拉动两省内需，带动相关产业发展，进而带动次相关产业，形成链条式发展。工程完工后，部分调水供给河南，促进河南经济增长。工程建设还提高了江汉中下游地区的防洪标准，极大地减小了可能发生的洪涝灾害损失，从而有利于湖北经济长期稳定增长。

因此，中线工程建设，对于缩小我国经济存在的南北差距及中部与沿海差距，促进区域经济协调发展有积极的意义。

（2）城市与工业布局合理化。城市与工业分布不均衡，是我国经济格局的另一特征。工业及城市集中分布于沿海地区，中西部城市无论是从规模、人口、经济发展程度上都不及沿海地区。南水北调中线工程受水区工业与城市的发展在自然方面主要受水资源短缺的制约。

中线工程实现调水后，华北主要城市都会因得到更多水源而加快发展，在一些资源丰富、条件适当的地区，还可能因调水发展壮大一批新兴的工业城市。因此，南水北调中线工程有利于实现工业、城市向内地扩散，使工业布局、城市布局趋于合理化。

（3）产业结构升级。中线工程建设期间，将加快库区建材、冶金、机械、服务等产业发展。工程运行期，可促进库区产业结构向绿色产业方向升级。调水后，受水区有资源优势的制造业及对水供给条件依赖度高的服务业都将获得加快发展的机会，华北地区优质农产品生产有望扩大。因此，中线工程有利于整个工程影响区产业结构优化。

（二）区域经济影响

1. 受水区经济

（1）经济现状。中线工程受水区是我国经济发达、人口密度较高、网络密集地区之一。受水区涉及的京、津、冀、鄂四省（直辖市）面积达 38.34 万 km^2，2002 年人口 18778 万人，第一、第二、第三产业总产值 17392.35 亿元。受水区 2002 年主要社会经济指标见表 10 - 4 - 3。

表 10 - 4 - 3　　　　　　　　受水区 2002 年主要社会经济指标

区域名称		面积/万 km^2	人口/万人	人口密度/（人/km^2）	产值/亿元			
					一产	二产	三产	总产值
全国		960	128453	133.81	14883	52982	34533	102398
受水区	北京	1.68	1423.2	847.14	95.5	1114.4	1920.1	3130
	天津	1.19	1007.2	846.39	83.85	978.75	960	2022.6
	河北	18.77	6734.6	358.80	950.2	3033.9	2092.6	6076.6
	河南	16.7	9613	575.67	1282.0	2953.33	1927.82	6163.15
	小计	38.34	18778	489.78	2411.55	8080.38	6900.52	17392.35
	占比	5.9%	19.3%	366%	21.0%	19.7%	25.2%	21.8%

注　表中数据为受水区所涉及全省、直辖市范围数据。

中线工程受水区是我国土地、光热及矿产资源较丰富的地区，大部分位于华北平原。华北平原可耕地面积广，气候上，华北平原属北亚热带与温带季风气候区，光热资源充足，昼夜温差高于南方平原，有利于农作物的光合作用与糖分聚集，农产品品质好。

受水区还是我国铁、煤等矿产资源富集地区。河北是与辽宁、四川相并列的我国三大铁矿省份之一。河北、河南省是我国重要的煤矿产地。从经济基础、矿产资源拥有量来看，受水区主要发展条件都是较好的（表10-4-4）。

表10-4-4   2003年河北、河南两省煤铁产量

区域名称	原煤/亿t	在全国位次	生铁/万t	在全国位次
河北	0.66	9	4227.34	1
河南	1.19	3	740.38	10

资料来源：中国统计年鉴2003。

（2）经济发展受水资源制约状况。相比于矿产资源的丰富与经济水平的相对发达，华北地区水资源严重不足。水源区的湖北省平均年水资源总量为981.2亿m^3，比受水四省（直辖市）总和还高出281.2亿m^3。

20世纪80年代以前，华北平原地区常出现局部地区和短期的供水困难。80年代以后，随着经济的发展，该地区及上游地区用水量也迅速增长，导致平原地区水源枯竭、水质恶化、环境干化，城乡供水出现全面紧张的态势，水荒频频发生，经济环境受到了水资源短缺的制约，生态环境遭到了严重的破坏。

受水区因水资源匮乏，水资源利用程度极高。河北省沿京广线西部太行山山区已建有12座大型水库、数百座中小型水库，控制山区面积达90%以上。中东部平原有自然洼淀大型调蓄工程，平原河道上也建有数百座蓄水闸，绝大部分地表径流已被拦蓄利用。城市现状供水中，地表水占14%，地下水占84%，而地下供水中65%为超采量（其中36%为深层超采量）。城市供水难以为继，京广铁路沿线的邯郸、邢台、石家庄、保定等城市由原来开采市域内地下水，发展为超采域外地下水，近年来又相继建设西部山区水库引水工程，占用了部分农业灌溉水源。

为保证城市供水，还出现了直接挤占大量农业用水情况，北京官厅、密云水库可供农用水量降到不及（或近似）初期的一半。由于水源被挤占，华北平原的农业生产优势得不到发挥，平均每年受旱面积达2500万亩。因此，华北地区的经济发展，很大程度上是通过利用水资源、挤占生态、农业用水、牺牲环境为代价的。

（3）中线工程将缓解受水区水资源短缺状况，促进受水区经济发展。京津华北平原缺水由来已久。由于水资源严重短缺，各地采取了加强水资源管理、狠抓节水、污水回用、限制高耗水工业发展等一系列措施，收到了一定的成效。但由于该地区属于资源性缺水，随着用水需求的不断增长，单靠节水挖潜并不能从根本上解决问题。目前这一地区的地表水已充分开发利用，利用率已超过90%，地下水严重超采，一些地方已经出现了地下水难以为继的艰难局面。

南水北调中线工程水源水质好，一期工程建成后可以满足受水区较长时期内工业与城市居民用水需要，且全线以自流输水为主，运行成本低。中线工程建成后，可基本解决华北地区发展中的水资源瓶颈制约问题，从而为经济、社会、生态可持续发展提供重要支撑。

调水后可充分发挥受水区资源优势。华北地区煤炭、铁矿等矿产资源非常丰富，并由此发展了冶金、能源和采掘、机械制造等重化工业，以及石油化工、化学原料等构成的原材料工业，这些工业在全国占有重要地位，并成为地区主导产业，对华北经济有重要作用。从需求和

发展的趋势来看，本区域的这些高耗水、重污染的产业还会有进一步的发展，但是该地区水资源匮乏，无法支撑优势产业的进一步发展，实现经济与生态协调发展的目标。中线一期工程实现调水后，依托本地区资源优势形成的主导产业——冶金、能源和采掘、机械制造等重化工业、石油化工、化学原料等构成的原材料工业将有一定发展，从而实现资源优势向经济优势的进一步转化。

调水后有利于利用受水区经济存量。由于水资源日益紧张，受水区企业常受缺水问题困扰停工停产。另外，为保障重点行业的生产，政府也采取了严厉的措施，对高耗水行业生产加以限制，使一些企业设备出现闲置，生产力因此不能充分发挥。中线工程实现调水后，工业用水紧张局面得到极大缓解，闲置的生产设备可以重新投入使用。

调水后有利于优化受水区产业结构。产业结构优化是指产业结构适应经济发展规律的要求，依托区域比较优势，在三次产业之间及各产业内部之间形成合理的比例与相互依存和互动的关系。中线工程实施调水后，华北地区水资源的供需矛盾得以缓解，北方地区能够较充分地利用当地资源的优势，生产要素实现最佳组合，各个部门之间可以在生产上更好地相互衔接、紧密配合，以实现国民经济的较高增长速度和协调发展。同时，南水北调主要满足城市用水和工业用水，有利于第二产业的产值在国民经济的迅速上升及第三产业稳步增长。中线工程调水的增加对采掘工业、原料工业及加工工业等重工业的发展起推动作用，有利于在工业内部，重工业比重相对轻工业不断提高。由于中线工程把节约用水与减少污染作为调水前提，同时采用水价、建设管理体制等手段促使产业结构调整，调水后，在重工业化过程中，加工工业比重与基础工业比重相比趋于扩大。总之，南水北调实施调水后，将加快受水区产业结构的调整，有利于受水区产业结构向合理化与高层化发展，对受水区经济发展的影响是长远的。

2. 水源区经济

丹江口库区地处汉江流域秦巴山地，气候上属北亚热带季风气候。库区年均降水量850～950mm，多年平均入库水量408.5亿m³。丹江口水库现状水质总体良好，符合《地表水环境质量标准》（GB 3838—2002）Ⅰ～Ⅱ类标准。由于水资源非常丰富，大部分水资源未能得到利用。

丹江口库区涉及湖北十堰市、郧西县、郧县、丹江口市及河南淅川县等5县（市）。2000年，总人口260万人，人口密度188人/km²。湖北四县（市）耕地面积236万亩，人均耕地1.03亩，共实现GDP约90亿元，人均GDP仅3461.5元，为较贫困的地区。湖北的郧西县人均GDP只有1697元，为湖北省贫困县之一。

（1）有利影响。中线工程对库区经济的有利影响主要表现为工程建设为库区经济发展带来了重要契机，库区经济可利用中线工程建设顺势实现库区经济起飞。

1）投资拉动效应。水源工程（汉江丹江口大坝加高工程、库区移民安置、陶岔渠首工程）是中线工程的主体工程之一，总投资约190亿元，其中库区移民安置约160亿元。工程要耗用的材料为水泥、钢材、原木、板材、柴油、汽油、炸药、砂、卵石、块石、电、水等，工程建设需要大量的劳动力与生产资料，同时需要高科技支撑。

国民经济各部门之间存在着复杂的链式经济技术联系，这是由社会化大生产所决定的必然联系。工程的投资引起对水泥、钢材、电力等各种要素的需求，从而引起对水泥制造业、金属冶炼业、机械及器材制造业产品的需求，这些需求又必然引致对相关产品的需求。此外，大规模的工程投资必然带动交通运输、道路、货栈等公共设施的建立。在投资需求的拉动下，中线工程建设期间，丹江口库区建材、餐饮、旅游、文化等产业将得到较大发展，库区经济有望出现一次飞跃。

2）工程建设对投资环境的改善效应。为保障中线工程顺利实施，工程建设期间，库区交通通信系统、能源供应系统、配套服务系统建设都将得到加强，内外联系更加便利。工程实现调水后，库区生态建设力度与环境保护进一步加大，生活环境将更加改善，投资环境更为优越，成为库区引进资金、发展经济的重要优势。

3）知名度与品牌效应。中线工程作为一项举世闻名的大型水利工程，将吸引国内外广泛关注。由此，丹江口库区的知名度将得到极大提高，丹江口秀美的山川与富于特色的地方文化以及珍贵的历史文物资源，将为发展库区旅游业与文化产业提供有利条件。水源地的水质和生态价值还有助于树立库区绿色工业与绿色产品的形象，成为库区经济发展巨大的无形资产。

（2）不利影响。

1）耕地淹没与企业迁建。大坝加高，正常蓄水后新增淹没土地 23.43 万亩，淹没或涉及城镇 5 个，淹没或影响工业企业 106 家。企业或建筑淹没可以得到一定补偿，但是耕地淹没损失是不可逆的。由于淹没的主要是较肥沃耕地，大坝加高后，将加剧库区人地关系紧张的局面。

2）移民。中线一期工程在移民迁移线下人口 22.35 万人，其中部分移民将就近后靠，由此增加对库区环境容量的压力。另外，移民引起了原居民生产与生活方式的改变，对移民生活习俗乃至文化心理都会带来冲击。丹江口水库初期工程移民可能加大本次移民工作的难度。

3. 汉江中下游区域经济

（1）汉江中下游地区是湖北经济格局中的重要组成部分。汉江中下游流域包括 19 个县（市），其中干流沿岸有 14 个。汉江中下游总面积约 4.49 万 km^2，占湖北省土地面积的 24.3%，人口 1138 万人，2001 年汉江中下游地区国内生产总值 2546 亿元，占湖北国内生产总值的 55%。

汉江中下游流域土壤肥沃，是湖北省的粮油生产基地和淡水养殖基地。流域内工业也比较发达，已形成石油、盐化工等工业生产基地。

（2）对经济的有利影响。

1）防洪减灾。中线工程建成后，汉江中下游的洪涝灾害将进一步解除。丹江口大坝后期完建后，可增加防洪库容 32.8 亿（夏汛期）～26.3 亿 m^3（秋汛期），配合杜家台分洪和堤防，可使汉江中下流地区的防洪标准由目前的 20 年一遇提高到 100 年一遇。遇 1935 年特大洪水（约 100 年一遇），中下游民垸可基本不分洪。

防洪标准提高后，一方面，可以避免洪水引起的灾害损失；另一方面，还可以为防洪受益区经济发展提供有力保障，促进地区经济长期稳定发展，其社会经济效益是无法估量的。

对防洪经济效益的量化分析，主要是计算因避免洪灾所减少的损失，包括直接与间接损失两方面。防洪直接经济效益按有无丹江口大坝加高情况下减少的洪灾损失计算，防洪间接经济效益按直接洪灾损失的 20% 计算。综合分析得出按 2000 年价格水平估算的洪灾损失综合指标：民垸 8349 元/亩，杜家台分洪区 5052 元/亩。不同等级洪水下，丹江口大坝加高防洪直接效益见表 10-4-5。

表 10 - 4 - 5　　　　　　　　丹江口大坝加高防洪直接效益表

项　　目		民垸	杜家台分洪区	洲滩	江汉平原	合计
100～200 年一遇洪水	减少淹没耕地/万亩				660	660
	减免洪灾损失/亿元				685.5	685.5
100 年一遇洪水	减少淹没耕地/万亩	56.4	22.3	3.1		81.8
	减免洪灾损失/亿元	47.1	11.3	0.6		59.0
20 年一遇洪水	减少淹没耕地/万亩	1.7	25	9.7		36.4
	减免洪灾损失/亿元	1.4	12.6	1.8		15.8
10 年一遇洪水	减少淹没耕地/万亩		17	12.9		29.9
	减免洪灾损失/亿元		8.6	2.4		11.0

据此分析计算，丹江口大坝加高工程多年平均直接效益 5.22 亿元，间接效益 1.3 亿元，多年平均防洪经济效益为 6.52 亿元。

2）改善航运。四项工程建成后，可改善汉江中下游航运条件与供水条件。工程调水后汉江洪峰大幅度削减，枯水造床作用增大，将加快汉江中下游河道稳定的过程，有利于主槽的发展。兴隆枢纽修建后，航宽和航深加大，对航运十分有利。

3）改良供水。汉江中下游的灌区，相当部分由汉江沿岸的引提水工程补给供水。各闸站设计流量相当的水位略高于河道平均水位，但灌区需要引足设计最大流量的机会很少，且水库调度按中下游各时段需要下泄。因此，在实施调水工程时，绝大部分引水闸、提水站的供水保证程度依然很高，多数闸站的水量保证率都高于实施调水前。兴隆枢纽修建后，使兴隆库区河段水位抬高，有利于供水；部分船闸改建工程也可提高供水保证率，有利于引水灌溉。

4）为汉江中下游经济发展提供了一次重大发展机遇。中线主体工程建设期间，将在汉江中下游实施兴隆枢纽、引江济汉工程、部分闸站改扩建以及局部航道整治四项配套工程，以消除调水对汉江中下游带来的负面影响。四项工程总投资达 68.7 亿元。四项补偿工程为汉江中下游综合治理与开发带来了机遇。补偿工程投资对汉江中下游经济发展也有拉动作用，可促进建材、水泥、机械、冶金、服务等相关产业的发展。

以中线工程为契机，汉江流域水利开发和水利现代化试点方面的投资也开始启动。水利部评审通过了汉江中下游水利现代化建设规划纲要，成为我国第一个流域水利现代化试点地区。2010 年前后与南水北调中线工程建设相关的项目投资将达到 400 亿元，其中国家直接投资将达到 160 亿元左右；与主体工程、补偿工程相配套湖北地方相关投资项目达 34 项。

（3）对经济的不利影响。中线工程实施调水后，汉江多年平均径流量下降，同时兴隆工程建成后，库区水流速度放缓，可能产生部分库段水污染。这对流域环境保护提出了更高要求，要求两岸加大节水与治污力度，从而加大地区经济运行成本。此外，中线工程实施后，汉水多年平均径流减少，沿江两岸部分抽水站和灌溉引水口门需要改建，对汉江中下游航运也有一定影响。

综上所述，中线工程在一定程度上弥补了水资源配置的不均衡，有利于优化资源配置、提高资源的经济产出率。调水对经济增长的作用十分巨大，中线工程投资期间，平均每年带动全国 GDP 增长 0.163 个百分点；中线工程实现调水后，2010—2020 年平均每年供水直接带动全国 GDP 增长 0.187 个百分点。中线工程对于促进区域经济协调发展，促进城市、工业布局的合理化，实现经济、社会、生态的协调发展，都具有十分显著的影响和重要意义。尤其对受水区来说，不仅解决了水资源短缺的瓶颈制约，为城市发展提供可靠的水源保证，还为北方资源优势的发挥、产业结构的调整创造良好的条件，是受水区经济发展的支撑性工程。同时，中线工程将提高汉江中下游防洪标准，为汉江中下游经济发展提供安全的保障。工程建设为水源区和汉江中下游地区经济的发展带来新的机遇。

中线工程对经济的有利影响主要体现在受水区，而不利影响主要在水源区和汉江中下游。按照市场经济要求，采取切实措施使水源区和汉江中下游从工程中受益，实现南北地区协调发展。

（三）水价调整可承受性分析

1. 水价调整规划

水价调整，就是按照市场机制的原则，逐步建立合理的水价形成机制，充分体现供水的商品价值，使水价达到合理水平。水价调整的原则是"补偿成本、合理利润、促进节水、公平负担"。水价构成包括供水、排水和污水处理成本、供水合理利润、水资源费等。为了便于南水北调工程实施后供水区水资源的统一调度管理，促进节约用水，各省（直辖市）规划逐步提高城市供水价格。北京市、天津市、河北省和河南省四省（直辖市）预测：到 2005 年，综合水价将分别调整到 6 元/m³、5 元/m³、3.1 元/m³ 和 2.6 元/m³；2010 年，河北省和河南省城市综合水价将调整到 4 元/m³ 左右，北京市、天津市水价将在 5～6 元/m³ 的基础上逐步提高。

2. 用户承受能力分析

国内外衡量用水户承受水费能力的标准如下。

（1）工业用水水费。世界银行和其他一些国际贷款机构认为，一般采用工业产值的 3% 左右作为水费是现实可行的标准。

（2）城镇生活用水水费。亚太经济和社会委员会（ESCAP）建议居民用水水费支出应不超过家庭收入的 3%。1995 年中国建设部完成的《城市缺水问题研究报告》认为，水费以占家庭平均收入的 2.5%～3% 为宜。

水价调整用户承受能力分析见表 10-4-6。对水费承受能力的初步分析结果表明：现状水价水平下，受水区各省（直辖市）城市居民人均水费支出占其可支配收入的比例为 0.72%～1.20%，工业水费支出占产值的比例为 0.60%～1.50%；2005 年、2010 年水价水平下，居民人均水费支出占其可支配收入的比例分别为 1.78%～2.19% 和 1.80%～2.25%，工业水费支出占产值的比例分别为 0.78%～2.20% 和 1.20%～2.53%，均低于国内外衡量用水户承受水费能力的标准，说明 2005—2010 年水价调整后，受水区城市居民生活和工业用水是可以承受的。据初步测算，2010 年左右中线工程建成通水后，到供水区各城市用水户的水价水平与各省（直辖市）调价后的水价水平相当。因此，中线工程的供水价格对于城市用水户是可以承受的。

表 10 - 4 - 6   **水价调整用户承受能力分析**

省 （直辖市）	水平年	居 民				一般工业企业		
		人均可 支配收入 /元	水价 /(元/m³)	人均水费 支出 /元	水费所占 比例 /%	万元产值 用水量 /m³	水价 /(元/m³)	水费所占 比例 /%
北京	1999	8900	1.6	64	0.72	50	2	1
	2005	11941	6	216	1.81	27	6	1.6
天津	1999	7650	1.6	73	1	27.6	2.17	0.6
	2005	10851	5	237.5	2.19	15.5	5	0.78
河北	1999	5338	1.5	64.6	1.2	56.9	2	1.14
	2010	9362	4	168	1.8	30	4	1.2
河南	1999	5100	1.31	47.16	0.92	103	1.45	1.5
	2005	7500	2	107	1.78	66.2	2.3	2.18
	2010	10200	3	184	2.25	51.3	3.5	2.53
	2030	25900	8.6	549	2.65	25.7	9	3.11

我国目前正在从低水价向成本完全回收调整，主要有如下四个目标：一是使供水公司扭亏为赢；二是增强节水动力；三是增强水质处理与水源保护和开发的能力；四是符合用户的承受能力。其中前三个都是改善水环境的重要因素。

南水北调工程实施后，受水区形成多种水源、供应多类用户的格局，其间互有影响和要求。因此，单一的水价很难适应要求。要合理确定不同用途用水的价格，处理好不同水源的水价格关系，逐步理顺水价体系，使之有利于当地水与外来水、地表水与地下水的联合调配使用。水质与水价相互依存又相互制约，优质优价应逐步成为水市场健康发展的重要标志。建立城市与工业的各类分质供水系统，实行"分质供水，按质收费，优质优价"，能够充分发挥市场机制和价格杠杆在水资源配置、水需求调节和水污染防治等方面的作用，促进节约用水，提高用水效率，促进水资源可持续利用，推动建设节水型社会。

3. 水价对经济的影响

（1）促进水要素产出率的普遍提高，使经济结构向节水型经济转变。当企业利润达到最大化时，要素的边际产出等于要素的边际成本。水作为一种最基本的生产要素，在我国，特别是在中小城市和广大的农村地区，水要素往往是以极低的成本甚至是无偿取得的。正是这一原因，导致我国水要素产出水平偏低，水资源匮乏与水资源的惊人浪费同时存在。这种浪费体现在两方面：一方面是天然水资源不能得到有效利用；另一方面是水资源在生产中的效率损失。由于获取水要素成本低，一些水要素产出低的企业大量用水而不计成本，而另一些水要素产出率高的企业用水需求却不能满足。对调水进行合理收费，水要素从此将作为一种准商品进入市场。这样，水要素产出低的企业将被迫减少用水，水要素产出高的企业因此可以得到更多用水。由此，受水区水要素产出水平将得到较大提高，有利于受水区进一步向节水型经济转变。

（2）催生新的水价管理体制。中线工程是一个公益性的项目，建设的目的是解决北方地区水资源短缺问题。但是，水是一种社会资源，水资源的分配和获取成本应当体现出公平的原则。同时，水又是一种稀缺资源，人们获得水资源必须支付一定费用，即水资源的分配也必须遵循市场经济的原则。这就对水商品市场的管理提出了不同于一般商品市场管理的新要求，有必要建立相应的水价管理体制。水价的形成既要反映水资源的稀缺性，又要满足经济社会健康稳定发展的要求。要研究适当区分公益性和经营性用水的方法，以保证低收入群体的利益，并体现国家产业政策的导向，使水价能够起到鼓励节水、限制高耗水行业盲目发展的作用。另外，不同区域的利益协调问题，如水源区与受水区、上游区与下游区的利益调整问题，也要通过水价管理及水费收益的再分配来解决，这也需要良好的水价管理体系及相关法律法规的出台。

二、社会发展影响

（一）受水区水安全与社会稳定

1. 增进受水区水安全

由于水资源高度紧张，受水区水安全受到极大威胁。目前，受水区水资源的开发利用程度已达 64.0%。其中，海河区的开发利用程度高达 80.2%，地下水严重超采，但水资源的供需矛盾仍十分突出。随着人口增长和工农业生产发展的需要，预测本区 2020 年水平年一般年份需水 657 亿 m^3，缺水 354 亿 m^3，中等干旱年需水 754 亿 m^3，缺水 484 亿 m^3。本区水资源短缺，不但影响了工农业的发展，而且使城乡居民的生活环境、健康状况及生态环境面临危机。

北京作为我国的首都，是全国政治、文化中心，堪称祖国的心脏。但是，由于水资源缺乏，近年来，居民生活与生产受水资源紧张的困扰日益严峻，已经出现了新中国成立以来最严峻的供水危机。作为北京主要供水水源的密云水库，2000 年后蓄水量仅为 7.76 亿 m^3，可供水量只有 3.5 亿 m^3，而每年需供城市生活用水量为 5 亿 m^3。按此趋势，北京市即使采取加大节水、污水处理回用力度和尽可能挖掘当地应急水源等措施，从 2007 年至中线一期工程建成通水前，当地水资源也将难以为继，很可能出现严重的供水危机，直接影响首都人民的生产与生活。

天津市水资源也十分匮乏。1983 年引滦入津工程建成后，天津用水问题并没有从根本上得到解决，仍然存在很大风险，供水危机多次发生。2000 年后，天津人均综合用水量与人均生活水量均低于北京市。

受水区除北京、天津外，还有 15 座重要的大中城市，人口众多。其中除南阳市外，基本均在全国缺水严重的城市之列。由于缺水，市民生活供水日趋紧张，为缓解用水危机，一些城市不得不定量、限时、低压供水，尤以沧州、许昌等市为甚。

缺水使工业、生活挤占农业用水，迫使大量使用未经处理的污水灌溉，不仅污染农作物、危害人体健康，而且渗入地下污染地下水源，亦污染水环境，受污染的水源不能正常使用，更进一步加深了水资源的短缺的危机。

中线一期工程实施后，可以基本解决北京、天津等 19 个城市工业与生活用水问题，有效缓解受水区城市用水紧张的局面，减少工业用水对农业及生态用水的挤占。工程的实施对于维护首都北京的形象，提高受水区水安全保证度，避免水资源紧张与水质恶化引起的社会危机，具有非常重要的作用。

2. 缓解受水区用水矛盾

京、津、冀、豫部分地区由于水资源供需矛盾十分突出，工业、城市生活大量挤占农业用水，造成地区之间、工农业之间争水矛盾。有些省市边界河道上下游、左右岸之间争水事端时有发生。如河北省水事纠纷从 20 世纪 60 年代初期的不足 30 起猛增至 1997 年的 1682 起；漳河两岸冀豫两省几乎年年发生水资源供需矛盾。从化解社会矛盾的角度而言，中线工程有利于缓解北方受水区用水矛盾，消除北方地区由于水恐慌产生的不安定因素，因此，中线工程的实施有利于受水区社会稳定。

（二）城市化进程

城市的规模，城市的产业结构，城市居民的生活方式都与水紧密相关。工业文明既大大促进了生产力的发展，对水的需求也成倍增加。现代化的城市对水的质和量提出了越来越高的要求。我国华北地区近些年虽然城市化进程在不断地进行，但由此带来了地表水消耗殆尽、地下水位逐年降低、环境污染日趋严重等一系列严重的社会、生态环境问题。缺水已经成为我国部分地区特别是华北地区城市发展的重要制约因素。

中线工程建成后，将向北京、天津、石家庄、郑州等 130 余座大小城市供水，基本解决这些城市的生产与生活用水问题（表 10-4-7）。调水后，受水城市水环境得到较大的改善，城市发展的水瓶颈制约得到极大缓解。华北地区的城市将会进一步扩张，促使劳动力从传统产业向现代化产业、从农业向非农产业转移，使人口从农村不断流向城镇和城市。当第二产业及人口的聚集程度达到第三产业大规模发展的"门槛条件"后，也将极大地促进第三产业的发展，从而使城市化进一步在三次产业比较利益的驱动下成长、发展起来。

表 10-4-7　　　中线工程对北方四省（直辖市）水资源供需状况的影响
（2010 年供求预测对比）　　　　　　　　　单位：亿 m³

项　　目	北京市	天津市	河北省	河南省	合计
不调水时余缺	−7.12	−12.46	−28.67	−29.73	−77.98
分水口门供水量	10.52	8.63	30.39	29.78	79.32
调水后余缺	3.40	−3.83	1.72	0.05	1.34

城市化水平与人均 GDP 的自然对数呈明显的正相关关系。南水北调中线工程的实施将增加我国的 GDP 总量和人均 GDP，而人均 GDP 的增加将会使更多的农村居民前往城市工作、居住，从而带动我国城市化的发展。从受水区工业化、城市化水平与用水量的关系来看，用水结构是与城市化水平相吻合的（表 10-4-8）。这也从另一个侧面说明，调水可以促进受水区工业化与城市化发展。

表 10-4-8　　　中线工程受水四省（直辖市）2000 年用水结构　　　单位：亿 m³

项　　目	北京市	天津市	河北省	河南省
城市生活	12.70	5.57	22.69	28.50
工业	10.56	6.98	27.37	40.60
农业	18.45	12.95	174.82	159.69

中线工程对改善受水区城市面貌具有重要作用。调水后，增加城市基础设施建设用水，由此可促进基础建设发展；增加城市生态用水，有利于城市生态规划与城市绿化美化，增加公共绿地面积；居民用水变得相对宽松，有利于改善居住环境，城市面貌将日益改观。

从长期经济发展的角度看，南水北调中线工程对推动工程区城市化的发展具有持续而深远的影响。

（三）社会公平

1. 扩大就业

南水北调中线工程在建设期间和运行期都会带来直接和间接就业机会。工程在建设期间，需要大量的建材和人力资源。据测算，中线工程约需水泥 600 万 t，钢材 90 万 t，木材 20 万 m³。由此除直接吸纳大量劳动力外，还将带动相关产业如钢铁、水泥、机电、电器等多个行业的发展，带来更多间接就业机会。中线工程静态总投资约 1400 亿元，投资及乘数效应带动的 GDP 值为 1856.95 亿元。据有关统计，每增加 5 万～10 万元投资，可创造一个就业机会。在南水北调中线一期工程建设期内，估算可增加约 110 万～220 万个就业机会，平均每年创造的就业机会为 14 万～27 万个。

南水北调中线工程实施调水后，北方受水区工业发展有了可靠保证，一些受水资源短缺制约的工业，如矿产采掘、冶金、能源和采掘、机械制造等重化工业，以及纺织、非金属工业、石油化工、化学原料等构成的原材料工业将有一定的发展。这将增加城市人口就业，有利于加快农村剩余劳动力的转移步伐。南水北调中线工程在增加工业用水、生活用水的同时，还通过归还挤占的农业用水为农业所用，可以提高农业灌溉水量，提高农业生产的产出，有利于农业就业增加。

中线工程实现调水后，2010—2020 年平均每年拉动经济增长 0.187 个百分点。据人力资源和社会保障部劳动科学研究所估计，国民经济每增长一个百分点，可以提供 100 万个左右的就业岗位（按就业弹性 0.17 粗略计算）。由此估算中线工程因供水在 2010—2020 年平均每年创造的就业岗位为 10 万个左右。

2. 消除贫困

农村贫困人口集中在以山区为主轴的"老、少、边、穷"地区，这些地区自然条件较差，有相当部分地区干旱少雨。河北 27 个贫困县，河南 15 个贫困县，贫困与地理位置偏僻和干旱有一定关系。中线一期工程实现调水后，增加受水区的干旱地区农业与生态用水，从而改善农业生产的条件，提高农田产出率，为当地农民脱贫致富创造条件。另外，调水后，具有北方特色的资源密集型产业就会在竞争中显示出优势，有利于吸纳更多农业人口就业，加快农业人口向非农业人口的转化，从而增加农村贫困人口的脱贫的机会。

从城市贫困人口行业分布特征来看，贫困人口多来源于传统的采掘、制造、建筑和商业等行业，而河北、河南两省正是传统行业占优势的省份。中线工程实施调水后，将有利于这些传统产业的发展。同时，工程投资带动大量配套产业发展，对于解决工程服务区城市贫困问题也有一定作用。

3. 缩小区域差异

尽管北京、天津两市经济发达，但在一些方面与东南沿海的上海、深圳等市存在差距。水资源问题不解决，北京、天津两市未来发展将受到极大限制，与上海等城市差距有可能扩大。河北作为北方沿海省份，虽然经济发展有一定基础，但总体上不及广东、浙江等东南沿海省份。湖北、河南是中部最大的两个省份，与东南沿海地区的差距更大。这是我国沿海与内地、北方与南方地区经济差异的一个具体体现。

调水后，制约受水区经济发展的水资源瓶颈问题大为缓解，北方优势产业获得快速发展，整个华北经济将因此加快发展。这有助于缩小我国经济的南北差异。

工程建设期间，水源区在工程投资的刺激下，经济可望获得一次大发展。根据《南水调中线工程项目建议书》，丹江口大坝加高及汉江中下游四项补偿工程所需的水泥、油等由当地供应，钢材主要来自武汉；穿黄工程建筑材料主要由郑州供应。因此，工程建设产生的投资拉动效应与收入增长效应将大量体现在作为水源地的鄂、豫二省，这对两省经济发展的作用将是较大的。

4. 协调城乡发展

中线工程实现调水后，受益最大的是城市工业。短期内，受水区城乡差别会扩大。但是，随着受水区城市节水产业的发展及产业结构的高级化，中线工程增加的供水可能更多地用于发展农业；另外，由于供水，水资源变得相对宽裕，有利于将先进生产技术运用于农业生产中，实现农业的产业化、集约化发展。因此，长期来看，中线工程有利于减小受水区城乡差别。

5. 改善移民生活环境

中线工程涉及库区移民 22.35 万人，按国家现行的移民方针和政策，实行以外迁为主的开发式移民。由于库区大多处于生存发展条件相对较差的地区和相对贫困的地带，大部分外迁移民都将迁入相对富裕的地区。对移民而言，不仅仅可得到一定的经济补偿收入，更重要的是生存环境得到了较大的改善。总体而言，移民是受淹居民实现整体脱贫的一次机遇。

（四）居民生活

1. 增加居民收入

我国现阶段居民收入增长除劳动生产力的提高外，主要通过增加全社会固定资产投资规模，把其中的一部分转化为居民收入。南水北调中线工程一期的投资规模巨大，将带动相关产业发展，直接参与工程施工的人员及家庭收入会有明显增加。

南水北调中线工程的受水地区土地资源非常丰富，水资源的短缺是地区农产品产量低、农业劳动生产率不高的主要原因之一。中线工程的实施，将改善华北地区的用水状况，为增加农产品产量、提高农业劳动生产力创造条件。

根据国务院发展研究中心课题组南水北调工程影响系列报告，我国劳动者报酬占 GDP 的比例大体维持在 50% 左右，波动不大。据此，计算南水北调中线一期工程投资带来的劳动者报酬增加约为 928.48 亿元（工程投资对我国 GDP 的直接贡献与间接贡献之和 1856.95 亿元 ×50%）。

中线一期工程的工业及城市生活供水效益为 447.93 亿元，仍按 50% 的劳动报酬比率计算，中线一期工程供水直接带来劳动者收入的增加约为 223.97 亿元。

此外，中线工程建成后，还会减轻汉江中下流洪涝灾害。中线工程带来的多年平均防洪经济效益为 6.52 亿元，由此，间接增加劳动者收入 3.26 亿元。

2. 改善生活环境，提高生活质量

南水北调中线工程，将为北方地区提供优质的水源，对改善受水区城乡人民生活环境与医疗卫生条件，增进人民身体健康具有重大作用。首先，增加城市生活、工业用水，有利于强化基础设施建设，促进城市规划治理和绿化美化，改善居住条件与卫生条件。其次，增加农业灌溉，改善农业生态环境，避免有害物质在土壤和农产品中富集，保护土壤环境和人群健康。第三，改善受水区饮用水水质，有利于防止氟斑牙、氟骨病的发生，减少传染病的流行；第四，可以解决贫困地区医疗设施、体育设施建设中面临的水资源制约问题，为贫困地区医疗水平的提高及群众健身活动的展开创造良好的条件。此外，中线工程的防洪减灾效应，可以抑制或减少汉江中下游分洪区因洪水泛滥所诱发的传染病的流行，特别是可以减少洪水引发的钉螺扩散机会，遏制血吸虫蔓延。

随着广大人民群众收入水平的提高，人民将不断地追求生活质量的提高和对水资源的消费，如水环境消费、水景旅游、防洪保安、生活居住地的青山绿水等。收入越高的消费者对水的直接和间接消耗就越大，对生活质量的要求也越来越高。

华北地区受到水资源严重短缺的制约，人民的生活质量不高。中线工程实施后，受水区人均水资源将大幅度上升，将为极大地提高居民的生活质量和改善人居环境创造更好的条件。

总之，南水北调中线工程实施后，对社会发展的影响总体上是非常积极的。工程实现调水后，可以提高水资源作为我国重要战略资源的安全程度，保障首都北京的用水，消减华北地区因用水紧张可能诱发的社会不稳定因素；调水有利于华北地区优势产业发展，增加对农村剩余劳动力的吸纳能力，有利于城市化发展；因工程建设或调水，丹江口库区、北方农村受水区或间接受水区，经济有望加速发展，为当地农民脱贫致富创造条件；调水也增加了城市再就业机会，有利于消除城市贫困；因调水改变了水资源配置状况，带来一系列经济、环境、生态效应，对促进全国均衡发展有积极影响；调水具有增加居民收入、改善居民用水质量与卫生条件等作用。

三、生态环境影响

中线工程生态与环境评价系统是一个复杂的大系统。环境系统包括水环境、声环境、大气环境、地质环境、土壤环境、社会环境（人群健康、移民、景观文物）等。

生态环境系统包括生态完整性和敏感生态问题。敏感生态问题主要有陆生生物、水生生物及其生物基因、物种、生态系统的多样性，湿地生态、地下水、水土流失等。各环境要素的空间分布包括调水区、输水区及受水区等区域。

工程建设后，各环境要素及其构成的生态系统在时空上都将发生变化。工程环境影响评价将全面评价相关生态与环境要素的影响。战略环境影响评价主要从区域性评价规划和决策中重点关注的环境要素。通过战略环评作用因素识别，确定主要评价：水环境安全，区域生态完整性和重要敏感生态问题、移民安置的环境与可持续发展问题。

（一）水环境保护与输水安全

汉江流域水资源丰富，多年平均天然径流量为 566 亿 m^3，水资源总量为 582 亿 m^3。丹江口水库 2010 年和 2030 年水平年的年均水量分别为 362 亿 m^3 和 356.4 亿 m^3。一期工程多年平均可调水量 95 亿 m³, 后期可调水量 121 亿 m³。南水北调中线一期工程将汉江流域水资源部分调入华北, 有利于修复受水区长期缺水和地下水超采造成的生态问题, 不利影响主要在水资源减少的汉江中下游地区, 同时水源区水质保护要求提高。

1. 丹江口水库

根据多年水质监测结果表明: 南水北调中线工程水源地丹江口水库水质处于良好状态, 符合《地表水环境质量标准》(GB 3838—2002) Ⅰ～Ⅱ类标准, 是理想的水源地。根据长江流域水环境监测中心 1995 年 3 月、6 月和 10 月, 以及 2004 年 6 月对丹江口水库沉积物的监测结果表明: 丹江口库区汞的含量并未出现严重超标情况, 库区沉积物中金属元素的污染迹象不明显。从区域看, 丹库和汉库底泥中元素含量相差不大, 没有出现明显的区域性差别。

丹江口库区及上游地区随着经济发展和城镇化水平快速提高, 用水量和排污量将有较大增长, 同时, 库区支流水体也受到污染, 直接影响丹江口水库水量和水质。丹江口水库作为中线工程的水源地, 其水质状况对总干渠水质起着决定性作用。水源地水质状况直接影响工程综合效益的发挥。因此, 应做好丹江口库区及上游水污染防治规划, 制定丹江口库区可持续发展战略, 实现库区及上游地区生态系统良性循环, 保证丹江口水库一库清水。

2. 汉江中下游

当中线工程从丹江口水库调水 130 亿 m³ 时, 调水量约占丹江口坝址断面径流量的 1/3, 汉江流域径流量的 1/5, 同时, 丹江口水库大坝加高后, 水库的调蓄能力增大, 都会引起汉江中下游水文情势变化。在不考虑汉江中下游 4 项治理工程的情况下, 对汉江中下游的主要影响如下。

(1) 汉江中下游出现 800～1000 m³/s 中水流量的天数减少约 20 天, 出现 1000～3000 m³/s 大水流量的天数减少约 100 天。中等流量出现时间的减少, 可能对河道冲淤有影响。

(2) 汉江中下游河道多年平均水位下降 0.29～0.51 m, 沿江两岸部分抽水站和灌溉引水口门需要改建, 对汉江中下游航运有一定的影响。

(3) 由于丹江口水库的调蓄作用, 水量下泄过程趋于均匀, 即汛期下泄水量减少, 枯水期流量将有所增加。

(4) 长江水利委员会和湖北省有关科研单位, 分别开展了中线工程对汉江中下游水环境的影响研究, 表明当调水量为 130 亿 m³ 时, 在其他条件相同的情况下, 水华出现的概率约增加 10%～20%; 而调水量为 95 亿 m³ 时, 水华出现的概率没有增加。

预测 2010 年水平年, 在工业污水完成达标排放而城镇生活污水不处理情况下, 调水对汉江中下游水环境质量影响较大。枯水期, 中下游约有 500 km 的河段会出现Ⅲ类水体, 局部江段还出现了Ⅳ类水体; 平水期, 中下游约有 300 km 的河段会出现Ⅲ类水体; 丰水期, 约 270 km 的江段会出现Ⅲ类水体。2010 年水平年, 在工业污染源达标排放而城镇生活污水也处理达标的情况下, 枯水期、平水期、丰水期汉江中下游干流水环境质量均可满足Ⅱ类水域功能要求, 水质有较大改善, 因此城镇污水处理设施的建设显得十分重要。建坝后, 兴隆枢纽及其回水区域流速变缓, 枯水期兴隆枢纽段水质状况稍劣于建坝前水质状况, 但总体水质差别不明显。兴隆以下河段水质由于引江济汉工程流量增加幅度较大, 对于改善汉江下游水环境质量, 控制和减小水华对汉江水体的影响, 具有极其重要的作用。汉江中下游河段环境容量的损失主要集中在丹江口水库坝下至高石碑河段, 高石碑以下河段, 由于有引江济汉工程调水的补给, 环境容量损失较少。调水后环境容量的化学需氧量损失量为 9.53 万 t/a，其中襄樊环境容量的损失量最大，为 3.46 万 t/a，占汉江中下游河段环境容量损失量的 29.3%，其次为宜城。汉江高石碑（引江济汉出水口）至河口江段环境容量的化学需氧量损失量为 2.14 万 t/a，占汉江中下游河段环境容量损失量的 22.4%。汉江中下游四项治理工程可减少调水对汉江中下游的不利影响，提高汉江水资源有效利用率和改善中下游生态环境。

3. 受水区

南水北调中线工程采用明渠输水、全线立交工程方案，避免了交叉河流污染物对总干渠水质的污染，有利于总干渠水质保护。采用管道输水的地段有利于避免外来污染对水质的影响。总干渠沿线区域的大气降尘造成面源污染及路渠交叉桥梁的桥面污染物等，会对总干渠水质造成污染，但因数量较少，影响很小。冰期输水干渠水体复氧能力降低，不利于污染物的自净。输水总干渠采取北调水与当地水联合调度，并设置节制闸分段控制以及渠岸保护工程，设置绿化地带等，可以确保输水安全。

受水区是我国人均水资源量最少、水资源利用率最高的地区。20 世纪 80 年代以来，随着经济的发展，需水量急剧增长，导致平原地区水源枯竭，水域稀释自净能力降低，水污染越来越严重。由于受水区严重缺水，地下水超采现象严重。一些缺水严重的地区，长期开采饮用有害的深层地下水，氟骨病蔓延，人民健康受到严重威胁。调水后，水环境状况将有较大改善，城市工业、生活用水和生活质量将显著提高。

南水北调中线工程实施后，将会给京津华北平原城市提供优质水源，改善用水条件。同时，由于受水区用水量增加，排污量也将相对增加，特别值得注意的是，由于供水量增加，原先不曾发展的行业也可能在受水区出现，这些行业可能使受水区增加新的污染物。在充分考虑节水、治污、挖潜、严格控制地下水开采等措施的基础上，经预测，2010 年水平年总需水量为 148.8 亿 m³，其中生活 43.2 亿 m³，占 29%；工业需水 53.6 亿 m³，占 36%；环境需水 20.8 亿 m³，占 14%；郊区农村需水 31.2 亿 m³，占 21%。受水区城市可供水（$P=95\%$）70.81 亿 m³，其中地表水 15.75 亿 m³，占 22%；地下水 32.87 亿 m³，占 46%；污水处理回用 11.71 亿 m³，占 17%；其他（引黄、引滦、海水利用等）10.48 亿 m³，占 15%。预测中线工程受水区城市 2010 年缺水约 78 亿 m³，其中河南约 30 亿 m³，河北约 29 亿 m³，北京约 7 亿 m³，天津约 12 亿 m³。南水北调中线一期工程从汉江丹江口水库引水 95 亿 m³，按 15%～20% 的输水损失计算，将为受水区主要城市供水 78 亿 m³，供水目标以北京、天津、河北、河南等省（直辖市）的城市生活、工业供水为主，兼顾生态和农业用水。

受水区水资源匮乏，河流多为季节性河流，稀释自净能力较差。长江流域汉江水系与总干渠交叉的河流基本能达到地面水Ⅱ～Ⅲ类标准；淮河流域及海河流域大部分河流污染严重，超出地表水Ⅴ类标准。随着受水区用水量的增加，排污量也将有所增大，如果不采取控制措施，将对受水区纳污水体水质产生不利影响。因此应坚持"先节水后调水，先治污后通水，先生态后用水"的基本原则，坚持"节流优先、治污为本"的原则，加强受水区的水资源保护与水污染防治，将取水许可制度与水功能区管理制度有机结合起来，全面落实水功能区、水域纳污总量控制、入河排污口管理等制度，严格控制污染物排放，不断提高污水收集和处理能力，实现污水资源化，提高工业用水重复利用率，减少废水排放，改善水环境，使节水与治污有机统一，在满足用水需求的同时，维护良好的生态和环境系统。

从丹江口水库调往受水区的是清洁水源，这些清洁水本身具有一定的水环境容量，因此，调水客观上增加了受水区的水环境容量。受水区污水排放量增加是由于受水区经济社会发展对水资源的使用量增加而导致的，只要用水量增加，不管这些用水量来自于何处，都会导致排污量的增加。因此，调水并不是导致受水区污水排放量增加的根本原因，即不管有无调水工程，受水区经济社会发展对水资源的需求总是增加的，因而污水排放量会相应增加，南水北调工程只是客观上为受水区提供了水源，如果不实施调水工程，受水区将进一步开采地下水，从而进一步导致生态环境的恶化。因此，防止受水区水污染在根本上有赖于受水区各地方政府加强对污染源的治理。

总干渠蜿蜒 1000 多千米，必须建立监测系统，实施水质责任制，并落实到南水北调中线工程各级管理机构。

（二）生态完整性与敏感生态问题

1. 生态完整性评价

丹江口库区、汉江中下游及输水干线工程区区域生态系统生物本底生产力属于水平较低的等级。丹江口水库淹没和移民安置会使库区土地利用格局发生较大的变化，自然体系生产力下降 $7.7g/(m^2 \cdot a)$，对区域生态完整性有一定的影响。汉江中下游工程对流域自然体系的生产力影响较小。输水干线工程建设使区域自然体系生产力下降 $77g/(m^2 \cdot a)$。但水量调入后，受水区区域自然生产力会较大幅度增加。

丹江口库区、汉江中下游及输水干线工程区的本底恢复稳定性较强。工程的实施，线性切割、阻隔生态用水等作用，会使自然体系的恢复稳定性降低，但区域自然系统仍处于稳定状态，各地区的恢复稳定性不同，林地恢复力较强，农田恢复力较差。

丹江口库区、汉江中下游区区域景观异质化程度较高，自然系统本底的阻抗稳定性比较强。丹江口库区淹没和移民生产安置使库区阻抗稳定性降低。但总体上汉江中下游工程建设和运行对自然系统阻抗稳定性的影响较小。输水干线工程影响区域阻抗稳定性较差，工程实施会降低阻抗稳定性，但干渠两侧营造防护林带，有利于区域阻抗稳定性的提高。

丹江口库区林地优势度高，分布面积大，连通程度高，景观生态质量较好。工程实施后，水域面积增加，但库区基本维持库区景观生态质量状况。汉江中下游区主要是水田和旱地，景观生态质量较好，工程实施后土地利用格局未发生根本变化，对区域景观生态体系结构和功能影响不大。输水干线工程沿线主要是农田，景观生态质量较脆弱，工程实施后，占地使农田面积减少，但仍占主导地位。

总之，水库淹没，工程施工，汉江中下游径流减少，破坏自然植被，使农田生产力降低，但受水区调水后，农田生产力会提高，自然系统的结构和功能不会发生明显变化。生态完整性的影响可控制在可以承受的范围之内。

2. 生态敏感问题

（1）陆生生物。丹江口水库大坝加高工程蓄水将淹没用材林 1.68 万亩。水库淹没的植被类型有 21 个，树种有 287 种，会对库区的生态环境带来不利的影响。受淹没的群落和植物均属于分布比较广泛的群落和物种，可通过在淹没线上大量恢复植被的方式补偿，这种损失是区域生态系统可以承受的。库区受淹没影响的珍稀植物有国家重点保护植物野大豆一种，省级保护植物有岩杉树和狭叶佩兰两种，呈零星分布，数量相对较少，水库淹没不会造成其灭绝。库区古木大树有 3 棵将直接受淹没影响。大坝加高后，河流回水会使水库的支流及库湾的水面变宽变深，对陆生动物的移动产生阻隔，但对两栖类、水禽增殖有利。水位上升，鼠类等有害动物随之上迁，密度增高，带来不利影响。此外，移民后靠，将压缩林地动物的生存空间，迫使林地动物向高海拔处迁移。汉江中下游工程影响区对陆生植物的影响主要是兴隆枢纽工程和引江济汉工程占压和淹没河滩地和农田。工程完建后结合水土保持措施，可恢复植被。因此，对区域陆生植物的影响较小。总干渠开挖和占地拆迁对沿线区域的植被有一定的破坏。工程完建后，将在渠线两岸规划建有防护林带，调水工程实施后，随水源条件改善，有利于受水区林业的发展。

（2）水生生物。丹江口大坝加高后，有利于浮游生物及各类水生生物栖息繁衍。由于水位抬高，流速减缓，水库淹没后郧县产卵场将完全消失，前房产卵场将上移并缩小，对产漂流性卵的鱼类的影响较大；但对水库产黏性卵鱼类繁殖不会产生明显影响。汉江中下游工程实施后兴隆以上河段浮游动植物、底栖动物、鱼类的数量和种类与现状情况类似。兴隆枢纽回水区域内浮游植物、浮游动物、底栖动物数量可能增加。兴隆以下河段由于引江济汉工程的实施，下泄流量增加，将减少水华的发生概率。

丹江口水库加坝调水后，水文情势发生变化，水库下泄水温降低，现有产卵场会部分消失或规模变小，丹江口至襄樊段的产卵场（庙滩、襄樊）可能消失。兴隆枢纽水库蓄水对库尾马良鱼类产卵场将产生一定影响，马良鱼类产卵场鱼类繁殖数量将减少；兴隆枢纽坝下江段经济鱼类组成不会明显变化，坝下产漂流性卵鱼类的数量将维持现状。兴隆枢纽大坝建筑物阻隔，对河道水生生物的连通性和物种延续性产生负面影响。工程可行性研究设计设置了大坝过鱼设施，有利于减缓大坝阻隔对鱼类资源的影响。

调水实施后，输水干线工程沿线的调蓄水体的生态环境得到改善，给水生生物资源增殖和渔业开发利用创造了极为有利的条件。

（3）湿地及地下水。大坝加高后，水域面积扩大，湿地面积增加，为以湿地为生境的动植物提供更广阔的生境。丹江口大坝加高调水后，汉江干流下泄流量减少，丹江口大坝以下至兴隆枢纽回水末段区域的河滩湿地面积减少。兴隆水库回水区域内，将逐步形成新的河滩湿地，引江济汉工程运行后，形成一个新型的湿地，且汉江入口处水量增加，附近河滩湿地可得到水量的输入和补充，湿地功能有所恢复。输水干线工程形成了新型湿地，与总干渠配套的输水渠系建成后，进而形成网状湿地。中线工程实施后，对恢复和增强受水区湿地生态系统起到重要作用。

南水北调中线输水总干渠走向与黄淮海平原山前洪冲积扇地下水流方向大致成正交，在局部地下水位较高而渠道需要深挖方的地段，输水渠道可能阻滞左岸地下水的排泄，并对上游地下水位有抬高作用。南水北调中线一期工程多年平均调水规模 95 亿 m³，调水后首先可减少城市对地下水的开采，从而控制以城市为中心的地下水下降漏斗的发展。对汉江中下游地下水的影响主要集中在从丹江口坝下至兴隆枢纽回水末段 300km 的河段，在一定的时段内，汉江沿岸的地下水排泄速度加快，地下水水位下降。兴隆水库蓄水后，抬高干堤两岸地下水位，加重两岸土壤浸没。引江济汉工程以下至汉江口段两岸的地下水受影响很小。

（4）自然保护区。湖北省青龙山恐龙蛋化石群自然保护区、武当山自然保护区不会有被淹没的危险，但由于保护区周围移民较多，因此在移民安置期间需加强保护区的管理力度。水库蓄水有利于以湿地为生境的生物繁殖栖息，对丹江口水库湿地自然保护区是有利的。总干渠附近的自然保护区有豫北黄河故道湿地鸟类国家级自然保护区、伏牛山国家级自然保护区、太行山猕猴国家级自然保护区，距离较远，工程对保护区没有影响。

（5）水土流失。丹江口水利枢纽大坝加高工程、汉江中下游治理工程、输水干线工程建设可能造成的水土流失的影响范围主要包括工程建设区和移民安置区。工程建设区由于地貌改变、植被损坏、基础开挖、料场、渣场将产生水土流失；移民安置区范围广，水土流失分布广泛，也不容忽视。工程建设期间将采取必要的水土保持措施，控制水土流失。

第五节　环境保护对策

一、水源工程的环境保护与生态建设

（一）水环境保护

（1）根据《饮用水水源保护区污染防治管理规定》，在库区一定水域和陆地划定水源保护区（包括一级保护区、二级保护区、准保护区）的要求，严格控制与保护水源无关的项目建设和污染物排放，确保水源保护区水质满足供水水质标准。

（2）治理库周城镇及工业点源污染。控制老灌河、神定河、浪河等污染较重的支流水污染，确保入库水质达到水环境功能要求。

（3）控制库湾或岸边渔业养殖，减轻和防止水体富营养化。

（4）加强库区及上游水土保持综合治理，减少水土流失，控制使用农药化肥，防治面源污染。

（5）严格控制铅、汞、砷、铜、镉这类污染物的入库量，加强库区沉积物的监测与科学研究。

（6）强化水质保护管理。根据水功能区划和水质目标，制定水源保护法规，建立健全水资源保护机构，加强水质监测和污染排放的监督与管理。

（二）丹江口库区生态保护和建设

1．加强入库干、支流流域的水土保持

治理面积应在现状基础上增加 10％～20％，库周植树造林、封山育林，25°以上坡地退耕还林还草，增加林草覆盖率，减少水土流失和水体面源污染。推广沼气池、农村太阳能利用等农村新能源利用项目，降低薪炭林的砍伐。

2．保护库周的珍稀动植物

采取移栽等措施加强保护库周近 30 种珍稀植物。移民和施工中加强管理，严禁违法狩猎，保护野生动物。

3．发展生态农业

改变传统的以粮食为主的农业模式，大力发展经济生态型农业。有计划重点实施退耕还草工程、封山育林工程、植树造林工程、农村新能源推广工程，建设生态示范区、生态农业建设项目。

（三）移民安置区环境保护

1. 制订移民安置与环境保护规划

坚持可持续发展的移民原则，合理开发利用和保护自然资源，促进经济发展。根据移民安置区的环境容量及可承载性，在环境影响评价基础上制订移民安置区的环境保护规划。

2. 移民迁建要加强水土保持和能源调配，减少环境破坏

移民安置、城镇迁建应防止乱砍伐森林资源，通过调运能源（如煤、天然气等）增加移民的能源使用量。采取有效水土保持措施，保护生态环境，改造中低产田，防止土壤肥力下降。

3. 实施开发性移民政策，减少迁建区的环境压力

对外迁安置移民要妥善安排生产、生活与就业，减少对社会的压力和对环境的负面影响。抓住工程建设和大量资金投入为库区经济发展和环境整治带来的机遇，贯彻开发性移民方针，调整库区经济布局与农村产业结构，改善基础设施和移民生产条件，吸收大量劳动力就业，促进当地第三产业发展，促进环境治理。开展坡改梯、旱改水等农田基本建设，开发可利用荒山资源，发展经济林果、土特产等多种经营，改善生态系统的结构和功能，使之向良性循环方向发展。

二、汉江中下游环境保护与生态建设

根据《南水北调工程总体规划》中的《南水北调工程生态环境保护规划》，针对南水北调对汉江中下游带来的各种生态环境影响，以建立江汉平原农业生态示范区、汉江水污染防治区和为保护汉江中下游实施的汉江中下游水资源利用条件改善方案等保障措施，保障汉江中下游用水需求。

（一）建立江汉平原农业生态示范区，控制农业面源污染

根据调查与研究，在汉江中下游氮、磷污染负荷中，来自面源的污染负荷占有相当大的比例，这些氮、磷主要是通过泥沙和地表径流进入汉江中下游河流中。

从输沙量看，最大的是汉江沿岸直接入江区域，占 36.03%；其次为唐白河和南河流域，分别占 27.34% 和 18.17%；竹皮河所占比例最小，仅为 0.9%。

从不同流域的氮、磷来源来看，直接入汉江的区域约占 1/3，其次为唐白河约 30%，南河和汉北河分别占 12% 和 10% 左右，而南河主要以固态氮和固态磷输入为主。

不同土地利用类型氮、磷污染负荷也不尽相同。水田是汉江中下游农业面源中氮、磷的最大贡献者，主要原因是单位负荷大和水田所占面积大；其次为旱地，主要分布在南河、北河、汉北河和东荆河等流域；而林地、草地和荒草地对面源负荷的贡献较小。

因此，针对汉江中下游流域氮、磷负荷分配和水土流失情况，提出建设汉江沿岸生态农业示范区、唐白河流域生态农业示范区、汉北河生态农业示范区等三大生态农业示范区，实施汉江沿岸流域水土保持治理工程、唐白河流域水土保持治理工程、南河流域水土保持治理工程三大流域水土保持治理工程，减少入汉江中下游的面源污染负荷。

（二）建立汉江中下游水污染防治区，控制工业与城市污染

1. 汉江中下游污水治理

汉江中下游河段水质超标现象比较严重，从1999—2000年汉江中下游三个水期（丰、平、枯）的23个断面的监测结果来看，只有9个断面达到Ⅱ类水质标准，而且大部分位于汉江中游江段。污染较严重的断面为位于襄樊市区和邻近的下游宜城，有60%的断面不能达标（Ⅱ类或Ⅲ类标准），其超标因子为氨氮和总磷。在钟祥以下（含罗汉闸）的汉江下游江段，有44%的断面超标，其超标因子主要为总磷，其次为氨氮。

造成汉江中下游河段水质超标现象比较严重的原因之一是汉江流域每年5.38亿t的废水（工业2.6亿t，生活2.78亿t）和14.74万t的化学需氧量（工业化学需氧量6.39万t，生活化学需氧量8.35万t）的排放量。预计到2010年，汉江流域的废水和化学需氧量排放量将分别达到7.81亿t和15.91万t，如果不采取措施控制污染物的排放量，汉江中下游水体水质将继续恶化。

为遏制由于工业废水对汉江中下游造成的污染，主要采取以下措施：调整现有工业企业产业结构；禁止新建重污染企业；新建企业和改、扩企业全部实现达标排放和污染物总量控制；推广清洁生产技术。

生活污染源的控制措施是：建设5项城市污水截污工程和18座城镇污水处理厂，减少由生活污染源造成的对汉江中下游的污染。

2. 汉江中下游垃圾处理

汉江干流中下游附近城市全面实行生活垃圾集中处理，到2010年，城市垃圾处理项目16个，垃圾处理率达到90%。

3. 汉江中下游城市河道清淤

对汉江中下游襄樊等8个主要城市全面进行城市河道清淤，减少底泥的水质污染，改善汉江的航运条件。

4. 汉江中下游城镇全面禁磷

汉江中下游城镇全面推广无磷洗衣粉的使用，大力限制沿江化工厂磷、氮的排放，减少磷、氮入江量50%，有效控制汉江水华发生。

5. 支流污染治理

汉江支流中的神定河（十堰市）、犟河（堵河水系）、马家河（茅塔河水系）、竹皮河（荆门市）、唐白河（襄阳县）、小清河（襄樊市）和蛮河（宜城市）共7条主要支流的现状水质劣于Ⅳ类，同时也是水土流失量比较大的几个流域。到2010年，重点治理这7个流域的水质污染，对小流域实施总量控制，建设各个城镇污水处理厂，调整产业结构布局，逐步减少工业污染排放量，控制小流域水土流失，使各个支流入江水质达到规划要求。

（三）建设引江济汉工程，维持汉江生态系统要求

引江济汉工程是从长江中游干流向汉江下游引水，补充兴隆至汉口段和东荆河灌区的流量，以改善其灌溉、航运和生态用水条件。

引江济汉渠线采用对地方防洪排涝干扰小、对汉江油田干扰小、引水口河段合适稳定的高线线路方案。渠首位于枝江市七星台镇大埠街，干渠向东穿过下百里洲、沮漳河、荆江大堤、

港南渠、港北渠、港中渠，在荆州城北穿过汉宜高速公路，在纪南城东边延长湖西缘北上穿荆沙铁路，再向东北穿过拾桥河到长湖北缘后港镇，沿长湖湖汊北缘彭冢湖北缘向东穿过西荆河、东干渠，在潜江市高石碑镇南穿过汉江干堤入汉江。渠道在拾桥河相交处由拾桥河分水入长湖，在东荆河灌区需水时，由长湖东缘的刘玲闸出湖入田关河，由田关河和田关泵站入东荆河，全长 82.68km。

引江济汉工程设计引水流量初拟为 500m³/s。主要建筑物包括引江济汉渠道及其上的大埠街进水闸、汉江高石碑出水闸、与沮漳河及拾桥河平交的节制闸、船闸，此外还有其他河渠及路渠交叉建筑物等。

（四）兴建兴隆水利枢纽，保障农业灌溉系统不受河水影响

兴隆水利枢纽位于湖北省天门市、潜江市境内，上距兴隆闸约 1km，是汉江干流规划中的最下一个梯级，为季节性低水位拦河闸坝。主要目的为壅高水位、增加航深，以及改善回水区的航道条件，提高罗汉寺闸、兴隆闸及规划的王家营灌溉闸和两岸其他水闸、泵站的引水能力。

根据兴隆水利枢纽所处河段的地形、地质条件及南水北调中线要求，拟订的坝址位于湖北省天门市（左岸）和潜江市（右岸），正常蓄水位 36.5m，水库回水至华家湾，库段长为71km，过船吨位 500t。

兴隆水利枢纽工程总工期 4 年，其中施工准备期 1 年，一期工程施工期 2 年，其余工程 1年完成。

（五）改（扩）建部分闸站及整治局部航道，改善汉江航运条件

对灌溉面积较大的谢湾闸和泽口闸，为改善其灌溉保证程度，规划在闸前兴建泵站。谢湾闸和泽口闸设计最大引水流量分别为 32m³/s 和 150m³/s，谢湾泵站装机容量约 3.2MW，泽口泵站装机容量约 15MW。

对其他引水闸站，通过对干流沿岸 102 座典型水厂及灌溉闸站调查分析，需对总引水流量约 146m³/s 的 14 座水闸和总装机容量约 10.5MW 的 20 座泵站进行改建。

局部航道整治工程包括延长丁坝 5120m、新增丁坝 1100m 以适应整治流量减少和整治线宽度束窄的变化，并对部分河段滩群进一步整治和疏浚。

三、输水工程安全与沿线生态建设

（一）发挥水库调蓄功能，设置节制闸分段控制，保障输水安全

通过北调水与当地各种水源联合运用，实现丰枯互补，满足受水区的需求，提高供水保证率，实现水资源优化配置，使各种水源得到充分、合理利用。为确保调水工程输水安全，需要充分发挥水库的调蓄作用，以及实现输水干渠的及时响应。

1. 输水干线应发挥水库的调蓄功能

受水区向城市供水的大、中型水库及洼淀共 19 座，总调蓄库容 67.5m³。应发挥这些水库的调蓄功能。水资源联合运用方案如下。

（1）当地水库上游来水，先充蓄水库，蓄到限定库容后的余水首先供水（限定库容由充库系数确定）。同时，再适当开采部分地下水。

（2）若用户需水不满足，则由中线调水供水。

（3）用户需水仍不能得到满足，由当地水库蓄水供水。

（4）用户仍缺水，再增加地下水开采；地下水允许短时超采，但控制多年平均使用量不超过多年平均允许开采量；地下水供水设置不同用户的停供线。

2. 设置节制闸实现输水干渠分段控制，减少输水风险

为实现输水干渠的系统控制及对渠道水位、流量的控制，在中线输水干线中共设40余座节制闸，将总干渠分为40段，两座节制闸形成类似于一个小水库。通过调整节制闸的开度，维持渠段特定位置的水位不变，保持渠段内贮存一定的蓄水容量，以应付分水口取水流量的突然变化。

通过节制闸将总干渠各用水户的需求，通过改变一系列节制闸的状态，适时适量将水送到用户的过程。控制动作与渠道水力学响应密切相关，在保证水位变率不超过允许值前提下，力求将用户需要的水量通过逐渠段水体传递，迅速送到用户的取水口。

（二）保护输水干渠水质，保障输水安全

中线干渠主要供水目标是城市生活供水，对水质有较高要求。在工程措施方面应设置护栏，防止垃圾及污染物进入水体。两岸设置防护林带，净化空气，美化环境。

依据《饮用水水源保护区污染防治管理规定》要求，设置水源保护区。按规定加强输水水质管理。同时，总干渠两侧保护区范围内禁止或控制新建、扩建污染项目。注意防治空气污染物落入水体，造成污染。

总干渠流速过缓，防止两侧面源污染河渠水体发生富营养化。

（三）输水工程拆迁安置区环境保护

农村移民安置区，在土地调剂的基础上，加强农田基本建设，禁止开垦25°以上的坡荒地。实行科学种田，调整农业生产结构，大力发展多种经营。做好农村移民饮用水水源工作以及移民拆迁安置过程中的卫生保健和疾病防治工作；鼓励移民在新建房屋周围搞好"四旁"绿化，形成庭院生态环境。

对城镇移民集中安置区基础建设应注意建筑弃渣处理处置和小区绿化，搞好生活污水和生活垃圾的处理，尽可能提高移民的居住环境质量。

工矿企业迁建禁止采用耗能高、污染严重的工艺、设备。各企业应结合技术改造提高工业"三废"的回收和综合利用率。

四、受水区的水环境保护与生态修复

（一）增加受水区水资源，改善生态环境

实现北调水与当地水资源的联合调度与优化配置。汛期充分利用水库的兴利库容，作为当地供水的首要水源；供水时按照水库余水、北调水、水库蓄水、地下水的顺序依次使用，

确保水资源的合理适用。充分利用北调水水质优良的特点，优先用于城市生活、工业等。城市污水处理厂尾水及置换出来的当地水源用于农业灌溉、城市景观、生态用水等。丰水年加大地下水回补力度，增加水体生态流量，逐步改善我国北方地区因缺水带来的生态环境破坏状况。

（二）实行工农业节水及城市再生水回用

1. 调整产业结构

重点发展高科技产业，逐步将现有的电力、化工、冶金、石油等水耗大、排污多的企业及农副产品初加工企业逐步转移到具有相对资源优势地区。调整产业结构和土地利用结构，发展生态农业，改善农业生态环境。

2. 积极推广各项节水措施

采取工业节水措施，严格控制发展高耗水、高污染、高耗能的产业，加快传统工业改造速度，提高工业冷却水循环率，改造旧设备及推广节水型生产工艺并实行清洁生产。

采取农业节水措施，在科学调整农业种植结构、加强灌溉用水管理的同时，建设节水灌溉工程。

加强城市再生水回用，推行优水优用、高水低用、一水多用和重复使用。

（三）加强排水处理措施

按照治污为本，防治并重、以防为主，末端治理与源头控制结合，由末端治理为主转向源头控制为主，从源头抓起，集中治理与分散治理相结合，按照"谁污染，谁付费"的原则加大污水处理收费力度，加强水污染治理和城市排水设施建设。所有建制市都要建设污水处理厂，大中城市要建设集中污水处理厂，提高污水处理率。新建城市供水设施要同时规划建设相应的污水处理设施；在规划建设污水处理设施时还要同时安排污水回用设施的建设；工业用水大户、大型公共建设和公共供水管网覆盖范围以外的自备水源单位，应当尽快建立中水系统。

（四）加强相关社会保障措施

建立合理的水价形成机制。建立有利于促进节约用水和水资源利用良性运行的水价体系。对城市和工业用水要按照补偿成本、合理盈利、公平负担的原则，核定供水价格，逐步大幅提高水价；对农业用水既要考虑到农民的承受能力，又要实行定额用水、超额加价。要减少中间环节，提高水费收缴的透明度，建立容量水价与计量水价相结合的水价机制，实行计划用水、定额管理。

（五）地下水开采控制

把地下水作为战略性储备资源，严格控制开采。地下水开采进行分区控制。建议有关部门依据流域和区域水资源规划、地下水开发利用规划，划定地下水禁采区、限采区和控采区，实行相应的控制措施。控制主要城市地下水开采，维持地下水采补平衡，并使地下水逐步得到补充。

（六）加强湖库及周边地区生态建设，控制面源污染

（1）在湖库周围 50～100m 建设绿色生态屏障，于各入湖河口建设湿地处理系统。

（2）河湖周边地区建立有机食品基地、绿色食品基地，以有机肥代替化肥，实现以污染防治促进农业结构的调整。

（3）湖库周围地区全面实施禁磷措施。

第十一章 中线一期工程建设项目环境影响评价

第一节 水源工程的环境影响评价

水源工程的环境影响包括：①丹江口大坝加高工程、陶岔渠首工程的施工影响；②水库水位抬高后库区水文情势发生变化；③水文情势变化及水库淹没导致库周生态环境发生变化；④水库新增淹没需要进行移民搬迁安置，对生态环境产生影响。

一、水源工程概况

水源工程建设的主要目标是增加丹江口水利枢纽工程的调蓄水量，正常蓄水位由157m提高到170m，相应库容由174.5亿 m^3 增加到290.5亿 m^3。混凝土坝坝顶高程由162m加高到176.6m，两岸土石坝坝顶高程加高至177.6m。丹江口大坝加高工程校核洪水位174.35m，死水位150m，极限死水位为145m，防洪限制水位为160～163.5m，总库容339.1亿 m^3。过坝建筑物可通过300t级驳船。大坝加高增加淹没处理面积307.7 km^2，淹没线以下人口22.35万人（2005年）、房屋621.2万 m^2、耕园地25.64万亩。

陶岔渠首为适应丹江口大坝加高后和满足中线调水，需进行移址重建。新的渠首闸的设计过流能力以满足近期调水为主，并适当留有余地：水库在死水位150m时，能满足设计流量350 m^3/s的过流要求；汛限水位160m时，能满足加大流量420 m^3/s的过流要求。当渠首工程上下游水位差较大时，具有一定的水能资源，经论证可装机50MW，年发电量2.5亿 kW·h。

二、存在的主要环境问题

（一）环境变化分析

1. 自然环境

在可行性研究阶段进行环境影响评价时，丹江口库区（周）生态环境变化较小。

表11-1-1　丹江口水库历年水质监测结果（年均值）的比较

断面	年份	pH	溶解氧	高锰酸盐指数	五日生化需氧量	氨氮	亚硝酸盐（以N计）	硝酸盐（以N计）	总氮	总磷	砷	汞	镉	铅	铜
陶岔	1995	8.1	—	1.4	1.18	0.240	0.01	0.833	1.19	0.02	0.0007	$<10^{-4}$	<0.001	<0.01	0.002
	1998	8.0	8.6	2.2	1.38	0.190	0.009	1.17	1.46	0.01	<0.007	$<5\times10^{-5}$	<0.001	0.015	<0.005
	1999	8.3	9.0	2.1	1.28	0.116	0.019	0.96	1.36	0.025	<0.007	$<5\times10^{-5}$	<0.001	0.051	<0.005
	2000	8.3	8.6	2.1	1.00	—	0.009	1.46	1.59	0.02	<0.007	$<5\times10^{-5}$	<0.001	0.022	<0.005
	2001	8.3	9.3	2.0	1.50	0.060	0.019	0.92	1.57	0.06	<0.007	$<5\times10^{-5}$	<0.001	<0.010	<0.005
	2003	—	—	2.2	—	<0.05	—	1.36	1.57	0.026	—	—	—	—	—
	2004	7.9	9.2	1.9	2.20	<0.05	—	—	1.26	0.015	<0.007	$<5\times10^{-5}$	<0.001	<0.01	<0.005
台子山	1998	8.0	8.5	1.9	1.52	0.110	0.004	1.22	1.49	0.02	<0.007	$<5\times10^{-5}$	<0.001	0.022	<0.005
	1999	8.2	9.5	2.3	1.64	0.092	0.014	1.04	1.30	0.015	<0.007	$<5\times10^{-5}$	<0.001	0.03	<0.005
	2000	8.2	8.2	1.9	0.80	—	0.006	1.46	1.54	0.02	<0.007	$<5\times10^{-5}$	<0.001	<0.010	<0.005
	2001	8.2	9.4	1.8	1.10	—	0.018	0.994	1.23	0.01	<0.007	$<5\times10^{-5}$	<0.001	<0.010	<0.005
	2002	8.1	8.3	2.1	0.85	0.174	0.011	0.872	—	<0.01	<0.007	$<10^{-4}$	<0.003	0.037	0.006
	2003	8.1	9.3	2.1	1.10	0.100	—	1.32	1.54	0.02	<0.007	$<8\times10^{-5}$	<0.001	0.012	<0.005
	2004	8.2	8.3	1.7	1.44	<0.05	—	—	1.35	0.014	<0.007	$<5\times10^{-5}$	<0.001	<0.01	<0.005
坝上	1995	8.3	7.6	1.6	1.20	0	0.007	0.78	—	<0.001	<0.007	$<10^{-4}$	$<10^{-4}$	<0.001	<0.005
	1998	8.2	7.5	2.1	1.20	0.070	0.007	0.97	—	<0.001	<0.007	$<10^{-4}$	$<10^{-4}$	0.011	<0.005
	1999	8.2	7.8	2.3	0.90	0.050	0.009	0.9	—	<0.001	<0.007	$<10^{-4}$	$<10^{-4}$	0.019	<0.005
	2000	8.2	8.6	1.9	1.10	0.070	0.006	1.08	—	<0.001	<0.007	$<10^{-4}$	$<10^{-4}$	<0.001	<0.005
	2002	8.1	8.3	2.0	0.90	0.150	0.009	0.84	1.16	0.001	<0.007	$<10^{-4}$	$<10^{-4}$	0.037	<0.005
	2003	8.3	8.8	2.2	0.68	0.100	—	0.76	1.16	0.012	<0.007	$<5\times10^{-5}$	5×10^{-4}	0.005	—
	2004	8.1	9.1	1.6	<2.0	<0.05	—	—	1.36	0.014	<0.007	$<5\times10^{-5}$	<0.001	<0.01	<0.005

注：除pH外，其他单位为mg/L。

表 11-1-1 为丹江口水库历年水质监测结果（年均值）的比较，由表可见，十年间各水质指标的变幅不大，仅在一些水质指标浓度上稍微有增加。表 11-1-2 为 13 个支流断面水质的比较。1995—2004 年入库支流的水质变化比较大，其中有 7 个断面（老灌河、白石河、郧西县天河、犟河入堵河口、郧县土沟、神定河茶店段、剑河）2004 年的水质明显劣于 1995 年，有 4 个断面（丹江、堵河、郧县双庆大桥、浪河）大体和 1995 年相当，有两个断面（二道河、官山河）明显优于 1995 年。与 1995 年相比，2004 年丹江口水库支流污染总体加重。

表 11-1-2　　　　　　　　　　2004 年和 1995 年入库支流水质的比较　　　　　　　　　单位：mg/L

支流名称	高锰酸盐指数		五日生化需氧量		氨氮		总氮		总磷	
	1995 年	2004 年	1995 年	2004 年	1995 年	2004 年	1995 年	2004 年	1995 年	2004 年
老灌河	11.0	64.3	12.0	15.6	4.97	1.96	6.40	—	0.175	0.060
丹江	1.2	1.6	0.88	1.6	0.051	0.078	0.275	1.26	0.025	0.080
白石河	0.8	4.9	2.95	4.40	0.19	2.09	1.00	2.96	0.060	0.33
郧西县天河	2.8	4.3	6.30	4.0	0.29	1.65	0.55	1.98	0.08	0.22
二道河	8.1	4.5	8.79	4.40	6.00	1.99	5.90	3.61	1.00	0.36
犟河入堵河口	4.0	9.8	6.34	40.4	1.35	3.23	3.86	3.75	0.21	0.19
堵河	1.4	1.80	2.38	0.60	0.465	0.305	0.445	1.20	0.095	0.06
郧县土沟	11.1	12.9	10.0	60.2	11.9	37.3	12.4	37.9	1.84	2.47
郧县胥家堰河	1.7	1.50	3.21	1.20	0.41	0.038	1.22	0.95	0.11	0.06
神定河茶店段	7.4	5.5	—	24.4	6.20	9.35	6.93	11.2	0.87	1.55
官山河	20.5	4.0	11.2	0.80	0.80	0.097	0.65	1.20	0.09	0.16
剑河	5.3	6.40	5.16	24.0	1.10	10.6	3.56	12.3	0.27	2.52
浪河	3.6	3.10	4.23	1.00	0.39	0.133	0.450	3.31	0.05	0.16

2. 社会环境

从 1995 年到 2004 年，库区经济持续快速发展，医疗、卫生、教育、交通等公共设施取得不断完善。

（1）十堰市。十堰市"十五"期间 GDP 年均增长率达 11.8%，2004 年十堰市实现生产总值 290.9 亿元，同比增长 16.3%，增幅高居全省第二。

工业总产值首次突破 500 亿元大关，增长 27.2%，其中汽车、电力、医药、冶金行业增长最快；50 万元以上的在建项目达到 540 个，固定资产投资增长 32.1%，高出全省 2.1 个百分点。

主要农产品全面丰收，粮食、油料分别增长 27.8% 和 16.9%。柑橘、茶叶、中药材等 8 大特色产业实现产值 25 亿元，占农业总产值的 80%。

城镇居民家庭人均可支配收入达 6680 元，农民人均纯收入达 1916 元，分别为 10 年前的 4～8 倍。

（2）淅川县。与 1995 年相比，淅川县形成了冶金、建材机械、轻工、制药化工、电力 6 大工业体系。以轿车减振器、盐酸氟桂利嗪、丝毯、镁粉、铝锭、金银饰品等为代表的工业产品已发展到 666 种，远销 38 个国家和地区。淅川汽车配件厂成为全国最大的高档轿车减振器专业生产基地，淅川铁合金厂为地方重点骨干企业和豫西南最大的铝业基地。

农业发展形成地方特色：已形成了小辣椒、畜牧、水产、林果、蔬菜、桑蚕、香菇等特色主导产业，特别是饮誉海内外的全国名牌农产品"香花"牌小辣椒，出口美、日、韩等10多个国家和地区，辣椒干出口量占全国总出口量的40％以上，成为全国最大的小辣椒种植集散基地。

（二）主要环境问题

1. 人口密度大，土地负荷重，生态环境脆弱

丹江口初期工程建成后，移民安置区人口密度平均达172人/km²，土地负荷量重，库周剩余可利用荒山荒地开垦难度大，现有耕地的水利设施缺乏配套，抵御自然灾害能力较弱，粮食生产不能自给。尽管十余年来库区有较大发展，但经济仍很落后，生活水平较低。

2. 水土流失严重，面源污染较大

郧县、丹江口市、郧西县、淅川县4县（市）森林覆盖率分别为38.1％、22.9％、29.5％和17.4％；尚有53.8％，32.3％、77.5％和65％的水土流失面积未得到控制，年土壤流失量1096万t。耕地化肥农药施用量大、养殖污染排放多，农村污水垃圾普遍未治理等，污染物随降雨径流进入河流和水库，对水环境造成污染。

3. 入库支流和局部库湾水质污染较严重

库周城镇工业和生活污水排放量较大，均未经任何处理而直接排入河流和水库，使局部库湾及老灌河、神定河、浪河等入库支流水质受到较严重污染，枯水期更为突出。神定河由于接纳十堰市的工业和生活污水，油类污染令人担忧。

三、环境影响预测

（一）水文情势影响预测

丹江口水库大坝加高后，由完全年调节水库变为不完全多年调节水库。丹江口水库初、后期规模主要特征指标见表11-1-3。

表11-1-3　　　　丹江口水库初、后期规模主要特征指标

项　目	初期规模	后期规模	后期规模增加值
正常蓄水位/m	157	170	13
总库容/亿m³	174.5	290.5	116
死水位/m	140	150	10
调蓄库容/亿m³	98～102.2	163.6～190.5	65.6～88.3
水库面积/km²	745	1050	305
核定养鱼面积/hm²	62000	82447	20447
极限消落深度/m	18	25	7
回水长度汉江/km	177	193.6	16.6

续表

项　目	初期规模	后期规模	后期规模增加值
回水长度丹江/km	80	93.5	13.5
库岸线长度/km	4600	7000	2400
容径比（$a=v/Q$）	0.45	0.75	0.30
水库调节性能	完全年调节	不完全多年调节	

调水 95 亿 m^3，陶岔渠道引水，库内的水位交换状况将有所改变，由于支流丹江入库流量小，而汉江来量大，而汉库与丹库库容大抵相同，从丹库引水，汉库将有大量水量补充丹库，水库流态将发生变化，两库水体在一定范围内将充分混合，陶岔渠首附近水域在引水期将是微流状态。

水库水位、水深变化会导致库岸滑坡体稳定性变化、库内水温、水质变化等。由于水库淹没，一些原来的陆地将会变成水域，库内水面积大量增加。水库淹没将导致大量移民，同时，从生态的角度而言，被淹没的区域将从陆生生境变为水生生境。水库流速、流态变化将对水质、水生生物特别是鱼类产生影响。

1. 洪水位影响

丹江口水库后期规模建成后，增大了调节能力，与初期规模相比，不同频率洪水水文特征都发生变化。20 年一遇至保坝洪水位均增高，在初期规模 156.8～163.9m 的基础上增加9.95～12.4m；相应下泄量均减小，在初期规模 5960～47400m^3/s 基础上减小 930～17000m^3/s。由于调蓄库容增大，容蓄量也相应增大，幅度为 98.1 亿～120.3 亿 m^3。丹江口水库初、后期规模水文特征值比较见表 11-1-4。

表 11-1-4　　　　　丹江口水库初、后期规模水文特征值比较表

项　目	初期规模 （H/Q）	后期规模 （H/Q）	水位、下泄量比较 （$\Delta H/\Delta Q$）	蓄量比较 （ΔV）
20 年一遇洪水位/坝下泄量	156.8/14200～ 156.9/16400	168.1/10190～ 169.3/12370	11.3/-4010～ 12.4/-4030	98.1～109.6
1935 年（1%）洪水位/坝下泄量	160/16100～ 159.3/18100	171.1/5960～ 171.6/17170	11.7/-10140～ 12.3/-930	111.0～113.9
千年一遇洪水位/坝下泄量	160/34500～ 159.8/35200	172.1/17500～ 172.2/22300	12.1/-17000～ 12.2/-12900	115.4～117.4
万年一遇洪水位/坝下泄量	161.4/48200～ 161.4/49100	172.8/32800～ 173.6/34400	11.4/-15400～ 12.2/14700	111.1～120.0
保坝洪水位/坝下泄量	163.9/55800～ 163.9/56500	173.85/45800～ 174.35/47400	9.95/10000～ 10.45/-9100	101.4～107.2

注　1. 水位：m；流量：m^3/s；蓄量：亿 m^3。

　　2. 特征量比较：后期-初期。

2. 水库水位变化

随着大坝加高，水库调蓄能力增加，水库运行调度方式改变，水库水位将发生变化，库内水位在各水期将普遍升高。

大坝加高调水后，水库各月坝前水位均有明显升高，但各水期水位变化情况不同。在多年平均条件下（1971年典型年），丰水期（7—9月）水库水位升高幅度最小，枯水期（12月至次年3月）水位升幅明显，平水期水库水位也有较大幅度上升。在典型枯水年（1978年典型年），各水期水库水位升幅比较平均，但丰水期（7—9月）水库水位升高幅度仍最小。在典型丰水年（1984年典型年），平水期水库水位升幅最大，枯水期次之，丰水期仍最小。

3. 年、月径流变化

（1）入库流量。汉江丹江口以上，1956—1998年平均年降水量890.5mm，平均天然入库水量387.8亿 m³，约占汉江流域的70%。其中年最大天然入库水量为1964年的795亿 m³，最小年入库水量为1997年的169亿 m³，两者相差4倍以上。

丹江口入库径流以汛期为主，5—10月来水量占年来水总量的79%以上。并且，年来水有三个明显的峰：第一个为5月，来水占年来水总量的9.4%；第二个为7月，来水占年来水总量的17.5%；第三个为9月，来水占年来水总量的17.6%。上述三个峰分别由坝址以上流域的春汛、夏汛、秋汛引起。

（2）下泄流量。随着调水方案的实施，水库运行调度方式改变，一部分水量将从陶岔渠首经总干渠调往北方，水库从丹江口大坝下泄的流量将会减少，调水工程实施后（2010年水平年），大坝下泄流量有较大变化，分述如下：

各种保证率情况下，除汛前6月水库为腾出防洪库容下泄流量明显较大以外，汛初7月下泄流量也较大，其余各月水库下泄流量基本接近，说明与现状情况下相比，水库下泄流量年内分配过程明显均化。另外，在现状情况下，不同保证率典型年水库下泄流量差异较大，而调水实施后，不同保证率典型年水库下泄流量差异变小，年际分配过程也趋于均化，水库调节性能由初期的完全年调节水库变为不完全多年调节水库。

在多年平均情况下，汛前6月水库下泄流量有较大增加，增幅31.1%；枯水期2月下泄流量有少量增加，增幅2.2%；其余各月水库下泄流量均较现状减少，最大减少幅度出现在10月，达74.9%，这是因为有部分水量被调往北方，但枯水期最大减幅仅6.5%。在丰水年，汛前5月、6月水库下泄流量有所增加增幅分别为21.9%和151.8%；其余各月水库下泄流量均较现状减少，最大减少幅度出现在10月，达79.6%，但由于水量较丰，对坝下河段用水影响不大。而在枯水年，水库下泄流量在丰水期和平水期减少，最大减少幅度出现在9月，为58.3%，在枯水期则普遍有所增加，增幅为35.1%～59.3%，有利于改善坝下河段水环境，改善坝下河段用水条件。

随着调水实施，水库运行调度方式改变，一部分水量将从陶岔渠首经总干渠调往北方，水库从丹江口大坝下泄的流量将会减少。与现状情况下相比，水库下泄流量年内分配过程明显均化，水库下泄流量年际分配过程也趋于均化，水库调节性能由初期的完全年调节水库变为不完全多年调节水库。

（二）水环境影响预测

丹江口水库大坝加高提高蓄水位后，水库的水温结构发生变化，从而可能对库区、汉江中下游和调水工程供水区的水质、水生生态环境和农业带来影响。在分析丹江口水库逐月水温沿水深变化规律的基础上，环评中采用统计数学模型对大坝加高一期调水后水库水温的时空分布趋势进行预测。

1. 水库水温预测

水库水温在纵向和横向的变化不大，而在垂直方向变化比较剧烈。因此，丹江口水库的水温预测只需确定大坝加高后不同水深处水温随季节的变化。水库水温随深度和时间的变化过程受气候条件、水流条件、水库库容和深度、水库调节性能以及水库运行方式等多种因素的影响。本次评价采用垂向一维水库水温数学模型，分析丹江口水库大坝加高和调水对水库水温的时空分布的影响。

丹江口水库初期规模正常蓄水位157m，为分层型水库，正常蓄水位增高13m后，入流量和一次洪水量不会发生改变，而总库容增加了56%，因而加高后的水库仍为分层型水库。

（1）丹江口坝前水温分析。根据建立的丹江口水库水温模型，可以计算得到大坝加高前和大坝加高后水库水温时空分布趋势，大坝加高后水库水温的时空分布规律与大坝加高前相比基本一致，即4月至次年10月期间水库出现稳定的温度分层现象，温跃层深度和厚度与大坝加高前相仿，热量输送方式同样为表层向下传递；而在11月至次年3月期间，由于辐射减少，气温降低、水库温度沿垂向趋于均匀分布，各深度层水温基本等于表层水温。由于表层水温主要取决于气温，因而大坝加高前后基本没有变化，但因为水深的增加，库底水温年内升幅减小，垂向温差较大坝加高前增大。

（2）水库下泄水温分析。丹江口水库下泄流量有三部分：深孔泄水、溢流坝泄水和发电尾水。深孔在非汛期不泄水，只在冲沙和汛期泄水；溢流坝只在汛期泄洪。所以，一般情况下水库泄水主要是发电尾水。

1）溢流坝下泄水温分析。由于大坝加高前后水深发生变化，各代表年之间通过溢流坝下泄的水体温度变幅较大，为0~7.4℃。其中$P=90\%$时变化幅度为0.03~0.2℃；$P=50\%$时变化幅度为-2.26~0.87℃；$P=5\%$时变化幅度最大为-0.51~7.41℃。大坝加高后各种代表年条件下，夏季水温比大坝加高前的要高，这主要是大坝加高后，水位升高，水面积与库容比略有增大（由157m水位0.21增大到175m水位0.28），表层水温与大坝加高前相比，在夏季均有所增大，溢流坝闸底高程在大坝加高后抬高，仍处于水库的表层，则大坝加高后水温比大坝加高前要高。

2）深孔泄水水温分析。受大坝加高影响，深孔泄水温度在不同代表年条件下变幅不等，分别为-6.19~0.87℃。其中$P=90\%$时变化幅度为-6.19~0.45℃；$P=50\%$时变化幅度为-2.26~0.87℃；$P=5\%$时变化幅度最大为-3.72~0.17℃。大坝加高后各种代表年条件下，$P=90\%$时，12月至次年2月的水温比大坝加高前的水温要高，其他月反之。$P=5\%$和$P=50\%$时，1—3月的水温比大坝加高前的水温要高，其他月反之。

受大坝加高影响，电站尾水温度在不同代表年条件下变幅不等，变幅分别为-6.17~0.96℃。其中$P=90\%$时变化幅度为-6.17~0.53℃；$P=50\%$时变化幅度为-2.30~0.96℃；$P=5\%$时变化幅度最大为-3.96~0.16℃。大坝加高后各种代表年条件下，$P=90\%$时，11月至次年2月的水温比大坝加高前的水温要略高，其他月反之。$P=5\%$时，1—3月的水温比大坝加高前的水温要高，其他月反之。$P=50\%$时，11月至次年3月的水温比大坝加高前的水温要高，其他月反之。

这是由于大坝加高后，水位升高，水面积与库容比略有增大（由 157m 的 0.21 增大到 175m 的 0.28），由于水位升高，水库水深增大，底层水温与大坝加高前相比，在夏季有下降的趋势，而在冬季则相反。另外，水库的下泄水促使底层水与表层水体的混合，因此水库的下泄水量的大小直接影响深孔或电站尾水水温的变化幅度。由于大坝加高后，出库水量分为下泄水量和陶岔引水两部分，$P=90\%$ 时，水位在枯、平、丰三个水期分别增加 16m、17m 和 14m，而下泄水量在枯水期和平水期与大坝加高前相比，略有增加，丰水期则相反，在丰水期最大温降为 $-6.17℃$；$P=50\%$ 时，水位在枯、平、丰三个水期分别增加 20m、21m 和 14m，与大坝加高前相比，下泄水量明显减少，水位与大坝加高后 90%条件下水位要高，因此水温变化幅度仅为 $-2.30\sim0.96℃$；$P=5\%$ 与 $P=50\%$ 相类似。

3）陶岔渠首下泄水温分析。陶岔渠首底板高程为 140m，由前述水温统计模型对各代表年水位下 140m 高程处的水温变化情况进行计算，计算结果显示：$P=5\%$ 时，陶岔渠首下泄水温 4—6 月高于 17℃，其中 5 月、6 月较高；10 月至次年 3 月水温为 8.2～14.6℃，最低在 1 月。$P=50\%$ 时，陶岔渠首下泄水温 7—11 月高于 17℃，其中 8 月、9 月较高；12 月至次年 5 月水温为 8.2～14.3℃，最低在 2 月、3 月。$P=90\%$ 时，陶岔渠首下泄水温 5—11 月高于 17℃，其中 7 月、8 月最高；12 月至次年 4 月水温为 7.9～14.4℃，最低在 2 月。

在枯水年由于库水位较丰水年低，此时陶岔渠首底板离水面较近，水温易受外部气温的影响，变幅较大。

4）丹江口水库水温分析。大坝加高后造成的水温结构的变化将对库区水质、水生态环境和农业带来一定的影响。然而由于各种因素的相互制约，要对这种影响做出准确、定量的评价是十分困难的。

定性地说，在温度分层的水库内，浮游植物在库表温水层中繁殖生长，释放出氧气，使库表层溶解氧浓度保持在接近饱和的程度，在温跃层下，水体很少发生混掺，而光合作用所必需的阳光又不能透射到深水层，因而生物化学过程中消耗的溶解氧不能得到补充。由于死亡的生物沉积下来，以及异养性细菌的生长繁殖，深水层中的氧气被消耗，导致有机物质分解过程为厌氧过程，并释放出硫化氢和二氧化碳，导致水体 pH 值减小，而导电性、含碱量和亚硝酸盐浓度都增加。

当丹江口水库大坝加高后，水库的不透光深水层厚度加大，上述有机质的厌氧分解过程有可能得到加强，从而使水库底层的水质降低。由于水位的升高，使得大坝泄水孔口高程相对降低，因而在伴随下泄水体水温降低的同时，下泄水体的水质也会有所降低，表现为营养物含量和含盐度增高，而溶解氧含量有所降低。这种结果有可能会对汉江中下游的水生物产生一定影响。

此外，由于农作物的生长很大程度上取决于对土壤中水分和养分的吸收，而土壤温度又直接影响到植物根系对水分和养分的吸收能力。当采用水库下泄水进行农业灌溉时，下泄水体水温的降低将对农业生产造成不利影响。

应该指出，由于丹江口水库水位升高不多，水温结构并没有发生很大的变化，因而仅仅因大坝加高后水温度变化所带来的环境影响是局部而且有限的。

2. 水库污染负荷预测

丹江口水库水质良好，大坝加高工程开工前综合评价为 Ⅱ 类，大坝加高后，水库的水文条件发生改变，污染物扩散能力、水体自净能力等也将随之发生变化；因水位升高而淹没的土壤中可溶性物质的溶出将对水库水质产生一定影响；水库上游及库周工农业生产的发展也将使更多的污水、废水排入水库，从而可能导致水库水质，尤其是局部库湾水质变化。因而水库未来水质是否能够满足南水北调水质要求是研究的重点。

污染负荷预测是水质预测的基础，对支流主要点源和面源污染物分别预测，点源主要是指库周5县（市）的工业废水和生活污水，面源主要是指农业面源污染、农村的生活污水等。

（1）预测水平年的选定。入库污染负荷预测，根据污染调查资料、国民经济资料和可行性研究基本深度的要求，选定预测基准年为2000年，预测水平年为2010年和2030年。

（2）预测参数的选定。根据前述水库现状污染负荷评价结果，以及资料的完整、系统情况选定入库污染物代表参数为有机污染类的综合指标：高锰酸盐指数、氨氮、总磷和总氮。

（3）库周点源主要污染负荷预测。

1）2000年污染物排放总量。2000年工业污染废水量和生活污水排放量按照各县（市）环境质量报告书统计结果。2000年五县（市）工业和生活废水排放量为11323万 m^3/a，其中工业废水排放量为4760万 m^3/a，生活污水排放量为6563万 m^3/a。化学需氧量排放总量达40566t/a，其中工业化学需氧量为14421t/a，生活化学需氧量为26145t/a。氨氮总排放量2282t/a，其中工业氨氮为817.7t/a，生活氨氮为1464t/a。

2）2010年和2030年污染物排放总量预测。丹江口水库库周各县（市）是一个欠发达区域，耕地面积有限，交通不便，信息闭塞，工业基础薄弱，经济相对落后，部分山区尚未脱贫。该区域的优势为水资源、水力资源比较丰富。

按照区域自然地理条件和经济地理地位，本着因地制宜、扬长避短、开发与保护相结合的原则，在保护生态环境、保护水源水质的前提下，发挥区域的优势，使区域经济发展有一个飞跃。

湖北省十堰市是一座新型的以汽车工业发展起来的城市，在"十五"期间及2010—2030年，全市的发展将紧紧抓住国家实施西部大开发、汽车企业实施战略性调整、国家实施新一轮扶贫开发、南水北调工程建设的发展机遇，加强环境保护，工业兴市、生态立市，大力发展地区经济，壮大城市实力，引领山区农民脱贫致富。社会经济总体发展战略目标是：在"'十五'期间及2015年远景目标"中，全市国内生产总值年均以7%的速度增长，到2015年，国内生产总值在2005年的基础上翻一番，农村实现小康，城市走向富裕，城区建成特色鲜明的汽车城、生态城、旅游城、环保模范城和区域性大城市。十堰市经济发展模式：①在巩固和发展汽车及配件产业的同时，大力培植新兴支柱产业。充分利用武当山这一世界级的文化品牌，大力发展旅游业；综合开发以"汉江—堵河"流域为重点的水能资源，发展水电产业；开发中药材资源，发展医药化工业；依托本地的特色资源，开发绿色食品产业等。形成特色鲜明、科学合理的多元支柱产业布局。②加快现有产业结构的优化升级，优先发展污染排放少、能耗物耗低、环境影响小、经济效益高的产业，实现经济发展和环境保护双赢。③积极坚持实施农村经济结构性调整战略，加强和巩固农业基础地位，推广生态农业、高效农业、绿色农业，在农业发展中坚持以治水为核心、治土为基础、治山为重点，农业工程建设与环境保护同步，增强农业的抗灾能力。④坚持实施可持续发展战略。加强环境保护，抓好小流域的综合治理，建设生态功能区，防止水土流失；切实抓好汉江上游的天然林保护、宜林荒山造林、退耕还林、还草等工程建设；实施生态家园富民工程，推进沼气、节柴灶、太阳能利用"三位一体"的农村能源建设，减少森林资源的消耗。

河南省淅川县是一个经济欠发达的地区，在"十五"期间，以建设"工业强县"为目标，围绕培育拳头产品、骨干企业、优势行业，以工业发展武装和带动农业，促进全县经济和各项社会事业持续快速健康发展。"十五"末的产值是"九五"末的 1.05 倍，五年平均增速为15.5％，后十年平均增速为 7.1％。冶金建材行业发展方向为坚持以国家产业政策为导向，调整结构、保护环境、淘汰落后；以铁合金厂等骨干工业企业为龙头，通过对小冶炼改造扩能、开发高附加值多元复合冶金材料以及资产重组，启动提高一批冶金材料企业和金属镁冶炼企业；加快铝制品、铝镁粉等有色金属的深度开发加工；扩大石材生产，开发新型墙体材料；轻工行业新上技改项目 13 个，新产品开发项目 9 个，新技术推广应用 8 项；机械行业新产品开发5 项，重点新技术推广应用 4 项，主要是推广应用充气式汽车减振器；医药化工行业，新上项目 6 个，新产品开发 5 项，新技术推广应用 5 项。

按供水量对生活和工业废污水量进行预测，未考虑水功能区的改变。具体计算方法为由现状年生活和工业用水量与现状年耗水量与现状年生活和工业废污水排放量可得出污水排放系数，依据规划水平年生活或工业供水量和耗水量可得到规划水平年工业和生活污排放量。

按照国务院"一控双达标"的要求，所有工业污染源均应根据受纳水体的使用功能在 2000年 12 月 31 日前达到《污水综合排放标准》（GB 8978—1996）一级、二级或三级排放标准。根据丹江口水库水体功能，水库水质目标确定为水库整体水质按地面水Ⅱ类标准控制；汉江干流及丹江、堵河、天河、老灌河等主要河流按Ⅱ类标准控制，其他支流水质在入库口按Ⅱ类标准控制，库湾按Ⅲ类标准控制。《污水综合排放标准》（GB 8978—1996）规定：GB 3838 中划定的Ⅰ类、Ⅱ类和Ⅲ类水域中划定的保护区，禁止新建排污口，现有排污口应按水体功能要求，实行污染物总量控制，以保证受纳水体水质符合规定用途的水质标准；排入Ⅲ类水域（划定的保护区和游泳区除外）的污水执行一级标准；排入Ⅳ类、Ⅴ类水域的污水执行二级标准。按照《污水综合排放标准》的要求，对排入丹江口水库的工业污染源应全部达到污水一级排放标准，化学需氧量其排放浓度应不大于 100mg/L（造纸行业、纺织染整行业废水排放按其行业废水排放标准执行），氨氮其排放浓度应不大于 15mg/L。

丹江口库区未来水质优劣状况是关系到南水北调中线工程成败的关键因素之一，国家及全社会对此极为重视。按照国家有关政策的规划年规定，预测水平年库区的工业污水处理率将达到 100％。

库区各城镇的污水处理率，应按照建设部、国家环保总局、科技部发布的《城市污水处理及污染防治技术政策》的要求，到 2010 年，建制城镇、设市城市和重点城市的城市污水处理率分别不低于 50％、60％和 70％，设市城市和重点流域的重点城镇要建设二级污水处理厂。实施上述技术政策是规划区各水环境功能区内的污染得到控制的重要基础。对库区污染源现状分析表明，城镇污水处理厂的建设是确保入库各支流水质达到功能要求的重要条件。结合库区城镇污水处理的初步技术经济分析，确定库区的城镇污水处理率应高于上述《城市污水处理及污染防治技术政策》的要求：设市的城市、重点城市和各县城关镇的城镇污水处理率不低于90％，重点镇的污水处理率不低于 80％，一般乡镇的城镇污水处理率不低于 50％。

以库周五县（市）为单元开展预测，预测结果见表 11－1－5 和表 11－1－6。

表 11-1-5 2010年入库废水量和污染物排放量预测

县市名称	废水量/(万 m³/a)		化学需氧量排放量/(t/a)		氨氮排放量/(t/a)		总磷排放量/(t/a)		总氮排放量/(t/a)		合 计				
	工业	生活	工业	生活	工业	生活	工业	生活	工业	生活	废水量/(万 m³/a)	化学需氧量排放量/(t/a)	氨氮排放量/(t/a)	总磷排放量/(t/a)	总氮排放量/(t/a)
郧西县	39.4	441.7	36.3	1325.0	26.1	142.9	3.1	16.0	11.1	168.4	481.1	1361.3	169.0	19.1	179.5
郧县	188.8	751.2	177.3	2253.7	52.4	187.8	3.1	15.7	15.7	109.7	940.0	2431.2	240.2	18.7	125.3
十堰市	4242.4	3768.6	2242.3	11305.8	0.9	853.3	47.4	133.5	6.9	934.6	8011.0	13548.0	854.2	180.9	941.5
丹江口市	549.4	466.4	1698.5	1400.6	64.0	133.8	4.7	16.9	87.0	254.0	1015.8	3099.1	197.7	21.6	341.0
淅川县	2420.3	599.3	4016.6	2251.8	1474.6	276.8	46.7	151.0	98.4	3019.5	3019.5	6268.3	1751.4	197.7	3117.9
合计	7440.3	6027.2	8171	18536.9	1618	1594.6	105	333.1	219.1	4486.2	13467.4	26707.9	3212.5	438	4705.2

表 11-1-6 2030年入库废水量和污染物排放量预测

县市名称	废水量/(万 m³/a)		化学需氧量排放量/(t/a)		氨氮排放量/(t/a)		总磷排放量/(t/a)		总氮排放量/(t/a)		合 计				
	工业	生活	工业	生活	工业	生活	工业	生活	工业	生活	废水量/(万 m³/a)	化学需氧量排放量/(t/a)	氨氮排放量/(t/a)	总磷排放量/(t/a)	总氮排放量/(t/a)
郧西县	46.2	536.1	48.2	1608.1	29.2	173.4	2.2	19.4	28.4	174.7	582.3	1656.3	202.6	21.6	203.1
郧县	220.9	911.7	218.5	2735.4	58.7	227.9	7.4	18.9	43.4	132.1	1132.6	2953.9	286.6	26.2	175.6
十堰市	4859.3	4573.8	2434.6	13721.4	1.0	1035.6	132.8	157.2	408.7	1100.5	9433.1	16156.0	1036.6	290.0	1509.2
丹江口市	642.9	566.2	2137.4	1700.2	71.6	162.4	14.7	20.2	247.3	302.3	1209.0	3837.6	234.0	34.9	549.6
淅川县	2832.0	727.4	5054.6	2733.4	1651.5	336.0	31.3	142.4	233.7	2491.6	3559.4	7787.9	1987.6	173.7	2725.3
合计	8601.3	7315.2	9893.3	22498.5	1812	1935.3	188.4	358.1	961.5	4201.2	15916.4	32391.7	3747.4	546.4	5162.8

从表 11-1-5 可以看出，2010 年五县（市）工业废水和生活污水总排放量将达到 13467.4 万 m³/a。其中，工业废水排放量为 7440.3 万 m³/a，占总废水量的 55%；生活污水排放量为 6027.2 万 m³/a，占总废水量的 45%。化学需氧量排放总量达 26707.9t/a，其中工业化学需氧量为 8171t/a，占化学需氧量排放总量的 31%；生活化学需氧量为 18536.9t/a，占化学需氧量排放总量的 69%。氨氮排放总量达 3212.5t/a，其中工业氨氮为 1618t/a，占氨氮排放总量的 50%；生活氨氮为 1594.6t/a，占氨氮排放总量的 50%。总氮排放总量达 4705.2t/a，其中工业总氮为 219.1t/a，占总氮排放总量的 5%；生活总氮为 4486.2t/a，占总氮排放总量的 95%。总磷排放总量达 438t/a，其中工业总磷为 105t/a，占总磷排放总量的 24%；生活总磷为 333.1t/a，占总磷排放总量的 76%。

从表 11-1-6 可以看出，2030 年库周五县（市）工业废水和生活污水总排放量将达到 15916.4 万 m³/a，其中，工业废水排放量为 8601.3 万 m³/a，占总废水量的 54%；生活污水排放量为 7315.2 万 m³/a，占总废水量的 46%。化学需氧量排放总量达 32391.7t/a，其中工业化学需氧量为 9893.3t/a，占化学需氧量排放总量的 31%；生活化学需氧量为 22498.5t/a，占化学需氧量排放总量的 69%。氨氮排放总量达 3747.4t/a，其中工业氨氮为 1812t/a，占氨氮排放总量的 48%；生活氨氮为 1935.3t/a，占氨氮排放总量的 52%。总氮排放总量达 5162.8t/a，其中工业总氮为 961.5t/a，占总氮排放总量的 19%；生活总氮为 4201.2t/a，占总氮排放总量的 81%。总磷排放总量达 546.4t/a，其中工业总磷为 188.4t/a，占总磷排放总量的 34%；生活总磷为 358.1t/a，占总磷排放总量的 66%。

（4）面源污染预测。2000 年库区面源污染负荷见表 11-1-7。作为库区主要面源来源的农畜牧业将在规划期间继续增长，但受产业结构调整的限制，增长速度会放慢，考虑到规划期间规划区将采取退耕还林和水土保持等措施，使化肥使用量有所下降，同时部分生活面源转化为点源，在不考虑其他因素的情况下，2010 年和 2030 年规划区面源产生量至少稳定在 2000 年的水平不再增长。

表 11-1-7   2000 年库区面源污染负荷   单位：t/a

项目	面源产生量				面源入河量			
	化学需氧量	氨氮	总磷	总氮	化学需氧量	氨氮	总磷	总氮
负荷值	230201.13	14206.95	7701.56	48693.25	11751.37	1067.09	912.48	9509.79

应看到，目前库区的面源污染已经较严重，面源污染的控制难度很大，通过源头治理和治理水土流失削减面源的入库量是当务之急。

3. 水库水质预测

丹江口水库水质预测采用平面二维水库水质模型进行预测，其控制方程由连续性方程、动量方程和污染物对流扩散方程组成。

对水库 2010 年和 2030 年不同保证率条件下，以高锰酸盐指数为指标，对其水质状况进行了预测，预测 2010 年和 2030 年水库特征点水质状况，预测结果显示：10% 调水保证率条件下，2010 年和 2030 年水库都能保证Ⅱ类水标准。个别点在 2030 年水库水质会出现超Ⅱ类水质标准水；50% 调水保证率条件下，2010 年水库都能保证Ⅱ类水标准，调水规模到 2030 年，除枯水期土沟断面附近水域超Ⅱ类，为Ⅲ水体外，其余各点水库水质都能满足Ⅱ类水质标准；90% 调水保证率条件下，2010 年水库特征断面水质都能保证 Ⅱ 类水标准，调水规模到 2030 年，除个别点水质为 Ⅲ 类水体外，其余各点水库水质都能满足 Ⅱ 类水质标准。

到 2010 年，在 10％水文条件下，枯、平、丰三水期水库断面水质良好，均为 Ⅱ 类水体。水库支流老灌河、神定河和土沟有 Ⅳ 类水出现，水质较差。到 2030 年，在 10％水文条件下，水库大部分断面水质基本都是 Ⅱ 类水，水质良好，仅老灌河局部有 Ⅲ 类水出现，水质较差。

到 2010 年，在 50％水文条件下，枯水期、平水期和丰水期水库水质都较好，仅局部库湾有少量 Ⅳ 类水出现，水库整体都能保持 Ⅱ 类水。到 2030 年，在 50％水文条件下，枯水期、平水期和丰水期水库水质整体较好，水库整体能保证 Ⅱ 类水，局部库湾水质为 Ⅲ 类水。

到 2010 年，在 90％水文条件下，枯水期、丰水期和平水期水库水质整体较好，能保证 Ⅱ 类水要求，枯水期老灌河有 Ⅳ 类水出现。到 2030 年，在 90％水文条件下，丰、平、枯三水期水库水质在坝上和陶岔都能满足 Ⅱ 类水要求，但是枯水期和平水期在老灌河和神定河出现 Ⅳ 类和 Ⅴ 类水，老灌河河口和神定河河口、浪河口和盛湾右岸出现 Ⅲ 类水。

总之，一期调水后在坝上和陶岔断面不同水期 2010 年和 2030 年都能保证 Ⅱ 类水要求，仅部分支流出口水质有 Ⅲ 类或者超 Ⅲ 类现象，特别是老灌河河口距离陶岔取水口较近，水质污染较重，对引水水质影响程度较直接，需引起足够重视。

4. 水库富营养化预测

富营养化是指水体内部由于光、热及各种营养元素，特别是氮、磷等元素的富集，使水体生产力逐渐提高，某些浮游藻类异常增殖，导致水体水质恶化的过程。水库一经兴建完成，水库水体富营养化进程即已开始。为了预测丹江口水库富营养化发展趋势，采用建立的库区平面二维水质模型分别对 2010 年和 2030 年水库营养状况进行了预测，利用预测的结果，采用综合因子评价方法，对丹江口水库规划水平年的富营养化进行分析。

湖泊水库的富营养化评价采用百分制，首先根据平面二维水库水质模型，分别计算不同保证率不同水期条件下，2010 年和 2030 年总氮、总磷、氨氮、高锰酸盐指数在库区内分布。预测结果显示，大坝加高前后，各水期水平年的营养状况均处于中至中-富营养状况，由于营养指标计算采用平面二维水质模型，因而在出现中-富营养状况的水域在不同条件，局部库湾支流表层水域极易出现富营养化，应引起足够重视，加强管理；大坝加高后，各水期水平年的营养状况较大坝加高前好。

此外，应当注意到，丹江口水库大坝加高后，将淹没库周部分土地，由此带来磷溶出的问题。续建工程完工后的短期内，新淹没土地中的磷作为一个内源，将使库水中总磷含量有所提高，但随着水库换水次数的增加，这种影响将逐渐减少直至消失。

值得关注的是，丹江口水库加高后，局部库湾水流流速明显减缓。同时，相对大量增加的生活污水和工业废水通过堵河、神定河、泗河、浪河等排入水库，因而有可能造成局部水域的水质进一步恶化，氮、磷含量增加，从而导致局部水体富营养化。

5. 水环境容量变化预测

水环境容量是指一定水体在规定的环境目标下所能容纳污染物的量，其大小与水体特征、水质目标及污染物特性等有关。为保证南水北调工程实施后，作为水源地的丹江口水库的水质能够满足环境用水的要求，有必要对水库的水环境容量进行研究和评价，并对污染物总量的控制进行分析。水质预测结果表明，丹江口水库后期续建工程建成后，对水库水质影响不大。但是，随着流域及库周地区经济的发展和人口的增长，入库污染负荷也将不断地增加，从而使库湾和局部岸边水体水质有所下降。丹江口水库水环境容量的研究将遵循点面结合的原则，进行水库水环境容量和典型区域水环境容量的研究，以求较全面地反映水库的环境容量，为环境保护和治理措施的制定提供依据。

采用水库水质预测的二维模型及有关参数，根据确定的相应的水质目标，可以推算直接入库和通过支流入库的高锰酸盐指数、氨氮和总磷的浓度。通过高锰酸盐指数与化学需氧量之间的折算，进而计算出水环境容量，同时对容量变化进行分析。对于水库而言，丹江口水库水功能区划为调水水源地保护区，根据水资源综合规划的规定，保护区内不得排污，因此其环境容量按现状排污量计算，丹江口水库纳污能力化学需氧量为 7189.2t/a。通过模拟计算结果，可以看出：在 90％枯水期水文条件下大坝加高后水库干支流环境容量与大坝加高前相比各不相同。总体来讲，大坝加高后，白河、堵河、丹江环境容量有所减小，而天河、剑河、土沟和浪河环境容量基本不变化。环境容量脆弱的是神定河、老灌河、天河、土沟和浪河，其次是关山河、剑河、远河等河流，白河和堵河水质相对较好。

与污染源预测结果比较，在 2010 年和 2030 年水平年，仅就点源污染而言，总体污染负荷并未超过总体水环境容量，但由于排污不均，污染物排放仍会影响水库局部水质。汉江干流和堵河具有较大的环境容量。老灌河距陶岔区域较近，其水环境容量较为脆弱，因此老灌河水环境容量的耗尽，将对陶岔区域的水质影响较大。

6. 小结

（1）大坝加高后，各入库河流在入库河段流速减缓，自净能力有所下降，因此水环境容量有所减少，化学需氧量总体减少 6.9％、氨氮总体减少 10.5％、总磷总体减少 9.8％。

大坝加高后，从理论上而言，由于水量增加，水库水环境容量应该增加，但因丹江口水库为调水水源地保护区，其入库污染负荷必须维持在现状水平，因此，其水环境容量不增加。

（2）局部污染严重的支流如天河、老灌河、神定河、土沟和浪河因其径流量小，水流变缓，无多余环境容量，这是环境敏感地带，要加大对这些地区的环境保护和污染治理工作。

（3）在 2010 年和 2030 年水平年，仅就点源污染而言，总体污染负荷并未超过总体水环境容量，但由于排污不均，污染物排放仍会影响水库局部水质。

（三）生态环境影响预测

1. 影响特点和范围

（1）施工期。生态影响类型可以分为直接影响和间接影响两个方面。丹江口大坝加高施工期，工程的直接影响主要在大坝施工区及其周围。大坝施工需要占用大量耕地以及部分草地和林地，将造成自然系统生产力下降；爆破、开挖等导致河流内悬浮物增加，影响水生生物的正常生活；各种施工噪声还会对周围野生动物产生惊扰。

（2）运行期。水库运行期，直接生态影响主要表现为以下几方面。

1）淹没大量植被，使库区周边自然系统的生产力降低，使区域生态完整性受到一定损失。

2）淹没了部分野生动物的栖息地，使之被迫上移，如果找不到合适的生境，则该种生物的生存将受到威胁。

3）由于水文情势改变，静水面积扩大，推移质和悬移质移动过程发生变化，泥沙沉积增多，且首先在库区分布。

4）由于水文情势改变，增加了对急流性鱼类的生存影响。

5）该区域回水范围及附近支流、河溪可能有大鲵分布，随着干流变为库区，使一些原本可以涉溪活动的动物的生境被切割阻断，压缩或破坏大鲵的栖息生境，迫使大鲵寻找新的栖息地。

6）库区水位的上升将增加消落带的面积，从而造成景观的破坏，导致环境恶化，如得不到有效治理，还会产生荒漠化趋势。

7）库区上重新建设公路、输电线路等线型工程，线型工程的建设将重新切割陆生生境，可能会对物流、能流产生新的阻隔和影响。丹江口水利枢纽大坝加高工程运行期生态影响特点和范围见表11-1-8。

表11-1-8　　　　　丹江口水利枢纽大坝加高工程运行期生态影响特点和范围

影响原因	影响范围	生态因子反应	恢复程度
淹没植被	322.75km²	被淹植被死亡，生态受破坏	无法恢复
淹没动物栖息地		动物被迫上移	无法恢复
水文情势变化	322.75km²	部分鱼类和水生生物受到影响	急流性鱼类生境被压缩，有些物种消失
消落区面积增加	海拔145～170m的区域	生物难以生存，景观影响	不易恢复
泥沙淤积	1050km²	库区河床淤浅	无法恢复
水温变化	1050km²	对水生生物及灌溉用水产生影响	无法恢复
移民安置	安置移民的区域	植被遭破坏	可以部分恢复
库周局部气候的改变	库周区域	有利于果树的越冬及水果糖分的积累	正面影响
重新建设公路，输电线路等线型工程	不详	破坏植被，对生物移动产生阻隔影响	无法恢复

2. 生态完整性的影响

（1）施工期。

1）对区域自然系统生产力的影响。采用卫星遥感解译方法，对丹江口大坝加高工程施工区周边土地利用情况的调查，各类自然植被的面积进行统计。由于工程施工占地，使施工区域生物量减少30814.6t，占评价区总生物量的0.028%；丹江口水利枢纽大坝加高施工区域自然系统净第一性生产力降低464.97g/(m²·a)，自然系统生物量和生产力的降低，对该区域的生态完整性会产生一定的负面影响。

2）对自然系统稳定状况的影响。恢复稳定性分析：对自然体系恢复稳定性的度量，是采取对植被生物量进行度量的方法来进行的。通过上述分析可知，丹江口水利枢纽大坝加高工程的实施使区域自然体系生物量略有减少，但生物量的减少只占评价区总生物量的0.028%，因此对施工区自然体系恢复稳定性的影响较小。

阻抗稳定性分析：丹江口水利枢纽大坝加高工程施工后，大坝周边建筑用地明显增多，评价区 0.02%的自然组分被施工占用，对自然组分组成的异质化程度产生一定影响，但由于所占面积非常小，评价区 99.98%的自然组分的异质化程度没有受到影响，因此工程施工对自然系统的阻抗稳定性影响较小。

（2）运行期。

1）对区域自然系统生产力的影响。丹江口大坝加高水库蓄水后，将淹没土地面积 307.7km²，其中淹没主要用地类型为农田、林地和荒草地。水库蓄水后，将引起库区及库周土地利用格局发生改变，具体见表 11-1-9。

表 11-1-9　　　　　　　　　丹江口大坝加高区土地利用类型变化　　　　　　　　　单位：km²

土地类型	现状土地利用面积	170m 方案淹没土地面积	水库蓄水后土地利用面积
林地	4855	43.91	4811.1
灌草地	3400	7.97	3392.0
农田	2090	185.82	1904.2
水体	1005	6.45	1306.3
裸地	500	36.29	463.7
居民地	210	27.33	182.7
总计	12060	307.7	12060.0

丹江口库区及周边土地利用格局的变化，将降低该区域自然系统的生物量和平均净第一生产力。计算表明：该自然体系生物量共减少 170.0 万 t，占评价区总生物量的 1.55%；生产力减少 22.06g/(m²·a)。

2）自然系统稳定状况的预测。恢复稳定性分析：丹江口大坝加高水库工程的实施，使区域自然系统的生物量共减少 170.0 万 t，从而导致自然系统恢复稳定性降低，但由于减少的生物量仅占评价区总生物量的 1.55%，因此，该工程实施对丹江口库区及周边自然系统恢复稳定性的影响较小。

阻抗稳定性分析：大坝加高蓄水后，大部分草坡、草地被开垦为农田，减少了天然次生植被的面积，使植被更加趋向于人工化和物种单一化，库区及周边自然系统的阻抗稳定性是降低的。但由于改变的面积只占评价区 2.5%，因此，可以认为影响较轻。

3. 陆生生物的影响

（1）对植被的影响。

1）直接影响。丹江口大坝加高工程在水库运行期对植被的影响主要是由淹没造成的。丹江口水库蓄水后，将淹没用材林 41037 亩、果茶园地 21758 亩、其他经济林 16816 亩、柴草山 13976 亩、消落区意杨林 37833 亩。初步估算，因水库淹没将直接减少林地约 13.1 万亩。

大坝加高水库蓄水淹没涉及植被类型共有 21 个，其中以木本植物为主的类型有马尾松疏林、马尾松与栎类针阔叶混交林、小果蔷薇灌丛、枸杞灌丛等；消落区的意杨林、沙兰杨林以及群众广为栽培的宽皮柑橘林、桂竹林、桑林等；以草本植物为主的植被类型主要有节节草群落、蓼群落、瓦松群落、斑茅群落、狗牙根群落、甜根子草群落、纤毛柳叶箬群落、牛鞭草群落、拟金茅群落、荻群落等。淹没的植物 287 种，其中主要树种有湿地松、火炬松、柳树（垂柳、旱柳、龙抓柳）、榆树、刺槐、臭椿、楝、重阳木、黄连木、泡桐、竹子等，多为库区四旁栽培。这些群落和植物均属于亚热带分布比较广泛的群落和物种，在其他地区也分布有相似的群落和植物种，因此，这种损失是可以承受的。

2）间接影响。丹江口大坝加高水库工程在运行期对植被的影响主要表现在两方面：一方面库区移民重新安置对植被的影响；另一方面水库水面的扩大，引起库周气候变化，对自然植被的生长产生正面影响。

a. 移民建房对森林植被的影响。丹江口水库移民 30 多万人，农村移民所建房屋砖木、土木结构仍会占有一定比重，需妥善解决移民建房的木材来源，避免森林植被遭受破坏。

b. 水库移民对林地演替的影响。水库移民在拟定的安置区为寻求新的生产途径和劳动场所，将从事一系列生产开发活动，其主要表现：一是部分移民从传统的种植业向林业转移。丹江口水库初期规模移民生产开发实践表明，移民发展柑橘、茶叶、山楂、葡萄等经济林果和发展特产、药材类取得了显著的经济效益，移民收入得到提高。这为移民安置生产开发创造了有利条件。根据丹江口库区资源优势及地理位置特点，可以预计柑橘、茶叶等种类繁多的经济林果、特产、药材类等得到较大的发展，自然植物向人工植被演替，植物群落发生较大变化。二是移民在过渡时期对用材和薪炭的需求，使局部地区林地向灌木、灌草丛逆向演替，特别是人口密度较大、耕地资源紧张、后备资源短缺的区域，植被逆向演替显著。在移民安置规划时，对安置区土地等资源进行合理调整，可控制迁建活动对林地的逆向演替影响。

c. 移民安置对库区水生态环境的影响。据移民安置规划，除郧县县城（城关镇）移民迁建区的性质为郧县行政、经济、文化发展的副中心，工业零配件加工和商贸基地。其他集镇均为镇域或所在地区行政、经济、文化中心，农副产品加工和商贸基地。从迁建城（集）镇的性质和发展方向上看，将以商贸、农副产品加工等为主，不发展大量排放"三废"对环境质量造成严重污染的工矿企业。

集镇迁建后将集中排放生活污水，到规划水平年迁建城（集）镇生活污水总量约 80 万 t/a，均采用雨污水分流制，生活污水经化粪池处理后排入污水水管。收集后的生活污水需处理后排放，避免对水环境产生不利影响。

d. 气候变化对植被影响。由于水库水域面积增大，库区年平均气温增高 0.1℃，其中 2 月平均气温增高 0.4℃，4 月和 10 月平均气温增高 0.2～0.3℃，7 月降低 0.4℃。空气湿度增加 2％～4％。库周空气湿度的增大，有利于库区周围一定范围内植被的生长，植被群落中喜湿的群落将增多，尤其是库周地下水位在水库蓄水后，会有所抬升，将使库岸植被朝水生系列演替。届时中生和湿生草甸或沼泽植物群落将得到迅速发展，由于这些植被具有较强的净化水体和控制水土进入水库的功能，因此对维护水库的水质会起到非常好的作用。此外，库区小气候的改变对发展经济林会起到非常好的促进作用。库区冬季平均气温增加，夏季平均气温降低，湿度增大，有利于植物的生长，特别是有利于柑橘的生长和越冬。

（2）对珍稀植物的影响。丹江口水库 170m 水位将直接淹没国家或地方重点保护植物 3种，其中国家重点保护植物 1 种（Ⅱ级保护植物野大豆），省级保护植物 2 种（岩杉树和狭叶佩兰）。

野大豆是大豆的近缘种，是我国重要的珍稀濒危野生种质资源，具有耐盐碱、抗寒、抗病等许多优良性状，对改良大豆的品质具有重要的作用。同时，它营养价值高，又是牛、马、羊等各种牲畜喜食的牧草。野大豆在我国分布较广，从我国东北乌苏里江沿岸和沿海岛屿至西北（除新疆、宁夏外）、西南（除西藏外）直到华南、华东都有零星生长，主要分布在长江流域和东北地区。

岩杉树和狭叶佩兰都是我国特有的植物，由于数量较少，被列为湖北省重点保护植物。岩杉树主要分布在安康、紫阳、西乡、白河、神农架等地山区；狭叶佩兰主要分布在湖北、贵州、广西台江、广西阳朔等地。岩杉树是野生纤维种质资源，狭叶佩兰是野生花卉资源和中草药资源，在植物系统分类上具有一定的意义。

水库的淹没，将使这三种重点保护植物数量进一步减少，对于岩杉树和狭叶佩兰来说，由于它们在我国其他地区也有一定数量的分布，水库的淹没不会对其种群构成威胁，因此影响较小。对于野大豆来说，由于不同生态地理区位遗传基因组成差异明显，因此，对本区野大豆的影响较大。除以上3种直接被淹没的植物外，评价区内还有30种国家和地方重点保护植物，由于它们不会被淹没，因此不会受到水库淹没影响。水库移民迁建以及生活设施的建设，将使库区范围内的植被生态受到较大的扰动，如不注意保护，将可能在移民过程中影响这些物种的生存，甚至使其遭到毁灭。

（3）对古木大树的影响。古木大树树种资源既是重要的自然资源，又是宝贵的历史遗产。古树为近代以前留存下来的树木，树龄150年以上（不论古树树体大小），大树为胸径大于60cm的树木（不论树龄大小）。古木大树是长期个体发育的产物，是宝贵的基因资源。按以上标准调查，库区周边五县（市）共有古木大树58种194株，其中3株位于海拔170m以下，将被直接淹没。

库区范围内194棵古木大树资源，其中分布在海拔170m以下的有3棵，分布在海拔170～200m的有23棵，分布在海拔200～500m的有74棵。分布在海拔170m以下的3棵古木大树将直接受淹没影响；分布在170～200m的古木大树由于靠近水库，人口密度大，所以受影响较大；200～500m是移民后靠主要区域，由于移民搬迁活动以及各类生产、生活设施建设，分布在这区间的古木大树也可能受较大影响；500m以上区域分布的古木大树，虽然海拔较高，移民相对较少，但在库区人口密度不断增加的情况下，仍然要受到移民活动的影响。

在受水库淹没影响村民住宅附近的主要分布古木大树24棵（表11-1-10），其中有3棵在淹没线下直接受淹没影响，其余21棵在移民安置过程中也将受到移民安置活动影响，应注意加强保护。库区的古木大树多为中国普生性的种类，虽然有3棵古木大树被淹没，但这仅仅是历史遗产的损失，不会造成该树种的灭绝，其他的古木大树虽受移民安置活动的影响，只要加强对移民宣传教育和管理，在移民搬迁过程中注意保护，可降低其不利影响。

（4）对陆生动物的影响。在施工期，丹江口水利枢纽大坝加高工程施工区大部分位于丹江口市城区，无珍稀野生动物，陆生动物主要是家禽和小型野生动物，工程施工对其影响不大。主要施工江段坝下—羊皮滩两岸滩地分布有较多的水禽，会直接或间接受到施工活动的影响而临时离开。

表 11-1-10　　　　　　　　丹江口大坝加高库区古木大树资源分布

中文名	胸径/cm	树龄/年	海拔/m	位　　　置
银杏	477（胸围）			淅川县仓房乡香严寺
青檀	156	560		丹江口市六里坪蒿口
柏木	60	300		丹江口市肖川乡胡家湾村
	67	250		丹江口市牛河乡五谷庙村
圆柏	113	500	180	丹江口市凉水河乡白龙泉村
	83	700	130	郧县杨溪镇刘湾村
	49	250	300	郧县安阳镇艾沟村
	250（胸围）	200	250	淅川县滔河乡黄桥村
侧柏	150（胸围）	300	420	淅川县寺湾乡大华山村
	74	270	200	郧县安阳镇陈营村
皂荚	480（胸围）	110	173	淅川县滔河乡朱山村
	70	360		丹江口市牛河乡锦鸡庙村
刺楸	156（胸围）	200		淅川县仓房乡香严寺
麻栎	238（胸围）			淅川县仓房乡香严寺
栓皮栎	350（胸围）	300		淅川县大石桥乡水燕岭
枫杨	1010（胸围）	500	250	淅川县香化乡曾庄黑龙泉
	102	800		丹江口市牛河区金山村
榔榆	89	420		丹江口市牛河区龙河村
重阳木	160	450	200	郧县胡家营镇将军河村
黄连木	110	280	250	郧县安阳镇余咀村
	184.5（胸围）			淅川县仓房乡香严寺
	80	250		丹江口市肖川乡胡家湾村
桂花	38	250	130	郧县五峰乡南北峰村
	163（胸围）	300		淅川县仓房乡香严寺

运行期对陆生动物的影响包括以下内容。

1）水库新增淹没区域（高程 157～170m），栖息于这一带的野生兽类多为喜水的动物，其中包括国家二级保护动物穿山甲、水獭。在水库提高水位后，该区域将全部被淹没，这些动物被迫迁移寻找新的栖息地。

穿山甲的活动范围较广，能够适应的海拔高度范围较宽，而且其主要食物白蚁生长地域比较广阔，因此，水库淹没穿山甲的栖息地后，穿山甲会向上迁移，其生存基本不会受到新的栖息地的海拔高度、生境及食物来源的限制，因此水库的淹没对其影响较小。

水库水位提升后，水獭上移，由于上移距离不大，相似生境比较容易找到，而且水库水面扩大，水文情势改变后，急流性鱼类逐渐被静水性鱼类取代，水獭的食物来源不会短缺，因此，水库淹没对水獭的不利影响主要在淹没初期。

2）淹没线周边区域（170m以上区域）。淹没线周边区域主要包括库区周边评价区内所有高程大于170m且位于第一山脊线下的地域（对于敏感动物的评价还要在此范围基础上适当扩大）。这个范围内生态系统类型多样，包括农田、草地、林地、裸地等，因此动物种类非常丰富。

a. 栖息面积和生境类型减少的影响。水库蓄水将淹没土地322.75km²，其中淹没林地87.33km²、草地82.38km²、农田134.62km²，如此大面积的植被被淹，必然会减少周围野生动物的栖息地范围，从而可能会对其生存产生影响。受到影响最明显的应该是该区域的敏感动物——大型兽类（如豹、黑熊等），因为这些兽类一般都需要较大面积的栖息地，如果栖息地面积不足，则其生存将会受到威胁。其他小型兽类所需栖息地面积较小，如果工程运行不会对豹、黑熊等敏感动物构成威胁，则其他兽类就不会受到影响，评价区内生物多样性就可以维持。

依据最小存活种群和种群生存力分析理论，可以判定关键敏感动物对栖息面积改变的反应。以豹作为被保护的敏感动物为例，每只豹最小的生存面积为20km²，项目区如以短期保护（50代）为目标，有效保护面积为1000km²；如以长期保护（500代）为目标，则有效保护面积10000km²。

通过卫片解译和现场调查情况表明：评价区及周边的竹山县、房县现有的适宜豹栖息的生境类型多样、面积较大，即使大坝增高水库蓄水后将淹没林地、草地、农田322.75km²后，适合豹生存的区域依然十分广阔。因此，仅从栖息地面积的角度考虑，评价区及周边广阔的林地完全可以满足现存豹种群栖息。如果工程运行后注意保护现有生境多样性和栖息地，则水库淹没对豹种群的生存影响轻微。

根据上述理论可以认为，库区淹没不会对敏感动物物种产生严重影响，因而，总体上看，对其他保护物种的影响也是轻微的。

b. 淹没回水的影响。水库蓄水后，丹江将新增回水长度13.5km，汉江新增回水长度16.6km，河流回水会使原有的邻近库区的溪流变宽变深，从而对一些陆生野生动物产生阻隔效应。例如原来一些可以趟过溪流的动物现在无法通过，因此，限制了其活动范围，不利于其生殖繁衍。

大坝加高蓄水后，入库河口水文情势改变，原生境不再适宜大鲵生存，迫使其上溯寻找新的生境。由于回水区上还有许多适宜生境，影响是可以接受的。

c. 移民安置的影响。后靠集中建房安置移民，占用了部分部分野生动物栖息地，对这些动物可能产生不利影响。

对鸟类而言，水库水位上涨后，不同生境内的鸟类受到的影响不同：①水域及沿江河谷带（高程157~170m）。这一带主要指水库边缘，栖息于此的鸟类主要有鸬鹚、苍鹭、豆雁、灰鹤等。水库蓄水后，库岸线增长，水域面积增加，浅水滩地增多，将形成鸟类新的栖息地，因此，这些鸟类的种类、数量不会受到明显影响。②栽培植物带（高程170~500m）。蓄水初期，大面积耕地被淹没，将使农田鸟类种群数量减少，但不改变种群结构。③森林带（高程大于500m）。评价区的森林多分布于库区周边的山地，那里人类活动较少，植被保存较好。这一带的鸟类主要有苍鹰、黑枕绿啄木鸟、星头啄木鸟、赤胸啄木鸟等。由于淹没的林地在评价区内面积较小，鸟类基本不会受到水库淹没的影响。

对两栖类与爬行类动物而言，水库水位上升后，栖息在库区周边林地或山间小溪中的两栖类和爬行类动物的生境将有一部分被淹没，为了寻找适宜的栖息地，动物会上移，由于上移受到海拔高度、饵料、栖息生境多样性等多种因素限度，可能会对生物的生存产生不利影响。以国家重点保护动物大鲵为例进行分析。大鲵可生活在海拔 100~1200m 的高度范围内，多生活在水质清澈、水温较低、深潭较多的溪流中。水库蓄水后，水面将抬升 13m 左右，河流受回水的影响，水流将减缓，很多河段会变成静水，导致水体自净能力减弱，水质下降，水透明度降低，破坏大鲵的生存环境，于是大鲵被迫上移，在地势较陡的地区，大鲵仍可以找到水质较清、水流急促的溪流环境，但在坡地较缓的地区，需要上迁很远才能找到流动的溪流，而这些地区库周以农田居多，大鲵很难找石缝裂隙和岩石孔洞等栖身之处，加之这些地区人类活动较多，增加了对大鲵的威胁。其他爬行类和两栖类也存在类似问题，但由于库区周边生境多样，面积广阔，这些动物上迁后一般可以找到适宜的生存环境，其数量经过短暂的波动后会很快恢复原状。

4. 水生生物的影响

(1) 对水生生境的影响。丹江口水库大坝加高后水库面积、回水长度和调节性能等均发生变化，由此库区水生生境将会发生以下变化。

1) 库边水域生境的多样性增加。库区地处低山丘陵，地形十分复杂，四周小河溪流纵横交错，后期工程蓄水淹没以后，库边必然形成多种多样的小生境，适宜各类水生生物栖息繁衍。

2) 水体营养物质来源增加。后期工程新淹没面积 370km²，库边土地以及植被淹没以后，淹没区植物腐败、氧化分解和污染物与土壤中的营养物质逐步向水中释放，在一定年限内，丹江口水库尤其是在水库周边及部分库湾，营养物质将会有所增加，有利于浮游生物繁衍。

3) 促进库水交流。工程初期丹江口水库的汉江库区和丹江库区库容大体相同，由于汉江的年径流量大于丹江，而库水全部经过丹江口枢纽下泄，因此，汉江库区水体交换较为频繁，部分水域呈流动状态，而丹江库区则相对为静止状态。南水北调中线一期工程从丹江库区的陶岔闸输水北调，年调水量达 95 亿 m³，相当于 170m 水位库容的 1/3 水量，因此，汉江库区的部分水体将流入丹江库区，促进水体交流。

4) 改变流速、透明度和含沙量。丹江口大坝加高工程建成以后，丹江口水库正常蓄水位提高 13m，库容比初期工程增加 66.5%，水库水动力学特性流态将发生变化。汉江库区，特别是肖川—郧县区域的水流将明显减缓；丹江库区，特别是陶岔口渠首闸附近水域将呈微流状态。由于库容增大后，库区水流进一步趋缓，汉江以及丹江径流带入水库的泥沙沉积加快，大部分库区水的透明度将会有所提高。

5) 库容增加，环境容量增大。水库正常蓄水位提高到 170m，相应库容增加了 66.5%，水面增大了 40.9%，水生生物生活空间扩大，水体自净能力增强，对环境污染物的容纳能力增强。

(2) 对浮游生物的影响。

1) 浮游植物。根据水库浮游植物演化规律，水库蓄水初期，新增淹没区内营养物质向水体释放，水体中营养物质含量会相应增加，浮游植物的现存量会随之升高。由于丹江口水库淹没区植被比较贫乏，外源性营养物质来源有限，预计浮游植物数量增加不会明显，并且随着时间推移，其现存量将趋于稳定。值得注意的是，由于水库不少支流污染较重，水库营养物浓度多年来不断升高，浮游植物现存量增加较为明显，水体已呈富营养化趋势。大坝加高后，水库由年调节变为多年调节，水滞留时间延长，营养物累积加重，水体富营养化有加速的可能。大坝加高工程建成后，随着水位提高，库容增大，库区流速趋于平缓，汉江库区浮游植物可能将逐步演化为具有湖泊特征的群落，硅藻比例进一步下降，蓝绿藻比例上升。此外，随着汉水通过陶岔口渠首闸向北调水，汉江库区的库水将随之流向丹江库区，从而增加丹江库区浮游植物种类的多样性，汉江库区和丹江库区原有的差异进一步缩小。

综上所述，丹江口大坝加高工程建成后，水库浮游植物的种类组成、季节变化较小，现存量将会有所增加，水库总生物量的增加会比较显著，有富营养化的趋势。

2）浮游动物。与浮游植物一样，由于从丹江库区的陶岔口渠首闸调水，部分汉江库区水体流入丹江库区，汉江库区和丹江库区浮游动物种类组成和现存量的差异将会逐渐缩小。由于水域浮游动物丰度消长与浮游植物丰度密切相关，在丹江口大坝加高工程建成后，根据水库浮游植物的变化趋势，预计丹江口水库浮游动物的种类组成、分布状况、现存量及季节变化也会有所变化，原生动物特别是纤毛类等小型浮游动物比例将会上升，以丹江库区上升的幅度最大。

由于水域浮游动物丰度消长与浮游植物丰度密切相关，在丹江口大坝加高工程建成后，根据水库浮游植物的变动趋势，预计丹江口水库浮游动物的种类组成、分布状况、现存量及季节变化不会发生明显改变，但其总的生物量将会显著增加。

（3）对底栖动物的影响。丹江口大坝加高工程建成后，水位抬高、库容增大对底栖动物所处的生态环境没有明显的影响，库周原有的小生境被淹后，在新的库周将会形成新的小生境，底栖动物的区域分布将打破原有的格局。而底栖动物种类组成、优势种类、密度和生物量不会有明显变化，只是水库面积增加，底栖动物总量增加。

在陶岔引水渠首，由于调水的影响，底栖动物的种类将会有所减少。据利亚霍夫资料，水流可以挟带底栖动物以致改变它们的分布。大型底栖动物如软体动物比较喜欢栖息于水流缓慢的环境，当水流超过 1m/s 时，它们就无法生存；一些小型种类如毛翅目幼虫和蜉蝣目幼虫等则能适应水流较急的环境，即使当水流超过 1.7m/s，它们仍能正常生活。

综上所述，丹江口大坝加高工程兴建后，底栖动物的种类组成、密度和生物量不会发生太大变化，但其区域分布和物种组成将有所改变，总的生物量将会明显增加。

（4）对丹江口库区鱼类资源和鱼类繁殖的影响。

1）对产漂流性卵鱼类繁殖的影响。丹江口水库鱼类资源中，在流水环境中产漂流性卵的鱼类占了很大比例，约占水库天然捕捞产量的 35%～40%。

1993 年汉江上游四大家鱼产卵场调查的结果表明，汉江上游有安康、蜀河口、白河、前房、郧县等处产卵场，其中以前房产卵场和规模最大，其产卵量占总产卵量的 43.2%（四大家鱼）和 84.3%（产漂浮性卵鱼类）。

丹江口后期工程正常蓄水位达 170m 时，水库回水区将抵达孤山下 3km 处，鱼类产卵季节属于洪水期间，水库防洪限制水位为 160～163.5m，其回水区也在郧县以上。由于水位抬高，流速减缓，前房和郧县二处鱼类产卵场的产卵条件将全部或部分改变，郧县产卵场将完全消失，前房产卵场将上移并缩小，白河产卵场规模将明显扩大。

由于安康枢纽对汉江径流的调节，在鱼类产卵季节，坝下江段洪峰将会削减，下泄江水水温较天然河道偏低，安康和蜀河口两个产卵场的产卵条件将恶化，影响鱼类正常繁殖，特别是安康产卵场，其上界距离安康大坝仅 1km，所受影响将非常明显。据 1993 年调查，安康和蜀河口仍为小型产卵场，其区间和支流来水能够提供一定的产卵繁殖条件，尤其是蜀河口产卵场，其以上江段有旬河、坝河等支流汇入，将大大缓解安康大坝对其产卵场的影响，因此，安康和蜀河口产卵场将继续存在，蜀河口产卵场的产卵规模还有可能扩大。

水库水位提高，汉江回水距离延长，漂流性卵能够漂流孵化的流程变短，鱼卵在没有孵化前就沉入水底，孵化、成活率会极低。据研究，库区流速 0.27m/s 时，鱼卵开始下沉；0.15m/s 时基本下沉；0.1m/s 时全部下沉。目前，丹江口水库汉江漂流性卵下沉区在郧县以下 25.9～30.5km 的罗家河和鸟池段。当大坝加高调水后，即使水位控制在防洪限制水位，郧县以下也将很难达到 0.15m/s 以上的流速，如果繁殖季节水位较高，鱼卵可能在郧县以上的韩家洲就开始下沉。据此，我们测算了各产卵场—韩家洲的流程，安康产卵场上界和前房产卵场下界距后期工程缓流区韩家洲分别有 218.2km 和 3.7km，按鱼类繁殖季节经常出现的日平均流速 1m/s 计，受精卵一般 2 天孵出，从鱼卵孵化为鱼苗所漂流的距离为 170km 左右，则大型的前房产卵场和中型的白河产卵场所产鱼卵均在发育期间便漂流至韩家洲缓流区，下沉到水库底部而死亡。蜀河口产卵场距韩家洲仅 140km 左右，即使在防洪限制水位范围内，下沉区下移至郧阳附近，也会在孵出前后沉入库底，成活率会很低。只有安康产卵场基本满足孵出的流程，而该产卵场受安康枢纽影响，规模很小，仅占总产卵规模的 1.5%。但如果洪水时流速超过 1.5m/s 时，尽管缓水区的流速也相应提高，但距离是有限的，几乎所有产卵场所需流程都不够，孵化率和成活率会极低，影响会非常严重。

对产漂流性卵鱼类不同类型影响程度分析：对典型产漂流性卵的鱼类（如四大家鱼、鳡、鳤、鲸、鳊、赤眼鳟、吻鮈等）繁殖影响最为严重，特别是四大家鱼。四大家鱼对涨水条件要求比较高，水位涨幅至少在 40cm 以上，此时流速往往超过 1.0m/s，甚至 3m/s 左右，各产卵场所需流程均远远不够。而对鲌类、细鳞斜颌鲴等产具黏性漂流性卵的鱼类，影响会比较小，这些鱼类对产卵条件要求比较低，还会有符合条件的其他产卵场，有的甚至只要有微小的流水刺激，就会产卵繁殖，鱼卵黏附水下基质上孵化。对鳜等产具油球漂浮性卵的鱼类也不会有太大的影响。

综上所述，丹江口大坝加高工程对汉江上游产漂流性卵鱼类产卵场的影响比较大，特别是对四大家鱼等典型产漂流性卵的鱼类繁殖影响严重。丹江口水库鱼类中，产漂流性卵鱼类占了很大的比重，在鱼类多样性保护和渔业利用上均占有极为重要的地位，特别是滤食性的鲢、鳙，肉食性的鳡、鲸，作为生物操纵的关键物种，在控制水体富营养化等水质管理工作中，有着特殊的地位。产卵场所破坏以后，这些鱼类由于不能正常繁殖而得不到足够的补充群体，其种群数量将日趋减少，如不采取人工增殖放流等措施，鱼类资源将日趋枯竭，不仅直接影响丹江口水库鱼类多样性和渔业产量，而且对水源地水质保护也非常不利。

2）对产黏性卵鱼类繁殖的影响。丹江口水库鱼类资源组成中，产黏性卵鱼类的种类和数量也占了很大的比重，许多种类如鲤、鲫、鲇等是主要捕捞对象，其产量占水库天然捕捞产量的 40%～50%。

丹江口大坝加高工程建成蓄水后，原来形成的产黏性卵鱼类的产卵场，将全部淹没于水下，鱼卵附着基质，陆生植物和水生植物不可能生长，原有的产卵场必然消失。但是，后期工程淹没了大片土地，使水库的库岸线延长达到7000km，将形成范围更为广泛的产黏性卵鱼类产卵场，水库中产黏性卵鱼类将到新的产卵场繁殖。因此，后期工程建设对水库产黏性卵鱼类的繁殖生态不会产生明显影响。

然而由于水库在发挥防洪、引水、发电和航运等功能时将会频繁调度，使水库水位周年产生大幅度的变动。在鱼类繁殖季节，水库水位波动对产黏性卵鱼类的繁殖极为不利，往往大批鱼卵产出黏附在库边的植物或砾石上孵化时（黏性卵孵化时间比四大家鱼的卵要长些），由于水位下落，导致鱼卵裸露出水而干枯死亡。此外，繁殖季节水位下落还会制约产卵亲鱼的繁殖行为。这种现象在丹江口水库初期工程里已经发生，预计后期工程后，水库调蓄能力增强，水位较以前相比趋于稳定，这种现象会得到一定程度的缓解。

综上所述，丹江口大坝加高工程对产黏性卵鱼类的繁殖不会产生明显影响，这些鱼类将继续保持较大种群，成为渔业的主要捕捞对象。只要在鱼类繁殖季节（4月中旬至6月中旬），水库运行调度时注意兼顾生态保护，保持水位相对稳定，产黏性卵鱼类的繁殖规模将会扩大。

（5）对丹江口库区渔业的影响。

1）淹没现有渔业基础设施。丹江口枢纽初期工程建成以后，经过多年的努力，国家、地方、群众共同投资数千万元，使丹江口水库发展成为湖北、河南两省的重要渔业生产基地，年鱼产量达到400万～500万kg。

丹江口水库现有渔业管理生产设施的高程均在170m以下，后期工程建成后均被淹没，给丹江口水库渔业生产带来极为不利的影响。1992—1993年长江水利委员会会同水库渔业研究所组织专班，就后期工程渔业淹没损失进行了实物指标调查。南水北调中线工程丹江口水库库区规划包括防护和不防护两个方案。不防护时，淹没线内有精养鱼池182.18hm²，乡村坑塘256.93hm²，拦库湾养殖工程54处1003.74hm²（不含已报废或未完工的半拉子工程15处221.67hm²），淹没包括丹江口市金陵渔场、淅川县水产局渔场、郧县安阳渔场等库区主要渔业生产企业。防护时，将保护丹江口市温坪防护区、郧县柳陂与龙门防护区和郧西县天河口防护区内的渔业设施，防护鱼池面积为71.33hm²，拦库湾养鱼工程3处520hm²，大大减少了渔业淹没损失。

2）改变不投饵网箱的布置区域。丹江口水库渔业最重要的特点是不投饵网箱养鱼规模很大，面积达26.7hm²，居全国第一。不投饵网箱养殖鲢、鳙，产量虽然不高，但投入很小，经济效益较高，并且不会对养鱼水域水质产生负面影响，库区渔民十分重视。

由于库区水流流态和浮游生物密度在各个水域不尽相同，渔民和兼业渔民通过长期摸索，寻找出养殖效果较佳的布箱水域，其中以汉江库区的肖川水域不投饵网箱数量最多，布置最为密集。后期工程建成后，由于水位抬高、库容增大，水流态和浮游生物密度分布必将发生变化，原有的网箱设置水域可能不再适宜设置网箱，必须寻找适宜水域，重新设置网箱，从而影响不投饵网箱养殖生产。

3）水库捕捞难度增加。水库捕捞是水库渔业的难题之一。丹江口水库面积达7.45万hm²，水位157m时，坝区附近水深约65m，汉江库区龙山嘴约55m，丹江库区李家庄约56m，下寺约44m。由于水库水面大水深，水库捕捞难题长期没有解决。目前作业渔民主要使用三层刺网捕捞中上层鱼类，滚钩只能沿库边浅地带作业，底层鱼类虽然资源量很大，但一直缺乏有效的渔具渔法进行捕捞。后期工程建成以后，水位提高13m，水库底层鱼类捕捞难度将进一步加大。

4）水库渔业资源管理难度增加。丹江口水库水域跨两省4县（市），库区人口众多，移民人数达38万余人。许多移民为了生计，入库进行捕鱼作业，无证渔船一度发展到5000余只。密眼网等已明令禁止的渔具普遍使用，大量经济鱼类幼鱼被捕捞，电鱼、炸鱼、毒鱼等普遍存在，严重破坏了水库鱼类资源，渔政管理工作极为困难。1985年成立丹江口水库水产工作领导小组后，狠抓了渔政管理体系建设，组建了一支渔政管理队伍，制定了保护渔业资源法规，清理了大批无证作业渔船，整顿了渔业生产秩序，水库鱼类资源管理和渔业生产秩序有较大的改善。后期工程建成后，水面增大了26.7万hm²，新增移民22.4万人。由于水库面积扩大，甚至涉及至陕西省白河县，部分移民必将入库捕鱼作业，由于他们渔业法制观念淡薄，水库渔业资源和渔业生产管理的难度将会更大。

5）有利于水库鱼类资源增殖。目前，丹江口水库渔业年产量达400万～500万kg，其中捕捞水库自然增殖鱼类的产量约占总产量的50%～60%。后期工程建成以后，水库面积从初期工程的7.45万hm²，扩大到10.5万hm²，相应库容从174.5亿m³增加到290.5亿m³。如此巨大的水库给鱼类繁殖提供了数量众多、生境多样的繁殖场所。水库淹没大面积的农田、草地等土地，可向水体释放大量营养元素，有利于浮游生物滋生。丰富的饵料生物（包括种群巨大的小型鱼类）给各种经济鱼类提供了充足的食物。水库水域为鱼类生存和生长提供了广阔的空间。可以预计，后期工程建成后，丹江口水库鱼类资源将会进一步增殖，鱼类蕴藏量也将进一步增加，支撑水库规模巨大的天然捕捞渔业。

必须指出，作为资源的增殖鱼类，主要是那些能在水库中自然繁殖的鱼类，如产黏性卵鱼类，也包括能在微流水中或者在水面的波浪中产卵的种类。至于四大家鱼以及鳡、鳊、鳤等鱼类，由于水库淹没了它们在汉江干流的产卵场所，使其失去产卵的环境条件，导致其天然种群日趋减少。为此，必须在库区选择适宜地点，兴建若干人工繁殖放流站，繁殖鱼苗，培育鱼种向水库放流，以补偿、恢复和增殖受影响严重的鱼类资源。

6）调水引起水库鱼类资源流失。引汉总干渠陶岔渠首闸，位于丹江口水库库边。该闸闸底高程140m，共有5孔，孔口尺寸为6m×6.7m，其引水设计流量350m³/s，多年平均调水95亿m³，后期渠首设计流量630m³/s，调水120亿～140亿m³。一期工程实施后，连接陶岔闸闸后总干渠起点渠底高程139.5m，距正常蓄水位170m，深达30.5m，过水流量很大，流速很快。鱼类随着库水进入总干渠，鱼类资源流失将十分严重。

7）为丹江口水库渔业进一步发展创造新的机遇。水库发展渔业不仅是水体生态系统为人类提供蛋白质基本功能的体现，而且是库区移民安置，沿库乡村建设小康社会的需要，也是水源地水质保护，维护健康生态系统的要求。

据估算，丹江口水库后期工程建成后，水库渔产潜力将会有大幅度提高，仅利用浮游生物估算的鲢、鳙渔产潜力为21600t，其产值将达1.3亿元，并且还可通过水库捕捞渔业每年从水库带走110t磷。丹江口水库磷为水体限制性营养元素，通过捕获渔产品输出磷，不仅能减轻水体营养负荷，而且能够抑制藻类的大量繁衍，保护水源地水质。

鱼类作为水生态系统食物网的重要消费者，对水库系统内的生态学过程有着重要的作用，是调节水生态系统中生物群落结构特别是浮游生物群落结构和水质的重要驱动因子。经典的生物操纵技术就是利用凶猛性鱼类（鳜、鲶、鲌类、鳜、鲇等）控制小型吃食性鱼类，减轻大型浮游动物的摄食压力，通过大型浮游动物控制浮游植物的大量繁衍，以达到改善水质的目的；非经典的生物操纵理论就是利用滤食性的鲢、鳙鱼类，直接滤食大型藻类，控制藻类大量繁殖而形成的水华，以改善水质。武汉东湖就成功地利用鲢、鳙控制了水体蓝藻水华的发生。因此，依据水体生态学原理，尊重科学，发展水库渔业，能够实现经济效益和生态效益的同步提高。合理的渔业利用与生态环境保护、水质管理并不矛盾，可以协调发展。鱼类对生态系统的调控和对水体营养盐的富集作用可以成为水库渔业和水生态环境保护协调发展的科学理论基础。

当然，不合理的渔业利用也会导致一系列的生态灾难，如资源枯竭、生物多样性减少、物种入侵、水质污染等，关键是要科学规划，优化模式，有序发展。

丹江口大坝加高工程虽然淹没了现有的渔业设施，给渔业生产带来很大困难。然而，后期工程建设却给丹江口水库渔业进一步发展提供了新的机遇。首先是各级有关领导部门对水库渔业生产十分重视，认识到必须把水库渔业作为后期工程建设的一个重要问题认真加以解决。其次可以重新编制丹江口水库渔业规划，使渔业生产与管理的布局更为全面、科学、合理，进一步协调好渔业生产与生态环境保护的关系。此外，还可以从工程建设投资、移民安置经费中安排渔业建设资金，安置部分移民进行渔业生产，增加渔业从业人员。只要紧紧把握丹江口大坝加高工程建设的大好机遇，合理调配渔业生产资金和物资，科学规划，加强管理，就能够推动丹江口水库水质有效保护和渔业高效发展有机结合，使之相互促进，实现渔业生产的可持续发展。

5. 自然保护区的影响

丹江口水库周边流域范围内有3个自然保护区，各保护区概况见表11-1-11。

表 11-1-11　　　　　　　　　丹江口库区及库周自然保护区概况

保护区名称	位置	面积/hm²	主要保护对象	类型	级别	建立时间
青龙山	湖北郧县	205	恐龙蛋化石	古生物遗迹	国家级	2001 年 6 月
丹江口湿地	河南淅川	64000	湿地生境	内陆湿地	省级	2001 年 8 月
赛武当	湖北十堰	13300	巴山松、铁杉群落及野生动物	野生植物	省级	1987 年 8 月

青龙山恐龙蛋化石群自然保护区虽然距汉江非常近，但由于保护区高程为220m，高于170m的水库淹没线，因此不会受到淹没和回水的影响。

工程对丹江口湿地保护区的影响主要是正面的。这是因为水库水域面积的扩大有利于水生生物和鸟类的栖息和繁殖，有利于水体的自净。不利影响是水位上升会淹没一些地区的芦苇等挺水植物，使部分鸟类失去栖息地，但它们会寻找新的栖息地，因此这种影响是短期的。

赛武当自然保护区位于汉江支流泗河的流域范围，由于泗河上游修建了马家河水库，因此泗河回水无法到达保护区，故河流回水不会对保护区产生影响。由于距离水库较远，也不会受到淹没的影响。

6. 水土流失影响

（1）工程新增水土流失预测。水源工程包括丹江口大坝加高工程和陶岔渠首工程。根据工程开发方式和施工布置特点，水源工程水土流失预测主要是针对大坝基础开挖、道路修筑、料场开采、施工附企及办公生活区场平开挖、移民安置等建设活动以及弃土弃渣堆放造成的水土流失，进行扰动面和堆渣点两方面的水土流失量预测。水土流失预测范围包括工程建设区和直接影响区。

1）扰动地表、损坏林草植被面积。水源工程扰动地表的活动主要包括大坝基础开挖、道路修筑、料场开采、施工附企及办公生活区场平开挖，以及移民安置等建设活动。各类建设活动将扰动占地区内地表，损毁林草植被。水源工程共扰动地表 4739.98hm²，其中永久占地 4104.82hm²，临时占地 635.16hm²；损坏林草植被 405.27hm²。

2）损坏水土保持设施面积和数量。根据湖北省颁布的水土保持"两费"（水土保持设施补偿费与水土流失防治费）收缴标准和使用管理办法以及《河南省水土保持补偿费、水土流失防治费征收管理办法》，经统计，水源工程建设过程中将损坏水土保持设施 4356.93hm²，其中水浇地 1214.42hm²，梯田 1828.14hm²，林地 341.32hm²，园地 181.89hm²，菜地 114.01hm²，草地 63.95hm²，水利设施 7.59hm²，荒地 605.61hm²。

3）弃土石渣量预测。大坝加高工程施工产生的弃土、弃渣主要来自于大坝基础开挖、料场剥离层、施工道路的基础开挖以及移民安置等活动。工程总弃渣量约 414.78 万 m³，其中大坝加高工程建设区弃渣量 105.4 万 m³，移民安置区弃渣量 309.38 万 m³。

陶岔渠首工程施工产生的弃土、弃渣，主要来自于老闸堆石拆除、混凝土拆除，料场无用层、主体工程及施工道路的基础开挖。根据主体工程土石方调配与平衡，工程施工弃土、弃渣 15.5 万 m³。移民建房产渣按 1.5m³/人计算，共计 468m³。陶岔渠首工程总弃渣量约 15.5 万 m³。

水源工程产生的弃土石渣量共 430.33 万 m³。

4）可能造成的水土流失量预测。

a. 工程扰动地表新增水土流失量预测。工程开挖扰动地表、损坏植被可能造成的水土流失量，计算结果显示：水源工程扰动地表新增水土流失量为 1573.17 万 t。其中工程建设期新增水土流失量 1555.08 万 t，运行期新增水土流失量 18.09 万 t，详见表 11-1-12。

表 11-1-12　　　　水源工程扰动地表新增水土流失量分布表　　　　单位：万 t

序号	工程名称	新增水土流失量		
		建设期	运行期	合计
1	丹江口大坝加高工程	1554.35	18.04	1572.39
2	陶岔渠首工程	0.73	0.05	0.78
	合计	1555.08	18.09	1573.17

b. 弃土石渣的水土流失量预测。根据产生弃渣的工程施工工艺、弃渣堆放方式、弃渣的组成及自然条件，采用流弃比进行预测。预测结果显示水源工程的弃土石渣新增水土流失量为 97.33 万 t，详见表 11-1-13。

表 11－1－13　　　　　　　　　水源工程弃土石渣新增水土流失量分布表　　　　　　　　单位：万 t

工程名称	新增水土流失量		
	建设期	运行期	合　计
丹江口大坝加高工程	53.69	31.23	84.92
陶岔渠首工程	10.34	2.07	12.41
合计	64.03	33.30	97.33

c. 新增水土流失总量。水源工程新增水土流失总量包括工程扰动地表产生的水土流失量和弃土石渣产生的水土流失量两部分，经过预测，水源工程产生的水土流失总量为 1670.50 万 t，详见表 11－1－14。

表 11－1－14　　　　　　　　　工程新增水土流失总量分布表　　　　　　　　　　单位：万 t

工程名称	新增水土流失量		
	建设期	运行初期	总　计
丹江口大坝加高工程	1608.04	49.27	1657.31
陶岔渠首工程	11.07	2.12	13.19
合计	1619.11	51.39	1670.50

（2）水土流失影响评价。通过对工程建设新增水土流失的分析和预测，水源工程在建设过程中，共扰动地表面积 4739.98hm²，损坏水土保持设施面积 4356.93hm²，工程建设产生弃渣430.33 万 m³，如不采取水土保持措施，经预测工程新增水土流失量 1670.50 万 t，将对周边的生态环境产生不利影响，主要表现如下。

工程建设征用、占用土地，破坏原地貌，损坏植被，占压与损坏农田，土地耕作层被挖损、剥离或压埋，造成土地生产力短期内衰减或丧失，对土地资源产生影响。

施工过程中土石方挖填作业，局部形成较大的开挖裸露面，如不进行防护，裸露的地表在暴雨冲刷下将加剧水土流失程度，破坏区域景观。

工程建设过程中开挖和拆除建筑物会对原有排水系统造成不同程度的破坏，容易阻塞排水沟，降低排洪能力，加大洪涝灾害。如果弃土石渣倾入自然冲沟、河道，将会堵塞河道、阻碍行洪，加剧洪水灾害发生的频率和危害。

施工过程中，工程建设产生的弃渣堆放，破坏了原地表植被，如遇降雨，将会产生沟蚀、面蚀，甚至产生塌坡等地质灾害。若不采取水土保持措施，弃渣在暴雨径流的作用下流入河道，将污染河流水质。

综上所述，水源工程建设产生的水土流失可能对周边社会、经济和生态环境造成危害，因此，必须严格执行水土保持"三同时"制度，合理布设水土保持措施，有效控制因工程建设新增的水土流失，逐步恢复并改善区域生态环境。

（四）移民环境影响预测

1. 丹江口水库移民环境

（1）初期工程的移民环境问题。丹江口水库初期工程移民因历史原因存在大量遗留问题，造成的主要环境问题包括：大量后靠安置及外迁移民返库，造成库周人均耕地十分有限，为生计所迫大面积开荒造地，造成森林植被破坏和水土流失严重；库周人口大量耕种水库消落区土地，对消落区土地形成一定扰动和污染；为帮助移民改善生产生活，政府支持移民发展了网箱养殖、种植龙须草发展造纸业等。投饵网箱养殖直接污染水库水体；龙须草用来造纸，但大量造纸厂形成的水污染又使许多河道支流污染严重，大型造纸厂的废水处理代价高昂。

（2）丹江口水库大坝加高工程库区农村移民的环境影响。

1）对土地资源的影响。库区农村移民迁建安置中，将新建 440 个集中居民点，大坝加高新增淹没已经使当地损失了 307.7km² 的土地，而库区移民生活、生产安置也将造成土地资源的进一步紧缺，从而对当地居民生产、生活水平产生一定的负面影响。

水库建设，因淹没库区土壤资源带来不利影响的同时，在保障移民安置生产发展资金条件下，也为土地资源的合理开发利用、土地质量的提高提供了契机。可利用 170m 以下将要淹没的耕地的耕作土层，对库周荒山荒坡进行移土培肥，提高库周群众和后靠移民的耕地数量和质量，为提高生产水平创造条件。但一定要合理规划设计和施工，防止大挖大填造成水土流失。

2）对森林植被的影响。

a. 水库淹没对森林资源的影响。丹江口水库淹没林地 6.69 万亩、园地 3.34 万亩。此外，消落区尚有 4.17 万亩林地和 1.35 万亩园地受水库淹没影响。这对于一个生态环境脆弱的库区会带来潜在的影响。

b. 移民动迁建房用材对森林植被的影响。根据规划人均房屋指标，至 2009 年安置区规划建房总面积 755.41 万 m²。水库移民房屋迁建时，移民还可能自筹部分资金，超过原有标准建房。因此，将规划建房总面积扩大到 1.2 倍，则水平年建房总面积约 906.5 万 m²，其中库区内农村移民建房面积可达 243.09 万 m²（按动迁建房人口 97234 人，人平 25m² 计）。根据移民安置规划，全库区建农村集中居民点 440 个，进点人数 51320 人，集中居民点较分散建房安置相比，对安置区植被破坏范围要大，经统计库区集中居民点将占用 904.2 亩园地、134.1 亩经济林、91.1 亩用材林、67.6 亩灌木林。

考虑到农村移民的经济能力、生活习惯，所建房屋砖木结构、土木结构仍会占有一定的比重，若按每平方米补偿木材 0.1m³ 计，需要新添木材约 29.17 万 m³。如果建房用材全部在安置区予以解决，会使安置区内森林植被遭受破坏。库区森林植被受丹江口水库初期工程的影响已遭受较大的破坏，特别是水库两岸岩石裸露，植被大都为灌草丛及疏林地，生态系统较脆弱。为减少森林植被的破坏，在适度利用淹没区现有木材的前提下，需在森林蓄积量较高的县内及外地购进解决，以保护安置区生态环境。

c. 农村能源消耗对森林植被的影响。水库淹没将使一部分薪炭林地、经济林地和意杨林地消失，在一定程度上减少了薪柴的来源。若按人均每天烧柴 3kg 计，至 2009 年迁建水平年需薪柴量约 291.7t/a，由此可见库区安置区的薪炭林资源还是较为紧张，库区又缺乏煤炭资源，在进行移民安置实施规划时，要妥善解决农村移民能源问题，以免造成对现有森林植被的较大破坏。

d. 对森林植被演替的影响。丹江口水库初期移民生产开发中发展柑橘、茶叶、山楂、葡萄等经济林果和发展特产、药材类取得了显著的经济效益，移民收入得到提高。根据丹江口库区资源优势及地理位置特点，可以预计大坝加高、移民安置、生产开发，区内柑橘、茶叶等种类繁多的经济林果、特产、药材类草本植物会继续得到较大的发展，自然植物将向人工植被演替，部分植物群落发生变化。同时移民在过渡时期对用材林和薪炭林的索取，使局部地区森林植被向灌木、灌草丛逆向演替，特别是人口密度较大、耕地资源紧张、后备资源短缺的区域，植被逆向演替显著。这要求在移民时采取有效措施加以防范，控制森林植被的逆向演替。

3）对水土流失的影响。20世纪50年代末期至70年代，库区有的地方将山坡上的树林砍光，改成旱地水田，将成片的草山草场辟为粮田，导致库区荒山秃岭，水土流失日趋严重。自1984年以来，经过10年的开发性移民建设，移民安置区通过封山育林，发展经济林果，实行山、水、林、田、路综合治理，水土流失得到了有效控制。

从初期规模的实践可以预测，移民迁建开发对水土流失将带来显著影响。有利的方面是移民在生产开发过程中，可对现有水土流失地类进行治理，如坡改梯、旱改水、封山育林，绿化荒山等。不利的方面是移民在生产开发过程中不注意采取生态环境保护措施，将产生新的水土流失。如垦荒造地发展经济果林，移民安置过程中的基础工程建设，新建公路、码头、移民建房、开矿、砖瓦场、新修渠道等会导致新的水土流失。

a. 生产安置引起的水土流失分析。库区生产安置方式以调整耕园地为主，辅以改造中低产田，不进行垦荒造地。因此移民生产安置活动对库区水土流失影响较小，但库内安置区将规划改造一定数量的低产田地，由于库区土壤侵蚀潜在危险指数为生态脆弱区，针对初期规模的情况，若低产田地改造标准不高，达不到水土保持的要求，可能会新增土壤流失量，如低产田改造为坡改梯，则大多数是在15°～25°的坡地上进行，若没有一定的水土保持措施，坡耕地改造将使土壤松散度增加，即使种植农林经果也需要一段时间才能达到一定的郁闭度，因此，会在较长的一段时间产生水土流失。这些问题在低产田地改良时需引起足够的重视，应严格执行《中华人民共和国水土保持法》的有关规定。

b. 安置区工程建设引起的水土流失预测。为恢复和改善移民安置区生产、生活原有功能，需进行大规模的基础设施建设。经预测，新建等级公路、复建人行道、复建码头、新建移民住房等安置活动将扰动地表和植被面积683.86hm^2，产生弃土弃渣量120.27万m^3，如不采取水土保持措施，这些土石汇集于支流，将引起支流回水位高，增加淹没损失，给移民生活带来较大困难。丹江口库区有着丰富矿产资源，如无计划采石开矿会带来较大的危害，大量的泥石会堵塞河流、淤毁农田、降低地力、恶化水质。

4）对人口地域分布与农村聚落环境的影响。根据移民安置规划，库区安置的9.7万移民其安置方式以分散后靠和建集中居民点为主。从人口密度的变化看，安置区总体上会有所增加。库周安置移民也可能由于不满意调整土地的质量或其他因素影响，出现个别村组人口密度增加较大的问题，需要引起重视。

从国内近期许多已建和在建的水库来看，库区农村聚落环境所发生的最大变化首先是居住条件的改善。人均住房面积增加，房屋结构趋向高标准化。丹江口水库后期续建工程淹没房屋补偿费为移民进一步改善居住环境创造了条件。可以预计，库区移民人均住房面积可能达到或超过25m^2。但应做好科学的实施规划，不要使移民住房建在滑坡体、崩塌体等地质条件差的地方，以免造成不必要的经济损失。水库淹没将使原来的生活环境消失，库区水面增宽，库汊库湾增多，库岸线加长，地域被水分割，地形更趋破碎，会对淹没涉及区移民、居民之间的来往和经济生活带来不便，移民和原有居民上学、就医、饮水、用电、通信等受到一定影响。

（3）丹江口水库大坝加高工程城（集）镇迁建环境影响。丹江口水大坝加高工程共需迁建16

个城（集）镇，在这 16 个城（集）镇中，规划安置人口 23011 人，其中安置人口最多的是郧县城关镇，达到 6382 人。其余安置人口较多的为均县（3493 人）、浪河（3098 人）、柳陂（2372 人）和六里坪（1612 人）。这 5 个城（集）镇共规划安置 16957 人，占 16 个城（集）镇总规划人口的 73.7％，最少的是老城（集）镇，仅 75 人。平均每个城（集）镇规划人口 1438 人 410 余户。

1）地形地质的影响。水库蓄水后，地下水位抬高，土体长期浸泡软化，加之水库运行水位变化产生的侵蚀，城（集）镇迁建等可能使库岸再造，引起崩塌、滑坡等环境地质问题。如初期规模郧县县城迁建于距老城北面 2.5km 的北侧东西九里岗、二道岭、武阳岭、北门坡一带，大批房屋建在膨胀地层上。自 1969 年后，出现大面积房屋滑动、沉陷、倾斜，损失惨重；1974 年后，对县城原有布局又进行了调整。基于上述原因，丹江口库区城（集）镇迁建应充分考虑地形地质的影响，城（集）镇迁建过程中，不合理的开挖、填筑，或开挖、填筑后防治措施不当，可诱发滑坡和崩塌。由于城（集）镇迁建对地形、地质影响较为复杂，应根据城（集）镇地质查勘资料，编制有针对性的迁建实施规划。

2）对环境空气、噪声与水质的影响。城（集）镇迁建过程中，环境空气中污染物主要来源于工程机械设备燃油排放的废气和粉尘。根据水库淹没影响情况，以城（集）镇迁建施工机械设备 200 台，施工人数 2000 人计，估算城（集）镇迁建对环境空气的影响。

工程施工机械设备，主要使用柴油或汽油，如按平均每台日耗油 50L，则日总耗油量为 10000L。根据油料燃烧排放的污染物经验数据计算，施工燃油排放污染物为：铅化合物 15.6kg/d，二氧化硫 32.4kg/d，二氧化碳 270kg/d，氮氧化物 440.0kg/d，烃类 44.0kg/d。由于各迁建城（集）镇规模均较小，且地势较开阔，对城区大气的污染影响历时短、强度小。

城（集）镇迁建施工区粉尘、飘尘等污染物主要来自取土场开挖、地基开挖、爆破、混凝土系统及施工机械运输扬起的灰尘。城（集）镇迁建规模不大，对粉尘、飘尘污染影响不大。

城（集）镇迁建过程中，材料运输、施工机械将产生不同程度的噪声污染。据实测资料，机械设备噪声一般均为 80～110dB（A），超过国家环境噪声标准。城（集）镇投入的施工机械设备需要量较大，必将产生大量的噪声，局部区域噪声级将在 80dB（A）以上，这对施工人员及周围地区城乡居民健康产生不利影响，但受城（集）镇迁建规模限制，影响时间是短期的。

城（集）镇迁建时会有场地平整、开挖、填筑、混凝土拌和等施工项目，其施工过程中由于降水导致地表径流冲刷，携带大量泥沙悬浮物排入江河，使水库局部造成污染。另外，施工场地的施工机械在作业或维修中，油料渗漏、外溢，运输城（集）镇三材等所需建筑材料的过往船只也会对水库局部造成油污染。此外，施工人员生活污水、垃圾也会对水库水质造成不利影响。

城（集）镇迁建后，旧城（集）镇废墟中含有大量有机、有毒污染物，尤其是原医院、厕所、下水道等区域病菌较多，必须彻底清理，防止对丹江口水库水质产生不利影响。

城（集）镇迁建后，工业生产环境条件可得到改善，将促进城（集）镇工业迅速发展。工厂迁建时，由于采用新技术、新工艺，以及设备更新，万元产值排污量会大大降低。但工厂迁建后，规模扩大，产值大幅度提高，污染物总量增加。此外，由于库区如发展造纸工业以及其他重污染工业，对城（集）镇自然景观、环境空气和水库水质的影响不容忽视。因此，库区工矿企业发展规划，应以保护丹江口水库水质、移民人群健康为目标，优先发展低污染、高效益、劳动密集型产业。

3）对森林植被的影响。城（集）镇迁建对森林植被的影响主要表现在城（集）镇迁建占地破坏森林植被，移民建房，耗用大量木材，降低区域部分森林蓄积量；迁建后绿化城区，可提高植被覆盖面积。

城（集）镇迁建总用地规模为 268.52hm²，建设用地将会对新址植被产生扰动和破坏，规划公共绿地面积 16.91hm²，将使建设占地对植被的破坏得到一定程度的恢复。

4）对水土流失的影响。在城（集）镇迁建过程中，因建房、城（集）镇交通、基础设施建设会产生一定数量的弃土，将造成局部水土流失的发生。

根据对新建城（集）镇项目区预测结果，城（集）镇建设扰动地表面积 281.37hm²，弃渣量 2.24 万 m²，工程建设期水土流失量为 96.47 万 t，新增水土流失量 95.77 万 t。

项目区林草恢复期水土流失面积为 198.17hm²，若未对工程水土流失进行治理，则在林草恢复期内可能造成水土流失量为 2.2 万 t，如进行治理，可能产生水土流失 0.91 万 t。工程水土流失治理后，可能减少水土流失量 1.29 万 t。

城（集）镇迁建时，由于地表植被覆盖率降低，无疑会加剧建设地区水土流失。各城（集）镇迁建总体规模不大，水土流失量较小，但随着经济的发展、城（集）镇化水平提高、美化和保护环境，应采取积极措施保持水土。

5）对城（集）镇人口的影响。城（集）镇迁建对人口的影响，主要表现在对人口的职业结构、流向和人口总数的影响。城（集）镇迁建中，如能利用工程建设机遇逐步完善城（集）镇基础设施，提高城（集）镇整体功能，可以预计城（集）镇迁后人口规模将扩大，会吸收愈来愈多的农村移民进城从事第二、第三产业，并可促使交通运输、建筑、建材、餐饮服务业等部门从业人员增加；同时，随着城（集）镇迁建带来的经济、文化繁荣，有利提高城（集）镇移民、居民素质。但由于丹江口水库为南水北调中线工程水源地，为保护水库水质及生态环境，对城（集）镇远期规模应有与环境相协调的发展规划，最主要的是控制人口增长。

6）对经济的影响。城（集）镇搬迁对经济的影响主要表现在对区域和城（集）镇经济影响。城（集）镇是区域政治、经济、文化、交通中心。由于具有特殊的区位功能，因此，城（集）镇迁建对区域经济的影响深远。集镇迁建均为后靠，不改变各新建城（集）镇地理位置，可维护城（集）镇原有区位功能、辐射功能，不致对区域经济带来显著不利影响。综上所述，城（集）镇迁建对区域经济的不利影响较小，只要迁建规划合理，可促进区域经济的发展。

7）新集镇环境质量预测。除郧县县城（城关镇）移民迁建区的性质为郧县行政、经济、文化发展的副中心，工业零配件加工和商贸基地。其他集镇均为镇域或所在地区行政、经济、文化中心，农副产品加工和商贸基地。从迁建城（集）镇的性质和发展方向上看，将以商贸、农副产品加工等为主，不发展大量排放"三废"、对环境质量造成严重污染的工矿企业。

城（集）镇迁建后将集中排放生活污水和生活垃圾，初步估算到规划水平年，新建城（集）镇生活污水总量将达到 80.63 万 t/a，生活垃圾总量为 27.61 万 t/a。必须采取措施进行处理，避免其对周围的环境产生不利影响。

丹江口水库大坝加高工程建设，为城（集）镇建设事业发展注入了新的活力，可进一步改善城（集）镇基础设施及人文景观。新集镇均规划有公园、绿地和街道居住绿化规划，绿地系统结合地形、自然及人工园林手法，采用点、线、面相结合的布局，在建筑群体空间处理上，利用不同地形、不同类型、体量，来组成建筑群体景观。

（4）丹江口水库大坝加高工业企业迁（改）建环境影响。搬迁企业概况及安置规划如下。

1）受淹工业企业概况。丹江口水库大坝加高工程在全库区淹没及影响工业企业中，按地域分：丹江口市76个，郧县46个，张湾区2个，淅川县36个；按淹没程度分：全淹企业98个，部分受淹企业59个，影响企业3个；按经济成分分：国有企业37个，集体企业70个，私有企业53个；按生产状况分：全年生产企业135个，季节性生产企业12个，已停产企业13个；按行业分：化工（医药）行业18个，建材（含有色、冶金）行业65个，机电行业38个，轻纺行业（含轻工、纺织、皮革、塑料、印刷、饲料）18个，食品行业14个，其他行业7个。

2）工业企业迁、改建的环境合理性分析。丹江口水库大坝加高淹没及影响工业企业160个中：计划异地迁建105个，后靠复建23个，一次性补偿30个，工程防护2个。

在淹没及影响涉及的160个工业企业中，规模相对较大的有14个，这14个工业企业产生污染可能性较大，而且将在库周恢复迁、改建，见表11-1-15。

表11-1-15　　　　　　　　　主要淹没影响工业企业经济状况一览表

厂　　名	主要产品	2002年产值/万元	主要原材料
丹江口市六里坪构件厂	水泥电杆、离心式排水管、屋面板	1228	水泥、砂石、钢材
丹江口市第一造纸厂	机械纸、浆板	2330	龙须草
六里坪瑞富祥木材加工厂	拼板	254	木料
丁家营砖厂	红砖	192	黏土
武当制锅工业有限公司	铁锅、节煤炉	313	钢材、生铁
湖北丹龙工贸化工有限公司	氧化铁系列和黄磷系列	5234	铁、磷
湖北省神鹰集团股份公司郧阳改装厂	改装特种卡车	4538	卡车件
武汉健民药业集团十堰康迪公司	板蓝根、参丹等中药冲剂和针剂	5068	中药原料
郧阳造纸厂	纸浆	4807	龙须草、稻秆、麦秆
郧阳春烟厂	卷烟	20580	烟叶
湖北太平汽车附件集团有限公司茶店分厂	汽车配件	12579	铸铁、钢材
淅川县淌河缫丝厂	缫丝及蚕茧收购	1995年停产	
淅川县天惠牛奶厂	牛奶乳品	782	牛奶
淅川县皇冠地毯集团有限公司	地毯系列产品	4360	毛和织品

对环境产生影响较大的工业企业有丹江口市第一造纸厂、湖北丹龙工贸化工有限公司、郧阳造纸厂三家企业。丹江口市第一造纸厂的生产车间、设施、设备将全部淹没，仅剩办公楼、食堂及宿舍在172m水位以上；郧阳造纸厂主要生产车间及15000t/d废水处理系统全部受淹，只有住宅楼、配套用房在淹没线上；而湖北丹龙工贸化工有限公司是一家生产氧化铁系列颜料和黄磷系列产品剧毒物质的公司，大坝加高工程仅淹没该公司的抽水泵站、输水管道、进厂道路和职工宿舍，而厂房、设备、设施都在淹没线上。

从环境角度来说，这三个受淹及影响工业企业有两个明显特点：一是两家造纸厂的废水处理；二是剧毒物质的运输，保管和生产。从调水水源地环境保护要求出发，这三家受淹企业生产规模较大，外排污染物严重，含有毒有害物质，对水源地水质构成严重威胁，禁止在水源保护区（含准保护区）内迁建复建，最好迁出库区。

3）工矿企业迁建对环境的影响。工业企业在迁、改建过程中对环境造成污染的主要有：迁、改建的工业企业中，本身产生废水、废物和废气的，如造纸企业、生产硫化物的企业、食品企业、建材企业、制药企业等，这些工业企业在迁、改建和生产过程中必然产生废水、废物和废气，对当地环境仍然会产生影响。

迁、改建工业企业在迁改建过程中，要在新址建筑工厂、仓库和交通等基础设施。这些基础设施建设必然产生水土流失、铲除植被，这对水土保持和植被覆盖率将产生影响。

迁、改建工业企业对社会经济的负面影响主要是占用土地。丹江口水库淹没及影响的160家工业企业迁、改建必然要占用大量的土地，废水、废物处理不当对当地社会和人群产生的影响。人流增加也会给当地社会治安产生影响增加社会管理的难度。

（5）丹江口水库大坝加高工程专业项目复建环境影响。丹江口水库淹没专业项目复建包括受淹没影响的公路、码头、电力、电信、广播电视、水利水电设施、水文站、测量永久标志、军事设施等。专业项目主要规划指标见表11-1-16。

表 11-1-16　　　　　　　　　专业项目主要规划指标汇总

| 项目 | | 单位 | 合计 | 河南淅川 | 湖北 | | | | | 非省属 |
					小计	丹江口	郧县	郧西	张湾	
交通	公路　二级	km	46.01	29.26	16.75	7.77	8.98	0.00	0.00	
	公路　三级	km	141.84	116.87	24.97	1.38	10.77	0.60	12.22	
	公路　四级	km	181.32	30.74	150.58	73.38	66.68	4.34	6.18	
	公路　小计	km	369.17	176.87	192.30	82.53	86.43	4.94	18.40	
	桥梁　大桥	延米/座	5038/26	1821/11	3217/15	1635/6	1200/6		382/3	
	桥梁　中桥	延米/座	2962/61	917/27	2045/34	448/9	970/15	130/2	497/8	
	码头　码头	处	55	11	44	21	20	1	2	
	码头　停靠点	个	545	151	394	240	120	10	24	
输变电	输电线路　110kV	km	47.70	23.40	24.30	16.50	7.80	0.00		
	输电线路　35kV	km	112.96	75.50	37.46	18.26	18.60	0.60		
	输电线路　10kV	km	686.20	407.50	278.70	173.80	99.30	2.20	3.40	
通信线路		km	1228.85	722.84	487.44	263.82	212.62	5.80	5.20	18.57
广播电视线路		km	1010.09	324.79	685.30	406.62	247.25	5.73	25.70	
输水管道		km	13.60		13.60	3.00			10.60	
水文、水位站		个	35		1				1	34
Ⅰ～Ⅳ等水准点		个	704							704

注　公路数据中含浸泡影响路堤等的指标；通信线路中非省属为国防通信光缆指标。

从表 11－1－16 可以看出，专业项目复建工程量巨大，仅各等级公路复建达到 369.17km，大中桥梁 8000 延米/87 座，码头 55 处，船舶停靠点 545 个。这些建筑物复建将扰动地表，对植被、地貌产生影响，也给居民生活带来暂时不便。

1）对土地利用的影响。专业项目复建将占用一定数量的土地，主要占地项目为公路复建和道路复建，此外还有其他项目，经预测专业项目复建将占地 1.45 万亩。复建专业项目占用的土地中必然包括一部分耕地，将进一步减少人均耕地占有量，同时专业项目复建将改变原有的土地利用功能。

2）对水土流失的影响。复建公路、码头和桥梁将造成专项建设项目区局部水土流失，专业项目复建中铲除地面植被造成水土流失，施工过程中间对基础设施的填平、补齐和削坡挖填产生水土流失；临时建筑物产生水土流失；生产垃圾废物、堆放产生的水土流失等。特别是前两项对水土流失的影响很大。根据对专业项目设施复建项目区预测结果，扰动地表面积 968.17hm²，仅公路迁建就将产生弃渣量 158.84 万 m³，工程建设期水土流失量为 10.63 万 t，新增水土流失量 10.49 万 t。

公路、码头及其他专业项目林草恢复期水土流失面积为 674.64hm²，若未对工程水土流失进行治理，则在林草恢复期内可能造成水土流失量为 10.6 万 t，如进行治理，可能产生水土流失 4.47 万 t。工程水土流失治理后，可以减少水土流失量 6.13 万 t。

专业项目复建特别是公路复建水土流失影响呈线性分布，如在施工期不注重同步实施水土保持措施，那么将会给后期治理带来难度。

（6）丹江口水库大坝加高外迁安置农村移民的环境影响。

1）对土地资源的影响。根据外迁移民安置标准，每个移民需保证 1.0～1.3 亩耕地，以此标准将在河南、湖北外迁安置区安置 20 多万人，涉及两省 53 县（市、区）304 个乡镇 2026 个村。生产安置方式为用县、乡、村集体耕园地安置移民或有偿调整现有耕园地。虽然耕地总量不变，但由于增加了 20 多万移民，必然减少了安置区人均耕地的数量。外迁农村移民迁建安置中，将新建 984 个集中居民点，其中 500 人以上的居民点共 60 个。新建居民点建设占地 22551.2 万亩，占用耕园地 21840 亩。

移民安置给安置区土地资源带来不利影响的同时，也为土地资源的合理开发利用、土地质量的提高提供了契机，只要通过生产扶持，水利条件得到改善，移民安置区土地生产力、农作物播种面积、单产将有所提高。

2）对植被的影响。河南移民外迁安置区大都位于豫中平原及豫北平原，湖北省移民外迁安置区位于广大的江汉平原地区，两省外迁安置区具有土地资源充裕、土地肥沃、适宜农作物生长的特点，由于土地开发程度高，安置区植被均呈现出以农田为主的人工生态系统。

根据移民安置规划，外迁移民生产安置以调整责任田为主，辅以中低地改造，没有开垦荒地荒山的安置活动。建居民点可能对安置区植被产生影响，但由于安置点分散，预计影响较小。

3）对水土流失的影响。据有关资料显示，外迁安置区原生侵蚀模数为 800～1200t/(km²·a)，属于轻度水土流失区。外迁安置区需进行大规模的基础设施建设，新建等级公路、复建人行道、复建码头、新建移民住房等安置活动将扰动地表和植被，产生弃土弃渣，如不采取水土保持措施，将会导致局部水土流失。

4) 对人口地域分布与农村聚落环境的影响。水库移民对人口地域分布的影响，主要是地理位置的改变和人口密度的变化，其变化主要取决于移民环境容量和移民的迁移安置方式。为保护丹江口水库水质，减轻库区生态环境承载压力，以外迁安置为主，主要集中在河南南阳、平顶山、漯河、许昌、新乡、郑州等 6 个市的 24 个县（市、区），湖北省武汉市、襄樊市、荆州市、荆门市、随州市、天门市、潜江市、仙桃市 8 个市的 26 个县，以及省监狱管理局的 3 个国营农场或监狱农场。从人口密度的变化看，总体上会有所增加。但因安置人口分散在 2026 个村，不致产生较大影响。

地理位置和生活环境发生改变，外迁移民与安置区老居民磨合适应，除去感情因素，还有生活习惯问题，特别是与周围邻居的关系需要重新建立，以及行政关系变更等一系列社会关系的重新调整，都需要有一个适应和调整过程。

外迁安置区经济条件和生活环境均高于库区，在供排水、输变电、对外交通、广播、电信、有线电视、学校医院等设施方面规划详尽，外迁移民在住房面积、居住环境质量等方面较安置前相比有一定程度的改善。

5) 对社会环境的影响。丹江口水库外迁移民 20 多万人将安置在河南、湖北两省 2026 个行政村及其周围，对当地的生产、资源分配和人际关系等产生一定的影响。这些移民都是从山区和半山区迁移到平原和丘陵地区，他们的生产方式、生活习惯和接受的教育等与平原区都有着一定的差距，如果处理不当，将会引起社会的局部动荡和不安定。

丹江口水库外迁农村移民在原地生活水平与外迁区农村居民有一定的差距，收入比为 1：1.8～1：2.2，相差悬殊较大。移民一方面会感到自己不如当地居民；另一方面，又有急于摆脱贫困的强烈愿望，如果引导不当，也会产生许多社会矛盾。而新老居民的融合与安定，是安置区社会稳定的基本前提。

移民迁移到外迁安置区之后，移民子女上学、移民医疗等也将给当地学校和医疗机构带来一些压力，需采取相应对策。

6) 对农村经济的影响。土地作为农业的基本生产资料，是不可再生的资源。安置区老居民有偿调整耕园地用于安置丹江口水库移民的生产、生活，老居民人均耕园地拥有量降低，无疑会影响老居民的收入。河南安置区使得老居民耕园地拥有量从 2.13 亩下降至 2.01 亩，湖北安置区从人均 3.32 亩下降至 3.24 亩（含农场土地）。移民建房占用耕园地 21840 亩，按安置区每亩粮食产量 400kg 计算，安置区粮食损失 8736.0t/a。每亩产值按 1000 元计算，安置区农业产值损失 2184 万元/a。

同时移民生产安置资金的投入，对安置区产业模式和种植结构优化、经济作物种植成规模经营及农产品深加工将起到促进作用。新建移民居民点，经过统一规划、统一设计，新建立了自来水塔、医疗点、文化站、幼儿园、小花园等公共设施，改变了农村居民点的面貌，推动了安置区的村镇建设。居民点对外道路的建设，改善了安置区现有道路状况，为新老居民共同致富创造了条件。

7) 对人群健康的影响。从实地调查情况来看，丹江口水库移民外迁安置区对人群健康的影响主要有两个方面：一个是湖北省江汉平原的血吸虫病区对外迁移民可能感染血吸虫病而造成的影响；另一个是河南省黄淮区的高氟区对外迁移民可能产生氟中毒的影响。

在湖北省外迁安置区中，武汉市东西湖区农场、潜江市后湖、天门市、仙桃市、荆州市江陵、洪湖、公安等地区历史上是血吸虫的流行地区。这些地区经过1958—1965年的灭螺，钉螺近乎灭迹，但近年来又有复发的趋势。有些地区出现局部流行现象，如果不采取一些特殊措施，迁入的移民感染血吸虫病的概率大大增加。

在河南省南阳市邓州、淅川、新乡市原阳等地，由于土地中氟含量高而造成地下水氟超标，致使当地居民牙齿发黄，有的骨质变形。国家在1991—2000年投入大量资金对当地高氟水进行治理。移民迁入之后，应对此引起高度重视。

2. 丹江口大坝加高（坝区）对环境的影响

（1）农村移民安置对土地资源的影响。丹江口大坝加高工程建设施工永久占地范围共计2226.5亩。临时用地总面积4365.8亩。施工征用占总耕园地的4.5%，对丹江口市的土地资源的影响不大。相对各村而言，施工征用耕园地比重为3.1%～17.4%，比重最大的是蔡湾村为17.4%，最小的是三里桥村为3.1%，对村级粮食生产和林果生产有一定影响。

移民生产安置采取开垦荒地、调整耕园地、低产田改造的途径，使当地新增部分耕地资源，并使安置区原有土地资源趋于合理。移民建房安置占用耕地与安置区总耕地面积甚微，移民安置建房对土地资源的影响较小。

（2）农村移民安置对森林植被的影响。施工占地范围内占用林地的面积占移民安置区涉及村林地面积的1.05%，会使丹江口市城区的植被覆盖面积略有下降。施工占用的林地类型为经济林、用材林和防护林，无原生植被。占用的林地大部分集中在右岸，占用的大部分是用材林。工程完建后，通过对施工迹地的恢复和绿化，移民安置区的林果栽培，四旁植树可弥补部分林地损失。

该工程农村移民安置建房涉及的均为耕园地，不占用成片林地，不会对森林植被产生影响。移民建房安置后，随着农村安置区的生态建设，"四旁"绿化的落实，将在安置区形成新的庭院生态系统。

（3）农村移民安置对水土流失的影响。该工程农村移民生产安置规划中，开垦耕园地141.2亩，若没有一定的水土保持措施，新开垦土地将使土壤松散度增加，即使种植农林经果也需要一段时间才能达到一定的郁闭度，因此，会在较长的一段时间产生水土流失。

移民安置产生的建筑弃渣共3960m³，其中沈家沟居民点产生弃渣3643m³，郑家沟居民点产生弃渣317m³，建筑垃圾应在指定的地点堆放，并采取防护措施，以免产生新的水土流失。

（4）农村移民安置对人群健康的影响。根据移民安置规划，已考虑了卫生设施和饮用水的配套，安置后移民的就医和卫生条件不会下降。根据对移民安置区传染病及地方病发病情况分析，近年来安置区传染病发病率较高的疾病主要有肺结核、病毒性肝炎、痢疾等。移民均在丹江口市安置，因此移民安置不会增加新的传染病种，同时由于移民搬迁后的医疗卫生条件提高，也不会增加传染病的发病率。

据丹江口市卫生防疫站2002年提供的地方病情况调查，丹江口市现有碘缺乏病和水源性饮水性地氟病两种地方病，碘缺乏病防治工作已取得明显成效，地氟病经过逐年实施改水降氟工程，发病率已大为下降，工程施工区附近三官殿有部分村还未实施改水工程，因此应重视三官殿安乐河村的沈家沟居民点地下水源的选择，应选择低氟水井作为饮用水源，并加强饮用水源水质监测工作。

（5）农村移民安置对人口地域分布的影响。丹江口市农村移民安置后，原来的行政关系没有改变，且安置区距离较近，对安置区新、老居民生产生活方面的影响不大。但移民与当地居民关系需要重新建立，都需要有一个适应和调整过程。由于移民安置区条件较原居住地相比得到提高，移民在生产生活方面较易适应新环境。

（6）城区迁建对环境的影响。移民安置规划确定交通局仓库、化肥厂作为安置城区移民新址。新址场地稳定，无大的地质灾害问题，可以满足迁建建设需要。汉江集团下属单位的居民均在集团公司现有区域内部迁建安置。

汉江集团下属 11 个单位给予补偿后均由集团公司在其管辖的范围内统筹复建。丹江口市及十堰市下属 17 个公司或单位分别采取选择新址复建、一次性补偿或按照统一标准补偿后，由其上级主管单位负责安置。淅川县粮食局驻丹转运站、淅川县移民局招待所 2 个单位采取一次性补偿。

城区迁建主要环境影响是施工期间将对新址区及其周围地区环境产生影响。施工中车辆运输、土石方开挖、施工机械的运行等短期内会造成当地环境空气质量的下降。施工噪声对施工人员健康将产生影响。迁建施工期间土石方填挖，将破坏原有的地貌，局部地区植被覆盖率下降，引起水土流失，对新址生态环境造成不利影响，但工程完建后，新增水土流失将得到治理。因此城区迁建对环境的影响表现出范围相对有限、集中及时间较短等特点，且丹江口市城区迁建涉及的单位很少，影响很小。

（7）工业企业迁建对环境的影响。涉及 5 家地方企业，其中 4 家计划异地迁建，1 家一次性补偿处理；汉江集团涉及 8 家企业，其中 4 家企业异地迁建，3 家对其占用部分的资产进行一次性补偿处理，另 1 家企业未改变生产性质，由工程租用，其费用在工程费中统一考虑。

工业企业迁建对环境的影响主要是迁建施工对周围地区环境空气质量、声环境产生影响。但因迁建企业少、规模小，迁建地分散，对环境的影响较小。

（8）专项设施复建对环境的影响。根据公路复建规划，施工总体布置将原有的部分机耕道改建成施工道路，故原有的机耕道不需要复建，采取一次性补偿。规划一条长 1.04km 的临时道路，以解决航运局对外交通连接，专项设施建设的工程量很小，产生的弃渣量少，对水土流失的影响甚微。

（9）对丹江口市社会经济的影响。丹江口大坝加高工程对社会经济的有利影响主要表现在三个方面：一个是投资环境的改善，移民资金的投入，公路、通信、文教卫生设施、商业服务网点等项目的恢复与发展等，为城区基础设施建设提供了有利条件；二是大坝加高工程开工也为当地居民增加了就业机会，对当地饮食、服务、建材业的发展创造了契机，为丹江口市社会经济的发展提供了有利条件；三是有利于区域产业结构调整。由于工程施工和移民安置各项建设占地，使安置区耕园地数量有所减少，但移民技能培训和科技投入使农业内部结构趋于合理，从而为农业稳定发展打下良好基础，并有助于推动丹江口市第二、第三产业的发展。

不利影响主要是施工占地使土地资源受到损失，短期内可能对农业生产产生一定影响。

3. 陶岔渠首工程环境的影响

陶岔渠首新址重建工程占地面积 997.2 亩，其中永久占地 768.3 亩，临时用地 228.9 亩。专业项目包括道路、电灌站、通信线路、有线电视线路、广播线路、输电线路等 6 项。

（1）对拆迁安置居民的影响。根据该工程拆迁安置规划，陶岔渠首工程永久占地范围内农村被征用的耕地数量小，农村居民搬迁可以在本村内就近迁建，全部采取集中建房方式进行安置。董营土坝采取一次性补偿。

农村居民集中安置建房以砖木材料为主，拆迁人数少，建房面积不大，木材使用量较小，对区域林木植被影响较小。

（2）单位企业和专项复建对环境的影响。迁建中的基础平整、开挖、"三通一平"建设，将破坏地表植被，造成水土流失；建筑弃渣任意堆放将影响局地景观；施工噪声、建筑材料运输等对周围环境也将产生一定影响。

（五）施工环境影响预测

1. 水环境影响

（1）施工期水质现状。根据 2002 年汉江坝下水质监测资料，按照《地表水环境质量标准》（GB 3838—2002）进行评价，评价结果为除溶解氧丰水期、高锰酸盐指数平水期的测值达到Ⅱ类标准，总氮平水期的测值达到Ⅲ类标准，丰水期、枯水期的测值达到Ⅳ类标准外，其他各项指标丰水期、平水期、枯水期均达到Ⅰ类标准。

根据 2002 年汉江坝上断面水质监测资料，按照《地表水环境质量标准》（GB 3838—2002）进行评价，评价结果为除总氮枯水期的测值达到Ⅲ类标准，丰水期、枯水期的测值达到Ⅳ类标准外，其他各项指标丰、平、枯水期均达到Ⅰ类标准。

根据 2001 年淅川县环境监测站例行监测，丹江口水库陶岔渠段水质监测结果为化学需氧量 10mg/L、氨氮 0.01mg/L、总磷 0.01mg/L、总氮 0.9mg/L，单因子评价表明，除总氮超标（超标倍数为 1.8）、为Ⅲ类外，其余指标满足《地表水环境质量标准》（GB 3838—2002）Ⅱ类标准。

（2）丹江口大坝加高工程施工期水质预测。

1）主要污染源。丹江口水利枢纽大坝加高工程施工期的污染源主要包括砂石骨料冲洗废水、混凝土养护和混凝土拌和系统冲洗废水、机械设备冲洗含油污水，以及施工人员的生活污水等。

砂石骨料冲洗废水：根据施工组织设计，该工程砂石料加工系统位于右岸柳树林，净料生产能力为 500t/h。工程共需砂石骨料 215 万 m³，砂石加工系统耗水量为 3250m³/d，最大用水量为 875m³/h，除部分消耗于生产过程中外，其余大部分成为废水排放，按 80% 计算（若不考虑循环利用等因素），则废水排放量为 2600m³/d，最大废水排放量为 700m³/h。砂石骨料加工废水主要污染物为悬浮物，具有废水量大、悬浮物浓度高的特点。根据类似工程砂石料加工系统的冲洗水水质监测结果，悬浮物浓度可高达 70000mg/L。据此推算砂石骨料加工废水中悬浮物排放量为 182t/d，最大排放量为 49t/h。

碱性废水：该工程共需混凝土与钢筋混凝土总量约 130.37 万 m³，工程混凝土浇筑时，将产生养护碱性废水。据有关资料，养护 1m³ 混凝土约产生 0.35m³ 碱性废水，其 pH 值可达 9～12。工程混凝土最大月浇筑强度为 6.7 万 m³，因此养护碱性废水最大排放量为 782m³/d。此外，混凝土拌和系统的转筒和料罐的冲洗，也将产生少量碱性废水，根据三峡和铜头水电站施工期混凝土拌和系统生产废水悬浮物浓度的实测资料，拌和系统废水悬浮物浓度为 5000mg/L，pH 值在 12 左右。碱性废水具有悬浮物浓度高、水量较小、间歇集中排放的特点。

含油废水：包括机械车辆维修、冲洗废水，废水中主要污染物成分为石油类和悬浮物。根据小浪底工程实测，洗车污水石油类浓度为 1～6mg/L，如果不进行处理并排入（或随雨水流入）水体，将会污染水质。该工程需要定期清洗的主要施工机械设备计 137 台（辆），平均每台机械设备每天冲洗水以 0.6m³ 计算，则废水产生量约为 82.2m³/d。

生活污水：施工高峰期人数为 3600 人，办公、生活区分两岸布置，其中左岸 1600 人，右岸 2000 人。生活用水定额为 120L/（人·d），按排放系数 80% 计算，则生活污水排放量左岸约为 154m³/d，右岸为 192m³/d。施工生活污水中主要污染物来源于排泄物、食物残渣、洗涤剂等有机物，主要污染物为化学需氧量、五日生化需氧量等，预计左岸化学需氧量、五日生化需氧量排放量分别为 46.2kg/d 和 38.5kg/d，右岸化学需氧量、五日生化需氧量排放量分别为 57.6kg/d 和 48.0kg/d。

2）水质影响预测分析时段选择在枯水期，此阶段河流水量较小，河流稀释自净能力相对较弱，施工活动对水质的不利影响反映最为显著。河流流量 Q 取最枯月流量 270m³/s，施工区水质预测分析计算参数取值见表 11-1-17。

表 11-1-17　　　　　　　　　施工区水质预测分析计算参数取值表

时期	平均流速 v /(m/s)	平均水深 h /m	流量 Q /(m³/s)	削减系数 k/(L/s)			横向扩散系数 E_z /(m²/s)
				沉降系数	耗氧系数		
					化学需氧量	五日生化需氧量	
枯水期	0.35	4.18	270	5.89×10^{-4}	3.46×10^{-6}	4.05×10^{-6}	0.11

表中耗氧系数主要用于河段生活污水排放影响预测，根据《环境保护实用数据手册》中的国内外河流水质模型参考值，结合汉江具体河流特征，施工江段化学需氧量、五日生化需氧量耗氧系数分别定为 3.46×10^{-6}L/s 和 4.05×10^{-6}L/s。沉降系数主要用于悬浮物影响预测，据《环境水力学》中参考值，定为 5.89×10^{-4}L/s。横向扩散系数采用 Fisher 经验公式计算。

3）影响分析。

a. 对汉江水质的影响。

砂石骨料冲洗废水：柳树林砂石料加工系统冲洗用水量 3250m³/d，废水量为 2600m³/d，最大废水排放量为 700m³/h。成分主要是泥沙，悬浮物浓度高达 70000mg/L。砂石骨料加工废水中悬浮物最大排放量为 49t/h。采用二维扩散水质模型进行预测，砂石料冲洗废水如直接排入汉江，对下游江段的水质影响进行预测，计算结果表明，柳树林砂石料冲洗废水使排放口下游 2500m 范围内的悬浮物浓度有不同程度的增加，水体悬浮物含量高，感官指标变差。

碱性废水：该工程混凝土浇筑养护碱性废水最大排放量为 782m³/d。混凝土浇筑后的养护水一部分被水泥熟化吸收，另一部分直接进入大坝两侧水体，主要排入大坝下游水体。混凝土浇筑养护水 pH 偏高，经过大量江水的混合稀释扩散作用后，对大坝两侧水体不会产生明显影响。混凝土系统分左右岸设置，左岸混凝土系统设在左岸土石坝上游小胡家岭，场地布置高程为 162m。右岸混凝土系统设在右岸坝头军营附近，场地布置高程为 162m。混凝土拌和系统冲洗产生少量碱性废水，如不经处理，随意排放，将对周围土壤产生不利影响，不利于施工迹地恢复。如随雨水流入库区，将影响水库水质。

含油废水：为了方便施工机械的维修和保养，在左右两岸分别设置汽车停放场和施工机械停放场。机械车辆维修、冲洗排放含油废水量为 82.2m³/d，废水中悬浮物和石油类含量较高。含油废水随意排放，会降低土壤肥力，改变土壤结构，不利于施工迹地恢复。含油废水若直接排入水体，会在水体表面形成油膜，使水中溶解氧不易恢复，影响水质。因此施工含油废水需经收集处理达标后方可排放。

生活污水：施工人员分布在左右两岸，左岸利用已建排水设施，右岸目前按混流制，雨水、污水合用一个下水道进入汉江。预计生活污水排放量左岸约为 154m³/d，右岸为 192m³/d。左岸化学需氧量、五日生化需氧量排放量分别为 46.2kg/d 和 38.5kg/d，右岸化学需氧量、五日生化需氧量排放量分别为 57.6kg/d 和 48.0kg/d。

预测结果表明，施工生活污水排放对施工江段的水质影响较小，生活污水的排放不会改变地表水水域功能类别，排污口下游水质仍能达到地表水Ⅱ类标准。但因其超过排放标准，且生活污水中含有较多细菌和病原体等，可能对下游的人群健康产生不利影响，需处理达标后排放。

以上预测结果为施工废污水对施工江段水质的最不利影响。由于施工江段按《地表水环境质量标准》（GB 3838—2002）Ⅱ类水域管理，根据《污水综合排放标准》（GB 8978—1996）的规定，施工江段禁止新建排污口。施工废污水通过采取较严格的处理方法，不直接排入汉江水体，将不会对汉江水质产生影响。

b. 对取水口水质的影响。丹江口市供水主要以丹江口水库为水源。丹江口市自来水厂供水量 1200 万 t/a，丹管局水厂供水规模为 1000 万 t/a。从坝下取水的主要为一些工厂自备水源，其中位于施工江段内的取水口有东风汽车公司粉末冶金厂取水口和汉江集团铝业公司取水口，以及右岸施工区取水口。

右岸的东风汽车公司粉末冶金厂取水口位于柳树林砂石加工系统下游约 3000m 处，该水厂供东风汽车公司粉末冶金厂生产、生活用水。预测结果表明，砂石料加工系统下游 2500m 处悬浮物的浓度值接近背景值，砂石料冲洗废水对该取水口水质影响很小。羊皮滩砂砾料场取料，扰动水体，使水体悬浮物浓度增加。右岸东风汽车公司粉末冶金厂取水口与羊皮滩砂砾料场横向距离大约 300m，由于汉江主河道位于羊皮滩砂砾料场左岸，右岸水流较缓，悬浮物易沉降。因此，羊皮滩砂砾料场取料对东风汽车公司粉末冶金厂取水口水质影响较小。

汉江集团铝业公司取水口为生产用水取水口，位于左岸临时汽渡码头（左岸施工生活污水排放口）下游约 1200m。预测结果表明，施工生活污水对该取水口水质影响甚微。汉江集团铝业公司取水口距离羊皮滩砂砾料场横向距离较远（大约 500m），且悬浮物易沉降。因此，羊皮滩砂砾料场取料对汉江集团铝业公司取水口水质基本没有影响。

该工程右岸施工用水由新建的右岸水厂供给，右岸水厂建在施工变电所的上游侧，自大坝下游发电机进水管上接管引水。右岸水厂取水口紧邻大坝，从库区取水，只有大坝混凝土浇筑养护水可能对其产生影响，由于养护水数量小，且大部分流入坝下，因此预计影响不大。

（3）陶岔渠首工程施工区水质预测。陶岔渠首工程施工期水污染源主要有砂石料加工系统冲洗废水、混凝土养护碱性废水、机械设备保养冲洗含油废水、基坑废水，以及施工人员生活污水。

1）砂石料冲洗废水。该工程砂石料场位于闸址左岸 1km 处汤山砂石料场附近。砂石加工系统按 2 班制生产，每天工作 14 小时，系统设计处理量 1120t/d，供水规模约为 1680m³/d。砂石料加工系统用水除部分消耗于生产过程中外，其余大部分成为废水排放，按供水量的 80% 估算排放量，砂石料加工冲洗废水产量约为 1350m³/d，排放方式为集中排放。砂石料冲洗废水中悬浮物浓度可高达 70000mg/L，施工废水如不经处理直接排放，可能造成附近沟、塘水体悬浮物浓度增大，沟道阻塞。

2）混凝土养护碱性废水。该工程混凝土拌和系统布置在闸首右岸 2 号营地。混凝土浇筑量为 8.91 万 m³，最大月浇筑强度为 0.76 万 m³/月，最大碱性废水量约 0.27 万 m³/月，排放方式为分散排放。碱性废水如随意排放，将破坏周围土壤环境，影响受纳水体水质。

3）机械设备保养冲洗含油废水。该工程以机械施工为主，需定期清洗的主要施工机械和车辆约 60 台（辆），施工机械和车辆冲洗将产生一定的含油废水，平均每台冲洗废水以 0.6m³ 计算，约为 36m³/d。施工机械和车辆含油废水若随意排放，会降低土壤肥力，改变土壤结构，不利于施工迹地恢复；若直接排放至附近沟、塘水体，会在水体表面形成油膜，使水中溶解氧难以补充而影响水质。

4）生活污水。南水北调中线一期陶岔渠首工程施工高峰人数 530 人，施工生活营地布置在渠首右岸 4 号营地，按排放系数 0.8 计算，生活污水排放量为 43m³/d，施工生活污水中主要污染物来源于排泄物、食物残渣、洗涤剂等。施工生活污水禁止排入丹江口水库施工渠段，根据当地情况调查，施工生活污水可集中排入陶岔村生活污水排污沟、塘，但生活污水中细菌及病原体较多，可能增加沟、塘污染，仍需适当处理后排放。

2. 声环境影响

（1）施工期声环境现状。1996 年，丹江口市对城区区域环境噪声和道路交通噪声进行过普查。近年来，随着经济的不断发展，丹江口市城区面积、城区人口和道路车流量发生了一定变化，但受地域的影响，这种变化不是太大，1996 年的普查结果基本能反映丹江口市城区的声环境质量状况。根据 1996 年普查成果，丹江口市城区声环境质量总体水平较差。城区 63.9% 的区域环境噪声为 51~65dB（A），整个城区的平均等效声级为 55.2dB（A）。交通噪声是影响城市区域声环境质量的主要因素，其平均影响强度为 71.2dB（A）。交通噪声最大的是环城南路，等效声级为 78.2dB（A）；最小的是人民路，其等效声级为 63.1dB（A）。工业噪声污染源主要以冶金、机械加工企业为主，由于丹江口市城市规划起步较晚，较多的工业企业建在城区中心，成为影响城区中心区域声环境质量的重要方面。由于城市建设的迅猛发展，建筑施工噪声对城市区域声环境质量的影响越来越大；相对于主城区，丹江口市城区右岸的噪声背景值较低。

丹江口大坝加高工程施工区主要交通道路避开了丹江口城市交通主干道，施工道路附近区域的噪声背景值较低，声环境质量状况较好。

陶岔渠首工程所在地淅川县位于伏牛山东部的岗地与平原区过渡地带，施工渠段左右岸分别有淅川县叶营村和陶岔村，均为农村地区。据现场调查，该地无较大噪声源，声环境本底值低。

（2）丹江口大坝加高工程施工区声环境预测。施工活动中主要噪声污染源包括施工砂石料加工系统、混凝土拌和系统等固定点源噪声和运输车辆流动线源噪声，以及短时、定时的爆破的噪声。施工机械中高噪声设备声级值一般为 85~110dB（A）。噪声源分析如下。

　　1）固定点源噪声影响。固定点源噪声较大的砂石料加工系统在150m以外可达到城市区域环境噪声标准昼间2类标准［60dB（A）］，400m以外可达到夜间2类标准［50dB（A）］。柳树林砂石料加工系统、石方开挖爆破、两个混凝土拌和楼影响范围内均无敏感点，对环境影响不大，只需做好现场施工人员的劳动保护。

　　2）流动线源噪声影响。丹江口大坝加高工程外来物资运输量大，材料运输总量81.34万t，最高年运输量发生在第2年，高峰年外来物资运输总量21.5万t，其中水泥12.4万t。该工程砂石料加工系统布置在右岸柳树林，生产的砂石料供应两岸混凝土系统，将由大坝下游约1.9km处的跨汉江大桥承担工程施工期间两岸人员及物资运输。施工期间两岸过江物资主要为砂石料、土料、水泥、钢材、其他建材及生活物质，高峰年过江运输量约57.5万t。

　　施工运输车辆交通噪声是影响城市区域声环境的主要因素，预测的重点是交通噪声对施工交通干道两侧敏感点的影响。施工主要运输车辆为重型和中型车，小型车极少，在进行预测时只考虑重型和中型车的辐射噪声，分昼间和夜间两种方式进行。施工运输道路避开了丹江口市城市交通干道，施工道路附近区域的噪声背景值较低，声环境质量状况较好。因夜间噪声背景值更低，进行叠加后总声级比预测值增加很小，因此以预测值作为预测点夜间的噪声。

　　经预测，运输高峰年昼间重型车最大车流量为25辆/h，夜间最大车流量为12辆/h；昼间中型车最大车流量为8辆/h，夜间最大车流量为4辆/h。

　　右岸五军路沿线敏感点为地区农校和办公生活区，执行1类标准。地区农校距交通道路为100m，根据预测结果，地区农校边界处昼间噪声级达58.6dB（A）左右，超标3.6dB（A），受影响较小；夜间噪声级达37.7dB（A），可达标，夜间不受影响。施工办公生活区位于路边5m，昼间、夜间噪声级分别为70.8dB（A）和70.2dB（A），昼间、夜间均超标，将受到较大影响。

　　左岸沿江路和上坝路沿线敏感点为周围居民区、龙山宾馆、石油站宿舍、办公生活区等，紧邻路边。其中龙山宾馆执行0类标准，即环境噪声标准值为昼间50dB（A），夜间40dB（A）。经预测，150m处昼间、夜间噪声级达56.3dB（A）、33.3dB（A），昼间超标6.3dB（A），夜间可达标。其他敏感点执行1类标准，居民区、石油站宿舍和办公生活区昼间、夜间均超标，将受到较大影响。

　　丹江口市城区面积相对狭小，道路密度大，车流量较大，噪声背景值相对较高，丹江口大坝加高工程施工开始后，施工干道车流量大大增加，是影响城市区域声环境的主要因素，必须采取有效防治措施，以避免扰民现象。

　　3）爆破噪声影响。该工程共需炸药1.49万t。爆破点主要有混凝土坝基础扩挖、混凝土拆除及右岸土石坝基础开挖。爆破噪声具有短时、定时、定点的特征，虽然爆破源强大，在长距离衰减后污染影响较小。若不注意安全防范，对位于爆破禁区附近的人员听力有可能造成伤害，应加强管理。

　　（3）陶岔渠首工程施工区声环境预测。

　　1）噪声敏感点。陶岔渠首工程施工活动产生的噪声主要包括固定噪声源（主要包括综合加工厂、金属结构拼装场和混凝土拌和系统）和流动噪声源（车辆运输流动噪声）。工程施工区噪声影响环境敏感目标主要有学校和居民点。

2）影响预测。

a. 固定噪声源对声环境敏感目标的影响。该工程右岸施工营地所在地位于陶岔村所属地带，地势开阔，无噪声污染源分布，噪声昼间平均小于 55dB（A），夜间平均小于 45dB（A），符合《城市区域环境噪声标准》（GB 3096—93）Ⅰ类标准。根据噪声敏感目标分布情况，固定噪声源主要包括综合加工厂、金属结构拼装场和混凝土拌和系统。施工固定噪声源昼间和夜间对陶岔村居民点、陶岔村小学和施工生活营地声环境均产生不同程度的影响，主要影响源是综合加工厂生产噪声。

b. 固定连续噪声源对施工现场人员的影响。根据该工程施工机械选型，施工现场噪声源强最大的施工机械主要移动式空压机和推土机，按最不利情况，采用以上模式进行预测，预测结果，对照《建筑施工场界噪声限值》（GB 12523—90）标准，固定噪声源对施工现场作业人员将产生一定影响。

c. 流动噪声源。车辆流动源噪声采用《环境影响评价技术导则　声环境》（HJ/T 2.4—1995）公路交通噪声预测模式进行预测。

根据该工程施工布置及车辆运输情况，结合当地农村地区交通状况，施工交通干线昼间车流量为 30 辆/h，平均车速 35km/h；夜间车流量为 20 辆/h，车速 30km/h。

结果显示，受车辆运输产生的交通噪声的影响，白天在距运输道路两侧 20m 以外的居民区，声环境能够达到 1 类标准。夜间在距运输道路两侧 70m 以外的居民区声环境能达到 1 类标准。根据预测结果，对照《城市区域环境噪声标准》（GB 3096—93）Ⅰ类标准，施工车辆流动噪声源昼间对道路两侧敏感目标均不产生影响，夜间对施工道路两侧所有敏感目标均产生不同影响。

3. 大气环境影响

（1）施工区空气环境现状。依照丹江口市的地理、经济、社会和工业状况，丹江口市城区按《环境空气质量标准》（GB 3095—1996）二级标准评价。根据丹江口市城区 2002 年大气环境监测数据统计，丹江口市城区环境空气质量状况总体尚清洁，但与"八五"期间相比，大气环境质量有所下降，并有逐渐恶化的趋势。二氧化氮年均值为 0.029mg/m³，二氧化硫年均值为 0.025mg/m³，均达到《环境空气质量标准》（GB 3095—1996）二级标准，总悬浮颗粒物年均值为 0.33mg/m³，超过二级标准，超标倍数为 0.65。所以，总悬浮颗粒物是影响城区环境空气质量的主要污染物，主要污染范围是城区。丹江口市城区右岸基本是农村地段，环境空气质量状况相对较好。

陶岔渠首工程位于农村地区，地势较开阔，扩散条件较好，环境空气质量较好。

（2）丹江口大坝加高工程对环境空气质量的影响。

1）主要污染源。施工废气排放主要来自施工扬尘、施工燃油等，主要污染物为总悬浮颗粒物、二氧化硫、一氧化碳、二氧化氮和烃类。施工扬尘主要来自土石方开挖、混凝土拌和、砂石料粉碎筛分、料场取土、弃渣堆放，以及钻孔、爆破和散装水泥作业等施工活动和车辆运输产生的扬尘；燃油设备主要为施工运输车辆和施工设备，其排放废气在公路上形成线源，在施工场所为点源。

a. 燃油产生的污染物。施工期共燃油 6.62 万 t，年均耗油 12036t。根据污染物排放系数法，燃油产生的污染物及其数量见表 11－1－18。

表 11-1-18   燃油产生的污染物及其数量表

名称	耗油量		污染物排放量/t			
	时间	数量/t	二氧化硫	一氧化碳	二氧化氮	烃类
燃油	日均耗	32.98	0.11	2.58	1.55	0.46
	年均耗	12036	36.80	935.08	568.33	174.52
	施工期总量	66200	202.40	5142.94	3125.82	959.86

b. 施工粉尘、扬尘。根据施工组织设计,主体工程土石方开挖 77.27 万 m^3,最高强度为 7.05 万 m^3/月。工程生产混凝土总量 127.79 万 m^3,混凝土拆除总量 4.5 万 m^3,施工外来物资材料运输总量为 81.34 万 t,其中水泥的运输量为 37.45 万 t。土石方开挖、爆破,混凝土拌和,砂石料粉碎、筛分、混凝土拆除将产生一定的粉尘或扬尘。由于以上施工活动较分散,对环境空气仅产生局部影响。

2)影响分析。

a. 燃油对环境空气的影响。该工程燃油机械设备共 137 台(辆),施工期共耗油 6.62 万 t。施工过程中,燃油机械及车辆产生的废气主要污染物为二氧化硫、一氧化碳、二氧化氮、烃类等。施工期燃油排放二氧化硫 0.11t/d,一氧化碳 2.58t/d,二氧化氮 1.55t/d,烃类 0.46t/d。

根据现状监测资料,丹江口市城区环境空气质量除总悬浮颗粒物年均值超过二级标准外,其他污染物均达到二级标准。施工机械燃油产生的污染物量较小,对环境空气影响较小。

b. 施工粉尘、扬尘对环境空气的影响。工程土石方开挖在短时期内产尘量较大,局部空气中的粉尘量将加大,对现场的施工人员产生不利影响。由于施工在较大范围内进行,因此对环境空气质量总体影响不大,但对局部地区,尤其是左岸邻近丹江口城区,总悬浮颗粒物本底值较高,将产生一定影响。

工程实践表明,由于施工爆破是间歇性的排放污染物,对环境空气造成的污染很小。

混凝土搅拌加工在进料和搅拌时产生粉尘,产生浓度平均为 $1000mg/m^3$。混凝土拌和系统一般配备有除尘设备,只要正常运行,就可大大降低粉尘浓度,减小影响范围。柳树林砂石料加工系统布置于汉江外滩,而且位于右岸农村地段,环境空气背景值较低,大气扩散条件较好。目前砂石料破碎普遍采用湿法作业,粉尘产生量不大,仅筛分过程中产生的粉尘对周围环境有一定影响,但范围不大。

交通运输扬尘主要来自两方面:一方面是汽车行驶产生的扬尘;另一方面是装载水泥、粉煤灰等多尘物料运输时,汽车在行进中如防护不当易导致物料失落和飘散,将导致沿公路两侧空气中的含尘量的增加,对公路两侧的空气质量造成污染。根据污染源预测,施工运输道路扬尘排放强度为 75.7mg/(s·m),由于丹江口城区北、西、南三面环山,形成向东开口的完整盆地,而且静风气候较高,多年平均静风频率为 25%,污染物不易扩散,左岸丹江口城区总悬浮颗粒物本底值较高,超过二级标准,因此交通运输扬尘对所经过的左岸城区段道路两侧的环境空气质量将产生一定影响。施工交通运输路线 100m 范围内的环境空气敏感点左岸主要有施工主要交通道路两侧的居民区、龙山宾馆、尖山蜜橘场、航运局果园、办公生活区、石油站宿舍,右岸主要有办公生活区、地区农校等,运输车辆产生的扬尘对左岸区域环境空气质量影响较大;右岸基本为农村地区,环境背景值较低,道路扬尘对右岸环境空气质量影响相对较小。

施工中应特别注意加强施工现场道路、场地的洒水抑尘，施工道路两侧植树等措施。通过采取措施严格管理，可以大大降低施工扬尘量，将施工扬尘对周围环境的影响减少到最低程度。

（3）陶岔渠首工程施工对环境空气的影响。陶岔渠首工程施工扬尘主要来自基坑和渠道开挖及清基、混凝土拌和、砂石料粉碎筛分、料场开采、弃渣堆放、水泥装卸作业及车辆运输粉尘泄露，主要污染物为总悬浮颗粒物。

该工程主要是石料场开采时产生的粉尘。据现场查勘，石料场及石料加工系统均远离居民点，产生的粉尘主要是对现场施工人员产生影响，需采取一定的劳动保护措施。

该工程混凝土生产总量 8.91 万 m³，虽然不大，且离混凝土拌和系统距周边居民点较远，但混凝土搅拌加工在进料和搅拌时将产生粉尘，浓度平均为 1000mg/m³，对近场作业施工人员仍有一定影响。

交通运输中产生的扬尘主要来自两个方面：一是汽车行驶产生扬尘；二是装载水泥等多尘物料运输时，汽车在行进中如防护不当，易导致物料失落和飘散，使公路两侧空气中的含尘量增加。车辆扬尘不会在大范围内平均分布，但在小空间内浓度还是较高。在道路局部地段积尘较多的地方，载重车辆经过时会掀起浓密的扬尘。根据其他工程现场实测情况，类似路面交通运输产生的扬尘影响范围一般在宽 10～50m、高 4～5m 的空间内，3min 后较大颗粒即沉降至地面，微细颗粒（所占比重较小）在空中停留时间较长。根据现场查勘情况，陶岔渠首工程主要施工道路路面积尘较多，交通扬尘对陶岔村小学影响相对较大。

工程施工燃料主要有燃油和燃煤。燃油设备主要为施工运输车辆和施工设备，其排放废气在公路上为线源污染，在施工区附近形成点源污染。该工程施工区所处位置地形开阔，大气扩散条件较好，施工期燃油产生的污染物量较小且排放分散，对环境空气影响较小。

4. 固体废弃物

（1）弃渣。丹江口大坝加高工程施工过程中产生的固体废弃物主要是弃渣，弃渣量约414.78 万 m³；陶岔渠首工程弃渣量 15.55 万 m³。工程建设产生的弃渣，如不采取防护措施，遇暴雨冲刷，将产生水土流失，毁坏农田，淤积河道，污染河流水质，对环境产生不利影响。

随着施工结束，临时建筑物、工棚和附属企业的拆除和建筑垃圾及各种杂物堆放在施工区，形成杂乱的施工迹地，这些建筑垃圾若得不到有效的处理将影响当地视觉景观，不利于后期施工场地恢复建设。

施工期产生的生产废料主要有木料碎块、废铁、废钢筋、油渣油纸、棉纱等。预估这些生产废料数量不大，但废弃油渣油纸、棉纱任意丢弃，影响施工区环境卫生。

（2）生活垃圾。丹江口大坝加高工程施工期 5.5 年，施工高峰人数 3600 人，按每人每天产生生活垃圾 1.2kg，预计施工区高峰每日约产生活垃圾 4.3t，年产垃圾 1570t。

陶岔渠首工程施工期为 34 个月，施工高峰人数 530 人，预计施工区高峰每日约产生活垃圾0.64t，年产垃圾 232t。

生活垃圾如任意堆放，不仅污染空气，有碍美观，而且在一定气候条件下，造成蚊蝇滋生、鼠类大量繁殖，加大各种疾病的传播机会，在人口密集的施工区导致疾病流行，影响施工人员身体健康。

生活垃圾的各种有机污染物和病菌随径流或其他条件一旦进入河流水体，将增加水体中污染物浓度，污染河段水体水质。

5. 施工交通

丹江口坝址对外交通条件好，汉丹铁路及汉丹公路与全国铁路和公路网相连接，汉江水运可直达坝址，对外交通运输采用铁路、公路运输。丹江口大坝加高工程外来物资材料运输总量81.34万t，从丹江口市对外交通现状和运输能力来看，其铁路和港口的运输潜力很大，现有交通设施可满足大坝加高工程外来物资运输要求，施工物资运输不会影响主要运输路线的正常交通。

丹江口升船机现有规模为150t级，由于目前货源较少，过坝船只也很少。由于大坝加高及升船机改扩建，升船机于第2年1月至第5年5月断航。施工断航期间，过坝措施采取货物分流运输，需要过坝的货物采用汽车转运过坝，在坝址左岸上、下游分别设置驳运码头。因此，升船机断航对过坝运输的影响不大。

1996年对丹江口市的10条主、次交通干线的监测结果表明，车流量最大的是丹江大道，最小的是大坝二路，平均车流量为162辆/h。施工场内交通以公路为主，主要施工运输道路需修建7.9km，改扩建6.8km。场内交通运输利用新修公路，对丹江口城区主要干线的交通影响不大，但左岸上坝公路利用已有的汤家沟、王大沟路进行改扩建，对城区交通可能产生一定影响，可能引起交通堵塞等问题。

由于施工车辆、机械重量较大，大吨位汽车、机械的运输可能对公路路面造成损害，特别是夏季，雨水较多，路面局部积水浸泡后，在重型车辆的碾轧下极易受到破坏，从而影响道路的通过能力。

根据工程总体规划，在距大坝下游约1.9km处拟兴建一座跨汉江大桥，承担工程施工期间两岸人员及物资运输。跨江大桥通车以前，需建临时汽渡码头，承担工程施工期间两岸人员与物资运输。若兴建跨江大桥，两岸施工交通运输将更加便利快捷，方便了工程施工，促进丹江口的城市建设和推动地方经济发展。

第二节　汉江中下游环境影响评价

汉江干流在丹江口水库以下为中下游，河长652km。汉江中下游地区包括22个县（市、区），其中干流沿岸有15个，包括丹江口市、老河口市、谷城县、襄阳区、襄樊市、宜城市、钟祥市、荆门市、潜江市、天门市、仙桃市、汉川市和武汉市的蔡甸区、东西湖区、汉阳区；支流沿岸7个，包括保康县、南漳县、枣阳市、京山县、应城市、房县、神农架林区。南水北调中线工程对汉江中下游的影响主要特点在于：①调水后汉江中下游水量减少、水量年内分配被改变，进而汉江中下游的水文情势发生变化；②水文情势变化对汉江中下游的水环境和水生态造成一定程度的影响；③兴隆枢纽工程、引江济汉工程等四项补偿工程可以缓解调水对汉江中下游的影响，同时也存在施工影响。

一、汉江中下游治理工程概况

汉江中下游治理工程由兴隆水利枢纽、引江济汉工程、部分闸站改建工程和局部通航整治工程组成。

（一）兴隆水利枢纽

根据灌溉、梯级衔接、库区滩地淹没及浸没影响、防洪、发电等方面的综合比较，正常蓄水位推荐 36.2m，电站装机容量 37MW，枢纽通航建筑物按近期丹江口至汉口为 500t 级，远期通航标准为丹江口至汉口为 1000t 级，与Ⅲ级航道配套考虑，最大通航流量 10000m³/s，最小通航流量 420m³/s。

（二）引江济汉工程

进口为长江左岸龙州垸，出口为汉江高石碑，线路全长 67.1km，东荆河补水线路从拾桥河分水。根据汉江高石碑出口断面调水前后 42 年的来水流量过程及断面下游需引水过程进行对比分析，拟定引江济汉工程设计流量为 350m³/s，加大流量为 500m³/s。东荆河补水设计流量规模根据设计代表年（$P=85\%$）最大连续三旬平均值确定为 100m³/s，最大流量为 110m³/s。

考虑长江枯水期及三峡运行后河道下切的影响，渠首需建泵站。泵站的规模以考虑枯水期生态用水要求和灌溉期的灌溉用水要求综合确定，近期泵站规模确定为 200m³/s。

（三）部分闸站改扩建

根据调水后对闸站的影响分析，对沿岸调水后取水条件恶化或完全失去了引水条件的 31 处引水闸站进行改造。同时，对 154 处小型闸站进行典型设计。闸站改造一般维持原规模不变，仅有少量排灌结合的闸站因其排水流量远大于灌溉流量，当改造方案为新建泵站时其规模根据灌区的需水要求重新确定。闸站改造按灌溉保证率达到 75%～85%，城市生活用水、工业用水保证率达到 98% 设计。

（四）局部航道整治

航道整治规模为Ⅳ（2）级航道，以维持原通航 500t 级航道标准。丹襄段按Ⅳ（3）航道标准进行设计。对丹江口至皇庄段进行调水后二次整治，主要将整治线宽度缩窄。丹江口至王甫洲段由 300m 缩窄到 260m，王甫洲至襄樊段由 350m 缩窄到 280m，襄樊至皇庄段由 480～500m 缩窄到 300m。二次整治工程共布置加长丁坝 112 座、加建丁坝 47 座，共 159 座，长 32819m；浚深原有挖槽 22 处，长 40158m。

皇庄至汉川段主要采取丁坝、疏浚和护岸（滩）进行局部整治。河段整治工程共建丁坝 103 条，长 33934m；新建、加固护岸 20 处，长 31030m；护滩带 3 条，长 500m；挖槽 12 处；长 6150m。

二、存在的主要环境问题

（一）环境现状变化分析

1. 水质变化分析

根据近几年水质监测资料表明，汉江中下游水质呈现如下污染趋势。

（1）汉江下游水质污染比中游严重。丹江口水库下泄水高锰酸盐指数在 2mg/L 以下，随着距离的增加，高锰酸盐指数呈现逐渐升高的趋势，到下游汉江出口段高锰酸盐指数浓度达到最高，接近 4mg/L，以 2000—2002 年的数据分析，汉江中下游高锰酸盐指数变化趋势见图11-2-1。

汉江干流总磷、氨氮和高锰酸盐指数污染物的含量沿江自上而下基本呈上升趋势。

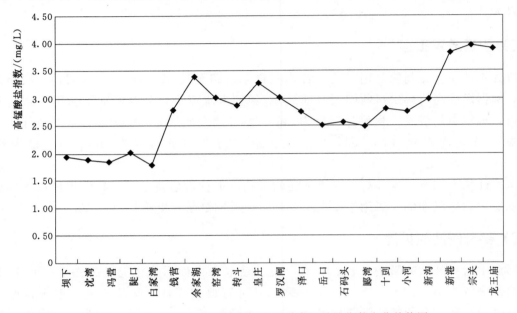

图 11-2-1　2000—2002 年汉江中下游高锰酸盐指数变化趋势图

（2）水质污染状况逐年加剧。以 1990—2002 年汉江各断面高锰酸盐指数年均浓度统计数据分析，除丹江口坝下断面的年平均浓度是逐年下降之外（1990 年为 2.4mg/L，1998 年为 1.5mg/L），其他断面高锰酸盐指数的年均值基本上是随年度上升，尤其是武汉市江段的三个断面都是呈逐年递增趋势。2000 年后，由于国家采取了"一控双达标"的环境保护政策，汉江水污染加剧的趋势得到一定遏制。

（3）总磷污染问题突出。1998 年以前，未将总磷列入水质必测项目，大多数断面（武汉市除外）未开展该项目测定，不能对近十年的省内江段总磷污染状况作出评价。2000 年开始，汉江流域各监测断面增设了总磷监测指标，从 2000—2002 年各监测断面的平均监测结果分析，有 50％的监测断面总磷指标仅能达到Ⅲ类水质标准；而按水期进行评价，钟祥皇庄、天门罗汉闸、潜江泽口断面出现过Ⅳ类甚至劣Ⅴ类的水质状况，因此，汉江中下游总磷污染问题相当突出，具体结果见图 11-2-2。

2. 鱼类资源变化分析

（1）鱼产量演变。近十年各县（市）年捕捞产量显著高于建坝以后 17 年的年均产量（1961—1977 年）。其中谷城、襄樊和宜城近 10 年年平均鱼产量分别为 409t、761t 和 656t，是建坝后 17 年年平均鱼产量的 10～30 倍，襄樊以下江段的产量增加幅度明显高于襄樊以上。就近 10 年产量变动分析，1997—1999 年沿江各县（市）鱼产量达到最高值后，开始逐年下降，目前汉江鱼产量出现了加速下降的趋势。

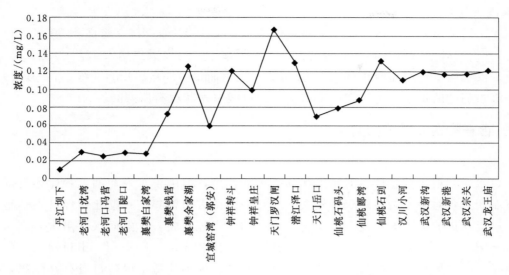

图 11-2-2　2000—2002 年汉江中下游总磷平均浓度变化趋势图

（2）鱼类种类与主要经济鱼类组成演变。汉江中下游从 1958 年建坝前到现在，先后进行了三次较为全面的鱼类资源调查，从汉江中下游的鱼类种类组成看，鱼类种类有所变化，总体构成没有发生根本性改变，但鱼类种群结构和主要经济鱼类组成发生了明显变化。

根据 2004 年 7—9 月的调查结果，与 1976—1978 年调查比较，原来在渔业上占有突出地位的草鱼（占渔获物重量的 22.18%）、铜鱼（16.37%）和长春鳊（8.05%），已被鲤鱼（48.13%）、鲫鱼（9.73%）、长春鳊（9.47%）、黄颡鱼（8.97%）所取代，尤其鲤鱼产量约占渔获物重量的一半，铜鱼种群数量急剧下降，已经难以形成产量。此外，鳡、青鱼、鳜比较少见，鲸、鳝多年没有发现，已濒临绝迹。

从三江段渔获物统计分析结果看，渔获物平均体重仅 147.56g，渔获物数量前 10 种鱼类除鲤鱼个体较大外，多为小型个体。汉江鱼类资源小型化趋势明显。

（3）产卵场演变。汉江中下游干流原王甫洲产卵场因王甫洲水利枢纽的修建已消失；襄樊产卵场消失；四大家鱼和其他产漂流性卵的经济鱼类产卵规模显著缩小；支流唐白河"四大家鱼"产卵场消失，经济鱼类仅剩赤眼鳟，且产卵量仅为原来 48%，小型鱼类产卵规模与原来持平。

3. 社会经济变化分析

据 2000 年资料统计，汉江中下游流域人口 1621.2 万人，比 1990 年增加 469.5 万人；工农业总产值 1372.47 亿元，比 1990 年增加 967.20 亿元；区域内农民人均年收入 2633 元，比 1990 年增加 1935 元。汉江中下游社会经济情况变化见表 11-2-1。

表 11-2-1　　　　　　　　　　汉江中下游社会经济情况变化表

年　　份	总人口/万人	工农业总产值/亿元	农民人均年收入/元
1990	1151.7	405.27	698
2000	1621.2	1372.47	2633

4. 血吸虫演变

汉江中下游流域是湖北省血吸虫病重疫区之一。据 1990 年资料有螺面积 50 多万亩,沿江有 16 个县(市)处于流行区,受威胁的人口 366 万多人,有血吸虫病人 13.1 万人。据 2002 年资料统计,汉江中下游有血吸虫病人 2.81 万人,有螺面积 1.81 万 hm^2(约 27.2 万亩)。经过长期对血吸虫病的防治工作,汉江中下游流域的血吸虫病状况有所好转。

(二)存在的主要环境问题

1. 洪涝灾害频繁

丹江口水库初期工程建成后对防洪起到一定的作用,但由于水库初期工程库容有限,拦洪削峰后下泄的洪水对中下游威胁仍然较大。汉江中下游人口密集,是湖北省经济发达地区,特别是左岸遥堤保护的汉北平原同时也是长江防洪的重点地区之一。然而汉江洪水峰高量大,中下游河道上宽下窄,行洪能力上大下小,下游泄量只有中游的 1/2～1/3,出口河段还受长江洪水位的顶托,防洪形势非常严峻,加之汉江堤防的防洪标准偏低,堤防自身存在隐患,导致洪涝灾害频繁。

2. 干旱威胁大

汉江中游属湿润带和半湿润带的过渡带,干旱指数大于 1.0,属重旱和次重旱区,鄂北岗地随州—襄阳、光化一带是有名的"旱包子"区域,干旱时有发生,属春夏旱多发区,3—10 月出现的天数在 60 天以上,大旱 3～4 年一遇。汉江下游属次旱区,以伏旱和伏秋连旱为主,3—10 月平均干旱天数 50 天左右,大旱平均 4～6 年一遇。由于水源工程供水能力不足,灌溉工程不配套及存在部分水利死角等原因,今后相当长一段时间,汉江中下游尤其是中游干旱灾害仍然是影响工农业生产发展的因素之一。

3. 水环境污染加剧

汉江中下游沿岸城市工业、生活污水大部分未经处理排入汉江,造成水体严重污染,威胁着人民群众的身体健康。根据历年的监测结果,汉江中下游水质污染趋势呈现的特点有:汉江下游水质污染比中游严重;汉江干流总磷、氨氮和高锰酸盐指数的浓度呈上升趋势;总磷、氨氮污染问题突出;汉江中下游总磷、氨氮大量超标;汉江中下游 20 世纪 90 年代以来发生三次比较严重的大范围的水华事件,影响河段涉及潜江以下长约 240km 的干流水体。

4. 血吸虫病危害

血吸虫病是长期困扰汉江中下游人民生活、严重危害人群健康的寄生虫病。目前汉江中下游 22 个县(市)中,有 15 个县(市)处于流行区,有 13 个县(市)属于重疫县(市)。据统计,汉江中下游有血吸虫病人 2.81 万人,有螺面积 1.81 万 hm^2。血吸虫病严重地危害了汉江中下游地区人民群众的身体健康。

三、环境影响预测

南水北调中线工程对汉江中下游的影响主要特点在于调水后汉江中下游水量减少,进而对汉江中下游的水文情势、水环境和水生态产生影响,因此南水北调中线工程对汉江中下游的环境影响预测重点在于水文情势的影响预测、水环境的影响预测,以及水生态的影响预测。

（一）水文情势影响预测

汉江中下游干流从上到下设有黄家港、襄阳、皇庄、沙洋、仙桃水文站和罗汉寺、谢湾、新沟等主要水文控制断面。分析中建立的各水文站综合水位流量关系曲线，是以各水文站实测洪水资料，并以丰枯典型资料为控制进行复核而得到的，根据典型年资料建立的水位与面积关系曲线，主要用于分析断面流速变化。重点选用黄家港、襄阳、皇庄、沙洋、仙桃五个水文站作为中下游上、中、下代表站，通过这五个站的水文要素变化情况，反映南水北调中线工程对中下游干流水文情势的影响。

1. 水文情势变化分析方法

汉江中下游水文情势分析主要依据 2010 年水平年丹江口水库后期规模条件下的补偿下泄流量调算系列资料。根据汉江中下游不同的工程条件及不同水平年预测的需取用汉江水量的要求，通过干流水量平衡计算得出丹江口水库补偿下泄流量过程，即以各航段要求的最小通航流量、河道内生态环境用水、河道外各用户用水要求的水位相应的汉江干流流量为各河段需要干流保持的临界流量，分河段扣除支流来水、回归水、中下游补偿工程来水，自下而上推算丹江口水库补偿下泄过程。为满足汉江中下游干流用水范围内社会经济可持续发展的需要，设计时按全满足汉江中下游河道外用水需求考虑。

调算系列长度为 1956—1998 年共 42 年，在本次分析中，前面已对该系列的代表性进行了分析，该系列具有较好的代表性。根据长江水利委员会《汉江丹江口水库可调水量研究》成果，研究只对 2010 年水平年调水 95 亿 m³ 方案进行分析。该方案具体内容为：丹江口水库后期规模，总干渠渠首设计引水流量 350m³/s，加大引水流量 420m³/s，汉江中下游部分闸站改扩建、局部航道整治及兴建兴隆枢纽和建设引江济汉工程（以下简称"四大补偿工程"），2010 年水平年可调水量 103.41 亿 m³，其中陶岔渠首 95 亿 m³。该方案既解决了汉江中下游防洪问题，实现了汉江中下游防洪规划目标，供水也较均匀，同时，其调水规模适中，不仅可满足北方受水区近期（2010 年水平）需水要求，还略有余地，与后期调水方案易于衔接。

2. 水文情势变化分析结果

（1）多年平均流量的变化。调水 95 亿 m³ 后，丹江口水库初后期规模及水库实际运用期条件下，南水北调中线工程对汉江中下游多年（旬）月平均流量的影响主要如下。

1）初后期规模与实际运用期相比，丹江口水库下泄总水量减少。

黄家港河段：与实际运用期比较，初后期规模年平均流量分别减少 0.9％和 26.6％；年径流量分别减少 3.2 亿 m³ 和 95 亿 m³。90％保证率年平均流量减小 26.6％；年最枯 30 天流量增大 76.2％；90％保证率月平均流量增大 6.3％。

襄阳河段：与实际运用期比较，初后期规模年平均流量分别减少 0.9％和 27.1％；年径流量分别减少 3.2 亿 m³ 和 93.7 亿 m³。90％保证率年平均流量减小 28.3％；年最枯 30 天流量增大 61.9％；90％保证率月平均流量增大 5.8％。

皇庄河段：与实际运用期比较，初后期规模年平均流量分别减少 0.9％和 21.3％；年径流量分别减少 4.1 亿 m³ 和 94.3 亿 m³。90％保证率年平均流量减小 29.5％；年最枯 30 天流量增大 43.2％；90％保证率月平均流量持平不变。

沙洋河段：与实际运用期比较，初后期规模年平均流量分别减少 1.18％和 22.6％；年径流量分别减少 5.1 亿 m³ 和 96.8 亿 m³。90%保证率年平均流量减小 31.9%；年最枯 30 天流量增大 15%；90%保证率月平均流量持平不变。

仙桃河段：该河段年月径流量的变化主要由丹江口水库下泄水量、中下游"四项工程"（特别是引江济汉工程）等因素综合影响。引江济汉工程规模初定 350m³/s，加大流量 450m³/s，对汉江干流的年均补水量约 21.9 亿 m³，年均入汉江干流流量约 69.4m³/s，直接影响兴隆以下河段水文变化。

与实际运用期比较，初后期规模年平均流量分别减少 1.5%和 10.1%；年径流量分别减少 5.4 亿 m³ 和 37.2 亿 m³。90%保证率年平均流量减小 7.1%；年最枯 30 天流量增大 55.8%；90%保证率月平均流量增大 33.1%。

2）调水后，干流流量过程趋于均化。干流各断面枯水保证率（$P=95\%$、98%）流量明显增大。

后期规模中下游旬平均流量 $Q \geqslant 300m^3/s$ 的保证率均接近或等于 100%。

中高水流量保证率变化情况为黄家港、襄阳、皇庄、沙洋断面减小，尤以 $600\sim1250m^3/s$ 流量最为明显。表明调水对汉江中下游干流中水流量影响较大，中水历时减少。仙桃断面处于引江济汉工程补水河段，中水流量保证率则增大，如 $Q \geqslant 600m^3/s$ 的情况，后期规模与实际运用期比较，流量保证率从 80.8%增至 90.7%，但 $Q \geqslant 800m^3/s$ 时流量保证率仍为下降趋势。

（2）多年平均水位的变化。由于调水后丹江口水库下泄总水量减少，汉江中下游干流天然河道水位呈降低趋势。下降程度与丹江口水库调节运用有直接关系。调水 95 亿 m³ 方案中，由于汉江中下游兴建兴隆枢纽、引江济汉等治理工程，改变了干流河道水位流量关系，在兴隆枢纽回水区和兴隆以下河段（引江济汉补水河段）水流条件较调水前有较为明显的改善。各断面初期规模与实际运用期相比，年月平均水位略有下降或持平。后期规模与实际运用期相比，具体变化情况如下：

黄家港河段：后期规模与实际运用期相比，水位均呈下降趋势，多年平均下降 0.42m。其中 10 月平均下降最大，达 0.98m。90%保证率年平均水位基本持平，最枯 30 天平均水位上升 0.25m。

襄阳河段：后期规模与实际运用期相比，水位均呈下降趋势，多年平均下降 0.41m。其中 10 月平均下降最大，达 0.78m。90%保证率年平均水位基本持平，最枯 30 天平均水位上升 0.30m。

皇庄河段：后期规模与实际运用期相比，除 5—8 月水位呈下降趋势外（下降 $0.10\sim0.72m$），其余月份均为上升（上升 $0.17\sim0.84m$），多年平均上升 0.27m 左右。90%保证率年平均水位基本持平，最枯 30 天平均水位上升 0.98m。

沙洋河段：后期规模与实际运用期相比，受兴隆枢纽抬高水位影响，水位有较大幅度上升，多年平均上升 1.65m，其中以 11 月至次年 4 月枯水期上升明显，如 2 月平均上升 2.36m，9—10 月平均上升 $0.95\sim0.99m$。90%保证率年平均水位上升 2.44m，最枯 30 天平均水位上升 2.64m。

仙桃河段：后期规模与实际运用期相比，由于引江济汉工程补水作用，水位基本持平或略有下降。多年平均仅下降 0.16m 左右。90%保证率年平均水位上升 0.30m，最枯 30 天平均水位上升 0.68m。

（3）多年平均流速的变化。汉江中下游干流断面流速的变化，兴隆以上河段主要受水位和流量的变化情况影响；而兴隆以下河段除受上游来水情况影响外，还受长江水位顶托影响。

黄家港河段：后期规模与实际运用期相比，多年平均流量呈下降趋势。多年平均流速由 0.51m/s 变为 0.43m/s。5—7月受丹江口水库调蓄下泄影响，流速值较为接近。年内变化最大的 10 月差值为 0.24m/s。

襄阳河段：后期规模与实际运用期相比，多年平均流量呈下降趋势。多年平均流速由 0.83m/s 变为 0.75m/s。月变化值为 0.020～0.29m/s。

沙洋河段：受水库下泄流量减少和兴隆枢纽回水影响，该断面调水前后流速变化十分明显，与实际运用期比较，后期规模条件下多年平均流速由 1.10m/s 变为 0.52m/s。年内变化最大的 10 月由 1.18m/s 减为 0.49m/s，其余月份一般变化差值为 0.30～0.60m/s。

仙桃河段：相比兴隆以上沙洋河段，调水前后仙桃断面的流速变化较小。多年平均流速由调水前的 1.19m/s 减小为 1.12m/s。5—6月流速反有增大，其余月份略有降低。

（4）典型年流量的变化分析。根据汉江流域已出现的洪枯情况，结合水文系列代表性分析，在 1956—1998 年系列中，选取 1964 年和 1966 年为丰枯两种典型年。其中 1964 年典型洪水为"64·10"秋季洪水，在中下游相当于 20 年一遇；1966 年典型枯水年是 42 年系列中已出现的几大干旱年之一，亦是南水北调可调水量研究中，着重分析偏枯年组（1965—1967 年）的年份之一，具有枯水典型特性。

1964 年典型年，汉江中下游干流各代表断面调水前后流量过程变化趋势基本相同。全年除 5 月受水库调蓄作用各断面流量增大外，其余月份均有不同程度地减小，减幅为 12.7％～20.4％。由于丰水年来水较大，调水对水库下泄量的减少比例相对较小，下泄量较大，中下游各断面流量变化影响不大。

调水后，各代表断面年均流量变化情况为黄家港、襄阳、皇庄断面代表河段基本持平；沙洋断面略有减小，由 567m³/s 减为 547m³/s；仙桃断面由于引江济汉工程补水，有较大增加，由 526m³/s 增为 664m³/s。

分析全年月流量过程，枯水年 12 月至次年 4 月各断面均为减小，5—11 月各断面流量均为增大。各断面调水后的流量过程较为均化，变化幅度缩小，且全年除个别月份外，最低流量均控制在 490m³/s 以上。

（5）典型年水位的变化分析。1964 年典型丰水年，中下游各代表断面年月平均水位变化与流量基本一致。中下游各代表断面年均水位除沙洋断面处于兴隆枢纽库区水位上升外，其余断面均为下降，下降值为 0.55～0.72m。

1966 年典型枯水年，中下游各代表断面年月平均水位总体趋势为水位变化过程趋于均化，除沙洋站外，枯季水位多为下降，汛期水位多为抬升。具体如下：

黄家港河段：年均水位一致，均为 87.83m，其中 12 月至次年 4 月调水后月均水位降低 0～0.51m；5—11 月调水后月均水位上升 0～0.47m。

襄阳河段：年均水位一致，均为 60.30m，其中 12 月至次年 4 月调水后月均水位降低 0.08～0.50m；5—11 月调水后月均水位上升 0.07～0.49m。

皇庄河段：调水后年均水位略有上升。1—4 月调水后月均水位降低 0.51～0.91m；5—12 月调水后月均水位上升 0.12～0.89m。

沙洋河段：年均水位调水后由 33.64m 升到 36.50m，平均增高 2.86m。受兴隆枢纽运用调节，沙洋河段全年维持在 36.50m 水位不变。

仙桃河段：年均水位调水后由 24.26m 升到 24.42m，略有增高。其中 1—4 月的月均水位调水后降低 0.07～0.36m，受引江济汉工程补水作用，5—12 月的月均水位上升为 0.07～1.04m。全年水位过程有均化趋势。

（6）典型年流速的变化分析。丰枯典型年（1964 年和 1966 年）中下游各代表断面年月流速变化具体如下。

1964 年典型丰水年：调水后中下游各代表断面年平均流速变化趋势为减小，减幅为 3.9%～24.2%。因处于兴隆枢纽库区内，沙洋河段减幅最大；仙桃河段减幅最小。枯水期 12 月至次年 4 月流速减少较大，而 5—11 月流速大多数为增大或持平。

1966 年典型枯水年：调水后中下游各代表断面年平均流速变化趋势与黄家港、襄阳河段持平；沙洋河段下降最大，降幅为 53.1%。仙桃河段流速出现增大，增幅为 8.3%。

（二）水环境的影响预测研究

1. 对水质影响的预测

汉江中下游干流的起点为丹江口坝下，终点为汉江入长江口，总长度为 652km，沿程有北河、南河、小清河、唐白河、蛮河、竹皮河、汉北河等七条支流汇入。丹江口水库兴建前，汉江中游为具有一定游荡性的分汊河型；水库兴建后，主槽冲深下切，水流归槽，游荡性逐渐减弱消失，有的汊道与支汊淤死，江心洲变边滩，河型向微弯型发展。

预测的污染负荷和水文条件，按如下方案确定。

水文条件：考虑有引江济汉等汉江中下游治理工程，其中引江济汉补水浓度高锰酸盐指数取 2004 年长江龙洲垸水质监测平均值 2.60mg/L。

污染负荷条件：点源分为工业污染源、城镇生活污染源。

面源污染负荷考虑到规划期间，随着人们的环保意识加强，农业产业结构的合理调整，水土保持、生态农业等措施实施，化肥使用量将会趋于合理和下降，农畜牧业虽然在规划期间继续增长，但增长速度会放慢。同时，城乡部分生活面源转化为点源，在以上这些因素作用下，2010 年和 2030 年规划区农业面源污染产生量基本稳定在目前的现状水平上，因此面源负荷预测值基本维持在 2000 年的负荷值基础上，面源负荷预测值仍采用 2000 年的负荷值。

对调水前后不同污染负荷通过一维模型计算得出预测结果，预测结果显示：2010 年分别考虑了在工业污染源达标排放的前提下城镇生活污水处理与不处理时的污染负荷，2030 年考虑了在工业达标排放和城镇生活污水处理设施建成时的污染负荷。其中 II 类水质标准高锰酸盐指数不大于 4mg/L，III 类水质标准不大于 6mg/L。

（1）2010 年水平年城镇生活污水不处理。2010 年水平年时，在工业污染源达标排放而城镇生活污水未处理的情况下，枯水期时：调水前，包括襄樊、沙洋、武汉约 200km 的江段会出现 III 类水体，其中不符合功能区要求的主要集中在沙洋江段，约 70km；调水后，整个中下游约有 500km 的河段会出现 III 类水体，局部江段还出现了 IV 类水体。

平水期时：调水前，包括钟祥、武汉约 80km 的江段会出现 III 类水体，除钟祥段略有超标外，其余各江段均能满足水域功能要求；调水后，整个中下游约有 300km 的河段会出现 III 类水体。

丰水期时，调水前，除钟祥约10km的江段出现Ⅲ类外，其余江段均能满足Ⅱ类功能区要求；调水后襄樊、沙洋、武汉约270km的江段会出现Ⅲ类水体，沙洋、潜江—仙桃江段局部水域超过功能区要求。

因此，在2010年水平年，在工业污水完成达标排放而城镇生活污水不处理情况下，调水对汉江中下游水环境质量影响较大。

（2）2010年水平年城镇生活污水处理达标。2010年水平年时，在工业污染源达标排放而城镇生活污水也处理达标的情况下，枯水期、平水期、丰水期汉江中下游干流水环境质量均可满足Ⅱ类水域功能要求，水质有较大改善，因此城镇污水处理设施的建设显得十分重要。

（3）2030年水平年。由于科技的发展，人们环保意识的提高，国家对环境保护要求的提高，预计2030年水平年汉江中下游沿线所排放的城镇生活污水与工业污水全部达标排放，届时，除各水期沙洋、仙桃、武汉有局部江段出现Ⅲ类水体外，其余江段均为Ⅱ类水体。从不同水期的水质预测结果来看，平水期、丰水期水质略好于枯水期水质。

（4）在90％保证率月平均流量和连续30天最枯流量条件下的水质预测。为了进一步反映在极端水文条件下的水质状况，在2010年水平年工业废水和城镇生活污水均实现达标排放情况下，汉江90％保证率月平均流量和连续30天最枯流量条件下调水前后水质状况对比结果显示：在90％保证率月平均流量条件下，调水前与调水后汉江各水文站径流量相差不大。因此，水质预测结果也极为相近，即在90％保证率月平均流量条件下，调水95亿m³对汉江水环境质量影响甚小。

由于丹江大坝加高，丹江口水库由年调节水库变为多年调节水库，调水后连续30天最枯流量较调水前有较大增加。调水前，自襄樊以下大多数河段水体水质在Ⅲ类标准以下，仙桃—武汉河段甚至达到Ⅳ类水质标准；调水以后，丹江口大坝以下至仙桃河段均可满足Ⅱ类水质标准要求，仙桃—武汉河段也可满足Ⅲ类水体水质要求。因此，在连续30天最枯流量条件下，汉江中下游水环境质量有较大的改善，而在90％保证率月平均流量条件下调水95亿m³对汉江中下游水质的影响较小。

2. 对汉江水华的影响预测

水华的发生与多种因素有关：一是随着经济的发展，汉江中游进入城区的排污量日趋严重，藻类等生物所需的氮、磷等营养物质严重过量；二是水流情势变化，汉江水枯同时长江水位增高，从而对汉江水流产生顶托作用，使汉江流速变缓；三是春季气温偏高。在营养盐充分、气温增高和水流变缓的同时作用下极易诱发藻类大量繁殖产生严重水华问题。

根据以前的研究成果，可以初步判定，当其他条件合适时，汉江河口断面流速在0.30m/s以下时，水华发生的概率较大。因此，水华发生的警戒流速可用汉江河口断面流速0.30m/s进行分析，以下将汉江河口断面流速0.30m/s作为水华发生的临界条件分析在不利因素条件下水华发生的概率。

当修建三峡工程、南水北调、引江济汉工程后，长江汉口站水文情势较工程建设前现状情况将发生较大变化，按照月平均水位分析，2月、3月的月平均水位增加了约0.5m，按照2月、3月20％保证率（5年一遇高水位）分析，其水位增加了0.65～0.99m；按照10％保证率（10年一遇高水位）分析，其水位增加了0.52～0.82m；按照5％保证率（20年一遇高水位）

分析，其水位增加了 $0.35 \sim 0.72$m。因此，三峡工程建设将对长江汉口站水位产生影响进而影响汉江河口断面的水位。

在无引江济汉工程的情况下，南水北调中线工程调水 95 亿 m³ 对汉江流量影响较大，按照 2 月、3 月的旬平均流量进行演算，现状情况下汉江仙桃断面流量大于 500m³/s 的历时保证率为 87%；而在南水北调中线工程实施后如果不考虑引江济汉工程，则汉江仙桃断面大于 500m³/s 的历时保证率仅为 44%；通过引江济汉补水，汉江仙桃断面大于 500m³/s 的历时保证率增加为 95%。因此，引江济汉工程对于控制汉江水华发生具有极其重要的作用。

在考虑三峡工程蓄水后长江水文情势的变化，以及南水北调中线工程、引江济汉工程情况下，在长江汉口站 2 月、3 月多年平均水位时，汉江仙桃断面 500m³/s 的流量可以满足控制汉江水华不发生，但在长江高水位运行时，需增加引江济汉流量来增加汉江流速。在长江汉口站 20% ~ 5% 不同保证率情况下，汉江仙桃断面流量应分别增加到 530 ~ 630m³/s，在大多数情况下，通过引江济汉泵站抽水或自流取水可以满足流量要求，其保证率为 93% ~ 100%；在最不利的情况下，汉江 3 月受长江 5 年一遇高水位顶托而发生流速小于 0.3m/s 的可能性也仅为 7%。因此，引江济汉工程的建设对于改善汉江下游水环境质量、控制和减小水华对汉江水体的影响具有极其重要的作用。

以上分析是在汉江现有污染物排放的基础上得出的研究结论，通过汉江中下游污染源治理，特别是氮磷等污染物排放量的削减，汉江水体中藻类等生物生长所需的营养物质浓度得到有效控制，使汉江水华发生的概率将大大降低，保证中下游的生活用水安全。

3. 对水环境容量的影响

水环境容量是指在满足水环境质量标准的要求，并在设计水文条件下水体最大允许污染物负荷量。

根据前述的水质目标、水文条件及环境容量的计算方法，以化学需氧量为代表污染物，采用二维水质模型计算出调水 95 亿 m³ 汉江干流各江段不同设计流量的最大允许排放量，即环境容量。

（1）月平均流量条件下环境容量计算。以 2000 年为基准年，考虑达到各功能区标准，按照月平均流量设计条件预测调水前后汉江干流各江段化学需氧量水环境容量及其损失量。

根据计算，在现状条件下，汉江干流月平均流量条件下化学需氧量水环境容量为 45.40 万 t/a，其中襄樊环境容量最大，为 13.32 万 t/a，约占汉江中下游环境容量的 29.3%；其次为宜城，环境容量为 7.23 万 t/a，约占总量的 15.9%。

调水后化学需氧量水环境容量减少到 33.59 万 t/a，环境容量的损失量为 11.81 万 t/a，其中襄樊环境容量的损失量最大，为 3.46 万 t/a，占汉江中下游河段环境容量损失量的 29.3%；其次为宜城，环境容量损失量为 1.88 万 t/a，约占损失总量的 15.9%。

同时，汉江高石碑（引江济汉出水口）—河口江段化学需氧量环境容量的损失量为 2.66 万 t/a，占汉江中下游河段化学需氧量环境容量损失量的 22.5%；汉江丹江口水库坝下—高石碑河段化学需氧量环境容量的损失量为 9.15 万 t/a，占汉江中下游河段化学需氧量环境容量损失量的 77.5%，即汉江中下游河段化学需氧量环境容量的损失主要集中在丹江口水库坝下—高石碑河段，高石碑以下河段，由于有引江济汉工程调水的补给，化学需氧量环境容量损失较少。

采用同样方法计算调水前后氨氮和总磷水环境容量变化，其结果为：现状条件下，汉江干流氨氮水环境容量为 9.656 万 t/a，调水后减少到 6.895 万 t/a，环境容量的损失量为 2.761 万 t/a；现状条件下，汉江干流总磷水环境容量为 1.482 万 t/a，调水后减少到 1.086 万 t/a，环境容量的损失量为 0.396 万 t/a。

（2）最枯月 90% 汉江干流水环境容量计算。以 2000 年为基准年，水污染类型采用有机污染化学需氧量，考虑达到各功能区标准，按照最枯月 90% 流量设计条件预测调水前后汉江干流各江段化学需氧量水环境容量及其损失量。计算结果显示：最枯月 90% 流量保证率条件下，由于调水后流量有所增加，化学需氧量水环境容量与现状也有增加，现状条件下环境容量为 1.32 万 t/月，调水后水环境容量增加到 1.50 万 t/月，增加了 13.6%。

采用同样方法计算调水前后氨氮和总磷水环境容量变化，其结果为现状条件下，氨氮环境容量为 0.330 万 t/月，调水后增加到 0.369 万 t/月，增加了 11.8%；现状条件下，总磷环境容量为 0.059 万 t/月，调水后增加到 0.067 万 t/月，增加了 13.7%。

4. 对水温影响的预测

丹江口大坝加高后，大坝泄水温度分布将会发生变化，河流水温在垂向和横向的变化不大，而在纵向变化比较剧烈。大坝加高后，1 月、2 月、3 月、11 月、12 月水库深孔泄水温度略高于加坝前，温升幅度为 0.01℃（3 月）～0.96℃（11 月）。因此沿程水温逐渐下降，对于温升最大的 11 月，在距大坝 40km 处水温与天然河道水温相差 0.5℃，在距大坝 100km 左右河水水温基本恢复到天然水温。

4—10 月，大坝加高后水库深孔泄水温度均低于加坝前，温降幅度为 0.04℃（10 月）～2.30℃（7 月）。因此沿程水温逐渐升高，对于温降最大的 7 月，在距大坝 120km 处水温与天然河道水温相差 0.56℃，在距大坝 200km 左右河水水温基本恢复到天然水温。

（三）水生态的影响预测研究

1. 对生态完整性影响分析

（1）影响特征和范围。

1）影响程度和性质。南水北调工程的二期大坝加高后年调水 95 万 m³，最直接的变化是汉江中下游水文情势将发生较大的变化，总下泄流量减少，水位、流量、流速趋于下降，汉江水的四维运动规律改变，从而对河水的泥沙冲淤、造床功能和两侧陆域生态环境、湿地的生态完整性及评价区相关的敏感问题产生一定的影响。因此，工程的影响途径表现为：由于汉江水文情势变化及其与自然因素和人为因素的叠加，共同影响评价区的生态完整性和生态敏感问题。

由于汉江流态和水文情势发生永久变化，对直接影响区域的河流生态、城市生态、农田生态、河滩地、湿地生态等会带来永久的改变。同时，由于汉江是中下游大部分沿江城市依赖的最大水系，由此改变所带来的水资源开发利用的调整，会直接影响汉江中下游地区沿江的工农业生产，可能促使这些地区的一些与水相关的敏感问题激化。

2）影响范围。

a. 直接影响范围。丹江口水库大坝加高以后，近期调水量 95 亿 m³，后期调水量 120 亿～140 亿 m³，使汉江中下游江段来水量与现状有较大改变，总的趋势是下泄流量减少，水位下降，多年平均流量减少，相应水环境容量减少，下泄水温有所降低，涨水过程减弱。多年运行后，可能对汉江中下游水域的水生生物、河滩地、沿江湿地与汉江直接有补水关系的沿江城市工农业生产和生活产生影响。汉江中下游典型城市——襄樊地域一级阶地（尤其是城区）和二级阶地前缘、汉江中下游中、下部的其他城市的一级阶地、汉江两岸分布的湖泊湿地和周边陆生生境都会受到直接影响。由于直接受影响的区域自然组分受干扰较大，调节生态环境质量的能力受到较大限制。

b. 间接影响范围。由于汉江水文情势变化，将改变河流的连通现状和土地利用性质，改变周边环境与汉江的水交换过程，并进一步影响周边的动植物栖息环境。因此间接影响范围较大，涉及沿江的二级阶地中缘—三级阶地全部。

（2）对生态完整性的影响。类比分析丹江口一期工程至今生态系统的变化，可以推断具有相似影响途径、但程度更为严重的丹江口大坝加高工程，必将对汉江中下游地区的生态完整性带来一定程度的影响，具体表现在以下两个方面。

1）评价区内自然系统生产能力变化情况。自然系统生产能力是指影响区植物群落在自然环境条件下的生产能力。其量值的大小主要与植被分布面积状况及其植被自身的生物学特性与外界环境因子相互作用有关。因此，工程前后对评价区内各生态系统面积及影响植物生物学特性表达的外界环境因子的改变都能影响到自然系统生产能力改变。由于丹江口水库大坝加高工程运行后评价区内首先发生改变的是景观中的水体，表现为汉江水位降低，进而影响到汉江河水的水平（与地下水交换）和垂直（通过植物或农作物吸收并蒸发）交换过程。由于汉江水与周边陆生生态环境的密切关系，水环境改变将使陆生群落生态系统生物量发生相应的改变，终将影响周边陆生生态系统的演替与发展趋势，河流生态系统的生产能力将会降低，沼泽湿地、农田、林地、草地和聚居地等生态系统的占地面积和植被的生产能力不同程度地变化，而这些组分又是决定评价区生物量的重要成分。由于工程对自然系统生产能力的影响不只表现在汉江表观面积的改变上，还影响到由于景观中水分数量的变化及其作用的发挥，因此，预测工程运行后评价区自然系统生产能力的整体表现只能定性描述为总体降低趋势。但由于自然系统的平均生产能力现状为 $1254.9g/(m^2 \cdot a)$，距离该等级最低限值 $800g/(m^2 \cdot a)$ 较远，因此，可以认为工程对评价区自然系统生产能力的影响仍能维持在系统承受的范围之内。

2）评价区内自然系统稳定状况的影响预测。

a. 恢复稳定性分析。对自然系统恢复稳定性的度量，是采取对植被生物量水平和改变的度量分析进行的。由于汉江中下游地属亚热带季风气候区，属于温带常绿阔叶林生态系统，目前的自然系统的平均生产能力在 $1254.9g/(m^2 \cdot a)$ 左右，距离该等级最低限值较远，不会因为工程项目的实施使区域自然生态系统降低到下一生态等级。因此，在这样的植被生产力状况下，工程的运行对自然系统恢复稳定性的影响不大。

b. 阻抗稳定性分析。对自然系统阻抗稳定性的度量，是通过对植被异质性程度的改变程度来度量的。

工程直接影响区域主要包括汉江中下游沿江城市一级、二级阶地上的局部植被，而对于上、中、下游多数面积上的植被没有发生变化，仍可以维持现状，并具有一定的动态控制能力。因此，项目实施与运行对区域自然系统中模地组分自身的异质化程度影响不大。经分析，调水引起的干扰对生态系统的稳定性影响是自然系统将达到一种新波动的亚稳定平衡状态，这种状态是暂时的。

总之，由于调水后水文情势的改变，引起土地生态、水生生态和水源生态的改变，使区域自然体系的生产能力受到一定程度影响，也使生物组分自身的异质性构成发生改变。汉江中下游治理工程的建设也将带来切割引起的阻隔问题。因此，自然体系的生态完整性受到一定损害，但由于降低的幅度较小，因此自然体系对这个改变是可以承受的。此外，由于上述改变，自然系统的恢复稳定性和阻抗稳定性也要受到一定影响，但由于变化的量较小，范围不大，自然系统对这一改变也是可以承受的。因此，从维护区域自然系统完整性的角度看，生态影响不大。

2. 对水生生物的影响预测

环境影响评价论证期间，水利部中国科学院水工程生态研究所开展了水生生物专题研究工作，2004 年 11 月完成了《南水北调中线一期工程对丹江口库区及输水沿线水体水生生物影响评价》。在上述工作基础上编制本节水生生物评价内容。

（1）对浮游植物的影响。丹江口大坝加高工程实施后，汉江中下游水文情势发生变化，下泄水水量减少，下泄水更清，透明度进一步提高，夏季水温更低。其影响对王甫洲大坝回水区以上江段较大，浮游植物现存量将明显减少。王甫洲库区，由于水面变宽，水流变缓，水文情势的变化主要是水量减少，沿江排污情况不变，水体污染负荷加重，水体营养盐浓度升高，水体初级生产力提高，绿藻门中丝藻属、水绵属、刚毛藻属数量有所增加，浮游植物现存量将增加。

王甫洲—马良江段由于下泄水量减少，水体污染负荷加重，水体营养盐浓度升高，水体初级生产力提高，浮游植物现存量将增加。但由于河道下切和水位下降的影响，河流归槽，漫滩和河道落差增大，过水时间减少，河道变窄，整个江段水体变小，浮游植物的总量将下降。兴隆枢纽库区水面变宽，水流变缓，透明度增加，水体初级生产力将有较大提高，绿藻门、蓝藻门的浮游藻类进一步增加并占优势，其生物量将大大提高，富营养化趋势明显，库区出现水华的概率将增加。

由于引江济汉，兴隆以下江段水量基本保持不变。兴隆为低滚水坝，下泄水浮游植物量较原来增加，透明度增大，兴隆坝下江段的水体初级生产力较原来会有所增加。由于引江济汉的作用，枯水期水量增加，平水期延长，水量增加期间，水体营养盐浓度有所下降，浮游植物现存量将减少，能有效降低其坝下江段枯水期频繁出现水华的概率。

（2）对浮游动物的影响。丹江口大坝加高调水后，清水低温下泄，下泄水浮游动物很少，王甫洲大坝回水区以上江段受其影响较大，浮游动物现存量将减少。特别是在水库中占绝对优势的浮游动物，如枝角类中的简弧象鼻溞、透明溞等，桡足类中的广布中剑水蚤、汤匙华哲水蚤、温剑水蚤等。王甫洲库区水流变缓，低温水温度得到回升，水体有机质和浮游植物生物量的增加为浮游动物的繁殖和生长提供了良好的条件，浮游动物中的原生动物纤毛虫和轮虫类的晶囊轮虫、独角聚花轮虫会有所增加。

王甫洲—兴隆库区，由于下泄水量的减少，水体营养盐浓度升高，单位水体初级生产力提高，浮游动物的种类与数量将会增加，在生物量方面将有较大上升，特别是兴隆库区，水流减缓，营养物质滞留，透明度增加，更有利于浮游动物的繁衍。浮游动物的变化趋势自王甫洲—兴隆库区逐渐增加，以原生动物的纤毛虫和轮虫类的多肢轮虫、晶囊轮虫、臂尾轮虫、裂足轮虫、龟甲轮虫等增加更加明显。

兴隆以下江段，受引江济汉 500m³/s 流量的补偿，枯水期水量增加，平水期延长，丰水期水位有所下降，河段流量稍有减少，水位更趋稳定。浮游动物现存量略有上升。

工程运行后，汉江中下游浮游动物的种类和生物量因河段水文情势差异，不同江段变化有所不同，但其种类和生物量将有增长的趋势。

（3）对底栖动物的影响。南水北调工程实施后，丹江大坝加高，下泄水水温下降，水量将减少 1/3，且周年趋向稳定，流速减缓。丹江坝下—王甫洲水库回水以上江段大量浅滩砾石着生藻类保留的营养源，使生活在砾石间隙中的底栖动物有较多的食物来源和隐蔽场地，因此，该河段底栖动物将维持稳定并有上升趋势，适应冷水性生活的种类，如钩虾等将明显增加。王甫洲—马良江段，由于流量减少，水位下降，原有的江滩江河部分逐渐变为滩地，河道变窄，底栖动物的栖息空间变小，该江段总生物量有可能下降。另外，随着河道冲刷进一步向襄樊以下江段延伸，底质不断粗化，相应地喜淤泥性的寡毛类、蚌类等分布下移，将被昆虫类的蜉蝣目、襀翅目、钩虾、淡水壳菜等底栖动物所取代。随着兴隆枢纽的兴建，库区水流进一步减缓，水中有机碎屑的沉积加快，以腐败碎屑作为营养的水栖寡毛类的数量将增加，现在河道底质由砾石、沙质型为主，随着泥沙沉积，底质泥化，将向泥沙型、淤泥型发展。底栖生物中摇蚊的组成也会有相应变化，一些河流型种类如长跗摇蚊、多足摇蚊将减少，而一些耐污种类如摇蚊（属）种类的数量和生物量将增加。库区的底栖动物的种类会增多，主河道的底栖动物将减少。王甫洲、兴隆水库中的浅水区，底栖生物中的螺类、蛭类、双壳类的生物量也将有较大增加。兴隆以下江段，由于引江济汉工程的实施，汉江枯水期水位有所上升，平水期不变，丰水期水位有所下降，汉江水体富营养化压力会有所减缓，水位更趋于稳定，淡水壳菜的数量可能会增加，有可能成为底栖动物的优势种群，坝下其他底栖动物基本维持现状或略有增加。

总之，随着有关工程的实施，汉江中下游河段底栖生物种类有所变化，种类数将增加，底栖生物各类生物量有增有减，但底栖生物总生物量将有增长的趋势。

（4）对水生维管束植物的影响。汉江在丹江大坝加高蓄水水位至 170m 调水 95 亿 m³ 后，在中游丹江口—襄樊江段，河道水位下降，河道变窄，原有的沼泽湿地可能部分消失，变成滩地，河床斑块化，沉水植物如狐尾藻、眼子菜等和挺水植物分布面积可能会缩小，水生维管束植物丰度、均匀度及生物多样性均有所下降。在下游襄樊—马良江段由于流量减小，河水自净能力减弱，加上沿岸城镇大量生活污水和工业废水排入，加剧了下游水体富营养化进程。因此在调水后汉江下游水生维管束植物分布面积将萎缩，群落生物量将减少，生物多样性下降，水生维管束植物分布更趋于单一化和斑块化。

马良到兴隆大坝，水面加宽，水位稳定，透明度增加，易于水生维管束植物的生长。水深低于 2m 的地方，有利于芦苇、席草和香蒲群落的形成，深水处可以生长眼子菜、狐尾草等其他沉水植物。

兴隆大坝以下江段，引江济汉后，枯水期水位将有所上升，水面加宽，周年水位趋于稳定，利于水生维管束植物的生长。

总之，南水北调工程实施后，水生维管束植物有增有减。增加主要发生在马良到兴隆河段，而减少主要发生在丹江以下至王甫洲水库回水以上江段。由于水生维管束植物群落自然发展的速度较慢，在调水工程实施后的前期，水生维管束植物不会有较大的增加。

3. 对鱼类资源的影响预测

（1）对鱼类区系的影响。南水北调中线工程建成运行后，汉江中下游的水文情势发生一定的变化，调水 95 亿 m³ 后，丹江口水库在多年平均下泄流量 1120m³/s 的基础上减少 26.8%，黄家港水位多年平均下降 0.4m 左右，但这两者在年内的变化都将更趋于稳定。平水年下泄水温 1 月、2 月、3 月、11 月、12 月略高于加坝前，温升幅度为 0.01℃（3 月）～0.96℃（11 月）；4—10 月均低于加坝前，温降幅度为 0.04℃（10 月）～2.30℃（7 月）。水文水温条件总的变化趋势与大坝初期规模建成后的变化趋势类同，对现有鱼类区系影响不大，但部分江段鱼类分布有可能发生变化。

丹江口到襄樊江段水流相对较急，钟祥以下江段水流平缓，整个中下游江段仍然存在适合流水性、缓流和静水性鱼类种类生存的条件，整体鱼类区系不会发生明显改变。但兴隆水利枢纽兴建后，由于大坝的阻隔，洄游性鱼类如鳗鲡等将不能过坝，在坝上江段可能消失，库区受水流变缓，河面变宽等生态环境变化的影响，此江段原喜流水性鱼类将上移或下移，喜流水性鱼类种群缩小，喜静水和缓流水性鱼类种群增加。

兴隆坝上江段鱼类资源由于长江补充的通道隔断，而丰水期随水流失严重，坝上江段鱼产量将受到严重的影响，同时经济鱼类组成也将发生变化，产漂流性卵鱼类的个别产卵场由于水文情势和水质的变化而消失，部分产卵场由于鱼卵漂流孵化的流程不够，鱼苗成活率也大幅度降低，再加上这类鱼类资源从长江补充的通道被隔断，繁殖群体也会不断下降，产卵规模缩小，它们在渔获物中的比例相应会明显下降。鲤鱼、鲫鱼及小型鱼类种群会大量繁衍，渔获物中小型鱼类的比例将升高。

（2）对经济鱼类生长及鱼产量的影响。近年来，汉江中下游鱼产量呈下降趋势，主要经济鱼类鲤、长春鳊、赤眼鳟、蒙古红鲌、细鳞斜颌鲴、鲢、草鱼、铜鱼、翘嘴红鲌、鲫等生长速度低于长江干流。南水北调中线工程调水后，第一，兴隆大坝的阻隔，将原来一个种群分为坝上坝下两个种群，阻断了洄游性鱼类、半洄游性鱼类上溯通道，造成了鱼类生境的破碎，鱼类交流减少或中断；第二，中下游流量减少，水位降低，相应缩小了鱼类的生存空间，丰水期（5—9 月）即鱼类的生长旺盛期流量减少尤其明显，将影响鱼类的栖息、繁殖和摄食条件；第三，一期工程完建后，水文情势的变化将导致兴隆以上江段环境容量变小，水体营养物浓度升高，饵料生物现存量将会升高，但水量变小，水体饵料生物的总生物量将下降，该江段鱼产量可能会有所下降，而兴隆以下江段由于引江济汉，枯水期水量增大，平水期延长，鱼产量会有所升高。此外，丹江口坝下江段下泄低温水推迟了鱼类产卵季节，缩短了鱼类的生长期，影响鱼类的生长和发育，导致鱼类性成熟时间延长。为此，使原来栖息于该河段的一部分鱼类由于不适应新的环境条件可能会消失或变得极为罕见，造成流域的鱼类种群分布将由此而发生变化，整体鱼产量进一步降低。

（3）对鱼类繁殖的影响。丹江口大坝兴建以前，汉江中下游从生境功能上讲是多种鱼类的产卵场。大坝兴建后通过调查汉江中下游有 7 处产漂流性卵鱼类产卵场，分别是王甫洲、茨河、襄樊、宜城、钟祥、马良、泽口，加上支流唐白河郭滩、埠口两处产卵场，1978 年以前汉江中下游及支流共有 9 处产卵场。1980 年以后，随着生态环境的改变、水质的恶化、捕捞过度、水利工程的兴建等原因，一些产卵场已不存在，一些产卵场产卵规模缩小，如王甫洲产卵场因王甫洲水利枢纽兴建已消失，钟祥、马良产卵场产卵规模缩小。根据 2004 年调查，汉江中游干流及支流存在 7 处产漂流性卵经济鱼类产卵场。

大坝加高调水对汉江中下游产漂流性卵鱼类产卵场将产生不利影响。工程运行后，对汉江中下游水文条件的影响将大于现状。在鱼类的繁殖季节，丹江口水库清水下泄，下泄水温降低，下泄流量减少，变幅缩小，坝下流量和水位将更趋稳定，坝下江段涨水过程更不明显，将不适宜产漂流性卵鱼类繁殖。特别是以四大家鱼为代表的产漂流性卵鱼类产卵对水文条件要求更高，必须有足够的天然洪峰才能促使其产卵。丹江口到襄樊江段现有茨河家鱼产卵场和襄樊产漂流性卵的其他经济鱼类产卵场。由于受大坝调水影响较大，如果缺乏支流汛期洪峰的汇入，将不再适宜产漂流性卵鱼类的繁殖活动，调水后这两个产卵场可能消失。

另外，兴隆坝上产卵场由于其阻隔作用，坝下江段甚至于长江干流的繁殖群体将无法上溯产卵，其产卵规模将普遍缩小。

襄樊以下江段随着坝下流程的加长和汉江支流的汇入，受大坝下泄流量和水位的影响相对要小些。襄樊以下江段现有的 4 处（宜城、关家山、钟祥、马良）家鱼产卵场和陈洪口仅有其他经济鱼类产漂流性卵产卵场。由于有支流唐白河和区间来水造成的涨水过程，大坝调水不会显著影响到这一江段流量，现有的水文条件能够基本得到维持，宜城、关家山、钟祥产卵场能继续保持；马良和陈洪口产卵场在兴隆库区范围内，缺乏产卵水位、流量、流速、流态等必要条件，可能消失；兴隆坝下 10km 处泽口产卵场，因兴隆水利枢纽的运行不会明显影响下游江段流量，现有的水文条件能够基本得到维持，加上坝下鱼类不能上溯到原有产卵场，可能在该产卵场产卵，其产卵规模可能会扩大。

1978 年调查表明，支流唐白河是汉江中下游重要的鱼类产卵场，产卵规模大，产卵量占汉江中游家鱼和其他经济鱼类产卵规模的 56.3％，占家鱼产卵规模的 49.4％。目前唐白河水质污染极其严重，劣于 V 类，由于水质恶化，四大家鱼已不再上溯这一带产卵场繁殖。但产卵场其他环境受调水影响较小，主要是受兴隆枢纽的阻隔影响，产卵规模也会缩小。唐白河水质改善后，产漂流性卵鱼类产卵场的生境随之发生改善，因此，该工程兴建后，应抓紧修复唐白河生态环境。

大坝调水后，下泄的低温水对鱼类的产卵、繁殖的影响将有所加剧。长江流域家鱼产卵始于 4 月下旬，而汉江中下游始于 5 月下旬，较长江干流滞后约 30 天。汉江鱼类产卵的起始水温，油鲨、银鲴等为 16℃；鳜、银鮊、蛇鮀、吻鮀、铜鱼等为 17～18℃；青鱼、草鱼、鲢为 18℃；鳙为 20℃以上。大坝加高后，预计稳定达到经济鱼类产卵所需的最低水温 18℃的时间估计为 6 月中旬以后，较建坝初期推迟了 20 天左右。因此，汉江中下游经济鱼类产卵季节也相应推迟，襄樊以上江段受低温水影响最大，家鱼产卵时间预计要推迟到 6 月下旬；襄樊—钟祥江段受低温水影响次之，产卵时间预计要推迟到 6 月上旬或中旬；钟祥以下江段受低温水影响极小，产卵时间预计与大坝加高前基本相同。但汉江洪水晚于长江，容易发生秋汛，鱼类发育推迟后，鱼类产卵时间与汉江秋汛时间仍较为同步，并不会影响其正常繁殖。

南水北调中线工程对汉江中下游产黏性卵鱼类影响很小。因为虽然水位下降，河漫滩及两岸湿地受到一定影响，部分黏附基质可能消失，但新的黏附基质将产生，兴隆水利枢纽抬高水位和引江济汉补水有利于产黏性卵鱼类繁殖，加上稳定的流量和水位，产黏性卵鱼类能够正常产卵，卵也能够正常发育。

（4）对鱼苗成活的影响。丹江口大坝加高后，对汉江中下游鱼苗影响较大，主要是出现

"气泡病"、水力冲击死亡、兴隆水利枢纽的缓流区影响受精卵的孵化率、鱼苗过水轮机造成机械性死亡。

大坝加高后，水库蓄水量增加，水位升高，下泄水压力增大，冲刷强度加大。坝上下泄的鱼苗将受到更猛烈的冲撞，将给鱼苗造成不利的影响。同时大坝下泄水在下泄过程中受到搅动更加剧烈，特别是中上层泄洪形成的高落差跌水，容易导致气体过饱和，从而引起江段内的鱼苗产生"气泡病"，即鱼苗吞下气泡后没有排出，使鱼苗上浮，失去了下沉的控制力，漂浮在水面不能自由运动，不能摄食，终至力竭而死亡。

根据有关资料，水中气体含量随流程的递减并不明显，但汇入非过饱和气体的径流后的淡化作用却极为显著。由此，丹江大坝下泄水气体过饱和的问题以王甫洲大坝回水区—坝下江段最为严重，进入库区后受王甫洲水库较大容量水的淡化，对王甫洲坝下的影响有限。

在坝下江段，电站调度和溢流下泄引起流速、水位的较大幅度变化，在水位快速上升时，游泳能力弱的鱼苗可能被急流冲击，导致部分个体死亡；在水位快速下降时，个体较小的鱼苗可能被搁浅滩上，加大自然死亡率。

兴隆水利枢纽设有 4 台水轮机，部分鱼苗在过坝的过程中会进入水轮机中，受水流剪应力的影响，将引起部分鱼苗的死亡。钟祥产卵场位于兴隆大坝上约 100km 处，关家山产卵场位于兴隆大坝上约 133km 处，两个产卵场繁殖的鱼卵大部分在孵出前漂流至水库缓流区，将很难达到漂流性卵所需的 0.15m/s 以上的流速，鱼卵会沉入库底，鱼苗孵化成活率极低。

总之，大坝加高调水后，水文情势的变化及其引起生态环境的改变，将导致产漂浮性卵鱼类的产卵、繁殖、生长条件更加恶化。中游 5 处家鱼产卵场可能减少到 3 处，产卵规模也将缩小。调水后汉江中下游河段水环境容量降低，影响鱼类的生长和发育，整体鱼产量进一步降低，对渔业资源将产生不利的影响。

第三节　输水工程及受水区环境影响研究

南水北调中线工程建设运行对输水总干渠沿线及受水区的环境影响特点在于：①输水干线与原有景观单元相交，产生切割效应，将对生态系统产生一定影响；②调水后，地下水环境将发生明显变化，进而土壤环境也会随之发生变化；③施工区范围大，且输水干线主要为明渠工程，对水土流失的影响明显。

一、输水工程概况

陶岔渠首至北京团城湖段全长 1267.22km，其中，渠首至北拒马河段长 1196.17km，采用明渠输水；北京段长 80.05km，采用 PCCP 管和暗涵相结合的输水型式。陶岔渠首至北京团城湖渠段共布置各类建筑物 1736 座。

天津干线全长 155.531km，采用全箱涵无压接有压全自流输水，共布置各类建筑物 16 座。

干线输水流量主要控制段规模：渠首段设计流量 350m³/s，加大流量 420m³/s；穿黄河段设计流量 265 m³/s，加大流量 320m³/s；进河北设计流量定为 235m³/s，加大流量定为 265m³/s；北京段、天津段相同，首段设计流量均为 50m³/s，加大流量均为 60m³/s。

输水工程由永久工程、临时工程和征迁安置三部分组成。输水工程项目组成详见表11-3-1。

表 11-3-1　　　　　　　　　　　　　输水工程项目组成表

工程组成	工程项目	工程组成及特点
永久工程	渠道工程	陶岔—北拒马河段长1199.17km，其中，全挖方段436.9km，全填方段135km
	管涵工程	北京段管道段长58.05km，暗涵段长21.31km；天津干渠长155.531km，全箱涵
	建筑物工程	各类建筑物1752座，其中，河渠交叉建筑物164座，跨渠排水建筑物468座，渠渠交叉建筑物133座，铁路交叉建筑物41座，公路交叉建筑物735座，控制建筑物201座，其他建筑物10座
临时工程	导流工程	分为分期围堰束窄河床导流全断面围堰、明渠导流两种形式
	场内交通工程	需新建场内交通公路2384.2km，改扩建67.4km
	施工辅助企业	总干渠施工段布置工区，施工辅助企业有砂石料加工系统、混凝土拌和系统、汽车机械停放场、机修汽修场、综合加工厂、仓库等
	其他工程	砂石料场、弃渣场、办公和生活建筑等
征迁安置	工程占地及拆迁涉及人口	永久占地28.68万亩，3.18万人
	涉及工矿企业	涉及工矿企业共计661家
	涉及单位	涉及113家事业单位
	专业项目	复建输电线路1670.29km，通信线路4642.8km，广播及有线电视线路389.82km，各类管道281.54km，复建移民生产便桥402座

二、存在的主要环境问题

（一）环境现状变化分析

1. 自然环境变化

从1995年到制定完成《南水北调工程总体规划》，总干渠沿线地区自然环境发生变化的最明显的特征是，地表水衰减和地下水位下降。反映在三个方面：一是地表水水量减少，河流干涸，黄河以北河流尤为明显；二是由于受水区城市化和国民经济发展，地下水被大量开采，引起地下水位下降，出现以城市为中心的漏斗区；三是由于地表水和地下水衰竭的综合影响，导致湿地萎缩。

（1）地表水水量减少，导致河流干涸。海河流域的大清河、子牙河、北拒马河、永定河等交叉河流已多年干涸无水，沿线地表河流、水库基本呈河库皆干的特点。如建于1958年瀑河水库，是一座以防洪、灌溉为主的中型水库，1991年和1998年保定市环境部门曾对瀑河水库进行现场监测，由于水库蓄水量小，酸碱污染和富营养化问题严重。

（2）地下水超采，出现地下水漏斗区。地下水是京津华北平原生活和工农业生产的重要水源，北京、河北京广铁路沿线、豫北等地区浅层地下水超采面积已达44000km²，严重超采则达 3400km²。北京西南、河北山前平原地区浅层地下水埋深由 3～4m 下降到 10～35m，部分地区接近疏干。天津市地面年均沉降 92mm，市区累计沉降最大值约 2.8m，有的地区已低于海平面。据 1998 年资料，河北省中线工程受水区主要地面沉降区已发展到 9 个，其中沉降量大于 500mm 的面积达到 3900km²，沉降量大于 1000mm 的面积已达 421km²。京广铁路沿线地区是河南、河北的经济中心，这一地区过去地下水资源相对较丰，现在也已形成了以城市和工矿区为中心的区域性地下水降落漏斗区。

（3）水资源短缺，湿地萎缩。位于河南省北部新乡市所辖卫辉市、延津两县（市）交界的豫北黄河故道湿地鸟类国家级自然保护区，为国家级自然保护区，地处黄河中下游的黄河故道。保护区内主要地貌为沙丘、坑塘、沼泽，并广泛分布有经济林、灌木林、芦苇、水稻田和草地等。据有关资料显示，20 世纪 70—80 年代，保护区内即有鸟类 129 种，隶属 16 目 38 科。近年来，该地区干旱少雨，保护区周边地带的耕地，因引黄灌溉渠系配套不完善，大部分只能靠抽取地下水灌溉，使得区域地下水位急剧下降，导致保护区的水面面积大幅度萎缩，水生生物和陆生生物的生存和繁衍受到了很大威胁，鸟类的数量和种类也相应地迅速减少。

2. 社会环境变化

1995 年以来，受水区社会经济总体状况发生了很大变化，形成了以信息技术为主的高新技术产业，以汽车、家用电器为主的现代机械工业，以煤炭、石油、天然气、水电为主的能源产业，以冶金、化工、建材为主的原材料工业，以新型商业业态、电信、现代交通为主的商贸物流业，金融证券保险业，房地产等支柱产业。其中北京的高新技术产业、金融服务业，北京和天津的汽车制造业，河北的原材料工业以及河南的能源工业、农产品加工业都在全国占有十分重要的地位。

据统计，1997—2003 年受水区耕地总面积增长了 1.7 倍，总人口增长了 1.8 倍，城镇人口增长了 2.3 倍，GDP 增长了 2.5 倍，工业总产值增长了 1.3 倍。北京市 2003 年耕地总面积相对于 1997 年呈负增长，这一方面说明为了经济的发展城市的规模在不断扩大，占用了耕地；另一方面说明北京市水资源短缺，不能满足大量耕地所需的灌溉水，供需形势更趋紧张。

（二）主要环境问题

1. 水资源短缺、供需矛盾突出

受水区缺水严重，水资源极其短缺，人均、亩均占有水量仅为全国均值的 16％和 14％。20 世纪 80 年代以前，华北平原地区常出现局部地区和短期的供水困难；80 年代以后，随着经济的发展，该区及其上游地区用水量也迅速增长，导致平原地区水源枯竭、水质恶化、环境干化，城乡供水出现全面紧张的态势，水荒频频发生，经济社会发展受到了水资源短缺的制约，生态环境遭受了严重破坏。

受水区因水资源匮乏，其水资源利用程度极高。河北省沿京广线西部太行山山区已建有 12 座大型水库、数百座中小型水库，控制山区面积达 90％以上；中东部平原有自然洼淀大型调蓄工程，平原河道上也建有数百座蓄水闸，绝大部分地表径流已被拦蓄利用；城市现状供水中，地表水占 14％，地下水占 84％，而地下水供水中 65％为超采量（其中 36％为深层超采量）；城市供水难以为继，京广铁路沿线的邯郸、邢台、石家庄、保定等城市由原来开采市域内地下水，发展为超采市域外地下水，近年来又相继建设西部山区水库引水入市工程，占用了部分农业灌溉水源。

为保证城市供水，还出现直接挤占大量农业用水的情况。北京官厅、密云水库 1980 年还向农业供水 9.2 亿 m³，现降至不到 2 亿 m³；河北省 20 世纪 60 年代兴建的七处大型灌区，总灌溉面积约 800 万亩，到 20 世纪 90 年代初已减少到 425 万亩；有 400 多年历史的百泉灌区，由于地下水位下降，泉源枯竭，1986 年已全部报废。由于水源被挤占，华北平原的农业生产优势得不到发挥，据河北省 1981—1992 年资料统计，平均每年因干旱成灾面积 2500 万亩，1998 年受旱面积达 4438 万亩。

随着社会经济的发展和人口的增加，用水量不断增加，水资源量将更加缺乏，严重制约着工农业的发展及人民生活水平的提高。

2. 污染严重，水环境不断恶化

由于工业废水不断增加，而相应的污水处理能力不足，加之河川径流量减小，稀释自净能力降低，加剧了水环境污染，不少河流已呈现"无水河干、有水皆污"的景象。如海河流域的大部分河道"有河皆干，有水皆污"。素有"华北明珠"之称的白洋淀，自 20 世纪 50 年代以来，已发生干淀 15 次，1983—1988 年连续 6 年干涸。海河流域入海水量大幅度减少，20 世纪 90 年代与 50 年代相比，平均入海水量减少了 72％。中国的母亲河——黄河，在 1972—1999 年的 28 年中竟有 22 年出现下游断流。

3. 饮用水质差，地方病发病率高

因缺水、环境污染及水质恶化等原因，华北许多地区生活用水质量很差，对城乡居民的生活环境、健康状况以及生活质量影响很大。长期饮用高氟的深层地下水，地方病发病率很高，沧州地区少年儿童普遍患氟斑牙病，氟骨病发病率也很高。因为缺水迫使农业使用未经处理的污水灌溉，不仅污染土壤和地下水，污染农作物，更危害人群健康。

4. 地下水超采，出现漏斗和地面沉降

地下水是黄淮海平原生活和工农业的重要水源。由于年年超采，使得地下水位持续下降，形成许多大面积的地下水位下降漏斗。地下水位的急剧下降，造成漏斗区地面沉降（天津市地面最大下沉量达 2.46m）、建筑物裂缝、坝塌、机井报废、河道堤防干裂等一系列问题，长此下去，将会带来更严重的恶果，如海水入侵、土地沙化等。

5. 争水矛盾引起社会问题

水资源供需矛盾激化了地区之间、部门之间的争水矛盾，边界河道上下游、左右岸之间争水事件时有发生。如河北省水事纠纷从 20 世纪 60 年代初期的不足 30 起猛增到 1997 年的 1682 起；漳河两岸冀豫两省几乎年年发生水资源供需矛盾，有可能引起严重的社会问题。

三、环境影响预测

中线总干渠工程存在大量的与当地生态系统相交切割的现象，首先将对地方生态环境产生较大影响。针对输水总干渠沿线及受水区的环境影响预测重点对生态环境进行研究。

（一）对生态完整性的影响

1. 生态影响的特征

南水北调中线一期工程输水总干渠对生态完整性的影响时段为施工期和运行期，其影响方式为直接影响和间接影响。工程施工期的直接影响是占用土地、破坏植被、施工队伍和施工机械进驻造成的污染对该地区动植物的干扰和破坏等。由于拟建输水总干渠采用了渠底和边坡全衬砌的施工方式，形成了长距离的不透水河道，因此，工程运行期的主要影响是对总干渠两侧原来连续景观功能和过程的阻断，包括对景观内能流、物流、物种流的阻断。另外，在总干渠沿途，承担调蓄作用的水库也因为水位的变化，使水库和周边的生态环境受到一定程度的影响。根据南水北调中线一期工程输水总干渠施工和运行特点，结合拟建区域环境现状调查，其影响区域、影响原因、影响类型及程度、影响范围和系统表现见表11-3-2。

表11-3-2　　　　　　　　　南水北调中线一期工程总干渠生态影响特征表

序号	影响区域	影响原因	影响类型及程度	影响范围	系统表现
1	输水干、支渠所占区域	挖掘	不可恢复，局部有影响，对区域影响较轻	全线干、支渠占地	植被损失、生态完整性受损
2	干、支渠两侧堤埝	填埋	可恢复草被	全线干、支渠两侧	原有植被和物种消失，但物种组成改变
3	干旱区域	破坏地表覆盖层	不可恢复，局部有影响，对区域影响较轻	施工取弃土、开挖地段	造成局部水土流失、加剧局部荒漠化
4	干渠两侧	噪声	可以恢复	全线干、支渠两侧	惊吓动物、干扰敏感声保护目标
5	主要交叉河流	立交建筑物施工	可以恢复	施工局部地区	立交建筑物的施工方式不同，生物对其反应不同，建构筑物占用区域内受到影响严重，河流受到一定影响
6	深挖方区域	施工排水降低地下水水位	可缓慢恢复甚至不可恢复，靠工程措施减缓	地下水位较高地区	施工排水造成地下水水位下降，造成局部干旱化
7	高填方区域	阻隔漫流性质地表水	不可恢复，靠工程措施减缓	坡度较大区域	地表漫流下泄运动受阻，干渠两侧地表受水不均
8	野生动物活动区域	切割生境	不可恢复	阻隔野生动物迁徙、觅食、交配	由于廊道的阻隔，野生动物不能穿越，从而对其迁徙、觅食、交配产生影响
9	文物和风景名胜区	工程开挖、扬尘	开挖造成的破坏不可以恢复	文物古迹、风景区范围内	破坏地下文物、使文物遭受灰尘污染
10	临时道路	碾压地表	难以恢复	占地范围	清理后可恢复植被
11	施工场地	碾压地表	难以恢复	占地范围	清理后可恢复植被
12	取弃土场	占用土地	可以恢复	占地范围	覆土后可以恢复植被

2. 生态影响的范围

输水工程施工占地、开挖破坏现状植被、改变现有土地资源利用状况，是线型工程造成的生态环境影响中最为直接和最为明显的。输水工程将在长距离而且连续的区域内建设施工，不可避免地穿越某些生态环境敏感的地带。输水工程作为一项线型工程，不能像点型或面型工程那样可通过工程选址来避开某些敏感区域或避免破坏植被。

3. 输水总干渠对区域生态完整性影响预测

（1）区域自然体系生产能力变化。根据南水北调中线一期工程输水总干渠拆迁与占地实物指标调查，总干渠沿线周围共减少耕地 144.58km²，永久占用各类土地 177.69km²。干渠施工后周边各土地利用类型将有所改变，同时，移民迁建新居又会占用大量农田，从而改变土地利用格局，必然会改变该区域自然体系的生产力，导致生态完整性降低。南水北调中线一期工程实施后输水总干渠区域自然系统生产力变化情况见表 11-3-3，输水总干渠区域自然系统生物量变化情况见表 11-3-4。

表 11-3-3　南水北调中线一期工程实施后输水总干渠区域自然系统生产力变化情况

类型	评价区生产力 /[g/(m²·a)]	减少的面积 /km²	评价区生产力减少量 /[g/(m²·a)]
农田	1050	144.58	
灌草	950	11.69	30.70
林地	1400	17.42	
水体	300	1.0	

表 11-3-4　南水北调中线一期工程实施后输水总干渠区域自然系统生物量变化情况

土地类型	减少面积 /km²	单位面积生物量 /(t/km²)	生物量减少量 /t	评价区原有面积 /km²	评价区原生物量 /t
耕地	144.58	1995	288437	4799	9574005
灌草	11.69	1605	18762	939	1507095
林地	17.42	30000	522600	167	5010000
水体	1.0	20	20	64	1280
合计			829819		16092380
评价区生物量减少百分比			5.2%		

由于输水总干渠沿线区域自然植被和农田减少，导致自然体系生产力降低。通过计算表明，区域自然系统净第一性生产力每年将减少 30.70g/(m²·a)，即区域自然系统生物生产总量每年将减少 30.70 万 t/a。项目区生物量总共损失 82.98 万 t，占评价区域生物量的 5.2%。表明工程实施后，区域土地利用格局的改变对于维护干渠沿线的生态完整性有一定的负面影响，但从整个评价区域来看，影响在生态可承受范围之内。

（2）总干渠对自然系统稳定状况的影响。拟建输水总干渠自丹江口陶岔渠首，沿伏牛山南麓山前岗垅与平原相接的地带及太行山东麓山前平原至北京。拟建输水总干渠沿线人类开发活动较早，土地垦殖率高，沿线经过的地方森林极少，仅在丘陵向山地过渡地带和某些丘陵地有少量人工林、灌丛、草灌丛及草丛存在，绝大部分为农业植被所占据。沿线所见的植物多为广布种类，干渠开挖及填压占地内植物将因施工而消失。根据现场调查和已有资料显示，评价区域内没有特有珍稀植物分布，总干渠建设不会对珍稀植物造成影响。

总干渠施工开挖对沿线陆生植物将产生一定影响。主要体现为施工对沿线植物直接破坏。由于工程占地将产生部分拆迁移民，拆迁移民搬迁建房将占用部分土地，将破坏一部分植被，同时房屋迁建需补充部分木材，沿线植被将受到一定不利影响。工程完建后，规划将在总干渠两侧营建生态林带，既美化环境，又可起到保护渠道的作用，并且将与灌区林网一起起到防风护田的作用，补偿了一定的生态损失。

总体上，南水北调中线一期工程拟建输水干渠的修建，会造成评价区域内自然系统净第一性生产力减少 $30.70g/(m^2 \cdot a)$，对评价区域内的自然系统的稳定性产生不利影响。工程完工后将修建生态林带，能够在一定程度上弥补被破坏的原有植被损失，对自然系统稳定性的干扰和破坏程度降低到最小。

（3）恢复稳定性分析。工程项目的实施使区域自然体系的生物量明显降低，自然体系的恢复稳定性是降低的。输水总干渠建成后，对区域内的农田占用最多（占 81.4%）。农田植被虽然净第一性生产力高，但是几乎完全依靠人工投入，其恢复稳定性和对生态环境的调控能力都不强。工程完工后将建设生态林带，对占用的农田也有所补偿。因此，拟建输水总干渠的修建对评价区域内景观恢复稳定性的破坏在可以承受的范围之内。

（4）阻抗稳定性分析。南水北调中线一期工程输水总干渠修建后，将占用部分荒坡、草地和农田，减少了植被面积，对沿线附近的林地会产生一定影响，对区域自然系统的阻抗稳定性均不利。输水总干渠工程完工后，将干渠两侧营造防护林带，将增加森林植被面积，而且树木、草地的阻抗能力远大于农田。因此，积极合理地进行植树绿化，总干渠沿线区域内的阻抗稳定性的损失较小。

（二）对生态用水阻隔影响

生态用水是生态环境影响评价的重要因子之一，而地表漫流是生态用水的重要组成部分之一。南水北调中线一期工程建设对地表漫流造成影响的施工项目主要为输水总干渠填方渠段施工和干渠衬砌阻隔带来的对地表漫流影响，从而可能造成对区域生态用水的影响。

拟建输水总干渠在坡面地貌渠段进行施工时，为保障施工质量，维持施工在坡面地貌上能够正常进行，在施工区域地势较高的一侧修建挡水建筑物，施工结束后堤坝形成挡水建筑物，以避免降雨时顺坡而下的雨水对施工造成影响和运行时对渠道水质的影响。这种措施恰好阻断了漫流性质的生态用水的正常流动，其对生态环境的影响是造成下游地区得不到足够的生态用水而产生干旱化趋势。

对于输水渠来说，不衬砌的输水渠一方面会阻断地表漫流；另一方面，可以通过向下渗漏补充地下水和下游地区的用水。如果输水渠加以衬砌，阻断地表漫流同时防渗，就无法实现对下游生态用水的补充，从而可能造成下游地区缺水。

拟建干渠的运营还对无明显河道的小股的地表水产生一定阻隔。拟建干渠所经过地带河流水系发达、大小河流有 659 条。输水总干渠陶岔—团城湖河渠交叉建筑物采用全立交方式，从而可实现维持沿途所交叉河流主要的流向和流量。然而，在整个干渠线路上，除了有明显河道的地表径流外，还有许多支汊等的小股径流和漫流性质的地表水。在山前冲积扇平原地区，存在许多无明显河道的小股地表径流、地下潜流。这些潜流和地下、地表径流都是由高海拔处流向低海拔处，补给中、下游流域的生态用水。受地质条件影响，一般来说，这些潜流的水量不大，但多年变化比较稳定，是冲积扇平原上维持植被系统生态用水的主要来源。这些小股径流和地表漫流的形成原因可能是因为山区降水或农业退水等，所以没有固定的流量，但是却可以成为区域生态用水的补给源。工程上无法为小股径流设置立交建筑物，造成了干渠对这些小股径流原有流动方向的阻断。通过截流沟拦截后再排水，改变了其原有的运动方式和补给目标。

南水北调中线一期工程输水总干渠的设计，是采用明渠部分全部衬砌的方案。根据工程设计报告可知，干渠的施工中，每隔一段距离就设置一处左岸排水建筑物。因此，可以预测，干渠运营后，基本上不会减少干渠左岸漫流性生态用水的获取量。虽然被拦截在左岸截流沟中的水可以通过左岸排水建筑物排到干渠右岸，但是，这种排水仅仅集中在按一定距离分布的留有排水口的地点，不可能完全避免线型建筑物产生的阻隔作用，从而引起干渠沿线局部区域地势低的一侧需要的生态用水受阻，影响在右岸坡地上生长的、依靠一年几次的降水和暴雨时形成的地表漫流来维持生命的植被的生长状况。这个问题在坡度越大的地段越为明显。对地表漫流水的运动规律有轻微改变，在坡面地貌上，可能在处于两个排水建筑物之间的干渠右岸，距干渠几百米范围内造成干旱影响。这种影响在雨季由于雨水丰富，不会产生明显影响，但在少雨的季节比较明显，尤其是春季，可能造成干旱的局部区域植物萌发滞后、生长缓慢，导致干渠两侧植被的生物量产生差异。而且这种差异在干旱地区十分明显。地势较低一侧的植物由于得不到足够的生态用水，从而造成植被生长明显比未被阻断生态用水的地域的植被生长差。因此，建议左岸排水建筑物不要均匀分布，应根据地形地势，在坡面地貌上适当密集建设。对总干渠沿线由于输水运行可能引起阻隔地表漫流生态用水的渠段分析如下：

1. 陶岔—黄河南段

干渠运营可能造成阻隔地表漫流的有下列渠段：桩号 110＋000～118＋000，拟建干渠左岸为蒲山，拟建干渠在山前坡地上切割，对地表漫流有阻断；桩号 186＋000～238＋923，在拟建干渠左岸，多为 200～400m 的丘陵岗地，拟建干渠在坡面地貌上切割，阻断地表漫流，可能造成干渠左岸距干渠几千米内的局部区域的干旱；桩号 249＋000～253＋000，鲁山坡在拟建干渠左岸，拟建干渠切割坡面地貌，阻断地表漫流；桩号 362＋000～384＋000，新郑市绕岗渠线施工可能造成阻断地表漫流，减少西、北部山区对城市部分生态用水的阻断。由于线形工程的阻断造成两侧积水不同，在魏岗铺有比较明显的现象。

2. 黄河北—漳河南段

干渠运营可能造成阻隔地表漫流的有下列渠段：桩号 564＋000～578＋000，拟建干渠右岸为丘陵岗地；位于辉县的桩号 594＋000～602＋000 和桩号 612＋000～624＋000 渠段，拟建干渠左岸为丘陵岗地。

3. 河北段

总干渠运行可能造成阻隔地表漫流的有下列渠段：位于北褚的桩号 910＋000～930＋000；位于唐县的桩号 1058＋000～1072＋000；位于完县的桩号 1072＋000～1088＋000；位于易县的桩号 1144＋000～1166＋000。

现场查勘中重点考察了拟建总干渠位于河北省唐县的渠段。该渠段沿太行山山麓北行，拟建干渠左岸为低山丘陵，地形坡度较大，拟建干渠将平行于等高线走向切割地表。其中1060＋000～1070＋000渠段与唐河灌渠基本平行而且距离很近。唐河灌渠虽然不是高填方的工程，但是降水时形成的径流顺坡而下，全部进入唐河灌渠，而且灌渠采取全部衬砌，不能通过渗漏补充右岸的生态用水。因此，其对地表漫流也造成了阻断。查勘时选择沿唐河灌渠两侧的淑昌村、北高昌一带取样方，进行生物量比较，并以此作为与干渠进行类比的线型工程来评价说明。对自然植被灌草丛的样方测量结果显示：在生态用水未受阻隔的一侧，生物量较高，平均湿重为800kg/m²；而灌渠另一侧缺少生态用水，平均湿重为450kg/m²（表11－3－5）。该地段位于河北省，是降水量较少、比较干旱的地区，唐河灌渠阻断了地表漫流，造成灌渠一侧生物量降低，这也是输水干渠运行后可能带来的生态问题。

表11－3－5　　　　　　河北省唐河灌渠两侧自然植被样方测量结果　　　　　　单位：kg/m²

测量次数	未受阻断一侧样方内生物量湿重	受阻断一侧样方内生物量湿重
1	720	430
2	830	530
3	850	390
平均值	800	450

4．北京段和天津段

北京段和天津段的输水渠道为管涵，只要地面上不形成埂堤，运营过程中不会阻隔地表漫流。

（三）对地下水和土壤环境的影响

1．对地下水的影响

拟建干渠对地下水的阻断作用可能引起一定范围内地下水位的变化。当工程挖方后对潜水含水层地下水径流的流动只发生小部分阻断时，可能对径流的流动速度产生一定影响，但是不会阻断地下水的流动，地下水径流基本上维持原有的流动规律，能够顺畅流动。但是，当工程对潜水含水层地下水径流的流动发生较大部分阻断或者完全阻断，甚至影响到承压含水层时，则可能产生比较严重的问题。由于阻滞了地下水的径流，使地下水在含水层中的流动受到阻断，导致工程一侧（地下水径流的上游）地下水位抬升，在有盐渍化基础的地区有引发土壤次生盐碱化的可能。而工程另一侧（地下水径流的下游）地下水侧向径流减少，地下水位下降，将会导致用水井出水减少，造成下游居民的农业、生活用水紧张。因此，当城市位于地下水被阻断的一侧，并且城市引用水源主要为地下水时，很可能会对地下水的补给造成阻断影响。

南水北调中线一期工程输水工程走向与黄淮海平原山前洪冲积扇地下水流向大致呈正交，潜水一般埋藏较浅，分布较广，因此，深挖方的干渠很容易对潜水引起阻断。另外，在局部地下水位比较高而渠道需要深挖方的地段，输水渠道可能阻滞地下水的排泄，并对上游地下水位有抬高作用。据调查，干渠沿线有些地区的地下水位埋深很浅，仅为6～8m；而干渠设计中，有些渠段挖深达30～40m。因此，在某些地下水埋深比较浅而工程挖方比较深的渠段，输水干渠可能会对地下水的流动造成阻断。另外，在管涵段也同样存在渠道对地下水径流切割阻断、影响排泄的问题。

对于地下水的影响，应在工程初步设计阶段认真研究相关工程措施予以解决。

2. 对干渠沿线土壤环境的影响

工程实施后，将永久占用土地 191.2km²（包括渠道占用土地和渠道两侧的护坡、马道、防护林带等），临时占用土地 251km²，由于清除占地范围内的树木、灌草或者农田植被，将直接造成植被的损失和破坏，但干渠永久占地区域内无重点保护植物，干渠永久占地类型相对单一，多为农田，并且其面积在整个评价区域内所占比例较小，所以对区域生态环境影响不明显。碾压地表会造成地表土壤性状改变，土壤被压实后，对地表的这种破坏是难以恢复的。永久占用土地造成的生态环境损失虽然较轻，但不可恢复，要求进行异地补偿；临时占地造成的生态环境虽然难以恢复，但是可以依靠人工投入，进行清理场地、覆盖表层土壤、恢复植被，减少生态环境损失。

（四）对敏感环境影响分析

1. 对自然保护区的影响

（1）输水工程沿线自然保护区分布。南水北调中线一期工程输水干线沿线区域涉及河南、河北、北京、天津四个省（直辖市），距离稍近的自然保护区仅有豫北黄河故道湿地鸟类国家级自然保护区。

豫北黄河故道湿地鸟类国家级自然保护区是我国华北平原上唯一的湿地鸟类国家级自然保护区，位于河南省新乡市辖区东北部的卫辉、延津两县（市）接壤的大沙河地段和新乡市辖区东南的丰丘县的黄河背河洼地和滩涂范围内，为 500 年前古黄河最后一次改道遗留下来的一段槽形洼地，长约 30km，平均宽度约 3.5km，面积 105km²。该保护区是候鸟的越冬北界（即最北部的候鸟过冬地），每年在此路过、停留、栖息、越冬和繁殖的鸟类达数万只 131 种。每年冬天，候鸟由西伯利亚飞来，许多幼鸟和不适宜长途飞行的小型候鸟在此停留过冬。因此，该湿地具有十分重大生态学意义。

（2）受水区域自然保护区分布。南水北调中线一期工程受水区范围的自然保护区有 3 处，均位于河北省境内，分别是保定市安新县的白洋淀湿地、沧州市南大港管理区的南大港湿地、衡水市衡水湖湿地，受水区内湿地总面积 65187hm²。同时 3 处湿地均被河北省政府批准建设为湿地和鸟类保护区（表 11-3-6）。

表 11-3-6　　　　　　南水北调中线一期工程受水区自然保护区概况

保护区名称	地点	批准时间	面积/hm²	级别	主要保护对象	距主干渠的距离/km
白洋淀湿地	保定安新县	2002 年	36600	省级	湿地和鸟类	40
南大港湿地	沧州南大港	2002 年 5 月	9800	省级	湿地和鸟类	160
衡水湖湿地	衡水市	2000 年 7 月	18787	省级	湿地和鸟类	75
合计			65187			

衡水湖位于河北省中部，是华北平原唯一保持生态系统完整的内陆湿地。自然保护区有水生、沙生、盐生等多种植被类型。保护区内有植物 71 科 231 属 370 种，鱼类 7 目 13 科 24 属 26

种，两栖爬行类 4 目 8 科 17 种，鸟类 17 目 47 科 286 种，兽类 5 目 9 科 17 种。衡水湖自然保护区栖息的鸟类多达 286 种，其中国家 I 级重点保护鸟类有丹顶鹤、白鹤、黑鹳、东方白鹳、大鸨、金雕、白肩雕等 7 种；国家 II 级重点保护的鸟类有大天鹅、小天鹅、灰鹤、白枕鹤、蓑羽鹤、角䴙䴘等 43 种。衡水湖自然保护区是开展华北湿地生态系统结构、功能和效益研究的重要场所，在保护珍稀物种，维护华北平原内陆淡水湿地生态系统的典型性、稀有性等方面占有重要地位。

南大港湿地自然保护区位于河北省沧州市，是候鸟南北迁徙带与东西迁徙带的交汇点。据观察统计，已发现有 168 种鸟类，其中国家 I 级保护鸟类丹顶鹤、白鹤、白头鹤、白鹳，中华秋沙鸭、大鸨等，这里每年都会看到大批白天鹅到这里栖息。为了保护水区湿地生态环境，沿港内开挖了一条环港水渠，以保证季节性蓄水和调节区域内水容量。

白洋淀位于河北省中部，是华北平原上为数不多的淡水湖泊之一，总面积 36600hm²，2002 年 11 月批建为省级自然保护区。主要保护对象是内陆淡水湿地生态系统一级珍稀濒危的野生动植物种。白洋淀具有沼泽和水域等生态系统，是珍稀鸟类在华北地区中部最理想的栖息地。白洋淀常见的大型水生植物共 47 种；鱼类 54 种；鸟类 192 种，其中属国家 I 级保护鸟类 3 种，国家 II 级保护鸟类 26 种；哺乳动物 14 种；鱼类资源 54 种；大型水生植物 47 种；浮游植物 9 门 406 种；浮游动物 41 属，底栖生物 38 种。

（3）对总干渠沿线自然保护区的影响。南水北调中线一期工程输水总干渠与豫北黄河故道湿地鸟类国家级自然保护区相距较远，约 25km；输水总干渠与保护区之间又有京广铁路、京珠高速公路、107 国道、卫河及共产主义渠和卫辉市城区相隔。因此，南水北调中线一期工程输水总干渠施工对保护区鸟类不会造成不利影响，而且豫北黄河故道湿地鸟类国家级自然保护区地表水补给来源主要为大气降水和引黄灌溉退水，受已有线性工程及河流的阻隔，输水总干渠的兴建，对豫北黄河故道湿地鸟类国家级自然保护区地表水和地下水的补给影响甚微。

（4）对受水区湿地和鸟类自然保护区的影响。该工程受水区衡水湖、南大港、白洋淀三处湿地已由河北省人民政府批建为湿地类型或湿地与鸟类类型省级自然保护区。

河北省是一个缺水省份，湿地资源相对较少。南水北调中线一期工程实施后，将通过分水干渠向河北平原供水 30.39 亿 m³，不仅以置换的城镇居民饮水和工业用水向三处湿地间接供水，而且还可在汉水丰水年份直接向三处湿地生态供水，向保护区内提供优质的水源，对改善现有自然保护区的生态环境和生物多样性具有较为重要的影响。此外，还可增加河北省的湿地面积，南水北调中线一期工程实施后，其水面及湿地面积比 2000 年可增加 1.18%（总干渠、配套水系和调蓄工程）。

2. 对野生动物的阻断影响

总干渠远离自然保护区，区域内人类活动历史久远，景观以人工景观为主，没有大型的野生动物和国家保护动物。虽然总干渠的修建可能阻断鼠类、野兔等小型哺乳动物的活动，会对当地小型动物穿越产生影响，但不会因此而造成物种的消失。

（五）水生生物影响

1. 施工期

输水总干渠穿越大小河流 659 条，多数河流为季节性河流，在雨季有一定的水流，全年大部分时间处于干枯状态。水生生物和鱼类十分贫乏，施工区存在鱼类三场（产卵场、肥育场、越冬场）的可能性很小，并且施工作业面很小，主要是水上工程需要建设小型基坑和围堰，不存在截流等阻隔鱼类洄游的现象，施工可能带来局部水域水质变浑，对水生生物影响很小，施工工程人员少量的生活污水、生活垃圾，将采取严格的环保措施，其影响也是极其有限的。输水总干渠施工沿线没有发现国家保护的珍稀水生生物。

2. 运行期

（1）对水生生物种群结构的影响。南水北调中线工程运行后，丹江口水库部分的水生生物和鱼类将随水流进入输水工程。渠首段的浮游生物种类将与丹江库区的较为接近，底栖动物以水生昆虫和软体动物容易随水迁移，鱼类除丹江口水库各支流流水条件下的种类外，库区多数鱼类均可能进入总干渠。但由于渠水流动性质与库区不同，种群结构组成也会有变化。

总干渠水域生态环境为河道型，随着渠道延伸，水生生物的种类和数量将发生变化，大部分喜静水或缓流的水生生物将不易适应这种生存环境，其种类和数量将会减少，而喜流水的水生生物的数量会增加。随着纬度的递增，气候条件也将有所变化，一些喜温水性种类，可能难以适应北温带气候而消失，也会出现少量北温带常见种类，总干渠水生生物种类和数量将会逐渐递减。

进入总干渠的鱼类具有产黏性卵鱼类的繁殖条件，而且渠道内流速较大，一些对涨水条件要求不高的产漂流性卵鱼类，也可以产卵繁殖，逐渐形成适宜渠道生活的鱼类种群。

总干渠明渠渠道内水体透明度较高，有着生藻类生长的良好条件，其种类数量和生物量都将比较高。相应地，软体动物主要是螺类，将会得以繁衍，种群数量将会比较大。

值得注意的是，丹江口水库的淡水壳菜分布较广，长江中下游及其以南地区因淡水壳菜大量繁殖而堵塞输水管道的现象经常发生。输水工程涉及多处管涵、隧洞，淡水壳菜是否会产生不利影响，需要认真对待。

输水渠道中水生高等植物阻滞渠道过水流量的现象，国内外均有报道。京密引水渠、引滦入津输水渠道等都曾经发生了由于水生高等植物过于繁茂影响过水流量的现象。南水北调中线一期工程总干渠设计流量为 $500\sim800\,m^3/s$，流速 $0.8\sim1.5m/s$，干渠水深达 $7.1\sim9.5m$，预计总干渠内将会生长水生植物，短期内种群数量不会很大，不会对引水造成严重的阻挡作用。但随着时间推移，水生植被会有蔓延趋势，对水流的阻挡作用增大。

输水总干渠采用全线衬砌防渗和与交叉河流全立交的方式，干渠与这些交叉河流和邻近水体没有直接的水交换。同时，调水运作方式主要是供应沿线城市居民生活和工业生产用水，直接进入江、河、湖、库和用于农业灌溉的极少。因此，总干渠和输水沿线各类水体水生生物相互之间的直接影响比较小。但跨流域调水对受水区生态环境影响是长期的，水源地水生生物物种的随水迁移，必然会对输水沿线和受水区水生生物种类数量和区系组成或多或少产生影响。

（2）对受水区水生生物生境的影响。输水沿线和受水区是缺水严重的地区，特别是主要受水区黄淮海平原，缺水尤为严重。由于污染源逐年增加，加上地表水短缺，江、河、湖、库环境容量锐减，水体稀释、自净能力降低，受水区水域生态环境不断恶化，水生生物资源遭受严重的破坏。

南水北调中线一期工程调水 95 亿 m^3，将有效缓解输水沿线及受水区严重缺水的局面。水量增加后，江、河、湖、库的供水压力将会减轻，水量也会相应增加，水面积扩大，地下水位将会回升，湿地将会大幅度恢复；水环境容量将会明显增大，水体稀释、自净能力增强，污染程度会明显减轻，水体中营养物的浓度会降低，富营养化趋势得到缓解，水体透明度会升高。受水区水生生物的生境将得到较大的改善。

（3）生境变化对受水区水生生物及鱼类资源的影响。南水北调中线一期工程实施调水后，受水区浮游生物种类组成的基本架构不会发生大的变化。浮游植物中硅藻类的比例将会有所升高，大型蓝藻的成分有所下降，尽管水体透明度升高，有利于浮游植物生长，初级生产力会提高，但由于水体营养物含量下降，浮游植物密度和生物量将会略有下降，水体总生物量会大幅度升高。受大型枝角类和桡足类增加和原生动物密度大幅度下降的影响，浮游动物的生物量会升高，而密度会下降。水量增加后，浮游动物总生物量会有大的上升。

水量增加、水面积扩大、地下水位的回升，将使湿地大面积恢复，底栖动物和水生高等植物多样性将会明显提高，有利于鱼类繁殖和摄食，促进鱼类生长，鱼类产量将会有大的提高。但鱼类的区系组成不会有明显的变化，而种群结构将会发生变化。

（4）物种迁移对水生生物和鱼类资源的影响。南水北调中线一期工程横跨四流域，水源地为温暖、湿润的亚热带季风气候。随着干渠逐渐向北延伸，过渡至海河流域温带半湿润、半干旱大陆性季风气候区，气候、水文条件发生了较大的变化。相应地，水源地与受水区的水生生物和鱼类种类组成有一定的出入，水生生物和鱼类随水迁移将对受水区的水生生物和鱼类组成产生影响。长江中下游平原与黄淮海平原在动物地理区划中，同属华东平原区。同时，四流域历史上有过多次水生生物物种的大交流。自秦代始就形成了黄河、淮河、长江相互沟通的大水网。公元238年，已形成了早期沟通滦河、海河、黄河、淮河、长江各大流域直至杭州通钱塘江的水运网。最著名的当属京杭大运河的形成。这种跨流域水网的形成，促进了流域间水生生物的交流，并经过长期的演变，形成了相对稳定的区系组成，尽管这种大水网已经中断很久了，但短距离的相邻流域水生生物的交流仍在继续，包括鱼类人工繁殖成功后，多品种的南苗北运，都促进了流域间鱼类物种的相互交流。加上丹江口水库水生生物和鱼类多为普生性的常见种类，受水区的水生生物除极少数为北方常见种（洛氏鲹、北方铜鱼、北方花鳅等）外，绝大多数为长江中下游常见种类。因此，物种迁移对受水区水生生物和鱼类区系组成的影响可能是有限的。

物种跨流域迁移，可能会增加物种的遗传多样性。但外来物种的进入，也可能会对当地种产生生境竞争，抑制本地种种群的繁衍，造成土著种类的减少，甚至消失。

总之，跨流域调水水生生物物种的迁移对受水区水生生物的影响是复杂的，效应是缓慢而长期的，需要进一步加强监测和研究。

（六）水土流失影响预测

1. 预测范围与预测时段

水土流失预测范围包括工程建设扰动的土地面积和由于工程建设造成的水土流失对周边可能直接产生危害的区域，包括项目建设区和直接影响区。

预测时段为工程建设期和运行初期两个时段，其中运行初期根据各项工程的具体情况另行确定，一般为1～3年。

2. 改变原地貌、林草植被面积

输水工程扰动地表的活动包括渠道开挖、道路修筑、料场开采、施工附企及办公生活区场平开挖等建设活动，各类建设活动将扰动占地区内地表，损毁林草植被。工程区共扰动地表43691.87hm²，其中永久占地17753.52hm²、临时占地25938.35hm²。

3. 弃渣量

工程施工时产生的弃土、弃渣主要来自于大坝基础开挖、料场剥离层、渠道开挖、施工道路的土石方拆除，以及占地移民安置建房等活动，总干渠工程总弃渣量约65535.81万 m³。

4. 新增水土流失量预测

根据《南水北调中线一期工程水土保持技术要则》，工程新增水土流失量预测以类比调查法为主，类比工程应与项目区自然条件接近，并有相应的实测资料。在缺乏实测资料的地区可通过土壤侵蚀分类分级标准，结合专家估判等方法获得。预测结果显示：总干渠工程区新增水土流失量1137.52万t，从产生时段划分，工程建设期引起新增水土流失982.06万t，运行初期引起新增水土流失155.46万t；从产生形式划分，扰动地表引起新增水土流失279.27万t，弃渣流失引起新增水土流失858.25万t。

5. 可能造成的水土流失危害

根据水土流失预测分析，总干渠工程建设将扰动原地貌总面积43691.87hm²，产生弃渣65535.81万m³，如不采取相应水土保持措施，工程将新增水土流失量为1137.52万t。如不采取相应的水土保持措施，将会造成以下水土流失危害。

（1）影响河道行洪。由于总干渠工程线路长，跨越河道众多，项目区侵蚀和剥离后的泥沙流入河道后，将会堵塞河道，阻碍行洪，增加洪涝灾害发生的可能性。

（2）危害农业生产。主干渠工程所在区域土地垦殖率较高，绝大部分为农业区，农田灌溉水网密集，如建设过程中乱添乱挖，随意弃土弃渣，必将毁坏原农田灌溉渠系，给当地农业生产带来危害。此外工程占压部分耕地，如不采取有效复耕措施，将破坏土地资源，使土壤中氮、磷、钾、有机质含量越来越少，土壤肥力下降，导致土层保水能力低，增加了干旱威胁，使农作物产量低而不稳，造成一定的农业损失。

（3）破坏生态环境。工程建设破坏大量耕地和林草植被，诱发了水土流失，同时施工裸地面积增加，为土壤侵蚀创造了条件。大量弃土弃渣又占压了大量耕地，在水力、风力作用下产生水土流失，将淤积附近农田，若不进行有效的治理和恢复，将对生态环境造成不良影响。

（4）影响工程运行。工程建设中渠道内外边坡水土流失如不进行治理或处置不当，将影响工程运行安全。

第十二章　南水北调中线水源区的综合性保护

南水北调中线丹江口库区及上游流域面积 9.52 万 km^2，是南水北调中线工程水源区。该区域主要涉及河南、湖北和陕西等省 40 多个县（市、区）。随着人口增长、城镇化进程及经济社会发展，对水源区的水源涵养条件、水资源时间空间分布及水质等带来一系列影响：①人口增长和经济发展以及不合理用水导致耗水量增大，相应减少了入库水量；②森林植被破坏和水土流失，水源区的水源涵养能力减弱，水量调蓄能力降低；③城市生活污染、工业污染、农村面源污染和水土流失等造成水质恶化；④矿产资源开采遗留部分重金属尾矿库威胁水库水质安全。为妥善解决上述问题，必须在水源区采取一系列措施：①开展水污染治理，减少进入河流和水库的污染物，包括工业污染治理、城市生活污染治理、农业面源污染整治；②开展生态建设提高水源涵养能力，包括水土保持、退耕还林、生态移民以及环库生态隔离带等；③提高建设项目环保准入门槛，限制部分产业发展，杜绝出现新污染源；④引导水源区发展环境友好型和资源节约型产业、实施生态补偿等，促使其加快转变经济发展方式，实现经济发展、民生改善与水质水量保护的和谐统一。

为此，国家陆续出台了有关政策：①通过制定和实施《丹江口库区及上游水污染防治和水土保持规划》，削减现有水污染和控制水土流失，促使水质不断向好及提高水源涵养能力，满足调水的水质水量要求；②通过制定和实施《丹江口库区及上游地区经济社会发展规划》，明确水源区的功能定位，限制污染型产业发展，杜绝出现新的污染，同时通过中央财政重点生态功能转移支付缓解保护水源对地方经济、民生和财政的影响，通过受水区对口帮扶等政策支持水源区发展环境友好型和资源节约型产业，实现水质保障与社会经济发展的和谐统一。

第一节　水污染防治和水土保持

一、通水前的规划及实施

2002 年国务院批复的《南水北调工程总体规划》中明确要求制定和实施南水北调中线丹江

口库区及上游的水污染防治和水土保持规划。为切实做好这项工作，国家发展改革委、国务院南水北调办、水利部、国家环境保护总局、住房城乡建设部等部门组织编制了《丹江口库区及上游水污染防治和水土保持规划》并上报国务院。2005年10月18日，国务院召开会议，审议《丹江口库区及上游水污染防治和水土保持规划》。2006年2月10日，国务院批复了这个规划。根据国务院批复要求，国家发展改革委牵头，会同国务院南水北调办、水利部、环境保护部、住房城乡建设部，以及河南、湖北、陕西省政府成立了丹江口库区及上游水污染防治和水土保持部际联席会议，具体研究和部署规划的实施。2009年，针对规划实施遇到的问题，部际联席会议决定对规划进行修订完善，编制了修订规划并于2011年报国务院。按国务院要求，改为《丹江口库区及上游水污染防治和水土保持"十二五"规划》（以下简称"'十二五'规划"），2012年国务院批复了"十二五"规划。为了保证南水北调中线工程2014年12月通水，"十二五"大部分项目在通水前实施完成，丹江口库区及上游整体水环境质量改善、水源涵养能力显著增强，满足了南水北调中线通水要求。

（一）"十一五"规划情况

2006年国务院批复的《丹江口库区及上游水污染防治和水土保持规划》，包括近期（2006—2010年）以及远期（2011—2020年）两部分，该规划仅实施了近期部分，与国民经济与社会发展"十一五"规划同步。

1. 总体要求

（1）规划原则。一是预防为主、保护优先，防止社会经济发展产生新的水土流失和新污染源；二是水质水量并重、点源面源同控；三是统筹协调、突出重点，抓好直接影响水库水质的重点污染区和水土流失区的治理项目，实现区域水质状况的迅速改善；四是立足近期、着眼长远，按照中线2010年通水时限要求，确保调水水质，并着眼于丹江口水库水质的长远保护；五是政府引导、社会参与，统筹水利、环保、林业、农业、国土和扶贫，各负其责共同推进水污染和水土流失防治，鼓励社会各界投身于水污染防治和水土保持生态建设，发挥市场机制的作用，调动地方群众参与的积极性。

（2）规划目标。丹江口库区水质长期稳定达到国家地表水环境质量标准Ⅱ类。汉江干流省界断面水质达到Ⅱ类标准，直接汇入丹江口水库的各主要支流达到不低于Ⅲ类标准（现状水质优于Ⅲ类水质的入库河流，以现状水质类别为目标不得降类）。

在水土流失严重的地区，开展以小流域为单元的综合治理。使治理区25县的水土流失治理程度达到30%～40%，开展治理的小流域减蚀率达到60%以上，林草植被覆盖度增加15%～20%；年均减少入库泥沙0.4亿～0.5亿t；增强水源涵养能力，年均增加调蓄能力4亿m^3以上。

（3）规划范围。南水北调中线丹江口库区及上游流域面积9.52万km^2，涉及陕西、河南、湖北、甘肃、四川、重庆6省（直辖市）13个地（市）49个县（市、区）。本次规划的范围确定为陕西、湖北、河南3省7个地（市）的40个县（市、区），土地总面积8.81万km^2（表12-1-1）。

2. 水污染防治

（1）水质状况。按水功能区要求，2000年规划区42个评价河段中，有20个属达标河段，有22个属未达标河段（表12-1-2）。

表 12 - 1 - 1　　　　　　　　　　**规 划 范 围 表**

省份	地（市）	县（市、区）名称	县数/个
陕西	汉中	汉台区、南郑、城固、洋县、西乡、勉县、略阳、宁强、镇巴、留坝、佛坪	11
	安康	汉滨区、汉阴、石泉、宁陕、紫阳、岚皋、镇坪、平利、旬阳、白河	10
	商洛	商洛市、洛南、丹凤、商南、山阳、镇安、柞水	7
河南	三门峡	卢氏	1
	洛阳	栾川	1
	南阳	西峡、淅川	2
湖北	十堰	丹江口、郧县、郧西、竹山、竹溪、房县、张湾区、茅箭区	8
合　计			40

表 12 - 1 - 2　　　　　　　　**水质控制断面 2000 年水质评价表**

省份	控制单元	控制子单元	控制市县	断面名称	水质现状	超标因子	功能区类别	达标情况
湖北	库区十堰控制单元	神定河子单元	十堰市（市区）、郧县	神定河八亩地	劣Ⅴ	氨氮、生化需氧量	Ⅲ	未达
		泗河子单元	十堰市（市区）、郧县	徐家棚	劣Ⅴ	氨氮	Ⅳ	未达
		官山河子单元	丹江口市	官山河入库口	Ⅳ	生化需氧量	Ⅱ	未达
		润河子单元	丹江口市	润河入库口	Ⅴ	氨氮	Ⅲ	未达
		浪河子单元	丹江口市	浪河入库口	Ⅳ	生化需氧量	Ⅱ	未达
		滔河子单元	郧县	滔河入库口	Ⅱ		Ⅲ	已达
		郧县汉江段子单元	郧县	陈家坡	Ⅱ		Ⅲ	已达
		丹江口水库子单元（含丹江）	丹江口市	丹江口库心	Ⅳ	总氮	Ⅲ	未达
	郧西丹江口控制单元	汉江郧西羊尾子单元	郧西	羊尾	Ⅰ		Ⅲ	已达
		金钱河子单元	郧西	夹河镇	Ⅰ		Ⅲ	已达
		天河子单元	郧西	观音镇	Ⅲ	氨氮	Ⅱ	未达
		汉江清曲子单元	郧西	青曲	Ⅰ		Ⅱ	已达
	堵河控制单元	堵河下游（含犟河）	柏林镇、十堰西部、黄龙镇	辽瓦	Ⅱ		Ⅱ	已达
				东湾桥	Ⅱ		Ⅲ	已达
		汇湾河	竹溪新洲乡	新洲	Ⅱ		Ⅱ	已达
		官渡河	竹山官渡镇	田家坝	Ⅱ		Ⅲ	已达
		堵河中游（含黄龙滩水库）	竹山、房县	霍河水库	Ⅱ		Ⅱ	已达
				黄龙滩水库	Ⅱ		Ⅱ	已达

省份	控制单元	控制子单元	控制市县	断面名称	水质现状	超标因子	功能区类别	达标情况
河南	老灌河控制单元	杨河子单元	西峡	杨河	Ⅱ		Ⅱ	已达
		许营子单元	西峡	许营	Ⅲ		Ⅲ	已达
		响尾河子单元	西峡	东台子	Ⅱ		Ⅱ	已达
		丁河子单元	西峡	封湾	Ⅳ	高锰酸盐指数、生化需氧量	Ⅱ	未达
		栾川、卢氏子单元	栾川、卢氏	三道河	Ⅴ	铅、汞、挥发酚、氰化物、高锰酸盐指数、生化需氧量	Ⅲ	未达
	丹江南阳控制单元	淇河西峡子单元	西峡	上河	Ⅴ	高锰酸盐指数、氨氮	Ⅱ	未达
		淇河淅川子单元	淅川	高湾	Ⅴ	氨氮、总氮	Ⅳ	未达
		丹江淅川子单元	淅川	史家湾	Ⅳ	高锰酸盐指数、生化需氧量、氨氮	Ⅲ	未达
	丹江口水库北支控制单元	老灌河淅川子单元	淅川	张营	劣Ⅴ	高锰酸盐指数、生化需氧量、氨氮、溶解氧	Ⅱ	未达
		老灌河西峡子单元	西峡	西峡水文站	劣Ⅴ	高锰酸盐指数、生化需氧量、氨氮、总氮、溶解氧	Ⅱ	未达
		老灌河子单元	淅川	埙子岭	劣Ⅴ	高锰酸盐指数、生化需氧量、总氮、氨氮	Ⅱ	未达
		库区北枝子单元	淅川	陶岔	Ⅲ	总氮、总磷	Ⅱ	未达
陕西	安康水库前控制单元	安康水库前控制单元	石泉县、汉阴县、紫阳县、岚皋县	紫阳洞河口	Ⅲ		Ⅲ	已达
	汉滨控制单元	汉滨控制单元	汉滨区	安康2	Ⅲ	氨氮	Ⅱ	未达
	汉江出省界前控制单元	汉江出省界前控制单元	旬阳县、平利县、镇坪县、白河县	白河（出省界）	Ⅳ	氨氮	Ⅱ	未达
	南江河出省界前控制单元	南江河出省界前控制单元	镇坪县	出省界	Ⅱ		Ⅲ	已达

省份	控制单元	控制子单元	控制市县	断面名称	水质现状	超标因子	功能区类别	达标情况
陕西	梁西渡勉(县)控制单元	梁西渡勉(县)控制单元	宁强县、略阳县、勉县、留坝县、太白县	梁西渡	Ⅱ		Ⅲ	已达
	南柳渡南(郑)、汉(台)控制单元	南柳渡南(郑)、汉(台)控制单元	南郑县、汉台区	南柳渡	Ⅳ	氨氮	Ⅱ	未达
	石泉水库控制单元	石泉水库控制单元	城固县、洋县、西乡县、佛坪县、镇巴县、宁陕县	石泉1	Ⅲ	高锰酸盐指数	Ⅱ	未达
	构峪桥源头区控制单元	构峪桥源头区控制单元		构峪桥	Ⅱ		Ⅲ	已达
	张村商州控制单元	张村商州控制单元	商州区	张村	Ⅴ	氨氮	Ⅲ	未达
	丹凤下丹凤控制单元	丹凤下丹凤控制单元	丹凤县	丹凤下5km	Ⅲ	氨氮	Ⅱ	未达
	丹江出省界前控制单元	丹江出省界前控制单元	商南县	出省界	Ⅱ		Ⅲ	已达
	金钱河出省界前控制单元	金钱河旬河控制单元	山阳县、镇安县、柞水县	出省界	Ⅱ		Ⅲ	已达

（2）水污染状况。2000 年区域化学需氧量排放量约为 10.29 万 t，氨氮排放量约为 0.54 万 t。预测 2010 年化学需氧量排污量将增至 14.1 万 t，2020 年增至 18.2 万 t，本规划以 2010 年 14 万 t 作为治理措施的确定依据。

城镇用水量 2000 年 5.4 亿 m³，预测 2010 年 6.44 亿 m³。以 2010 年排水量 4.6 亿 m³ 控制污水处理规模。

（3）水污染治理规划措施。根据河段环境容量，允许利用其中的 85% 作为各控制单元允许入河排污量的限值（表 12-1-3）。

表 12-1-3　　　　　规划区各控制单元点源污染负荷允许入河量　　　　　单位：t

控　制　单　元	化学需氧量允许纳污量	氨氮允许纳污量
丹江口水库北支控制单元	1506.1	87.5
库区十堰控制单元	7174.2	894.3
堵河控制单元	6615.2	276.7

控 制 单 元	化学需氧量允许纳污量	氨氮允许纳污量
郧西丹江口控制单元	2667.8	66.2
安康水库前控制单元	2558.1	108.2
汉滨控制单元	3898.7	389.0
汉江出省界前控制单元	3141.8	220.7
南江河出省界前控制单元	90.2	7.8
丹江南阳控制单元	537.4	29.3
梁西渡勉（县）控制单元	3200.1	143.5
南柳渡南（郑）、汉（台）控制单元	1745.3	233.6
石泉水库控制单元	2492.1	537.0
构峪桥源头区控制单元	0.5	0.0
张村商州控制单元	293.6	28.1
丹凤下丹凤控制单元	1002.5	105.5
丹江出省界前控制单元	640.0	73.5
金钱河出省界前控制单元	1173.6	116.6
老灌河控制单元	431.3	33.6
合　　计	39168.7	3351.3

　　2010 年允许排污量与削减量由污染物允许入河量指标确定化学需氧量、氨氮入河污染物削减量，包括两部分削减：①削减 2000 年现状污染物入河量大于污染物允许入河量的部分；②削减 2010 年前区域新增的污染物排放量，实现污染物允许入河量指标，保证丹江口水库水质优于现状（表 12-1-4）。

表 12-1-4　　　　　　　　　**2010 年点源污染负荷允许排放量与削减量表**　　　　　　　　单位：t

控 制 单 元	化学需氧量入河削减量	氨氮入河削减量	化学需氧量排放削减量	氨氮排放削减量
丹江口水库北支控制单元	11340.2	559.8	12600.2	622.0
库区十堰控制单元	31328.3	677.5	34809.2	752.8
堵河控制单元	2035.4	84.7	2261.5	94.1
郧西丹江口控制单元	864.0	23.6	960.0	26.2
安康水库前控制单元	331.0	29.3	413.8	36.6
汉滨控制单元	9029.5	583.0	10032.8	647.7
汉江出省界前控制单元	319.6	38.0	399.5	47.5
南江河出省界前控制单元	24.4	2.1	27.1	2.4
丹江南阳控制单元	631.7	16.5	701.9	18.3

控 制 单 元	化学需氧量入河削减量	氨氮入河削减量	化学需氧量排放削减量	氨氮排放削减量
梁西渡勉（县）控制单元	414.1	38.8	517.7	48.5
南柳渡南（郑）、汉（台）控制单元	17747.1	911.9	19719.0	1013.3
石泉水库控制单元	4510.5	−97.2	5638.1	0.0
构峪桥源头区控制单元	0.1	0.0	0.2	0.0
张村商州控制单元	6271.7	481.6	6968.6	535.1
丹凤下丹凤控制单元	271.3	28.6	301.4	31.7
丹江出省界前控制单元	173.2	19.9	192.4	22.1
金钱河出省界前控制单元	317.6	31.5	352.9	35.1
老灌河控制单元	239.9	−14.0	266.0	0.0
合　　计	85849.7	3415.6	96162.9	3933.5

据削减量的分析，通过对于工业和城市污水处理规划相应规划项目，并对项目的治污效益进行分析：

1）重点控制单元 2010 年前完成的治理项目，可实现日处理废污水 86.85 万 t 能力，能够完成 74.8 万 t 的治污需求目标，是保证完成污染物削减目标的最主要工程措施，确保实现每年化学需氧量削减量 9.6 万 t，氨氮削减量 0.39 万 t。

2）规划区内的工业污染源主要依靠结构调整，辅以必要的治理工程，主要涉及行业为造纸、酿造、制药等。其中治理重点为丹江口水库北支控制单元和库区十堰控制单元。应注意工业废水预处理后，也进入区域污水处理厂进一步处理，发挥区域集中控制工程的作用。

3）规划区内的垃圾等固体废弃物，会成为水污染物的来源，增加面源污染负荷，影响库区景观，将在治污项目规划中予以列项，但不计污染负荷的削减量。

4）面源污染防治将通过小流域水土保持工程进行，主要对丹江口库区周边、汉江干流、丹江干流和堵河干流进行整治，避免面源污染直接入河。

3. 水土保持

（1）水土流失状况。水源区水土流失面积 47422.23km²，占土地总面积的 53.82%。其中轻度流失面积 15841.07km²，占流失面积的 33.41%；中度流失面积 16888.19km²，占 35.61%；强度流失面积 9350.37km²，占 19.72%；极强度流失 4150.74km²，占 8.75%；剧烈流失 1191.86km²，占 2.51%。强度以上流失面积为 15411.49km²，占流失面积 30.42%。平均年土壤侵蚀量 1.69 亿 t，平均侵蚀模数为 3572t/(km² · a)。

水土流失分布与人口的分布规律基本一致，主要分布在丹江口库周、丹江上中游、旬河和金钱河流域、汉江干流沿岸区、汉中盆地周边地区和汉江源头区，其中汉江干流沿岸区、丹江上中游和汉江源头区最为严重。

（2）水土流失防治措施。丹江口库周及丹江上中游、汉江干流沿岸区、汉中盆地及其周边地区水土流失较严重，将其划为重点治理区，包括丹江口、郧县、郧西、张湾、茅箭、淅川、西峡、商南、洛南、丹凤、商州、山阳、白河、旬阳、汉滨、紫阳、岚皋、镇巴、汉阴、石泉、宁强、略阳、西乡、洋县、城固、汉台、南郑、勉县等 28 个县（市、区）（表 12 - 1 - 5）。

1）综合治理。在人口相对集中、坡耕地较多、植被较差的地方，水土流失一般比较严重，开展综合治理。主要有坡面整治、沟道防护、水土保持林草（包括生态林、经济林果、种草）、疏溪固堤、治塘筑堰等五大措施。

2）自然修复。在以轻度水土流失为主的疏残幼林地和荒山荒坡，开展生态自我修复，与退耕还林、小流域治理、小水电代燃料等工程的规划统筹协调，相互促进。

表 12 - 1 - 5　　　　　　　　　　水土流失治理措施规划表

省份	县（市、区）	小流域数量	土地总面积 /hm²	水土流失治理面积 /hm²	综合治理面积 /hm²	自然修复面积 /hm²
陕西	汉台	6	55600	15470	9645	5825
	南郑	36	165900	53789	33232	20557
	城固	61	226500	96827	39050	57777
	洋县	76	320600	147828	50874	96954
	西乡	67	287700	165894	52015	113879
	勉县	54	240600	130182	41030	89152
	略阳	27	81235	40507	19156	21351
	宁强	31	91855	66582	32246	34336
	镇巴	45	165849	96118	49047	47071
	汉滨	98	364350	228305	92951	135354
	汉阴	36	134700	64110	25074	39036
	石泉	46	151730	84467	39140	45327
	紫阳	49	220400	137847	64544	73303
	岚皋	36	185100	107051	40333	66718
	旬阳	182	355400	200502	89910	110592
	白河	31	145000	84637	30313	54324
	商州	69	263700	153829	69989	83840
	洛南	3	9825	6127	2453	3674
	丹凤	48	240900	143824	57400	86424
	商南	52	231600	133890	48699	85191
	山阳	72	353400	229589	89428	140161
	小计	1125	4291944	2387375	976529	1410846
河南	西峡	58	313157	166810	21979	144831
	淅川	76	282146	137030	56850	80180
	小计	134	595303	303840	78829	225011

省份	县（市、区）	小流域数量	土地总面积 /hm²	水土流失治理面积 /hm²	综合治理面积 /hm²	自然修复面积 /hm²
湖北	丹江口	74	312100	158314	55453	102861
	郧县	95	386300	203952	65998	137954
	郧西	121	350900	207310	80020	127290
	张湾	28	65200	22620	6460	16160
	茅箭	19	54200	14326	5690	8636
	小计	337	1168700	606522	213621	392901
合　计		1596	6055947	3297737	1268979	2028758

4. 项目与投资

根据 2010 年前应实现的水污染防治和水土保持目标、水污染物总量控制指标与水土流失控制指标，共设 890 个项目，估算总投资 70.07 亿元。

（1）水污染防治项目 97 个，投资 34.92 亿元。其中，污水处理厂 19 个，投资 17.22 亿元；垃圾处理场 8 个，投资 1.94 亿元；工业点源治理项目 53 个，投资 7.56 亿元；垃圾清理项目 5 个，投资 3.80 亿元；生态农业示范区项目 7 个，投资 3.40 亿元；监测能力建设项目 5 个，投资 1.00 亿元。

（2）水土保持项目 793 个，投资 35.15 亿元。其中，小流域治理项目 25 个县 690 个，投资 34.14 亿元；流域监测项目 70 个，投资 0.25 亿元；湿地恢复与保护项目 2 个，投资 0.20 亿元；科研与推广项目 12 个，投资 0.18 亿元；小流域治理示范项目 14 个，投资 0.28 亿元；中心苗圃建设项目 5 个，投资 0.10 亿元。

（二）"十一五"规划实施情况

根据 2006 年国务院批复《丹江口库区及上游水污染防治和水土保持规划》，国家发展改革委牵头，会同国务院南水北调办、水利部、环境保护部、住房城乡建设部等 11 个部门和河南、湖北、陕西三省政府成立的丹江口库区及上游水污染防治和水土保持规划部际联席会议，并召开第一次全体会议进行规划启动实施的部署。国务院有关部门和三省各级地方政府高度重视中线水源保护工作，各成员单位明确分工、各司其职、各负其责，组织指导规划实施。三省人民政府也分别建立了相应的协调机制，明确水污染防治和水土保持工作责任，为规划实施提供了组织和制度保障。

水源区各级地方政府和国务院有关部门认真贯彻落实国务院有关精神，按照丹江口库区及上游水污染防治和水土保持部际联席会议的部署，积极采取有效措施，制定相关制度，推进规划实施。

1. 规划项目总体进展顺利，具备条件的项目基本实施完成

截至 2010 年，具备实施条件的城镇生活和垃圾处理设施、工业点源治理、库周垃圾清运以及水土保持项目已全部实施，其中安排 20.94 亿元投资（中央补助投资比例为 84%，已下达中央补助投资 14.65 亿元），建设 30 项污水处理、垃圾处理和垃圾清运设施，新增污水处理能

力 83.35 万 t/d，垃圾处理能力 3551t/d；安排 34.6 亿元投资（中央补助投资 20 亿元），在规划区 25 个县（市、区）开展 151 个项目区 697 条小流域水土流失治理，治理面积 14315km²，占水土流失总面积的 38%，完成了规划的水土流失治理任务。

工业点源治理项目因企业生产经营状况变化频繁，或因实施主体不存在，或由于治理方案与规划内容差异较大，导致一些项目无法实施。生态农业示范区项目由于建设内容、实施主体、资金来源及审批渠道不确定而无法实施；监测能力建设项目由于未形成统一完整的监测体系和建设方案而无法启动；水土保持类项目中的中心苗圃建设、湿地恢复与保护项目尚未实施。

截至 2010 年年底，实际完成投资 52.78 亿元，占规划近期项目总投资 69.89 亿元的 75.5%，投资以中央补助投资为主。规划投资与完成情况见表 12-1-6。

表 12-1-6　　　　　　　　　　规划投资与完成情况统计表

项目类别		规划投资/亿元	实际完成投资/亿元	投资完成率/%
水污染防治项目	小计	34.92	18.5	53.0
	城镇污水处理设施	17.22	14.8	85.9
	城镇垃圾处理设施	1.94	1.5	77.3
	工业点源治理	7.56	2.2	29.1
	其他水污染防治项目	8.2		
水土保持项目	小计	34.97	34.28	98.0
	小流域治理	34.14	34.03	99.7
	水保监测	0.25	0.25	100
	其他水保项目	0.58		
总　计		69.89	52.78	75.5

2. 建成项目陆续运行，发挥了削减污染的环境效益

丹江口库周河南省、湖北省县级以上，陕西省地级市以上的污染垃圾处理设施基本建成投产，关停了大批污染企业，化学需氧量排放量减少 10% 左右，氨氮减少 11%（表 12-1-7）。

表 12-1-7　　　　　　　　　城镇污水处理设施实际运行情况统计表

规划分区	已建成处理规模 /（万 t/d）	实际运行规模 /（万 t/d）	实际运行占建成规模的比例 /%
水源地安全保障区	48.2	23.3	48.3
水质影响控制区	12.6	4.7	37.3
水源涵养生态建设区	7.5	5.0	66.7
河南省小计	6.8	3.3	48.5
湖北省小计	44.6	21.7	48.7
陕西省小计	16.9	8.0	47.3
总　计	68.3	33.0	48.3

尽管污染物排放总量降低，但个别控制单元有所增加。主要是部分区域经济发展较快污染排放增大，治理的效益被抵消，同时因缺乏对水源区的生态补偿政策支持，大部分县市因财政困难难以承担污水垃圾设施运行以及配套管网建设的费用。

部分控制单元污染物排放总量有所增加的态势应予关注：丹江淇河控制单元和天河郧西控制单元的化学需氧量和氨氮排放量均有所增加；南江河出省界前控制单元和汉江南柳渡控制单元化学需氧量排放量有所增加，氨氮排放量下降。4个控制单元污染物排放量变化情况见表12-1-8。

3. 水库及汉江干流水质保持稳定，部分河段水质改善

(1) 水库及汉江干流水质总体良好。2009年，丹江口水库坝上中、何家湾、江北大桥、陶岔4个国控断面和小太平洋1个市控断面水质良好，为Ⅰ~Ⅱ类，满足规划要求。汉江干流陕西与湖北省界白河断面、羊尾断面和汉江入库陈家坡断面水质基本稳定，满足规划要求。

表 12-1-8　4个控制单元污染物排放量变化情况　单位：t

控制单元	新增量	
	化学需氧量	氨氮
Ⅰ-4 丹江淇河控制单元	33	14
Ⅰ-5 天河郧西控制单元	469	115
Ⅱ-5 南江河出省界前控制单元	38	-1
Ⅲ-3 汉江南柳渡控制单元	818	-168

(2) 水质达标河段有所增加。2009年，规划42个控制子单元水质控制断面中，达标断面为26个，与2000年相比，增加了7个（表12-1-9、表12-1-10）。

(3) 部分河段水质仍然超标。神定河、泗河、官山河、剑河、浪河、天河、犟河、老灌河、淇河、汉江汉中段、丹江商洛段等16个河段水质超过规划目标，其中犟河东湾桥断面水质由2000年达标变为现状不达标。水质超标河段分属7个控制单元。

(4) 水库水体综合营养状态为良好。2009年，除神定河河口（湖库营养分级为重度污染）、剑河河口、犟河河口和泗河河口（湖库营养分级为中度污染）外，水库和其他主要支流入库河流河口水体综合营养状态为良好。

表 12-1-9　　　　各省控制单元水质变化情况统计表

省份	控制单元	控制子单元	控制县（市、区）	断面名称	水质			水质变化
					目标	2000年	2009年	
湖北	库区十堰控制单元	神定河子单元	十堰（市区）、郧县	神定河八亩地	Ⅲ	劣Ⅴ	劣Ⅴ	未达标稳定
				东湾桥	Ⅲ	Ⅱ	劣Ⅴ	未达标恶化
		泗河子单元	十堰（市区）、郧县	徐家棚	Ⅳ	劣Ⅴ	劣Ⅴ	未达标稳定
		官山河子单元	丹江口	官山河入库口	Ⅱ	Ⅳ	Ⅲ	未达标好转
		剑河子单元	丹江口	剑河入库口	Ⅲ	Ⅴ	劣Ⅴ	未达标恶化
		浪河子单元	丹江口	浪河入库口	Ⅱ	Ⅳ	Ⅲ	未达标好转
		滔河子单元	郧县	滔河入库口	Ⅲ	Ⅱ	Ⅱ	达标稳定
		郧县汉江段子单元	郧县	陈家坡	Ⅲ	Ⅱ	Ⅱ	达标稳定
		丹江口水库子单元（含丹江）	丹江口	丹江口库心	Ⅲ	Ⅳ	Ⅱ	达标好转

省份	控制单元	控制子单元	控制县（市、区）	断面名称	水质			水质变化
					目标	2000年	2009年	
湖北	天河郧西控制单元	郧西羊尾子单元	郧西	羊尾	Ⅲ	Ⅰ	Ⅱ	达标恶化
		金钱河子单元	郧西	夹河镇	Ⅲ	Ⅰ	Ⅱ	达标恶化
		天河子单元	郧西	观音镇	Ⅱ	Ⅲ	Ⅲ	未达标稳定
		汉江清曲子单元	郧西	青曲	Ⅱ	Ⅰ	Ⅱ	达标恶化
	堵河上游控制单元	堵河下游（犟河）子单元	柏林镇、十堰西部、黄龙镇	辽瓦	Ⅱ	Ⅱ	Ⅱ	达标稳定
		汇湾河子单元	竹溪新洲乡	新洲	Ⅱ	Ⅱ	Ⅱ	达标稳定
		官渡河子单元	竹山官渡镇	田家坝	Ⅲ	Ⅱ	Ⅱ	达标稳定
		堵河中游（含黄龙滩水库）子单元	竹山、房县	霍河水库	Ⅱ	Ⅱ	Ⅱ	达标稳定
				黄龙滩水库	Ⅱ	Ⅱ	Ⅱ	达标稳定
河南	老灌河上游控制单元	杨河子单元	西峡	杨河	Ⅱ	Ⅱ	Ⅱ	达标稳定
		许营子单元	西峡	许营	Ⅲ	Ⅲ	Ⅲ	达标稳定
		蛇尾河子单元	西峡	东台子	Ⅱ	Ⅱ	Ⅱ	达标稳定
		丁河子单元	西峡	封湾	Ⅱ	Ⅳ	Ⅲ	未达标好转
		栾川、卢氏子单元	栾川、卢氏	三道河	Ⅲ	Ⅴ	Ⅲ	达标好转
	丹江淇河控制单元	淇河西峡子单元	商南	西坪（黑漆河）	Ⅱ	Ⅴ	Ⅲ	未达标好转
		淇河淅川子单元	淅川	高湾	Ⅱ	Ⅴ	Ⅳ	未达标好转
		丹江淅川子单元	淅川	史家湾	Ⅲ	Ⅳ	Ⅲ	达标好转
	丹江口水库北支控制单元	老灌河张营子单元	淅川	张营	Ⅱ	劣Ⅴ	Ⅲ	未达标好转
		老灌河西峡子单元	西峡	西峡水文站	Ⅱ	劣Ⅴ	Ⅲ	未达标好转
		老灌河垱子岭子单元	西峡	垱子岭	Ⅱ	劣Ⅴ	Ⅲ	未达标好转
		南阳淹没区子单元	淅川	陶岔	Ⅱ	Ⅲ	Ⅱ	达标好转
陕西	安康水库控制单元	安康水库控制单元	石泉、汉阴、紫阳、岚皋	紫阳洞河口	Ⅲ	Ⅲ	Ⅱ	达标好转
	汉江汉滨控制单元	汉江汉滨控制单元	汉滨区	安康2	Ⅱ	Ⅲ	Ⅲ	达标好转
	汉江出省界前控制单元	汉江出省界前控制单元	旬阳、平利、镇坪、白河县	白河（省界）	Ⅱ	Ⅳ	Ⅱ	达标好转
	南江河（堵河）出省界前控制单元	南江河（堵河）出省界前控制单元	镇坪	鄂坪	Ⅲ	Ⅱ	Ⅲ	达标恶化

省份	控制单元	控制子单元	控制县（市、区）	断面名称	水质 目标	水质 2000 年	水质 2009 年	水质变化
陕西	汉江梁西渡控制单元	汉江梁西渡控制单元	宁强、略阳、勉县、留坝、太白	梁西渡	Ⅲ	Ⅱ	Ⅲ	达标恶化
	汉江南柳渡控制单元	汉江南柳渡控制单元	南郑、汉台	南柳渡	Ⅱ	Ⅳ	Ⅲ	未达标好转
	石泉水库控制单元	石泉水库控制单元	城固、洋县、西乡、佛坪、镇巴、宁陕	石泉 1	Ⅱ	Ⅲ	Ⅱ	达标好转
	构峪桥源头区控制单元	构峪桥源头区控制单元		构峪桥	Ⅲ	Ⅱ	Ⅱ	达标稳定
	丹江商州控制单元	丹江商州控制单元	商州	张村	Ⅲ	Ⅴ	Ⅳ	未达标好转
	丹江丹凤控制单元	丹江丹凤控制单元	丹凤	丹凤下 5km	Ⅱ	Ⅲ	Ⅲ	未达标稳定
	丹江出省界前控制单元	丹江出省界前控制单元	商南	出省界	Ⅲ	Ⅱ	Ⅲ	达标恶化
	金钱河控制单元	金钱河旬河控制单元	山阳、镇安、柞水	出省界	Ⅲ	Ⅱ	Ⅲ	达标恶化

表 12－1－10　　　　　　　　新增水质达标河段汇总表

序号	省份	河段	断面名称	水质 2000 年	水质 2009 年	水质 目标	控制单元/子单元
1	湖北	丹江口水库	丹江口库心①	Ⅳ	Ⅱ	Ⅱ	库区十堰控制单元/库区十堰新淹没区子单元
2	河南	老灌河	三道河	Ⅴ	Ⅲ	Ⅲ	老灌河上游河控制单元/栾川、卢氏子单元
3		丹江	史家湾	Ⅳ	Ⅲ	Ⅲ	丹江淇河控制单元/丹江淅川子单元
4		丹库出口	陶岔	Ⅲ	Ⅱ	Ⅱ	丹江口水库北支控制单元/库区南阳新淹没区子单元
5	陕西	汉江	安康Ⅱ	Ⅲ	Ⅱ	Ⅱ	汉江汉滨控制单元
6		汉江	白河	Ⅳ	Ⅱ	Ⅱ	汉江出省界前控制单元
7		汉江	石泉Ⅰ	Ⅲ	Ⅱ	Ⅱ	石泉水库控制单元

①　2000 年丹江口库心断面总氮参评的情况下水质为Ⅳ类，2009 年总氮不参评的情况下为Ⅱ类。

（三）"十二五"期间的规划情况

2006 年国务院批复的《丹江口库区及上游水污染防治和水土保护规划》实施以来，河南、湖北和陕西三省人民政府和国务院有关部门认真贯彻落实国务院有关精神，积极采取有效措施，建立相关制度，加大工业结构调整和污染治理力度，加快推进城镇污水、垃圾处理设施建设，加强流域水土流失治理，提高科技支撑能力，使丹江口水库水质总体保持良好，部分入库支流水质改善明显。同时，规划实施过程中也存在项目实施进展不平衡、部分项目由于种种原因无法实施等问题。为此，按照国务院关于完善规划内容的指示精神，在中国国际工程咨询公司完成规划实施中期评估的基础上，2010 年，国家发展改革委会同国务院南水北调办、水利部、环境保护部、住房城乡建设部等有关部门协调水源区三省，组织技术力量开展了"十二五"规划编制工作。经过资料整理、实地调研、论证讨论、协调沟通，在充分吸收专家、部门和三省意见的基础上，经过多次修改完善，形成了《丹江口库区及上游水污染防治和水土保持"十二五"规划》，2012 年 6 月国务院批复该规划。

1. 总体要求

"十二五"期间，水污染防治优先考虑消除水质不达标河段和防止水质污染风险，重点削减化学需氧量和氨氮负荷。同时，提出以削减总氮为目标的面源污染防治措施。逐步扩大水土流失治理规模，为全面推行面源污染综合防治奠定基础。

"十二五"规划范围，比"十一五"新增河南内乡县、邓州市以及湖北神农架林区的部分地区，范围调整为河南、湖北和陕西 3 省 8 个地（市）43 个县（市、区）。

（1）水质目标。

1）2014 年中线通水前：丹江口水库陶岔取水口水质达到《地表水环境质量标准》（GB 3838—2002）Ⅱ类要求（总氮保持稳定），主要入库支流水质符合水功能区要求，汉江干流省界断面水质达到《地表水环境质量标准》（GB 3838—2002）Ⅱ类要求。

2）2015 年年末：丹江口水库水质稳定达到《地表水环境质量标准》（GB 3838—2002）Ⅱ类要求（总氮保持稳定）；直接汇入丹江口水库的各主要支流水质不低于Ⅲ类（现状优于Ⅲ类水质的入库河流，以现状水质类别为目标，不得降类），入库河流全部达到水功能区划目标要求；汉江干流省界断面水质达到《地表水环境质量标准》（GB 3838—2002）Ⅱ类要求。

（2）污染物总量控制目标。以污染源普查动态更新 2010 年数据为规划区各地污染物排放基数，根据《"十二五"节能减排综合性工作方案》（国发〔2011〕26 号）规定的削减任务，提出规划区各省化学需氧量和氨氮排放总量控制目标（表 12-1-11）。

表 12-1-11　　　　"十二五"规划区分省化学需氧量和氨氮排放总量控制指标　　　　单位：万 t

项　　目	2010 年排放量				2015 年排放量				2015 年比 2010 年
	河南	湖北	陕西	合计	河南	湖北	陕西	合计	
化学需氧量排放量	2.52	4.28	12.55	19.35	2.21	3.94	11.60	17.75	−8.3％
其中：工业和生活	1.21	3.15	7.40	11.76	1.06	2.89	6.82	10.77	−8.4％
氨氮排放量	0.38	0.59	1.76	2.73	0.33	0.52	1.59	2.44	−10.6％
其中：工业和生活	0.15	0.46	1.09	1.70	0.13	0.40	0.98	1.53	−10.4％

（3）水土保持目标。治理水土流失面积 6295km²，实施坡改梯 315km²；水土流失累计治理程度达到 50% 以上，新增项目区林草覆盖率增加 5%～10%；年均增加调蓄能力 2 亿 m³ 以上；年均减少土壤侵蚀量 0.1 亿～0.2 亿 t。

2. 规划布局

（1）分区控制。将规划区划分为水源地安全保障区、水质影响控制区、水源涵养生态建设区，各分区对策为：①在水源地安全保障区，重点开展神定河、老灌河、泗河等三条重污染河流点源污染控制，进一步降低面源污染负荷；②在水质影响控制区，重点开展安康和汉中两市环境基础设施建设，河南栾川、卢氏采矿业污染治理，汉江、丹江、堵河干流的小流域水土流失综合防治；③在水源涵养生态建设区，重点开展地市和县级环境基础设施建设、水土保持和生态修复。

"十二五"规划沿用"十一五"分区，并针对新情况和新问题，做了相应调整：①考虑到距离南水北调中线工程引水口陶岔较近的丹江河段水质未达标现状，将原属于水质影响控制区的丹江出省界前、丹江丹凤和丹江商州等 3 个控制单元划入水源地安全保障区。②为保证控制分区的完整性，将包括郧西县金钱河流域的白河断面以上区域统一划入水质影响控制区。郧西县金钱河在夹河镇（白河断面以上）注入汉江干流，白河断面为汉江干流陕西、湖北两省重要省界断面。③依据地理位置，将新增的内乡县、邓州市范围内的汇水区纳入水源地安全保障区，神农架林区红坪镇和大九湖乡列入水质影响控制区。

（2）控制单元划分。根据丹江口库区及上游水污染防治工作的实际需要，"十二五"规划将控制单元调整为 17 个控制单元、49 个控制子单元（表 12-1-12）。

表 12-1-12　　　　　重点控制单元与重点治理河流对应关系

重点控制单元	重点控制子单元	河流综合整治	涉及县（区）
丹江口水库北支控制单元	老灌河垱子岭子单元	老灌河综合整治	淅川县、西峡县
	老灌河张营子单元		
	老灌河许营子单元		
库区十堰控制单元	神定河子单元	十堰城区河流综合整治	张湾区、茅箭区
	泗河子单元		
	犟河子单元		
	剑河子单元	剑河综合整治	武当山特区
丹江淇河控制单元	淇河西峡子单元	淇河综合整治	淅川县、西峡县
	淇河淅川子单元		
	丹江淅川子单元		
丹江丹凤控制单元		丹江商丹段综合整治	商州区、丹凤县
丹江商州控制单元			
汉江南柳渡控制单元		汉江干流汉中段综合整治	汉台区、南郑县

3. 重点控制单元治理方案

将现状水质不达标河段所在的丹江口水库北支控制单元、库区十堰控制单元、丹江淇河控制单元、丹江丹凤控制单元、丹江商州控制单元和汉江南柳渡控制单元确定为重点控制单元，并逐一制订控制单元实施方案。

4. 一般控制单元水污染防治

"十二五"规划将水质全部达标河段所在的控制单元确定为一般控制单元。一般控制单元的水污染防治任务以保护和防控为主，分别根据三区规划原则以及强化基础治污能力的需要，安排城镇污水处理设施建设、垃圾处理设施建设、工业点源污染防治、农业面源污染防治、库周生态隔离带建设、尾矿库污染治理、水库新增淹没区内源污染治理、水环境监测能力建设等项目（表12-1-13）。

表12-1-13　　　　　　　　　　一般控制单元范围

分区	控制单元	控制子单元	控制断面	涉及县（市、区）
Ⅰ水源地安全保障区	Ⅰ-1丹江口水库北支控制单元	Ⅰ-1-1库区南阳新淹没区子单元	陶岔	淅川
	Ⅰ-2库区十堰控制单元	Ⅰ-2-1库区十堰新淹没区子单元	胡家岭	丹江口、郧县
		Ⅰ-2-6堵河下游子单元	辽瓦	张湾
		Ⅰ-2-7官山河子单元	孙家湾	丹江口
		Ⅰ-2-8浪河子单元	浪河口	丹江口
		Ⅰ-2-9曲远河子单元	青曲	郧县
		Ⅰ-2-10淘谷河子单元	淘谷河口	郧县
		Ⅰ-2-11东河子单元	东河口	郧县
		Ⅰ-2-12滔河子单元	梅家铺	郧县
	Ⅰ-3老灌河上游河控制单元	Ⅰ-3-1河子单元	封湾	西峡
		Ⅰ-3-2蛇尾河子单元	东台子	西峡
		Ⅰ-3-3杨河子单元	杨河	西峡
		Ⅰ-3-4老灌河栾川卢氏子单元	三道河	栾川、卢氏
	Ⅰ-4丹江淇河控制单元	Ⅰ-4-3淇河卢氏子单元	上河	卢氏
	Ⅰ-5天河郧西控制单元	Ⅰ-5-1汉江郧西县子单元	陈家坡	郧西
		Ⅰ-5-2天河子单元	天河口	郧西
	Ⅰ-6丹江出省界前控制单元	Ⅰ-6-1丹江商洛出省界前子单元	湘河	商南
		Ⅰ-6-2滔河商洛出省界前子单元	滔河水库	商南
		Ⅰ-6-3天河商洛出省界前子单元	照川	山阳

分区	控制单元	控制子单元	控制断面	涉及县（市、区）
Ⅱ水质影响控制区	Ⅱ-1 堵河上游控制单元	Ⅱ-1-1 堵河黄龙滩子单元	黄龙滩水库	张湾
		Ⅱ-1-2 官渡河子单元	两河口	竹山
		Ⅱ-1-3 神农架子单元	洛阳河九湖断面	神农架
		Ⅱ-1-4 汇湾河子单元	新洲	竹溪
	Ⅱ-2 金钱河控制单元	Ⅱ-2-1 汉江郧西羊尾子单元	羊尾、兰滩	郧西
		Ⅱ-2-2 金钱河郧西子单元	上津	郧西
		Ⅱ-2-3 金钱河商洛出省界前子单元	南宽坪	山阳
	Ⅱ-3 汉江出省界前控制单元	Ⅱ-3-1 白河子单元	白河	白河
		Ⅱ-3-2 旬河子单元	旬河口	镇安、旬阳
		Ⅱ-3-3 坝河子单元	坝河口	平利
	Ⅱ-4 汉江汉滨控制单元	Ⅱ-4-1 汉滨子单元	安康	安康
		Ⅱ-4-2 月河子单元	月河	汉阴
	Ⅱ-5 南江河出省界前控制单元	Ⅱ-5 南江河出省界前控制单元	鄂坪	镇坪
Ⅲ水源涵养生态建设区	Ⅲ-1 安康水库前控制单元	Ⅲ-1 安康水库前控制单元	紫阳洞河口	安康、石泉、紫阳、岚皋
	Ⅲ-2 石泉水库控制单元	Ⅲ-2 石泉水库控制单元	石泉	城固、洋县、西乡、佛坪、宁陕
	Ⅲ-4 汉江梁西渡控制单元	Ⅲ-4 汉江梁西渡控制单元	梁西渡	太白、留坝、勉县、宁强

（1）城镇污水处理设施建设。

1）水源地安全保障区：建设商南县污水处理设施，污水处理能力1万t/d，可削减化学需氧量约520t，氨氮约55t；新建75座乡镇污水处理设施，污水处理能力14.5万t/d，可削减化学需氧量约8000t，氨氮约830t；建设污水处理厂配套污泥处理设施1处，处理能力50t/d。

2）水质影响控制区：在汉、丹江上游新建平利、镇坪、旬阳、柞水、镇安和山阳6座县级污水处理设施，处理能力6.1万t/d，可削减化学需氧量约3200t，氨氮约340t；建设37座乡镇污水处理设施和2座污泥处理设施，新增污水处理能力6.8万t/d，污泥处理能力80t/d，可削减化学需氧量约3500t，氨氮约380t。

3）水源涵养生态建设区：安排《规划》远期汉阴、岚皋、宁陕、西乡、城固、佛坪、洋县、石泉、紫阳、太白、勉县、镇巴、宁强、留坝和略阳 15 个县级城镇污水处理设施建设项目，处理能力 23 万 t/d，削减化学需氧量约 12000t，氨氮约 1300t。

（2）垃圾处理设施建设。

1）水源地安全保障区：规划建设丹江口市、郧县、郧西县、邓州市、栾川县、商南县 6 项生活垃圾综合收集及处理系统，新增垃圾处理能力 1800t/d、垃圾中转能力 790t/d。在丹江口水库坝上和南水北调中线工程取水口陶岔安排水库库面垃圾清漂项目 2 项。

2）水质影响控制区：在汉滨、白河、平利、旬阳、镇坪、柞水、山阳和镇安等 8 个县及大型乡镇建设生活垃圾综合处理系统，新增垃圾处理能力 1300t/d。规划建设竹山、竹溪、房县 3 项生活垃圾综合收集及处理系统，新增垃圾处理能力 1200t/d，转运能力 470t/d，渗滤液处理能力 160t/d，实施竹溪县垃圾填埋场封场工程。

3）水源涵养生态建设区：安排西乡、镇巴、留坝、佛坪、石泉、宁陕、汉阴、勉县、紫阳、岚皋、略阳、洋县、宁强、城固 14 个县级垃圾处理设施建设项目，新增垃圾处理能力 1140t/d。

（3）工业点源污染防治。

1）在水源地安全保障区安排工业点源污染防治项目 30 项，新增工业废水处理能力 2.88 万 t/d，可削减化学需氧量约 3000t、氨氮约 220t。

2）在水质影响控制区安排工业点源污染防治项目 29 项，新增废水处理规模 3.36 万 t/d，可削减化学需氧量约 2200t、氨氮约 170t。

3）在水源涵养生态建设区安排工业点源污染防治项目 8 项，新增废水处理规模 1.14 万 t/d，可削减化学需氧量约 600t、氨氮约 60t。

（4）入河排污口整治。在水源地安全保障区安排郧西县天河入河排污口整治项目 6 项；在水质影响控制区安排十堰市竹山县入河排污口整治项目 8 项，安康市旬阳县、白河县、紫阳县入河排污口整治项目 10 项；在水源涵养生态建设区安排城固县、洋县入河排污口整治项目 4 项。

（5）农业面源污染防治。在水源地安全保障区安排淅川县、西峡县、栾川县、郧西县、郧县等农业面源污染防治项目，主要内容为：①种植业污染治理工程，通过化肥和农药减施、生态拦截、农药替代，改变不合理种植方式，防止在农业种植过程中污染水体；②实施畜禽养殖废弃物处理利用工程，建设清洁养殖小区，实现粪便资源化利用；③水产清洁养殖工程，实施围网养殖清理、池塘循环水养殖技术示范等；④乡村清洁工程，建设生活污水厌氧净化池、生活垃圾发酵池、田间垃圾收集池和乡村物业服务站，资源化利用农村生活垃圾、污水和人粪尿等废弃物，减少污染物排放。

在水源地安全保障区和水质影响控制区的汉江、丹江、堵河等主要入库支流两岸约 1km 范围内，开展农业种植结构调整，限制农药化肥施用。

（6）库周生态隔离带建设。针对丹江口库周人口密度和农业经济比重较大的实际情况，为降低直接进入水体的农村生活及农业生产污染物，在环库周边开展生态屏障建设是控制面源污染的重要举措之一。根据《全国生态公益林建设技术规程》（GB/T 18337.3—2001），综合考虑库周平坦处 500m 和第一层山脊线两个因素，将库区周边的县纳入生态隔离带建设范围。按照距离库区征地线由近到远确定优先顺序（距离库区 300m 范围内为优先，其次为 300～500m，再次为 500~800m）进行规划。

建设顺序按内容区分，优先开展人工造林和防护林带建设，其次为种植结构调整，然后为封育、森林抚育。

按土地利用类型区分，在防控范围内的耕地，安排种植模式调整。在防控范围内的林地，根据林地治理和现状分别安排封山育林、人工造林和森林抚育。在防控范围内已搬迁转移的建设用地，人工营造生态林；在未搬迁的村庄、道路、水利设施周边营造防护林带。在防控范围内的灌丛地、难利用的裸岩地和土地瘠薄的山地，开展封山育林。

在环库丹江口市、郧县、郧西县、张湾区、武当山特区和淅川县 6 个县（市、区）分别建设生态林带，形成天然生态屏障。

（7）尾矿库污染治理。按照环境保护部印发的《尾矿库环境应急管理工作指南（试行）》（环办〔2010〕138 号）要求，地方各级政府建立尾矿库环境应急全过程管理体系，抓好"摸清底数、分级管理、落实环评、规范预案、隐患排查、部门联动、综合治理、应急处置" 8 个环节。以解决实际问题为基本原则，重点治理危库、险库，以及由于安全事故引发的次生环境污染灾害，尤其是可能给水源区水质带来严重威胁且伴生有毒有害重金属、氰化物等亟须治理的尾矿库。

规划安排南阳市招金矿业有限公司尾矿库等 15 处有主尾矿库治理和十堰市竹山县文裕河硫铁矿等 7 处无主尾矿库治理项目。从控制污染角度探索尾矿库污染治理新模式和技术途径。

（8）水库新增淹没区内源污染治理。丹江口大坝加高正常蓄水位由 157m 提高到 170m 后，新增淹没面积 302.5km²，涉及河南、湖北两省 6 个区县的 40 个乡镇，影响工业企业 160 余家，其中化工（医药）、建材（含有色、冶金）、轻纺（含轻工、纺织、皮革、塑料、印刷、饲料）等工矿企业较多。除对部分搬迁居民点实施一般性库底清理外，尚未对新增淹没区范围内固体废弃物、有毒有害物质以及可能含有毒有害物质的企业退役场地土壤进行调查和检测，蓄水后可能会对水库水质带来潜在威胁。

为保障南水北调中线工程水源地水质安全，国家有关部门应根据新增淹没区实际，制定相关规定，组织开展调查和检测工作，重点是危险废弃物、矿山企业遗址、有毒物质堆存场、垃圾填埋场、可能带有病原体的坟墓、动物尸体填埋场等，分析对水质的影响程度和卫生防疫风险，制定相应的清理措施和实施方案，把可能存在的各种内源污染风险减小到最低程度。《南水北调中线一期工程丹江口水库大坝加高建设征地移民安置规划初步设计》中安排投资 1.31 亿元开展相关库底清理工作，"十二五"规划对此项任务未列投资。

（9）水环境监测能力建设。

1）中线水源区监测系统。在依托各市、县环境监测站的基础上，以提供 49 个控制子单元水质断面考核所需的监测数据为目标，改造和升级水环境监测设施，配备常规和应急水质分析测试设备，完善信息传输系统，建设信息系统数据库。河南南阳、湖北十堰、陕西商洛 3 个地级环境监测站承担区域水质风险预警、防范任务，应重点加强和提升水环境监测、风险防范和应急管理能力。

2）省界断面监测系统。以现有省界断面为基础，建设照川、南宽坪、滔河水库、梅家铺、鄂坪、上津等水质自动监测站，提高流域水资源保护工作机构省界实时在线监测能力；根据工作需要，在流域机构现有监测能力的基础上，补充配备有毒有机物、水生生物及应急监测等方面的仪器设备，提高流域水资源保护机构跨省界断面的水环境监测能力。

3）渠首监测应急系统。在输水总干渠陶岔渠首建设南水北调中线输水监测应急系统，全面掌握南水北调中线取水口水质实时数据，按照调水水质符合地表水环境质量标准Ⅱ类水体水质标准的要求，实现《地表水环境质量标准》（GB 3838—2002）对饮用水水源地要求的 109 项水质指标检测全分析能力，并补充水污染事故紧急跟踪监测所需要的仪器设备。

4）中线水源地监督决策系统。河南、湖北、陕西三省人民政府负责对本辖区规划任务落实和水质目标实现、突发污染事故应急等工作的监督和决策职责。流域水资源保护工作机构负责监测省界断面的水环境质量状况，并将监测结果报国务院环境保护主管部门和水行政主管部门。环境保护和水利等部门进一步加强应对水污染事故的协调和配合，建立水污染事故应急处理和决策机制。

5. 水土保持

水土保持工作以减少入库泥沙、涵养水源、控制面源污染、保护水库水质以及维系生态系统良性发展为目标，按照规划三大分区内水土流失实际情况和面源污染控制的需要，在地域上连续、水系相对封闭、水土流失面积为 50～100km² 的区域划定 107 个项目区，重点对水土流失严重的丹江口水库库周、丹江上中游、汉江干流沿岸区、汉中盆地及其周边地区进行了治理（表 12-1-14）。

表 12-1-14　　　　　　　　规划区水土流失治理情况表

省　　份			陕西	河南	湖北	合计
总治理面积/hm²			489310	57563	82612	629485
坡面整治工程	坡改梯/hm²	小计	24576	2854	4056	31486
		土坎	10879	2105	2929	15913
		石坎	13697	749	1127	15573
	蓄水池/口		12356	1500	2128	15984
	排灌沟渠/km		682.3	44.8	119.28	846.38
	沉沙凼/个		24712	2980	4263	31955
	田间道路/km		555	48.9	105.9	709.8
	植物篱/hm²		17661	2719	500	20880
沟道工程	谷坊/座		736	157	86	979
	拦沙坝/座		65	24	17	106
	疏溪固堤/km		145	31.5	24.2	200.7
	整治塘堰/座		114	35	63	212
水土保持林草工程	果木林/hm²		1129	1097	2007	4233
	经济林/hm²		6963	1378	3875	12216
	水土保持林/hm²		62289	5587	7761	75637
	种草/hm²		2045	3761	478	6284

省　份		陕西	河南	湖北	合计
生态修复工程	面积/hm²	374647	40167	63935	478749
	管护人员/个	1873	603	323	2799
	补植苗木/万株	16853	1809	2877	21539
	围栏/km	1487	173	61.3	1721.3
	碑牌/处	1426	106	171	1703
	能源替代及畜舍/个	2333	725	498	3556

6. 投资规模

"十二五"规划项目总投资为 119.66 亿元。

(1) 按项目类别划分：污水处理设施建设项目投资 35.41 亿元，垃圾处理设施建设项目投资 23.96 亿元，工业点源污染防治项目投资 19.20 亿元，入河排污口整治项目投资 1.45 亿元，水环境监测能力建设项目投资 3.80 亿元，水土保持项目投资 25.97 亿元，库周生态隔离带建设项目投资 3.41 亿元，农业面源污染防治项目投资 2.02 亿元，尾矿库污染治理项目投资 3.64 亿元，重污染入库河道内源污染治理项目投资 0.80 亿元。

(2) 按规划分区划分：水源地安全保障区投资 61.98 亿元，水质影响控制区投资 28.84 亿元，水源涵养生态建设区投资 28.27 亿元。

(3) 按行政区划分：河南省投资 24.37 亿元，湖北省投资 35.85 亿元，陕西省投资 57.09 亿元。

其他投资 2.35 亿元，包括水土保持能力建设投资 5731 万元、长江流域水环境监测中心建设项目 5718 万元、中线渠首水质监测监督应急系统建设项目 8000 万元、库周生态隔离带预备费和其他费用 4037 万元。

(四)"十二五"规划实施情况

1. 实施管理

2012 年 6 月，国务院批复《丹江口库区及上游水污染防治和水土保持"十二五"规划》后，为贯彻落实国务院批复抓紧实施，确保 2014 年南水北调中线通水要求，2012 年 10 月，丹江口库区及上游水污染防治和水土保持部际联席会议召开第三次全体会议，研究和部署规划实施工作。国务院南水北调办与河南、湖北、陕西省政府分别签订了规划实施目标责任书，启动了规划实施。

在规划实施中，部际联席会议各成员单位对地方的工作加强指导，及时下达投资，国务院南水北调办会同有关部门制定规划实施考核办法，每年对三省规划实施情况进行考核，报国务院同意后向社会公告，促进了地方规划实施中"比学赶帮超"。

水源区地方各级党委政府把"保证一泓清水送北方"作为重大政治任务，强化责任担当，狠抓工作落实。各省先后建立了丹江口库区及上游水污染防止和水土保持规划实施工作机制，分管省长牵头，省直有关部门参加，强化部门组织协调，形成水质保护合力，督促落实规划实施进度。河南省南阳市委、市政府印发《关于建立南水北调中线工程保水质护运行长效机制的意见》，明确建立常态化宣传教育、日常巡查、严防严管、综合联防、应急处置、监测评价、部门会商、责任追究等八项制度，明确各级各部门责任和任务；湖北省十堰印发了《关于严格落实直接入库河流日常保洁责任的通知》等一系列强化水质保护的文件，将入库河流水污染治理工作分解到每个支流、区县和部门，强化考核管理，将责任落实到人；陕西省汉中市建立部门联动机制，合力推动规划实施，实施进度名列陕南三市前茅。

在地方财政紧张的情况下，水源区各级政府不等不靠，积极筹措治污资金，全面开展综合治理工作，将过去的"要我干"逐步转变为"我要干"，通过创新机制，促进了规划项目的资金筹集、技术创新和管理创新。湖北省将神定河、泗河、犟河、剑河、官山河等5条污染严重的入库河流作为工作重点，在国务院南水北调办指导和帮助下，逐条进行深入调查分析，制订"一河一策"治理方案，地方政府多渠道筹措资金17亿元，保证了治理资金。十堰市积极探索市场化运营模式，率先采用委托建设和运营模式，引入资本和技术实力雄厚的环保企业承担治污项目建设运营管理，将政府原先建设、运行、监管一把抓转变为专业团队运营、政府机构监管，降低了运行成本，提高了运行效率。十堰市自筹资金10亿元全面整治排污口590个，建成清污分流管网758km，河道清淤138km，迅速提高了污水收集率，初步解决了污水直排、雨污混流以及河流黑臭问题。十堰市由市政府领导担任"河长"直接负责，通过采取"截污、清污、减污、控污、治污"等综合措施，水质改善效果明显，其中剑河和官山河基本达到了规划水质目标。南阳市积极开展入库河流综合治理和网箱养殖清理工作，累计关停入库河流两侧1km范围内畜禽养殖户1000余家，彻底清理了一级、二级饮用水水源区内的近4万箱水产养殖网箱。汉中市在大部分乡镇污水垃圾处理项目未纳入"十二五"规划情况下，主动安排31.5亿元用于重点乡镇污水垃圾处理设施建设、农村环境综合整治，部分村庄逐户改厕等，农村生活污染排放大幅减少。

水源区地方政府在规划实施中综合发力，通过淘汰落后产能、提高准入门槛等方式，促进产业结构升级和布局优化。规划实施以来，三省累计关停污染企业2000余家，否决不符合环保要求的新建项目200余个，新增"清洁化生产企业"近百家；三省通过与北京、天津的对口协作平台，引入高科技、低污染的现代产业项目，开展环境治理合作，提高水源区"自身造血"能力和环境治理水平；陕西省实施以生态、避险和扶贫为目标的陕南移民搬迁工程，累计搬迁26万户88万余人，大幅度促进了山区生态自然修复，同时大力发展绿色产业，积极探索循环经济发展模式。

2. 工作成效

"十二五"规划实施取得了明显成效：一是污染源进一步得到控制，污染物减排能力大幅提升，污水和垃圾处理处置设施覆盖县级和水库周边重点乡镇，关停规模以上污染严重的企业500多家，取缔"十小"企业千余家，同时叫停和否决了新上项目300多个，重污染企业基本关停或实现达标排放。二是生态建设成效明显，累计治理水土流失面积超过2万km²，森林、灌木面积比2010年增加1.9万hm²，水源涵养能力有所增强。三是部分流经城区的重污染河流治理力度不断加大，黑臭水体明显减少。四是严格丹江口库区及周边地区水资源管理，完成丹江口库区水功能区划，将水源区纳入第一批全国重要饮用水水源地保护目录。通过"十二五"的努力，水源区的水质考核断面的达标率提高到90%以上。

3. 仍存在问题

（1）丹江口水库虽然水质总体良好，但部分库湾水体有富营养化趋势，少数河流水质监测断面仍未稳定达到规划水质目标。例如，河南省荆紫关、陕西省南柳渡等断面在部分时段水质未达规划水质目标；流经十堰市的神定河、犟河、泗河大部分时段仍为劣 V 类；个别支流城镇区域河段水体有时还存在黑臭问题。

（2）城镇污水管网建设滞后，污水收集率低。水源区多为山区地形，污水管网建设难度大，覆盖率多在 60％ 以下，污水处理厂平均负荷率 68.4％，均低于全国平均水平。同时，重点乡镇新建污水处理设施，也普遍存在管网建设滞后问题。

（3）部分市县污水处理能力不足，标准偏低。"十一五"期间建成运行的城镇污水处理设施普遍存在处理能力不足、标准偏低的问题。例如，十堰市神定河污水处理厂处理设计能力 16.5 万 t/d，随着管网建设覆盖面增加，日收集污水量已接近 25 万 t，部分污水因无法处理只能直排河道。十堰市、安康市及河南省淅川、西峡县等"十一五"期间建成的污水处理厂，均存在类似问题。与此同时，除十堰市区几座污水处理厂采取委托建设管理模式使污水处理编制达到一级 A 排放标准外，划入丹江口水库饮用水水源保护区的污水处理厂仍采用一级 B 标准，与国家有关要求差距较大。

（4）乡镇污水处理设施正常运行率低。"十二五"规划安排的一大批乡镇污水处理设施基本都建成，但由于处理能力普遍较小又采用常规工艺，运行费用比污水处理平均成本高出数倍，乡镇财力无法承担，大多数不能正常运转。

（5）农业面源污染问题凸显。水源区大部分地区的农村环境治理滞后，存在生活和养殖污水、粪便乱排问题，农药化肥使用量较大。根据全国污染源普查结果，水源区面源污染所占比重超过 50％，已成为水污染治理的难点问题。

（6）项目实际投资比规划投资增加较多。2013 年起，中央实行简政放权，审批权力下放到市、县后，市、县批复项目的规模和投资等比规划增加较多，导致地方投资需求超规划，需要配套的资金大幅增加。

（7）规划的保障措施不够落实。环境监测、农业面源治理、尾矿库、库周生态隔离带、企业产业结构调整等部分规划项目中央投资不到位，影响规划全面实施。按照规划要求，地方主动关闭了大量污染企业，清理了水库网箱养殖以及周边大量养殖户，但没有相应的补偿政策，企业职工和养殖户未得到妥善安置。

二、通水后的规划及实施

经过"十一五"和"十二五"两期规划的实施，水源区基本实现了县级以上污水及垃圾处理设施的全覆盖，水土流失治理面积达到 2 万 km²，水源区水质及水源涵养条件明显改善。

针对通水后南水北调中线长期运行水质水量的保障要求和"十二五"规划实施中发现问题，丹江口库区及上游水污染防治和水土保持部际联席会议研究，决定编制《丹江口库区及上游水污染防治和水土保持"十三五"规划》。2015 年，丹江口库区及上游水污染防治和水土保持部际联席会议办公室在委托中国国际工程咨询公司对"十二五"规划实施进行评估的基础上，编制了规划工作大纲，组织有关部委和河南、湖北、陕西三省有关部门启动了规划编制工作。2016 年 12 月，国家发展改革委、国务院南水北调办、环境保护部、住房城乡建设部和水利部向国务院报送了《丹江口库区及上游水污染防治和水土保持"十三五"规划》，2017 年 5 月经国务院同意后正式印发。

（一）现状与形势

1. 现状与问题

2015年，水源区主要污染物排放量化学需氧量17万t，氨氮2.23万t，总氮5.96万t，其中农业农村污染的贡献比例分别为49％、43％、74％，已成为水源区主要污染源。

2015年，《丹江口库区及上游水污染防治和水土保持"十二五"规划》的49个考核断面中，Ⅰ类水质断面3个，占6.1％；Ⅱ类水质断面39个，占79.6％；Ⅲ类水质断面3个，占6.1％；Ⅳ类水质断面1个，占2.1％；劣Ⅴ类水质断面3个，占6.1％。丹江口水库为中营养水平，总氮浓度在1.3mg/L以上，入库河流总氮浓度高达2～10mg/L。

中线一期工程通水后，水源保护工作仍存在两个方面的主要问题：①神定河、老灌河、丹江等部分河段水质尚未达标或未稳定达标，水源区总氮浓度总体偏高，存在富营养化风险；②丹江口水库入库水量减少。存在问题的主要原因：①现有防治水平仍不能满足水源保护需要，表现在污水收集管网建设滞后、环境基础设施规模不足且处理标准较低、运营管理水平有待提高等方面，治污设施尚未充分发挥效益，农业农村污染尚未得到全面有效治理；②随着水源区经济快速发展和城镇化水平迅速提高，生活污染和农业生产污染排放量和处理需求呈扩大趋势；③部分区域仍存在不同程度水土流失、石漠化等问题，城乡耗水量快速增加，不利于水源涵养和保障丹江口水库入库水量。

2. 面临形势

"十三五"时期是我国全面建成小康社会的决胜阶段，《生态文明体制改革总体方案》《水污染防治行动计划》等一系列重要文件的出台实施和供给侧结构性改革等工作的推进，为水源区深化水质保护、促进产业转型升级、推进绿色发展提供了重要战略机遇。与此同时，水源区持续做好水源保护也面临巨大挑战：

（1）水源保护面临更严格的要求。随着南水北调中线工程配套设施的完善，中线供水已成为京津冀豫饮用水的重要来源，中线水源将超出《南水北调工程总体规划》确定的"补充水源"要求，对水质、水量保障和风险防控提出了更高的要求，需要深化水污染防治、水源涵养和生态建设，加强突发性污染风险防范和应急处置能力建设。

（2）发展方式转变面临更急迫的需要。水源区人口相对密集，发展愿望强烈，按传统发展模式势必对水源保护带来更大的压力。同步实现调水工程长期稳定运行和水源区的全面发展，需要加快转变发展方式，大力推进绿色转型，促进经济社会与生态环境协调持续发展。

（二）总体要求

1. 指导思想

树立和贯彻落实创新、协调、绿色、开放、共享的发展理念，从确保南水北调中线工程长期稳定供水、维护国家水安全的大局出发，紧扣南水北调中线水源区生态优先、绿色发展的功能定位，着力综合治理、切实保障水质稳定达标，着力"山水林田湖"整体保护、切实增强水源涵养能力，着力提高风险防控能力、切实保障供水稳定运行，进一步深化与受水区的对口协作，协调推进水源区经济社会发展与水源保护，确保"一泓清水永续北送"。

2. 基本原则

（1）政府主导、综合治理。发挥政府在南水北调中线水源保护工作中的主导作用，加强部门协调，动员全社会力量，统筹相关政策、规划和资金开展综合治理，使水源区水污染防治、水源涵养、风险管控紧密结合，与经济社会发展相互补充、相互支持、协调推进，形成政府统领、多方努力、公众参与的工作格局。

（2）分区施策、分类指导。妥善处理局部与整体的关系，按照水源保护敏感程度实施分区控制，划分控制单元，全面推行河长制。针对分区管理要求和控制单元存在的突出问题，分类制定目标和任务，合理安排规划措施。

（3）统筹兼顾、突出重点。统筹水源保护与经济社会发展、水源区与受水区之间的关系，协调推进水质与水量保护、污染治理与生态建设、点源与面源防治、常规治理与突发环境风险防范等工作。以不达标河流整治、总氮控制、风险防范、水土流失治理为重点，确定优先控制单元，采取多种措施精准施策，选择部分河流开展流域治理与可持续发展试点。

（4）落实责任、鼓励创新。落实地方政府水源保护的主体责任，转变单纯依赖政府投入的传统观念，充分发挥市场在资源配置中的决定性作用，创新机制，拓宽投融资渠道，调动各方面的积极性和主动性，提高水污染治理和生态建设的管理和技术水平。

3. 规划目标

到 2020 年，水源区总体水质进一步改善，营养水平得到控制，水源涵养能力进一步增强，节水型社会建设初见成效，水环境监测、预警与应急能力得到提升，经济社会发展与水源保护协调性增强。

（1）水质目标：丹江口水库和中线取水口水质稳定保持Ⅱ类，库区总氮浓度不劣于现状水平；到 2020 年，汉江和丹江干流断面水质达到Ⅱ类，其他直接汇入丹江口水库的主要河流水质达到水功能区目标。

（2）水源涵养目标：到 2020 年，新增治理区林草覆盖率提高 5～10 个百分点，年均减少土壤侵蚀量 0.2 亿～0.3 亿 t，增加水源涵养量 12 亿 m³。

（3）风险控制目标：实现南水北调中线丹江口水库饮用水水源保护区规范化、制度化管理，水源区生态环境监测网络和突发环境事件应急能力满足南水北调中线工程调水长期安全运行要求。

（三）规划布局

根据不同区域对丹江口水库的影响和作用，对水源区进行总体分区，实施差异化管理；在此基础上，结合水质监测断面，划分控制单元，实施分区分类管控，合理布局水污染防治、水源涵养、风险管控任务，提升精细化管理水平。

1. 总体分区

水源区总体划分为水源地安全保障区、水质影响控制区、水源涵养生态建设区三类区域。

（1）水源地安全保障区，涉及丹江口水库水域、水库周边区域以及老灌河、淇河、丹江、淘河、天河、犟河、泗河、神定河、剑河、官山河、浪河等流域。该区以南水北调中线丹江口水库饮用水水源保护区为核心，重点开展饮用水水源保护区规范化建设，全面削减各类污染负荷，治理不达标入库河流，强化水污染风险管控。

（2）水质影响控制区，涉及湖北黄龙滩水库以上堵河流域、汉江陕西白河县以上和安康水库以下的汉江流域。该区重点围绕削减总氮负荷，加强畜禽养殖污染治理，减少农药化肥施用量，完善城镇环境基础设施。

（3）水源涵养生态建设区，涉及安康水库及以上的汉江流域，主要是治理水土流失，开展退耕还林还草，稳步推进重点镇、汉江干流沿岸建制镇及以上行政区的城镇环境基础设施建设，增强水源涵养能力。

2. 控制单元

在总体分区基础上，按照流域汇水产污特征，兼顾乡（镇）行政区划完整性，进一步细分划定43个控制单元（表12-1-15）。明确各控制单元水质目标，将治理任务和责任落实到各级行政区，全面推行河长制。已经达到水质目标的要保持并持续向好，未达到水质目标的要加大治理力度。

表 12-1-15　　　　　　　控制单元划分及水质现状和目标表

序号	控 制 单 元	水体	控制断面名称	控制断面省（直辖市）	水质现状	水功能区划	水质目标
Ⅰ水源地安全保障区							
1	Ⅰ-1老灌河卢氏栾川控制单元	老灌河	三道河	河南	Ⅲ	老灌河西峡自然保护区	Ⅱ*
2	Ⅰ-2老灌河西峡控制单元	老灌河	西峡水文站	河南	Ⅲ	老灌河西峡自然保护区	Ⅱ*
3	Ⅰ-3老灌河淅川控制单元	老灌河	淅川张营	河南	Ⅲ	老灌河淅川保留区	Ⅲ
4	Ⅰ-4淇河卢氏控制单元	淇河	上河	河南	Ⅱ	淇河西峡源头水保护区	Ⅱ
5	Ⅰ-5淇河西峡控制单元	淇河	淅川高湾	河南	Ⅱ	淇河西峡源头水保护区	Ⅱ
6	Ⅰ-6丹江商州源头区控制单元	丹江	构峪口	陕西	Ⅱ	丹江商州保留区	Ⅱ
7	Ⅰ-7丹江商州控制单元	丹江	张村	陕西	Ⅲ	丹江商州开发利用区	Ⅱ*
8	Ⅰ-8丹江丹凤控制单元	丹江	丹凤下	陕西	Ⅲ	丹江丹凤开发利用区；丹江商州、丹凤保留区	Ⅱ*
9	Ⅰ-9丹江陕西省界控制单元	丹江	淅川荆紫关	陕西	Ⅱ	丹江陕豫缓冲区；丹江丹凤、商南保留区	Ⅱ
10	Ⅰ-10丹江入库前控制单元	丹江	淅川史家湾	河南	Ⅲ	丹江淅川自然保护区	Ⅱ*
11	Ⅰ-11滔河陕西省界控制单元	滔河	滔河水库	陕西	Ⅱ	滔河商南源头水保护区、滔河陕鄂缓冲区	Ⅱ
12	Ⅰ-12滔河湖北控制单元	滔河	王河电站	湖北	Ⅱ	滔河保留区	Ⅱ
13	Ⅰ-13库周南阳控制单元	丹江口水库	宋岗	河南	Ⅱ	丹江口水库调水水源保护区	Ⅱ
			陶岔				
14	Ⅰ-14库周十堰控制单元	丹江口水库	坝上中	湖北	Ⅱ	丹江口水库调水水源保护区	Ⅱ
			何家湾				
			江北大桥				
			五龙泉				
15	Ⅰ-15天河陕西省界控制单元	天河	水石门（照川）	陕西	Ⅱ	天河陕鄂缓冲源头水保护区	Ⅱ
16	Ⅰ-16天河湖北控制单元	天河	天河口	湖北	Ⅲ	天河郧西保留区	Ⅲ

序号	控制单元	水体	控制断面		水质现状	水功能区划	水质目标
			名称	省（直辖市）			
17	Ⅰ-17 库尾湖北控制单元	汉江	陈家坡	湖北	Ⅱ	丹江口调水水源保护区	Ⅱ
18	Ⅰ-18 浪河控制单元	浪河	浪河口	湖北	Ⅱ	无	Ⅱ
19	Ⅰ-19 剑河控制单元	剑河	剑河口	湖北	Ⅳ	无	Ⅲ
20	Ⅰ-20 官山河控制单元	官山河	孙家湾	湖北	Ⅲ	无	Ⅱ *
21	Ⅰ-21 泗河控制单元	泗河	泗河口	湖北	劣Ⅴ	无	Ⅳ *
22	Ⅰ-22 神定河控制单元	神定河	神定河口	湖北	劣Ⅴ	无	Ⅲ *
23	Ⅰ-23 犟河控制单元	犟河	东湾桥	湖北	劣Ⅴ	无	Ⅲ *
24	Ⅰ-24 堵河下游控制单元	堵河	焦家院	湖北	Ⅱ	堵河十堰、郧县保留区	Ⅱ
Ⅱ水质影响控制区							
25	Ⅱ-1 夹河陕西控制单元	金钱河	玉皇滩	陕西	Ⅱ	夹河（金钱河）陕鄂缓冲区	Ⅱ
26	Ⅱ-2 夹河湖北控制单元	金钱河	夹河口	湖北	Ⅲ	夹河郧西保留区	Ⅱ *
27	Ⅱ-3 旬河控制单元	旬河	旬河口	湖北	Ⅲ	旬河旬阳开发利用区	Ⅲ
28	Ⅱ-4 汉江陕西省界控制单元	汉江	羊尾（白河）	陕西	Ⅱ	汉江陕鄂缓冲区	Ⅱ
29	Ⅱ-5 月河控制单元	月河	月河	陕西	Ⅲ	无	Ⅲ
30	Ⅱ-6 汉江安康城区控制单元	汉江	老君关	陕西	Ⅱ	汉江安康开发利用区	Ⅱ
31	Ⅱ-7 坝河控制单元	坝河	坝河口	陕西	Ⅲ	无	Ⅲ
32	Ⅱ-8 南江河控制单元	堵河	界牌沟	陕西	Ⅱ	堵河源头水保护区	Ⅱ
33	Ⅱ-9 汇湾河控制单元	汇湾河	新洲	湖北	Ⅱ	堵河竹溪竹山保留区	Ⅱ
34	Ⅱ-10 官渡河神农架控制单元	官渡河	洛阳河九湖	湖北	Ⅱ	无	Ⅱ
35	Ⅱ-11 官渡河控制单元	潘口水库	潘口水库坝上	湖北	Ⅱ	堵河竹溪竹山保留区	Ⅱ
36	Ⅱ-12 堵河黄龙滩水库控制单元	黄龙滩水库	黄龙1	湖北	Ⅱ	黄龙滩水库饮用水保护区	Ⅱ
			黄龙2	湖北			
Ⅲ水源涵养生态建设区							
37	Ⅲ-1 任河重庆控制单元	任河	水寨子	重庆	Ⅱ	任河渝川缓冲区；任河城口保留区	Ⅱ
38	Ⅲ-2 汉江安康水库控制单元	瀛湖	瀛湖坝前	陕西	Ⅱ	汉江石泉、紫阳保留区	Ⅱ
39	Ⅲ-3 汉江石泉水库控制单元	汉江	小钢桥	陕西	Ⅱ	汉江石泉、紫阳保留区	Ⅱ
40	Ⅲ-4 汉江城固洋县控制单元	汉江	黄金峡	陕西	Ⅱ	汉江石泉、紫阳保留区	Ⅱ
41	Ⅲ-5 汉江汉中控制单元	汉江	南柳渡	陕西	Ⅱ	汉江汉中保留区	Ⅱ
42	Ⅲ-6 汉江源头控制单元	汉江	梁西渡	陕西	Ⅱ	汉江勉汉保留区	Ⅱ
			烈金坝	陕西	Ⅰ	无	Ⅰ
43	Ⅲ-7 褒河控制单元	褒河	石门水库	陕西	Ⅲ	无	Ⅲ

注 水质目标根据国务院批复的《南水北调工程总体规划》《全国重要江河湖泊水功能区划（2011—2030年）》《丹江口库区及上游水污染防治和水土保持规划（2006年）》确定。带 * 号断面，"十三五"期间按国家签订的目标责任书执行。

3. 优先控制单元

对 43 个控制单元逐一核定面积、水资源、污染源、人口、耕地、水土流失等情况，将未达到或未稳定达到水质目标、总氮浓度高、水土流失较重、环境风险较高的 24 个控制单元作为优先控制单元，明确治理方向和治理任务，加大治理力度（表 12-1-16）。其中，达标治理类 11 个、水土流失治理类 19 个、总氮控制类 10 个、风险防范类 3 个（部分优先控制单元涉及多个重点治理方向）。

表 12-1-16　　　　　　　　　　优先控制单元及其重点治理方向

序号	单 元 名 称	省份	重点治理方向
1	Ⅰ-1 老灌河卢氏栾川控制单元	河南	达标治理、水土流失治理
2	Ⅰ-2 老灌河西峡控制单元	河南	达标治理、总氮控制
3	Ⅰ-3 老灌河淅川控制单元	河南	总氮控制、水土流失治理
4	Ⅰ-10 丹江入库前控制单元	河南	达标治理、水土流失治理
5	Ⅰ-13 库周南阳控制单元	河南	总氮控制、水土流失治理
6	Ⅰ-12 湍河湖北控制单元	湖北	水土流失治理
7	Ⅰ-14 库周十堰控制单元	湖北	总氮控制、水土流失治理
8	Ⅰ-17 库尾湖北控制单元	湖北	风险防范、总氮控制、水土流失治理
9	Ⅰ-19 剑河控制单元	湖北	达标治理、总氮控制、水土流失治理
10	Ⅰ-20 官山河控制单元	湖北	达标治理
11	Ⅰ-21 泗河控制单元	湖北	达标治理
12	Ⅰ-22 神定河控制单元	湖北	达标治理
13	Ⅰ-23 犟河控制单元	湖北	达标治理
14	Ⅱ-2 夹河湖北控制单元	湖北	达标治理、水土流失治理
15	Ⅱ-9 汇湾河控制单元	湖北	水土流失治理
16	Ⅰ-7 丹江商州控制单元	陕西	达标治理、水土流失治理
17	Ⅰ-8 丹江丹凤控制单元	陕西	达标治理、水土流失治理
18	Ⅰ-9 丹江陕西省界控制单元	陕西	总氮控制、风险防范、水土流失治理
19	Ⅱ-4 汉江陕西省界控制单元	陕西	总氮控制、风险防范、水土流失治理
20	Ⅱ-5 月河控制单元	陕西	总氮控制、水土流失治理
21	Ⅱ-6 汉江安康城区控制单元	陕西	总氮控制、水土流失治理
22	Ⅲ-2 汉江安康水库控制单元	陕西	水土流失治理
23	Ⅲ-4 汉江城固洋县控制单元	陕西	水土流失治理
24	Ⅲ-5 汉江汉中控制单元	陕西	水土流失治理

（四）污染防治

按照《水污染防治行动计划》要求，分区域采取针对性措施，全面提高水源区污染防治水平。对优先控制单元分类施策，进一步采取强化治理措施。

1. 整体推进水环境治理

（1）工业污染防治。加强工业企业监管力度，促进企业全面达标排放。鼓励企业在稳定达标排放的基础上建设污水深度处理设施和实施清洁化改造。鼓励各地在国家产业政策的基础上，因地制宜细化制定更严格的环境准入标准，大力发展绿色产业，防止造纸、化工、电镀、印染等高污染行业向水源区转移。积极推进工业集聚区生态化改造，优化产业布局和结构。所有工业集聚区应于 2017 年年底前建设污水集中处理设施，安装自动在线监控装置并实现与市县环保部门联网；集聚区内工业废水必须经预处理达标后，再进入污水集中处理设施。严格环境准入，符合准入条件的新建工业企业原则上应建在工业集聚区。

（2）城镇生活污染防治。

1）城镇生活污水治理，包括：

a. 完善城镇污水处理厂配套管网。加快完善已建污水处理厂配套管网，充分发挥治污效益。城镇新建区实行管网雨污分流。整治雨污水管道接口、检查井等渗漏，解决管网清污混流造成的溢流污染、初期雨水污染等问题。试点推进水源地安全保障区内县级以上城市初期雨水收集、处理和资源化利用。到 2020 年城市建成区污水基本实现全收集、全处理，基本消除城市黑臭水体。

b. 完善城镇污水处理能力。按照填平补齐、因地制宜的原则，合理扩充污水处理能力。加快现有城镇污水处理设施提标改造，提升脱氮除磷能力。到 2020 年，县城、城市污水处理率分别达到 85％、95％左右。水源地安全保障区和水质影响控制区城市、县城污水处理厂要达到一级 A 排放标准；水源涵养生态建设区城市、县城和所有规划区建制镇污水处理厂不低于一级 B 排放标准。有条件的地区，应结合人工湿地等措施，进一步提高出水水质。全面开展城镇污水处理设施总氮、总磷排放的监测与统计，将总氮、总磷作为日常监管指标。

2）城镇污泥与生活垃圾处理处置。污水处理设施产生的污泥应进行稳定化、无害化和资源化处理处置。加快完成非法污泥堆放点排查，并一律予以取缔。到 2020 年，地级及以上城市污泥无害化处理处置率不低于 90％，县城和建制镇不低于 60％，确保污泥处置安全，避免二次污染。加强垃圾渗滤液处理，完善垃圾收集转运系统，积极推进垃圾收集分类。因地制宜规划建设垃圾、污泥的收集、预处理、转运、焚烧发电等工程，促进城镇污泥与生活垃圾的减量化、资源化、无害化。

3）河道水环境综合治理。以入库河流和污染负荷重、总氮浓度高、存在黑臭问题的城镇及郊区河流为重点，配合污水处理厂建设，有针对性地实施沿河截污、河道水质净化、排污口整治、人工湿地建设、垃圾清理、河（湖）滨生态护坡和污染底泥清理等工程，提高工程的系统性，切实削减污染负荷，增加河道水环境容量，提高水体自净能力。

（3）农业农村污染防治。农业农村污染防治要以小流域为单元，按照"种养平衡、循环发展"的理念，因地制宜、整体设计，采取畜禽养殖废弃物资源化利用、种植业污染防治、农村生活污染治理等综合措施，全过程减少污染物排放。

1）畜禽养殖污染防治。科学划定畜禽养殖禁养区，2017 年年底前，依法取缔禁养区内的畜禽养殖。推进畜禽粪污资源化利用。新建、改建、扩建规模化畜禽养殖场（小区）要实施干湿分离、雨污分流、粪便污水资源化利用。2017 年年底前，现有畜禽养殖场（小区）要建成粪便污水贮存、处理、利用等配套设施，或委托有能力的单位代为处理畜禽养殖废弃物。到 2020

年，规模化畜禽养殖场粪便综合利用率达到 85% 以上，农村畜禽粪便基本实现资源化利用。

2）种植业污染防治，包括：

a. 调整种植业结构与布局。积极推进水源区传统种植业向"种养平衡"的生态种植业转变，以发展生态农业、有机农业为方向，引导农业清洁生产。鼓励从坡耕地到库岸河岸形成由旱地逐渐向水田过渡的梯级耕作格局。到 2020 年，汉江、丹江、堵河、老灌河等主要入库河流两岸 1km 范围内，禁止发展施肥量高的露地蔬菜等种植模式，并规划建设生物缓冲带等工程。

b. 减少农药化肥使用量。大力推广测土配方施肥技术，降低化肥施用量，推进有机肥使用，支持发展高效缓（控）释肥等新型肥料；鼓励农民使用生物农药或高效、低毒、低残留农药，推行精准施药和科学用药，推广病虫害综合防治、生物防治等技术，采用秸秆覆盖、免耕法、少耕法等保护性耕作措施，实现化肥、农药施用量零增长。

c. 种植业废弃物资源化利用与污染防治。在优先控制单元内推进生态沟渠、污水净化塘、地表径流集蓄池等设施建设，净化农田排水及地表径流，削减氮磷负荷。大力推广秸秆粉碎还田、过腹还田等资源化利用技术；推广使用加厚和可降解地膜，促进地膜回收与再利用。到 2020 年化肥利用率提高到 40% 以上；全区域农作物秸秆综合利用率达到 85% 以上，农膜回收率达到 80% 以上。

3）农村生活污染治理。开展农村环境综合整治，以县级行政区为单元，统一规划农村生活垃圾和污水处理设施。推进农村生活污水无害化处理与资源化利用，因地制宜采取城镇管网延伸、集中与分散处理等多种方式，加强农村污水治理，积极推动处理达标污水用于农田灌溉、生态修复与景观等。推进农村生活垃圾分类收集，易降解垃圾就地还田，难降解垃圾建立"户分类、村集中、镇中转、县处理"机制，禁止在河流、水库岸边堆放。建立健全农村环保设施运行管理长效机制。到 2020 年，90% 以上村庄的生活垃圾和生活污水得到有效收集与处理利用。

2. 强化优先控制单元污染治理

水质不达标或不稳定达标、总氮浓度高的 19 个优先控制单元，主要集中在水质安全保障区，面积占比约 28%，污染排放量占比约 50%，治理难度大，在整体推进水环境治理的同时，需要建立污染物排放与水质变化的输入响应关系，进一步采取强化措施精准治理。在城镇污水处理方面，完善库周区域的乡镇污水处理体系，建制镇均建设污水收集处理设施并达到设计运行负荷。在农业农村污染治理方面，2017 年年底前，根据《畜禽养殖禁养区划定技术指南》在库周划定禁养区、限养区范围，防止养殖污染直接入库；开展农业面源综合治理，推进生态清洁小流域建设示范、小流域生态循环农业与面源污染综合治理试点；库周村庄因地制宜全面建设污水处理设施。

其中，水质不达标或不稳定达标的 11 个优先控制单元，"十三五"期间，污染物排放量削减不得低于表 12-1-17 要求，实现治理达标。

（五）水源涵养和生态建设

加强水源地生态建设，保护水土资源，提高林草覆盖率，增强水源涵养能力，推进节水型社会建设，实现山水林田湖系统治理和保护。

表 12 - 1 - 17　　　　　　　　　　达标治理优先控制单元污染物削减任务表　　　　　　　　　单位：t/a

序号	控制单元名称	化学需氧量排放量	氨氮排放量	化学需氧量新增量	氨氮新增量	化学需氧量最低削减量	氨氮最低削减量
1	Ⅰ-1 老灌河卢氏栾川控制单元	1757.1	166.5	37.9	4.7	364.5	4.7
2	Ⅰ-2 老灌河西峡控制单元	1892.6	206.7	104.5	13.1	199	13.1
3	Ⅰ-7 丹江商州控制单元	5591.6	579.6	115.6	14.4	855	59.5
4	Ⅰ-8 丹江丹凤控制单元	5904.6	528.4	66.1	8.3	453	41.7
5	Ⅰ-10 丹江入库前控制单元	740	88.8	17	0.8	180	1
6	Ⅰ-19 剑河控制单元	283.5	44	18.5	2.3	103.9	13.1
7	Ⅰ-20 官山河控制单元	178.5	19.6	3.6	0.4	63.4	6.4
8	Ⅰ-21 泗河控制单元	1901.1	367.9	46.4	5.8	588.4	117.7
9	Ⅰ-22 神定河控制单元	5770.8	1156.9	199.3	24.9	1211.8	383.6
10	Ⅰ-23 犟河控制单元	1557.8	35.1	4.1	0.5	600.7	6.9
11	Ⅱ-2 夹河湖北控制单元	1161	178.5	28	3.2	28	4.2

注　"新增"是指"十三五"期间城镇生活污染可能增加的排放量。

1. 库区周边生态隔离带建设

继续巩固"十二五"期间建设的丹江口水库周边生态隔离带，在库区海拔 165～172m 的库周消落区，大力开展人工造林；在库区海拔 172m 以上的第一道山脊线以内建设生态隔离带。加强自然保护区建设与管理，积极开展村庄绿化，鼓励在主要入库河流两岸建设植物过滤带，减少农村生产生活污染直接入库。

2. 水土流失综合治理

按照国家级水土流失重点预防区的防治要求，全面加强预防保护和监督管理。在人口相对集中、坡耕地较多、植被覆盖率低的区域，以小流域为单元，综合采取营造水土保持林、坡改梯及配套坡面水系工程，发展特色经济林果、封育保护、沟道防护、溪沟和塘堰整治等措施，以 19 个水土流失治理类优先控制单元为重点，实施小流域水土流失综合治理工程。

3. 林业生态建设

丹江口水库饮用水水源保护区（含准保护区）范围内 15°以上坡耕地，全面实施退耕还林还草还湿，纳入省级耕地保有量和基本农田保护指标的调整方案。对石漠化严重地区实行综合治理，实施长江流域防护林体系工程建设，采取封山育林、人工造林、草地建设等植被恢复措施，限制土地过度开发，加强石漠化地区的植被建设，增强水源涵养能力。

加强河南省南阳市、湖北省十堰市、陕西省商洛市等环库周地区的天然林保护，全面停止商业性采伐，推进退化林和人工纯林修复，增加复层异龄混交林比重，构建稳定的环库森林生态系统，形成水库生态屏障。

4. 节水型社会建设

实施最严格水资源管理，建立健全政府调控、市场引导、公众参与相结合的节水机制，抓好工业节水，加强城镇节水，发展农业节水，提高用水效率。充分考虑水资源和水环境承载能力，加快调整经济结构和布局，严禁发展高耗水产业，依法依规淘汰现有高耗水行业产能。加大农业产业结构调整力度，转变农业用水方式，大力发展节水农业，切实提高农田灌溉水有效利用系数。到 2020 年，节水型社会建设初见成效，社会节水意识和用水效率明显提高，农业用水、工业用水量有所下降，再生水利用率达到 15％以上，总体用水量基本实现零增长。

（六）风险管控

围绕南水北调中线调水，调查评估突发水污染事件发生可能性，针对中高风险点和区域，实施污染源→支流→库区→陶岔取水口全过程风险管理，提升管控水平，开展饮用水水源保护区规范化建设，加强监测分析和应急处置能力建设，有效防范水源区突发水污染事件风险，保障调水水质安全。

1. 丹江口水库水源地规范化建设

严格落实重要饮用水水源地核准和安全评估制度，全面推进水源地达标建设和实时监控。规范饮用水水源保护区标志设置和隔离防护，依法开展保护区环境综合整治。加快推进准保护区内高风险污染源搬迁或关停，现有污染源执行最严格排放标准，废弃物不能全部资源化利用或有效处置的规模化畜禽养殖场（小区）一律关停，垃圾填埋场、工业企业、污水处理厂实行在线监测。

加强丹江口水库消落区管理。对大坝加高新增淹没范围的消落区进行监管，严防消落区污染。制订和实施消落区生态修复规划，形成阻隔库周直接污染的生态隔离带。

加强丹江口库区水产养殖污染风险管控。2018 年年底前，一级、二级饮用水水源保护区取缔网箱养殖，库区全面禁止投饵网箱养殖。在维持和改善生态系统健康的前提下，发展生态健康养殖，开展增殖放流设施建设和滤食性鱼类等净化水质的水生生物增殖放流，削减水体氮磷等营养物质，加强水生态系统健康监测与评估。开展渔业"三品一标"认证工作。延长禁渔期，扩大禁渔区，控制捕捞强度。

强化饮用水水源日常监测。进一步提升县级监测站基础监测能力，提升市级站有机污染物和有毒有害物质的监测能力。试点开展农业面源、移动源等监测与统计工作。每年至少开展一次饮用水水源地全指标监测，适时开展持久性有机污染物、内分泌干扰物等新型污染物及藻毒素监测。

2. 风险源识别与监管

针对工业源、市政污水处理厂、垃圾填埋场、尾矿库等固定风险源进行详细排查，按照"一源一档"的原则建立风险源档案，并实施动态化管理。定期开展风险评估，落实各类风险源风险防范主体责任，完善风险防范体系建设，科学制订应急预案并开展应急演练，降低风险水平。

加强尾矿库风险管控。落实有主尾矿库风险防范主体责任，督促企业落实环境风险隐患排查和治理。对隐患突出又未能有效整改的，要依法实行停产整治或予以关闭。2017 年年底前，三等及以上尾矿库，应建成在线监测系统并与行业主管部门联网；重点针对伴生重金属等有毒有害物质、可能给南水北调中线水源区水质带来严重威胁的尾矿库，强化日常监管。各地要落实资金、明确职责、强化措施，扎实开展无主尾矿库隐患综合治理。

积极开展航运污染治理与风险管控。全面排查流域内现有船舶，依法强制报废超过使用年限的船舶。规范船舶水上拆解行为，禁止船舶冲滩拆解。对不符合环保标准的船舶应配备或改造相关设施、设备。到2020年年底前，所有城市的港口、码头、装卸站具备船舶含油污水、化学品洗舱水、生活污水和垃圾等废弃物的接收能力，全面实现船舶污染物上岸集中处置。港口、码头、装卸站应制订应急预案。

切实加强道路运输安全管理。运输有毒有害物质、油类、粪便的船舶和车辆一般不准进入保护区，若出现无法回避的情况，应事先申请并经有关部门批准、登记并配备押运人员及应急处置设施。穿越水源保护区的路段应设置防护栏、溢流沟、沉淀池等必要的防护设施并加强日常巡护。

3. 监测预警和应急能力建设

优化部门和地方现有监测资源，科学合理布设监测网络，陶岔渠首、湖北十堰、陕西商洛、安康、汉中建立突发环境事件预警和应急指挥中心，与南水北调中线工程运行管理机构建立常规和应急信息共享机制，推进管理联动，构建"天地一体化"生态环境集成监控系统平台，实现水源区生态环境监控的空间化、动态化、远程化。建立水源区突发环境事件应急管理机制，编制应急处置预案，提高应急指挥和科学决策水平，及时响应和处置水污染突发事件，保障工程调度运行需要，确保供水安全。

（七）投资估算和效益分析

1. 建设任务及投资估算

围绕规划目标，规划实施污染防治、水源涵养与生态建设、风险管控3大类建设任务，估算总投资196亿元（表12-1-18和表12-1-19）。其中：工业污染防治项目26项，估算投资6.00亿元；城镇污水处理新增污水处理能力526830t/d，新增管网3317km，提标改造能力650000t/d，估算投资43.17亿元；垃圾和污泥采取收集、预处理、转运、焚烧进行综合处理，新增垃圾和污泥处理处置能力8000t/d，估算投资35.62亿元；养殖污染防治新增217.8万头猪当量治理能力，估算投资10.94亿元；农村环境综合整治新增建制村1052个，估算投资15.76亿元；生态清洁小流域治理面积1126.6km²，估算投资11.27亿元；生态循环农业与面源污染综合治理试点48个，估算投资14.50亿元；河道综合整治（含人工湿地）11个控制单元，估算投资5.25亿元；综合治理水土流失面积3210km²，估算投资25.67亿元；退耕还林还草和石漠化治理、天然林保护工程，估算投资16.4亿元；水源地规范化建设项目9个，估算投资5.93亿元；监测和应急能力建设项目8个，估算投资1.14亿元；尾矿库综合治理3个，估算投资4.35亿元。

按任务类型分，污染防治类投资142.51亿元，水源涵养生态建设类投资42.07亿元，风险管控类投资11.42亿元。

按行政区划分，河南省27.87亿元，湖北省59.22亿元，陕西省104.22亿元，重庆市0.98亿元，四川省0.62亿元。此外，中线水源公司3.09亿元。

表 12 - 1 - 18　　　　　　　　　**建 设 任 务 量 统 计 表**

规划任务	任务类型	单位	建设任务量				
			河南	湖北	陕西	其他	合计
污染防治	工业污染治理	个	3	6	17	0	26
	城镇污水处理	新增/(t/d)	50000	129500	347330	0	526830
		提标/(t/d)	55000	429000	166000	0	650000
		管网/km	860.7	811.2	1644.7	0	3316.6
	城镇垃圾与污泥处理	焚烧处理厂/个	1	1	3		5
		预处理厂/个	2	5	19		26
		中转站/个	2	1	9		12
		收集站/个	24	53	343		420
	养殖污染防治	万头猪当量	32	55	130.8	0	217.8
	农村环境整治	村	173	385	494	0	1052
	生态清洁小流域	km²	144.6	340.8	641.2	0	1126.6
	生态循环农业	个	8	17	23	0	48
	河道水环境整治	控制单元	3	5	3	0	11
水源涵养生态建设	水土流失治理	km²	285.3	770.1	1954.3	200.7	3210.4
	退耕还林还草	km²	140	686.7	72	0	898.7
	天然林保护	km²	1380	1602.7	1566.7	0	4549.4
	石漠化治理	km²	0	300	0	0	300
风险管控	水源地规范化建设	个	4	4	0	1	9
	监测和应急能力建设	个	1	2	4	1	8
	尾矿库综合治理	个	0	1	2	0	3

表 12 - 1 - 19　　　　　　　　　**建 设 任 务 投 资 估 算 表**　　　　　　　　单位：亿元

规划任务	项目类型	投 资						
		河南	湖北	陕西	四川	重庆	水源公司	合计
污染防治	工业污染治理	0.45	1.14	4.41				6
	城镇污水处理	8.04	13.27	21.86				43.17
	城镇垃圾与污泥处理	3.93	8.52	23.17				35.62
	养殖污染防治	1.6	2.8	6.54				10.94
	农村环境整治	3.46	2.42	9.88				15.76
	生态清洁小流域	1.45	3.41	6.41				11.27
	生态循环农业	2.4	5.2	6.9				14.5
	河道水环境整治	0.9	2.9	1.45				5.25

规划任务	项目类型	投 资						
		河南	湖北	陕西	四川	重庆	水源公司	合计
水源涵养生态建设	水土流失治理	2.28	6.16	15.63	0.62	0.98		25.67
	退耕还林还草	1.05	5.15	0.54				6.74
	天然林保护	0.87	3.91	3.85				8.63
	石漠化治理	0	1.03	0				1.03
风险管控	水源地规范化建设	1.35	1.58				3	5.93
	监测和应急能力建设	0.09	0.23	0.73			0.09	1.14
	尾矿库综合治理		1.5	2.85				4.35
总计		27.87	59.22	104.22	0.62	0.98	3.09	196

2. 效益分析

通过全面实施规划，夯实南水北调中线长期稳定调水的基础。一是水源区的污染防治进一步深化，基本消除水质不达标断面，丹江口水库水质继续保持优良且营养水平得到控制；二是生态建设水平稳步提高，水源涵养能力持续增强；三是饮用水水源地的规范化建设、监测应急能力建设得到加强，有效降低突发性污染风险。

（1）治污效益。一是通过对涉水工业企业及工业集聚区污染治理，促进工业污染源全面达标排放。二是城镇污水处理实际处理能力由 104 万 t/d 提高到 159.03 万 t/d，其中提标改造污水处理 65.5 万 t，污水处理率从现状 80% 提高到 90%。增加污染物削减化学需氧量 33913t/a、氨氮 4201t/a、总氮 3683t/a、总磷 501t/a。三是新增垃圾和污泥焚烧发电处理能力 4000t/d，新增污泥（含水率 80%）处理能力 439t/d，基本实现资源化、无害化，减少二次污染和突发性污染事件风险。四是农业农村治理区，增加污染物削减化学需氧量 22415t/a、氨氮 1232t/a、总氮 7903t/a、总磷 146t/a。上述累计增加污染物削减化学需氧量 53031t/a、氨氮 5939t/a、总氮 25178t/a，分别削减水源区污染排放量的 31%、26.6%、42%。

（2）水源涵养和生态建设效益。在水库周边及城区段河流深化生态建设，修复库周河口生态，减轻库周污染。开展小流域综合治理，治理水土流失 3210km²，建设生态清洁小流域 1127km²。开展退耕还林还草和石漠化治理，增加森林草原植被 1200km²，天然林保护面积 4549km²。新增治理区林草覆盖率提高 5~10 个百分点，年均减少土壤侵蚀量 0.2 亿~0.3 亿 t，增加涵养水量 12 亿 m³。

（3）风险防范效益。通过实施丹江口水库饮用水水源地规范化建设，加强水库消落区管理，开展尾矿库等重点风险源综合整治，构建跨部门跨行政区域的生态环境监测信息的互联互通和应急管理平台，可有效降低水源地突发性污染风险，提高应急能力，提升南水北调中线供水安全保障水平。

（八）规划实施

1. 发展与保护协调推进

充分与《丹江口库区及上游地区经济社会发展规划》和《丹江口库区及上游地区对口协作

方案》实施做好衔接，建立保护与发展同步推进、整体联动的体制机制。动员各方力量，加大资源整合力度，选择有代表性的典型流域开展试点示范，集中进行农业农村污染治理、产业结构调整，着力解决对经济社会可持续发展制约性强、群众反映强烈的突出问题。

（1）整体推进水源区产业结构调整。坚持节约优先、保护优先，绿色发展、循环发展，形成节约资源和保护环境的空间格局、产业结构、生产方式。按照保护生态环境、发挥比较优势的原则，推进产业结构调整和优化升级。全面推进生态循环农业，优化种植养殖结构，通过"种养平衡"，实现"控制农业用水总量、减少化肥和农药施用量、实现农作物秸秆、畜禽粪便、农田残膜资源化利用"的目标。加快传统产业改造，优先发展低排放产业，实现绿色转型。坚持绿色化、生态化开发，有序发展具有地方特色的生态旅游业。

（2）开展流域综合治理及可持续发展试点示范。针对水源区总氮浓度偏高的问题以及总氮来源复杂的特点，先期选择流域面积适当、污染突出的若干典型控制单元开展试点示范，探索流域综合治理和经济社会协调发展的模式。试点示范要以水环境改善和可持续发展为目标，以中央投资带动为切入点，充分发挥地方政府统筹作用，坚持治理与发展并重、结构调整与设施建设并重、节水与治污并重，从源头、过程到末端全过程控制，科学编制实施方案。

（3）协作促进水源区绿色发展。不断深化制度改革和科技创新，逐步建立适合水源区的生态文明制度体系，率先形成勤俭节约、绿色低碳、文明健康的生活方式和消费模式。以保水质、强民生、促转型为主线，积极开展受水区与水源区的对口协作，促进区域协调发展。发挥京津经济技术人才优势，帮助水源区发展生态型特色产业，培训水源区的专业技术骨干，引进先进适用的环境治理和管控技术，增强水源区的环境管理和风险防范能力，引导、动员京津社会力量到水源区开展生态环境建设、发展循环经济和推进相关合作，增强水源区的绿色发展能力。

2. 保障措施

（1）落实责任主体，健全考核体系。河南、湖北、陕西三省人民政府对本行政区水源保护负总责，是规划实施的责任主体。地方各级政府要以控制单元为基础，全面推行河长制，将规划目标和任务逐级分解到相关市、县、乡镇及企事业单位，层层签订责任状，将水源保护工作纳入干部政绩考核体系，做到责任到位、措施到位、工作到位。国务院有关部门要组织实施水质目标浓度、饮用水水源地水质、水功能区达标率、节水型社会建设等指标考核，国务院南水北调办与水源区省级政府签订水源保护目标责任书，会同有关部门对规划实施情况进行考核。

（2）加强统筹协调，形成工作合力。以丹江口库区及上游水污染防治和水土保持部际联席会议、对口协作领导小组为平台，统筹国务院有关部门和河南、湖北、陕西三省的工作，加强规划实施的组织协调，分析研究解决新情况、新问题，重大问题及时向国务院报告。国务院有关部门要加强对规划实施的领导和协调，指导地方做好规划任务落实、项目前期工作、部门项目储备库申报等，对符合条件的项目（建设任务）及时下达由本部门负责的专项资金，并加强监督检查。国务院南水北调办承担部际联席会议办公室日常事务，定期会商，及时通报工作进展，组织有关部门开展规划实施的考核，督促规划任务和措施的落实、做好规划实施进度统计、水质信息收集整理等工作。

（3）强化实施监管，提高治理效益。国家加强指导，河南、湖北、陕西三省编制规划实施方案以及优先控制单元治理方案，落实规划任务，加强对各类项目、各渠道资金的统筹，因地制宜应用先进适用技术，综合运用工程措施与非工程措施，充分发挥综合治理效益。省级政府主管部门要根据规划建设内容与国务院有关部门储备项目库或行业规划进行衔接，指导做好项目储备和前期论证工作。落实省级审核和监督负责制，严格履行项目申报、审批、实施、竣工验收程序，做好项目建成后的移交和运行管护，切实提高项目效益。进一步完善城镇污水、垃圾处理收费政策，确保项目运行经费来源。

（4）多方筹集资金，创新治理模式。地方各级政府要认真贯彻国务院关于推进环境污染第三方治理、重点建设领域投融资体制改革要求，建立"政府引导，地方为主，市场运作，社会参与"多元化投入机制，拓宽资金筹集渠道，吸引社会资本参与水源保护相关项目的投资、建设和运营管理。对于基础性和公益性强的项目，要充分发挥地方财政资金引导作用，合理利用一般性财政转移资金，保障规划重点任务建设。对于具有收益的项目，要充分发挥市场作用，积极引导社会资金参与治理。国务院有关部门通过节能环保与生态建设中央预算内投资、水污染防治专项资金、农村环境综合整治资金、农业面源治理及循环农业试点资金，以及退耕还林、天然林保护、石漠化治理等现有资金渠道，对符合国家支持方向的建设任务及项目予以支持。对水土流失治理相关项目，其投资由地方通过加大财政投入、积极吸引社会资本等渠道落实，在此基础上积极争取中央财政相关专项资金支持。积极推行控制单元整体水环境综合治理服务专业化、社会化，集中"打包"分类推进项目实施，切实提高资金使用效率，提升治污设施运营效益和管理水平。

（5）加强生态补偿，建立长效机制。依据区域生态红线、环境质量底线、资源利用上限，制定差别化的环境准入负面清单，强化生态环境保护要求对区域开发的约束。充分考虑水源区完善基本公共服务和全面实现小康社会的需要，巩固和完善中央财政对中线水源区的生态功能转移支付制度，不断加大中央财政对水源区的支持力度，并与保护任务和效果挂钩。推进省级区域内横向补偿，深化受水区对水源区的对口支援协作，支持水源区调整产业结构发展绿色产业，促进水源区与受水区互利共赢。

（6）严格标准体系，坚持依法保护。落实南水北调中线丹江口水库饮用水水源保护区制度，推进水源保护法制化、制度化和常态化建设。鼓励各地根据水质改善需求，针对氮、磷等特征污染指标，研究制定严于国家标准的地方水污染物排放标准。建立覆盖所有固定污染源的排污许可制，完善监管执法依据。加强环保、水利、林业等部门监管执法能力建设，充实一线执法队伍，保障执法装备。有序整合不同领域、不同部门、不同层次的执法监督力量，构建国家、省、市、县、乡镇五级协同联动机制，推进联合执法、区域执法、交叉执法，强化执法监督和责任追究。依法严厉打击违法排污、取水、取土、挖砂、采石、陡坡开垦、破坏林地等活动，切实保护水源区水质、水量和生态环境安全。

（7）开展科研攻关，实现精准施治。以问题为导向加强科研攻关，提高水源保护的针对性、科学性、系统性和前瞻性。重点针对丹江口水库总氮问题通过科研攻关进行追根溯源；研究气候变化与人类活动对水源区入库水量的影响，开展人工增雨等增加入库水量的对策研究与探索；对恢复污染河流的生态健康建立评价体系和提出对策措施；研究水源区水资源、水环境与经济社会发展演变过程和规律，为构建水源保护与区域经济社会协调发展的长效机制和政策措施奠定基础。

（8）鼓励公众参与，加强社会监督。完善中线水源保护政务信息公开制度，确保信息畅通和准确，及时向社会发布水源区生态环境状况。推进企业环境信息公开，公布流域内重点污染企业污染排放情况。建立舆论监督和公众监督机制，鼓励公众参与水源区的生态环境监督，维护广大民众的知情权、参与权和监督权，坚持电视、广播、报纸和网络等新闻媒介的正确舆论导向，发挥公众和媒体舆论监督的作用。加强环境宣传与教育，倡导绿色生活，合理引导公众对生态环境的需求与预期。

第二节　经济社会发展与水源保护相协调

一、丹江口库区及上游地区经济社会发展规划

根据国务院南水北调工程建设委员会的部署，国家发展改革委会同国务院南水北调办于2009年启动编制《丹江口库区及上游地区经济社会发展规划》，2012年9月30日，国务院批复了这个规划。该规划明确了南水北调中线水源区经济社会发展的总体要求，对水源区的空间布局、生态安全、产业发展、基础设施、社会事业做了系统安排，提出了实施规划的相关保障措施。

（一）总体要求

1. 指导思想和原则

坚持以人为本，统筹兼顾，突出重点，着力加强生态建设和环境保护，着力促进地方特色产业发展，着力完善基础设施，着力提高基本公共服务水平及均等化程度，增强自我发展能力，改善生产生活条件，确保库区水质安全，努力建设经济发展、社会和谐、生态良好、生活富裕的生态文明区域。

坚持统筹兼顾，处理好整体与局部的关系。以南水北调中线工程建设为大局，以丹江口库区为重点，妥善解决因调水引发的突出问题，统筹推进库区和上游地区经济社会发展。

坚持生态优先，处理好经济建设与环境保护的关系。牢固树立生态文明理念，严格落实国家对限制开发区域和禁止开发区域的开发管制原则，围绕有效保护水环境、改善生态条件，切实节约集约利用资源和严格保护耕地，优化调整产业结构，大力发展循环经济，加快构建资源节约、环境友好的生产方式和消费模式，维护库区及上游地区生态安全。

坚持改善民生，处理好经济发展与社会进步的关系。以提高人民生活水平为出发点和落脚点，在经济发展的同时，更加注重各项社会事业的发展，让发展成果惠及广大人民群众。

坚持内外联动，处理好外部支持与自我发展的关系。加大国家支持力度，加强区域经济技术合作，实施对口协作帮扶，发挥比较优势，增强自我发展能力。

2. 发展目标

到2015年，经济社会发展水平进一步提高。优势特色产业达到一定规模，基础设施对经

济社会发展的支撑能力明显增强；基本公共服务水平及均等化程度显著提高，城乡居民收入与全国平均水平的差距进一步缩小，人民生活条件进一步改善；生态建设和环境保护取得明显进展，森林覆盖率达到55％以上，水库水质稳定达标。

到2020年，与全国同步实现全面建设小康社会目标。初步形成以生态农业、环境友好型工业和旅游服务业为主的产业体系，以及覆盖城乡、高效便捷的基础设施体系，基本公共服务能力进一步增强，生态文明建设水平显著提高，调水水质得到切实保障。

（二）空间布局

科学合理确定功能分区，切实加强生态保护和水源涵养，形成核心区点状开发、影响区中心城市与重点城镇集聚发展的空间开发格局。

1. 功能分区

按照水源区生态保护的需要和水环境保护的要求，根据经济社会发展实际和发展趋势，将规划区划分为水源保护区、生态农业区和集聚发展区三类功能区。

（1）水源保护区。主要是水源保护核心区和涵养保护区，按照禁止开发的要求进行管理。其中水源保护核心区包括南水北调中线水源一级、二级保护区范围。区内禁止开展易造成水污染的生产活动，严禁新建、改扩建易造成水污染的项目。加强生态建设与保护，逐步搬迁外移区内人口，提高水环境安全水平。水源涵养保护区包括自然保护区、风景名胜区、重要湿地、森林公园、地质公园以及坡度25°以上的山地。严格控制采矿、采伐等破坏水源涵养功能的相关活动。加强天然林保护、生态公益林建设、湿地保护与恢复和水土保持，不断提高水源涵养能力。加大生态移民实施力度，加强各类保护区的建设与管理。

（2）生态农业区。包括以种植、养殖业为主的区域，按照限制开发的要求进行管理。区内重点调整农业结构，发展生态农业、高效农业和设施农业，着力改进种植业、养殖业和林果业生产方式，减少农药、化肥施用量，推广测土配方施肥和病虫草害生物防治技术，集中建设畜禽养殖场污染防治和综合利用设施，减少农业面源污染。积极推进农村沼气、太阳能等清洁能源建设，改善能源消费结构。加强农村环境综合整治，建设农村垃圾收集处理系统和小型污水处理设施，减少农村生活污染。

（3）集聚发展区。包括中心城市的规划建设区以及依法设立的开发区和产业集聚区。区内实行最严格的节约用地制度，从严控制建设用地总规模。在符合土地利用总体规划的前提下，合理确定新增建设用地规模和时序。结合企业兼并重组、易地改造、淹没搬迁，在有条件的地方集中布局建设产业聚集区，重点发展二、三产业，着力促进产业改造升级，推行清洁生产，发展循环经济，减少污染排放，提升已有开发区集约发展水平和辐射带动能力。

2. 区域中心城市和重点城镇发展

（1）发展壮大区域中心城市。加快十堰、安康、汉中、商洛、邓州等区域中心城市发展，合理确定城市区域功能定位，采取分散与集中相结合的布局模式，建设宜居城市。根据资源环境承载能力，发展特色产业，促进人口和经济向区域中心城市集聚。完善城市功能，提升城市辐射带动能力。加大区域中心城市基础设施建设力度，加快发展社会事业，提高城市综合承载能力。

区域中心城市发展方向

十堰市：建设汽车生产基地和重要的旅游目的地，建成库区和上游地区结合部中心城市。

安康市：建设新型材料工业基地和特色生物资源加工基地，建成上游地区交通枢纽和物流中心。

汉中市：建设重要的装备制造业基地、循环经济产业集聚区和重要的物流中心，建成生态宜居城市。

商洛市：建设优质绿色农产品、新材料工业基地，建成秦岭南麓生态旅游城市。

邓州市：建设新能源、装备制造、生物医药、纺织化纤、仓储物流基地，建成库区和输水干线结合部区域中心城市。

（2）加快发展重点城镇。结合水污染防治、移民安置，调整优化城镇布局。重点发展区位条件较好、有一定经济基础和发展空间的城关镇，加快库区淹没城镇重建，加大基础设施建设力度，发展特色优势产业，使重点城镇成为吸纳人口、集聚经济的重要增长点。按照城镇建设与环境容量相协调的原则，严格控制城镇直接向河流和库区排污，强化污染防治设施规划建设和运行管理。

（三）生态安全

围绕库区水质稳定达标，实施严格的环境保护政策，加强环境污染防治，强化生态保护与修复，增强区域可持续发展能力。

1. 加大污染防治力度

（1）加强城镇污水垃圾处理设施建设。全面建成县级污水垃圾收集处理设施，加快库区周边建制镇和汉江、丹江沿线重点镇生活污水处理、污水管网和垃圾处理设施建设，在新建城区和有条件的老城区建设雨污分流系统。实行污水、垃圾处理收费制度，有困难的地区可通过中央财政重点生态功能区转移支付对污水、垃圾处理设施运行费用予以补贴，确保污水和垃圾处理设施建成后正常运行。全面清理淹没区固体废物，加强水库清漂。鼓励有条件的地区建设中水回用设施，提高再生水利用率。支持建设餐厨废弃物回收利用体系，推进餐厨废弃物资源化利用。乡镇医院配备医疗垃圾储存运输装置，县级以上医院集中建设医疗垃圾处理设施。2015年前，所有县城以及库区周边乡镇、汉江和丹江沿线重点镇基本建成污水和垃圾处理设施。

（2）加强工业点源污染防治。对矿物采选和冶炼、黄姜皂素生产、汽车电镀、特色中草药加工等重点水污染行业加大治理力度，坚决关闭排污限期治理不达标企业。推进工业清洁生产，强化环境监管，严格执行建设项目环境影响评价制度，从源头上控制污染排放。建设危险废物和工业固体废物集中处理设施。加强矿山生态恢复治理，继续实施尾矿库除险加固工程，按时完成病险尾矿库治理，加大矿山地质环境治理和矿区土地复垦力度，最大限度减轻矿业生产活动对环境和土地的破坏。

（3）加强水环境监测预警。加快实施丹江口水库环境监测能力建设项目，健全全方位水质监控系统，建立丹江口库区水环境信息平台，提高监测预报预警能力。建立分工合理、相互协调的库区水环境监测考核机制，根据考核结果对生态环境明显改善或恶化的地区通过增加或减少重点生态功能区转移支付资金等方式予以奖惩。建立健全水污染防治责任追究制，增强突发性水污染事故的应急处置能力。

2. 防治农村面源污染

（1）控制农村污染。全面推进农村环境连片综合整治，落实以奖促治政策，对群众反映强烈、环境问题突出的村庄，重点加强污水垃圾处理、工矿污染防治、土壤污染防治和水源地保护。采取集中和分散相结合的方式，建设符合当地实际的小型化的农村污水处理和垃圾处理设施。加强农村垃圾收集、厕所等公共卫生设施建设。

（2）减少农业生产污染。推广增施有机肥、配方施肥和化肥深施技术，提高有机肥料使用率和化肥利用率。推广高效、低残留农药和病虫害综合防治技术，加快建设一批无公害农产品生产基地，推动有机产品规模化发展。在规模化畜禽养殖场和养殖小区配套建设废弃物处理设施，鼓励污染物统一收集、集中处理。加强农业环境监测和预警体系建设，建立健全农业生态环境保护监测检测机构。

（3）推广利用清洁能源。普及生态农业技术，加大生态家园富民工程实施力度，继续支持农村沼气建设，重点建设"一池三改"（沼气池与改厨、改厕、改圈相结合）工程。推广秸秆利用、小水电、风能、太阳能等可再生能源技术，积极推广使用太阳灶、节能炉灶。

3. 加强生态保护与建设

（1）加大生态建设力度。采取营造林、森林植被保护、水土流失治理、生态移民等措施，在库区周边建设水源保护生态隔离带，在汉江、丹江两岸构筑生态屏障。加大对水土保持、天然林资源保护、长江流域防护林、小水电代燃料等生态建设工程的支持力度，积极推进生态清洁型小流域建设。对核心区25°以上陡坡耕地，研究实施退耕还林。科学规划、有序建设神农架等自然保护区、武当山风景名胜区基础设施，积极推进库区水体生物净化，加快湿地生态修复。加强石漠化治理。加强库区珍稀物种迁移保护，保护生物物种基因和珍稀濒危特有林木资源，维护生物多样性。对居住在生存条件恶劣、生态环境脆弱的高边坡等地区人口以及对水质安全有直接影响的库区留置人口实施生态移民。加强生态安全监测、生态功能评估和生态环境监管。

生态移民重点工程

河南省：淅川县、西峡县、卢氏县、栾川县生态移民工程。

湖北省：十堰市生态移民工程、神农架林区生态移民工程。

陕西省：商洛市、安康市、汉中市生态移民工程。

（2）加强地质灾害防治。开展库区地质灾害调查，制订地质灾害防治方案，提高山体滑坡、泥石流和库岸崩塌等地质灾害的监测预报能力。采取必要的工程治理和搬迁避让措施，防治人口密集区地质灾害。加强水源保护核心区地震安全系统建设，提高地震灾害综合防御能力。

（四）产业发展

按照保护生态环境、发挥比较优势、促进就业的原则，推进产业结构调整和优化升级，逐步形成以生态农业为基础、制造业为主体、服务业为支撑的环境友好型产业体系。

1. 大力发展高效生态农业

（1）稳定发展粮食生产。加强对耕地特别是基本农田的保护，严格控制非农建设占用耕地。加强农田水利设施建设，实施灌区配套改造。优化种植结构，推广地膜覆盖技术，积极发展高效生态农业和旱作节水农业。加快中低产田改造，建设稳产高产、旱涝保收、节水高效的高标准农田，提高粮食综合生产能力。实施农作物良种繁育，优化粮食品种结构，提高粮食单产和品质。加强农业科技推广，完善基层农业技术推广体系。结合库区淹没和移民搬迁，加大库区土地整理复垦力度，在淅川、丹江口、郧县、郧西、张湾等库区县（市、区）实施"移土培肥"工程，推行低丘岗地改造，提高土地集约化利用水平，着重改善库区后靠移民和留置人口的生产条件。

（2）大力发展特色农林产业。加强果、药、茶、菌、菜、薯等优势农产品生产，重点发展柑橘、猕猴桃、油桃、核桃、板栗等果品和有机茶、食用菌、蔬菜、马铃薯和红薯等绿色农产品种植，培育和打造一批具有地方特色的绿色食品、有机农产品名优品牌。建设山茱萸、丹参、连翘、绞股蓝、葛根、杜仲、金银花等特色中药材种植基地，逐步形成相对集中连片的中药材种植产业带，着力打造"秦巴药乡"和"丹江药谷"品牌。合理控制黄姜种植面积。加快黄连木、油桐、油茶等经济林建设，发展精深加工。

（3）集约发展养殖业。支持龙头企业、专业合作社和专业化养殖大户大力发展汉中猪、卢氏鸡、白羽乌鸡、马头羊等特色畜禽养殖，实现集约化生产和标准化饲养，产生的粪便和污水实行资源化利用、无害化和减量化处理。适度发展淡水养殖业，积极生产无公害、附加值高的优质水产品，定期进行人工增殖放流，重点发展以浮游生物为食的放养鱼类和不投放饵料的围网养鱼，严格控制发展投放饵料的网箱养鱼，保护水域生态环境。

特色农林产业发展重点

优质柑橘、猕猴桃、油桃：十堰、淅川、邓州、安康和汉中优质柑橘种植基地及良种繁育基地，西峡、内乡优质猕猴桃、油桃基地。

无公害蔬菜：十堰、西峡、邓州、内乡、安康、商洛和汉中无公害蔬菜和设施蔬菜基地，神农架高山无公害蔬菜基地。

有机茶、优质彩棉、油茶：十堰、淅川有机茶基地，十堰油茶基地，商洛、安康、汉中有机富硒茶园和生态茶园，邓州彩色棉花种植基地。

优质魔芋、特色小辣椒、花椒和薯类：十堰、安康和汉中优质魔芋生产基地，十堰、淅川、邓州和内乡特色辣椒、花椒生产基地，十堰、淅川特色马铃薯和红薯生产基地。

核桃、板栗和蚕桑：十堰、神农架、淅川、西峡、栾川、内乡、卢氏、商洛、汉中和安康优质核桃基地，十堰、神农架、淅川、西峡、安康、商洛和汉中板栗种植基地，十堰、淅川、卢氏和陕南14县蚕桑种植基地。

烤烟、食用菌和山野菜：十堰、神农架、邓州、内乡、商洛、安康优质烤烟基地，十堰、神农架、西峡、栾川、安康草腐食用菌生产基地，十堰、神农架、淅川、商洛等山野菜基地。

经济林：十堰、淅川、西峡、安康、汉中油桐、油茶和生漆种植基地，丹江口、郧县、淅川、邓州、内乡黄连木种植基地，神农架用材林基地。

油菜：汉中盆地、安康月河流域高产优质油菜基地，低产油菜地改良。

药材：西峡、卢氏、内乡、栾川和汉中山茱萸种植基地，十堰、卢氏、栾川和商洛连翘种植基地，十堰、西峡、内乡和白河木瓜种植基地，十堰、商洛、汉中、安康、邓州丹参种植基地，十堰、淅川、西峡和汉中金银花种植基地，西峡苍术种植基地，汉中和商洛天麻、西洋参、厚朴种植基地以及红豆杉栽培示范基地，安康、内乡杜仲种植基地，安康绞股蓝、玄参种植基地，商洛五味子、丹皮、黄芪、黄芩、红丹参和桔梗种植基地，邓州麦冬种植基地，内乡辛夷种植基地，淅川黄芩种植基地，十堰肚倍、北柴胡、板蓝根、黄精种植基地，神农架黄连、川地龙、天麻、红豆杉、杜仲等中药材种植基地。

---

2. 加快推进工业结构调整

（1）做强优势装备制造业。以优势企业为龙头，加大汽车及零部件企业兼并重组力度，促进产业集群发展，提高综合竞争力。加强技术研发，加快产品升级换代，积极发展节能环保型汽车。在十堰重点发展重型商用车和大中型客车，建立汽车制造业聚集区。鼓励淅川、西峡和汉中等地发展汽车零部件配套产业，提升市场竞争力。优化发展特种输变电设备、数控机床、仪器仪表、专用设备等装备制造业，扩大汉中航空机载设备等飞机零部件生产规模，加快陕南机械装备制造业发展。

（2）加快发展中药材和绿色食品加工业。发挥资源优势，发展中药材深加工。依托河南西峡、淅川、邓州，湖北十堰、神农架，陕西安康、商洛、汉中等地的重点医药企业和科研院所，开发科技含量高、附加值高的优势原料药和中药新品种，培育市场竞争力强的大型医药企业集团，形成市场、企业和基地一条龙的中药产业经营体系。根据国家产业政策，整合黄姜皂素加工企业，强化资源综合利用，改进加工工艺，发展绿色深加工产品。依托特色农产品，重点发展高附加值农副产品深加工，形成原料生产基地和食品加工相结合的绿色食品产业链，推进产业化经营。鼓励以特色农副产品为原料的果汁饮料、调料品、茶叶、特色肉食品、特色蔬菜、特色薯类等加工业的发展。着力培育一批竞争力、带动力强的绿色食品加工龙头企业和企业集群，引导和鼓励龙头企业建立标准化生产基地，发展订单农业，完善龙头企业与农民的利益共享、风险共担机制。建立农产品质量检验检测体系，加强特色有机农产品、绿色食品的产地和产品认证。

（3）推进传统产业升级改造。按照控制总量、淘汰落后、企业重组、技术改造和优化布局的原则，积极引导企业向工业园区集中。鼓励发展循环经济，用"减量化、再利用、资源化"理念改造传统产业，实现企业循环式生产、园区循环式发展、产业循环式组合。推进企业实施清洁生产技术改造，提升技术工艺、装备水平。淘汰落后生产工艺和设备，依法关闭严重污染水环境的企业，妥善安置关停企业职工。严格限制化肥生产、制浆造纸，推动现有企业升级改造或转产。加快钢铁、有色、建材、轻纺等产业结构调整和优化升级，提高产业集中度和行业竞争力。依托优势资源，支持栾川钨钼业、淅川铝业延伸产业链，提高产品科技含量。提升优质石材加工水平，提高产品档次和附加值。

（4）规范发展矿产采掘业。合理开发铁、钼、富钒石煤、金红石、绿松石等主要矿产资源，严格准入制度，推行绿色开采，提高矿产资源和尾矿综合利用水平。健全矿山环境治理和生态恢复责任机制，严格执行矿山生态环境恢复治理保证金制度。严格矿产资源开发利用的土地复垦准入管理，新建、改扩建矿山项目没有土地复垦方案的不得批准采矿权申请。切实加强探矿权和采矿权管理，坚决关闭污染环境、破坏生态、不具备安全生产条件的矿山企业，严厉查处无证开采等违法行为，整顿和规范矿产资源开发秩序。

优势工业发展重点

机械制造：十堰商用车、中型客车和专用车生产基地，十堰、汉中、淅川、西峡、邓州、内乡汽车零部件生产线，淅川高速列车减震器生产线，十堰、汉中汽车模具、发动机曲轴淬火机床和数控机床生产线，西峡冶金机械、稀土永磁电机生产线，邓州农业机械加工制造生产线。

农产品加工：十堰生猪、马头羊、郧巴黄牛、禽类、有机茶加工基地，神农架山野菜、山野果等

绿色食品加工基地，西峡猕猴桃绿色食品加工基地，内乡肉制品加工基地和无明矾方便粉丝生产线，城固等地生猪加工基地。

中药材加工：十堰基因工程药物生产线，丹江口双黄连干粉针剂和银杏、银杏叶生产线，竹山肚倍系列产品生产线，郧县袋装输液生产线、中药注射剂生产线，茅箭区金银花、中药饮品等加工生产线，竹溪、竹山、南郑、平利、栾川等地中药材加工生产线，神农架中药饮片加工基地，淅川佛波双酯注射液、盐氟桂利嗪氯化钠注射液和苯磺酸氨氯地平胶囊生产线，西峡金芪降糖丸生产线，柞水中药提取和软胶囊中药加工基地，安康绞股蓝中药生产基地。

矿产加工业：十堰钒钽合金、钒电池、碳素生产线，竹山、郧县、竹溪、郧西绿松石、米黄玉、硅质板石生产基地，淅川双零精铂和PS版（预涂感光版）生产线，栾川钨钼功能材料、钨酸铵生产线。

3. 积极发展以旅游业为主的服务业

（1）做大做强旅游业。充分利用秦巴自然风光、汉江和丹江风情及特色历史文化等自然景观和人文资源优势，大力发展旅游产业，增强整体竞争力，带动服务业全面发展。依托神农架国家森林公园、武当山世界文化遗产、伏牛山世界地质公园、汉中天台国家森林公园，开发系列旅游产品，打造一批旅游精品线路。加大旅游市场开发和旅游宣传促销力度，积极推进跨地区旅游合作。加快发展生态游和休闲度假游，促进消费结构多元化。培育旅游强县和特色旅游小镇，鼓励、支持乡村游和郊区游，规范提升休闲农业。完善旅游信息服务平台，加强重点旅游景区交通、环保、标志标牌等基础设施和游客集散、接待等服务设施建设。优先发展经济型酒店，推广连锁经营，满足大众旅游需求。加大对高档星级酒店和度假型酒店的整合力度，提高旅游档次和效益。加快发展具有地方特色的餐饮服务业，培育餐饮龙头企业和餐饮品牌。积极开发特色旅游商品，繁荣旅游购物市场。

旅游资源开发与保护重点

人文资源：河南内乡县衙和宋代邓窑遗址，淅川荆紫关古镇和香严寺，渠首文化博物馆，邓州八里岗遗址，栾川抱犊寨，湖北武当山世界文化遗产，郧西古猿人遗址，陕西汉中古汉台和勉县武侯墓的"两汉三国"文化遗产群。

地质遗迹：河南伏牛山世界地质公园、中华白垩纪恐龙地质公园、西峡恐龙遗迹园，湖北郧县青龙山国家级地质公园、神农架国家地质公园。

自然风光和生态旅游：河南老界岭、伏牛山、宝天曼，湖北赛武当，陕西化龙山、佛坪、长青、牛背梁等国家级自然保护区；湖北堵河源自然保护区、武当山风景名胜区，河南玉皇山、寺山，龙峪湾，湖北神农架，陕西汉中天台、天竺山、黎坪、五龙洞、金丝大峡谷、木王、南宫山、上坝河等国家森林公园；河南栾川倒回沟、卢氏豫西大峡谷，陕西安康岚皋南宫山、汉中长青华阳名胜区。

（2）优化发展商贸物流。依托汽车制造、农产品生产优势，完善十堰汽车、汽配和农产品物流中心，建设邓州库区粮食战略储备基地，发展淅川调味品、西峡食用菌、邓州农副产品和纺织服装，以及陕南中药材、特色林产品区域性交易市场。加强产品保鲜、包装、储运体系建设，优化仓储网点布局。

（五）基础设施

加强基础设施建设，形成高效便捷的交通运输、功能完善的水利设施、清洁稳定的能源供应、安全畅通的邮电通信网络，增强区域发展的支撑能力。

1. 加快交通设施建设

（1）加强铁路建设。加快建设西安至成都铁路客运专线、西安至安康铁路复线、西安至合肥铁路复线，规划建设重庆至郑州铁路，规划研究安康经恩施至张家界铁路、十堰至宜昌铁路，加快阳平关至安康铁路扩能工程前期工作。推进武汉至丹江口铁路（丹江口）与南京至西安铁路（西峡）连接线规划研究工作。

（2）加快公路建设。按照畅通过境通道、完善骨架网络、增加支线连接的原则，加快国家高速公路建设，推进地方相关公路网与国家高速公路网的对接。推进区域内国省干线公路升级改造和路网结构优化，提高区域内县域、县乡和乡村之间的公路通达水平。加强库区城镇道路和旅游公路建设，恢复重建库区公路，形成环库区公路。到2015年，国家高速公路相关路段基本建成通车，国道达到二级及以上公路技术标准，全部县（市、区）有二级公路连通，所有乡镇及建制村通沥青或水泥路。

（3）推进水运设施和机场建设。加快汉江高等级航道建设，加强库区淹没水运设施复建和公路渡口改造，合理布局建设码头等设施。新建武当山机场，实施汉中城固机场军民合用建设工程、安康机场迁建工程，积极开辟新航线，提高通航能力。

2. 加强水利设施建设

（1）加强城乡供水设施建设。积极推进河南内乡北湾水库、湖北房县方家畈水库、陕西南郑云河水库等骨干水源工程建设，统筹规划建设城镇和农村供水设施，提高城乡供水保障能力。因地制宜采取集中供水、分散供水和城镇供水管网延伸等方式，加快解决农村饮水安全问题。

（2）加快完善农田水利工程体系。实施淅川、邓州引丹灌区和丹江口江北、郧县滔河、郧西天河、竹溪北部平坝、安康月河等大中型灌区续建配套改造，在水土资源丰富的地区适时新建部分灌区。加大节水灌溉改造工程建设和各项政策扶持力度，大力推广普及节水技术和产品。进一步统筹加强小型农田水利建设，完善农村小微型水利设施。

（3）提高水利防洪减灾能力。加强中小河流治理和病险水库除险加固，重点建设十堰、安康、郧县库岸堤防等城镇防洪工程，优先治理洪涝灾害易发、保护区人口密集、保护对象重要的河流及河段。加强山洪地质灾害防御，抓紧完善有防治任务的县级行政区及以下基层监测预报预警体系，加快实施搬迁避让和工程治理。

3. 推进电力设施建设

完善电网建设，加快十堰、安康、汉中等电网改造，形成不同电压等级协调发展的输配电网络。加强电源点建设，高效清洁发展火电。在保护生态和妥善安置移民的前提下，科学制订规划，有序开发汉江、丹江水能资源，建设孤山、白河、旬阳、潘口、小漩等水电站。积极开展水电新农村电气化县建设和小水电代燃料生态保护工程，加快老旧农村水电站增效扩容改造。推进新一轮农村电网改造升级，完善城乡供电线路，提高供电可靠性和覆盖率。落实城乡同网同价政策，加快无电地区电力建设。

4. 完善广电和通信网络

（1）加快农村广电设施建设。推进无线、有线数字广播电视网络建设和升级改造，实现广播电视村村通。迁建和更新乡镇广播电视站房、设备和光纤线路，提高农村广播电视无线覆盖水平和有线电视入户率，基本消除广播电视覆盖盲区。

（2）完善邮政和通信服务网络。推进下一代信息基础设施建设，以光纤宽带为重点，光纤接入网覆盖城市商务楼宇及新建小区，提升宽带接入能力。加强农村宽带网络基础设施建设，扩大光纤网络在农村地区的覆盖，延伸至有条件乡镇、行政村。统筹无线宽带网络发展，加强重要交通沿线、公共场所等重点区域移动通信网络建设，扩大网络覆盖范围。推进邮政网点和商业信函业务处理系统建设，加快库区邮政设施复建，保障区域邮政的便捷畅通。

（六）社会事业

以改善民生为重点，加快发展教育、卫生、文化、就业和社会保障等各项社会事业，提高基本公共服务水平。

1. 优先发展教育事业

（1）巩固提高义务教育。结合社会主义新农村建设和库区移民安置，优化调整中小学布局，合理配置教育资源，加快农村寄宿制学校和移民子女学校建设。推进义务教育均衡发展和学校标准化建设。推进边远艰苦地区农村教师周转宿舍建设，加强农村教师队伍建设。完善农村义务教育经费保障机制，提高家庭经济困难寄宿制学生生活补贴标准。

（2）加快发展学前教育。落实政府发展学前教育的责任，重点发展农村学前教育，大力发展公办幼儿园，积极扶持民办幼儿园发展，多种形式扩大学前教育资源，加快建立"广覆盖、保基本、多形式"的学前教育体系，着力加强学前教育教师队伍建设，提高学前教育保教质量。

（3）大力发展职业教育。围绕发展特色产业和劳务输出，优化职业学校人才培养结构。以中等职业教育为重点加强职业教育基础能力建设，加强"双师型"教师队伍建设，提高职业学校教师素质，提升职业教育和技能培训基地办学水平。加强职业技术学院建设。实施新型农民培育、农业实用人才培训和农村实用技术培训工程。加快普及高中阶段教育。

2. 加快发展医疗卫生事业

（1）完善公共医疗卫生服务体系。加强农村三级卫生服务网建设，完善以社区卫生服务为基础的城市新型医疗卫生服务体系，充分发挥中医药在医疗、预防、保健中的作用，形成比较完善的疾病预防控制、卫生监督、妇幼保健等公共卫生体系。加快淹没区医疗机构迁建，加强移民安置区医疗卫生机构建设。

（2）健全重大疾病防控体系。加强市、县两级疾病预防控制机构能力建设，完善农村公共卫生服务体系，提高传染病监测与预防控制能力。强化艾滋病、结核病、乙肝、麻风病等重点传染疾病防控能力建设，降低重点地方病危害。加大清库过程中卫生检疫防疫工作力度，加强监控因水位变化引发生物迁徙而产生的疾病。

3. 积极发展文化事业

（1）加强文化遗产保护。加强武当山世界文化遗产、伏牛山世界地质公园和国家重点文物保护单位、国家级风景名胜区、国家历史文化名城等文化和自然遗产的保护利用，加强武当武术等非物质文化遗产保护。加快淹没区抢救性考古发掘,在丹江口库区建设以南水北调文物保护为重点的博物馆。

(2)加快公共文化建设。加大基层文化设施投入力度,加强县文化馆、图书馆和乡镇综合文化站建设。继续实施农村广播电视"村村通"工程和农村电影放映工程,全面实现已通电自然村通广播电视。推进文化资源数字化,以农村为重点促进文化信息资源共享。积极开发特色文化资源,加快发展文化产业。完善全民健身服务体系。

4. 大力促进就业

(1)积极扩大就业。积极发展具有比较优势的劳动密集型产业,采取多种形式增加就业岗位。加快县(市、区)、乡镇(街道)就业和社会保障服务设施建设,加强对农村富余劳动力就业指导和服务。以企业需求为导向,采取校企合作和工学结合的方式,开展订单式培训。进一步加大农民工培训力度,使有培训需求的农民工都能得到一次以上的技能培训。实施劳动力转移培训工程,积极开展移民培训。为城镇零就业家庭人员提供免费职业介绍,落实职业培训补贴政策。加大对中小企业、自主创业和自谋职业的信贷支持力度,采取贷款贴息、社保补贴、岗位补贴等方式对就业困难人员给予重点帮助,确保城镇零就业家庭至少有1人就业。中央财政重点生态功能区转移支付,可用于解决因水污染防治所关停企业造成的失业和再就业问题。积极发展家庭服务业,努力拓展就业渠道。

(2)促进农村劳动力转移就业。实施农村劳动力跨地区转移就业工程,鼓励劳动力跨区域流动。建立健全政府推动、市场运作、流动有序、管理规范的劳务输出管理体制,扩大劳务输出规模。支持建立劳务输出培训基地,规范发展劳务中介组织。加强劳务信息服务体系建设,指导农民工有序就业。加强农村劳动力转移就业"一条龙"服务,打造特色技能劳务输出品牌。

5. 完善社会保障制度

(1)加强城镇社会保障体系建设。完善企业职工基本养老保险、城镇职工基本医疗保险和城镇居民基本医疗保险等各项社会保险制度,推进城镇居民社会养老保险试点,2012年基本实现制度全覆盖。建立城市低保标准动态调整机制,健全临时救助制度。加快社会福利服务和养老服务设施建设,鼓励和支持社会力量兴办社会福利机构。结合移民搬迁和城镇建设,加强保障性住房建设和管理,重点解决中低收入人群住房问题,建立合理的住房供应体系,满足不同群体的住房需求。

(2)建立健全农村社会保障制度。完善农村最低生活保障制度,合理确定低保对象和标准,建立信息统计系统,对农村低保对象实行动态管理,做到应保尽保。稳步推进新型农村社会养老保险试点,2012年基本实现制度全覆盖。进一步完善新型农村合作医疗制度和医疗救助制度。继续实施"霞光计划",加快农村五保供养服务设施建设。

6. 加强社会管理

(1)建立健全矛盾纠纷调解处置机制。拓宽社情民意反映渠道,完善重大信访事件领导包案制度、领导接待日制度和信访联席会议制度。健全乡镇专职信访工作机构,严格执行重大事项社会风险评估机制,积极预防和妥善处理群体性事件。完善人民调解、行政调解、司法调解相衔接的工作制度,形成多层次的矛盾排查调处机制。加强劳动人事争议调解仲裁,提高争议处理效能。妥善处理移民搬迁安置、企业关停并转、征地拆迁等引发的各种利益冲突和矛盾。

（2）提高政府社会管理和公共服务能力。加强农村和城镇社区基层组织建设，健全村民自治制度，完善基层民主管理。合理匹配基层政府事权和财力，增强履行公共服务职责的财力，提高政府公共服务水平。推进社会融合组织建设，维护农民工权益。加强社会治安防控体系建设，营造安居乐业的社会氛围。

（七）保障措施

切实加强规划的实施保障，完善规划实施机制，推动体制机制创新，加大政策支持力度，确保规划目标的顺利实现。

1. 创新体制机制

（1）深化行政管理体制改革。加快政府职能转变，减少和规范行政审批，优化政府组织体系和运行机制，完善政绩考核制度，将经济发展质量、生态建设与环境保护、人民生活改善作为政绩考核的重要内容。

（2）加快建立有利于生态环境保护的体制机制。积极开展生态保护综合改革试验，鼓励在发展生态产业、开展生态补偿等方面先行先试，探索市场化的生态补偿机制。支持地方建设渠首水源地高效生态经济示范区。建立健全跨界污染联合监测预警、事故应急处理和治理机制，严格执行重大环保事故责任追究制度。

（3）加强市场一体化建设。整合旅游资源，共同开发旅游市场，打造旅游整体品牌。支持企业开展对外承包和劳务合作，鼓励建立外派劳务基地，开拓国际国内劳务市场。

2. 加大政策支持

（1）加大中央财政转移支付力度，逐年增加重点生态功能区转移支付规模，逐步完善中央财政森林生态效益补偿政策。研究将核心区的部分县补充纳入国家重点生态功能区范围。加大中央扶贫资金支持力度，对集中连片特殊困难地区开展扶贫攻坚，加快实施整村推进、以工代赈、易地扶贫搬迁、产业化扶贫、劳动力转移培训等专项扶贫工程。

（2）国家对规划区内可纳入现有投资渠道安排的建设项目予以支持。适当减少核心区范围内集中连片特殊困难地区公益性建设项目市级配套资金。

3. 开展对口协作

以促进水源区经济社会发展、确保调水水质安全、实现水源区与受水区双赢为目标，按照政府主导、社会各界积极参与的原则，制订实施丹江口库区及上游地区对口协作工作方案，鼓励受水区与水源区采取多种方式在生态环境保护、产业发展、人力资源开发、社会事业建设等领域积极开展对口协作，深化经济技术交流合作。从规划实施当年起，受水区北京市、天津市每年筹集一定数额的资金，以对口协作的方式，专项用于支持水源区生态保护和经济社会发展，资金管理办法另行制定。

4. 强化组织实施

河南、湖北和陕西三省人民政府要加强对本规划实施的组织领导，制订实施方案，明确工作分工，完善工作机制，落实工作责任。要按照规划确定的目标任务，进一步加大支持力度，抓紧相关项目的组织实施，加强水污染治理和水土保持，切实改善库区及上游地区生态环境，大力实施可持续发展战略。

国务院有关部门要根据各自职能分工，加强对规划实施的支持和指导，提出贯彻实施规划的具体政策措施，在政策实施、项目安排、体制创新等方面给予支持。要加强对规划实施的指导，协调解决规划实施中遇到的重大问题，为推动规划实施营造良好的政策环境。

国家发展改革委要加强对规划实施情况的跟踪分析与督促检查，会同地方政府适时组织开展规划实施情况的评估工作，重大问题及时报告国务院。要进一步完善公众参与和民主监督机制，做好规划及相关信息的公开工作，引导社会力量有序参与规划的实施和监督。

二、中央财政对水源区重点生态功能转移支付政策

为保障南水北调中线水质安全，缓解丹江口库区及上游地区因水污染防治、关停污染企业和限制部分产业发展对水源区地方造成的就业安置、财政减收增支等影响，支持水源区积极调整产业结构实现转型发展，自 2008 年起，财政部将南水北调中线水源区纳入国家重点生态功能区转移支付的范围，对水源区实施生态补偿。多年来，财政部不断完善重点生态功能区转移支付办法，加大对水源区的转移支付力度。为了突出转移支付中的生态补偿功能，财政部 2011 年印发了《国家重点生态功能区转移支付办法》（财预〔2011〕428 号），并专门设立生态功能区转移支付"生态环境保护特殊支出"项。转移支付的额度从 2008 年的 10 多亿元开始，逐年增加，到 2017 年增至 43 亿元。这项政策的实施，调动了水源区保护水质的积极性，缓解了地方政府因保护生态环境造成的财政收入减少及社会保障支出增加带来的困难，提高了地方治污环保和生态建设的能力，促进了水污染防治措施实施后产业结构的调整。财政部印发的《2012年中央对地方国家重点生态功能区转移支付办法》（财预〔2012〕296 号），明确在转移支付分配时考虑了南水北调水源地保护区污水及垃圾处理运行费用等因素。

为了促进地方用好重点生态功能区转移支付资金，促进地方生态环境保护与改善，财政部会同环境保护部对国家重点生态功能区所属县按年度进行环境监测与评估，并根据评估的结果采取相应的奖惩措施，将转移支付测算办法、分配结果以及考核结果公开。

针对南水北调中线水源区与其他国家重点生态功能区的特殊性，2011 年，环境保护部会同国务院南水北调办印发《关于做好南水北调中线水源区县域生态环境质量考核工作的通知》，明确南水北调中线工程丹江口库区及上游地区的县域生态环境质量考核工作由环境保护部会同国务院南水北调办开展。

属于水源区的被考核县全部作为水源涵养区进行考核，考核指标在"环境状况指标"的二级指标"Ⅲ类或优于Ⅲ类水质达标率"基础上增加 1 个水质指标：水质达到《丹江口库区及上游水污染防治和水土保持规划》水质目标的比例。

属于水源区的被考核县在自查报告中增加以下情况说明：考核年度水环境变化、《丹江口库区及上游水污染防治和水土保持规划》执行情况以及一般性财政转移支付资金用于规划项目建设和运行的相关情况。

属于水源区的被考核县的人民政府应当于每年 1 月底前，向所在地省级人民政府环境保护主管部门和南水北调主管部门同时报送自查报告。省级环境保护主管部门、南水北调主管部门提出审核意见后，于 3 月底前联合上报环境保护部和国务院南水北调办。中国环境监测总站对水源区各省环境保护部门报送材料进行技术审核后，于 4 月底前将技术审核报告上报环境保护部和国务院南水北调办。环境保护部、国务院南水北调办于每年 5 月 30 日前，将属于水源区的年度国家重点生态功能区县域生态环境质量考核报告报送财政部。财政部根据考核结果，对水

源区生态环境、特别是水环境质量明显改善或恶化的县（区、市）通过增加或减少转移支付资金等方式予以奖惩。

三、丹江口库区及上游地区对口协作工作方案

为推动南水北调中线工程丹江口库区及上游地区（水源区）与沿线地区（受水区）互助合作，促进水源区经济社会发展与中线工程水资源配置总体目标相协调，保障"一泓清水北送"，根据国务院南水北调工程建设委员会第五次全体会议精神，国家发展改革委会同国务院南水北调办编制了《丹江口库区及上游地区对口协作工作方案》，2013年得到国务院的批复。方案明确了开展这项工作的重要意义、总体要求、协作关系、协作重点、各方责任以及保障措施。

（一）重要意义

南水北调中线工程是优化我国水资源配置，解决北京、天津、河北、河南四省（直辖市）水资源短缺，促进经济社会可持续发展的重大战略工程。水源区服务工程建设大局，在移民安置和水质保护等方面做出了重大贡献。为保证调水水质长期稳定达标，今后一个时期，水源区经济特别是产业发展还将受到一定制约。受水区水资源短缺，但经济、技术、人才和市场优势显著。开展对口协作工作，充分发挥双方优势，不仅是促进水源区转变经济发展方式、提高发展质量、增强公共服务能力、维护社会稳定的重要举措，而且是改善水源区和受水区生态环境、加快建设资源节约型和环境友好型社会的有效途径，对推动南水北调中线工程顺利实施、促进水源区和受水区经济社会可持续发展，具有重要和深远意义。

（二）总体要求

1. 指导思想

以邓小平理论、"三个代表"重要思想、科学发展观为指导，从确保实现南水北调中线工程战略目标的大局出发，以保水质、强民生、促转型为主线，坚持对口支援与互利合作相结合、政府推动与多方参与相结合、对口协作与自力更生相结合，通过政策扶持和体制机制创新，持续改善区域生态环境，大力推动生态型特色产业发展，着力加强人力资源开发，稳步提高基层公共服务水平，不断深化经济技术交流合作，努力增强水源区自我发展能力，共同构建南北共建、互利双赢的区域协调发展新格局。

2. 基本原则

（1）科学规划，有序实施。立足当前，兼顾长远，实事求是，因地制宜，结合援受双方经济社会发展规划和有关专项规划，编制对口协作规划或实施方案（以下统称"协作规划"）。精心组织，周密安排实施，确保对口协作工作有序推进。

（2）政府推动，多方参与。援受双方地方政府、中央有关部门和单位要高度重视，加强组织、指导和协调，推动对口协作各项任务全面落实。国家相关政策和资金要向水源区倾斜，引导受水区中央和地方企业不断加大对水源区的投入力度。动员社会各界积极参与水源区经济建设和社会发展。

（3）突出重点，示范带动。结合受援地区实际，明确对口协作重点区域和重点领域。要将水源区核心区，以及影响区内的汉江、丹江、堵河沿岸县（区）作为重点区域，通过产业培

育、技术支持、培养培训、人才交流、就业服务等多种形式，加强示范引导，不断将对口协作工作向更广领域、更深层次推进。重视做好对贫困人口、移民群众等特殊群体的扶持工作。

（4）严格标准，绿色发展。以严格生态环境保护为前提，始终围绕确保水质安全这一中心任务，节约集约利用资源，支持以生态农业为基础、制造业为主体、服务业为支撑的环境友好型产业体系建设，推动循环经济发展，严禁转入污染产业和落后生产能力，促进结构调整和转型升级，努力提高发展的协调性和可持续性，实现绿色发展。

（5）服从大局，互利共赢。以高度的责任感和使命感，服从和服务于国家经济社会发展、南水北调工程建设大局，加大对口协作工作力度。尊重市场规律，加强区域互动合作，建立利益共享机制。改善投资环境，完善公共服务，规范招商引资行为，增强发展活力和动力，实现南北共赢。

3. 工作目标

到 2020 年，水源区生态环境持续改善，调水水量水质稳定达标；资源节约集约利用水平显著提高，生态型特色产业形成优势；劳动力就业能力明显增强，收入水平进一步提高；公共服务能力得到加强，城乡面貌不断改观；协作互动格局全面建立，内在发展动力不断增强，把水源区建成生态环境良好、社会文明和谐、经济持续发展、人民安居乐业的生态文明地区。

（三）协作关系

1. 协作范围

受援方：河南、湖北、陕西三省水源区。

支援方：北京市、天津市，以及教育部、科技部、工业和信息化部、民政部、人力资源社会保障部、国土资源部、环境保护部、住房城乡建设部、交通运输部、水利部、农业部、商务部、文化部、卫生和计生委、国资委、新闻出版广电总局、林业局、旅游局、扶贫办、中科院、社科院、工程院等有关部门和单位，有关中央企业。

2. 结对关系

本着地域统筹、实力与贡献匹配的原则，确定对口协作结对关系。

北京市对口河南省南阳市、三门峡市、洛阳市和湖北省十堰市、神农架林区水源区；天津市对口陕西省商洛市、汉中市、安康市水源区；河南和湖北两省在南水北调中线工程中，既承担供水任务，也直接享受调水效益或防洪效益，要结合实际，在省内建立对本省外迁移民安置任务较重地区的帮扶机制，给予必要支持；河北省在享受南水北调中线工程调水效益的同时，还将继续承担保障京津地区供水安全任务，因此不再明确与水源区的对口协作结对关系。

3. 协作期限

协作期限暂定至 2020 年。2020 年以后的工作，将根据实施情况另行研究。

（四）协作重点

1. 大力发展生态经济

大力发展生态型农林产业，集约发展特色畜禽养殖业，适度发展淡水养殖业，建立特色山地农林和养殖业示范区，引导和鼓励龙头企业建立标准化生产基地，发展订单农业。提供农业科技、农产品加工、经营管理、市场营销等产业链支持，培育和打造一批具有地方特色的生态型农林产品龙头企业和名优品牌，加强绿色农副产品安全体系建设。依托水源区丰富的旅游资源和受水区客源市场优势，结合南水北调中线工程大型景观，积极推进生态旅游合作，携手打造一批精品旅游线路，支持旅游基础设施建设、特色旅游商品开发和相关服务业发展，促进旅游消费结构多元化，增强行业整体竞争力。

2．促进传统工业升级

做强优势装备制造业，加快发展中药材和绿色食品加工业，规范发展矿产采掘业，构建资源节约、环境友好型生产方式，推进传统产业升级改造，逐步培养产业核心竞争力。合作建设产业聚集园区，结合企业兼并重组、易地改造、淹没搬迁，开展示范性建设，促进产业集群，延伸产业链，推动双方产业融合发展。

3．加强人力资源开发

实施专业人才培养和交流计划，举办专业干部培训班，选派优秀企业技术干部和管理人才，以及教育、医疗卫生人员赴对方挂职任职，加强干部人才双向交流。大力发展中等职业教育，加快培养当地经济社会发展亟须的各类技能型人才。开展劳动力培养培训，紧密结合产业发展和劳动力市场需求，与国家有关部门实施的培养培训计划相衔接，创新人才培养方式，加强农村实用人才、农业科技人才、新型农民，以及转移就业和创业技能等培训。加强劳务合作，建立部门和地区人力资源市场联动机制及信息共享平台，引导和组织水源区富余劳动力赴受水区就业创业。

4．加大科技支持力度

以环境友好型产业为重点，鼓励科技型企业到水源区发展，将科技成果和先进生产工艺向水源区转移转化。推动科研机构、高等院校开展多种形式交流和科研合作。

5．深化经贸交流合作

通过协作交流、招商引资或项目推介等方式，积极推动、开展经贸合作，共同做好水源区产品和服务的本地市场培育和外部市场开拓。协助水源区与受水区大型商贸企业开展"农超对接"，探索建立水源区绿色农副产品直达受水区的供销方式，支持标准化农产品现代流通体系建设。

6．加强生态环保合作

开展生态环境保护和节能减排合作，建立应对水环境污染的联防联控长效机制，参与重大生态治理、污水垃圾处理、工业废水深度治理等水源保护项目建设，促进区域生态环境改善和生物多样性保护。

7．增强公共服务能力

积极开展教育、文化、公共卫生、社会保障、农村社会化服务等领域的合作。鼓励受水区高校和中等职业学校扩大面向水源区的招生规模，支持受水区与水源区职业院校开展合作办学、联合培养。鼓励受水区企业、社会组织和志愿者到水源区开展公益设施建设等各类公益活动。

（五）各方责任

1．受援方

水源区各级政府要加强领导，配合支持市编制协作规划，并积极做好组织实施工作。营造良好投资合作环境，在协作项目和协作关系策划、项目论证审批、配套资金安排和组织动员等方面，要主动做好各项协调服务工作。会同支援方组织开展多种形式的交流活动。

2. 支援方

（1）支援市。北京市、天津市会同受援方编制协作规划，并做好组织实施工作。制定政策措施，积极引导本市有关区（县）、部门、单位和企业围绕协作重点领域，推进各项对口协作工作有序开展。

（2）国务院有关部门。在推进做好丹江口库区及上游水污染防治和水土保持规划、地区经济社会发展规划和库区移民安置规划实施工作基础上，结合本部门、本单位职能，指导有关方面做好协作规划编制和实施工作。在制定行业专项规划和政策时，要对水源区给予倾斜。组织开展干部人才培训和双向挂职锻炼。制订本部门本单位对口协作工作方案。

（3）中央企业。国务院国资委要做好中央企业支持水源区发展的指导协调工作，鼓励中央企业结合自身实际和业务特点开展项目合作，加大对水源区投资、技术和人才支持力度，积极承担社会责任，开展捐资捐助活动。

（六）保障措施

1. 建立对口协作协调工作机制

成立由国家发展改革委为组长单位、国务院南水北调办为副组长单位，有关部门和单位、有关省（直辖市）政府参加的丹江口库区及上游地区对口协作工作协调小组。有关省（直辖市）和水源区地方政府要将对口协作工作纳入重要议事日程，成立工作领导小组，明确对口协作牵头部门，建立健全日常工作机制。

2. 制订协作规划

支援市会同受援方编制协作规划，明确指导思想、工作目标、重点任务和保障措施等，经对口协作工作协调小组审核后，由本市人民政府批准后实施，并报对口协作工作协调小组备案。

3. 加大中央支持力度

国家有关部门要对丹江口库区移民安置及后期扶持予以倾斜。研究制定符合水源区核心区和影响区环境保护要求的产业准入标准，以及劳动力就业培训优惠政策措施。探索建立以市场化等多种方式对保护区开展生态补偿的政策和机制。依据资源环境承载能力和产业准入标准，设立承接产业转移示范区，支持和引导受援地区有序承接发达地区特别是京、津地区特色农产品加工、休闲旅游、新型材料、生物医药等转移产业。

4. 筹集对口协作资金

北京市、天津市要结合地方经济和财力状况，从方案实施当年起，每年筹集一定数额的对口协作资金，用于开展示范项目和产业聚集园区建设、引导本市企事业单位到受援地区发展，并组织开展就业创业培训、经贸交流活动等经济社会发展工作。河南、湖北两省也要相应设立专项扶持资金，重点用于支持本省外迁移民安置任务较重地区的发展，配合支援方开展相关工作。对口协作资金管理办法另行制定。

5. 加强监督检查

援受双方按照本方案要求，认真做好组织实施工作，落实责任主体，加强监督检查。建立健全评价考核机制，督促对口协作各项工作有序开展。做好对口协作信息公开工作。

对口协作工作协调小组要加强对协作规划实施情况的跟踪分析与督促检查，组织开展协作规划实施评估，协调解决实施过程中出现的困难和问题，重大问题及时向国务院报告。

四、北京市南水北调对口协作"十三五"规划

按照 2016 年 12 月国家发展改革委和国务院南水北调办审核意见，经北京市有关部门修改完善后，2017 年 1 月，北京市政府批准了《北京市南水北调对口协作"十三五"规划（2016—2020 年）》。

（一）"十二五"对口协作取得初步成效

按照 2013 年国务院批复《丹江口库区及上游地区对口协作工作方案》要求，在国家发展改革委和国务院南水北调办的指导下，北京市、河南省、湖北省共同努力，建立健全了对口协作工作机制，坚持真情协作、创新协作，两年来共安排对口协作项目 332 个，使用协作资金 10.7 亿元（其中计划外资金 7000 万元），在水质保护、产业转型、民生保障等方面取得了初步成效。

1. 促进水质稳定达标

把保水质作为第一要务，安排资金 3.5 亿元，重点实施了灌河、堵河、泗河等重要入库河流污染治理及生态修复工程、郧阳区环库生态隔离带建设、沿河两岸村庄环境整治和生态文明村建设等重大工程，持续保护和改善当地生态环境。

2. 助力产业转型发展

安排 4.3 亿元支持产业发展。支持丹江口市产业园、张湾区高新技术产业园等园区基础设施建设、厂房建设，促进项目落地和产业转型升级。发展特色产业发展，支持建设西峡县伏牛山石斛种植基地、房县食用菌基地等一批中药材、有机茶、林果等特色产业基地。积极搭建产业投资（引导）基金平台，引导培育发展新兴产业。开展园区结对协作，推动中关村科技园区与南阳、十堰科技园区合作并挂牌，北京市经济技术开发区与十堰市经济技术开发区建立合作关系。积极开展产业合作，北京清控科创公司与南阳市政府合作建设南阳创业大街项目已开街运营，投资 40 亿元的京能热电十堰联产项目等一批大型产业合作项目落地。

3. 民生工程惠及群众

安排民生领域协作资金 1.2 亿元，实施了淅川县医院、邓州职业技术学校，以及乡镇卫生院、幼儿园建设等一批重点惠民项目。加强教育、医疗合作，增强水源区公共事业协作普惠群众能力。组织 20 多批、300 多名医疗专家到水源区指导帮扶、开展义诊，惠及群众数千人。选派专家教师赴水源区开展示范讲学，并提供了首都数字化优质教育资源的共享服务。

4. 交流合作更加深入

积极开展多层次、多领域人员交流交往等活动。干部双向挂职交流 150 余人次，为水源区举办科技、环保、农业、旅游、等专业人才培训班 58 期，培训人员 1900 余人次。在全面落实区县结对基础上，创新深化中小学、职业学校、医院和工业园区的"四小结对"工作，部分区县结对关系延伸到了乡镇村一级。推进技术需求对接，达成 3 项技术合作，推动 5 家科研院所在河南建立合作研发机构，组织开展多项技术难题联合攻关，促进了协同创新发展。

5. 社会力量广泛参与

积极动员企业到水源区参与建设协作，首创集团拟"十三五"期间投资 100 亿元壮大南阳市城市综合建设投资平台，北京百融通矿业公司在西峡县投资 30 亿元的石墨烯新材料项目，北排集团、碧水源等多家企业参与污水处理等合作。动员文化、摄影等社会组织慰问库区人民，开展"引水当思源-感恩进库区""首都艺术家慰问演出"等大型宣传交流活动，为两地合作营造了良好氛围，拓展了更广阔的协作空间。

（二）"十三五"对口协作总体要求

1. 指导思想

深入学习贯彻党的十八大和习近平总书记系列讲话精神，以国务院关于《丹江口库区及上游地区对口协作工作方案》的批复、中央扶贫开发工作会议、东西部扶贫协作座谈会等重要会议精神为指导，以"创新、协调、绿色、开放、共享"为发展理念，以水源区调水水质稳定达标为目标，紧紧围绕"助扶贫、保水质、强民生、促转型"四大任务的要求，完善"六大平台"、打造"四大工程"、发挥"三大作用"，努力促进水源区生态环境持续改善、生态型特色产业优势突显、基本公共服务能力增强、群众生活提升，助力水源区精准扶贫，实现全面小康。

完善"六大平台"——区县结对合作平台、科技成果转化平台、商贸展销平台、产业基金（资金）引导平台、电商平台、人才交流平台。

打造"四大工程"——精准扶贫工程、环库区生态提升工程、特色产业扶持工程、美丽乡村示范工程。

发挥"三大作用"——发展的助力作用、项目的引领作用、平台的支撑作用。

2. 基本原则

（1）生态优先，绿色发展。以严格生态环境保护为前提，始终围绕确保水质安全这一中心任务，以建设资源节约型、环境友好型社会为目标，节约集约利用资源，绿色环保推动转型，发展生态经济，加快产业结构调整升级，打造绿色产业链，实现绿色可持续发展。

（2）突出重点，引领示范。科学谋划，开拓创新，精心组织，最大限度发挥协作资金的引导作用。突出重点领域，助力精准扶贫；突出生态环保、注重产业带动；突出商贸合作，注重市场对接；突出科技帮扶，注重成果转化；突出人才开发，注重交流互访。打造生态产业化、产业生态化的生态经济精品项目，为库区发展提供引领示范作用。

（3）政府引导，多方参与。切实发挥政府的引导作用，进一步深化"市级统筹、区县结对"合作模式，吸引更多社会力量到水源区投资兴业、开拓市场，双方在更广的领域、更深的层次开展协作，建立起开放式的协作体系，由市场主导，通过市场要素资源合理配置，实现合作共赢。

3. 协作目标

到 2020 年，协作互助格局全面建立，库区调水水量、水质稳定达标，水源区内生动力不断增强，生态型特色产业优势显现，努力协助水源区建设成为生态环境良好、社会文明和谐、经济持续发展、人民安居乐业的生态文明地区，助力水源区全面脱贫，与全国同步实现小康。

（三）北京协作河南重点任务

1. 加强扶贫协作，提升精准扶贫能力

按照中央扶贫开发工作会议精神，结合水源地实际，加强扶贫协作，拓展途径，创新机制，助推水源地全面脱贫。

（1）帮扶重点村脱贫。帮扶淅川县陈营村和裴岗村、内乡县的温岗村、邓州市的韩营村等贫困村，加强村级基础设施建设和污水垃圾处理工程建设。

（2）结对帮扶。动员北京市与当地优势互补的村级集体组织参与重点扶贫村帮扶，助力贫困村尽快脱贫。

（3）培训帮扶。针对贫困家庭的不同需要开展职业技能培训，提高贫困家庭的劳动技能，让贫困群众不仅有"获得感"也要有"参与感"。

（4）就业帮扶。支持重要入库河流进行生态综合整治项目建设，优先吸纳当地贫困人口参与工程实现就业；在日常项目运行管理中，优先吸纳当地贫困人口成为护林员、护水员、协管员等，为他们提供就业机会，实现就地就业。

2. 加强水质保护，推进生态环保合作

（1）加强生态协作。做好丹江口库区及上游地区水污染防治和水土保持工作，开展环境综合整治，提升生态修复能力，确保调水水质长期稳定达标。

（2）加强水污染防治。重点支持乡村污水和垃圾处理设施建设及运营、河道水环境综合整治等项目建设，鼓励北京市企业帮助引进先进适用技术、工艺、设备，积极推动参与水源保护项目承包经营，共同提高水污染防治能力。

（3）加强生态保护和修复支持力度。积极引导、鼓励社会各方力量参与水源区及干渠沿线等重点区域及流域生态系统建设，重点支持淅川县库区生态恢复项目以及环库生态隔离带人工造林项目；支持环库区美丽乡村建设、水源地库滨带、生态清洁小流域等工程建设；支持自然保护区、湿地建设，共筑水源区及干渠沿线绿色生态屏障。

（4）推进环保新技术及新理念。支持农业循环经济示范基地建设，强化农业生态循环技术的引进、集成转化与示范应用，推行农业标准化和清洁化生产。支持各种新型治污技术在水源区试验推广。

3. 加强产业协作，推动产业转型升级

注重资源整合，发挥京豫两地资源优势，开展深层次合作，促进成果转化，推动产业转型升级。

（1）支持发展特色农业。

1）支持特色农业示范基地建设，包括无公害蔬菜、畜产品、食用菌、猕猴桃等林果产业发展，培育农业合作社、家庭农场和龙头企业；发挥市工商联等部门协调作用，与"万企帮万村"活动结合，支持北京市涉农企业与对口协作地区名优品牌企业加强战略合作，开展标准化种植，形成一批在国内外有相当知名度的品牌。

2）支持南阳国家杂交小麦产业基地建设，健全特色农业全产业链服务体系，加强农业高新技术和关键技术自主创新，加快高产优质新品种推广；加强机械化深松整地、测土配方施肥等稳产增产和抗灾减灾关键技术的集成应用；支持北京大型农产品经贸企业与当地合作发展订单农业，建立直销的标准化养殖和种植基地；推进水源区与本市"农超对接"，开展特色农产品进京销售活动。鼓励北京市企业参与枢纽型物流、产业集聚型物流和商贸流通型物流基地建设和运营；完善现代物流配送体系，增加销售网点，拓展产品品种和数量。支持发展农产品电子商务，打造特点鲜明、服务多样的农产品综合信息平台，促进优质农产品的产销对接。

（2）加强旅游文化开发。整合水源地六县（市）旅游资源，支持一批集采摘、观赏、餐饮、休闲等具有地方特色的生态旅游项目，打造南水北调水源地旅游品牌，提升南水北调水源区旅游知名度和影响力。加快旅游产品开发和业态创新，支持对口协作地区在京开展相关的旅游宣传推介活动和北京市各类旅游机构开展以"饮水思源"为主题的旅游推介活动；鼓励北京企业参与南阳山水游、西峡恐龙地质科普游、内乡县衙历史文化游、伏牛山自然风光游等精品旅游景点及特色线路的开发建设活动。

进一步加强京豫文化交流互动，鼓励北京企业参与对口协作地区公共文化服务体系建设、历史文化名城保护、文物保护、物质和非物质文化遗产保护等方面的开发合作，挖掘文化内涵，塑造主题产品；支持非物质文化遗产的挖掘、整理、保护、传承和利用。

（3）推进商贸交流合作。积极搭建商贸交流和展销平台，围绕京豫重点合作领域，加强两地有关部门及行业协会沟通衔接，组织两地经贸洽谈、推介招商、合作论坛、对接交流等各类重大活动，为京豫合作项目签约落地搭好平台；充分发挥北京市科技、农业、旅游、经贸、人才等各类综合服务平台作用，积极与水源区开展平台对接，拓展平台服务范围和内容，提升平台服务质量；加快京豫网络信息平台建设，努力实现各类信息资源共享与在线沟通。

（4）促进工业转型升级。

1）鼓励北京科研机构、产业技术联盟与当地企业联合组织实施一批重点技术攻关项目，推动一批先进实用技术和科技成果转化。在汽车零部件制造、农副产品深加工、电子信息、生物医药、节能环保、新材料、新能源等方面实施一批优秀科技成果转化示范工程项目。

2）鼓励北京企业通过投资、参股、兼并重组等方式参与当地果蔬饮料、特色肉食品、调料品等食品工业发展，提高农副产品精深加工水平，培育一批特色农产品加工企业及食品产业集群。充分发挥企业市场主体作用，加强与北京大、中型企业集团和基金公司、投资公司的交流合作，通过两地企业在技术、资金、市场、股权、项目等方面的合作，共同探索合作模式，建立利益共享、互惠互利机制，引导北京企业向水源区投资兴业。

4. 加强民生协作，提升公共服务水平

关注公共事业等民生领域发展，加强交流合作，增强服务能力，增加公共服务供给，增强基层百姓福祉。

（1）强化教育卫生协作。

1）实施学校"手拉手"工程，选择北京市优质中小学校、职业院校与对口协作地区学校开展教学管理、师资培训等对口交流，协助提高对口协作地区教学水平。支持北京市职业教育机构和南阳职业学院、西峡职业中专、邓州市职业技术学院、内乡职业教育中心、卢氏职业中专等通过联合办学、联合培养等多种形式开展合作，协助提升职业教育水平。利用远程信息技术，促进提高教育水平。

2）实施医院"手拉手"工程，结合对口协作地区医疗卫生发展实际需求，支持北京市卫生医疗机构与对口协作地区医疗机构开展结对协作，加强互动交流。支持北京市定期选派优秀医疗专家团队赴协作地区开展义诊、卫生健康讲座等活动，合作开展远程医疗专家会诊。支持协作地区基层医疗卫生机构基础设施建设。

（2）加强干部交流和人才培训。

1）加强党政干部挂职交流，完善交流机制，充分利用京豫党政干部双向交流挂职桥梁纽带作用，拓宽加深两地合作关系。北京市每年定期选派12名左右优秀干部到水源区挂职，水源区选派20名左右优秀干部到北京市挂职培训。发挥党政干部挂职所在区县的产业、资源等优势，加强沟通衔接，引导双方政府、企业间互动合作，为两地交流和发展发挥更大贡献。

2）开展专业人才和实用人才培训，采取校地联合、校企对接、委托培训、订单培养等多种形式，培养一批水务、农业、工业、旅游、科技、金融、生态环保、城市建设、社会管理等领域专业技术人才。培养一批基层干部、技术管理人员、农民企业家、农村致富带头人。

（3）推进基层村社群众公共服务。向基础倾斜、向民生倾斜，推进一批与基本生产生活密切相关、急需的农村设施建设等，切实增加基层百姓"幸福感"与"获得感"。支持立足于农村闲置小学、公建设施等改造为养老院、幼儿园和文体活动中心，给予农村老幼群体更多关怀。

（四）北京协作湖北重点任务

1. 深化扶贫协作，促进脱贫致富

贯彻中央扶贫开发工作会议精神，深化扶贫协作，实施精准扶贫，强化扶贫开发举措，坚持集中攻坚，力求实效，助推全面脱贫，实现全面小康。

（1）推重点村组帮扶。重点帮扶丹江口市阳西沟村、张湾区沉潭河村、神农架林区兴隆寺村等贫困村，加强村级基础设施建设和污水垃圾处理工程建设。

（2）结对帮扶。动员北京市与当地优势互补的村级集体组织参与重点扶贫村帮扶，助力贫困村尽快脱贫。

（3）旅游扶贫。协助开发乡村特色旅游产品，发展民宿、农家乐等多种旅游形式，打造各具特色的乡村旅游新业态，创造就业岗位，增加就业收入，促进贫困群体脱贫致富。

2. 深化生态协作，促进环境改善

围绕国家生态文明示范区和核心水源地建设，坚持保护优先，推进生态环境综合治理，实现青山常在、碧水长流，确保一库清水永续北送。

（1）加强生态保护与建设。围绕十堰市建设国家生态文明先行示范区试点，重点支持和引导北京企业参与水源地环库周生态隔离带和重点区域及流域生态系统建设，提高林草植被覆盖率和水源涵养能力，构筑绿色生态屏障。支持北京市企业参与水源地危矿（库）除险加固、矿山地质环境治理等。

（2）加大污染防治力度。积极推进入库河流治理工作，支持水源区乡村污水垃圾处理设施建设运营等项目建设；积极推广有机肥、配方施肥、化肥深施技术、低残留农药和病虫害综合防治技术，加快无公害农业生产基地建设，推动有机产品规模化发展。

（3）强化生态小流域治理。配合对口协作地区选定1~2条汇水流域为示范，统筹水质保护、民生改善、精准扶贫、乡村旅游、经济转型等任务，通过政府引导，整合社会力量，引领水源地区融合创新发展。

3. 深化产业协作，发展生态产业

坚持产业生态化、生态产业化，深化多领域协作，积极培育发展生态产业，形成生态产业

集群，完成产业转型升级。

（1）支持开展跨区域旅游协作。支持打造特色小镇，鼓励北京市旅游企业与水源区合作，参与水源区旅游景区基础设施建设，深度开发特色旅游资源，开发旅游精品线路；加快开发水源区及沿线旅游资源，搭建信息交流合作网络，实现资源共享、市场互动、效益共赢；支持水源区在北京设立旅游营销中心，通过两地旅行社合作、媒体采风、公共媒介等形式全方位宣传水源区旅游信息；支持水源地宣传推介工作，鼓励北京市主流媒体或机构推介水源地旅游资源；支持水源区建设多载体、多语种、全天候的游客咨询服务系统和运行监测系统；支持北京企业参与开发地方特色旅游商品；鼓励两地就历史文化名城保护、文物保护、物质和非物质文化遗产保护、优秀地方文化戏曲戏剧挖掘整理、开发传承等开展合作。

（2）支持发展高效生态农业。

1）继续鼓励北京企业投资兴业。支持北京首农集团、粮食集团、畜产公司、水产公司等龙头企业通过兼并重组、收购控股、直接投资等方式到水源区投资兴业，开展联合种植、合作生产，着力培育一批竞争和带动能力强的绿色食品加工龙头企业和企业集群，推进水源区有机农业、生态农业、特色农业发展。

2）协助培育名优品牌。着力培育竹溪有机茶叶、竹山核桃、郧西马头羊及野生葡萄、房县食用菌、郧阳畜禽、丹江口水产及柑橘、神农架中华蜜蜂及新华大鸡等特色农业品牌，扩大生产规模，提升品牌市场竞争力，力争形成20～30个优势突出、特色鲜明的农副产品品牌。

3）鼓励农业电商发展。以电子商务平台为依托，支持水源区农副产品在京展会展销；支持农业产业化龙头企业在北京商超市场设立直销点、专营点；鼓励支持有实力的北京企业在水源区建设物流仓储基地、交易市场与区域批发市场，重点打造安全、高效、经济的农产品物流系统平台，实现农特产品批发、配送高效运行，促进市场流通。

4）支持完善农业综合服务体系。支持农民专业合作社、家庭农场、实体公司等新型经营主体发展，建立"企业＋合作社＋农户"经营模式；完善农产品质量检验检测体系，加强特色有机农产品、绿色食品的产地和产品认证，支持水源区畜产品、农产品、水产品质量监测中心和乡镇防疫检疫中心站、乡村畜禽良种繁育推广基地建设。

（3）支持推进产业转型升级。以优势企业为龙头，加大汽车及零部件企业兼并重组力度，促进产业集群发展，探索建设研发销售两头在京、中间环节在水源区的合作模式，支持北京企业将产业链中的产品加工、组装等制造环节布局和转移到水源区。依托北京市和水源区重点医药企业和科研院所，合作开发科技含量高、附加值高的优质原料药和中药新品种，培育市场竞争力强的大型医药企业集团，形成市场、企业和基地一条龙的医药产业生产经营体系。引导推动相关产业向水源区转移。实施园区"手拉手"工程，加强开发区间对口协作。

（4）加大科研攻关合作与科技成果转化。进一步发挥十堰中关村科技成果产业化基地作用，运用市场化手段，积极推动两地企业、科技中介组织、产业技术联盟及行业协会开展相关合作。鼓励北京市相关高校、科研院所与水源区开展交流对接。支持水源区建设国家级省级企业技术中心、工程技术研究中心、重点实验室、工程实验室等研发平台，鼓励企业参与水源地组织实施一批重大科技专项工程，加强关键技术、关键工艺、关键设备研发和应用。

（5）深化商贸交流合作。积极搭建商贸交流和展销平台，联合举办各类推介会、经贸交流论坛。积极探索两地金融企业合作机制，支持北京金融企业在十堰设立分支机构。采取多种宣传方式，加大宣传力度，提高水源区企业和产品知名度。扩宽农副产品进京销售渠道，加强产销协作，开展农超对接，推行订单农业，组织十堰特色农产品展销会，推进水源区优质畜产品、有机蔬菜、特色食用菌等农副产品进入北京市场。鼓励社会力量开展形式多样的合作、帮扶，包括企业、村镇等方面的结对帮扶发展，促进京鄂双方的产业发展、社会进步的双赢多赢。

4. 深化民生协作，惠及库区群众

发挥北京医疗、教育等民生领域技术人才资源优势，加大协作力度，助推水源区公共事业发展，普惠广大群众。

（1）促进教育事业发展。继续做好北京市与十堰市、神农架林区学校开展"手拉手"结对活动。积极推进北京市与水源区之间的师资培训及合作办学。鼓励北京市属高等院校对水源区适当增加招生名额。支持利用现有科技手段，完善远程教育网络，实现两地教育资源共享。支持十堰市高校重点学科建设。

（2）加大医疗卫生及社会保障领域协作力度。支持北京市、区两级医院与十堰市医疗卫生机构开展结对协作、资源互动、学术交流、机构建设、水源区义诊。支持北京市综合性医院、疾病预防控制机构等与水源区建立远程会诊系统，开展疑难急重症诊治，提高水源区城乡医疗卫生服务水平。每年安排一定数量水源区医护人员到北京进行进修、培训。支持十堰市三甲医院特色科室建设。

（3）推动两地人才交流合作向纵深发展。北京市每年定期选派13名优秀干部到水源区挂职，水源区选派23名优秀干部到北京市挂职培训。北京市每年为水源区培养培训约100名科技、教育、文化、卫生、农业、环保等专业技术人才。支持十堰市与北京工美集团合作培养绿松石、米黄石、鸡血石手工艺人才项目。发挥北京商会、行业协会等优势，帮助引进一批带技术、带项目、带资金的领军人才及创新团队。依托北京市高等院校、科技企业，采取研企合作、校企合作、定向培养、合作办学等模式，为水源区培训农村实用型人才。在水源区建设劳动力转移就业培训基地，北京市每年选派专家对水源区和移民安置区农村劳动力进行技能培训。

建立就业信息沟通机制，加强劳务合作，建立水源区与北京市劳务协作机制，根据双方用工需求，组织招聘活动。加强高端人才交流，开展专家行活动，建立高端人才长效交流机制。

（4）协助提高智慧城镇管理水平。结合十堰市、神农架林区创建国家生态文明先行示范区试点城市的有关要求，围绕开展数字城市、城镇网格化管理，提高综合服务、道路交通、社区安全、供排水等各类市政设施智能管理水平，给予技术、资金支持。支持北京市排水集团等大型专业企业参与水源区供热、供气、供水和智能交通等城镇基础设施建设。

（五）协作资金与效益分析

1. 协作资金

2016—2020年，北京市计划每年安排5亿元协作资金，协作资金由北京市、区两级财政统筹解决，平均分配使用到河南、湖北两省。

（1）资金使用领域。"十三五"期间，协作资金使用的主要领域：一是选择重点村开展精准扶贫，确保帮扶资金落实到村、落实到户、落实到项目，使库区百姓直接享受到更多对口协作带来的收益；二是与国家、省、市的各类水质保护专项资金有机衔接，重点在乡村采取多种形式开展污水、垃圾、环境、生态治理类项目；三是支持协作地区产业转型升级，重点支持涉及面广、带动性强的特色农产品产业（农林果蔬药等）、旅游产业发展和工业技术研发项目；四是重点向民生领域、基层地区、移民村社倾斜，提高项目的有效性、普惠性；五是重点开展智力支援与交流合作。

（2）资金使用方式。在资金使用方式上，主要有直接投资、投资补助、贷款贴息等方式。要充分发挥资金的引导作用，对于已设立的产业投资（引导）基金，要尽快投入运营，使其发挥效应，吸引社会资本投向符合水源地产业政策导向的科技型、创新型企业，促进产业转型升级，实现地方经济跨越式发展；新设立产业支持专项资金，河南、湖北两省每年各安排1000万元，进一步加大引导北京市企业到水源区投资、合作的力度，带动当地产业发展，努力实现双赢发展。

2. 效益分析

随着协作项目的稳步实施和双方创新协作的全方位推进，将取得一系列生态效益、社会效益和经济效益。

（1）生态效益分析。将促进水源区水污染防治和水土保持工作的稳步推进，确保各主要入库河流长期稳定达标，保障调水水质安全；将有利于带动当地政府及民间加大对生态建设领域的投入，推动水源区生态文明建设步伐加快；随着相关宣传动员工作的开展，城乡生态环境共建、共治、共享理念将达成共识；将有利于促进水源区资源节约集约利用，促进资源节约和环境友好型社会的建立。

（2）社会效益分析。一批教育、医疗等公共服务项目的实施，将显著提高水源区公共服务整体水平，促进教育、卫生、医疗、文化等公共服务均等化，进一步改善群众生产生活条件，增加城乡居民收入，提高群众生活质量，提供更多就业岗位和创业创新空间，社会更加和谐稳定。

（3）经济效益分析。特色产业的发展，将促进经济发展质量和效益的提高；特色小镇（美丽乡村）的示范引领，将促进旅游产业发展，带动人民增收致富；创新推动的产业投资（引导）基金及产业支持专项资金的有效实施，将促使水源区产业发展明显加快，投资总量将快速增长，在投资拉动下，经济发展将顺利实现转型升级。

五、天津市对口协作"十三五"规划

按照国家发展改革委和国务院南水北调办审核意见，经天津市有关部门修改完善后，2017年5月，天津市政府批准了《天津市对口协作陕西省水源区"十三五"规划（2016—2020年）》。

（一）"十二五"津陕对口协作成效稳步提升

按照2013年国务院批复《丹江口库区及上游地区对口协作工作方案》要求，在国家发展改革委和国务院南水北调办的指导下，天津市和陕西省共同努力，建立健全了对口协作工作机制。

（1）协作机制初步形成。天津市合作交流办、陕西省发展改革委及水源区相关单位作为对口协作日常工作机构，具体负责津陕协作政策统筹、规划编制、招商推介、项目组织实施及两地合作交流活动筹办等各项工作。

（2）帮扶项目逐步发挥效应。截至 2015 年年底，天津市投入对口协作资金 4.2 亿元，支持陕南生态经济、环境保护、公共服务、科技支撑、经贸合作和人力资源开发等领域扶持项目 104 个，对提高水源涵养功能，保护水质安全，促进产业结构优化和改善民生等都发挥了重要作用。

（3）交流合作稳步提升。举办了以"保水质、强民生、促转型"为主题的"汉中-天津对口协作暨经贸合作活动"和"天津-商洛合作交流恳谈会"；以中国硒谷、秦巴明珠、汉江水源为特色的"陕西安康名优产品走进天津暨重点合作项目推介会"等系列活动。汉中、安康、商洛三市与天津市共签署医药、旅游、矿产开发等合作项目 48 个，签约金额达 248 亿元。

（4）媒体宣传不断加强。两地积极承办中宣部组织安排的"京津冀豫陕全媒体问水行"和"南水北调问水行"主题采访活动。陕西省组织拍摄了南水北调水质保护和水源涵养专题片，策划了《送清水陕西在行动》等系列报道，大力宣传汉中农业面源污染治理、安康水质保护"河长制"、商洛黄姜清洁化生产等典型示范，积极营造社会力量参与保水护水的良好氛围。中央电视台科教频道还推出了 6 集电视纪录片《汉水汉中》，有效扩大了水源区在全国的影响。

（二）"十三五"津陕对口协作总体要求

1. 指导思想

全面贯彻党的十八大、十八届三中、四中、五中、六中全会精神，深入贯彻落实习近平总书记系列重要讲话精神，牢固树立新发展理念，以"保水质、促合作、强服务"为主线，着力加强生态环境建设，构建水源区水质安全新屏障；着力培育特色优势产业，构建转型升级新动能；着力深化经贸交流合作，构建开放共享新格局；着力创新科技研发服务，构建创业发展新活力；着力推动社会事业发展，构建公共服务新保障；着力实施脱贫攻坚战略，构建对口扶贫新机制。全方位拓展深化合作领域，开创津陕两地互利共赢新局面。

2. 基本原则

（1）政府主导，多方参与。加强政府的引导作用，津陕各相关部门切实履行规划指导、政策扶持、资金配套、项目实施等职责，确保对口协作各项任务全面完成。创新协作机制和路径，广泛整合社会资源，引导鼓励社会各界积极参与对口协作工作，建立健全多层次、全方位对口协作长效机制。

（2）优势互补，互利共赢。充分发挥天津国际港口城市、北方经济中心的龙头带动作用及陕西省水源区生态良好、产业特色明显的优势，在深化生态领域等合作的基础上，创新合作方式，拓展合作领域，实现区域协调发展，互利共赢。

（3）内外联动，自我发展。陕西省水源区依托自身资源优势，加快发展生态农业、循环工业、生态旅游等优势特色产业，天津市注重提升陕西省水源区自我发展能力，实现协作方式由"输血"向自我"造血"转变。

（4）集约高效，示范带动。立足当前，兼顾长远，科学制订对口协作发展规划。整合协作资源，突出协作重点，集中高效使用协作资金。加强跟踪监管运营，抓好典型示范项目，充分发挥协作资金的引导撬动效应，打造一批示范作用强，带动效应好的亮点工程，确保对口协作工作有效推进。

3. 协作目标

总体目标："十三五"期间天津市安排对口协作资金 15 亿元，重点在生态环境建设、产业转型发展、经贸交流合作、科技研发服务、社会事业发展及脱贫攻坚等领域安排、实施项目，通过对口协作，形成水源区与受水区南北共治、经济互利共赢格局，通过协作资金整合社会资源，协作机制带动确保陕西省水源区水质持续稳定达标、水源涵养能力不断增强、生态环境持续改善，促进水源区经济社会全面发展。

坚持大绿色、大生态、大循环理念，确保形成资源开发利用和环境保护良性互动格局，生态优势转变为经济社会发展的优势凸显，汉江、丹江出境断面水质持续稳定保持在 Ⅱ 类标准以上。

（三）"十三五"津陕对口协作重点任务

1. 加强生态环境建设

（1）加强污染防治。支持陕西省水源区加快推进工业清洁化生产，减少各环节污染物的产生和排放，协助健全全流域水源保护和水资源污染治理制度。严格化肥农药监管，支持新型有机肥、生物农药或高效、低毒、低残留农药生产及测土配方施肥等技术推广使用。加强村镇垃圾及生活污水处理，重点支持汉江、丹江干流沿岸乡镇垃圾污水处理设施建设和农村面源污染治理。引导天津市环保企业应用新技术参与污水垃圾处理设施建设、运营及管理。

（2）加强生态保护。加大对水土保持、退耕还林、天然林保护、湿地等生态建设工程的支持力度，积极推进生态清洁型小流域建设，防治水土流失，增强水源涵养能力。加强珍稀物种迁移保护和珍稀濒危特有林木资源保护，维护生物多样性。协助水源区建立矿山环境治理和生态恢复责任机制。支持加强生态安全监测、生态功能评估和生态环境监管项目建设。

（3）加强监测预警。健全全方位水质监控系统，支持安康南水北调水质保护应急中心建设成为省级汉江水质保护应急中心，提升改造水源区市级和沿江重点县的水环境监测设施。2020年年底，水源区市级环境监测站将具备饮用水源全指标监测能力，县级环境监测站具备常规水质指标监测能力。建立分工合理、相互协调的水环境监测考核和奖惩机制，对生态环境明显改善的地区协作资金予以倾斜。积极协助水源区建立健全水污染防治责任追究制，增强突发性水污染事故的应急处置能力。

2. 促进产业转型升级

（1）发展生态农业。以协助陕西省水源区农业园区提质增效、结构调整为重点，配合实施绿色农业扶持计划，推进茶叶、柑橘、核桃、板栗、魔芋、食用菌、杜仲、生猪、蚕桑等规模化、标准化生产。支持水源区生态农业项目，开发富硒水、果酒和以中药材为原料的功能食品，推动农产品精深加工，推动绿色和有机产品认证及国家地理保护标志、南水北调水源涵养地商标的申请和认证，做大做强一批陕西省水源区特色品牌，培育高端市场。

（2）发展循环工业。按照绿色循环产业集聚发展的功能定位，大力支持水源区产业园区基础设施提升和循环化改造。鼓励天津市各类园区和企业（集团）到水源区探索延伸产业链，以新能源汽车、航空装备制造、高档数控机床、新型材料、轻纺工业、富硒食品、中药材深度开发、电子信息、绿色电池及风力发电等产业为重点，大力推动两地产业对接，提升水源区特色产品品质，推进水源区工业转型升级。

（3）发展特色服务业。支持水源区加快全域旅游建设，打造全域旅游标志性景区，大力发展休闲度假和房车露营等新型旅游业态。支持水源区三产融合，壮大生态旅游业，提升旅游产品品质。加强两地旅游协作，高起点联合开发津陕两地旅游热线。加强两地文化产业合作交流，通过观摩学习、论坛交流、文化挖掘、项目策划等活动，推动水源区文化产业与旅游业融合发展。依托陕西水源区优质生态资源，统筹两地健康服务资源配置，引导天津企业到水源区发展健康、养老等幸福产业，促进服务业提质增效。

（4）共建园区。支持在水源区建设对口协作示范园区，引进天津市先进经验、管理团队，创新管理体制和运行机制，以市场机制有效引导天津产业和企业有序向水源区共建园区转移和拓展，吸引优势产业集聚。支持天津市重点园区在水源区设立分园区，鼓励水源区与天津市合作发展"飞地经济"，通过委托管理、投资合作等多种形式，大胆探索津陕合作新路径和跨地区利益分享机制。

3. 深化经贸交流合作

（1）搭建合作平台。积极探索双方经贸合作机制，引导天津市企业到水源区考察、投资，通过各类宣传推介会、交流论坛等活动，为水源区搭建商贸服务平台。依托天津发展优势和经验，协助建立无水港和进出口通关便利通道，为水源区搭建物流服务平台。积极探索两地金融企业合作机制，支持天津金融企业在水源区创新金融产品，为水源区搭建融资服务平台。

（2）明确合作重点。推动"农超对接"，支持在天津农产品批发市场、超市等设立水源区特色农产品专卖点，销售水源区优质、绿色、有机特色农产品。推动"物流对接"，支持物流配送中心、商品交易中心等专业性物流园区和区域性物流节点建设。

4. 创新科技研发服务

（1）加强信息交流。实施"互联网＋"计划，支持天津市企业协助水源区建设农特产品电商交易平台，推动以互联网为基础的农业、商贸、制造、物流、金融新业态。加强天津滨海新区、武清开发区与汉中经济开发区、安康高新技术开发区、商丹园区的联系和合作，提升水源区科技转化水平。加强两地科技资源交流，实现科技信息、科研仪器、科技文献与水源区共享共用。

（2）支持研发转化。引导天津高校、科研院所、企业研发总部与水源区加强产学研结合，开展汉、丹江水质提升关键指标达标解决方案、清洁生产、垃圾焚烧、生物质发电、废水废渣利用、有害藻类发病机理和应对措施、污泥资源综合利用、饮用水微量有毒污染物处理等水质保护科技攻关。支持现代中药制取、黄姜深加工及废水废渣利用、尾矿新型建材加工等优势产业的联合攻关。以绿色循环产业为重点，鼓励科技型企业将科技成果和先进生产工艺向水源区转移转化。

（3）鼓励创新创业。引导鼓励天津科研人员、大学生和境外人才来水源区创新创业，协助水源区围绕相关领域打造一批低成本、便利化、全要素、开放式的高水平众创空间。

5. 推动社会事业发展

（1）开展人才培养。依托高校、科技企业、大型骨干医院，天津市每年为水源区重点做好以业务骨干、管理人才为主的创新型人才短期培训，以教师和医护人员为主的专业人才进修。鼓励天津各类人才赴水源区开展智力支持志愿服务。

（2）开展劳务合作。建立人力资源市场联动机制及信息共享平台。利用天津海河国家职教基地、公共实训中心、高职院校等主体，扩大劳动力职业技能培训合作，开展劳动力培训，提高人员素质。支持水源区完善以中等职业教育为重点的设施建设，通过培训各种技能人员工作能力，提升就业水平。鼓励天津企业、中介机构吸引陕西省水源区劳动力向天津有序转移。

（3）开展教育协作。积极推进天津高校与陕西理工大学、安康学院、商洛学院及三市职业技术学院等水源区高校结对帮扶协作，围绕教学改革、师资培训、学生培养、科研交流、成果转化等方面深化合作，支持教学设施改扩建工程。鼓励天津市各高等院校和职业学校对水源区实行招生优惠，适当增加招生名额。鼓励引导天津市重点中小学教师支教水源区的学前教育、基础教育，开发远程教育网络课程，实现教育资源共享。

（4）开展医疗协作。支持水源区医疗卫生基础设施建设。推进天津市、区医院与水源区医疗机构结对帮扶，在学术交流、资源互动、远程会诊、基层义诊等方面展开深度合作。创新医疗卫生协作方式，支持水源区基层卫生室标准化建设，着力提高水源区医疗卫生和服务水平。

（5）协助完善应急救援机制。协助水源区建立完善应急救援体系，强化气象、地震等专业监测预警，健全重特大突发事件现场应急指挥体制，建立综合应急物资储备中心。开通水源区巨灾社会捐助渠道。

6. 实施脱贫攻坚战略

（1）支持基础设施建设。紧贴水源区扶贫规划实施，支持水电路气等公共服务设施建设及提升改造。重点支持贫困乡镇公共基础设施美化及生态化改造，支持景区、乡村旅游点道路衔接，支持公共卫生设施改善，支持整村推进美化工程。

（2）支持开展产业扶贫。支持小型规模化特色种养业、设施农业、特色林业、加工业等产业发展，重点支持第一、第二、第三产业融合发展，建设一批特色小镇，支持电子商务在贫困村发展，支持开展产业扶贫培训计划，提高贫困人口自我发展能力。

（3）支持开展结对帮扶。支持天津有关单位（企业）与水源区贫困乡村或村镇结对帮扶，鼓励各类企业通过投资兴业、吸纳就业、开发资源等方式参与脱贫攻坚，鼓励天津科技人员与水源区开展网络扶贫协作。支持鼓励天津有关单位（企业）打造扶贫协作示范工程，完善协作对象基础设施，推进产业发展、改善生态环境。

（四）"十三五"津陕对口协作保障措施

1. 创新体制机制

探讨推动建立津陕高层互访及联席会议制度，确定对口协作工作方向及重点，协调解决对口协作中存在的困难和问题。完善并深化对口协作工作联络对接制度，形成衔接顺畅、信息共享、部门联动的日常工作机制。

两地合作交流等部门，要加强工作衔接和协调指导，确保协作资金足额及时到位，要加强规划实施监督检查，适时开展规划实施分析评估，确保规划目标和重点任务落到实处。水源区政府要制订协作规划实施方案，落实工作责任制，加强项目谋划和项目前期工作，确保规划项目库储备质量，确保协作项目实施质量和效果，切实发挥对口协作效益。

2. 强化政策引导

根据水源区重点生态功能区定位，严格执行产业、投资、土地、资源开发、环境保护等开发管制要求，认真落实陕西省重点生态功能区产业准入负面清单。

大力支持天津投资企业、法人单位到水源区投资兴业，提高天津企业参与对口协作工作积极性，支持天津科技成果优先在水源区转化，吸引高素质人才到水源区服务创业，探索建立对口协作发展基金。

3. 增进干部交流

以经济建设、水质保护、教育卫生及劳动力培训服务等领域或部门为重点，采取交叉任职、"组团式"培养等方式，提高干部培训交流实效。水源区选派优秀干部到天津挂职培训，学习先进理念，推广实用经验，通过开展互利共赢合作，推动经济社会及生态建设全面发展。双方可研究分别在天津市或陕西开展短期培训班。

4. 规范项目管理

建立"十三五"对口协作项目库，实行动态管理，原则上对口协作资金支持项目均应纳入项目库，项目相关内容以年度实施对口协作项目为准。天津市与水源区政府确定的重大合作项目，确需使用对口协作资金支持的，可不受此限。

5. 加强资金监管

水源区市级部门要对资金使用情况开展跟踪检查，确保资金专户管理，专款专用，两省（直辖市）必要时可对以往安排项目资金使用情况进行审计，抽查、审计结果作为下一年度安排对口协作资金的重要依据。

支持协作资金作为政府方资本参与 PPP 项目建设。加强两地资本市场合作，支持津陕地方银行等金融机构互设分支机构，鼓励天津各类创投基金在水源区开展创业、风险、天使投资等业务。引导社会资本积极参与项目建设。

6. 营造舆论氛围

充分借助各类媒体及传播手段，拓宽公众了解规划、参与实施的渠道，有效组织和引导公众明晰宣传水源区保护的重要意义、采取的重要举措及面临的困难和问题。积极创造条件为陕西与天津行业协会、中介组织、咨询机构等企事业单位和社会团体牵线搭桥，开展对接，引导多方参与对口协作工作，调动各方面支援水源区生态建设和开展对口协作的积极性和主动性。

六、工作成效

通过实施《丹江口库区及上游地区经济社会发展规划》《丹江口库区及上游地区对口协作工作方案》（以下简称《工作方案》）、中央财政对丹江口库区及上游地区的重点生态功能转移支付政策，南水北调中线水源区经济社会发展明显加快，与水质保护更加协调。

（一）社会经济发展取得了显著的成效

2012 年以来，丹江口库区及上游地区经济社会发展取得了巨大成就，主要经济发展指标年均增长率已经全面高于全国平均水平，是改革开放以来经济发展最快的时期。2015 年，该地区生产总值 4873 亿元，年均增长率为 10.17%；人均 GDP 为 29745 元，较 2012 年增长 31.41%；城镇居民可支配收入和农民人均纯收入分别为 25457 元和 8541 元，分别是 2012 年的 1.35 倍和 1.43 倍，年均增长分别是 10.44% 和 12.77%，城乡居民收入之比由 2012 年的 3.17：1 缩小到 2.98：1，与全国的相对差距也在进一步缩小。

1. 贫困人口大幅下降

2012 年，丹江口库区及上游地区的贫困人口总计 380.1 万人，占地区总人口数的 21.66%，贫困状况十分严峻，分布呈碎片化特点。在该区域，贫困人口超过16万人的区县有4个，分别为湖北省十堰市的郧县、郧西县、竹山县和陕西省安康市的汉滨区。其中，贫困人口最多的区县为汉滨区，贫困人口总数为24.3万人。自《工作方案》实施至2015年，丹江口库区及上游地区的贫困人口减少至256.9万人，共减少了123.3万人，年均减贫人口规模41.1万人。2015年，贫困人口超过16万的仅有汉滨区一个。贫困人口8万～16万的区县有10个，比2012年减少了10个；贫困人口4万～8万的区县有19个；贫困人口小于4万的区县有13个。丹江口库区及上游地区各区县贫困人口大幅减少，居民生活水平显著改善。

2. 人均GDP上升态势明显

相较于2012年，2015年丹江口库区及上游地区人均GDP均值增长态势显著，年均增幅达9.62%。具体来说，2012年，丹江口库区及上游地区县域人均GDP整体较低，且县域差异明显。2012年该地区人均GDP为2.26万元，除了河南和湖北部分县域高于均值以外，大部分地区都在均值以下，特别是陕西省安康市人均GDP不到1.8万元。2015年，丹江口库区及上游地区县域人均GDP整体上升幅度较大，且县域差异较大态势依旧存在。2015年该地区人均GDP为2.97万元，湖北省各个县域均值最高，达到3.63万元；河南省各个县域均值次之，为3.24万元；陕西省各个县域均值最低，为2.70万元，特别是陕西省安康市人均GDP仅为2.63万元。

3. 财政收入年均增速较快

相较于2012年，2015年丹江口库区及上游地区财政收入增长幅度较大，财政预算总额从2012年的252.01亿元增长至2015年的305.65亿元，年均增幅达6.65%。值得注意的是，河南、湖北和陕西三省年均增速差异较为明显。陕西省财政收入年均增速高于整体增长水平，达到8.00%，而河南省及湖北省财政收入年均增长速度低于平均增长水平，分别为5.15%和5.40%。

从丹江口库区及上游地区县域空间格局上来看，陕西省县域投资水平最低，除了汉台县、南郑县、旬阳县财政投资较高外（2012年及2015年县域投资水平均超过8亿元，南郑县超过16亿元），其余县域财政投资水平大多低于陕西省县域投资平均水平。河南省县域投资水平最高，尤其是栾川县，2012年及2015年其县域投资水平均超过16亿元；同时，河南省县域投资范围有逐渐从淅川县向西峡县、邓州县转移的趋势。湖北省县域投资水平居中，且半数投资集中在丹江口市、茅箭区、郧县。

4. 城镇居民可支配收入增长迅速

相较于2012年，2015年丹江口库区及上游地区城镇居民可支配收入增长速度较大，年均增幅达10.44%。具体来说，2012年，丹江口库区及上游地区县域城镇居民可支配收入均值为1.89万元，除了河南的淅川县、内乡县、邓州市卢氏县，湖北十堰市的丹江口市、郧县、郧西县、竹山县、竹溪县、房县，以及陕西安康市的宁陕县外，大部分地区都在均值以上，城镇居民可支配收入整体较低，县域差异较小。2015年该地区城镇居民可支配收入均值为2.55万元，陕西省各个县域均值最高，达到2.68万元；河南省各个县域均值次之，为2.37万元；湖北省各个县域均值最低，为2.27万元，特别是湖北省十堰市的竹山县、竹溪县城镇居民可支配收入仅为2万元。

5. 农村人均纯收入增幅显著

相较于2012年，2015年丹江口库区及上游地区农村人均纯收入增长速度较大，远高于该地区城镇居民可支配收入增长速度，年均增幅达 11.51%。具体来说，2012 年丹江口库区及上游地区农村人均纯收入均值为 5903 元，43 个县域中仅有 13 个高于均值，主要分布在河南南阳市、洛阳市，以及湖北汉中市和安康市的部分县域；其余 30 个县域均低于均值，主要分布在湖北三门峡市、十堰市、神农架林区以及陕西商洛市等县域。2015 年该地区农村人均纯收入均值为 8541 元，三省中河南省均值最高，达 10914 元；陕西次之，为 8350 元；湖北最低，仅为8186 元。

6. 城镇化水平稳步上升

2012 年丹江口库区及上游地区城镇化率为 41.27%，2015 年达到 46.76%，增长近 6 个百分点，城镇化水平稳步提升。具体来说，河南各县域城镇化率均值由 35.03% 增加到 39.19%，湖北各县域城镇化率均值由 51.35% 增加到 55.82%，增幅较为平缓，而陕西各县域城镇化率均值由 39.37% 增加到 45.47%，增幅最大。从空间上看，2012 年丹江口库区及上游地区 43 个县域的城镇化水平普遍超过 30%，只有南阳市的淅川县、西峡县城镇化水平在 30% 以下。到2015 年，这一格局并未发生明显变化，陕西仍然是城镇化率高值集聚区域，而河南南阳、湖北十堰等地区为低值集聚区域，丹江口库区及上游地区大部分县域的城镇化率都超过了 40%，只有南阳、十堰等地区的城镇化率在 40% 以下。

（二）生态环境得到了明显改善

2012 年以来，丹江口库区及上游地区生态环境得到了显著改善，主要生态环保指标高于全国同期平均水平。森林覆盖率由 2012 年的 65.29% 增长为 2015 年的 67.70%。工业固体废物处置利用率稳步提升，已经达到 88.32%，明显高于其他地区。城乡污水处理设施建设步伐加快，城乡污水集中处理率分别达到 90% 和 49.64%，显著高于全国平均水平。汉江和丹江流域整治保护措施得当，出境段面水质均达到国家标准。

1. 工业企业废水排放严格控制，水污染治理效果显著

丹江口库区及上游地区作为南水北调中线的水源地，保障"一江清水北送"是当地的一项重要任务，因此工程规划建设之初就对水源区工业企业水污染治理工作提出了严格要求。至2012 年，工业企业水污染治理排放达标率整体情况尚好，但是污染治理的力度却仍然不能放松，还有 10 多个县区水污染治理排放达标率在 90% 以下。特别是栾川县、卢氏县、张湾区、茅箭区、丹江口市、郧县等 6 个县区，排放达标率不到 80%，水污染治理工作仍十分严峻。自《工作方案》实施至 2015 年，丹江口库区及上游地区工业企业水污染治理成效明显，没有一个县域工业企业水污染治理的排放达标率低于 80%，有 33 个县区的排放达标率超过 90%，占该地区全部县区的 76.74%，汉中市的略阳县、宁强县、镇巴县、留坝县、佛坪县以及安康市全部县区排放达标率均为 100%，整体治理情况较 2012 年有了显著提升。

2. 城镇污水设施建设迅速，污水处理能力大幅提升

丹江口库区及上游地区涉及 43 个县区，为防治城镇污水对于该地区水体的污染，保障丹江口水库的水质安全，自《工作方案》实施以来，北京和天津以及当地各级地方政府不断加大对城镇污水处理设施建设的支持和投资力度，同时积极引入市场机制，建立健全政策法规和标准体系，城镇污水处理行业发展迅速。2012 年年末，该地区城镇污水集中处理率仅为 79.46%，淅川县、西峡县、内乡县、邓州县、栾川县、卢氏县等县域城镇污水集中处理率不足 70%，仅

有平利县、旬阳县、白河县、汉阴县、石泉县等8个县域城镇污水处理率在90%以上。而到2015年年末，城镇污水处理率达到90%，旬阳县、白河县、汉阴县、石泉县等27个县域城镇污水集中处理率在90%以上，西峡、邓州、郧县以及竹山等县域城镇污水处理能力达到100%，城镇污水处理能力获得大幅提升。

3. 农村污水处理设施建设加快，污水处理能力稳步提升

相较于城镇，农村地区由于其人口多、居住散、底子薄、基础设施欠账多等原因，运营人才的缺乏，使得农村生活废水的收集和处理都较为困难。同时，农村污水处理经验的缺乏，导致目前农村污水处理工作较为艰难。自《工作方案》实施以来，水源区各级政府非常重视农村污水的处理工作，北京、天津也通过资金、技术、设备等全力支持该地区农村污水处理设施的建设，有效地保障了库区的水质安全。

2012年年末，丹江口库区及上游地区农村污水集中处理率仅为35.04%，大部分县域农村污水集中处理率都在50%以下，宁陕、山阳和商南3个县农村污水集中处理率甚至不足10%，仅有栾川的农村污水集中处理率在60%以上，农村污水处理发展较为滞后。

而到2015年年末，该地区农村污水处理率达到47.64%，远远高于全国平均水平（不到10%），大部分县域农村污水集中处理率都在50%以上，不存在处理率在10%以下的县域。栾川、西峡、竹山和茅箭区等4个县域农村污水集中处理率在60%以上，农村污水处理能力得到了显著提高。

4. 加强汉江整治保护力度，确保干流出境水质质量

汉江作为南水北调中线工程的主要来水地，其水质的质量直接关系到是否能有"一江清水北送"，因此对于汉江的时时保护和严格检测就显得尤为重要。自《工作方案》实施以来，汉江流域各级政府开展了一系列河流专项整治活动，取得了显著的成效。如湖北省十堰市在尚无国家项目投资的情况下，自筹资金于2012年启动了神定河等五条入库不达标河流的治理工作，累计完成投资17.47亿元，整治排污口590个，河道清淤561.5万t，建设生态景观河道130km，到2015年8月，五条劣Ⅴ类水质河流犟河水质为Ⅱ类，官山河水质为Ⅲ类，神定河、泗河、剑河主要污染物浓度下降50%以上，五条河流水质明显改善，有效保障了汉江的水体安全。从整个流域来看，不论是2012年还是2015年，绝大部分县域汉江干流出境水质质量都达到了国家Ⅱ类标准，反映了这些地区在保护水质方面作出的巨大努力。同时2015年不少原来水质为Ⅲ类、Ⅴ类的县域，通过一系列整治措施，水体也都得到了明显改善，使得整个汉江干流出境水质均达到国家Ⅱ类标准，确保汉江干流出境水质质量。

5. 强化丹江流域水体保护力度，保障丹江口水库水体质量达标

丹江口水库是南水北调中线工程主要的水源储蓄地，每年向北京、天津等四个省（直辖市）的调水量约100亿m³，由于其来水量大部分来自于汉江和其支流丹江，因而该流域水质的整治、保护和检测工作至关重要。自《工作方案》实施以来，丹江流域各县区都把保水质当成重要任务，先后开展了"保水质，迎调水"百日攻坚战行动，全力推进生态修复治理、农村环境综合整治等工作，确保了丹江流域水质稳定达到国家地表水Ⅱ类以上标准。从整个丹江流域来看，2012年涉及的22个县域在丹江流域出境段面水质质量基本达到了国家Ⅱ类标准，仅有4个为国家Ⅲ类标准；到了2015年，该流域整体水体质量保护较好，没有变差的情况，同时水质为国家Ⅲ类标准的县域减少为3个，绝大部分丹江流域县区出境段面水质都在国家Ⅱ类标准以上，有效保障了丹江口水库的水体质量。

（三）对口协作工作积累了成功的经验

1. 强化《工作方案》引导作用

国家发展改革委、国务院南水北调办，牵头组织水源区各地积极配合京津编制了《北京市南水北调对口协作规划（2013—2015年)》《天津市对口协作丹江口库区上游地区（陕西省汉中市、安康市、商洛市）规划》，确保对口协作工作按照《工作方案》的要求科学开展。"十二五"期间，国家发展改革委、国务院南水北调办相关领导多次深入水源区开展项目督导和检查抽查工作，协调解决对口协作项目建设过程中的困难和问题，强化水源地县（市）项目实施单位主体责任，确保按时完成项目建设任务。

2. 从"对口支援"走向"协作发展"支援新模式

丹江口库区及上游地区"十二五"以来的对口协作工作改变了过去单向支援的结对模式，克服了以往支援资金效率不高、支援项目不符合当地实际情况、受援方积极性缺失等问题，为真正实现支援方与受援方之间实现资源共享、要素整合、优势互补、互惠互利、合作共赢的"协作性"发展之路积累了良好经验。

3. 形成了行之有效的工作模式

例如，北京市与水源地已形成"市级统筹、区县结对"的协作模式。北京市委、市政府高度重视、大力推进南水北调对口协作工作，成立了北京市南水北调对口协作工作协调小组及办公室，与河南省、湖北省一起建立了三方联动的工作格局，为对口协作工作提供了强有力的组织和机制保障。同时，北京市16个区（县）与水源地各县（市）分别签订了结对合作协议，开展区县结对、"一对一"帮扶，各区（县）主要领导先后带队，组织有关部门和企业赴结对县（市）调研对接，并与对口协作县（市、区）建立了一所学校、一所职校、一家医院、一个园区的"四小结对"，有的结对对象还延伸到了乡镇。

（四）通过对口协作促进水源区的转型发展

1. 生态经济发展

该领域73个项目协作资金到位率均为100%。在促进河南、湖北、陕西等三省丹江口库区及上游地区发展生态经济的项目投向上，发展农林产业项目24个，使用对口协作资金8690万元，占该领域资金额的38.85%；发展特色畜禽养殖业项目2个，使用对口协作资金116万元，占该领域资金额的0.52%；培育打造龙头企业项目17个，使用对口协作资金6215万元，占该领域资金额的27.79%；推进生态旅游和文化合作项目30个，使用对口协作资金7346.5万元，占领域资金额的32.84%。

京豫南水北调对口协作项目中，大力发展生态经济相关方面项目共38项，其中援助类项目34项、合作类项目4项，占"十二五"期间京豫对口协作项目总数的23.17%。涉及项目投资总额46195万元，其中对口协作资金投入10046万元，占京豫对口协作资金总量的20.16%。在促进河南省丹江口库区及上游地区发展生态经济的项目投向上，发展农林产业项目14个，在河南省发展改革委的组织下，协同淅川县、西峡县、内乡县、栾川县等4县利用对口协作资金5720万元（占该领域资金额的56.94%），较好的培育了茶叶等新兴特色农业，推动了河南省当地猕猴桃、湖桑、核桃等现代农林业产业的发展。发展特色畜禽养殖业项目1个，在淅川县畜牧局的配合下，依托对口协作平台，建立进京销售渠道。培育打造龙头企业项目10个，利用对口协作资金1690万元（占该领域资金额的16.82％），在淅川县、栾川县农业部门的组织协调下，促进了生产示范基地的建设，加快推广农产品新技术、新工艺。推进生态旅游和文化合作项目13个，北京市充分发挥了政府文化旅游协作方面的资源优势，利用对口协作资金2536万元（占该领域资金额的25.24％），由北京文化节和北京市旅游委牵头，加强了两地文化的交流、扩大了水源区旅游资源的开发与宣传力度。

京鄂南水北调对口协作项目中，大力发展生态经济相关方面项目共34项，其中援助类项目16项、合作类项目18项，占"十二五"期间京鄂对口协作项目总数的20.86％。涉及项目投资总额195393.4万元，其中对口协作资金投入12021.5万元，占京鄂对口协作资金总量的6.15％。在促进湖北省丹江口库区及上游地区发展生态经济的项目投向上，发展特色畜禽养殖业项目1个，利用对口协作资金16万元，由北京市农业局牵头、北京农学院参与，推广农业标准化实用技术和优良品种。培育打造龙头企业项目17个，利用对口协作资金7495万元（占该领域资金额的62.35％），在北京市科委、北京市农业局、北京市西城区外联办的支持下，促进了两地企业之间的考察交流和农产品推广。推进生态旅游和文化合作项目16个，利用对口协作资金4510.5万元（占该领域资金额的37.52％），提升了水源区旅游景区接待、游客集散等服务设施，同时在北京市旅游委的支持下编制《十堰市历史文化遗产、工业遗传保护专项规划》和宣传水源地的旅游资源，较好地推动了当地生态旅游的发展。

津陕南水北调对口协作项目中，大力发展生态经济相关方面项目1项，为援助类项目，投资总额16000万元，其中对口协作资金投入300万元。在促进陕西省丹江口库区上游地区发展生态经济的项目投向上，主要为拓宽硬化旅游公路、铺设景区步行道等景区基础设施的建设。

2. 传统工业升级持续推进

该领域31个项目协作资金到位率均为100％。在促进河南、湖北、陕西等3省丹江口库区及上游地区工业升级的项目投向上，产业园区建设项目26个，使用对口协作资金1.75亿元，占该领域资金额的73％；重点产业扶持补贴项目1个，使用对口协作资金500万元，占该领域资金额的2％；产业投资基金项目4个，使用对口协作资金6020万元，占该领域资金额的25％。

京豫南水北调对口协作项目中，促进传统工业升级相关方面项目共5项，其中援助类项目2项、合作类项目3项，占"十二五"期间京豫对口协作项目总数的3％。涉及项目投资总额2760万元，其中对口协作资金投入2760万元，占京豫对口协作资金总量的5.5％。在促进河南省丹江口库区工业升级的项目投向上，产业园区建设项目2个，重点产业扶持补贴项目1个，产业投资基金项目2个。北京市充分发挥了政府资金的引导和杠杆作用，在河南省发展改革委的组织下，协同淅川县、西峡县、内乡县、邓州市、栾川县、卢氏县等6县市利用对口协作资金2000万元（占该领域资金额的72.5％），设立了产业投资基金，引导和带动社会资本约2.5亿元，用于开展符合当地产业发展规划、具有明显经济社会效益的科技成果转化项目合作。同时，还利用对口协作资金20万元，由北京市经信委牵头，编制了基金设立的相关办法，为6县市共同成立运营管理机构、实现基金的保值增值做好制度保障。

京鄂南水北调对口协作项目中，促进传统工业升级相关方面项目共20项，其中援助类项目 17 项、合作类项目 3 项，占"十二五"期间京鄂对口协作项目总数的 12.3%。涉及项目投资总额 7.5 亿元，其中对口协作资金投入 1.89 亿元，占京鄂对口协作资金总量的 37.8%。在促进湖北省丹江口库区工业升级的项目投向上，产业园区建设项目 18 个，使用对口协作资金 1.49 亿元，占该领域资金额的 78.8%，主要用于十堰市张湾区、茅箭区、丹江口市、郧西县、竹山县、竹溪县等 6 区县工业园区基础设施建设，以及北京市与十堰市之间开展招商引资活动。产业投资基金项目 2 个，北京市 2014 年、2015 年连续两年，每年拿出 2000 万元用于支持"北京—湖北省十堰市对口协作产业投资引导基金"的建设，通过实行市场化运作，推动实现"一母多子"效应，引导社会资金扶持符合湖北省十堰市相关产业政策、产业投资导向的科技型、创新型企业发展，促进产业转型升级，实现当地经济发展。

津陕南水北调对口协作项目中，促进传统工业升级相关方面项目共 6 项，均为援助类项目，占"十二五"期间津陕对口协作项目总数的 5.8%。涉及项目投资总额 6.28 亿元，其中对口协作资金投入 2400 万元。占津陕对口协作资金总量的 5.7%。在促进陕西省丹江口库区及上游地区工业升级的项目投向上，均为产业园区建设项目，全部的对口协作资金都用于了商洛市的商州区、镇安县，汉中市的勉县、佛坪县以及安康市的汉滨区、旬阳县等 6 区县工业园区"五通一平"的基础设施建设。

3. 人力资源开发成效明显

该领域 56 个项目在促进河南、湖北、陕西等三省丹江口库区及上游地区人力资源开发的项目投向上，实施专业人才培养和交流项目 40 个，使用对口协作资金 1503 万元，占该领域资金额的 58%；开展劳动力培养培训项目 13 个，使用对口协作资金 1008 万元，占该领域资金额的 39%；加强劳务合作项目 3 个，使用对口协作资金 80 万元，占该领域资金额的 3%。

京豫南水北调对口协作项目中，加强人力资源开发相关方面项目共 23 项，其中援助类项目 2 项、合作类项目 21 项，占"十二五"期间京豫对口协作项目总数的 14%。京豫对口协作基本涵盖了人力资源开发领域的主要建设内容，项目分配较为均衡。协作双方广泛开展干部挂职交流、技术人才培养和培训工作，为南水北调地区培养了一支高素质的干部队伍，输送了符合当地实际需求的先进技术和工作理念。一是互派干部交流任职。2014—2015 年，双方互派挂职干部两批次共 65 人，挂职干部充分发挥了桥梁纽带作用。二是充分利用北京的技术、管理、教学等方面优势，为水源地县（市）培养水务、农业、工业、旅游、科技、生态、环保、社会管理、教育、医疗等领域的专业技术人才进行培训，共举办专业技术人才培训班 24 个，培训人员 900 余人。三是组织环保专家到对口协作地区传授水、大气、土壤环境治理及监测等方面的技术方法，接受当地环境监测技术人员来京学习地表水饮用水特定项目分析、实验室质量控制等方面的业务知识。四是实施学校"手拉手"帮扶计划。五是赴南阳市举办京宛劳务（人才）现场招聘会，共组织国家足球训练基地、北京首农等 30 家单位提供招聘岗位 1259 个，100 余人达成就业意向。举办"十堰市赴京人才专场招聘会"，25 家十堰市用人单位提供 488 个工作岗位。

京鄂南水北调对口协作项目中，加强人力资源开发相关方面项目共 32 项，全部为合作类项目，占"十二五"期间京鄂对口协作项目总数的 20%。其中，实施专业人才培养和交流计划 28 项目，投入对口协作资金 848.05 万元；开展劳动力培养培训项目 2 个，投入资金 28.35 万元；加强劳务合作项目 2 个，投入对口协作资金 60 万元。京鄂人力资源开发领域的项目主要集中于专业人才培养和交流，在职业教育、劳动力培训和劳务合作方面投入相对较少。2014—2015 年，京鄂两地积极开展干部双向挂职锻炼，两年间，双方互派挂职干部 124 名。通过干部双向挂职，共促成 200 余家企业到库区考察洽谈，签订企业间合作协议 50 余份，通过两年的干部挂职交流，为深化两地对口协作注入强大动力。同时，积极开展"引智工程"，为水源区借智借力发展开启了"顺风车"。北京市共组织百名院士专家到库区调研，围绕医疗卫生、生态文明建设、技术难题等进行现场指导，解决各种难题上百个，为上千人次群众送健康；培训卫生、教育、人力、环保、招商等多领域党政干部、管理技术人员 980 名。如京鄂两地合作的环境监测培训班，使十堰市水质分析能力由过去的 29 项提升至 100 多项，走在全省前列，为"一库清水永续北送"提供了有力的技术支撑。

"十二五"期间，津陕南水北调对口协作在加强人力资源开发相关方面项目共 1 项，为合作类项目，占"十二五"期间津陕对口协作项目总数的 1%。该项目组织陕南三市相关业务人员，赴北京、天津等地开展业务交流培训等。

4. 科技支持力度显著增强

该领域共 11 个项目。京豫南水北调对口协作项目中，加大科技支持力度相关方面项目共 5 项，其中援助类项目 2 项、合作类项目 3 项，占"十二五"期间京豫对口协作项目总数的 3%。涉及项目投资总额 1644 万元，其中对口协作资金投入 385 万元，占京豫对口协作资金总量的 0.8%。在加大河南省丹江口库区科技支持的项目投向上，科技推广示范普及项目 3 个，交流培训项目 2 个。其中，洛阳市栾川县科技推广及示范基地建设项目（总投资 500 万元）使用协作资金 185 万元，在叫河镇、三川镇、冷水镇建设猪苓、高山牡丹、早实核桃等 3 个中药材及经济林培育基地，为当地 500 余户农户发展农业产业经济提供技术和种苗支持，在科技带动区域经济发展方面发挥了良好作用。南阳市内乡县数字印刷普及和科技攻关补贴项目（总投资 1064 万元）使用协作资金 120 万元，用于省级数字印刷包装工程技术研究中心开展数字印刷普及推广、基于内容的图像搜索重排序研究等 2015 年度科技攻关项目补贴，使当地承接科研的能力得到了逐步提升。

京鄂南水北调对口协作项目中，促进传统工业升级相关方面项目共 6 项，均为合作类项目，占"十二五"期间京鄂对口协作项目总数的 3.7%。涉及项目投资总额 3687.6 万元，其中对口协作资金投入 387.6 万元，占京鄂对口协作资金总量的 0.8%。在加大湖北省丹江口库区科技支持的项目投向上，科技推广合作项目 3 个，交流培训项目 2 个，研究共建项目 1 个。其中，十堰市科技综合服务平台建设合作项目（总投资 2000 万元）使用协作资金 150 万元，在北京市科委的支持下，引入北京市科技综合服务平台，初步建成国家科技成果转化服务（十堰）示范基地信息库平台，为十堰提供科技咨询服务和科技攻关，并利用该平台为北京市、中关村科技院所科技成果在十堰孵化、转化提供支撑。同时，十堰市协作办、市委组织部、科技局还与北京中关村管委会紧密合作，使用协作资金 100 万元编制了《十堰市中关村科技成果产业化基地建设总体规划》，借助北京良好的智力资源为科技成果转化、产业对接、企业引入做好顶层设计。此外，十堰市科技局和北京市科委联合机械科学研究总院、北京医药科技大学等科研院所的国家重点实验室和工程技术中心，在湖北汽车工业学院、湖北医药学院建立汽车轻量化国家工程中心十堰分中心（创新基地）和中医药国家重点实验室十堰站，为十堰地区产业健康快速发展提供科技支撑和保障。

5. 经贸合作交流有序开展

该领域 16 个项目协作资金到位率均为 100%。在深化河南、湖北两省丹江口库区经贸交流合作的项目投向上，经贸推介项目 10 个，使用对口协作资金 218 万元，占该领域资金额的 5.6%；流通体系建设项目 4 个，使用对口协作资金 650 万元，占该领域资金额的 16.7%；投资引导基金项目 2 个，使用对口协作资金 3020 万元，占该领域资金额的 77.7%。

京豫南水北调对口协作项目中，深化经贸交流合作相关方面项目共 7 项，其中援助类项目 2 项、合作类项目 5 项，占"十二五"期间京豫对口协作项目总数的 4.3%。涉及项目投资总额 5858 万元，其中对口协作资金投入 3258 万元，占京豫对口协作资金总量的 6.5%。在深化河南省丹江口库区经贸交流合作的项目投向上，经贸推介项目 4 个，流通体系建设项目 2 个，投资引导基金项目 1 个。

京鄂南水北调对口协作项目中，深化经贸交流合作相关方面项目共 9 项，其中援助类项目 1 项、合作类项目 8 项，占"十二五"期间京豫对口协作项目总数的 5.5%。涉及项目投资总额 3690 万元，其中对口协作资金投入 630 万元，占京豫对口协作资金总量的 1.3%。在深化湖北省丹江口库区经贸交流合作的项目投向上，经贸推介项目 6 个，流通体系建设项目 2 个，投资引导基金项目 1 个。

6. 生态环保合作落到实处

"十二五"期间，京津共投入 7.2 亿元支持水质保护及生态环境改善，实施项目 172 个，涉及流域河道治理、美丽乡村建设、垃圾污水处理、生态设施建设及综合环境整治等，在国家、省市有关各方的共同努力下，截至 2015 年年底，丹江口库区及上游地区 7 条主要河流污染物浓度较治理前下降了 50% 以上，部分河流水质从 V 类提高到 III 类，基本实现了"不黑不臭、水质明显改善"的阶段性治理目标。库区所有监测断面水质稳定达到地表水 II 类，符合调水水质要求。已向北京输水 8.7 亿 m³，供水水质均符合或优于 II 类水质标准，其中符合 I 类水质标准的天数超过五成，水质总体保持稳定，南水北调来水已占到北京市城市用水的 70%。

在促进河南、湖北、陕西等三省丹江口库区及上游地区生态环保合作的项目投向上，污水处理项目 42 个，使用对口协作资金 2.42 亿元，占该领域资金额的 34%；流域河道治理项目 50 个，使用对口协作资金 0.92 亿元，占该领域资金额的 13%；生态社区（村）建设项目 19 个，使用对口协作资金 1.07 亿元，占该领域资金额的 15%；环境整治及垃圾处理项目 62 个，使用对口协作资金 2.7 亿元，占该领域资金额的 38%。

京豫南水北调对口协作项目中，加强生态环保协作相关方面项目共 45 项，其中援助类项目 44 项、合作类项目 1 项，占"十二五"期间京豫对口协作项目总数的 27%。涉及项目投资总额 1.92 亿元，其中对口协作资金投入 1.89 亿元，占京豫对口协作资金总量的 38%。资金使用方面，北京市充分发挥政府资金的引导和杠杆作用，积极支持河南省创新协作资金作用模式，吸引社会资本参与对口协作，实现各方互利共赢。国家发展改革委安排支出中央预算内资金 12.6 亿元，河南省市县财政筹措资金 20 亿元，全力保障项目建设资金需求。北京市各区县主要领导先后带队，组织有关部门和企业赴河南省结对县（市）调研对接，扎实有效推进全面协作。特别是北京市支援合作办积极组织北京市有关单位多次赴水源地 6 县（市）开展调研和考察。在中央支持和北京对口协作的努力配合下，河南省对口协作地区生态建设、社会发展和经济转型等方面取得较大突破。推进了南水北调生态走廊的建设，城乡生态环境得到较大改善，群众收入增长，社会更加和谐稳定，教育、医疗水平提升，经济实力不断加强。

京鄂南水北调对口协作项目中，加强生态环保合作相关方面项目共 34 项，其中援助类项目 27 项、合作类项目 7 项，占"十二五"期间京鄂对口协作项目总数的 21%。涉及项目投资总额 5.07 亿元，其中对口协作资金投入 1.28 亿元，占京鄂对口协作资金总量的 25%。在资金投入方面，由于环境基础设施改造对资金需求量较大，因此生态环保合作是北京对口湖北协作项目的资金投入重点，总投入约 12788 万元，占比达 25%。以十堰市郧阳区为例，2014 年神定河内源污染治理项目茶店镇雷家沟河道综合治理工程已完工，完成投资 364 万元，其中使用援助资金 300 万元；杨溪铺镇库岸生态综合整治移土配肥项目已竣工投入使用，使用援助资金 200 万元。2015 年，郧阳环库生态隔离带建设项目已完成造林 6.57 万亩，指数 819.3 万株，生态文明村建设项目已竣工，使用援助资金 500 万元。北京与湖北省对口协作地区开展全方位的生态环保合作，协助湖北省当地推广先进生态环境治理技术，农业无公害水平、生态化水平得到较高提升，农业面源污染和工业电源污染得到有效防治，生态环境显著改善。

津陕南水北调对口协作项目中，加强生态环保合作相关方面项目共 93 项，均为援助类项目，占"十二五"期间津陕对口协作项目总数的 89.52%。涉及项目投资总额 4.2 亿元，其中对口协作资金投入 3.88 亿元，占津陕对口协作资金总量的 92%。天津市支持陕西省县城污水垃圾厂（场）建设，重点支持沿汉、丹江大镇污水处理设施、污泥处理设施、污水管网和垃圾收集处理设施建设。另外还支持改善秦巴山区生态环境，帮助陕南建立矿山环境治理和生态恢复责任机制，采用先进的工艺技术和设备，从源头削减污染，减少生产、销售及产品使用过程中污染物的产生和排放。在国家区域发展规划和陕西鼓励政策支持下，在天津对口协作项目的促进下，陕西省经济综合实力明显增强，教育事业、医疗卫生、公共服务、就业创业等社会事业全面发展，生态环境持续改善。

7. 公共服务能力广泛提升

该领域 52 个项目。在增强河南、湖北、陕西等三省丹江口库区及上游地区公共服务能力的项目投向上，教育类项目 30 个，使用对口协作资金 6773.9 万元，占该领域资金额的 57.3%；公共卫生类项目 14 个，使用对口协作资金 3485.8 万元，占该领域资金额的 29.5%；社会保障类项目 8 个，使用对口协作资金 1570 万元，占该领域资金额的 13.3%。

京豫南水北调对口协作项目中，增强公共服务能力相关方面项目共 37 项，其中援助类项目 32 项、合作类项目 5 项，占"十二五"期间京豫对口协作项目总数的 2 作为卢氏县培从京鄂公共服务领域 12 个项目的数量分布来看，教育、卫生领域的能力建设是主要方向。教育方面，由湖北当地教育部门选定了 20 所学校与北京市开展"手拉手"活动，进行了北京市数字化优质教育资源共享服务项目、北京教育专家到十堰讲课辅导等，有效改善了当地办学条件和教学水平。卫生方面，实施了京鄂医疗手拉手和医疗专家南水北调"思源十堰行"活动，邀请北京知名专家进库区开展义诊，为当地群众送去了健康，项目实施效果良好，提升了湖北对口协作地区的公共服务功能。旅游方面，开通了北京至十堰的旅游专列，多次合作开展了水源区旅游景点推介活动，掀起了京津冀人民畅游十堰的热潮。京鄂两地在文、教、旅游等方面展开的全面合作，有效增强了当地公共服务能力，效果显著，反响良好。

津陕南水北调对口协作项目中，增强公共服务能力相关方面项目共 3 项，均为援助类项目，占"十二五"期间津陕对口协作项目总数的 2.9%，涉及项目投资总额 4.43 亿元，其中对口协作资金投入 1200 万元，占津陕对口协作资金总量的 0.03%。津陕在公共服务的领域的投资项目数量虽然不多，但是规模较大，取得了不错的效果。从京鄂公共服务领域 3 个项目的数量分布来看，教育领域的能力建设是主要方向。天津充分利用海河国家职教基地、公共实训中心以及高职院校等优势资源，扩大了以职校生为主的职业技能培训合作。帮助陕西安康完善以中等职业教育为重点的设施建设，通过培训各种高技能人员工作能力，提升了人员的就业水平。同时建立了天津部门与安康人力资源市场联动机制及信息共享平台，鼓励天津企业、中介机构吸引安康劳动力向天津有序转移。目前商洛职业技术学院培训项目和安康职业技术学院建设项目均已超前完成。

第十三章　汉江中下游影响处理

第一节　通过工程措施减轻调水影响

《南水北调工程总体规划》明确，中线工程从丹江口水库多年平均调水量 130 亿 m³ 时，对汉江中下游生活、生产和生态用水将有一定的影响，需兴建兴隆水利枢纽、引江济汉工程，改扩建沿岸部分引水闸站，整治局部航道等四项工程，以减少或消除因调水产生的不利影响。规划确定的第一期工程调水规模为 95 亿 m³，对汉江中下游影响较小，但考虑到环境问题的复杂性和敏感性，仍安排了汉江中下游上述四项治理工程项目；第二期工程将视环境状况变化等因素，再考虑兴建其他必要的水利枢纽。在 2008 年批复的《南水北调中线一期工程可行性研究总报告》中，进一步明确了汉江中下游四项治理工程的建设和投资规模，纳入中央投资，对湖北省予以补偿。汉江中下游四项治理工程，与汉江中下游已建成的王甫洲水利枢纽，及已纳入规划的新集、崔家营、雅口、碾盘山等水利枢纽工程，共同实现汉江中下游水资源全面开发和利用。通过上述调蓄工程壅高水位，可减轻调水后对汉江中下游水位下降的影响，并结合航道整治全面提高航运能力，减少了对沿岸供水、灌溉及排涝设施的影响，提高了汉江下游段的水量，确保灌溉用水并实现长江到荆州通航。

一、汉江中下游水资源综合利用

2005 年 2 月，水利部、湖北省人民政府以批复了《湖北省汉江流域中下游水利现代化建设试点规划纲要》，规划到 2020 年，完成汉江干流梯级综合开发利用工程，干流丹江口水库以下建成王甫洲、新集、崔家营、雅口、碾盘山、兴隆六大水利梯级枢纽。通过梯级枢纽保证干流沿线生态环境保护、灌溉、发电、航运以及生产生活用水要求，充分合理利用水能资源，显著发挥综合效益，最终全面实现汉江干流综合开发的规划目标。

按《全国内河航道与港口布局规划》《湖北省内河航运发展规划》《汉江干流综合利用规划》《湖北省人民政府关于加快推进湖北水运业跨越式发展的意见》要求，至 2020 年，汉江将完成梯级渠化建设，并全部达到规划航道标准，即汉中—洋县达到Ⅶ级航道、洋县—安康达到

Ⅴ级航道、安康—丹江口达到Ⅳ级航道、丹江口—汉口达到Ⅲ级航道技术标准。汉江干流湖北省境内梯级规划方案，交通部门与水利部门是基本一致的，即孤山—丹江口—王甫洲—新集—崔家营—雅口—碾盘山—兴隆。

2012年9月，国家发展改革委对湖北省、陕西省发展改革委员会报送的《汉江和江汉运河高等级航道建设方案（2011—2015)》进行批复，批复12个"十二五"汉江和江汉运河高等级航道建设项目，将汉江碾盘山枢纽列为"十二五"新开工项目，建设内容为1000t级船闸、电站、土石坝、泄水闸等。到2020年，通过梯级渠化和引江济汉工程，汉江干流丹江口以下达到Ⅲ级标准，航道尺度为2.4m×90m×500m（航深×航宽×弯曲半径），汉江水运主通道规划目标将全面实现。规划项目完成后，将形成的"长江—江汉运河—汉江"810km的1000t级航道圈，将沟通长江中游和汉江中游之间的直接水运联系。

为进一步解决汉江中下游的生态影响问题，国家采取了多项措施：①实施汉江中下游四项治理工程，改善该段生态环境；②实施汉江中下游地区水污染综合治理措施，包括城市污水处理工程、城市垃圾处理工程、小流域治理工程等，以解决中下游治污问题。

汉江中下游四项治理工程是为消除调水对汉江丹江口水库大坝以下地区生态、供水、航运造成不利影响，且与当地治理开发相结合的新建工程。工程规划目标是：采取必要而合理的工程条件，满足汉江中下游区生活、工业、农业、生态和航运的需水要求，减缓调水对汉江中下游地区的不利影响。

汉江中下游四项治理工程包括兴隆水利枢纽工程、引江济汉工程、部分闸站改造工程、局部航道整治工程，总投资113亿元。

二、兴隆枢纽工程减轻调水影响及兴利作用

（一）工程概况

汉江兴隆水利枢纽工程是南水北调中线工程汉江中下游治理工程之一，也是汉江中下游水资源综合开发利用的一项重要工程，位于汉江下游湖北省潜江、天门市境内，上距丹江口枢纽378.3km，下距河口273.7km。兴隆水利枢纽正常蓄水位36.2m，相应库容2.73亿m³，设计、校核洪水位41.75m，总库容4.85亿m³，灌溉面积327.6万亩，库区回水长度76.4km，规划航道等级为Ⅲ级，电站装机容量为40MW，属平原河槽型水库，河道弯曲，坡降平缓。

枢纽布置采用一线式，自左至右布置左土坝段、泄水闸段、连接段、船闸段、右土坝段。坝轴线总长2825m，其中左坝段长910m，泄水闸段长900m，连接段长74m，船闸段长36m，右坝段长905m。

工程于2009年2月26日正式开工建设，同年12月26日顺利实现汉江截流。2012年年底，工程主体土建、金属结构安装基本完工。2013年3月，兴隆枢纽通过水库蓄水及船闸通航阶段性验收，3月22日开始下闸蓄水。2014年9月26日，电站最后一台机组正式发电投产，标志着兴隆水利枢纽工程全面建成，其灌溉、航运、发电三大功能全部发挥，工程转入正式运行阶段。

（二）工程效益

兴隆枢纽作为汉江干流规划的最下一个梯级，其主要任务是枯水期壅高库区水位，增加航

深，以改善回水区的航道条件，提高罗汉寺闸、兴隆闸及规划的王家营灌溉闸和两岸其他水闸、泵站的引水能力。兴隆水利枢纽工程的全面建成和投入运行，对促进汉江中下游乃至湖北省经济社会可持续发展都具有十分重要的意义。

（1）改善灌溉条件。兴隆水利枢纽所处的汉江中下游平原地区，是湖北省重要的经济走廊，也是我国重要的粮棉基地之一。库区两岸有天门罗汉寺灌区、潜江兴隆灌区、沙洋县和沙洋监狱管理局电灌站，在正常年份年均需供农田用水 20 亿 m³ 左右。自库区蓄水之后，农田灌溉面积从过去的 170 万亩增加到约 327.6 万亩，灌区水源保证率可达到 95％以上，极大地提升了库区两岸用水保障能力，促进了区域农业经济发展。

（2）改善航运。兴隆水利枢纽水库蓄水通航后，渠化汉江航道达 78km，库区航道等级由 IV 级提升到 III 级，通航条件得到改善，有利于汉江通航。该航道段以前年通航能力不足 3000 艘，而 2015 年通行 8000 多艘，安全过闸船舶数量累计达 15481 艘。库区航运能力翻了两番以上。同时，库区沿线一批现代化的船舶码头正开工建设，将进一步提升区域货物运输吞吐能力，推动地方经济的发展。

（3）充分利用水资源，发挥了较好的经济效益。兴隆水利枢纽电站装机容量 40MW，利用库区水资源发电，多年平均年发电量 2.25 亿 kW·h。其中，电站 2015 年全年完成发电量 2.107 亿 kW·h，累计完成发电量 4.177 亿 kW·h。

（4）有效改善库区水环境和生态环境。区域生态环境改善，湖北省内绝迹多年的中华秋沙鸭、黑鹳等国家一级保护动物出现于汉江兴隆水域。

（5）有效削减工程对汉江鱼类资源的影响。通过建设鱼道和增殖放流措施，有效保护汉江鱼类资源。

（6）对地方经济和社会发展起到积极助推作用。

三、引江济汉工程减轻调水影响及兴利作用

（一）工程概况

引江济汉工程从长江荆州附近引水到汉江潜江附近河段，工程沿线经过荆州、荆门、潜江等市，穿越一些大型交通设施及重要水系，部分线路穿越江汉油田区。

引江济汉工程进水口位于荆州市李埠镇龙洲垸，出水口为潜江高石碑。在龙洲垸建泵站，干渠沿东北向穿荆江大堤、太湖港总渠，从荆州城北穿过汉宜高速公路，在郢城镇南向东偏北穿过庙湖、海子湖，走蛟尾镇北，穿长湖后港湖汊和西荆河后，在潜江市高石碑镇北穿过汉江干堤入汉江。渠道全长 67.23km，进口处渠底高程 26.20m，出口处高程 25.00m，水深 5.62～5.85m。设计流量 350m³/s，最大引水流量 500m³/s，其中补东荆河设计流量 100m³/s，补东荆河加大流量 110m³/s，多年平均补汉江水量 21.9 亿 m³，补东荆河水量 6.1 亿 m³。渠首泵站装机 6×2800kV，设计提水流量 200m³/s。

引江济汉工程供水范围（直接受益范围）包括汉江兴隆河段以下的潜江市、仙桃市、汉川市、孝感市、东西湖区、蔡甸区、武汉市等 7 个市（区），以及谢湾、泽口、东荆河区、江尾引提水区、沉湖区、汉川二站区等 6 个灌区。

（二）工程效益

引江济汉工程从长江引水补充汉江兴隆至河口段的流量，主要是为了满足汉江兴隆以下生态环境用水、河道外灌溉、供水及航运需水要求，还可补充东荆河水量。可基本解决南水北调中线调水对汉江下游水华的影响，解决东荆河的灌溉水源问题，从一定程度上恢复汉江下游河道水位和航运保证率。

截至 2018 年 6 月，引江济汉工程累计调水 110 多亿 m³，及时满足了汉江兴隆以下河段、长湖流域荆州市江陵县和监利县等地、荆州古城不同层次的供水需求。

汉江兴隆以下河段生态、航运、灌溉、供水条件得以改善。先后两次向长湖、东荆河补水，及时满足了荆州市江陵县、监利县等 160 万亩农田灌溉和渔业用水需求；向荆州护城河补水，极大改善了城区水环境，且通过工程调度基本解决了拾桥河防汛难题。

解决四湖地区抗旱问题，将四湖地区灌溉面积由 80 万亩扩大为 320 万亩。2015 年 8 月，由于长江上游来水偏少，导致荆州引江灌区引水量下降，加之入伏以来，天气持续晴热高温，旱情严重。特别是由于水位下降，水源严重不足，长湖流域农田受旱面积达 175 万亩，时值中稻孕穗、出穗、灌浆的关键时期，农业增收和人畜饮水面临严重威胁。引江济汉管理局先后开启拾桥河下游泄洪闸 8 孔闸门和进口节制闸 5 孔闸门，以平均 135 m³/s 的流量从长江引水，通过干渠补给长湖，5 天内为长湖补水 6172 万 m³，有效缓解了四湖流域中下区的农田旱情。

解决东荆河区域灌溉及 80 万人饮水水源问题。2015 年夏秋两季，为有效缓解汉江来水持续偏少，汉江下游水位走低带来的不利影响，引江济汉管理局要求在高石碑出口汉江水位低于 29.87m 时开始引水。9 月 7 日，引江济汉工程进口节制闸 5 孔闸门全部开启，从长江引水。共启用 6 次，累计时长 101 天，壅水平均抬高水位 1.9m，解决沿线 43900 亩良田及 11000 亩鱼塘灌溉用水。通过冯家口闸向通顺河补水 2721.6 万 m³。

2016 年夏季，受强降雨影响，长湖流域普降大到暴雨，长湖水位持续上涨，最高超历史水位。引江济汉工程两次从长湖向汉江撤洪，累计撤洪量超过 1 亿 m³，有效缓解长湖防洪压力。

除了供水和防洪效益，引江济汉工程航运、交通、旅游效益也得到了充分发挥。引江济汉渠成后，长江水引入汉江后，千吨级航道将从兴隆往下一直延伸到汉川，全长近 190km，"长江—江汉运河—汉江"的 810km 高等级航道圈就此画圆。北方的煤炭通过重载铁路运至襄樊后，可以通过汉江，经引江济汉航道，转运至长江沿线地区，成为"北煤南运"的重要能源通道。可以缩短两江之间的绕道航程近 700km，往返荆州和武汉的航程缩短 200 多 km，往返襄阳与荆州的航程缩短 680 多 km。

引江济汉工程渠顶道路已经通车，随着江汉运河生态文化旅游带的规划实施，一条集供水和水陆运输于一体的绿色生态旅游经济带将在江汉平原呼之欲出。这将有利于推进沟通长江、汉江，辐射江汉平原腹地的"黄金水道"建设，有利于探索现代水利工程与生态文化旅游融合发展的新模式，有利于促进沿线地区经济社会发展和新型城镇化建设。

四、闸站改造工程减轻调水影响

（一）工程概况

汉江中下游部分闸站改造工程是对因南水北调中线一期工程调水影响的闸站进行改造，恢复和改善汉江中下游地区的供水条件，满足下游工农业生产的需水要求。

工程建设内容由谷城至汉川汉江两岸 31 个涵闸、泵站改造项目组成，工程范围依次分布于襄阳市（谷城市勤岗泵站、靠山寺泵站、刘家沟泵站、龚家河泵站、回流湾泵站，樊城区茶庵泵站、卢湾泵站、鲢鱼口泵站，宜城市荣河泵站）、荆门市（钟祥市漂湖闸站、双河闸站、中山闸站、沿山头闸、迎河泵站、皇庄中闸，沙洋县杨堤闸）、潜江市（谢湾倒虹管）、仙桃市（徐鸳口闸站、卢庙闸站、鄢湾闸站）、天门市（彭市闸站、彭麻闸站、杨家月泵站、刘家河闸站）、孝感市（汉川市杜公河闸站、龚家湾闸站、郑家月闸站、杨林闸站、小分水闸站、庙头泵站、曹家河泵站）境内。

工程总投资为 54558 万元，建设总工期为 28 个月，共两个设计单元工程，即汉江中下游泽口闸改造工程和汉江中下游其他闸站改造工程。

（二）工程效益

工程有效解决了原有闸站的灌溉、供水问题，在农业灌溉及城市供水、生态补水等方面发挥了重要作用。

在 2015 年仙桃市遭遇旱情期间，徐鸳口泵站及时投入运行近 300 多台时，提水约 2000 万 m^3，为仙桃市夺取抗旱胜利发挥了关键作用。

东荆河倒虹管工程是通过兴隆闸引汉江水经兴隆河，在兴隆河黄场节制闸上游约 100m 处入周矶办事处沿堤河，穿过东荆河倒虹吸后，流入百里长渠，缓解潜江市汉南片 21.94 万亩农田的用水矛盾。此外，还为园林城区六水连通工程提供了洁净永续的"活水"，被当地称为典型的民生工程。

汉川市南水北调闸站工程改造实施以后，将新增装机容量 4410kW、新增灌溉流量 33.4m^3/s，并能在特殊年份发挥排涝功能，将为汉川市经济社会发展发挥重要作用。

在抵抗 2013 年、2014 年的大旱中，汉川市闸站改造工程发挥了巨大的效益，闸站机组累计运行 26800 台时，耗电 722 万 kW·h，累计调水 595.5 万 m^3，很大程度上确保了汉川市工农业生产及生活用水安全，达到了受益目的。

五、航道整治工程减轻调水影响

（一）工程概况

汉江中下游局部航道整治工程主要建设任务是对局部河段采用整治、护岸、疏浚等工程措施，恢复和改善汉江航运条件。

整治范围为汉江丹江口以下至汉川断面的干流河段 574km 河段，不包括已建的王甫洲水利枢纽库区、崔家营航电枢纽和兴隆水利枢纽库区。建设规模为 Ⅳ 级航道通航 500t 级船队标准，其中丹江口至襄阳河段（约 100km）为 Ⅳ 级航道标准，襄樊至汉川河段为 Ⅳ 级航道标准。

（二）工程效益

通过对整个航道段水域观测情况看，该段航道整治成效明显，达到了稳定滩群、束水归槽的作用，过去经常搁浅受阻的航段，现在已无船舶搁浅阻航现象发生，实现兴隆以下达到

1000t 级航道标准，襄樊至兴隆达到 500t 级航道标准、满足Ⅳ级航道标准；丹江口至襄樊段也按预期达到了Ⅳ级航道标准。

六、汉江中下游其他水利或航运枢纽对减轻调水影响的作用

（一）王甫洲水利水电枢纽

枢纽以发电为主，结合航运，兼有灌溉、养殖、旅游等综合效益。枢纽正常蓄水位 86.23m，相应库容 1.495 亿 m^3，电站装机容量 109MW，保证出力 38MW（保证率 $P=90\%$），多年平均发电量 5.81 亿 kW·h，灌溉面积 2 万亩。本河段航道建设标准为Ⅳ级，船闸设计标准为 300t 级。

王甫洲枢纽于 2000 年建成投入运行，由汉江集团运营管理。其调度运行方式为：初期采取与丹江口同步运行，同步加大或减小出力。因建设年代较早，没有提出最小下泄流量的要求，但需满足通航要求，最小航运流量为 200m^3/s。丹江口加高并实施南水北调后仍维持上述原则，但当丹江口电站平均泄量接近或小于通航流量时，王甫洲水库进行一定的反调节。

（二）新集水利水电枢纽

枢纽以发电、航运为主要任务。枢纽正常蓄水位 76.23m，相应库容 4.05 亿 m^3，电站装机容量 110MW，保证出力 42.4MW（保证率 $P=90\%$），多年平均发电量 4.94 亿 kW·h。本河段航道建设标准为Ⅳ级，船闸设计标准为 2×500t 级。

新集枢纽于 2016 年开工，由襄阳市和汉江现代水利公司负责开发建设。

（三）崔家营航电枢纽

枢纽以航运和发电为主，兼顾灌溉、供水、旅游、水产养殖等综合开发功能的项目。正常蓄水位 62.73m，相应库容 2.45 亿 m^3，电站装机容量 90MW，保证出力 33MW（保证率 $P=90\%$），多年平均发电量 3.898 亿 kW·h。本河段航道建设标准为Ⅲ级，总长度 33km，船闸设计标准为 1000t 级；由于崔家营枢纽的建设，唐白河 17.5km 的航道得到渠化。

崔家营枢纽于 2010 年建成投入运营，由湖北省交通运输厅运营管理。其调度运行方式为：汛期当入库流量小于或等于电站最大引用流量时，库水位维持正常蓄水位 62.73m，电站按天然流量发电；当入库流量大于电站最大引用流量，而小于停机流量时，水库仍维持正常水位，机组全部投入运行，多余水量通过闸门下泄；如入库流量大于停机流量，即电站水头小于 1.5m 时，可根据实际情况将闸门逐步开启至全部开启，下泄流量的最大流量不大于本次洪水天然情况下的最大洪峰流量。

（四）雅口航运枢纽

枢纽以航运为主，兼顾发电、灌溉、旅游等综合利用。水库正常蓄水位 55.72m，相应库容 3.502 亿 m^3，具有日调节能力。电站装机容量 74.2MW，多年平均发电量 3.22/2.53 亿 kW·h（碾盘山水利水电枢纽建成前/后）。本河段航道建设标准为Ⅲ级航道，总长 52.67km，船闸设计通航船舶 1000t 级。

雅口枢纽于 2016 年开工，预计于 2020 年建成投入运营，由湖北省交通运输厅负责开发建设。

（五）碾盘山水利水电枢纽

枢纽开发任务为以发电、航运为主，兼顾灌溉、供水。水库正常蓄水位 50.72m，相应库容 8.77 亿 m³，电站装机容量 200MW，保证出力 42.3MW（保证率 $P=90\%$），多年平均发电量 6.5 亿 kW·h。本河段航道建设标准为 Ⅲ 级航道，总长度 58km，船闸设计通航船舶 1000t 级。

碾盘山枢纽于 2016 年 12 月开工，由湖北省南水北调管理局负责组织建设。

汉江干流梯级开发联合航道整治工程，有效提高了航道等级，改善了通航条件，增加了航道运力，使汉江中下游的水运能力得到了有效提高。兴隆、崔家营等枢纽建成后，实现了丹江口—兴隆 500t、兴隆以下 1000t 的通航标准，月通过船舶数量从 300 余艘增加到 600 余艘，有力促进了水运物流的发展。

库区上游壅高水位和调节径流能够有效提高沿岸水厂的取水保证率。由于汉江中下游地区的地表水资源相对有限，而钟祥市以下又基本为平原湖区，当地径流难以利用，只能依靠汉江作为主要水源，通过各级枢纽对径流的调节作用，能够有效提高沿岸城市取水和周边耕地灌溉的保证率。

第二节　通过政策措施减轻调水影响

在《南水北调中线一期工程可行性研究总报告》中，安排汉江中下游治理工程环境保护专项资金 6.9 亿元（其中中央投资 4.39 亿元），该专项涉及小流域综合治理、污水处理升级改造、鱼类增殖放流和水质监测站网等项目。这些项目的建设及运行，有力地促进了汉江流域水污染防治工作。

2011 年，为加大对汉江中下游污染防治力度，环保部等五部委联合印发了《长江中下游流域水污染防治规划（2011—2015 年）》，其中对汉江中下游安排项目 119 个，投资 58.73 亿元，安排汉江中下游地区污水处理设施、工业点源污染治理、重点区域污染防治等项目。预计削减化学需氧量 9.9 万 t，削减氨氮 1.1 万 t。据环保部长江中下游流域水污染防治规划 2015 年度实施情况考核结果，湖北省是唯一未获得"好"的省份，水质达标比例仅为 66.7%，项目完成率仅为 59%，均明显低于各省总体考核情况。

与此同时，通过实施《丹江口库区及上游水污染防治和水土保护规划》，在保证南水北调工程中线调水水源安全的同时，丹江口水库下泄进入汉江的水质明显好转，减缓了汉江中下游水环境压力。其中，"十一五"期间削减化学需氧量 9.6 万 t/a，氨氮 0.39 万 t/a。"十二五"期间，进一步削减化学需氧量 5.64 万 t/a，氨氮 0.32 万 t/a。

为进一步促进汉江中下游地区经济社会发展和生态环境保护，财政部印发《关于对南水北调中线工程汉江中下游地区给予财力性补助的通知》，明确自 2015 年起，中央财政给予汉江中下游地区每年 6 亿元的补助，连续实施 5 年，共计 30 亿元。

治污环保大事记

2002 年

12 月 21 日，国务院批复《南水北调工程总体规划》。

12 月 27 日，国务院总理朱镕基在人民大会堂宣布南水北调东线中线一期工程开工。

2003 年

10 月 2 日，国务院批转国务院南水北调办等六部门《关于南水北调东线工程治污规划实施意见》。

10 月 15 日，南水北调东线工程治污工作会议在北京召开。会上，国务院南水北调办分别与山东省、江苏省人民政府签订了《山东省南水北调东线工程治污工作目标责任书》《江苏省南水北调东线工程治污工作目标责任书》。

2004 年

1 月 6—9 日，全国人大常委、环资委副主任宋照肃率调研组赴湖北省，就南水北调中线工程水源地生态保护和水污染防治情况进行专题调研。

2 月 12—15 日，由国务院南水北调办带队，会同国家发展改革委、监察部、建设部、水利部、国家环保总局等部门组成联合检查组，对东线治污工作进行检查。

2 月 21 日，山东省明确了省内各部门南水北调东线工程治污工作职责分工。

3 月 1—10 日，国家环保总局组织专家对江苏省南水北调东线控制单元治污方案进行技术审查。

5 月 29—31 日，全国政协南水北调水源保障视察团在丹江口库区进行实地视察调研。

6 月 27 日，山东省人民政府下发《关于提高污水处理费征收标准促进城市污水处理市场化的通知》。

7 月 14 日，国家环保总局汪纪戎副局长赴江苏省检查东线治污工作。

8 月 16—17 日，国家发展改革委组织相关部门对江苏省南水北调东线控制单元治理实施方案进行审查。

9 月 22 日，山东省人民政府下发《关于加强水污染防治的决定》的通知。

10 月 19—21 日，全国政协副主席李兆焯率领全国政协视察团视察湖北省南水北调工作和中线水源地保护情况。

12 月 28 日，国务院办公厅下发《关于加强淮河流域水污染防治工作的通知》。

2005 年

1月4日，山东省人民政府召开了第三十九次常务会议，研究部署进一步加强南四湖、东平湖及省辖淮河、小清河流域水污染防治工作，确定实施"两湖一河"碧水行动计划。

1月6日，国家发展改革委审查通过《南水北调东线工程江苏段控制单元治污实施方案》。

1月17日，全国人大资环委对山东省南水北调工程水污染防治情况进行专题调研。

3月5日，水利部召开《南水北调中线一期工程沙河南至黄河南段工程水土保持方案报告书》审查会。

4月27日，《南水北调中线一期工程总干渠陶岔至黄河南段环境影响评价报告书》通过了水利部水利水电规划设计总院组织的技术评审。

4月28日，江苏省人民政府对关于南水北调东线工程江苏段控制单元治污实施方案进行了批复。

6月16—21日，国务院南水北调办、财政部、建设部、水利部、国家环保总局等部门组成联合调研组，对南水北调东线工程江苏及山东段治污工作进行调研。

6月19—21日，国家环保总局副局长汪纪戎率财政部、建设部、水利部、国务院南水北调办等有关人员对南水北调东线治污工作进行调研。

6月22—23日，国家发展改革委会同国务院南水北调办、建设部、水利部、国家环保总局等在烟台召开了南水北调东线工程山东段治污控制单元实施方案审查会。

7月7—27日，全国人大环资委组织中华环保世纪行记者团，对南水北调中线丹江口水库及汉江上游和中线沿线有关省区进行采访报道。

10月18日，国务院召开会议，审议《丹江口库区及上游水污染防治和水土保持规划》。

11月1日，国务院南水北调东线治污工作现场会在山东济宁召开，中共中央政治局委员、国务院副总理、国务院南水北调工程建设委员会副主任曾培炎出席会议并讲话。

11月11日，国家发展改革委会同建设部、水利部、国家环保总局、国务院南水北调办等在北京召开南水北调东线工程山东段治污控制单元实施方案第二次审查会，原则同意山东省编制的《南水北调东线工程山东段治污控制单元实施方案》。

11月14日，山东省人民政府以省人民政府关于报送南水北调东线工程山东段治污工作情况的函，对国务院南水北调办《关于印发〈2005年南水北调东线工程阶段性治污工作目标责任考核工作方案〉的函》进行了回复。

11月16—21日，国务院南水北调办、国家发展改革委、监察部、建设部、水利部和国家环保总局六部委联合对南水北调东线治污工作阶段性目标完成情况进行考核检查。

12月3日，陕西省十届人大常委会第二十二次会议通过《陕西省汉江丹江流域水污染防治条例》。

2006 年

1月12日，国家发展改革委印发了《关于南水北调东线工程山东段控制单元治污方案审查意见的复函》，原则同意山东省编制的《南水北调东线工程山东段治污控制单元实施方案》。

2月10日，国务院批复《丹江口库区及上游水污染防治和水土保持规划》。

3月1日，《陕西省汉江丹江流域水污染防治条例》正式施行。

3月1日，山东省环保局与质量技术监督局联合发布实施《山东省南水北调沿线水污染物综合排放标准》。

3月1日，《淮安、宿迁市截污导流工程入河排污口设置论证报告书》通过水利部淮河水利委员会组织的专家审查。

3月4日，《江都市截污导流工程入河排污口设置论证报告书》通过水利部长江水利委员会组织的专家审查。

3月7日，国务院南水北调办主任张基尧、副主任李铁军会见国家环保总局副局长张力军一行，双方就南水北调东线治污和中线水源保护等问题进行了座谈。

3月16日，江苏省人民政府在徐州召开全省淮河流域暨南水北调东线水污染防治工作会议。

3月27日，山东省人民政府批复南水北调东线工程山东控制单元治污方案。同日，山东省环保局、公安厅、水利厅、安全生产督查管理局四部门联合下发了《关于加强南水北调沿线环境突发事件应急工作的通知》。

3月30日，山东省环保局印发《关于贯彻落实〈山东省南水北调沿线水污染物综合排放标准〉的通知》，要求2007年6月底前，南水北调输水干线黄河以南段汇水流域内的所有排污单位水污染出水达到标准要求；2008年6月底前南水北调输水干线黄河以北段汇水流域内的所有排污单位水污染物出水达到标准要求。

5月25日，河南省省委书记徐光春赴南阳市就南水北调中线工程水源地水质保护等问题进行调研。

6月9—12日，国家环保总局环境工程评估中心在北京召开《南水北调东线第一期工程环境影响报告书》技术评估会议。

6月12日，南水北调东线长江至骆马湖段其他工程环境影响评价报告审查会在南京举行。

6月14—18日，中国国际工程咨询公司在北京召开《南水北调东线第一期工程可行性研究报告》专家评估会。

6月21—23日，中共中央政治局委员、国务院副总理、南水北调工程建设委员会副主任曾培炎视察丹江口库区及上游水污染防治和水土保持工作，以及丹江口大坝加高施工现场和移民新村。

8月30日，江苏省发展改革委会同省交通厅、地方海事局、建设厅、环保厅和省南水北调办等部门组成验收小组，对京杭运河船舶污染综合项目完成情况进行了验收。

9月5—9日，中国国际工程咨询公司在北京组织专家对《南水北调东线一期工程山东境内截污导流工程可行性研究报告》进行复评。

10月9日，国家发展改革委印发《关于建立丹江口库区及上游水污染防治和水土保持部际联席会议制度的通知》，丹江口库区及上游水污染防治和水土保持部际联席会议制度建立。

10月31日，为配合"南水北调东线水质保证问题"专题调研活动，国务院南水北调主任张基尧向全国政协人口资源委员会介绍南水北调工程水质保护的有关情况。

11月2日，国家环保总局批复《南水北调东线第一期工程环境影响报告书》。

11月2—14日，全国政协人口资源环境委员会"南水北调东线水质保证"专题调研组赴江苏、山东调研南水北调东线水污染防治工作。

11月14日，丹江口库区及上游水污染防治和水土保持第一次部际联席会议在北京召开，安排部署丹江口库区及上游水污染防治和水土保持工作。

11月14日，山东省人民政府发出《关于南水北调治污工作进展情况的通报》，对山东境内南水北调治污工作进展情况进行通报。

11月30日，山东省十届人大常委会第二十四次会议审议通过《山东省南水北调工程沿线区域水污染防治条例》，2007年1月1日起实施。这是国内首次以地方立法的形式对南水北调工程沿线区域的水污染防治进行规范。

12月21日，国务院南水北调办、国家环保总局、水利部和国土资源部联合下发了《关于划定南水北调中线一期工程总干渠两侧水源保护区工作的通知》。

12月26日，山东省环保局与省质监局联合发布了《山东省小青河流域水污染物综合排放标准》，将分别在2007年4月1日、2008年7月1日和2009年7月1日分三阶段执行，排污标准逐步严格。此举是使用流域水污染物综合排放标准取代行业排放标准的有益尝试。

2007 年

1月17日，国务院南水北调办会同国家环保总局、水利部和国土资源部，联合举办南水北调中线总干渠两侧水源保护区划定工作座谈会暨技术培训会。

2月25日，山东省政府办公厅印发《南水北调治淮东调南下工程建设和治污工作座谈会会议纪要》，要求全面加快南水北调工程建设进度和工程沿线治污工作。

3月1日，国家发展改革委主持召开研究南水北调工程东线治污和中线水源保护有关问题的会议。

3月12—13日，南水北调东线一期工程江都、淮安、宿迁市截污导流工程初步设计报告通过审查。

3月20日，丹江口库区及上游水污染防治和水土保持部际联席会议办公室工作座谈会在北京召开。

3月29日，国家发展改革委和水利部联合印发《关于做好丹江口库区及上游水土保持项目前期工作的通知》。

3月29日，山东省环境保护工作会议在济南召开，总结南水北调东线山东段污水治理工作情况，部署下一步工作。

4月7—16日，全国政协人口资源环境委员会"南水北调中线工程水质保证"调研组赴陕西、湖北、河南三省调研。

4月24日，河南省政府制定出台《河南省南水北调中线第一期工程总干渠两侧水源保护区划定工作实施意见》。

5月16—21日，由国家发展改革委、科技部、建设部、水利部、国家环保总局和国务院南水北调办等联席会议成员单位组成联合督察组专赴库区及上游就《丹江口库区及上游水污染防治和水土保持规划》执行情况进行调研和督察。

5月16日，南水北调东线济平干渠工程绿化防护基本完成，初步形成绿色长廊和生态走廊。

5月21日，河南省政府召开电视电话会议，安排部署南水北调中线总干渠两侧水源保护区划定工作。

5月23日，河南省政府召开会议，研究部署省辖丹江口库区及上游水污染防治和水土保持规划实施工作。

7月1日，《山东省南水北调沿线水污染物综合排放标准》正式实施。

7月10—14日，全国政协人口资源环境委员会"南水北调中线工程水质保证"专题调研组赴京石段调研。

7月11日，全国人大常委会副委员长、秘书长盛华仁在江苏省徐州市调研南水北调东线工程徐州段水污染防治工作。

7月28日，江苏省政府召开全省淮河流域及南水北调沿线地区水污染防治工作会议，总结江苏省淮河流域及南水北调沿线地区水污染防治工作情况，部署下一阶段工作。

8月7日，山东省政府召开淮河流域及南水北调沿线水污染综合治理工作会议，检查山东省辖淮河流域及南水北调治污工作进展情况，部署淮河流域及南水北调沿线治污工作。

9月10日，国家发展改革委、水利部、国务院南水北调办联合下发了《关于调整南水北调东线一期截污导流工程审批方式的通知》。

9月24日，国家发展改革委批复南水北调东线第一期工程江都、淮安、宿迁市截污导流工程初步设计预算，核定三市截污导流工程静态总投资53557万元。

10月10—11日，水利部在陕西省安康市组织召开丹江口水库及上游水土保持工程启动大会。

10月16—17日，国务院南水北调办在北京召开南水北调中线干线水源保护区划定工作会议。

10月24日，河南省政府在南阳市淅川县召开省辖丹江口库区及上游水污染防治和水土保持工作现场会。

11月6—7日，国务院南水北调办会同国家环保总局、水利部、国土资源部在天津组织召开南水北调中线一期工程天津干线（天津段）两侧水源保护区划定工作论证会，通过南水北调中线一期工程天津干线（天津段）两侧水源保护区划定方案。

11月14日，国务院南水北调办下发了《关于加快山东省截污导流工程实施进度的通知》。

11月20日，南水北调东线淮安市截污导流工程开工建设。

11月30日，山东省发展改革委批复《南水北调东线第一期工程宁阳县洸河截污导流工程可行性研究报告》。

12月12日，山东省发展改革委批复了南水北调东线一期工程宁阳县洸河截污导流工程初步设计概算。

12月21日，南水北调宿迁市截污导流工程开工建设。

12月28日，南水北调东线山东段首个截污导流工程——山东宁阳县洸河截污导流工程开工建设。

2008 年

1月16日，国务院南水北调办主任张基尧、副主任张野考察南水北调东线淮阴三站、淮安四站、江都站改造和江都市截污导流工程建设工地。

4月25日，山东省发展改革委分别批复了南水北调东线第一期工程菏泽市东鱼河、滕州市城漷河、枣庄市薛城小沙河控制单元、临沂市邳苍分洪道、金乡县、枣庄市峄城大沙河、嘉祥县、曲阜市和滕州市北沙河截污导流工程可行性研究报告。

5月9日，江苏省发展改革委批复了南水北调徐州市截污导流工程张楼中运河地涵初步设计报告。

5月16日，山东省发展改革委分别批复了南水北调东线第一期工程菏泽市东鱼河、临沂市邳苍、滕州市北沙河、滕州市城漷河、枣庄市峄城大沙河、枣庄市薛城小沙河控制单元、曲阜市、嘉祥县截污导流工程初步设计。

5月20—21日，河南省人民政府在河南省淅川县召开河南省南水北调中线工程水源地水质保护工作会议，学习贯彻温家宝总理在河南视察时关于南水北调工作的重要讲话精神，总结中线工程水质保护工作的成效和经验，部署下步工作。

5月28日，天津市人民政府批准《南水北调中线天津干线（天津段）两侧水源保护区划定方案》，在南水北调中线沿线四省（直辖市）中率先发布其境内工程段两侧一、二级水源保护区范围，明确规定水源保护区范围内的禁止行为。

6月23—30日，南水北调东线第一期工程嘉祥县、金乡县、曲阜市、滕州市北沙河等11项截污导流工程分别开工建设。

6月25—27日，国家发展改革委、环保部、交通运输部和国务院南水北调办组成联合调研组，赴江苏宿迁、淮安市调研南水北调航运船舶码头污染治理工作。

7月2日，山东省南水北调工程建设管理局发布《关于加强山东境内南水北调截污导流工程建设资金管理意见的通知》。

7月7—8日，全国人大常委会执法检查组检查南水北调东线山东段工程贯彻《中华人民共和国环境影响评价法》情况。

7月8日，国家发展改革委下达2008年南水北调东线一期截污导流工程中央预算内投资计划的通知。

8月10日，江苏省辖淮河流域暨南水北调东线水污染防治工作会议在南京市召开。

8月15日，陕西省人民政府正式出台《陕西省丹江口库区及上游水土保持工程建设管理办法》。

9月3日，国务院南水北调办、国家发展改革委、交通运输部、环境保护部、住房城乡建设部联合印发《关于加强南水北调东线京杭运河段航运水污染综合治理工作的通知》。

9月18日，全国人大环资委听取国务院南水北调办关于南水北调工程水污染防治工作情况的汇报。

9月24—27日，由国务院南水北调办、财政部、环境保护部和国土资源部组成的联合调研组，赴湖北省十堰和河南南阳就南水北调中线工程水源区生态补偿、《丹江口库区及上游水污染防治和水土保持规划》工业点源治理及黄姜清洁生产科技攻关等情况进行实地调研。

10月20—22日，由国务院南水北调办、水利部、住房城乡建设部、环保部和交通运输部组成的联合调研组，赴江苏省徐州市调研南水北调东线治污考核和航运水污染综合治理工作。

10月22日，山东省辖淮河流域及南水北调沿线黄河以南段水污染防治工作调度会在山东枣庄市召开。

10 月 25 日，南水北调东线江苏省徐州市截污导流工程开工建设，标志着江苏省实现东线截污导流工程全部开工建设的目标，也标志着江苏省控制单元治污方案确定的 5 类 102 项治污项目全面开工建设。

11 月 19 日，江苏省截污导流工程建设管理工作会议在南京召开。

11 月 24 日，国家发展改革委下达南水北调截污导流工程 2008 年新增中央预算内投资计划的通知。同日，山东省发展改革委分别批复了南水北调东线第一期工程夏津县、鱼台县、枣庄市小季河、聊城市金堤河、临清市汇通河、武城县截污导流工程初步设计。

11 月 24—29 日，国务院南水北调办、国家发展改革委、监察部、环保部、住房城乡建设部、水利部联合对南水北调东线江苏、山东两省治污工作阶段性目标进行考核。

12 月 12 日，山东省发展改革委分别批复了南水北调东线第一期工程微山县、梁山县、济宁市截污导流工程可行性研究报告。

12 月 19 日，丹江口库区及上游水污染防治和水土保持部际联席会议第二次全体会议在北京市召开。

12 月 22 日，财政部以《财政部关于下达 2008 年三江源等生态保护区转移支付资金的通知》下达丹江口库区及上游 40 个县等国家重点生态保护区转移支付资金，其中丹江口库区及上游地区转移支付资金为 14 亿多元，标志着在全国重点流域中国家对南水北调工程中线水源区率先实施生态补偿。

12 月 25 日，江苏省发展改革委批复了南水北调东线徐州市截污导流工程初步设计报告。

12 月 25 日，山东省发展改革委分别批复了南水北调东线第一期工程微山县、梁山县、济宁市截污导流工程初步设计。

12 月 31 日，南水北调东线济宁市截污导流工程开工建设，标志着南水北调东线山东段截污导流工程全面开工，也标志着南水北调东线治污规划 26 项截污导流工（其中山东省 21 项，江苏省 5 项）已全面开工。

2009 年

2 月 18—19 日，国务院南水北调办、环保部、水利部组成联合调研组调研南水北调东线骆马湖水质状况。

2 月 22—27 日，国家发展改革委地区司、国务院南水北调办环移司联合组成调研组，赴丹江口库区及上游三省开展丹江口库区及上游经济社会发展规划编制工作现场调研。

3 月，湖北省人民政府批复同意建立丹江口库区省级湿地自然保护区，主要保护对象为河道型塘库生态系统及生物多样性和优质的淡水资源。

3 月 24 日，国务院南水北调办、国家发展改革委、监察部、环保部、建设部、水利部六部委联合下发了《关于进一步加强南水北调东线治污工作的通知》。

3 月 25 日，国务院南水北调办环移司在北京主持召开《丹江口库区及上游水污染防治和水土保持规划》中水质监测能力建设项目实施方案座谈会，研究规划水质检测能力建设项目实施方案。环境保护部、水利部相关司局以及河南、湖北、陕西三省有关同志参会。

3 月 25 日，江苏省南水北调办发布江苏省南水北调截污导流工程验收管理办法。

4月14日，环境保护部在扬州召开南水北调三阳河潼河宝应站工程竣工环境保护验收会议。

4月19日，国务院南水北调办副主任李津成参加《南水北调东线济宁市环南四湖大生态带工程建设规划》专家论证会并讲话。

5月31日，南水北调东线江都市截污导流工程顺利通过联合试运行暨合同项目验收，成为南水北调东线工程中第一个建成、第一个发挥效益的截污导流单项工程。

6月5日，环保部向南水北调东线江苏水源有限责任公司发出了《关于南水北调东线第一期工程三阳河、潼河、宝应站工程竣工环境保护验收意见的函》。

6月24日，全国环境保护部际联席会议暨淮河流域水污染防治工作专题会议在江苏省扬州市召开。会议提出今年是实施淮河流域水污染防治规划的关键之年；强调抓好京杭运河、洪泽湖、骆马湖、南四湖环境整治，2009年年底前"一河三湖"及其入河（湖）主要支流水质达到Ⅲ类水标准。

6月29日，南水北调徐州市截污导流工程张楼中运河地涵一期水下工程通过验收。

7月27—29日，国务院南水北调办、交通运输部、环境保护部、住房城乡建设部、国土资源部和国家安全生产监督管理总局等部门组成联合调研组，对南水北调东线江苏段京杭运河水污染防治工作进行调研。

7月28日至8月2日，由国务院南水北调办会同交通运输部、环境保护部、住房城乡建设部、国土资源部和国家安全生产监督管理总局等部门组成联合调研组，赴江苏省扬州、淮安、宿迁、徐州以及山东省枣庄、济宁六市开展东线京杭运河水污染防治工作调研。

8月12—31日，国家发展改革委与国务院南水北调办组织联合专家组对江苏省、山东省部分截污导流工程项目进行稽查。

10月10—18日，国务院南水北调办会同环境保护部、水利部，组织有关单位专家，赴河南、湖北、陕西三省开展丹江口库区及上游水质监测建设项目实施方案论证和水源保护区划定调研。

10月22—29日，国务院南水北调办专家委员会对南水北调东线治污工作进行调研。

11月28—30日，南水北调工程水资源保护培训研讨班在深圳市举办。

12月23—24日，国家发展改革委会同国务院南水北调办、交通运输部、环境保护部、住房城乡建设部、国土资源部和国家安全生产监督管理总局等有关部委，在北京市召开江苏、山东两省《南水北调东线京杭运河航运水污染防治设施建设方案》审查会。

12月26日，南水北调东线宿迁市南水北调截污导流工程顺利通过联合试运行验收。

2010 年

2月7日，南水北调东线江都市截污导流工程正式投入运行。

4月14日，国务院南水北调办总经济师张力威主持召开南水北调中线丹江口水库水源保护区划分工作座谈会，办环境保护司，环境保护部污染防治司，政策法规司，水利部水资源司，中国环境科学研究院、国家林业局调查规划院、南水北调中线水源公司有关负责同志和专家出席了会议，中国环境科学研究院就《丹江口水库库区水源保护区划分技术细则》编制情况进行了汇报。

4月26日，国务院南水北调办印发《关于转发国务院办公厅关于实施"以奖促治"加快解决突出的农村环境问题的实施方案及国务院有关部门关于中央农村环境保护专项资金管理暂行办法的通知》(综环保函〔2010〕159号)，指导水源区和沿线地方政府拓宽治污环保资金渠道，进一步做好水质保护工作。

5月6日，国务院南水北调办以综环保函〔2010〕181号文《关于报送〈丹江口库区及上游水污染防治和水土保持修订规划〉(初稿)的函》，向国家发改委正式报送了环境保护司组织编制的规划修订初稿。

6月3日，南水北调中线水源区生态文明建设论坛在西安隆重召开。全国人大常委会副委员长、九三学社中央主席韩启德，陕西省委书记、省人大常委会主任赵乐际，国务院南水北调办副主任李津成，陕西省人民政府副省长吴登昌，全国政协常委、九三学社中央副主席赖明出席会议。全国人大、财政部、农业部、水利部、环境保护部等中央部门的代表，和来自陕西、湖北、河南省政府及有关部门代表参加了论坛。

6月4—9日，李津成副主任带队深入陕西商洛市、湖北十堰市及神农架林区等中线水源区，实地调研黄姜皂素加工清洁生产科技攻关、污水处理厂建设和运行、生态建设等有关情况。

6月9日，丹江口库区及上游水污染防治和水土保持部际联席会议办公室在北京组织召开了《丹江口库区及上游水污染防治和水土保持修订规划》(初稿)专家审查会。与会专家在听取规划编制组汇报后，对规划进行了认真的审查，提出了一些重要的修改意见。

6月，北京市南水北调办、国土资源局、环境保护局、水务局共同向市政府上报了《关于南水北调中线一期工程总干渠北京段两侧水源保护区划定方案》。

7月4—5日，国务院南水北调办、环境保护部在山东省滕州市联合召开南水北调东线治污暨截污导流工程建设现场会。

7月5日，河南省人民政府办公厅印发了《南水北调中线一期工程总干渠(河南段)两侧水源保护区划定方案》(豫政办〔2010〕76号)，正式批复了中线一期工程总干渠河南段两侧水源保护区划定方案，为保护好中线调水水质提供法律依据。

8月19日，南水北调东、中线规划区全国节水型社会建设试点通过水利部验收。

11月5日，国务院南水北调办出台《南水北调东线一期工程治污工作目标责任考核办法》。

2011 年

3月15日，徐州市截污导流主体工程建成，为2013年南水北调东线一期工程建成通水奠定坚实基础。

3月17日，山东省环境保护厅对山东省南水北调截污导流工程竣工环境保护验收进行了批复。

4月1日，环境保护部部长周生贤发表署名文章，要求加大南水北调水源及沿线水污染防治力度。

4月7—16日，国务院南水北调办副主任于幼军率队赴山东、江苏两省调研南水北调东线治污环保工作。

4月19日，环境保护部办公厅和南水北调办综合司联合印发《关于做好南水北调中线水源区县域生态环境质量考核工作的通知》（环办函〔2011〕437号），进一步明确了水源区各县（市、区）的生态环境质量考核指标和考核内容。

4月20—28日，由全国政协副主席李金华任组长，全国政协人口资源环境委员会副主任张基尧、任启兴、李金明任副组长的全国政协"南水北调中线工程水质保证"调研组到陕西、湖北、河南三省调研南水北调水源区水质保护工作。调研组充分肯定了南水北调中线工程水质保护方面的显著成效，并对进一步做好水质保护工作提出了建议。国务院南水北调办总经济师张力威陪同调研，国家发展改革委地区司、国务院南水北调办环境保护司派员参加。

5月4日，环境保护部向淮河水利委员会治淮工程建设管理局下发了《关于南水北调东线第一期工程韩庄运河段工程（台儿庄泵站工程）竣工环境保护验收意见的函》和《关于南水北调东线一期工程南四湖水资源控制和水质监测工程、骆马湖水资源控制工程（姚楼河闸、潘庄引河闸、骆马湖水资源控制工程）竣工环境保护验收意见的函》。

5月9日，于幼军副主任与环境保护部周生贤部长、张力军副部长，5月12日与财政部廖晓军副部长，5月13日与发展改革委杜鹰副主任，就中线水源保护有关问题进行了会谈，在完善丹江口库区及上游水污染防治和水土保持规划、经济社会发展规划、建立中线水源保护长效机制等方面达成共识。

5月13日，国务院南水北调办、国家发展改革委、财政部、国土资源部、环境保护部、水利部、农业部、国家林业局等有关部门召开了南水北调中线干线生态带建设座谈会。

5月30日，山东省在济宁市召开南水北调治污工作领导小组成员会议，就进一步深化东线治污工作进行了安排部署。

6月16—19日，国务院南水北调办环境保护司在河南信阳举办了南水北调水源地及沿线水质信息系统应用培训班，南水北调东、中线沿线及水源区有关省市南水北调、环保部门和各项目法人派员参加培训。南水北调水源地及沿线水质信息系统正式投入运行，为及时掌握和管理水质信息提供现代化手段。

6月17—20日，国家发展改革委地区司、南水北调办环境保护司赴水源区开展对口协作调研。

6月23日，国务院南水北调办主任鄂竟平主持召开主任专题办公会，研究贯彻国务院领导关于开展并加强南水北调中线干线工程两侧生态带建设的批示、全国政协《关于南水北调中线工程水质保证情况的调研报告》。会议决定开展《南水北调中线干线工程两侧生态带建设规划》编制工作。于幼军副主任、张力威总经济师出席，环境保护司和中线建管局负责同志参加会议。

6月30日，国家发展改革委发文正式征求河南、湖北、陕西省人民政府和教育部等26个部委对《丹江口库区及上游地区经济社会发展规划（征求意见稿）》的意见。

7月上旬，环境保护司会同有关部委相关司、中线建管局、有关专家、技术单位及干线工程沿线省（直辖市）南水北调办，研究了《南水北调中线干线工程两侧生态带建设规划》编制工作方案及大纲；国务院南水北调办、农业部、住建部、林业局联合印发了《关于开展南水北调中线干线工程两侧生态带建设规划编制工作的函》（综环保函〔2011〕309号），部署沿线各省（直辖市）配合规划编制工作。

7月25—27日，国务院南水北调办副主任于幼军赴河北省、天津市调研了中线干线工程建设、两侧水源保护区划定、配套工程建设等情况，考察了天津海水淡化项目。

8月1日，"十二五"国家科技支撑计划"南水北调中线工程水源地及沿线水质监测预警技术研究与示范"项目可行性研究、经费预算通过专家论证，科技部科研条件与财务司、社会发展科技司，国务院南水北调办建设管理司、环境保护司负责同志，以及各课题承担单位负责人参加会议。

8月3日，国务院南水北调办副主任于幼军赴北京市南水北调办调研北京市南水北调中线干线工程两侧水源保护区划定和生态带建设规划工作。环境保护司负责同志参加调研。

8月3日，国务院南水北调办综合司和国家发展改革委办公厅联合印发了《关于征求对丹江口库区及上游水污染防治和水土保持规划实施情况考核办法意见的函》（综环保函〔2011〕312号），正式征求各有关部委和地方对考核办法（征求意见稿）的意见。9月15日，南水北调办环境保护司会同发展改革委地区司、环境保护部污防司、住房城乡建设部城建司、水利部水资源司，根据各方意见对考核办法进行了集中修改。

8月25日，国家发展改革委地区司，国务院南水北调办环境保护司、征地移民司，北京、天津、河北、河南四省（直辖市）发展改革委、对外协作办、南水北调办等有关部门召开丹江口库区对口协作座谈会，研究了河南、湖北、陕西三省报送的前期调查材料，听取了受水区四省（直辖市）的意见和建议。9月6—10日，国务院南水北调办环境保护司、国家发展改革委地区司，以及北京、天津、河北三省（直辖市）有关部门组成调研组先后赴陕西、湖北、河南三省开展对口协作调研。

8月29日，国务院南水北调办主任鄂竟平听取中线水源保护有关问题研究和建议情况汇报，针对中科院对南水北调中线水源保护工作咨询报告及相关建议做出指示。于幼军副主任出席，投资计划司、建设管理司、环境保护司、中线建管局负责同志，中科院有关专家参加。

9月19日，国务院南水北调办环境保护司商环境保护部监测司联合召开水源区县域生态环境质量考核工作座谈会，根据河南、湖北、陕西三省报送的考核数据审核报告，讨论存在的问题，研究进一步做好考核工作相关事宜。

10月16日，山东省菏泽市东鱼河截污导流工程通过全省竣工验收。

10月21日，国务院南水北调办主任鄂竟平主持召开主任专题办公会，听取环境保护司和编制单位关于生态带建设规划编制进展及成果的汇报，张野副主任、蒋旭光副主任、于幼军副主任、张力威总经济师出席。12月1日，国务院南水北调办发文正式征求相关部门及地方对《南水北调中线干线工程生态带建设规划（征求意见稿）》的意见。

11月9—16日，国务院南水北调办会同财政部、环境保护部组成联合检查组，对中线水源区河南、湖北、陕西三省县域生态环境质量和转移支付资金安排使用情况进行检查。

11月16日，国务院南水北调办主任鄂竟平主持召开主任专题办公会，研究东线治污、中线两个规划编制和对口协作工作。

11月21日，国务院南水北调办、国家发展改革委、监察部、环境保护部、住房城乡建设部和水利部六部门联合印发《丹江口库区及上游水污染防治和水土保持规划实施情况考核办法》（国调办环保函〔2011〕59号）。

11月21—25日，国务院南水北调办、环境保护部、水利部等有关司局组成联合调研组，赴山东、江苏两省对南水北调东线治污工作进行监督、检查。

12月6日，南水北调中线丹江口水库提高蓄水位地质环境灾害风险分析项目、内源污染风险分析与防范项目通过专家验收。国务院南水北调办环境保护司、国土资源部地质环境司、环境保护部污防司、卫生部监察局负责同志，以及各项目承担单位负责人参加会议。

12月7日，国家发展改革委召开主任办公会议，研究通过《丹江口库区及上游地区经济社会发展规划（送审稿）》，同意上报国务院审批。

12月8日，国家发展改革委、国务院南水北调办、水利部、环境保护部和住房城乡建设部联合向国务院报送了《丹江口库区及上游水污染防治和水土保持规划（2011—2015年）（送审稿）》。

12月8—13日，国务院南水北调办副主任于幼军率国务院南水北调办、国家发展改革委、监察部、环境保护部、住房城乡建设部和水利部六部门相关司负责同志组成考核组，赴中线水源区河南、湖北、陕西三省对水污染防治和水土保持工作进行考核。

12月20日，国务院南水北调办、国家发展改革委、监察部、环境保护部、住房城乡建设部和水利部六部门联合向国务院报送了《关于丹江口库区及上游水污染防治和水土保持规划实施情况考核报告》（国调办环保〔2011〕331号）。

2012 年

1月9日，南水北调东线江苏省新沂市尾水导流工程开工建设，标志着江苏省南水北调工程水污染防治工作进入新一轮深化治理阶段。

4月上旬，中国环境监测总站会同环境保护司召开南水北调中线丹江口库区及上游水质监测方案协调会，并印发了开展库区及上游水质专项监测的通知，5月开始对《丹江口库区及上游水污染防治和水土保持"十二五"规划》49个控制单元的水质监测断面，按24项常规水质指标进行逐月监测。

4月16—21日，国家安监总局和国务院南水北调办联合开展了中线水源区尾矿库安全及水质风险污染防控工作专题调研，察看了尾矿库情况，指导开展尾矿库治理工作。

4月28日，环境保护司会同经济财务司在十堰市主持召开南水北调中线水源区生态补偿工作座谈会，会议交流了水源区三省八市开展生态补偿工作取得的成绩和遇到的问题，研究了进一步完善相关政策的内容和途径。

5月8—12日，国务院南水北调办就东线山东省截污导流工程运行管理情况进行调研和检查。

5月15—18日，国务院南水北调办对南水北调东线江苏省截污导流工程运行情况及不稳定达标断面深化治理进行现场调研和检查。

5月23日，国务院南水北调办主任鄂竟平主持召开主任专题办公会，听取环境保护司关于加强丹江口库区及上游水质监测工作进展情况的汇报，于幼军副主任出席。

5月29—31日，国务院南水北调办副主任于幼军与环境保护部副部长张力军联合督查调研山东省南水北调东线治污工作，并在济宁市召开深化东线治污工作会议。

6月1—3日，国务院南水北调办副主任于幼军与环境保护部副部长张力军联合督查调研江苏省南水北调东线治污工作，并在徐州市召开深化东线治污工作会议。

6月4日，国务院批复了国家发展改革委、国务院南水北调办、水利部、环境保护部和住房城乡建设部联合上报的《丹江口库区及上游水污染防治和水土保持"十二五"规划》。6月20日，国务院南水北调办主任鄂竟平主持召开主任专题办公会，研究贯彻落实批复精神，并听取环境保护司关于丹江口库区及上游水污染防治和水土保持第三次部际联席会议筹备工作的汇报，张野副主任、于幼军副主任出席。

6月5日，《南水北调中线干线工程两侧生态带建设规划》护渠林带建设科学性论证专家咨询会在北京召开，来自中国科学院、中国水利水电科学研究院、中国农业科学院、北京林业大学以及环境保护部的有关专家，对中国环境科学研究院编写的林带建设论证报告进行了咨询，明确了生态带建设的宽度。

6月6—8日，国务院南水北调办主任鄂竟平带队赴湖北、河南查访南水北调中线丹江口库区水质，实地检查了神定河、犟河、泗河、官山河、剑河、老灌河入库水质监测断面，考察了污水垃圾处理、农村面源污染治理和生态旅游项目建设情况。

7月2日，国家发展改革委地区司会同农经司、国务院南水北调办环境保护司、水利部水资源司，召开《丹江口库区及上游地区经济社会发展规划》相关政策协调会。

7月3—4日，全国人大农业与农村委员会副主任委员房凤友带队，就南水北调中线工程水源区农业补贴问题，赴河南省南阳市和湖北省十堰市、神农架林区进行调研。调研组先后查看了水源区农业种植结构调整、水土保持、移民安置等工作，沿途走访农户了解情况，并召开座谈会与河南省、湖北省交换意见。国务院南水北调办环境保护司陪同调研。

7月3—4日，山东省政府在滕州市召开省南水北调东线治污和建设工作现场会。

7月5—9日，国务院南水北调办专家委组织对东线一期工程治污工作进行了专题调研。

7月上旬，国务院南水北调办环境保护司赴湖北省荆门、襄阳等地，督导汉江中下游生态环境保护工程建设，调研汉江中下游生态补偿相关情况。

7月19日，江苏省政府召开全省淮河暨南水北调水污染防治工作会议。

7月28日，丹江口库区及上游水土保持二期工程启动会议在河南省西峡县召开，会议总结交流了丹江口库区及上游水土保持一期工程建设取得的成效和经验，贯彻《国务院关于丹江口库区及上游水污染防治和水土保持"十二五"规划的批复》精神，部署启动水土保持二期工程建设。水利部副部长刘宁、国务院南水北调办副主任于幼军出席会议并讲话。

7月29日，国务院南水北调办环境保护司在水源区召开工作会，研究部署河南、湖北两省针对不达标河流制订"一河一策"治理方案。

7月30日，国务院南水北调办环境保护司赴水源区调研面源污染治理暨农业种植结构调整工作。

7月下旬，国务院南水北调办环境保护司赴陕西省商洛市，调查秦巴山区生态移民、退耕还林及水土保持情况。

8月29日，国务院南水北调办批复同意中线建管局成立南水北调中线水质保护中心（国调办综〔2012〕208号）。

8月30日，国务院南水北调办正式向国家发展改革委报送《南水北调中线一期工程干线生态带建设规划》（国调办环保函〔2012〕46号）。

8月30日，国务院南水北调办正式向国家发展改革委、环境保护部、住房城乡建设部、水利部以及水源区河南、湖北、陕西三省征求对《丹江口库区及上游水污染防治和水土保持"十二五"规划实施工作目标责任书》的意见（综环保函〔2012〕330号），根据各方意见修改后形成责任书最终稿。

9月7日，国务院南水北调办环境保护司会同国家发展改革委地区司、监察部执法监察室、环境保护部污防司、住房城乡建设部城建司、水利部水资源司和有关技术单位，在北京召开丹江口库区及上游水污染防治和水土保持"十二五"规划实施考核办法座谈会，会上各单位针对完善考核办法深入交换了意见。

9月25日，江苏省丰县沛县尾水资源化利用及导流工程开工，标志着江苏省南水北调近期新增重点治污补充项目全面开工；同日，国务院南水北调办主任鄂竟平率队对徐州市南水北调治污工作进行专题调研。

9月30日，国务院正式批复《丹江口库区及上游地区经济社会发展规划》（国函〔2012〕150号）。

10月12日，国务院南水北调办环境保护司在北京主持召开《南水北调中线干线工程防护林及绿化工程设计技术导则（试行）》审查会。10月18日批复了该导则（国调办环保〔2012〕242号），原则同意该导则提出的工程措施、技术要求。

10月23—24日，丹江口库区及上游水污染防治和水土保持部际联席会议在中线水源区河南南阳、湖北十堰召开。会议由国家发展改革委副主任杜鹰主持，国务院南水北调办、科技部、工业和信息化部、监察部、财政部、国土资源部、环境保护部、住房城乡建设部、水利部、农业部、安全监管总局、国家林业局，以及河南、湖北、陕西三省政府有关部门，南阳、十堰、商洛、安康、汉中市政府负责同志列席会议。会上，国务院南水北调办与河南省、湖北省、陕西省签订了《南水北调中线水源保护目标责任书》。

10月29—31日，国务院南水北调办主任鄂竟平赴陕西调研南水北调中线水源区水质保护工作。期间，会见了陕西省省长赵正永，就如何推进中线水源区水质保护与区域经济社会协调发展交换了意见，副省长祝列克陪同调研。综合司、环境保护司、中线水质保护中心主要负责同志陪同调研。

11月5日，国家发展改革委、国务院南水北调办联合向国务院上报《关于报送丹江口库区及上游地区对口协作工作方案（送审稿）的请示》（发改地区〔2012〕3451号）。

11月6日，南水北调中线水质保护中心正式成立，国务院南水北调办主任鄂竟平为中心成立揭牌，副主任于幼军主持揭牌仪式。环境保护司、中线建管局、中线水质保护中心有关负责同志参加揭牌仪式。

11月6—7日，江苏省在徐州市召开南水北调水污染工作现场会。

11月6—9日，国务院南水北调办与环保部、水利部联合检查东线输水干线排污口关闭清理情况。

11月11日，南水北调东线输水干线水质基本达到规划要求。

11月29日至12月8日，国务院南水北调办副主任于幼军带领环境保护司、环境保护部环境规划院、长江流域水资源保护局有关同志，赴水源区湖北省十堰市，对不达标入库河流进行现场查勘，逐条河查找不达标因子、分析造成超标的原因，并与湖北省政府和十堰市政府及相关部门座谈，研究不达标河流"一河一策"治理方案。

12月11—14日，国务院南水北调办环境保护司在陕西省汉中市举行丹江口库区及上游水污染防治和水土保持"十二五"规划实施考核办法培训班。南水北调中线水质保护中心、南水北调中线水源公司、环保部环境规划院、长江流域水土保持监测中心,丹江口库区及上游河南、湖北、陕西三省南水北调、发展改革、环保、水利、城建等部门70余名业务骨干参加培训。

12月24日,南水北调中线水源丹江口水库水位抬高对库区及上游地区的环境影响调查研究与处置方案编制项目通过专家验收。

12月25日,南水北调东线一期工程通水保障领导小组第一次全体会议在北京召开。

12月31日,南水北调东线工程输水干线沿线排污口全部关闭。

2013 年

1月23日,国务院南水北调办主任鄂竟平听取环保司《丹江口库区及上游水污染防治和水土保持"十二五"规划》实施情况的汇报。

2月6日,丹江口库区及上游水污染防治和水土保持部际联席会议第三次全体会议纪要印发。

2月20日,国家发展改革委、国务院南水北调办联合将《丹江口库区及上游地区对口协作工作方案》上报国务院,3月5日获国务院批复(国函〔2013〕42号)。

2月21日,国务院南水北调办征求水利部、农业部、国土资源部、财政部关于《南水北调中线一期工程干线生态带建设规划》的意见(综环保函〔2013〕51号)。

2月20—23日,国务院南水北调办环境保护司组织中国环境规划院、长江委水资源保护局科研所、中线水质保护中心赴河南、湖北、陕西对"十二五"规划项目前期工作进行督办并对实施情况进行了调研评估。

3月30日至4月2日,国务院南水北调办副主任于幼军带队赴河南、湖北两省就规划实施进行督导。

4月3日,国务院批复了南水北调东中线一期工程受水区地下水压采总体方案。

4月10日,国家发展改革委地区司会同国务院南水北调办环境保护司,组织对口协作援受双方各省(直辖市)相关单位,在北京召开了对口协作规划编制工作座谈会,会上讨论了规划编制工作大纲。4月12日,印发《关于征求对丹江口库区及上游地区对口协作工作协调小组制度意见的函》。

5月8日,经国务院同意,国家安全监督管理总局、国家发展改革委、工业和信息化部、财政部、国土资源部、环境保护部和国务院南水北调办联合印发《深入开展尾矿库综合治理行动方案》(安监总管一〔2013〕58号),部署各省、自治区、直辖市于9月底前上报切实可行的尾矿库综合治理行动实施方案。

5月10—15日,国务院南水北调建委会专家委组织部分委员参与制定《南水北调东线工程治污规划》的主要专家,在苏鲁两省对治污规划自查评估的基础上,对东线治污规划实施情况进行总体评估。

6月5日,国务院南水北调办综合司、国家发展改革委办公厅联合印发《关于建立丹江口库区及上游水污染防治和水土保持工作信息通报制度的通知》(综环保〔2013〕218号),正式建立信息通报制度,明确自第三季度起编制季度信息简报印发部际联席会议各成员单位。

6月13日，国务院南水北调办发布了南水北调东线工程治污规划完成情况的报告。

6月13日，国务院南水北调办以国调办环保〔2013〕138号文就南水北调东线工程治污规划完成情况向国务院专题报告。

6月19日，国务院南水北调办主任鄂竟平主持召开主任专题办公会，听取环境保护司关于中线水源保护有关问题及年度水质监测分析情况的汇报，副主任于幼军出席。

6月21日，经国务院同意，国务院南水北调办、国家发展改革委、环境保护部、住房城乡建设部和水利部联合印发《丹江口库区及上游水污染防治和水土保持"十二五"规划实施考核办法》（国调办环保函〔2013〕151号）。

6月24—28日，国务院南水北调办副主任于幼军率队调研南水北调东线一期工程水质监测工作。

7月9—12日，国务院南水北调办副主任于幼军与环境保护部副部长翟青共同率领联合调查组，对南水北调东线通水前的水污染防治工作进行调研，并在山东济宁召开南水北调东线深化治污工作会议，部署深化治污保通水工作。

8月2日，丹江口库区及上游水污染防治和水土保持部际联席会议办公室会议进一步明确了简化规划项目审批程序、打捆切块下达投资方式和新增项目投资渠道。

8月16日，河南省人民政府办公厅印发《河南省辖区丹江口库区及上游水污染防治和水土保持"十二五"规划实施方案》（豫政办〔2013〕73号）。9月8日，召开河南省规划实施工作会议，南阳、洛阳、三门峡三市签订了南水北调中线水源保护工作目标责任书。

8月20日，国务院南水北调办、环境保护部、水利部联合印发《关于开展南水北调中线工程丹江口水库饮用水水源保护区划定工作的函》（综环保函〔2013〕311号）。

9月12日，环境保护部、国务院南水北调办联合印发《关于开展南水北调东线一期工程调水水质监测工作的通知》，确定东线一期工程调水水质监测和评价办法。

9月18日，丹江口库区及上游地区对口协作工作协调小组第一次全体会议在北京召开，研究部署开展对口协作工作。

9月29日，湖北省副省长郭有明主持召开湖北省《丹江口库区及上游水污染防治和水土保持"十二五"规划》实施工作专题会议，要进一步简化项目报批程序，下放审批权限，积极主动为项目实施创造条件。

6—9月，根据国务院南水北调办等5部门《关于印发丹江口库区及上游水污染防治和水土保持"十二五"规划实施考核办法的通知》（国调办环保〔2013〕151号），河南、湖北和陕西三省分别开展了规划年度实施情况自查工作，并将自查报告上报国务院南水北调办等部门。

10月28日至11月8日，国务院南水北调办会同国家发展改革委、财政部、环境保护部、住房城乡建设部、水利部组成考核组，先后分别对陕西、河南、湖北三省2012年度规划实施情况进行考核。

11月18—23日，国务院南水北调办副主任于幼军率队对南水北调东线一期工程水质保重工作进行调研。

11月29日，国家发展改革委召开会议，邀请相关领域专家和有关部门同志对湖北省制订的神定河等五条不达标河流综合治理方案进行咨询。12月17日，国家发展改革委向湖北省人民政府复函，要求湖北省加快推进五条不达标河流治理工作，确保水环境质量改善。

12月，河南、湖北两省启动丹江口水库饮用水水源保护区划定工作。

12月，水利部组织长江水利委员会和中线水源区有关省，对河南省南阳市、湖北省十堰市、陕西省安康市的 11 个县（市、区）开展水行政执法专项检查，对检查发现的问题逐项提出限期整改处理意见。

12月3日，河南省人民政府向国务院报送老灌河等不达标河流"一河一策"治理方案。12月17日，国务院办公厅批转给国家发展改革委商有关部门研究办理。

12月19日，环境保护部环境监察局举行新闻发布会，通报南水北调专项执法检查情况，责成相关省份对督查中发现的环境污染问题进行依法处理。

2014 年

1月16日，国务院南水北调办印发《关于进一步做好 2013 年度丹江口库区及上游水污染防治和水土保持"十二五"规划实施考核工作的通知》（综环保〔2104〕6 号），启动 2013 年度规划实施考核工作。

2月24日，国家发展改革委、国务院南水北调办联合印发《关于进一步推进丹江口库区及上游水污染防治和水土保持"十二五"规划实施的函》（发改办地区〔2014〕407 号），要求水源区河南、湖北、陕西三省根据联席会议办公室纪要分工，与有关部门沟通衔接，积极申请中央补助资金，同时将省内各类治污环保资金向水源区倾斜。

2月27—28日，河南、湖北两省南水北调办分别在郑州、武汉举办规划实施考核培训班。3月，河南、湖北、陕西三省完成对 2013 年度规划实施的自查工作。

3月4日，全国尾矿库专项整治行动工作协调小组第八次全体会议在国家安监总局召开，会议要求进一步强化南水北调中线水源区尾矿库综合治理工作，加快推进实施丹江口库区及上游尾矿库治理及无主库治理项目实施。

3月20日，北京市召开对口支援和经济合作工作领导小组会议，审议通过了《北京市南水北调对口协作工作实施方案》和《北京市南水北调对口协作规划》，确定了协作目标、主要任务及"一对一"结对关系。

3月25日，河南省南阳市生态文明促进会成立，促进会宗旨是搭建桥梁平台，凝聚社会力量，服务党政决策，助推生态南阳。

4月3日，国务院批复了南水北调东中线一期工程受水区地下水压采总体方案。

4月3日，国务院南水北调办副主任于幼军与国家林业局局长赵树丛座谈，商讨将丹江口水库库周 1km 范围内耕地纳入国家新一轮退耕还林计划。

4月3日，北京市对口支援和经济合作工作领导小组印发《北京市南水北调对口协作实施方案》及《北京市南水北调对口协作规划》（京援合发〔2014〕1 号），指导各（区）县、市有关部门扎实做好南水北调对口协作工作，明确 16 个县（市、区）建立"一对一"结对关系，并每年安排 5 亿元引导资金用于对口协作重点领域。

4月10日，陕西省政府印发《汉江丹江流域水质保护行动方案（2014—2017 年）》（陕政发〔2014〕15 号），提出调水前汉江干流出省断面水质保持 Ⅱ 类的远期目标。

4月14—18日，国家安监总局、环境保护部、国务院南水北调办组成督查组，对湖北省水源区尾矿库汛期安全生产和环境保护工作开展专项督查。

4月21—25日，国务院南水北调办副主任于幼军带队调研汉江中下游生态环保及十堰市5条不达标河流综合治理情况。

4月28日，环境保护部监测司会同国务院南水北调办环境保护司，在河南南阳召开南水北调中线工程通水水质监测工作会议，讨论制订中线一期工程通水水质监测方案。

4月30日，湖北省发展改革委批复《丹江口库区及上游十堰控制单元不达标入库河流综合治理方案》（鄂发改地区〔2014〕183号）。

4月，国家发展改革委以打捆、切块方式下达了2014年度《丹江口库区及上游水污染防治和水土保持"十二五"规划》水污染防治项目中央补助资金22.1亿元，比2013年增长43%。

5月7日，国家发展改革委批复国务院南水北调办组织编制的《南水北调中线一期工程干线生态带建设规划》（发改农经〔2014〕895号）。

5月15日，国务院南水北调办将该规划印发给北京、天津、河北、河南四省（直辖市）人民政府（国调办环保〔2014〕108号）。

5月19—24日，国务院南水北调办会同国家发展改革委、财政部、环境保护部、住房城乡建设部、水利部组成考核组，先后对陕西、河南、湖北三省2013年度《丹江口库区及上游水污染防治和水土保持"十二五"规划》实施情况进行考核。

6月16—22日，国家安监总局、环境保护部、国务院南水北调办组成督查组，对陕西省水源区尾矿库汛期安全生产和环境保护工作开展专项督查。

6月25—28日，国家林业局联合国务院南水北调办，赴河南、湖北、陕西三省调研丹江口库区及上游生态建设与保护工作。

6月27日，十堰市政府与北京排水集团正式签署了十堰市泗河污水处理厂、西部污水处理厂、西部垃圾处理厂渗滤液处理委托运营及升级改造等三个项目的委托运营协议。

7月1—4日，国家安监总局、环境保护部、国务院南水北调办组成督查组，对河南省水源区尾矿库汛期安全生产和环境保护工作开展专项督查。

7月7日，国家安监总局、国家发展改革委、工业和信息化部、财政部、国土资源部、环境保护部、国务院南水北调办联合印发《全国尾矿库综合治理行动2013年工作总结和2014年重点工作安排》（安监总管一〔2014〕69号），将加快南水北调中线水源区尾矿库治理项目实施作为2014年主要工作。

7月8日，国务院南水北调办、国家发展改革委、财政部、环境保护部、住房城乡建设部、水利部联合向国务院呈报《关于2013年度丹江口库区及上游水污染防治和水土保持"十二五"规划实施考核情况的报告》（国调办环保〔2014〕172号），并经国务院同意后向社会公告。

7月31日，环境保护部办公厅、国务院南水北调办综合司联合印发《关于开展南水北调中线一期工程调水水质监测工作的通知》（环办〔2014〕71号），颁布了《南水北调中线一期工程调水水质监测方案（试行）》。

8月4日，国务院南水北调办批复了南水北调中线干线工程建设管理局《南水北调中线一期工程水质监测方案》（国调办环保函〔2014〕31号），加强对总干渠水质的监测与跟踪。

8月27日，国务院南水北调办在北京召开南水北调中线水质保护宣传跟踪座谈会，部署中线水质保护宣传工作。

9月3—4日，国务院南水北调办副主任于幼军带队赴河南省调研丹江口水库饮用水水源保护区划定工作。

9月16日，国家发展改革委、国务院南水北调办在北京组织召开丹江口库区及上游水污染防治和水土保持部际联席会议办公室第二次全体会议。科技部、工业和信息化部、财政部、国土资源部、环境保护部、住房城乡建设部、水利部、农业部、国家安监总局、国家林业局等部门相关司局，以及河南、湖北、陕西三省有关部门负责同志出席会议。

9月16日，国务院南水北调办副主任于幼军主持召开南水北调中线水质保障工作新闻通气会，介绍了水质保护相关工作进展，环境保护部污染防治司司长赵英民公布了丹江口库区水质情况。9月16—21日，国务院南水北调办组织新华社、中央电视台等十余家中央主流媒体，赴南水北调工程水源区和沿线开展水质保护宣传报道活动。

9月28日，长江水利委员会在武汉召开南水北调中线丹江口水库饮用水水源保护区划分技术协调会。

10月10—11日，全国人大常委会副委员长、民盟中央主席张宝文率民盟中央、全国政协人口资源环境委员会研讨团，赴河南省南阳市开展南水北调水源地保护及绿色发展调研和讨论。

10月17—19日，国务院南水北调工程建设委员会专家委员会组织有关专家，对中线工程水质安全保障工作进行评估，并形成评估报告报国务院。

11月17—28日，国务院南水北调办副主任于幼军带队赴北京市、天津市、河北省、河南省、湖北省，对水源保护及总干渠水质安全保障工作进行调研和检查，实地察看了十堰市神定河等5条主要入库河流治理情况，检查了北京市团城湖水质监测断面等9个水质固定监测断面、天津外环河自动监测站等5座自动水质监测站的运行情况，调研了河北省磁县垃圾处理场等3个污染治理项目以及陶岔渠首水质应急指挥中心的建设和运行情况。

11月21—22日，河南省丹江口库区及上游水污染防治和水土保持联席会议在南阳市淅川县召开。

12月2日，环境保护部环境监察局印发《关于通报2014年南水北调中线环保专项执法检查情况的函》，通报年度专项执法检查情况，责成相关省份对检查中发现的水质安全隐患问题进行依法处理。

12月9日，丹江口库区及上游水污染防治和水土保持部际联席会议办公室印发《丹江口库区及上游水污染防治和水土保持部际联席会议办公室第二次全体会议纪要》（发改办地区〔2104〕2980号）。

12月12日，南水北调中线一期工程正式通水。根据环境保护部、国务院南水北调办联合印发的《关于开展南水北调中线一期工程调水水质监测工作的通知》（环办〔2014〕71号）要求，中国环境监测总站组织开展中线一期工程调水期间每月一次例行水质监测。12月监测结果显示，丹江口水库库体、陶岔取水口、总干渠7个断面水质均为Ⅱ类，全部为优。

2015 年

1月5日，天津市对口支援工作领导小组办公室印发《天津市对口协作丹江口库区上游地区（陕西省汉中市、安康市、商洛市）规划》（津援办发〔2015〕1号），明确"十二五"期间每年安排2.1亿元对口协作资金。

1月22日，国务院南水北调办印发《关于做好2014年度丹江口库区及上游水污染防治和水土保持"十二五"规划实施考核工作的通知》（综环保〔2015〕6号），启动2014年度规划实施考核工作。

1月26日，湖北省人民政府办公厅印发《南水北调中线工程丹江口水库饮用水水源保护区（湖北辖区）划分方案》（鄂政办发〔2015〕8号），划定了丹江口水库湖北辖区饮用水水源一级、二级、准保护区范围，提出了环境监督和管理措施。

3月24—25日，国务院南水北调办主任鄂竟平带队赴湖北省调研丹江口水库水质保护等工作，实地察看了十堰市茅箭区泗河流域马家河段综合治理工程、丹江口六里坪镇怀家沟应急地灾治理工程等。

3月31日，全国尾矿库专项整治行动工作协调小组第九次全体会议在国家安监总局召开，会议要求进一步落实国家安全监管总局等七部门联合制定的《深入开展尾矿库综合治理行动方案》（安监总管一〔2013〕58号），建立尾矿库综合治理长效机制，全面提升尾矿库安全生产和环境保护水平。

1—3月，针对《丹江口库区及上游水污染防治和水土保持"十二五"规划》实施存在的问题，为"十三五"规划提供技术支撑，国务院南水北调办陆续委托技术单位开展了4项前置研究工作，并形成《南水北调中线工程水源区典型城镇污水处理模式与运营机制研究报告》《南水北调中线工程水源区典型村镇生活垃圾处理模式与运营机制研究报告》《南水北调中线工程丹江口库区及上游农业面源污染治理对策研究报告》《南水北调中线工程水源区水污染防治控制单元优化与调整研究报告》等前置研究成果。

5月，针对环保部提出的中线干线两侧水源保护区执法依据的问题，国务院南水北调办环境保护司赴河北、河南两省有关地区进行了现场调查核实。

6月23—25日，国务院南水北调办环境保护司对中线全线跨渠桥梁排水系统整改情况进行了现场抽查，并与中线建管局有关部门和河北、河南直管局进行座谈。

7月，按照《中华人民共和国政府采购法》相关规定，通过公开招标方式，最终确定环境保护部环境规划院、中国国际工程咨询公司、长江水利委员会长江流域水土保持监测中心站为《丹江口库区及上游水污染防治和水土保持"十三五"规划》编制工作的承担单位。

7月17日，国务院南水北调工程建设委员会专家委员会向国务院南水北调办报送《南水北调中线工程通水运行水源区水质保护工作调研报告》（专委函字〔2015〕1号）。

9月14日，中国国际工程咨询公司向国务院南水北调办报送《丹江口库区及上游水污染防治和水土保持"十二五"规划实施情况的评估报告》（咨农发〔2015〕2254号）。

9月18日，国家发展改革委办公厅和南水北调办综合司联合印发关于开展《丹江口库区及上游水污染防治和水土保持"十三五"规划》编制工作的通知（发改办地区〔2015〕2429号）。

9月21日，国家发展改革委地区司和南水北调办环保司组织召开《丹江口库区及上游水污染防治和水土保持"十三五"规划》编制工作大纲讨论会。

10月26日，国家发展改革委和国务院南水北调办组织召开《丹江口库区及上游水污染防治和水土保持"十三五"规划》编制工作大纲专家咨询会议。

10月29日，国家发展改革委和国务院南水北调办组织召开（《丹江口库区及上游水污染防治和水土保持"十三五"规划》）编制工作会议，全面启动规划编制工作。部级联席会议各成员单位联络员，河南、湖北、陕西三省发展改革委、南水北调办负责人参加会议。

10月29日，国务院南水北调办印发《关于商请报送南水北调工程"三先三后"原则落实情况的函》（国调办环保函〔2015〕58号）。

11月30日至12月5日，国务院南水北调办环境保护司组织国务院发展研究中心资源环境研究所、中国国际工程咨询公司、环境保护部环境规划院、长江委长江流域水土保持监测中心站等单位，赴河南、湖北、陕西三省指导地方《丹江口库区及上游水污染防治和水土保持"十三五"规划》编制，调研水源保护长效机制建设。

12月14日，国家发展改革委和国务院南水北调办联合印发《关于开展丹江口库区及上游地区对口协作工作自查评估工作的通知》（发改办地区〔2015〕3293号），要求河南、湖北、陕西三省系统总结"十二五"期间对口协作工作，为"十三五"期间进一步开展对口协作提供借鉴。

2016 年

1月6日，国务院南水北调办主任鄂竟平主持召开主任专题办公会，研究《中线调水对汉江中下游流域影响调研报告》。副主任张野出席。

1月，国务院南水北调办印发《关于组织开展南水北调中线一期工程总干渠两侧饮用水水源保护区划定和完善工作的函》。

2月2日，国务院南水北调办印发《关于组织开展南水北调中线一期工程总干渠两侧饮用水水源保护区划定和完善工作的函》（国调办环保函〔2016〕6号）。

3月1日，南水北调东线一期工程启动向济南、潍坊、青岛和威海等4个城市供水，利用胶东引水工程首次向威海市供水，标志着南水北调东线工程规划供水目标全部实现。

3月2日，国务院南水北调办主任鄂竟平听取"三先三后"五年规划有关情况汇报。

3月8—11日，国务院南水北调办环境保护司对"十三五"深化东线治污相关规划编制工作开展专题调研和指导。

3月18日，国务院南水北调办主任鄂竟平主持召开主任专题办公会，听取南水北调中线干线水污染突发事件应急演练准备情况汇报。

3月24日，在国务院南水北调办的统一组织和安排下，中线建管局在中线干线河南新郑段十里铺东南公路桥模拟首次突发水污染应急演练。

4月1日，国务院南水北调办主任鄂竟平主持召开主任专题办公会，听取东线调水期间部分水体总氮偏高等问题研究情况汇报。

4月28日，国务院南水北调办主任鄂竟平主持召开主任专题办公会，听取藻类防控情况汇报。

6月7日，国务院南水北调办与交通运输部联合印发《交通运输部办公厅　国务院南水北调办综合司关于加强南水北调中线工程跨渠公路桥梁管理工作的通知》（交办公路函〔2016〕585号）。

6月21日，国务院南水北调办主任鄂竟平主持召开主任专题办公会，听取水质环境举报、信访和舆情反映问题处理方式有关情况汇报。

7月5日，国务院南水北调办主任鄂竟平主持召开主任专题办公会，听取河北易县段威胁水质安全事故应急处置情况和中线水源区生态环境变化遥感监测研究情况汇报。副主任蒋旭光出席。

7月22日，国务院南水北调办主任鄂竟平听取环保司关于丹江口库区及上游水污染防治和水土保持"十二五"规划执行和"十三五"规划编制情况的汇报。

7月27—31日，国务院南水北调办环保司赴工程沿线专题调研，重点了解外水入渠情况、重点水质风险点和运管单位水质风险防范措施落实情况，并就加强汛期水质安全保障工作与有关方面交换了意见。

9月，国务院南水北调办环境保护司3次派员参加了水利部牵头组织的对河北、山东和河南三省的地下水压采现场检查活动，协调水利部加大对南水北调用水量和地下水压采工作的检查督促力度，落实相应年度计划。

11月2—4日，国务院南水北调办环保司会同投计司赴河北省沧州、衡水、邢台、石家庄四市开展了现场调研，并与相关市水务、住建、物价、南水北调等部门和供水企（事）业单位进行了座谈。

11月17日，国务院南水北调办环境保护司组织召开了南水北调工程受水区落实"三先三后"原则工作会。

2017 年

1月，北京市人民政府批准了《北京市南水北调对口协作"十三五"规划（2016—2020年)》，每年安排5亿元协作资金用于对口协作河南、河北两省。

2月24日，国务院南水北调办环境保护司经咨询有关专家、对有关科研论文进行收集分析，形成《中线总干渠倒虹吸内淡水壳菜生长有关情况的汇报》，分析了淡水壳菜生长可能对水质安全的影响。

3月，国务院南水北调办联合水利部等印发了《关于开展2016年度南水北调东中线一期工程受水区地下水压采考核工作的通知》（水调函〔2017〕1号），随文印发《南水北调东中线一期工程受水区地下水压采工作考核办法》。

4月14日，国务院南水北调办向东中线水源区及沿线各省印发《关于协调配合做好南水北调水源及沿线农村环境综合整治的通知》，将《全国农村环境综合整治"十三五"规划》一并转发。

5月4日，国务院南水北调办环境保护司督促指导中线建管局开展突发水污染事件联合应急演练首次全过程预演，主持预演总结会，逐环节研究，查找准备和预演中暴露的问题40余项。

5月4日，国务院南水北调办环境保护司督促指导中线建管局开展突发水污染事件联合应急演练首次全过程预演，主持预演总结会，逐环节研究，查找准备和预演中暴露的问题40余项。

5月，天津市人民政府批准了《天津市对口协作陕西省水源区"十三五"规划（2016—2020年)》，每年安排3亿元协作资金，支持陕西省水源区经济社会全面发展。

5月18日，国务院南水北调办环境保护司督促指导中线建管局开展突发水污染事件联合应急演练第2次预演，就场景设置、环节衔接、指令优化、精神面貌等再次提出要求，指导问题整改。

5月25日，国务院南水北调办环境保护司负责同志参加演练新闻通气会，介绍情况、解读方案、回答提问，为演练暖场。

5月26日，经国务院同意，国家发展改革委、国务院南水北调办、水利部、环境保护部、住房城乡建设部等五部委联合印发了《丹江口库区及上游水污染防治和水土保持"十三五"规划》。

5月26日，国务院南水北调办与河北省政府在石家庄市赞皇县西高公路桥联合开展中线工程水污染事件应急演练。

6月19—23日，环境保护部水环境管理司与国务院南水北调办环境保护司联合对东线深化治污工作开展专项督导调研。

7月12—15日，国务院南水北调办环境保护司赴现场查看Ⅰ类水质风险点、叶县外水入渠点、自动监测站、左排渡槽、分水口、跨渠桥梁和藻类生长等情况，并分别与渠首、河南、河北分局及有关管理处座谈，了解情况，指出问题，推动工作，撰写检查报告。

7月18—26日，国务院南水北调办环境保护司组织中科院生态环境研究中心赴河北、河南两省调研中线工程生态保护情况。

8月1日，国务院南水北调办主任鄂竟平主持召开主任专题办公会，听取中线干线汛期水质保障专项检查情况汇报。

8月17日，河北省南水北调办、省环保厅联合印发《南水北调中线一期工程总干渠河北段饮用水水源保护区划定和完善方案》。

8月24—25日，国务院南水北调办环境保护司赴河北石家庄调研，现场查看水质风险点、水质自动监测站，考察石津干渠、东北水厂，并与河北省南水北调办座谈，督促饮用水水源保护区划定完善、生态带建设、石津干渠事件处置等工作。

8月30日，国务院南水北调办分管环境保护的办领导主持召开主任专题办公会，听取东线鰕虎鱼相关问题研究情况汇报。

9月13—20日，国务院南水北调办环保司委托监管中心对中线干线水质监测自动站进行专项稽查。

9月20日，水利部、国家发展改革委、财政部、国土资源部、国务院南水北调办等联合印发《关于2016年度南水北调东中线一期工程受水区地下水压采情况的报告》。

9月26—28日，国务院南水北调办环境保护司赴东线调研，现场查看江苏水源公司水质监测车，以及配备的生物毒性分析仪、多参数测定仪等监测设备，现场观看监测人员操作。

10月11—13日，国务院南水北调办环境保护司赴中线干线现场查验自动监测站共性问题，检查督促稽察问题整改。

10月13—14日，国务院南水北调办环境保护司在湖北省十堰市举办《丹江口库区及上游水污染防治和水土保持"十三五"规划》实施工作培训班。

10月19日，国务院南水北调办环境保护司组织中线建管局赴北京市大宁调节池、郭公庄水厂调研藻类生长有关情况，与北京市南水北调办、北京市自来水集团及水厂座谈。

10月22日，国务院南水北调办环境保护司赴河南郑州十八里河倒虹吸，现场查看自动化藻类拦捞装置操作情况、运行记录，了解改进拦捞效果研究计划。

10月24—26日，国务院南水北调办环境保护司组织北京市南水北调办水质监测中心、北京市自来水集团、中线建管局水质保护中心三方联合采样、共同监测，对监测方法进行了统一。

　　11月3日，国务院南水北调办印发《南水北调中线干线工程投放危险物质举报处置管理办法（试行）》。

　　11月17日，国务院南水北调办召开受水区"三先三后"工作会，国务院南水北调办分管环境保护的办领导出席并讲话。

　　11月28日，国务院南水北调办环境保护司会同中线建管局水质中心在西黑山管理处召开现场会，启动水质自动监测站规范提升专项行动。

　　12月6日，国务院南水北调办环境保护司现场查看了河北分局水质监测中心实验室、田庄水质自动监测站，督促水质自动监测站规范提升专项行动以"再加固"的精神做实做细。

　　12月26日，国家发展改革委会同国务院南水北调办在北京组织召开丹江口库区及上游水污染防治和水土保持部际联席会议暨对口协作工作协调小组办公室会议。

附录 A 南水北调治污环保重要文件目录

一、行政法规

1. 中华人民共和国河道管理条例
2. 规划环境影响评价条例
3. 南水北调工程供用水管理条例
4. 淮河流域水污染防治暂行条例
5. 建设项目环境保护管理条例
6. 基本农田保护条例
7. 中华人民共和国水文条例
8. 畜禽规模养殖污染防治条例
9. 排污费征收使用管理条例
10. 中华人民共和国水土保持法实施条例
11. 山东省南水北调工程沿线区域水污染防治条例
12. 山东省南水北调条例
13. 江苏省长江水污染防治条例
14. 陕西省汉江丹江水污染防治条例
15. 陕西省汉江丹江流域水污染防治条例
16. 陕西省秦岭生态环境保护条例
17. 湖北省汉江流域水污染防治条例

二、重要文件

18. 水利部关于进一步加强水土保持重点工程建设管理的意见（水保〔2002〕515号）
19. 国家水土保持重点建设工程管理办法（办水保〔2005〕67号）
20. 国务院关于丹江口库区及上游水污染防治和水土保持规划的批复（国函〔2006〕10号）
21. 关于进一步加强农业综合开发水土保持项目管理工作的通知（水保〔2007〕186号）
22. 关于开展坡耕地水土流失综合治理试点工作的通知（发改农经〔2010〕655号）
23. 关于加强丹江口库区及上游水土保持工程建设管理工作的通知（办水保〔2010〕

393 号）

24. 国家重点生态功能区转移支付办法（财预〔2011〕428 号）

25. 丹江口库区及上游水污染防治和水土保持规划实施情况考核办法（国调办环保函〔2011〕59 号）

26. 关于丹江口库区及上游水污染防治和水土保持规划实施情况考核报告（国调办环保〔2011〕331 号）

27. 国务院关于丹江口库区及上游地区经济社会发展规划的批复（国函〔2012〕150 号）

28. 国家农业综合开发水土保持项目管理实施细则（水保〔2012〕358 号）

29. 关于印发丹江口库区及上游水污染防治和水土保持"十二五"规划的通知（发改地区〔2012〕2611 号）

30. 国务院关于丹江口库区及上游地区对口协作工作方案的批复（国函〔2013〕42 号）

31. 关于印发丹江口库区及上游水污染防治和水土保持"十二五"规划实施考核办法的通知（国调办环保函〔2013〕151 号）

32. 关于印发南水北调中线一期工程干线生态带建设规划的通知（国调办环保〔2014〕108 号）

33. 国务院关于印发水污染防治行动计划的通知（国发〔2015〕17 号）

34. 关于印发丹江口库区及上游水污染防治和水土保持"十三五"规划的通知（发改地区〔2017〕1002 号）

35. 关于印发《南水北调中线干线工程投放危险物质举报处置管理办法（试行）》的通知（国调办环保〔2017〕180 号）

附录 B 南水北调工程供用水管理条例

第一章 总 则

第一条 为了加强南水北调工程的供用水管理，充分发挥南水北调工程的经济效益、社会效益和生态效益，制定本条例。

第二条 南水北调东线工程、中线工程的供用水管理，适用本条例。

第三条 南水北调工程的供用水管理遵循先节水后调水、先治污后通水、先环保后用水的原则，坚持全程管理、统筹兼顾、权责明晰、严格保护，确保调度合理、水质合格、用水节约、设施安全。

第四条 国务院水行政主管部门负责南水北调工程的水量调度、运行管理工作，国务院环境保护主管部门负责南水北调工程的水污染防治工作，国务院其他有关部门在各自职责范围内，负责南水北调工程供用水的有关工作。

第五条 南水北调工程水源地、调水沿线区域、受水区县级以上地方人民政府负责本行政区域内南水北调工程供用水的有关工作，并将南水北调工程的水质保障、用水管理纳入国民经济和社会发展规划。

国家对南水北调工程水源地、调水沿线区域的产业结构调整、生态环境保护予以支持，确保南水北调工程供用水安全。

第六条 国务院确定的南水北调工程管理单位具体负责南水北调工程的运行和保护工作。

南水北调工程受水区省、直辖市人民政府确定的单位具体负责本行政区域内南水北调配套工程的运行和保护工作。

第二章 水 量 调 度

第七条 南水北调工程水量调度遵循节水为先、适度从紧的原则，统筹协调水源地、受水区和调水下游区域用水，加强生态环境保护。

南水北调工程水量调度以国务院批准的多年平均调水量和受水区省、直辖市水量分配指标为基本依据。

第八条 南水北调东线工程水量调度年度为每年 10 月 1 日至次年 9 月 30 日；南水北调中线工程水量调度年度为每年 11 月 1 日至次年 10 月 31 日。

第九条 淮河水利委员会商长江水利委员会提出南水北调东线工程年度可调水量，于每年

9月15日前报送国务院水行政主管部门，并抄送有关省人民政府和南水北调工程管理单位。

长江水利委员会提出南水北调中线工程年度可调水量，于每年10月15日前报送国务院水行政主管部门，并抄送有关省、直辖市人民政府和南水北调工程管理单位。

第十条 南水北调工程受水区省、直辖市人民政府水行政主管部门根据年度可调水量提出年度用水计划建议。属于南水北调东线工程受水区的于每年9月20日前、属于南水北调中线工程受水区的于每年10月20日前，报送国务院水行政主管部门，并抄送有关流域管理机构和南水北调工程管理单位。

年度用水计划建议应当包括年度引水总量建议和月引水量建议。

第十一条 国务院水行政主管部门综合平衡年度可调水量和南水北调工程受水区省、直辖市年度用水计划建议，按照国务院批准的受水区省、直辖市水量分配指标的比例，制订南水北调工程年度水量调度计划，征求国务院有关部门意见后，在水量调度年度开始前下达有关省、直辖市人民政府和南水北调工程管理单位。

第十二条 南水北调工程管理单位根据年度水量调度计划制订月水量调度方案，涉及到航运的，应当与交通运输主管部门协商，协商不一致的，由县级以上人民政府决定；雨情、水情出现重大变化，月水量调度方案无法实施的，应当及时进行调整并报告国务院水行政主管部门。

第十三条 南水北调工程供水实行由基本水价和计量水价构成的两部制水价，具体供水价格由国务院价格主管部门会同国务院有关部门制定。

水费应当及时、足额缴纳，专项用于南水北调工程运行维护和偿还贷款。

第十四条 南水北调工程受水区省、直辖市人民政府授权的部门或者单位应当与南水北调工程管理单位签订供水合同。供水合同应当包括年度供水量、供水水质、交水断面、交水方式、水价、水费缴纳时间和方式、违约责任等。

第十五条 水量调度年度内南水北调工程受水区省、直辖市用水需求出现重大变化，需要转让年度水量调度计划分配的水量的，由有关省、直辖市人民政府授权的部门或者单位协商签订转让协议，确定转让价格，并将转让协议报送国务院水行政主管部门，抄送南水北调工程管理单位；国务院水行政主管部门和南水北调工程管理单位应当相应调整年度水量调度计划和月水量调度方案。

第十六条 国务院水行政主管部门应当会同国务院有关部门和有关省、直辖市人民政府以及南水北调工程管理单位编制南水北调工程水量调度应急预案，报国务院批准。

南水北调工程水源地和受水区省、直辖市人民政府有关部门、有关流域管理机构以及南水北调工程管理单位应当根据南水北调工程水量调度应急预案，制定相应的应急预案。

第十七条 南水北调工程水量调度应急预案应当针对重大洪涝灾害、干旱灾害、生态破坏事故、水污染事故、工程安全事故等突发事件，规定应急管理工作的组织指挥体系与职责、预防与预警机制、处置程序、应急保障措施以及事后恢复与重建措施等内容。

国务院或者国务院授权的部门宣布启动南水北调工程水量调度应急预案后，可以依法采取下列应急处置措施：

（一）临时限制取水、用水、排水；

（二）统一调度有关河道的水工程；

（三）征用治污、供水等所需设施；

（四）封闭通航河道。

第十八条 国务院水行政主管部门、环境保护主管部门按照职责组织对南水北调工程省界交水断面、东线工程取水口、丹江口水库的水量、水质进行监测。

国务院水行政主管部门、环境保护主管部门按照职责定期向社会公布南水北调工程供用水水量、水质信息，并建立水量、水质信息共享机制。

第三章　水　质　保　障

第十九条 南水北调工程水质保障实行县级以上地方人民政府目标责任制和考核评价制度。

南水北调工程水源地、调水沿线区域县级以上地方人民政府应当加强工业、城镇、农业和农村、船舶等水污染防治，建设防护林等生态隔离保护带，确保供水安全。

依照有关法律、行政法规的规定，对南水北调工程水源地实行水环境生态保护补偿。

第二十条 南水北调东线工程调水沿线区域和中线工程水源地实行重点水污染物排放总量控制制度。

南水北调东线工程调水沿线区域和中线工程水源地省人民政府应当将国务院确定的重点水污染物排放总量控制指标逐级分解下达到有关市、县人民政府，由市、县人民政府分解落实到水污染物排放单位。

第二十一条 南水北调东线工程调水沿线区域禁止建设不符合国家产业政策、不能实现水污染物稳定达标排放的建设项目。现有的落后生产技术、工艺、设备等，由当地省人民政府组织淘汰。

南水北调中线工程水源地禁止建设增加污染物排放总量的建设项目。

第二十二条 南水北调东线工程调水沿线区域和中线工程水源地的水污染物排放单位，应当配套建设与其排放量相适应的治理设施；重点水污染物排放单位应当按照有关规定安装自动监测设备。

南水北调东线工程干线、中线工程总干渠禁止设置排污口。

第二十三条 南水北调东线工程调水沿线区域和中线工程水源地县级以上地方人民政府所在城镇排放的污水，应当经过集中处理，实现达标排放。

南水北调东线工程调水沿线区域和中线工程水源地县级以上地方人民政府应当合理规划、建设污水集中处理设施和配套管网，并组织收集、无害化处理城乡生活垃圾，避免污染水环境。

南水北调东线工程调水沿线区域和中线工程水源地的畜禽养殖场、养殖小区，应当按照国家有关规定对畜禽粪便、废水等进行无害化处理和资源化利用。

第二十四条 南水北调东线工程调水沿线区域和中线工程水源地县级人民政府应当根据水源保护的需要，划定禁止或者限制采伐、开垦区域。

南水北调东线工程调水沿线区域、中线工程水源地、中线工程总干渠沿线区域应当规划种植生态防护林；生态地位重要的水域应当采取建设人工湿地等措施，提高水体自净能力。

第二十五条 南水北调东线工程取水口、丹江口水库、中线工程总干渠需要划定饮用水水源保护区的,依照《中华人民共和国水污染防治法》的规定划定,实行严格保护。

第二十六条 丹江口水库库区和洪泽湖、骆马湖、南四湖、东平湖湖区应当按照水功能区和南水北调工程水质保障的要求,由当地省人民政府组织逐步拆除现有的网箱养殖、围网养殖设施,严格控制人工养殖的规模、品种和密度。对因清理水产养殖设施导致转产转业的农民,当地县级以上地方人民政府应当给予补贴和扶持,并通过劳动技能培训、纳入社会保障体系等方式,保障其基本生活。

丹江口水库库区和洪泽湖、骆马湖、南四湖、东平湖湖区禁止餐饮等经营活动。

第二十七条 南水北调东线工程干线规划通航河道、丹江口水库及其上游通航河道应当科学规划建设港口、码头等航运设施,港口、码头应当配备与其吞吐能力相适应的船舶污染物接收、处理设备。现有的港口、码头不能达到水环境保护要求的,由当地省人民政府组织治理或者关闭。

在前款规定河道航行的船舶应当按照要求进行技术改造,实现污染物船内封闭、收集上岸,不向水体排放;达不到要求的船舶和运输危险废物、危险化学品的船舶,不得进入上述河道,有关船闸管理单位不得放行。

第二十八条 建设穿越、跨越、邻接南水北调工程输水河道的桥梁、公路、石油天然气管道、雨污水管道等工程设施的,其建设、管理单位应当设置警示标志,并采取有效措施,防范工程建设或者交通事故、管道泄漏等带来的安全风险。

第四章 用 水 管 理

第二十九条 南水北调工程受水区县级以上地方人民政府应当统筹配置南水北调工程供水和当地水资源,逐步替代超采的地下水,严格控制地下水开发利用,改善水生态环境。

第三十条 南水北调工程受水区县级以上地方人民政府应当以南水北调工程供水替代不适合作为饮用水水源的当地水源,并逐步退还因缺水挤占的农业用水和生态环境用水。

第三十一条 南水北调工程受水区县级以上地方人民政府应当对本行政区域的年度用水实行总量控制,加强用水定额管理,推广节水技术、设备和设施,提高用水效率和效益。

南水北调工程受水区县级以上地方人民政府应当鼓励、引导农民和农业生产经营组织调整农业种植结构,因地制宜减少高耗水作物种植比例,推行节水灌溉方式,促进节水农业发展。

第三十二条 南水北调工程受水区省、直辖市人民政府应当制订并公布本行政区域内禁止、限制类建设项目名录,淘汰、限制高耗水、高污染的建设项目。

第三十三条 南水北调工程受水区省、直辖市人民政府应当将国务院批准的地下水压采总体方案确定的地下水开采总量控制指标和地下水压采目标,逐级分解下达到有关市、县人民政府,并组织编制本行政区域的地下水限制开采方案和年度计划,报国务院水行政主管部门、国土资源主管部门备案。

第三十四条 南水北调工程受水区内地下水超采区禁止新增地下水取用水量。具备水源替代条件的地下水超采区,应当划定为地下水禁采区,禁止取用地下水。

南水北调工程受水区禁止新增开采深层承压水。

第三十五条 南水北调工程受水区省、直辖市人民政府应当统筹考虑南水北调工程供水价格与当地地表水、地下水等各种水源的水资源费和供水价格,鼓励充分利用南水北调工程供水，促进水资源合理配置。

第五章　工程设施管理和保护

第三十六条　南水北调工程水源地、调水沿线区域、受水区县级以上地方人民政府应当做好工程设施安全保护有关工作，防范和制止危害南水北调工程设施安全的行为。

第三十七条　南水北调工程管理单位应当建立、健全安全生产责任制，加强对南水北调工程设施的监测、检查、巡查、维修和养护，配备必要的人员和设备，定期进行应急演练，确保工程安全运行，并及时组织清理管理范围内水域、滩地的垃圾。

第三十八条　南水北调工程应当依法划定管理范围和保护范围。

南水北调东线工程的管理范围和保护范围，由工程所在地的省人民政府组织划定；其中，省际工程的管理范围和保护范围，由国务院水行政主管部门或者其授权的流域管理机构商有关省人民政府组织划定。

丹江口水库、南水北调中线工程总干渠的管理范围和保护范围，由国务院水行政主管部门或者其授权的流域管理机构商有关省、直辖市人民政府组织划定。

第三十九条　南水北调工程管理范围按照国务院批准的设计文件划定。

南水北调工程管理单位应当在工程管理范围边界和地下工程位置上方地面设立界桩、界碑等保护标志，并设立必要的安全隔离设施对工程进行保护。未经南水北调工程管理单位同意，任何人不得进入设置安全隔离设施的区域。

南水北调工程管理范围内的土地不得转作其他用途，任何单位和个人不得侵占；管理范围内禁止擅自从事与工程管理无关的活动。

第四十条　南水北调工程保护范围按照下列原则划定并予以公告：

（一）东线明渠输水工程为从堤防背水侧的护堤地边线向外延伸至50米以内的区域，中线明渠输水工程为从管理范围边线向外延伸至200米以内的区域；

（二）暗涵、隧洞、管道等地下输水工程为工程设施上方地面以及从其边线向外延伸至50米以内的区域；

（三）倒虹吸、渡槽、暗渠等交叉工程为从管理范围边线向交叉河道上游延伸至不少于500米不超过1000米、向交叉河道下游延伸至不少于1000米不超过3000米以内的区域；

（四）泵站、水闸、管理站、取水口等其他工程设施为从管理范围边线向外延伸至不少于50米不超过200米以内的区域。

第四十一条　南水北调工程管理单位应当在工程沿线路口、村庄等地段设置安全警示标志；有关地方人民政府主管部门应当按照有关规定，在交叉桥梁入口处设置限制质量、轴重、速度、高度、宽度等标志，并采取相应的工程防范措施。

第四十二条　禁止危害南水北调工程设施的下列行为：

（一）侵占、损毁输水河道（渠道、管道）、水库、堤防、护岸；

（二）在地下输水管道、堤坝上方地面种植深根植物或者修建鱼池等储水设施、堆放超重物品；

（三）移动、覆盖、涂改、损毁标志物；

（四）侵占、损毁或者擅自使用、操作专用输电线路设施、专用通信线路、闸门等设施；

（五）侵占、损毁交通、通信、水文水质监测等其他设施。

禁止擅自从南水北调工程取用水资源。

第四十三条 禁止在南水北调工程保护范围内实施影响工程运行、危害工程安全和供水安全的爆破、打井、采矿、取土、采石、采砂、钻探、建房、建坟、挖塘、挖沟等行为。

第四十四条 在南水北调工程管理范围和保护范围内建设桥梁、码头、公路、铁路、地铁、船闸、管道、缆线、取水、排水等工程设施，按照国家规定的基本建设程序报请审批、核准时，审批、核准单位应当征求南水北调工程管理单位对拟建工程设施建设方案的意见。

前款规定的建设项目在施工、维护、检修前，应当通报南水北调工程管理单位，施工、维护、检修过程中不得影响南水北调工程设施安全和正常运行。

第四十五条 在汛期，南水北调工程管理单位应当加强巡查，发现险情立即采取抢修等措施，并及时向有关防汛抗旱指挥机构报告。

第四十六条 南水北调工程管理单位应当加强南水北调工程设施的安全保护，制定安全保护方案，建立健全安全保护责任制，加强安全保护设施的建设、维护，落实治安防范措施，及时排除隐患。

南水北调工程重要水域、重要设施需要派出中国人民武装警察部队守卫或者抢险救援的，依照《中华人民共和国人民武装警察法》和国务院、中央军事委员会的有关规定执行。

第四十七条 在紧急情况下，南水北调工程管理单位因工程抢修需要取土占地或者使用有关设施的，有关单位和个人应当予以配合。南水北调工程管理单位应当于事后恢复原状；造成损失的，应当依法予以补偿。

第六章 法 律 责 任

第四十八条 行政机关及其工作人员违反本条例规定，有下列行为之一的，由主管机关或者监察机关责令改正；情节严重的，对直接负责的主管人员和其他直接责任人员依法给予处分；直接负责的主管人员和其他直接责任人员构成犯罪的，依法追究刑事责任：

（一）不及时制订下达或者不执行年度水量调度计划的；

（二）不编制或者不执行水量调度应急预案的；

（三）不编制或者不执行南水北调工程受水区地下水限制开采方案的；

（四）不履行水量、水质监测职责的；

（五）不履行本条例规定的其他职责的。

第四十九条 南水北调工程管理单位及其工作人员违反本条例规定，有下列行为之一的，由主管机关或者监察机关责令改正；情节严重的，对直接负责的主管人员和其他直接责任人员依法给予处分；直接负责的主管人员和其他直接责任人员构成犯罪的，依法追究刑事责任：

（一）虚假填报或者篡改工程运行情况等资料的；

（二）不执行年度水量调度计划或者水量调度应急预案的；

（三）不及时制订或者不执行月水量调度方案的；

（四）对工程设施疏于监测、检查、巡查、维修、养护，不落实安全生产责任制，影响工程安全、供水安全的；

（五）不履行本条例规定的其他职责的。

第五十条 违反本条例规定,实施排放水污染物等危害南水北调工程水质安全行为的,依照《中华人民共和国水污染防治法》的规定处理;构成犯罪的,依法追究刑事责任。

违反本条例规定,在南水北调工程受水区地下水禁采区取用地下水、在受水区地下水超采区新增地下水取用水量、在受水区新增开采深层承压水,或者擅自从南水北调工程取用水资源的,依照《中华人民共和国水法》的规定处理。

第五十一条 违反本条例规定,运输危险废物、危险化学品的船舶进入南水北调东线工程干线规划通航河道、丹江口水库及其上游通航河道的,由县级以上地方人民政府负责海事、渔业工作的行政主管部门按照职责权限予以扣押,对危险废物、危险化学品采取卸载等措施,所需费用由违法行为人承担;构成犯罪的,依法追究刑事责任。

第五十二条 违反本条例规定,建设穿越、跨越、邻接南水北调工程输水河道的桥梁、公路、石油天然气管道、雨污水管道等工程设施,未采取有效措施,危害南水北调工程安全和供水安全的,由建设项目审批、核准单位责令采取补救措施;在补救措施落实前,暂停工程设施建设。

第五十三条 违反本条例规定,侵占、损毁、危害南水北调工程设施,或者在南水北调工程保护范围内实施影响工程运行、危害工程安全和供水安全的行为的,依照《中华人民共和国水法》的规定处理;《中华人民共和国水法》未作规定的,由县级以上人民政府水行政主管部门或者流域管理机构按照职责权限,责令停止违法行为,限期采取补救措施;造成损失的,依法承担民事责任;构成违反治安管理行为的,依法给予治安管理处罚;构成犯罪的,依法追究刑事责任。

第五十四条 南水北调工程水源地、调水沿线区域有下列情形之一的,暂停审批有关行政区域除污染减排和生态恢复项目外所有建设项目的环境影响评价文件:

(一)在东线工程干线、中线工程总干渠设置排污口的;

(二)排污超过重点水污染物排放总量控制指标的;

(三)违法批准建设污染水环境的建设项目造成重大水污染事故等严重后果,未落实补救措施的。

第七章 附 则

第五十五条 南水北调东线工程,指从江苏省扬州市附近的长江干流引水,调水到江苏省北部和山东省等地的主体工程。

南水北调中线工程,指从丹江口水库引水,调水到河南省、河北省、北京市、天津市的主体工程。

南水北调配套工程,指东线工程、中线工程分水口门以下,配置、调度分配给本行政区域使用的南水北调供水的工程。

第五十六条 本条例自公布之日起施行。

《中国南水北调工程　治污环保卷》
编辑出版人员名单

总责任编辑：胡昌支

副总责任编辑：王　丽

责 任 编 辑：任书杰　吴　娟　郝　英

审 稿 编 辑：王　勤　方　平　任书杰　吴　娟　郝　英

封 面 设 计：芦　博

版 式 设 计：芦　博

责 任 排 版：吴建军　郭会东　孙　静　丁英玲　聂彦环

责 任 校 对：黄　梅　梁晓静

责 任 印 制：崔志强　焦　岩　王　凌　冯　强